Paul Knuth

Handbuch der Blütenbiologie

Zweiter Band - Zweiter Teil

Paul Knuth

Handbuch der Blütenbiologie

Zweiter Band - Zweiter Teil

ISBN/EAN: 9783959130462

Auflage: 1

Erscheinungsjahr: 2015

Erscheinungsort: Treuchtlingen, Deutschland

HANDBUCH

DER

BLÜTENBIOLOGIE

UNTER ZUGRUNDELEGUNG VON HERMANN MÜLLERS WERK:
„DIE BEFRUCHTUNG DER BLUMEN DURCH INSEKTEN"

BEARBEITET

VON

DR. PAUL KNUTH[1]

PROFESSOR AN DER OBER-REALSCHULE ZU KIEL, MITGLIEDE DER KAISERLICH LEOPOLDINISCH-
CAROLINISCH DEUTSCHEN AKADEMIE DER NATURFORSCHER, KORRESPONDIERENDEM MITGLIEDE
DER BOTANISCHEN GESELLSCHAFT DODONAEA ZU GENT

II. BAND:

DIE BISHER IN EUROPA UND IM ARKTISCHEN GEBIET GEMACHTEN BLÜTEN-BIOLOGISCHEN BEOBACHTUNGEN

2. TEIL:

LOBELIACEAE BIS GNETACEAE

MIT 210 ABBILDUNGEN IM TEXT, EINER PORTRÄTTAFEL, EINEM SYSTE-
MATISCH-ALPHABETISCHEN VERZEICHNIS DER BLUMENBESUCHENDEN
TIERARTEN UND DEM REGISTER DES II. BANDES

LEIPZIG

VERLAG VON WILHELM ENGELMANN

1899.

Vorwort.

Das verspätete Erscheinen des 2. Teiles von Band II dieses Handbuches ist darauf zurückzuführen, dass ich noch während des Druckes der letzten Bogen eine wissenschaftliche Forschungsreise um die Erde antrat und die Herren Dr. J. D. Alfken in Bremen und Dr. O. Appel in Königsberg (jetzt Charlottenburg) das Lesen der Korrektur übernahmen. Trotzdem das Manuskript sorgfältig vorbereitet war, wurden doch häufige Anfragen erforderlich, wodurch die Verzögerung im Erscheinen sich erklärt. Ich sage den genannten Herren auch an dieser Stelle für ihre Mühe nochmals meinen herzlichen Dank.

Nachdem ich nun von meiner Weltreise, auf der ich auf Java, in Japan und in Kalifornien ein reiches Material zusammenbrachte, zurückgekehrt bin, werde ich unverzüglich an die Ausarbeitung des dritten, die aussereuropäischen blütenbiologischen Beobachtungen umfassenden Bandes gehen, doch kann ich einen bestimmten Zeitpunkt über die Ausgabe desselben jetzt noch nicht angeben.

Kiel, den 10. August 1899.

P. Knuth.

Inhaltsübersicht
des zweiten Bandes zweiter Teil.

Die bisher in Europa und im arktischen Gebiet gemachten blütenbiologischen Beobachtungen. II.

70. Familie Lobeliaceae Juss.

379. Lobelia L.

Hildebrand, Geschl. S. 64, 65.

Blüten hälftig-symmetrisch, durch Drehung mit zweiteiliger Oberlippe und dreiteiliger Unterlippe; Kronröhre der Länge nach gespalten. — Ausgeprägt protandrisch. Der Pollen wird schon in der Knospe in den Antherencylinder entleert und liegt dem Narbenknopf eng an. Er wird von diesem beim Wachsen des Griffels aus dem Antherencylinder hinausgebürstet und von besuchenden Insekten entfernt oder fällt herunter. Die wenigen dem Narbenkopf anhaftenden Pollenkörner können keine spontane Selbstbestäubung bewirken, da sie bei der weiteren Entwickelung des Narbenkopfes durch die sich umrollenden Ränder der Narbe vollständig von der empfänglichen Narbenfläche abgeschlossen werden. Es muss daher zur Befruchtung der Pollen aus einer jüngeren Blüte auf die Narbe einer älteren übertragen werden. (Hildebrand für Siphocampylus mit welchem, nach Farber, Lobelia in allen wesentlichen Stücken übereinstimmt.) (S. Fig. 211.)

1674. L. Erinus L. [Delpino, Ult. oss. S. 102—111; Hildebrand a. a. O.; T. H. Farber, Ann. and Mag. of Nat. Hist. 1868; Knuth, Bijdragen.] — Nach Hildebrand kommt es nicht selten vor, dass die Griffelspitze die festgeschlossene Antherenröhre nicht zu durchbrechen vermag und so die sich dann innerhalb der letzteren öffnenden Narbenlappen durch den vorhandenen Pollen befruchtet werden. Im ersten Blütenzustande fegt sonst eine Griffelbürste den Pollen aus dem Antherencylinder heraus; im zweiten tritt die Griffelspitze aus der Staubbeutelröhre hervor und entfaltet zwei ziemlich grosse papillöse Narbenlappen. (Fig. 211.)

Als Besucher beobachtete ich in meinem Garten: A. Diptera: Syrphidae: 1. Syrphus corollae F. ♀: 2. S. sp; 3. Syritta pipiens L. B. Hymenoptera: Apidae: 4. Anthrena sp.; 5. Apis mellifica L. ♀; 6. Bombus terrester L. ♀; 7. Halictus minutus Schrk. ♀. C. Lepidoptera: Rhopalocera: 8. Vanessa urticae L.; 9. Pieris sp. Sämtlich sgd.

Delpino beobachtete kleine Bienen (Halictus); Ducke in Österr.-Schlesien die schöne Schmarotzerbiene Crocisa scutellaris F. ♀ als Besucher.

1675. L. syphilitica L. Die Blüteneinrichtung stimmt, nach Urban (Jahrb. d. bot. Gartens zu Berlin, Jahrg. I. 1881), mit derjenigen der vorigen Art im wesentlichen überein. Delpino (Alc. app. S. 16) sah als häufige Besucher Hummeln (Bombus italicus und B. terrester L.).

1676. L. Dortmanna L. Die in armblütigen Trauben stehenden Blumen haben eine weissliche Krone mit 7—8 mm langer und 1¹/₂—2 mm breiter Röhre. Trotz vielfacher Überwachung am Einfelder See bei Neumünster gelang es mir nicht, Besucher zu beobachten. Die Blüteneinrichtung stimmt, nach Mac Leod (B. Jaarb. V. S. 442; B. C. Bd. 29), im wesentlichen mit derjenigen von L. Erinus überein.

1677. L. fulgens. Delpino (Alc. app. S. 16) vermutet Kolibris als Besucher.

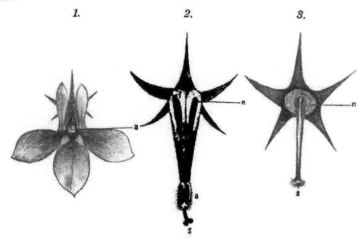

Fig. 211. Lobelia Erinus L. (Nach der Natur.)
1. Blüte im ersten (männlichen) Zustande, von vorn gesehen. *a* Die im Blüteneingange stehenden pollenbedeckten Antheren. *2.* Blüte im zweiten (weiblichen) Zustande, nach Entfernung der Blumenkrone. *n* Nektarium. *a* Die zu einer Röhre verwachsenen Antheren, aus welcher die empfänguisfähige Narbe *s* hervorgetreten ist. *3.* Blüte im ersten Zustande, nach Entfernung der Kron- und Staubblätter. *n* Nektarium. *s* Die noch unentwickelte, mit Fegeborsten umgebene Narbe.

1678. Siphocampylus bicolor hat, nach Hildebrand (Geschl. S. 64), dieselbe Blüteneinrichtung wie Lobelia. Delpino vermutet Kolibris als Befruchter.

1679. Isotoma axillaris hat, nach Hildebrand (Bot. Ztg. 1869, S. 476), eine ähnliche Einrichtung, doch besitzen die beiden unteren Antheren einen Anhang welcher von den Besuchern angestossen wird, wodurch sie mit Pollen bestreut werden. — Isotoma- und Lobelia-Arten sind selbststeril, so L. fulgens (Gaertner), L. ramosa (Darwin), L. cardinalis (Focke).

1680. Heterotoma ist, nach Hildebrand (Bot. Ztg. 1870, S. 639), gleichfalls ähnlich eingerichtet; doch sind die Kronzipfel nach unten gebogen und in einen Sporn verlängert, und die Staubfäden sind nur ein Stück unterhalb der Antheren mit einander verwachsen. Die Arten der in Afrika heimischen Gattung

1681. Monopsis sind homogam und haben, nach Urban (Jahrb. d. bot. Gartens zu Berlin I. 1881), eine tellerförmige Griffelbürste, durch welche der Pollen aus der Antherenröhre hinausgefegt wird.

71. Familie Bruniaceae R. Br.

Die Einrichtung der kleinen, zu Köpfchen vereinigten Blüten ist derjenigen der Kompositen ähnlich. Nach Delpino (Ult. oss. S. 98) und Hildebrand (Bot. Ztg. 1870, S. 636) trägt das Griffelende nämlich einen zweilappigen, unbehaarten Sammelbecher, welcher durch die Antherenröhre hindurchwächst und dabei den Pollen aufnimmt. Später tritt die Narbe an demselben hervor. Eine ähnliche Einrichtung findet sich bei der

72. Familie Goodeniaceae R. Br.

Hier ist der Sammelbecher bis auf eine schmale, meist durch Haare bedeckte Öffnung geschlossen, so dass er sich in den Eingang der meist wagerechten Blüten hinabbiegen kann. Besuchende Insekten stossen an die Haare des Sammelbechers, worauf dieser etwas Pollen auf die Besucher hinabfallen lässt. Schliesslich wächst die Narbe aus dem Becher hervor und nimmt daher die Stelle ein, wo vorher sich der Pollen befand. (Fritz Müller, Bot. Ztg. 1868, S. 115; Delpino, Ult. oss. S. 91—98; Hildebrand, Bot. Ztg. 1870, S. 634—636; Bentham, Proc. Linn. Soc. 1869, Bot. S. 203—206).

1682. Lechenaultia tubiflora ist nach Darwin selbststeril.

73. Familie Cyphiaceae.

Der Narbenkopf ist mit einem Haarbüschel gekrönt, welcher bis an die Antheren reicht. Diese liegen dicht zusammen und entleeren den Blütenstaub in Form einer grossen Pollenmasse. Besuchende Insekten drängen die Antheren auseinander, wobei ihre Unterseite mit Narbe und Pollen in Berührung kommt. (Delpino, Ult. oss. S. 100—102; Hildebrand, Bot. Ztg. 1870).

74. Familie Campanulaceae Juss.

Knuth, Grundriss S. 68; S. Schönland, Campanulaceae in Engler und Prantl, Nat. Pflanzenfamilien IV. 5. S. 44.

Die bisher untersuchten Arten sind ausgeprägt protandrisch, diejenigen der Gattung Campanula sind Bienenblumen (Hb), diejenigen der Gattungen Phyteuma und Jasione gehören wegen der Zusammenhäufung der Blüten zu kopfigen Inflorescenzen zu den Blumengesellschaften (B').

1*

Über die Blüteneinrichtungen der Campanulaceen hat O. Kirchner (Jahreshefte des Vereins für vaterländische Naturkunde in Württ. 1897, S. 193 bis 228) sehr ausführlich berichtet. Er schliesst seine Untersuchungen mit folgenden Betrachtungen:

Von grossem Interesse ist es, zu verfolgen, wie die Einzelzüge, welche bei der grössten Familie der Blütenpflanzen, den Kompositen, miteinander vereinigt auftreten, um „die gelungensten aller Blumen" zu bilden, getrennt von einander im wesentlichen schon bei den verschiedenen Gattungen der Campanulaceen aus-ausgebildet sind. Mit allen Campanulaceen haben die Compositen die ausgeprägte Protandrie und die Art und Weise gemeinsam, wie der Pollen auf der Aussenseite des Griffels den Insekten zur Abholung dargeboten wird; ebenso kommt die Ermöglichung von spontaner Selbstbestäubung durch Krümmung der Narbenäste zu der pollentragenden Region des Griffels bei beiden Familien sehr häufig vor. Die Vereinigung zahlreicher kleiner Blüten zu Köpfchen mit Aussenhüllen finden sich bei Phyteuma und Jasione, welche ausserdem mit den Compositen die allgemeine Zugänglichkeit des Nektars und das freie Hervorragen der Geschlechtsorgane aus den Blüten teilen; die Verwachsung der Antheren zu einer den Griffel umgebenden Röhre ist bei Jasione angedeutet, bei Symphyandra durchgeführt; die bei den Kompositen so häufige röhrige Gestalt des unteren Teiles der Krone, worin der Nektar emporsteigen kann, hat auch Trachelium ausgebildet und der den Nektar absondernde, die Griffelbasis umgebende Kragen tritt bei Adenophora auf.

380. Campanula L.

Wie schon Sprengel (S. 109—112) hervorhebt, sind die Arten bis auf die verschiedenen Grössenverhältnisse der Blüten von übereinstimmender Einrichtung, nämlich ausgeprägt protandrisch, und zwar werden die Blumen, wie Herm. Müller (Befr. S. 373, 374) hinzufügt, besonders von Bienen besucht.

In den meist blauen Blumen wird, nach letzterem, der Nektar von einer dem Fruchtknoten aufsitzenden, den Griffel umgebenden, gelben, fleischigen Scheibe abgesondert. Er wird durch die dreieckig verbreiterten untersten Teile der Staubfäden überdeckt und noch durch Haare, welche über den fünf zwischen den Klappen frei bleibenden Spalten zusammenschliessen, geschützt. Die drei kurzen Griffeläste liegen anfangs zu einem Cylinder zusammengeschlossen. Dieser ist von langen abstehenden Haaren dicht besetzt und wird in der Knospe von den fünf Antheren so dicht umgeben, dass letztere einen die Griffelbürste umschliessenden Hohlcylinder darstellen. Indem die Antheren alsdann nach innen aufspringen, geben sie den sämtlichen Pollen an die Griffelbürste ab, die dann pollenbedeckt aus dem Antherencylinder hervorwächst. Die Blüte öffnet sich nun, indem die verschrumpften Staubblätter sich in den Blütengrund zurückziehen, so dass sich den hereinkriechenden Bienen in der Blütenmitte die mit Pollen behaftete Griffelbürste darbietet; die Besucher werden so nach und nach den Blütenstaub mit ihrem Haarkleide abstreifen. Im zweiten Blütenstadium entfalten die drei Griffeläste ihre papillöse Innenseite, so dass sich nunmehr die Narben dort befinden, wo vorher der Pollen durch die Besucher abgestreift wurde.

Es ist also Fremdbestäubung bei Insektenbesuch durch diese Protandrie gesichert. Bleibt solcher aus, so wird durch weiteres Zurückkrümmen der Griffeläste spontane Selbstbestäubung ermöglicht.

Wie schon Kerner bemerkt, dienen die glockenförmigen Blumen nicht wenigen Insekten als Herberge. Einige ausländische Arten haben auch kleisto-

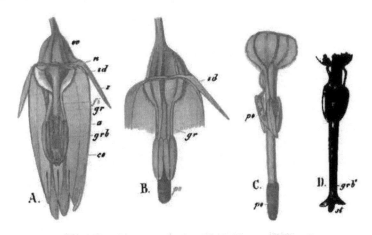

Fig. 212. Campanula L. (Nach Herm. Müller.)

A. Junge Knospe von Campanula pusilla L. im Aufriss. *B.* Befruchtungsorgane einer dem Aufblühen nahen Knospe. *C.* Befruchtungsorgane einer Blüte im ersten (männlichen) Zustande. *D.* Dieselben einer Blüte im zweiten (weiblichen) Zustande. *sd* Die durch die verbreiterten und am Rande dicht bewimperten Basen der Staubfäden gebildete Saftdecke. *grb* Griffelbürste. *grb'* Dieselbe nach Einschrumpfung der Haare. (Vergr. 4 : 1.) Die übrigen Buchstaben haben dieselbe Bedeutung wie in Fig. 213.

game Blüten, so C. canescens Wallr. und C. colorata Wallr. in Ostindien (H. v. Mohl, Bot. Ztg. 1863, S. 315), sowie C. dimorphanta Schwf. in Nubien und Oberägypten.

Kirchner (a. a. O. S. 200) hebt hervor, dass trotz der grossen Übereinstimmung der Campanula-Arten in Bezug auf die eigentliche Blüteneinrichtung die Grösse, Färbung und Gestalt der Blüten, sowie die natürliche Stellung und ihre Zusammenordnung zu Blütenständen doch eine grosse Verschiedenheit innerhalb der Gattung zeigen. Derselbe gruppiert (a. a. O. S. 214, 215) die bisher untersuchten Arten in folgender Weise:

A. Blüten mit ausgestreckten oder auswärts gebogenen Kronzipfeln und offenem Blüteneingang.

  I. Blüteneingang aufwärts gewendet.

    a) Krone radförmig oder beckenförmig ausgebreitet, tief gespalten.

      1. Blüten einzeln stehend: cenisia.

      2. Blüten in Trauben: garganica, Elatines, elatinoides.

b) Krone trichterig, glockig oder röhrenförmig vertieft.

α) Griffel aus der Krone hervorragend, Blüten zusammengedrängt.

1. Blüten blau: Cervicaria, glomerata.

2. Blüten hellgelb: thyrsoides, petraea.

β) Griffel aus der Krone nicht hervorragend.

αα) Einblütige Arten.

1. Mit glockiger Krone: Morettiana, Allionii, uniflora, pratensis.

2. Mit trichterförmiger Krone: Aucheri, ciliata, spathulata.

ββ) Armblütige Arten.

aa) Blüten einzeln zwischen den Verzweigungen des Stengels.

1. Krone trichterförmig: libanotica.

2. Krone glockig: drabifolia, cashmiriana.

3. Krone walzig-röhrenförmig: Erinus, stricta, canescens, colorata.

bb) Blüten in Trauben.

1. Grossblütige Arten: Raineri, carpathica.

2. Kleinblütige Arten: Waldsteiniana, pauciflora.

γγ) Blüten in traubigen reichblütigen Inflorescenzen.

1. Krone trichterförmig: Rapunculus, patula, pyramidalis.

2. Krone glockig: tomentosa, laciniata, Trachelium, Grossekii, nobilis, latifolia, lactiflora.

3. Krone röhrig: Celsii.

δδ) Blüten ährenförmig angeordnet: spicata, multiflora, grandis.

εε) Blüten kopfig zusammengestellt: capitata.

II. Blüteneingang abwärts gerichtet.

a) Griffel gerade.

α) Einblütige Arten: pulla, excisa.

β) Blüten in traubigen Blütenständen.

aa) Krone glockig.

1. Narbenäste drei, Krone mittelgross: rotundifolia, Scheuchzeri, pusilla, caespitosa, carnioa.

2. Narbenäste fünf, Krone gross: Medium.

bb) Krone trichterförmig-glockig: sibirica, bononiensis, rapunculoides.

cc) Krone eng trichterförmig: Jaubertiana.

b) Griffel umgebogen: americana.

B. Blüteneingang durch die zusammenneigenden Kronzipfel geschlossen: Zoysii.

1683. C. rotundifolia L. [Sprengel, S. 109—112; Herm. Müller, Befr. S. 374; Alpenbl. S. 403; Mac Leod, Bevruchting der Bloemen S. 287; Kirchner, Flora S. 652; Knuth, Nordfries. Inseln S. 100, 163; Notizen.] — Die Farbe der Blüten ist meist eine trüb himmelblaue, doch wechselt sie stellenweise, z. B. auf den nordfriesischen Inseln, von tief Dunkelblau bis Weissblau.

Die Grösse der nickenden Blüten ist eine verschiedene. Im Blütengrunde spielen die weissen Staubfadenbasen die Rolle des Saftmales. Bei ausbleibendem Insektenbesuche kann durch Zurückrollung der Narbenäste Autogamie erfolgen. — Pollen, nach Warnstorf, weisslich, kugelig, dicht stachelwarzig, etwa 31 μ diam.

Als Besucher und Befruchtungsvermittler ist in erster Linie die Biene Melitta haemorrhoidalis F. zu nennen, welche wohl überall, wo die Pflanze auftritt, sich an den Blumen einstellt. Auch Eriades campanularum K. und Halictoides dentiventris Nyl. sind in vielen Gegenden Europas stetige Gäste dieser Blüten. — Ich beobachtete auf den nordfriesischen Inseln und bei Kiel (Nordfries. Ins. S. 163; Weit. Beob. S. 237) als Besucher:

A. Coloptera: 1. Miarus campanulae L., zahlreich im Blütengrunde. B. Diptera: a) *Muscidae*: 2. Anthomyia sp.; 3. Sarcophaga carnaria L. b) *Syrphidae*: 4. Eristalis arbustorum L., pfd. C. Hymenoptera: *Apidae*: 5. Anthrena shawella K. ♀; 6. Apis mellifica L.; 7. Bombus derhamellus K. ♀; 8. B. lapidarius L. ♀; 9. B. sp.; 10. Halictus flavipes Fabr. ♀; 11. Melitta haemorrhoidalis Fabr. ♂. D. Lepidoptera: *Sphingidae*: 12. Zygaena filipendulae L.; auf der Insel Rügen Melitta haemorrhoidalis F. ♂ ♀; in Thüringen zwei Hummelarten: Bombus hypnorum L. ♂ und B. soroënsis F. var. proteus Gerst. ♀.

Wüstnei beobachtete auf der Insel Alsen Cilissa haemorrhoidalis F. und Osmia claviventris Thoms. (= O. interrupta Schenck) als Besucher; Alfken bei Bremen: *Apidae*: 1. Anthrena gwynana K. ♀, 2. Generat.; 2. A. morawitzi Ths. ♂, 2. Generat.; 3. A. propinqua Schck ♀, 2. Generat.; 4. Bombus agrorum F. ♂; 5. B. derhamellus K. ♂; 6. B. lapidarius L. ♀; 7. B. lucorum L. ♀ ♂; 8. B. proteus Gerst. ♀ ♀, sgd., psd., ♂ sgd.; 9. Dufourea vulgaris Schck. ♀ sgd., psd., ♂ sgd.; 10. Eriades campanularum K. ♀ ♂; 11. E. nigricorius Nyl. ♀ ♂; 12. Halictoides dentiventris Nyl. ♂; 13. H. inermis Nyl. ♂; 14. Megachile maritima K. ♀; 15. M. willughbiella K. ♀; 16. Melitta haemorrhoidalis F. ♀ ♂; 17. Psithyrus rupestris F. ♂, sgd.; 18. Stelis phaeoptera K. ♀, sgd.; Sickmann bei Osnabrück die Grabwespe Ammophila viatica L. Dhlb. nicht selten; Friese in Mecklenburg die Apiden: 1. Anthrena gwynana K., 2. Generation; 2. A. nigriceps K., s. slt.; 3. A. shawella K., n. slt.; 4. Eriades campanularum K., n. slt.; 5. E. nigricornis Nyl., hfg.; 6. Halictoides dentiventris Nyl., hfg.; 7. H. inermis Nyl., hfg; 8. Melitta haemorrhoidalis F., hfg.

Schmiedeknecht und Friese beobachteten in Thüringen Anthrena curvungula Thoms.; Schenck in Nassau die Apiden: Halictoides dentiventris Nyl. und Melitta haemorrhoidalis F.

Loew beobachtete im Riesengebirge (Beiträge S. 52): Hymenoptera: *Apidae*: 1. Bombus pratorum L. ♀, psd.; Cilissa haemorrhoidalis F. ♀, sgd.; Mac Leod in Flandern 2 Hummeln und 1 kleine Muscide (B. Jaarb. V. S. 441, VI. S. 374); in den Pyrenäen 1 Hummel, 2 Musciden und 2 Empiden als Besucher. (A. a. O. III. S. 371, 372.)

Herm. Müller (1) giebt für Westfalen (W.), Sauerland (Sld.), Thüringen (Th.), Buddeberg (2) für Nassau (Befr. S. 374; Weit. Beob. III. S. 77) folgende Besucher an: A. Coleoptera: a) *Curculionidae*: 1. Gymnetron campanulae L. (1); 2. Otiorhynchus ovatus L. (1). b) *Staphylinidae*: 3. Anthobium (1). B. Diptera: a) *Bombylidae*: 4. Systoechus sulphureus Mikan, sgd. (Sld., 1). b) *Empidae*: 5. Rhamphomyia plumipes Fallen, häufig (1). c) *Syrphidae*: 6. Melithreptus taeniatus Mg. (bayer. Oberpf., 1). C. Hymenoptera: a) *Apidae*: 7. Anthrena coitana K. ♂ (1, W. und bayer. Oberpf.); 8. A. gwynana K. ♂ (1, W., 2); 9. Apis mellifica L. ♀, sgd. (1, W.); 10. Bombus lapidarius L. ♀, psd. und sgd., in Mehrzahl (1, bayer. Oberpf.); 11. B. pratorum L. ♀, sgd. (1, W.); 12. Chelostoma campanularum L., sgd. und psd., häufig (1, W.); 13. Ch. nigricorne Nyl. ♀ ♂, w. v. (1, W.); 14. Cilissa haemorrhoidalis F. ♀ ♂, sgd. und psd.

(1, W.); 15. Halictoides dentiventris Nyl. ♂♀ (1, W.); 16. Halictus albipes F. ♀, sgd. (2); 17. H. smeathmanellus K. ♂ (1, W.); 18. Nomada furva Pz. (minuta F. ♂) (1, Th.). C. Lepidoptera: 19. Ino statices L. (1, Sld.).

In den Alpen sah Herm. Müller an 9 Bienen (darunter Cilissa melanura Nyl.) und 3 Falter in den Blüten. (Alpenbl. S. 403).

Morawitz merkte in Tirol Anthrena alpina Mor.; dieselbe geben v. Dalla Torre und Schletterer an.

E. D. Marquard verzeichnet für Cornwall Anthrena albicrus K. als Besucher.

Saunders und Smith beobachteten in England die Apiden: 1. Eriades campanularum K.; 2. Melitta haemorrhoidalis F.; Willis (Flowers and Insects in Great Britain Pt. I.) in der Nähe der schottischen Südküste: A. Coleoptera: Nitidulidae: 1. Meligethes sp., sgd., häufig. B. Diptera: Muscidae: 2. Anthomyia radicum L., sgd., häufig. C. Hymenoptera: Apidae: 3. Bombus terrester L., w. v. D. Lepidoptera: Rhopalocera: 4. Vanessa urticae L., sgd. E. Thysanoptera: 5. Thrips, sgd., häufig.

In Dumfriesshire (Schottland) (Scott-Elliot, Flora S. 110) wurden 2 Hummeln, 1 kurzrüsselige Biene, 3 Musciden, mehrere Dolichopodiden, 1 Falter und Meligethes als Besucher beobachtet.

Lindman sah an der Form arctica (mit einer bis 30 mm langen Kronröhre) auf dem Dovrefjeld 1 Hummel, 1 Käfer, 1 Kleinfalter, mehrere Fliegen in den Blüten.

1684. C. caespitosa Scop. [Kirchner, a. a. O. S. 210.] — Die Kronen der traubig oder rispig angeordneten Blüten sind länglich glockenförmig, 14 bis 16 mm lang, in der Mitte am weitesten, unter den Zipfeln etwas verengt. Sie haben eine hellviolette Farbe mit einem Stich ins Rötliche und sind inwendig von einem deutlichen Adernetz durchzogen.

1685. C. pulla L. [Kirchner, a. a. O.] hat nach unten hängende, auf kurzen Stengeln endständige grosse Blüten. Die dunkelblaue, glockenförmige Krone hat eine 16 mm lange Röhre und 6 mm lange, ziemlich gerade vorgestreckte Zipfel, der Blüteneingang ist ca. 12 mm weit. Der 12 mm lange Griffel rollt seine Narbenäste schliesslich nur halbkreisförmig zurück, so dass sie die Gegend des Griffels, auf welchem der Pollen abgesetzt ist, nicht erreichen.

1686. C. excisa Schleicher [Kirchner, a. a. O.], durch die bogig ausgeschnittenen Kronbuchten ausgezeichnet, hat steif aufrechte Stengel, auf deren Ende die einzelne Blüte wagerecht nickt; die Krone ist viel kleiner als bei C. pulla.

1687. C. cenisia L. Die Blüteneinrichtung dieser hochalpinen Art beschreibt Kirchner [a. a. O. S. 201] in folgender Weise: Die Blüten stehen einzeln auf dem Ende kurzer, liegender Äste und haben eine aufrechte oder schräg aufwärts gerichtete Stellung. Die hellblaue Krone hat einen trichterförmigen Tubus von 4 mm Länge und 10 mm lange, ausgebreitete, am Ende nach aussen umgebogene Zipfel; der obere Durchmesser der Blüte beträgt 15 bis 20 mm. Der hellblaue, 10 mm lange Griffel steht in der Mitte der Blüte aufrecht und ragt noch etwas aus dem Blüteneingang hervor; er teilt sich im späteren Blütenstadium an seiner Spitze in drei (bisweilen vier) hellgelbe Narbenäste. Die auf dem Fruchtknoten ausgeschiedenen Nektartröpfchen werden von den verbreiterten bläulichweissen Filamentbasen, welche an den Rändern mit Zottenhaaren besetzt sind, völlig verdeckt. Spontane Selbstbestäubung findet in den Blüten nicht statt, da die Narbenäste auch zuletzt nur bogig auseinanderklaffen, sich aber nicht nach hinten zurückrollen.

1688. C. pyramidalis L. Die Narbenäste machen, nach **Kerner**, zuletzt 1—1½ Umgänge, so dass alsdann spontane Selbstbestäubung möglich ist.

1689. C. capitata Sims. [**Kirchner**, a. a. O. S. 208.] — Die Krone hat eine 35—40 mm lange, eng trichterförmige Gestalt; der Griffel ragt nicht hervor. Zu ihrer Bestäubung scheint die Mithülfe besonders langrüsseliger Insekten erforderlich.

1690. C. Scheuchzeri Villars.

Als Besucher der 25—30 mm langen Blüten beobachtete H. Müller in den Alpen Bienen (9 Arten, darunter 7 Hummeln), und Falter (3). (Alpenbl. S. 403, 404.)

Loew beobachtete im botanischen Garten zu Berlin: A. Diptera: *Muscidae*: 1 Pyrellia cadaverina L., aussen an der Blumenkrone sitzend. B. Hymenoptera: *Apidae*: 2. Apis mellifica L. ☿, sgd. und psd.

1691. C. pusilla Haenke.

Nach **Kirchner** (a. a. O. S. 210) bleiben die Narbenäste bis zuletzt nur klaffend, ohne sich nach hinten zurückzurollen, so dass spontane Selbstbestäubung höchstens durch Herabfallen von Pollen auf die Narbenränder stattfinden könnte.

Die nickenden Blüten sah Müller in den Alpen von Fliegen (2), Bienen (8, darunter 4 Hummeln), Faltern (2) besucht. (Alpenbl. S. 403.)

1692. C. bononiensis L. Nach **Warnstorf** [Bot. V. Brand. Bd. 38] geben die gelblichen Antheren meist schon in der noch geschlossenen Blüte ihren Pollen an den behaarten Griffel ab. Die Narbenäste entfalten sich, nach **Schulz** (Beitr.), früh und kommen dabei häufig mit dem auf der Aussenseite liegen gebliebenen Pollen in Berührung, indem sich die 3, selten 4 kurzen Narbenäste später schneckenförmig einrollen und lange lebensfähig bleiben. — Pollen, nach **Warnstorf**, weisslich, kugelig, dicht mit niedrigen Stachelwarzen bedeckt, bis 44 µ diam.

Als Besucher beobachtete H. Müller in Thüringen (Befr. S. 375; Weitere Beob. III. S. 78):

A. Coleoptera: a) *Curculionidae*: 1. Gymnetron campanulae L., zahlreich. b) *Nitidulidae*: 2 Meligethes, zahlreich. B. Hymenoptera: *Apidae*: 3. Chelostoma campanularum K. ♀ ♂, häufig; 4. Ch. florisomne L. ♀ ♂. in Mehrzahl; 5. Ch. nigricorne Nyl. ♀ ♂; 6. Cilissa haemorrhoidalis F. ♂; 7. Halictus flavipes F. ♀.

Dalla Torre beobachtete in Tyrol Bombus agrorum F. ♀ ☿; auch Schletterer giebt Bombus agrorum F. an.

1693. C. rapunculoides L. [Kerner, Pflanzenleben II: Warnstorf, Bot. V. Brand. Bd. 39.] Nach **Kerner** machen die Griffeläste der nickenden Blüten beim Zurückrollen mehr als 2 Umgänge. Ich habe dies an den Pflanzen der Insel Föhr nicht bemerkt. Auch nach **Warnstorf** beschreiben die kurzen Narbenäste beim Einrollen kaum eine Windung, und es kommen daher die mit Narbenpapillen besetzten Innenflächen derselben in den meisten Fällen wohl kaum mit noch an den Griffelhaaren haftendem Pollen in Berührung, weshalb Autogamie in der Regel verhindert sein dürfte. Pollenzellen weiss, kugelig, dicht stachelwarzig, im Durchschnitt etwa 50 µ diam. aufweisend.

Als Besucher beobachteten Herm. Müller (1) in Westfalen und Buddeberg (2) in Nassau (H. M., Befr. S. 374; Weit. Beob. III. S. 77):

A. Diptera: *Syrphidae*: 1. Rhingia rostrata L., sgd., mit bestäubtem Rücken wieder aus der Blüte kommend (1, 2). B. Hymenoptera: *Apidae*: 2. Anthrena aestiva Sm. ♀ (2); 3. A. gwynana K. ♂ ♀ (1); 4. Apis mellifica L. ⚲, sgd. (1); 5. Bombus lapidarius L. ⚲, sgd. und psd. (1); 6. Chelostoma campanularum K. ♂, sgd. (1, 2); 7. Ch. nigricorne Nyl. ♂ ♀, zahlreich (1, 2 mit ♂); 8. Cilissa haemorrhoidalis F. ♀ ♂ (1); 9. Halictus albipes F. ♀ (1); 10. H. leucozonius Schrk. ♀, sgd. (1); 11. H. maculatus Sm. ♂ (1); 12. H. sexnotatus K. ♀, sgd. und psd., häufig (2); 13. Prosopis communis Nyl. ♀ (2); 14. Pr. hyalinata Sm. ♂ ♀, zahlreich (1).

Schenck beobachtete in Nassau die Apiden: Halictoides dentiventris Nyl. und Melitta haemorrhoidalis F.

In den Alpen bemerkte Herm. Müller 1 Hummel als Besucher. (Alpenbl. S. 404.)

Mac Leod beobachtete in den Pyrenäen 3 langrüsselige Apiden als Besucher. (B. Jaarb. III. S. 371).

1694. C. Trachelium L. (C. urticifolia Schmidt). Nach Kerner öffnen sich die Blüten bei Innsbruck morgens um 6—7 Uhr und schliessen sich nachmittags um 6—7 Uhr. Nach demselben ist die Blütenfarbe in der Umgebung des Brenners weiss, in den östlichen Kalkalpen blau. Die Griffeläste krümmen sich nur halbkreisförmig zurück, wobei sie durch den an den Haaren der Blütenglocke haftenden Pollen belegt werden, falls nicht durch Insekten bereits Fremdbestäubung herbeigeführt war. Auch nach Warnstorf rollen sich die Griffeläste bis zur Berührung mit dem haften gebliebenen Pollen zurück. — Pollenzellen gelb, kugelig, stachelwarzig, etwa 37 μ diam.

Als Besucher sahen Herm. Müller (1) (Befr. S. 374: Weit. Beob. III. S. 77) und ich (!) (Bijdragen):

A. Coleoptera: a) *Cryptophagidae*: 1. Antherophagus sp (1). b) *Curculionidae*: 2. Gymnetron campanulae L. (1, Thür.). c) *Nitidulidae*: 3. Meligethes, in grösster Menge (1). B. Diptera: *Syrphidae*: 4. Chrysochlamys ruficornis F., pfd. (1); 5. Rhingia rostrata L., sgd. (!); 6. Syrphus balteatus Deg., pfd. (1). C. Hymenoptera: *Apidae*: 7. Anthrena coitana K. ♀ ♂, die ♂ sehr häufig (1); 8. A. fulvicrus K. ♂ (1); 9. A. gwynana K. ♀ ♂, häufig (1); 10. Apis mellifica L. ⚲, sgd. (!, 1); 11. Bombus lapidarius L. ⚲, psd. (!, 1); 12. Chelostoma campanularum L. (1); 13. C. nigricorne Nyl. ♂, sgd. (1); 14. Cilissa haemorrhoidalis F. ♀ ♂, sgd. und psd., die ♂ sehr häufig (!, 1); 15. Halictoides dentiventris Nyl. ♀ ♂, die ♂ sehr häufig (1); 16. Halictus cyindricus F. ♀, psd. (1); 17. Prosopis hyalinata Sm. ♀ ♂, zahlreich (1); 18. Xylocopa violacea L. ♀, sgd. (1, Würzburg).

In den Alpen sah H. Müller 1 Hummel in den Blüten. (Alpenbl. S. 404.)

Schletterer und Dalla Torre geben für Tirol die Furchenbiene Halictus costulatus Kriechb. als Besucher an.

Wüstnei bemerkte auf der Insel Alsen Cilissa haemorrhoidalis F. als Besucher.

Sickmann verzeichnet für Osnabrück die Grabwespe Crabro chrysostomus Lep.

Krieger beobachtete Leipzig die Apiden: 1. Eriades nigricornis Nyl.; 2. Halictus morio F.; 3. H. smeathmanellus K.; 4. Melitta haemorrhoidalis F.; 5. Trachusa serratulae Pz.; Schmiedeknecht in Thüringen die Apiden: 1. Anthrena alpina Mor.; 2. A. gwynana K., 2. Generation; 3. A. shawella K.; Schenk beobachtete in Nassau Halictoides dentiventris Nyl.

1695. C. sibirica L. [Kirchner, a. a. O. S. 211.] — Die Blüten stehen zahlreich in Rispen, ihre Kelchzipfel sind 7—8 mm lang und liegen in aufrechter Stellung der Krone an, die zwischen ihnen stehenden Anhängsel sind zurückgeschlagen; die violette Krone ist 28—30 mm lang, wovon 8—10 mm auf die Kronzipfel kommen; der Griffel hat die Länge der Kronröhre, seine Narbenäste rollen sich zuletzt bis zu zwei Windungen ein, so dass spontane Selbstbestäubung erfolgen kann.

Als Besucher bemerkte Kirchner eine nicht näher bestimmte Bienenart.

1696. C. Erinus L. Die von Kirchner (a. a. O. S. 204) nach Exemplaren des botanischen Gartens zu Hohenheim beschriebene Blüteneinrichtung ist folgende: Die Blüten sind von geringer Grösse und sitzen zwischen den Gabelästen des Stengels; die blattähnlichen Kelchzipfel sind so lang wie die Krone, diese hat eine walzenförmige Gestalt mit erweitertem Grunde, eine Länge von 6—7 mm bei einer Weite von 3 mm und eine bläulichweisse Farbe mit hellblauem Saume. Die fünf (bisweilen nur vier) Kronzipfel sind 2 mm lang und breiten sich etwas aus, so dass der obere Durchmesser der Blüte etwa 5 mm beträgt. Da der Griffel eine Länge von 4 mm hat, so breiten sich seine drei Narbenschenkel in der Höhe des Blüteneinganges aus. Das Verstäuben der hellgelben Antheren und die Absonderung und Bergung des Nektars bieten keine Abweichung von der Regel. Spontane Selbstbestäubung scheint trotz der Kleinheit der Blüten nicht stattzufinden.

Als Besucher beobachtete Kirchner die Honigbiene.

1697. C. Rapunculus L. [Kirchner, Flora S. 653.] — Die ansehnliche Rispe trägt zahlreiche Blüten mit blauen, trichterförmigen, 20—25 mm langen Kronen, deren 7—9 mm lange Zipfel zugespitzt sind. Gegen Ende der Blütezeit rollen sich die Griffeläste auf 1—1½ Umgänge zurück, so dass bei ausbleibendem Insektenbesuche spontane Selbstbestäubung erfolgt.

Als Besucher beobachtete ich Apis und Bombus lapidarius L. ⚥, beide ganz in die Blüten kriechend, sgd. und psd.

Schenck beobachtete in Nassau die Bauchsammler-Biene Eriades campanularum K.

1698. C. persicifolia L. Nach Kerner machen die Griffeläste beim Zurückrollen 1½—2 Umdrehungen. Nach Warnstorf dagegen spreizen die Narbenäste später nur, rollen sich aber nicht ein, so dass Autogamie ausgeschlossen ist. — Pollen gelblichweiss, kugelig, klein stachelwarzig, 31—35 μ diam.

Als Besucher sahen Herm. Müller (1) und Buddeberg (2) (Befr. S. 375; Weit. Beob. III. S. 78), ersterer in Westfalen und Thüringen, letzterer in Nassau: A. Coleoptera: a) *Curculionidae*: 1. Gymnetron campanulae L., häufig (1, Thür.). b) *Nitidulidae*: 2. Meligethes spec., häufig (1, Thür.). B. Hymenoptera: *Apidae*: 3. Chelostoma campanularum L. ♀ ♂, psd. und sgd. (1, Thür.); 4. Ch nigricorne Nyl. ♂ ♀, sgd. (1, Thür., 2, N.); 5 Prosopis communis Nyl ♀ (2, N.); 6. Pr. confusa Nyl. ♂ (2, N.); 7. Pr. hyalinata Sm. ♀ ♂ (1, Westf.). C. Orthoptera: 8. Forficula auricularia L. (1, Westf.). D. Thysanoptera: 9. Thripus, zahlreich (1, Thür.).

Schmiedeknecht beobachtete in Thüringen Anthrena gwynana K., 2. Generat.; Alfken bei Bremen Eriades nigricornis Nyl. ♀, sgd.

Auf der Insel Rügen beobachtete ich: Hymenoptera: *Apidae*: 1. Anthrena gwynana K. ♀ (Sommergeneration); 2. Eriades nigricornis Nyl. ♀; Loew in Schlesien (Beiträge S. 34): Dasytes niger L., im Grunde der Blüte hld. und (Beiträge S. 51): Halictoides dentiventris Nyl. ♂, im Blütengrunde. Schletterer verzeichnet für Tirol als Besucher die Apiden: 1. Colletes balteatus Nyl.; 2. Megachile (Chalicodoma) pyrenaica Lep. ♀; letztere giebt auch Dalla Torre an.

1699. C. thyrsoidea L. [H. M., Alpenblumen S. 405, 406.] — Wahrscheinlich gegen kleine ankriechende Insekten sind die Kronzipfel, sowie der Griffel mit 3—5 mm langen Haaren besetzt. Spontane Selbstbestäubung ist wohl ausgeschlossen.

Als Besucher beobachtete H. Müller Hymenopteren (3), Falter (3), Fliegen (1).

1700. C. Cervicaria L. Nach Kerner bleiben die Blüten aufrecht.

1701. C. glomerata L. Die immer aufrechten Blüten öffnen sich nach Kerner periodisch.

Als Besucher beobachtete Schenck bei Weilburg (H. M., Weit. Beob. III. S. 78): Hymenoptera: Apidae: 1. Anthrena curvungula Thoms. besucht bei Weilburg ausschliesslich diese Blume, in deren Glocken sie eine überaus grosse Menge von Pollen sammelt; keine andere Anthrenaart beladet sich so mit Pollen wie diese; 2. Apis mellifica L. ⚥; 3. Ceratina coerulea K.; 4. Coelioxys quadridentata L.; 5. Heriades campanularum L.

Schenck beobachtete in Nassau die Apiden Anthrena curvungula Thoms. und Osmia papaveris Ltr.

Schletterer und Dalla Torre verzeichnen für Tirol als Besucher die Apiden: 1. Halictus quadricinctus F. ♀; 2. H. sexnotatus K. ♀; 3. Osmia adunca Ltr. ♀, s. hfg.

Loew bemerkte im botanischen Garten zu Berlin: A. Diptera: Syrphidae: 1. Pipiza bimaculata Mg., pfd. B. Hymenoptera: Apidae: 2. Chelostoma nigricorne Nyl. ♂, sgd., dabei ganz in die Blüte hineinkriechend.

1702. C. barbata L. [H. M., Alpenblumen S. 404, 405.] — Als Schutzmittel gegen ankriechende Tiere dienen 3—5 mm lange Haare an den Kronlappen. Nach Müller ist durch Zurückbiegen der Griffeläste spontane Selbstbestäubung möglich; die Zurückrollung derselben beträgt, nach Kerner, 1 bis 1½ Umgänge.

Als Besucher sah Müller in den Alpen Käfer (1), Fliegen (2), Hymenopteren (11), Falter (4); Ricca (Atti XIV.) beobachtete noch in 2600 m Höhe Hummeln als Besucher.

Schletterer und Dalla Torre geben für Tirol Bombus soroënsis F. als Besucher an.

Loew beobachtete im Altvatergebirge (Beiträge S. 52): A. Coleoptera: Curculionidae: 1. Gymnetron campanulae L. B. Hymenoptera: Apidae: 2. Bombus lapidarius L. ♂, sgd.; 3. B. soroënsis F. ♀ ⚥, sgd.

1703. C. Medium L. Die klebrige Beschaffenheit des Griffels dient, nach Ludwig (Bot. Centralbl. Bd. 18, S. 145), dazu, unberufene Gäste abzuhalten, da derselbe z. B. Fliegen (besonders Empis acctiva Lev.) an demselben angeklebt sah.

Als Besucher vermutet Delpino (Ult. Oss. I. 2, S. 30) Käfer (Cetonia).

1704. C. spicata L. Nach Kirchner (Beitr. S. 59), welcher diese Art bei Zermatt untersuchte, stimmt die Einrichtung der zu langen, ansehnlichen Ähren vereinigten Blüten mit derjenigen der übrigen Arten überein. Die hellviolette, am Grunde weissliche Blumenkrone ist etwa 30 mm lang, vom Grunde allmählich und gleichmässig zu einem Trichter erweitert; ihre sich in der Richtung des letzteren fortsetzenden Zipfel sind etwa 12 mm lang. Gegen Ende der Blütezeit rollen sich die drei Narbenschenkel schneckenförmig nach unten bis zu 2 Windungen auf, so dass bei ausgebliebenem Insektenbesuche, wie schon Kerner bemerkt, wohl spontane Selbstbestäubung möglich ist.

1705. C. uniflora L. Die Blüten dieser nordischen Art sind, nach Warming (Bestövningsmade S. 52—54), dunkelblau, aufrecht oder etwas nickend. Der Griffel ragt wenig hervor; die Antheren sind schon in der Knospe geöffnet und auch die Narben alsdann bereits empfängnisfähig, so dass in der noch geschlossenen Blüte pseudokleistogam die Narben belegt werden und auch zahlreiche Pollenkörner auf denselben keimen. Später öffnen sich die Blüten in normaler Weise, so dass also eine anfangs kleistogame Blüte später chasmogam wird, ein Fall, der bisher einzig dasteht.

1706. C. latifolia L.

Als Besucher beobachtete ich (Bijdragen) die Honigbiene, sgd., ganz in den bis zur Spaltung 35 mm langen Blumenglocken verschwindend und pollenbedeckt wieder hervorkommend.

Loew beobachtete im botanischen Garten zu Berlin: Hymenoptera: *Apidae*: 1. Apis mellifica L. ⚥, sgd. und psd.; 2. Bombus pratorum L. ⚥, völlig in die Blüte hineinkriechend.

In Dumfriesshire (Schottland) (Scott-Elliot, Flora S. 109) wurde eine Hummel als Besucherin beobachtet.

Die Var. serotina sah Loew im botanischen Garten von einer beim Saugen ganz in die Blüte hineinkriechende Biene (Chelostoma nigricorne Nyl. ♀) besucht.

1707. C. patula L. Nach Kerner rollen sich die Griffeläste zu mehr als zwei Umgängen auf. Nach demselben hängen die Blüten bei schlechtem Wetter über. — Pollen, nach Warnstorf, weiss, kugelig, mit zahlreichen Stachelwarzen und 25—31 μ diam.

Als Besucher beobachtete Mac Leod in Belgien 1 Biene (Chelostoma) und 1 Falter (Pieris). (B. Jaarb. V. S. 441.)

Herm. Müller beobachtete in Westfalen, Thüringen und in der bayerischen Oberpfalz (Befr. S. 375; Weit. Beob. III. S. 78.):

Hymenoptera: *Apidae*: 1. Anthrena coitana K. ♀ (bayer. Oberpfalz); 2. A. gwynana K. ♂ ♀, sgd. und psd; 3. A. labialis K. ♂, sgd (Jena); 4. Chelostama nigricorne Nyl. ♂ ♀, sgd. und psd.; 5. Cilissa haemorrhoidalis F. ♂ ♀, sgd. und psd. (bayer. Oberpf.`); 6. Halictoides dentiventris Nyl. ♀ ♂, sgd. (Unterfranken`); 7. Rophites quinquespinosus Spin. ♂, sgd. (bayer. Oberpf.). Mac Leod sah in Flandern 1 kurzrüsselige Biene und 1 Falter (B. Jaarb. V. S. 441); in den Pyrenäen 2 Musciden in den Blüten (B. Jaarb. III. S. 371).

Alfken beobachtete bei Bremen: *Apidae*: Eriades nigricornis Nyl. ♀ ♂ und E. truncorum L ♀, sgd.; Schmiedeknecht in Thüringen Anthrena curvungula Thoms.; dieselbe bemerkte Krieger bei Leipzig.

v. Dalla Torre und Schletterer verzeichnen für Tirol als Besucher die Apiden: 1. Halictus levigatus K ♀ = lugubris K.; 2. Osmia leucomelaena K. ♀ ♂.

1708. C. carpatica Jacq. [Warnstorf, Bot. V. Brand. Bd. 38.] — Die Narbenäste sind ausserordentlich lang, im weiblichen Blütenstadium spreizend oder schwach bogig nach unten gekrümmt, aber sich nicht einrollend; Autogamie deshalb wohl ausgeschlossen. — Pollen graugrünlich, stachelwarzig, von im Mittel 37 μ diam. — Diese Art ist, nach Darwin, selbststeril.

Als Besucher beobachtete Loew im botanischen Garten zu Berlin: Hymenoptera: *Apidae*: 1. Apis mellifica L. ⚥, sgd. und psd.; 2. Chelostoma campanularum K. ♀, ganz in die Blüte hineinkriechend und sgd.; 3. C. nigricorne Nyl. ♀, w. v., auch psd.; 4. Megachile lagopoda L. ♀, in die Blüte hineinkriechend, sgd. und psd.; 5. Prosopis communis Nyl. ♀, in die Blüte hineinkriechend.

1709. C. Zoysii Wulf. Nach den von Kirchner (a. a. O. S. 213, 214) im botanischen Garten zu Hohenheim untersuchten Pflanzen stehen die Blüten vereinzelt am Ende oder auch an den Seitenzweigen der niedrigen, aufrechten Stengel und nehmen eine schräg nach unten gerichtete Lage ein. Die hellblaue Krone ist 16—18 mm lang, ihre Röhre von der Gestalt eines abgestumpften Kegels, 12 mm lang, am Grunde 8—9 mm weit, nach der Spitze zu allmählich auf $4^1/_2$ mm Weite zusammengezogen. Die fünf Kronzipfel neigen über dem Blüteneingange so zusammen, dass sie sich mit ihren Spitzen und Seitenrändern berühren und so den Eingang der Blüte vollständig verschliessen. Zwischen je zwei Zipfeln bildet der Kronsaum eine dreieckig nach aussen vorspringende Falte, so dass die Kronröhre an ihrem oberen verengerten Ende durch eine aufgesetzte fünfstrahlige Pyramide abgeschlossen wird, deren Grundfläche einen Durchmesser von 6—7 mm hat und deren Höhe etwa 6 mm beträgt. Die Kronzipfel sind durch weisse Haare bärtig, und diese Haare machen den Verschluss zwischen den Seitenrändern der Kronzipfel noch dichter, doch lassen sich letztere leicht, z. B. durch einen eindringenden Insektenkopf auseinanderbiegen. Der 15 bis 16 mm lange, weisse, kräftige Griffel ist an seinem Grunde von einem orangegelben Nektarium umgeben und vor seinem Ende im ausgewachsenen Zustande plötzlich fast rechtwinkelig umgebogen, so dass er in der Krone eingeschlossen bleibt. Wenn die Blütenknospe eine Länge von etwa 10 mm erreicht hat, so ist der Griffel erst ca. 8 mm lang und wird hier von den fünf ebenso langen Staubblättern dicht umgeben; deren hellgelbe Antheren springen nach innen auf und setzen ihren hellgelben Pollen in die Haare ab, welche die Aussenseite der drei köpfchenförmig aneinander liegenden kurzen Narbenlappen dicht überziehen. Nachher verschrumpfen die Staubblätter und ziehen sich in den Blütengrund zurück, während der Griffel sich streckt und an seinem Ende sich umbiegt; dann klaffen endlich die Narbenlappen etwas auseinander, aber spontane Selbstbestäubung scheint nicht stattfinden zu können. (Kirchner.)

Als Besucher der Blüten bemerkte Kirchner nur Thrips.

Loew beobachtete im botanischen Garten zu Berlin noch einige Campanula-Arten von folgenden Insekten besucht:

1710. C. lactiflora M. B.:
Hymenoptera: *Apidae*: Prosopis communis Nyl., in die Blüte hineinkriechend. Dieselbe Biene verfuhr ebenso bei

1711. C. Hostii Baumg.
1712. C. rhomboidalis L.:
Hymenoptera: *Apidae*: Chelostoma nigricorne Nyl. ♀, sgd. und psd., dabei ganz in die Blüte hineinkriechend.

381. Symphandra DC.

unterscheidet sich, nach Kirchner (Campanulaceen S. 215), von Campanula nur dadurch, dass die Antheren seitlich verwachsen sind, mithin eine Röhre bilden, durch welche der Griffel hindurchwächst, indem er gleichzeitig den Pollen auf seinen Sammelhaaren mitnimmt.

382. Specularia Heister.

Protandrische Blumen mit verborgenem Nektar. Blumenkrone radförmig. Blüteneinrichtung ähnlich wie bei Campanula: im ersten Blütenzustande wird der Pollen an die Griffelhaare abgegeben, im zweiten entfalten sich die Narben. — Zuweilen kleistogame Blüten. Wohl die sämtlichen amerikanischen Arten haben kleistogame Blüten.

1713. Sp. Speculum Alph. DC. (Campanula Speculum L.) Nach Kerner [Pflanzenleben II. S. 212 f., 365 f.] öffnet sich die violette Blüte um 7—8 Uhr morgens und schliesst sich um 3—4 nachmittags. Das Schliessen wird durch Zusammenlegung der radförmigen Blumenkrone in regelmässigen Längsfalten möglich. Dabei nehmen die einspringenden Längsfalten etwas Pollen auf, den sie bei Wiederholung des Schliessens an die inzwischen entfalteten Narben abgeben. Die Antheren springen auf, sobald die Knospe sich öffnet. Die besuchenden Insekten benutzen in diesem ersten Blütenzustande den pollenbedeckten Griffel als Anflugstelle und bedecken ihre Unterseite mit Blütenstaub, den sie beim Besuche einer im zweiten Zustande befindlichen Blume auf die dann entwickelten und als Anflugplatz dienenden Narbenäste übertragen. Die Zurückrollung derselben ist, nach Kirchner, vor dem Verblühen so stark, dass die papillösen Innenflächen mit ihren Spitzen den Griffel erreichen und sich, wenn an diesem noch Pollen haftet, spontan selbstbestäuben. Die Autogamie kann also in doppelter Weise erfolgen: durch Zusammenfalten der sich schliessenden Krone und durch Zurückrollung der Narbenäste. Die Menge des ausgeschiedenen Honigs fand Kirchner [Jahresh. V. f. vaterl. Nat. Württ. 1897, S. 196] sowohl an den Pflanzen des botanischen Gartens zu Hohenheim, als in Südtirol auch an sonnigen Tagen nur spärlich.

Schletterer beobachtete bei Pola die 3 Furchenbienen: 1. Halictus quadrinotatus K.; 2. H. variipes Mor.; 3. H. vestitus Mor. als Besucher.

Es sind auch kleistogame Blüten beobachtet, so von Kirchner [a. a. O.] an sämtlichen Exemplaren des botanischen Gartens zu Hohenheim, welche aus Samen erwachsen waren, die aus dem Pariser botanischen Garten stammten. Sie waren denjenigen von

1714. Sp. perfoliata DC. ähnlich, welche schon Linné kannte und welche 1863 von H. v. Mohl in eingehender Weise beschrieben wurden. [Vgl. Bd. I. S. 65.]

1715. Sp. hybrida DC. hat nach den von Kirchner [a. a. O. S. 196, 197] im botanischen Garten zu Hohenheim untersuchten Pflanzen eine ganz ähnliche Einrichtung wie Sp. Speculum, doch sind die Blüten bedeutend kleiner. Zwischen den fünf langen Kelchzipfeln steht die Krone gerade nach oben und breitet sich auf einen Durchmesser von 5½ mm flach trichterförmig aus. Sie ist lila, im Grunde hell grünlichgelb gefärbt, und ihre 2½ mm langen Zipfel besitzen eine dunklere Mittellinie. Wenn die Blüte sich öffnet, springen die 5 blau oder hellgelb gefärbten Antheren auf und setzen den hellgelben Pollen an den von ihnen dicht eingeschlossenen Griffel ab. Alsdann schrumpfen sie etwas zusammen und entfernen sich vom Griffel, der nun bald seine drei Narben-

äste bogig nach unten ausbreitet. Die Nektarabsonderung im Blütengrunde ist
spärlich. Die Blüten schliessen sich abends in derselben Weise wie diejenigen
von Sp. Speculum. Ausser bisweilen vorkommenden vierzähligen Blüten
beobachtete Kirchner auch solche mit einem Krondurchmesser von nur 3 mm,
doch stimmen diese in der Blüteneinrichtung mit den normalen Blüten überein.

383. Adenophora Fisch.

Nach Kirchner [Campanulaceen S. 215, 216] erhebt sich die nektarabsondernde epigyne Scheibe an ihrem Rande ringförmig, so dass der Griffelgrund von einem ähnlich wie bei den Kompositen gebildeten „Nektarkragen"
umgeben ist.

1716. A. liliifolia Ledeb. Bei den im botanischen Garten zu Hohenheim
kultivierten Pflanzen bilden, nach Kirchner (a. a. O.), die hellblauen oder bläulichweissen, narzissenartig duftenden Blüten eine lockere Traube, indem sie auf langen,
schräg aufwärts gerichteten Stielen nach abwärts hängen. Die schmalen, grünen,
am Rande mit wenigen drüsigen Zähnen versehenen Kelchzipfel sind bogig zurück-
gekrümmt. Die Krone hat eine glockenförmige Gestalt, ungefähr wie bei Campanula rotundifolia L., mit einem grössten Durchmesser von ca. 12 mm; die
Kronröhre ist 10 mm lang, die fünf dreieckigen Zipfel sind etwas nach aussen gebogen und 6 mm lang. Die weissen, wollig behaarten Filamente sind in ihrem
4—5 mm langen Basalteil verbreitert und liegen dort seitlich und mit ihren Haaren
verflochten dicht aneinander; die Antheren sind hellgelb, die Basis des Griffels ist
von einem weissen, 2 mm hohen, 1 1/2 mm im Durchmesser haltenden Nektarkragen
umgeben, der in seiner inneren Höhlung mit Nektar angefüllt ist, aber auch an
seiner Aussenseite Nektartröpfchen absondert. Der Griffel wird schliesslich 24 mm
lang, ragt also weit aus der Krone hervor, er ist an seinem Basalende weiss,
oben blau gefärbt und verdickt sich allmählich gleichmässig von der Basis nach
der Spitze; oben spaltet er sich in drei bogig auseinander gespreizte weisse Narbenäste. Die protandrische Einrichtung ist dieselbe wie bei Campanula; der
weissliche Pollen wird kurz vor dem Aufgehen der Blüte von den nachher sich
zurückziehenden Staubblättern in die Behaarung des Griffels abgesetzt. Zuletzt
biegen sich die drei Narbenäste so weit zurück, dass sie mit ihrer Spitze den
Griffel berühren. (Kirchner.)

1717—1721. Die übrigen Arten von Adenophora, welche nicht genauer
untersucht sind, werden, nach Kirchner (a. a. O.), jedenfalls im wesentlichen
dieselbe Blüteneinrichtung haben; sie zeigen Unterschiede in der Verzweigung
und Blütenzahl der Blütenstände, auch in der Grösse und Form der Krone.
Diese ist bald mehr von einer glockigen, bald von trichteriger Gestalt, bei
A. verticillata Fisch. röhrenförmig-glockig und nur 9 mm lang. Der Griffel
ragt bei mehreren Arten, wie A. verticillata Fisch., **A. stylosa** Fisch., **A.
periplocifolia DC.** und **A. coronata DC.**, in einer ähnlichen Weise wie bei
A. liliiflora aus der Krone hervor, bei den übrigen Arten ist er ungefähr so
lang oder kürzer als die Krone. Der Nektarkragen ist besonders gross bei A.

coronata DC.; hier hat er eine Länge von 7 mm, ist von cylindrischer Form, an der Spitze gezähnt und behaart; bei **A. Lamarckii Fisch.** und A. stylosa Fisch. ist er reichlich so lang, wie bei A. liliifolia, bei den übrigen Arten niedriger. (Kirchner.)

Als Besucher von A. stylosa Fisch. sah Loew im botanischen Garten zu Berlin zwei Schwebfliegen: Melanostoma mellina L. (aussen an der Blüte) und Platycheirus scutatus Mg. (pfd.)

384. Hedraeanthus DC.

1722. H. tenuifolius DC. Die Pflanzen des botanischen Gartens zu Hohenheim zeigten, nach Kirchner [Campanulaceen S. 217], im wesentlichen dieselbe protandrische Blüteneinrichtung wie Campanula. Die hellblauen Blüten sind zu grossen endständigen Köpfen zusammengedrängt. Der Griffel hat die Länge der Krone und spaltet sich an seinem Ende in zwei Narbenäste, die sich zwar bogig nach unten krümmen, aber die Oberfläche des Griffels mit ihrer Spitze nicht erreichen, so dass anscheinend spontane Selbstbestäubung nicht stattfinden kann.

Als Besucher beobachtete Kirchner die Honigbiene.

385. Trachelium L.

Protandrische Falterblumen.

Die Arten dieser Gattung sind nach Delpino [Ult. oss. S. 71—74] und Hildebrand [Bot. Ztg. 1870, S. 624] gleichfalls ausgeprägt protandrisch. Im ersten Blütenzustande haftet der Pollen an dem behaarten Narbenknopfe, welcher in der Knospe zwischen den Antheren hindurchwächst und dabei den bereits entleerten Pollen mitnimmt. Indem die Haare des Narbenknopfes sich dann einziehen, wird der Pollen leicht von den besuchenden Insekten entfernt. Im letzten Blütenzustande tritt die Narbe mit papillöser Oberfläche hervor.

1723. T. coeruleum L. Die Blüteneinrichtung schildert Kirchner (Campanulaceen S. 217—218) meist nach Delpino (Ult. oss. I. 2. S. 22 ff.) in folgender Weise: Die Blüten sind im Gegensatz zu Campanula klein, aber in aufrechter Stellung zu ebenen Trugdolden von bedeutenden Dimensionen zusammengestellt und auch durch ihre blaue Farbe hinreichend augenfällig. Auf dem Fruchtknoten steht die 4—6 mm lange, enge und zarte Krone mit trichterförmigem Saume und verhältnismässig langem, sehr dünnen, röhrigen Tubus. Bevor die Blüte sich öffnet, befinden sich die auf feinen Filamenten stehenden Antheren in dem engen Schlunde der Krone und füllen ihn ganz aus; der Griffel ist an seinem Ende kopfig verdickt und daselbst mit aufrechten und festen einzelligen Haaren besetzt, welche vermittelst eines zwiebelförmigen Grundes in die Oberhaut eingefügt sind. Das Griffelende steht jetzt in der Kronröhre unterhalb des Antherenkreises. Alsdann beginnt der Griffel schnell heranzuwachsen und stemmt sich, da sein Ende das durch die Antheren gebildete Hindernis nicht überwinden kann, mit starker Spannung und indem er sich dabei oft krümmt, gegen die Antheren, welche um diese Zeit aufspringen. Die Spannung des Griffels wird durch dessen weitere Streckung noch erhöht und endlich dadurch ausgeglichen, dass die Krone sich öffnet; infolge davon fährt das Griffelende mit lebhafter Bewegung mitten zwischen den Antheren hindurch, wobei es den Pollen wegfegt und in seiner Behaarung festhält, und der Griffel streckt sich weit aus dem Schlunde der Krone hervor. Der Pollen sitzt zunächst auf dem Griffelende so fest zwischen den Sammelhaaren, dass man ihn durch Darüberstreichen mit dem Finger nicht entfernen kann; alsbald aber beginnen die Haare, wie bei Campanula, sich in ihre Basis zurückzuziehen und dadurch den Pollen freizugeben. Dieser wird jetzt in der Regel durch besuchende Insekten fortgeführt und hierauf beginnt eine Art Hervorsprossen von Narbengewebe auf dem Griffelende, wobei sich dieses spaltet und ein undeutlich dreilappiger Narbenkörper hervorwächst, welcher sich zu drei sehr kurzen, weissen Narbenästen entwickelt. Da zu dieser Zeit auf der Narbe nichts mehr von dem eigenen Pollen vorhanden ist, so kann nur Fremdbestäubung durch Insektenbesuch eintreten; spontane Selbstbestäubung ist unmöglich. Die Einzelblüten eines Blütenstandes bieten verschiedene Stadien der Entwickelung dar, doch dauert der Zustand, in welchem der Pollen dargeboten wird, viel weniger lange, als der, während dessen die Narbe entwickelt ist. Die halbdurchsichtige Kronröhre ist bis zur Hälfte mit Nektar angefüllt, welcher von den die Bestäubung vermittelnden Insekten — Delpino beobachtete verschiedene Arten von Pieris (sgd.) und eine kleine pollensammelnde Biene (Halictus) — ausgebeutet wird. Die interessanten Modifikationen, welche Trachelium gegenüber Campanula und den ihr ähnlichen Gattungen zeigt, sind demnach: Hervorfegen des Pollens aus den geöffneten Antheren durch die mit Sammelhaaren besetzte Spitze des Griffels, Darbietung des Pollens und später der Narbe oberhalb der Blüte, Verkleinerung und Verengung der Krone, welche dadurch geeignet wird, in einer engen, nur für einen Schmetterlingsrüssel zugänglichen Röhre den Nektar zu bergen und zugleich dem Rüssel als Führung zu dienen, und endlich Zusammenstellung sehr zahlreicher kleiner Einzelblüten in eine ebene Fläche, wodurch der Besuch und die Befruchtung vieler Blüten in kurzer Zeit ermöglicht wird. Diese Abänderungen sichern der Art offenbar so wirksam den Eintritt von Fremdbestäubung durch Vermittelung von Insekten, dass sie auf die Möglichkeit spontaner Selbstbestäubung verzichten konnte. (Kirchner.)

386. Wahlenbergia Schrader.

Wie Campanula, doch wird der Pollen am Griffel durch eine ausgesonderte klebrige Flüssigkeit festgehalten (Schönland).

1724. W. hederacea Rchb. Nach den Untersuchungen von Willis und Burkill im mittleren Wales (Fl. a. ins. in Gr. Brit. I. p. 263) ist die Krone der aufrecht stehenden, röhrig-glockenförmigen Blüte etwa 10 mm tief und an der Öffnung 3—4 mm weit. Sie ist blassblau, mit dunkleren Adern durchzogen und geruchlos. Die Staubblätter besitzen nicht den breiten Grund und den schmalen Faden wie die

Campanula-Arten, sondern verbreitern sich allmählich nach unten, wo sie behaart
sind. Die Blüteneinrichtung ist dieselbe wie bei Campanula, nur verwelken die
Antheren nach ihrer Entleerung auf dem Griffel, während die Staubfäden als Honig-
decke stehen bleiben. Fremdbestäubung ist bei dem gelegentlich eintretenden Insektenbesuch gesichert; bleibt solcher aus, so ist spontane Selbstbestäubung möglich,
weil die Narben zuletzt immer so weit zurückgebogen sind, dass sie den Pollen
an ihrem eigenen Griffel berühren.

Als Besucher beobachteten Willis und Burkill 2 Musciden, von denen die
eine gerade gross genug war, um die Narbe zu streifen; ferner Thrips (sehr häufig)
und eine in den Blüten umherkriechende Hemiptere.

387. Phyteuma L.

Sprengel S. 113—115; H. Müller, Alpenblumen S. 406—409.

Protandrische Blumengesellschaften.

Wie bei Campanula ist auch bei Phyteuma (und Jasione, s. folgende
Gattung) der obere Teil des Griffels anfangs von dichten, abstehenden Haaren

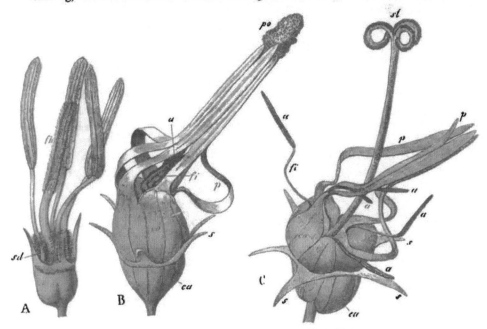

Fig. 213. Phyteuma L. (Nach Herm. Müller.)

A. Junge Knospe von Phyteuma Michelii nach Entfernung der Blumenkrone und eines
Staubgefässes. B. Blüte im ersten (männlichen) Zustande. C. Blüte im zweiten (weiblichen)
Zustande. (Vergr. 7 : 1.) ca Kelch. s Kelchzipfel. co Krone. p Kronzipfel. fi Staubfaden.
a Staubbeutel. po Pollen. st Narbe. sd Saftdecke. fh Griffelbürste (Fegehaare).

umgeben, in welche die Antheren bereits während des Knospenzustandes der
Blüte den Pollen abgeben. Ähnlich wie bei Kompositen wird letzterer durch
den wachsenden Griffel aus einer Röhre hervorgefegt, doch ist dies nicht die

Antherenröhre, sondern sie wird durch die anfangs zusammenhaftenden, langen, bandförmigen Zipfel der Blumenkrone gebildet, während die Staubblätter sich nach Abgabe des Pollens wellig kraus zusammenziehen. Auch die unteren, freien Teile der Kronzipfel biegen sich nach auswärts, sodass die oberen Teile herabgezogen werden. Indem nun der Griffel gleichzeitig wächst, wird der Pollen durch die Griffelbürste nicht nur in die Höhe gehoben, sondern auch der darüber abgelagerte aus dem oberen Ende der Kronzipfelröhre hervorgefegt.

Hat die wachsende Griffelspitze das obere Ende der Kronzipfelröhre erreicht, so beginnt er seine bis dahin dicht aneinander liegenden Äste auseinanderzuspreizen und sprengt dadurch jene in ihrem unteren Teile schon gespaltene Röhre auseinander, so dass sie vom Griffel heruntergleitet. Die drei Griffeläste spreizen bald soweit auseinander, dass ihre papillösen Innenflächen sich gerade da befinden, wo im ersten Blütenzustande die Pollenmassen angehäuft waren. Da von den besuchenden Insekten die Bienen und Hummeln an den Blütenständen aufwärts zu klettern pflegen, so kreuzen sie nicht nur, wie alle Besucher, regelmässig ältere Blüten mit dem Pollen jüngerer, sondern auch, da das Aufblühen im Blütenstande von unten nach oben erfolgt, also die älteren unter den jüngeren sitzen, regelmässig getrennte Stöcke mit einander.

Bleibt bei ungünstiger Witterung Insektenbesuch aus, so ist, nach Kerner, durch Zurückrollen der Griffeläste bis zur Berührung mit dem noch auf dem Griffel abgelagerten Pollen spontane Selbstbestäubung möglich.

Durch die Vereinigung der meist blauen oder violetten Blüten zu kugeligen, eiförmigen oder länglichen Köpfchen ist die Augenfälligkeit sehr erhöht. Die Häufigkeit des Insektenbesuches entspricht im allgemeinen der Grösse der Köpfchen. --

Wie Kirchner [Campanulaceen S. 219 u. 220] hervorhebt, passt die obige Schilderung Herm. Müllers nur auf die Arten der Sektion Hedranthum G. Don mit sitzenden Blüten und mit Kronen, welche sich erst im Verlaufe des Blühens allmählich vom Grunde nach der Spitze hin in die einzelnen Zipfel teilen. Auch die Arten der Sektion Synotoma G. Don haben zu Gesellschaften vereinigte Blüten. Die Untergattungen Podanthum G. Don, Petromarula DC. und Cylindrocarpa Regel haben rispige und traubige Blütenstände mit Einzelblüten, welche in Gestalt und Bestäubungsweise sehr wesentlich von den zu Blumengesellschaften vereinigten abweichen, so z. B.

1725. Ph. canescens W. K., zur Sektion Podanthum gehörig. Diese Art hat (Kirchner, Campanulaceen S. 219, 220, nach Pflanzen des botanischen Gartens zu Hohenheim) Blüten, welche in einer langen, lockeren Traube stehen und in ihrer Einrichtung noch eine grosse Verwandtschaft mit Campanula zeigen. Der Kelch besitzt grüne, pfriemliche Zipfel von 5 mm Länge. Die fünf (bisweilen vier) Kronblätter sind 10—15 mm lang, 2—2½ mm breit und hängen an ihres Basis kaum zusammen; sie breiten sich fast flach zu einem Stern von ca. 20 mm Durchmesser auseinander und sind violett gefärbt mit einer dunkleren Mittellinie und weisslichem Grunde. In der herangewachsenen Knospe öffnen sich die fünf grauen, 6 mm langen Antheren, welche auf 3 mm langen, nach unten verbreiterten bläulichweissen Filamenten stehen, an ihrer Innenseite, und setzen den grauen Pollen in die Behaarung des Griffels ab. In der offenen Blüte sind die Staubblätter verschrumpft und der mit Pollen beladene, 10—12 mm lange Griffel steht aus der jungen Blüte mit zusammengelegten Narbenästen hervor. Später, wenn der Pollen der Hauptmenge nach abgeholt ist, entfalten sich die drei Narbenäste und rollen sich schliesslich bis zur Berührung des Griffels nach hinten um, so dass, wenn noch nicht sämtlicher Pollen von Insekten abgeholt ist, nun spontane Selbstbestäubung eintreten kann. Nektar wird im Blütengrunde im Umkreise der Griffelbasis ausgeschieden.

Delpino beobachtete als Besucher der Blüten zahlreiche Hymenopteren; Loew im botanischen Garten zu Berlin eine Schwebfliege (Syrphus balteatus Degl.) und Apis, sgd.

Ganz ähnlich wie bei Ph. canescens ist der Bau der Blütenstände und Blüten und ohne Zweifel auch die Bestäubungseinrichtung der letzteren bei

1726. 1727. Ph. limoniifolium Sibth. et Sm. mit kleineren Blüten, und bei Ph. campanuloides M. B. (Kirchner a. a. O.).

Die folgenden Arten gehören zu der Untergattung Hedranthum (Blumenklasse B').

1728. Ph. betonicaefolium Villars. Kirchner (Campanulaceen S. 233) bemerkt, dass sich (an Pflanzen bei Locarno) zu Ende des Blühens die drei Narbenschenkel bis zu einem Kreisumfang zurückbiegen, meistens aber den Griffel, der ausserdem zu dieser Zeit gar keinen Pollen mehr trägt, nicht erreichen. Spontane Selbstbestäubung kann demnach höchstens ausnahmsweise eintreten und ist bei dem reichlichen Insektenbesuche gewiss auch nur in Ausnahmefällen erforderlich. — Köpfchen etwa 100blütig.

Als Besucher beobachtete Loew (Beitr. S. 59) in der Schweiz 2 Bienen (Bombus rajellus K. ⚥, sgd.; Megachile analis Nyl. ♀, psd.) und eine unbestimmte Noktuide; Mac Leod in den Pyrenäen (Pyr. S. 371) 2 Hummeln, 1 Schwebfliege, 1 Muscide.

1729. Ph. spicatum L. Köpfchen durchschnittlich aus etwa 100 Blüten bestehend. Sie sind gelblich-weiss mit grünlicher Spitze und duften schwach nach Vanille. Nach Kerner ist später Autogamie durch Zurückrollung der Griffeläste möglich.

Als Besucher beobachtete ich (Bijdragen) auf dem Inselsberge in Thüringen (16. 7. 94) folgende Apiden sgd.: 1. Apis mellifica L. ⚥; 2. Bombus agrorum F. ♀; 3. B. lapidarius L. ♀ ♂; 4. B. pratorum L. ♂; Herm. Müller im Teutoburger Wald (Weit. Beob. III. S. 78): A. Coleoptera: a) Elateridae: 1. Agriotes (pallidulus Ill.?). b) Nitidulidae: 2. Meligethes aeneus F. c) Staphylinidae: 3. Anthobium sorbi Gyll., in grösster Zahl in den Blüten. B. Hymenoptera: Apidae: 4. Apis mellifica L. ⚥ sgd. Alfken beobachtete bei Bremen: Bombus proteus Gerst. und B. agrorum F.

1730. Ph. nigrum Schmidt, Köpfchen durchschnittlich 40blütig. Die Blüten sind schwarzblau, der Pollen ist nach Kirchner (Flora S. 651) dunkelrot.

Als Besucher sah ich (Bijdragen) in Westfalen Bombus lapidarius L. ♀, sgd.; Buddeberg in Nassau (H. M., Weit. Beob. III. S. 78, 79): A. Diptera: Syrphidae: 1. Rhingia rostrata L., sgd. B. Hymenoptera: Apidae: 2. Anthrena convexiuscula K. ♀, sgd.; 3. A. hirtipes Schenck ♀, sgd.; 4. Halictus malachurus K. ♀, sgd. und psd., in Mehrzahl; 5. H. tetrazonius Klg. (quadricinctus K.) ♀, sgd.; 6. H. longulus Sm. ♀, sgd.

1731. Ph. orbiculare L. Köpfchen etwa 15—30blütig. (Kirchner.)
Als Besucher sah H. Müller (Alpenbl. S. 410, 411) in den Alpen Käfer (1),
Fliegen (3), Hummeln (8), Falter (36).

Loew beobachtete in der Schweiz 1 Biene (Halictus) und 4 Falter (*Noctuidae*:
Agrotis ocellina S. V.; *Rhopalocera*: Polyommatus virgaureae L.; *Zygaenidae*: Ino geryon
Hb. L. var. chrysocephala Nick. und Zygaena exulans Hchw. et Rein.).

Mac Leod bemerkte in den Pyrenäen (Pyr. S. 371) 4 Hummeln, 1 Grabwespe
und 1 Muscide als Besucher.

Die Narbenäste rollen sich, nach Kirchner [Camp. S. 223] trotz des
starken Insektenbesuches bis auf etwa 1½ Umgänge ein, so dass spontane Selbstbestäubung erfolgen kann.

1732. Ph. hemisphaericum L. Köpfchen aus 8—16, bisweilen noch
weniger Blüten bestehend (Kirchner). Nach Kerner ist spontane Selbstbestäubung durch Zurückrollung der Griffeläste möglich.

Besucher in den Alpen: Fliegen (1), Bienen (9), Falter (21). (Müller, Alpenbl.
S. 409, 410.)

Dalla Torre bemerkte in Tirol Bombus mastrucatus Gerst. als Besucher.

1733. Ph. humile Schleicher. Autogamie, nach Kerner, wie bei voriger.
Als Besucher sah Herm. Müller in der Schweiz 6 Falterarten. (Alpenbl. S. 410.)

1734. Ph. pauciflorum L. Köpfchen mit nur 5—6, seltener bis 8 kleinen
Blüten. (Kirchner.) Kirchner (Camp. S. 224) bemerkt, dass die drei (bisweilen
auch vier) Narbenäste am Ende des Blühens nur ausnahmsweise sich so weit zurückrollen, dass sie mit ihren Spitzen den auf dem Griffel abgelagerten Pollen
erreichen, dass also trotz der Unansehnlichkeit der Blüten und trotz des ungünstigen
Standortes, an welchem die Pflanze wächst, spontane Selbstbestäubung nur
selten eintritt.

Als Besucher sah Ricca (Atti XIII) noch in 2900 m Höhe Hummeln.

1735. Ph. Scheuchzeri Allioni. Köpfchen, nach Kirchner, etwa
15—30blütig. Autogamie, nach Kerner, wie bei Ph. hemisphaericum.

Als Besucher beobachtete Herm. Müller in der Schweiz 3 Hymenopteren,
darunter 2 Hummelarten und 1 Falter. (Alpenbl. S. 411.)

Friese beobachtete in Tirol die alpinen Apiden: 1. Dufourea alpina Mor., zahlreich; 2. Halictoides paradoxus Mor., slt., letztere Biene daselbst auch Morawitz;
ebenso gehen Dalla Torre und Schletterer dieselbe an. Dalla Torre beobachtete
ausserdem Bombus alpinus Fabr. (noch in 2500 m Höhe).

1736. Ph. Michelii Allioni. Köpfchen durchschnittlich etwa 100blütig.
Autogamie wie bei voriger Art.

Besucher in der Schweiz: Käfer (1), Fliegen (8), Bienen (17), Falter (42). (H. M.,
Alpenbl. S. 411.)

1737. Ph. Halleri All. Köpfchen durchschnittlich etwa 40blütig. Autogamie wie bei voriger.

Besucher in den Alpen: Fliegen (5), Bienen (3), Falter (4). (H. M., Alpenbl. S. 413.)

1738. Ph. comosum L. bildet die Untergattung Synotoma G. Don,
welche durch doldenförmigen Blütenstand und dauerndes Zusammenhängen der
Kronzipfel an ihrer Spitze charakterisiert ist. Kirchner giebt (Campanulaceen
S. 224 u. 225) folgende Beschreibung von der Blüteneinrichtung dieser Art nach

Pflanzen in Südtirol: Während der ganzen Blütezeit bis zum Verwelken der Blumen bleibt die Krone immer röhrenförmig geschlossen. Die duftlosen Blüten stehen auf einem etwa 2 mm langen Stiel und bilden meist zu 8—20 eine halbkugelige, köpfchenähnliche Dolde; es kommen in derselben auch weniger oder mehr Blüten vor, es fanden sich als Extreme 3 und 25. Der unterständige Fruchtknoten ist 5 mm lang und trägt auf seinem oberen Ende die 4 mm langen, pfriemlichen Kelchzipfel. Die Krone hat eine Länge von 16 mm; sie ist am Grunde bauchig aufgeblasen und 5 mm dick, verengt sich nach oben und endet in eine wenig über 1 mm dicke, 8 mm lange cylindrische Röhre. Das röhrenförmige Ende, welches in fünf kleine Zähne ausläuft, ist schwarz-violett, der untere Teil hellblau gefärbt. Oben aus der Öffnung der Krone, und diese fast ganz ausfüllend, wächst der schwarzviolette Griffel weit hervor; er wird ausserhalb der Krone noch 16 mm lang, spaltet sich an seinem Ende in zwei (bisweilen drei) 5 mm lang werdende Narbenäste und ist auf seiner ganzen Länge mit Pollenkörnern belegt. Beim Beginn des Blühens liegen die Narbenäste noch aneinander, dann breiten sie sich bogig aus und rollen sich endlich bis auf 1½ Windungen zur Ermöglichung von spontaner Selbstbestäubung ein. Die fünf Staubblätter haben bläulichweisse, 6 mm lange Filamente und dunkle, ebenso lange Antheren, welche vor dem Aufgehen der Krone an der Innenseite aufspringen und den Pollen in die Behaarung des Griffels absetzen. Dieser bietet bei seiner Streckung anfänglich den Pollen allein dar, bis die Narbenäste sich von einander spreizen. Auch nach der Entleerung der Antheren behalten die Staubblätter im Innern der Krone ihre aufrechte Stellung bei. Nektar wird im Blütengrunde von einem schwarzvioletten Ringe abgesondert, welcher die Basis des unterwärts bläulichweissen Griffels umgiebt. Der Nektar ist nur von der Mündung der Krone her, also nur für einen dünnen und hinreichend langen Rüssel, wie ihn Schmetterlinge besitzen, erreichbar und obwohl es Kirchner nicht gelang, Insektenbesuch an den Blüten zu beobachten, so zweifelte derselbe nicht daran, dass die Bestäubung durch Schmetterlinge vollzogen wird. — Die Zugehörigkeit zweier in Form und Einrichtung der Blüten so ausserordentlich verschiedener Arten, wie Phyteuma comosum L. und Ph. canescens W. .K. zu einer und derselben Gattung, fügt Kirchner dieser Beschreibung hinzu, ist ein besonders schlagendes Beispiel dafür, wie unsicher ein Schluss von der nahen systematischen Verwandtschaft von Arten auf eine Gleichheit der Bestäubungseinrichtung derselben häufig ist.

388. Iasione L.

Protandrische Blumengesellschaften. — Die Blüteneinrichtung stimmt im wesentlichen mit derjenigen der vorigen Gattung überein, doch nähert sich Iasione insofern den Kompositen mehr, als das Futteral des pollenbedeckten Griffels nicht durch die zusammenhaftenden Kronzipfel, sondern durch die mit ihrem Grunde verwachsenen Staubbeutel gebildet wird. — Nach Beyer laden kleinere Insekten den Pollen an den Seiten ihres Körpers auf. Grössere Insekten berühren und bestäuben beim Besuche gleichzeitig mehrere der kleinen, dicht beisammenstehenden Blüten.

1739. I. montana L. [Sprengel S. 115—118; H. M., Befr. S. 375—377; Weit. Beob. III. S. 79; Verhoeff, Norderney; de Vries a. a. O.; Mac Leod, Pyr. S. 371; Knuth, Ndfr. Ins. S. 99, 100, 163; Weit. Beob. S. 237; Rügen; Kirchner, Flora S. 649; Campanulaceen S. 226, 227.] — Die Blüteneinrichtung ist schon von Sprengel in sorgfältiger und genauer Weise beschrieben. Die Kronen der 100—200 blauen Blüten eines Köpfchens sind bis zu ihrem Grunde in fünf schmale linealische Zipfel zerspalten, so dass den verschiedenartigsten Insekten der Zutritt zu dem von der Oberseite des Fruchtknotens abgesonderten Honig gestattet ist. Im zweiten Blütenzustande schwinden die Griffelhaare und mit ihnen der Pollen, während der sich über die Kronzipfel erhebende Griffel seine zweilappige Narbe entfaltet. Spontane Selbstbestäubung ist daher ausgeschlossen.

Als Besucher sah ich in Schleswig-Holstein (S.-H.) und auf Rügen (R.):

A. Coleoptera: Cerambycidae: 1. Strangalia melanura L., pfd. (R.). B. Diptera: a) Muscidae: 2. Aricia incana Wied. (S.-H.); 3. Nemoraea consobrina Mg. (S.-H.); 4. Onesia sepulcralis L. (S.-H.); 5. Scatophaga stercoraria L. (S.-H.); 6. Spilogaster carbonella Zett. (S.-H.); 7. S. communis R.-D. (S.-H.). b) Syrphidae: 8. Eristalis arbustorum L. (S.-H.); 9. E. sp. (S.-H.); 10. E. tenax L. (S.-H.); 11. Helophilus pendulus L. (S.-H.); 12. Syritta pipiens L. (S.-H.); 13. Syrphus sp. (S.-H.); 14 Volucella bombylans L., var. plumata Mg. (S.-H. und R.). Sämtl. sgd. C. Hymenoptera: Apidae: 15. Apis mellifica L. (S.-H.); 16. Bombus terrester L.

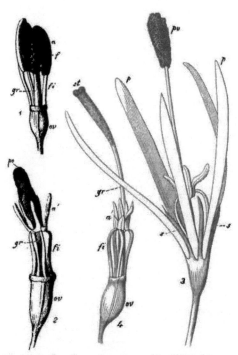

Fig. 214. Iasione montana L. (Nach Herm. Müller.)

1 Befruchtungsorgane einer jüngeren Knospe: Die noch nicht aufgesprungenen Antheren sind auseinander gedrückt, um die von ihnen umschlossene Griffelbürste zu zeigen. *2* Dieselben einer älteren Knospe: Die Antheren haben sich entleert, ihren Pollen an die Griffelbürste abgegeben und sind zu dünnen, schmalen Läppchen zusammengeschrumpft, die an ihrem Grunde zu einem den Griffel umschliessenden Ringe vereinigt bleiben. *3* Blüte im ersten (männlichen) Zustande. *4* Blüte im zweiten (weiblichen) Zustande, nach Entfernung von Kelch und Krone. *or* Fruchtknoten. *s* Kelch. *p* Krone. *fi* Staubfaden. *po* Pollen. *a* Antheren. *gr* Griffel. *f* Fegehaare. *st* Narbe.

(S.-H.); 17. Halictus malachurus K. ♀ (R.). Sämtl. sgd. und psd. D. Lepidoptera: a) Rhopalocera: 18. Argynnis paphia L. (R.); 19. Epinephele janira L. (S.-H. und R.); 20. Lycaena semiargus L. (S.-H.); 21. Pararge maera L. (S.-H.); 22. Polyommatus phlaeas

L. (S.-H.); 23. Vanessa urticae L. (S.-H.). b) *Sphingidae*: 24. Zygaena filipendula L. (S.-H.); 25. Z. sp. (R.). Sämtl. sgd.

Alfken beobachtete bei Bremen:

A. Diptera: *Syrphidae*: 1. Chrysotoxum festivum L. B. Hymenoptera: a) *Apidae*: 2. Anthidium strigatum Ltr. ♂; 3. Anthrena denticulata K. ♀ ♂; 4. A. flavipes Pz. (2. Generation); 5. A. gwynana K. ♀ (2. Generation); 6. A. marginata F. ♀; 7. A. nigriceps K. ♀ ♂; 8. A. propinqua Schck. ♀; 9. A. shawella K. ♀ ♂; 10. A. tarsata Nyl. ♀ ♂; 11. A. tibialis K. ♀ ♂ (2. Generation); 12. Bombus agrorum F. ♂; 13. B. hortorum L. ♀, sgd.; 14. B. lapidarius L. ♀; 15. B. lucorum L. ♀; 16. B. proteus Gerst. ♀; 17. Coelioxys acuminata Nyl. ♀ ♂, sgd.; 18. C. mandibularis Nyl. ♀, sgd.; 19. Colletes marginatus L. ♀; 20. Dasypoda argentata Pz. ♀; 21. D. plumipes Pz. ♀ ♂ nur sgd.; 22. Dufourea halictula Nyl. ♀; 23 D. vulgaris Schck. ♀ ♂; 24. Epeolus variegatus L. ♀ ♂; 25. Eriades campanularum K. ♀; 26. E. nigricornis Nyl. ♀; 27. Halictoides inermis Nyl. ♀ ♂; 28. Halictus calceatus Scop. ♀ ♂; 29. H. flavipes F. ♀; 30. H. leucozonius Schrk. ♀; 31. H. levis K. ♂; 32. H. punctulatus K. ♀ ♂; 33. H. rubicundus Chr. ♀ ♂; 34. H. tumulorum L. ♀; 35. H. zonulus Sm. ♀; 36. Megachile centuncularis L. ♂; 37. Nomada brevicornis Mocs ♂; 38. N. flavoguttata K. ♀ (2. Generat.); 39. N. fuscicornis Nyl. ♀; 40. N. jacobaeae Pz. ♀ ♂; 41. N. obtusifrons Nyl. ♀ ♂; 42. N. similis Mor. ♀ ♂; 43. N. solidaginis Pz. ♀ ♂, sgd.; 44. N. roberjeotiana Pz. ♂ ♂; 45. Podalirius bimaculatus Pz. ♀ ♂; 46. P. furcatus Pz. ♀; 47. P. vulpinus Pz. ♀; 48. Prosopis communis Nyl. ♀ ♂; 49. P. confusa Nyl. ♀ ♂; 50. P. genalis Ths. ♀ ♂; 51. P. pictipes Nyl. ♀ ♂; 52. Psithyrus quadricolor Lep. ♂. b) *Sphegidae:* 53. Ammophila campestris Ltr. ♂; 54. Crabro subterraneus F. ♀ ♂.

Alfken beobachtete auf Juist:

A. Diptera: *Syrphidae*: 1. Eristalis tenax L., s. hfg. B. Hymenoptera: *Apidae*: 2. Bombus lapidarius L. ♀ ♂, s. hfg., sgd.; 3. B. muscorum F. C. Lepidoptera: a) *Lycaenidae*: 4. Polyommatus phlaeas L. b) *Satyridae*: 5. Satyrus semele L. c) *Noctuidae*: 6. Plusia gamma L.; Verhooff auf Norderney: A. Diptera: a) *Muscidae*: 1. Echinomyia tessellata F. ♀; 2. Lucilia latifrons Schin. ♀ ♂, s. hfg. b) *Syrphidae*: 3. Helophilus trivittatus F. ♀; 4. Melithreptus scriptus L. ♀; 5. M. strigatus Staeg. ♂; 6. Platycheirus sp.; 7. Syrpus carollae F. ♂, hfg.; 8. Syritta pipiens L. ♂. B. Hymenoptera: a) *Apidae*: 9. Bombus lapidarius L. ♀ ♂, s. hfg.; 10. Coelioxys spec.; 11. Prosopis communis Nyl. ♀. b) *Sphegidae*: 12. Ammophila lutaria F. (= affinis K.) ♀, sgd. Vgl. Verhoeff, Acta, pag. 160). C. Lepidoptera: a) *Nymphalidae*: 13. Argynnis latonia L. b) *Satyridae*: 14. Pararge megaera L., einzeln. Friese bemerkte in Mecklenburg die Urbiene Prosopis dilatata K., einzeln, und in Baden die Schmarotzerbiene Nomada obtusifrons Nyl. ♂; Sickmann bei Osnabrück: Hymenoptera: *Sphegidae*: 1. Crabro subterraneus F., ziemlich hfg.; 2. Oxybelus bipunctatus Oliv., einzeln; 3. Salius minutus v. d. L.; Gerstäcker bei Berlin die Blattschneider-Biene Megachile argentata F., samt ihrem Schmarotzer, der kleinen Kegelbiene Coelioxys brevis Ev. = erythropyga Foerst.

Schmiedeknecht giebt für Thüringen als Besucher die Schmarotzerbiene Nomada similis Mor. ♀ an.

Krieger beobachtete bei Leipzig die Grabwespe Cerceris labiata F.; Schenck in Nassau die zierliche Furchenbiene Halictus (Nomioides) pulchellus Schck.

Kohl verzeichnet für Tirol die Grabwespe Crabro peltarius Schreb. ♀ ♂ als Besucher.

Loew beobachtete in Schlesien (Beiträge S. 32):

A. Coleoptera: *Cerambycidae*: 1. Leptura maculicornis Deg., hld. B. Diptera: *Conopidae*: 2. Physocephala nigra Deg. ♀, sgd. C. Lepidoptera: *Rhopalocera*: 3. Polyommatus hipponoë Esp., sgd.: ferner (Beitr. S. 25) A. Coleoptera: 1. Cryptocephalus sericeus L., hld. B. Hymenoptera: a) *Apidae*: 2. Megachile argentata F. ♂, sgd.; 3. Saropoda rotundata Panz. ♀, sgd. und psd. b) *Sphegidae*: 4. Ammophila sabulosa L., sgd.; 5. Bembex rostrata L. ♀ ♂, sgd.

Mac Leod bemerkte in Flandern Apis, 3 Syrphiden, 1 Muscide (Bot. Jaarb. VI. S. 374); ferner 2 Hummeln, 8 andere Hymenopteren, 8 Schwebfliegen, 4 andere Dipteren, 1 Käfer, 7 Falter (Bot. Jaarb. V. S. 438, 439).

H. de Vries (Ned. Kruid Arch. 1877) beobachtete in den Niederlanden 2 Hummeln: Bombus pratorum L. ♂ und B. terrester L. ♀, als Besucher; Mac Leod in den Pyrenäen 1 Halictus, 1 Falter, 1 Käfer, 1 Schwebfliege (B. Jaarb. III. S. 370).

E. D. Marquard beobachtete in Cornwall Anthrena nigriceps K. und Nomada obtusifrons Nyl.

Burkill und Willis (Flowers and Insects in Great Britain Pt. I.) beobachteten im mittleren Wales: A. Coleoptera: *Nitidulidae*: 1. Meligethes viridescens F., pfd. B. Diptera: a) *Muscidae*: 2. Anthomyia radicum L., pfd., häufig; 3. A. sp., w. v.; 4. Lucilia cornicina F.; 5. Oscinis sp.; 6. Scatophaga stercoraria L., sgd. b) *Syrphidae*: 7. Eristalis tenax L., sgd.; 8. Helophilus pendulus L.; 9. Melanostoma scalare F., sgd.; 10. Platycheirus manicatus Mg. C. Hymenoptera: a) *Apidae*: 11. Bombus agrorum F., sgd.; 12. B. terrester L., sgd. b) *Formicidae*: 13. Formica fusca L., sgd. D. Lepidoptera: *Rhopalocera*: 14. Pieris rapae L.; 15. Polyommatus phlaeas L.

Willis (Flowers and Insects in Great Britain Pt. I.) bemerkte in der Nähe der schottischen Südküste Pieris napi L., sgd.

In Dumfriesshire (Schottland) (Scott-Elliot, Flora S. 109) wurden 1 Hummel, 1 kurzrüsselige Biene, 2 Musciden und 3 Schwebfliegen als Besucher beobachtet.

Herm. Müller (1) und Buddeberg (2) endlich geben, ersterer für Westfalen, Thüringen und die bayerische Oberpfalz (b. O.), letzterer für Nassau folgende Besucher an: A. Coleoptera: a) *Cerambycidae*: 1. Leptura livida L., in Mehrzahl, hld. (1); 2. Strangalia melanura L., sgd., häufig (1, Thür.). b) *Chrysomelidae*: 3. Cryptocephalus sericeus L. (1). c) *Oedemeridae*: 4. Oedemera virescens L. (1). B. Diptera: a) *Bombylidae*: 5. Exoprosopa capucina F., nicht selten, sgd. (1). b) *Conopidae*: 6. Myopa fasciata Mg., sgd. (1); 7. Physocephala rufipes F., zahlreich, sgd. (1); 8. P. vittata F. sgd. (1); 9. Sicus ferrugineus L., sgd. (1); 10. Zodion rostratum Mg., sgd. (1). c) *Empidae*: 11. Empis livida L., sehr häufig, sgd. (1). d) *Muscidae*: 12. Anthomyia sp., pfd. (1): 13. Echinomyia ferox Pz., sgd. (1); 14. E. tesselata F., sehr häufig, sgd. (1); 15. Ocyptera brassicaria F., sehr zahlreich, sgd. (1); 16. O. cylindrica F., w. v. (1); 17. Oliviera lateralis Pz., w. v. (1). e) *Syrphidae*: 18. Eristalis aeneus Scop., sgd. (1); 19. E arbustorum L., sgd. (1); 20. E. tenax L., sgd. (1); 21. Eumerus sabulonum Fall., sgd. (1); 22. Helophilus pendulus L., sgd. (1); 23. Melanostoma mellina L., sgd. (1); 24. Melithreptus dispar Loew, pfd. (1); 25. M. menthastri L., sgd. (1); 26. M. scriptus L., sgd. (1); 27. Paragus tibialis Fall., pfd. (1); 28. Pipizella sp. (1); 29. Rhingia rostrata L., sgd. (1); 30. Syritta pipiens L., sgd. (1); 31. Syrphus pyrastri L., sgd. (1); 32. S. ribesii Mg., sgd. (2); 33. Volucella bombylans L., sgd. (1).; die Syrphiden z, T. auch pfd. f) *Tabanidae*: 34. Tabanus rusticus F., sgd. (1, b. O.). C. Hymenoptera: a) *Apidae*: 35. Anthrena argentata Sm. ♂ (1); 36. A. coitana K. ♂ ♀ (1); 37. A. dorsata K. ♀ ♂, häufig (1); 38. A. fulvago Chr. ♀ (1); 39. A. fulvicrus K. ♀ (1); 40. A. hattorfiana F. ♂, einmal (1); 41. A. helvola L. ♀ (1); 42. A. pilipes F. ♂ (1); 43. A. fulvescens K. ♂, sgd. (1); 44. Anthidium strigatum Ltr. ♂ (1); 45. Bombus hortorum L. ♀ ♀, sgd. (1); 46. B. silvarum L. ♀, sgd. (1); 47. Ceratina curcurbitina Rossi F. ♂, sgd. (2); 48. C. cyanea K. ♀ ♂, in Mehrzahl, sgd. und psd. (1); 49. Chelostoma campanularum K. ♀ (1); 50. Cilissa leporina Pz. ♀ (1); 51. Coelioxys conoidea Ill. (punctata Lep) ♀ (1); 52. C. quadridentata L. ♀ ♂, sgd. (1); 53. C. simplex Nyl. ♀ ♂, sgd. (1); 54. Colletes marginatus L. ♂ (1); 55. Dasypoda hirtipes F. ♂, in Mehrzahl (1); 56. Diphysis serratulae Pz. ♀ (1); 57. Epeolus variegatus L. ♀ ♂, in Mehrzahl (1); 58. Halictus albipes F. ♀ (1); 59. H. cylindricus F. ♀ ♂ (1); 60. H. fasciatus Nyl. ♀ (1); 61. H. flavipes F. (1); 62. H. leucozonius Schrk. ♀ (1); 63. H. lucidulus Schenck ♀ (1); 64. H. maculatus Sm. ♀, sgd. (2); 65. H. malachurus K. ♀, sgd. (2); 66. H. villosulus K. ♀ (1);

67. **Megachile argentata** F. ♂ ♀, sgd. und psd., häufig (1); 68. **M. maritima** K. ♂ (1); 69. **Nomada fabriciana** L. (1); 70. N. fuscicornis Nyl. ♀, sgd. (1); 71. N. jacobaeae Pz. (1); 72. N. lineola Pz. ♂ (1); 73. N. nigrita Scheuck ♂ (1); 74. N. roberjeotiana Pz. ♀ ♂ (1); 75. N. ruficornis L. ♀ ♂ (1); 76. N. rhenana Mor., sgd. (1); 77. N. varia Pz. (1); 78. Prosopis communis Nyl. ♀ ♂, häufig (1); 79. P. dilatata K. ♂ (1); 80. P. hyalinata Sm. ♀, häufig (1); 81. P. pictipes Nyl. ♀, selten (1); 82. P. variegata F. ♀ ♂, sehr häufig (1, b. O. und W.); 83. Psithyrus rupestris L. ♀, sgd. (1); 84. Rhophites halictula Nyl. ♀, sgd. (1); 85. Saropoda bimaculata Pz. ♀ ♂, sehr zahlreich, sgd. und psd. (1); 86. Sphecodes gibbus L. ♀ (var. rufescens Fourc.), sgd. und psd. (1); 87. Stelis aterrima Pz. ♂ (1). b) *Chrysidae*: 88. Hedychrum lucidulum F., sgd. (1). c) *Evaniadae*: 89. Foenus sp., sgd. (1). d) *Sphegidae*: 90. Ammophila sabulosa L. ♂, in Mehrzahl (1); 91. Cerceris arenaria L. ♀ ♂, häufig (1); 92. C. labiata F. ♀, sgd. (1, b. O. und W.); 93. C. nasuta Kl. ♂, sgd. (1); 94. Ceropales maculatus F., in Mehrzahl (1); 95. Crabro alatus Pz. ♀ ♂, sehr häufig (1); 96. C. patellatus Pz. ♀, nicht selten (1); 97. C. pterotus Pz. ♀ ♂, w. v. (1); 98. C. vexillatus Pz. ♀ (2); 99. Lindenius albilabris F. (1); 100. Mellinus sabulosus F., in Mehrzahl (1); 101. Miscus campestris Ltr. ♀ (1); 102. Oxybelus bellicosus Ol. (1); 103. O. mandibularis Dhlb., (1); 104. O. uniglumis L., häufig (1); 105. Philanthus triangulum F. (1); 106. Pompilus rufipes L. ♂ (1); 107. P. viaticus L. ♂ (1); 108. Psammophila affinis K. ♂ ♀, sehr zahlreich (1); 109. Tachytes pectinipes L. (1); die Sphegiden alle sgd.

D. **Lepidoptera**: a) *Rhopalocera*: 110. Coenomympha pamphilus L., sgd. (1).; 111. Epinephele janira L., häufig, sgd. (1); 112. Hesperia thaumas Hfn., sgd. (1); 113. Lycaena aegon W. V. ♂, sgd. (1); 114. Pieris napi L., sgd. (1); 115. Polyommatus dorilis Hfn., wiederholt, sgd. (1); 116. P. phlaeas L., sgd., häufig (1). b) *Sphingidae*: 117. Ino statices L., sgd. (1); 118. Zygaena lonicerae Esp., sgd. (1).

Herm. Müller fügt (Befr. S. 377) dieser Liste folgende Bemerkung hinzu: In Bezug auf Reichlichkeit und Mannigfaltigkeit des Insektenbesuches gehört Iasione montana zu den bevorzugtesten einheimischen Blumen; nur einige Umbelliferen und Kompositen, welche die vorteilhaften Eigentümlichkeiten: Allgemeinzugänglichkeit des Honigs und Vereinigung zahlreicher Blüten mit frei hervorragenden Staub- und Fruchtblättern zu geschlossenen, augenfälligen Blütenständen, mit Iasione teilen, wetteifern mit ihr auch in Bezug auf Mannigfaltigkeit der Besucher. Allen diesen ist Fremdbestäubung völlig gesichert, spontane Selbstbestäubung daher völlig entbehrlich und die Möglichkeit derselben daher auch in der That verloren gegangen.

1740. I. perennis L. [Kirchner, Campanulaceen S. 227; Mac Leod, Pyr. S. 370.] — Die von Kirchner im botanischen Garten zu Hohenheim untersuchten Pflanzen haben eine sehr ähnliche Bluteneinrichtung wie die vorige Art, doch sind die hellblauen Blütenköpfe von bedeutenderer Grösse als bei I. montana, da ihr Durchmesser etwa 30 mm beträgt. Wie bei I. montana ist beim Öffnen der Blüte das Griffelende kolbig mit dem rötlichen Pollen beladen, der Griffel selbst kürzer oder ungefähr ebenso lang, wie die aufgerichteten Kronzipfel. Diese breiten sich nachher unregelmässig auseinander, so dass man im Blütengrunde die weisslichen, verschrumpften Antheren sieht. Der blaue Griffel, der anfangs ca. 6 mm lang ist, streckt sich nun bis auf ca. 12 mm und entfaltet, nachdem sämtlicher Pollen von seiner Aussenseite entfernt worden ist, seine weisse Narbe; spontane Selbstbestäubung ist auch bei dieser Art unmöglich. (Kirchner.)

Die Blüten wurden von Schmetterlingen (Vanessa urticae L., Epinephele janira L.) besucht; in den Pyrenäen beobachtete Mac Leod 1 Biene, 1 Falter, 2 Fliegen und 1 Käfer als Besucher.

75. Familie Gesneriaceae Endl.

Die ungewöhnliche Farbenpracht vieler Gesneriaceenblüten, sagt Fritsch (Engler u. Prantl, Nat. Pflanzenfam. IV. 3b. S. 139—140), welche namentlich das grell leuchtende Rot in allen möglichen Schattierungen zeigt, weist im Verein mit den zygomorphen Blüten darauf hin, dass sie insektenblütig, manche vielleicht auch kolibriblütig sind.

Die Blüten sind ausgeprägt protandrisch. (Delpino, Sugli app. S. 33; W. Ogle, Pop. Sc. Rev. 1870. S. 51, 52.)

1741. Episcia maculata. Nach Oliver bleibt der Schlund der (in Kew blühenden) protandrischen Blume fest verschlossen. Da durch die Lage von Antheren und Narbe Autogamie ausgeschlossen ist, wird wahrscheinlich durch eine sehr langrüsselige Biene der festaufsitzende Blütendeckel geöffnet und dadurch Befruchtung herbeigeführt. Künstliche Befruchtung war von Erfolg. Durch extraflorale Nektarien werden Ameisen vom Besuche der Blüte abgehalten.

76. Familie Vacciniaceae Lindley.

389. Vaccinium L.

Schwach protandrische oder homogame Bienenblumen oder Blumen mit verborgenem Honig, welcher nach Sprengel von einem dem Fruchtknoten aufsitzenden Wulste abgesondert wird. Die Arten haben entweder seitwärts oder gerade ausgestreckte Antherenanhänge, welche von besuchenden Insekten angestossen die Ausstreuung des Pollens ermöglichen.

H. Müller (Befruchtung S. 355) bezweifelte anfänglich die Richtigkeit der Angabe Sprengels über die Lage des Nektarium, da er den Wulst niemals mit Honig benetzt fand; er hielt vielmehr den verdickten äusseren Grund der Staubfäden für die honigabsondernden Organe. Diese letztere Ansicht vertritt auch Kerner (Pflanzenleben II). In den „Alpenblumen" (S. 381) giebt Müller aber Sprengel Recht; auch Ricca [Atti XIV, 3] hat sich überzeugt, dass die Honigabsonderung durch den den Griffelgrund umgebenden Wulst geschieht.

Nach Kerner ist bei den Arten die Gattung Vaccinium zuletzt spontane Selbstbestäubung möglich, indem die anfangs wagerecht stehenden Blütenglöckchen eine hängende Stellung einnehmen und dann Pollen auf die Narbe hinabfallen kann.

1742. V. Myrtillus L. [Sprengel, S. 230; H. M., Befr. S. 355, 356; Alpenbl. S. 381; Lindmann a. a. O.; Mac Leod, B. Jaarb. III. S. 374; V. S. 447, 448; Loew, Bl. Fl. S. 395; Knuth, Bijdragen.] — Schwach protandrische Bienenblume. Die hellgrünen, rötlich überlaufenen geruchlosen Blüten sind zwar sehr unscheinbar, aber sehr nektarreich. Der Honig wird, nach Sprengel, von dem weissen, den Griffel ringförmig umgebenden, auf dem Fruchtknoten sitzenden Wulste abgesondert.

Die nach unten hängenden Kronen sind stark ausgebaucht und an der Mündung so verengt, dass nur Bienen, deren Rüssel bis zum honigführenden Blütengrund reicht, als Besucher und Befruchter auftreten. Der Narbenkopf ragt ein wenig aus der Mündung des Glöckchens hervor; er wird daher von dem Kopfe eines befruchtenden Insekts eher berührt, als dieses an die im Glöckchen verborgenen Antheren stösst. Letztere liegen nämlich hinter dem Narbenkopfe um den Griffel herum. Sie öffnen sich an der Spitze und haben je zwei lange, divergierende Fortsätze, welche bis an die Glöckchenwand reichen. Eine den Rüssel in das Glöckchen senkende Biene muss mit ersterem an einen der Antherenfortsätze stossen, wodurch der trockene pulverige Pollen herausfällt und auf den in der Blütenöffnung befindlichen Kopf des Insektes gestreut wird. Bleibt Insektenbesuch aus, so fällt schliesslich von selbst Blütenstaub auf den Narbenrand, und es erfolgt spontane Selbstbestäubung.

Fig. 215. Vaccinium L. (Nach Herm. Müller.)
1 Blüte von V. Myrtillus L schwach vergrössert, von der Seite gesehen. *2* Blüte von V. uliginosum L, nach Entfernung des vorderen Teils der Krone, von der Seite gesehen (7 : 1.)

Als Besucher beobachtete ich im Sachsenwalde die Honigbiene und 3 Hummeln (Bombus agrorum F. ♀; B. lapidarius L. ♀; B. terrester L. ♀) saugend, häufig.

Herm. Müller sah in Westfalen:

Hymenopteren: *Apidae:* 1. Anthrena nigroaenea K. ♂, vergeblich den Honig zu erreichen suchend (3½ mm langer Rüssel); 2. Apis mellifica L. ⚥, sehr häufig, sgd.; 3. Bombus agrorum F. ♀, häufig, sgd., sich dabei von unten an die Glöckchen hängend, die Blüten von Vaccinium Myrt. andauernd aufsuchend; 4. B. lapidarius L. ♀, nicht so häufig, sonst w. v.; 5. B. scrimshiranus K. ♀, w. v.; 6. B. terrester L. ♀, w. v.

Loew beobachtete in Schlesien (Beiträge S. 54): Hymenoptern: *Apidae:* 1. Bombus latreillellus K. ♂, sgd.; 2. B. pratorum L. ⚥, sgd.; 3. B. variabilis Schmdk. ⚥, sgd.; Alfken und Höppner (H.) bei Bremen: A. Diptera: a) *Asilidae:* 1. Laphria flava L. ♂, sgd. (H.). b) *Conopidae:* 2. Conops vesicularis L. ♀ ♂, hfg., sgd. (H.); 3. Physocephala nigra Deg. ♂, sgd. (H.); 4. P. rufipes F. c) *Syrphidae:* 5. Eristalis alpinus Pz. ♀, sgd. (H.). d) *Muscidae:* 6. Sarcophaga carnaria L. B. Hymenoptern: *Apidae:* 7. Anthrena albicans Müll. ♀ (H.); 8. A. convexiuscula K. ♂; 9. A. gwynana K. ♀; 10. A. lapponica Zett. ♀, sgd., psd. ♂, sgd.; 11. A. nigroaenea K. (H.); 12. A. parvula K. ♀; 13. A. varians K. ♀ ♂; 14. Apis mellifica L. ⚥; 15. Bombus agrorum F. ♀ ♂; 16. B. derhamellus K. ♀ ♂; 17. B. hortorum L ♀; 18. B. jonellus K. ⚥, s. hfg. sgd. u. psd. ♂; 19. B. lapidarius L. ♀ ⚥; 20. B. muscorum F. ♀; 21. B pratorum L. ♀ ⚥, sgd.; 22. B. proteus Gerst. ♀; 23. B. terrester L. ♀ ⚥, sgd., psd.; 24. Halictus calceatus Scop. ♀; 25. H. flavipes F. ♀ (H.); 26. Nomada bifida Ths. ♀; 27. N. borealis Zett. ♀ (H.), sgd.; 28. N. lineola Pz. (H.), sgd.; 29. N. ruficornis L. var. flava Pz. ♀; 30. N. succincta Pz. ♀ (H.), sgd.; 31. Osmia rufa L.; 32. O. uncinata Gerst. ♂, sgd.; 33. Psithyrus campestris Pz. ♀ sgd.; 34. P. vestalis Fourcr. ♀, sgd.

Schmiedeknecht beobachtete in Thüringen die Apiden: 1. Anthrena lapponica Zett.; 2. Bombus jonellus K. ♀; 3. B. mastrucatus Gerst. ♀; 4. Osmia corticalis Gerst.; Rössler bei Wiesbaden den Falter: Halia brunneata Thnbg.; Friese in Baden (B.), Thüringen (Th.), und im Elsass (E.), die Apiden: 1. Anthrena lapponica Zett. (B.),

n. slt.; 2. Bombus mastrucatus Gerst. (B.) ⚥, einz. (E.) ♀, einz.; 3. Osmia corticalis Gerst. (Th.); 4. O. vulpecula Gerst. (Th.).

Frey-Gessner verzeichnet für die Schweiz die Biene Osmia nigriventris Zett. (corticalis Gerst.) ♂; Schletterer und Dalla Torre in Tirol Bombus mastrucatus Gerst., desgl. Hoffer in Steiermark.

Morawitz beobachtete bei St. Petersburg Anthrena fucata Sm.; Mac Leod in Flandern Bombus agrorum F. ♀ (B. Jaarb. V. S. 448); in den Pyrenäen 3 Hummeln als Besucher (B. Jaarb. III. S. 374).

Willis und Burkill (Flowers and Insekts in Great Britain Pt. I.) beobachteten im mittleren Wales: Hymenoptera: *Apidae*: 1. Bombus agrorum F., sgd., häufig; 2. B. terrester L., w. v.

In Dumfriesshire (Schottland) (Scott-Elliot, Flora S. 110) wurden 2 Hummeln als Besucher beobachtet.

Schneider (Tromsø Museums Aarshefter 1894) bemerkte im arktischen Norwegen Bombus lapponicus F., B. pratorum L. und B. scrimshiranus K. als Besucher. Auch Lindmann sah auf dem Dovrefjeld eine Hummel an den Blüten.

1743. V. uliginosum L. [H. M., Befr. S. 355, 356; Weit. Beob. III. S. 67; Alpenbl. S. 381; Knuth, Ndfr. Ins. S. 100, 113; Kerner, Pflanzenleben II; Loew, Bl. Fl. S. 399.] — Die Blüteneinrichtung stimmt, nach Hermann Müller bis auf folgende Punkte mit derjenigen der vorigen Art überein: Die Blüten von V. uliginosum stehen an höheren Büschen, sind zahlreicher und auf der Sonnenseite rotgefärbt, so dass die Augenfälligkeit eine viel grössere ist; ferner ist die Blütenöffnung 3 mm weit, so dass kleinere Insekten mit dem Kopf und der ganzen vorderen Körperhälfte in die Blumenkrone eindringen können. Damit nun die kleineren Bienen (Anthrena-, Halictus-, Nomada-Arten) auch regelmässig die Narbe berühren, bevor ihr Kopf mit Pollen bestreut wird, ragt diese nicht aus der Blüte hervor, wie bei V. Myrtillus, sondern steht ein wenig innerhalb des Blütenglöckchens. (Fig. 215.)

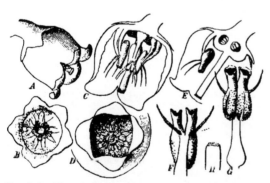

Fig. 216. Vaccinium uliginosum L., var. microphyllum Lange. (Nach E. Warming.)

A Blüte von der Seite. *B* Dieselbe von unten. *C* Blüte im Aufriss. *D* Dieselbe von unten. *E* Dieselbe im Längsschnitt. *F*, *G* Staubblätter. *H* Griffelspitze mit Narbe. (*A—E* Vergr. 4½ : 1; *F*, *G*, *H* Vergr. 12 : 1.)

Somit ist V. Myrtillus für den Besuch eines kleineren Kreises langrüsseliger, emsiger Bienen, V. uliginosum dagegen für denjenigen einer grösseren Gesellschaft teils lang-, teils kurzrüsseliger Insekten geeignet. Die direkte Beobachtung hat dies, wie Herm. Müller hervorhebt, bestätigt.

Die Blüten der arktischen Form von Vacc. uliginosum var. microphyllum Lge. sind, nach Warming (Bot. Tidsckrift 1895, S. 47—49), schwach protandrisch, dann homogam; sie sind etwas kleiner als die der Hauptform. (Fig. 216.) Sowohl Fremd- als Selbstbestäubung ist möglich; letztere erfolgt vielleicht schon in der Knospe pseudokleistogam. Fruchtbildung ist, auch ohne Insektenbesuch, reichlich.

Die Blüten der Dovrefjeldpflanzen haben, nach Lindman, einen starken, gewürzhaften Duft, welcher an den Geruch von Pfeffer erinnert. Ihre Kronlänge ist veränderlich (von 5 bis 7 mm). Die Antheren sind zwar etwas früher als die Narbe entwickelt, doch sind erstere noch mit Pollen versehen, wenn letztere empfängnisfähig ist. Die kleineren Blüten haben eine grössere Narbe und ein grösseres Nektarium als die grösseren.

Nach Ekstam sind die Blüten im schwedischen Hochgebirge schwach protandrisch, fast homogam.

Als Besucher sah ich auf den nordfriesischen Inseln: Apis, 1 Hummel, 1 Schwebfliege; Loew beobachtete in den Alpen (am Albula) 2 Hummeln (Bombus alpinus L. ♀ und B. alticola Krchb. ♀) und 1 Schwebfliege (Sericomyia lappona L.).

Frey bemerkte in Graubünden den Falter Phoxopteryx myrtillana Tr.

Verhoeff beobachtete auf Norderney: A. Diptera: *Muscidae*: 1. Lucilia caesar L., 1 ♀, sgd. B. Hymenoptera: a) *Apidae*: 2. Bombus hortorum L., 1 ♀, sgd.; 3. B. lapidarius L., 2 ♀, sgd.; 4. B. proteus Gerst., 1 ♀, sgd.; 5. B. terrester L. 1 ♀, sgd.; 6. Psithyrus rupestris F., 1 ♀, sgd.; 7. P. vestalis Fourcr. ♀, hfg., sgd. b) *Formicidae*: 8. Formica fusca L., Rasse fusca Forel ♀, sgd.

Herm. Müller sah in den Alpen 3 Hummeln, in Westfalen folgende Besucher: A. Diptera: a) *Empidae*: 1. Empis opaca F., sgd., ausserordentlich zahlreich. b) *Muscidae*: 2. Echinomyia fera L., sgd., wiederholt. c) *Syrphidae*: 3. Eristalis arbustorum L., in grösster Menge, sgd.; 4. E. horticola Deg., einzeln, sgd.; 5. E. intricarius L., w. v.; 6. Rhingia rostrata L., sgd., häufig. B. Hymenoptera: *Apidae*: 7. Anthrena atriceps K. ♂, sgd.; 8. A. fulva Schrank. ♀, sgd.; 9. A. gwynana K. ♀, sgd.; 10. A. nigroaenea K. ♀ u. ♂, sgd.; 11. A. pilipes F. ♂, sgd.; 12. Apis mellifica L. ♀, häufig, sgd.; 13. Bombus agrorum F., sgd.; 14. B confusus Schenck ♀, sgd.; 15. B. hortorum L. ♀, sgd.; 16. B. silvarum L. ♀, sgd.; 17. B. pratorum L. ♀, sgd.; 18. B. silvarum L. ♀, sgd.; 19. B. terrester L. ♀, in Mehrzahl, sgd.; 20. Colletes cunicularius L. ♀, sgd.; 21. Halictus cylindricus F. ♀, sgd.; 22. H. flavipes F. ♀, sgd.; 23. H. rubicundus Chr. ♀, sgd.; 24. H. sexnotatus K. ♀, sgd.; 25. H. sexstrigatus Schenck ♀, sgd.; 26. H. zonulus Sm. ♀, sgd., einzeln; 27. Nomada ferruginata K. ♀, sgd.; 28. N. ruficornis L. ♀, sgd.; 29. N. sexcincta K. ♂, sgd.; 30. N. succincta Pz. ♀, sgd., einzeln; 31. Osmia rufa L. ♀, sgd.; 32. Psithyrus campestris Pz. ♀, sgd.; 33. P. vestalis Fourc. ♀, w. v. C. Lepidoptera: *Rhopalocera*: 34. Lycaena argiolus L., sgd.; 35. Thecla rubi L., sgd.

Schneider (Tromsö Museums Aarshefter 1894) beobachtete im arktischen Norwegen Bombus lapponicus F., B. pratorum L. und B. scrimshiranus K. als Besucher; Lindmann auf dem Dovre eine Hummel.

1744. V. Vitis idaea L. [H. M., Alpenblumen S. 380, 381; Warming, Bestövningsmaade S. 7; Knuth, Bijdragen; Warnstorf, Bot. V. Brand. Bd. 38; Ricca Atti XIV 3.] — Homogam. In den weissen, oft rötlich überlaufenen, weit geöffneten, schräg gestellten Blütenglöckchen wird der Zugang zu dem wieder an derselben Stelle wie bei den vorigen Arten abgesonderten Honig durch die Staubblätter verdeckt, deren Fäden aussen und an den Seiten mit langen, abstehenden Haaren bekleidet sind und deren Antheren den Griffel dicht umschliessen. Die Staubbeutel sind röhrenartig verlängert; sie öffnen sich an der Spitze und lassen bei jedem Stosse, den sie (durch besuchende Insekten) erleiden, losen Pollen herausfallen. Die Narbe, welche mit den Antheren gleichzeitig entwickelt ist, überragt die letzteren, so dass sie von den besuchenden Insekten zuerst berührt wird; erst nachher bestreuen sie sich mit Pollen, indem sie die Staubblätter auseinander drängen. Es ist also Fremdbestäubung bei Insektenbesuch gesichert.

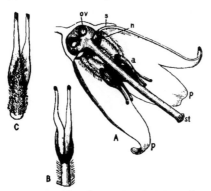

Fig. 217. **Vaccinium Vitis idaea L.**
(Nach Herm. Müller.)

A Blüte im Längsdurchschnitt. (5 : 1). *B* Staubblatt von der Innenseite. (7 : 1.) *C* Dasselbe von der Aussenseite. *ov* Fruchtknoten. *s* Kelch. *p* Krone. *a* Staubblatt. *st* Narbe. *n* Nektarium.

Nach Warnstorf sind die Blüten protogyn, und der Griffel ist bald nur von der Länge der Staubblätter, bald so lang wie die Krone, bald weit aus der Krone hervorragend; Stempel nicht selten fehlschlagend und die Blüten in diesem Falle männlich. Die weissen Filamente sind nicht nur an den Rändern, sondern auch auf der Oberfläche weisshaarig und zwar dienen die inneren Haare zum Schutze des Honigs. — Pollen weiss, sehr unregelmässig tetraëdrisch oder von unbestimmter Form, warzig gestrichelt, bis 44 μ diam.

Als Besucher beobachtete ich auf der Insel Usedom, wo die Pflanze grosse Strecken bedeckt, ausser der Honigbiene drei Hummeln (Bombus hortorum L. ♀, B. lapidarius L. ♀, B. terrester L. ♀), sämtlich sgd. und häufig. In Thüringen sah A. Röse (H. M., Alpenbl. S. 381) gleichfalls die Garten- und die Erdhummel als Besucher.

Alfken bemerkte bei Bremen: *Apidae*: 1. Bombus jonellus K. ♀; 2. B. muscorum F. ♀; 3. B. proteus Gerst. ♀; 4. B. terrester L. ♀; Friese in Thüringen: Osmia nigriventris Zett.

Herm. Müller beobachtete in den Alpen Apis und 3 Hummeln.

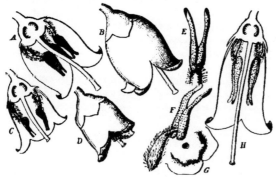

In Dumfriesshire (Schottland) (Scott-Elliot, Flora S. 111) wurden 1 Empide und 1 Muscide als Besucher beobachtet.

Die arktische Form var. pumilum Hornemann (Grönland, Labrador) ist von Warming (Bot. Tidsskr. 1895, S. 44—46) untersucht: Die Blütengrösse ist wechselnd, indem die Blumen zuweilen um die Hälfte kleiner und verhältnismässig weiter

Fig. 218. **Vaccinium Vitis idaea L.** (Nach E. Warming.)
A—G β pumilum, von Grönland. *A, B* Grössere Blumen, *C, D* kleinere Blumen. *E, F* Ein Staubblatt von *A*. *G* Nektarium. *H* Hauptform, von Stockholm. (*A—D, H* 4 : 1.)

sind, als bei der Hauptform. Bei diesen kleineren Blüten reicht der Griffel nur bis zur Mündung der Blumenkrone, in welcher auch die Antheren stehen, so dass leicht Selbstbestäubung erfolgen kann. In den Blüten, welche grösser als die Hauptform sind, ragt der Griffel soweit wie bei letzterer aus der Blüte hervor. (Fig. 218.) Nur in warmen Jahren werden die Früchte reif.

Nach Ekstam beträgt der Durchmesser der geruchlosen, schwach protandrischen Blüten 4—8 mm.

1745. V. Oxycoccos L. (Oxycoccos palustris Persoon). [Sprengel, S. 228, 229; H. M., Weit. Beob. III S. 67—69; Warming u. a. O.; Kerner, Pflanzenleben II; Warnstorf u. a. O.] — Schon Sprengel hat die Blüteneinrichtung dieser Art trefflich beschrieben, jedoch nicht bemerkt, dass bei Bienenbesuch Kreuzung unausbleiblich erfolgt. Die rote, radförmige Blumenkrone ist zurückgeschlagen. Die Blütezeit der einzelnen Blumen beträgt nach Sprengel 18 Tage.

Der wie bei den übrigen Arten abgesonderte Nektar ist gegen Regen durch die nach unten gerichtete Stellung der Blüten, gegen nutzlose Gäste, nach Kerner, durch die um den Griffel dicht zusammenschliessenden Staubblätter geschützt. Durch letztere werden, nach Müller, auch die zur Bestäubung der Blume geeigneten Bienen zur Vermittlung der Kreuzung genötigt. Die Staubfäden sind nämlich so stark verbreitet, dass sie eine den Griffel umschliessende Röhre bilden. Ihre ganze Aussenseite ist von nur kurzen Härchen rauh; ihre dicht aneinander liegenden Ränder aber sind mit längeren krausen Haaren besetzt, die sich so dicht in einander filzen, dass kein honigsuchendes Insekt mit Erfolg den Versuch machen wird, zwischen den Staubfäden hindurch zum Nektar vorzudringen. Die Antheren sitzen an der Innenseite der Staubfäden und verlängern sich in zwei ihnen selbst an Länge gleichkommende, am Ende geöffnete und dem Griffel gleichfalls dicht anliegende Röhren. Die zum Honig vordringenden Bienen müssen sich daher von unten an die Blüten anklammern und dann ihren Rüssel zwischen die Staubblattröhren schieben, so dass alsdann aus letzteren Pollen auf ihren Kopf herabfällt. Da die Narbe am weitesten aus der Blüte hervorsteht, so wird sie von dem nun mit Pollen bedeckten Kopfe der anfliegenden Biene zuerst berührt, so dass Fremdbestäubung erfolgen muss. Spontane Selbstbestäubung ist, nach Lindman, bei der Form pusilla Rupr. wegen des grossen Abstandes der Narbe von den Antheren ziemlich unsicher, doch tritt sie, nach Warming, in Grönland vielleicht schon in der Knospe ein, da die Fruchtbildung hier eine sehr reichliche ist. — Pollen, nach Warnstorf, weiss, bis 50 μ diam.

Besucher habe ich, trotz langer und sorgfältiger Überwachung, bisher noch nicht beobachten können; ebensowenig ist dies H. Müller gelungen, welcher dazu bemerkt, dass die Honigbienen, welche in unmittelbarer Nähe der Blüten an den von Wasser durchtränkten Sphagnumpolstern ihren Durst löschten, sich nicht um die Blüten kümmerten. Derselbe bringt die oben erwähnte, sehr lange Blütezeit der Pflanze mit der Spärlichkeit des Insektenbesuches in Zusammenhang.

In Dumfriesshire (Schottland) (Scott-Elliot, Flora S. 111) wurden 2 Musciden als (offenbar nutzlose) Besucher beobachtet.

77. Familie **Ericaceae** Lindley.

K n u t h, Grundriss S. 70; D r u d e, in Engler u. Prantl, Nat. Pflanzenfam. IV. I. S. 25. — Die meist traubig, selten doldig (A n d r o m e d a) angeordneten
Blüten bergen den Honig im Grunde der Blumenkrone. Die Antheren haben meist
je zwei bis an die Kronwand reichende Fortsätze, welche, von den besuchenden
Insekten angestossen, als Hebelarme zur Ausstreuung des Pollens auf dieselben
dienen. Letzterer besteht bei vielen Arten aus lose zusammenhängenden Tetraden.

390. Arctostaphylos Adanson.

Homogame oder schwach protogynische Hummelblumen, deren Nektar von
einem den Fruchtknoten umgebenden fleischigen Ringe abgesondert wird. Nach

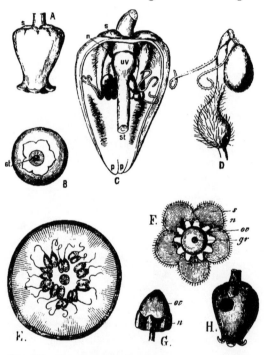

Kerner erfolgt schliesslich
spontane Selbstbestäubung
wie bei Vaccinium.

**1746. A. Uva ursi
Sprengel.** (A. officina-
lis Wimm. et Grab.,
Arbutus Uva ursi L.).
[H. M., Alpenblumen S. 385
bis 388.] — Die Kronen
der in kurzen endständigen
Trauben stehenden Blüten
bilden hängende, fast kegelförmige Glöckchen. Der
Nektar bleibt nicht am Nektarium haften, sondern wird
in 10 das Nektarium um-
gebenden Gruben im Grun-
de der Krone beherbergt.
Am Herablaufen wird er
durch starke Behaarung der
Staubfäden und der Innen-
fläche der Kronwand ver-
hindert. Gegen unberufene
Gäste wird er ausserdem
durch lange abstehende
Haare an der Kronöffnung
geschützt. Die 10 Staub-
fäden sind an ihrer Basis
schmal, schwellen dann
plötzlich so stark an, dass

Fig. 219. Arctostaphylos Uva ursi Spr. (Nach
Herm. Müller.)

A Blüte von der Seite gesehen. (3 : 1.) *B* Dieselbe von
unten gesehen. *C* Dieselbe kurz vor dem Aufblühen im
Aufriss. (7 : 1.) *D* Staubblatt. (15 : 1.) *E* Blüte unter
den Staubblättern quer durchschnitten, von unten gesehen.
(7 : 1.) *F* Kelch, Fruchtknoten, Nektarium, von unten gesehen. (7 : 1.) *G* Fruchtknoten und Nektarium in umgekehrter Stellung, von der Seite gesehen. (7 : 1.) *H* Von
Bombus mastrucatus angebissene Blüte. (3 : 1.) Bedeutung
der Buchstaben wie in Fig. 213.

sie einen den Fruchtknoten dicht umschliessenden Ring bilden, worauf sie sich
wieder verschmälern, jedoch noch eine Strecke weiter abwärts dem Frucht-

knoten dicht anliegend bleiben. Ihre Enden überragen, indem sie dem Griffel gleichlaufen, den Fruchtknoten und tragen je zwei nach innen gerichtete Pollentaschen, die sich nach unten mit einem Loche öffnen und welche je einen langen, schwanzartigen Anhang tragen, der sich bis an die Kronwandung erstreckt.

Nur die geschicktesten unter den Insekten, die Hummeln und Bienen, vermögen rasch und leicht zum Honig zu gelangen, indem sie sich von unten an die Blüte hängen und den Rüssel durch die kleine Kronöffnung bis zum Nektar einführen. Dabei streift der Rüssel fast unvermeidlich die etwas über dem Blüteneingange stehende, mit zäher, klebriger Flüssigkeit bedeckte Narbe, welche, falls der Rüssel pollenbedeckt war, belegt wird. Alsdann stösst er an einen oder mehrere der 20 schwanzartigen Antherenanhänge, wodurch ein Teil der in Tetraden lose zusammenhängenden, glatten Pollenkörner ausgestreut wird und teilweise auf den Rüssel der Hummel oder Biene fällt. Es ist also bei eintretendem Insektenbesuche Fremdbestäubung gesichert.

Nach Kerner sind die Blumen ganz schwach protogynisch. Bei ausbleibendem Insektenbesuche fällt nach demselben gegen Ende der Blütezeit Pollen auf die tiefer stehende Narbe, so dass noch spontane Selbstbestäubung möglich ist.

Die von Lindman auf dem Dovrefjeld beobachteten Pflanzen haben stark wohlriechende Blüten. Die Antherenanhänge sind hier viel kürzer als bei den alpinen Pflanzen, dagegen ist aber die Narbe lappiger ausgebreitet, so dass spontane Selbstbestäubung leichter zu stande kommen kann. Auch in den von Warming (Arkt. Vaext. Biol. S. 18—21) in Grönland untersuchten Pflanzen ist spontane Selbstbestäubung leicht möglich, die auch von gutem Erfolge ist. Bereits in der Knospe der dort homogamen Blüten sind die Antheren aufgesprungen und ist die Narbe entwickelt.

Als Besucher sah H. Müller in den Alpen 3 Hummelarten normal saugend, eine den Nektar durch Einbruch gewinnend, ausserdem 1 Falter und als unnütze Blumengäste die Larven von Thrips.

Lindmann beobachtete 2 Hummelarten.

Auch Mac Leod beobachtete in den Pyrenäen eine Hummel als Besucherin. (B. Jaarb. III. S. 374.)

Höppner beobachtete bei Bremen Bombus agrorum F. ♀, sgd.

1747. A. alpina Sprengel. (Arbutus alpina L.) Diese Art ist bisher an alpinen Standorten noch nicht untersucht, sondern nur an nordischen. Die in kurzen, endständigen Trauben stehenden, hängenden, eiförmigen, 5—6 mm langen Blüten sind, nach Warming (Arkt. Vaext. Biol. S. 13—18), in Grönland homogam oder schwach protogynisch. Die Art blüht hier schon sehr frühzeitig in der Nähe der Schnee- und Eisfelder und trägt auch reichlich Frucht. Sie neigt hier stark zur Autogamie, indem der Blütenstaub sehr leicht auf die unter den Antheren stehende, grosse, klebrige Narbe fällt, die sich schon kurz nach der Blütenöffnung mit Pollen belegt findet. Das Herausfallen des letzteren wird durch die enge Kronmündung und die in derselben sitzenden Haare verhindert. Die Antherenanhänge sind hier schwächer ausgebildet als bei voriger Art; sie fehlen den grönländischen Pflanzen bisweilen sogar gänzlich. Vgl. Fig. 220.

1748. Arbutus Unedo L. [Sprengel S. 240—241].

Als Besucher beobachtete Schletterer bei Pola: 1. den schönen Bombus argillaceus Scop., im November und Dezember an schönen Tagen; 2. die Erdhummel im September, Oktober, November hfg. „An sonneheiteren, windstillen Tagen erscheint sie auch im Jänner ab und zu. So traf ich sie wiederholt von den Weihnachtstagen bis Ende Jänner auf Spätlingsblüten des Erdbeerstrauches.“

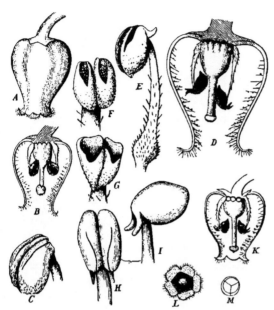

Fig. 220. Arctostaphylos alpina (L.) Spreng. (Nach E. Warming.)

A, B Eine Blume von aussen und im Längsdurchschnitt; der Pollen ist bereits aus den Antheren herausgefallen, obwohl diese eben erst geöffnet sind. (4 : 1.) *C* Eine Anthere dieser Blume; Hörner fehlen. *D* Längsdurchschnitt durch eine Blume mit ziemlich kurzem Griffel. (8 : 1.) *E, F, G* (20 : 1) Antheren und Staubträger in verschiedener Stellung und verschiedenem Alter. *H, I* (20 : 1) Antheren einer Knospe. *K* Längsdurchschnitt durch eine Blume mit langem Griffel. *L* Der Rand und der Schlund der Blume von oben; unten in demselben sieht man die Narbe, (die Breite des Randes beträgt ca. 2½ mm, die der Mündung 1 mm). *M* Pollentetrade.

1749. A. Andrachne Mill. Entleutner (Österr. Bot. Ztschr. 1889) bemerkte bei Meran im Grunde einiger Blüten einen kleinen Eindringling aus der Ordnung der Dipteren, der aber von den Filzhaaren festgehalten, seine Naschhaftigkeit mit dem Tode büssen musste. Ferner erwähnt er, dass auch Insekten den „Blütenkrug dicht neben dem Kelch durchbissen“.

391. Phyllodoce Salisbury.

Eiförmige blaue oder rote, meist hängende Bienenblumen mit verborgenem Honig, welcher von einem gelben, gekerbten Ringe am Grunde des Fruchtknotens abgesondert wird.

1750. Ph. taxifolia Salisb. (Erica coerulea Willd., E. arctica Waitz, Ph. coerulea Babington). Diese nordische Pflanze ist nach Warming [Bot. Tidskrift 1885. Bd. 15, S. 20—25] in Grönland schwach protogyn. Die Antheren haben keine Anhänge. Bereits in der Knospe ist die Narbe klebrig. Die Griffellänge ist veränderlich. In den kurzgriffeligen Blüten stehen Narben und Antheren in gleicher Höhe, so dass spontane Selbstbestäubung unvermeidlich ist. Die enge Kronöffnung und die meist hängende Stellung der Blüten lassen darauf schliessen, dass sie der Befruchtung durch Bienen angepasst sind, doch sind solche bisher nicht als Besucher beobachtet, sondern nach Bessels ein Falter (Colias boothii H.-Sch. = C. hecla Lef.). Vgl. Fig. 221.

Die von Lindman auf dem Dovrefjeld untersuchten Blumen stimmten in ihrer Einrichtung mit den grönländischen im wesentlichen überein, doch beobachtete Lindman dort eine Form, bei welcher der Griffel nur 2 mm lang war, so dass die Antheren die Narbe überragten, mithin spontane Selbstbestäubung nicht erfolgen kann.

Die Pflanze ist nach Ekstam im schwedischen Hochgebirge protogynisch-homogam.

Fig. 221.   Phyllodoce taxifolia Salisb.
(Nach E. Warming.)
(Nach grönländischem Material.   Fig. A, B, C, D 2½ : 1.)

A Eine junge Blume, eben geöffnet. Auf der Narbe findet sich bereits Pollen. Die Behaarung auf Blume und Stiel ist fortgelassen. B Eine andere Blume, in welcher Antheren und Narbe in gleicher Höhe stehen. Die meisten Staubblätter sind fortgenommen. C Eine dritte junge Blume; auch in dieser lagen die Poren der Staubblätter und die Narbe in gleicher Höhe, ungefähr zwischen dem obersten und dem mittleren Drittel der Kronenlänge. D Dieselbe, von der Mündung gesehen. E Pistill und Nektarium, von oben gesehen. F Ein Staubblatt von vorn. G Eine Pollentetrade. H Grund des Blütenstiels mit Vorblättern.

392. Andromeda L.

Meist homogame Blumen mit verborgenem Honig, der am Grunde des Fruchtknotens ausgesondert wird.

1751. A. polifolia L. Fünf oder mehr überhängende zierliche Blüten stehen in fast doldiger Anordnung am Ende des Stengels. Die lebhaft rot gefärbten Blütenstiele sind dreimal länger als die etwa 5 mm langen und ebenso breiten Blüten, deren glockenförmiger Kelch rot gefärbt ist, während die Kronblätter weiss sind und fünf rötliche Längsstreifen besitzen. Das Blütenglöckchen hat, nach Loew (Bl. Fl. S. 270), eine fünfeckige, von den ganz kurzen, zurückgeschlagenen Kronzipfeln gebildete Öffnung, deren Durchmesser etwa 1½ mm beträgt. Die Innenseite der Blüte und die Staubfäden sind mit Haaren besetzt, welche dem

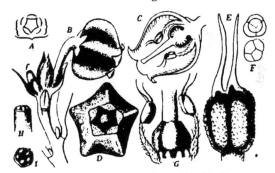

Fig. 222.   Andromeda polifolia L.
(Nach E. Warming.)

A Diagramm von den äusseren und den Vorblättern der Blume. B Die Spitze eines blühenden Zweiges; unten zwei Laubblätter, welche kleine vegetative Knospen stützen; über ihnen ein (hier entferntes) Laubblatt, welches die kräftigste vegetative Knospe stützt. Über derselben sieht man teils ein Hochblatt, welches eine noch nicht entfaltete Blume stützt, teils eins, das eine Blüte stützt; das Ganze wird durch einige dicht zusammengeschlossene Hochblätter abgeschlossen. (3 : 1.) C Längsdurchschnitt durch eine voll entwickelte Blume. D Eine Blume von oben gesehen. (4 : 1.) E Eine Anthere. (20 : 1.) F Pollen. G Fruchtknoten mit Nektarium und 2 Staubblättern. (8 : 1.) H, I Griffelende und Narbe.

von 10 am Grunde des Fruchtknotens sitzenden wulstigen Höckern abgesonderten Honig als Schutz dienen und auch das Herausfallen des Pollens aus dem Blütenglöckchen hindern.

Im Blüteneingange steht die bereits beim Aufblühen klebrige Narbe; sie überragt die dunkelbraunen Antheren, die an den von L o e w untersuchten märkischen Pflanzen gleichzeitig mit der Narbe entwickelt sind. Die Poren der Antheren sind an der normal gestellten Blüte nach innen, die Antherenanhänge nach aussen gerichtet. Um den Honig zu gewinnen, genügt ein 4—4,5 mm langer Rüssel. Bei ausbleibendem Insektenbesuch kann, nach W a r m i n g (Arkt. Vaext. Biol. S. 19—21), in den von ihm untersuchten arktischen Pflanzen spontane Selbstbestäubung durch Hinabfallen von Pollen auf die die enge Kronmündung ganz ausfüllende Narbe eintreten. Auch L i n d m a n fand bisweilen Pollen auf dem Rande der mit fünf kleinen tropfenartigen Höckern besetzten Narbe, die auf dem D o v r e f j e l d bereits in der Knospe klebrig war. Derselbe fand auch zuweilen auf der Unterseite der Narbe Pollen, was auf Insektenbesuch schiessen lässt.

A l f k e n beobachtete bei Bremen als Besucher: A. H y m e n o p t e r a: *Apidae*: 1. Bombus lapidarius L. ♀, n. hfg., sgd.; 2. B. muscorum F. ♀, hfg., sgd., beharrlich diese Pflanze besuchend, andere nahestehende, honigbergende Pflanzen, wie Ajuga, meidend. B. L e p i d o p t e r a: *Rhopalocera*: 3. Thecla rubi L., s. hfg., sgd.

393. Cassiope Don.

Glockenförmige, hängende Blumen mit verborgenem Honig, welcher am Grunde des Fruchtknotens von gelben Nektarien abgesondert wird.

1752. C. tetragona Don. Diese arktische Art ist, nach W a r m i n g (Bot. Tidsskrift Bd. 15. 1885. S. 25—29), vielleicht eine Abendfalterblume. Die gelblichweissen Blüten riechen besonders gegen Abend maiblumenartig. Die Ausstreuung des Pollens wird durch Anstossen des Insektenrüssels gegen die abstehenden Antherenhörner bewirkt. Bei Insektenbesuch ist Fremdbestäubung möglich; doch erfolgt bei den grönländischen Exemplaren noch in der geschlossenen Blüte meist spontane Selbstbestäubung.

Fig. 223. Cassiope tetragona (L.) Don. (Nach E. Warming.)

A Blüte im Aufriss von der Seite. (4 : 1.) *B* Ein Staubblatt. (10 : 1.) *C* Diagramm. *D* Blüte im Längsschnitt. (4 : 1.) *E* Staubblätter und Narbe von unten betrachtet. (10 : 1.)

1753. C. hypnoides Don. (A n d r o m e d a hypn. L.). Die Blüten sind, nach W a r m i n g (a. a. O. S. 29—31), weiss mit purpurroten Kronspitzen; sie sind mehr geöffnet als bei voriger Art und duften, nach L i n d m a n, ziemlich stark. Letzterer fand sie auf dem Dovrefjeld anfangs protogynisch, dann homogam, ersterer in Grönland gleich homogam. Wahrscheinlich erfolgt schon in der geschlossenen Blüte durch Herabfallen von Pollen auf die deutlich abgesetzte, von einem zähen, harzartigen Schleime bedeckte Narbe spontane Selbstbestäubung, welche reichliche Fruchtbildung zur Folge hat. (S. Fig. 224.)

394. Calluna Salisbury.

Rosenrote, selten weisse, zu langen, traubigen Blütenständen vereinigte, schwach protandrische Blumen mit verborgenem Honig, welcher von acht mit den Staubfäden abwechselnden Knötchens im Grunde der Blumenkrone abgesondert wird.

1754. C. vulgaris Salisb. (Erica vulg. L.) [Sprengel, S. 230; H. M., Befr. S. 353, 354; Alpenbl. S. 382; Weit. Beob. III. S. 67; Lindman, a.a.O.; Verhoeff, Norderney; de Vries, a. a. O.; Mac Leod, B. Jaarb. III.; V.; Knuth, Ndfr. Ins. S. 101,163; Weit. Beob. S. 227, 238; Kerner, Pflanzenleben II.; Loew, Bl. Fl. S. 390; Warnstorf, Bot. V. Brand. Bd. 38.] — Die Anlockung der die Kreuzbefruchtung vermittelnden Insekten geschieht durch den vergrösserten roten, selten weissen Kelch und die Vereinigung der Blüten zu dichten, einseitswendigen Trauben, sowie nicht zum geringsten durch das massenhafte Beisammenstehen der Pflanzen.

Fig. 224. Cassiope hypnoides (L.) Don. (Nach E. Warming.)

A Blüte im Längsschnitt, von der Seite. (4 : 1.) B Dieselbe von unten betrachtet. (4 : 1.) C Griffel. (5 : 1.) D Ein Staubblatt, von der Seite. E Ein Staubbeutel. F Ein Staubblatt von innen

Fig. 225. Calluna vulgaris Salisb. (Nach Herm. Müller.)

1 Ältere Blüte fast gerade von unten gesehen. 2 Jüngere Blüte nach Entfernung des Kelches und der Krone, von der Seite. 3 Einzelnes Staubblatt. a Kelchblätter. b Kronblätter. c Staubbeutelanhängsel. d Nektarium. e Antherenöffnung. f Staubfäden. g Griffel.

Die Blüten sind, nach H. Müller, schwach protandrisch und bilden Glöckchen von 2—3 mm Länge. Staubblätter und Stempel biegen sich in den oberen Teil der fast wagerecht stehenden Blüten hinauf, sodass von unten ein bequemer Zugang zum Nektar entsteht. Grössere Insekten (Bienen, Hummeln) ziehen zwar, indem sie sich an die Blüte hängen, dieselbe durch ihre Schwere hinunter und saugen von unten, kleinere dagegen stecken den Kopf oder Rüssel von vorn in die Blüten und müssen daher in den unteren Teil derselben eindringen, um zum Honig zu gelangen, wobei sie sich von oben mit Pollen bestäuben.

Bereits in der Knospe öffnen sich die Antheren und sperren ihre rauhen, mit sparrig abstehenden Haaren besetzten Anhänge so weit nach aussen, dass sie von jedem zum Nektar vordringenden Insektenrüssel angestossen werden müssen, wodurch Pollen aus den Antheren ausgestreut wird. Die vierlappige, an der Spitze des die Antheren bedeutend überragenden Griffels stehende Narbe ist in der Regel erst nach der Entleerung der Antheren völlig entwickelt, doch kann sie schon früher Pollen auf sich haften lassen. Fremdbestäubung ist also bei Insektenbesuch gesichert; spontane Selbstbestäubung ist ausgeschlossen.

Nach Kerner ist Calluna nur anfangs für Insektenbestäubung, später für Windbestäubung eingerichtet. Es hört dann die Nektarabsonderung auf, die Staubfäden verlängern sich, so dass die vorher in der Krone eingeschlossenen Antheren entblösst werden und der Pollen vom Winde auf die Narbe jüngerer Blüten geführt wird. Vgl. Bd. I. S. 86. — Pollinien nach Warnstorf 3—4zellig, Pollen weisslich, unregelmässig, dicht warzig gestrichelt, von 37—44 μ diam.

Als Besucher sah ich in Schleswig-Holstein:
A. Diptera: *Syrphidae*: 1. Eristalis tenax L.; 2. Syritta pipiens L.; 3. Syrphus balteatus Deg.; 4. S. sp. Sämtl. sgd. oder pfd. B. Hymenoptera: *Apidae*: 5. Apis mellifica L.; 6. Bombus cognatus Steph. ♀; 7. B. terrester L. ♀; 8. Psithyrus rupestris F. ♂. Sämtl. sgd. C. Lepidoptera: a) *Noctuidae*: 9. Plusia gamma L. b) *Rhopalocera*: 10. Coenonympha pamphilus L.; 11. Polyommatus phlaeas L. Sämtl. sgd.

Herm. Müller giebt folgende Besucherliste:
A. Diptera: a) *Muscidae*: 1. Sarcophaga carnaria L., sgd.; b) *Syrphidae*: 2. Cheilosia longula Zett.; 3. C. scutellata Fallen, sgd.; 4. Chrysotoxum octomaculatum Curt., sgd.; 5. Melithreptus scriptus L.. sgd.; 6. Sericomyia borealis Fallen, sgd. (Thür.); 7. Syritta pipiens L., sgd ; 8. Syrphusarten, sgd. B. Hymenoptera: a) *Apidae*: 9. Anthrena dorsata K. ♀, sgd. und psd.; 10. A. fulvicrus K. ♀, sgd.; 11. A. fuscipes K. ♀ ♂, sgd.; 12. A. lapidarius L. ♀, sgd.; 13. A. parvula K. ♀, sgd. und psd.; 14. A. simillima Sm. ♀ ♂, w. v.; 15. Apis mellifica L. ♀, äusserst zahlreich, sgd.; 16. Bombus terrester L. ♀ ♀ ♂, sgd., (auch in den Alpen); 17. Diphysis serratulae Pz. ♀, sgd.; 18. Halictus cylindricus F. ♂, sgd.; 19. Saropoda bimaculata Pz. ♀, sgd., mit Pollen von Calluna in den Sammelhaaren; 20. Sphecodes gibbus L. ♀, sgd. b) *Vespidae*: 21. Vespa holsatica F. ♀, sgd. C. Lepidoptera: *Rhopalocera*: 22. Hesperia thaumas Hfn. (linea W. V.), sgd. D. Thysanoptera: 23. Zahlreiche Thrips.

Alfken und Höppner (H) beobachteten bei Bremen: A. Diptera: a) *Bombylidae*: 1. Systoechus sulphureus Mikan. b) *Muscidae*: 2. Echinomyia grossa L.; 3. E. tessellata F. c) *Syrphidae*: 4. Arctophila mussitans F.; 5. Chrysotoxum festivum L.; 6. Syrphus pyrastri L.; 7. Volucella bombylans L. B. Hymenoptera: a) *Apidae*: 8. Anthrena argentata Sm. ♀; 9. A. fuscipes K. ♀ ♂; 10. A. nigriceps K. ♀ ♂; 11. A. thoracica F. ♀ sgd. II. Generat.; 12. Apis mellifica L., s. hfg.; 13. Bombus agrorum F. ♂ ♀ ♀; 14. B. arenicola Ths. ♀ ♂ (H.); 15. B. confusus Schck. ♂; 16. B. derhamellus K. ♂; 17. B. distinguendus Mor. ♀ sgd. (H.); 18. B. hortorum L. var. nigricans Schmied, (kl. ♀) sgd.; 19. B. jonellus K. ♂ sgd., in grossen Mengen, noch Ende September fliegend, ♀ ♀; 20. B. lapidarius L. ♀ ♂; 21. B. lucorum L. ♀; 22. B. muscorum F. ♀ ♀ ♂; 23. B. proteus Gerst. ♂; 24. B. terrester L. ♂; 25. B. variabilis Schmied. ♀ ♀ ♂ (H.); 26. Colletes succinctus L. ♀ sgd., psd. ♂ sgd.; 27. Dufourea vulgaris Schck. ♀ sgd. psd. ♂ sgd.; 28. Halictoides inermis Nyl. ♂; 29. Halictus calceatus Scop. ♀ ♂; 30. H. leucozonius Schrk. ♂; 31. H. punctatulus K. ♂; 32. H. rubicundus Chr. ♂; 33. H. sexnotatulus Nyl. ♂; 34. Nomada brevicornis Mocs. ♂ sgd.; 35. N. jacobaeae Pz. ♀ sgd.; 36. N. obtusifrons Nyl. ♀ sgd.; 37. N. roberjeotiana Pz. ♀ sgd.; 38. N. solidaginis Pz. ♀ ♂, sgd.; 39. Prosopis pictipes Nyl. ♂; 40. Psithyrus campestris Pz. ♀ ♂ (H.); 41. P. rupestris F. ♂. b) *Sphegidae*: 42. Cerceris arenaria L. ♀ ♂ sgd.; 43. Mellinus arvensis L. ♀ ♂, sgd. c) *Tenthredinidae*: 44. Athalia lugens Ths.; 45. A. rosae L.

Sickmann bemerkte als Besucher bei Osnabrück die Grabwespe Mellinus arvensis L., sowie bei Hollingholthausen M. sabulosus L.

Verhoeff beobachtete auf Norderney: A. Diptera: a) *Bibionidae*: 1. Dilophus vulgaris Mg., hfg. b) *Muscidae*: 2. Calliphora erythrocephala Mg., hfg. 3. Lucilia latifrons Schin., hfg. B. Hymenoptera: *Apidae*: 4. Bombus lapidarius L. ♀ ♂ ♂, hfg. sgd.; 5. B terrester L. ♀, nicht selten, sgd.; 6. Psithyrus rupestris F. ♂, sgd.

Loew beobachtete in Brandenburg (Beiträge S. 41): Bombus agrorum F. ♀, sgd.; Krieger bei Leipzig die Apiden: 1. Anthrena fuscipes K. ♀ ♂; 2. Bombus hypnorum L. ♀; 3. B soroënsis F. ♀ ♂; 4. B. terrester L. ♀ ♂; 5. B. variabilis Schmiedekn. ♂; 6. Nomada solidaginis Pz.; 7. Psithyrus vestalis Fourcr. ♀ ♂; Schmiedeknecht in Thüringen: Hymenoptera: *Apidae*: 1. Anthrena argentata Smith; 2. A. pubescens K. (= fuscipes K.); 3. Bombus terrester L. ♂; 4. Nomada solidaginis Pz.; Rössler bei Wiesbaden den Falter Agrotis castanea Esp. und bemerkt dabei: „Dieser Falter bestätigt den vielfach zutreffenden Satz, dass die Schmetterlinge meist zur Zeit der Blüte ihrer Nährpflanzen zu erscheinen pflegen"; Friese in Baden, B., bei Fiume, F., in Mecklenburg, M. und in Ungarn, U. die Apiden: 1. Anthrena fuscipes K. — B., n. slt. M., hfg.; 2. Colletes succinctus L. — F. u. M., hfg. U., einz.; 3. Epeolus variegatus L. — B. u. M., einz.; 4. Nomada jacobaea Pz. — B. 1 ♀; Schiner in Oesterreich die Raupenfliege Siphona geniculata Mg.; Frey in der Schweiz: Grapholitha mendiculana Tr.; Phoxopteryx unguicella L.; Gelechia ericetella Hb.; Pleurota bicostella Cl.

Schletterer giebt für Tirol als Besucher an die Apiden: 1. Bombus alticola Krchb.; 2. B. confusus Schck.; 3. B. mastrucatus Gerst.; 4. B. silvarum L.; 5. B. variabilis Schmiedekn.; 6. Colletes succinctus L.; 7. Sphecodes ephippius L.

v. Dalla-Torre beobachtete in Tirol die Apiden: 1. Bombus alticola Kriechb. ♀♂; 2. B. confusus Schck. ♀ ♂; 3. B. muscorum F. ♂; 4. B. silvarum L. ♀; 5. B. mastruatus Gerst.; 6. Colletes succinctus L. ♀; 7. Sphecodes ephippius L. ♀: Ducke in Österreich-Schlesien die *Erdbiene* Anthrena simillima Smith; Hoffer in Steiermark Anthrena argentata Smith, psd.; Gerstäcker in Oberbayern die alpine Hummel Bombus alticola Kriechb. ♀ ♂; Mac Leod in Flandern Apis, 3 Hummeln, 3 andere Hymenoteren, 9 Syrphiden, 5 andere Fliegen, 7 Falter (B. Jaarb. V. S. 449, 450); in den Pyrenäen nur Syritta als Besucher (A. a. O. III. S. 373); Herm. Müller in den Alpen 1 Hummel und Plusia; H. de Vries (Ned. Kruidk. Arch. 1877) in den Niederlanden 3 Apiden: 1. Apis mellifica L. ♀; 2. Bombus subterraneus L. ♀; 3. B. terrester L. ♂ ♀; Lindman auf dem Dovrefjeld eine Hummel; Morawitz bei St. Petersburg die Apiden: 1. Anthrena argentata Smith; 2. A. nigriceps K.

Smith beobachtete in England Colletes succinctus L.

Willis und Burkill (Flowers and Insects in Great Britain Pt. I.) verzeichnen für das mittlere Wales:

A. Diptera: a) *Muscidae*: 1. Calliphora erythrocephala Mgn.; 2. Onesia cognata Mgn.; 3. O. sepulcralis Mgn.; 4. Lucilia cornicina F., häufig; 5. Pollenia rudis F. b) *Syrphidae*: 6. Eristalis tenax L, sgd., häufig; 7. Melanostoma scalare F., sgd.; 8. Platycheirus manicatus Mgn.; 9. Sericomyia borealis Fln. B. Hymenoptera: a) *Apidae*: 10. Bombus agrorum F., sgd.; 11. B. hortorum L., sgd; 12. B. lapidarius L., sgd.; 13. B. lapponicus F., sgd.; 14. B. scrimshiranus Kirby, sgd.; 15. B. terrester L., sgd., häufig. b) *Formicidae*: 16. Formica fusca L., sgd.; c) *Vespidae*: 17. Vespa vulgaris L, sgd. C. Lepidoptera: a) *Rhopalocera*: 18. Coenonympha pamphilus L., sgd.; 19. Lycaena icarus Rott., sgd.; 20. Polyommatus phlaeas L., sgd.; 21. Vanessa urticae L, sgd.; b) *Microlepidoptera*: 22. Unbestimmte Arten, sgd. In Dumfriesshire (Schottland) (Scott-Elliot, Flora S. 112.) wurden Apis, 4 Hummeln und mehrere Fliegen und Falter als Besucher beobachtet.

Willis (Flowers and Insects in Great Britain Pt. I) beobachtete in der Nähe der schottischen Südküste:

A. Diptera: a) *Muscidae*: 1. Anthomyia radicum L., sgd.; 2. A. sp., pfd.; 3. Limnophora sp., pfd.; 4. Scatophaga stercoraria L., pfd., häufig; 5. Themira minor Hal., sgd. häufig. b) *Syrphidae*: 6. Platycheirus albimanus F., sgd. und pfd., häufig; 7. P. manicatus Mgn., sgd., häufig; 8. Sericomyia borealis Fln., pfd., häufig. B. Hymenoptera: *Apidae*: 9. Apis mellifica L., sgd., sehr häufig; 10. Bombus agrorum F., sgd., häufig; 11. B. pratorum L., sgd.; 12. B. scrimshiranus Kirb., sgd.; 13. B. terrester L., sgd., häufig C. Lepidoptera: a) *Rhopalocera*: 14. Polyommatus phlaeas L., sgd. b) *Tortricidae*: 15. Teras aspersana Hub., sgd.

395. Erica Tourn.

Die Arten dieser Gattung gehören den Blumenklassen **H, F, FH, B** und **W** an.

1755. E. Tetralix L. [H. M., Befr. S. 352, 353; Weit. Beob. III. S. 67; Mac Leod, B. Jaarb. V. S. 450—451; Schulz, Beitr.; Knuth, Nordfr. Ins. S. 161, 163; Weit. Beob. S. 238.] — Bienenblume. Die zu kopfig-doldigen Inflorescenzen vereinigten, roten, herabhängenden Blütenglöckchen machen die Pflanze recht augenfällig. Die Bestäubungseinrichtung stimmt, nach Herm. Müller, mit derjenigen von Vaccinium Myrtillus und uliginosum überein. Das Blütenglöckchen ist 7 mm lang und in der Mitte 4 mm weit. Der im Blütengrunde sitzende Fruchtknoten ist an seiner Basis von einem schwärzlichen Nektarium ringförmig eingeschlossen; der von demselben abgesonderte Nektar sammelt sich dort an. In der Mitte der nur 2 mm weiten Öffnung der Blüte steht die schwärzliche klebrige Narbe, eben aus der Öffnung hervorragend, so dass ein besuchendes, sich an die Blüte hängendes und mit dem Rüssel zum Nektar vordringendes Insekt diese zuerst streifen und, falls es von einer anderen Blüte kam, mit Pollen belegen muss; gleichzeitig behaftet es auch seinen Rüssel mit der klebrigen Narbenfeuchtigkeit und macht ihn zur Aufnahme von neuem Pollen geeignet. Die Öffnungen der acht Antheren liegen nach unten gekehrt etwas über der Narbe; ihre je zwei langen, spitzen, divergierenden, dornigen Fortsätze reichen bis an die Wand des Glöckchens, so dass ein honigsuchendes Insekt, unmittelbar nachdem es die Narbe berührt hat, mit dem Rüssel an einige der Staubbeutelfort-

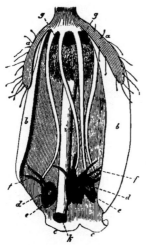

Fig. 226. Erica Tetralix L. (Nach Herm. Müller.)

Blüte, von welcher der vordere Teil der Blumenkrone entfernt ist. a Kelch. b Blumenkrone. c Zurückgeschlagene Saumlappen derselben. d Staubblätter (z. T. aus ihrer Lage gerückt). e Nach unten gekehrte Öffnungen der Antheren. f Staubbeutelhörner, an welche der in den Blütengrund vordringende Insektenrüssel stösst. g Nektarium. h Fruchtknoten. i Griffel. k Narbe.

sätze stossen und dadurch das Herausfallen von trocknem, pulverförmigem Blütenstaub aus den Antherenöffnungen bewirken muss, der ihm auf den Vorderkopf fällt und an derjenigen Stelle haftet, welche durch die Berührung mit der Narbe klebrig gemacht worden ist. Beim Besuch jeder folgenden Blüte wird also Kreuzung erfolgen, gleichzeitig wird der Kopf von neuem mit Pollen bestreut. Bleibt Insektenbesuch aus, so tritt durch Hinabfallen von Pollen auf den Rand des Narbenkopfes spontane Selbstbestäubung ein. — Ob diese Art gegen Ende der Blütezeit windblütig ist, habe ich nicht untersucht.

Zur Erlangung des Nektars ist ein 7 mm langer Rüssel erforderlich. Da der Rüssel der Honigbiene nur 6 mm lang ist, so ist dieser eifrige Blütenbesucher nicht im stande, den Grund des Glöckchens auf normalem Wege zu erreichen; sie beisst letzteres daher etwa in der Mitte von aussen an und raubt den Nektar durch die gebissene Öffnung. H. Müller beobachtete an Herbstblüten die Honigbiene normal saugend; er spricht die Vermutung aus, dass diese Blüten vielleicht ein wenig kleiner sind als die in der wärmeren Jahreszeit entwickelten; es würde alsdann der Rüssel der Honigbiene zur Erlangung des Honigs gerade lang genug sein. (Vgl. meine Bemerkung unten.)

Als Besucher sah Herm. Müller in Westfalen:

A. Diptera: *Syrphidae*: 1. Rhingia rostrata L., sgd., sehr häufig; 2. Volucella bombylans L., häufig, sgd.; 3. V. haemorrhoidalis Zett., einzeln, sgd.; 4. V. plumata L., wiederholt, sgd. B. Hymenoptera: *Apidae*: 5. Apis mellifica L. ⚥ ist wegen ihres nur 6 mm langen Rüssels nicht imstande den Grund des Glöckchens auf normalem Wege zu erreichen, die Glocken deshalb in der Mitte von aussen anbeissend und durch das gebissene Loch sgd.; einmal auch normal sgd.; 6. Bombus agrorum F. ♀ ⚥, sehr häufig, sgd., von unten sich an die Glöckchen hängend und die Rüsselspitze in die Oeffnung derselben steckend; 7. B. muscorum F. ♀ ⚥ ♂. w. v.; 8. B. rajellus K. ⚥, w. v.; 9. B. silvarum L. ♀ ⚥, w. v.; 10. B. terrester L. ♀, w. v., ganz kleine ⚥ die Blumenglocken anbohrend und durch den Einbruch den Honig gewinnend, damit abwechselnd an Calluna vulgaris sgd.; 11. Nomada solidaginis Pz. ♂, einmal, wahrscheinlich vergeblich sgd. C. Lepidoptera: *Noctuidae*: 12. Plusia gamma L., sgd., in grösster Menge. D. Thysanoptera: 13. Thrips, häufig in den Blüten.

Ich beobachtete in Schleswig-Holstein:

A. Diptera: *Syrphidae*: 1. Eristalis sp.; 2. Helophilus pendulus L.; 3. Volucella bombylans L. B. Hymenoptera: *Apidae*: 4. Anthrena pubescens K. ♀; 5. Apis mellifica L.; 6. Bombus agrorum F.; 7. B. cognatus Steph.; 8. B. derhamellus K.; 9. B. distinguendus Moraw.; 10. B. lapidarius L.; 11. B. terrester L. C. Lepidoptera: a) *Noctuidae*: 12. Plusia gamma L. b) *Rhopalocera*: 13. Epinephele janira L. c) *Sphingidae*: 14. Zygaena filipendulae L.

Ich sah am 26. Juli 1897 bei Norddorf auf der Insel Amrum zahlreiche Exemplare der Honigbiene normal sgd. Obgleich das Blütenglöcken 7 mm lang ist, während der Rüssel von Apis nur 6 mm Länge besitzt, mussten die Bienen doch ausreichend Nektar erlangen, denn sie flogen stetig von Blüte zu Blüte und verweilten an jeder mehrere Sekunden. Einzelne begaben sich hin und wieder an den Blütengrund, offenbar um ein Loch in denselben zu beissen und so den Nektar zu stehlen, doch gelang dies nur wenigen, die meisten kehrten vielmehr bald wieder zum Blüteneingang zurück und setzten ihre Saugversuche auf normalem Wege fort.

Wüstnei beobachtete auf der Insel Sylt Anthrena nigriceps K. als Besucher; Alfken bei Bremen: A. Diptera: *Muscidae*: 1. Echinomyia grossa L. B. Hymenoptera: a) *Apidae*: 2. Bombus derhamellus K. ⚥; 3. B. distinguendus Mor. ♀; 4. B. jonellus K. ⚥; 5. B. lucorum L. ⚥; 6. B. muscorum F. ⚥; 7. B. terrester L. ⚥; 8. B. variabilis Schmiedekn. ⚥; 9. Halictus lineolatus Lep. (= canescens Schck.) ♀; 10. Megachile analis Nyl. ♀ ♂; 11. M. circumcincta K. ♀ ♂; 12. Psithyrus campestris Pz. ♀. b) *Sphegidae*: 13. Mellinus arvensis L. ♀ ♂, sgd.

Smith beobachtete in England Podalirius bimaculatus Pz.

Willis und Burkill (Flowers and Insects in Great Britain Pt. I.) bemerkten im mittleren Wales:

A. Hymenoptera: *Apidae*: 1. Bombus agrorum F., sgd.; 2. B. lapidarius L., sgd.; 3. B. terrester L., sgd. B. Lepidoptera: *Rhopalocera:* 4. Coenonympha pamphilus L., sgd.

Willis (Flowers and Insects in Great Britain Pt. I.) beobachtete in der Nähe der schottischen Südküste:

Hymenoptera: *Apidae*: 1. Apis mellifica L., sgd., häufig; 2. Bombus agrorum F., sgd., sehr häufig; 3. B. hortorum L, sgd., häufig.

In Dumfriesshire (Schottland) (Scott-Elliot. Flora S. 113) wurden Apis, 3 Hummeln, 1 Muscide und 1 Schwebfliege als Besucher beobachtet.

1756. E. cinerea L.   Die Blüteneinrichtung stimmt, nach Ogle (Pop. Sc. Rev. 1870, S. 170) ganz mit derjenigen von E. Tetralix überein. Die Blüten werden nach Powell (Bot. Jb. 1886 I. S. 828) und Schulz (Beitr.) gleichfalls bisweilen von Hummeln erbrochen.

Willis und Burkill (Flowers and Insects in Great Britain Pt. I.) beobachteten im mittleren Wales als Besucher:

A. Hymenoptera: *Apidae*: 1. Bombus agrorum F., sgd.; 2. B. terrester L., sgd. B. Lepidoptera: *Rhopalocera:* 3. Polyommatus phlaeas L, sgd.; 4. Vanessa urticae L., sgd.

Willis (Flowers and Insects in Great Britain Pt. I.) bemerkte in der Nähe der schottischen Südküste:

A. Diptera: a) *Muscidae:* 1. Trichophticus cunctans Mg., pfd. b) *Syrphidae:* 2. Platycheirus albimanus F., sgd. B. Hymenoptera: *Apidae:* 3. Apis mellifica L., sgd., sehr häufig; 4. Bombus agrorum F., w. v.; 5. B. lapidarius L., w. v.; 6. B. latreillellus Kirb. var. distinguendus Mor., sgd.; 7. B. pratorum L., sgd., häufig; 8. B. terrester L., w. v.; 9. Psithyrus campestris Pz., sgd. C. Lepidoptera: *Rhopalocera:* 10. Epinephele janira L., sgd., häufig.

In Dumfriesshire (Schottland) (Scott-Elliot, Flora S. 112) wurden Apis, 7 Hummeln, 1 kurzrüsselige Biene und 2 Schwebfliegen als Besucher beobachtet.

1757. E. scoparia L.   Diese südeuropäische, auch in Dalmatien und Frankreich heimische Art ist, nach Delpino (Bot. Jahrb. 1890. I. S. 470), windblütig.

1758. E. arborea L.   Diese Art habe ich (Capri S. 11) auf der Insel Capri nicht fruktifizierend beobachtet.   Noch im April ragte die klebrige Narbe aus den Blüten hervor, während die Antheren sämtlich leer waren.

Schletterer beobachtete bei Pola: Hymenoptera: a) *Apidae:* 1. Anthrena carbonaria L., zahlr; 2. A. morio Brull., hfg. b) *Vespidae:* 3. Polistes gallica L. als Besucher.

1759. E. carnea L.   [H. M., Alpenblumen S. 382—385.] — Trotz der glockenförmigen Blumenkrone, deren enger Eingang nach unten gerichtet ist, gehört diese Art nicht zu den Bienenblumen, sondern wird von Müller als eine Tagfalterblume angesehen.   Die prächtige rote Farbe und die Engigkeit des Blüteneinganges, der von den Staubblättern so weit ausgefüllt ist, dass nur noch der dünne Rüssel eines Falters neben oder zwischen ihnen hindurch kann, lassen die Falterblume erkennen.

Bereits im Sommer oder Herbste entwickeln sich die nächstjährigen Blüten als grüne Knospen; diesen Zustand beschrieb Linné als eine besondere Art, E. herbacea. Es kann daher mit dem Aufthauen des Schnees auch das Aufblühen sofort erfolgen. Die Augenfälligkeit der Blumen wird nicht nur durch die lebhaft roten Kelch- und Kronblätter bewirkt, sondern auch durch die noch lebhafter gefärbten Blütenstiele, sowie durch den aus der Blüte weit hervorragenden roten

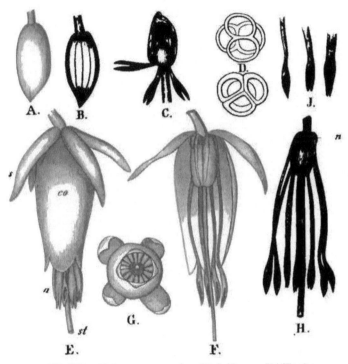

Fig. 227. Erica carnea L. (Nach Herm. Müller.)

A Knospe für nächstes Jahr. (7 : 1.) *B* Dieselbe nach Entfernung zweier Kelchblätter. *C* Dieselbe nach Entfernung des Kelches und des vorderen Teiles der Krone und gewaltsamer Zurückbiegung von drei Staubblättern. (7 : 1.) *D* Vierlingspollenkörner der Knospe. (Stark vergrössert.) *E* Blüte von der Seite. (7 : 1.) *F* Dieselbe nach Entfernung des vorderen Teiles von Kelch und Krone und der vorderen Staubblätter. *G* Blüte, gerade gegen den Eingang gesehen. *H* Staub- und Fruchtblätter mit den Nektarien. *J* Antheren von der Seite, von innen, von aussen. (7 : 1.)

Griffel. Auch die schwarzbraunen, hörnerlosen Staubbeutel ragen aus derselben hervor, so dass anfliegende Insekten zuerst die Narbe berühren, dann die Antheren anstossen und sich mit den zu Tetraden vereinigten Pollenkörnern bestreuen müssen. Spontane Selbstbestäubung ist ausgeschlossen, da die narbentragende Griffelspitze nicht knopfförmig erweitert, sondern gerade abgeschnitten ist.

Als Besucher beobachtete H. Müller in den Alpen fast ausschliesslich den Distelfalter (Vanessa cardui L.) und nur ganz vereinzelt Hummeln; A. Schulz (Beitr.) bemerkte letztere in Tirol häufiger.

Friese beobachtete bei Innsbruck Osmia bicolor Schrk. ♀ ♂, nur sgd., sowie bei Fiume Anthrena extricata Sm.

Ich (Bijdragen) beobachtete im botan. Garten zu Kiel die Gartenhummel, sgd.

Nach Kerner findet man gegen Ende der Blütezeit Bestäubung durch den Wind statt (wie bei Calluna).

396. Bruckenthalia Reichenbach.

Glockenförmige honiglose Blumen, deren Bestäubung sowohl durch Insekten als auch durch den Wind vermittelt wird.

1760. B. spiculiflora Rchb. (Erica Bruckenthaliana Sprengel). Diese in Griechenland, Siebenbürgen, Ungarn heimische Pflanze hat Loew (Bl. Fl. S. 269) nach kultivierten Exemplaren des botanischen Gartens zu Berlin untersucht: Die zu 1½ cm langen Träubchen vereinigten kleinen rosa gefärbten Blüten bilden etwa 3 mm lange und 2 mm weite rundliche Glöckchen. Aus diesen ragt der Griffel etwa 2 mm weit hervor. Der Blüteneingang wird durch die braunen, hörnchenlosen Antheren, welche auf dünnen, am Grunde durch einen ganz schmalen Ring verbundenen Staubfäden stehen, völlig ausgefüllt. Der aus den abwärts gerichteten Löchern austretende Blütenstaub, der keine Tetraden bildet, stäubt stark. Die etwas vor dem Öffnen der Antheren empfängnisfähige, rote, kreisförmige Narbe besitzt auf ihrer Oberfläche vier kleine, punktförmige, secernierende Höcker. Sie wird durch ihre Stellung gegen herabfallende Pollenkörner geschützt. Ausser durch Insekten scheint die Bestäubung auch in hervorragendem Grade durch den Wind vermittelt zu werden.

78. Familie Diaspensiaceae.

1761. Diaspensia lapponica L. Diese hochnordische Art ist, nach Warming (Bestövningsmade S. 34—36; Grönl. Blomster S. 35), in Grönland schwach protogynisch. Da die Entfernung der Narbe von den Antheren eine ziemlich grosse ist, so ist spontane Selbstbestäubung erschwert, doch springen die Antheren zuweilen schon in der Knospe auf, sodass alsdann Autogamie beim Aufblühen erfolgt. Der Nektar wird in reichlicher Menge und völlig geborgen am Grunde des Fruchtknotens abgesondert.

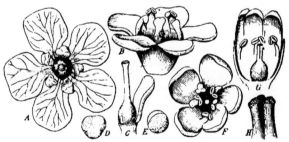

Fig. 228. Diaspensia lapponica L. (Nach E. Warming.) Nach grönländischem Material. *A* Eine ganz geöffnete Blume, von oben, welche zeigt, wie die Antheren entfernt von der Narbe stehen. *B* Krone mit Staubblättern, von der Seite gesehen. *C* Griffel mit Blumenblatt von derselben Blüte. *D, E* Pollenkörner. *F* Eine junge Blume, deren Krone noch nicht ganz entfaltet ist; die Antheren sind offen, die Narbe reif und hat bereits Pollen auf sich; da die Antheren so nahe bei ihr stehen, wird die Selbstbestäubung vielleicht sehr leicht stattfinden können. *G* Eine junge Blume; die Antheren sind geöffnet, die Narbe ist reif. *H* Dreiteiliger Griffel. (*A, B, C* Vergr. 2½ : 1; *G* 3½ : 1.)

Nach Lindman sind die Blüten auf dem Dovrefjeld protogynisch. Die anfangs einwärts gekrümmten Staubblätter richten sich später auf, doch ist Autogamie ausgeschlossen, da die Narbe die Antheren in den immer aufrechten Blüten überragt.

Als Besucher bemerkte Ekstam im schwedischen Hochgebirge Fliegen.

79. Familie Rhodoraceae Klotzsch.

Homogame oder protogynische Blumen der Klassen A, AB, H.

397. Ledum Rupp.

Weisse oder rosenrote, zu doldigen Blütenständen vereinigte homogame oder schwach protogynische Blumen mit halbverborgenem Honig, welcher vom Grunde des Fruchtknotens abgesondert wird.

1762. L. palustre L. [Warming, Bot. Tidsskr. 1885, S. 39—44; Loew, Bl. Fl. S. 271; Knuth, Bijdragen.] — Die ganze Pflanze riecht stark aromatisch. Die weissen oder rosenroten Kronblätter sind flach ausgebreitet. Der von einem zehnlappigen Wulste am Grunde des Fruchtknotens abgesonderte Honig ist daher leicht zugänglich; doch wird er durch Haare, die sich über dem Grunde der Staubblätter finden, geschützt. Nach Warming ist die Pflanze in Grönland und Norwegen schwach protogyn, doch tritt wahrscheinlich schon in der Knospe spontane Selbstbestäubung ein. Später ragen die Antheren an langen Staubfäden weit aus der Blüte hervor.

Als Besucher der var. decumbens sah Warming bei Jakobshavn 1 Falter (Argynnis chariclea Schneid.).

Die von mir ins Auge gefassten Pflanzen von der Insel Wollin habe ich auf ihre Blüteneinrichtung leider nicht genauer untersucht, sondern ich habe dort vielmehr auf die Besucher geachtet und eine Muscide (Sarcophaga carnaria L.) beobachtet. Ich habe deshalb die Blüteneinrichtung der Exemplare des botanischen Gartens zu Kiel untersucht: Ihre Blüten sind homogam, doch sind die Narben langlebig, so dass dieselben noch frisch sind, wenn die Antheren bereits keinen Pollen mehr enthalten. Die divergierenden Staubfäden sind 6 mm lang; die Narbe steht einen mm tiefer. Es ist daher spontane Selbstbestäubung in seitlich stehenden Blüten durch Pollenfall möglich.

Als Besucher sah ich hier eine Schwebfliege (Syritta pipiens L.) pfd., nur gelegentlich die Narbe berührend. Ausserdem fand ich in vielen Blüten kleinere Musciden am Griffel und am Fruchtknoten festkleben: in den etwa 20 Blüten einer Dolde zählte ich oft 15—20 solcher kleiner Fliegen, welche so fest sassen, dass ich sie nicht entfernen konnte, ohne sie zu zerreissen. Es schien fast so, als ob die Pflanze dieselben verdaute, da zuletzt die Form der Fliegen nicht mehr zu erkennen war, sondern sich nur noch schwärzliche Chitinmassen vorfanden.

1763. L. groenlandicum Oeder ist vielleicht nur eine Varietät der vorigen. Die Blüteneinrichtung ist, nach Warming (Bot. Tidsskr. 1885, S. 39—44), dieselbe, doch findet Homogamie statt. Die Antheren sind bereits in der Knospe geöffnet. Sowohl Selbstbestäubung als auch Fremdbestäubung ist möglich, und

zwar nicht nur durch Insekten, sondern auch durch den Wind da dieser den Blütenstaub aus den Antheren auf die Narbe derselben oder der benachbarten Blüten
zu übertragen vermag.

398. Azalea L.

Rosenrote, in armblütigen Dolden stehende, protogyne Blumen mit freiliegendem Honig, welcher von einem am Grunde des Fruchtknotens sitzenden
Ringe abgesondert wird.

1764. A. procumbens L. (Loiseleuria procumbens Desvaux).
[Ricca Atti XIV, 3; Kerner, Pflanzenleben II; Lindman, a. a. O; Warming, Bestövningsmade S. 6—7; Bot. Tidsskrift 1885, S. 31—35; H. M., Alpenblumen S. 377, 378 und S. 171, 172 als Empetrum nigrum L.] — Die ihren
Kopf oder Rüssel zwi-
schen Fruchtknoten und
Staubblätter zum Nek-
tarium einführenden In-
sekten berühren leicht
einerseits die pollenbe-
deckte Innenseite der
Antheren, andrerseits die
Narbe, so dass sie, von
Blüte zu Blüte fliegend,
Fremdbestäubung bewir-
ken, die auch durch die
schwache Protogynie be-
günstigt ist. Spontane
Selbstbestäubung kann
wohl bei schlechter Wit-
terung in sich schliessenden und geschlossen blei-
benden Blüten erfolgen.
Nach Kerner kommt
spontane Selbstbestäu-
bung durch Neigung der
Staubblätter gegen die
Narbe zu stande; sie

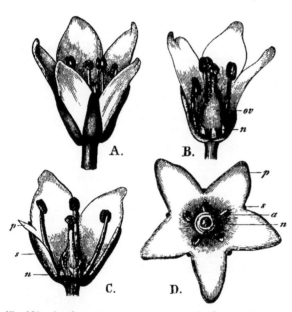

Fig. 229. Azalea procumbens L. (Nach Herm. Muller.)
A Blüte im ersten (weiblichen) Zustande. *B* Dieselbe, im Aufriss. *C* Blüte im zweiten (zweigeschlechtigen) Zustande. *D* Blüte
im dritten (männlichen) Zustande. Bedeutung der Buchstaben
wie in Fig. 213.

findet bei schlechtem Wetter auch pseudokleistogam statt. An den Pflanzen
des Dovrefjeldes beobachtete Lindman gleichfalls die Bewegung der Staubblätter gegen die Narbe und die dadurch bedingte Selbstbestäubung. Hier wie
in Grönland, Finmarken und Nordland sind die Blumen schwach protogyn, dann
homogam. An den letzteren drei Standorten beobachtete Warming, dass die
Antheren der Narbe näher stehen, als bei den alpinen Pflanzen; häufig bemerkte
derselbe eine direkte Berührung dieser Organe, so dass vorwiegend spontane

Selbstbestäubung erfolgt, die von Erfolg zu sein scheint. Nach Ekstam sind die Blüten im schwedischen Hochgebirge homogam. Die von Ricca im Val Camonica beobachteten Blüten waren so ausgeprägt protogynisch, dass die Narbe meist schon vertrocknet war, ehe die Antheren aufsprangen.

Als Besucher sah H. Müller in den Alpen (a. a. O. S. 378) Fliegen (3 Arten), Hummeln (2), Falter (5) und (a. a. O. S. 172) Fliegen (7), Hummeln (2), Ameisen (1), Falter (5); Warming beobachtete in Grönland kleine Fliegen, Wormskiold Falter.

399. Rhododendron L.

Meist lebhaft gefärbte, protandrische Hummelblumen, deren Nektar von einem ringförmigen Wulste des Fruchtknotens abgesondert wird. Selten protogynische Blumen. Die Pollentetraden sind, nach Kerner, bei vielen Arten durch Viscinfäden verbunden.

1765. R. ferrugineum L. [Ricca, Atti XIII. 3; H. M., Alpenblumen S. 378, 379.] — Der reichlich abgesonderte Honig sammelt sich im Grunde der fast wagerecht stehenden Kronröhre, besonders in einer schwachen Aussackung an der oberen Seite derselben. Als Saftdecke dienen abstehende Haare auf den Staubfäden. Die zum Nektar vordringenden Hummeln und Bienen müssen über die Staubblätter und die Narbe in den Blütengrund kriechen, so dass sie ihre Unterseite auf den im ersten Stadium befindlichen Blüten mit Pollen behaften, den sie beim Besuch einer im zweiten Stadium befindlichen auf die Narbe legen.

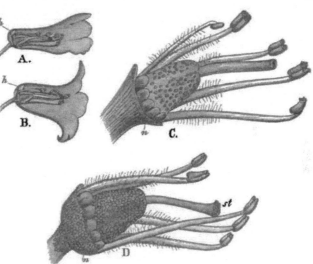

Fig. 230. Rhododendron L. (Nach Herm. Müller.)

A Eben sich öffnende Blüte von Rh. ferrugineum L. (Nat. Gr.) *B* Etwas ältere Blüte (dgl). *C* Jüngere (im männlichen Zustande befindliche) Blüte von Rh. hirsutum L., nach Entfernung der Blütenhüllen und der vorderen Staubblätter. (7:1.) *D* Ältere (im weiblichen Zustande befindliche) Blüte, ebenso. *h* Honig. *n* Nektarium. *st* Narbe.

Letztere wird von den längsten Staubblättern überragt, so dass bei ausgebliebenem Insektenbesuche spontane Selbstbestäubung möglich ist.

Als Besucher sah H. Müller in den Alpen 7 Hummelarten und die Honigbiene normal saugend und dabei Kreuzung bewirkend, ferner Käfer (1), Fliegen (4),

Ameisen (1), Falter (9) als unnütze Blütengäste. Auch Ricca beobachtete noch in
2200 m Höhe Hummeln als Besucher.

Mac Leod beobachtete in den Pyrenäen 3 Hummeln, Halictus und 1 Muscide
als Besucher. (B. Jaarb. III. S. 373.)

1766. R. hirsutum L. Die Blüteneinrichtung stimmt, nach Müller
(a. a. O.), vollständig mit derjenigen der vorigen Art überein. Hansgirg beobachtete Pseudokleistogamie.

Als Besucher sah Müller in den Alpen fast dieselben Insekten wie an
voriger Art.

Frey-Gessner verzeichnet als Besucher von Rhododendron für die Schweiz:
Hymenoptera: *Apidae*: 1. Bombus alpinus L. ⚥; 2. B. mastrucatus Gerst.; 3. B.
mendax Gerst.; 4. B. montanus Lep.; 5. Osmia nigriventris Zett. (= corticalis Gerst.);
Schletterer für Tirol Bombus pratorum L.

1767. R. lapponicum Wahlb. Nach Warming (Bot. Tidsskrift 1885,
S. 35—39) sind die Staubblätter dieser homogamen Hymenopterenblume so stark
seitwärts gerichtet, dass die Antheren die Narbe kaum zu berühren vermögen,
also Selbstbestäubung sehr erschwert, Fremdbestäubung meist nötig ist. Warming
beobachtete häufig reife Früchte.

1768. R. praecox, aus dem Himalaja stammend, sah ich (Bijdr.) im Kieler
botanischen Garten von saugenden Apiden (Apis mellifica L. ⚥ und Bombus
terrester L. ♀) besucht.

1769. R. Chamaecistus L. Die rosenrote Blumenkrone ist nicht trichterförmig wie bei den vorigen Arten, sondern radförmig. Anfangs ist, nach Kerner,
in den protogynischen Blüten Fremdbestäubung unvermeidlich, wobei die besuchenden Insekten die drehbaren Staubfäden als Anflugstangen benutzen und
im ersten Blütenstadium die Narbe belegen, im zweiten die durch Viscinfäden
verbundenen Vierlingspollenkörner abstreifen. Später wird spontane Selbstbestäubung dadurch möglich, dass durch Senkung der Blüte die Narbe in die
Falllinie des Pollens kommt.

400. Rhodora Duhamel.

Homogame Blumen mit verborgenem Honig, deren Narbe anfangs durch
den Mittelzipfel der Oberlippe kapuzenartig umschlossen wird.

1770. R. canadensis L. (Rhododendron Rhodorae Don) hat
Hildebrand (Flora Bd. 39, 1881) beschrieben: Die Blumenkrone besitzt zwei
untere, fast bis zum Grunde von einander getrennte Zipfel und eine dreizipfelige
Oberlippe, deren Mittelzipfel bei der Blütenöffnung die Narbe kapuzenartig überdeckt und derartig festhält, dass der sich verlängernde Griffel in seinem mittleren
Teile sich stark nach unten biegt. Von den zehn Staubblättern sind die oberen
kürzer und mit ihren Spitzen abwärts geneigt, die unteren längeren dagegen etwas
aufwärts gebogen. Die Antheren erhalten dadurch eine solche Lage, dass ihre
an der Spitze befindlichen pollenbedeckten Öffnungen den Blüteneingang umgeben,
so dass ein besuchendes Insekt sich mit Blütenstaub bedecken muss. Später
streckt sich der Griffel so, dass er aus der Kapuze herausschnellt und nun

die Narbe die Antheren überragt, mithin ein besuchendes Insekt erstere zuerst berühren und, falls es mit Pollen bedeckt ist, dieselbe belegen muss. Selbstbestäubung ist nicht absolut ausgeschlossen, doch werden die Bestäuber meist den Pollen schon entfernt haben, wenn die Narbe hervortritt, so dass eine Übertragung desselben auf diese fast immer unmöglich gemacht ist.

401. Kalmia L.

Die Antheren sitzen in Vertiefungen der Blumenkrone und schnellen in Folge Berührung der elastischen Staubfäden durch besuchende Insekten hervor. — Drude (in Engler und Prantl, die natürl. Pflanzenfam. IV. I. S. 25) beschreibt die Blüteneinrichtung in folgender Weise: Die Antheren liegen fest eingeschlossen in Gruben der radförmig ausgebreiteten Blumenkronen, welche durch vortretende Ränder ein voreiliges Hervorschnellen derselben verhindern, obgleich die Staubfäden stark nach innen vorgewölbt mit Federkraft wirken. Im warmen Sonnenschein nimmt die Elastizität der Staubfäden zu; vielleicht verkürzen sie sich auch etwas, so dass bei leichten Berührungen ein Hervorschnellen der Staubblätter mit geöffneten Antheren stattfindet und eine Wolke von Pollen fliegend ausgestreut wird. Dieses Hervorschnellen beobachtete Drude im botanischen Garten zu Dresden niemals durch Insekten hervorgebracht, welche merkwürdigerweise die leuchtend roten Blüten nicht besuchten, sondern es geschah bei günstigem Wetter spontan, worauf auch Ansatz von Samen erfolgte. Der Pollen trifft weit leichter die Narbe der Nachbarblüte als die der eigenen, obgleich Autogamie nicht ausgeschlossen ist. (B. Jb. 1889. I. S. 517.).

1771. K. polifolia Wanham. (K. latifolia L.). Sprengel (S. 238—240) deutete die Blüteneinrichtung auf Selbstbestäubung. Nach Delpino (Ult. oss. S. 169) und Hildebrand (Bot. Ztg. 1870, S. 669) werden die Insekten von den hervorschnellenden Antheren getroffen und übertragen den Pollen auf andere Blüten. W. J. Beal (Amer. Nat. 1868) beobachtete die Honigbiene als Besucherin, welche das Losschnellen bewirkte und Kreuzung herbeiführte. Nach Beal sind die Blüten selbststeril.

80. Familie Pirolaceae Lindley.

(Hypopityaceae Klotsch.)

Teils nektarhaltige, teils nektarlose, meist homogame Blumen.

402. Pirola Tourn.

Meist weisse Blumen, teils ohne Nektar, teils mit reichlicher Nektarabsonderung im Grunde der Blüte. Pollenkörner zu je vier verbunden. Antheren mit Löchern zum Pollenausstreuen. Blüten meist in allseitiger Traube, selten einzeln.

1772. P. minor L. Ricca (Atti XIII, 3) bezeichnet die honiglose Blume als protandrisch; Warming (Bidrag S. 122—124), H. Müller (Alpenbl. S. 376. 377), Mac Leod (B. Jaarb. V. S. 452) und ich fanden sie homogam. Die fünf Narbenlappen sondern reichlich eine klebrige Flüssigkeit aus, welche von den Besuchern in Ermangelung von Nektar wahrscheinlich zuerst beleckt wird, worauf sie Pollen suchen und dabei die Kreuzung vollziehen. Die Antheren stehen in der Knospe aufgerichtet, kippen aber dann so zurück, dass die basalen Löcher, mit denen sie sich öffnen und deren Umgebung orangerot gefärbt ist, nach unten gerichtet sind. Bei ausbleibendem Insektenbesuche erfolgt durch Hinabfallen von Pollen auf den umgebogenen Narbenrand regelmässig spontane Selbstbestäubung. Warming beobachtete Blüten von verschiedener Form und Weite: Bei den einen schliessen die Kronblätter zu einem kugeligen Glöckchen mit enger Mündung zusammen und ihre Staubblätter reichen in der Blüte höher hinauf; die anderen sind weiter geöffnet und ihre Staubblätter sind weniger hoch. — Die vierzelligen, tetraëdrischen Pollinien nach Warnstorf von 30—44 μ diam.

Besucher stellen sich sehr spärlich ein. Bisher beobachtete nur Herm. Müller (a. a. O. S. 377) in Westfalen einen blumensteten Käfer (Dasytes flavipes F., in Mehrzahl), der zuerst an der Narbe, dann an den Antheren beschäftigt war, mithin Kreuzung bewirkte; ausserdem sah derselbe einige kleine Blumenkäfer (Meligethes), sowie 2 Muscidenarten (Anthomyia sp. und Opomyza germinationis L.).

In Dumfriesshire (Schottland) (Scott-Elliot, Flora S. 113) wurden 1 Hummel, 1 Muscide, 1 Kleinfalter und 1 Käfer als Besucher beobachtet.

1773. P. rotundifolia L. [Warming, Bidrag S. 124; H. Müller, Alpenblumen S. 376; Lindman, a. a. O.; Knuth, Nordfr. Inseln S. 102, 103; Warnstorf, Nat. V. d. Harzes XI. S. 7]. — Die weissen, offen-glockigen,

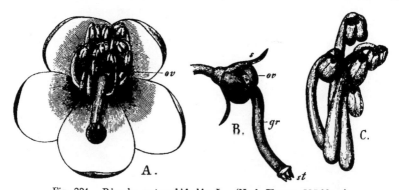

Fig. 231. Pirola rotundifolia L. (Nach Herm. Müller.)

A Blüte gerade von vorn gesehen. (3½:1). *B* Stempel von der Seite gesehen. *C* Einige Staubblätter. (7:1). — *s* Kelch. *ov* Fruchtknoten. *gr* Griffel. *st* Narbe.

nektarlosen, schwach duftenden, homogamen (nach Warnstorf stark protandrischen) Blüten der von mir bei Kiel beobachteten Pflanzen sind anfangs für Fremdbestäubung, später meist für spontane Selbstbestäubung eingerichtet. In vielen Blüten bemerkte ich nämlich eine allmähliche Änderung in der Wachstumsrichtung des Griffels, indem das Griffelende in jüngeren Blüten fast senkrecht nach unten gerichtet oder schwach bogig aufwärts gekrümmt ist, so dass die Falllinie des Pollens etwa 8 mm weit von der Narbe vorüber geht. Später biegt sich die Griffelspitze aufwärts, so dass die Narbe senkrecht unter den Staubbeutellöchern liegt und somit durch Hinabfallen von Pollen auf dieselbe spontane Selbstbestäubung erfolgt. (Fig. 232.) Auch die Pflanzen des Dovrefjelds haben, nach Lindman, später die Möglichkeit spontaner Selbstbestäubung, indem die anfangs basal gestellten Antherenöffnung dann in die für Selbstbestäubung geeignete Stellung gelangen.

Der Narbenkopf ist auch hier reichlich mit einer klebrigen Flüssigkeit überzogen, aus welcher fünf kegelförmige Spitzen hervorragen. Ebenso sind auch hier die Öffnungen der gelben Staubbeutel von einer orangegelben Zone umgeben. — Pollentetraden nach Warnstorf 37 μ.

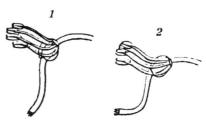

Fig. 232. Pirola rotundifolia L. (Nach der Natur.)

1 Staub- und Fruchtblätter im ersten Zustande der Blüte: die Falllinie des Pollens trifft die Narbe nicht *2* Dieselben im zweiten Blütenzustande: die Narbe liegt senkrecht unter der den Pollen ausstreuenden Spitze der Staubbeutel.

Besucher sind auch bei dieser Art sehr selten. Auf dem Meimersdorfer Moor bei Kiel, wo die Pflanze mit Parnassia palustris zusammen blüht, sah ich am 11. 9. und 14. 9. 1892 letztere von sehr zahlreichen Insekten besucht, während ich an Pirola rotundifolia, welche doch eine ebenso grosse Augenfälligkeit besitzt wie erstere, trotz langer Überwachung keinen einzigen Insektenbesuch beobachten konnte. An Blüten, welche ich in mein Arbeitszimmer mitgenommen hatte, bemerkte ich mehrere Stubenfliegen, welche Narben, Antheren und Kronblätter betupften, jedoch bald wieder von der Blüte abliessen, als sie nach einigen vergeblichen Versuchen keinen Honig fanden. Alfken bemerkte auf Juist trotz mehrtägiger Beobachtung keinen Insektenbesuch.

Die Form arenaria Koch hat Warming an Herbariumsexemplaren untersucht; es scheint, als ob wegen der Nähe der Antheren und Narbe spontane Selbstbestäubung leichter als bei der Hauptform möglich sei. Auf Norderney konnte Verhoeff an dieser Form keinen Insektenbesuch beobachten.

1774. P. media Swartz. In den weissen Blumen kommt, nach Kerner (Pflanzenleben II), dadurch spontane Selbstbestäubung zu stande, dass sich der Griffel so krümmt, dass er mit dem in Vertiefungen der Kronblätter aufgenommenen Pollen in Berührung kommt.

1775. P. secunda L. Nach Kerner (Pflanzenleben II) findet im Grunde der Krone Nektarabsonderung statt. Die Blüten sind hängend. Die zum Pollenausstreuen dienenden Löcher der Antheren sind nach oben gerichtet und die S förmig gekrümmten Staubfäden in dieser Lage durch die Kronblätter fixiert. Indem ein honigsuchendes Insekt die Staubblätter berührt, werden die Antheren umgekippt, so dass der Pollen auf den Besucher fällt und ihn bestäubt. Beim Besuche einer anderen Blüte wird dann der Pollen auf deren Narbe gebracht.

Nach Ricca (Atti XIV) sind die Blüten schwach protogynisch. Auch Warnstorf (Nat. V. d. Harzes XI. S. 7—8) bezeichnet sie als protogyn. Nach demselben überragt im ersten (weiblichen) Zustande der Blüte der Griffel mit der dicken, klebrigen Narbe die Blütenglöckchen etwa um 2 mm, während die auf S-förmig gebogenen Filamenten sitzenden weissen, feinbehaarten Antheren noch geschlossen und mit ihren Öffnungen nach dem Innern der Blüte gekehrt sind. Wird in diesem Stadium ein Insektenrüssel eingeführt, dann kippen die Antheren um und streuen ihre mehlartig weissen, brotförmigen, glatten Pollenzellen, welche etwa 25 μ lang und 12 μ breit sind, dem Kopf des Insekts auf und werden dann beim Besuch einer anderen Blüte auf die hervorstehende Narbe übertragen. Findet kein Insektenbesuch statt, dann strecken sich die eingeschlossenen Filamente gerade, die Antheren treten aus der Blüte hervor, die Blütenöffnung durch Zurückdrängen der Kronenblätter erweiternd und kippen selbstständig um, wobei Pollen von höher stehenden auf Narben tiefer stehender Blütchen gelangen kann.

1776. P. uniflora L. (**Monesis grandiflora Salisbury, Chimophila uniflora** G. Mayer). [Ricca, Atti XIV, 3; H. M., Alpenblumen S. 375, 376; Kerner, Pflanzenleben II.; Warming, Bot. Tidsskrift Bd. 15. 1895, S. 15—18; Lindman, a. a. O.] — Die grossen, weissen, nach unten gekehrten, honiglosen Blüten sind, obwohl sie einzeln am Ende des Schaftes stehen, ziemlich augenfällig, da sie sich zu einer Fläche von 20 mm Durchmesser ausbreiten. Als bequemste Anflugstelle dient die am weitesten abwärts ragende in fünf Spitzen ausgezogene Narbe, deren nassglänzende Stellen (die Ricca für Nektar hält)

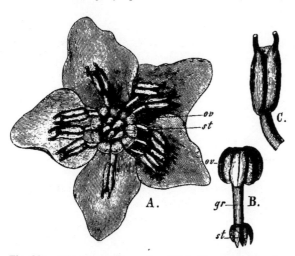

Fig. 233. Pirola uniflora L. (Nach Herm. Müller.)
A Blüte gerade von unten gesehen. (3 : 1). B Griffel derselben, von der Seite gesehen. (3 : 1). C Einzelne Anthere. (7 : 1.) Bedeutung der Buchstaben wie in Fig. 213.

von den Besuchern beleckt und, falls ihr Rüssel bereits mit Pollen behaftet ist, belegt wird. An der Griffelstange in die Höhe steigend, werden sie, da sie keinen Honig finden, von den orangegelben Antherenhörnern angelockt, sich zum Pollen begeben und dabei ihren Rüssel mit solchem behaften. Fremdbestäubung wird also bei Insektenbesuch leicht erfolgen, spontane Selbstbestäubung ist, nach Müller, bei der vorragenden Stellung der Narbe in der Regel ausgeschlossen. Nach Kerner ist dies nur anfangs der Fall; es krümmt sich zuerst der Blütenstiel so, dass der Griffel senkrecht nach unten gerichtet ist, während die Antherenlöcher nach oben gekehrt sind, so dass ein Hinabfallen von Pollen auf die Narbe unmöglich ist. Anfliegende Insekten streifen zuerst die Narbe und kippen dann die Antheren um, wodurch der Pollen auf die Besucher ausgestreut wird. Später streckt sich der Blütenstiel so, dass die Blüte eine mehr nickende Lage erhält, wodurch der Griffel eine schräg abwärts gerichtete Stellung einnimmt und die Narbe unter die Antheren gerät. Da gleichzeitig die Träger der letzteren eine entgegengesetzte Krümmung angenommen haben, so dass ihre Löcher nach unten gerichtet sind, fällt

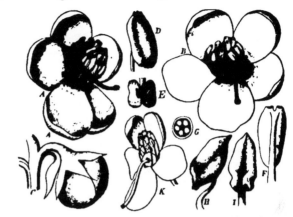

Fig. 234. **Pirola uniflora L.** (Nach E. Warming.) A Blume von der Seite. B Dieselbe von vorn. (2 : 1.) C Blütenknospe im Schutz des Stützblattes. D, E, F Staubblätter einer älteren Blume. (8 : 1.) G Narbe von oben. H, I Staubblätter einer Knospe, bevor sie sich umkehren. (8 : 1.) K Blume von P. rotundifolia L. (2 : 1.)

in diesem zweiten Blütenzustande leicht Pollen auf die Narbe, so dass spontane Selbstbestäubung eintritt.

Bei den grönländischen Pflanzen ist, nach Warming, spontane Selbstbestäubung leichter als bei P. rotundifolia, da der Abstand zwischen Narbe und Antheren geringer ist. (Fig. 234.) Die Blüten der Pflanzen vom Dovrefjeld haben, nach Lindman, einen geringeren Durchmesser (13 mm) als die der Alpenpflanzen. Nach Ekstam schwankt die Blütengrösse im schwedischen Hochgebirge von 12 bis 20 mm. Auch auf Novaja Semlja beträgt, nach Ekstam, der Durchmesser der schwach duftenden Blüten 10—20 mm. Der Blütenbau stimmt mit dem der von Warming beschriebenen überein und erinnert zuweilen an denjenigen von P. rotundifolia. Honigabsonderung ist nicht vorhanden.

403. Monotropa L.

Homogame Blumen mit verborgenem Nektar, welcher nach Kerner aus dem fleischig verdickten Grunde der Krone abgesondert wird.

1777. M. Hypopitys L. Die wie die ganze Pflanze blassgelben, homogamen Blüten sind zu Trauben vereinigt. Die Endblüte ist fünfzählig, die Seitenblüten sind vierzählig. Erstere hat, nach Kirchner (Flora S. 530), 10, letztere haben 8 kleine längliche Nektarien am Grunde des Fruchtknotens, welche in die hohlen Aussackungen der Kronblätter hineinragen und in diesen den Nektar bergen. Die aufrecht stehenden, gezähnelten, etwa 15 mm langen Kronblätter schliessen seitlich dicht aneinander, so dass ein 4—5 mm weiter Eingang zur Blüte bleibt, welcher durch den 3—3½ mm breiten Narbenkopf fast völlig geschlossen wird. Es gehört daher ein mindestens 10 mm langer Rüssel dazu, um den Nektar zu erreichen. Der Narbenkopf hat in der Mitte eine grubige Vertiefung, welche rings von den sehr klebrigen Narbenpapillen wallartig umgeben ist. Unterseits ist der Narbenkopf von weissen Haaren umschlossen, welche verhindern, dass der eigene Pollen auf die Narbe gelangt. Die Antheren stehen nämlich in der Höhe dieser Haare etwas unterhalb der Narbe und springen nach aussen auf. Besuchende Insekten müssen mit dem Kopfe zuerst die Narbe berühren, wobei sie diese belegen, falls sie von einer anderen Blüte herkommen; gleichzeitig machen sie die Berührungsstelle des Kopfes oder Rüssels an der Narbe klebrig, so dass der weisse Pollen, den sie unmittelbar nach der Berührung der Narbe streifen, an ihnen haften bleibt. Fremdbestäubung ist also gesichert, spontane Selbstbestäubung scheint ausgeschlossen. — Pollen, nach Warnstorf (Bot. V. Brand. Bd. 17), weiss, kugelig, glatt, etwa 25 μ diam.

Als Besucher beobachtete ich (Bijdragen) auf der Insel Wollin eine saugende Hummel: Bombus agrorum F. ♀ (Rüssellänge 10—15 mm).

81. Familie Epacridaceae R. Br.

Nach Delpino (Ult. oss.) sind einzelne Arten der Gattung Epacris protogynisch.

1778. Cystaute sprengeloides R. Br. ist, nach Borzì (Contrib. alla biologia vegetale Vol. II. Fasc. II.) windblütig.

82. Familie Aquifoliaceae DC.

404. Ilex L.

Weisse, oft zweihäusige Blumen mif freiliegendem Honig, der im Blütengrunde abgesondert wird.

1779. I. aquifolium L. ist nach Vaucher und Darwin diöcisch, doch fand A. Schulz, dass die von ihm untersuchten Gartenexemplare normal ausgebildete zweigeschlechtige Blüten besassen, welche auch Früchte ansetzten. Mac Leod (B. Jaarb. VI. S. 246—247) bezeichnet die belgischen Pflanzen als zweihäusig. Die männlichen Blüten besitzen die Rudimente des Stempels. Wenn die Blüte sich öffnet, springen die Antheren auf. Die weiblichen Blüten haben einen viel grösseren, grünen Fruchtknoten. Die Honigabsonderung ist in beiden Blütenformen eine sehr geringe. H. de Vries (Ned. Kruidk. Arch. 1877) beobachtete in den Niederlanden Apis mellifica L. ♀ als sehr häufige Besucherin.

83. Familie Oleaceae Lindley.

Bei den insektenblütigen Pflanzen dieser Familie findet die Anlockung durch die Blumenkrone, sowie durch die Zusammenhäufung der Blüten zu rispigen

Blütenständen und den oft kräftigen Duft statt. Der vom Fruchtknoten abgesonderte Honig wird in der mehr oder minder langen Kronröhre geborgen. Einige Arten sind windblütig (Fraxinus excelsior).

405. Ligustrum Tourn.

Homogame, in gedrängten Rispen stehende Blumen mit verborgenem Honig, welcher vom Fruchtknoten abgesondert wird.

1780. L. vulgare L. [H. M., Befr. S. 340, 341; Weit. Beob. III. S. 62, 63; Knuth, Nordfr. Ins. S. 103, 163, 164.] — Die stark duftenden, weissen Blumen besitzen, nach H. Müller, eine kaum 3 mm lange Kronröhre, die sich oben in

Fig. 235. Ligustrum vulgare L. (Nach Herm. Müller.)
1 Blüte schräg von oben gesehen. *2* Eine weniger geöffnete Blüte, gerade von oben gesehen. *3, 4* Blüte nach Fortnahme des vorderen Teiles der Blumenkrone, von der Seite gesehen. (Vergr. 3½ : 1.)

einen vier-, selten fünflappigen Saum ausbreitet. Die zweilappige Narbe steht im Blüteneingange, während die zwei, selten drei Staubblätter frei aus demselben hervorstehen. Ihre Antheren springen seitlich auf, öffnen sich aber soweit, dass die ganze innere Seite mit Pollen bedeckt ist. Die Stellung der Antheren zur Narbe ist eine verschiedene: bald stehen sie weit auseinander, so dass ein besuchendes Insekt in der Regel mit der einen Seite seines Rüssels eine Anthere, mit der entgegengesetzten die Narbe berührt, also Fremdbestäubung bewirkt; bald neigen sie über der Narbe zusammen, so dass bei Insektenbesuch auch Selbstbestäubung leicht möglich ist, letztere auch leicht spontan erfolgen kann.

Als Besucher sah ich auf der Insel Föhr 6 Schwebfliegen, 2 Falter, 2 Musciden; auf der Insel Rügen beobachtete ich Bombus terrester L. ⚥, sgd.

Herm. Müller (1) beobachtete in Westfalen und Thüringen (Th.), Buddeberg (2) in Nassau:

A. Coleoptera: a) *Cerambycidae*: 1. Cerambyx cerdo L. (soll wohl Scop. heissen), öfters auf die Blüten kriechend, ohne ihnen etwas zu entnehmen (2) b) *Cleridae*: 2. Trichodes apiarius L., den Kopf zwischen den Blüten vergrabend (2). c) *Nitidulidae*: 3. Cercus pedicularius L., sgd. (1). d) *Scarabaeidae*: 4. Cetonia aurata L., Blütenteile abweidend (1, Thür., 2). B. Diptera: a) *Empidae*: 5. Empis livida L., sgd., häufig (1). b) *Syrphidae*: 6. Eristalis arbustorum L., sgd. (1, Th.); 7. E. nemorum L., sgd. (1). C. Hymenoptera: *Apidae*: 8. Apis mellifica L. ⚥, sgd. (1, Th.); 9. Heriades truncorum L., sgd. (1); 10. Nomada succincta Pz. ♀, sgd. (1, Th.). D. Lepidoptera: a) *Pyralidae*: 11. Scoparia ambigualis Tr., sgd. (2). b) *Rhopalocera*: 12. Coenonympha arcania L., sgd. (1, Th.); 13. C. pamphilus L., sgd. (1, Th.); 14. Epinephele janira L, sgd. (1, Th.); 15. Melitaea athalia Esp., sgd. (1, Th.); 16. Thecla pruni L., sgd. (1, Th., 2). c) *Sphingidae*: 17. Sesia asiliformis Rott. ♀, sgd. (1, Th.).

Rössler beobachtete bei Wiesbaden folgende Falter: 1. Limenitis camilla S. V.;
2. Doloploca punctulana S. V.; 3. Aedia funesta Esp.
Schletterer verzeichnet Anthrena carbonaria L. als Besucher für Tirol.
Mac Leod sah in Flandern kleine Fliegen und Meligethes. (Bot. Jaarb. VI. S. 372).
Loew beobachtete im botanischen Garten zu Berlin: A. Diptera: *Syrphidae*:
1. Eristalis nemorum L. B. Hymenoptera: *Apidae*: 2. Apis mellifica L ⚥, sgd.

406. Phillyrea Tourn.

ist nach Kerner protogynisch.

1781. Phillyrea latifolia L.

Als Besucher beobachtete Schletterer bei Pola die Holzbiene Xylocopa vio-
laceae L.

407. Syringa L.

Homogame, seltener protandrische oder protogynische, zu grossen augenfälligen Blütenständen vereinigte Blumen mit verborgenem Honig, welcher im
Grunde der Kronröhre vom Fruchtknoten abgesondert wird.

1782. S. vulgaris L. [Sprengel S. 47, 48; H. M., Befr. S. 339, 340;
Weit. Beob. III. S. 62; Kirchner, Flora S. 537; Warnstorf, Nat. V. des
Harzes XI.; Knuth, Ndfr. I. S. 103, 164.] — Die wie bei den beiden folgenden

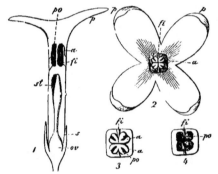

Fig. 236. Syringa vulgaris L. (Nach Herm. Müller.)

1 Blüte nach Entfernung des vorderen Teiles der Blumenkrone. *2* Blüte von oben gesehen. *3* Eingang der Blüte, unmittelbar nachdem sie sich geöffnet hat. *4* Derselbe, etwas später. *s* Kelchblätter. *p* Kronblätter. *fi* Staubfäden. *a* Staubbeutel. *po* Pollen. *ov* Fruchtknoten. *st* Narbe.

bläulich-lila, seltener weissen, wohlriechenden, zu grossen, augenfälligen Blütenständen vereinigten
Blumen, sind meist homogam, seltener, nach Batalin (Bot. Ztg.
1870, S. 54, 55), protandrisch
oder protogynisch. Die Kronröhre ist 8—10 mm lang; ihr
Durchmesser beträgt etwa 2 mm.
Sie wird in ihrem unteren Teile
auf 2—4 mm von dem reichlich
vom Fruchtknoten abgesonderten
Honig angefüllt. Die im Blüteneingange stehenden Antheren werden von dem Insektenrüssel zuerst gestreift, dann die darunter
stehende Narbe. Wenn trotzdem
auch in homogamen Blüten keine
Selbstbestäubung bewirkt wird, so ist der Grund darin zu suchen, dass der
Pollen beim Hineinschieben des Rüssels nicht an demselben haftet, sondern
erst beim Herausziehen, weil er dann mit Nektar benetzt ist. Honigsuchende
Insekten werden daher regelmässig Fremdbestäubung, pollenfressende dagegen
wohl immer Selbstbestäubung bewirken. Letztere tritt bei ausbleibendem Insektenbesuch durch Hinabfallen von Pollen auf die Narbe regelmässig spontan
ein. Dieselbe ist, nach Kerner, in den ersten Blühtagen dadurch verhindert,
dass die Antheren nach aussen gewendet sind; später ist sie aber beim Ein-

schrumpfen derselben leicht möglich. — Pollen, nach Warnstorf, gelb, dicht netzig-warzig, unregelmässig elliptisch bis brotförmig, längsfurchig, bis 50 μ lang und 30 μ breit.

Als Besucher sah ich auf den nordfriesischen Inseln und bei Kiel die Honigbiene, 2 Hummeln, 3 Pierisarten, 4 Schwebfliegen.

Herm. Müller beobachtete in Westfalen folgende Insekten an den Fliederblüten: A. Diptera: a) *Bombylidae*: 1. Bombylius major L., sgd. b) *Syrphidae*: 2. Eristalis arbustorum L., pfd.; 3. E. sepulcralis L., pfd.; 4. Rhingia rostrata L., in grösster Häufigkeit, sgd. und pfd.; 5. Syritta pipiens L., pfd.; 6. Xylota segnis L., vergeblich zu saugen versuchend, dann pfd. B. Hymenoptera: a) *Apidae*: 7. Anthophora pilipes F. ♀ ♂, häufig, sgd.; 8. Apis mellifica L. ♀, zahlreich, sgd. und pfd.; sie hält im Fluge, ohne sich zu setzen, vor verschiedenen Blüten, bis sie eine in geeignetem Zustand befindliche trifft; 9. Bombus hortorum L. ♀ ♀, sehr zahlreich, sgd.; 10. B. lapidarius L. ♀ ♀, zahlreich, sgd.; 11. B. terrester L ♀ ♀, sgd.; 12. Eucera longicornis L. ♂, sgd.; 13. Halictus albipes F. ♀, sgd.; 14. Osmia rufa L. ♀, häufig, sgd b) *Vespidae*: 15. Odynerus sp., vergeblich nach Honig suchend und sich alsbald wieder entfernend. C. Lepidoptera: a) *Rhopalocera*: 16. Anthocharis cardamines L.; 17. Papilio machaon L.; 18. P. podalirius L.; 19. Pieris brassicae L., häufig; 20. P. napi L., häufig; 21. P. rapae L., häufig; 22. Vanessa io L., sgd.; 23. V. urticae L., häufig. b) *Sphingidae*: 24. Macroglossa fuciformis L., in Mehrzahl, sgd.; 25. M. stellatarum L., w. v.

Chr. Schröder beobachtete bei Rendsburg sehr zahlreiche Exemplare von Sphinx ligustri L., Deilephila elpenor L., D. porcellus L., sowie zahlreiche Noktuiden, sämtl. sgd., als Besucher.

Alfken beobachtete bei Bremen: A. Coleoptera: *Elateridae*: 1. Corymbites pectinicornis L. B. Hymenoptera: a) *Apidae*: 2. Apis mellifica L.; 3. Bombus hortorum L. ♀; 4. silvarum L. ♀; 5. B. terrester L. ♀; 6. Podalirius retusus L. ♀; 7. Psithyrus barbutellus K. ♀; 8. P. vestalis Fourcr. ♀. b) *Tenthredinidae*: 9. Trichiosoma betuleti Klg. c) *Vespidae*: 10. Vespa germanica F. ♀.

Schenck bemerkte in Nassau die parasitisch lebende Trauerbiene Melecta armata Pz.; Friese bei Strassburg Xylocopa violacea L. ♀ und ♂, hfg.

1783. S. chinensis Willdenow. Nach Kirchner (Flora S. 538) stimmt die Blüteneinrichtung dieser Art mit derjenigen der vorigen, auch in Bezug auf Homogamie und schwache Protogynie oder Protandrie, überein. Die Blüten sind, nach Kirchner, bei uns immer unfruchtbar.

F. F. Kohl beobachtete in Tirol die Faltenwespe Leionotus nigripes H.-Sch. als Besucher.

1784. S. persica L. [H. M., Weit. Beob. III. S. 62; Kirchner, Flora S. 538; Knuth, Bijdragen.] — Die Blüten sind gynomonöcisch. Innerhalb derselben Inflorescenz beobachtete H. Müller zwittrige und weibliche Blüten. Erstere treten in überwiegender Zahl auf; sie sind homogam und grösser, ihre Narbe steht in der Mitte der Kronröhre, ihre Antheren im Eingange derselben. Die weiblichen kommen in geringerer Anzahl vor; sie sind kleiner, ihre Antheren sind verkümmert und stehen meist in gleicher Höhe mit den Narben, zuweilen jedoch auch höher oder tiefer als dieselben. Die weiblichen Blüten haben zuweilen nur 3 Kronzipfel; auch solche mit nur einem Staubblatt kommen vor. Kirchner fand ausser den grossblütigen Zwitterblumen hin und wieder etwas kleinere mit nicht aufspringenden Antheren.

Als Besucher sah ch Pieris napi L., sgd.; Herm. Müller Osmia rufa L. ♀, sgd.; Loew im botanischen Garten zu Berlin Bombus hortorum L. ♀, sgd.

408. Forsythia Vahl.

Gelbe, homogame, vor den Blättern erscheinende Blumen mit verborgenem Honig. — Die Forsythia-Arten sind, nach Darwin (diff. forms), heterostyl, doch finden sich in unseren Gärten, nach Hildebrand (Bot. Ztg. 1894), von F. suspensa nur die kurzgriffelige und von F. viridissima nur die lang griffelige Form. Die von der ersteren Art geernteten Samen gehören stets dem Bastard F. intermedia (= suspensa × viridissima) an.

1785. F. viridissima Lindley. [H. M., Weit. Beob. III. S. 63] — Die Blüteneinrichtung stimmt im wesentlichen mit derjenigen von Ligustrum überein. Der Griffel überragt die Staubblätter meist um die Länge der letzteren, so dass besuchende Insekten zuerst die Narbe und dann die mit ihr gleichzeitig entwickelten Antheren berühren müssen, mithin Fremdbestäubung erfolgt; doch kommen auch Blüten mit so kurzem Griffel vor, dass die Narben von den Antheren berührt werden, mithin spontane Selbstbestäubung eintritt.

Als Besucher sah H. Müller in Lippstadt 2 Apiden (Anthrena fulva Chr. ♀, sgd. und Bombus pratorum L. ♀), sowie Meligethes (tief in den Blüten); Alfken bei Bremen Apis nicht selten.

1786. F. suspensa Vahl. [Knuth, Bijdragen.]
Als Besucherin sah ich die Honigbiene sgd.

409. Fraxinus Tourn.

Blüten polygamisch. Kronblätter 2, 4 oder fehlend. Teils wind-, teils insektenblütig.

1787. F. excelsior L. [Kirchner, Flora S. 538, 539; Mac Leod, B. Jaarb. V. S. 381; Schulz, Beitr.; Kerner, Pflanzenleben II; Knuth, Ndfr. Ins. S. 104.] — Die Blüten werden durch Vermittlung des Windes bestäubt; sie sind daher vor den Blättern entwickelt. Die weiblichen Blüten besitzen, nach Kirchner, Staubblätter, welche aber früh abfallen und deren Antheren sich weder öffnen, noch ausgebildeten Pollen enthalten. Hin und wieder findet man an weiblichen Bäumen einige Blüten mit vollkommenen Staubblättern. Die meisten männlichen Blüten enthalten Stempel, doch fallen diese bald ab. Von den zweigeschlechtigen Blüten sind manche unfruchtbar. Die Pflanze ist, nach Schulz, andromonöcisch, gynodiöcisch und gynomonöcisch, sowie triöcisch, und zwar kommen meist alle Formen mit Zwitterblüten zusammen vor, so dass sich in Mitteldeutschland mindestens 10 in Bezug auf die Geschlechterverteilung verschiedene Arten von Individuen unterscheiden lassen. Auch beobachtete Schulz nicht selten einen Geschlechtswechsel an ein und demselben Baume oder an einzelnen Ästen eines solchen in verschiedenen Jahren.

Nach Kerner ist die Pflanze protogynisch. Die grosse fleischige Narbe ist 2—4 Tage früher entwickelt als die auf kurzen, dicken Staubfäden stehenden Antheren, deren mehliger Pollen durch Windstösse entführt wird.

1788. F. Ornus L. Die ähnlich wie Weissdorn riechenden Blüten sind, nach Kerner, zum Teil scheinzwittrig.

Als Besucher sah Delpino (Ult. oss. in Atti XVII) Melolontha farinosa (sicher = Hoplia argentea Poda) in grosser Zahl.

410. Jasminum Tourn.

Nach Treviranus (Bot. Ztg. 1863) befruchtet sich Jasminum selbst, indem sich der Griffel gegen die Antheren zurückbiegt. Nach Kuhn (Bot. Ztg.1867) enthält diese Gattung dimorphe Arten.

1789. J. revolutum Sims. ist, nach Pirotta (Rend. d. R. Ist. Lomb. Ser. II. Vol. XVIII. Fasc. XIV. Milano 1885), heterostyl-dimorph. Im botanischen Garten zu Rom sind beide Formen protandrisch.

Als Besucher sind kleine Käfer und Fliegen, sowie Bienen und andere Hymenopteren beobachtet.

1790. J. Sambac Ait. duftet besonders stark nach Sonnenuntergang.

1791. J. noctiflorum Afz. wird vermutlich durch Nachtfalter bestäubt; ebenso die drei folgenden Arten, welche wohlriechende grosse Blüten mit langen Kronröhren besitzen:

1792. Nyctanthes arbor tristis L. wirft die meisten Blüten bei Sonnenaufgang ab;

1793. 1794. Monodora longiflora Eng. und **M. pubens Gray** öffnen ihre wohlriechenden, hellgelben Blüten am Abend. Die Blüten von

1795. Nathusia duften am Abend besonders stark, dürften daher auch von Nachtfaltern besucht werden.

84. Familie Asclepiadaceae R. Br.

Bei der Unterfamilie der Cynanchoideen sind die Staubfäden der fünf Staubblätter verbreitert, meist in eine Röhre verwachsen, aussen mit Anhängseln versehen, welche eine Nebenkrone bilden; Antheren meist mit einem endständigen häutigen Anhängsel; Pollen zu Pollinien zusammengeballt; diese sind den fünf Klemmdrüsen des grossen Narbenkopfes paarweise angewachsen. Die Klemmkörper heften sich an die Beine der besuchenden Insekten, wenn die honigabsondernden Stellen gleichsinnig mit den Staubblättern gestellt sind (Asclepias), oder an den Rüssel der Besucher, wenn die honigabsondernden Stellen mit den Staubblättern abwechseln (Vincetoxicum, Stapelia, Bucerosia, Arauja). Die mittelst der Beine oder des Rüssels aus ihren Taschen herausgezogenen Klemmkörper werden auf die Narbe anderer Blüten verschleppt. (Klemmfallenblumen.) Diese äussert verwickelten Blüteneinrichtungen sind den besuchenden Insekten in sehr vollkommener Weise angepasst, so dass sie in dieser Hinsicht den Orchideen an die Seite gestellt werden können, wenngleich sie denselben an Mannigfaltigkeit der Blütenformen weit nachstehen. — Die Unterfamilie der Periplocoideen weist, nach K. Schumann (in Engler und Prantl, Nat. Pflanzenfamilien IV, 2), eine nicht zu verkennende Analogie in den Bestäubungseinrichtungen mit den Ophryoideen auf.

411. Vincetoxicum Moench.

Gelblichweisse, zu blattwinkelständigen, gestielten Dolden vereinte Klemmfallenblumen, deren Befruchtung durch den Rüssel der Insekten bewirkt wird.

1796. V. officinale Moench. (Asclepias Vincetoxicum L., Cynanchum Vincetoxicum R. Br.). [Sprengel S. 139—150; Delpino, Ult. oss. S. 224—228; Hildebrand, Bot. Ztg. 1870, S. 604, 605; Müller, Alpenbl. S. 350—352; Kirchner, Flora S. 546.] — Die von einer fleischigen, durch die Verwachsung der Staubblätter gebildeten Säule umschlossenen Fruchtknoten sind von einem fleischigen Knopfe bedeckt, unter welchem sich fünf Zugänge zu den Narben befinden. Die umschliessende, durch die Verwachsung der Staubfäden gebildete Säule trägt an ihrem oberen Ende die fünf Staubbeutel, sowie nach aussen fünf mit einander verwachsene und so eine gewölbte Nebenkrone darstellende Anhängsel. Jede der dicht um den fleischigen Knopf herum-

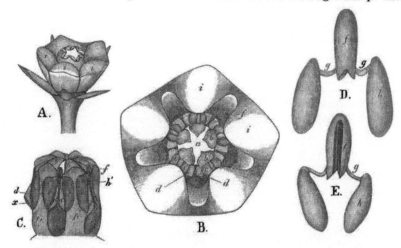

Fig. 237. **Vincetoxicum officinale Mnch.** (Nach Herm. Müller.)

A Blüte nach Entfernung der 5 Kronblätter. (7 : 1.) *B* Dieselbe (auch ohne Kelch), gerade von oben gesehen. (14 : 1.) *C* Das von den Antheren umschlossene kopfige Griffelende. Die in den Antheren geborgen liegenden Pollenplatten und die Stränge, die sie mit dem Klemmkörper verbinden, sind durch punktierte Linien angedeutet. *D* Ein Klemmkörper und die mit ihm verbundenen Pollenplatten von der Innenseite. (80 : 1.) *E* Derselbe von der Aussenseite. *a* Kopfiges Griffelende. *b* Häutiger Konnektivfortsatz, der sich auf den Griffelkopf legt. *c* Aussenseite der Pollentasche. *d* Flügelartiger Seitenrand der Antheren, der mit dem anstossenden flügelartigen Seitenrande der benachbarten Anthere den unten erweiterten Spalt z umschliesst. *e* Saftgrube. *f* Klemmkörper, an dem mittelst der beiden Stränge *g* die beiden Pollenplatten *h* befestigt sind. *i* Saftblätter.

liegenden Antheren beherbergt in zwei nach dem Knopfe zu geöffneten Taschen zwei, je eine dünne Platte bildende Pollinien, legt sich mit einem häutigen Lappen auf die Oberfläche des Knopfes und breitet sich nach rechts und links in eine aufwärts gleichmässig verschmälerte und am oberen Rande des Knopfes spitz zulaufende blattartige Fläche aus, welche von der Säule senkrecht absteht und sich mit der anstossenden, blattartigen Fläche der benachbarten Anthere so dicht zusammenlegt, dass zwischen beiden nur ein schmaler, am unteren Ende erweiterter Schlitz bleibt, hinter welchem an der Unterseite des Knopfes die bestäubungsfähige Stelle, die Narbenkammer, liegt. Im oberen Ende eines jeden Schlitzes liegt, von aussen sichtbar, ein hälftig-gleichgestalteter, schwarzer, glänzender

Körper, der aus einer dünnen, hornartig harten Platte besteht, die in der Mitte ihres unteren Randes einen aufwärts verschmälerten Spalt hat und sich in ihrer ganzen Länge nach vorn so zusammenbiegt, dass ihre Ränder dicht an einander schliessen. An diesen „Klemmkörper" sind vermittelst zweier in den Antheren liegender Stränge zwei Staubkölbchen so befestigt, dass der linke Strang das rechte Staubkölbchen der links liegenden Anthere trägt und der rechte Strang das linke Staubkölbchen der rechts anstossenden.

Indem nun die besuchenden Fliegen den Honig aus einer der 5 gerade unter den fünf Klemmkörpern liegenden, safthaltigen Gruben der Nebenkrone zu holen suchen, wird ihr hineingesteckter, mit abstehenden Borsten besetzter Rüssel in dem Schlitze aufwärts geführt, so dass er sich unvermeidlich in dem Klemmkörper festklemmt. Zieht nun das Insekt den Rüssel mit einem kleinen Ruck heraus, so reisst es den Klemmkörper und die ihm anhaftenden zwei Pollinien mit los und nimmt sie mit sich fort. Unmittelbar nach dem Herausziehen aus den Antherentaschen stehen die beiden Pollinien weiter auseinander; aber indem die beiden Stränge, durch welche sie an den Klemmkörper geheftet sind, an der Luft trocknen und sich dabei drehen, rücken die beiden Pollinien so dicht an einander, dass sie mit Leichtigkeit in einen Schlitz eingeführt werden können. Indem daher das Insekt weitere Blüten besucht, führt es die Staubkölbchen leicht in einen Schlitz einer anderen Blüte ein, schleift sie, durch den Schlitz geführt, in die Narbenkammer, reisst sie, indem es den Rüssel wieder durch einen kleinen Ruck loszieht, von den Strängen, welche sie mit dem Klemmkörper verbinden, ab und bewirkt so Fremdbestäubung, während der Klemmkörper der neuen Blüte nebst den ihm anhängenden Strängen am Rüssel des Insekts befestigt wird. Nur Musciden klemmen sich fast regelmässig die Klemmkörper an den Rüsselborsten fest, andere Besucher (wie Empiden, Syrphiden, Wespen u. s. w.), denen solche Borsten fehlen, nehmen nur ausnahmsweise einen Klemmkörper an der Rüsselspitze mit.

Vincetoxicum officinale wird, nach F. Heim (Bull. mens. soc. Linn. Paris 1896), durch grosse Dipteren bestäubt, welche indess meist nicht zum Nektar gelangen. Ausserdem kommen in den Blüten kleine Fliegen vor, welche an den Blumenkörpern haften bleiben und dadurch die Anwendung der Pollinarien zur Bestäubung verhindern. Somit ist hierdurch der Insektenbesuch nicht nützlich, sondern eher schädlich. Heim glaubt, dass gegen solche unwillkommene Gäste der Blüten die Spinnen einen Schutz bilden und nimmt daher bei denselben Arachnophilie an. (B. Jb. 1894, I. S. 275). Dasselbe gilt von Apocynum Venetum L.

Als Besucher der honigduftenden Blüten beobachtete schon Sprengel Fliegen, welche am Rüssel mit Klemmkörpern behaftet waren.

H. Müller beobachtete in den Alpen 12 Musciden mit Pollinien meist an den Rüsselborsten, als weitere für die Blume nutzlose Gäste 1 Empide, 1 Syrphide, 2 Bienen, 1 Grabwespe, 1 Faltenwespe, 2 Falter, 4 Käfer.

Mac Leod beobachtete in den Pyrenäen 4 kurzrüsselige Hymenopteren, 3 Käfer und 3 Musciden an den Blüten, doch keiner der Besucher war mit Pollinien beladen. (B. Jaarb. III. S. 344.)

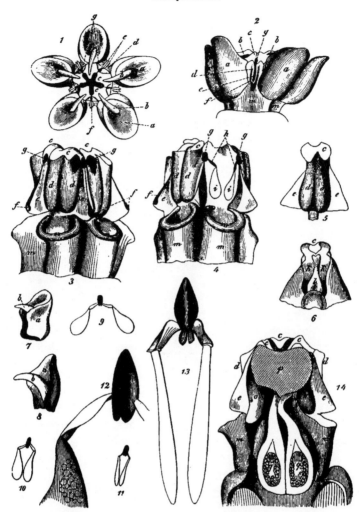

Fig. 238. Asclepias syriaca L. (Nach Herm. Müller.)

1 Blüte nach Entfernung der Kelch- und Kronblätter, von oben gesehen. (3½ : 1.) *2* Dieselbe von der Seite. *3* Dieselbe nach Entfernung der Honigblätter. (7 : 1.) *4* Dieselbe nach Entfernung eines Staubblattes. *5* Das fortgenommene Staubblatt, von aussen gesehen. *6* Dasselbe, von der Innenseite. *7* Ein Honigbehälter. (3½ : 1). *8* Derselbe im Längsdurchschnitt, um den auf den Staubbeutel sich legenden kegelförmigen Fortsatz zu zeigen. *9* Frisch herausgezogene Staubkölbchen, von aussen gesehen. (7 : 1.) *10* Dieselben nach halbvollendeter Drehung ihrer Träger. *11* Dieselben nach ganz vollendeter Drehung. *12* Klemmkörper und Staubkölbchen-träger, stärker vergr., von aussen *13* Dieselben von innen. *14* Längsdurchschnitt durch die Blüte nach Entfernung des Kelches, der Krone und der Honigbehälter. *a* Honigbehälter. *b* Kegel-förmiger Fortsatz desselben. *c* Oberer häutiger Teil des Staubblattes. *d* Aussenseite des unteren, die Staubkölbchen umschliessenden Teils des Staubblattes. *e* Seitliche Ausbreitung des Staub-blattes, welche mit der anstossenden seitlichen Ausbreitung des benachbarten Staubblattes zu-sammen den Schlitz *f* bildet, in welchem der Insektenfuss und später ein Staubkölbchen sich fängt. *g* Klemmkörper am oberen Ende des Schlitzes, an welchem mittelst der Träger (*h*) ein Staubkölbchen (*i*) jedes benachbarten Staubblattes befestigt ist. *k* Taschen des Staubblattes, in welchen ursprünglich 2 Staubkölbchen sitzen. *l* Konnektiv der beiden Taschen desselben Staubblattes. *m* Die den Fruchtknoten umschliessende Säule, welche die Honiggefässe und Staub-blätter trägt. *n* Anheftungsstellen der Honiggefässe. *o* Narbenkammer. *p* Fleischiger Kopf, durch welchen die Pollenschläuche aus der Narbenkammer in den Fruchtknoten (*q*) gelangen.

1797. V. medium Desc. (V. latifolium Koch) sah Plateau im botanischen Garten zu Gent von Melanostoma mellina besucht; ferner daselbst **1798. V. purpurascens Morr. et Desc.** von Musca domestica.

412. Asclepias L.

Klemmfallenblumen. Die Befruchtung wird durch die Beine der Insekten bewirkt.

1799. A. syriaca L. (A. Cornuti Decaisne). [Delpino, Sugli app. S. 6—15; Hildebrand, Bot. Ztg. 1866, No. 40; 1867, Nr. 34—36; J. P. Mansel Weale, in Journ. Linn. Soc. Bd. 13. S. 48; H. M. Befr. S. 334—337; Weit Beob. III. S. 61; Corry, Transact. Linn. Soc. 1884; Stadler, Beiträge.] — Die Art und Weise, wie diese Pflanze durch Insekten befruchtet wird, hat F. Hildebrand am eingehendsten beschrieben; von Herm. Müller ist die Blüteneinrichtung zuerst abgebildet. (Fig. 238.) Dieselbe stimmt mit derjenigen von Vincetoxicum officinale im wesentlichen überein.

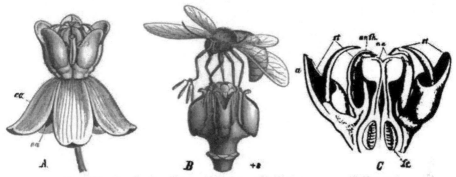

Fig. 239. Asclepias Cornuti Dene. (K. Schumann nach Payer.)
A Blüte von der Seite gesehen. *ca* Kelch. *co* Krone. *B* Blüte nach Entfernung von Kelch und Krone, von einer Wespe besucht, welche bereits Pollinien an den Füssen hat. *C* Blüte im Längsschnitt. *st* Staubblätter. *a* Krone. *anth* Anthere. *na* Narbenkopf. *fr* Fruchtknoten.

Während aber Vincetoxicum officinale Mnch. eine Fliegen-Klemmfallenblume ist, deren winzige Klemmkörper sich an die Rüsselborsten honigsuchender Fliegen ansetzen, ist Asclepias syriaca L. eine honigduftende Bienen-Klemmfallenblume, deren Klemmkörper sich an die Krallen der Besucher anklemmen, worauf die an den Klemmkörpern befestigten Pollenplatten in die Narbenkammern geschleift werden. Auch bilden bei Asclepias syriaca die kronblattartigen Antherenanhänge fünf mit den Klemmkörpern abwechselnde, fleischige Honigtaschen, aus deren Grunde sich eine über den Griffelkopf gebogene, hornige Spitze erhebt. Indem nämlich die Besucher dem Nektar nachgehen, gleiten sie beim Umherschreiten auf den zu einer Dolde vereinigten, glatten Blüten so lange ab, bis sie mit den Krallen in die untere Erweiterung des Schlitzes geraten, in der sie dann einen Halt finden. Versuchen sie dann zum Weiterschreiten die Füsse wieder herauszuziehen, so werden die Krallen in dem Schlitze aufwärts geführt, so dass der Klemmkörper am Fusse haften bleibt. Beim Weiterschreiten führt er dann die Staubkölbchen in einen Schlitz ein, bewirkt also Fremdbestäubung und behaftet sich von neuem mit einem Klemmkörper.

Die Entwickelung der Pollinien ist von Corry untersucht. Derselbe fand auch, dass die Blüten nicht nur mit dem eigenen Pollen, sondern auch mit demjenigen von Pflanzen, welche von demselben Stocke auf vegetativem Wege erhalten waren, unfruchtbar sind. Eine erfolgreiche Bestäubung findet nur statt, wenn Blüten gekreuzt werden, welche von Samen verschiedener Pflanzen stammen. Stadler untersuchte die anatomischen Verhältnisse der Honigabsonderung und fand, dass der Nektar nicht nur vom Grunde der auf dem Rücken der Staubblätter sitzenden kronblattartigen Anhängen, den „Tuten" abgesondert wird, sondern auch von inneren Nektarien in den Narbenkammern von den inneren Wänden derselben. Als Saftdecke der letzteren dienen die unterwärts genäherten Ränder der Befruchtungsspalten.

Sprengel beobachtete eine mit Klemmkörpern an einem Beine behaftete Fliege.

Herm. Müller giebt (Befr. S. 337) eine Zusammenstellung von ihm (1) in Thüringen, von Hildebrand (2) in Freiburg und von Delpino (3) in Florenz beobachteten Besucher und fügt (Weit. Beob, III. S. 61) noch weitere Besucher (meist in seinem Garten) hinzu. Die mit Klemmkörpern an den Krallen beobachteten Besucher sind mit ! versehen: A. Diptera: a) Empidae: 1. Empis livida L., sgd., Pollinien herausziehend. b) Muscidae: 2. Lucilia sp., w. v. (1, W. und Th.); 3. Ocyptera brassicaria F. (2). c) Syrphidae: 4. Eristalis arbustorum L. (!), (1, Th.); 5. E. nemorum L. (!), (1, Th.); 6. E. tenax L. (!), (1, Th., 2); 7. Melithreptus scriptus L., sgd., ohne mit den Füssen in Schlitze zu geraten (1, Th.); 8. M. taeniatus Mg., w. v. (1, Th.). B. Hymenoptera: a) Apidae: 9. Apis mellifica L. ☿ (!), (1, Th., 3); 10. Bombus agrorum F. ♂, sgd. und befruchtend, häufig (1, Würzburg); 11. B. hypnorum L. ☿ (!), (2); 12. B. italicus L. (!), (3); 13. B. terrester L. ☿ ♂ (!), (2); 14. Coelioxys conoidea Ill. ♀ ♂, sgd. und befruchtend, häufig (!), (1); 15. C. sp. ♀ ♂ (!), (2); 16. Halictus cylindricus F. ♂ (!), (2); 17. H. quadricinctus F. ♀ (!), (2); 18. H. scabiosae Rossi ♀ (!), (2); 19. Mehrere kleine Halictusarten, die sich niemals in den Schlitzen fingen (1); 20. Stelis aterrima Pz. ♀ (!), (2), b) Formicidae: 21. Verschiedene Arten, sich in den Schlitzen fangend (1, Th.); 22. Myrmica levinodis Nyl. ☿, w. v. (1). c) Sphegidae: 23. Ammophila sabulosa L. ♀ (!), (2); 24. Scolia hirta Schrk. (!), (3); 25. S. flavifrons F. (!), (3); 26. S. quadripunctata F. ♀ (!), (2); 27. Psammophila affinis K. ♀ (!), (2). d) Vespidae: 28. Polistes diadema Ltr. (!), (1, Th.); 29. P. gallica L. ♀ (!), (1, Th, 2). C. Lepidoptera · a) Noctuidae: 30. Hypena proboscidalis L., sgd., aber die Pollinien nicht herausziehend (1); 31. Plusia gamma L., w. v., abends (1). D. Neuroptera: 32. Panorpa communis L., sgd. und Pollinien herausziehend (1).

1800. A. fruticosa L. beschreibt Sprengel (a. a. O., S. 139—150) sehr eingehend. Die Blüteneinrichtung stimmt mit derjenigen der vorigen Art überein.

Als Besucher der honigduftenden Blüten beobachtete Sprengel eine Menge Fliegen und Wespen mit Klemmkörpern an den Füssen (22. 8. 1789 im Schlossgarten zu Charlottenburg).

1801. A. curassavica L. ist gleichfalls schon von Sprengel untersucht. In ihrer Heimat (Südamerika) wird die Blume, nach Fritz Müller, besonders von

Schmetterlingen befruchtet. Sein Bruder Hermann Müller bildet einen mit 11 Klemmkörpern und 8 Staubkölbchen behafteten Schmetterlingsfuss ab. (Fig. 240.)

1802. A. tenuifolia sah Hildebrand (Bot. Ztg. 1871, S. 746), durch einen Kohlweissling befruchtet.

413. Stapelia L.

Fig. 240. Asclepias curassavica L. (Nach Herm. Müller.)

11 Klemmkörper (*k*) und 8 Staubkölbchen (*st*) an einem Schmetterlingsfuss.

Nach Aas stinkende Klemmfallenblumen, welche Fäulnis liebende Fliegen anlocken, die durch ihren Rüssel die Fremdbestäubung vollziehen. Zuweilen kleistogame Blüten (Kuhn).

1803. St. hirsuta L. und

1804. St. grandiflora Masson, beide vom Kap stammend, sah Delpino durch die Schmeissfliege (Sarcophaga carnaria L.) und der Brummfliege (Calliphora vomitoria L.) besucht und befruchtet.

1805. Gomphocarpus hat eine ähnliche Blüteneinrichtung; die Klemmkörper setzen sich an den Krallen besuchender Hymenopteren. (Delpino, Sugl. app. S. 3—14; Hildebrand, Bot. Ztg. 1867, S. 266—269).

1806. Arauja (Physianthus) albens Brot. Befruchter sind (a. a. O.) Hummeln, an deren Rüssel die Klemmkörper haften.

A. Rogenhofer (Zool.-bot. Ges. Wien XL. 1890. Sitzungsber. S. 67 bis 68) sah Plusia gamma an den Klemmkörpern dieser Blume tot hängen, während kräftige Hummeln nicht festgehalten werden, sondern die Klemmkörper abreissen.

1807. Buccrosia hat nach Delpino (a. a. O.) eine ähnliche Einrichtung wie vorige. Bei

1808. 1809. Centrostemma und **Hoya** setzen sich (a. a. O.) die Klemmkörper an die Beine der Besucher.

1810. Stephanotis. Die Kronröhre ist lang, so dass nur Nachtschmetterlinge die Befruchtung bewirken, an deren Rüssel sich die Klemmkörper ansetzen (a. a. O.).

1811. Ceropeja elegans hält [Delpino, Ult. oss. S. 224—228; Hildebrand, Bot. Ztg. 1870, S. 604, 605] die Besucher (kleine Fliegen wie Gymnopa opaca Rondani) im Blütenkessel anfangs vermittelst steifer Haare einen Tag gefangen, worauf die Haare schlaff werden, so dass die mit Klemmkörpern am Rüssel behafteten Fliegen entweichen können und neue Blüten besuchen, die sie alsdann befruchten.

1812. Periploca graeca [Delpino, Sugli app. S. 14, 15; Hildebrand, Bot. Ztg. 1867, S. 273]. — Die Blüteneinrichtung weicht von derjenigen der übrigen Asclepiadaceen ab. Die 5 löffelförmigen Retinakeln sind in der Richtung der Blütenlängsachse den 5 Kanten des Narbenkopfes eingesenkt.

Der schaufelförmig erweiterte Teil der Retinakeln liegt unter zwei Pollenfächern zweier benachbarter Antheren und bedeckt sich kurz vor der Blütenöffnung mit einer klebrigen Masse, so dass beim Öffnen der Antherenfächer die Schaufel sich mit Pollen behaftet. Die besuchenden Fliegen behaften ihren Rüssel gleichfalls mit Klebstoff, welcher sich an dem Stiel des Löffels befindet und nehmen so den Löffel mit Pollen mit, den sie beim Besuche einer anderen Blüte auf die Narbe bringen.

85. Familie Apocynaceae R. Br.

K. Schumann, in Engler und Prantl, Nat. Pflanzenfamilien (IV. 2. S. 115—117).

414. Vinca L.

Herkogame Blumen mit verborgenem Honig, welcher am Grunde des Fruchtknotens abgesondert wird.

1813. V. minor L. [Sprengel, S. 135—137; H. M., Befr. S. 338, 339; Weit. Beob. III. S. 62; Mac Leod, B. Jaarb. V. S. 384—385; Kirchner, Flora S. 544; Baillon, Bull. Soc. Linn. Paris 41, 1882, S. 323—325; Darwin, Gard. Chr. 1861, S. 552, 831; C. W. C., Royal Bot. Gard., Kew; Gard. Chr. 1861, S. 669; F. A. P., a. a. O. S. 736; Delpino, Sugli. app. S. 15—17; Hildebrand, Bot. Ztg. 1867, S. 274; Humphry, Botan. Gazette X. 1885, S. 296; Knuth, Bijdragen.] — Die Blüteneinrichtung hat schon Sprengel beschrieben, jedoch auf Selbstbestäubung gedeutet. Darwin und Delpino haben unabhängig von einander für die Vinca-Arten die richtige Deutung gegeben: Der von 2 neben dem Fruchtknoten befindlichen gelben Drüsen abgesonderte Nektar wird im Grunde der 11 mm langen Kronröhre geborgen und durch im Blüteneingang befindliche Haare vor Regen geschützt. Etwa in der Mitte der Kronröhre verdickt sich der Griffel kegelförmig und endet in etwa $^2/_3$ Höhe der Kronröhre in eine kurzcylindrische, wagerechte Platte, deren Seitenfläche als Narbe dient und mit Klebstoff bedeckt ist. Auf dieser Platte befindet sich ein Haarschopf, welcher den aus den Antheren hervortretenden Pollen aufnimmt. Aus der Mitte der Kronröhre treten nämlich die kniefförmig gebogenen Staubfäden hervor und sind auf ihrer inneren

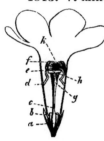

Fig. 241. Vinca minor L. (Nach Herm. Müller.) Blüte nach Fortnahme des vorderen Teiles der Blumenkrone. *a* Fruchtknoten. *b* Gelbe Honigdrüsen. *c* Griffel. *d* Trennungsstelle des Staubfadens von der Kronröhre, von aussen als Eindruck sichtbar. *de* Kniefförmig einwärts gebogener Staubfaden. *ef* Nach innen aufspringender Staubbeutel. *g* Verdickung des Griffels. *h* Scheibenförmiger ringsum mit Klebstoff versehener Griffelaufsatz. dessen untere Kante als Narbe fungiert. *k* Der Narbenscheibe aufsitzender Haarschopf, welcher den aus den Antheren hervortretenden Pollen aufnimmt.

Seite mit Haaren besetzt, und auch die dicht oberhalb der Griffelscheibe liegenden, nach innen aufspringenden Antheren tragen an ihrem Rande Haare, so dass der Pollen nur auf den Haarschopf des Griffels fallen kann. Honigsuchende

Insekten können den Kopf mehrere Millimeter tief bis zum Haarschopf in die Kronröhre stecken, so dass ein etwa 8 mm langer Rüssel zur Erreichung des Honigs genügt. Der Rüssel beschmiert sich beim Hereinstecken an dem Narbenrand mit Klebstoff und behaftet sich beim Hinausziehen mit Pollen, durch den bei weiteren Besuchen Fremdbestäubung bewirkt werden muss. Spontane Selbstbestäubung ist ausgeschlossen.

Als Besucher sah ich auf dem Kirchhofe zu Kiel am 26. 4. 96 Bombus hortorum L. ♀, sgd., einzeln, aber zahlreiche Blüten hinter einander besuchend; Sprengel hatte nur Thrips gefunden.

Herm. Müller giebt folgende Besucherliste:
A. Diptera: *Bombylidae*: 1. Bombylius discolor Mik., sehr häufig, normal sgd.; 2. B. major L., w. v. B. Hymenoptera: *Apidae*: 3. Anthophora pilipes F. ♀ ♂, sehr häufig, sgd ; 4. Apis mellifica L. ♀, ziemlich häufig, in kleineren Blüten allen, in grösseren einen Teil des Honigs ausbeutend; 5. Bombus agrorum F. ♀, sehr häufig, sgd.; 6. B. hortorum L., w. v.; 7. B. hypnorum L. ♀, sgd., einzeln; 8. B. lapidarius L. ♀, sehr häufig, sgd.; 9. B. pratorum L. ♀, sgd., in Mehrzahl (H. M., Borgstette Tecklenb.); 10. B. terrester L. ♀, sgd.; 11. B. vestalis Fourc. ♀, einzeln, sgd.; 12. Osmia fusca Chr. ♀, andauernd sgd.; 13. O. rufa L. ♂, sgd. C. Thysanoptera: 14. Thrips, häufig. Alken beobachtete bei Bremen: *Apidae*: 1. Osmia rufa L. ♀ ♂; 2. Podalirius acervorum L. ♂; Schletterer bei Pola: Anthrena deceptoria Schmiedekn.

1814. V. major L. [Sprengel, S. 136—137; Darwin, Gard. Chr. 1861, S. 552; H. M., Befr. 339; Knuth, Bijdragen; Baillon, Bull. de la Soc. Linn. de Paris 1882.] — Die Blüteneinrichtung stimmt mit derjenigen der vorigen Art überein. Die Kronröhre ist 15—16 mm lang; es genügt ein 11 mm langer Rüssel, um den Honiggrund zu erreichen. Die Blüten sind selbststeril. Darwin erhielt in England durch künstliche Befruchtung (mit Hülfe einer feinen Borste) gute Früchte. Baillon giebt eine ausführliche Beschreibung der Blüteneinrichtung, welche mit derjenigen der übrigen Arten dieser Gattung übereinstimmt.

Als Besucher sah wieder ich Bombus hortorum L. ♀, wiederholt sgd. Herm Müller beobachtete Bombus agrorum F., ♀ an zahlreichen Blüten saugend.

Schletterer beobachtete bei Pola: Hymenoptera: a) *Apidae*: 1. Bombus argillaceus Scop., sgd.; 2. B. terrester L.; 3. Eucera clypeata Er.; 4. E. longicornis L.; 5. Podalirius acervorum L.; 6. P. crinipes Sm. b) *Ichneumonidae*: 7. Bassus laetatorius F.

1815. V. rosea L. (Lochnera rosea Rchb.) Der künstliche Befruchtungsversuch, den Darwin an voriger Art vornahm, wurde von G. W. C. mit Erfolg an den selbststerilen Blüten dieser Art wiederholt. Die Blüteneinrichtung stimmt, nach Delpino, mit derjenigen der übrigen Arten dieser Gattung überein.

1816. V. herbacea L. hat dieselbe Blüteneinrichtung wie V. minor.

1817. Rhynchospermum jasminoides hat, nach Hildebrand, eine ähnliche Blüteneinrichtung wie Vinca.

1818. Tabernaemontana echinata Aubl. ist, nach Fritz Müller (Bot. Ztg. 1870, S. 274), nur mit dem Pollen anderer Stöcke fruchtbar.

415. Apocynum Tourn.

Homogame Blumen mit verborgenem Honig, welcher im Blütengrunde abgesondert und aufbewahrt wird.

1819. A. androsaemifolium L. hat, nach L u d w i g (Bot. Centralbl 1881, Bd. 8, S. 184, 185), glockenförmige, weissliche, innen mit einem aus roten Strichen bestehenden Saftmal versehene Blüten, in deren Grunde sich fünf, einen widerlich-süsslich riechenden Nektar absondernde Drüsen befinden. Die Staubfäden sind kurz und mit Haaren besetzt, welche als Saftdecke dienen. Die 5 Antheren liegen kegelförmig zusammen und umschliessen einen knopfförmigen Aufsatz des Griffels. Letzterer zerfällt nämlich durch einen Ring in einen oberen Aufsatz und einen unteren, als Narbe dienenden Teil. Die Staubblätter sind etwas über ihrer Mitte auf der Innenseite mit diesem Ringe verwachsen, so dass der Pollen in die so gebildete Kammer fällt, ohne die Narbe zu berühren. Die Rückseite 'der Antheren besteht aus derben, scharfkantigen Holzplatten, welche die Insekten hindern, durch Wegfressen des oberen Teiles der Staubblätter und des Griffels sich einen bequemeren Weg zum Nektar zu erzwingen. Ausserdem aber klemmen sie in ihrer sich nach oben verengernden Berührungsfuge solche Insekten, welche der Blume keine Dienste leisten können, fest. Die eigentlichen Kreuzungsvermittler (grössere Syrphiden, Musciden und auch Apiden) ziehen nach dem Genuss des Nektars den Rüssel zwischen den Antheren heraus, wobei sie notwendigerweise in die Klemme gelangen, aus der sie sich nur durch einen kräftigen Ruck befreien können. Hierbei kommen sie erst an die Narbe, dann an dem klebrigen Rande vorbei in die Pollenkammer, wo sie den körnig-klebrigen Pollen mitnehmen, den sie dann in einer zweiten Blüte unterhalb des Griffelringes absetzen. Kleinere und schwächere Insekten, welche nicht die Kraft besitzen, bis zur Pollenkammer vorzudringen, also der Pflanze keinen Gegendienst zu leisten im stande sind, bleiben gefangen und kommen in der Klemme um. L u d w i g beobachtete von solchen gefangenen und umgekommenen Insekten besonders Musciden (Spilogaster carbonella Zett., Scatophaga merdaria F., Anthomyia pluvialis L.), Syrphiden (Syritta pipiens L.), zuweilen auch kleinere Hymenopteren und vereinzelte Falter. Die von zahlreichen toten Fliegen sowie Fliegen-Rüsseln und -Beinen erfüllten Blüten zeigen, dass es eine grosse Menge solcher ungewitzigter Besucher giebt.

Als B e s u c h e r beobachtete L o e w im botanischen Garten zu Berlin: A. C o l e o p t e r a: a) *Coccinellidae*: 1. Halyzia quattuordecimpunctata L., auf der Blüte sitzend. b) *Nitidulidae*: 2. Meligethes sp., im Grunde der Blüte hld. c) *Ptinidae*: 3. Anobium striatum Ol., im Grunde der Blüte. B. D i p t e r a: a) *Muscidae*: 4. Anthomyia sp., in der Blüte sich mit dem Rüssel fangend; 5. Onesia floralis Rob.-Desv., w. v. b) *Syrphidae*: 6. Melanostoma mellina L., fängt sich mit dem Rüssel in der Blüte; 7. Platycheirus scutatus Mg., w. v.; 8. Syritta pipiens L., w. v.

1820. A. hypericifolium Ait. hat, nach L u d w i g (a. a. O.), bedeutend kleinere, unscheinbarere, grünliche oder gelblich-weisse Blüten ohne Saftmal. Der Geruch ist noch widerlicher als bei voriger. Die Blüteneinrichtung stimmt sonst mit derjenigen von A. a n d r o s a e m i f o l i u m überein. Entsprechend der trüberen Färbung stellen sich nur Fliegen als Besucher ein, von denen sich kleinere Syrphiden und Musciden in Menge in den Klemmen fangen.

L u d w i g (Kosmos 1887, I.) beobachtete, dass von 56 Blüten von früh bis nachmittags 3 Uhr 88 kleinere Musciden und Syrphiden gefangen und getötet wurden.

1821. A. Venetum L. Über die angebliche Arachnophilie vgl. Vince-toxicum officinale (S. 63).

1822. Lyonsia hat, nach Loew (B. C. Bd. XXVIII. S. 255) eine ähnliche Blüteneinrichtung wie A. androsaemifolium. Schumann (a. a. O.) beobachtete das Töten von Fliegen durch die Blüten von Arten dieser Gattung.

416. Nerium R. Br.

Homogame Falterblumen.

1823. N. odorum Ait. [Ludwig, Bot. Centralbl. 1881. Bd. 8. S. 185—188].
— Die grosse, trichterförmige, oben radförmig ausgebreitete, duftende Krone besitzt eine Narbenkrone mit zerschlitztem Rande, sowie ein Saftmal in Form dunkelroter Streifen, welche bis zum nektarhaltigen Blütengrund führen. Im Innern der Kronröhre findet sich, ähnlich wie bei voriger Gattung, ein aussen durch Holzplatten bedeckter Antherenkegel, der innen mit dem Rande des Narbenkopfes verwachsen ist und so wieder eine Pollenkammer bildet. Unter diesem Hohlraume befindet sich der allein als Narbe dienende Teil des oberen Griffelendes. Die hölzernen Antherenplatten sind nach unten mit spitzen Zipfeln versehen und längs ihres Rückens behaart. Nach oben ist jedes Staubblatt in einen am Grunde fädigen, dann sich verbreiternden, fiedrigen, langen Fortsatz verlängert. Diese fünf Fortsätze sind oben zusammengedreht und bilden einen die Mitte des Blüteneinganges einnehmenden, 8—9 mm langen, 4 mm breiten, locker wolligen, weisslichen Kolben, welcher mit der Nebenkrone den Eingang derart verschliesst, dass nur langrüsselige Schmetterlinge den nektarführenden Blütengrund erreichen können.

Im Innern der Blüte haben die Falter dieselben Schwierigkeiten zu überwinden, wie bei Apocynum die Kreuzungsvermittler. Ihr Rüssel kann nur in den engen, haarfreien Rinnen zwischen den Staubfäden bis zum von dem Antherenkegel an etwa 10 mm tiefen Blütengrund gelangen und muss von da in der nach oben sich immer mehr verengernden Spalte der Antherenplatten zurück. Hier wird er zunächst die Narbe berühren und, falls er schon mit Pollen behaftet war, diese belegen, alsdann mittelst der klebrigen Flüssigkeit des oberen Narbenrandes nach Sprengung der Pollenkammer neue Pollenklümpchen aufnehmen. Hierzu besitzen nicht alle Besucher die nötige Kraft und Ausdauer; auch hier werden unberufene Gäste gefangen und getötet, und die Beobachtung zweier solcher gefangener Gäste war es, welche Ludwig auf die Bestäubungseinrichtung der Oleanderblüte aufmerksam machte.

Als Besucher und Befruchter sind grössere Falter, besonders Sphinx Nerii bekannt.

1824—1827. N. Oleander L., N. cupreum, N. Grangeanum und **N. Ricciardianum** haben, nach Ludwig (a. a. O.), dieselbe Blüteneinrichtung wie vorige Art.

86. Familie Gentianaceae Juss.

Die teils homogamen, teils protandrischen oder protogynischen Blüten besitzen meist eine grosse, lebhaft gefärbte Blumenkrone. Einige Arten sind meist dimorph (Menyanthes trifoliata, Linmanthemum nymphaeoides, zuweilen Erythraea Centaurium). Die Arten der Gattungen Erythraea und Chlora scheinen keinen Nektar abzusondern; die übrigen enthalten Honig, welcher teils allgemein zugänglich (Gentiana lutea), teils verborgen ist und zwar häufig so versteckt wird, dass er nur Hummeln oder Faltern zugänglich ist. Es gehören daher die untersuchten Gattungen und Arten folgenden Blumen- klassen an:

Po(?): Erythraea, Chlora;

A: Gentiana lutea;

B: Menyanthes, Limnanthemum, Sweertia;

Hh: Gentiana punctata, acaulis, asclepiadea, ciliata, purpurea, Amarella;

Hh F: Gentiana tenella, nana, campestris, obtusifolia, involucrata:

Ft: Gentiana nivalis;

Fts: Gentiana verna, bavarica.

417. Menyanthes Tourn.

Meist dimorphe Blumen mit verborgenem Honig, welcher am Grunde des Fruchtknotens abgesondert wird.

1828. M. trifoliata L. [Sprengel, S. 102, 103; Warming, Bestövnings- made S. 13—15; Heinsius, B. Jaarb. IV. S. 71; Mac Leod, B. Jaarb. V. S. 383; Kerner, Pflanzenleben II.; Warnstorf, Bot. V. Brand. Bd. 38; Knuth,

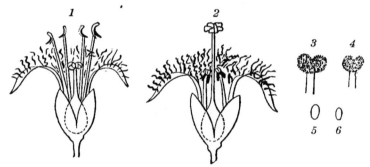

Fig. 242. Menyanthes trifoliata L. (Nach der Natur.)

1 Kurzgriffelige Blütenform, nach Entfernung des vorderen Kronblattes und Staubblattes. (Nat. Gr.) *2* Langgriffelige Form. (Wie vor.) *3* Narbenpapillen der längeren Griffel. (Etwa 4 : 1.) *4* Narbenpapillen der kürzeren Griffel. (Desgl.) *5* Pollenkorn der langen Staubblätter. (Etwa 70 : 1.) *6* Pollenkorn der kurzen Staubblätter. (Desgl.)

Ndfr. I. S. 104, 105.] — Die in Trauben stehenden, fleischfarbigen Blumen sind be- sonders durch die dicht mit Fransen besetzten Kronzipfel merkwürdig. Diese er- höhen nicht nur die Augenfälligkeit, sondern dienen auch zum Schutz des Honigs gegen Regen und unberufene Gäste. Sprengel sah nur die langgriffelige Form und bildete sie ab. Die Pflanze ist nicht überall heterostyl, sondern, nach Warming, in Westgrönland (zwischen 61—69° n. Br.) homostyl. Antheren und Narbe stehen in gleicher Höhe oder letztere ein wenig höher. Es ist hier also spontane Selbst- bestäubung leicht möglich. (Fig. 243.)

Auch Warnstorf fand bei Ruppin Pflanzen der langgriffeligen Form, deren Griffel zur Zeit, wenn die Krone sich erschliesst, mit den Staubgefässen gleiche Länge besitzen, so dass Narbe und Antheren in derselben Ebene liegen, in welchem Falle dann sehr leicht Selbstbestäubung eintreten kann. Der Pollen ist in Menge schön orangegelb; die einzelnen Pollenkörner sind rundlich bis oval und zeigen sehr zarte, dicht neben einander liegende, häufig parallel laufende Streifen, welche sich nach den beiden Pol-

enden allmählich verlieren. Merkwürdigerweise zeigen auch die Zellwände der Haare
auf der Innenfläche der Kronenzipfel, wenn
auch schwächer, ähnliche Streifungen. (Warnstorf.) Heinsius hat die ovalen Pollenkörner
gemessen: Die der langgriffeligen Form sind
durchschnittlich 96 μ lang und 50 μ breit, die
der kurzgriffeligen Form 120 μ lang und
63 μ breit.

Fig. 243. Menyanthes trifoliata L.
(Nach E. Warming.)

Eine isostyle Blume von Julianehaab
in Grönland, im Längsschnitt.

In den von mir bei Kiel beobachteten Blumen steht die Narbe der kurzgriffeligen Form im Blüteneingange, die der langgriffeligen einige Millimeter über demselben. Die schwalbenschwanzartig spreizenden Antheren nehmen in den beiden Formen natürlich die entgegengesetzten Höhen ein; sie wenden ihre pollenbedeckten Seiten der Blütenmitte zu. Heinsius bezeichnet die auffallend langen Narbenpapillen als nicht wesentlich verschieden, doch scheinen sie mir der Unterschied in der Grösse der Narbenpapillen etwa demjenigen in der Grösse der Pollenkörner zu entsprechen. Auch fand ich die Narbe der langgriffeligen Form nicht unerheblich grösser als die der kurzgriffeligen. Heinsius bemerkt noch, dass, obwohl die Pflanzen der gleichen Form meist gruppenweise neben einander vorkommen, doch häufig die der „legitimen" Befruchtung entsprechenden Pollenkörner der entgegengesetzten Form sich auf den Narben finden.

Nach Kerner und Warnstorf sind die Blüten nicht nur dimorph, sondern auch schwach protogyn. Spontane Selbstbestäubung ist nach dem ersteren Forscher in der geschlossenen Blüte pseudokleistogam möglich.

Schon Sprengel bezeichnet Hummeln als Besucher, welchen auch die Blütengrösse entspricht. Ich habe bei Kiel nur Meligethes in den Blüten gesehen; auch Warnstorf bemerkte bei Ruppin nur kleine Käfer und Fliegen; Heinsius sah in Holland Pieris rapae L., sgd.

In Dumfriesshire (Schottland) (Scott-Elliot, Flora S. 119) wurden Apis und 1 Hummel als Besucher beobachtet.

418. Limnanthemum Gmelin.

Dimorphe Blumen mit verborgenem Honig, welcher im Blütengrunde an 5 Stellen zwischen den Wurzeln der Staubfäden abgesondert wird.

1829. L. nymphaeoides Link. (Menyanthes nymph. L., Villarsia nymph. Ventenat). [Kuhn, Bot. Ztg. 1867, S. 67; Heinsius, Bot. Jaarb. IV. S. 72—76.] — Nach Kerner (Pflanzenleben II. S. 167) werden die Kronblätter beim Verwelken „matsch", d. h. ihre Oberfläche bedeckt sich durch Heraustreten des Zellsaftes aus dem Gewebe mit einer dünnen Flüssigkeitsschicht, welche besonders von Fliegen aufgesucht wird, wobei die Narbe mit dem von anderen Blüten mitgebrachten Pollen belegt wird. Der Dimorphismus dieser Art ist von Kuhn entdeckt. Die grosse, hellgelbe, sternförmig ausgebreitete Blumenkrone besitzt, nach Heinsius, an der Grenze zwischen der Kronröhre und den Kronzipfeln einen Kranz schräg aufwärts gerichteter, bis an den Fruchtknoten reichender fransenförmiger Anhänge, durch welche der Eingang zur Kronröhre völlig abgeschlossen wird. Der Griffel der longistylen Form ist etwa $1\frac{1}{2}$ mal so lang, doch ebenso breit wie der Griffel der brevistylen Form. Es verhält sich nämlich die Höhe der beiden Stempel zu einander wie 28 : 20; die Höhe der Staubblätter in den beiden Blütenformen ist dementsprechend 20 : 27. Die stumpf-dreieckigen Pollenkörner sind bei der langgriffeligen Form etwa 24—37 μ, bei der kurzgriffeligen 43—46 μ gross.

Die Blütenknospen entwickeln sich unter Wasser und erheben sich zur Blütezeit aus demselben. Haben sie ausgeblüht, so krümmen sich die Stiele wieder, und die Frucht reift unter der Wasseroberfläche. Heinsius fand auf den Narben häufig Pollenkörner der entgegengesetzten Form, ein Beweis für die erfolgte „legitime" Befruchtung.

Als Besucher beobachtete Heinsius: 1. Apis mellifica L. ♀, welche die Antheren der kurzen Staubblätter bezw. die Narbe der kurzen Griffel mit dem Thorax, die entsprechenden Teile der langgriffeligen Form mit dem Abdomen streifte. Ebenso verhielt sich eine Schwebfliege: 2. Platycheirus peltatus Mg. ♂. Ausserdem beobachtete Heinsius: 3. Helophilus lunulatus Mg. ♀ und zwei Musciden: 4. Anthomyia pratensis Mg. ♂ und Anthomyia sp. ♂, ferner 2 Hummeln, wahrscheinlich Bombus agrorum F. und B. scrimshiranus K.

1830. L. Humboldtianum ist, nach Fritz Müller (Bot. Ztg. 1868. S. 13), gleichfalls dimorph.

419. Chlora L.

Nektarlose Blumen, welche zu fast ebensträussigen Blütenständen vereinigt sind.

1831. Chl. perfoliata L. (Gentiana perf. L.). [Vaucher, Hist. phys. d. pl. d'Eur. III. S. 404]. — Die gelben Blüten sind, nach Vaucher, nachts geschlossen. Die Kronröhre liegt dem Fruchtknoten dicht an. Die beiden zweilappigen, papillösen, dicken Narben werden direkt von dem Pollen der eigenen Blüte bestäubt.

420. Sweertia L.

Mehr oder weniger protandrische Blumen mit verborgenem Honig, welcher im Blütengrunde in kleinen, von zahlreichen, mit einander verwebten Fransen umgebenen Näpfchen ausgeschieden wird, die zu je 2 am Grunde jedes Kronblattes liegen.

1832. S. perennis L. [S c h u l z , Beitr.; K e r n e r , Pflanzenleben II.; F r a n c k e , Beitr.] — In den stahlblauen, grauweissen bis hellgelben, von zahlreichen Streifen durchzogenen Blumen verkümmern nach S c h u l z , hin und wieder einzelne Staubblätter oder Stempel, selten sind sie rein gynodiöcisch oder androdiöcisch. In den Zwitterblüten öffnen sich die Antheren erst kürzere oder längere Zeit nach der Entwickelung der Narben. Die Staubblätter sind soweit zurückgebogen, dass, nach F r a n c k e und S c h u l z , Selbstbestäubung ausgeschlossen ist. K e r n e r beobachtete jedoch, dass Autogamie zuletzt dadurch stattfindet, dass die Staubblätter sich wieder gerade strecken und sich gegen die Narben bewegen, so dass, da sie noch Pollen führen, diese belegt werden. Nach F r a n c k e und S c h u l z ist dies nur ausnahmsweise möglich, da die Antheren dann meist keinen Pollen mehr besitzen.

Als B e s u c h e r beobachtete S c h u l z im Riesengebirge kleine F l i e g e n und K ä f e r.

·**1833. S. punctata Baumg.** Die Blüteneinrichtung dieser in Ungarn und Siebenbürgen heimischen Art ist, nach K e r n e r , dieselbe wie diejenige der vorigen.

421. Gentiana Tourn.

Blaue, seltener gelbe oder rote Blumen, deren Honig meist so tief geborgen ist, dass er nur Hummeln oder Faltern zugänglich ist, seltener Blumen mit freiliegendem Nektar (vgl. S. 72). Die Absonderung des Honigs geschieht teils vom Grunde des Fruchtknotens, teils aus dem Grunde der Blumenkrone. H e r m. M ü l l e r unterscheidet daher (Alpenbl. S. 329—349) 5 Gruppen, nämlich:

1. Arten mit offenem, allgemeinen zugänglichen Honig: *G e n t i a n a l u t e a.

2. Arten, die aus dem Grunde des Fruchtknotens Honig absondern und mit einer den Hummeln angepassten Blumenglocke versehen sind. (Humelblumen, Untergattung C o e l a n t h e): G. purpurea, pannonica, *punctata, cruciata, *asclepiadea, Pneumonanthe, Froelichii, frigida, *acaulis.

3. Arten, die aus dem Grunde des Fruchtknotens Honig absondern und mit ihren zu einer Scheibe erweiterten Narben die verlängert-röhrenförmige Krone so dicht verschliessen, dass nur langrüsseligen Faltern der Honig bequem zugänglich ist. (Falterblumen; Untergattung Cyclostigma): *G. bavarica, *verna, aestiva, imbricata, pumila, utriculosa, *nivalis.

4. Arten, die aus dem untersten Teile der Blumenkrone Honig absondern und der Befruchtung durch Hummeln angepasst sind. (Hummelblumen; Untergattung C r o s s o p e t a l u m): *G. ciliata.

5. Arten, welche aus dem untersten Teile der Blumenkrone Honig absondern und gleichzeitig der Befruchtung durch Hummeln und Falter angepasst sind. (Hummel- und Falter-Blumen; Untergattung E n d o t r i c h a):

*G. campestris, germanica, amarella, *obtusifolia, *tenella, *nana.

Von diesen Arten hat H. Müller die in obiger Übersicht mit * bezeichneten in seinen „Alpenblumen" in meisterhafter Weise geschildert, durch Abbildungen erläutert und die Besucher genannt. Ich verweise daher auf jene Darstellungen und füge im folgenden einige frühere Mitteilungen Müllers sowie diejenigen einiger anderer Forscher hinzu. —

Wegen der engröhrigen Honigzugänge zahlreicher Arten (z. B. G. acaulis, G. angustifolia, G. Clusii) bezeichnet Kerner die Blüten als „Revolverblüten." (Vgl. auch die Bemerkung bei der Gattung Convolvulus.)

Fig. 244. Gentiana lutea L. (Aus Herm. Müller, Alpenbl.)

1834. G. lutea L. [H. M. Alpenbl. S. 329—330.] — Gelbe homogame Blume mit freiliegendem Honig mit der Möglichkeit spontaner Selbstbefruchtung.

Als Besucher sah Herm. Müller Käfer (3), Fliegen (14), Hymenopteren (6), Falter (2).

1835. G. punctata L. [a. a. O. S. 330—332.] — Gelbe, schwarz punktierte, protogyne Hummelblume. Spontane Selbstbestäubung ist meist ausgeschlossen. Kerner bezeichnet die Blume als protandrisch.

Besucher: Käfer (2), Fliegen (2), Hymenopteren (7, darunter 5 Hummelarten) Falter (3). Nur die Hummeln sind Kreuzungsvermittler. (Müller.)

1836. G. purpurea L. [Kirchner, Beitr. S. 47—49]. Die Blüteneinrichtung stimmt, nach Kirchner, mit derjenigen der vorigen Art im wesentlichen überein; die Blüte ist gleichfalls eine schwach protogynische Hummelblume. Die stark würzig duftenden, schräg oder gerade aufwärts gerichteten Blüten sind aussen hell oder dunkel purpurn, nach dem Grunde zu aussen und innen weisslichgelb, auf der Innenseite ausserdem mit grünen Längsadern als Saftmal versehen. Die keulig gestaltete, nach innen längsgefaltete Blumenkrone ist 35 mm lang, wovon 10 mm auf die 6 Zipfel entfallen. Da wo sich die Krone gegen den Grund verengt, trennen sich die Staubfäden von den Längsfalten, an welche sie weiter unten in der Weise seitlich angewachsen sind, dass sie als hohe, bis an den Fruchtknoten reichende Längskanten nach innen vorspringen und so 6 enge röhrenförmige Zugänge zum Nektar lassen, welcher von 6 grünen, am Grunde des Fruchtknotens zwischen den Staubfäden sitzenden Drüsen abgesondert wird. Die Antheren sind gänzlich mit einander verwachsen und öffnen sich nach aussen. Sie umschliessen den Griffel, dessen 2 Narben sich oberhalb der Antheren und zwar etwas früher entwickeln als die Staubbeutel aufspringen. Wenn auch die Narben sich später zu mehr als einem Umgange aufrollen, so kommen sie doch nicht mit den Antheren in Berührung, so dass spontane Selbstbestäubung nicht erfolgt.

Die eigentlichen Bestäuber sind nach der Grösse und Gestalt der Blüte Hummeln, doch sah Kirchner bei Zermatt solche niemals als Besucher, sondern häufig Fliegen, welche im Innern der Blüte hin und her flogen und dabei gelegentlich Antheren und Narbe berührten.

1837. G. pannonica Scopoli ist, nach Kerner, protandrisch.

1838. G. cruciata L. Die protandrischen Blüten öffnen sich, nach Kerner, um 8—9 Uhr vormittags und schliessen sich um 7—8 Uhr abends. Schulz beobachtete in Mitteldeutschland Einbruch durch Hummeln.

1839. G. asclepiadea L. [H. M., Alpenbl. S. 336, 337; Delpino, Ult. oss. S. 166, 167; Hildebrand, Bot. Ztg. 1870, S. 668, 669.] — Protandrische Hummelblume, in welcher Selbstbestäubung in der Regel ausgeschlossen ist. Müller beobachtete die eigentlichen Befruchter nicht, sondern sah nur Bombus mastrucatus durch Einbruch Honig rauben. Während Müller sich davon überzeugte, dass das Öffnen der Blüten nicht von der Wirkung des Lichtes, sondern von der der Wärme abhängig ist, indem er einen Strauss abgepflückter geschlossener Blüten in ein dunkleres aber wärmeres Zimmer stellte und bereits hier nach 25 Minuten das Sichöffnen der Blumen wahrnahm, behauptet Kerner, dass die Blütenöffnung durch Lichtwirkung erfolgt, und zwar geschieht dies um 8—9 Uhr vormittags. Beim Schliessen der Krone erfolgt, nach Kerner, in derselben Selbstbestäubung wie bei der folgenden Art.

Hoffer beobachtete in Steiermark Bombus gerstaeckeri Mor. ⚥, psd. und B. latreillellus Kirby ♀, sgd.

1840. G. Pneumonanthe L. [Sprengel, S. 150—152; Warming, Arkt. Vaext. Biol. S. 10; H. M., Befr. S. 332, 333; Schulz, Beitr.; Mac Leod, B. Jaarb. V. S. 381—382; Kirchner, Flora S. 540; Kerner, Pflanzenleben II.; Knuth, Ndfr. J. S. 105; Weit. Beob. S. 238.] — Protandrische Hummelblume. Die grosse, tiefblaue, aussen mit 5 grünen Streifen versehene Blumenkrone ist 25 bis 30 mm lang und im Eingange 8—10 mm weit. Im Grunde derselben wird von der Basis des Fruchtknotens Nektar abgesondert. Er wird vor Regen dadurch geschützt, dass sich die Krone bei trüber Witterung schliesst. Dasselbe geschieht auch während der Nacht. Die Innenseite der Krone zeigt Saftmale in Gestalt zahlreicher kleiner weisslicher Kreise mit bräunlichem Mittelpunkt, an welche sich nach dem Grunde zu abwechselnd blaue und weissliche Längsstreifen anschliessen. Unterhalb ihrer Mitte verengt sich die Kronröhre plötzlich, indem die von hier bis in den Blütengrund mit der Krone verwachsenen Staubfäden dem Fruchtknoten dicht anliegen. Es kann daher eine Hummel bis zur Blütenmitte hineinkriechen; sie streift dabei in jüngeren Blüten die bereits aufgesprungenen Antheren, welche die noch unentwickelte Narbe dicht umgeben, in älteren berührt sie mit der pollenbehafteten Stelle die Narbenpapillen, da sich der Griffel inzwischen über die Antheren hinaus verlängert und seine beiden Äste soweit zurückgebogen hat, dass sie ihre papillöse Innenflächen der Berührung darbieten. Es werden daher besuchende Insekten, deren Grössenverhältnisse den Ausmessungen des Blüteninnern entsprechen, unvermeidlich Kreuzung bewirken. Spontane Selbstbestäubung ist, nach Kerner, in späteren Blütenzuständen dadurch möglich, dass beim Schliessen der Blüte die noch pollenbehafteten Antheren an die nach innen vorspringenden Falten der Blumenkrone Blütenstaub abgeben, der durch nachträgliches Wachstum der Kronröhre bis zur Höhe der Narben emporgehoben wird, so dass beim Schliessen der Blumenkrone Pollen an die Narben abgegeben wird. — Pollen, nach Warnstorf, gelblich, brotförmig, mit einer Rinne, zart papillös, gestreift, durchschnittlich 50 μ lang und 25 μ breit. — Graebner beobachtete in einem Garten bei Kolberg gelegentlich kleistogame Blüten.

Als Besucher sah Herm. Müller 2 Hummeln Bombus agrorum F. ♀ (mit 12—15 mm langem Rüssel) und B. muscorum F. ♀ (Rüssellänge 11—15 mm), sgd., beide häufig.

Schulz beobachtete bei Halle häufig Einbrüche durch Hummeln. Nach Kerner finden kleine Käfer in den Blüten Herberge.

E. Möller schickte mir (Weit. Beob. S. 238) von der Insel Sylt folgende Besucher von Gent. Pn., von denen jedoch nur 1, 2 und 5 zum Honig gelangen konnten: A. Hymenoptera: *Apidae*: 1. Bombus cognatus Steph. ♀ ♂, sgd.; 2. B. derhamallus K. ♀, sgd.; 3. B. terrester L., honigstehlend (bis Anfang Oktober 1893); 4. Apis mellifica L. ⚥, wie vor.; 5. Psithyrus vestalis Fourcr. ♂, sgd: B. Diptera (sämtlich nur pollenfressend): a) *Syrphidae*: 6. Platycheirus scutatus Mg. ♀; 7. P. manicatus Mg. ♀.

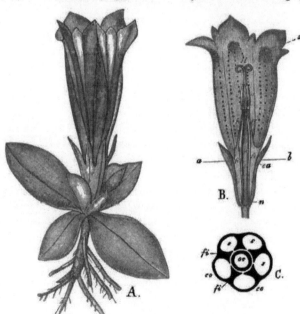

b) *Muscidae*: 8. Aricia incana Wied. ♀; 9. Anthomyia sp.; 10. Pollenia rudis Fabr.

Ich bemerkte am 1. August 1897 auf den sandigen Wiesen nördlich von Norddorf auf der Insel Amrum als Besucher: Bombus lapidarius L. ♂, sgd.

Alfken beobachtete bei Bremen die Apide: Halictus flavipes F.♀, psd.; H. de Vries (Ned.Kruidk.Arch. 1877) in den Niederlanden eine Hummel, Bombus agrorum F. ⚥, als Besucher.

1841. G. acaulis L. [H. M., Alpenbl. S. 332—336; Ricca, Atti XIV, 3; Kerner, Pflanzenleben II., einschliesslich excisa Presl].

Fig. 245. Gentiana acaulis L. (Aus Herm. Müller, Alpenbl.)

— Protandrische, duftlose Hummelblume, in welcher Selbstbestäubung in der Regel ausgeschlossen ist. Nach Kerner nehmen die „Revolverblüten" bei ungünstiger

Witterung eine hängende Stellung an, wobei ausgefallener Pollen in den durch die Falten der Krone gebildeten Rinnen abwärts gleitet und so auf die Narbe gelangend, spontane Selbstbestäubung bewirkt. Das Schliessen und Öffnen der Blüte hängt, nach H. Müller, nicht von der Ab- und Zunahme des Lichtes, sondern der Wärme ab. Nach Kerner öffnen sich die Blüten um 7—8 Uhr vormittags und schliessen sich um 6—7 Uhr nachmittags.

Als Besucher sah Müller Bienen (8, darunter 5 Hummelarten), Falter (3), Fliegen (1), Käfer (1), doch sind nur die Hummeln als Befruchter thätig. Auch Ricca fand die Blüten von Hummeln besucht und befruchtet. Müller fand 90% der Blüten durch Bombus mastrucatus Gerst. angebissen. Kerner sah kleine Käfer die Blüten als Herberge benutzen.

1842. 1843. G. angustifolia und **Clusii** sind gleichfalls Revolverblüten. Bei ihnen findet, nach Kerner, in gleicher Weise wie bei voriger Art durch Hinabgleiten von Pollen in den durch die Falten der Blumenkrone gebildeten Rinnen Autogamie statt.

1844. G. Froelichii Hladn. ist, nach Kerner, eine protandrische Hummelblume.

1845. G. bavarica L. [H. M., Alpenbl. S. 341, 342; Kerner, Pflanzenleben II.] — Homogame (nach Kerner protogyne), geruchlose Falterblume, deren Honig 20—22 mm tief geborgen ist. Die Besucher können zwar auch Selbstbestäubung bewirken, doch wird der eigene Pollen durch den fremden in der Wirkung überholt. Nach Kerner ist in den sich sehr schnell öffnenden Blüten nur der Narbenrand papillös.

Als hauptsächlichsten Befruchter sah H. Müller Macroglossa stellatarum L. (mit 25–28 mm langem Rüssel, in wenigen Minuten hunderte von Blüten besuchend).

1846. G. verna L. [H. M., Alpenbl. S. 340, 341; Kerner, Pflanzenleben II.; Delpino, Ult. oss. S. 168; Mac Leod, Pyreneeënbl.] — Homogame (nach Kerner protogyne) Falterblume, deren Honig 23 mm tief geborgen ist. Die Blüteneinrichtung stimmt mit derjenigen der vorigen Art überein. Auch die Blüten dieser Art öffnen sich nach Kerner sehr schnell.

Als eigentlicher Befruchter wurde von Herm. Müller in den Alpen, von Mac Leod in den Pyrenäen Macroglossa stellatarum L. beobachtet.

Hoffer bemerkte in Steiermark Bombus mastrucatus Gerst. ♀ als Besucher.

1847. G. prostrata Haenke. [Kerner, Pflanzenleben II.] — In den protandrischen Blüten wird, nach Kerner, der Nektar vom Grunde des Fruchtknotens abgesondert. Bei ungünstiger Witterung erfolgt in der geschlossenen Blüte pseudokleistogam spontane Selbstbestäubung.

1848. G. utriculosa L. Die Blüten öffnen sich nach Kerner um 8 bis 9 Uhr vormittags und schliessen sich um 3—4 Uhr nachmittags.

1849. G. nivalis L. [H. M., Alpenbl. S. 342, 343; Kerner, Pflanzenleben II.; Warming, Arkt. Vaext. Biol. S. 8—9; Lindman.] — Homogame Falterblume. Die Augenfälligkeit ist nur gering: H. Müller sah keinen zur Gewinnung des Honigs befähigten Falter als Besucher. Es ist daher spontane Selbstbestäubung leicht möglich, indem die Antheren sich an die Narbe legen. Auch die grönländischen Blumen und die des Dovrefjeld stimmen, nach Warming

und Lindman, in Bezug auf die leichte Möglichkeit der Selbstbestäubung mit
den alpinen überein; Warming beobachtete sogar oft die Verbindung von
Antheren und Narbe durch Pollenschläuche. Nach Kerner öffnen und schliessen
sich die Blüten im Laufe einer Stunde mehrmals.

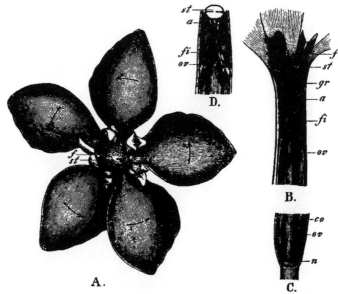

Fig. 246. Gentiana verna L. (Aus Herm. Müller, Alpenbl.)

1850. G. tenella Rottboel. (G. glacialis Vill.) [H. M., Alpenbl.
S. 345; Kirchner, Beitr. S. 49; Warming, Arkt. Vaext. Biol. S. 9.] —

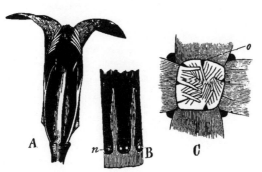

Fig. 247. Gentiana tenella Rottb. (Aus Herm.
Müller, Alpenbl.)

Schwach protogyne
(oder nach Kirchner homo-
game) Hummel- und
Falter-Blume mit zu-
letzt regelmässig eintretender spontaner Selbstbestäubung, die nach Kerner bei
ungünstiger Witterung in
geschlossener Blüte pseudokleistogam erfolgt. Nach
letzteren wird die richtige
Rüsselführung der Besucher
dadurch bewirkt, dass die
Fransen der Schlundklappen
mit spitzen Dörnchen besetzt sind, mithin das Einführen des Insektenrüssels
zwischen ihnen verhindert wird. Die Pflanzen des Dovrefjeld sind nach Wár-
ming gleichfalls autogam.

1851. G. nana Wulfen. [H. M., Alpenbl. S. 345, 346; Kerner, Pflanzenleben II.] — Homogame Hummel- und Falter-Blume mit zuletzt regelmässig eintretender spontaner Selbstbestäubung. Ihre Schlundklappenfransen verhalten sich, nach Kerner, wie diejenigen von G. tenella.

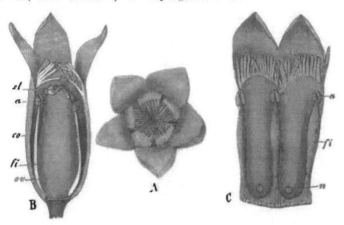

Fig. 248. Gentiana nana Wulfen. (Aus Herm. Müller, Alpenbl.)
Bedeutung der Buchstaben wie in Figur 213.

1852. G. involucrata Rottb. Hummel- und Falter-Blume. Diese nordische Art, ist nach Warming (Arkt. Vaext. Biol. S. 10—12), in Finmarken und bei Tromsö protandrisch, doch erfolgt spontane Selbstbestäubung im zweiten Blütenzustande durch Berührung der noch pollenbedeckten Antheren mit der Narbe.

1853. G. serrata ist nach Aurivillius in Grönland Falterblume, vielleicht auch Hummelblume.

1854. G. campestris L. [H. M., Alpenbl. S. 346—348; Schulz, Beitr. II. S. 107, 214; Lindman, a. a. O.; Warming, Arkt. Vaext. Biol. S. 12; Kerner, Pflanzenleben II.; Warnstorf, Bot. V. Brand. Bd. 37.] — Hummel- und Falter-Blume. In Graubünden (Müller), in Norwegen (Lindman), in Island (Warming) schwach protogyn, später homogam, in Westfalen und Thüringen nach Schulz stark protandrisch. Überall ist später spontane Selbstbestäubung möglich. Dieselbe erfolgt, nach Kerner, dadurch, dass die Blumenkrone nachträglich wächst, wodurch die an derselben befestigten Staubblätter mit den Narben in Berührung kommen; bei schlechtem Wetter findet sie pseudokleistogam in geschlossener Blüte statt. In Norwegen sind die Blüten der Pflanzen höher gelegener Standorte grösser, die Narbe steht nicht über den Antheren, sondern mit ihnen in gleicher Höhe oder selbst tiefer, so dass Selbstbestäubung leichter möglich ist. Anders verhalten sich die alpinen Pflanzen, bei denen die Narbe die Antheren anfangs überragt und die Narbenäste, nach Müller, sich erst später soweit zurückbiegen, dass spontane Selbstbestäubung erfolgt. Nach Schulz ist dieselbe dagegen nicht häufig. — Pollen, nach Warnstorf, gelblich, brotförmig, mit mehreren Längsfurchen, dicht papillös, durchschnittlich 63 μ lang und 37,5 μ breit.

Als Befruchter beobachtete Lindman Hummeln, Müller Hummeln und Falter, sowie auch Einbruch durch Bombus mastrucatus Gerst. Hummeln und Falter, sowie Einbruch durch Hummeln beobachtet auch Schulz in Mitteldeutschland.

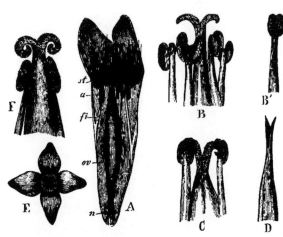

Fig. 249. Gentiana campestris L. (Aus Herm. Müller, Alpenbl.) Bedeutung der Buchstaben wie in Fig. 213.

1855. G. Amarella L. [H. M., Befr. S. 333; Warming, Arkt. Vaext. Biol. S. 12; Schulz, Beitr.] — Homogame Hummelblume. Die 16—18 mm lange Kronröhre besitzt einen 6 mm weiten Blüteneingang, so dass eine Hummel ihren Kopf bequem in denselben hineinstecken kann, mithin ein Rüssel von 10—12 mm Länge genügt, um den im Blütengrunde zwischen je 2 Staubblättern abgesonderten Honig zu erreichen. Durch lange, an der Grenze zwischen Kronröhre und -saum nach innen gerichtete Haare ist er gegen unberufene Gäste (Fliegen) geschützt; dadurch, dass die Krone sich bei trüber Witterung schliesst, ist sie vor dem Zutritt von Regen bewahrt.

Mit der Blütenöffnung springen auch die Antheren auf, und zwar ist ihre pollenbedeckte Seite nach oben gerichtet, so dass ein eindringender Hummelkopf sie berühren muss. Gleichzeitig sind auch schon die beiden Narben ausgebreitet, so dass, da letztere die Antheren überragen, Fremdbestäubung begünstigt, doch Selbstbestäubung nicht ausgeschlossen ist. — Die Pflanzen des Dovrefjeld und aus Nordland sind, nach Lindman bezw. Warming, der spontanen Selbstbestäubung leicht fähig, da die Antheren meist die Narbe berühren. — Pollen, nach Warnstorf, weisslich, ellipsoidisch, dicht papillös, etwa 44 μ breit und 56 μ lang.

Als Besucher beobachtete H. Müller eine Hummel (Bombus silvarum L., Rüssel 12--14 mm), sgd.

1856. G. germanica Willdenow. [Ricca, Atti XIII, 3; Schulz, Beitr.; Kerner, Pflanzenleben II.] — Die grosse, durchschnittlich 28—32 mm lange Blume ist violett, öfter mit weisslicher Röhre, selten ganz weiss, noch seltener gelb. Sie ist eine nach Schulz schwach oder ausgeprägt protandrische, nach Kerner (s. u.) protogyne und heterostyle Hummel- und Falterblume. Die Nektarien haben dieselbe Lage wie bei voriger Art. Die anfangs nach innen gerichteten Antheren drehen sich, nach Schulz, allmählich nach aussen. In den homogamen oder schwach protandrischen Blüten ist spontane Selbstbestäubung infolge der gleichhohen Stellung von Narbe und Antheren möglich, doch ist sie durch die nach aussen gerichtete Stellung der Antheren erschwert. In den Alpen ist die Blüte homogam, doch ist hier Selbstbestäubung wegen der höheren Stellung der Narbe unmöglich.

Als Besucher beobachtete Ricca die Honigbiene und Hummeln.

Schulz beobachtete Hummeleinbruch.

Die alpine Unterart: G. rhaetica Kerner ist, nach Kerner, heterostyl und protogynisch.

1857. G. obtusifolia Willdenow. [H. M., Alpenbl. S. 348; Schulz Beitr.] — Protandrische Hummel- und Falterblume. Nach Schulz gynomonöcisch. In der Regel überragt der Griffel die Antheren bis zu der Stelle, wo er sich spaltet; doch finden sich auch kürzere Griffel, so dass sie dann durch Zurückrollen der Narbenpapillen mit den noch mit Pollen versehenen Antheren in Berührung kommen, mithin spontane Selbstbestäubung erfolgt.

Als Besucher sah H. Müller Hummeln (3, darunter Bombus mastrucatus Gerst. und B. terrester L. den Honig durch Einbruch gewinnend) und Falter (1).

1858. G. ciliata L. [H. M., Alpenbl. S. 343—344; Delpino, Ult. oss. S. 166—167; Hildebrand, Bot. Ztg. 1870. S. 668—669; Schulz, Beitr.; Kerner, Pflanzenleben II.] — Protandrische, veilchenduftende Hummelblumen, nach Schulz zuweilen auch homogam, nach Kerner trimonöcisch. Die Antheren sind ursprünglich nach innen gerichtet, springen aber von aussen auf und bedecken sich im ersten Blütenzustande auf der Aussenseite mit Pollen. Meist sind die Antheren schon entleert, wenn die Narbenlappen sich ausbreiten, so dass nur hin und wieder spontane Selbstbestäubung erfolgt. Besuchende, zu dem von 5 erhabenen, länglichen, grünlich - glanzlosen Flecken im Krongrunde

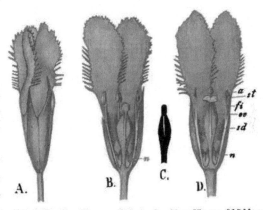

Fig. 250. Gentiana ciliata L. (Aus Herm. Müller, Alpenbl.) Bedeutung der Buchstaben wie in Fig. 213.

abgesonderten Honig vordringende Bienen oder Falter werden regelmässig Kreuzung bewirken. Schulz beobachtete Bienen, seltener Falter als Besucher. Hummeleinbruch wurde sowohl von Müller als von Schulz bemerkt. Nach Kerner dienen die Blüten kleinen Käfern als Herberge.

422. Erythraea Richard.

Meist rosenrote, selten weisse, homogame, seltener schwach protandrische oder schwach protogynische Blumen ohne Nektar, doch wohl mit saftreichem, von den Insekten angestochenem Gewebe im Grunde der Blüte [1]). Häufig Heterostylie.

1859. E. Centaurium Persoon. (Gentiana Cent. L.). [Sprengel, S. 152; H. M., Befr. S. 333; Weit. Beob. III. S. 61; Kirchner, Flora S. 543; Neue Beob. S. 63; Schulz, Beitr. I. S. 71; Kerner, Pflanzenleben II; Mac Leod, Bot. Jaarb. V. S. 382—383; Wilson, Nature Nr. 462, S. 509; Warnstorf, Bot. V. Brand. Bd. 38; Knuth, Ndfr. I. S. 105, 106, 164.] — Die von mir auf den nordfriesischen Inseln untersuchten Pflanzen sind homogam. Nachdem die Blüten sich geöffnet haben, sind auch die Narben entwickelt, ebenso springen die Antheren zu dieser Zeit nach einander auf; doch findet jetzt keine spontane Selbstbestäubung statt, da die Narbe seitwärts gebogen ist und die Staubblätter sich in dem Masse, in welchem ihre Antheren sich öffnen, sich nach der entgegengesetzten Seite biegen. Später richten sich die Staubblätter 4 mm hoch und mit ihnen der etwas kürzere Griffel auf, so dass die noch pollenbedeckten Antheren über der Narbe stehen und so durch Pollenfall spontane Selbstbestäubung erfolgt, die jedoch auch häufig unmittelbar nach dem Aufblühen eintritt, da die Seitwärtsbiegung der Staub- und Fruchtblätter nicht selten unterbleibt. Spontane Selbstbestäubung ist auch dadurch unvermeidlich, dass die Kronzipfel bei ungünstiger Witterung und beim Abblühen sich zusammenneigen. Die von Wilson in England beobachtete Heterostylie und die damit verbundene Zweigestaltigkeit der Pollenkörner bemerkte ich auf den nordfriesischen Inseln nicht, ebensowenig Schulz und Kirchner in Mittel- und Süddeutschland. Dagegen hat nach diesen beiden Forschern der Griffel auf verschiedenen Pflanzenstöcken, selten auf derselben Pflanze verschiedene Längen: bei der langgriffeligen Form steht die Narbe in der Höhe der Antheren, in den meisten Fällen jedoch tiefer, bei der kurzgriffeligen steht sie im Blüteneingange. Diese Formen sind durch zahlreiche Mittelstufen mit einander verbunden. Schulz beobachtete ausser Homogamie auch schwache Protandrie; Townsend bei der Form E. capitata Willd. Protogynie.

Die sich periodisch schliessenden Blumen haben, nach Kerner, eine fünftägige Dauer. Schulz und Kirchner heben die Veränderlichkeit der Blütengrösse hervor. H. Müller macht darauf aufmerksam, dass die spiralige Drehung der Staubbeutel (geradeso wie die schraubenförmige Drehung der Narbe bei Dianthus Carthusianorum u. a.) eine Anpassung an den dünnen Rüssel von Schmetterlingen zu sein scheint; er vermutet, dass die Schmetterlinge in den honiglosen Blüten mit den spitzen Vorsprüngen ihrer Rüsselspitze saftiges Gewebe im Blütengrunde anbohren. Die Blüten öffnen sich, nach Warnstorf, zwischen 6—7 Uhr morgens und fangen bereits mittags zwischen 12—1 Uhr an sich zu schliessen. Pollen gelb, brotförmig, dicht warzig und undurchsichtig, bis 44 μ lang und 23 μ breit.

---

[1]) Beim Behandeln der Blüten von Erythraea Centaurium L. mit Fehlingscher Lösung und mit Orthonitrophenylpropiolsäure (vgl. die Anmerkung bei Leucojum aestivum L.) ergab sich (am 17. 8. 98) nur mit dem ersteren Reagenz die Ausscheidung einer geringen Menge Kupferoxydul im Blütengrunde, mit dem letzteren dagegen keine Bildung von Indigo, so dass auf eine nur sehr geringe Menge von Saft an der bezeichneten Stelle geschlossen werden kann.

Als Besucher beobachtete ich eine pollenfressende Schwebfliege (Syrphus balteatus Deg.).

Herm. Müller giebt für Thüringen (Th.) und Westfalen folgende Besucher an: A. Diptera: *Empidae*: 1. Empis livida L., sgd. B. Hymenoptera: *Apidae:* 2. Anthrena aestiva Sm. ♀, psd.; 3. A. gwynana K. ♀, psd.; 4. Halictus morio F. ♀, psd C. Lepidoptera: a) *Noctuidae*: 5. Agrotis pronuba L., in Mehrzahl, andauernd sgd.; 6 Plusia gamma L., w. v. b) *Rhopalocera:* 7. Hesperia lineola O., sgd.; 8. Lycaena damon S. V., sgd.; 9. Melitaea athalia Esp., sgd.; 10 Pieris rapae L., sgd. c) *Sphingidae*: 11. Macroglossa stellatarum L., sgd. (Th.); 12. Zygaena carniolica Scop. sgd. Alle diese Falter bohren das Gewebe des Blütengrundes an.

Mac Leod sah in Flandern Eristalis arbustorum L. (B. Jaarb. V. S. 383).

Handlirsch verzeichnet als Besucher die Grabwespe Gorytes tumidus Pz.

In Dumfriesshire (Schottland) (Scott-Elliot, Flora S. 118) wurden 1 Empide, 1 Schwebfliege und 2 Muscide als Besucher beobachtet.

1860. E. linariifolia Persoon. [Knuth, Ndfr. I. S. 106.] — Die Büteneinrichtung stimmt mit derjenigen der vorigen Art überein, doch ist das Abwenden der Narbe von den Fruchtblättern weniger stark.

1861. E. pulchella Fries. (E. ramosissima Pers.) [Knuth, Ndfr. I. S. 106; Schulz, Beitr.; Kerner, Pflanzenleben II.] — Die Blüteneinrichtung dieser Art entspricht derjenigen der vorigen. Auch hier ist das Abwenden der Narbe von den Antheren nicht so ausgeprägt wie bei E. Centaurium, sondern die Staub- und Fruchtblätter stehen wie bei voriger fast immer senkrecht in der Blüte, so dass bei etwaigem Insektenbesuch sowohl Fremd- als auch Selbstbestäubung möglich ist, sonst aber letztere spontan erfolgt. Nach Schulz ist in Mitteldeutschland die kurzgriffelige Form besonders häufig. Nach Kerner kommt Autogamie durch nachträgliches Wachstum der Krone zu stande, indem so die Antheren bis zur Höhe der Narbe gehoben werden. Nach demselben Forscher beträgt die Blütedauer 6 Tage; die Blütenöffnung erfolgt vormittags um 10-11 Uhr, das Schliessen nachmittags 3—4 Uhr.

Nach Gilg (Ber. d. d. Bot. Ges. 1895) sind die Blüten von

1862. Hockinia montana Gard. pleomorph. Nach Knoblauch (a. a. O.) lassen sich alle von Gilg beobachteten Blumenformen auf 2 zurückführen, so dass die Art nicht pleomorph, sondern dimorph ist.

1863. Halenia Rothrockii Gray besitzt, nach Gilg, neben chasmogamen zwei Arten von kleistogamen Blüten. Ähnliche Verhältnisse finden sich bei

1864—65. H. multiflora Benth. und parviflora H. B. K. (= Exadenus viridiflorus Benth.). Kleistogame Blüten fand Gilg noch bei folgenden Arten:

1866—72. H. elliptica Don, H. sicirica Borckh., H. Perrottetii Griseb., H. deflexa Griseb., H. Schiedeana Griseb., H. brevicornis H. B. K., H. asclepiadea Griseb.

87. Familie Bignoniaceae R. Br.

Die Arten der Gattung Catalpa haben, nach Kerner (Pflanzenleben II. S. 280), zweilippige reizbare Narben, ähnlich wie Mimulus.

88. Familie Hydrophyllaceae DC.

A. Peter, in Engler und Prantl, Nat. Pflanzenfamilien IV. 3 a. S. 57.
1873. Phacelia tanacetifolia Benth. [Warnstorf, Bot. V. Brand. Bd. 37, 38.] — Die Blüten sind schwach protandrisch; die Antheren öffnen sich etwas früher, als die anfänglich bogig nach innen gekrümmten, nur an der äussersten Spitze Narbenpapillen tragenden langen Griffel sich nach aussen strecken.

Die Pollenzellen sind blassbläulich, biskuitförmig, glatt und mit mehreren Längsstreifen versehen; sie messen etwa 16—19 μ in der Breite und 37,5 μ in der Länge.

Als Besucher sah Herm. Müller (Weit. Beob. III. S. 9) in seinem Garten: A. Coleoptera: 1. Dasytes flavipes F. pfd.; 2. Meligethes spec., pfd. *Staphylinidae*: 3. Tachyporus obtusus L., mit dem Munde an den Antheren beschäftigt. B. Diptera: *Syrphidae*: 4. Rhingia rostrata L. sgd. und pfd.; C. Hymenoptera: *Apidae*: 5. Apis mellifica L. ⚥, sgd., in grösster Menge; 6. Bombus hortorum L. ♀ ⚥, sgd., häufig; 7. Halictus sexnotatus K. ♀, sgd., häufig; 8. Osmia rufa L. ♀, sgd., häufig. Auch Warnstorf beobachtete die Honigbiene als Besucherin.

Nach Willis (Journ. Linn. Soc. Bot. XXX) sind die Blüten dieser Art als auch diejenigen von

1874. Ph. divaricata der spontanen Selbstbestäubung fähig.

1875—77. Ph. campanularia, Ph. Whitlavia und **Ph. Parryi** haben, nach Willis (a. a. O.), grosse, lebhaft gefärbte Blüten, welche für Fremdbestäubung eingerichtet sind.

423. Hydrophyllum L.

Protandrische Blumen, mit völlig verborgenem Honig, welcher vom Grunde des Fruchtknotens abgesondert und in einem Hohlraum der Kronblätter angesammelt wird.

1878. H. virginicum L. [Francke, Beitr.; Loew, Blütenb. Beitr. I. S. 21—24.] — Nach Loew steigt der im Blütengrunde bereitete Nektar in der prismatischen Röhre empor, welche von je einem Paar Längsleisten und der Mittelrippe des Blumenblattes gebildet wird. (B. J. 1893. I. S. 362.)

Als Besucher beobachtete Loew im botanischen Garten zu Berlin Apis und Bombus terrester L. ⚥, vergeblich zu saugen versuchend. Als eigentliche Befruchter der fast ausschliesslich allogamen Blumen sieht Loew freischwebende Insekten, also Bombyliden oder Sphingiden, an.

1879. Nemophila maculata Benth. [Willis, Contributions II.] — Die sehr augenfälligen Blumen sind protandrisch und werden in England besonders von Bienen besucht.

89. Familie Hydroleaceae Endl.

1880. Hydrolea spinosa L. Die blauen, geruchlosen Blumen sind, nach Willis (Contributions II.), in England der Selbstbestäubung angepasst, die auch von Erfolg ist.

1881. Wigandia caracasana Kth. ist, nach Francke (Diss.), protogynisch.

90. Familie Polemoniaceae Lindley.

A. Peter, in Engler und Prantl, Nat. Pflanzenfam. IV. 3a. S. 43.

424. Polemonium Tourn.

Protandrische Blumen mit verborgenem Honig bis Bienenblumen. Honigabsonderung am Grunde des Fruchtknotens. Zuweilen Gynomonöcie.

1882. P. coeruleum L. [Sprengel, S. 109; Axell, S. 33; H. M., Alpenbl. S. 257—259; Weit. Beob. III. S. 8, 9; Kerner, Pflanzenleben II.; Knuth, Bijdragen]. —

Etwa 20 blaue oder weisse Blumen von 30 mm und mehr Durchmesser sind am Ende des Stengels rispenartig vereinigt, so dass die Pflanze weithin augenfällig ist. Als Saftmal dient (an den von mir in Kiel untersuchten Gartenexemplaren) eine in den Blütengrund weisende Strichzeichnung,

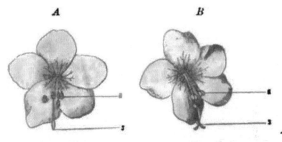

Fig. 251. Polemonium coeruleum L. (Nach der Natur.)
A Blüte im ersten (männlichen) Zustande, gerade von vorn gesehen. *B* Blüte im zweiten (zwitterigen) Zustande, wie vor. *a* Antheren. *s* Narbe. (Natürl. Gr.)

doch scheint diese nicht überall aufzutreten, da Herm. Müller als Saftmal an Gartenexemplaren von Lippstadt nur den weisslichen Blütengrund bezeichnet.

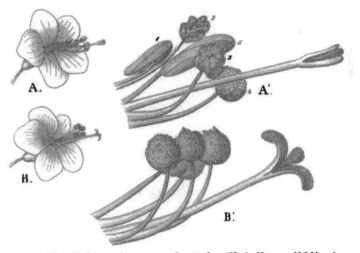

Fig. 252. Polemonium coeruleum L. (Nach Herm. Müller.)
A Blüte im ersten (männlichen) Zustande. *A'* Befruchtungsorgane derselben. (7 : 1.) *B* Blüte im zweiten (zweigeschlechtigen) Zustande. *B'* Befruchtungsorgane derselben. (7 : 1.)

Der Nektar wird am Grunde des Fruchtknotens von einem $^1/_2$ mm hohen, wellig gebogenen, grünen, fleischigen Ringe ausgesondert und in der gegen 2 mm tiefen, durch wollige Haare verschlossenen Kronröhre geborgen, so dass nur klügere Blumengäste, besonders Bienen, den Weg zum Nektar leicht finden. Beim Anfliegen klammern sich die Besucher an die aus der Blüte herausragenden Staubblätter und den Griffel. Da im ersten Blütenzustande nur die Antheren geöffnet sind, im zweiten über die Staubblätter hinausragend die Narbe ihre 3 Äste so ausgebreitet hat, dass die papillösen Innenflächen von den anfliegenden Gästen früher berührt werden müssen, als die Antheren, so findet stets Kreuzung statt. Spontane Selbstbestäubung scheint demnach ausgeschlossen. Nach Kerner kommt jedoch bei der später hängenden Stellung der Blüte die Narbe in die Falllinie des Pollens. Während die Blumen in den Alpen immer zwei-geschlechtig auftreten, fand Müller in seinem Garten in Lippstadt ausserdem rein weibliche Blüten.

Nach Ekstam beträgt auf Novaja Semlja der Durchmesser der schwach honigduftenden, tiefblauen Blüten 30—35 mm. Diese sind protogynisch oder protogyn-homogam mit grosser Mannigfaltigkeit in der Entwickelung der Ge-schlechtsorgane.

Als Besucher beobachtete Lindman auf dem Dovrefjeld eine Hummel; Herm. Müller in den Alpen Käfer (1), Fliegen (2), Apis, Hummeln (6).

An Gartenpflanzen sah ich die Honigbiene sgd. und psd. als häufigen Besucher, die Körbchen dicht mit orangefarbigem Pollen bedeckt. Sie klettert an dem Griffel und den Staubblättern bis zum Nektar empor, bewirkt also regelmässig Fremdbestäubung. Ebenso verfahren die besuchenden Hummeln: Bombus hortorum L. ☿, B. lapidarius L. ♀, B. terrester L. ♀.

Herm. Müller (1) beobachtete in Westfalen, Buddeberg (2) in Nassau fol-gende Besucher:

A. Coleoptera: *Telephoridae:* 1. Dasytes flavipes F., häufig in den Blüten (1).
B. Hymenoptera: *Apidae:* 2. Apis mellifica L. ☿ sgd. (1); 3. Chelostoma campanu-larum K. ♂, sgd. (2); 4. Ch. nigricorne Nyl. ♂, sgd. (2); 5. Coelioxys spec. ♂, sgd. (1); 6. Osmia rufa L. ♀, sgd. u. psd. (2) 27./6. 73; 7. Megachile spec. ♀ sgd. (1).

An Gartenpflanzen beobachtete Schneider (Tromso Museums Aarshefter 1894) im arktischen Norwegen Bombus pratorum L. ☿ und B. terrester L. ☿.

1883. P. pulchellum Bunge hat, nach Ekstam, auf Novaja Semlja einen starken, äusserst unangenehmen Bockgeruch. Die Blumen sind homogam. Der im Blütengrunde abgesonderte Honig wird durch Drüsenhaare in der Kron-röhre geschützt. Meist ist Autogamie möglich. Als fleissige Besucher wurden mittelgrosse Fliegen beobachtet.

425. Phlox L.

Protandrische Falterblumen.

1884. Ph. paniculata L. [Sprengel, S. 105, 106; H. M., Befr. S. 264; Knuth, Bidjragen; Weit. Beob. S. 238.] — Der Honig wird am Grunde des Fruchtknotens ausgesondert und in der 18—22 mm langen und in der Mitte 3 mm starken Kronröhre geborgen. Wenn die Blüte sich entfaltet, stehen die ge-öffneten Antheren im Blüteneingang, während die noch geschlossene Narbe sich etwa in der Mitte der Kronröhre befindet. Allmählich wächst der Griffel heran und entfaltet, wenn er in der Höhe der inzwischen ihres Pollens beraubten Antheren steht, seine inneren papillösen Äste. Besuchende Insekten werden daher den Pollen aus jüngeren Blüten auf die Narbe älterer bringen.

Als Besucher sah ich in Gärten zu Nieblum auf der Insel Föhr am 22. Juli 1893 Macroglossa stellatarum L., zahlreiche Blüten nach einander besuchen. Auch in meinem Garten bemerkte ich den Taubenschwanz als Besucher dieser Blüten. Die Form der Kronröhre entspricht auch derjenigen des Falterrüssels, da sie schwach gebogen ist.

S p r e n g e l beobachtete gleichfalls Schmetterlinge; M a c L e o d (B. C. Bd. 29) Plusia gamma L., sgd. H e r m. M ü l l e r sah an den Blüten nur zwei Fliegen: Conops flavipes L., sgd. (doch mit ihrem 4—5 mm langen Rüssel kaum Nektar erlangend) und Eristalis tenax L., pfd.

v. D a l l a T o r r e und S c h l e t t e r e r beobachteten in T i r o l die Bienen: 1. Anthidium strigatum Latr. ♀; 2. Halictus smeathmanellus K. ♀.

L o e w sah im botan. Garten zu Berlin als nutzlosen Blütengast eine Muscide: Echinomyia fera L., ferner daselbst an

1885—86. Ph. reptans Mehx. und **Ph. subulata L.** die Honigbiene.

1887. Ph. setacea ist, nach F r a n c k e (Diss.), protandrisch. Selbstbestäubung durch Wind oder Insekten möglich.

1888. Cobaea penduliflora wird, nach A. E r n s t (Kosmos Bd. 7), von Sphingiden befruchtet.

1889. C. scandens Cavanilles wird, nach J. B e h r e n s (Flora 1880. Bd. 38), von Hummeln befruchtet. Die von mir (Bijdragen) im botanischen Garten der Ober-Realschule zu Kiel beobachteten Blüten waren, wenn sie sich öffneten, grünlichweiss, also wenig augenfällig. Anfangs sind in diesen offenen Blüten weder die Antheren aufgesprungen, noch ist die Narbe entwickelt. Allmählich stellt sich eine schwache Purpurfärbung auf den unteren Kronzipfeln ein, doch ist erst mit dem Aufspringen der Antheren die Purpurfärbung der ganzen Blüte vollständig erfolgt. Die Weite der Krone scheint mir für Hummeln viel zu beträchtlich, als dass Insekten dieser Grösse in der Heimat der Pflanze, Mexiko, die Befruchtung vermitteln sollten; ich vermute vielmehr dort grössere Kolibris als Befruchter.

K e r n e r (Pflanzenleben II, S. 378, 379) schildert die Blüteneinrichtung in etwa folgender Weise: Anfangs sind die pollenbedeckten Antheren so in den Blüteneingang gestellt, dass die zu dem honigreichen Blütengrunde vordringenden Tiere den Pollen streifen und mitnehmen müssen, während die Narben noch nicht berührt werden können, da der kurze Griffel noch mit seinem freien Ende unter den Antheren versteckt ist und seine drei an ihrer Innenseite das Narbengewebe tragenden Äste noch dicht aneinander liegen. Alsdann legen sich die Antheren in Folge einer Verlängerung der Staubfäden auf den unteren Rand der Blumenöffnung, während der Griffel sich bogig aufwärts biegt und seine drei Narben entfaltet, so dass diese jetzt dort liegen, wo im ersten Blütenzustande sich die Antheren befanden. Bleiben befruchtungsvermittelnde Tiere fern, so erfolgt als Notbehelf noch Autogamie, indem die bis dahin nickenden Blüten hängend werden, der Griffel und die Staubfäden sich noch stärker krümmen und so Narben und Antheren in unmittelbare Berührung kommen.

1890. C. macrostemma Pav. öffnet, nach H e r m. R o s s (Flora oder allg. Bot. Zeitung 1898, S. 125—123), die Blüten abends und scheint der Befruchtung durch Schwärmer angepasst. Bei ausbleibendem Besuch führt der Griffel rotierende Bewegungen aus, durch welche die Narben an die Antheren geführt werden, so dass spontane Selbstbestäubung eintreten muss, die auch von Erfolg ist.

1891. Collomia grandiflora Lindley hat nach F. Ludwig (Bot. Ztg. 1877) und Scharlok (B. Ztg. 1878) kleistogame Blüten.

1892. C. linearis Nutt. ist nach Comes (Ult. stud.) selbstfertil.

91. Familie Convolvulaceae Juss.

Blüten meist lebhaft gefärbt und dem Besuche verschiedenartiger Insekten angepasst. Vielfach bleiben die Blumen nur einen Tag oder einige Stunden geöffnet, um sich dann für immer zu schliessen. Dabei welken die Ränder der Blumenkrone in der Weise ab, dass sie sich einwärts rollen und die Kronröhre mit dem Fruchtknoten schützen. Viele (ausländische) Arten haben extraflorale Nektarien, welche solche Insekten von Blüten abhalten, welche für die Übertragung des Pollens ungeeignet sind (z. B. Ipomoea-, Pharbitis-, Calonyction-, Quamoclit-Arten). (A. Peter, in Engler und Prantl, Nat. Pflanzenfam. IV. 3a. S. 9.)

426. Convolvulus Tourn.

Homogame, seltener protandrische oder protogynische Blumen mit verborgenem Honig oder homogame Falterblumen. Honigabsonderung von der Unterlage des Fruchtknotens. Zuweilen Gynodiöcie. Kerner bezeichnet die Blüten von Convolvulus wie die von Gentiana (s. S. 76) wegen der engröhrigen Honigzugänge als „Revolverblüten".

1893. C. arvensis L. [Sprengel, S. 107, 108; H. M., Befr. S. 262, 263; Weit. Beob. III, S. 6; Kirchner, Flora S. 548—549; Burgerstein, Ber. d. d. bot. Ges. VII; Schulz, Beitr. II. S. 110; Mac Leod, B. Jaarb. I. S. 110; III. S. 310; V. S. 328—329; Schilberszky, Ung. nat. Ges. 1892; Blütendimorphismus der Ackerwinde im Beihefte zum Bot. Centralbl. 1893, S. 447—450 und Bot. Centralbl. 1895, Nr. 24, S. 342; Loew, Bl. Fl. S. 277, 278; Knuth, Nfr. I. S. 106, 164; Weit. Beob. S. 238; Helgoland; Warnstorf, Bot. V. Brand. Bd. 38.] — Die duftenden Blumen schliessen sich bei schlechter Witterung und abends. Nach Burgerstein öffnen sie sich bei Wien und Prag um 7—9 Uhr morgens und schliessen sich gegen 5 Uhr nachmittags. Bei Ruppin öffnen sich die Blüten, nach Warnstorf, zwischen 9—10 Uhr vormittags und fangen an sich zwischen 6—7 Uhr abends zu schliessen. Pollen weiss, elliptisch, zart warzig, bis 88 μ lang und 56 μ breit. Die Blütezeit dauert einen Tag. Die trichterförmige Blumenkrone ist entweder rötlich mit fünf weissen Längsstreifen oder ganz weiss (var. hololeucus Knuth), ihr Grund ist gelb. Der Honig wird von der orangegelben Unterlage des Fruchtknotens abgesondert und durch die verbreiterten untersten Teile der Staubfäden bis auf fünf enge Zugänge abgeschlossen. Die Staubfäden sind an ihren Berührungslinien dicht mit kleinen steifen Hervorragungen besetzt, welche die Insekten hindern, den Rüssel zwischen den Staubfäden hindurchzuzwängen;

derselbe kann daher nur in einen der fünf engen Saftzugänge gesenkt werden.
Da nun die den Griffel umschliessenden Staubblätter ihre Antheren nach aussen
öffnen, so werden sie von jedem grösseren honigsaugenden Insekt berührt, und
da die beiden Narbenäste die Staubblätter überragen und über denselben ihre
papillösen Flächen nach aussen spreizen, so werden sie von den Besuchern früher
berührt als die pollenbedeckten Antheren, so dass Fremdbestäubung schon vom
Besuche der zweiten Blüte an erfolgen muss, während die erste beim Zurückkriechen
des Insekts der Selbstbestäubung unterworfen ist. Letztere kann bei ausbleibendem Insektenbesuche spontan erfolgen, da sowohl beim Abwärtsbiegen der Blüte
gegen Ende der Blütezeit, als auch beim Abfallen der Blumenkrone Pollen auf
die Narbe fallen kann, aber auch in noch blühenden aufrechten Blumen ein
Staubblatt so weit heranwächst, dass seine Anthere die Narbe berührt.

Die Blüten treten in verschiedenen Formen auf. So beobachtete K i r c h n e r
bei Stuttgart eine kleinblütige Herbstform mit so kurzen Staubfäden, dass die
gelbbraunen Antheren fast sitzen; diese bleiben unbefruchtet, da die Antheren
zuweit von der Narbe entfernt sind, um eine spontane Selbstbestäubung möglich
zu machen und Insektenbesuch kaum noch erfolgt. Es ist dies dieselbe Form,
welche S c h i l b e r s z k y bei Budapest mit vielfachen Übergängen zu weiblichen
Blüten beobachtete. Ausser dieser durch einen Pilz hervorgerufenen Kümmerform
beobachtete B u r g e r s t e i n bei Prag und Wien noch zwei andere Formen, nämlich
Blüten mit grosser Blumenkrone, langen Staubblättern und violetten Antheren, sowie
Blüten mit mittelgrosser Blumenkrone, kürzeren Staublättern und weissen Antheren.

S c h u l z beschreibt zwei durch ihre Bestäubungseinrichtung verschiedene
Formen: die kleinblütige, nach S c h u l z meist von Bienen besuchte Form ist
homogam oder schwach protogyn, ihre Narbenschenkel greifen meist zwischen
die pollenbehafteten Antheren hindurch, so dass spontane Selbstbestäubung die
Regel ist; die grossblütige, nach S c h u l z meist von Hummeln besuchte Form
ist stark protandrisch, die Narbenschenkel stehen immer über den Antheren, so
dass Fremdbestäubung nötig ist. Diese letztere, mit roten oder violettroten Saftmalflecken oberhalb der Saftzugänge versehene Form beobachtete ausser K i r c h n e r
(in Tirol) auch M a c L e o d in Belgien. Überhaupt fand M a c L e o d in den
Dünen bei Blankenberghe nicht weniger als vier verschiedene Formen: 1. die
von S p r e n g e l und M ü l l e r wie oben beschriebene Form; 2. eine grossblütige
Form mit einem Durchmesser von 35 mm, deren oben hellrötliche Krone im
mittleren und gelblichen Teile von einem breiten, roten, geflammten Bande umgeben ist; 3. eine kleinblütige Form mit ähnlicher Färbung und Zeichnung,
welche am Grunde des aufrechten Teiles der Staubfäden je 2 gekrümmte Anhänge besitzen, die jedoch reduziert oder ganz fehlen können; auch sind hier die
kleinen steifen Hervorragungen an den Kanten der Staubfäden wenig ausgebildet, vielmehr schliessen die etwas mit einander verwebten Staubfäden die Saftlöcher. 4. Eine weibliche Form mit kurzen Staubblättern und verkümmerten Antheren. — Auch S c h u l z beobachtete, wenn auch selten, Gynomonöcie und Gynodiöcie.

Nach E d. H e c k e l (cit. nach L u d w i g, Lehrbuch der Biologie der
Pflanzen S. 30) erzeugt ein Brandpilz (T h e c a s p o r a h y a l i n a F i n g e r h.

= Th. capsularum Desm.) auf Convolvulus arvensis einen Blütendimorphismus, und zwar ist das Auftreten desselben und das Vorkommen der
Thecaspora in den verschiedensten Gegenden Frankreichs an die Anwesenheit
einer Spinne, Thomisus onustus, gebunden, welche die Bestäubungsvermittler
tödtet. Offenbar wird die durch die Spinne der Bestäubungsvermittler beraubte
und zur Selbstbefruchtung gezwungene Pflanze durch Inzucht geschwächt und
so dem Pilzparasiten zugänglich gemacht, der jene Umänderung der Blüte bewirkt.

Mit dieser Ansicht Heckels stimmen die Erfahrungen von Schilberszky
nicht überein. Dieser unterschied neben normalen makrandrischen Blüten nicht-
normale mikrandrische, so dass man von Heterandrie sprechen könnte, doch
ist diese eine rein teratologische, bez. pathologische. Diese ist mit Homostylie
verbunden.

In den mikrandrischen Blüten fand Schilberszky sowohl am Nektarring,
als auch an den Antheren die Konidienform eines Brandpilzes, und zwar nicht
nur in geöffneten Blüten, sondern auch in zahlreichen geschlossenen Blütenknospen, und selbst auch in ganz jugendlichen, was jedenfalls nicht möglich
wäre, wenn Heckels Mutmassung richtig wäre. Wenn, fährt Schilberszky
fort, durch eine derartige Inzucht zu stande kommende Schwächung der Pflanze
eine Thatsache wäre, so müssten doch auf ein und derselben Pflanze sämtliche
Blüten gleichartig sein. Dies ist aber nicht der Fall, sondern es finden sich,
besonders wenn mehrere Zweige vorhanden sind, normale und infizierte Blüten
zusammen auf einem Stocke. Die Infektion tritt schon bei der ersten Keimung
des Samens auf, da dieser oft von einer ganzen Kruste keimender Sporenknäuel
umgeben ist; das Mycel dringt dann in das wachsende Stengelgewebe ein
und gelangt schliesslich durch die Blütenstiele in die Knospen, wo es zuerst
Konidien, dann Chlamydosporen bildet.

In Bezug auf die Anwesenheit der Spinne Thomisus onustus in der Blüte
der Ackerwinde bemerkt Schilberszky, dass dieselbe auch in Ungarn sehr
verbreitet ist und im Innern der Blüten verschiedener Pflanzen auf Insekten
lauert Ihr Vorkommen steht aber ausser Zusammenhang mit dem Auftreten
mikrandischer Blüten bei Convolvulus arvensis.

Auch Warnstorf fand bei Neu-Ruppin zahlreiche Antheren von der
Konidienform des Brandpilzes Thecaphora capsularum befallen. Hier
schlagen auch sämtliche Pollenzellen fehl; allein die Staubbeutel erscheinen
dann schmutzig-bräunlich und sitzen auf kurzen Filamenten am Grunde der
Krone. Bisher sah Warnstorf nur die kleinblütige Form von dem Pilz
befallen; da derselbe indessen auch Hunderte von kleinblütigen Stöcken mit
normal entwickelten Antheren angetroffen hat, so kann nach seiner Ansicht
unmöglich der Pilz als Ursache der Kleinblütigkeit betrachtet werden.

Als Besucher beobachtete ich in Schleswig-Holstein:

A. Diptera: *Syrphidae:* 1. Eristalis sp.; 2. E. tenax L.; 3. Helophilus pendulus L.;
4. Syrphus balteatus Deg. Sämtl. pfd. B. Hymenoptera: *Apidae:* 5. Apis mellifica
L.; 6. Bombus sp.; 7. B. terrester L. Sämtl. sgd. und psd.

Auf dem Oberland von Helgoland sah ich:

A. Diptera: *Muscidae:* 1. Coelopa frigida Fall., honigsaugend, ohne die Wechselbefruchtung zu bewirken; 2. Lucilia caesar L. (desgleichen). 11. 7. 95. B. Orthoptera: 3. Forficula auricularia L. Blütenteile fressend.

Alfken beobachtete bei Bremen: *Apidae*: 1. Halictus morio F. ♀ ♂; 2. Prosopis communis Nyl. ♀; 3. P. hyalinata Sm. ♂.

Herm. Müller giebt folgende Besucherliste:

A. Coleoptera: a) *Cerambycidae*: 1. Leptura livida L., Pollen und Antheren fressend. b) *Curculionidae*: 2. Spermophagus cardui Stev., sich in den Blütengrund drängend. c) *Nitidulidae*: 3. Meligethes, sehr häufig in den Honigzugängen. d) *Oedemeridae*: 4. Oedemera virescens L., pfd. e) *Telephoridae*: 5. Malachius viridis F., pfd. B. Diptera: a) *Bombylidae*: 6. Bombylius canescens Mik., sgd. b) *Empidae*: 7. Empis livida L., sgd., äusserst häufig, den Rüssel der Reihe nach in die fünf Saftzugänge der Blüte versenkend. c) *Muscidae*: 8. Oliviera lateralis Pz., sgd.; 9. Sepsis, häufig an den Honigzugängen; 10. Ulidia erythrophthalma Mg., in den Blüten umherlaufend, auch an den Saftlöchern sitzend. d) *Syrphidae*: 11. Eristalis arbustorum L., sgd. und pfd.; 12. Helophilus floreus L., w. v.; 13. Melithreptus scriptus L., pfd.; 14. M. taeniatus Mg., pfd., 15. Syrphus balteatus Deg., pfd.; 16. S. nitidicollis Mg., pfd. C. Hemiptera: 17. Nabis, sgd. D. Hymenoptera: a) *Apidae*: 18. Anthrena cingulata F. ♀, sgd.; 19. Apis mellifica L. ☿, sehr häufig, sgd. und psd. Um zu saugen kriecht sie auf der Wand des Blumenkronentrichters in den Blütengrund und bestäubt sich daher Kopf und Rücken, nachdem sie vorher in jeder Blüte mit denselben Teilen die Narbe gestreift hat; 20. Chelostoma campanularum K. ♂, sgd.; 21. Halictus leucozonius Schrk. ♀, psd.; 22. H. longulus Sm. ♀. psd.; 23. H. malachurus K. ♀, psd.; 24. H. morio F. ♀, sgd. und psd.; 25. H. nitidiusculus K. ♂, sgd.; 26. H. smeathmanellus K. ♀, sgd.; 27. H. tetrazonius Klg. ♀, sgd.; 28. H. villosulus K., psd.; 29. Panurgus banksianus K. ♂, sgd. b) *Formicidae*: 30. Lasius niger L. ☿, an den Saftlöchern sitzend und, wohl vergeblich, mit dem Kopf in dieselben sich drängend. c) *Sphegidae*: 31. Entomognathus brevis v. d. L. ♂, sgd. E. Lepidoptera: *Rhopalocera*: 32. Argynnis latonia L., sgd. (bayer. Oberpf.); 33. Epinephele janira L., sgd.; 34. Pieris napi L., sgd.; 35. P. rapae L., sgd F. Thysanoptera: 36. Thrips, sehr zahlreich.

Loew beobachtete in Schlesien (Beiträge S. 26):

A. Diptera: a) *Bombylidae*: 1. Anthra xmaura L., sgd.; 2. Systoechus sulphureus Mikan, sgd. b) *Stratiomydae*: 3. Odontomyia viridula F., sgd. c) *Syrphidae*: 4. Chrysotoxum festivum L., sgd. B. Hymenoptera: *Apidae:* 5. Systropha spiralis Oliv. ♂ ♀[1]), sgd., das ♀ an den Haarbüscheln des Hinterleibs dicht mit Pollen bestreut; beide Geschlechter auch im Grunde des Blumentrichters übernachtend. C. Lepidoptera: a) *Noctuidae*: 6. Plusia gamma L., sgd. b) *Rhopalocera*: 7. Argynnis dia L.; 8. Pieris brassicae L., sgd.

H. de Vries (Ned. Kruidk. Arch. 1877) beobachtete in den Niederlanden Apis mellifica L. ☿ als Besucher; Mac Leod in Flandern Apis und 2 Pieris (B. Jaarb. V. S. 329); Ducke bei Triest die Mauerbiene Osmia papaveris Ltr. ♀; Schletterer bei Pola die Maskenbiene Prosopis hyalinatus Sm. var. subquadrata F.; Mac Leod in den Pyrenäen (B. Jaarb. III. S. 310) eine Schwebfliege.

Friese beobachtete an Convolvulus arvensis und sepium in Ungarn, Österreich, Thüringen und der Schweiz die Apiden: 1. Systropha curvicornis Scop. nur in Ungarn; 2. S. planidens Gir., hfg.

Alfken beobachtete bei Bozen als häufigen Besucher die Spiralhornbiene: 1. Systropha curvicornis Scop., sgd. und psd., die Seiten des Hinterleibes dicht mit Blütenstaub bedeckt, als seltenen Besucher den Schmarotzer der erwähnten Apide: 2. Biastes brevicornis Pz., bei Triest die Halictus-Arten: 3. H. cephalicus Mor. ♀ ♂, sgd.; 4. H. morio F. ♀ ♂: 5. H. subauratus Rossi; 6. H. leucozonius Schrk. ♀, s. hfg.; 7. H. morbillosus

---

[1]) Diese Biene scheint an vielen Orten ein steter Begleiter der Ackerwinde zu sein. (Vgl. A. Karsch, Insektenwelt S. 272.)

Krchb. ♀ ♂; 8. H. scabiosae Rossi, s. hfg., sgd. und psd., als häufigsten Befruchter im
österr. Küstenlande; 9. Prosopis spec.

1894. C. sepium L. (Calystegia sepium A. Br.) [Sprengel, S. 106;
Delpino, Alcuni appunti S. 17; Bot. Ztg. 1869, S. 794; F. Buchanan
White, Journ. of bot. 1873; H. M., Befr. S. 263; Weit. Beob. III S. 6, 7;
Alpenbl. S. 257; Kirchner, Flora S. 548; L. Vuyck, Nederl. Kruidk. Arch.
Ser. II. Deel I. S. 1—45; Knuth, Herbstb.; Bijdragen; Mac Leod, B.
Jaarb. VI. S. 370—371; Burgerstein, Ber. d. d. b. G. 1889. S. 370;
Focke, Kosmos I. S. 291; Schwarz und Wehsarg, in Pringsheims
Jahrb. XV.; Warnstorf, Bot. V. Brand. Bd. 38, S. 43]. — Homogame
Nachtschwärmerblume. Trotz ihrer Augenfälligkeit erhalten die grossen,
weissen, geruchlosen Blüten bei Tage nur geringen Insektenbesuch. Bei Regenwetter schliessen sie sich; in mondhellen Nächten bleiben sie dagegen geöffnet.
Die Blüteneinrichtung stimmt im wesentlichen mit derjenigen der vorigen Art
überein. Die Nektarabsonderung und -bergung ist die gleiche wie bei vor.,
die verbreiterten untersten Enden der fünf Staubblätter schliessen den Honig
bis auf fünf enge Zugänge ab, indem die Staubfäden sich weiter oben dicht
aneinander legen und sich zur Blütenmitte hinüberbiegend, den Griffel eng umgeben. Die nach aussen aufspringenden Antheren werden von den beiden
Narbenästen überragt, so dass grössere, zum Nektar vordringende Insekten zuerst die Narben, dann die pollenbedeckten Antheren berühren, mithin schon von
der zweiten besuchten Blüte an Fremdbestäubung bewirken müssen.

Bleibt Insektenbesuch aus, so kann beim Abfallen der Blumenkrone oder
beim Abwärtsbiegen derselben spontane Selbstbestäubung erfolgen.

Warnstorf fügt hinzu, dass die weissen Antheren extrors sind und meist
tiefer stehen als die Narbe, seltener fast in gleicher Höhe mit derselben; auf
der Innenseite haben sie Klebstofftröpfchen wie die vorige. Mitunter schlagen
einige oder alle Antheren fehl, ohne dass etwa ein Pilz: Thecaphora capsularum (Fr.) Desm. = T. hyalina Fingerh. (vgl. P. Magnus, Verhandl.
d. Bot. V. d. Prov. Brandenb. XXXVII, 1895, S. 80) die Ursache wäre. Allerdings ist letzterer auch häufig am Abortieren der Antheren schuld, da seine
Konidienform in denselben lebt. Solche Blüten sind kleiner und die schmutzig-
bräunlichen Antheren sitzen meist auf kurzen Filamenten. Pollen weiss, kugelig,
dicht und kleinwarzig, mit Keimwarzen 88—93 μ.

Der Besucher und legitime Befruchter ist Sphinx convolvuli L.,
und zwar ist die Abhängigkeit der Pflanze von dem Schwärmer eine so grosse,
dass ihr Vorkommen durch dasjenige des Schmetterlings bedingt zu sein scheint.
Da nun dieses Insekt stellenweise ziemlich selten ist, folgt daraus, dass an solchen
Orten auch die Befruchtung von Convolvulus sepium selten eintritt; es
würde diese Pflanze dort mithin aussterben, wenn sie sich dann nicht auf vegetativem Wege vermehrte. Nach L. Vuyck bringt sie zwei Arten von Stengeln
hervor, nämlich ausser den gewöhnlichen auch nicht windende, welche meist die
unteren Äste bilden, aber auch in höheren Teilen der Pflanze entstehen können
und dann direkt gegen den Boden wachsen. Dabei erreichen sie zuweilen eine
ausserordentliche Länge, indem sie hin und wieder Wurzeln schlagen.

F. Buchanan White bemerkt, dass in England der Windenschwärmer selten ist und die Heckenwinde dort selten Früchte bildet. In Schottland fehlt dieser Falter gänzlich, und es wird dort Convolvulus sepium selten wild angetroffen. Herm. Müller fügt hinzu, dass es erklärlich sei, wenn das Verbreitungsgebiet der Zaunwinde über das des Windenschwärmers etwas hinausgreift, da auch andere Insekten, wenn auch in untergeordneter Weise, als Pollenüberträger auftreten.

Sphinx convolvuli L. ist als Besucher von Convolvulus sepium beobachtet von Delpino bei Florenz, von Müller in Westfalen, Alfken bei Bremen, mir bei Kiel. Ausserdem sind von Vnyck folgende von Ritzema bestimmte Arten bemerkt: A. Hymenoptera: 1. Bombus terrester L. ♀; 2. B. hypnorum L. ♂; 3. B. agrorum F. ♀; 4. Megachile centuncularis L. ♀; 5. Halictus cylindricus F. ♀; 6. Vespa rufa L. ♀. B. Diptera: 7. Eristalis tenax L. ♀ ♂; 8. E. arbustorum L. ♂; 9. E. horticola Deg. ♀; 10. Syrphus balteatus Deg. ♂ ♀; 11. S. ribesii L. ♂ ♀; 12. S. pyrastri L. ♀; 13. S. corollae F. ♀; 14. Helophilus pendulus L. ♀; 15. Rhingia campestris Mg. ♀; 16. Empis livida L. ♂ ♀; 17. Sarcophaga albiceps Mg. ♂; 18. Lucilia cornicina Fabr. ♂; 19. Anthomyia spec. ♀.

Die genannten Hummeln, besonders Bombus agrorum F., nehmen einen bedeutenden Anteil an der Befruchtung der Blumen; auch die Schwebfliegen, welche die Blüten zum Pollenfressen aufsuchen, thun dies, doch bewirken sie meist Selbstbestäubung. Die übrigen Insekten, zu denen noch der Ohrwurm (Forficula auricularia L.) kommt, sind nutzlose Blumengäste. Als solchen sah ich bei Kiel auch Meligethes.

Mac Leod beobachtete in Flandern 2 Schwebfliegen, 1 Empide und 1 kurzrüsselige Biene. (B. Jaarb. VI. S. 371.)

In Dumfriesshire (Schottland) (Scott-Elliot, Flora S. 120) wurden 2 Hummeln und 1 Empide als Besucher beobachtet.

Ducke beobachtete bei Triest die Langhornbiene Eucera (Macrocera) malvae Rossi.

Herm. Müller (1) und Buddeberg (2) geben noch folgende Besucherliste: A. Coleoptera: *Nitidulidae*: 1. Meligethes sp., ungemein zahlreich, pfd. und sich nach den Saftlöchern drängend (1). B. Diptera: a) *Empidae*: 2. Empis sp., den Rüssel in die Saftzugänge senkend (1); 3. E. tessellata F., sgd. (1). b) *Syrphidae*: 4. Rhingia rostrata L., sgd. und pfd. (1). C. Hymenoptera: *Apidae*: 5. Chelostoma nigricorne Nyl. ♂, sgd., wiederholt beobachtet (1); 6. Halictus cylindricus F. ♂, w. v. (1); 7. H. zonulus Sm. ♀, psd. (1); 8. Megachile centuncularis L. ♂, sgd. (1); 9. Stelis aterrima Pz. ♂, sgd. (2). D. Thysanoptera: 10. Thrips, sehr zahlreich (1).

1895. C. cantabricus L.

Schletterer beobachtete bei Pola die Apiden: 1. Anthrena nana K.; 2. Ceratina cucurbitina Rossi; 3. Crocisa major Mor.; 4. Halictus variipes Mor.; 5. H. villosulus K. als Besucher.

1896. C. Soldanella L.

Die in den Dünen von Blankenberghe von Mac Leod untersuchten Pflanzen sind gynodiöcisch. Die Blüteneinrichtung der zweigeschlechtigen Blumen ist derjenigen von C. arvensis ähnlich. Sie sind rosa mit fünf weissen Längsstreifen und haben einen Durchmesser von 40 bis 50 mm. Die gegenseitige Länge der Staubblätter und des mit zwei dicken, papillösen Narbenlappen besetzten Griffel ist sehr veränderlich, indem die Narbe bis 5 mm über den Antherenspitzen stehen kann, so dass spontane Selbstbestäubung verhindert ist, oder die Narbe tiefer als die Antheren steht, so dass Autogamie unvermeidlich ist. Zwischen diesen beiden Formen finden sich zahlreiche Übergänge.

Die weiblichen Blüten besitzen einen langen Griffel und auch kurze Staubblätter, deren Antheren dieselbe Form haben wie die der Zwitterblüten, jedoch
nicht aufspringen und vom Grunde an verdorren. Sowohl die zweigeschlechtigen
als auch die weiblichen Blüten sind fruchtbar.

Als nutzlose Besucher sah Mac Leod Meligethes, 1 kleine Biene und Forficula (Antheren fressend).

H. de Vries (Ned. Kruidk. Arch. 1877) beobachtete in den Niederlanden 2 Hummeln, Bombus agrorum F. ⚥ und B. terrester L. ⚥, als Besucher.

1897. C. Siculus. Diese im mittelländischen Florengebiet heimische Art
hat, nach Kerner (Pflanzenleben II, S. 331), einen in zwei lange fadenförmige
Narben auslaufenden Griffel. Die eine derselben ist aufrecht und bildet die
gerade Fortsetzung des Griffels, während die andere unter einen Winkel von
60⁰ abspreizt und sich wie ein Schlagbaum in die Einfahrt zum Blütengrunde
stellt. Die Staubblätter sind dem Griffel angeschmiegt und ihre Antheren liegen
schon beim Öffnen der Blumenkrone der aufrechten Narbe an, doch ist beim
Aufspringen der Staubbeutel anfangs dadurch Autogamie verhindert, dass die
Risse nach aussen gewendet sind, während zum Honig vordringende Insekten
den Pollen abstreifen und beim Besuche einer anderen Blüte auf die querge-
stellte Narbe bringen müssen. Später schrumpfen die Antheren ein, wobei sie
sich allseitig mit Pollen bedecken, so dass dieser dann unvermeidlich auf die
senkrechte Narbe kommen muss, mithin schliesslich doch noch Autogamie erfolgt.

1898. C. tricolor L. Die Blüten dieser im Mittelmeergebiet heimischen,
bei uns kultivierten Art sind ephemer; sie öffnen sich, nach Kerner, um 7—8
Uhr morgens und schliessen sich um 6—8 Uhr abends. Nach Comes (Ult.
stud.) sind sie selbstfertil.

1899. Ipomea purpurea L. Die von Burgerstein (Ber. d. d. bot.
Ges. VII) und Kerner (Pflanzenleben II) untersuchten kultivierten Pflanzen
waren protogyn. Die Staubblätter liegen dem Griffel meist an; sie sind von
ungleicher Länge, so dass die Antheren sich nicht gegenseitig verdecken, sondern
auf einer verhältnismässig langen Strecke Pollen vorhanden ist. Anfangs wird
nicht nur durch die Protogynie, sondern auch dadurch, dass die Narben die
Antheren überragen, spontane Selbstbestäubung verhindert. Später tritt sie
jedoch, nach Darwin und Kerner, dadurch ein, dass die Staubblätter sich so
weit verlängern, dass die zwei oder drei längsten die Narbe berühren. Nach
Kerner wird sie auch dadurch unvermeidlich, dass die Blumenkrone sich beim
Verblühen einrollt und dabei die Antheren an die Narbe gedrückt werden.

1900. I. pes tigridis hat kleistogame Blüten. [Dillenius, Bot. Ztg.
1863, S. 310.]

427. Cuscuta Tourn.

Kleine unscheinbare, knäuelartig gehäufte oder zu ährenförmigen Rispen
vereinigte, meist homogame Blüten mit verborgenem Honig, welcher vom untersten
Teile des Fruchtknotens abgesondert wird. Nach Kerner erfolgt Autogamie
durch Einwärtskrümmung der Staubfäden. Häufig Kleistogamie.

1901. C. Epithymum Murray (einschliesslich C. Trifolii Babington). [H. M., Weit. Beob. III, S. 7, 8; Mac Leod, B. Jaarb. V. S. 330; Kirchner, Flora S. 550; Warnstorf, Bot. V. Brand. Bd. 38; Knuth, Nordfr. Ins. S. 106, 107.] — In den weisslichen oder rötlichen, meist fünf-, aber auch vier-, drei- und zweizähligen Blüten wird der Honig durch fünf und weniger sich über dem Fruchtknoten zusammenbiegende Schuppen gegen Regen geschützt. Die anfangs schräg aufwärts gerichteten Kronlappen breiten sich später wagerecht auseinander. Die mit den Narben gleichzeitig entwickelten Staubblätter sind erheblich länger als die beiden Griffel (und zwar besonders bei der Form C. Trifolii Bab.). Letztere sind meist unregelmässig gebogen, in ihrem oberen als Narbe dienenden Teile purpurn gefärbt. Bei eintretendem Insektenbesuche ist Fremdbestäubung dadurch begünstigt, dass Narben und Antheren von den Besuchern meist mit entgegengesetzten Rüsselseiten berührt werden. Bleibt Besuch aus, so tritt dadurch leicht Selbstbestäubung ein, dass die Narben in der Falllinie des Pollens liegen. — Nach Warnstorf sind die weisslichen oder rötlichen Blütchen schwach protandrisch; die purpurnen Narbenäste erreichen erst nach dem Verstäuben der gelben, an den Seiten bräunlichen Antheren, welche seitlich aufspringen, ihre volle Reife und ragen aus der geöffneten Krone hervor, während die Kronenzipfel und Staubblätter nach aussen gebogen sind; daher ist Selbstbestäubung mindestens sehr erschwert. Pollen goldgelb, elliptisch, dicht warzig, bis 31 μ lang und 18 bis 20 μ breit. — Die von mir auf der Insel Amrum beobachteten Blüten öffneten sich nicht oder kaum; die eintretende spontane Selbstbestäubung hatte ausgiebige Fruchtbildung zur Folge.

Als Besucher bemerkte H. Müller 2 Grabwespen: Crabro elongatulus v. d. L. ♂, sgd., einzeln; Philanthus triangulum F. ♂, sgd., mehrfach; Kohl in Tirol die Faltenwespe Polistes gallica L.

1902. C. europaea L. (C. major DC.). [Kirchner, Flora S. 550; Cosson et Germain, Altas flore Paris 1882. pl. XIV; Mac Leod, Bot. Jaarb. V. S. 330—331.] — Die Einrichtung der meist rötlichen Blüten ist, nach Kirchner, derjenigen der vorigen Art ähnlich, doch sind die Blüten etwas grösser. Nach Kerner (Pflanzenleben II) findet spontane Selbstbestäubung sowohl in den geöffneten, als auch in den bei schlechtem Wetter geschlossenen Blüten (dann also pseudokleistogam) statt. — Pollen, nach Warnstorf (a. a. O.), goldgelb, elliptisch, dicht warzig, etwa 35 μ lang und 22 μ breit.

1903. Calonyction Chois. Die Blüten sind, nach Darwin, selbststeril.

1904. Dichondra repens L. hat unscheinbare, grünliche, zuweilen kleistogame Blüten. (B. Jb. 1891. I. S. 424).

1905. Mina lobata Leb. L. ist nach Mattei (Nuov. giorn. bot. Ital. XII. 1890), der Wechselbefruchtung durch Vögel angepasst. Auch Arten von

1906. Quamoclit sind ornithophil.

92. Familie Borraginaceae Desvaux.

H. M., Befr. S. 274; Alpenbl. S. 265—267; Knuth, Ndfr. I. S. 107; Grundriss S. 76, 77; Loew, Ber. d. d. bot. Ges. IV. S. 152; M. Gürke, in Engler und Prantl, die natürl. Pflanzenfam. IV. 3a, S. 78.

Die zu mehr oder minder reichblütigen Wickeln vereinigten, radförmigen oder röhrig-glockigen oder auch trichterförmigen Blumen sondern den Honig an der Unterlage des Fruchtknotens ab und bergen ihn in der Kronröhre, welche zu dem Zwecke häufig durch Schlundschuppen geschlossen ist. Unsere Arten gehören daher zur Blumenklasse B, bezüglich H, wenn sie fast ausschliesslich von Bienen besucht werden. Bei eintretendem Insektenbesuche ist Fremdbestäubung gesichert oder doch begünstigt: bei Pulmonaria durch Dimorphie, bei Echium und Borrago durch ausgeprägte Protandrie, bei Cerinthe, Symphytum und Anchusa durch die hervorragende Stellung der Narbe, bei Lithospermum, Echinospermum, Myosotis und Omphalodes durch die Engigkeit der Kronröhre, welche bewirkt, dass ein besuchendes Insekt Narbe und Antheren mit entgegengesetzten Seiten des Rüssels berühren muss. Bei ausbleibendem Insektenbesuche ist spontane Selbstbestäubung um so leichter möglich, je geringer die Augenfälligkeit und der Honigreichtum der Art ist: Cerinthe, Echium und Pulmonaria erhalten infolge ihrer grossen Augenfälligkeit und ihres Honigreichtums einen so reichlichen Insektenbesuch, dass spontane Selbstbestäubung ausgeschlossen ist, während, nach Müller, andererseits die kleinen, honigarmen Blüten von Lithospermum arvense, Myosotis intermedia, M. hispida u. a. höchst selten von Insekten besucht werden und daher fast regelmässig sich selbst bestäuben. Zwischen diesen äussersten Stufen liegen zahlreiche Übergänge.

Zahlreiche Arten gestatten den Zutritt zum Honig fast oder ganz ausschliesslich Bienen: so Pulmonaria durch Verlängerung der Kronröhre, Anchusa durch Verschluss des Blüteneinganges, Echium durch die Form der Krone, Borrago durch die Umkehrung der Blüten und die Zusammenlegung der Antheren zu einem den Blüteneingang verschliessenden Kegel, Symphytum und Cerinthe ausserdem noch durch die Verlängerung der Kronröhre. Die Arten mit kürzerer Kronröhre aus den Gattungen Myosotis, Omphalodes, Echinospermum, Asperugo, Heliotropium, Lithospermum, Cynoglossum werden von Bienen, Faltern und Fliegen, besonders Schwebfliegen besucht.

Nach Kuhn (Bot. Ztg. 1867) sind auch Arten der Gattungen Amsickia, Arnebia, Eritrichium, Hockinia, Lithospermum dimorph. Nach Darwin (Diff. forms) ist dies bei den erstgenannten beiden nicht der Fall, sondern die Arten zeigen nur eine grosse Veränderlichkeit in der Länge von Griffel- und Staubblättern.

428. Heliotropium Tourn.

Duftende, kurzröhrige, homogame Blumen mit sehr geringer oder keiner Nektarabsonderung.

1907. H. europaeum L. [Kirchner, Beiträge S. 49, 50.] — Die nach Kerner vanilleduftenden, nach Delpino jasminduftenden, kleinen, unansehnlichen Blüten sind homogam. Die Krone ist im Schlunde gelb gefärbt; ihr Saum breitet sich auf 3—3$\frac{1}{2}$ mm Durchmesser aus, ihre 2 mm lange Röhre steckt ganz im Kelche. In der Mitte der Kronröhre befinden sich die gelben, oben in eine Spitze ausgezogenen Antheren; sie werden von dem Griffel überragt, der sich oben in zwei spitzliche Narben teilt, die mit den Antheren gleichzeitig entwickelt sind. Bei Eintritt von Insektenbesuch ist daher Fremdbestäubung begünstigt, doch dürfte dieser nur spärlich eintreten, zumal Kirchner an den Pflanzen des Wallis auch keinen Nektar auffinden konnte.

1908. H. peruvianum L. [Sprengel, S. 87; Knuth, Bijdragen.] — Die vanilleduftenden, weissbläulichen, homogamen Blumen sah ich bei Kiel in Gärten wiederholt von der Honigbiene, welche den Rüssel in den Blütengrund senkte, sowie auch von Calliphora vomitoria L. (sgd.) besucht. Errera und Gevaert beobachteten Tagfalter und Macroglossa stellatarum L. als Besucher.

429. Asperugo Tourn.

Homogame Blumen mit verborgenem Honig, welcher von der Unterlage des Fruchtknotens abgesondert wird.

1909. A. procumbens L. [Kirchner, Beitr. S. 50; Knuth, Flora von Helgoland.] — Die vereinzelt am Stengel stehenden und wenig auffallenden Blumen haben bei Zermatt eine weissliche, kaum 2 mm lange Kronröhre und einen dunkelbraunen Saum mit violettem Schlundringe. Innerhalb desselben befinden sich fünf weissliche, den Eingang zur Röhre verengende Buckeln, welche durch Einstülpungen der Aussenseite der Krone gebildet sind. Der Kronsaum ist meist schräg aufwärts gerichtet, sein Durchmesser beträgt dann nur 3 mm; seltener ist er flach ausgebreitet, alsdann beträgt der Durchmesser 5 mm.

Da der Griffel nur $1/2$ mm lang ist, steht die Narbe unterhalb der fünf mit ihr gleichzeitig entwickelten Antheren, welche mit den Schlundbuckeln abwechseln und dicht unter denselben sitzen. Die Antheren springen nach innen auf, so dass leicht spontane Selbstbestäubung durch Herabfallen von Pollen auf die Narbe eintreten kann.

Trotz andauernder Überwachung bei günstiger Witterung habe ich auf Helgoland, wo die Pflanze auf dem Oberlande sehr häufig ist, keinen Insektenbesuch beobachtet[1]). Es erfolgt jedoch ausnahmslos Fruchtbildung, so dass an der Selbstfertilität der Pflanze nicht gezweifelt werden kann.

430. Echinospermum Swartz.

Homogame Blumen mit verborgenem Honig, welcher von der fleischigen Grundlage des Fruchtknotens abgesondert wird.

1910. E. Lappula Lehmann. (Lappula Myosotis Moench, Myosotis Lappula L.). [H. M., Weit. Beob. III, S. 19; Alpenbl. S. 261; Kirchner, Flora S. 553.] — So lange die Krone in der Knospe eingeschlossen ist, ist sie weiss, beim Hervortreten aus dem Kelche blassrot, alsdann blass himmelblau. Als Saftmal des glockig zusammenschliessenden Saumes dienen ausser fünf den Blüteneingang verengenden weissgelblichen Aussackungen, deren Innenrand von

---

1) Nach Fertigstellung des Manuskripts beobachtete ich am 5. 6. 97 auf Helgoland eine kleine saugende Biene, Anthrena labialis K. ♂, an den Blüten.

oben gesehen gelb erscheint, noch 10 weisse radiale Streifen. Insekten, welche
zu dem im Grunde der kurzen Kronröhre geborgenen Honig vordringen, müssen
die nahe aneinander stehenden und gleichzeitig entwickelten Narben und Antheren
mit entgegengesetzten Seiten des Rüssels streifen, so dass alsdann Fremdbestäubung bevorzugt ist. Bleibt Insek-
tenbesuch aus, so ist wegen der Nähe
von Antheren und Narbe spontane
Selbstbestäubung unvermeidlich. Zur
Ausbeutung des Nektars ist ein 6 bis
7 mm langer Rüssel erforderlich.

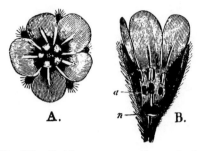

Als Besucher sah Müller in den
Alpen kleine Schwebfliegen und 2 Falterarten; in Thüringen: A. Diptera: a) *Muscidae*: 1. Anthomyia spec., sgd. b) *Syrphidae*: 2. Syritta pipiens L., sgd., mehrfach. B. Hymenoptera: a) *Apidae*:
3. Anthrena sp. ♂, sgd. b) *Sphegidae*:
4. Ceceris variabilis Schrk., andauernd sgd.,
mehrfach.

Fig. 253.   Echinospermum Lappula L.
(Nach Herm. Müller.)

A Blüte gerade von oben gesehen. *B* Dieselbe im Aufriss. (Vergr. 7 : 1.) *a* Antheren.
n Nektarien.

431. Cynoglossum Tourn.

Meist homogame Blumen mit verborgenem Honig, welcher von der fleischigen
Grundlage des Fruchtknotens abgesondert und im Grunde der Kronröhre geborgen wird.

1911. C. officinale L. [Sprengel, S. 89—90; H. M., Weit. Beob.
III, S. 19; Kirchner, Flora S. 553; Loew, Bl. Fl. S. 391; Knuth,
Bijdragen.] — Die Kronröhre der schmutzig-purpurfarbigen Blumen ist 3 mm
lang und etwa ebenso weit, doch wird der Zugang zum Honig durch fünf
taschenartige Hohlschuppen im Blüteneingange auf 1 mm verengt. Durch ihre
dunklere Färbung dienen dieselben zugleich als Saftmal und durch ihre samt-
artige Behaarung auch als Saftdecke. Der in der Blütenmitte sich erhebende
Griffel ist 2 mm lang; die auf seiner Spitze befindliche Narbe wird von den
fünf nach innen aufspringenden und mit ihr gleichzeitig entwickelten Antheren
überragt, so dass bei ausbleibendem Besuche durch Pollenfall spontane Selbstbestäubung eintreten muss. Ein in den honigführenden Blütengrund geführter
Insektenrüssel berührt Pollen und Narbe mit entgegengesetzten Seiten, so dass
Fremdbestäubung bevorzugt ist.

Als Besucher sah ich bei Kiel die Honigbiene und Bombus terrester L. ♂, beide
sgd.; Loew in Norddeutschland eine Osmia; Herm. Müller in Thüringen folgende
Besucher: A. Hymenoptera: *Apidae*: 1. Anthrena nigroaenea K. ♀, sgd., sehr lange
(über ½ Min.) an einer Blüte verweilend; 2. Apis mellifica L. ☿, sgd., häufig; 3. Halictus
tetrazonius Klg. ♀, sgd., in Mehrzahl. B. Lepidoptera: *Rhopalocera*: 4. Lycaena
aegon S. V. ♂, sgd. C. Thysanoptera: 5. Thrips, sehr häufig in den Blüten.

Gerstäcker beobachtete bei Berlin die Mauerbiene Osmia adunca Ltr.

1912. C. pictum Ait. ist, nach Kerner, schwach protogyn.

1913. C. Columnae Ten. sah Loew im bot. Garten zu Berlin von Apis
und Bombus pratorum L. ☿, beide sgd., besucht.

432. Omphalodes Tourn.

Wie vor.

1914. O. verna Moench. (Cynoglossum Omph. L.) [H. M., Befr. S. 273.] — Die Einrichtung stimmt in wesentlichen mit derjenigen von Echinospermum überein. Die Kronröhre ist 3 mm lang, der Kronensaum breitet sich zu einer blauen Fläche von 15—18 mm Durchmesser aus. Bei Insektenbesuch ist Fremdbestäubung bevorzugt, bei Ausbleiben desselben spontane Selbstbestäubung unausbleiblich.

Als Besucher beobachtete H. Müller zwei saugende Bienen: Bombus terrester L. ♀ und Osmia rufa L. ♂.

1915. Eritrichium villosum Bunge. Nach Ekstam wurden auf Novaja Semlja die wohlriechenden Blüten von Fliegen besucht.

1916. Rindera tetraspis Pall.

Friese führt nach Becker für Sarepta als Besucher auf die Sammelbienen: 1. Eucera albofasciata Friese; 2. E. velutina Mor.

1917. Caccinia strigosa Boiss. [Loew, Ber. d. d. bot. Ges. IV. S. 166—168.] — Die Kronröhre ist etwa 14 mm lang und 2½ mm weit. Die fünf Staubblätter sind verschieden lang: eins derselben erreicht die Länge des weit aus der Kronröhre hervorragenden Griffels, zwei andere Staubblätter sind etwa 2 mm kürzer als der Griffel, die letzten beiden sind noch kürzer. Da die vier kürzeren Staubblätter zuerst stäuben, so ist anfangs Selbstbestäubung ausgeschlossen und — bei Insektenbesuch — Fremdbestäubung gesichert. Bei ausbleibendem Insektenbesuche kann schliesslich, wenn sich die Anthere des langen Staubblattes geöffnet hat, spontane Selbstbestäubung erfolgen.

Als Besucher beobachtete Loew im botanischen Garten zu Berlin Bombus hortorum L. ♀ ⚥, sgd., sich an der Unterseite mit Pollen bestäubend.

1918. Arnebia echioides DC. [Loew, Ber. d. d. b. Ges. IV. S. 164 bis 166] ist dadurch besonders interessant, dass die auf der Blumenkrone befindlichen schwarzvioletten Saftmalpunkte nach ein- bis dreitägiger Blütezeit der betreffenden Blume allmählich verschwinden, d. h. die Honigsignale treten nur zeitweilig auf, nämlich auf den jüngeren Blüten.

Da der Nektar recht tief geborgen ist und ausserdem Loew Bombus hortorum L. ♀ sgd. an den Blüten sah, so dürfte die Blume zur Klasse IIb gehören.

Das eine langgriffelige Exemplar im bot. Garten zu Berlin ist, nach Loew (Ber. d. d. b Ges. IV), nicht selbststeril, sondern zeigt eine allerdings stark geschwächte Fruchtbarkeit bei Bestäubung mit dem eigenen Pollen.

1919. Psilostemon orientale DC. (Borrago orientalis L.) [Loew, Ber. d. d. b. Ges. S. 155—157] ist vielleicht falterblütig.

433. Borrago Tourn.

Protandrische Bienenblumen, deren Nektar von der Unterlage des Fruchtknotens abgesondert und in einer kurzen, von den Wurzeln der Staubfäden gebildeten Röhre geborgen wird.

1920. B. officinalis L. [Sprengel, S. 94—98; H. M., Befr. S. 266, 267; Weit. Beob. III, S. 14; Kirchner, Flora S. 554, 555; Kerner, Pflanzenleben II; Knuth, Bijdragen.] — Die abwärts hängenden Blüten breiten ihre himmelblaue Krone, von welcher sich der schwarze Antherenkegel abhebt, fast flach aus. Die zu diesem Kegel zusammengeneigten Antheren springen allmählich von der Spitze nach dem Grunde zu nach innen auf, so dass der glatte, pulverige Pollen in die Spitze des geschlossenen Antherenkegels hinabfällt. Dieser umschliesst auch den Griffel mit der Narbe, doch ist letztere noch unentwickelt, so dass spontane Selbstbestäubung ausgeschlossen ist. Nach der durch honigsaugende Insekten erfolgten Entleerung des Antherenkegels wächst der Griffel aus demselben hervor und entwickelt die Narbe. Es gelingt nur Bienen, den Blütenverschluss zu öffnen. Wenn solche, indem sie sich von unten an die Blüte hängen, in einer im ersten Zustande befindlichen Blume mit ihrem Rüssel zum Nektar vordringen, müssen sie ihn zwischen zwei Staubfäden hindurchführen, wodurch zwei Antheren verschoben werden. Hierdurch öffnet sich die Spitze des pollenführenden Kegels, so dass die an der Blume hängende Biene an ihrer Unterseite mit Blütenstaub bestreut wird. Eine dauernde Verschiebung des Antherenkegels findet auch bei wiederholten Bienenbesuchen nicht statt, weil die Staubfäden kurz, breit und fleischig sind und die starren äusseren zahnartigen Anhänge derselben

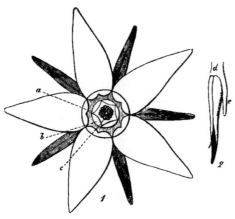

Fig. 254. Borrago officinalis L. (Nach Herm. Müller.)

1 Blüte nach Entfernung der Staubblätter gerade von unten gesehen. *2* Ein Staubblatt in natürlicher Stellung von der Seite gesehen. *a* Aussackungen der Blumenkrone. *b* Wurzeln der abgeschnittenen Staubblätter. *c* Fruchtknoten. *d* Fleischig verdickter Staubfaden. *e* Fortsatz desselben. *f* Antherenöffnung.

und die nach innen gerichteten Aussackungen der Blumenkrone, welche die Basis des Antherenkegels umgeben den Kegel in die alte Lage zurückführen. Der von jüngeren Blüten mitgebrachte Pollen wird von den Bienen beim Besuche einer im zweiten (weiblichen) Zustande befindlichen Blüte auf die Narbe gelegt.

Bleibt Insektenbesuch aus, so kann spontane Selbstbestäubung in beschränktem Masse dadurch stattfinden, dass in den Antheren verbliebener Pollen auf die Narbe hinabfällt, doch ist diese Autogamie, nach Darwin, nur von beschränktem Erfolge.

Den oben erwähnten zahnartigen Fortsatz der Staubfäden erfassen die besuchenden Bienen, nach Kerner, mit ihren Krallen, wodurch die Antheren aus ihrer Lage gebracht werden, so dass der Pollen ausfällt. Letzterer, nach

Warnstorf, weiss, zwei zusammenstossenden Halbkugeln ähnlich, in der Mitte eingeschnürt, glatt, bis 43 μ lang und 25—28 μ breit.

Als Besucher sah ich Apis mellifica L. $\female$ und Bombus terrester L. $\male$, beide sgd. Herm. Müller (1) beobachtete in Westfalen und Buddeberg (2) in Nassau: A. Hymenoptera: a) *Apidae*: 1. Anthidium oblongatum Ltr. $\female$, sgd. (2); 2. Apis mellifica L. $\female$, sehr zahlreich, sgd. und psd. (1); 3. Bombus pratorum L. $\female$ $\female$, sgd. und psd. (1, 2); 4. Halictus sexnotatus K. $\female$, sgd , wiederholt (1); 5. H. zonulus Sm. $\female$, sgd. (1); 6. Megachile centuncularis L. $\male$, sgd., in Mehrzahl (1, 2); 7. M. fasciata Sm. $\male$, sgd., in Mehrzahl (2); 8. Osmia fulviventris Pz. $\male$. sgd., in Mehrzahl (2); 9. O. rufa L. $\female$, sgd. (2). b) *Vespidae*: 10. Odynerus parietum L. $\male$, sgd. (?). B. Lepidoptera: *Noctuidae*: 11. Plusia gamma L., sgd., abends (1).

Friese beobachtete in Ungarn die Langhornbienen Eucera crininipes Sm. und E. nitidiventris Mocs.

434. Anchusa L.

Homogame Bienenblumen, deren Nektar von der vierteiligen Unterlage des Fruchtknotens abgesondert und im unteren Teile der Kronröhre geborgen wird.

1921. A. officinalis L. [Sprengel, S. 89; H. M., Befr. S. 269; Weit. Beob. III, S. 15. 16; Alpenbl. S. 261; Loew, Bl. Fl. S. 391; Knuth, Rügen; Tullberg, Bot. Notiser 1868, S. 14.] — Der anfangs hohle und violett gefärbte Kronsaum breitet sich später zu einem tiefblauen, fünflappigen Stern von 10 mm Durchmesser aus. Der Eingang der 7 mm langen Kronröhre ist durch fünf dicht zusammenschliessende, rauhhaarige, taschenförmige Aussackungen gegen Regen und unberufene Blumengäste (Fliegen) geschützt. Diese Aussackungen , welche an der Aussenseite des Grundes der Saumlappen als schmale Querspalten erscheinen, dienen gleichzeitig als Saftmal. Unter diesen Aussackungen steht die Narbe, etwa in der Mitte der Kronröhre die gleichzeitig mit der Narbe entwickelten Antheren, welche nach innen aufspringen. Besuchende Bienen

Fig. 255. Anchusa officinalis L. (Nach Herm. Müller.)

1 Blüte von oben gesehen. *2* Dieselbe nach Entfernung des vorderen Teiles von Kelch und Krone von der Seite. *n* Nektarium.

(oder auch Falter) werden beim Eindringen in die Blüte daher zuerst die Narbe berühren, diese, falls sie bereits eine Blume dieser Art besucht haben, mit Pollen belegen und dann die pollenbedeckten Antheren anstossen, mithin Fremdbestäubung herbeiführen. Ist kein Insektenbesuch erfolgt, so streifen beim Ablösen und Abfallen der Blumenkrone von ihrer Einfügungsstelle die noch pollenbedeckten Antheren die Narbe, so dass als Notbehelf alsdann noch spontane Selbstbestäubung erfolgt.

Ausser diesen Zwitterblüten sind, wenn auch selten, gynomonöcisch oder gynodiöcisch verteilte weibliche Blüten beobachtet; sie treten, nach Schulz (Beitr.), nur stellenweise in grösserer Zahl auf und sind aus einer kleinblütigen Zwitterform durch Verkümmerung der Staubblätter entstanden.

Auch die Zwitterblüten haben, nach Schulz, nicht überall dieselbe Einrichtung. Sie sind nicht nur verschieden gross, sondern die gegenseitige Höhe der Antheren und der Narbe ist selbst in Blüten desselben Pflanzenstockes eine wechselnde, indem die Narbe bald über (wie oben, nach Sprengel und Müller, geschildert und auch von mir nur so auf Rügen beobachtet), bald unter den Antheren, bald mit ihnen in gleicher Höhe steht. Warming beobachtete in Dänemark sogar Heterostylie; eine solche fand Schulz an deutschen und tiroler Pflanzen nicht ausgeprägt, während Kirchner an kultivierten Pflanzen ausgeprägten Dimorphismus beobachtete: der Griffel der einen Form war 4¹/₂ mm, derjenige der anderen Form 8 mm lang. Bei den Blüten, deren Narbe so hoch oder tiefer als die Antheren steht, ist spontane Selbstbestäubung noch leichter möglich, als bei den Blüten mit längerem Griffel, indem einfach durch Pollenfall Autogamie herbeigeführt wird. Meist wird jedoch von dieser Möglichkeit kein Gebrauch gemacht, weil der Insektenbesuch ein sehr reichlicher ist.

Als Besucher beobachtete ich auf der Insel Rügen: Hymenoptera: Apidae: 1. Bombus agrorum F. ⚲; 2. B. hortorum L. ♀ ⚲; 3. B. lapidarius L. ⚲ ♀; 4. B. rajellus K. ⚲; 5. B. silvarum L. ⚲. Sämtl. sgd.

Hermann Müller beobachtete in Westfalen (W.) und Thüringen (Th.): A. Hymenoptera: a) Apidae: 1. Anthophora aestivalis Pz. ♀, sgd. (Th.); 2. A. quadrimaculata Pz. ♀ ♂, sgd. (Th.); 3. Apis mellifica L. ⚲, sgd. und psd., zahlreich (W. und Th.); 4. Bombus agrorum F. ♀ ⚲ ♂, sgd. (W. und Th.); 5. B. lapidarius L. ♂ ⚲, sgd. (W.); 6. B. pratorum L. ♀ ♂, sgd. und psd. (W. und Th.); 7. B. muscorum F. (W.) ♀ ⚲, sgd. (W. und Th.); 8. B. silvarum L. ⚲, sgd. und psd. (W.); 9. B. tristis Seidl. ⚲, sgd. (Th.); 10. Coelioxys conoidea Ill. ♂, sgd. (Th.); 11. Melecta luctuosa Scop. ♀, sgd. (Th.); 12. Osmia caementaria Gerst. ♂, sgd. (Th.); 13. O. emarginata Lep. (mustelina Gerst.) ♀, sgd. (Th.); 14. Psithyrus rupestris F. ♀, sgd. (Th.); 15. Saropoda bimaculata Pz. ♀ ♂, sgd. (Th.). b) Formicidae: 16 Ameisen, vergeblich in die Blüte einzudringen versuchend (Th.). B. Lepidoptera: Noctuidae: 17. Plusia gamma L., äusserst zahlreich, sgd. (W.)

Schmiedeknecht bemerkte in Thüringen die Apiden: 1. Anthrena nasuta Gir.; 2. B. hypnorum L. ♀; 3. B. pratorum L. ♂; Gerstäcker bei Berlin die beiden Mauerbienen Osmia adunca Ltr. und spinolae Schck.

Friese beobachtete bei Fiume (F.), in Mecklenburg (M.), der Schweiz (S.), Tirol (Ti.) bei Triest (T.) und in Ungarn (U.) die Apiden: 1. Anthidium interruptum F. (U.); 2. A. variegatum F. (U.); 3. Anthrena nasuta Gir. (M.), einz. (U.), hfg.; 4. Colletes nasutus Sm. (U.), hfg.; 5. Eucera bibalteata Dours. (U.), n. hfg.; 6. E. chrysopyga Pér. (U.), hfg.; 7. E. hungarica Friese ♂ (U.), n. slt.; 8. E. interrupta Baer. (U.), n. slt.; 9. E. longicornis L. (M.), hfg.; 10. E. nitidiventris Mocs. (U.), hfg.; 11. E. paradoxa Mocs. (U.), n. hfg.; 12. E. seminuda Brullé ♂ (U.), einz.; 13. E. semistrigosa Dours (U.), hfg.; 14. E. tricincta Er. (T.); 15. Halictus morbillosus Kriechb. (U.), s. hfg.; 16. H. patellatus Mor. (F.) (nach Korlevic) (U.), n. slt.; 17. H. xanthopus K. (T., U.); 18. Nomada nobilis Mor. (F., M.), n. slt.; 19. N. sexfasciata Pz. (M.); 20. Nomia femoralis Pall. (F. U.), einz.; 21. Osmia caerulescens L. (M.), n. slt.; 22. O. notata F. (U.), hfg.; 23. O. spinolae Schck. (U.); 24. Podalirius albigenus Lep. (Ti., S., U.), n. slt.; 25. P. crinipes Sm. (U.), hfg.; 26. P. magnilabris Mor. (F., U.), einz.; 27. P. pubescens F. (S., Ti.), hfg.

(U.), n. slt.; 28. P. quadrifasciatus Vill. (F., T., U.), n. slt.; 29. P. salviae Mor. (F., U.), n. hfg.; 30. P. vulpinus Pz. (M.) hfg., (F. U.), n. slt.

Hoffer sah in Steiermark Bombus hypnorum L. ♀ als Besucher.

Schulz bemerkte bei Bozen Einbruchslöcher durch Bombus terrester L.

Schletterer und v. Dalla Torre verzeichnen als Besucher für Tirol die Apiden: 1. Bombus agrorum F.; 2. B. silvarum L.; 3. Osmia caerulescens L.; 4. O. rufa L., s. hfg.; 5. Podalirius acervorum L.; 6. P. aestivalis Pz. ♀.

Friese beobachtete in Ungarn die Langhornbiene Eucera curvitarsis Mocs.

Loew beobachtete in Brandenburg (Beiträge S. 43): Bombylius minor L.; in Schlesien (Beiträge S. 27 und 33): A. Diptera: Bombylidae: 1. Systoechus sulphurens Mikan, sgd. B. Hymenoptera: a) Apidae: 2. Anthrena nasuta Gir. ♀, sgd. und psd.; 3. Bombus cognatus Steph. ♀, sgd.; 4. B. distinguendus Mor. ♀, sgd.; 5. B. lapidarius L. ♀, sgd.; 6. B. latreillellus K. ♀, sgd.; 7. B. rajellus K. ♀, sgd.; 8. B. silvarum L. ♀, sgd.; 9. B. terrester L. ♀, sgd.; 10. Coelioxys punctata Lep. ♀, sgd.; 11. Colletes nasutus Sm. ♀ ♂, zahlreich, sgd, d. ♀ auch psd.; 12. Epeolus variegatus L. ♀ ♂, sgd.; 13. Megachile maritima K. ♂, sgd.; 14. Psithyrus campestris Pz. ♀, sgd.; 15. P. rupestris Pz. ♀, sgd.; 16. Tetralonia pollinosa Lep. ♀, stetig von Blume zu Blume, sgd. b) Sphegidae: 17. Bembex rostrata L. ♀ ♂, sgd. C. Lepidoptera: Rhopalocera: 18. Pieris daplidice L., sgd.; 19. Vanessa cardui L., sgd.

H. de Vries (Ned. Kruidk. Arch. 1877) beobachtete in den Niederlanden Bombus agrorum F. ♀ an den Blüthen.

1922. A. sempervirens L. (Caryolopha sempervirens Fischer et Trautvetter). Diese in England, Spanien, der Lombardei heimische Art hat Loew (Bl. Fl. S. 280) nach Exemplaren des Berliner botanischen Gartens untersucht: Die Kronröhre der himmelblauen Blüten ist etwa 4 mm lang und durch weisse, sehr dicht schliessende stark rauhhaarige Hohlschuppen verschlossen. Die Narbe steht zwischen den in der Röhre eingeschlossenen Antheren, so dass Selbstbestäubung zuletzt unvermeidlich ist. Bei Insektenbesuch ist Fremdbestäubung bevorzugt.

Als Besucher sah Loew Apis und Pieris.

1923. A. ochroleuca M. B. [Loew, Ber. d. d. b. Ges. IV. S. 162, 163] stimmt in der Blütheneinrichtung mit A. officinalis im wesentlichen überein.

Als Besucher sah Loew im botanischen Garten zu Berlin teils saugende, teils pollenraubende Apiden: 1. Apis mellifica L. ♀, sgd.; 2. Bombus agrorum F. ♀, sgd.; 3. B. hortorum L. ♀, sgd.; 4. B. lapidarius L. ♀, sgd.; 5. B. pratorum L. ♀, sgd.; 6. Osmia rufa L. ♂, sgd.; 7. Prosopis armillata Nyl. ♀, pfd.

1924. A. paniculata Ait. (A. italica Retz.)

Als Besucher verzeichnen Schletterer und v. Dalla Torre für Tirol die Apiden: 1. Anthrena thoracica F. ♀; 2. Megachile muraria L. ♀; 3. Osmia rufa L. ♀, s. hfg.; 4. Prosopis bipunctata F.

435. Lycopsis L.

Wie vor., aber Kronröhre in der Mitte gekrümmt.

1925. L. arvensis L. (Anchusa arvensis M. B.) [H. M., Befr. S. 270; Weit. Beob. III, S. 16; Kirchner, Flora S. 555; Mac Leod, B. Jaarb. V. S. 331; Knuth, Ndfr. I. S. 107, 164.] — Die Blütheneinrichtung stimmt mit derjenigen von Anchusa officinalis überein: Honigabsonderung und -bergung, Saftmal und Saftdecke, die Bevorzugung der Fremdbestäubung bei

Insektenbesuch durch die Überragung der Antheren durch die Narbe und die Möglichkeit spontaner Selbstbestäubung gegen Ende der Blütezeit durch Loslösen der Kronröhre und Abstreifen des Pollens an der Narbe ist dieselbe wie bei der Hauptform von Anchusa officinalis.

Als Besucher beobachtete Heinsius in Holland:

A. Hymenoptera: *Apidae*: 1. Bombus agrorum F. ☿ ♀, zahlreich; 2. B. hortorum L. ☿; 3. B. lapidarius L. ♀; 4. B. rajellus K.; 5. B. scrimshiranus K. ♂; 6. Megachile maritima K. ♂; 7. Melecta luctuosa Scop. ♀; 8. Psithyrus barbutellus K. ♂; 9. P. campestris Pz. ♂; 10. P. rupestris F. ♂; 11. P. vestalis Fourcr. ♂. B. Lepidoptera: a) *Rhopalocera*: 12. Hesperia lineola O. ♂. 13. H. thaumas Hfn. ♂ ♀; 14. Pararge megaera L. ♂; 15. Pieris brassicae L. ♀; 16. P. rapae L. ♀; 17. Vanessa urticae L. (Bot. Jaarb. IV.)

Ich sah auf der Insel Röm nur eine Schwebfliege (Helophilus pendulus L.), sgd.; Herm. Müller in Thüringen einen Falter (Hesperia thaumas Hfn.), sgd.

1926. Nonnea pulla DC. (Nonnea erecta Bernhardi, Lycopsis pulla L.). Die dunkel- bis hellpurpurbraunen, selten bis hellgelben oder fast weissen Blumen sah Schulz (Beitr.) bei Halle hin und wieder mit Einbruchlöchern.

Als Besucher giebt Friese für Nonnea die Bienen: 1. Eucera hungarica Friese ♂; 2. E. difficilis Pérez; 3. E. interrupta Baer; 4. E. nitidiventris Mocs. ♂; 5. E. parvicornis Mocs.; 6. E. clypeata Er. ♂; 7. E. chrysopyga Pérez ♂ in Ungarn an.

436. Symphytum Tourn.

Homogame Bienenblumen, deren Nektar von dem wulstig angeschwollenen Grunde des Fruchtknotens abgesondert und im Grunde der Krone beherbergt wird. — Nach Kerner krümmt sich der Blütenstiel später abwärts, wodurch die Blüten in eine nickende oder hängende Stellung gelangen, so dass die Narbe in die Falllinie des Pollens kommt, mithin spontane Selbstbefruchtung erfolgen muss.

1927. S. officinale L. [Sprengel, S. 93, 94; H. M., Befr. S. 268; Weit. Beob. III. S. 14; Kerner, Pflanzenleben II.; Kirchner, Flora S. 556; Knuth, Bjidr.; Schulz, Beitr. II.; Loew, Bl. Fl. S. 279, 280.] — Die Bestäubungseinrichtung der weissen oder violettpurpurnen, hängenden Blüten hat Ähnlichkeit mit derjenigen von Borrago. Die Länge der glockenförmigen Krone beträgt 14 mm, sie ist oben auf eine Strecke von 8 mm verengt, so dass nur langrüsselige Insekten den Nektar auf normalem Wege erreichen können. An der Grenze des engeren und des weiteren Teiles der Kronenglocke sitzen dreieckige Hohlschuppen, welche die Zwischenräume zwischen je zwei Staubblättern verdecken; sie nötigen die Insekten, den Rüssel beim Hineinstecken in den Blütengrund mit Pollen zu bedecken, da die stacheligen Spitzen der Hohlschuppen die Besucher verhindern, den Honig zwischen den Staubfäden hindurch zu holen.

Die den Griffel umschliessenden, kegelförmig zusammenneigenden Antheren springen in der Knospe nach innen auf, wobei der Pollen zum Teil in den Antheren haften bleibt, zum Teil in die Spitze des Kegels fällt. Ein den Rüssel zum Nektar vorschiebendes Insekt drängt die Antheren auseinander, so dass Pollen herausfüllt. Da die Narbe am weitesten nach unten ragt, wird sie zuerst von dem Besucher gestreift, der sich dann erst mit Pollen bestreut. Es ist daher bei Eintritt von Insektenbesuch Fremdbestäubung gesichert; bleibt er aus, so tritt wahrscheinlich spontane Selbstbestäubung ein. Nach Kerner erfolgt diese dadurch, dass die anfangs wagerecht stehenden Blüten durch spätere Krümmung des Blütenstieles hängend werden und so die Narbe in die Falllinie des Pollens gelangt.

Um zwischen den Staubbeuteln hindurch zum Nektar zu gelangen, ist ein mindestens 11 mm langer Rüssel nötig; um den Honig zwischen den Staubfäden hindurch zu holen, braucht er nur 8 mm lang zu sein. Der letztere Weg ist aber, wie mitgeteilt, durch die am Rande mit kleinen Stacheln besetzten Hohlschuppen versperrt. Es werden daher Insekten, deren Rüssel kürzer als 11 mm ist, den Honig nur durch Einbruch gewinnen können. Solche Einbrüche werden durch Bombus terrester L. ⚥ (Rüssellänge 7—9 mm), B. pratorum L. ⚥ (8—9), B. lapidarius L. ⚥ (9—10) ausserordentlich häufig ausgeübt, und die Honigbiene saugt durch die von den Hummeln gemachten Löcher, doch wird, nach Loew, hierdurch den Blüten nur ein geringer Schaden bereitet. — Pollen, nach Warnstorf, weiss, elliptisch, glatt, durchschnittlich 33 μ lang und 27 μ breit.

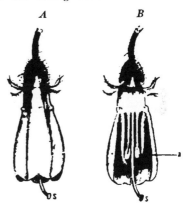

Fig. 256. Symphytum officinale L. (Nach der Natur.)

A Blüte von der Seite gesehen. s Narbe. B Dieselbe im Aufriss. a Antheren, davor die Hohlschuppen. s Narbe.

Als Besucher sah ich bei Kiel normal saugend: 1. Bombus agrorum F. ♀; 2. B. hortorum L ⚥; 3. B. lapidarius L. ♀; 4. B. rajellus K. ⚥; als Honigräuber: 5. Apis; 6. Bombus lapidarius ⚥; 7. B. terrester L. ♀.

v. Fricken beobachtete in Westfalen und Ostpreussen die Nitidulide Meligethes symphyti Heer an den Blüten.

Alfken beobachtete bei Bremen: Apidae: 1. Bombus agrorum F. ⚥; 2. B. arenicola Ths. ♀; 3. B. derhamellus K. ⚥; 4. B. lucorum L. ♀; 5. B. ruderatus F. ♀, sgd.

Krieger sah bei Leipzig: Eucera longicornis L. ♂.

Herm. Müller giebt folgende Besucherliste:

A. Coleoptera: Nitidulidae: 1. Meligethes. B. Diptera: Syrphidae: 2. *Rhingia rostrata L., sgd. C. Hymenoptera: Apidae: 3. *Anthophora personata Ill., sgd.; 4. *A. pilipes F. ♀; 5. Apis mellifica L. ⚥, die Blüten sorgfältig an der Basis untersuchend, niemals anbeissend, nur schon vorhandene (von Bombus terrester gebissene) Löcher benutzend und durch diese sgd (W. und Strassb.); 6. Bombus agrorum F. ♀ ⚥, normal sgd., sehr häufig (W. und Strassburg): 7. B. lapidarius L. ⚥, den engen Teil der Blumenröhre von aussen anbeissend; 8. B. pratorum L. ⚥, w. v.; 9. *B. rajellus K. ♀ ⚥; 10. *B. silvarum L. ♀ ⚥; 11. B. terrester L. ♀, w. B. lapidarius verfahrend (W. und Strassb.); 12. Eucera longicornis L. ♂, ganz in die Blüte kriechend; 13. Halictus sexnotatus K. ♀, durch die von Hummeln gebissenen Löcher sgd.; 14. *Osmia aenea L. ♀,

sgd. (Strassburg); 15. *Xylocopa violacea L. ♀ ♂, sgd. (Strassburg). Nur die mit * bezeichneten saugen normal und wirken befruchtend.

Mac Leod beobachtete in Flandern 8 Hummeln, Eucera, Apis (honigstehlend),
1 Schwebfliege, 1 Falter. (B. Jaarb. V. S. 333.)

H. de Vries (Ned. Kruidk. Arch. 1877) sah in den Niederlanden 3 Hummeln als
Besucher: 1. Bombus agrorum F. ⚥; 2. B. hypnorum L. ♀; 3. B. pratorum L. var.
subinterruptus K. ♀.

In Dumfriesshire (Schottland) (Scott-Elliot, Flora S. 123) wurden 3 Hummeln
als Besucher beobachtet.

Im botanischen Garten zu Berlin beobachtete Loew: Hymenoptera: Apidae:
1. Anthidium manicatum L., die von den Hummeln gebissenen Einbruchslöcher benutzend;
2. Anthrena nitida Fourc. ♀, psd.; 3. Anthophora pilipes F. ♀, sgd.; 4. Apis mellifica
L. ⚥, durch Hummellöcher sgd.; 5. Bombus agrorum F. ⚥, sgd.; 6. B. hortorum L. ♀,
normal sgd.; 7. B. hypnorum L. ⚥, sgd.; 8. B. lapidarius L. ⚥, sgd. und einbrechend;
9. B. terrester L. ⚥, von aussen einbrechend; 10. Halictus sexnotatus K. ♀, in die Blüten
hineinkriechend und zu saugen versuchend. Ferner an der var. coccineum Hort.:
Bombus pratorum L. ⚥, vergeblich sgd.

1928. S. cordatum Waldstein et Kitaibel. Diese in Ungarn heimische,
gelblichweisse Art hat, nach Loew (Bl. Fl. S. 280), welcher die Pflanze nach
Exemplaren des botanischen Gartens untersuchte, kürzere Blüten als die vorige
Art, doch sind die Stacheltrichome auf den Hohlschuppen länger.

1929. S. tuberosum L.

Ducke beobachtete bei Triest und in Österr.-Schlesien und Friese bei Fiume
und in Ungarn als typischen Besucher die Erdbiene Anthrena symphyti Pér. ♀ sgd. und
psd., ♂ sgd.

Als Besucher sah Loew (Ber. d. d. bot. Ges. IV. S. 160) im botanischen Garten
zu Berlin die Apiden: 1. Anthophora pilipes F., stetig sgd.; 2. Apis mellifica L. ⚥,
psd.; 3. Bombus hortorum L. ♀, sgd.; 4. B. lapidarius L. ♀, sgd. (?). Dieselben Besucher beobachtete Loew (a. a. O.) dort an

1930. S. grandiflorum DC.

1931. S. asperrimum M. B.

Als Besucher beobachtete Morawitz im Kaukasus die Apiden: 1. Bombus
vorticosus Gerst.; 2. Podalirius parietinus F.; ferner Loew im bot. Garten zu Berlin:
Apis mellifica L. ⚥, durch Hummellöcher sgd. und Bombus terrester L. ♀, vergebl. (?)
sgd. Ferner beobachtete Loew daselbst an:

1932. S. caucasicum M. B.:

Anthophora pilipes F. ♀, sgd.; an

1933. S. peregrinum Ledeb.:

Hymenoptera: Apidae: 1. Anthidium manicatum L. ♀, durch die Hummellöcher
sgd.; 2. Anthophora pilipes F. ♂, sgd.; 3. Bombus agrorum F. ⚥, sgd. und psd.; 4. B.
hortorum L. ♀ ⚥, sgd., dann auf S. officinale übergehend; 5. B. hypnorum L. ⚥, normal
sgd.; 6. B. pratorum L. ⚥, einbrechend; 7. B. terrester L. ♀, zuerst normal zu saugen
versuchend, dann durch Hummellöcher den Rüssel einführend.

437. Pulmonaria Tourn.

Heterostyl-dimorphe, meist homogame Hummelblumen, deren Nektar von
der vierlappigen Unterlage des Fruchtknotens abgesondert, im untersten Teile
der Kronröhre geborgen und durch einen im Kronschlunde sitzenden Haarring
gegen Regen geschützt wird.

1934. P. officinalis L. [S p r e n g e l, S. 91; H i l d e b r a n d, Bot. Ztg.
1865, S. 13—15; H. M., Befr. S. 270, 271; Weit. Beob. III, S. 16; K i r c h n e r,
Flora S. 558, 559; S c h u l z, Beitr.; L o e w, Bl. Fl. S. 392; K n u t h, Bijdr.]
— Die anfangs roten, später blauvioletten Blumen erweitern sich am Eingange
ein wenig, so dass Insekten, den Kopf einige Millimeter weit in den obersten
Teil der Kronröhre stecken können und ein 8 mm langer Rüssel genügt, um
den honigführenden Blütengrund zu erreichen. In den Blüten der kurzgriffeligen
Form (— S p r e n g e l bemerkte nur diese, die langgriffelige nicht —) stehen die
Staubblätter im Eingange der 10—12 mm langen Kronröhre, während sich die
Narbe etwa in der Mitte derselben befindet; in den Blüten der langgriffeligen
Form steht die Narbe auf 10 mm langem Griffel im Blüteneingange, die Staub-
blätter in der Mitte der Kronröhre. Die Pollenkörner der kurzgriffeligen Form
sind grösser als die der langgriffeligen.

Besuchende, honigsaugende Bienen oder auch Falter berühren mit dem
Kopfe oder der Wurzel des Rüssels die im Blüteneingange stehenden Antheren
oder Narben, ungefähr mit der Rüsselmitte die in der Mitte der Kronröhre
stehenden Organe und vollziehen so legitime Kreuzungen. Kleinere, in den
Blüten herumkriechende Insekten bewirken teils legitime teils auch illegitime
Befruchtungen. Da die Blüten wegen ihres Nektarreichtums, ihrer Augenfälligkeit und ihrer frühen Blütezeit, zu welcher wenige andere Blumen ihnen Kon-
kurrenz machen, sehr reichlich von Insekten besucht werden, so besitzen sie
weder die Möglichkeit spontaner Selbstbestäubung (— nach K e r n e r ist sie in der
langgriffeligen Form möglich —), noch auch die Wirksamkeit illegitimer Befruchtung. H i l d e b r a n d s künstliche Befruchtungsversuche haben nämlich
ergeben, dass bei der Bestäubung jeder der beiden Blütenformen mit dem eigenen
Pollen oder mit Pollen anderer Blüten derselben Form gar keine Früchte, bei
der Bestäubung durch Pollen der entgegengesetzten Form aber etwa eine
solche Fruchtbarkeit wie in der Natur eintritt. Auch die Versuche von C o b e l l i
(N. G. B. J. 1893) zeigen, dass bei Fernhaltung von Besuchern kein Fruchtansatz stattfindet. An den in der freien Natur von H i l d e b r a n d untersuchten
Exemplaren bildeten manchmal die ersten Blüten der Pflanze und fast regelmässig die letzten jedes Zweiges keine Früchte aus. Als Erklärung für die
erstere Erscheinung nimmt H i l d e b r a n d an, dass die Befruchter anfangs noch
fehlen; die letztere Erscheinung erklärt dasselbe dadurch, dass der Nahrungszu-
fluss nach der Zweigspitze nicht genügt, weil die weiter unten stehenden Früchte
die Nahrung für sich in Anspruch nehmen.

Neben Homogamie beobachtete S c h u l z auch Protandrie.

Als B e s u c h e r beobachtete i c h folgende A p i d e n: 1. Apis mellifica L. ♀ (2 5. 96,
sehr zahlreich, normal sgd.); 2. Anthophora pilipes F. ♀ ♂ (25. 4. 95); 3. Bombus
agrorum F. ♀ (28. 4. 96); 4. B. hortorum L. ♀ (25. 4. 95); 5. B. lapidarius L. ♀ (28. 4. 96),
sämtlich normal sgd.

B a i l (Bot. Centralbl. Bd. 9) beobachtete in Westpreussen Anthocharis cardamines L.; L o e w in Brandenburg (Beiträge S. 46): H y m e n o p t e r a: *Apidae*: 1. Anthophora pilipes F. ♂, sgd.; 2. Bombus agrorum F. ♀, sgd.; 3. B. lapidarius L. ♀, sgd.;
sowie im botanischen Garten zu Berlin: Anthrena nitida Fourcr. ♀, psd., sowie an einer

Varietät: Hymenoptera: *Apidae*: 1. Bombus agrorum F. ♀; 2. Bombus hortorum L. ♀, sgd., dann auf P. angustifolia übergehend; 3. Osmia rufa L. ♀, sgd.

Alfken beobachtete bei Bremen: *Apidae*: 1. Bombus agrorum F. ♀; 2. B. pratorum L. ♀; 3. Osmia rufa L. ♀ ♂; 4. Podalirus acervorum L. ♀ ♂; Schmiedeknecht in Thüringen die Apiden: 1. Bombus hortorum L. ♀; 2. B. pratorum L. ♀; Friese bei Innsbruck Osmia uncinata Gerst., einzeln; Hoffer in Steiermark Bombus agrorum F. ♀.

Schulz bemerkte Einbruch durch Bombus terrester L.

Auch Loew beobachtete Anthophora und 2 Hummeln als normal saugende Besucher; ein B. lapidarius L. ♀ besuchte in etwa 4 Minuten 100 Blüten.

Herm. Müller endlich giebt für Westfalen und Thüringen (Th.) folgende Besucher an:

A. Coleoptera: *Staphylinidae*: 1. Omalium florale Payk., häufig, in den Blüten herumkriechend. B. Diptera: a) *Bombylidae*: 2. Bombylius discolor Mg., häufig, aber nur bei warmem Sonnenschein, flüchtig sgd.; 3. B. major L., w. v. b) *Syrphidae*: 4. Rhingia rostrata L., sehr häufig, sgd. C. Hymenoptera: *Apidae*: 5. Anthrena gwynana K. ♀, psd. (Th.); 6. Anthophora pilipes F. ♂ ♀, sgd. und psd., zahlreich (W. und Th.); 7. Bombus agrorum F. ♀, sgd., häufig; 8. B. hortorum L. ♀, sehr häufig; 9. B. lapidarius L. ♀, sgd.; 10. B. pratorum L. ♀, sgd. (W. und Th.); 11. B. rajellus K. ♀, sgd. (W. und Th.); 12. B. muscorum F. ♀, sgd.; 13. B. silvarum L. ♀, sgd., häufig (W. und Th.); 14. B. terrester L. ♀, sgd. (W. und Th.); 15. Halictus cylindricus F. ♀. psd.; 16. Osmia fusca Christ., ♀ ♂, sgd. und psd, häufig; 17. O. pilicornis Sm. ♂ ♀, sgd. und psd.; 18. O. rufa L. ♂, sgd. D. Lepidoptera: *Rhopalocera*: 19. Rhodocera rhamni L., sgd., häufig.

Herm. Müller (Kosmos VII. 1883 S. 214 ff.) beobachtete, dass Anthophora pilipes F. ♀ fast nur rote oder im ersten Übergange von Rot in Blau begriffene Blüten besuchte. Nur eine einzige Pelzbiene ging anfangs an die blauen Blüten. Ausser Anthophora besuchten an demselben Standorte der Pflanze auch ein Bombus hypnorum L. und ein B. hortorum L., sowie zwei Osmia rufa L. die Blüten des Lungenkrauts, und zwar nicht nur die roten, sondern auch die blauen Blumen, vielleicht nur, weil sie bei ihrem flüchtigen Aufenthalt die nötige Erfahrung noch nicht gewonnen hatten. Demnach bringt die blaue Farbe der älteren Blüten des Lungenkrautes wohl einen doppelten Vorteil: einerseits die Augenfälligkeit der Blütengruppe zu steigern, andererseits auch zugleich den einsichtigsten Kreuzungsvermittlern zu zeigen, auf welche Blumen sie zu ihrem eigenen und der Pflanze Besten ihre Besuche zu beschränken habe.

1935. P. angustifolia L. (P. azurea Besser). [Hildebrand, Geschl. S. 37; H. M., Alpenblumen, S. 263, 264; MacLeod, Pyr. S. 310; Schulz, Beiträge II, S. 113—115.] — Die von Müller in Graubünden beobachteten Pflanzen sind homogam und ausgeprägt heterostyl-dimorph, und zwar zeigen die beiden Blütenformen ausser der Verschiedenheit der Befruchtungsorgane auffallend starke sekundäre Unterschiede. Diese letzteren hat Schulz in Tirol weniger deutlich ausgeprägt gefunden, zum Teil fehlten sie auch vollständig. So waren an den Tiroler Exemplaren die Grössenverhältnisse der Blütenteile nicht erheblich verschieden; ferner stimmten in der Regel die Nektarien und die Fruchtknoten der Blüten beider Formen überein. Schulz fand die Griffel der kurzgriffeligen Blüten 4 bis 4 1/2 mm, die der langgriffeligen 8—9 mm lang; auch schienen die Narbenpapillen der kurzgriffeligen Blüten grösser als die der lang-

griffeligen zu sein. Die Blumen zeigen denselben Farbenwechsel wie P. officinalis, doch ist das Blau von P. angustifolia viel intensiver und dunkler.

Als Besucher sah Herm. Müller 6 Hummelarten, 1 Bombylius, 1 Rhingia,
1 Vanessa; Schulz gleichfalls Hummeln und Falter; der letztere beobachtete auch
Hummeleinbruch; Mac Leod in den Pyrenäen eine Hummel; Loew im botanischen
Garten zu Berlin: A. Diptera: Syrphidae: 1. Cheilosia pulchripes Lw., aus en an der
Blumenkrone sitzend; 2. Syrphus corollae F., w. v. B. Hymenoptera: Apid e: 3. Apis
mellifica L. ⚥, ohne Erfolg sgd.; 4. Bombus hortorum L. ♀, sgd.; 5. Halictus nitidiusculus K. ♀, in die Blüte hineinkriechend; 6. Osmia rufa L. ♂ ♀, sgd. Ferner daselbst
an dem Bastard

P. angustifolia × officinalis:
Hymenoptera: Apidae: 1. Apis mellifica L. ⚥, vergeblich sgd.; 2. Bombus ter
rester L. ♀, sgd.; 3. Osmia rufa L. ♂, sgd.

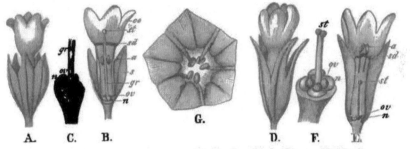

Fig. 257. Pulmonaria angustifolia L. (Nach Herm. Müller.)

A Langgriffelige Blüte. (1¹ s : 1.) *B* Dieselbe im Längsdurchschnitt. *C* Fruchtknoten und
Nektarium. (4²/₃ : 1.) *D* Kurzgriffelige Blüte. (1¹/₃ : 1). *E* Dieselbe im Längsdurchschnitt.
F Fruchtknoten und Nektarium derselben. (4²/₃ : 1). *G* Blumenkronsaum derselben, dicht
über den Staubblättern abgeschnitten, von oben gesehen, um die Saftdecke zu zeigen. (4²/₃ : 1).
Bedeutung der Buchstaben wie in Fig. 213.

1936. P. tuberosa Schrank. (P. angustifolia Koch). Bei Kreuz.
nach beobachtete Haussknecht langkelchige, gynodynamische und kurzkelchige,
androdynamische Pflanzen.

1937. P. montana Lejeune. (P. mollis Wolff). [Kirchner, Flora,
S. 560.] — Die Blüten stimmen mit P. officinalis in Bezug auf Farbenwechsel
und Bestäubungseinrichtung überein, doch sind sie in allen Teilen bedeutend
grösser. Der Kelch ist bis zu seiner Spaltung in die 3—4 mm langen Zipfel
11—14 mm lang. So lange die Blumenkrone rot gefärbt ist, sind ihre Zipfel
aufgerichtet; ihr Durchmesser beträgt dann nur 7—10 mm. Später, wenn sich
die violette Färbung eingestellt hat, haben sich die Zipfel ausgebreitet, so dass
der Krondurchmesser alsdann 15 mm beträgt. Die Länge der Kronröhre ist
bis zum Schlunde 11—17 mm, und zwar sind die unteren 8—9 mm gleichmässig cylindrisch und 1¹/₂—2¹/₂ mm weit, während sich der obere Teil allmählich trichterförmig erweitert. In den kurzgriffeligen Blüten stehen die Anther n
9—13, die Narben 5—8 mm hoch, in den langgriffeligen die Antheren 5 —
7, die Narben 11—13 mm über dem Blütengrunde. Loew (Bl. Fl. S. 281)
fügt hinzu, dass die bei Pulmonaria in systematischen Werken nicht erwähnten

Hohlschuppen als sehr niedrige, kleine, behaarte Doppelhöcker innerhalb der Kronröhre deutlich erkennbar sind.

Als Besucher beobachtete Loew im botanischen Garten zu Berlin Apis vergeblich sgd.

1938. O. saccharata Mill.

sah Loew im botanischen Garten zu Berlin von Apiden (Melecta armata Pz. ♀, sgd. und Osmia rufa L. ♂, sgd.) besucht.

438. Onosma L.

Homogame oder schwach protandrische Falterblumen, deren Nektar von einer unter dem Fruchtknoten sitzenden Scheibe abgesondert und im Grunde der röhrenförmigen Krone geborgen wird.

1939. O. stellulatum Waldst. et Kit. [Schulz, Beiträge II S. 112.] — Die im oberen Teile kräftiger, im unteren heller gelblichweisse Kronröhre ist 20 bis 26 mm lang und hat an der weitesten Stelle einen Durchmesser von 6 bis 8 mm. Die kurz zweiteiligen Spitzen der Antheren befinden sich mit dem Saume der Kronröhre in etwa gleicher Höhe; die Wurzeln derselben sind seitlich auf eine kurze Strecke mit einander verwachsen. Die Antheren öffnen sich in der Regel gleich nach der Blütenöffnung nach innen; sie umschliessen den 20—27 mm langen Griffel, welcher anfangs wenig oder garnicht zwischen ihnen hervorragt, sich während des Blühens soweit verlängert, dass er gegen Ende der Blütezeit die Antheren um 1—3 mm überragt. Die Narbe ist mit den Antheren oder kurze Zeit nachher entwickelt.

Nur Schwärmer sind im stande, den Nektar auf normalem Wege zu erlangen, und in der That sah Schulz bei Bozen abends grössere Schwärmer als Besucher, doch vermochte er sie wegen der ungünstigen Terrainverhältnisse nicht einzufangen. Diese Besucher werden beim Anfliegen zuerst die Narbe berühren, dann den Antherenverschluss aufheben, mithin meist Fremdbestäubung bewirken. Bleibt Insektenbesuch aus, so wird wegen der grossen Nähe der Narbe und Antheren gleich nach dem Aufblühen hin und wieder spontane Selbstbestäubung möglich sein. Meist erst gegen Ende der Blütezeit löst sich die Krone los, so dass die Narbe zwischen den Antheren hindurchgezogen wird und so Autogamie stattfindet.

Schulz sah die Blüten mehrfach am Grunde von Bombus terrester angebissen.

Ducke und Graeffe beobachteten bei Triest als häufigen und ausschliesslichen Besucher die sehr langrüsselige Mauerbiene Osmia macroglossa Gorst.

1940. O. Vaudense Gremli. Nach Briquet (Etudes) werden die schwefelgelben, nach Honig duftenden und reichlichen Nektar aus fünf Schüppchen des Kronengrundes absondernden Blüten von Hummeln, Bienen und Schmetterlingen besucht, die regelmässig Fremdbestäubung bewirken. Der Durchmesser der wagerechten Krone, die mit einem 5 mm weiten Eingange versehen ist, beträgt 20 bis 23 mm. Die den langen, dünnen, 5 mm weit aus der Krone hervorragenden Griffel umgebenden Antheren sind an ihrem Grunde seitlich mit einander zusammengewachsen. Spontane Selbstbefruchtung kann nur bei Ausbleiben von Insektenbesuch während des Abfallens der Krone eintreten. (Nach Kirchner.)

439. Cerinthe Tourn.

Homogame Bienen- und Hummelblumen, deren Nektar von dem fleischig angeschwollenen Grunde des Fruchtknotens abgesondert und im obersten Teile der hängenden Kronglocke beherbergt wird.

Nach Kerner krümmt sich der Blütenstiel später abwärts, wodurch die Blüten in eine nickende oder hängende Stellung gelangen, so dass die Narbe in die Falllinie des Pollens kommt, mithin spontane Selbstbefruchtung erfolgen muss.

1941. C. alpina Kit. (C. glabra Gaudin.) [H. M., Alpenblumen S. 264—266.] — Die herabhängenden Blumenglocken werden von Hummeln

mit mindestens 9 mm langem Rüssel befruchtet; sie hängen sich von unten an die Blüte und schieben den Rüssel in die enge Kronöffnung. Dabei berühren sie zuerst die weit hervorstehende Narbe, darauf stossen sie mit dem Rüssel an die Staubblätter, durch welche sie mit Pollen bestreut werden.

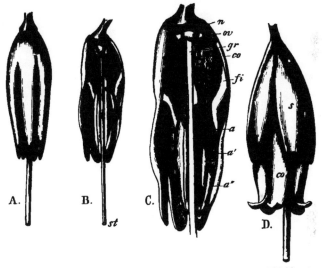

Als Besucher beobachtet H. Müller Bombus alticola Krchb. in Graubünden.

Fig. 258. Cerinthe alpina Kit. (Nach Herm. Müller.)
A Blüte kurz nach dem Aufblühen. B Dieselbe im Aufriss. C Dieselbe bei stärkerer Vergrösserung. D Blüte nach völliger Entfaltung. Bedeutung der Buchstaben wie in Fig. 213. (A B D Vergr. 4 : 1; C Vergr. 7 : 1.)

1942. C. minor L. [H. M., Weit. Beob. III, S. 9—14.] — Der Honig ist weniger tief geborgen, als bei voriger Art, so dass Bienen mit mindestens 6 mm langem Rüssel den honigführenden Blütengrund zu erreichen vermögen. Sie halten sich dabei mit den Vorder- und Mittelbeinen an den Kronzipfeln der auszubeutenden Blume fest, während die Hinterbeine sich auf dieselbe oder die benachbarte Blüte oder die Deckblätter stützen. Die auf kurzen, steifen Staubfäden sitzenden Antheren legen sich mit ihren Spitzen dem Griffel dicht an, indem sie sich mit ihren Seitenrändern berühren; an ihrem Grunde trägt jede Pollentasche einen fadenförmigen Anhang, der mit dem fadenförmigen Anhange der benachbarten Pollentasche zusammenhaftet. So bilden die fünf Antheren eine ringsum geschlossene, mit der Spitze nach unten gerichtete Pyramide, deren Achse der Griffel ist. Sie füllt sich mit dem von den Antheren entlassenen, weissen, pulverförmigen Pollen.

Da die Kronzipfel zusammenneigen, führen die Besucher den Rüssel in den Spalt zwischen zwei derselben ein und drängen dann zwei Staubfäden etwas auseinander. Hierdurch wird die Antherenpyramide geöffnet und ein Teil des pulverigen Pollens fällt auf die Unterseite des Bienenkopfes hinab. Da die Narbe aus der Blüte hervorragt, so wird sie von der besuchenden Biene oder Hummel zuerst gestreift und der aus früher besuchten Blüten mitgebrachte Pollen an derselben abgesetzt. Es ist daher bei Insektenbesuch Fremdbestäubung gesichert, und zwar wird durch die Form des Blütenstandes Kreuzung getrennter Stöcke oder wenigstens getrennter Zweige bewirkt. Der im Verlaufe des Blühens sich immer mehr streckende Blütenstand ist jederzeit, soweit er Fruchtkelche trägt, schräg aufwärts gerichtet soweit er Blüten und Knospen trägt, in der Weise nach unten umgebogen und eingerollt, dass nur alte, dem Abfallen nahe Blüten schwach schräg aufwärts oder wagerecht stehen, frische dagegen schräg oder senkrecht abwärts gerichtet, die Knospen noch eingerollt sind. Die besuchenden Hummeln hängen sich nur an schräg oder senkrecht abwärts gerichtete Blüten und ziehen erstere durch ihr Gewicht gleichfalls senkrecht nach unten; die Honigbiene hängt sich nur an senkrechte Blüten. Alle Besucher hängen also beim Saugen von unten an dem Glöckchen; sie müssen daher, wenn sie dasselbe verlassen, fliegend eine andere Blume aufsuchen. Sie fliegen daher stets erst eine Strecke weiter, an einen anderen Zweig oder Stock; wenigstens sah H. Müller niemals, dass die Besucher unmittelbar nach einander an zwei Blüten desselben Blütenstandes gesaugt hätten.

Bei ausbleibendem Insektenbesuche fällt in den homogamen Blüten aus der schliesslich an der Spitze sich öffnenden Antherenpyramide zwar von selbst Pollen heraus, doch gelangt dieser nicht auf die Narbe, da die Blüte nicht mehr senkrecht herabhängt, sondern bereits schräge oder wagerecht steht. Erst beim Abfallen der Krone streifen die Antheren an der Narbe vorbei, so dass schliesslich noch spontane Selbstbestäubung möglich ist. Nach Kerner erfolgt sie wegen der hängenden Stellung der Blüte durch Pollenfall.

Als Besucher beobachtete H. Müller in seinem Garten die Honigbiene und 2 Hummeln (Bombus agrorum F. ⚥ und B. terrester L. ⚥), eifrig und andauernd sgd.; Loow im botanischen Garten zu Berlin: Hymenoptera: Apidae: 1. Apis mellifica L. ⚥, sgd. und psd.; 2. Bombus agrorum F. ⚥, sgd. und psd.; 3. B. lapidarius L. ⚥, sgd. und psd.; 4. Osmia rufa L. ⚥, sgd. und psd.

Schulz beobachtete Hummeleinbruch.

1943. C. major L. [Knuth, Capri.]

Als Besucher dieser homogamen Hummelblume beobachtete ich im April 1892 im Krater der Solfatara bei Neapel zwei langrüsselige Bienen: Anthophora pilipes F. und A. femorata Oliv.

Morawitz beobachtete im Kaukasus Osmia cerinthidis Mor.

In seinen „Alpenblumen" hat Herm. Müller Cerinthe alpina irrtümlich unter der Bezeichnung C. major angeführt.

1944. C. aspera Roth ist selbstfertil. [Comes, Ult. studii.]

440. Echium Tourn.

Meist protandrische Bienenblumen, deren Nektar von der fleischigen Unterlage des Fruchtknotens abgesondert und in dem verengten Grunde der trichterförmigen Kronröhre geborgen wird. Zuweilen Gynodiöcie, selten Gynomonöcie.

1945. E. vulgare L. [Sprengel, S. 99—101; H. M., Befr. S. 264 —265; Alpenbl. S. 262; Weit. Beob. III. S. 14; Schulz, Beitr. I.; Kirchner, Flora, S. 557, 558; Jordan, Ber. d. d. bot. Ges. 1892, S. 583—586; Knuth, Grundriss S. 77, 78; Bijdr.; Loew, Bl. Fl. S. 391, 399.] — Die grossen blauen Blüten machen die Pflanze weithin augenfällig, so dass sie von äusserst zahlreichen Insekten, besonders Bienen, Schwebfliegen, Tag- und Nachtschmetterlingen aufgesucht werden. Diesen sämtlichen, an Grösse sehr verschiedenen Besuchern wird der Zutritt zum Honig, selbst die blosse Entnahme des Blütenstaubes nur gegen den Vollzug der Fremdbestäubung gestattet. In den protandrischen Blüten steht das den Honig umschliessende engste Stück der Krone (der natürlichen Biegung eines Bienenrüssels entsprechend) schräg aufwärts; an seiner Innenwand sind auf 4 mm Länge die verbreiterten untersten Enden der fünf Staubfäden angewachsen.

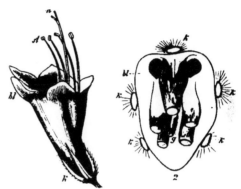

Fig. 259. **Echium vulgare** L. (Nach Herm. Müller.)

1 Ältere Blüte von der Seite gesehen. (Sie ist wagerecht zu denken.) *2* Querdurchschnitt der Blüte an ihrer Basis. (Stärker vergrössert.) *k* Kelchblätter. *bl* Blumenkrone. *st* Staubblätter. *g* Griffel. *n* Narbe. *h* Honigzugänge.

An der Stelle, wo sich diese von der Kronröhre frei ablösen, erweitert sich dieselbe plötzlich stärker, so dass auch die grössten Hummeln bequem mit dem Kopfe und einem Teile der Brust, kleine dagegen vollständig in der Blüte Platz haben. Die fünf Staubfäden verlaufen von da, wo sie sich von der Kronröhre getrennt haben, nahe der unteren Wand derselben in wagerechter Richtung neben einander, die vier unteren ragen als bequeme Anfliegestangen für Hummeln noch 7 mm über den unteren Rand des Blüteneinganges hervor. Der obere Staubfaden dagegen biegt sich dort, wo er frei wird, sogleich nach unten und teilt dadurch den Eingang zu dem honigführenden Blütengrund in zwei Öffnungen; alsdann verläuft er ebenfalls wagerecht, aber nur bis in den Blüteneingang. Da alle Staubfäden ihre freien Enden schwach aufwärtsbiegen und die zugleich mit dem Aufblühen der Blume sich öffnenden Antheren ihre pollenbedeckte Seite nach oben kehren, so kann keine Biene anfliegen, ohne ihre Unterseite mit Blütenstaub zu behaften, denn die grösseren Hummeln stützen dabei die Unterseite ihrer Brust, die kleineren die Unterseite ihres Hinterleibes auf die längeren Staubblätter, noch kleinere Bienen

8*

bringen ihre Unterseite wenigstens mit dem mitten im Blüteneingange stehenden
fünften Staubblatt in Berührung. Der Griffel verläuft zwischen den fünf Staubblättern und spaltet sich am Ende in zwei kurze, narbentragende Äste. Beim
Aufblühen der Blume ist er noch so kurz, dass er kaum den Blüteneingang
erreicht; sein Ende ist dann gerade vorgestreckt, seine beiden Äste liegen noch
dicht aneinander. Im Verlaufe des Blühens streckt er sich aber, bis er den
Blüteneingang 10 mm weit überragt, biegt sein Ende schwach aufwärts und
spreizt seine beiden Äste auseinander, so dass er nun die am weitesten hervorragende und am stärksten aufwärts gebogene Anflugsstelle bildet und weder
grössere noch kleine Insekten jetzt in die Blüte einfliegen können, ohne mit
ihrer Unterseite eine der beiden Narben zu streifen. (In seltenen Fällen beobachtete S c h u l z Homogamie.) Die so zu stande kommende Fremdbestäubung
ist wegen dieses weiten Hervorragens der Narben selbst dann gesichert, wenn
zur Zeit der Reife der Narbe die Antheren noch mit Blütenstaub behaftet sind,
und zwar erfolgt, wie J o r d a n (Ber. d. d. bot. Ges. X. 1892) hervorhebt, die
Befruchtung teils beim Anfluge, teils beim Rückfluge der Insekten.

Ausser diesen zweigeschlechtigen Blüten kommen selten Stöcke mit weiblichen Blüten mit viel kleinerer Krone vor, auch ist ihr Griffel kürzer als in
den Zwitterblüten; ihre Staubblätter sind kurz mit unbrauchbarem Pollen. Es
finden sich auch Übergangsformen zwischen den weiblichen und den beschriebenen
Zwitter-Blüten, bei denen ein, zwei oder drei Staubblätter voll entwickelt, die
übrigen verkümmert sind. Nach S c h u l z sind die weiblichen Stöcke sehr verbreitet, zuweilen machen sie ³/₄ der vorkommenden Pflanzen aus, ja sie finden
sich stellenweise sogar ausschliesslich, so z. B. Cölleda. Die Grösse der Blüten
schwankt beträchtlich, so dass die Krone der grösseren weiblichen Blumen 11
bis 14 mm, die der kleinen 7—9 mm lang ist. Die weiblichen Stöcke fand
S c h u l z häufig auffallend kräftig. Die Entstehung der weiblichen Blüten sucht
derselbe dadurch zu erklären, dass die Pflanzen infolge der Ausbildung sehr
blütenreicher Inflorescenzen an Bau und Nährstoffen erschöpft sind.

Als B e s u c h e r sah ich in Schleswig-Holstein A p i d e n (Apis; Bombus agrorum
F. ♀; B. lapidarius L. ♀ ⚥; B. hortorum L. ♀ ♂ ⚥; B. rajellus K. ♀), S y r p h i d e n
(Rhingia rostrata L.), F a l t e r (Pieris napi L., Plusia gamma L.), sämtlich saugend.

W ü s t n e i beobachtete auf der Insel Alsen die Biene Halictus quadristrigatus Ltr.

H e r m. M ü l l e r (1) und B u d d e b e r g (2) geben, ersterer für Westfalen und
Thüringen (Thür.), letzterer für Nassau folgende Besucherliste:

A. C o l e o p t e r a: *Oedemeridae:* 1. Oedemera virescens L., Honig suchend (1).
B. D i p t e r a: a) *Conopidae:* 2. Physocephala rufipes F., sgd. (1); 3. P. vittata F., sgd. (1);
4. Sicus ferrugineus L., sgd. (2). b) *Syrphidae:* 5. Helophilus trivittatus F., pfd. (1);
6. Melanostoma ambigua Fall., pfd. (1); 7. Microdon devius L., pfd. (2); 8. Rhingia
rostrata L., sgd. (1); 9. Syrphus arcuatus Fall., pfd. (1); 10. S. pyrastri L., pfd. (1).
C. H y m e n o p t e r a: a) *Apidae:* 11. Anthrena albicrus K. ♂, sgd. (1); 12. A. fulvicrus
K. ♂, sgd. (1); 13. A. hattorfiana F. ♂, sgd. (1, Thür.); 14. A. labialis K. ♂, sgd.
(1); 15. Anthidium manicatum L. ♂, sgd. (2); 16. A. oblongatum Ltr. ♀, sgd. (2); 17. Anthophora furcata Pz. ♀ ♂, sgd. und psd. (1, Thür.); 18. A. quadrimaculata F. ♀ ♂,
w. v., häufig (1, Thür.); 19. Apis mellifica L. ⚥, in grösster Anzahl, sgd. (1); 20. Bom-

bus agrorum F. ♀ ⚥, sgd. (1); 21. B. hortorum L. ♀ ⚥ ♂, sgd. (1); 22. B. hypnorum L. ⚥, sgd. (1); 23. B. lapidarius L. ♀ ⚥ ♂, sgd. (1); 24. B. pratorum L. ♀, sgd. (1); 25. B. rajellus K. ⚥, sgd. (1); 26. B. silvarum L. ♀ ⚥, sgd. und psd. (1); 27. B. terrester L. ♀ ♂, sgd. (1); 28. Ceratina albilabris F. ♀, sgd. (2); 29. C. cyanea K. ♀, sgd. (1); 30. Chelostoma nigricorne Nyl. ♂ ♀, sgd. (1); 31. Coelioxys conoidea Klg. ♀, sgd. (1); 32. C. quadridentata L. ♀ ♂, sgd., häufig (1); 33. C. simplex Nyl. ♀, sgd. (1); 34. C. umbrina Sm. ♀, sgd. (1); 35. Diphysis serratulae Pz. ♀ ♂, sgd. und psd., sehr häufig (1); 36. Eucera longicornis L. ♂, sgd. (1); 37. Halictus albipes F. ♂, sgd. (1), ♀ pfd. (2); 38. H. cylindricus F. ♀ ♂, sgd. (1); 39. H. nitidiusculus K. ♀, psd. (1); 40. H. nitidus Schenck ♀, sgd. (1); 41. H. sexnotatus K. ♀, sgd. (1); 42. H. smeathmanellus K. ♀, sgd. (1, Thür.); 43. Megachile circumcincta K. ♀, sgd. und psd. (1); 44. M. willughbiella K. ♂, sgd. (1); 45. Melecta luctuosa Scop. ♀, sgd. (1, Thür.); 46. Nomada sexfasciata Pz. ♀, sgd. (1); 47. Osmia adunca Ltr. ♀, sehr häufig, sgd. und psd. (1, 2); 48. O. aenea L. ♀ ♂, sgd. und psd..(1); 49. O. caementaria Gerst. ♀, sgd. und psd. (1, 2), ihre Brutzellen in Vertiefungen der Steine mauernd und ausschliesslich mit Honig und Blütenstaub von Echium versorgend (1); 50. O. fusca Christ. ♀, sgd. und psd. (1); 51. O. leucomelaena K. ♀, psd. (1); 52. O. rufa L. ♀, sgd. (1, 2); 53. Prosopis hyalinata Sm. ♀, sgd. (1); 54. Psithyrus barbutellus K. ♀, sgd. (1); 55. P. campestris Pz. ♀ ♂, sgd. (1); 56. P. rupestris F. ♀, sgd. (1); 57. P. vestalis Fourc. ♀, sgd. (1); 58. Saropoda bimaculata Pz. ♀ ♂, sehr häufig, sgd. (1); 59. Stelis breviuscula Nyl. ♂, sgd. (1); 60. S. phaeoptera K. ♀, sgd. (1). b) *Chrysidae*: 61. Cleptes semiauratus L., sgd. (1). c) *Sphegidae*: 62. Ammophila sabulosa L. ♀, sgd. (1); 63. Crabro patellatus v. d. L. ♀ ♂, sgd. (1); 64. Psammophila affinis K. ♀, sgd. (1). d) *Vespidae*: 65. Odynerus parietum L. ♂, sgd. (1). D. Lepidoptera: a) *Noctuidae*: 66. Plusia gamma L., häufig, sgd. (1, 2). b) *Rhopalocera*: 67. Colias hyale L., sgd. (1, Thür.); 68. Epinephele janira L., sgd. (1); 69. Hesperia comma L., sgd. (2); 70. H. silvanus Esp., sgd. (1); 71. Lycaena euphemus Hb., sgd. (2); 72. L. sp., sgd. (1); 73. Melitaea cinxia L., sgd. (1); 74. Pieris brassicae L., sgd. (1); 75. P. rapae L., sgd. (1, Thür.); 76. Vanessa urticae L., sgd. (2); c) *Sphingidae*: 77. Macroglossa stellatarum L., sgd. (1, 2); 78. Zygaena loniceraeo Esp., sgd. (1, Thür.).

Herm. Müller fügt (Befr. S. 266) dieser Besucherliste noch folgende Bemerkung hinzu: Die bei weitem grösste Anzahl der Besucher sucht nur den Honig und benutzt die Staubblätter dafür nur als Anflugstangen. Die Weibchen der Bauchsammler unter den Bienen streifen jedoch regelmässig beim Anfliegen, ohne besonders darauf gerichtete Arbeit, auch Blütenstaub mit ihrer Bauchbürste ab und füllen sie durch wenige Besuche völlig mit Blütenstaub an. Ihnen sind daher diese Blüten in dem Grade bequem und ausgiebig, dass wir mehrere Bauchsammler (Osmia adunca und caementaria) sich für ihre eigene Ernährung und für die Versorgung ihrer Brut ganz ausschliesslich auf Echium beschränken sehen. Ausserdem machen sich auch Schwebfliegen häufig den Blütenstaub zu nutze, während dagegen die Schenkel- und Schienensammler unter den Bienen nur sehr ausnahmsweise auch einmal Pollen sammeln und alle übrigen Insekten ausschliesslich saugen.

In den Alpen beobachtete Herm. Müller 17 Bienen- und 5 Falterarten als Besucher.

v. Fricken bemerkte in Westfalen und Ostpreussen die Nitidulide Meligethes tristis Strm.; Gerstäcker bei Berlin die Apiden: 1. Coelioxys quadridentata L.; 2. Osmia adunca Ltr.; 3. O. spinolae Schck.

Loew beobachtete in Mecklenburg (M.) und in Brandenburg (B.) (Beiträge S. 43): A. Diptera: *Tabanidae*: 1. Tabanus rusticus L. ♂, sgd. (B.). B. Hymenoptera: *Apidae*: 2. Anthophora nidulans F. ♀ (B.); 3. A. quadrimaculata F. ♀ (M.); 4. Bombus distinguendus Mor. ♀ ♂, sgd. (M.); 5. B. silvarum L. ⚥, sgd. (M.); 6. Coelioxys tricuspidata Först. ♀, sgd. (M.); 7. Heriades nigricornis Nyl. ♀, sgd. (M.); 8. Megachile argentata F. ♀ ♂, sgd. (M.); 9. M. centuncularis L. ♀,♂sgd. (M.); 10. M. maritima K. ♂, sgd. (M.); 11. Osmia adunca Ltr. ♀, psd. (M.); 12. O. aurulenta Pz. ♀, psd. (M.); 13. O. caementaria Gerst. ♂, sgd. (M.); 14. O. solskyi Mor. ♀, psd. (M.); 15. O. bicornis L. ♀, sgd. (B.); 16. Prosopis confusa Nyl. ♀, sgd. (M.); ferner in Schlesien (Beiträge S. 27): A. Diptera: a) *Bombylidae*: 1. Bombylius minor L., sgd. b) *Syrphidae*: 2. Syrphus seleniticus Mg. B. Hymenoptera: a) *Apidae*: 3. Apis mellifica L. ⚥, sgd.; 4. Bombus cognatus Steph. ⚥, psd.; 5. B. confusus Schck. ⚥, psd.; 6. B. rajellus K. ⚥, psd.; 7. B. silvarum L. ♀, sgd.; 8. Coelioxys octodentata Lep. ♂, sgd.; 9. C. punctata Lep. ♀, sgd.; 10. Colletes nasutus Sm. ♀ ♂, sgd., ♀ auch psd.; 11. Megachile maritima K. ♂, sgd.; 12. Osmia adunca Ltr. ♀ ♂, sgd., ♀ psd.; 13. O. tridentata Duf. et Perr. ♂ (?), sgd.; 14. Psithyrus rupestris F. ♀, sgd.; 15. Saropoda rotundata Pz. ♂, sgd. b) *Sphegidae*: 16. Bombex rostrata L. ♀ ♂, sgd.; 17. Cerceris arenaria L. C. Lepidoptera: a) *Hesperidae*: 18. Hesperia comma L., sgd. b) *Noctuidae:* 19. Plusia festucae L., sgd.; 20. P. gamma L., sgd. c) *Rhopalocera:* 21. Aporia crataegi L., sgd.; 22. Vanessa urticae L., sgd.; in der Schweiz (Beiträge S. 61): A. Hymenoptera: *Apidae:* 1. Bombus silvarum L. ⚥, sgd.; 2. B. variabilis Schck. var. tristis Seidl. ⚥, sgd. B. Lepidoptera: *Zygaenidae:* 3. Zygaena pilosellae Esp.

Alfken beobachtete bei Bremen die Apiden: 1. Coelioxys rufescens Lep. ♀ ♂, sgd.; 2. Eriades nigricornis Nyl. ♀ ♂; 3. Halictus morio F. ♀; 4. Osmia rufa L. ♀; 5. O. adunca Ltr. ♀ ♂; 6. Podalirius bimaculatus Pz. ♀; Schmiedeknecht in Thüringen die Apiden: 1. Osmia adunca Ltr.; 2. O. spinolae Schck. (= caementaria Gerst.); Schenck in Nassau die Apiden: 1. C. cucurbitina Rossi; 2. Ceratina cyanea K.; 3. Osmia adunca Ltr.; 4. O. spinolae Schck.; 5. Podalirius bimaculatus Pz.

Als Besucher giebt Friese für Ungarn (U.), Baden (B.), Bozen, Innsbruck (I.), Mecklenburg (M.) und die Schweiz (S.) an die Apiden: 1. Biastes brevicornis Pz. ♀ (Bozen, Siders, (U.), n. slt.; 2. Crocisa major Mor. (U.), einz.; 3. C. ramosa Lep. (Bozen, T. U.); 4. C. truncata Pér. (U.) 1 ♂; 5. Eucera tricincta Er. (M.), nach Konow; 6. Osmia adunca Ltr. (B. M. U.), hfg.; 7. O. claviventris Ths. (M. T.); 8. O. insularis Schmiedekn. (Mallorca); 9. O. lepelletieri Pér. (I. S.), hfg.; 10. O. spinolae Schck. (B.), ♀, ♂ (M.); 11. Podalirius crassipes Lep. (S.), 1 ♂; 12. P. quadrifasciatus Vill. (T. U.), n. slt.; 13. P. vulpinus Pz. (B.), n. slt., (M.), hfg. .

Frey-Gessner beobachtete in der Schweiz: Hymenoptera: *Apidae*: 1. Osmia rufa L.; 2. O. dalmatica Mor. ♀ ♂; Friese in Ungarn Eucera dalmatica Lep.; Morawitz im Kaukasus die Apiden: 1. Bombus haematurus Kriechb.; 2. Eucera similis Mor.; 3. E. spectabilis Mor.; 4. Podalirius raddei Mor.; 5. P. tarsatus Spin.; Smith in England die Apiden: 1. Ceratina cyanea K.; 2. Megachile argentata F.

v. Dalla Torre beobachtete in Oberösterreich die Hummeln: 1. Bombus arenicola Thoms.; 2. B. hortorum L.; 3. B. senilis Fabr. (B. variabilis Schmiedekn.) und in Tirol die Bienen: 1. Anthrena thoracica Fbr. ♀; 2. Nomada lateralis Pz. ♀; sowie die Hummeln: 1. Bombus ruderatus F.; 2. B. silvarum L. ♀ ⚥, massenweise.

Schletterer giebt für Tirol als Besucher an und beobachtete bei Pola (P.), die Apiden: 1. Anthrena thoracica F.; 2. Bombus agrorum F.; 3. B. pomorum L.; 4. B. ruderatus F.; 5. B. silvarum L.; 6. B. terrester L. (P.); 7. Ceratina cucurbitina Rossi (P.); 8. Megachile lefeburei Lep. (P.); 9. Nomada xanthosticta K.

Kohl verzeichnet die Grabwespe Crabro peltarius Schreb. ♀ ♂ als Besucher in Tirol.

Ducke beobachtete bei Triest die Mauerbienen: 1. Osmia adunca Ltr. ♀ ♂, hfg.; 2. O. notata F. ♀, hfg.; 3. O. spinolae Schck. ♀ ♂, slt.

Hoffer beobachtete in Steiermark die Apide Rhophites quinquespinosus Spin.

Dours beobachtete bei Paris Anthrophora femorata Ltr. (= Podalirius femoratus Oliv.), häufig.

Heinsius sah in Holland saugende Hummeln (Bombus agrorum F. ♂ ⚥; B. terrester L. ♂; Psithyrus vestalis Fourcr.; P. campestris Pz. 2 ♂), eine kurzrüsselige Biene

(Halictus sexcinctus F. ♂, sgd.); zwei Schwebfliegen (Rhingia campestris Mg. ♂, sgd.; Melanostoma hyalinata F. ♂, pfd.); zwei Tagfalter (Rhodocera rhamni L. ♀; Pieris rapae L. ♀; sgd.) (B. Jaarb. IV. S. 108, 109); H. de Vries (Ned. Kruidk. Arch. 1877) in den Niederlanden: 1. Bombus agrorum F. ♀; 2. B. elegans Seidl. ♂; 3. B. terrester L. ♂; 4. Psithyrus campestris Pz. ♂; 5. P. vestalis Fourcr. ♂; Mac Leod in Flandern 4 Hummeln, Apis, 1 kurzrüsselige Biene, 1 Schwebfliege, Plusia (B. Jaarb. V. S. 334, 335); in den Pyrenäen (a. a. O., III. S. 310) als Besucher der Forma Pyrenaica zahlreiche langrüsselige und einzelne kurzrüsselige Apiden, sowie einige Falter, Bombyliden und Syrphiden.

1946. E. rosulatum Lge. [Loew, Ber. d. d. b. Ges. IV. S. 153—155] hat eine ähnliche Blüteneinrichtung wie E. vulgare, doch ist die Blumenkrone von E. rosulatum mehr stiel-glockig, auch ist sie länger und durch besondere Einschnürungen unzugänglicher als die von E. vulgare, so dass der Rüssel eines honigsaugenden Insekts mindestens 9—10 mm lang sein muss, um den Nektar auszubeuten.

Als Besucher beobachtete Loew im botan. Garten zu Berlin Bombus agrorum F. und B. hortorum L. normal sgd., B. terrester L., dagegen den Nektar durch Einbruch gewinnend; ferner zwei pollenfressende Schwebfliegen: Pipiza chalybeata Mg. und Syritta pipiens L.

1947. E. altissimum Jacq. sah Friese in Südungarn von Eucera dalmatica Lep. besucht. Schletterer beobachtete bei Pola die seltene Furchenbiene Halictus variipes Mor.

1948. Caryolopha sempervirens L. [Loew, Ber. d. d. b. Ges. IV. S. 163, 164.] — Die himmelblauen Blumen dieser in Südeuropa und England vorkommenden Pflanze haben fünf weisse Schlundklappen, welche so eng zusammenschliessen, dass eine nur ³/₄ mm weite Öffnung zwischen ihnen frei bleibt. Als Saftdecken dienen vier, im unteren Teile der Kronröhre befindliche, nach innen gerichtete kurze, behaarte Vorsprünge, welche den Zugang zu den darunter liegenden Nektarien noch mehr erschweren. Eine Biene, welche ihren Rüssel in den engen Blüteneingang steckt, berührt mit der einen Seite den Narbenkopf, mit der anderen die Antheren, so dass sie bei weiteren Besuchen, ähnlich wie bei Lithospermum, leicht Fremdbestäubung bewirken kann. Bei ausbleibendem Insektenbesuche tritt spontane Selbstbestäubung ein.

Als Besucher bemerkte Loew im botan. Garten in Berlin besonders häufig Apis sgd., so dass die Blume wohl zur Klasse IIb zu rechnen ist; seltener stellten sich Osmia rufa L. und Halictus cylindricus F. ♀ ein. Auch ein Falter (Pieris brassicae L.) senkte den Rüssel in den Honiggrund.

441. Lithospermum Tourn.

Schwach protogynische oder homogame Blumen mit verborgenem Honig welcher vom Fruchtknoten abgesondert und im Grunde der Kronröhre geborgen wird. Zuweilen Hummelblumen.

1949. L. arvense L. [Sprengel, S. 88; H. M., Befr. S. 270; Weit. Beob. III. S. 16; Kerner, Pflanzenleben II.; Kirchner, Flora, S. 560; Mac Leod, B. Jaarb. V. S. 335; Knuth, Bijdragen.] — Die wenig augenfälligen kleinen Blüten sind meist weiss, doch tritt, nach Loew, eine lokal verbreitete blaublütige Nebenform auf. Unterhalb der Mitte der 4¹/₂ mm langen und 1 mm weiten Kronröhre sind auf kurzen Stielen die fünf Staubblätter eingefügt, deren Antheren bereits vor dem Öffnen der Blüte nach innen aufspringen; (nach Kerner ist die Blume dagegen schwach protogyn). Über denselben stehen Haare, welche das Eindringen von Regen verhindern. Der Griffel ist etwa 2 mm lang und

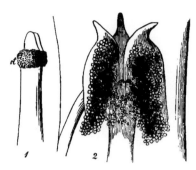

Fig. 260. Lithospermum arvense L. (Nach Herm. Müller.)

1 Griffelspitze der Knospe. (36:1.) *st* Narbe.
2 Lage der Befruchtungsorgane in der Blüte.

endet mit zwei glatten, abgerundet-kegelförmigen, dicht an einander liegenden Lappen; unter diesen befindet sich ein ringförmiger, dicht mit Narbenpapillen besetzter Wulst, welcher mitten zwischen den Antheren steht, so dass der Blüteneingang vollständig ausgefüllt ist und ein in den Blütengrund eindirngender Insektenrüssel sich zwischen Narbe und Antheren hindurchzwängen muss. Geschieht dies im Anfange der Blütezeit, so bewirkt ein an der Narbe vorbeistreifender, pollenbehafteter Insektenrüssel Fremdbestäubung und behaftet sich wiederum mit Pollen. Bald jedoch quillt der Pollen so stark aus den Antheren hervor, dass die Narbe damit bedeckt wird, mithin spontane Selbstbestäubung unvermeidlich ist. Der Insektenbesuch ist ein sehr geringer.

Als Besucher sah ich saugende Apiden (Apis mellifica L. ♀, Bombus lapidarius L. ♀) und Tagfalter (Pieris brassicae L.); Sprengel beobachtete gleichfalls den „gemeinen weissen Schmetterling.“

Herm. Müller beobachtete: A. Diptera: *Syrphidae*: 1. Rhingia rostrata L.; 2. Syritta pipiens L. B. Hymenoptera: *Apidae*: 3. Apis mellifica L. ♀, sgd.; 4. Bombus agrorum F. ♀, sgd. C. Lepidoptera: *Rhopalocera*: 5. Pieris brassicae L.; 6. P. napi L.; 7. P. rapae L., sämtlich sgd.; Mac Leod in Flandern 1 Falter (Bot. Jaarb. VI. S. 371).

1950. L. canescens Lehmann. Die Blüten sind, nach Darwin, heterostyl oder sehr variabel.

1951. L. purpureo-coeruleum L. [Kirchner, Beitr. S. 51; Loew, Bl. Fl. S. 282.] — Die ziemlich grossen Blüten zeigen einen ähnlichen Farbenwechsel wie Pulmonaria; sie sind anfangs purpurot, später blau. Kirchner fand die Pflanzen der Schwäbischen Alb schwach protogynisch, indem die Antheren sich kurze Zeit nach der Blütenentfaltung öffnen, die Narbe aber mit derselben empfängnisfähig ist. Beide Organe stehen in gleicher Höhe dicht unter dem Eingange in die cylindrische Kronröhre, 7 mm über dem Blütengrunde. Nach Loew ist die Kronröhre 8—9 mm lang, und im Umkreise ihres Einganges liegen fünf radiäre weisse Längsfalten als Andeutung der Hohlschuppen.

Als Besucher sah Loew im Berliner botanischen Garten zwei langrüsselige saugende Bienen: Anthophora pilipes F. ♂ und Osmia aenea L.

1952. L. officinale L.
sah Loew im botanischen Garten zu Berlin von Megachile willughbiella K. ♀, sgd., besucht. Schletterer beobachtete bei Pola die Furchenbiene Halictus variipes Mor.

1953. L. (Batschia) longiflorum Pursh hat nach Darwin kleistogame Blumen.

442. Mertensia Rth.

Blumen mit verborgenem Honig. Nach Darwin (Diff. forms) dimorph.

1954. M. maritima Don. (Stenhammeria maritima Rchb.). Nach Warming (Bestövningsmaade S. 5—6) sind die Blüten in Grönland kleiner als in Norwegen. Da die Staubblätter mit den Narben in gleicher Höhe stehen, so erfolgt regelmässig spontane Selbstbestäubung.

1955. M. virginica DC. [Loew, Beitr. II. S. 54—56.] — Diese nordamerikanische Art sah Loew im botanischen Garten zu Berlin von Anthophora pilipes F. ♂ (normal sgd.) besucht. Kleine Bienen (Halictus nitidiusculus K.) sammelten Pollen.

443. Myosotis Dill.

Meist blaue, selten rosa oder weisse, homogame Blumen mit verborgenem Honig, welcher von der fleischigen Unterlage des Fruchtknotens abgesondert und im Grunde der kurzen Kronröhre aufbewahrt wird Als Saftmal und gleichzeitig als Saftdecke dienen gelbe, taschenförmige Einsackungen im Blüteneingange; diese nötigen ausserdem die Besucher, den Rüssel so in den Blütengrund zu senken, dass Narbe und Antheren berührt werden. — Nach Kerner (Pflanzenleben II. S. 391) sollen die Arten heterostyl sein.

Fig. 261. Myosotis silvatica Hoffmann. (Nach Herm. Müller.)
1 Blüte von oben gesehen. *2* Dieselbe im Längsdurchschnitt. (7 : 1.) *3* Pollenkörner. *a* Hellblaue Saumlappen *b* Weisse Strahlen. *c* Gelbe Kronmitte. *d* Staubblätter. *e* Narbe. *f* Nektarium.

1956. M. silvatica Hoffmann. [H. M., Befr. S. 272, 273; Weit. Beob. III. S. 16, 17; Kirchner, Flora S. 561, 562.] — Innen an der Wand der 2—3 mm langen Kronröhre stehen die Antheren über der mit ihnen gleichzeitig entwickelten Narbe, indem sie sich etwas zusammenneigen. Mit dem Öffnen der Blüte springen sie nach innen auf, so dass besuchende Insekten den Rüssel zwischen Narbe und Antheren hindurchstecken müssen. Dabei berühren

sie mit der einen Seite die Narbe, mit der anderen die Antheren, so dass Fremdbestäubung eintritt, falls sie den Rüssel nur einmal in die Blume senken. Da
namentlich die besuchenden Fliegen den Rüssel aber meist mehrmals in dieselbe
Blüte stecken, so bewirken sie auch häufig Selbstbestäubung. Letztere erfolgt sonst
regelmässig spontan, indem Pollen auf die Narbe fällt. Nach Kerner ist dies
nicht gleich anfangs möglich, sondern erst später, weil die Blüten zuerst seitlich gestellt und erst später aufgerichtet sind. Die Selbstbestäubung ist, nach
Axells Versuch, von voller Fruchtbarkeit begleitet. Auch auf dem Dovrefjeld
sind die Blüten durch spontane Selbstbestäubung fruchtbar.

Als Besucher sah H. Müller:

A. Coleoptera: a) *Dermestidae*: 1. Anthrenus scrophulariae L., sitzt auf den
Blüten, hat den Mund am Blüteneingange, kann aber nicht hinein. b) *Nitidulidae*:
2. Meligethes sp., kriechen an den Blüten herum; ich sah sie aber nie im Innern der
Blumenkronenröhre. c) *Telephoridae*: 3. Anthocomus fasciatus L., vergeblich suchend.
B. Diptera: a) *Conopidae*: 4. Myopa sp., sgd. b) *Empidae*: 5. Empis opaca F., sgd.;
6. E. vernalis Mg., sgd. c) *Muscidae*: 7. Anthomyia radicum L. ♀ ♂; 8. Calobata
cothurnata Pz., sgd.; 9. Chlorops scalaris Mg.; 10. Echinomyiaarten; 11. Musca corvina F., sgd.; 12. M. domestica L., sgd.; 13. Opomyza germinationis L., sgd., zahlreich;

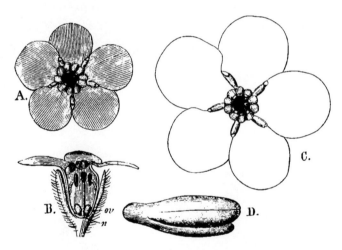

Fig. 262. Myosotis alpestris Schmidt.

A Kleinblumigere dunkelblaue Form. *B* Dieselbe im Längsdurchschnitt. *C* Grossblumige
blassere Form. *D* Einzelnes Staubblatt vor dem Aufspringen. (*A—C* Vergr. 7:1; *D* 35:1.)
ov Fruchtknoten. *n* Nektarium.

14. Onesia floralis R.-D., sgd.; 15. O. sepulcralis Mg., sgd.; 16. Pollenia vespillo F.,
sgd.; 17. Scatophaga merdaria F., sgd.; 18. S. stercoraria L.; 19. Sepsis atriceps Macq.,
in Copula auf den Blüten; 20. Siphona geniculata Deg., sgd. d) *Syrphidae*: 21. Eristalis
arbustorum L., häufig. sgd.; 22. E. sepulcralis L., w. v.; 23. Rhingia rostrata L., sgd.;
24. Syritta pipiens L., sehr häufig, sgd. C. Hymenoptera: *Apidae*: 25. Anthrena
albicans K. ♀, andauernd sgd.; 26. A. pilipes F. ♀, sgd.; 27. A. varians Rossi ♀,
sgd.; 28. Apis mellifica L. ♀, sgd., häufig; 29. Megachile fasciata Sm. ♂, sich auf den
Blüten sonnend; 30. Osmia rufa L. ♀, ein Exemplar, sgd. D. Lepidoptera: *Rhopalocera*: Pieris sp., sgd.

Bail (Bot. Centralbl. Bd. 9) bemerkte in Westpreussen 2 Schwebfliegen (Eristalis, Helophilus) und 2 Falter (Pieris napi L., Polyommatus phlacas L.) als Besucher. In Dumfriesshire (Schottland) (Scott-Elliot, Flora S. 122) wurde 1 Schwebfliege als Besucherin beobachtet.

1957. M. alpestris Schmidt. (M. silvatica var. β. alpestris Koch.) [H. M., Alpenbl. S. 259, 260.] — Die Blüten dieser alpinen Art sind häufig viel intensiver und dunkler blau gefärbt, als die Arten der Ebene, doch finden sich auch blassere Blumen, sowie klein- und grossblütige Pflanzen. (S. Fig. 262). Die Bestäubungseinrichtung stimmt mit derjenigen von M. silvatica überein: bei Insektenbesuch ist Kreuzung bevorzugt; bleibt derselbe aus, so erfolgt spontane Selbstbestäubung. Magnus beobachtete eine Bildungsabweichung (eine Form mit stark überzähligen Blüten), welche bei der Kultur konstant blieb und daher auf fortgesetzte Autogamie schliessen liess.

Nach Ekstam wurden auf Novaja Semlja die wohlriechenden Blüten von Fliegen besucht.

Als Besucher beobachtete H. Müller in den Alpen besonders Falter (33 Arten), seltener Fliegen (18), selten Bienen (1) und Käfer (1).

Loew bemerkte in der Schweiz (Beiträge S. 60): Melithreptus scriptus L.; im botanischen Garten zu Berlin: A. Diptera: *Syrphidae*: 1. Eristalis nemorum L. B. Hymenoptera: *Apidae*: 2. Apis mellifica L. ♀, sgd.; 3. Osmia rufa L. ♀, stetig saugend.

Plateau sah im botanischen Garten zu Gent gleichfalls Apis und Osmia an den Blüten.

1958. M. intermedia Link. [H. M., Befr. S. 273; Weit. Beob. III. S. 17; Kirchner, Flora, S. 562; Knuth, Bijdr.] — In den kleinen, himmelblauen, homogamen Blüten steht die Narbe mit den Antheren in gleicher Höhe, so dass ein zum Nektar vordringender Insektenrüssel noch weniger als bei voriger Art mit derselben Seite Narbe und Antheren berühren kann. Ferner setzt sich das Konnektiv nach oben in eine breite Anschwellung fort, welche die Antheren von oben bedeckt, so dass ein Behaften der eindringenden Rüsselspitze mit Pollen, welcher dann leicht auf die Narbe derselben Blüte abgesetzt werden könnte, verhindert ist. Diese beiden Eigentümlichkeiten sichern also bei eintretendem Insektenbesuche noch mehr die Fremdbestäubung als bei vor.; bleibt solcher aus, so erfolgt regelmässig spontane Selbstbestäubung.

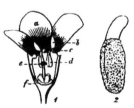

Fig. 263. Myosotis intermedia Link. (Nach Müller.)
1 Blüte im Längsdurchschnitt. (7:1.) *2* Staubblatt, stärker vergrössert, von der Seite gesehen, um den breiten, auswärtsgebogenen Konnektivanhang zu zeigen. Bedeutung der Buchstaben wie bei M. silvatica.

Als Besucher sah ich die Honigbiene und 2 Schwebfliegen (Eristalis arbustorum L., Syritta pipiens L.), sgd.

Hermann Müller beobachtete folgende Besucher:

A. Diptera: a) *Bombylidae*: 1. Bombylius major L., sgd. b) *Muscidae*: 2. Aricia incana Wiedem., sgd., häufig; 3. Limnophora sp., sgd.; 4. Pollenia vespillo F., saugend. c) *Syrphidae*: 5. Ascia podagrica F., sgd.; 6. Chrysogaster viduata L., sgd.; 7. Syritta pipiens L., sgd., häufig. B. Hymenoptera: *Apidae*: 8. Anthrena albicans Müll. ♀, sgd.;

9. **A. fasciata** Wesm. ♂, sgd.; 10. **A. nana** K. ♂, sgd.; 11. **A. parvula** K. ♀, sgd., in Mehrzahl; 12. **Apis mellifica** L. ⚥, zahlreich, sgd. Senkrecht oder schräg rückwärts übergeneigt hangend, lenkt sie die Zungenspitze mit grosser Sicherheit in die kleine Blumenöffnung; 13. **Sphecodes gibbus** L. ♀, sgd. C. Lepidoptera: *Rhopalocera*: 14. **Coenonympha pamphilus** L., sgd., häufig; 15. **Pieris napi** L., sgd.; 16. **P. rapae** L., saugend.

Mac Leod beobachtete in Flandern 1 Muscide und Apis. (B. Jaarb. V. S. 338; VI. S. 371).

1959. M. hispida Schlechtendahl pat. [H. M., Befr. S. 273; Weit. Beob. III. S. 18, 19.] — Die Bestäubungseinrichtung der winzigen hellblauen, homogamen Blüten stimmt im wesentlichen mit derjenigen der vor. Art überein. In der kaum 2 mm langen Kronröhre neigen sich die Antheren über der Narbe zusammen und überschütten sie schliesslich mit Pollen. Tritt aber Insektenbesuch ein, so erfolgt nach Müllers Darstellung in folgender Weise Fremdbestäubung: durch die gelben, taschenförmigen, als Saftmal dienenden Einsackungen wird der Blüteneingang so verengt, dass der Insektenrüssel von oben her nur gerade in die Mitte der Kronröhre einzudringen vermag. Schon ¹/₄ mm unterhalb des Einganges enden die Konnektivanhänge der Antheren und führen den eindringenden Insektenrüssel zwischen sich in der Richtung der Blütenachse weiter, so dass er unvermeidlich die Narbe trifft und an ihrer Rundung vorbeigleitend, sie mit Pollen früher besuchter Blüten behaftet, ehe er den Honig erreicht. Beim Zurückziehen aus der Blüte streift er die Innenseite der Antheren und behaftet sich mit Pollen.

Als Besucher sah H. Müller in Westfalen eine Muscide (Anthomyia sp.) sgd., Borgstette bei Tecklenburg eine Biene (Halictus zonulus Sm. ♀) sgd.

Verhoeff bemerkte auf Norderney Halictus minutus K. ♀, sgd.; Mac Leod in Flandern 1 Falter (Bot. Jaarb. V. S. 338).

Schletterer beobachtete bei Pola die Dolchwespe Scolia hirta Schrk.

1960. M. versicolor Smith. [H. M., Weit. Beob. III. S. 17, 18; Mac Leod, B. Jaarb. V. S. 538—339; Kirchner, Flora S. 562, 563.] Die sich eben öffnenden Blumen haben eine hellgelbe Farbe und sind für Fremdbestäubung eingerichtet; später färben sie sich blau und dann erfolgt unvermeidlich spontane Selbstbestäubung. Im ersten Zustande ist die Kronröhre nämlich nur 2 mm lang, so dass die in dem oberen Teile derselben eingefügten Antheren von dem schon völlig ausgewachsenen fast 3 mm langen Griffel überragt werden und die entwickelte Narbe sogar etwas aus der Blüte hervorragt. Alsdann wächst die Kronröhre, indem sich der Kronsaum himmelblau färbt, so dass die Antheren mit der Narbe in gleicher Höhe stehen und sie mit Pollen belegen.

Als Besucher sah H. Müller 1 Hummel (Bombus agrorum F., nur kurze Zeit sgd.), 2 Bienen (Halictus sexnotatus K. ♀, sgd.; H. zonulus Sm. ♀, ebenso), 2 Schwebfliegen (Rhingia rostrata L., andauernd sgd.; Syritta pipiens L., sgd.)

Mac Leod beobachtete in Flandern 1 Anthrena, 1 Pieris. (Bot. Jaarb. VI. S. 371).

In Dumfriesshire (Schottland) (Scott-Elliot, Flora S. 123) wurden mehrere Musciden und Dolichopodiden als Besucher beobachtet.

1961. M. palustris Withering. [Sprengel, S. 88; H. M., Befr. S. 273; Knuth, Bijdragen.] — Abgesehen von der bedeutenderen Grösse der Blume, deren Kronröhre 3 mm lang ist, stimmt die Bestäubungseinrichtung mit

derjenigen von M. intermedia überein. Nach Kerner sind die Blüten an
höher gelegenen Gebirgsstandorten tiefer blau gefärbt als in der Ebene. Mac
Leod beobachtete bei Gent Gynodiöcie.

Als Besucher bemerkte ich eine Schwebfliege (Syrphus ribesii L., sgd.,
häufig; Herm. Müller eine Empide (Empis opaca F., sehr häufig sgd.) und einen Tagfalter (Lycaena icarus Rott., sgd.)

Sickmann giebt für Osnabrück als Besucher Sapyga quinquepunctata F. an.

Mac Leod (Bot. Jaarb. V S. 335—337) beobachtete in Flandern die Honigbiene,
eine kurzrüsselige Biene, fünf Syrphiden, sechs Musciden, einen Tagfalter und einen
Käfer.

In Dumfriessbire (Schottland) (Scott-Elliot, Flora S. 121) wurden 3 Schwebfliegen und 2 Musciden als Besucher beobachtet.

1962. M. caespitosa Schultz. [Mac Leod, B. Jaarb. V. S. 337.] —
Blüteneinrichtung ähnlich wie bei M. palustris, doch Blüten kleiner. Spontane
Selbstbestäubung möglich.

1963. M. sparsiflora Mikan. [Schulz, Beiträge II. S. 115.] — Die
in armblütiger Traube stehenden hellblauen, selten weissen Blumen sind homogam;
der Griffel ragt bis zur Mitte der Antheren empor, so dass spontane Selbstbestäubung unvermeidlich ist. Bei Insektenbesuch ist Kreuzung möglich.

Als Besucher sah Schulz zwei Fliegen, darunter Rhingia rostrata L.

1964. M. pyrenaica Pourret.

Als Besucher sah Mac Leod in den Pyrenäen Bienen (2), Falter (5), Bombyliden (1), Syrphiden (2), Musciden (7). (Bot. Jaarb. III. S. 311—312.)

1965. Cordia L. ist, nach Darwin (Diff. forms), dimorph, doch ist der
Grössenunterschied zwischen den Staub- und Fruchtblättern der beiden Formen
sehr gering. Dasselbe gilt von den Pollenkörnern.

93. Familie Solanaceae Juss.

Knuth, Ndfr. Ins. S. 106; R. v. Wettstein, in Engler und Prantl,
Nat. Pflanzenfam. IV. 3 b. S. 8.

Teils Pollenblumen (Solanum), teils Blumen mit verborgenem Honig
(Lycium), teils auch Hummel- (Atropa, Scopolia) oder Falterblumen
(Nicotiana). Die Absonderung des Nektars erfolgt unterhalb des Fruchtknotens.
Fremdbestäubung ist durch Protogynie oder bei Homogamie meist durch die
hervorragende Stellung der Narbe gesichert oder begünstigt, spontane Selbstbestäubung gegen Ende der Blütezeit meist durch Stellungswechsel der Blüte oder
der Staub- und Fruchtblätter ermöglicht.

444. Lycium L.

Homogame Blumen mit verborgenem Honig, welcher vom Fruchtknoten
abgesondert und im Grunde der Kronröhre aufbewahrt wird.

1966. L. barbarum L. (L. vulgare Dunal). [H. M., Befr. S. 275;
Weit. Beob. III. S. 23, 24; Kirchner, Flora S. 565; Knuth, Ndfr. I.
S. 108, 109, 164; Weit. Beob. S. 238.] — Die trübviolette Krone ist mit
dunkelvioletten Linien im helleren Schlunde versehen, welche als Saftmal dienen.

Die 7—10 mm lange Kronröhre erweitert sich am Ende trichterförmig und breitet sich zu einem Saum von 16—22 mm Durchmesser auseinander. Die

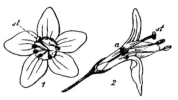

Kronröhre ist innen glatt, doch trägt sie im Schlunde eine dicht wollige Behaarung, welche den Nektar gegen Regen und unnütze Blumengäste schützt. Narbe und Staubblätter sind gleichzeitig entwickelt und meist auch gleichlang, wobei die Narbe

Fig. 264. Lycium barbarum L.
(Nach Herm. Müller.)

1 Blüte gerade von vorn gesehen. *2* Dieselben im Längsdurchschnitt. *a* Saftdecke.
st Narbe.

bisweilen über die Staubblätter hinaufgebogen ist; doch steht sie in der Regel in unmittelbarer Berührung mit denselben, so dass bei eintretendem Insektenbesuche ebensowohl Fremd- als Selbstbestäubung erfolgen kann. Letztere muss spontan eintreten, falls Insektenbesuch ausbleibt.

Nach Kerner werden in kurzgriffeligen Blüten in 24 Stunden die Antheren durch nachträgliches Wachstum der Blumenkrone um ½ cm bis zur Berührung mit der Narbe vorgeschoben, so dass Autogamie erfolgt.

Eine andere Einrichtung beobachtete ich an langgriffeligen Blüten besonders aus der Umgebung von Kiel: Der Griffel ist anfangs etwas länger als

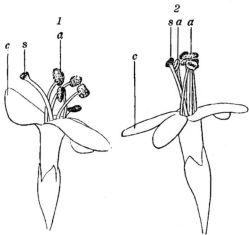

die Staubfäden. Dabei ist die entwickelte Narbe fast regelmässig nach unten gerichtet, während die Staubblätter mit pollenbedeckten Antheren nach oben gebogen sind. Die anfliegenden Bienen klettern an Griffel und Staubblättern in die Höhe bis zum Blüteneingange, wobei sie zuerst die Narbe, dann die Antheren berühren, also Fremdbestäubung hervorrufen. Später, wenn die Blüten schon anfangen, ihre violette Färbung zu verlieren, sind die Staubfäden soweit herangewachsen, dass sie die an der Spitze des alsdann gerade gestreckten Griffels befindliche Narbe berühren, also spontane Selbstbestäubung eintritt.

Fig. 265. Lycium barbarum L. (Nach der Natur im dreifacher Vergrösserung photographiert.)

1 Blüte im ersten Zustande: Die Staubfäden der aufgesprungenen Antheren sind nach oben, der Griffel der empfängnisfähigen Narbe ist nach unten gebogen. (Fremdbestäubungszustand.) *2* Blüte im zweiten Zustande: Antheren und Narbe sind so genähert, dass durch unmittelbare Berührung spontane Selbstbestäubung erfolgt. *c* Krone. *a* Anthere. *s* Narbe. (Die Blüten sind um 90° nach links gedreht zu denken.)

Als Besucher sah ich auf den nordfriesischen Inseln die Honigbiene, 5 Hummeln (Bombus agrorum F., B. cognatus Steph., B. lapidarius L., B. pratorum L., B. terrester L.), einige Anthophiliden und 1 Tagfalter (Pieris), sämtlich sgd.; auf der Insel Rügen Podalirius aestivalis Pz. ♀.

Herm. Müller beobachtete in Westfalen Apis und 2 Hummeln (Bombus agrorum F. ♀, B. lapidarius L. ♀); sein Sohn in Thüringen:

A. Diptera: *Syrphidae*: 1. Syrphus balteatus Deg., pfd. B. Hymenoptera: *Apidae*: 2. Anthophora aestivalis Pz ♂ sgd., ♀ sgd. und psd.; 3. A. quadrimaculata Pz. ♀ ♂, in Mehrzahl, sgd.; 4. Apis mellifica L. ⚨, sgd.; 5. Bombus agrorum F. ⚨, sgd.; 6. B. rajellus K. ♀ ⚨, sgd. und psd.: 7. B. silvarum L. ♀, sgd.; 8. B. tristis Seidl. ♀, sgd.; 9. Eucera longicornis L. ♂ sgd., ♀ sgd. und psd.; 10. Melecta luctuosa Scop. ♂ sgd.

Alfken und Leege (L.) beobachteten auf Juist: A. Diptera: a) *Muscidae*: 1. Nemoraea radicum F. b) *Syrphidae*: 2. Pipizella virens F. B. Hymenoptera: a) *Apidae*: 3. Bombus distinguendus Mor. ⚨, psd., sgd.; 4. B. hortorum L.; 5. B. lucorum L. ⚨ ♂; 6. B. muscorum F. ♀ ♂; 7. B. terrester L. ⚨ ♂; 8. Podalirius vulpinus Pz., ♀, selten. b) *Chrysididae*: 9. Cleptes nitidulus F. ♀, selten. C. Lepidoptera: *Noctuidae*: 10. Plusia chrysitis L., einmal (L.).

Friese giebt als Besucher an die Schmarotzerbienen: 1. Crocisa major Lep. für Bordeaux, nach Pérez; 2. C. ramosa Lep. für Ungarn: 3. C. scutellaris F. für Deutschland (Merseburg).; 4. C. truncata Pér. für Ungarn, 1 ♀.

445. Solanum L.

Homogame bis protogyne Pollenblumen, z. T. vielleicht auch mit saftreichem Gewebe im Blütengrunde.

1967. S. tuberosum L. [Sprengel, S. 129; H. M., Befr. S. 274, 275; Mac Leod, Bot. Jaarb. V. S. 339; Kirchner, Flora, S. 566; Knuth, Bijdragen.] — Die weissen oder blassvioletten Blüten hängen, nach Kerner, infolge einer Krümmung ihres Stieles während der Nacht und richten sich am Tage wieder auf. Dabei stellen sich die Blütenstiele annähernd wagerecht, so dass die Kronen nahezu senkrecht stehen. Die Blüten sind, nach Kerner, zwischen 6 und 7 Uhr morgens und 2—3 Uhr nachmittags geöffnet. (Die von mir beobachteten Blumen waren den ganzen Tag geöffnet). Aus der Krone ragen die fünf kegelförmig zusammenneigenden gelben Antheren gerade hervor und

Fig. 266. Solanum tuberosum L.
(Nach der Natur.)

Blüte von vorn gesehen. a Antherenöffnungen. s Narbe.

umschliessen den Griffel, dessen narbentragendes Ende die Staubbeutel überragt, indem es sich mehr oder weniger abwärts biegt. Die Antheren springen an der Spitze auf und lassen beim Anstossen eine kleine Menge Pollen fallen.

Da die Narbe hervorragt und sich abwärts neigt, wird sie bei eintretendem Insektenbesuche meist zuerst berührt; es ist mithin Fremdbestäubung begünstigt. Infolge der Nektarlosigkeit und des geringen Pollengehaltes der Blüte ist der Insektenbesuch aber ein sehr spärlicher, so dass spontane Selbstbestäubung nötig ist. Diese erfolgt nach Kerner dadurch, dass Pollen auf der Krone hängen bleibt und beim Einfalten derselben auf die Narbe gelangt; nach Müller ist die Abwärtskrümmung des Griffelendes oft so stark, dass die Narbe in die Falllinie des Pollens kommt.

Einige Varietäten sind selbststeril (Tinzmann), andere Kultursorten sind selbstfertil (Woodstock, Kidney, Grampian etc.). Ausserdem kommen Kartoffel-varietäten vor, die niemals Blüten erzeugen (Ashleaf); andere, deren Knospen vor der Entfaltung abfallen (International); andere, die einzelne Blüten öffnen, aber diese nebst den Knospen fast unmittelbar fallen lassen (Schneeflocken); andere, die ihre Blüten öffnen, aber, da sie pollenlos sind, niemals Samen tragen (Early Rose, Beauty of Hebron); wieder andere, die sich ebenso verhalten, ob-gleich sie reichlich mit Pollen versehen sind (King of potatoes). [Bot. Jb. 1880. I. S. 161 nach Gardeners' Chronicle.]

Als Besucher der bei Kiel meist protogynen Blumen sah ich nur eine pollen-fressende Schwebfliege (Syrphus balteatus Deg.) und Meligethes, Herm. Müller be obachtete zwei andere Syrphiden (Eristalis tenax L. und Syritta pipiens L.).

Auf Helgoland beobachtete ich zwei Musciden: Coelopa frigida Fall., pfd., und Lucilia caesar L., pfd. Mac Leod bemerkte in Flandern Meligethes, sowie einen zu saugen versuchenden Falter (Pieris brassicae L.).

1968. S. Dulcamara L. [Sprengel, S. 129; Delpino, Ult. oss. II. S. 295; H. M., Weit. Beob. III. S. 20—22; Alpenbl. S. 266; Mac Leod, Bot. Jaarb. V. S. 339; Kirchner, Flora S. 566, 567; Knuth, Ndfr. Ins. S. 109; Bijdr.] — Die homogamen, violettgeaderten, schwach angenehm duftenden Blüten scheinen, nach Müller, Insekten Täuschblumen zu sein, während Delpino sie zum Borrago-Typus, also zu den Bienenblumen stellt. (Vgl. Bd. I. S. 22 und 24.) Der napfförmige Blütengrund, aus welchem der goldgelbe Antherenkegel auf kurzen, steifen, aussen dunkel gefärbten Staub-fäden senkrecht hervorsteht, ist von blauschwarzer Farbe und so glänzend, als wenn er mit einer dünnen Flüssigkeitsschicht überzogen wäre. Auf den Wurzeln der Kronzipfel stehen paarweise grüne, weiss gesäumte, knopfförmige Höcker, welche den Rand des napfförmigen Blütengrundes ringsum besetzen und eben-falls wie benetzt aussehen, so dass H. Müller sie als Scheinnektarien auffasst. In der That hat die direkte Beobachtung ergeben, dass bisweilen Fliegen erst diese grünen Höcker und den Blütengrund, dann die Narbe und die Pollen liefernde Spitze des Antherenkegels mit ihren Rüsselklappen betupften und, indem sie dieses an verschiedenen Blüten wiederholten, Kreuzung herbeiführen.

Andererseits wird auch die Auffassung Delpinos durch die Beobachtungen Hoffers gestützt. Nach diesem Forscher (Kosmos 1885) dürften die gras-grünen, weiss eingefassten Tüpfel auf den Kronblättern sich als wirkliche Saft-male entpuppen [1]. Derselbe beobachtete nämlich folgende, teilweise durch 30 bis 40 gleichzeitig an einem Strauche schwärmende Individuen vertretene Arten als zum Teil saugende Besucher an, nämlich:

A. Hymenoptera; a) *Apidae*: 1. Apis mellifica L. ⚥; 2. Bombus agrorum F. ⚥; 3. B. confusus Schck. ⚥; 4. B. hortorum L. ⚥; 5. B. hypnorum L. ⚥; 6. B. lapidarius L.; 7. B. pratorum L. ⚥; 8. B. terrester L.; 9. Osmia sp. b) *Vespidae*: 10. Vespa silvestris Scop. ⚥ (flüchtig). B. Diptera: *Syrphidae*: 11. Rhingia rostrata L. (pfd.); 12. Volu-cella bombylans L. C. Lepidoptera: *Rhopalocera*: 13. Argynnis paphia L.

_____

[1] Diese Anschauung findet durch meine chemische Untersuchung der Blüte eine Stütze. (Vgl. die Bemerkung bei Leucojum vernum L.)

Als sonstige Blumengäste finde ich nur Käfer angegeben: v. F r i c k e n beobachtete in Westfalen und Ostpreussen die N i t i d u l i d e Pria dulcamarae Ill. und die C u r c u - l i o n i d e Cionus solani F.; R e d t e n b a c h e r bemerkte bei Wien gleichfalls Pria dulca- marae Ill.

Von den oben genannten Hummeln giebt H o f f e r ausdrücklich an, dass sie ausser Pollen nebenbei nach irgend einer Flüssigkeit am Grunde der Blumenkrone suchen, sowie auch, dass der Falter die grünen Flecke mit dem Rüssel betastet.

Ich habe es mir angelegen sein lassen, die Blumengäste auch in Norddeutsch- land festzustellen. Bei wiederholtem langen Überwachen beobachtete ich sowohl pollen- fressende S c h w e b f l i e g e n (Syritta pipiens L., Eristalis tenax L.), als auch pollen- sammelnde B i e n e n (Apis mellifica L. ☿, Bombus terrester L. ☿), so dass die Blume in der That beiden Besuchergruppen angepasst erscheint.

In den Alpen beobachtete H e r m. M ü l l e r 1 Bombus, 1 Syrphus und 1 Pieris als Blütengäste.

M a c L e o d beobachtete in den Pyrenäen (B. Jaarb. III. S. 312) eine Muscide an den Blüten.

Pollen, nach W a r n s t o r f, weiss, sehr klein, rundlich oder elliptisch, glatt, etwa 15 μ lang und 10—12 μ breit.

1969. S. nigrum L. [S p r e n g e l, S. 129; H. M., Befr. S. 275; Weit. Beob. III. S. 23; K i r c h n e r, Flora, S. 567; M a c L e o d, B. Jaarb. V. S. 240; K n u t h, Ndfr. Ins. 109, 164; Bijdragen.] — Die nektarlosen, homogamen Blüten sind schräg oder senkrecht nach unten gerichtet. Die nachts geschlossene Krone ist meist rein weiss gefärbt, doch kommen auch zuweilen Blüten vor, welche auf den Spitzen der Kronlappen einen blauen Fleck besitzen, von dem sich manchmal noch eine schmale, blaue Mittellinie zu dem dann gewöhnlich orangegelb ge- färbten Schlund zieht. Diese Färbung betrachtet H e r m. M ü l l e r als vielleicht die ersten Anfänge einer Anpassung an Kreuzung vermittelnde Fliegen. Die Kronzipfel sind zurückgeschlagen; in der Richtung der Blütenachse steht der orangegelbe Antherenkegel hervor. Derselbe wird von der Narbe nur wenig überragt; er lässt bei kräftiger Erschütterung Blütenstaub aus den offenen An- therenenden herausfallen. Die besuchenden Insekten klammern sich von unten an abstehende, etwas krause Haare der kurzen, steifen Staubfäden.

Als B e s u c h e r beobachtete i c h B i e n e n (Apis, Anthophora sp., Bombus agrorum F., B. terrester L. ☿); M ü l l e r und B u d d e b e r g sahen dagegen pollenfressende S c h w e b - f l i e g e n als Kreuzungsvermittler: Ersterer Melithreptus scriptus L. und Syritta pipiens L., letzterer Ascia podagrica F. und Syritta.

S p r e n g e l dagegen hat, ebenso wie ich, B i e n e n als Besucher beobachtet: „Sie stiessen, sagt er, mit Heftigkeit an die Antheren, damit der Staub herausfiele, hatten auch an den Hinterbeinen weisse Staubkügelchen sitzen."

M a c L e o d bemerkte in Flandern Syritta an den Blüten. (Bot. Jaarb. VI S. 371.)

1970. S. rostratum hat, nach H. M ü l l e r (Kosmos VII. 1883), Blumen mit rechts oder links gewendetem Griffel. Eine eingehendere Darstellung der Blütenverhältnisse habe ich Bd. I. S. 129 gegeben.

446. Physalis L.

Protogynische Blumen mit verborgenem Honig, welcher am Grunde des Fruchtknotens abgesondert und im Grund der Kronröhre beherbergt wird. Nach K e r n e r „Revolverblüten".

1971. Ph. Alkekengi L. [Sprengel, S. 127; Kirchner, Flora
S. 569; Kerner, Pflanzenleben II.] — Die schmutzigweissen, protogynischen
Blüten hängen abwärts oder sind schräg abwärts geneigt. Als Saftmal dienen
grünliche Adern auf den flach ausgebreiteten Kronzipfeln; über den Einfügungs-
stellen der Staubblätter findet sich ausserdem eine Anzahl grüner, zu einem
Kreise angeordneter Flecken. Der in spärlicher Menge im Grunde der Kron-
röhre vorhandene Nektar wird durch Haare, welche am Grunde der Staubfäden
von der Kronröhre entspringen, vor unnützen Besuchern geschützt. Nach
Kerner finden sich in der Kronröhre fünf Rinnen, welche sich dadurch zu
Röhren gestalten, dass sie gegen die Blütenmitte zu von den zottigen Staubfäden
eingefasst sind („Revolverblüte"). Die Antheren sind mit der pollenbedeckten
Seite so vor die Mündung der Röhre gestellt, dass die Insekten sie bei dem
Einführen des Rüssels streifen müssen.

Nach Kirchner, ist die Narbe bereits entwickelt, wenn die Blüte sich
öffnet; sie überragt dann die noch geschlossenen Antheren um 4 mm. Die
anfangs nach aussen geneigten Staubblätter öffnen auch ihre Antheren anfangs
nach aussen. Später nähern sie sich etwas der noch empfängnisfähigen und sie
auch noch überragenden Narbe, so dass nun durch Pollenfall leicht spontane
Selbstbestäubung erfolgen kann. Nach Kerner findet ein nachträgliches Wachstum der Blumenkrone statt, wodurch die Antheren bis zur Narbe vorgeschoben
werden und so Autogamie erfolgt.

447. Nicandra Adanson.

Blumen mit verborgenem Honig, welcher vom untersten Teile des Fruchtknotens abgesondert wird.

1972. N. physaloides Gärtner. [Sprengel, S. 126; Kerner,
Pflanzenleben II.] — Die weisslichen, mit hellblauem Saume versehenen, glockigen
Blüten öffnen sich, nach Kerner, um 11—12 Uhr vormittags und schliessen
sich um 3—4 Uhr nachmittags. Durch halbkreisförmige Abwärtskrümmung der
Staubfäden, bis zur Berührung der Staubbeutel mit der Narbe erfolgt spontane
Selbstbestäubung. Schon eine Stunde, nachdem Pollen auf die Narbe gelangt
ist, welkt letztere und bräunt sich; alsbald löst sich auch der ganze Griffel
vom Fruchtknoten ab, indem gleichzeitig die Blumenkrone welkt. Nach Sprengel
sind die Antheren am Grunde dicht mit Haaren bedeckt, welche als Saftdecke
dienen. Als Saftmal besitzen die Blumen fünf dunkelblaue, mit den Staubfäden abwechselnde Flecke am Grunde der Krone unmittelbar über der Saftdecke.

Als Besucher sah ich (Notizen) am 10. 9. 97 im Garten der Ober-Realschule
zu Kiel Honigbienen, welche zum Honigsaugen ganz in die Blüte heineinkrochen und
dabei Fremdbestäubung bewirkten.

448. Atropa L.

Protogynische Hummelblumen, deren Nektar von der Unterlage des Fruchtknotens abgesondert und im untersten engsten Teile der glockenförmigen Krone
geborgen wird.

1973. A. Belladonna L. [H. M., Weit. Beob. III. S. 24—26; Kirchner, Flora S. 569, 570; Knuth, Bijdragen; Kerner, Pflanzenleben II.] — Der Saum und der obere bauchig erweiterte Teil der Blumenkrone ist schmutzig braunrot gefärbt, der untere schmutzig gelbgrün. Die Ausmessungen der Blütenglocke entsprechen der Körpergrösse und Form einer mittelgrossen Hummel. Die Blüten sind bald schräg abwärts, bald wagerecht, bald aufwärts gerichtet, so dass das Blüteninnere nicht immer gegen Regen geschützt ist. Gegen kleinere, für die Blüte nutzlose Insekten ist der Nektar durch starke, senkrecht abstehende Haare geschützt, welche jeden Staubfaden auf eine Strecke von 4 mm bedecken; in gleicher Höhe mit dem obersten Teile dieses Haarverschlusses befinden sich auch an der Kronwand dicht gestellte, starre, abstehende Härchen.

Die Staubblätter werden von der Narbe erheblich überragt. Letztere ist mit der Blütenöffnung bereits entwickelt, und zwar nimmt sie eine solche Lage ein, dass eine in die Blüte kriechende Hummel sie sofort berühren muss. Der Griffel ist nämlich unten schwach abwärts, an seinem narbentragenden Ende aber wieder schwach aufwärts gerichtet. Die Antheren sind jetzt noch geschlossen; sie liegen innerhalb der Kronglocke, da ihre Staubfäden unterhalb der Staubbeutel umgebogen sind. Später springen letztere auf und bedecken sich ganz mit Pollen, wobei sich die Staubfäden etwas strecken; sie bleiben aber immer einwärts gebogen, so dass sie stets von der Narbe überragt bleiben, mithin letztere bei Insektenbesuch immer früher berührt wird als die Antheren, also stets Fremdbestäubung gesichert ist.

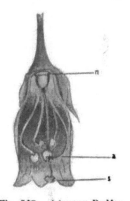

Fig. 267. **Atropa Belladonna** L. (Nach der Natur.)
Blüte nach Entfernung des vorderen Teiles der Blumenkrone und des Kelches.
n Nektarium. a Antheren. s Narbe.

Da der Griffel mit der Narbe im unteren Teile der Kronglocke liegt, erstere daher von den Besuchern stets mit der Bauchseite gestreift wird, so haben die oberen Antheren für die Kreuzung kaum irgend welchen Nutzen; sie werden vielmehr der spontanen Selbstbestäubung dienen, welche durch Pollenfall als Notbehelf bei ausgebliebenem Insektenbesuch erfolgt. — Pollen, nach Warnstorf, weiss, rundlich-polyedrisch, zart papillös gestrichelt, durchschnittlich 50 μ diam.

Den von Kerner angegebenen Platzwechsel von Antheren und Narbe, nach welchem letztere im ersten Blütenzustande in der Blütenmitte steht und die noch geschlossenen Antheren der Kronwand anliegen, im zweiten Blütenzustande die umgekehrte Stellung eintritt, habe ich nicht bemerkt, trotzdem ich die Blüten daraufhin untersucht habe.

Nach Kerner verwelkt die Blumenkrone schon eine Stunde nach erfolgter Bestäubung und auch der Griffel löst sich dann vom Fruchtknoten los.

Als Besucher sah ich die Honigbiene, sowie zwei Hummeln (Bombus agrorum F. ⚥, B. terrester L. ⚥), sgd.; Herm. Müller in Münster die Honigbiene sgd. und Thrips; Loew im botanischen Garten zu Berlin Bombus lapidarius L. ⚥ und B. terrester

L. ⚥, beide sgd.; Buddeberg in Nassau: A. Hymenoptera: *Apidae*: 1. Anthrena
gwynana K. ♀, sgd.; 2. Anthophora furcata Pz. ♀, sgd.; 3. Apis mellifica L. ⚥, sgd.,
zahlreich; 4. Bombus pratorum L. ⚥, sgd., sehr häufig; 5. Cilissa leporina Pz. ♂, sgd.;
6. Halictus cylindricus F. ♀, sgd., häufig; 7. H. leucopus K. ♀, sgd., in Mehrzahl;
8. H. malachurus K. ♀, sgd., sehr zahlreich; 9. Megachile centuncularis L. ♀, sgd. und
psd., in Mehrzahl. B. Thysanoptera: 10. Thrips, zahlreich in den Blüten, bis zum
Honige vordringend.

Plateau bemerkt bei Gent gleichfalls Apis als Blütenbesucher.

449. Mandragora Tourn.

Protogynische Blumen mit verborgenem Honig, welcher von der Unterlage
des Fruchtknotens abgesondert wird.

1974. M. vernalis Bertoloni. (M. officinalis Miller). [Hildebrand,
Geschlechterverteilung; Loew, Bl. Fl. S. 265; Kerner, Pflanzenleben II.] —

Die nachtschattenduftenden Blüten der im Mittelmeergebiet heimischen Art
sind aufgerichtet, nach Kerner nachts und bei regnerischem Wetter durch die
Kronzipfel geschlossen. Sie sind, nach Loew, aussen gelbgrün geadert und
mit eigentümlich gebauten Drüsenzotten besetzt; innen sind sie trübbläulich. Sie
stehen dicht am Erdboden. Als Honigschutz gegen unberufene Gäste dienen
dichte Haarbüschel über dem Grunde der Staubfäden. Nach Kerner findet
hier ein Platzwechsel zwischen Narbe und Antheren statt, indem erstere anfangs
in der Blütenmitte steht, während die Staubblätter mit noch geschlossenen Antheren der Kronwand anliegen. Nach 2 Tagen hat sich der Griffel seitlich gebogen und liegt nun seinerseits der Kronwand an, während die jetzt pollenbedeckten Antheren nunmehr in der Blütenmitte stehen. (Vgl. Hyoscyamus,
Atropa und Scopolia).

Loew (Blütenbiol. Beitr. II. S. 48) sah Mandragora vernalis im botanischen
Garten zu Berlin von der Honigbiene besucht, doch sammelte diese nur Pollen.

1975. Jocroma tubulosum Bentham, in Mexiko heimisch, ist nach
Delpino (Altr. app. S. 60) protogynisch mit langlebigen Narben und wird vielleicht durch Kolibris befruchtet.

1976. J. macrocalyx Benth. wird durch Kolibris befruchtet. [Lager-
heim, B. d. d. b. Ges. 1891, S. 348—351.]

450. Scopolia Jacquin.

Protogynische Hummelblumen, deren Nektar von einem unterhalb des
Fruchtknoten sitzenden Ringe abgesondert wird.

1977. S. atropoides Schultes. (S. carniolica Jacquin, Hyoscyamus Scopolia L., Atropa carniolica Scopoli). [Hildebrand, Geschl.
S. 18; Kerner, Pflanzenleben II; Loew, Bl. Fl. S. 284; Warnstorf,
Bot. V. Brand. Bd. 38]. — Die hängenden, aussen braunen, gelb geaderten,
innen mattgelben Blütenglocken sind, nach Loew, etwa 25 mm lang und
15 mm weit. Die Antheren werden von der kugligen Narbe überragt. Diese
Organe wechseln, nach Kerner, in ähnlicher Weise den Platz wie bei Mandragora. — Pollen, nach Warnstorf, weiss, rundlich-tetraëdrisch, glatt, bis 50 μ diam.

Als **Besucher** beobachtete **Loew** im botanischen Garten zu Berlin eine rostrot behaarte Grabbiene (Anthrena fulva Schrk. ♀), ganz in die Blüte hineinkriechend und saugend.

451. Hyoscyamus Tourn.

Homogame Hummelblumen, deren Nektar vom Grunde des Fruchtknotens abgesondert und in der Kronröhre geborgen wird.

1978. H. niger L. [Sprengel, S. 124, 125; H. M., Befr. S. 275, 276; Kirchner, Flora S. 571; Ludwig, Bot. Centralbl. Bd. 8, Nr. 42; Warnstorf, Bot. V. Brand. Bd. 38; Kerner, Pflanzenleben II; Knuth, Bijdragen.] — Die schmutzig blassgelbe, schräg nach unten gerichtete, schwach hälftig-symmetrische Blumenkrone trägt violette Saftmale. Die Staubfäden sind über ihrer Einfügungsstelle behaart; sie legen sich an den nach unten gebogenen Griffel an. Am Grunde derselben finden sich drei durch Haare verschlossene Zugänge zum Nektar. Da die Narbe die Antheren überragt, so ist bei eintretendem Insektenbesuche Fremdbestäubung begünstigt. Nach Kerner stehen die Antheren anfangs etwa 7 mm unterhalb der Narbe, doch sind sie schon am Abend bis zur Narbe vorgeschoben, indem die Krone nachträglich gewachsen ist, so dass nun Autogamie eintritt. Antheren und Narbe wechseln, nach Kerner ähnlich wie bei Mandragora, Scopolia u. s. w. die Stellung. — Ludwig, (Botan. Centralbl. Bd. VIII. S. 89) beobachtete an bereits völlig in Frucht stehenden Pflanzen der Form b) agrestis Veit, dass die letzten Blüten am Ende der Inflorescenz und an Seitenzweigen derart verkümmerten, dass die untersten noch kleistogam-autokarp waren und der Blütenstand mit leeren oder völlig sterilen, reduzierten Kelchen endete. — Pollen, nach Warnstorf, weiss, elliptisch, dicht warzig, etwa 44 μ lang und 36 μ breit.

Als Besucher sah bereits Sprengel Hummeln; ich beobachtete drei Arten derselben: B. agrorum F. ♀, B. lapidarius L. ♀ und B. terrester L. ♀, sämtlich saugend. Herm. Müller sah nur eine kleine Biene (Halictus cylindricus F. ♀), pfd.

In Dumfriesshire (Schottland) (Scott-Elliot, Flora S. 124) wurde 1 Hummel als Besucherin beobachtet.

1979. H. albus L. [Knuth, Capri S. 11.] — Die gelblichweisse Blumenkrone ragt 2 cm aus dem etwa 1,5 cm langen, zottigen und klebrigen Kelche hervor. Gleich nach dem Aufblühen ist die Narbe empfängnisfähig; dann springen auch schon die Antheren der obersten der fünf Staubblätter auf und belegen die Narbe. Die übrigen Staubblätter entwickeln sich nach einander, indem sie sich dabei der Narbe nähern. Spontane Selbstbestäubung ist daher unausbleiblich; nach Comes (Ult. stud.) ist sie von Erfolg.

1980. Petunia violacea ist nach Darwin selbststeril.

1981. P. nyctaginifolia Juss. ist bei Insektenabschluss unfruchtbar. (Comes, Ult. stud.).

452. Nicotiana Tourn.

Protogyne oder homogame Blumen mit verborgenem Honig oder Falter-blumen. Der Nektar wird vom unteren Teile des Fruchtknotens abgesondert und in der Kronröhre aufbewahrt.

1982. N. Tabacum L. [Kirchner, Flora S. 572, 573; Knuth, Bijdragen.] — Die Blumenkrone ist 50—70 mm lang; ihr oberer Teil ist glockig erweitert mit einem Schlunde von 10 mm Durchmesser und rosa gefärbt mit dunklerer Mittellinie auf den ausgebreiteten Kronzipfeln. Die Kronröhre ist etwa 30 mm lang und 5 mm weit; sie füllt sich in ihrem unteren Teile um ein bedeutendes Stück mit dem reichlich ausgesonder-ten Nektar. Die Staub-fäden sind unten mit der Kronröhre verwachsen und auf der Verwachsungs-strecke mit weichen Haaren besetzt.

Wenn die Blüte sich öffnet, ist die Narbe emp-fängnisfähig, und die An-theren sind dann bei man-chen Varietäten noch ge-schlossen, bei anderen sind sie gleichzeitig mit der Narbe entwickelt. Auch das Län-genverhältnis zwischen Staubblättern und Griffeln ist bei den verschiedenen Abarten verschieden. Eine

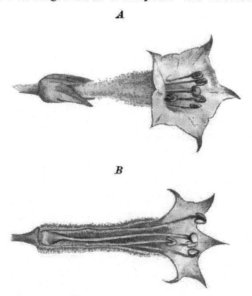

Fig. 268. Nicotiana Tabacum L. (Nach der Natur.) A Blüte von der Seite gesehen. (Etwas vergrössert.) B Die-selbe im Aufriss.

der fünf Antheren steht immer unterhalb der Narbe und zwar ziemlich viel tiefer als diese; die übrigen vier stehen entweder in gleicher Höhe und zwar so hoch wie die Narbe (oder eine etwas tiefer), oder es stehen zwei Antheren höher als die Narbe und zwei mit ihr gleich hoch.

Bei eintretendem Insektenbesuch ist Fremdbestäubung, aber nur in den schwach protogynischen oder denjenigen homogamen Blüten, etwas bevorzugt, bei welchen die Narbe die Antheren überragt. Spontane Selbstbestäubung ist leicht möglich, meist unvermeidlich. Sie ist von Erfolg. Kerner fand, dass die Blumenkrone nachträglich um fast $^{1}/_{2}$ cm wächst, so dass auf diese Weise Autogamie wie bei Hyoscyamus zu stande kommt.

Als Besucher beobachtete ich am 29. 8. 1896 im botanischen Garten zu Kiel Macroglossa stellatarum L., sgd.

Ferner sah ich am 16. August 1897 im Garten der Ober-Realschule zu Kiel mehrere Exemplare der Honigbiene in die Blüten hineinkriechen und einige Sekunden darin verweilen, so dass anzunehmen ist, dass es ihnen gelang, Honig zu saugen. Dabei konnten sie Fremdbestäubung herbeiführen.

1983. N. rustica L. [Sprengel, S. 125; Kirchner, Flora S. 573.] — Die gelblichgrüne Blumenkrone hat eine kurze Röhre. In derselben biegen sich die Staubfäden über dem Fruchtknoten gegen den Griffel, von dem sie sich weiter abwärts wieder entfernen. Sie sind in ihrem unteren Teile mit weichen Haaren besetzt, welche den Nektar gegen Regen schützen und nur fünf Zugänge zu ihm lassen. Nicotiana rustica L. ist selbstfertil (Comes, Ult. stud.).

Focke (Kosmos, Bd. IV. S. 473) beobachtete, dass Bastarde aus Nicotiana rustica und M. paniculata von Hummeln besucht wurden, welche den Nektar durch Einbruch gewannen. Die Stammart N. rustica liessen sie unbeachtet.

1984. Physochlaena orientalis G. Don. [Loew, Blütenbiol. Beitr. II. S. 50—52.] — Die trübviolette, netzig geaderte Krone bildet eine 18—20 mm lange, sich allmählich erweiternde Röhre, deren Durchmesser im unteren Teile etwa 4 mm, im oberen 12 mm beträgt. Der Griffel überragt die aus dem Blütenschlunde hervortretenden Antheren um 6 mm. Die Honigabsonderung erfolgt durch einen am Grunde des Fruchtknotens befindlichen Wulst. Durch die Länge des Griffels und ausgeprägte Protogynie ist bei Insektenbesuch Fremdbestäubung gesichert.

Als Besucher beobachtete Loew im botanischen Garten zu Berlin: Hymenoptera: *Apidae*: 1. Apis mellifica L. ⚇, psd.; 2. Halictus cylindricus F. ♀, psd.

453. Datura L.

Homogame Nachtfalterblumen, deren Nektar vom Grunde des Fruchtknotens ausgeschieden und zwischen den Wurzeln der Staubfäden geborgen wird.

1985. D. Stramonium L. [Sprengel, S. 122—123; Schulz, Beitr. I. S. 73, 74; Kerner Pflanzenleben II.; Warnstorf, Bot. V. Brand. Bd. 38; Kirchner, Flora S. 571, 572; Knuth, Bijdragen.] — Die Blüte schliesst sich, nach Kerner, periodisch; sie öffnet sich abends

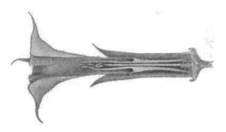

Fig. 269. Datura Stramonium L. (Nach der Natur).
Blüte im Aufriss, etwas verkleinert.

zwischen 7 und 8 Uhr. Nach Kirchner blüht sie nur einen Tag. Die Blume besitzt einen starken, widrigen, moschusartigen Geruch, welcher abends bei der frisch erblühten Blume stärker als am Tage ist. Bei trüber Witterung schliesst sie sich, indem sich die trichterförmige Krone zusammenfaltet. Als Nachtblume besitzt sie kein Saftmal und ist auch meist ganz weiss, doch hat sie mitunter einen Stich ins Rötliche oder Bläuliche. Sie bildet eine 55 bis 65 mm lange Röhre, die sich zu einem Saume verbreitet. Zum Nektar führen nur fünf lange, röhrenförmige Zwischenräume zwischen den Staubfäden, indem letztere in ihrem unteren Teile mit einer schmalen hinteren Kante an die Kronröhre angewachsen sind und sich nach ihrer Vorderseite so verbreitern, dass sie mit ihren Seitenkanten einander berühren („Revolverblüte"). Ihre Innenseite ist mit kurzen, in die Höhe gerichteten Haaren besetzt. Die Narbe steht ungefähr in gleicher Höhe mit den Antheren. Da die Blüten ziemlich aufrecht stehen, so tritt spontane Selbstbestäubung bei ausbleibendem Insektenbesuche, besonders beim Schliessen der Blumenkrone unvermeidlich ein. Nach S c h u l z überragt aber die Narbe die Antheren auch bisweilen. Derselbe fand in den Blüten keinen Nektar. — Pollen, nach W a r n s t o r f, weiss, unregelmässig rundlich polyëdrisch, durchschnittlich von 56 μ diam.

Als B e s u c h e r sah i c h nur Meligethes, häufig.

1986. Nierembergia filicaulis Lindl. ist, nach F r a n c k e (Diss.), protogynisch. Die Antheren werden von der Narbe überdacht.

1987. Saracha viscosa Schrd. ist, nach F r a n c k e (Diss.), protogynisch, doch ist zuletzt Autogamie möglich.

94. Familie Scrofulariaceae R. Br.

H. M., Befr. S. 304, 305; Alpenbl. S. 303—307; K n u t h, Grundriss S. 79; R. v. W e t t s t e i n, in Engler und Prantl, die nat. Pflanzenfam. IV. 3b. S. 39 ff.

Die buntgefärbte Blumenkrone dient als Schauapparat; die Augenfälligkeit wird meist durch die traubigen Blütenstände erhöht. In der Blütenfarbe herrschen gelb und rot vor; in tropischen Gegenden finden sich oft scharlachrote Arten. Manche Arten zeigen Farbenwechsel der Blüten, am auffallendsten bei L i n a r i a. So besitzen L. v i r g a t a meist purpurne, L. r e f l e x a gewöhnlich gelbe Blumen, doch sind sie im Gebirge weiss. (W e t t s t e i n.) Die meisten Arten der Gattung V e r b a s c u m sind Pollenblumen; bei den Arten der übrigen Gattungen wird der Honig am Grunde des Fruchtknotens abgesondert, bei P e n t s t e m o n an der Basis der Staubblätter. In Bezug auf die Honigbergung gehören sie verschiedenen Blumenklassen an: **B** (V e r o n i c a), **H** (D i g i t a l i s, L i n a r i a, E u p h r a s i a, A l e c t o r o l o p h u s, M e l a m p y r u m, B a r t s i a, P e d i c u l a r i s), **F** (R h i n a n t h u s a l p i n u s), **D** (T o z z i a a l p i n a). H e r m. M ü l l e r unterscheidet folgende vier Gruppen:

1. K u r z r ö h r i g e, o f f e n e B l ü t e n (V e r b a s c u m, V e r o n i c a) mit frei hervorragenden Staub- und Fruchtblättern, welche die besuchenden Insekten meist an beliebigen Stellen, jedoch mit der Narbe in der Regel früher als mit den Staubbeuteln, berühren. Befruchter sind B i e n e n und F l i e g e n.

2. K u r z g l o c k i g e, w e i t g e ö f f n e t e, b r ä u n l i c h e B l ü t e n (S c r o f u l a r i a) mit reichlichem, leicht sichtbaren Honig, welche Narbe und Staubblätter nach einander entwickeln und von unten der Berührung der besuchenden Insekten darbieten. Besucher: hauptsächlich W e s p e n.

3. B l ü t e n m i t l a n g e n B l u m e n k r o n r ö h r e n, die entweder offen (D i g i t a l i s) oder geschlossen (A n t i r r h i n u m, L i n a r i a) sind, daher die besuchenden

Insekten ganz oder zum grossen Teile in sich aufnehmen und ihre Oberseite mit Staubblättern und Narben berühren. Befruchter: **grössere Bienen**.

4. **Blüten mit engen Blumenkronröhren** (Tozzia, Euphrasia, Rhinanthus, Melampyrum, Pedicularis), die sich in eine die Antheren schützende Oberlippe und eine als Halteplatz der anfliegenden Insekten dienende Unterlippe teilen und dieselben mit glattem, pulverigen Blütenstaub bestreuen. Befruchter der kurzröhrigsten Formen (Tozzia): **Fliegen**, der mittelröhrigen: **Bienen** und **Fliegen**, der langröhrigen: fast ausschliesslich **Hummeln**. — Bei Insektenbesuch ist bei allen Arten Fremdbestäubung dadurch gesichert, dass die Narbe zuerst berührt werden muss, in manchen Fällen auch durch Dichogamie. Bleibt Insektenbesuch aus, so erfolgt vielfach spontane Selbstbestäubung. Bei einigen Arten ist Insektenbesuch und dadurch regelmässige Fremdbestäubung in dem Grade gesichert, dass spontane Selbstbestäubung nicht mehr vorkommt.

454. Verbasum L.

Teils Pollenblumen, teils Blumen mit Honig, der dann in spärlicher Menge an der Innenseite der Kronblätter in kleinen Tröpfchen ausgeschieden wird.

Die Staubfadenhaare dienen, nach meiner Ansicht, zur Erhöhung der Augenfälligkeit der Blüte, wenigstens da, wo die Färbung derselben von derjenigen der Kronblätter abweicht. Sodann aber bilden sie, wie auch Delpino hervorhebt, Handhaben zum Anklammern der blütenbesuchenden Insekten. Endlich werden sie, nach Kerner, auch von Insekten abgeweidet oder, nach Müllers Beobachtungen, beleckt.

Häufig wird die Augenfälligkeit auch durch die abweichende Färbung der Antheren noch erhöht. Hauptsächlich wird sie aber dadurch bewirkt, dass zahlreiche Blüten zu langen Ständen vereinigt sind.

1988. V. thapsiforme Schrader. [H. M., Alpenbl. S. 267; Kirchner, Flora S. 575; Schulz, Beitr.; Maury, Observ. s. la féc. de Verb., Bull de la Soc. bot. de Fr., 1886. S. 529—536; Knuth, Bijdragen; Warnstorf, Bot. V. Brand Bd. 38.] — Die zu langen Blütenständen vereinigten, goldgelben, honig- und saftmallosen Blumen sind schwach protogyn bis homogam. Der Durchmesser der auch im Regen ausgebreiteten Blüten beträgt etwa 40 mm. Als Anflugstelle dient der unterste Kronzipfel, der grösser als die vier anderen, in der Mitte vertieft und etwa 20 mm breit ist. Die drei oberen Staubblätter sind mit weissen Haaren besetzt und etwas nach oben gebogen; die beiden unteren ragen um etwa 4 mm weiter aus der Blüte hervor, und ihre Antheren springen der Länge nach an der dem Griffel zugewendeten Seite auf. Der Griffel steht in den fast senkrechten Blüten tiefer als alle fünf Staubblätter; seine etwas nach oben gebogene Narbe überragt um etwa 4 mm die beiden unteren Staubblätter, so dass durch besuchende grössere Insekten die Narbe zuerst berührt wird, mithin Fremdbestäubung erfolgen muss, die auch durch die allerdings nur schwach ausgeprägte Protogynie bevorzugt ist, während, nach

Kirchner, spontane Selbstbestäubung garnicht stattzufinden scheint. — Pollen, nach Warnstorf, schön orangerot, elliptisch, dicht warzig, 37—40 μ lang und 25—27 μ breit.

Nach Maury stäuben sowohl bei V. thapsiforme als auch bei V. Thapsus, phlomoides, floccosum, Lychnitis, Blattaria, blattaroides die Antheren bereits beim Öffnen der Blüte aus, indem sie dabei die Narbe berühren. Doch findet eine Befruchtung nicht statt, weil die Narbenpapillen noch nicht entwickelt sind. Hiermit hängt auch der Umstand zusammen, dass das Leitungsgewebe des Griffels zu dieser Zeit noch sehr fest ist und dem Eindringen der Pollenschläuche grossen Widerstand entgegensetzt, sowie auch, dass die Samenknospen alsdann noch nicht völlig entwickelt sind. Erst später ist die Befruchtung von Erfolg, die dann durch Insekten oder beim Abfallen der Blumenkrone durch Berührung der Narbe mit den pollenbedeckten Staubfadenhaaren herbeigeführt wird.

Schulz beobachtete Gynomonöcie, selten Gynodiöcie.

Als Besucher beobachtete H. Müller in den Alpen Musciden (3), Sryphiden (1), Hummeln (3), Faltenwespen (1) und Falter (3).

Ich sah an Gartenexemplaren pollensammelnde Hummeln (Bombus agrorum F. ⚥, B. terrester L. ⚥) und pollenfressende Schwebfliegen (Eristalis arbustorum L., Syritta pipiens L., Syrphus balteatus Deg.).

1989. V. Thapsus L. [Sprengel, S. 121; H. M., Befr. S. 278, 279; Mac Leod, B. Jaarb. V. S. 340, 341; Kirchner, Flora S. 576.] — Die Blüten sind nur halb so gross wie bei vor., auch sind sie heller gelb. Spontane Selbstbestäubung ist nach Darwins Versuchen von vollkommenem Erfolge.

Als Besucher sah ich gleichfalls pollensammelnde Hummeln (Bombus agrorum F. ⚥) und pollenfressende Schwebfliegen (Syritta pipiens L., Syrphus ribesii L.).

Hermann Müller beobachtete:

A. Diptera: Syrphidae: 1. Ascia podagrica F., pfd.; 2. Helophilus floreus L., pfd.; 3. Syritta pipiens L., pfd. B. Hymenoptera: a) Apidae: 4. Anthrena parvula K. ♂, schien zu saugen; 5. Apis mellifica L. ⚥, psd.; 6. Bombus hortorum L. ⚥, psd.; 7. B. scrimshiranus K. ♀, psd.; 8. Halictus cylindricus F. ♂, schien zu saugen; 9. H. smeathmanellus K. ♀, psd. b) Vespidae: 10. Polistes gallica L. ♀, schien zu saugen (Thür.).

v. Fricken beobachtete in Westfalen und Ostpreussen die Curculioniden Cionus verbasci F. und C. thapsus F.; Redtenbacher bei Wien den Rüsselkäfer Cionus blattariae F.

Heinsius bemerkte in Holland eine pollensammelnde Hummel (Bombus terrester L. ⚥) und eine pollenfressende Schwebfliege (Syritta pipiens L.) als Besucher. (Bot. Jaarb. IV. S. 57—59).

1990. V. phlomoides L. Schon Gärtner beobachtete in den vierziger Jahren unseres Jahrhunderts, dass die Staubblätter bei dieser Art und auch bei V. nigrum, Blattaria, blattaroides, phoeniceum und speciosum verkümmern. Schulz bezeichnet die Art als gynomonöcisch, selten gynodiöcisch. Nach Comes ist die Pflanze selbstfertil. Vgl. auch V. thapsiforme (Maury).

1991 V. Lychnitis L. flore albo. [H. M., Befr. S. 279; Weit. Beob. III. S. 26—28; Kirchner, Flora S. 577.] — In den homogamen, honiglosen

Blüten ist der unterste Kronzipfel der längste, die beiden oberen sind am kürzesten; trotzdem dient ersterer nicht als Anflugstelle, da nach dem Öffnen der Blüte die Kronblätter sich etwas nach hinten zurückschlagen. Es stehen daher die steifen, mit gelblichen, an der Spitze keulig verdickten Haaren besetzten Staubblätter gerade aus der Blüte hervor und zwar die beiden unteren, etwas längeren unterhalb der Blütenmitte. Zwischen diesen beiden steht in gleicher Höhe oder etwas tiefer abwärts gerichtet der die fünf Staubblätter überragende Griffel, so dass die Narbe zuerst von den besuchenden Insekten berührt werden muss, mithin Fremdbestäubung gesichert ist. Spontane Selbstbestäubung ist während des Abblühens möglich, indem sich dann die Staubblätter nach oben und hinten krümmen, während der Griffel sich weiter nach unten biegt und auch die Krone sich nach vorn etwas zusammenkrümmt. (Vgl. V. thapsiforme).

Als Besucher sah Herm. Müller in Thüringen:

A. Coleoptera: a) *Curculionidae*: 1. Cionus hortulanus Marsh., einzeln auch in den Blüten; 2. Gymnetron tetrum F., w. v. b) *Telephoridae*: 3. Dasacea pallipes F., in den Blüten häufig, pfd. (?). B. Diptera: *Muscidae*: 4. Anthomyia sp., pfd. C. Hemiptera: 5. Anthocoris sp. C. Hymenoptera: *Apidae*: 6. Halictus leucopus K. ♀; 7. H. minutissimus K. ♀, psd.; 8. H. nitidus Schenck ♀, psd.

Loew beobachtete im botanischen Garten zu Berlin: Hymenoptera: *Tenthredinidae*: Allantus scrophulariae L.

1992. V. nigrum L. [Sprengel, S. 122; H. M., Befr. S. 277, 278; Weit. Beob. III. S. 26; Kirchner, Flora S. 576, 577; Warnstorf, Bot. V. Brand. Bd. 37, 38]. — Die Augenfälligkeit der zu langen Blütenständen vereinigten gelben Blüten wird durch die violetten Staubfadenhaare und die orangeroten Antheren noch erhöht. Zwischen den Basen je zweier Staubblätter hat die Blumenkronmitte fünf kastanienbraune Flecke, welche Sprengel als Saftmale deutete, obgleich er keinen Nektar in den Blüten finden konnte. Dass die Vermutung Sprengels richtig war, zeigt die Beobachtung H. Müllers, welcher eine kleine Motte (Ephestia elutella Hübn.) an den Blüten an dieser Stelle saugen sah. Derselbe fand denn auch in manchen Blüten an der glatten, glänzenden Innenwand der kurzen Kronröhre winzige Honigtröpfchen.

Die Bestäubungseinrichtung der homogamen, fast senkrecht stehenden Blüten stimmt bis auf die geringere Grösse im wesentlichen mit derjenigen von V. thapsiforme überein. Die fünf Staubblätter ragen fast wagerecht aus der Blüte hervor, indem sie nur schwach aufwärts gebogen sind und nur wenig auseinandertreten. Sie sind ungleich lang: das oberste ist das kürzeste, die beiden untersten sind am längsten. Die Antheren springen an der Aussenkante auf und bedecken sich ringsum mit Pollen. Der Griffel, dessen Narbe sich gleichzeitig mit den Staubbeuteln entwickelt, ist etwas kürzer als die untersten Staubblätter, aber meist etwas nach unten gebogen, so dass ein auf das unterste Kronblatt auffliegendes und sich den Antheren zuwendendes Insekt in der Regel zuerst die Narbe berührt. Es ist daher bei eintretendem Insektenbesuche Fremdbestäubung bevorzugt. Bleibt letzterer aus, so kann leicht spontane Selbstbestäubung erfolgen, da die Narbe häufig in der Falllinie des Pollens liegt; doch ist diese, nach Gärtner und Darwin, gänzlich ohne Erfolg. — Pollen, nach Warnstorf, orangerot, biskuitförmig, mit Längsfurche, dicht und zart papillös, 19 bis 20 μ breit und 37,5 μ lang.

Als Besucher sah Herm. Müller:
A. Coleoptera: *Nitidulidae:* 1. Meligethes häufig. B. Diptera: a) *Bombylidae*: 2. Systoechus sulphureus Mik., sgd. b) *Syrphidae*: 3. Eristalis arbustorum L., abwechselnd pfd. und die Staubfadenhaare mit den Rüsselklappen bearbeitend; 4. Syritta pipiens L., w. v.; 5. Syrphus balteatus Deg.[1]), w. v. C. Hymenoptera: *Apidae*: 6. Anthrena pilipes F. ♀, psd.; 7. Bombus agrorum F. ♀, sgd.; 8. B. terrester L. ♀, sgd. und psd.; 9. Halictus sexnotatus K. ♀, sgd.; 10. Prosopis communis Nyl. ♀, pfd.; 11. P. signata Pz. ♀, pfd. D. Lepidoptera: *Microlepidoptera*: 12. Ephestia elutella Hübn., sgd. E. Neuroptera: 13. Panorpa communis L., an verschiedenen Blütenteilen leckend. F. Thysanoptera: 14. Thrips, häufig. — Warnstorf bemerkte in den Blüten nur kleine pollenfressende Käfer; Alfken bei Bremen Apiden: 1. Anthrena gwynana K. ♀ (2. Generation); 2. Coelioxys rufescens Lep. ♀, sgd.; 3. Eriades truncata L. ♀; 4. Halictus quadrinotatulus Schck. ♀, psd., sgd.

Mac Leod beobachtete in den Pyrenäen 3 Hummeln und eine Schwebfliege an den Blüten. (B. Jaarb. III. S. 322.)

1993. V. phoeniceum L. [Kölreuter, zweite Fortsetzung S. 10, 11; dritte Fortsetzung S. 41; Sprengel, S. 122; Darwin, Effects of Cross and Self-fertilisation; H. M., Befr. S. 278; Kerner, Pflanzenleben II.] — Die Blüteneinrichtung stimmt mit derjenigen der vorigen Art überein, doch scheinen die Blüten nach Müller und Sprengel, gänzlich honiglos zu sein.

Nach Kerner erfolgt dagegen die Ausscheidung von Honig auf dem unteren grossen Kronabschnitte in Form zahlreicher über das Mittelfeld dieses Blattes zerstreuter Tröpfchen, welche aus je einer Spaltöffnung hervortreten, so dass es zur Zeit des Öffnens der Blüte wie mit Tau beschlagen erscheint.

Schon Kölreuter fand die Blüten dieser Art mit dem eigenen Pollen zeitweilig völlig unfruchtbar. Darwins Untersuchungen haben die Selbststerilität bestätigt. Gärtner beobachtete Verkümmerung der Staubblätter (vergl. V. phlomoides), wodurch die von Kölreuter bemerkte, von Zeit zu Zeit eintretende Unfruchtbarkeit ihre Erklärung finden würde, wenn man, wie Loew bemerkt, annehmen dürfte, dass Kölreuter teils gynodiöcisch-weibliche, teils gynomonöcische Versuchspflanzen gehabt hätte. Verbascum phoeniceum ist auch nach Gärtner und Focke oft selbststeril.

Als Besucher sah H. Müller Bienen (Apis psd., Bombus agrorum F. ♀, psd., Anthrena dorsata K. ♀, psd., A. fulva Schrank ♀, vergeblich nach Honig suchend, Halictus sexnotatus K. ♀, psd.) und eine Schwebfliege (Rhingia rostrata L., pfd. und die Staubfadenhaare beleckend, zahlreich).

1994. V. Blattaria L. [Sprengel, S. 121; Kerner, Pflanzenleben II. S. 173, 363; Kirchner, Flora S. 578.] — Der Honig wird, nach Kerner, in derselben Weise wie bei V. phoeniceum abgesondert; nach Kirchner ist die Blüte honiglos. Da der Griffel mit der Narbe, welche gleichzeitig mit den Antheren entwickelt ist, die letzteren überragt, ist bei eintretendem Insektenbesuche Fremdbestäubung bevorzugt. Gegen Ende der Blütezeit ist aber spontane Selbst-

---

[1]) Über das Benehmen dieser Art beim Blumenbesuch s. Bd. 1. S. 212.

bestäubung vorbehalten. Damit sie erfolgen kann, schlagen sich, nach Kerners Darstellung, zuerst die beiden bisher vorgestreckten längeren Staubblätter über den Kroneingang, wodurch ihre noch immer pollenführenden Antheren hinter die Narbe zu stehen kommen. Nun löst sich die Blumenkrone vom Blütenboden ab und sinkt an dem Griffel entlang, an dem sie aber noch längere Zeit aufgehängt bleibt, dreht sich an demselben etwas nach rechts und links und fällt schliesslich mit drehender Bewegung ab. Dabei ist es unvermeidlich, dass die Narbe eine der beiden vor die Blütenmündung geschlagenen Antheren streift und sich mit Pollen bedeckt. (Vergl. auch V. phlomoides.)

Redtenbacher beobachtete bei Wien den Rüsselkäfer Cionus blattariae F. als Besucher.

455. Calceolaria.

Die Nektarien der Calceolaria-Blüten besitzen, nach Correns (Jahrb. f. wiss. Bot. XXII), langgestielte Drüsenhaare, welche ein eigenartiges Sekret aussondern und welche in ihren Stielzellen bei einigen Arten Chloroplasten (seltener Chromoplasten) führen. Nach Correns Ansicht dienen die letzteren mehr dazu, die Nektarien auffälliger zu machen, als um durch Assimilation die zur Bereitung des Sekretes nötigen Stoffe zu liefern. Die Staubblätter der Calceolarien zeigen eine gewisse Ähnlichkeit mit denjenigen von Salvia officinalis, doch sind die Gelenke derselben viel einfacher gebaut und auch ohne spezifisch mechanische Zellen.

1995. C. hybrida (?). Das Konnektiv ist, nach Correns (a. a. O.), ganz unbeweglich mit dem Filament verbunden. Der Griffel ragt schräg nach unten zwischen den Antherenpaaren hervor, die gewölbte Oberlippe ist schützend darüber vorgezogen. Die Unterlippe liegt der Oberlippe nicht an, so dass ein besuchendes Insekt erst die Narbe, dann die Antheren berühren und somit Kreuzung herbeiführen wird, ohne die Unterlippe wesentlich zu bewegen.

1996. C. scabiosaefolia hat, nach Correns, dieselbe Blüteneinrichtung, wie C. pinnata (s. unten). Ober- und Unterlippe schliessen (von vorne gesehen) vollständig an einander.

1997. C. Pavonii. [Kerner, Pflanzenleben II. S. 374, 375.] — Die protogynischen Blüten dieser südamerikanischen Art stehen anfangs fast wagerecht. Die empfängnisfähige Narbe liegt der ausgehöhlten Unterlippe auf, deren schalenförmig vertiefter Mittelzipfel den Honig absondert. Die obere Wand desselben wird von kurzrüsseligen Hautflüglern als Anflugstelle benützt, und in demselben Augenblicke, in welchem sie sich dort niederlassen, senkt sich die Unterlippe, so dass nicht nur der Rachen der Blüte weit aufgesperrt, sondern auch der bisher verborgene, honigabsondernde Lappen hervorgekehrt wird. Bei dieser Gelegenheit streift das Insekt die Narbe mit seinem Rücken und belegt sie, falls es schon eine andere, ältere Blüte besucht hatte. In solchen sind nämlich die Antherenfächer geöffnet, deren Konnektiv mit den Staubfäden in einer gelenkartigen Verbindung steht und zwar so, dass die Antheren beim Anstossen in eine schaukelnde Bewegung versetzt werden und mehligen Pollen auf

die Besucher fallen lassen, um so mehr, als sich die Antherenträger inzwischen
so weit verlängert haben, dass die oberen Antherenfächer auf die oberste Wölbung
der Unterlippe zu liegen kommen. Bleibt Insektenbesuch aus, so fällt ein Teil
des Pollens von selbst auf diese Wölbung, und da sich bald darauf der Stiel
der Blüte bogenförmig abwärts krümmt, so gleitet der Pollen auf der nunmehr
eine schiefe Ebene darstellenden oberen Wand der Unterlippe bis zu der noch
immer belegungsfähigen Narbe hinab.

1998. C. pinnata L. Diese aus Peru stammende Art besitzt, nach
Hildebrand (Bot. Ztg. 1867. S. 284) und Correns (Jahrb. z. wiss. Bot. 1890.
S. 241 ff.), zwei Antheren, welche, wie bei Salvia, in zweiarmige Hebel umgewandelt sind: der eine Arm mit der pollenlosen Antherenhälfte steht im Blüteneingange; er wird von besuchenden Insekten so gedreht, dass der andere Hebel-
arm mit der pollenhaltigen Antherenhälfte aus dem ihn umschliessenden oberen
Teile der Blüte heraustritt und der Pollen auf das Insekt gestreut wird. Bei
ausbleibendem Insektenbesuche findet beim Abfallen der Blumenkrone spontane
Selbstbestäubung statt.

1999. Schizanthus Rz. et P. haben, nach Hildebrand (Bot. Ztg. 1866.
S. 76), zwei bei Insektenbesuch aus der Unterlippe hervorschnellende Staubblätter,
deren Pollen sich den Besuchern anheftet. Sodann streckt sich der Griffel, so
dass die Narbe nun von den Besuchern früher berührt wird, als der Pollen,
mithin Fremdbestäubung erfolgt.

Juel (Vetenskaps-Akad. Stockholm Förh. 1894) schildert die Schizan-
thus-Blüte so, dass die Staubblätter vor dem Insektenbesuche der Unterlippe
angeleimt sind. Ihre Spannung ist nur durch Turgor bedingt, da in den Staubfäden keine spezifisch mechanischen Elemente vorhanden sind.

2000. Browallia elata. Der Blüteneingang ist, nach Delpino (Ult.
oss. S. 140—143) und Hildebrand (Bot. Ztg. 1870 S. 654, 655), durch die
verbreiterten Fäden der beiden oberen Staubblätter bis auf zwei enge Zugänge
geschlossen. Ein in diese eingeführter Insektenrüssel streift den Pollen und die
Narbe. Letztere giebt im ersten Blütenstadium Klebstoff an den Rüssel ab,
im zweiten nimmt er den Pollen von ihm.

2001. Salpiglossis sinuata R. et Pav. entwickelt, nach De Bonis,
kleistogame Blüten.

2002. S. variabilis entwickelt, nach E. Hackel (Bot. Centralbl. Bd. 60),
auf magerem lehmigen Boden kultiviert, kleistogame Blüten.

2003. Celsia coromandelina Vahl ist nach Comes selbstfertil.

456. Scrofularia Tourn.

Fast ausnahmslos protogynische Wespenblumen. Der Nektar wird im
Grunde des kugeligen, weit geöffneten Blumenglöckchens von einem ringförmigen
Wulst abgesondert, welcher nach Kerner, in zwei symmetrisch gestellte Lappen
gesondert ist, und zwar ist derselbe hinten am stärksten entwickelt. Er sondert

den Honig in Form grosser Tropfen ab. Nach Kuhn kommen auch kleistogame Blüten vor.

2004. S. nodosa L. [Sprengel, S. 322—324; H. M., Befr. S. 281—283; Weit. Beob. III. S. 30; Alpenbl. S. 267; Kirchner, Flora S. 578, 579; Mac Leod, B. Jaarb. V. S. 341, 342; Knuth, Blütenbesucher I.; Bijdragen.] — Als Saftmal der blassgrünen Blumenkrone dient die braune Färbung besonders der Innenseite der Oberlippe. Durch ihre Stellung ist die Blüte gegen das Eindringen von Regentropfen geschützt. Der Durchmesser der Blüte beträgt etwa 6 mm. In derselben bietet sich im ersten Blütenzustande die Narbe, im zweiten die pollenbedeckten Antheren den besonders aus Wespen bestehenden Besuchern von unten her dar.

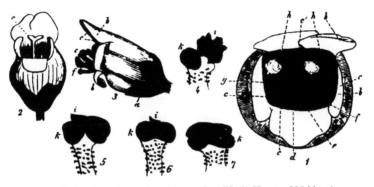

Fig. 270.   Scrofularia nodosa L.   (Nach Herm. Müller.)

1 Blüte im ersten (weiblichen) Zustande, gerade von vorn gesehen.   (7 : 1.)   *2* Dieselbe von unten gesehen. (3½ : 1.)   *3* Ältere, sich selbst bestäubende Blüte, von der Seite gesehen. *4—7* Rückfall des umgewandelten fünften Staubblattes in seine ursprüngliche Form in verschiedenen Zwischenstufen. (12 : 1.)   *a* Kelchblätter.   *b* Kronblätter.   *c* Staubblätter.   *c'* Umgewandeltes fünftes Staubblatt.   *d* Fruchtknoten.   *e* Griffel.   *f* Narbe.   *g* Saftdrüse.   *h* Honigtropfen.   *i* Schwarzes Blättchen.   *k* Anthere.

Dadurch ist das fünfte Staubblatt unnötig geworden und in ein kleines schwarzes Blättchen an der oberen Wand der Blumenkrone umgewandelt. Dieses veranlasst die Besucher, immer genau in der Mittellinie der Blüte vorzudringen. Indem sich die besuchenden Insekten mit allen sechs Beinen an der Aussenseite der Blüte festklammern, stecken sie den Kopf in die kugelige Blumenkrone und streifen dabei in einer im ersten Zustande befindlichen Blüte die Narbe und in einer im zweiten Zustande befindlichen die Antheren. Sie werden daher bei fortgesetztem Blütenbesuche immer Fremdbestäubung bewirken.

Der erste (weibliche) Zustand der Blüte dauert zwei Tage. Während desselben sind die Antheren noch geschlossen und an gekrümmten Staubfäden im Blütengrunde eingeschlossen, während der Griffel etwas aus der Krone hervorragt und mit ihm die etwas in die Höhe gerichtete, bereits entwickelte Narbe. Nachdem dieser Zustand etwa zwei Tage gewährt hat, beginnen die Staubfäden sich gerade zu strecken, die befruchtete Narbe biegt sich über die Unterlippe und wird welk, während die aufspringenden Antheren nunmehr den Platz einnehmen, den vorher die Narbe inne hatte. Auch dieser Zustand dauert zwei

Tage. Da die Besucher (Wespen) die Gewohnheit haben, zuerst an den oberen (jüngeren) Blüten zu saugen und dann an den unteren (älteren), so befruchten sie, wie schon Sprengel festgestellt hat, regelmässig jüngere Blüten mit dem Pollen älterer.

Tritt kein Insektenbesuch ein, so bleibt die unbestäubte Narbe frisch und gerade vorgestreckt, so dass die sich alsdann über ihr öffnenden Antheren sie mit Pollen bedecken, mithin spontane Selbstbestäubung erfolgt, die auch von vollständigem Erfolge ist. — Pollen, nach Warnstorf, weisslich, brotförmig, dichtwarzig, etwa 37 μ lang und 18—21 μ breit.

Nicht nur in Europa, sondern auch in Nord-Amerika sind besonders Wespen als Blütenbesucher beobachtet. Es scheint aber, als ob dieser Besuch nicht an allen Orten und zu jeder Jahreszeit gleichmässig ist. So fand ich, dass diese Blume im Anfange ihrer Blütezeit auch im östlichen Holstein sehr eifrig von Wespen besucht wurde, während späterhin fast ausschliesslich Honigbienen und Hummeln die Besucher waren. Eine ähnliche Beobachtung machte Charles Robertson in Illinois, doch fand dieser Forscher Ende August und Anfang September, wenn die Anzahl der Blumen beschränkt ist, wieder Wespen als einzige Besucher. Robertson schliesst hieraus, dass Wespen die für die Blüte eigentümlichen Besucher sind; „This seems to be significant, for when any flower becomes reduced in numbers, its proper visitors are apt to be the last to leave it." (Transactions of the St. Louis Academy of Science. Vol. V. Nr. 3 S. 587.) Bei uns habe ich einen nachträglichen stärkeren Wespenbesuch nicht beobachten können, weil die Blume ihre Blütezeit im August meist schon beendet hat. [1]

Schiesslich möchte ich noch bemerken, dass die gelben Staubbeutel und die bräunliche Oberlippe dieser Blume mit der Färbung der besuchenden Wespen eine merkwürdige Übereinstimmung zeigen.

Als Besucher sind beobachtet von Mac Leod in Belgien 3 Hummeln, 1 Halictus, 2 Faltenwespen; Heinsius 1 Hummel und Wespen. Ich beobachtete in Schleswig-Holstein die Honigbiene sgd., saugende Hummeln (Bombus agrorum F. ⚥, B. hortorum L. ⚥, B. lapidarius L. ⚥, B. terrester L. ⚥) und Faltenwespen (Vespa vulgaris L. und germanica F.), sowie eine pollenfressende Schwebfliege (Syritta pipiens L.) v. Fricken beobachtete in Westfalen (W.) und Ostpreussen (O.-P) die Curculioniden Cionus blattariae F. (O.-P.) und C. scrofulariae L. (W., O.-P); Alfken bei Bremen Bombus hortorum L. ⚥, sgd., B. lapidarius L. ⚥, sgd.; Heinsius in Holland von Wespen und von Bombus agrorum F. ⚥ (B. Jaarb. IV. S. 76); Mac Leod in Flandern 3 Hummeln, 1 Halictus, 3 Faltenwespen (Bot. Jaarb. V S. 342); Plateau daselbst Apis und Vespa holsatica F.

In Dumfriesshire (Schottland) (Scott-Elliot, Flora S. 117) wurden 2 Hummeln, 1 Faltenwespe und 1 Blattwespe als Besucher beobachtet.

Saunders bemerkte in England als seltenen Besucher Halictus sexnotatus K.

---

[1] Nach Fertigstellung dieses Teiles des Manuskripts bemerkte ich am 14. August 1896, nachdem infolge wiederholter starker Regengüsse die sonst bereits verblühte Scrofularia nodosa noch einige frische Blüten entwickelt hatte, diese von zahlreichen Exemplaren von Vespa vulgaris L. besucht, indem sie alle übrigen benachbarten Blumen verschmähten. Ich bemerkte dazu, dass die Wespen in der Nachbarschaft des Standortes der Pflanzen ihr Nest hatten.

Herm. Müller (1) und Buddeberg (2) geben folgende Besucherliste:
A. Hymenoptera: a) *Apidae*: 1. Bombus agrorum F. ⚥ ♀, sgd. (1); 2. B. pratorum L. ⚥, sgd., zahlreich (1, Fichtelg.); 3. Halictus cylindricus F. ♀, sgd. (2); 4. H. flavipes F. ♂, sgd. (1); 5. H. sexnotatus K. ♀, sgd. u. psd., in Mehrzahl (1, 2); 6. H. zonulus Sm. ♂, sgd. (1). b) *Vespidae*: 7. Hoplopus levipes Shuck. ♀, die Pflanze in Menge umfliegend, an die Blüten anfliegend und sgd. (2); 8. Vespa germanica F., sgd., sehr häufig (1, 2); 9. V. holsatica F., w. v. (1); 10. V. media Deg., w. v. (1); 11. V. rufa L., w. v. (1); 12. V. silvestris Scop. ⚥, sgd., zahlreich (1, bayer. Oberpf.); 13. V. vulgaris L., sgd., sehr häufig (1).

In den Alpen sah H. Müller Bombus senilis ⚥ als Besucher.

Loew beobachtete im botanischen Garten zu Berlin: Hymenoptera: a) *Apidae*: 1. Apis mellifica L. ⚥, stetig sgd. und psd.; 2. Halictus nitidiusculus K. ♀, psd. b) *Tenthredinidae*: 3. Allantus scrophulariae L. c) *Vespidae*: 4. Vespa germanica F. ⚥, sgd. Ferner daselbst an

2005. S. vernalis L.:

Hymenoptera: *Apidae*: 1. Apis mellifica L. ⚥, stetig sgd. und psd.; 2. Halictus nitidiusculus K. ♀, psd.

Die Blüteneinrichtung dieser Art stimmt im wesentlichen mit derjenigen der vorigen überein, doch unterscheidet Warnstorf (Bot. V. Brand. Bd. 38) drei Blütenzustände, nämlich ausser dem ersten (weiblichen) zwei männliche: Im zweiten Blütenstadium schieben sich nämlich zuerst die längeren Staubblätter bis zur Narbe oder etwas darüber hinaus hervor und zwar so, dass die Antheren unter die Narbe zu stehen kommen; hier öffnen sie ihr Fach nach unten, so dass Selbstbestäubung jedenfalls sehr erschwert ist. Im dritten Blütenstadium endlich richtet sich der Griffel nach oben, und es treten nun auch die kürzeren Staubblätter hervor, die aber nur mit ihren Antheren bis vor die Narbe gelangen. Die Pflanze hat einen angenehmen Melissengeruch und wird eifrig von Hummeln besucht, welche sich von unten an die Blüten hängen. Pollen gelblich, brotförmig, warzig, etwa 43 μ lang und 25—31 μ breit.

2006. S. aquatica L. [H. M., Weit. Beob. III. S. 30; Knuth, Bijdragen.] — Die Blüteneinrichtung stimmt mit derjenigen der vorigen Art überein, nur ist die Blumenkrone dicker angeschwollen und der Griffel biegt sich im zweiten Blütenstande weiter nach unten zurück.

Besucher sind wieder besonders Wespen (mit Ausnahme von Vespa crabro L.); ferner beobachtete Buddeberg in Nassau Halictus cylindricus F. ♂, und ich sah in Ostholstein die Honigbiene, sgd.

Plateau bemerkte in Belgien Apis, Vespa silvestris Scop., Odynerus quadratus Pz., Helophilus, Syrphus, Rhingia campestris Mg.; Rössler bei Wiesbaden folgende Falter: 1. Timandra amata L.; 2. Gnophos furvata F.; Redtenbacher bei Wien den Rüsselkäfer Cionus hortulanus Marsh.

2007. S. umbrosa Dumortier. (S. alata Gilibert, S. Ehrharti Steven). [Kirchner, Flora S. 579.] — Das schmutziggrüne, auf dem Rücken braune Glöckchen ist dicker angeschwollen als das von S. nodosa; im übrigen stimmt die Blüteneinrichtung mit derjenigen der letzteren Art überein.

Als Besucher beobachtete Loew im botanischen Garten zu Berlin: Hymenoptera: a) *Apidae*: 1. Apis mellifica L. ⚥, sgd. b) *Vespidae*: 2. Vespa silvestis Scop., sgd.

Nach Warnstorf (Bot. V. Brand. Bd. 38) verkümmern mitunter einzelne oder sämtliche Staubblätter. — Pollen gelb, brotförmig, dichtwarzig, bis 44 μ lang und 25 μ breit.

2008. S. lucida L. Diese auf den griechischen Inseln heimische Art besitzt, nach Medicus, eine reizbare Narbe.

2009. S. Hoppei Koch. [Schulz, Beiträge II. S. 115, 116] — Die Blüteneinrichtung stimmt im wesentlichen mit derjenigen von S. nodosa überein, doch ist spontane Selbstbestäubung dadurch sehr erschwert oder ganz unmöglich gemacht, dass der Griffel sich gewöhnlich vor dem Hervortreten der inneren Staubblätter, wenigstens vor dem Verstäuben ihrer Antheren aus seiner ursprünglichen, mehr oder weniger horizontalen Stellung in eine senkrecht abwärts gerichtete begiebt, oder dass er sich vielfach noch ein wenig nach rückwärts krümmt, mithin die Narbe unter die Krone zu stehen kommt. Oft kehrt er nach dem Ausstäuben der Antheren fast in seine ursprüngliche Stellung zurück.

Als Besucher beobachtete Schulz bei Predazzo und San Martino Wespen, vereinzelte Schlupfwespen und Fliegen.

2010. S. canina L. [Mac Leod, Pyreneeënbloemen S. 40, 41.] — Die dunkelviolette Blume ist ihrer Form nach eine Bienenblume, aber der Blüteneingang ist weit und die Kronröhre wenig tief. Sie wird niemals von langrüsseligen Bienen besucht, sondern erhält im Gegenteil zahlreiche Besuche von Syrphiden und kleinen kurzrüsseligen Bienen. Letztere kriechen gewöhnlich ganz in die Blüte hinein.

Als Besucher sah Mac Leod in den Pyrenäen 3 Bienen (Halictus), 1 Schlupfwespe, 5 Schwebfliegen.

Schletterer beobachtete bei Pola die Furchenbiene Halictus variipes Mor.

2011. S. lateriflora Trautv. [Urban, Einseitswendige Blütenstände; Loew, Blütenb. Beitr. I. S. 24—27.] — Diese im Kaukasus einheimische Art ist eine ebenso ausgeprägt protogynische Wespenblume wie S. nodosa; die Blüteneinrichtung gleicht derjenigen dieser Art.

2012. S. peregrina L. ist selbstfertil. (Comes, Ult. stud.).

2013. S. Scopolii Hoppe sah Plateau von Apis besucht.

2014. S. orientalis L. sah Plateau bei Gent von Apis, Allantus tricinctus Chr. und Odynerus quadratus Pz. besucht.

2015. S. alpestris Gay. [Mac Leod, Pyreneeënbloemen S. 41.] — Als Besucher der gelben und violetten Blume beobachtete Mac Leod in den Pyrenäen besonders eine Wespe (Vespa silvestris Scop.), ferner 2 Hummelarten.

457. Antirrhinum L.

Homogame Bienen- oder Hummelblumen mit Klappmechanismus. Der Blüteneingang wird durch die Ober- und Unterlippe völlig verschlossen. Letztere besitzt zwei höckerartige Anflugstellen, welche in zwei Vertiefungen der Oberlippe genau passen. Die dicht unter der Oberlippe sitzenden, von der Blumenkrone eingeschlossenen Antheren entleeren zwei rundliche Pollenballen, welche, nach Kerner, dem Rücken einer in die Blüte eindringenden Hummel auf einmal aufgeladen werden. Der Honig wird vom Grunde des Fruchtknotens ausgesondert. Die Narbe ist, nach Medicus, reizbar.

2016. A. majus L. [Sprengel, S. 320, 321; H. M., Befr. S. 280; Weit. Beob. III. S. 29, 30; Schulz, Beiträge; Kirchner, Flora S. 580; Knuth, Bijdragen.] -- Wie schon Sprengel angiebt, wird der Honig in den hellpurpurnen, selten weissen, mit gelbem Gaumen versehenen Blüten von dem glatten, grünen, fleischigen, vorn am meisten angeschwollenen Grunde des weisslichen, im übrigen feinbehaarten Fruchtknotens abgesondert. Er bleibt über dem kurzen Horn an dem glatten, nach vorn gerichteten Grunde der vorderen Staubfäden und am Nektarium selbst haften, fliesst aber nicht, wie Sprengel, angiebt, in das Horn selbst hinab. Letzteres ist kurz und weit; es gestattet den besuchenden Hummeln nur von unten her den Rüssel zum Honig vorzuschieben, da der Zutritt zu demselben von oben und vorn durch einen Besatz steifer, mit einem kugeligen Köpfchen versehener Haare an der Umbiegungsstelle der vorderen Staubfäden versperrt ist.

Befruchter sind ausschliesslich langrüsselige Bienen, besonders Hummeln, welche den Blütenverschluss mit Leichtigkeit öffnen und dann ganz in die Blüte hineinkriechen, aus welcher sie dann rückwärts gehend mit bestäubter Oberseite wieder herauskommen. Sie bewirken dabei sowohl Fremd- als auch Selbstbestäubung. Kleinere Bienen (Halictus-Arten) sah H. Müller von Blüte zu Blüte fliegen, aber überall an den verschlossenen Thüren wieder umkehren, bis sie an alte Blüten kamen, die sich durch Welken etwas geöffnet hatten und ihnen daher den Eintritt gestatteten. Solcher Besuch ist aber ohne Nutzen für die Blume. Bombus terrester L. beisst, nach Schulz, zuweilen den Sporn an und raubt so Nektar, manchmal saugt diese Hummel auch normal. Spontane Selbstbestäubung ist möglich, aber von geringerem Erfolge als Fremdbestäubung. Nach Darwin ist die Pflanze teils steril, teils selbstfertil: Die rote Varietät ist bei Insektenbesuch doppelt so fruchtbar wie bei Insektenabschluss; die weisse Varietät ist mehr selbstfruchtbar als die vorige; die pelorische Form ist bei künstlicher Selbstbefruchtung vollkommen fertil.

Als Besucher beobachtete ich in Schleswig-Holstein nur Hummeln; 1. Bombus agrorum F. ♀ ☿; 2. B. hortorum L. ♀ ☿ ♂; 3. B. lapidaris L. ☿ ♀; 4. B. terrester L. ♀ ☿ ♂, sämtlich (auch 4) normal sgd.; Loew im botanischen Garten zu Berlin Bombus agrorum F. ♀, sgd.

Hermann Müller sah in Westfalen und Thüringen folgende Besucher: Hymenoptera: *Apidae*: 1. Anthidium manicatum L. ♀; 2. Bombus agrorum F.; 3. B. hortorum L.; 4. B. lapidarius L.; 5. B. silvarum L.; 6. B. terrester L.; 7. Megachile fasciata Sm. ♂; 8. Osmia rufa L. ♀. Über diese Bienen bemerkt H. M.: Die Weibchen und Arbeiter und im Spätsommer auch die Männchen kriechen ganz in die Blüten hinein und kommen rückwärts gehend mit bestäubter Oberfläche wieder aus denselben heraus, um sofort andere aufzusuchen. Von Zeit zu Zeit bürsten sie mit den Fersenbürsten der Vorder- und Mittelbeine vom Thorax, mit denen der Hinterbeine vom Hinterleibe den angehefteten Pollen ab, da dies jedoch nicht nur die Weibchen und Arbeiter, sondern ebenso auch die Männchen thun, so lässt sich mit Bestimmtheit annehmen, dass es mehr zur Reinigung als zur Pollengewinnung geschieht, obgleich

10*

Weibchen und Arbeiter sich natürlich den abgebürsteten Pollen zu Nutze machen, indem sie ihn auf die Aussenfläche der Hinterschienen bringen. Nur ganz ausnahmsweise dringen kleinere Bienen, die dann für die Pflanze nutzlos sind, in noch frische Blüten ein, ich sah dies nur ein einziges Mal der Megachile centuncularis L. ♀ gelingen; dagegen sah ich wiederholt zahlreiche kleine Halictus (morio F. ♀, smeathmanellus K. ♀, zonulus Sm. ♀) von Blüte zu Blüte fliegen und überall an den verschlossenen Thüren wieder umkehren, bis sie an alte Blüten kommen, die sich durch Welken etwas geöffnet hatten; in diese krochen sie hinein, um den etwa noch vorhandenen Honig zu saugen. Diese Halictus zeigen deutlich, in wiefern das feste Schliessen des Blüteneingangs der Pflanze nützlich ist. Denn wäre derselbe von Anfang an so undicht verschlossen, wie er es beim Verwelken wird, so würden die Halictus sehr häufig sämtlichen Honig stehlen und die Blumen dann natürlich von Hummeln viel weniger eifrig besucht werden.

Douglas (Ent. Monthly Mag. XXIII. 1886) sah folgende Apiden an den Blüten: 1. Apis mellifica L. ☿; 2. Bombus derhamellus K. ♀ ☿; 3. B. terrester L. var. lucorum L. ☿; 4. B. terrester L. var. audax Harr. (virginalis Fourc.) ♀ ☿; 5. Megachile centuncularis L. Die Arten 2, 3, 5 wurden schon 1850 von Neumann als Besucher genannt.

Schletterer giebt für Tirol als Besucher die Steinhummel an.

P. Magnus bemerkt (Naturwiss. Rundschau 1891), dass die Hummeln an den durch Einbruch eröffneten Nektarien nur kurze Zeit saugen können, wogegen sie bei normalem Besuche lange saugend verharren, was als eine deutliche Anpassung dieser Blume an Hummeln anzusehen sei. (B. Jb. 1891. I. S. 419.)

2017. A. sempervirens Lap. [Mac Leod, Pyreneeënbloemen S. 41.] — Nur Hummeln sind kräftig genug, die Unterlippe nach unten zu drücken. Die Blüten sind weiss mit blassgelbem Höcker auf der Unterlippe. Die Oberlippe hat einen blassvioletten Fleck als Saftmal. Der Sporn wird durch eine Wand in zwei Teile geteilt, und zwar enthält nur der obere Teil den vom Fruchtknoten abgesonderten Honig.

Als Besucher beobachtete Mac Leod in den Pyrenäen Bombus hortorum L.

2018. A. Orontium L., eine homogame Bienenblume. [Knuth, im B. C. Bd. 71 Nr. 12.] — Die roten, selten weisslichen, mittelgrossen Blumen stehen in wenigblütigen Trauben, sind daher nicht besonders augenfällig. Die 8—10 mm breite, rosa gefärbte (selten weissliche) Oberlippe ist mit dunkelroten Linien geziert, welche in den durch den Gaumen der Unterlippe geschlossenen Blüteneingang gerichtet sind. Die Unterlippe ist ebenso gefärbt wie die Oberlippe, doch ist ihre Strichzeichnung schwächer, und auf ihrer Kuppe befindet sich ein schwaches gelbliches Saftmal, von welchem aus nach beiden Seiten des den Blütenverschluss bildenden Randes der Unterlippe, falls diese rosa ist, eine weissgefärbte Zone verläuft. Öffnet man den Blütenverschluss durch Herabdrücken der Unterlippe, so sieht man, dass sich die dunkelrote Strichzeichnung der Ober- und Unterlippe bis in die nur 6—7 mm lange Kronröhre, welche an ihrem unteren Ende etwas spornartig erweitert ist, fortsetzt. Die Oberlippe greift mit einem Kiel in eine entsprechende Vertiefung der Unterlippe, wodurch die Sicherheit des Blütenverschlusses noch erhöht wird. Die Seitenwände der Unterlippe fallen fast senkrecht ab, so dass auffallende Regentropfen der Blüte nicht schaden können.

An der Innenseite der Oberlippe befinden sich unmittelbar unter dem vorspringenden Kiele die vier Antheren, von denen die der beiden längeren Staubblätter die Narbe überragen, die der beiden kürzeren tiefer als diese stehen, so dass die Narbe an dem an der Spitze etwas hakig umgebogenen Griffel die Lücke zwischen den beiden Antherengruppen ausfüllt.

An derjenigen Stelle der Innenseite der Unterlippe, welche in der geschlossenen Blüte die Antheren berührt, sitzen zahlreiche, dicht stehende, etwas verfilzte gelbe Härchen, in welche sich der Pollen der aufgesprungenen Antheren entleert. Diese Haare setzen sich in zwei Reihen starrer, senkrechter, gelber, an der Spitze ein Knöpfchen tragender Borsten bis in den Blütengrund fort; letztere dienen daher zur Führung des zum Nektar vordringenden Bienenrüssels. Der Honig wird vom Grunde des Fruchtknotens von einem an den Seiten und nach dem Sporn zu stärker entwickelten Wulst in nur geringer Menge abgesondert und in der spornartigen Anschwellung der Unterlippe geborgen.

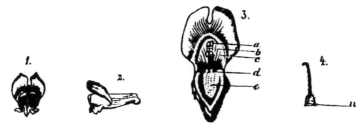

Fig. 271. Antirrhinum Orontium L. (Nach der Natur.)

1 Blüte von vorn, in natürlicher Grösse. *2* Blumenkrone von der Seite, ebenso. *3* Blüte mit heruntergeklappter Oberlippe von vorn. (Vergr. 2 : 1.) *a* Antheren der längeren, *b* Antheren der kürzeren Staubblätter. *c* Narbe. *d* Die zur Führung des Bienenrüssels dienenden zwei Reihen senkrechter Haare im Blütengrunde. *e* Die zur Aufnahme des Pollens dienenden Haare der Innenseite der Unterlippe. *4* Stempel von der Seite gesehen. (2 : 1.) *n* Nektarium.

Den Blütenverschluss zu öffnen und regelrechte Bestäubung herbeizuführen sind nur Bienen im stande. Indem sie mit ihrem Kopfe in die 4 mm weite Blütenöffnung eindringen und den Rüssel zum Honig vorschieben, streifen sie erst die etwas vorstehende Narbe und bedecken dann die Oberseite ihres Rüssels oder ihre Stirn mit dem Pollen erst der längeren, dann der kürzeren Staubblätter, führen also schon beim Besuche der zweiten Blüte Fremdbestäubung herbei. Bleibt Insektenbesuch aus, so erfolgt durch den in der wolligen Behaarung der Innenseite der Unterlippe haftenden Pollen spontane Selbstbestäubung.

Als Besucher und Befruchter sah ich am 8. August 1897 auf Äckern bei Kiel mehrere Exemplare von Apis mellifica L. ☿, welche stetig von Blüte zu Blüte flogen und so Kreuzung herbeiführten. Der etwa 6 mm lange Rüssel der Honigbiene entspricht der Tiefe der Honigbergung in der Blüte. Am 12. August sah ich ausserdem zwei Hummeln, Bombus terrester L. ☿ und B. lapidarius L. ♂, die Blüten bebesuchen und ebenso verfahren wie die Honigbiene; die 7—8, bezw. 8—10 mm langen Rüssel dieser Hummeln sind zur Ausbeutung des Honigs reichlich lang genug. Als sonstige Blütengäste, die aber niemals Fremdbestäubung bewirkten, bemerkte ich zahlreiche Thrips.

458. Linaria Tourn.

Meist homogame Bienen- oder Hummelblumen, deren Gaumen den Schlund meist schliesst. Die Honigabsonderung erfolgt von der fleischigen Unterlage des Fruchtknotens, die Aufbewahrung desselben im Grunde des Sporns. Als Anflugsstellen dienen zwei Höcker am Gaumen. — Nach K u h n kommen kleistogame Blüten vor.

2019. L. vulgaris Miller. (Antirrhinum Linaria L.) [Sprengel, S. 317—320; H. M., Befr. S. 279, 280; Delpino, Sugli app. S. 32; Kirchner, Flora S. 581; Knuth, Bijdragen; Ndfr. Ins. S. 164; Weit. Beob. S. 238; Notizen; Mac Leod, B. Jaarb. V. S. 343—345; VI.; Verhoeff, Norderney.] — In den hellgelben, mit orangegelbem Saftmal auf der Unterlippe versehenen Blüten gleitet der von der Fruchtknotenunterlage bereitete Nektar in einer schmalen, glatten Furche, die sich vom Nektarium an zwischen den beiden vorderen Staubblättern hindurch bis in die Spitze des Sporns zieht und von kurzen, steifen Haaren umgeben ist, gleichmässig bis in die äusserste Spitze des 10—13 mm langen Sporns hinab, diese meist 5—6 mm weit damit ausfüllend. Von dieser M ü l l e r'schen Darstellung weicht diejenige S p r e n g e l s ab, indem letzterer vermutete, dass der Saft ruckweise in den Sporn hinabfliesst, indem „er so lange an der Öffnung stehen bleibt, bis er zu einer gewissen Menge angewachsen und dann plötzlich hinabsteigt", so dass er in einiger Entfernung von der dann mit Luft gefüllt bleiben-

Fig. 272. **Linaria vulgaris Mill.**
(Nach der Natur.)

Blüte in natürlicher Grösse nach Entfernung der Unterlippe. Unter der etwas gewölbten Oberlippe befinden sich die zwei Paar Staubblätter und zwischen den Antheren die Narbe.

den Spornspitze stehen bleibt. H. Müller hat unter mehreren hundert Blüten nur zwei gefunden, welche der Beschreibung S p r e n g e l s entsprachen, so dass man wohl annehmen darf, dass letzterer eine Ausnahme als Regel beschrieben hat. — Die beiden Vorderlappen des Nektarium sind, nach J o r d a n, stärker entwickelt als die beiden Hinterlappen.

Die Länge des Sporns schliesst kurzrüsselige Bienen von dem Genusse des Honigs aus, durch das feste Zusammenschliessen von Ober- und Unterlippe ist Fliegen, Faltern und Käfern der Zugang zur Blüte versperrt. Es können also nur langrüsselige Bienen auf normalem Wege zum Nektar gelangen und die Befruchtung vermitteln. Sie drücken die Unterlippe abwärts und kriechen soweit in die Blüte hinein, als es ihre Körpergrösse gestattet, bezw. bis sie den Honig saugen können. Dabei streifen sie, da Griffel und Staubblätter innen unter der Oberlippe liegen, mit ihrer Körperoberseite die Narbe und die mit derselben gleichzeitig entwickelten Staubbeutel. Da erstere zwischen den Antheren der kürzeren und der längeren Staubblätter liegt, so erfolgt bei Insektenbesuch ebenso leicht Fremd- wie Selbstbestäubung, doch ist diese nach den Untersuchungen von **Darwin**, wie auch die natürlich leicht mögliche Autogamie, ohne Erfolg. — Pollen, nach **Warnstorf**, gelb, in Wasser fast kuglig, glatt.

Wie **ich** (Notizen) hervorgehoben habe, ist für die Führung des zum Honig vordringenden Insektenrüssels in trefflicher Weise gesorgt. Öffnet eine nektarsuchende Hummel den Blütenverschluss durch Herabdrücken der Unterlippe, so findet sie zu beiden Seiten der Mitte der letzteren je ein orangefarbenes Saftmal. Dieses ist aber nicht wie gewöhnlich durch blosse Strichzeichnung, welche in das Innere des honigbergenden Spornes zeigt, gebildet, sondern durch je einen Wulst fast senkrecht stehender, dichter, orangefarbiger Haare, welche einen glatten, unbehaarten Raum von etwa 1 mm Breite zwischen sich lassen. Den Hummeln und Bienen ist es unmöglich, diese Haarwälle mit dem Rüssel zu durchdringen; sie sind vielmehr genötigt, denselben in der glatten Mittelrinne vorzuschieben, wodurch die Oberseite von Kopf, Vorder- und Mittelbrust die Narbe und die Antheren streifen.

Ich beobachtete in Schleswig-Holstein: 1. Apis mellifica L. ⚨; 2. Bombus agrorum F. ⚨; 3. B. hortorum L. ♀ ⚨; 4. B. terrester L. ♀; teils normal sgd. (auch 1), teils (bis auf 3) den Honig auch durch Einbruch gewinnend.

Verhoeff beobachtete auf Norderney: A. **Coleoptera**: a) *Nitidulidae*: 1. Meligethes spec. (Dieb). b) *Curculionidae*: 2. Gymnetron pilosum Schönh. B. **Diptera**: a) *Muscidae*: 3. Calliphora erythrocephala Mg. (Dieb); 4. Cynomyia mortuorum L. (Dieb); 5. Lucilia latifrons Schin. (Dieb). b) *Syrphidae*: 6. Eristalis arbustorum L. (Dieb); 7. Syritta pipiens L. (Dieb); 8. Syrphus corollae F. (Dieb). C. **Hymenoptera**: a) *Apidae*: 9. Bombus hortorum L. ♂, s. hfg. normal saugend — ♀, nicht selten, normal sgd. — ⚨, Sporn durchbeissend, dann sgd., also Dieb; 10. B. lapidarius L. ⚨, (Dieb); 11. B. terrester L. ♀ und ♂, nicht selten, ⚨, hfg. (Dieb). b) *Formicidae*: 12. Formica fusca L., Rasso fusca Forel ⚨ (Dieb). c) *Vespidae*: 13. Odynerus parietum L. (Dieb).

Alfken beobachtete auf Juist: Hymenoptera: *Apidae*: Bombus hortorum L. selten, sgd.; ferner bei Bremen: a) *Apidae*: 1. Bombus agrorum F. ♂; 2. B. hortorum L. ⚨ ♀ ♂, sgd., nebst var. nigricans Schmdk. ♀, sgd.; 3. B. pomorum Pz. ⚨; 4. B. proteus Gerst. ⚨; 5. B. silvarum L. ♀. b) *Vespidae*: 6. Odynerus clavipennis Thms. ♀.

Loew beobachtete in Schlesien (Beiträge S. 28): Bombus rajellus K. ⚨, sgd.; v. **Fricken** in Westfalen und Ostpreussen die Coleoptera: a) *Curculionidae*: 1. Gymnetron linariae Pz. b) *Nitidulidae*: 2. Brachypterus gravidus Ill. als Schädlinge; **Dalla Torre** in Tirol Bombus mastrucatus Gerst. ⚨.

Schletterer verzeichnet die Hummeln: 1. Bombus alticola Krchb.; 2. B. ruderatus F. als Besucher für Tirol.

In Dumfriesshire (Schottland) (**Scott-Elliot**, Flora S. 126) wurden Apis und 2 Hummeln beobachtet.

Mac Leod (Bot. Jaarb. V. S. 343—345) bemerkte in Flandern die Gartenhummel ♂ ⚨, zahlreich, mit Blütenstaub bedeckt; ferner 1 Halictus (honigstehlend) und drei Schwebfliegen (teils vergebens den Bluteneingang suchend, teils pfd.); ferner einen Käfer (Cetonia) ganz in die Blüte kriechend (Bot. Jaarb. VI. S. 371).

Herm. Müller giebt folgendes über die Besucher an:

Hymenoptera: a) *Apidae*: 1. Anthrena gwynana L. ♀, psd.; 2. Anthidium manicatum L. ♀ ♂, häufig, sowohl sgd., als (♀) psd.; 3. Apis mellifica L. ⚨, sehr zahlreich. Um Honig zu saugen, kriecht sie fast ganz in die Blüte hinein und steckt den Kopf in den erweiterten Eingang des Spornes, den sie nun bis auf 2—3 mm entleert. Mit bestäubter Oberseite wieder hervorkommend, sucht sie häufiger seitlich gelegene Blüten benachbarter als höher gelegene derselben Stöcke auf, sie bewirkt daher

vorwiegend Kreuzung getrennter Stöcke. In andern Fällen sah ich die Honigbiene, übereinstimmend mit Sprengels Angabe, ein Loch in den Sporn beissen und durch dieses
ihn ganz entleeren. Ihr Benehmen beim Pollensammeln hat schon Sprengel richtig beschrieben: „Sie entfernt die Unterlippe der Krone ein wenig von der Oberlippe und
steckt den Kopf so weit hinein, dass sie die Antheren berühren und ihren Staub erhalten kann." 4. Bombus hortorum L. ♀ ☿ ♂, sah ich wiederholt andauernd die
Blüte ihres Honigs entleeren, was ihm mit dem 17—21 mm langen Rüssel rascher
gelang als Bombus terrester. Auch die ♂ fegten dann und wann den Pollen mit den
vorderen Beinen von Kopf und Vorderrücken teilweise ab und hatten stets in den
Fersenbürsten aller Beine eine Menge Pollenkörner sitzen; 5. B. terrester L. ♀, normal
sgd. Sie kriecht mit Kopf, Brust und Vorderbeinen in die Blüte, reicht dann mit ihrem
7—9 mm langen Rüssel fast bis in die Spitze des Sporns und kommt mit dicht bestäubter Oberseite des Kopfes, der Vorder- und Mittelbrust wieder aus der Blüte hervor.
Bisweilen bürstet sie einen Teil des Blütenstaubes mit den Fersenbürsten der Vorder-
und Mittelbeine ab und bringt ihn an die Hinterschienen. Sprengels Ansicht, „dass die
grossen Hummeln in den natürlichen Eingang nicht hineinkommen können", ist demnach irrig; 6. Megachile maritima K. ♂, sgd.; 7. Osmia aenea L. ♀, wiederholt, sgd.
und psd.; 8. O. leucomelaena K. ♀, psd. b) *Formicidae*: 9. Verschiedene Arten, häufig,
saugend.

2020. L. minor Desfontaines. [H. M., Weit. Beob. III. S. 28, 29; MacLeod,
B. Jaarb. V. S. 345; Kirchner, Flora S. 582; Kerner, Pflanzenleben II.] —
Die Blüteneinrichtung der kleinen, wenig augenfälligen, hellvioletten, mit blassgelbem
Gaumen versehenen Blumen stimmt im wesentlichen mit derjenigen von L. vulgaris überein, doch ist Insektenbesuch bisher nicht beobachtet; es findet vielmehr
regelmässig spontane Selbstbestäubung statt. Mit dem Öffnen der Blüte springen
die Antheren der beiden längeren Staubblätter auf; mit ihnen ist gleichzeitig die
Narbe entwickelt, die bald darauf von dem aus den Antheren hervorquellenden
Pollen bedeckt wird, indem gleichzeitig die Antheren der beiden kürzeren Staubblätter aufspringen. Nach Kerner kommt die spontane Selbstbestäubung durch
eine nachträgliche Verlängerung der Krone zu stande, indem dann die Antheren
die Narbe streifen. — Pollen, nach Warnstorf, weiss, eiförmig, glatt, etwa
25 µ lang und 19 µ breit.

2021. L. litoralis W. [Kerner, Pflanzenleben II.] — Diese in
Kroatien etc. heimische Art hat dieselbe Art der spontanen Selbstbestäubung
wie vorige.

2022. L. striata DC. [Kirchner, Beiträge S. 53; Loew, Bl. Fl.
S. 292.] — Die hellbläulichen, mit blauen Linien versehenen Blumen sind erheblich kleiner als diejenigen von L. vulgaris, mit welcher sie in der Blüteneinrichtung übereinstimmen. Die heller gefärbte Unterlippe ist in der Mitte mit
goldgelben Haaren besetzt. Der Sporn ist nur 2—3 mm lang.
Als Besucher sah Loew im botanischen Garten zu Berlin. A. Diptera: *Syr-*
phidae: 1. Syritta pipiens L., anfliegend. B. Hymenoptera: *Apidae*: 2. Apis mellifica L. ♀, sgd.; 3. Bombus agrorum F. ♂, sgd.

2023. L. alpina Miller, eine Hummelblume. [H. M., Alpenblumen
S. 275—277; MacLeod, Pyreneeënbloemen S. 47.] — Die Blüteneinrichtung
stimmt bis auf die Färbung im wesentlichen mit derjenigen von L. vulgaris
überein. Der Hohlraum der Blume ist eben weit genug, um einen Hummelkopf

aufzunehmen. Die Möglichkeit der Selbstbestäubung ist dieselbe wie bei L. vulgaris. Während der Blumen in den Alpen blauviolett sind und meist ein orangefarbiges Saftmal auf der Unterlippe haben, ist die Färbung in den Pyrenäen dunkler, während das Saftmal meist nur als kleiner gelber Fleck erscheint.

Als Besucher sah H. Müller in den Alpen 2 Hummelarten normal saugend, ferner einen Nachtschmetterling, zu saugen versuchend und den Taubenschwanz, flüchtig saugend. Letzteren beobachtete Mac Leod auch in den Pyrenäen. H. Müller fand auch Einbruchslöcher, wahrscheinlich von Bombus mastrucatus Gerst. herrührend.

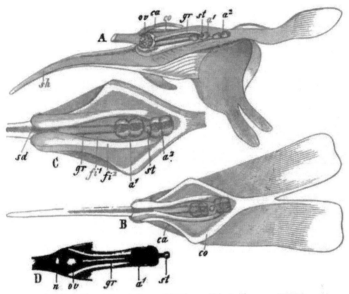

Fig. 273. Linaria alpina Miller. (Nach Herm. Müller.)

A Blüte im Längsdurchschnitt. *B* Obere Blütenhälfte von unten gesehen. *C* Der mittlere Teil der vorigen Figur, stärker vergrössert. *D* Stempel, obere (kürzere) Staubblätter, Nektarium. *fi*¹ Kürzere Filamente, *a*¹ deren Antheren. *fi*² Längere Filamente, *a*² deren Antheren. Bedeutung der übrigen Buchstaben wie in Fig. 213. (*A, B* Vergr. 5:1; *C, D* 7:1.)

2024. L. pyrenaïca DC. [Mac Leod, Pyreneeënbloemen S. 321, 322.] — Die blassgelben, an der Unterlippe mit orangefarbigem Saftmal versehenen Blumen haben im wesentlichen denselben Bau wie diejenigen von L. alpina. Die zur Erreichung des Honigs notwendige Rüssellänge beträgt 15—20 mm. Mac Leod beobachtete auch Einbruchslöcher, wahrscheinlich von Bombus mastrucatus oder B. terrester herrührend.

2025. L. origanifolia DC., eine Bienenblume mit Bombylidenthür (?) [Mac Leod Pyreneeënbloemen S. 42—46.] — Die Oberlippe ist zweilappig, die Unterlippe besteht aus drei zweiteiligen Lappen. Die Blüte ist violett gefärbt, die Oberlippe zeigt dunklere Adern. Die Unterlippe hat ein gelbes Saftmal und ist mit sechs unregelmässigen, feinstacheligen Leisten besetzt, welche sich in das Innere der Blumenkrone fortsetzen; doch ist die mittlere dieser Fortsetzungen innerhalb der Blüte stachellos. Zu dieser letzteren unbestachelten Mittellinie führt zwischen der Oberlippe und den beiden Mittelhöckern des Gaumens eine Eingangspforte. Der plattgedrückte Sporn ist 3,5 mm lang. Die Unterlippe ist schlaff, so dass sie nicht erst mit mehr oder minder grosser Kraftanstrengung seitens des honigsuchenden Insekts geöffnet zu werden braucht. Diese Einrichtung sieht Mac Leod als eine Anpassung an Wollschweber (Bombyliden) an, doch beobachtete er solche nicht an den Blüten, sondern als Besucher nur einen für die Blüte unnützen Rüsselkäfer.

2026. L. arvensis Desf. [H. M., Weit. Beob. III. S. 29.] — Die winzigen Blüten sind ausschliesslich autogam; auch bei günstiger Witterung beobachtete Müller trotz wiederholter Überwachung keinen Insektenbesuch.

2027. L. italica Trev. [Schulz, Beiträge II.] — Die Blüteneinrichtung stimmt mit derjenigen von L. vulgaris überein.

Als Besucher beobachtete Schulz bei Bozen recht zahlreiche Bienen, darunter Bombus terrester L., zum Teil den Nektar durch Einbruch gewinnend.

2028. L. spuria Miller. [Kirchner, Flora S. 583.] — Die Oberlippe ist dunkel purpurbraun, die Unterlippe citrongelb, meist saftmallos, zuweilen aber dunkelpurpurbraun gefleckt; der 6 mm lange honigführende Sporn ist hellgelb. Die vier Staubblätter liegen wie gewöhnlich an der Innenseite der Oberlippe, und zwar sind die zwei kürzeren gerade ausgestreckt, während die zwei längeren kurz vor dem Grunde der Antheren sich scharf nach oben umbiegen, so dass die Antherenspitzen nach hinten stehen und ihre ursprünglich untere Seite nach oben gerichtet ist. Alle vier Antheren sind mit einander verklebt, und mitten zwischen ihnen liegt die mit ihnen gleichzeitig entwickelte Narbe. Die Antheren tragen an den Stellen, an welchen sie mit einander zusammenhängen, Büschel von kurzen Sammelhaaren und öffnen sich nach innen, also gegen die Narbe hin, so dass spontane Selbstbestäubung erfolgen muss.

Nach Michalet und Ascherson (Verh. der bot. V. d. Pr. Brand. 1886. S. XXI) bilden sich in den Achseln der unteren Blätter kurze, dünne, gedrehte Zweige, welche sich in die Erde eingraben und hier Blüten mit verkümmerter Krone und kleistogamischer Befruchtung bilden.

2029. L. Cymbalaria L. [Kirchner, Flora S. 582; H. M., Weit. Beob. III. S. 29.] Die Einrichtung der lila gefärbten, mit zwei orangegelben Flecken an der weisslichen innen bis zum Anfang des Sporns gleichfalls orange Unterlippe gezierten Blumen stimmt, nach Kirchner, im wesentlichen mit derjenigen von L. vulgaris überein, doch ist der Sporn nur 3 mm lang, innen gefurcht, aber ohne Haare; dagegen ist die Wurzel der beiden längeren Staubblätter mit Härchen besetzt.

Als Besucher beobachtete Borgstette bei Tecklenburg: A. Diptera: Syrphidae: 1. Helophilus hybridus Loew. B. Hymenoptera: Apidae: 2. Apis mellitica L. ♀, sgd., häufig; 3. Anthrena albicans Müll. ♀, sgd.; 4. Halictus albipes F. ♀, sgd.; 5. H. cylindricus F. ♀, sgd., mehrfach; 6. H. sexnotatus K. ♀, sgd. C. Lepidoptera: Rhopalocera: 7. Pieris rapae L., sgd.

2030. L. genistifolia Mill.

Als Besucher beobachtete Loew im botanischen Garten zu Berlin: Apis mellifica L. ♀, stetig sgd. Ferner daselbst an

2031. L. purpurea Mill.:
Apis sgd. und Bombus agrorum F. ♂, sgd.

2032. Phygelius capensis. [Kerner, Pflanzenleben II. S. 377.] — Die Blütenstiele dieser im Kaplande heimischen Art sind hakenförmig gekrümmt, und auch die jungen, eben geöffneten Blüten sind fast rechtwinklig abwärts geneigt. Da die Blumen protogynisch sind, kann am ersten Blühtage nur Pollen aus älteren Blüten auf die Narbe gebracht werden, und zwar ist der Griffel anfangs so gekrümmt, dass die Narbe vor der Einfahrt zu dem honigführenden Blütengrunde steht und von dem Besucher gestreift werden muss. Am folgenden Tage streckt sich der Griffel, wodurch die Narbe aus ihrer bisherigen Stellung entfernt wird, die jetzt von den geöffneten Antheren eingenommen wird. Indem sich nun gleichzeitig der Blütenstiel krümmt, wird die röhrenförmige Blumenkrone der Hauptachse des Blütenstandes genähert. Dadurch wird die Narbe unter die schrumpfenden Antheren gestellt, so dass sie durch Pollenfall belegt wird. Sollte aber der Pollen dennoch sein Ziel verfehlen, so kommt Autogamie doch noch dadurch unvermeidlich zu stande, dass die Narbe, welche durch die abfallende Blüte hindurchgeschleift wird, die Antheren berührt und die letzten Reste des etwa noch vorhandenen Pollens aufnimmt.

459. Erinus L.

Homogame Falterblumen.

2033. E. alpinus L. [Loew, Bl. Fl. S. 50]. — Die von Loew an kultivierten Pflanzen untersuchten Blüten besitzen eine enge, etwa 5 mm lange Kronröhre, an deren Grunde sich der von einem Ringe am Grunde des Fruchtknotens abgesonderte Honig ansammelt. In den homogamen Blüten ist Selbstbestäubung möglich.

Als Besucher der rötlich-violetten Blume sah Mac Leod in den Pyrenäen 2 Falter und 1 Fliege.

460. Gratiola L.

Weisse oder rötliche Blumen mit verborgenem Honig, welcher aus einer unter dem Fruchtknoten sitzenden Scheibe abgesondert wird.

2034. G. officinalis L. [Vaucher, Hist. phys. des plantes d'Europe III; Loew, Blütenbiol. Flor. S. 289, 290.] — Die nach Linné und Medicus reizbare Narbe öffnet ihre beiden verdünnten und papillösen Lappen spät und schliesst sie bald. Die beiden fruchtbaren Staubblätter sind am oberen Ende behaart und wenden ihre aufgesprungene Seite der Narbe zu, so dass letztere von dem Pollen derselben bedeckt wird, doch wird derselbe durch eine halbdurchsichtige Haut zurückgehalten.

461. Mimulus L.

Homogame Bienenblumen mit reizbarer Narbe.

2035. M. luteus L. (M. guttatus DC.) Nach Batalin (Bot. Ztg. 1870, S. 53, 54) streifen die in die Blüte eindringenden Bienen zuerst den abwärtsgerichteten, die Antheren verdeckenden unteren Narbenlappen und belegen ihn mit Pollen, wenn sie bereits eine andere Blüte besucht und sich hier mit Blütenstaub behaftet hatten. Nach dieser Berührung richtet sich der reizbare Narbenlappen auf, so dass die unter ihm befindlichen pollenbedeckten Antheren frei und von der besuchenden Biene berührt werden, sie sich mithin von neuem mit Pollen behaftet. Ähnlich verhalten sich

2036. M. Tillingii, nach Behrens (Progr. Elberfeld 1877/78) und

2037. M. (Diplacus) glutinosus Wendl. var. *β.* (D. puniceus Nutt.) nach Hildebrand (Bot. Ztg. 1867, S. 284). Auch

2038. Glossostigma elatinoides hat, nach Cheeseman, eine ähnliche einlippige, reizbare Narbe. [Kerner, Pflanzenleben II. S. 280.] — Desgleichen haben Arten der Gattungen Rehmannia und Torenia zweilippige reizbare Narben.

2039. Collinsia bicolor. [Delpino, Ult. oss. S. 151, 152; Hildebrand, Bot. Ztg. 1870, S. 658.] — Die Blumen haben, nach Delpino, Ähnlichkeit mit einer Schmetterlingsblüte. Staubblätter und Griffel liegen an der Unterseite, das Nektarium befindet sich an der Oberseite der Blüten. Bei Insektenabschluss sind sie, nach Hildebrand, autogam und mit dem eigenen Pollen fruchtbar. Dieselbe Einrichtung hat

2040. C. verna.

2041. C. Canadensis besitzt, nach Breitenbach (Kosmos 1884), dreierlei Blüten: grosse zwittrige, kleine weibliche und solche, bei denen eine Anthere verkümmert ist.

2042. Vandellia pyxidaria Maximovicz (Lindernia pyx. All.) [Urban, Studien; Loew, Blütenb. Floristik S. 290.] — Die Pflanze tritt in drei Formen auf: 1. chasmogam mit grosser, den Kelch um das Doppelte überragender Blumenkrone (Maximovicz); 2. kleistogam (Lindernia pyxidaria All.) mit kleiner, von den Kelchzähnen überragter Blumenkrone (Maximovicz); 3. intermediär mit kaum geöffneter, die Kelchzähne kaum überragender Blumenkrone (Urban). Die Formen 1 und 3 können an derselben Pflanze vorkommen. In den chasmogamen Blüten liegen die Antheren der beiden längeren Staubblätter infolge der Biegung ihrer Staubfäden oberhalb der Antheren der fast um die Hälfte kürzeren kleinen Staubblätter; die Staubblattanhänge sind lang, und der Griffel überragt die Antheren bedeutend. Dagegen waren die Anhänge der Staubblätter der kleistogamen Blüten desselben Exemplars (von Regensburg) sehr kurz; die vorderen Staubblätter mit geraden Staubfäden waren wenig länger als die hinteren, deren Filamente schwach gebogen erschienen, und die Antheren lagen der Narbe des um das Dreifache kürzeren, geraden Griffels an. Beide Blütenformen zeigen an mittel- und südeuropäischen Pflanzen freie Staubbeutel, während bei asiatischen Pflanzen die Antheren meist aneinander kleben, indem gleichzeitig die Staubfäden so gekrümmt sind, dass die Antheren unter der Oberlippe paarweise zusammentreffen. Dies bedeutet eine stärkere Anpassung an Fremdbestäubung.

In der gemässigten Zone von Europa und Asien finden sich vorwiegend kleistogame Blüten; selten treten kleisto- und chasmogame Blüten an derselben Pflanze auf. Im südlichen und westlichen Europa finden sich neben zahlreicheren kleistogamen nur chasmogame Blüten. In Vorderindien blüht die Pflanze ausschliesslich chasmogam.

2043. Ilysanthes gratioloides Benth. [Urban, Studien; Loew, Blütenbiol. Floristik S. 290, 291.] — Diese in Nordamerika heimische, in Frankreich eingeschleppte Art besitzt gleichfalls chasmogame und kleistogame Blüten. Letztere besitzen eine blassgefärbte, von den Kelchzähnen bedeutend überragte Krone, in welcher sich die beiden hinteren Staubblätter etwas gegen einander und nach der Blütenmitte hinbiegen. Hierdurch kommen die Antheren zu beiden Seiten des Griffels zu liegen und somit auch an beide Seiten der sich kaum von einander trennenden Narbenlappen, an denen der Pollen fest haftet und Schläuche in dieselben treibt. Die beiden vorderen Staubblätter sind in Staminodien umgewandelt, welche in den chasmogamen Blüten lineale, oberwärts etwas verdickte, den Staubblattanhängen entsprechende, kurze Fäden bilden, die aus einer drüsigen Leiste der unteren Kronröhre entspringen und ebenfalls mit Drüsen besetzt sind. Von ihnen geht in wechselnder Höhe das eigentliche Staminodium als ein noch viel dünneres Fädchen unter einem rechten oder stumpfen Winkel ab. Die kleistogamen Blüten besitzen statt der drüsigen Anhänge nur eine unscheinbare Schwiele oder ein kleines Knöpfchen, und das Staminodium erscheint als kurzes, schräg gerichtetes Fädchen hinter dem Knöpfchen oder der Schwiele.

2044. Limosella aquatica L. Die kleinen, fleischfarbigen Blüten bleiben, wenn sie überflutet werden, geschlossen und befruchten sich, nach Kerner, pseudokleistogam selbst.

462. Digitalis Tourn.

Protandrische Hummelblumen, in denen der Nektar von einem den Grund des Fruchtknotens umgebenden Ringe abgesondert wird.

2045. D. purpurea L. [Sprengel, S. 325; Ogle, Pop. Sc. Rev. 1870, S. 49; H. M. Befr. S. 283—285; Ludwig, Kosmos 1885, S. 107; Kirchner, Flora S. 585; Knuth, Thüringen; Blütenbesucher II.; Rügen; Bijdragen.] — Die grossen roten Blumen sind zu einseitswendigen traubigen Blütenständen von grosser Augenfälligkeit vereinigt. Sie bilden einen schräg abwärts gerichteten, oben ausgezogenen, etwas abgeplatteten, unten schräg abgeschnittenen Cylinder von $4^1/2$ bis $5^1/2$ cm Länge und 1,5 bis 1,7 cm Querdurchmesser. (S. Fig. 274.) Durch diese Stellung und Form der Blumenkrone sind die inneren Blütenteile vor Regen geschützt. Die Innenseite der Krone ist auf der unteren, etwas vorgezogenen Fläche mit einem Saftmal versehen, welches aus dunkelpurpurnen Flecken besteht, die von weissen Ringen umgeben sind. Dieser Teil ist mit Haaren von 5 mm Länge besetzt, welche, nach Kirchner, kleinere, für die Blüte nutzlose Insekten vom Nektar ausschliessen, doch scheinen mir die Haare so locker zu stehen und so wenig weit in die Blüte hineinzuragen, dass sie kleinere Insekten nicht hindern können, in die Blüte zu kriechen. Ich halte die Haare für Handhaben, an welchen sich die anfliegenden Insekten festhalten sollen.

Fig. 274. **Digitalis purpurea. L.**
(Nach Plateau.)
Blüte in natürlicher Grösse.

Der von dem ringförmigen Wulste unterhalb des Fruchtknotens abgesonderte Honig sammelt sich im Grunde der Kronröhre. Die Ausmessungen des Blüteninneren entsprechen der Grösse einer Hummel, und in der That sind es allein Hummeln, welche dem Nektar in der Blüte des roten Fingerhutes nachgehen und dabei die Befruchtung bewirken.

Antheren und Narbe liegen nämlich auf dem Wege zum Honig, denn die Staubblätter und der Griffel liegen der Innenseite der oberen Fläche der Krone dicht an, so dass eine ganz in die Blüte hineinkriechende und den Rüssel zum Nektar vorschiebende Hummel mit dem Rücken die Antheren und die Narbe streifen muss. Zuerst springen die Antheren der beiden längeren Staubblätter auf, dann die der beiden kürzeren, und dann erst breiten sich die Narbenlappen auseinander. Bei reichlichem Hummelbesuch werden alle vier Antheren ihres Pollens beraubt sein, ehe die Narbe entwickelt ist, so dass alsdann immer Fremdbestäubung erfolgt. Bleibt dagegen Hummelbesuch aus, so sind die Antheren noch mit Pollen bedeckt, wenn die Narbenlappen sich ausbreiten, so dass spontane Selbstbestäubung möglich ist.

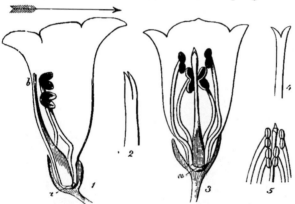

Fig. 275. **Digitalis purpurea L.** (Nach Herm. Müller.)

1 Junge Blüte, deren längere Staubblätter ihre Antheren eben öffnen, nach Entfernung der rechten Hälfte von Kelch und Krone, von der rechten Seite gesehen. Man denke sich die Figur rechts herumgedreht, bis der Pfeil senkrecht steht *2* Griffelspitze derselben Blüte vergrössert: die Narbenlappen schliessen noch zusammen. *3* Etwas ältere Blüte, deren längere Staubblätter ihre Antheren bereits entleert haben, während die der kürzeren sich geöffnet haben, nach Fortnahme der unteren Hälfte von Kelch und Krone, von unten gesehen. *4* Griffelspitze derselben Blüte, vergrössert, von der Seite gesehen. *5* Entleerte Staubblätter und auseinander getretene Narbenlappen einer alten Blüte, von unten gesehen.

Diese ist wahrscheinlich von Erfolg, da auch bei andauernd regnerischer Witterung die Blüten fast ausnahmslos fruchtbar sind. Darwin bezeichnet die Blüten jedoch als selbststeril. Die Blütedauer der Einzelblüte beträgt, nach K e r n e r, 6 Tage.

Ausser diesen protandrischen zweigeschlechtigen Blüten beobachtete L u d w i g kleinblütige weibliche Stöcke, welche um Kleinschmalkalden etwa 1 °/o ausmachen. Die weiblichen Blüten sind kleiner als die zweigeschlechtigen, wenig hälftig-symmetrisch; ihre Staubblätter sind verkümmert und enthalten verschrumpfte Pollenkörner. Diese weiblichen Stöcke sind überhaupt auch in allen ihren vegetativen Teilen kümmerlich.

Als B e s u c h e r beobachtete i c h sowohl an Gartenexemplaren in Schleswig-Holstein, Mecklenburg und Pommern (Insel Rügen), als auch an wildwachsenden in Westfalen und Thüringen ausschliesslich Bombus hortorum L. ♀, sgd. Auch S p r e n g e l beobachtete (ausser Thrips) eine Hummel, welche er auf dem Titelkupfer abbildet; es scheint Bombus terrester L. zu sein.

H e r m. M ü l l e r giebt als Befruchter 3 Hummeln an (B. agrorum F. ♀, B. hortorum L. ♀ und B. terrester L. ♀), sowie als unnütze Blumengäste 2 kleinere Bienen (Anthrena coitana K. ♀ und Halictus cylindricus F. ♀) und 3 Käfer (Antherophagus pallens Ol., Dasytes sp., Meligethes sp.)

L o e w beobachtete im botanischen Garten zu Berlin: H y m e n o p t e r a: *Apidae*: Anthidium manicatum L. ♂, ganz in die Blüte hineinkriechend und sgd.; P l a t e a u im botanischen Garten zu Gent: Bombus terrester L., B. muscorum F., Megachile ericetorum Lep., Anthidium manicatum L., Oxybelus uniglumis L., Odynerus quadratus Pz., Musca domestica L.

H. de V r i e s (Ned. Kruidk. Arch. 1877) verzeichnet für die Niederlande Bombus hortorum L. ☿.

W i l l i s (Flowers and Insects in Great Britain Pt. I) beobachtete in der Nähe der schottischen Südküste: A. C o l e o p t e r a: *Nitidulidae*: 1. Meligethes häufig. B. H y m e n o p t e r a: *Apidae*: 2. Bombus agrorum F., sgd.; 3. B. hortorum L., sgd.; 4. B. terrester L., sgd. C. L e p i d o p t e r a: *Rhopalocera*: 5. Pieris sp., sgd.

2046. D. lutea L. [H. M., Alpenblumen S. 273—275; S c h u l z, Beiträge,; K n u t h, Bijdragen.] — Die Blüteneinrichtung dieser Art stimmt im wesentlichen mit derjenigen der vorigen überein, doch ist die gelbe Kronröhre so eng, dass nur der Hummelkopf darin Platz finden kann. Da sie nun 13—14 mm lang ist, können die kurzrüsseligsten Hummeln, wie Bombus terrester (mit 8 mm langem Rüssel) den Nektar nur eben erreichen, aber nicht völlig ausbeuten, während langrüsselige Hummeln besonders B. hortorum (Rüssellänge 18—21 mm) dies bequem thun können.

In den Vogesen fand H e r m. M ü l l e r die Blüten in einer Höhe von unter 1000 m ausgeprägt protandrisch, im Suldenthal bei 1500—1800 m fand derselbe Forscher die Narbe gleichzeitig mit dem zweiten Staubblattpaar entwickelt und hier trat bei ausbleibendem Insektenbesuche spontane Selbstbestäubung ein.

In Tirol (bei Bozen) fand A. S c h u l z die Blüten ausgeprägt protandrisch, so dass Selbstbestäubung ausgeschlossen war. Hier traf S c h u l z auch kleinere weibliche Blüten mit Zwitterblüten auf demselben Stocke an; sehr selten beobachtete er auch Gynodiöcie.

B e s u c h e r ist ausschliesslich B. hortorum L. ♀ ☿ (M ü l l e r, S c h u l z, L o e w, K n u t h). Bombus terrester L. ☿ raubt den Honig durch Einbruch (M ü l l e r, S c h u l z).

2047. D. ambigua Murray. (D. ochroleuca Jacquin, D. grandiflora Lmk.) [H. M., Alpenblumen S. 275; Weit. Beob. III. S. 30, 31;
Kirchner, Flora S. 585, 586; Ludwig, Kosmos 1885; Schulz, Beitr.;
Loew, Bl. Fl. S. 395.] — Die Blüteneinrichtung ist derjenigen von D. purpurea
ähnlich. Als Saftmal besitzt die trübgelbe Blumenkrone auf der Unterfläche
der Innenseite ein Netz brauner Linien. Die Blüte ist so weit, dass Hummeln
jeder Grösse bequem hineinkriechen und zum Nektar gelangen können. Der
Blüteneingang ist 20—22 mm breit und 12 mm hoch; es berühren daher auch
kleinere Hummeln Antheren und Narbe. Dabei ist durch ausgeprägte Protandrie
Fremdbestäubung gesichert, zumal auch, weil die Hummeln die Gewohnheit

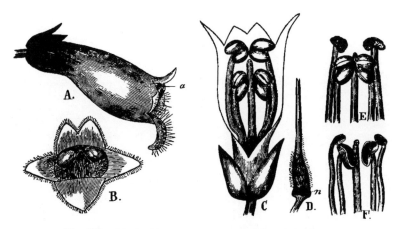

Fig. 276. Digitalis lutea L. (Nach Herm. Müller.)

A Blüte im ersten (männlichen) Zustande von der Seite gesehen. *B* Dieselbe, gerade von
vorn gesehen. *C* Dieselbe nach Entfernung des grössten Teiles der Blumenkrone, von unten
gesehen. *D* Stempel derselben, von der Seite gesehen. *E* Die Befruchtungsorgane während
des Ausstäubens der Antheren der beiden längeren Staubblätter. *F* Dieselben während des
Ausstäubens der Antheren der beiden kürzeren Staubblätter. Die beiden kurzen Griffeläste
breiten ihre papillösen Flächen aus. (Vergr. $3^{1}/_{2}$: 1.)

haben, die Blütenstände von unten nach oben auszubeuten, was auch bei D.
ambigua der Fall ist. Bleibt Insektenbesuch aus, so kann vielleicht durch
die dann noch mit Pollen behafteten Antheren spontane Selbstbestäubung erfolgen.

Ausser diesen zweigeschlechtigen Pflanzen beobachtete Ludwig kleinblütige weibliche Stöcke mit kümmerlichen vegetativen Teilen, die bei Greiz und
Plauen etwa 2% ausmachen.

Als Besucher beobachtete H. Müller in den Alpen eine Anthophora, H.
Müller jun. B. hortorum ♂; dieselbe Art bemerkte Loew im Altvatergebirge.

Bei Kitzingen sah H. Müller sen. noch einige pollensammelnde Bienen (Anthrena coitana K. ♀, Halictus sp. ♀, Dufourea vulgaris Schenck ♀).

Schulz beobachtete B. terrester in Tirol normal saugend und Honig durch Einbruch gewinnend.

Loew beobachtete in Schlesien (Beiträge S. 52): Bombus hortorum L. ♀, sgd. Schlotterer und Dalla Torre geben für Tirol Bombus pomorum Pz. ♀ als Besucher an.

463. Pentstemon Mitch.

Delpino, Ult. oss. I.; Errera, Bull. de la Soc. Roy. de Bot. de Belg. XVII.; Loew, Blütenb. Beitr. I. S. 31—40.

Protandrische Blumen mit verborgenem Honig, mit Ortsveränderung der Staubblätter und des Griffels. Das Nektarium ist vom Grunde aus scharf abwärts gebogen, durchzieht in schräger Richtung die Kronröhre und liegt mit seinem freien Ende auf dem Mittellappen der Unterlippe.

2048. P. Hartwegi Benth. Im botan. Garten zu Brüssel untersuchte Errera drei Varietäten dieser Art, sowie zwei Formen von

2049. P. gentianoides G. Don. Diese fünf Varietäten werden von Apis, Bombus, Eristalis tenax besucht, und zwar flogen die Apiden fast nur an die violett blühende Form von P. gentianoides. Nach F. Pasquale (Congr. botan. Genova) ist letztere Art fast ausschliesslich autogam; eine Bestäubung durch Insekten ist kaum vorhanden, und alle bisherigen Angaben hierüber beruhen, nach Pasquale, nur auf ungenauer Beobachtung.

2050. P. campanulatus Willd. [Delpino, Ulteriori osservazioni I. S. 149, 150; Hildebrand, Bot. Zeit. 1870. S. 667; W. Ogle, Pop. Science Rev. Jan. 1870. S. 51; H. M., Weit. Beob. III. S. 30.]

Delpino hat als Besucher Bombus, Anthidium und Apis beobachtet; Herm. Müller sah in seinem Garten Bombus lapidarius L. ♀ ⚥, sgd. und Kreuzung vermittelnd, und Halictus sexnotatus K. ♀, sgd.

2051—53. P. pubescens Sol. (?), P. ovatus Dougl., P. procerus Dougl. sah Loew im botanischen Garten zu Berlin von der Honigbiene besucht, doch gelang es ihr nur bei der kleinblumigsten (P. procerus) zum Honig zu gelangen.

Im Blütenschlunde pollensammelnd beobachtete Loew Anthrena combinata Chr., Halictus sexnotatus K. ♀ und Osmia rufa L. ♀.

464. Chelone L.

Delpino, Ult. oss. I.

Protandrische Hummelblumen. Nektarabsonderung und -bergung wie bei vor., sowie auch dieselbe Ortsveränderung der Staubblätter und des Griffels, wie bei vor.

2054. Ch. glabra L. [Loew, Blütenb. Beitr. I. S. 28—31.] — Diese aus Nordamerika stammende Art sah Loew im botan. Garten zu Berlin von Bombus hortorum L. ♂ besucht.

2055. Maurandia Ort. hat die gleiche Lagenveränderung des Griffels und der Staubblätter wie vor.

465. Veronica Tourn.

Blaue, seltener rote oder weisse Blumen mit verborgenem Honig, welcher von einer unter dem Fruchtknoten sitzenden Scheibe abgesondert und im unteren

Teile der kurzen Kronröhre aufbewahrt wird. Die grossblütigen Arten sind meist homogame oder dichogame Schwebfliegenblumen, indem Staubblätter und Griffel als Anflugstangen dienen. Nach Kerner tritt bei den Arten mit ährigem Blütenstande Geitonogamie ein.

2056. V. Chamaedrys L. [Sprengel, S. 51; H. M., Befr. S. 285; Alpenbl. S. 272; Weit. Beob. III. S. 31; Kirchner, Flora S. 586, 587; Loew, Bl. Fl. S. 391; Knuth, Ndfr. Inseln S. 111, 164; Bijdragen.] — Homogame Schwebfliegenblume. Die hellblauen, mit dunkleren Linien und heller Mitte gezierten Blumen sind zu ziemlich augenfälligen traubigen Blütenständen vereinigt. Der von einer gelben, unter dem Fruchtknoten sitzenden, fleischigen Scheibe abgesonderte Honig wird durch Haare, welche von der Kronröhre ausgehen, überdeckt und so gegen Regen geschützt. Der Griffel ist schräg abwärts gerichtet, während die zwei Staubblätter sich nach beiden Seiten auseinanderspreizen, so dass spontane Selbstbestäubung unmöglich ist, obgleich Narbe und Antheren gleichzeitig entwickelt sind. Der untere Kronzipfel bildet den bequemsten Anflugplatz; es wird daher die Narbe von der Unterseite des besuchen-

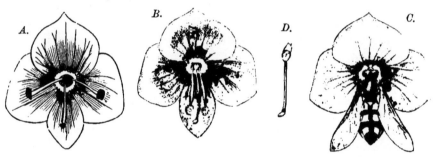

Fig. 277. Veronica Chamaedrys L. (*A* nach Herm. Müller; *B, C, D* nach der Natur.)

A Blüte von vorn gesehen. *B* Blüte mit zusammengelegten Staubblättern, wie sich eine Schwebfliege dieselben unter den Körper schlägt. *C* Blüte mit Ascia podagrica, welche die Staubblätter sich unter dem Leibe zusammengeschlagen hat. *D* Stempel mit Nektarium. (Vergr. 3:1.)

den Insekts zuerst berührt, worauf dasselbe mit den Vorderbeinen die dünnen Wurzeln der leicht nach innen drehbaren Staubfäden erfasst, so dass es sich die Staubfäden unter dem Körper zusammenschlägt und sich hier mit Pollen behaftet. Bei jedem weiteren Blütenbesuche wiederholt sich dieser Vorgang, so dass jedesmal Fremdbestäubung erfolgt und das Insekt sich immer wieder mit Pollen behaftet, ·Selbst beim Auffliegen auf einem der beiden seitlichen Kronblätter schlagen sich die besuchenden Schwebfliegen zuweilen das hier befindliche Staubblatt unter den Leib. — Nach Kerner findet bei schlechtem Wetter spontane Selbstbestäubung in der geschlossenen Blüte statt. Nach demselben öffnen sich die Blüten um 9—10 Uhr vormittags und schliessen sich um 5—6 Uhr nachmittags.

Wüstnei beobachtete auf der Insel Alsen Anthrena cingulata F. als Besucher; Alfken bei Bremen und Hannover: A. Coleoptera: *Byrrhidae*: 1. Cistela sericea Först.

B. Diptera: a) *Empidae*: 2. Empis tessellata F., sgd. b) *Syrphidae*: 3. Ascia poda-grica F.. s. hfg., sgd.; 4. Syrphus balteatus Deg., sgd. C. Hymenoptera: a) *Apidae*: 5. Anthrena chrysopyga Schck. ♂, einzeln; 6. A. cingulata F. ♀, sgd. und psd., ♂ sgd., einzeln; 7. A. convexiuscula K. ♀ ♂; 8. A. flavipes Pz. ♂; 9. A. gwynana K. ♀, psd.; 10. A. minutala K. ♀, sgd. und psd., ♂ sgd., s. hfg.; 11. A. nitida Fourcr. ♀, einmal; 12. A. xanthura K. ♂, alt., sgd.; 13. Apis mellifica L. ⚥, psd.; 14. Bombus jonellus K. ⚥, psd.; 15. Halictus calceatus Scop. ♀, sgd. und psd.; 16. H. flavipes F. ♀, sgd. und psd.; 17. H. leucopus K. ♀; 18. H. leucozonius Schrk. ♀; 19. H. major Nyl. ♀ (Hannover); 20. H. minutus K. ♀; 21. H. morio F. ♀; 22. H. nitidiusculus K. ♀, sgd. und psd.; 23. H. punctatissimus Schck. ♀; 24. H. sexmaculatus Schck. ♀; 25. H. sexnotatus K. ♀ (Hannover); 26. H. sexnotatulus Nyl. ♀. mehrfach, sgd. und psd.; 27. H. villosulus K. ♀; 28. Nomada flavoguttata K. ♀ ♂, sgd.; 29. N. ochrostoma K. ♀, sgd.; 30. Po-dalirius retusus L. ♂, sgd. b) *Formicidae*: 31. Lasius fuliginosus Ltr. ⚥. c) *Sphegidae*: 32. Pompilus viaticus L. hfg. D. Neuroptera: a) *Odonata*: 33. Agrion minium Harr., den Kopf in die Blüte senkend, mehrfach; Verhoeff auf Norderney: Diptera: a) *Mus-cidae*: 1. Anthomyia muscaria Zett. ♀ ♂, hfg. b) *Syrphidae*: 2. Melithreptus menthastri L. ♂, sgd.; Schmiedeknecht in Thüringen Anthrena cingulata F.; ebenso Krieger bei Leipzig.

Schenk beobachtete in Nassau die zierlichen Erdbienen Anthrena cingulata F. und cyanescens Nyl.; Rössler bei Wiesbaden den Falter: Adela fibulella F.

Friese bemerkte in Baden (B.), im Elsass (E.), in Mecklenburg (M.) und Ungarn (U.) die Apiden: 1. Anthrena chrysopyga Schck. (E.) ♂, M. n. slt. (U.) einz.; 2. A. chrysosceles K. (M.), einz., (U.), selt.; 3. A. cingulata F. (B.), einz., (M.), hfg.; 4. A. cyanescens Nyl. (Fiume, B.), hfg., (M.), n. slt.; 5. A. labiata Schck., einz.; 6. A. xanthura K., hfg.; 7. Nomada corcyrea Schmiedekn. (U.), einz.; 8. N. guttulata Schck. (U.).

Ich beobachtete bei Kiel ausser der Honigbiene folgende Schwebfliegen (sgd.): Ascia podagrica L., Rhingia rostrata L., Syrphus balteatus Deg., S. pyrastri L.

Herm. Müller (1), Buddeberg (2) und Borgstette (3) sahen in Westfalen, Nassau und bei Tecklenburg:

A. Coleoptera: a) *Alleculidae*: 1. Hymenalia rufipes F., Antheren fressend (1). b) *Ni-tidulidae*: 2. Meligethes sp., häufig, sich in die Blüten drängend (1). B. Diptera: a) *Bombylidae*: 3. Bombylius canescens Mik., sgd. (2). b) *Empidae*: 4. Cyrtoma spuria Fallen, sgd. (1). c) *Muscidae*: 5. Anthomyia sp., sgd., einzeln (1). d) *Syrphidae*: 6. Ascia podagrica F., sehr zahlreich, Fremdbestäubung bewirkend (1); 7. Melanostoma mellina L., w. v. (1); 8. Rhingia rostrata L., sgd., wiederholt (1, 2); 9. Syritta pipiens L., sgd. (2). C. Hymenoptera: *Apidae*: 10. Anthrena cingulata F. ♀ ♂, sgd. (2); 11. A. cyanescens Nyl. ♀ ♂, sgd. (2); 12. A. fulvicrus K. ♀, sgd. und psd. (1); 13. A. gwynana K. ♀, sgd. (1); 14. A. minutula K. ♀ ♂, sgd. u. psd. (2); 15. A. parvula K. ♀, psd. (1, Thür.); 16. Apis mellifica L. ⚥, psd. (1); 17. Halictus cylindricus F. ♀, sgd. (1); 18. H. longulus Sm. ♀, w. v. (1); 19. H. villosulus K. ♀, sgd. (2); 20. H. zonulus Sm. ♀, sgd. (1, Thür.); 21. Melecta armata Pz. ♂, sgd. (1, Strassburg); 22. M. luctuosa Scop. ♂, sgd. (2); 23. Nomada germanica Pz. ♂, sgd. (2); 24. Osmia aenea L. ♂, sgd. (1, Thür.); 25. Sphecodes gibbus L. ♀, sgd. (2).

In den Alpen sah Herm. Müller 2 Schwebfliegen, 2 Falter, 1 Hummel an den Blüten.

Loew beobachtete in Brandenburg (Beiträge S. 42): A. Diptera: *Syrphidae*: 1. Ascia podagrica F., sgd. B. Hymenoptera: *Apidae*: 2. Anthrena cyanescens Nyl. ♀, psd.; H. d. Vries (Ned. Kruidk. Arch. 1877) in den Niederlanden 3 Apiden als Besucher: 1. Anthrena cingulata F. ♂; 2. A. parvula K. ♀; 3. Apis mellifica L. ♀; Mac Leod (Bot. Jaarb. V. S. 346, 347) in Flandern 4 kurzrüsselige Bienen, 3 Empiden, 2 Schwebfliegen und 3 Musciden; in den Pyrenäen (B. Jaarb. III. S. 312) einzelne kurzrüsselige Bienen, Bombyliden und Empiden als Besucher.

In Dumfriesshire (Schottland) (Scott-Elliot, Flora 130) wurden 1 Hummel, 1 Schwebfliege und 3 Musciden als Besucher beobachtet.

Saunders (Sd.) und Smith (Sm.), beobachteten in England die Apiden: 1. Anthrena cingulata F. (Sd., Sm.); 2. A. parvula K. (Sm.); 3. A. minutula K. (Sd.).

2057. V. officinalis L. [H. M., Befr. S. 287; Alpenbl. S. 272; Kirchner, Flora S. 587; Knuth, Ndfr. Inseln S. 111, 164; Loew, Bl. Fl. S. 391, 399.] — Die hellblauen, mit dunkleren Adern durchzogenen Blüten öffnen sich auch im Sonnenscheine nicht so weit wie bei voriger. Die Blüten sind teils homogam, teils dichogam. In den ersteren stehen die an ihrem Grunde wieder stark verdünnten Staubblätter gerade aus der Blüte hervor und spreizen sich etwas auseinander, so dass sie von dem unter ihnen stehenden Griffel entfernt sind. Insekten, welche dem in derselben Weise wie bei der vorigen Art abgesonderten Nektar nachgehen, berühren mit verschiedenen Stellen ihres Körpers in ungeregelter Weise bald die Narbe bald die Antheren, bewirken also ebensowohl Selbst- als Fremdbestäubung. Bei ausbleibendem Insektenbesuche drehen sich beim beginnenden Verwelken der Blüte die Staubblätter in Folge der Verdünnung ihres Grundes so weit nach innen und unten, dass die Antheren sich unter einander und die Narbe berühren, mithin spontane Selbstbestäubung erfolgt. (H. Müller in Westfalen.)

In England beobachtete Stapley protandrische Blüten, in denen sich die Narbe beim Öffnen der Blüten oberhalb der Antheren aufrichtet, wodurch spontane Selbstbestäubung ausgeschlossen ist.

Kirchner beobachtete bei Stuttgart ausgeprägt protogynische Blüten, bei welchen der Griffel mit entwickelter Narbe um etwa 2 mm aus der noch geschlossenen Krone herausragt, und auch nachdem diese sich ausgebreitet hat, bleiben die Antheren noch einige Zeit geschlossen und stehen wie in den homogamen Blüten oberhalb der Narbe. Auch bei Ruppin sind, nach Warnstorf, die Blüten protogyn: noch bei geschlossenen Blüten ragt der Griffel mit entwickelter Narbe bereits mehrere Millimeter aus der Krone hervor. — Pollen weiss, brotförmig, mit gestutzten Polenden, dicht- und kleinwarzig, bis 50 μ lang und 25 μ breit.

Als Besucher beobachtete ich in Schleswig-Holstein eine Schwebfliege (Syritta pipiens L., sgd.); Herm. Müller in Westfalen 1 Empide (Empis livida L., sgd., häufig), zwei Syrphiden (Helophilus floreus L., sgd.; Syritta pipiens L., dgl.), 1 kleine Biene (Halictus albipes F., psd.) und 2 Schmarotzerhummeln (Psithyrus vestalis Fourcr. ♀, sgd. und P. barbutellus K. ♀, letztere nur kurze Zeit sgd.), in den Alpen Bombus mendax Gerst. ⚥, sgd.

In Thüringen sah ich (Thür. S. 32) eine saugende, die Befruchtung besorgende Fliege Empis truncata Mg.; Loew in Brandenburg (Beiträge S. 42): Diptera: a) Bombylidae: 1. Bombylius minor L., sgd. b) Conopidae: 2. Dalmannia punctata F., sgd.; in der Schweiz (Beiträge S. 61): Syrphus luniger Mg.; Mac Leod in Flandern 4 kurzrüsselige Bienen, 2 Syrphiden, 3 Musciden, 3 Empiden (B. Jaarb. V. S. 347.)

In Dumfriesshire (Schottland) (Scott-Elliot, Flora S. 129) wurde ein Hummel als Besucherin beobachtet.

2058. V. montana L. [H. M., Alpenblumen S. 272; Weit. Beob. III. S. 32, 33; Kirchner, Flora S. 587, 588.] — Die Blüteneinrichtung stimmt mit derjenigen von V. Chamaedrys überein, doch sind die Blüten und die Blütenstände grösser und augenfälliger, werden daher von zahlreicheren Insekten besucht.

Als Besucher sah Herm. Müller in den Alpen Apis und Ammophila. In Westfalen beobachteten er und sein Sohn an nur 2 Tagen:

A. Diptera: a) *Muscidae*: 1. Anthomyia spec. sgd., in Mehrzahl. b) *Syrphidae*: 2. Ascia podagrica F. sgd., in Mehrzahl; 3. Syritta pipiens L., sgd., in grösster Häufigkeit. 4. Rhingia rostrata L., sgd. und pfd., beim Saugen in der Regel die Staubblätter unter sich zusammenschlagend. B. Hymenoptera: *Apidae*: 5. Anthophora retusa L. (haworthana K.) ♂, sgd.; 6. Apis mellifica L. ♀, sgd., zahlreich. 7. Bombus pratorum L. Eine kleine Arbeiterhummel dieser Art saugte und flog jedesmal nach dem Aussaugen einer einzelnen Blüte behend an eine andere Blütentraube. Sie schien die Erfahrung gemacht zu haben, dass der Bau der Blüten und Blütenstände viel zu zart ist, um nach Art einer Labiate behandelt werden zu können. 8. Chelostoma nigricorne Nyl. ♂, sgd.; 9. Eucera longicornis L. ♂, sgd.; 10. Halictus malachurus K. ♀, psd.; 11. H. nitidus Schenck ♀, psd.; 12. H. smeathmanellus K. ♀, sgd.; 13. H. sexnotatus K. ♀, sgd.; 14. H. sexstrigatus Schenck ♀, sgd.; 15. H. zonulus Sm. ♀, psd. u. sgd.; 16. Prosopis confusa Nyl.; 17. P. hyalinata Sm. ♂, sgd.; 18. Psithyrus quadricolor Lep. ♀, kriecht unbeholfen von Blüte zu Blüte, saugt, von unten an den durch ihr Gewicht herabgezogenen Blütentrauben hängend, ziemlich langsam an den einzelnen Blüten derselben und fliegt dann an eine andere Traube. b) *Sphegidae*: 19. Cerceris variabilis Schrk. ♀ ♂, sgd., in Mehrzahl; 20. Passaloecus gracilis Curt. (tenuis Mor.) ♂, sgd.

In Dumfriesshire (Schottland) (Scott-Elliot, Flora S. 130) wurden 2 Schwebfliegen und 5 Musciden als Besucher beobachtet.

2059. V. urticifolia Jacquin. (V. latifolia Scop.) [H. M., Alpenblumen S. 271, 272; Schulz, Beitr.; Knuth, Bijdr.] — Die Blüteneinrichtung stimmt mit derjenigen von V. Chamaedrys im wesentlichen überein, nur ist der Griffel kürzer, und es fehlen die den Nektar überdeckenden Härchen in der kurzen Kronröhre.

Die von mir im botanischen Garten der Ober-Realschule zu Kiel untersuchten Pflanzen zeigten eine bei weitem nicht so vollkommene Blüteneinrichtung wie V. Chamaedrys. Die von mir an den Blüten beobachteten Besucher (Apis, häufig; Syrphus ribesii L., seltener) fassten nur

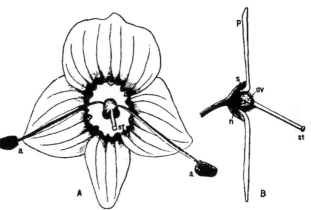

Fig. 278. Veronica urticifolia Jacq. (Nach Herm. Müller.)

A Blüte gerade von oben gesehen. B Dieselbe nach Fortnahme der vorderen Hälfte von Kelch und Krone, von der Seite gesehen. s Kelchblätter. p Kronblätter. n Nektarium. a Staubblätter. st Narbe. (Vergr. 7 : 1.)

hin und wieder beide Staubblätter gleichzeitig und drehten sie sich unter den Körper; meist ergriffen sie nur eins derselben und den Griffel. Dabei führten sie meist Fremdbestäubung herbei und behafteten sich von neuem mit Pollen. Zuweilen klammerten sie sich auch an zwei Kronblätter, wobei sie nicht selten das benachbarte Staubblatt und den Griffel vor sich herschoben, also eine Befruchtung nicht bewirkten, sondern den Honig ohne Nutzen für die Pflanze entnahmen.

Als Besucher beobachtete Schulz in Südtirol Fliegen und kleine Bienen.

2060. V. Anagallis L.   Spontane Selbstbestäubung ist leicht möglich. [Mac Leod, B. J. V. S. 347.]

Als Besucher sah Heinsius in Belgien Syritta pipiens L.; Loew in Schlesien Helophilus lineatus F., sgd.

Herm. Müller (Weit. Beob. III S. 33) sah in Thüringen: 1 Empide (Empis livida L., sgd.), 1 Muscide (Anthomyia sp., sgd.), 2 Schwebfliegen (Ascia und Syritta, sgd. und pfd.), 1 Ameise (Lasius niger L., honigleckend).

Die Form b) aquatica L. ist, nach Warnstorf (Bot. V. Brand. Bd. 38), protogyn. Die Staubblätter überragen die Narbe etwas und sind beim Aufspringen der Antheren an dieselbe geschmiegt, wodurch leicht Selbstbestäubung erfolgen kann. — Pollen weiss, brotförmig, kleinwarzig, bis 50 μ lang und 20 μ breit.

2061. V. Beccabunga L.   [H. M., Befr. S. 286; Weit. Beob. III. S. 33; Kirchner, Flora S. 588; Knuth, Bijdragen.] — Die tief himmelblauen Blüten sind protogynisch; in Bezug auf die Absonderung und Bergung des Honigs stimmen sie mit V. Chamaedrys überein. Im Sonnenschein breiten sich die Blüten flach aus, wodurch die Staubblätter etwas nach oben und auseinandergerückt und die Staubbeutel schon vor ihrem Aufspringen von der Narbe

Fig. 279.   Veronica Beccaleunga L. (Nach Herm Müller.)

1 Blüte schräg von oben gesehen. *2* Blumenkrone nach Entfernung der Staubblätter, gerade von vorn gesehen. *3* Stempel und Nektarium, von der Seite gesehen. *a* Kelchblätter. *b* Blumenkrone. *c* Staubfaden. *d* Fruchtknoten. *e* Griffel. *f* Narbe. *g* Saftdrüse. *h* Saftdecke. (*1, 2* Vergr. 3 : 1; *3* Vergr. 7 : 1.)

entfernt werden. Bei ungünstiger Witterung öffnen sich die Blüten nur halb, so dass die aufgesprungenen Antheren mit der Narbe in Berührung bleiben, also spontane Selbstbestäubung erfolgt.

Als Besucher sind in erster Linie zwei Schwebfliegen (Syritta pipiens L. und Ascia podagrica L.) zu nennen, welche wohl überall pollenfressend und honigsaugend auf den Blüten dieser Pflanze angetroffen werden. Ich sah sie in Holstein, Mecklenburg, Pommern, Thüringen und H. Müller in Westfalen. Das von diesem Forscher beschriebene Benehmen der genannten Insekten beim Besuche der Bachbungenblüten habe ich Bd. I. S. 213 mitgeteilt. H. Müller fährt dann fort:

Bald setzt sie sich auf die unter ihrer Last sich neigenden drei Anfliegestangen (die beiden Staubblätter und den Griffel), um nach ein paar Schritten vorwärts den 3 mm langen Rüssel in das nur 1 mm lange Kronröhrchen zu senken, bald fliegt sie auf den unteren oder einen seitlichen Kronzipfel auf und biegt mit den Vorderbeinen ein Staubblatt soweit herunter, dass sie mit ihren Rüsselklappen den Pollen einmahlen kann; bisweilen schreitet die Fliege auch unmittelbar von einer Blüte auf eine andere hinüber. So bringt sie die verschiedensten Körperteile mit Staubbeuteln und Narbe in Berührung und bewirkt bald Fremd-, bald Selbstbestäubung. Am regelmässigsten bewirkt sie erstere, wenn sie auf die drei Anfliegestangen auffliegt, indem sie dann sofort die Narbe mit einem schon bestäubten Teile der Unterseite berührt.

Als Besucher beobachtete ich die Honigbiene und drei Schwebfliegen (Ascia, podagrica F., Syritta, Eristalis tenax L.).

Herm. Müller sah folgende Besucher:

A. Diptera: a) *Muscidae*: 1. Scatophaga stercoraria L., sgd. und pfd., ausserdem mehrere kleinere Musciden. b) *Syrphidae*: 2. Ascia podagrica F.; 3. Eristalis sepulcralis L., sgd. und pfd.; 4. Syritta pipiens L., eifrig sgd., in Mehrzahl. B. Hymenoptera: *Apidae*: 5. Anthrena parvula K. ♀, sgd. und psd.; 6. Apis mellifica L. ♂, sgd.; 7. Halictus sexstrigatus Schenck ♀, sgd. und psd.

Alfken beobachtete bei Bremen: *Apidae*: 1. Anthrena minutula K. ♂; 2. Halictus calceatus Scop. ♀; 3. H. flavipes F. ♀; 4. H. minutus K. ♀; 5. H. villosulus K. ♀; v. Fricken in Westfalen und Ostpreussen an Coleopteren: a) *Chrysomelidae*: 1. Prasocuris junci Brahm. b) *Curculionidae*: 2. Gymnetron beccabungae L.; Mac Leod (Bot. Jaarb. V. S. 347) in Flandern 2 kurzrüsselige Bienen und 1 Schwebfliege.

In Dumfriesshire (Schottland) (Scott-Elliot, Flora S. 129) wurden 1 Empide, 4 Schwebfliegen und 3 Musciden als Besucher beobachtet.

2062. V. Teucrium L.

Mac Leod beobachtete in den Pyrenäen (B. Jaarb. III. S. 313) einen Halictus als Besucher.

2063. V. bellidioides L. [H. M., Alpenblumen S. 269, 270]. — Die dunkelblauen Blüten sind homogam. Die Staubfäden sind am Grunde nicht verdünnt, und es erfolgt eine regellose Berührung von Antheren und Narbe durch die spärlichen Besucher, durch welche daher sowohl Fremd- als auch Selbstbestäubung bewirkt werden kann. Letztere tritt bei ausbleibendem Insektenbesuch regelmässig spontan ein, indem in halbgeschlossenen Blüten die Antheren mit der Narbe in Berührung kommen.

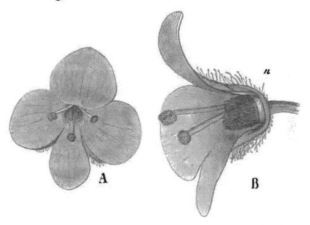

Fig. 280. Veronica bellidioides L (Nach Herm. Müller.)
A Blüte gerade von vorn gesehen. (4 : 1.) *B* Blüte von der Seite gesehen, nach Fortnahme der vorderen Seite von Kelch und Krone. (7 : 1.) *n* Nektarium.

Als Besucher sah H. Müller eine Empide, einen Tag- und einen Nachtfalter.

2064. V. saxatilis Jacquin. (V. fruticans Jacquin). [H. M., Alpenblumen S. 267—269.] — Sowohl in den Alpen (Müller), als auf Grönland (Warming) sind die blauen Blumen homogam und besitzen im wesentlichen die Einrichtung von V. Chamaedrys, doch beobachtete H. Müller nur zufällige und unregelmässige Kreuzung durch die aus Fliegen, Bienen und Faltern bestehenden Besucher. Bei trüber Witterung erfolgt in den halb geschlossen bleibenden Blüten Autogamie. (S. Fig. 281.)

Mac Leod beobachtete in den Pyrenäen (B. Jaarb. III. S. 312, 313) eine pollenfressende Muscide in den Blüten.

2065. V. spuria L. [Kerner, Pflanzenleben II., S. 324.] — Die in ährenförmigen Blütenständen gedrängt beisammenstehenden Blüten dieser Art und ihrer nächsten Verwandten (V. longifolia und V. spicata) sind im Beginne ihrer Blütezeit durch Protogynie für Fremdbestäubung eingerichtet. Nach einigen Tagen haben sich die Staubblätter der ersten (also an den Ähren untersten) Blüten sehr verlängert, wodurch ihre nunmehr aufspringenden Antheren dorthin gelangt sind, wo anfänglich die Narben standen. Kurz bevor das Aufspringen stattfand, haben sich jedoch die Griffel knieförmig nach unten gebogen, so dass spontane Selbstbestäubung nicht erfolgen kann. Später jedoch, wenn dieser Pollen infolge des Schrumpfens der Antheren abgefallen oder durch blütenbesuchende Insekten fortgetragen ist, strecken sich die Griffel wieder gerade, so dass sie fast wagerecht aus der Blüte und dem Blütenstande hervorstehen. Indem nun die Entwickelung in den oberen Blüten denselben Verlauf nimmt, nur natürlich mit einigen Tagen Verspätung, so wird zu derselben Zeit, in welcher die Griffel der tiefer gestellten Blüten sich wieder gerade strecken, aus den verschrumpfenden Antheren der höher gestellten Blüten Pollen auf die noch frischen Narben der unteren Blüten fallen.

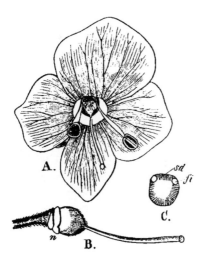

Fig. 281. Veronica saxatilis Jacq. (Nach Herm. Müller.)

A Blüte ziemlich gerade von vorn gesehen. (4 : 1). *B* Stempel und Nektarium von der Seite gesehen. (7 : 1.) *C* Blüteneingang mit der Saftdecke (*sd*) und der Wurzeln (*fi*) der Staubfäden. (7 : 1.)

Dieselbe Einrichtung für Geitonogamie besitzt, nach Kerner, auch

2066. V. longifolia L. (V. maritima Fries). [Knuth, Bijdragen.] — An Gartenexemplaren fand ich die Blüteneinrichtung mit derjenigen der folgenden Art (V. spicata) im wesentlichen übereinstimmend, doch sind die Blüten homogam. Anfangs ragen die 2 Staubblätter etwa 5 mm weit und ein wenig divergierend aus der Blüte hervor und kehren die aufgesprungenen Flächen der Antheren nach unten. Die Narbe ist zu dieser Zeit zwar schon entwickelt, doch liegt sie an dem jetzt knieförmig nach unten gebogenen und noch kurzen Griffel ausserhalb der Falllinie des Pollens. Während die Staubbeutel vertrocknen, verlängert sich der Griffel und streckt sich gerade, so dass die Narbe sich jetzt etwa an der Stelle befindet, wo vorher die pollenbedeckten Antheren waren.

Dadurch kommt sie in die Falllinie des Pollens der Antheren der über ihr stehenden jüngeren Blüten.

Die besuchenden Bienen kriechen honigsaugend an den dichten und langen, sehr augenfälligen Blütenständen von unten nach oben empor, so dass sie die Narben der unteren (älteren) Blüten mit dem Pollen belegen, den sie von früher besuchten Stöcken mitgebracht haben, während sie in den oberen (jüngeren) Blüten des Blütenstandes sich von neuem mit Pollen bedecken. Die anfliegenden Schwebfliegen erheben sich fast immer von neuem zum Fluge, wenn sie eine Blüte besucht haben und bewirken so zwar vorwiegend Fremdbestäubung, doch auch Selbstbestäubung, da sie die Narbe in den pollenhaltigen Blüten trotz ihrer tiefen und versteckten Lage hin und wieder streifen, und zwar berühren sie Antheren und Narbe mit verschiedenen Teilen ihres Körpers und schlagen die Staubblätter niemals unter ihrem Leibe zusammen, da die Staubfäden am Grunde nicht verdünnt sind. Auch die besuchenden Musciden bewirken regellos meist Fremd-, seltener Selbstbestäubung. Letztere ist spontan unmöglich. Als Notbehelf bei ausgebliebenem Insektenbesuch erfolgt die schon von Kerner beschriebene Geitonogamie.

Als Besucher sah ich bei Kiel: A. Hymenoptera: *Apidae*: 1. Apis mellifica L. ⚥, sehr häufig; 2. Bombus terrester L. ♀ ⚥, häufig. B. Diptera: a) *Syrphidae*: 3. Syrphus ribesii L. b) *Muscidae*: 4. mittelgrosse Fliege. Sämtl. sgd. oder pfd.

Saunders beobachtete in England die Schmarotzerbiene Stelis phaeoptera K.

2067. V. spicata L. [Sprengel, S. 49—50; Knuth, Ndfr. Inseln S. 111—113; H. M., Befr. S. 287, 288; Alpenbl. S. 272; Weit. Beob. III. S. 33; Kerner, Pflanzenleben II. S. 324.] — Die von mir von der Insel Röm mitgebrachten und in den botanischen Garten der Oberrealschule zu Kiel verpflanzten Exemplare sind ausgeprägt protogynisch, und zwar geschieht das Aufblühen von unten nach oben, wobei die unteren Blumen schon verblüht sind und Früchte angesetzt haben, wenn die obersten noch Knospen sind. Zwischen den Knospen und den Früchten findet sich stets ein etwa 2 cm breiter Ring geschlechtsreifer Blumen, so dass jede Ähre sämtliche Blütenzustände zeigt: oben geschlossene Knospen (die obersten noch vom Kelche umhüllt), dann Blüten im weiblichen Zustande, dann solche im männlichen Zustande, darunter Blüten mit vertrockneten Staub- und Fruchtblättern, endlich schon zu reifen beginnende Früchte.

Bereits aus der noch nicht völlig entfalteten Blüte ragt die Narbe hervor, während die Antheren dann noch geschlossen unter dem dachartig zusammengefalteten oberen Kronzipfel liegen. Mit dem vollständigen Aufblühen erreicht die Blüte einen Durchmesser von 8 mm. Nun treten die beiden Staubblätter 5 mm weit aus der Blüte hervor und öffnen ihre Antheren, während der auf 8 mm verlängerte Griffel sich schräg über den unteren Kronzipfel legt. Nach Kerner findet dieselbe Geitonogamie statt wie bei V. spuria und longifolia.

In Thüringen beobachtete H. Müller, dass die Pflanze zwischen protandrischer und protogynischer Dichogamie schwankt, indem an manchen Stöcken, wie oben geschildert, die Griffel schon vor dem völligen Öffnen der Blüten aus denselben hervorragen, sich abwärts biegen und ihre Narben vollständig entwickeln, che die Antheren aufspringen. In anderen Stöcken überragen die Antheren die Narbe anfangs bedeutend, und letztere erreicht ihre volle Ausbildung erst, wenn die Staubbeutel bereits entleert sind. Ausserdem beobachtete Müller an beiderlei Stöcken nicht selten Blüten mit verkümmertem Griffel, der dabei zuweilen eine Verdoppelung erfuhr.

Dem Honig, welcher von der fleischigen Unterlage des Fruchtknotens abgesondert, in der 2—3 mm langen Kronröhre beherbergt und durch einen Ring weisser Haare gegen das Eindringen von Regentropfen geschützt wird, gehen zahlreiche Insekten nach, welche durch die zu langen, augenfälligen Blütenständen vereinigten blauvioletten Blumen angelockt werden. Die Besucher bewirken infolge der Protogynie oder Protandrie regelmässig Fremdbestäubung, sowie auch deshalb, weil die Narbe die Staubblätter im entwickelten Zustande überragt.

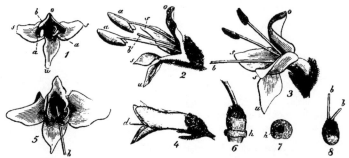

Fig. 282. Veronica spicata L. (Nach Herm. Müller.)

1 Blüte kurz vor dem Aufspringen der Antheren (*a*); die Narbe (*b*) ist noch unentwickelt und wird von den Staubblättern weit überragt *o* Oberes, *u* unteres Kronblatt, *ss* seitliche. *2* Dieselbe etwas weiter geöffnet, von der Seite gesehen. *3* Dieselbe nach dem Verblühen der Staubblätter; die Narbe hat sich entwickelt und steht unter und vor den Staubblättern. *4* Junge Blüte eines anderen Stockes; der Griffel ragt bereits aus der Blüte hervor, seine Narbe ist ziemlich entwickelt. Pollen bleibt auf ihr haften; die Antheren sind noch geschlossen, die Staubblätter in der Blüte verborgen. *5* Eine andere etwas ältere Blüte desselben Stockes; die Narbe ist völlig entwickelt; die Antheren sind im Begriffe aufzuspringen. (3¹/₂ : 1.) *6* Fruchtknoten und Nektarium (*h*) *7* Nektarium, von oben gesehen. *8* Ein Fruchtknoten mit zwei verkümmerten Griffeln. (7 : 1.)

Als Besucher beobachtete ich Apis, 2 Hummeln, 1 Falter, 3 Schwebfliegen; Herm. Müller in Westfalen Bienen (Apis, psd. und sgd.; Prosopis communis Nyl. ♀♂, sgd., häufig), Grabwespen (Psammophila viatica L. ♂, sgd.; Cerceris labiata F. ♀♂, sgd., häufig; C. quinquefasciata Rossi, sgd.), in Thüringen einen Falter (Zygaena carniolica Scop., sgd.); Gerstäcker (Entomol. Nachr. 1872. S. 272) fand die Blüten bei Bozen von Xylocopa cyanescens Brullé, X. valga Gerst. und X. violacea L. besucht. Herm. Müller sah in den Alpen Apis und Bombus alticola Kriechb. ⚥, sgd., an den Blüten.

Friese beobachtete in Ungarn Anthrena braunsiana Friese, ♂ hfg., ♂ selten.

Schletterer giebt für Tirol als Besucher an die Apiden: 1. Anthrena pectoralis Pér., s. slt.; 2. B. argillaceus Scop.; 3. B. variabilis Schmiedekn.; 4. Halictus major Nyl.; 5. Xylocopa valga Gerst.

v. Dalla Torre beobachtete in Tirol die Bienen: 1. Halictus major Nyl. ♀; 2. Xylocopa violacea L. ♀ ♂. Alfken beobachtete bei Bozen die Dolchwespe Scolia hirta Schrk. ♀ ♂, n. slt., sgd. und Xylocapa violacea L. ♀, psd.

2068. V. serpyllifolia L. [H. M., Befr. S. 288, 289; Kirchner, Flora S. 590; Warnstorf, Bot. V. Brand. Bd. 38.] — Die weisslichen, bläulich gestreiften Blüten sind meist homogam, zuweilen protogynisch, nach Warnstorf protandrisch. Die Staubblätter stehen ziemlich dicht über und zu beiden Seiten der Narbe und kehren ihr die aufge-sprungene Seite zu, und zwar stehen sie ihr oft so nahe, dass der hervorquellende Pollen sie bedeckt und spontane Selbst-bestäubung erfolgt. Nach Warnstorf überragen jedoch die Griffel die Staub-gefässe und sind beim Aufspringen der Antheren in der geöffneten Blüte abwärts gebogen, so dass Selbstbestäubung min-destens sehr erschwert, wenn nicht ganz unmöglich ist. Besuchende Insekten kön-nen wegen der Nähe von Narbe und Antheren ebensogut Selbst- wie Fremdbe-stäubung bewirken.

Fig. 283. Veronica serpyllifolia L. (Nach Herm. Müller.)

1 Blüte von vorn gesehen. *2* Blüten-grundriss. *a* Narbe. *b* Staubblätter. *c* Kronblätter. *d* Kelchblätter.

Als Besucher beobachtete Herm. Müller an Pflanzen im Zimmer eine Mus-cide (Calliphora erythrocephala Mg.) sgd.

In Dumfrisshire (Schottland) (Scott-Elliot, Flora S. 128) wurde 1 Muscide als Besucherin beobachtet.

2069. V. aphylla L. [H. M., Alpenblumen S. 270, 271; A. Schulz, Beiträge II. S. 117, 118.] — Die in der Färbung, dem Saftmal und in der Gestalt der Staub-blätter mit V. Cha-maedrys überein-stimmenden Blüten sind schwach proto-gynisch. Trotz der Verdünnung des Grundes der Staub-blätter berühren die sich bei sonnigem Wetter einstellenden Insekten Antheren und Narbe in regel-loser Weise, so dass ebensowohl Fremd-als auch Selbstbe-

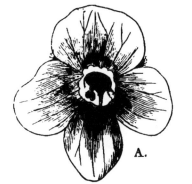

A. B.

Fig. 284. Veronica aphylla L. (Nach Herm. Müller.)

A Völlig geöffnete Blüte. *B* Halb geschlossen gebliebene Blüte, in Selbstbestäubung begriffen. (Vergr. 7 : 1.)

stäubung erfolgen kann. Letztere tritt in der bei trüber Witterung halbge-schlossenen Blüte unvermeidlich spontan ein. — Nach Kerner ist die Blütedauer zweitägig.

Als Besucher beobachtete H. Müller auf dem Stilfser Joch eine Muscide, eine Syrphide, einen Käfer.

2070. V. alpina L. [H. M., Alpenblumen S. 270; Schulz, Beiträge II. S. 117.] — Die winzigen Blumen von kaum 4 mm Durchmesser sind homogam, zuweilen schwach protogynisch. Auf dem Dovrefjeld fand Lindman die Blüten erst protogyn, dann homogam. Auch die grönländischen Exemplare stimmen, nach Warming, mit den alpinen überein·

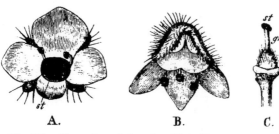

A.   **B.**   **C.**

Fig. 285. Veronica alpina L. (Nach Herm. Müller.)

A Blüte, gerade von vorn gesehen. *B* Dieselbe von oben gesehen. *C* Stempel und Nektarium. (Vergr. 7 : 1.)

Bei ungünstiger Witterung bleiben die Blumen geschlossen, und es erfolgt durch unmittelbare Berührung von Antheren und Narbe spontane Selbstbestäubung. Der Insektenbesuch ist sehr gering.

Als Besucher sah Herm. Müller nur eine Muscide.

2071. V. arvensis L. [H. M., Weit. Beob. III. S. 35; Kirchner, Flora S. 591.] — Die tief himmelblaue Krone ist mit dunkleren Strichen und einem weisslichen Saftmal geziert, doch besitzt sie keine Saftdecke. Im ausgebreiteten Zustande beträgt ihr Durchmesser 5 mm. Die Staubfäden sind am Grunde nicht verdünnt. Antheren und Narben stehen in gleicher Höhe und sind so wenig von einander entfernt, dass spontane Selbstbestäubung leicht eintreten kann und besuchende Insekten sowohl Fremd- als auch Selbstbestäubung bewirken.

Als Besucher sah H. Müller bei Lippstadt kleine honigsaugende Bienen: 1. Anthrena cingulata F. ♀; 2. Halictus albipes F. ♀; 3. H. punctatissimus Schenck ♀; 4. H. zonulus Sm. ♀; 5. Sphecodes gibbus L. ♀ ♂.

Schletterer beobachtete bei Pola die Apiden: 1. Halictus calceatus Scop.; 2. H. malachurus K.

2072. V. peregrina L. [Kirchner, Flora S. 591.] — Die kleinen weissen, saftmallosen Blüten sind meist pseudokleistogam geschlossen. Auch bei sonnigem Wetter öffnen sich nur einzelne, wobei sie sich nicht flach ausbreiten, sondern kleine Glöckchen bilden, indem die vier lanzettlichen, unter einander gleichen Abschnitte nach oben aufgerichtet sind und nur einen kaum 1 mm weiten Eingang in die Blüte offen lassen. In den homogamen Blüten ist eine Nektarabsonderung nicht festzustellen; eine Saftdecke fehlt. Der Griffel ist so kurz, dass die Narbe fast auf dem Fruchtknoten sitzt und unterhalb der beiden Antheren steht. Die unausbleibliche spontane Selbstbestäubung ist ohne Zweifel die Regel und, wie die zahlreichen Früchte zeigen, von Erfolg.

2073. V. verna L.

Als Besucher giebt Schletterer für Tirol die Zangenbiene Eriades florisomnis L. an.

2074. V. triphyllos L. [H. M., Weit. Beob. III. S. 35; Kirchner, Flora S. 590.] — Die tiefblauen, mit dunkleren Linien und einem weissen oder gelblichen Grunde gezierten Blumen sind homogam; sie besitzen eine nur schwach ausgebildete Saftdecke. Die weissen Staubfäden sind am Grunde nicht verdünnt; die blauen Antheren stehen mit der Narbe gleichhoch, so dass beim Schliessen der Blüte spontane Selbstbestäubung erfolgen muss. Das Schliessen erfolgt nachmittags und bei trüber Witterung. Die besuchenden Insekten bewirken regellos Fremd- oder Selbstbestäubung.

Als Besucher beobachtete H. Müller in Thüringen 2 Apiden: Anthrena gwynana K. ♀, sgd. und Apis mellifica L. ♀, psd. (und sgd.?); Alfken bei Bremen Halictus morio F. ♀, sgd.

2075. V. agrestis L. [H. M., Weit. Beob. III. S. 33—35; Kirchner, Flora S 593.] — Die Blüteneinrichtung ist im wesentlichen dieselbe wie bei V. Chamaedrys, doch ist sie unvollkommen ausgebildet: die einzeln stehenden, homogamen Blüten sind erheblich kleiner und daher wenig augenfällig, so dass sie vielfach auf den Notbehelf spontaner Selbstbestäubung angewiesen sind. Die milchweisse Blumenkrone hat einen bläulichen Anflug und als Wegweiser zum Nektar nach der Blütenmitte zusammenlaufende Linien; Nektarium, Safthalter und Saftdecke sind wie bei V. Chamaedrys. Die beiden Staubblätter und der Griffel ragen gerade und gleichweit aus der Blüte hervor. Die Staubfäden sind am Grunde schwach verdünnt und etwas nach aussen gebogen. Bei trüber Witterung öffnen sich die Blüten weniger weit, so dass Antheren und Narbe einander berühren und spontane Selbstbestäubung erfolgt, die auch ohne Zweifel von Erfolg ist.

Als Besucher sah H. Müller in Thüringen: A. Diptera: *Muscidae*: 1. Anthomyia sp., sgd. B. Hymenoptera: *Apidae*: 2. Anthrena parvula K. ♀, sgd. und psd.; 3. Apis mellifica L. ♀, psd.; 4. Bombus agrorum F. ♀, kurze Zeit sgd.

2076. V. opaca Fries. [H. M., Weit. Beob. III. S. 33.]

Als Besucher sah H. Müller in Westfalen eine langrüsselige Biene: Osmia rufa L. ♂, sgd.

2077. V. Tournefortii Gmelin. (V. persica Poiret, V. Buxbaumii Tenore.) [Kirchner, Flora S. 592.] — Die sich, nach Kirchner, um 8—9 Uhr vormittags öffnenden und nachmittags um 5—6 Uhr schliessenden, himmelblauen Blüten sind, nach Kirchner, homogam. Nektarium und Saftdecke sind wie bei V. Chamaedrys. Die Antheren und auch die am Grunde etwas verdünnten Staubfäden sind blau gefärbt. Der Griffel ist etwas nach unten gebogen. Bei völlig geöffneter Blüte stehen die beiden nach vorn gerichteten Staubblätter etwa um 3 mm divergierend auseinander. Ist die Blüte nicht völlig geöffnet, so liegen beide Antheren der Narbe dicht an, und es erfolgt spontane Selbstbestäubung.

Als Besucher beobachtete Kirchner einen Tagfalter: Vanessa urticae L.

Schletterer und Dalla Torre geben für Tirol die Sandbiene Anthrena denticulata K. ♀ als Besucherin an.

Burkill (Fert. of. Spring Fl.) beobachtete an der Küste von Yorkshire: A. Diptera: a) *Muscidae*: 1. Lucilia cornicina F.; 2. Sepsis nigripes Mg. b) *Phoridae*: 3. Phora sp. B. Hymenoptera: *Apidae*: 4. Anthrena clarkella K. ♂; 5. A. gwynana K. ♀. C. Lepidoptera: *Rhopalocera*: 6. Vanessa urticae L.

2078. V. polita Fries. [Kirchner, Flora S. 592.] — Die blauen, mit dunkleren Linien und einem gelblich-weissen Grunde gezierten Blüten sind homogam. Die weissen, am Grunde etwas verdünnten Staubfäden tragen blaue Antheren. Nektarabsonderung und Saftdecke sind wie bei V. Chamaedrys.

Die Blüte öffnet sich nur im hellen Sonnenscheine so weit, dass die Staubblätter etwas divergieren; gewöhnlich neigen sie so zusammen, dass die beiden Antheren einander und die Narbe berühren, mithin spontane Selbstbestäubung unausbleiblich ist. Die von Kerner auf dem Blaser in Tirol kultivierten Pflanzen bildeten noch im September keimfähige Samen aus.

Als Besucher sah Kirchner einen Tagfalter: Vanessa urticae L.

2079. V. hederifolia L. [H. M., Befr. S. 288; Weit. Beob. III. S. 33; Kirchner, Flora S. 593.] — Die kleinen, einzeln stehenden, blassen Blüten sind sehr wenig augenfällig. Nektarium und Saftdecke sind wie bei V. Chamaedrys, die Staubfäden sind am Grunde nicht verdünnt. In den eben geöffneten Blüten sind die Antheren bereits aufgesprungen und umschliessen die mit ihnen gleichzeitig entwickelte Narbe, so dass auch bei Insektenbesuch Fremdbestäubung vor Selbstbestäubung in keiner Weise bevorzugt ist. Letztere erfolgt sonst stets spontan. Sie ist, nach H. Müllers Versuchen, durchaus von Erfolg. Bei Regenwetter bleiben die Blüten geschlossen und befruchten sich pseudokleistogam.

Als Besucher beobachtete H. Müller: A. Coleoptera: *Nitidulidae:* 1. Melegithes spec. (Thür.). B. Hymenoptera: *Apidae:* 2. Anthrena parvula K. ♀, sgd. (Thür.); 3. Apis mellifica L. ☿, flüchtig saugend, daselbst; 4. Halictus albipes F. ♀, sgd., zahlreich, daselbst; 5. H. leucopus K. ♀, w. v.: 6. H. lucidulus Schenck ♀, sgd. (Thür.); 7. H. nitidiusculus K. ♀, sgd., sehr zahlreich.

Burkill (Fert. of. Spring Fl.) beobachtete an der Küste von Yorkshire: A. Coleoptera: *Curculionidae:* 1. Apion nigritarse K., sgd. B. Diptera: *Muscidae:* 2. Sepsis nigripes Mg., sgd. C. Hemiptera: 3. 1 sp., sgd. D. Hymenoptera: a) *Apidae:* 4. Anthrena gwynana K. ♀, sgd. b) *Formicidae:* 5. Formica fusca L., sgd. c) *Ichneumonidae:* 6. 2 sp., sgd. E. Thysanoptera: 7. Thrips sp., sgd.

2080. V. Ponae Gouan. [Mac Leod, Pyreneeënbloemen S. 38.]

Als Besucher der rötlichvioletten Blumen beobachtete Mac Leod in den Pyrenäen 4 Fliegenarten (1 Bombylius, 2 Syrphiden, 1 Empis).

2081. V. gentianoides Vahl.

Als Besucher beobachtete Loew im botanischen Garten zu Berlin: Coleoptera: *Dermestidae:* Anthrenus scrophulariae L.

2082. V. Sandersoni hat, nach Ludwig (Biol. Centralbl. Bd. 6. 1886), protandrische Blüten, welche anfangs eine lebhaft rote Krone, rote Staubfäden und Griffel von etwa 7 mm Länge haben. Später werden die genannten Organe weiss, wobei der Griffel eine Länge von 13 mm erreicht.

2083. Paederota Bonarota L. [Loew, Blütenb. Floristik S. 50; Kerner, Pflanzenleben II.] — Diese in Krain, Kärnten u. s. w. heimische Art untersuchte Loew nach kultivierten Exemplaren: Die Blüten sind homogam. Die Kronröhre ist 4 mm lang. Nach Kerner erreichen die Antheren die Narbe anfangs nicht, später erreichen sie dieselbe durch Streckung der Staubfäden, so dass dann spontane Selbstbestäubung erfolgt.

2084. P. Ageria L. [Kerner, Pflanzenleben II.] — Diese in Krain und Untersteiermark heimische Pflanze ist nach Kerners Beobachtungen im botanischen Garten zu Innsbruck bei Kultur unfruchtbar. Spontane Selbstbestäubung ist ausgeschlossen.

2085. Wulfenia carinthiaca Jacquin. — Diese in Oberkärnten heimische Art ist nach Untersuchungen kultivierter Pflanzen durch Hildebrand und Loew protogyn. Selbstbestäubung ist vielleicht ausgeschlossen.

466. Tozzia Micheli.

Homogame oder schwach protogyne Fliegenblume, deren Nektar vom Grunde des Fruchtknotens abgesondert wird.

2086. T. alpina L. [H. M., Alpenblumen S. 277—279; Kerner, Pflanzenleben II.] — Die leuchtend gelben, mit schwärzlich purpurnen Saftmalflecken auf den drei unteren Kronzipfeln gezeichneten Blumen sondern reichlich

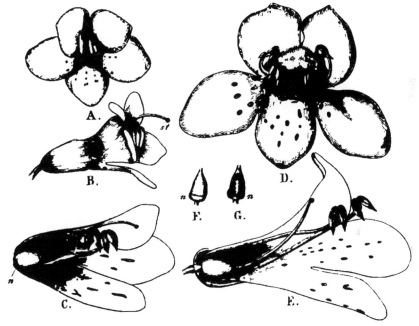

Fig. 286. **Tozzia alpina L.** (Nach Herm. Müller.)

A Eben erst aufgeblühte Blume *B* Dieselbe von der Seite gesehen. *C* Eine ein wenig ältere Blüte, nach Entfernung des Kelches und des rechten oberen und seitlichen Kronblattes. *D* Erwachsene Blüte. *E* Dieselbe im Aufriss. *F* Fruchtknoten und Nektarium (*n*). *G* Desgleichen im Längsdurchschnitt. (Vergr. 7 : 1.) *st* Narbe.

Nektar aus, der Insekten mit nur einige Millimeter langem Rüssel leicht zugänglich ist. In den homogamen oder schwach protogynen Blüten überragt anfangs der Griffel die Staubblätter bedeutend, so dass die Narbe von den Besuchern früher als die Antheren berührt wird. Durch nachträgliches Wachstum der Blüte rückt der Griffel immer weiter zurück, so dass er schliesslich hinter den Antheren liegt. Nach Kerner ist dadurch spontane Selbstbestäubung möglich, dass der in den Vertiefungen der Krone aufgespeicherte Pollen infolge nachträglicher Krümmung des Griffels mit der Narbe in Berührung kommt.

Als Besucher beobachtete H. Müller in den Alpen nur Fliegen (4 Musciden, 4 Syrphiden).

467. Melampyrum Tourn.

Homogame Hummelblumen, deren Nektarium einen einseitigen Lappen am Grunde des Fruchtknotens bildet. Die Oberlippe bildet ein die Antheren gegen Regen schützendes Dach. Die Hochblätter sind bei den Arten mit der längsten Kronröhre (M. arvense und nemorosum), welche also nur von den langrüsseligsten Kreuzungsvermittlern befruchtet werden können, bunt gefärbt und

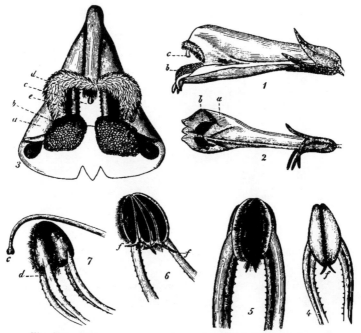

Fig. 287. Melampyrum pratense L. (Nach Herm Müller.)

1 Blute von der Seite gesehen. (3 : 1.) *2* Dieselbe von oben gesehen. *3* Dieselbe von vorn gesehen (7 : 1.) *4* Das von den Antheren gebildete Pollenbehältnis, von hinten gesehen. *5* Dasselbe, nachdem es sich geöffnet hat, von vorn gesehen. *6* Die beiden Staubblätter der rechten Blütenhälfte, von der linken Seite gesehen. *7* Gegenseitige Lage von Narbe und Pollenbehältnis. *a* Seitliche Einfaltung des vorderen Teiles der Blumenkrone. *b* Saftmal. *c* Narbe. *d* Haarbesatz des Pollenbehältnisses. *e* Spitzenbesatz der Staubfäden. *f* Dornanhänge der Antheren.

dienen somit als Schauapparat. Auf ihnen befinden sich, nach Ráthay (Bot. Centralbl. 1880. S. 45), bei einigen Arten (M. arvense, nemorosum, pratense, barbatum) nektarabsondernde Trichome, „extraflorale“ Nektarien, welche zur Anlockung von Ameisen dienen.

2087. M. pratense L. [H. M., Befr. S. 296—299; Weit. Beob. III. S. 36; Kirchner, Flora S. 594, 595; Mac Leod, B. J. V. S. 354—356; Loew, Bl. Fl. S. 399; Knuth, Rügen; Bijdr.] — Die wagerecht stehenden Blüten haben eine gelblich-weisse, dreikantige, 14—15 mm lange Kronröhre, die in ihrem Grunde den in so reichlicher Menge abgesonderten Honig birgt, dass er dieselbe auf 2—3 mm Länge anfüllt. Das Nektarium erweitert sich nach der Unterlippe zu in einen weisslichen, rundlichen Körper, an dessen beiden Seiten je eine honigabsondernde Rinne verläuft. Der Honig ist durch einen vor ihm gelegenen Ring zusammenneigender Haare gegen Regen geschützt, welcher trotz der wagerechten Stellung der Blüte wegen der hervorragenden Unterlippe in dieselbe gelangen kann. Die Kronröhre ist vorn auf 4—5 mm Länge so stark erweitert, dass sie einen Hummelkopf bequem dort aufnehmen kann. Der untere Teil der Seitenwände ist in dieser Erweiterung durch eine eingedrückte Falte so an die untere Fläche angedrückt, dass der Blüteneingang kaum noch 3 mm breit ist. Derselbe wird durch zwei als Saftmal dienende, dunkelgelbe Aussackungen der Unterlippe und durch eine Einschnürung hinter der Oberlippe zu 1—2 mm Höhe verengt. Da die beiden Falten der Seitenwände durch einen eindringenden Hummelkopf auseinandergetrieben werden, so hat derselbe in dem Vorraum Platz. Es ist daher zur Gewinnung des Honigs ein Rüssel von 10—11 mm nötig, und einen solchen besitzen alle unsere Hummeln mit Ausnahme von B. terrester und, wie H. Müller hinzufügt, kleine Arbeiter einiger anderer Arten. Solche kurzrüsselige Hummeln und die Honigbiene rauben den Honig oft durch Einbruch. Die Staubfäden sind mit dem engen Teile der Kronröhre verwachsen; sie lösen sich erst im erweiterten Teile von ihr ab und treten dann als breite, steife, an der Innenseite mit starren Spitzen besetzte Stäbe schräg aufsteigend in den erweiterten, kapuzenförmigen Teil der Oberlippe ein, wo sie die Antheren tragen. Letztere legen sich sämtlich mit ihren Rändern aneinander, so dass alle vier ein einziges Pollenbehältnis bilden. Die Antherenfächer besitzen nach unten gerichtete Dornanhänge, durch deren Auseinanderbiegen das Pollenbehältnis geöffnet werden kann. Die Antheren sind nämlich in starrer Verbindung mit ihren Filamenten und mit ihren hinteren und oberen Rändern dicht aneinander gefügt, während die mit Haaren eingefassten unteren und vorderen Ränder bei geringem seitlichen Stosse auseinanderklaffen, so dass alsdann der in dem Behältnis enthaltene Pollen herausfällt. Indem ein in die Blüte dringender Hummelrüssel an eine der starren Dornanhänge der Antherenfächer stösst, öffnet sich also das Pollenbehältnis, und der Rüssel wird mit feinpulverigem Pollen bestreut. Die Einführung des Rüssels in die Kronröhre muss gerade in die Mitte und oben, an den weichen Zotten des Randes der Oberlippe und dem Haarbesatze des Pollenbehältnisses erfolgen; jedes Abweichen von dieser Richtung würde durch eine schmerzhafte Berührung der zarten Tastspitzen des Hummelsrüssels mit dem Stachelbesatz der Staubfäden bestraft werden. Beim Eindringen in die Kronröhre wird aber, bevor das Pollenbehältnis geöffnet wird, die Narbe gestreift, so dass bei Hummelbesuch Fremdbestäubung gesichert ist. Der Griffel, welcher längs der oberen Kante der Kronröhre verläuft, biegt sich vorn über das Pollenbehältnis hinab, so dass die Narbe im obersten Teile des Blüteneinganges zwischen den Zotten der Oberlippe herabhängt, mithin von dem Hummelrüssel zuerst gestreift und, falls derselbe bereits mit dem Pollen einer anderen Blüte dieser Art bestreut war, belegt wird.

Bleibt Hummelbesuch aus, so erfolgt als Notbehelf spontane Selbstbestäubung. Die Griffelspitze biegt sich alsdann immer weiter abwärts und
zuletzt einwärts, so dass die Narbe unter die schliesslich sich von selbst öffnenden Spalten des Pollenbehältnisses zu liegen kommt und mit eigenem Pollen
bestreut wird.

Die Nektaraussonderung an den Hochblättern dauert, nach Lundström,
bis zur Fruchtreife fort und lockt Ameisen zum Besuche an, welche die Samen,
die in Grösse, Gestalt, Farbe und Gewicht den Puppen der Ameisen, den
sog. Ameiseneiern, sehr ähnlich sind, aus den Kapseln hervorholen und in ihre
Nester tragen, wo die Samen alsdann keimen. (B. Jb. 1887. I. S. 449.)

Als Besucher beobachtete ich in Thüringen drei Hummeln: 1. Bombus
agrorum F. ♀ ☿, sgd.; 2. B. hortorum L. ♀, sgd.; 3. B. terrester L. ♀, die Kronröhre
anbeissend und honigraubend. Auf Rügen sah ich gleichfalls B. hortorum L. ☿, auch
in der Färbung tricuspis Schmkn., sgd.

Herm. Müller (1) und Buddeberg (2) beobachteten in Westfalen und Nassau
folgende Blumengäste:

A. Diptera: *Stratiomydae*: 1. Oxycera pulchella Mg. (1), vergeblich nach Honig
und wahrscheinlich auch vergeblich nach Pollen suchend. B. Hymenoptera: *Apidae*:
2. Apis mellifica L. ☿, sehr häufig (1); 3. Bombus agrorum F. ♀ ☿, normal sgd. und
erst vorsichtig den Rüssel einführend, dann zu einem andern Stocke übergehend und
so Kreuzung bewirkend; 4. B. hortorum L., ☿, normal sgd., gerade w. v. (1, Siebengebirge);
5. B. lapidarius L. ♀ ☿, durch Einbruch Honig raubend, in Mehrzahl (1); 6. B. pratorum
L. ♀ ♂, w. v. (1, Siebengebirge); 7. B. silvarum L. ♀, sgd. (1, Fichtelgebirge); 8. B. terrester L. ♀, w. B. lapidarius verfahrend, in Mehrzahl (Luisenburg); in Wöllershof in
der bayer. Oberpfalz vergeblich zu saugen versuchend (1); 9. Megachile circumcincta K. ♀,
normal sgd. (einmal) (1).

Als Besucher giebt Schmiedeknecht Bombus mastrucatus Gerst. ☿ an.

Alfken bemerkte bei Bremen Apiden: 1. Bombus agrorum F. ♀; 2. B. terrester
L. ♀, die Kronröhre anbeissend, saftraubend; der Biss erfolgt schräg von oben her.

Loew beobachtete in Schlesien (Beiträge S. 34): Bombus agrorum F. ☿, sgd.;
in der Schweiz (Beiträge S. 62): Diptera: a) *Stratiomydae*: 1. Sargus flavipes Mg.,
wohl nutzlos. b) *Syrphidae*: 2. Chrysotoxum bicinctum L., desgl.; Mac Leod in Flandern 3 Hummeln, 2 Falter (B. Jaarb. VI. S. 356).

In Dumfriesshire (Schottland) (Scott-Elliot, Flora S. 133) wurden 3 Hummeln
als Besucher beobachtet.

2088. M. arvense L. [H. M., Weit. Beob. III. S. 36, 37; Kirchner,
Flora S. 596; Schulz, Beitr.; Loew, Bl. Fl. S. 399; Knuth, Rügen.] —
Die Blüteneinrichtung der trübpurpurnen, mit gelbem Gaumen versehenen und
durch die purpurroten Hochblätter sehr augenfälligen Blumen stimmt mit derjenigen von M. pratense überein, doch ist die Kronröhre länger, nämlich
21—22 mm lang. Ihr unterster, 8—9 mm langer Teil ist aufrecht, dann steigt
sie schräg aufwärts und ist dabei nach unten gebogen, so dass ihre Form der
bequemsten Saugestellung des Hummelrüssels entspricht. Ferner unterscheidet
sich M. arvense noch dadurch von M. pratense, dass die Unterlippe der
ersteren sich aufwärts biegt und sich mit den Rändern lose an die Oberlippe
legt, so dass ein Verschluss entsteht, welcher unbefugte kleinere Insekten verhindert, in die Blüte zu kriechen und Honig zu stehlen. Bei ausbleibendem
Hummelbesuch erfolgt spontane Selbstbestäubung wie bei voriger Art. Kurz-

rüsselige Hummeln rauben zuweilen den Honig durch Einbruch — Pollen, nach
Warnstorf, weiss, kugelig, gestreift, etwa 25 μ diam.

Als Besucher sah Loew in den Alpen 2 Hummeln.

Herm. Müller sah in Thüringen gleichfalls Bombus hortorum L. ♀, sgd.

Ausserdem beobachtete H. Müller dort noch folgende, vergeblich nach Honig
suchende Gäste an den Blüten:

A. Coleoptera: *Telephoridae*: 1. Dasytes subaeneus Schh. B. Diptera:
a) *Conopidae*: 2. Physocephala rufipes F. b) *Muscidae*: 3. Ulidia erythrophtalma Mg.
C. Hemiptera: 4. mehrere unbestimmte Wanzenarten. D. Hymenoptera:
a) *Apidae*: 5. Prosopis armillata Nyl. ♂ ♀, zahlreich, besonders die ♂; 6. Anthophora aestivalis Pz. (haworthana K.) ♀ (Rüssellänge 15 mm) versuchte an einer einzigen Blüte vergeblich den Honig zu erlangen und flog dann weg. b) *Chrysidae*:
7. Hedychrum lucidulum F. ♂. c) *Ichneumonidae*: 8. Foenus spec. d) *Sphegidae*:
9. Cerceris labiata F. ♂; 10. Ceropales albicinctus Rossi. e) *Vespidae*: 11. Odynerus
minutus F. E. Lepidoptera: *Rhopalocera*: 12. Melitaea athalia Rott.

Auf der Insel Rügen beobachtete ich: Bombus terrester L., psd., mit grossen,
orangegelben Pollenmassen an den Fersen.

Loew beobachtete in der Schweiz (Beiträge S. 62): Hymenoptera: *Apidae*:
1. Bombus rajellus K. ♀, sgd.; 2. B. variabilis Schmdk. ♀, sgd.

Buddeberg sah die Blüten bei Nassau von Bombus agrorum F. ♀ und Bombus
silvarum L. besucht. Da ihr Rüssel aber nur 15 mm lang ist, können sie nur vergeb-
liche Saugversuche gemacht haben. Schulz beobachtete Hummeleinbruch; ebenso
Ricca (Atti XIV).

2089. M. nemorosum L. [H. M., Weit. Beob. III. S. 38, 39; Schulz,
Beitr.; Loew, Bl. Fl. S. 395; Knuth, Rügen.] — Die schön goldgelben Blüten
stechen von den prächtig blauen oberen Hochblättern und den dunkelgrünen
Laubblättern der Pflanze auffallend ab. Doch finden sich hin und wieder
Pflanzen vor, deren Hochblätter eine bleiche, fast weisse Farbe besitzen. Solche
beobachtete H. Müller im Walde bei Kitzingen und ich in den Wäldern an
der Ostküste der Insel Rügen.

Die Blüteneinrichtung stimmt wieder im wesentlichen mit derjenigen von
M. pratense überein, doch ist die Kronröhre wieder länger, fast so lang wie
diejenige von M. arvense, nämlich 18—20 mm. Die ersten 5 mm sind schräg
aufwärts gerichtet, der übrige Teil ist ziemlich wagerecht auswärts gebogen.
Die Unterlippe liegt oft ziemlich dicht an der Oberlippe, doch ist häufig ein
Zwischenraum von 3—4 mm vorhanden.

Gegen Ende der Blütezeit der Einzelblüte findet ein Farbenwechsel statt,
indem die goldgelbe Färbung der Unterlippe und des vorderen Teiles der Röhre
sich in ein bräunliches Orangegelb umwandelt, wodurch die Augenfälligkeit des
ganzen Blütenstandes nicht vermindert, vielleicht sogar noch etwas erhöht wird;
gleichzeitig werden aber so einsichtige Blütenbesucher, wie es die Hummeln sind,
veranlasst, diese Blüten zu meiden, die ihnen doch keine Ausbeute mehr liefern.
Mit diesem Farbenwechsel neigt sich die Blume tiefer abwärts, wodurch die
Narbe in die Falllinie des Pollens gerät, so dass nun, falls bisher keine Fremdbestäubung erfolgt war, noch spontane Selbstbestäubung eintritt.

Kurzrüsselige Hummeln erbrechen die Blüte und stehlen aus den Einbruchslöchern Nektar.

Als Besucher sah ich auf der Insel Rügen: Hymenoptera: *Apidae*:
1. Bombus agrorum F. ♀, häufig, sgd.; 2. B. rajellus K. ♀, sgd.

Herm. Müller sah in der bayerischen Oberpfalz (O.), im Fichtelgebirge (F.),
in Thüringen (Th.) und bei Kitzingen (K.) folgende Besucher:
A. Coleoptera: *Telephoridae*: 1. Dasytes spec., in die Blüten kriechend (O.).
B. Hymenoptera: *Apidae*: 2. Apis mellifica L. ♀, durch Einbruch sgd. (K.); 3. Bombus
lapidarius L. ♀ ♀, beide saugen durch ein Loch, welches sie einige Millim. über dem Kelch-
rande in die obere Kante der Blumenkrone beissen (O.); 4. B. hortorum L. ♀, normal sgd.!
(K., O.); 5. B. agrorum F. ♀, durch Einbruch sgd., wie B. lapidarius (O.); 6. B. pratorum L. ♀ ♂, durch Einbruch sgd. (F.); 7. B. terrester L. ♀ ♀, durch Einbruch sgd.,
auch psd., häufig (K.), ♂ durch Einbruch sgd. (F.); 8. Psithyrus rupestris F. ♀, durch
Einbruch sgd., daselbst. C. Lepidoptera: a) *Rhopalocera*: 9. Leucophasia sinapis L.,
vergeblich zu saugen versuchend (O.); 10. Melitaea athalia Rott., desgl. (K.). b) *Sphingi-*
dae: 11. Zygaena meliloti Esp., desgl., daselbst. D. Thysanoptera: 12. Trips, sehr
zahlreich in den Blüten (Th., O.).

Loew beobachtete in Braunschweig (B.), Steiermark (S.) und im Riesengebirge
(R.) (Beiträge S. 53): A. Hymenoptera: *Apidae*: 1. Apis mellifica L. ♀, sgd. (R.);
2. Bombus pratorum L. ♂, sgd. (R.); 3. Megachile circumcincta K. ♀, sgd. (R.); 4. M.
melanopyga Costa ♀, sgd. (S.); 5. Psithyrus rupestris F. ♀, sgd. (B.); 6. P. vestalis.
Fourc. ♀, sgd. (B.). B. Lepidoptera: a) *Noctuidae*: 7. Plusia gamma L., sgd. (R.).
b) *Rhopalocera*: 8. Epinephele janira L., sgd. (R.)

Als Besucher giebt Schmiedeknecht Bombus mastrucatus Gerst. ♀ an.

2090. M. cristatum L. [H. M., Weit. Beob. III. S. 39; Kirchner,
Flora S. 595; Schulz, Beiträge II. S. 217.] — Die Augenfälligkeit der Blütenstände wird durch die hellpurpurnen Hochblätter erhöht, doch sind diese stellenweise blassgelb, z. B. in Tirol (nach Kerner). Die Blüteneinrichtung der gelblichen, rötlich überlaufenen Blumen mit dunklerer Unterlippe stimmt wieder mit
derjenigen von M. pratense und der beiden anderen eben beschriebenen Arten
überein. Wenn auch die Kronröhre etwas kürzer ist, als bei M. pratense, so
erfordert sie doch zur regelrechten Ausbeutung des Nektars einen mindestens
ebenso langen Rüssel wie dieses. Die Kronröhre steigt nämlich mit ihrem
5—6 mm langen untersten Teile gerade in die Höhe, biegt sich dann plötzlich
wagerecht um und verläuft so noch 7—7½ mm weiter. Vorn erweitert sie sich
dann von kaum 1 mm Breite und etwas über 1 mm Höhe auf 2 mm und 4 mm
Höhe, so dass ein Hummelkopf höchstens in diesen erweiterten Teil eindringen
kann. Es muss daher der Rüssel mindestens 12 mm lang sein, um den Honig
aussaugen zu können. Der Zutritt unnützer Gäste wird dadurch verhindert, dass
die Unterlippe sich ziemlich dicht an die kapuzenartige Oberlippe andrückt.

Auch bei dieser Art beobachtete A. Schulz Hummeleinbruch.

Als Besucher beobachtete H. Müller im Walde bei Kitzingen: A. Hymenoptera: *Apidae*: 1. Bombus lapidarius L. ♀ (Rüssellänge 12—14 mm), normal sgd.
B. Lepidoptera: *Rhopalocera*: 2. Melitaea athalia Rott.; vergeblich zu saugen versuchend.

2091. M. silvaticum L. [Sprengel, S. 315—316; H. M., Weit. Beob. III.
S. 39—41; Schulz, Beitr. II. S. 218; Loew, Bl. Fl. S. 399.] — Die Röhre
der kleinen dunkelgelben Blumenkrone ist etwa 1 mm weit; sie steigt auf eine
Länge von etwa 3 mm schräg auswärts auf, biegt sich dann wagerecht um und
verläuft noch 5 mm weit in dieser Richtung. Dabei erweitert sie sich allmäh-

lich und spaltet sich in die mit breitem, von herabhängenden Fäden zottigem Rande umsäumte, dachförmige Oberlippe und die eine dreilappige Anflugstelle bildende Unterlippe. Eine Verengerung des Blüteneinganges wie bei den anderen Arten dieser Gattung findet nicht statt, sondern er erweitert sich ziemlich gleichmässig zu einer Öffnung von 3 mm Höhe und Breite. Die Staubfäden liegen der Aussenwand der Kronröhre dicht an und biegen sich unter der Oberlippe so nach innen zusammen, dass alle vier Antheren dicht hinter dem zottigen Raume der Oberlippe aufsteigen und so neben einander liegen, dass sie ihre aufgesprungene Seite nach unten kehren. Der Griffel liegt zwischen den Staubfäden und hinter den Staubbeuteln; er biegt seine narbentragende Spitze so nach vorn und unten, dass die Narbe im Blüteneingange steht. Es muss daher ein in denselben eindringender Insektenrüssel zuerst die Narbe und dann die pollenbedeckte Seite der Antheren streifen, so dass Fremdbestäubung erfolgen muss. Ein besonderes Nektarium konnte H. Müller nicht auffinden: der Honig scheint vielmehr in sehr spärlicher Menge vom untersten Teile des Fruchtknotens abgesondert zu werden. Wahrscheinlich als Rudimente der Saftdecke sind die von der Innenwand des wagerecht nach aussen gebogenen Teiles der Kronröhre zu deuten.

Bei ausbleibendem Insektenbesuche tritt dadurch spontane Selbstbestäubung ein, dass die Narbe unter die Antheren zu liegen kommt und mit Pollen bestreut wird. Derselbe ist nicht so trocken und pulverig wie bei M. arvense und den anderen Arten; er bleibt daher längere Zeit an der Unterseite der sich öffnenden Antherentaschen haften.

Als Besucher sind beobachtet: Hymenoptera: a) *Apidae*: 1. Bombus senilis Sm. (muscorum F.) ♀, sgd. (Buddeberg in Nassau). b) *Vespidae*. 2. Vespa rufa L. ♀, an mehreren Blüten (H. M. in der Oberpfalz). Schulz beobachtete im Riesengebirge Einbruchslöcher. Loew sah in den Alpen als illegitime Besucher 3 Schwebfliegen: 1. Chrysotoxum octomaculatum Curt.; 2. Syrphus luniger Mg., sgd.; 3. S. lunulatus Mg.

468. Pedicularis Tourn.

Rote oder gelbe homogame, selten protogynische Hummelblumen, deren Nektar von einem einseitigen Wulst an der Unterseite des Fruchtknotens abgesondert wird. — Ekstam (Vet. Akad. Forh. Stockholm 1894) hat auf Nowaja Semlja an den Pedicularis-Blüten niemals Insektenbesuch beobachtet.

2092. P. silvatica L. [Sprengel, S. 316, 317; Hildebrand, Bot. Ztg. 1866, S. 73; Ogle, Pop. Science Rev. 1870, S. 45—47; H. M., Befr. S. 299—303; Weit. Beob. III. S. 41; Kirchner, Flora S. 597; Knuth, Ndfr. Inseln S. 113, 165; Schulz, Beiträge II. S. 218.] — Den Blütenmechanismus hat Herm. Müller unter Berichtigung der von Sprengel, Hildebrand und Ogle übersehenen oder falsch gedeuteten Einrichtung in etwa folgender Weise zusammenfassend beschrieben: Die rosenroten Blüten besitzen eine 10 bis 14 mm lange Kronröhre, die seitlich so stark zusammengedrückt ist, dass eine Hummel nur mit dem vordersten, verschmälerten Teile ihres Kopfes in dieselbe einzudringen vermag. Die Kronröhre setzt sich in eine etwas weitere Oberlippe fort, deren kapuzenförmiges, vorgezogenes Ende die Antheren umschliesst, dagegen die Griffelspitze mit der Narbe schräg nach unten gerichtet hervortreten lässt. Die Unterlippe verschliesst mit ihrem Grunde die untersten 3—5 mm der Blüten-öffnung, während ihre als Anflugstelle und Halteplatz dienende Unterlippe un-symmetrisch schräg von rechts nach links abfällt, so dass der rechte Lappen

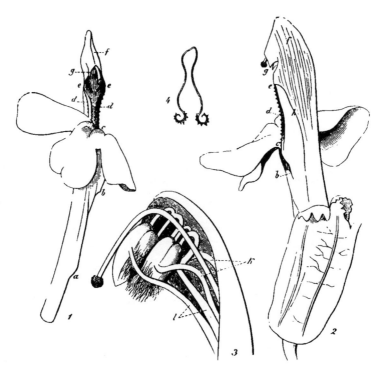

Fig. 288. Pedicularis silvatica L. (Nach Herm. Müller.)

1 Blumenkrone von vorn gesehen. *2* Ganze Blüte, von hinten gesehen. *3* Oberster Teil der Blumenkrone, nach Entfernung der linken Hälfte und Auseinanderschiebung der Antheren, von der linken Seite gesehen. *4* Querdurchschnitt der Blumenkrone bei *c*, *1, 2.* (Vergr *1, 2, 3* 3¹/₂ : 1; *4* 7 : 1.) *a* Einfügungsstelle der vorderen Staubfäden. *b* Einfügungsstelle der Unterlippe. *c* Stelle des Blüteneinganges, bis zu welcher die Unterlippe aufrecht angedrückt ist. *d* Umgerollter, mit Stacheln besetzter Rand des Blüteneinganges (Rolle). *e* Weiteste Stelle des Blüteneinganges, in welche die Hummel ihren Rüssel und Kopf einführt *f* Die Kapuze, welche die Antheren umschliesst. *g* Herabhängende Zipfel der Kapuze. *h* Harte Leiste der Seitenwand der Blumenkrone, welche sich bei *c* mit der Rolle vereinigt. *k* Kürzere, *l* längere Staubblätter.

2—8 mm höher steht als der linke. Zieht man die Unterlippe herab, so erblickt man den Blüteneingang als einen 8—10 mm langen Spalt, der von unten an auf 5—7 mm nur 1—2 mm breit ist, sich aber oben etwa 3 mm unterhalb seiner Spitze plötzlich auf 4 mm erweitert, dann aber plötzlich sich wieder zu-sammenzieht, so dass etwas über 1 mm unter seinem oberen Ende zwei spitze Zipfel der Kapuze sich fast berühren, wodurch der Spalt in eine sehr kleine obere und eine lange untere Abteilung geteilt erscheint. Aus dem kleinen oberen Teile des Spaltes ragt der Griffel mit der kopfförmigen Narbe an der Spitze schräg abwärts gerichtet hervor; der im Inneren der Kronröhre befindliche Griffelteil liegt der hinteren Wand derselben dicht an. Von den vier Antheren legen sich je zwei gegenüberliegende mit den Rändern dicht aneinander, so dass alle vier ein einziges Pollenbehältnis bilden, das von der kapuzenförmigen Oberlippe umschlossen und von den Seitenwänden zusammengehalten wird. Der längere untere Teil des eben beschriebenen Spaltes dient dem Hummelkopf als Eingang; doch sind die Ränder des Spaltes, so weit dieser nur 1—2 mm weit ist, sehr stark nach aussen eingerollt, und der Innenrand ist dicht mit spitzen Hervorragungen besetzt, während die Ränder der darüber liegenden Erweiterung glatt sind. An jeder Seite der Oberlippe befindet sich auf der Aussenfläche eine rötlich gefärbte Leiste, welche am unteren Ende der erweiterten Stelle beginnt und von da im spitzen Winkel nach unten und hinten verläuft.

Was bewirken nun, fährt H. Müller in der Schilderung der Blüteneinrichtung dieser Art fort, alle diese Eigentümlichkeiten? Was hat die aufwärts angedrückte Basis der Unterlippe, die Schrägstellung ihrer dreilappigen Fläche, die Zusammenrollung des Randes der Eingangsöffnung, ihr stachlicher Besatz, ihre plötzliche Erweiterung mit glattem Rande, was haben die rötlich gefärbten Leisten an den Seiten der Oberlippe mit der Befruchtung durch Hummeln zu thun? Sind es zufällige Unregelmässigkeiten, von denen man absehen muss, wie es Sprengel, Hildebrand und Ogle gethan haben? Wenn man die besuchenden Insekten aufmerksam beobachtet, wird man anderer Ansicht. Mit lang vorgestrecktem Rüssel kommt eine Hummel summend angeflogen, lenkt, durch den spitzzackigen Besatz des schmalen Spaltes vor diesem gewarnt, schon im Anfliegen die mit zarten Tastern versehene Rüsselspitze in die weiteste Stelle der Blumenöffnung, fasst dann, mit der Oberseite des Kopfes die kaum 2 mm über der weitesten Stelle frei hervorragende Narbe streifend, und durch die schräg abfallende Anflugfläche zu eben so schräger Kopfstellung veranlasst, mit den Vorderfüssen den Basalteil der Unterlippe, mit den Mittelfüssen den hinteren Teil der Kronröhre in etwa gleicher Höhe mit der Unterlippe, während die Hinterfüsse sich auf tiefer stehende Blätter oder Blüten stützen, und steckt nun auch ihren $2\frac{1}{2}$—3 mm dicken, 5 mm breiten Kopf an der auf 4 mm erweiterten Stelle des Einganges und gerade in derjenigen Schrägstellung, in der es überhaupt möglich ist, ihn in die Erweiterung zu bringen, in dieselbe hinein, um mit der Rüsselspitze den Honig zu erreichen. Dabei werden die oberen spitzen Fortsätze der Kapuze, welche die beiden Hälften des Pollenbehältnisses unten zusammenhielten, auseinander gerückt, da der zackige Rand und die Aussenleisten sich nicht biegen. Hierdurch klaffen die Staubbeutel auseinander und lassen einen Teil des pulverigen Pollens auf dieselbe Stelle des Hummelkopfes fallen, welche kurz vorher die Narbe gestreift und mit dem aus der zuletzt besuchten Blüte mitgebrachten Pollen belegt hatte. Ein seitliches Verstreuen des herabfallenden Pollens wird durch die von den längeren Staubfäden in senkrechter Ebene abstehenden Haare verhindert, welche die Zwischenräume

je zweier über einander liegender Staubblätter von aussen decken und nach
unten etwas über die auseinander klaffenden Ränder hervorragen.

Von unseren einheimischen Hummeln können alle bis auf B. terrester
und kleine Arbeiter einiger anderer Arten mit der Rüsselspitze den honigführenden
Blütengrund erreichen. Je länger der Rüssel ist, desto weniger tief braucht
natürlich der Kopf in den Blüteneingang gesteckt zu werden, je kürzer er ist,
desto tiefer muss die Hummel den Kopf in die Oberlippe hineindrücken. Da
sich die Anflugfläche selbst noch 3—5 mm abwärts drücken lässt, so reicht
schliesslich ein Rüssel von 10 mm Länge bis in den Blütengrund. Die durch
die Hummel hinabgedrückte Unterlippe kehrt nach dem Aufhören des Druckes
wieder in ihre frühere Lage zurück. Kleinere Bienen sind von dem Genuss
des Honigs ausgeschlossen; sie würden auch ohne Nutzen für die Pflanze sein,
da sie die Narbe nicht berühren würden. Durch die Verwachsung der Antheren
in der Oberlippe sind die Blüten vor pollenfressenden Fliegen und Käfern geschützt. Der kurzrüsselige B. terrester raubt den Honig durch Einbruch, doch
ist dies ohne wesentlichen Nachteil für die Blüte, da die angebissenen Blumen
von den eigentlichen Befruchtern nicht verschmäht werden. H. Müller fand
die Einbruchsstelle stets auf der linken Blütenseite.

Die Möglichkeit spontaner Selbstbestäubung ist ausgeschlossen. — Pollen,
nach Warnstorf, blassgelb, warzig, bis 43 μ lang und 25 μ breit.

Als Besucher beobachtete ich 2 saugende Hummeln (Bombus lapidarius L. ♀
und B. agrorum F.); Herm. Müller folgende Apiden: 1. Anthophora retusa L. ♀
(Rüssellänge 16—17 mm, normal sgd.): 2. B. agrorum F. (12—15 mm, ebenso); 3. B.
hortorum L. ♀ (20—21, dgl.); 4. B. lapidarius L. ♀ (12—14, dgl.); 5. B. scrimshiranus
K. ♀ (10, dgl.); 6. B. silvarum L. ♀ (12—14, dgl.); 7. B. terrester L. ♀ (7—9), durch
Einbruch sgd.

Höppner beobachtete bei Bremen 6 Bienen: Apis mellifica L. ♀. Bombus agrorum F. ♀, B. muscorum F. ♀, B. rajellus K. ♀, B. terrester L. ♀ und Podalirius
retusus L. ♀ und ♂.

Als sehr seltenen Besucher verzeichnet Schmiedeknecht Bombus mastrucatus Gerst. 1 ♀.

In Dumfriesshire (Schottland) (Scott-Elliot, Flora S. 133) wurden 2 Hummeln
als Besucher beobachtet.

2003. P. palustris L. [H. M., Alpenblumen S. 291—293; Kirchner,
Flora S. 598; Schulz, Beiträge II. S. 218; Knuth, Nordfr. Ins. S. 113, 114;
Loew, Bl. Fl. S. 399.] — Die Bestäubungseinrichtungen der rosenroten Blüten ist
derjenigen von P. silvatica sehr ähnlich, doch ist die Kronröhre der fast wagerecht stehenden Blumen nur 10—11 mm lang, so dass schon Hummeln den Honig
erreichen können, deren Rüssel 8—9 mm lang ist, wenn sie den vordersten Teil
des Kopfes in die Blüte stecken. Dementsprechend ist der offene Spalt der
Krone über dem Stachelbesatze seines unteren Teiles kaum über ½ mm weit,
so dass durch den hineingedrängten Rüssel oder Kopf einer Hummel eine
merkliche bis bedeutende Erweiterung entsteht. Ferner sind die Ränder der
Oberlippe über der Stelle, wo der eingerollte Rand und die Aussenleiste sich
mit einander vereinigen, ebenfalls zu einer Leiste verdickt, wodurch beim Eindringen der Hummel in den Spalt dieser mit Sicherheit bis zur Spitze geöffnet wird

und ein Herausfallen des Pollens unausbleiblich ist. Sodann wird durch die fast wagerechte Stellung der Blüten erreicht, dass die eindringende Hummel sofort die Narbe streift und mit mitgebrachtem Pollen belegt, obwohl sie den Rüssel tiefer unten einführt. Endlich erfolgt die Ausstreuung des Pollens so dicht über dem Hummelkopfe, dass Vorrichtungen gegen das seitliche Verstreuen nicht nötig sind; es sind daher die Antheren ganz unbehaart und die längeren Staubfäden nur spärlich behaart. — Pollen, nach Warnstorf, weiss, warzig, etwa 31 — 35 μ lang und 25 μ breit. Schulz beobachtete Bombus terrester durch Einbruch Honig raubend.

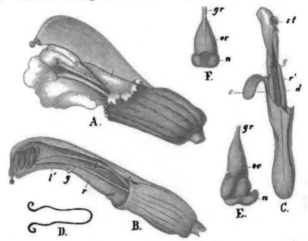

Fig. 289. Pedicularis palustris L. (Nach Herm. Müller.) A Blüte von der linken Seite gesehen. (3¹ : 1.) B Dieselbe nach Entfernung des Kelches, der Unterlippe und des grössten Teiles der linken Hälfte der Oberlippe, von der linken Seite gesehen. (3¹ : 1.) C Blüte nach Entfernung des Kelches und des grössten Teils der Unterlippe von vorn gesehen. (5 : 1.) D Querdurchschnitt der Oberlippe bei cd. (7 : 1.) E Fruchtknoten (or) und Nektarium (n), von der Seite. F Dasselbe, von vorn. (7 : 1.) Bedeutung der übrigen Buchstaben wie in Fig. 213.

Als Besucher sah Lindman auf dem Dovrefjeld eine Hummel; Herm. Müller in den Alpen 1 Hummel (B. pratorum L. ♀); Loew daselbst (Beiträge S. 62): Bombus alticola Krchb. ♀. sgd.; Heinsius in Holland Bombus agrorum F. ♀ (normal sgd., regelrecht befruchtend); B. scrimshiranus K. ♀ (Honig durch Einbruch gewinnend) (B. Jaarb. IV. S. 109—111).

In Dumfriesshire (Schottland) (Scott-Elliot, Flora S. 133) wurde 1 Hummel als Besucherin beobachtet.

2094. P. recutita L. [H. M., Alpenblumen S. 293—295; Kerner, Pflanzenleben II. S. 272.] — Die Unterlippe der roten Blume ist ganz symmetrisch gestellt und mit ihrem Grunde nur auf eine kurze Strecke der Oberlippe angedrückt. Auf ihrer Mittellinie findet sich eine zum Honig hinabführende Rinne, welche, nach Müller, den Hummelrüssel bequem in den honighaltenden Blütengrund führt, während sie, nach Lindman, hierfür zu eng ist. Hummeln mit 8—9 mm langem Rüssel können den Nektar ausbeuten. Da die Antheren zwischen den Seitenwänden der Oberlippe eingeklemmt sind, so ist, nach Kerner, das Ausstreuen nur dadurch möglich, dass die anfliegenden und mit den Vorderbeinen die vorgestreckte helmförmige Oberlippe umfassenden Hummeln letztere um einen Winkel von 30° herabbiegen. Dies hat zur Folge, dass die bisher straffen Seitenwände der Oberlippe sich auseinander biegen und dadurch auch die Pollentaschen sich öffnen, so dass der Blütenstaub auf das Insekt hinabfällt (S. Fig. 290).

2095. P. Oederi Vahl (P. flammea Wulfen?) [Warming, Bot. Tidskrift Bd. 17. S. 204.] — Diese nordische, gelb oder weissgelb blühende, an der Spitze der Oberlippe inwendig dunkelrot gefärbte Art stimmt in Bezug auf die Blüteneinrichtung, nach Warming, ziemlich mit derjenigen von P. recutita überein. Die 20 mm lange Kronröhre besitzt eine ähnliche von der Mittellinie der Unterlippe ausgehende Rinne wie P. recutita, doch dient sie nicht zur Führung des Insektenrüssels, sondern dieser wird in einen höher gelegenen Spalt eingeführt, welcher durch die sehr genäherten Ränder der Oberlippe gebildet wird.

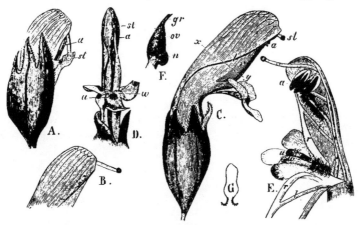

Fig. 290. Pedicularis recutita L. (Nach Herm. Müller.)

A Blüte, kurz vor dem Aufblühen, von der Seite gesehen. B Oberster Teil derselben nach dem Aufblühen. C Ausgewachsene Blüte, von der Seite gesehen. D Oberer Teil derselben. von vorn. E Oberster Teil der Blumenkrone, nachdem die linke Seite derselben abgespalten und nach links heruntergebogen ist. F Fruchtknoten und Nektarium. G Durchschnitt der Oberlippe bei xy. (Vergr. 5:1.) (Bedeutung der Buchstaben s. Fig. 213 und H. Müller, Alpenbl. S. 293—295.)

Die Narbe ragt meist aus der Oberlippe hervor, so dass sie zuerst von der besuchenden Hummel berührt und, falls diese bereits mit Pollen bestreut war, belegt wird. Doch erfolgt auch häufig Selbstbestäubung, weil der Griffel nicht selten bedeutend kürzer ist und selbst die Höhe der Antheren nicht erreicht.

Als Besucher beobachtete Lindmann mehrere Hummeln.

2096. P. Oederi Kerner. (P. flammea Wulfen?) [Kerner, Pflanzenleben II. S. 371.] — Diese am Brenner in Tirol häufige Art besitzt, nach Kerner, eine abgestutzte Oberlippe, vor welcher gegen Schluss der Blüte die Narbe zu stehen kommt. Die Blumenkrone besitzt nämlich eigentümliche rippenartige Vorsprünge, welche, nach Art eines Hebelwerkes wirkend, die Oberlippe zuletzt so stark herabdrücken, dass sie wie geknickt erscheint. Diese Bewegung macht natürlich auch der in der Oberlippe befindliche Griffel mit, so dass nun die Narbe nicht mehr vor den Antheren steht, sondern unterhalb derselben zu stehen kommt. Da nun die bisher fest zusammenschliessenden Antheren auseinander weichen, so bestreuen sie nunmehr die Narbe mit Pollen. Bei Beginn des Blühens ist, wie bei P. recutita, nur Kreuzung möglich.

2097—98. Eine ähnliche Selbstbestäubungseinrichtung besitzen, nach Kerner, die Arten **P. foliosa L.** und **comosa L.**

2099. P. incarnata Jacquin. [Kerner, Pflanzenleben II. S. 370, 371.] — .Die Antheren sind in der Oberlippe geborgen; der Griffel ragt aus der rechtwinkelig gebogenen Oberlippe hervor, so dass die Narbe vor dem Blüteneingang steht, mithin von besuchenden Hummeln zuerst gestreift werden muss. Ausserdem ist sie früher entwickelt als die Antheren; es kann daher in diesem ersten Blütenzustande nur die Narbe belegt werden. Später, wenn die Antheren aufgesprungen sind, trägt das besuchende Insekt auch wieder Pollen mit fort, indem solcher auf den Kopf desselben ausgestreut wird. Bei ausbleibendem Insektenbesuche erschlaffen in den letzten Blühtagen die Staubblätter, die Antheren weichen auseinander und der Pollen fällt von selbst auf die Innenfläche der röhrenförmigen, knieartig gebogenen Oberlippe. Gleichzeitig nimmt diese eine senkrechte Stellung ein, indem sie sich noch stärker nach unten biegt, so dass der Pollen diese Röhre hinab und auf die jetzt senkrecht darunter stehende Narbe fällt. Zuweilen wird die Narbe bei der Stellungsänderung der Oberlippenröhre in diese hineingezogen, so dass dann die spontane Selbstbestäubung innerhalb dieser Röhre stattfindet. Eine ähnliche Selbstbestäubungseinrichtung besitzen, nach Kerner, auch die Arten Pedicularis asplenifolia Flörke, Portenschlagii Saut, rostrata L. und tuberosa L.

2100. P. rostrata L. [Ricca, Atti XIII, 3; H. M., Alpenblumen S. 298 bis 300; Kerner, Pflanzenleben II. S. 270, 271.] — Die Unterlippe ist, nach

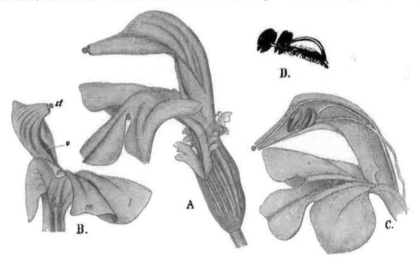

Fig. 291. **Pedicularis rostrata L.** (Nach Herm. Müller.)
A Blüte von der linken Seite gesehen. (3 : 1.) *B* Über *z z* gelegener Teil der Blumenkrone von der linken Seite gesehen. *C* Oberer Teil der Blumenkrone von der linken Seite gesehen, im Aufriss. *D* Die beiden Staubblätter der linken Blumenhälfte von aussen. (Vergr. 5 : 1.)
(Bedeutung der Buchstaben s. Fig. 213 und H. M., Alpenbl. S. 298—300).

Müller, wie bei P. silvatica schräg gestellt. Die unter der Wölbung der Oberlippe versteckten Antheren können nicht unmittelbar von den Besuchern

berührt werden. Letztere drängen, nach Kerner, beim Eindringen in die Blüte
die Staubfäden auseinander, wodurch auch die dornenlosen Antheren auseinander-
gedrängt werden, so dass die Hummeln mit Pollen bestreut werden. Selbstbestäubung erfolgt durch Hinabgleiten des Pollens in den Schnabel der Oberlippe (vgl. P. incarnata).

Als Besucher beobachtete Ricca Hummeln; H. Müller sah nur die
Honigbiene.

2101. P. asplenifolia Flörke. [H. M., Alpenblumen S. 300, 301;
Kerner, Pflanzenleben II. S. 371.] — Auch die Blüten dieser Art besitzen eine
schräg gestellte Unterlippe, und zwar ist diese Schrägstellung so stark, dass die
Unterlippe fast senkrecht steht. Die Kronröhre ist nur 7 mm lang. Die Ober-

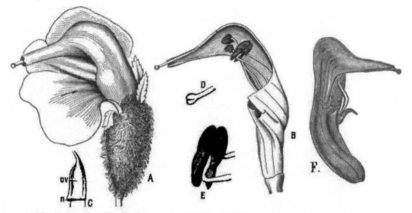

Fig. 292. Pedicularis asplenifolia Flörke. (Nach Herm. Müller.)

A Blüte von der linken Seite gesehen. (3 : 1.) *B* Dieselbe Blüte nach Entfernung des Kelches,
der Unterlippe und der linken Hälfte der Oberlippe von der linken Seite gesehen. *C* Fruchtknoten *(or)*, Nektarium *(n)* und Griffelwurzel derselben. *D* Griffelspitze mit Narbe. *E* Ein
Staubblattpaar. (7 : 1.) *F* Blumenkrone nach Entfernung der Unterlippe von vorn gesehen. (3 : 1.)

lippe ist wie bei P. rostrata in einen Schnabel verlängert. Fremdbestäubung
ist durch die hervorragende Stellung der Narbe gesichert. Auch das Ausfallen
des Pollens erfolgt, nach Kerner, wie bei P. incarnata, P. rostrata, desgleichen die Autogamie.

Als Besucher beobachtete H. Müller 2 Hummelarten und 1 Nachtfalter.

2102. P. foliosa L. [H. M., Alpenblumen S. 302, 303; Kerner,
Pflanzenleben II. S. 371.] — Die Oberlippe ist schnabellos; aus ihr ragt die
Narbe hervor. Die Unterlippe ist schräg gestellt und besitzt eine Mittelrinne.
Beim Eindringen eines Hummelkopfes werden die Ränder der Oberlippe auseinander gedrängt, wodurch die Antheren getrennt werden, so dass Pollen auf
die Hummel hinabfällt. Spontane Selbstbestäubung scheint, nach Müller,
ausgeschlossen, erfolgt, nach Kerner, wie bei P. recutita.

Als Besucher sah H. Müller drei Hummelarten.

2103. P. verticillata L. [Warming, Bot. Tidskrift Bd. 17, S. 215;
H. M., Alpenblumen S. 295—298.] — Die Blüteneinrichtung ist derjenigen

Scrofulariaceae. 189

von P. recutita ähnlich, doch ist die Blüte wagerecht oder schräg abwärts gestellt. Der in einer Rinne vordringende Hummelkopf drängt die Oberlippe auseinander, wodurch Pollenausstreuung herbeigeführt wird. Eine seitliche Verstreuung wird durch Haare an den längeren Staubfäden verhindert. Die Kronröhre ist etwa 3 mm hindurch gerade und biegt sich dann rechtwinklig um. Hierdurch wird nicht nur das Abfliessen des reichlich vorhandenen Honigs unmöglich, sondern es wird auch der räuberische Bombus mastrucatus verhindert,

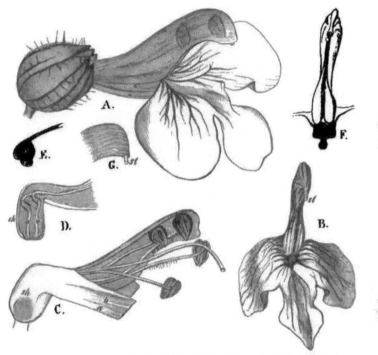

Fig. 293. Pedicularis verticillata L. (Nach Herm. Müller.)

A Blüte von der Seite gesehen. *B* Blüte gerade von vorn. *C* Blüte nach Entfernung des Kelches, Abschneidung der Unterlippe und eines Teils der rechten Hälfte der übrigen Blumenkrone von der rechten Seite gesehen. *D* Linke Hälfte der Basis der Blumenkronenröhre. *E* Fruchtknoten nebst Nektarium *F* Oberlippe und Blüteneingang, schräg von vorn und unten gesehen. *G* Ende der Oberlippe einer älteren Blüte mit dem hervorragenden Griffel. (Vergr. 4²/₃ : 1.) Bedeutung der Buchstaben wie in Fig. 213.

Honig zu stehlen, da es ihm schwerlich gelingt, den eingedrungenen Rüssel um die scharfe Biegung der Kronröhre zum Honig zu bringen. Selbstbestäubung ist ausgeschlossen.

Als Besucher sah H. Müller 7 Hummel- und 7 Falterarten sowie 1 Bombylius; Loew (Bl. Fl. S. 399) im Heuthal Bombus alticola Krchb. ♀, sgd.; Mac Leod in den Pyrenäen eine normal saugende Hummel an den Blüten (B. J. III. S. 315).

2104. P. tuberosa L. [H. M., Alpenblumen S. 301, 302; Kerner, Pflanzenleben II. S. 371.] — Die Blüteneinrichtung stimmt mit derjenigen von

P. asplenifolia ziemlich überein, doch ist die Unterlippe weniger schräg gestellt. Deshalb ist der oberste Teil der Staubfäden zur Verhütung seitlicher

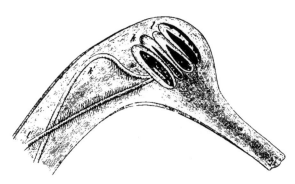

Pollenverstreuung behaart. Die Kronröhre ist 9 mm lang. Autogamie ist, nach Kerner, ähnlich wie bei P. incarnata.

Als Besucher beobachtete H. Müller 3 Hummelarten, 1 Tagfalter; Loew in der Schweiz (Beiträge S. 62): Zygaena exulans Hchw. et Rein.

Fig. 294. Pedicularis tuberosa L. (Nach Herm. Müller.)
Oberlippe im Längendurchschnitt. *ll'* Längeres, *kk'* kürzeres Staubblatt.

2105. P. lapponica L. [Warming, Bot. Tidsskrift Bd. 17, S. 219—220.] — Die Blüteneinrichtung der rosenähnlich duftenden Blumen ist, nach Warmings Untersuchungen auf dem Dovrefjeld, derjenigen von P. Oederi Vahl ähnlich. Da die Unterlippe aber noch schräger gestellt ist, so erscheint P. lapponica noch stärker der Befruchtung durch Insekten angepasst als die anderen verwandten Arten. Demgemäss ragt der Griffel, nach Aurivillius, weit aus der Blüte hervor, so dass bei Insektenbesuch die Narbe zuerst berührt werden muss, mithin Fremdbestäubung gesichert ist. Bei der wagerechten Stellung ist es indess vielleicht möglich, dass Pollen auf die Narbe hinabfällt, also spontane Selbstbestäubung erfolgen kann. Lindman beobachtete Fruchtreife. Ausserdem vermehrt sich die Pflanze ausgiebig durch unterirdische Sprosse.

Als Besucher beobachtete Lindman auf Södra Kundskö bei 1500 m Höhe Bombus alpinus L. Auch Feilden fand die Blüten im arktischen Amerika in Grinnell-Land reichlich von Hummeln besucht.

Schneider (Tromso Museums Aarshefter 1894) beobachtete im arktischen Norwegen B. lapponicus F. ♀ als Besucher. Den hocharktischen Falter Colias hecla Lef. sah er auf den Blüten ruhend.

2106. P. euphrasoides Steph. [Warming, Bestövningsmade S. 44; Bot. Tidsskrift Bd. 17, S. 218, 219.] — Die duftenden Blüten haben, nach Warming, auf dem Dovre eine ähnliche Einrichtung wie diejenigen der vorigen Art, doch ragt der Griffel nicht soweit aus der Oberlippe hervor.

2107. P. flammea L. Nach Warmings (Bestövningsmade S. 47) Beobachtungen auf dem Dovrefjeld ist der Griffel immer von der Oberlippe eingeschlossen. Dabei liegt die Narbe dicht über den Antheren, so dass spontane Selbstbestäubung leicht erfolgt. Fruchtbildung dort beobachtet.

2108. P. hirsuta L. [Warming, Bestövningsmade S. 44—47.] — Diese wie die drei vorigen, arktische Art ist dem Blütenbau nach, wie die übrigen Arten der Gattung Pedicularis eine Hummelblume. Da jedoch auf Spitzbergen die Hummeln wahrscheinlich fehlen, so hat sich diese Art (wie auch die folgende), nach Aurivillius, zahllose Generationen hindurch selbst befruchtet. Da dies ohne Einbusse an Samenertrag- und Lebensfähigkeit erfolgt ist, so würde

hierdurch der Knight-Darwin'sche Satz, dass „kein organisches Wesen eine unbegrenzte Zahl von Generationen hindurch sich durch Selbstbefruchtung zu erhalten vermöge, sondern dass gelegentliche, wenn auch erst nach sehr langen Zwischenräumen erfolgende Kreuzung unerlässliche Bedingung für den Fortbestand der Art sei", widerlegt sein. (Vgl. Bd. 1. S. 11.)

In älteren Blüten von P. hirsuta krümmt sich der Griffel so weit zurück, dass Narbe und Antheren einander berühren, mithin spontane Selbstbestäubung erfolgt. Diese ist, nach Warming, auch in Grönland

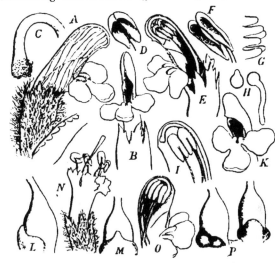

Fig. 295. Pedicularis hirsuta L. (Nach E. Warming.)

A Blüte von der Seite. *B, K* Dieselbe von vorn. *C* Griffel mit Narbe. *D, F* Antheren. *E, O* Lage der Staubblätter und des Griffels in der Oberlippe. *G* Narbenpapillen. *H* Pollenkörner (das eine sprossend). *I* Narbe und Antheren in der Oberlippe. *L, P* Fruchtknoten mit Honigdrüse, von der Seite. *M, P* Dieselben von vorn. *N* Pelorienbildung mit sechslappiger Krone, vier gleichlangen Staubblättern und einem Griffel. Fig. *A, B. C—F, K—N* nach grönländischem Material; *I* nach norwegischem; *O* und *P* nach Material von Spitzbergen. — *A, N*: ³/₁; *F, L*, ⁸/₁; *I, O*: ⁴/₁.

von Erfolg, da hier ebenso wie auf Spitzbergen reichliche Fruchtbildung beobachtet ist.

2109. P. sudetica Willd. [Warming, Bot. Tidsskrift Bd. 17. S. 215.] — Nach Ekstam sind auf Nowaja Semlja die jasminduftenden roten Blüten protogynisch, doch dürfte dadurch Selbstbestäubung möglich werden, dass die langlebige, hervorragende Narbe in der Falllinie des Pollens liegt.

Als Besucher beobachtete Ekstam 1895 eine kleine Fliege, sowie Bombus hyperboraeus Schönh., während er 1891 überhaupt keinen Insektenbesuch bemerkt hatte.

2110. P. Sceptrum Carolinum L. [Warming, Bot. Tidsskrift Bd. 17. S. 215—218.] — Die Blüten von der Halbinsel Kola und von Österdalen (Norwegen) stimmen in der Blüteneinrichtung völlig überein. Warming schildert dieselbe nach getrocknetem Material in folgender Weise:

Der hohe, reich blühende Stengel mit den grossen gelben, auf der Unterlippe schmutzig-rötlichen Blumen macht die Pflanze weithin augenfällig. Die Blumen sind weit grösser als bei den anderen Arten, nämlich bis zu 32 mm lang. Sie stehen aufrecht, die stützenden Hochblätter sind dicht angedrückt und jede einzelne Blume scheint ausserdem ganz geschlossen zu sein. Die Unterlippe

(Fig. E) ist aufrecht, 14—15 mm lang, und dicht an die Oberlippe gedrückt, welche etwas länger ist (16 mm) und den Schlund ganz schliesst, aber sich nicht ganz niederdrücken lässt. Die besuchenden Insekten müssen offenbar grosse, kräftige Tiere sein, wie Hummeln oder Nacht-schwärmer, welche, ähnlich wie bei A n t i r r h i n u m und L i n a r i a, ihren Körper oder Kopf zwischen die beiden Lippen klemmen, wobei sie zuerst die Narbe berühren müssen. Fig. B zeigt, dass, nachdem die Unterlippe fort-genommen ist, die Narbe soweit vorspringen kann, dass eine Berührung als unvermeidlich bezeichnet werden muss. Dass es grosse Tiere sein müssen, welche die Kreuzbestäubung vornehmen, scheint auch daraus hervorzugehen, dass der Abstand von der Narbe zum Nektarium $2\frac{1}{2}$ cm

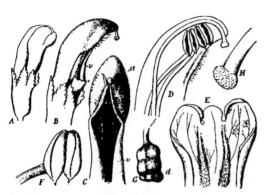

Fig. 296. P e d i c u l a r i s S c e p t r u m C a r o l i n u m L.
(Nach E. Warming.)

A Blume in natürlicher Stellung ($\frac{4}{5}$). *B* Dieselbe nach Fortnahme der Unterlippe (dazu gehört *D*), *C* Teil einer 25 mm langer Blume, von vorne gesehen; die Narbe ragt weniger hervor als bei dem Ex. *B*. Die Antheren sind noch nicht geöffnet (siehe *F*); dazu gehören die Griffel-spitzen in *H*. *E* Unterlippe von *B*. *G* Fruchtknoten.
v bezeichnet die „Rolle".

betragen kann. Ich habe auch mehrere Male Staubblätter aus der Oberlippe ausgerissen gesehen, was offenbar mit Gewalt durch ein grösseres Tier geschehen war. In einer von den gezeichneten Blumen (C) waren die Antheren noch nicht offen, und da die Narbe reif erscheint (H), herrscht Protogynie. Wenn die Antheren sich später geöffnet haben (D), muss das Insekt offenbar dadurch, dass es an die Staubfäden stösst, den Pollen über sich schütten. Es ist bemerkens-wert, dass sowohl die Staubfäden, als die Antheren, Griffel und die „Rollen" vollständig glatt sind, so dass keine besondere Einrichtung vorhanden ist, durch ihren Widerstand die Erschütterung zu verstärken. Dagegen finden sich Haare, deren Bedeutung möglicherweise ist, ein Ausfallen der Pollenkörner nach der Seite zu verhindern, auf den Rändern des oberen Teiles der Oberlippe, ein ähn-licher Platz also wie sonst, aber auf einem anderen Organ.

Im übrigen findet sich auch hier ein Unterschied in der Weite der Ober-lippenspalte und in dem Grade des Hervorragens der Narbe. Während diese in einigen Blumen (B) weit ($1—1\frac{1}{2}$ mm) hervorragt, thut sie es in anderen (C) nicht und in noch anderen Blumen selbst noch weniger. Als Beispiel für die verschiedene Weite der Spalte und im ganzen für die verschiedene Form des ganzen oberen Teils der Oberlippe wird hingewiesen auf Fig. 296, B—C. Die Erklärung für diese Verschiedenheiten ausfindig zu machen, muss ich denjenigen überlassen, welche die lebenden Exemplare zu studieren Gelegenheit haben.

Selbstbestäubung scheint nur mit Schwierigkeit vor sich gehen zu können. Da diese Art in einer so nördlichen Gegend wie bei Alten (c. 70° n. B.) reichliche Frucht ansetzt, müssen es gewisse Hummeln sein, welche die Bestäubung besorgen. (Warming.)

2111. P. lanata Châm. [Warming, Bestövningsmade S. 47; Bot. Tidsskrift Bd. 17. S. 214—215.] — Auch diese nordische Art ist dem Blütenbau nach eine Hummelblume und stimmt, nach Warming, in der Blüteneinrichtung mit derjenigen von P. hirsuta im wesentlichen überein, so dass spontane Selbstbestäubung unvermeidlich ist, die auch auf Spitzbergen von Erfolg ist. Da sich hier, wie bei voriger Art auseinandergesetzt, wohl keine Hummeln finden, und diese allein kräftig und geschickt genug sind, auf normalem Wege zum Nektar zu gelangen, so gilt für P. lanata in noch höherem Masse das von P. hirsuta Gesagte.

2112. Castilleja pallida Kth. [Warming, Bot. Tidsskrift. Bd. 17. S. 220 —223.] — Diese gleichfalls hochnordische Art ist von Warming untersucht. Zwischen der aufrechten Ober- und Unterlippe bleibt nur eine enge Eingangsöffnung frei. Es finden sich langgriffelige und kurzgriffelige Blüten. In ersteren ist Selbstbestäubung erschwert, in letzteren tritt sie leicht ein.

469. Alectorolophus Haller.

Homogame Hummelblumen, selten Falterblumen (A. alpinus), oder zugleich Hummel- und Falterblumen (A. major. Rchb. b) hirsutus Allioni als Art = Rhinanthus Alectorolophus Pollich in den Alpen). Der Honig wird von der nach vorn vorgezogenen, fleischigen Unterlage des Fruchtknotens abgesondert und im Grunde der Kronröhre aufbewahrt. Die Besucher werden von oben her mit pulverigem Blütenstaube bestreut, wenn sie den Rüssel (nicht auch den Kopf) in die Blüte stecken. Die Antheren sind durch die dachförmige Oberlippe gegen Regen geschützt. Die Staubfäden sind mit Spitzen besetzt, welche von den eindringenden Insektenrüsseln vermieden werden. Der Weg zum Nektar führt zwischen den mit weichen, die seitliche Pollenbestreuung hindernden Antherenhaaren hindurch. — Der aufgeblasene und zusammengedrückte, bleibende Kelch dient weniger dazu, den Einbruch durch Hummeln zu verhindern, als vielmehr als Windfang, indem er vom Winde leicht geschüttelt wird, wobei die von ihm umschlossenen Kapseln hin und her bewegt werden und die geflügelten Samen herausgeschüttelt werden.

2113. A. major Rchb. (Rhinanthus crista galli var. b. L.) [Sprengel, S. 313; H. M., Befr. S. 294—296; Delpino, Ult. oss. S. 130 bis 133; Vaucher, Hist. phys. des pl. d'Eur. 1871, III. S. 539; Warming, Bot. Tidsskrift Bd. 17. S. 223—226; Knuth, Ndfr. Ins. S. 114, 165; Weit. Beob. S. 238.] — Die Kronröhre der hellgelben, mit violetten Zähnen an der Oberlippe versehenen Blüte ist 9—10 mm lang und daher nur Hummeln mit mittellanger oder langer Zunge zugänglich. Hummeln mit kürzerem Rüssel stehlen den Honig durch Einbruch. In der helmartigen Oberlippe liegen die zu einer Bestreuungsmaschine vereinigten Staubbeutel der vier Staubblätter. Jede Anthere der einen Blütenhälfte liegt der entsprechenden der anderen mit seinen Rändern so dicht an und öffnet sich an der Berührungsfläche so vollständig, dass beide zusammen je ein einziges, durch verfilzte Haare noch dichter verschlossenes Pollenbehältnis bilden. Diese beiden Pollenbehältnisse werden von steifen Staubfäden getragen, von denen die vorderen unten einander genähert und an der Innenseite mit Spitzen besetzt sind, während sie oben unbewehrt sind und so weit auseinander stehen, dass eine Hummel die Spitze ihres Rüssels bequem dazwischen einführen kann. Indem sie dann weiter vordringt, drängt sie die Staubfäden auseinander und öffnet damit die Pollenbehältnisse, so dass der Pollen ihr gerade auf den Rüssel fällt, da ein seitliches Verstreuen durch den Haarbesatz der unteren Staubbeutelränder verhindert ist.

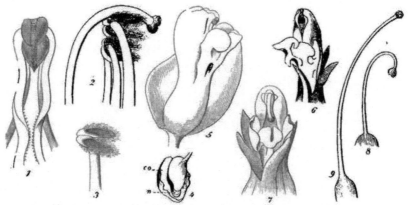

Fig. 297.   Alectorolophus major Rchb. und minor Wimm. et Grab.
(Nach Herm. Müller.)

1 Staubblätter von vorn gesehen.   *2* Dieselben nebst dem Griffel, von der Seite gesehen. *3* Einzelnes Staubblatt von der Innenseite.   *4* Fruchtknoten nebst Griffelbasis, Honigdrüse (*n*) und sitzen bleibender Basis der Blumenkrone (*co*).   *5* Blüte von A. minor, nach Entfernung der rechten Hälfte des Kelches, von der Seite gesehen.   *6* Oberer Teil derselben, zu Anfang der Blütezeit, von vorn gesehen.   *7* Derselbe zu Ende der Blütezeit.   *8* Griffel von A. minor. *9* Griffel von A. major.   (*1—3* Vergr. 7:1; *4—9* 3½:1.)

Der Griffel liegt innen und oben der Wand der Oberlippe an; er ragt so aus der Blüte hervor, dass er von den anfliegenden Hummeln immer zuerst gestreift wird, mithin Fremdbestäubung unausbleiblich ist. Der Hummelbesuch ist ein recht häufiger. Diese Häufigkeit des Besuches ist durch die ziemliche Augenfälligkeit der zu traubigen Ständen vereinigten Blüten bedingt, und zwar wird dieselbe noch durch die bleichen Deckblätter der Blüten erhöht. Der Griffel bleibt bis zum Schlusse des Blühens gerade vorgestreckt und verlängert sich dabei noch, so dass spontane Selbstbestäubung unmöglich ist. — Pollen, nach Warnstorf, weiss, im Wasser kugelig, glatt, etwa 56 μ diam.

Als Besucher beobachtete schon Sprengel Bienen und Hummeln.

Ich sah in Schleswig-Holstein 1. Bombus hortorum L. ♀, normal sgd.; 2. B. cognatus Steph. ♀; 3. B. derhamellus K. ♀; 4. B. distinguendus Morawitz ♀; ferner auch auf der Insel Rügen Bombus hortorum L. ⚥, sgd.; 5. B. terrester L. und 6. Apis, den Honig stehlend.

Herm Müller hat folgende Hummeln beobachtet: 1. Bombus hortorum L. ♀ ⚥ (Rüssellänge 19—21 mm, normal sgd.); 2. B. hypnorum L. ⚥ (10—12, normal sgd., psd.); 3. B. muscorum F. ♀ ⚥ (14 bis 15 mm, dgl.); 4. B. pratorum L. ⚥ (8 mm, den Honig durch Einbruch gewinnend, psd.); 5. B. rajellus K. ♀ (12—13 mm, normal sgd.); 6. B. silvarum L. ♀ ⚥ (10—14 mm, normal sgd.); 7. B. scrimshiranus K. ⚥ (10 mm, dgl.); 8. B. terrester L. ♀ ⚥ (7—9 mm, psd., Honig durch Einbruch gewinnend); 9. Psithyrus barbutellus K. ♀ (12 mm, normal sgd.).

Ausserdem sah H. Müller eine Eule (Euclidia glyphica L.), sgd., ohne Nutzen für die Pflanze.

Alfken bemerkte bei Bremen Bombus arenicola Ths. ♀, derhamellus K. und silvarum L. ♀. B. derhamellus K. beobachteten auch Schletterer und Dalla Torre in Tirol.

H. de Vries (Ned. Kruidk. Arch. 1877) beobachtete in den Niederlanden eine Hummel, Bombus subterraneus L. ♀; Mac Leod in Flandern Bombus hortorum L.; in den Pyrenäen 6 Hummeln und Plusia als Besucher (B. Jaarb. III. S. 313, 314), sowie eine honigraubende Hummel (Bombus mastrucatus Gerst.) an den Blüten. (A. a. O. S. 314.)

In Dumfriesshire (Schottland) (Scott-Elliot, Flora S. 132) wurden 3 Hummeln als Besucher beobachtet.

Die Form:

b) hirsutus All. (als Art) hat, nach Kirchner (Flora S. 599), dieselbe Blüteneinrichtung wie die Hauptart. Herm. Müller beschreibt aber (Alpenblumen S. 289—291) Rhinanthus Alectorolophus L. (der mit A. hirsutus identisch ist) als eine Blume, welche gleichzeitig für den Besuch von Hummeln und von Faltern eingerichtet ist. Er besitzt nämlich unmittelbar unterhalb der Narbe eine „Falterthür", durch welche die besuchenden Falter den Rüssel stecken und dabei Kreuzung bewirken, und etwas darunter eine „Hummelthür", bei welcher die Hummeln so verfahren. Müller be-

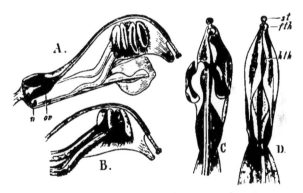

Fig. 298. Rhinanthus Alectorolophus L.
(Nach Herm. Müller.)

A Blüte nach Entfernung des Kelches im Längsdurchschnitt. B Oberster Teil der Blüte, nach Entfernung der rechten Hälfte der Blumenkrone, von der rechten Seite gesehen. C Der obere Teil der Blüte von vorn gesehen. D Derselbe nach Entfernung der Unterlippe. hth Hummelthür. fth Falterthür. n Nektarium. ov Fruchtknoten. st Narbe. (Vergr. 3½ : 1.)

obachtete den Besuch von zwei Falter- und sechs Hummelarten (Bombus mastrucatus Gerst. aber den Nektar auch durch Einbruch gewinnend.)

Nach Kerner (Pflanzenleben II. S. 362) überragt die Narbe anfangs die Antheren, so dass bei Insektenbesuch Fremdbestäubung erfolgt. Bleibt der Besuch aus, so verlängert sich die Kronröhre, so dass die derselben angewachsenen Staubblätter vorgeschoben werden, während die Narbe an ihrer ursprünglichen Stelle bleibt. Der Griffel gleitet dann neben den Antheren vorbei und streift dabei den Pollen ab, welcher aus den erschlaffenden Pollenbehältern ausgefallen ist und an den Antherenhaaren und den eingebogenen Falten der Blumenkrone hängen geblieben ist. Dieselbe Einrichtung besitzt

2114. A. angustifolius Gmel. [Kerner, Pflanzenleben II. S. 360; Schulz, Beiträge II. S. 125, 218.] — Schulz beobachtete, dass Bombus terrester L. den Nektar durch Einbruch gewann.

2115. A. alpinus Walpers. [H. M., Alpenblumen S. 285—289.] — Diese Art ist eine protogynische Falterblume. Die „Hummelthür", welche die übrigen Arten dieser Gattung besitzen, ist geschlossen, und statt dessen ist eine

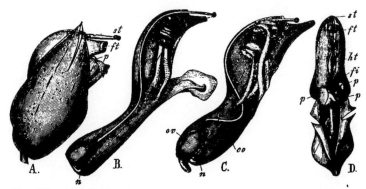

Fig. 299. Alectorolophus alpinus Walpers. (Nach Herm. Müller.)
A Ganz junge Blüte von der Seite gesehen. *B* Etwas weiter entwickelte Blüte, nach Entfernung des Kelches im Aufriss. *C* Ältere Blüte im Aufriss. *D* Blüte *B* gerade von vorn. (Vergr. 3½ : 1.) Bedeutung der Buchstaben wie in Fig. 213 und 298.

„Falterthür" vorhanden, durch welche nur Falter ihren dünnen Rüssel zu stecken vermögen, während sie für alle übrigen Insektenrüssel zu eng ist. Diese unmittelbar unter der ein wenig aus der Oberlippe hervorragenden Narbe befindliche Öffnung ist nämlich noch nicht einen mm lang und kaum ½ mm breit. Beim Einfädeln des Schmetterlingsrüssels streift dieser zuerst die Narbe und belegt sie, falls er schon mit Pollen behaftet war; alsdann wird er, nachdem er sich im Blütengrunde mit Honig benetzt hat, in den im zweiten Zustande befindlichen Blüten beim Zurückziehen mit Pollenkörnern beklebt. Beim Herausziehen aus der Blüte berührt er die Narbe nicht, da die pollenbehaftete Spitze sofort nach unten sinkt. Spontane Selbstbestäubung ist ausgeschlossen.

    Als Besucher beobachtete H. Müller in den Alpen 7 Falterarten, doch waren nur zwei mit Rüsseln ausgestattet, welche bis in den Blütengrund reichten; ferner 10 Hummelarten, welche die verschlossene Hummelthür gewaltsam aufbrachen; endlich einen Blütenteile fressenden Käfer.

2116. A. minor Wimm. et Grab. (Rhinanthus crista galli var. a. L.) [Sprengel, S. 313—315; H. M., Befr. S. 295; Alpenblumen, S. 284, 285; Warming, Bot. Tidsskrift. Bd. 17. S. 223—226; Kerner, Pflanzenleben H.; Schulz, Beiträge; Kirchner, Flora S. 600; Knuth, Bijdragen S. 53.] — Herm. Müller schliesst sich aus blütenbiologischen Gründen der Ansicht Linnés an, dass diese Pflanze und A. major nur Formen einer und derselben Art sind. In der That ist die Blüteneinrichtung der beiden Spezies völlig übereinstimmend, nur besitzt der kleinblütige, weniger augenfällige und daher von Insekten nur selten besuchte A. minor die Möglichkeit spontaner Selbstbestäubung. Die Zähne an der Oberlippe der goldgelben Krone sind weisslich oder violett. Die Kronröhre ist nur 7—8 mm lang, so dass auch unsere kurzrüsseligste Hummel (Bombus terrester L.) mit ihrem 7—9 mm langen Rüssel den Nektar ganz ausbeuten kann, während die Honigbiene (mit 5 bis 6 mm langem Rüssel) dies auch bei dieser Art nicht vermag. Der Blüteneingang ist ein 6—7 mm langer Spalt, welcher durch die mit ihrem Grunde aufrecht angedrückte Unterlippe auf etwa 4 mm verkürzt wird. Hinter diesem freibleibenden Teile befinden sich die Antheren. Der Griffel biegt sich so weit über die Staubbeutel hinab, dass ein eindringender Hummelrüssel zuerst die Narbe streifen muss und dann erst die Staubfäden, wie bei voriger Art, auseinanderbiegt, so dass er an derselben Stelle mit Pollen bestreut wird, welche soeben die Narbe berührt hatte. Bei ausbleibendem Hummelbesuche erfolgt dadurch spontane Selbstbestäubung, dass sich der Blüteneingang im weiteren Verlaufe des Blühens erheblich weiter öffnet, indem die Ränder der Oberlippe etwas weiter auseinanderklaffen und die Unterlippe sich etwas weiter nach unten biegt. Der Griffel streckt sich in gleichem Grade und biegt sich weiter nach unten um, so dass die Narbe unter oder selbst zwischen die beim Verwelken von selbst auseinander weichenden Antheren zu liegen kommt. Schulz beobachtete Hummeleinbruch.

Als Besucher beobachtete Mac Leod in den Pyrenäen Bombus mastrucatus Gerst. ♀, die Kronröhre durchbeissend (B. Jaarb. III. S. 314).

Ich sah in Schleswig-Holstein Bombus terrester L., normal sgd.; in Thüringen B. agrorum F., sgd.; Herm. Müller beobachtete dieselben Besucher wie an A. major. In den Alpen sah dieser Forscher Rhinanthus minor von 4 Hummeln und 3 Faltern besucht. Im schwedischen Hochgebirge sah Ekstam Argynnis sp. als Besucher.

2117. Erinus alpinus L.
sah Mac Leod in den Pyrenäen von 2 Faltern und 1 Bombylius besucht (B. Jaarb. III. S. 313).

470. Bartschia L.

Homogame oder protogynische Hummelblumen, deren Nektar von der nach unten stärker entwickelten Unterlage des Fruchtknotens abgesondert und im Blütengrunde aufbewahrt wird. Stellenweise treten lang- und kurzgriffelige Formen auf. Eine nachträgliche Verstreuung des Pollens durch den Wind ist nicht ausgeschlossen.

2118. B. alpina L. [Ricca, Atti XIV, 3; H. M., Alpenblumen S. 283, 284; Warming, Bestövningsmade S. 7—10; Bot. Tidsskrift Bd. 18, S. 226; Kerner, Pflanzenleben II. S. 329; Schulz, Beiträge II. S. 118—119.] — Nach Ricca und Müller sind die Blüten in den Alpen protogynisch. Die Bestäubungsein richtung schliesst sich in Bezug auf die Bildung der Krone an diejenige von

Melampyrum pratense, in Bezug auf die gegenseitige Stellung von Narbe und Antheren an Alectorolophus major an; Selbstbestäubung ist in den alpinen Blüten also ausgeschlossen.

Die von Schulz im Riesengebirge beobachteten Pflanzen sind fast homogam oder schwach protogynisch. Zur Zeit der Blütenöffnung ist die Krone 12—16 mm lang; sie verlängert sich im Verlaufe des Blühens auf 17—20 mm, während sich der Griffel nur wenig verlängert. Dadurch wird die anfangs die Antheren überragende Narbe mit denselben in Berührung gebracht, so dass spontane Selbstbestäubung erfolgen muss.

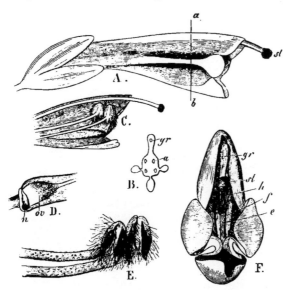

Fig. 300. Bartschia alpina L. (Nach Herm. Müller.)
A Blüte von der Seite gesehen. (3½ : 1.) B Querdurchschnitt derselben nach der Linie ab. C Oberer, D unterer Teil derselben im Aufriss. E Die beiden Antheren der linken Blütenhälfte von der Innenseite. (7 : 1.) F Blüteneingang gerade von vorn gesehen. (7 : 1.) Bedeutung der Buchstaben wie Fig. 213.

Die von Lindman auf dem Dovrefjeld beobachteten Pflanzen hatten homogame Blüten, deren Narbe und Antheren sich bereits in der Knospe entwickelten. Das Griffelende tritt hier in wechselnder Länge aus der Blüte hervor, nämlich auf 1—5 mm. Meist sind die Antheren von der Blüte eingeschlossen, und dann sind die Blüten der Fremdbestäubung unterworfen. Zuweilen treten aber die Antheren aus der Blumenkrone hervor, wodurch dann die Bestäubung der Narbe mit dem trockenen, pulverförmigen Blütenstaub durch Vermittlung des Windes erfolgt.

Warming fand die Blüten in Grönland schwach protogynisch, doch öffnen sich die Antheren bald nach der Entwickelung der Narbe. Beide Organe bleiben dann während der Blütezeit funktionsfähig. Auch Warming beobachtete eine verschiedene Griffellänge: teils ragt der Griffel weit aus der Blüte hervor, teils ist er so kurz, dass die Narbe mit den Antheren in Berührung ist, mithin spontane Selbstbestäubung erfolgt. Nyhuus fand diese letztere Form bei Tromsö auf dem Dalfjeld in grösserer Höhe ausschliesslich vor, die langgriffelige dagegen an den tiefer gelegenen Standorten vorherrschend.

Nach Kerner ist die Blüte anfangs für Kreuzung eingerichtet; später, nach dem Aufhören der Honigabsonderung ist eine Bestäubung durch den Wind möglich. Beim Verwelken von Griffel und Antheren fällt der noch nicht von

Insekten entführte Pollen aus den Antherenfächern heraus und wird durch den Wind in Form kleiner Wölkchen auf die noch belegungsfähigen Narben jüngerer Blüten geführt.

Als Besucher beobachtete H. Müller in den Alpen 3 Hummelarten und zwei für die Blüten nutzlose Falter. Auch Lindman beobachtete Hummelbesuch; ebenso Mac Leod in den Pyrenäen eine Hummel (B. Jaarb. III. S. 313).

Schlotterer und v. Dalla Torre geben für Tirol Bombus alticola Krchb. ♀ ♂ als ziemlich häufigen Besucher an.

471. Euphrasia Tourn.

Dichogame, meist protrogynische Bienenblumen bis Blumen mit verborgenem Honig, der von dem unteren Teile des Fruchtknotens abgesondert und im Grunde der Kronröhre aufbewahrt wird.

2119. E. Odontites L. (Odontites rubra Pers.) [H. M., Befr. S. 289—291; Schulz, Beiträge II. S. 119—121; Kerner, Euphrasieen; Kirchner, Flora S. 601; Loew, Bl. Fl. S. 391; Knuth, Ndfr. Inseln S. 115, 116, 165; Halligen.]

Fig. 301. Euphrasia Odontites L. (Nach Herm. Müller.)

1 Knospe mit weit hervorgehender Narbe. (3½ : 1.) 2 Blüte mit zwischen die Staubbeutel rückender Narbe. 3 Blüte mit weit über die Staubbeutel hinweggewachsenem Griffel. 4 Blüte mit seitlich liegendem Griffel. 5 Die beiden Staubblätter der linken Blütenhälfte von der Innenseite gesehen. 6 Fruchtknoten. a Unterster sitzenbleibender Teil der Blumenkrone. b Honigdrüse. c Oberer, behaarter Teil des Fruchtknotens. d Griffel. e Haare, welche die Staubbeutel zusammenfilzen. f Haare, welche ein seitliches Verstreuen des herausfallenden Pollens hindern (Streuhaare) g Spitzen, welche die Biene abhalten, den Rüssel zwischen dem unteren Teile der Staubfäden hindurch zu stecken. h Weg des Bienenrüssels. (Die Blüten 2 und 4 stehen mehr schräg nach vorn geneigt als die Abbildung darstellt.)

— Blumenklasse **BH.** Die schmutzig rosa (sehr selten weisse) Blumenkrone besitzt am Grunde der Unterlippe purpurrote Flecke als Saftmal. Die Kronröhre ist 4—5 mm lang. In ihrem Eingange stehen die sich fast berührenden, an ihrer Innenseite mit spitzen Vorsprüngen besetzten Antheren. Diese werden z. B. auf den nordfriesischen Inseln (mit Ausnahme der Halligen) von der aus der Blüte hervorstehenden Narbe überragt, so dass eine anfliegende Biene diese zuerst berührt und, falls sie bereits eine Blume dieser Art besucht hatte, mit Pollen belegt. Als Anfliege- und Halteplatz dient die Unterlippe. Die Einführung des Rüssels geschieht dicht unter den Antheren, wobei die Biene unvermeidlich an die schräg abwärts gerichteten Spitzen einiger der 4 Staubbeutel anstösst. Da nun diese 4 hinten durch zusammengefilzte Haare verbunden sind, so fällt beim Anstossen aus allen etwas pulveriger Pollen heraus, und zwar muss er auf den Rüssel der Biene fallen, weil ein seitliches Verstreuen durch die an den Rändern der Antheren befindlichen, nach unten gerichteten Haare verhindert wird.

An Pflanzen, welche an sonnigen Standorten wachsen, also einen reichlichen Insektenbesuch zu erwarten haben, ragt, wie oben gesagt, der Griffel mit der entwickelten Narbe aus der Blüte hervor, und zwar meist schon aus der dem Aufblühen nahen Knospe, so dass diese schon durch Fremdbestäubung befruchtet werden kann. Bei Pflanzen an versteckten Standorten oder im Schatten wachsende Pflanzen oder solche, welche (wie auf den Halligen) wegen der Insektenarmut der Gegend, keinen oder nur geringen Insektenbesuch zu erwarten haben, bleibt das Wachstum des Griffels hinter dem nachträglichen Wachstum der Krone zurück, so dass die Narbe zwischen die Antheren der längeren Staubblätter zu stehen kommt, mithin spontane Selbstbestäubung erfolgen muss. Diese ist auch von Erfolg. An Pflanzen, welche an sonnigen Standorten wachsen, findet ein nachträgliches Wachsen nicht nur der Blumenkrone, sondern auch des Griffels statt, so dass die Narbe die Antheren immer überragt, mithin spontane Selbstbestäubung ausgeschlossen ist.

Nach Kerner ist die Blüteneinrichtung derjenigen von Bartschia ähnlich. Nach Loew (Bl. Fl. S. 296, 297) unterscheidet Kerner 3 Blütenstadien: Im ersten ist die Narbe weit vorgeschoben und empfängnisfähig, während die Antheren noch geschlossen sind. Durch interkalares Wachstum würden darauf Kronröhre und Staubfäden, der Rand der Oberlippe bis zur Narbe vorgeschoben, wodurch die vorderen Antheren ihre Stellung unterhalb der Narbe, bekommen. Auch jetzt noch ist spontane Selbstbestäubung ausgeschlossen, da der Griffel infolge der Verfilzung der vorderen Antheren nicht hinabzugleiten vermag. Indem sich die Blumenkrone noch weiter streckt, wird in dem jetzt eintretenden dritten Blütenstadium die Narbe über die hinteren, nicht verfilzten Antheren vorgeschoben, so dass sie mit dem Pollen desselben belegt wird. Beim Welken der Krone ist auch Bestäubung durch den Wind möglich, indem dann die Risse der Antheren häufig nach aussen zu liegen kommen und nun der Wind den Pollen auf die Narben höher stehender, noch im ersten Stadium befindlicher Blüten entführen kann.

Nach der gegenseitigen Stellung der Antheren und Narbe unterscheidet Schulz sogar fünf verschiedene Formen, von denen sich vielfach mehrere auf derselben Pflanze finden. Er gruppiert sie in folgender Weise:

A. Der Griffel ragt mit entwickelter Narbe schon aus der Knospe mehr oder weniger hervor.

    1. Der Griffel wächst während des Blühens weiter, so dass er stets ein Stück aus der sich ebenfalls vergrössernden Blumenkrone hervorragt und seine Narbe nie mit den Antheren in Berührung kommt, d. h. es ist Fremdbestäubung nötig, spontane Selbstbestäubung ausgeschlossen.

a) Der Griffel wächst in demselben Masse wie die Kron- und Staubblätter, so dass derselbe am Ende des Blühens eben so weit wie bei Beginn desselben aus der Krone hervorragt.

b) Der Griffel wächst nicht ganz so bedeutend wie Krone und Staubblätter; er steht daher am Ende des Blühens höchstens halb so weit als bei Beginn desselben aus der Krone hervor.

II. Der Griffel streckt sich während des Blühens viel weniger als die Krone und die Staubblätter, oder er streckt sich auch gar nicht, so dass die Narbe mit den Antheren in Berührung kommt.

a) Krone und Staubblätter verlängern sich wenig oder ziemlich langsam, so dass die Narbe erst dann, wenn sie vertrocknet ist, mit den Antheren in Berührung kommt. Es ist daher auch hier Fremdbestäubung nötig, dagegen spontane Selbstbestäubung ausgeschlossen.

b) Krone und Staubblätter verlängern sich so schnell und stark, dass Narbe und Antheren sich bald nach dem Aufspringen der Antheren berühren. Es ist daher spontane Selbstbestäubung möglich. Honigabsonderung oft kaum vorhanden.

B. Der Griffel ragt nicht aus der Knospe hervor. Die vor dem Ausstäuben der Antheren empfängnisfähige Narbe berührt dieselben gleich beim Aufblühen oder steht dicht vor ihnen. Spontane Selbstbestäubung ist also unausbleiblich. Honigabsonderung oft fast fehlend.

Es entsprechen daher die drei ersten der von A. Schulz aufgestellten Formen der ersten Müller'schen Form und die beiden letzten der zweiten. Bei meinen Untersuchungen der Formen der auf den nordfriesischen Inseln allgemein verbreiteten var. b) litoralis Fries (E. verna Bellardi) habe ich nur 2 Blütenformen unterschieden: eine für ausschliessliche Fremdbestäubung und eine auch für spontane Selbstbestäubung eingerichtete, die im wesentlichen den beiden Müller'schen Formen entsprachen. Die genannte var. litoralis stimmt sonst in Bezug auf die Blüteneinrichtung mit der Hauptform vollständig überein.

Als Besucher beobachtete ich in Schleswig-Holstein Apis und 2 Hummeln (Bombus agrorum F. und B. lapidarius L.), sgd.

Herm. Müller beobachtete Apis (sgd., teils oberhalb, teils unterhalb der Staubblätter eindringend, zuweilen auch unentfaltete Blüten mit hervorragendem Griffel aufbrechend) und 2 Hummeln (Bombus lapidarius L. ♀ ☿, sgd. und B. silvarum L. ♀ ☿, sgd.); Loew in Mecklenburg (Beiträge S. 43): Bombus silvarum L. ☿, sgd. und psd.

Alfken beobachtete auf Juist: Hymenoptera: *Apidae:* Bombus muscorum F. ♀ ☿ ♂, sehr hfg. sgd.; ferner bei Bremen Apiden: 1. Bombus arenicola Ths. ☿ ♂; 2. B. lapidarius L. ☿ ♂; 3. B. muscorum F. ♀ ☿ ♂; 4. B. silvarum L. ☿ ♂; 5. B. terrester L. ☿ ♂; 6. B. variabilis Schmiedekn. ☿ ♂. Sämtlich sgd.

Als seltenen Besucher verzeichnet Friese nach Brauns für Mecklenburg Anthrena denticulata K.; für Elsass, Fiume, Mecklenburg, Thüringen, Sachsen und Ungarn Melitta melanura Nyl.

v. Dalla-Torre beobachtete in Tirol Bombus muscorum F. ♂.

Schlotterer verzeichnet für Tirol Bombus variabilis Schmiedekn. als Besucher.

H. de Vries (Ned. Kruidk. Arch. 1877) beobachtete in den Niederlanden Bombus
subterranneus L. ⚥; Mac Leod (Bot. Jaarb. V. S. 350—352) in Flandern Apis, 4
Hummeln (fast ausschliesslich ⚥) und 1 Schwebfliege als Besucher.

In Dumfriesshire (Schottland) (Scott-Elliot, Flora S. 132) wurde 1 Hummel
als Besucherin beobachtet.

2120. E. officinalis L. [Sprengel, S. 315; H. M., Befr. S. 291—293;
Alpenbl. S. 279; Weit. Beob. III. S. 35; Warming, Bot. Tidsskr. Bd. 17.
S. 226—227; Kirchner, Flora S. 602, 603; Schulz, Beiträge II. S. 121
bis 124; Mac Leod, B. J. V. S. 352—354; Knuth, Ndfr. Inseln S. 114,
115, 165.] — Blumenklasse: **BH.** Auch bei dieser Art unterscheidet H. Müller
zwei Formen: eine grossblumige für Fremdbestäubung eingerichtete und eine kleinblumige für spontane Selbstbestäubung eingerichtete. Zwei solche Formen konnte
ich auf den nordfriesischen Inseln unterscheiden. Kirchner giebt sie für die
Umgebung von Stuttgart an und identifiziert die erstere mit E. pratensis Fries
(= E. Rostkoviana Hayne) und die letztere mit E. nemorosa Persoon.
Ebenso traf Lindman in Skandinavien sowohl die kleinblumige autogame wie
auch die grossblumige (von einer Hummel besuchte) allogame Form. Warming
fand in Grönland nur die erstere.

Diese beiden Hauptformen zerlegt A. Schulz in nicht weniger als sieben
verschiedene Formen, nämlich:

A. Der Griffel ragt mit entwickelter Narbe bereits aus der Knospe hervor.
Krone, Staubblätter und Griffel wachsen während des Blühens noch
bedeutend, doch etwa in demselben Masse, so dass die gegenseitige
Stellung von Narbe und Antheren unverändert bleibt. In den ziemlich grossen, 8—10 mm langen Blüten ist daher Fremdbestäubung
nötig, spontane Selbstbestäubung dagegen ausgeschlossen. Das Nektarium bildet eine grosse, dunkelgrüne Längsschwiele. Blüten meist
ziemlich gross. Krone 8—10 mm lang, 8—9 mm breit, 7—9 mm
hoch. (Form **I.**)

B. Der Griffel ragt mit entwickelter Narbe gleichfalls schon aus der
Knospe hervor, doch fast nie so weit wie Form I.

   a) Der Griffel verlängert sich nur wenig, während Krone und Staubblätter bedeutend an Länge zunehmen, so dass die dann meist
nicht mehr empfängnisfähige Narbe dicht an die Antheren zu liegen
kommt. Selbstbestäubung nur ausnahmsweise möglich. Nektarium
und Blütengrösse wie bei voriger Art. (Form **II.**)

   b) Der Griffel verlängert sich fast gar nicht, die Krone aber meist sehr
schnell; die vollständig lebensfrische Narbe rückt daher noch während des Verstäubens der Antheren bis an den Grund derselben
heran oder reicht selbst bis auf sie hinauf. Es ist mithin anfangs
Fremd-, zuletzt Selbstbestäubung möglich, Nektarium undeutlicher
als bei I und II; Blütengrösse etwa dieselbe. (Form **III.**)

C. Der Griffel liegt fast rechtwinklig gebogen auf den oberen Antheren,
so dass die schon vor dem Aufblühen empfängnisfähige Narbe vor

den Grund der oberen, seltener der unteren Antheren zu stehen kommt.

a) Die Narbe behält ihre ursprüngliche Stellung bei, wenn während des Blühens Krone und Griffel gleichmässig wachsen, so dass spontane Selbstbestäubung schon vom Beginn des Blühens an unvermeidlich ist. Nektarium oft ganz verschwunden, ebenso natürlich auch die Honigaussonderung. Blüten erheblich kleiner als bei den vorigen Formen; Krone 5½—7 mm lang, 5—5½ mm breit, 5—6 mm hoch. (Form IV.)

b) Die Narbe wird noch ein Stück auf die Antheren hinaufgezogen, indem der Griffel wenig oder gar nicht wächst. Möglichkeit der Selbstbestäubung, Ausbildung des Nektariums, Blütengewebe wie bei voriger Art und auch bei den folgenden. (Form V.)

D. Die Narbe liegt schon beim Aufblühen auf den Antheren und ist meist erst gleichzeitig mit dem Aufspringen der Antheren empfängnisfähig. Blütengrösse, Möglichkeit spontaner Selbstbestäubung, Ausbildung des Nektariums, Honigabsonderung, Blütengrösse wie bei IV und V.

a) Krone und Griffel vergrössern sich während des Blühens gleich stark, oder der Griffel bleibt sogar etwas hinter der Krone zurück. (Form VI.)

b) Der Griffel verlängert sich während des Blühens etwas stärker als die Krone, so dass die Narbe gegen Ende des Blühens vorgerückt ist. (Form VII.)

Nach Schulz entspricht Form I vollständig der ersten Müller'schen Form, Form VII ungefähr der zweiten.

Alle Formen stimmen in den übrigen Blüteneinrichtungen überein: Die weisse oder blassblaue Krone trägt als Saftmal violette, nach dem gelbgefleckten Blütengrunde zusammenlaufende Streifen. Die Oberlippe bildet ein gewölbtes Dach, welches Antheren und Nektar gegen Regen schützt und ausserdem das Eindringen des Rüssels der besuchenden Bienen oberhalb der Antheren verhindert. Die unteren Fächer der oberen Antheren sind mit den oberen Fächern der unteren Antheren verwachsen, und die beiden oberen sind fest miteinander verbunden. Nach Müller, dem sich auch Kirchner anschliesst, ist das obere Fach jeder Anthere ohne Spitze, die untere dagegen hat einen spitzen, steifen Dorn, und zwar sind die zwei unteren Dornen erheblich länger als die oberen und ragen in den Blüteneingang hinab, so dass sie von den besuchenden Bienen angestossen werden. A. Schulz fand in den zahlreichen von ihm untersuchten Blüten, dass die beiden Fächer der oberen Staubblätter sowie das obere Fach der unteren je eine kurze Spitze trägt, das untere Fach der unteren Antheren eine viel längere Spitze besitzt.

Die glatten und schmalen Staubfäden liegen den Seitenwänden der Krone an, so dass die besuchenden Insekten den Kopf in den Blüteneingang stecken können. Dabei stossen sie die Antherenfortsätze an, so dass aus den Staubbeuteln Pollen heraus und auf den Kopf der Insekten fällt, da ein seitliches Verstreuen durch die Behaarung der oberen Antheren verhindert wird.

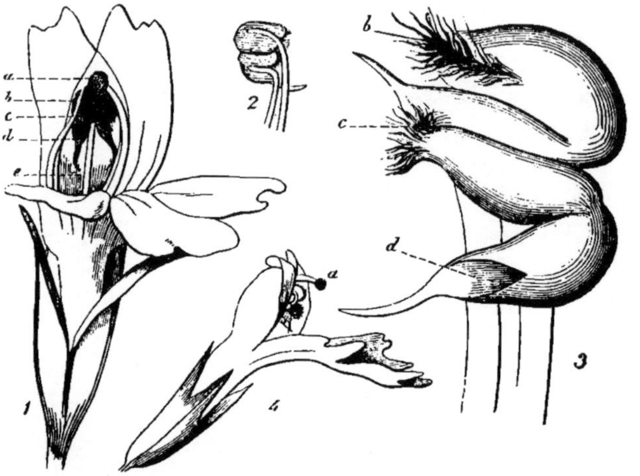

Fig. 302. Euphrasia officinalis L. (Nach Herm. Müller.)
1 Blüte der kleinblumigen Form, von vorn gesehen. (7 : 1.) *2* Die beiden Staubblätter der rechten Blütenhälfte von der Aussenseite. *3* Dieselben stärker vergrössert von der Innenseite. *4* Blüte der grossblumigen Form im ersten Aufblühen. *a* Narbe. *b* Obere Hälfte des oberen Staubblattes, *c* untere Hälfte des oberen vereinigt mit der oberen Hälfte des unteren Staubblattes, *d* untere Hälfte des unteren Staubblattes. *e* Griffel.

Nach Kerner findet bei der Form E. Rostkoviana Hayne dieselbe Art spontaner Selbstbestäubung durch nachträgliches Wachstum der Kronröhre statt, wie er bei Alectorolophus hirsutus und angustifolius geschildert hat (vgl. S. 195, 196). Ebenso verhalten sich Euphrasia tricuspidata L. und E. versicolor Kerner. Darwin (Cross. S. 368) fand E. officinalis durch spontane Selbstbestäubung fruchtbar.

Die Blütengäste stellen sich natürlich mit Vorliebe auf den grossblumigen, augenfälligen und honigreichen Formen ein.

Als Besucher von E. officinalis sind beobachtet: Von mir auf der Insel Röm die Honigbiene und eine Schwebfliege (Helophilus pendulus L.); in Thüringen eine Hummel: Bombus soroënsis F. var. proteus Gerst. ☿.

Herm. Müller beobachtete: A. Diptera: a) *Bombylidae*: 1. Systoechus sulphureus Mik. b) *Syrphidae*: 2. Melithreptus taeniatus Mg.; 3. Syrphus sp. B. Hymenoptera: *Apidae*: 4. Apis mellifica L. ☿, zahlreich; 5. Bombus agrorum F. ☿; 6. B. pratorum L. ☿; 7. Halictus minutissimus K. ♀, ganz in die Blüten kriechend; 8. Nomada lateralis Pz. ♀. Sämtlich sgd.

Alfken beobachtet auf Juist: A. Diptera: *Syrphidae*: 1. Syrphus ribesi L. B. Hymenoptera: *Apidae*: 2. Bombus lapidarius L. ☿, sgd.; 3. B. muscorum F. ☿, sgd.; 4. Colletes impunctatus Nyl., slt., sgd.; 5. C. marginatus L., hfg. psd., sgd.; 6. Epeolus variegatus L.; ferner bei Bremen drei saugende Hummeln: 1. Bombus hortorum L. ☿; 2. B. muscorum F. ♀ ☿ ♂; 3. B. lapidarius L. ☿.

Hoffer giebt für Steiermark die Schmarotzerbiene: Psithyrus rupestris F. ♀ an. Friese bemerkte bei Innsbruck Halictoides paradoxus F. Mor. ♀ als Besucher (von E. Rostkoviana).

v. Dalla-Torre beobachtete in Tirol die Hummeln: 1. Bombus agrorum F.; 2. B. soroënsis F. Letztere beobachtete daselbst auch Schletterer.

In den Alpen beobachtete **Herm. Müller** 5 Fliegen, 11 Bienen, 8 Falter als Besucher der grossblütigen Form; **Mac Leod** in den Pyrenäen an beiden Blütenformen 1 Falter und 1 Schwebfliege. (B. Jaarb. III. S. 314, 315.)

In Dumfriesshire (Schottland) (**Scott-Elliot**, Flora 132) wurden 2 Hummeln, 1 kurzrüsslige Biene, 1 Blattwespe, 4 Schwebfliegen und 1 Muscide als Besucher beobachtet.

2121. E. salisburgensis Funk. [H. M., Alpenblumen S. 280, 281.] — Blumenklasse: **BII.** An Grösse und Augenfälligkeit gleichen die protogynen Blumen der kleinblütigen Form von E. officinalis. Bei eintretendem Insektenbesuche wird durch die hervorragende Stellung der Narbe Fremdbestäubung bewirkt. Bleibt Besuch aus, so rückt die Narbe durch nachträgliches Wachstum der Krone häufig mitten zwischen die Antheren, so dass alsdann noch spontane Selbstbestäubung erfolgt.

Als Besucher sah H. Müller in den Alpen 2 Syrphiden, 3 Apiden, 7 Falter.

2122. E. lutea L. (Odontites lutea Rchb.) [H. M., Befr. S. 293, 294; Kerner, Pflanzenleben II.; Kirchner, Flora S. 602.] — Blumenklasse: **BII.** Die Kronröhre der goldgelben Blume ist nur $2\frac{1}{2}$ mm lang. Sie ist innen unbehaart, aber am Eingange mit abstehenden Härchen besetzt, welche als Saftdecke dienen. Die vier Staubblätter sind von einander getrennt; doch werden sie bei der Kleinheit der Blüten von den besuchenden Insekten alle gleichzeitig berührt. Die Blüten sind nach Müller homogam, doch ragt der Griffel zuweilen schon im Knospenzustande weit hervor, während er in

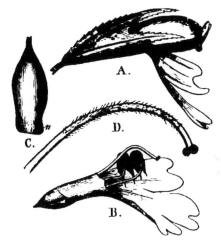

Fig. 303. **Euphrasia salisburgensis Funk.** (Nach **Herm. Müller.**)

A Junge Blüte, von der Seite gesehen. (7 : 1.) *B* Dieselbe nach Entfernung der Oberlippe und eines grossen Teiles des Kelchs. (7 : 1.) *C* Fruchtknoten mit Nektarium (*n*). (16 : 1.) *D* Oberster Teil des Griffels. (16 : 1)

Fig. 304. **Euphrasia lutea L.** (Nach **Herm. Müller.**)

1. Blüte von der Seite gesehen. ($3\frac{1}{2}$: 1.) *2.* Dieselbe gerade von vorn. *3.* Knospe, von der Seite gesehen. *4.* Staubblatt.

anderen Fällen erst mit den Antheren gleichzeitig hervortritt. Da die Narbe unter und vor den Antheren steht, so wird sie von den besuchenden Insekten zuerst berührt und mit fremdem Pollen belegt. Bei ausbleibendem Insektenbesuche

erfolgt meist durch Hinabfallen von Pollen auf die Narbe spontane Selbstbestäubung.

Nach Kerner ist die Blüteneinrichtung von Euphrasia lutea derjenigen von Tozzia ähnlich: Das Nektarium bildet (Loew, Bl. Fl. S. 297)
eine Längsfurche im Grunde des Fruchtknotens. Die Staubfäden sind stark
gekrümmt; die Antheren sind getrennt, nicht verfilzt und mit einem nach unten
gerichteten Spitzchen versehen. In den protogynen Blüten steht die bereits
empfängnisfähige Narbe anfangs vor dem noch engen Blüteneingang, während
die Antheren noch nicht aufgesprungen sind, so dass Selbstbestäubung ausgeschlossen ist. Im zweiten Stadium öffnet sich die Blumenkrone weiter, so dass
sie einer Veronica-Blüte ähnelt. Dabei strecken sich die Staubfäden bedeutend
und drehen sich in verschiedener Weise, wobei sich die Antheren umkehren;
doch krümmt sich der Griffel nach unten, so dass die Narbe unter die Einfahrts-
stelle der Blüte hinabgerückt wird, mithin durch einfahrende Insekten nicht
gestreift werden kann. Im dritten Blütenzustande krümmen sich auch die Staubfäden nach unten, der Griffel dagegen wieder nach oben, so dass schon bei
leisester Erschütterung Pollen auf die Narbe hinabfällt.

Als Besucher beobachtete Herm. Müller Bombus agrorum F. ⚥, sgd.

2123. E. minima Jacquin. [H. M., Alpenblumen S. 281—283; Kerner,
Pflanzenleben II. S. 349; Schulz, Beiträge II. S. 124, 125.] — Blumenklasse:
BII. Die gelben Blumen gleichen, nach H. Müller, im Bau und in der Ent-
wickelungsfolge im wesentlichen der kleinblütigen Form von E. officinalis:
durch die anfangs hervorragende Stellung der Narbe ist bei Insektenbesuche
Fremdbestäubung gesichert, bei Ausbleiben desselben erfolgt dadurch spontane
Selbstbestäubung, dass der Griffel weiter wächst und sich bis unter die Antheren
biegt, aus denen dann Pollen auf die Narbe herabfällt.

Nach Schulz liegt die Narbe bereits in der Knospe in den meisten
Fällen völlig entwickelt unter den oberen und sogar unter den unteren Antheren
und gelangt in der Regel, da der Griffel sich während des Blühens nicht in
demselben Masse vergrössert wie die Krone, später etwas auf die oberen Antheren
hinauf. Spontane Selbstbestäubung ist wohl in allen Fällen gegen Ende der
Blütezeit unausbleiblich.

Nach Kerner findet jedoch keine Verlängerung der Krone statt, sondern
der Griffel biegt sich gegen Ende der Blütezeit so weit abwärts, dass die Narbe
in die Falllinie des Pollens kommt.

Als Besucher sah H. Müller in den Alpen 1 Muscide, 1 Syrphide, 1 Falter.

2124. Trixago apula Stev. [Kerner, Pflanzenleben II. S. 349.] — Die
Antheren dieser in Dalmatien heimischen Art besitzen je einen nach unten
gerichteten Fortsatz, welcher von den besuchenden Insekten zur Seite gedrängt
wird, wodurch die Pollenbehälter sich öffnen und der Blütenstaub auf den
Kopf und den Rücken der Besucher gestreut wird.

472. Lathraea L.

Protogynische Bienenblumen, deren Nektar von einer an der Unterseite des Fruchtknotens liegenden Drüse von der Form eines breitgequetschten Beutels — Stadler — abgesondert und im Grunde der Kronröhre aufbewahrt wird. — Nach Kerner sind die Blüten nur anfangs für Befruchtung durch Hülfe von Insekten eingerichtet, gegen Ende der Blütezeit dagegen sind die windblütig.

2125. L. Squamaria L. [Behrens, Lehrbuch; Knuth, Orobancheen; Kerner, Pflanzenleben II. S. 327—329; Warnstorf, Nat. V. des Harzes XI.] — Die Blüten werden bereits in der Erde angelegt. Die Blütenstandsachse ist

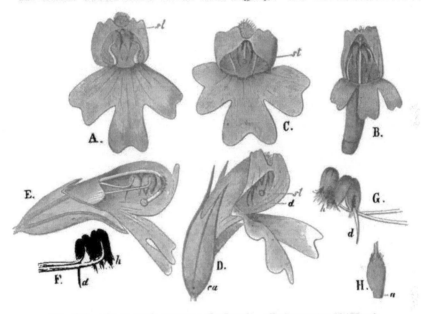

Fig. 305. Euphrasia minima Schleich. (Nach Herm. Müller.)

A Blüte im ersten Stadium, von vorn und etwas schräg von oben gesehen. *B* Eine noch kleinere Blüte im ersten Stadium gerade von vorn gesehen. *C* Ältere Blüte, deren Narbe sich unter die oberen Antheren biegt. *D* Dieselbe schräg von der rechten Seite und vorn gesehen. *E* Noch ältere Blüte, deren Narbe bereits reichlich mit eignem Pollen bestreut ist. *F* Die beiden rechten Staubblätter von aussen gesehen, stärker vergrössert. *G* Dieselben von der Innenseite. *H* Ovarium nebst Nektarium. (Vergr. *A-E, H* 7 : 1.) Bedeutung der Buchstaben wie in Fig. 213.

dabei an ihrer Ursprungsstelle umgebogen, und die Blütenknospen sind dicht von den dachziegelartig gelagerten, hellvioletten, noch kleinen Hochblättern bedeckt. Auch der bereits aus der Erde hervorgetretene Blütenstand ist noch gebogen; er richtet sich in dem Masse auf als die Blüten geschlechtsreif werden, ist also erst dann gänzlich gerade, wenn die oberste Blüte entwickelt ist. Auch dann ragt nur der einseitswendige Blütenstand einige cm aus der Erde; es ist daher die Augenfälligkeit der Pflanze eine nur geringe, da sie unter den Blättern der benachbarten Pflanzen verborgen ist. Trotzdem wird sie von den die Bestäubung vermittelnden Hummeln leicht bemerkt, welche, von Pflanze zu Pflanze

fliegend, die Blütenstände von unten nach oben ausbeuten. Indem man den
Hummeln folgt, wird man leicht zu anderen Stöcken der Pflanze geführt. Steht
die Schuppenwurz dagegen frei, so ist ihre Augenfälligkeit eine ziemlich grosse.
Dieselbe wird von der Rückseite des Blütenstandes durch die grossen, rotvioletten,
weisslich gesäumten, zweizeilig stehenden Hochblätter bewirkt, an der Vorderseite
durch die dicht gestellten Blüten mit violettem Kelch, aus welchem die rote
Ober- und weisse Unterlippe, sowie im ersten Blütenzustande die grosse, gelbe,
kopfförmige Narbe, im zweiten die weisslichen, behaarten oberen Staubbeutel
hervorragen. Die ungeteilte Oberlippe schliesst dachartig zusammen. Die etwas
kürzere, dreilappige Unterlippe liegt der Oberlippe dicht an und bildet mit jedem
ihrer drei Abschnitte je eine Rinne, von denen die mittlere in der Kronröhre
ihre Fortsetzung findet und zu der grossen, honigabsondernden, rundlich-drei-
eckigen und etwas lappigen Drüse am Grunde des Fruchtknotens führt. Dieser
Rinne entspricht eine Furche am Fruchtknoten und am unteren Teile des Griffels;
auch diese reicht bis zur Drüse, deren reichlich abgesonderter Honig sich in
Form eines Tropfens in dem Winkel zwischen Nektarium und Fruchtknoten
ansammelt.

Die Fäden der vier Staubblätter sind während des ersten (weiblichen) Zustandes der Blüte noch umgebogen; die Antheren liegen dann im Innern der
Unterlippe und sind von aussen noch nicht sichtbar. Dagegen ragt die Narbe
bereits aus der Oberlippe hervor, wenn die Blüte sich kaum geöffnet hat. Die
Narbe ist an den von mir in der Umgebung von Kiel beobachteten Pflanzen,
nach welchen ich diese Beschreibung der Blüteneinrichtung gebe, gelb gefärbt,
während sie Behrens als rot bezeichnet. In diesem Zustande ist bei Insektenbesuch nur Fremdbestäubung möglich, indem die Narbe nur mit dem Pollen
anderer, schon weiter vorgeschrittener Blüten belegt werden kann. In dem darauf
folgenden Übergangsstadium sind die Blüten kurze Zeit zweigeschlechtig, indem
die Narbe noch glänzend gelb und empfängnisfähig ist, die Staubfäden sich
aber gestreckt und den trockenen Pollen in das Innere des aus den Antherenfächern gebildeten Pollenbehältnisses entleert haben. Dieses Pollenbehältnis wird
durch dichte Behaarung so fest verschlossen, dass der Blütenstaub nur dann
herausfallen kann, wenn die kurzen, stumpfen Spitzchen der Staubbeutel angestossen werden. Dies geschieht durch die besuchenden Hummeln, welche, indem sie
mit ihrem Rüssel zum Nektar vordringen, sich mit dem pulverigen Blütenstaube
bestreuen. Während dieses Übergangsstadiums zum zweiten (männlichen) Zustande ist beim Zurückkriechen der Hummel Selbstbestäubung möglich, doch
kann sie spontan nicht erfolgen.

Während des zweiten (männlichen) Zustandes ist der Griffel eingeschrumpft
und die Narbe missfarbig und trocken geworden. Die vorher 3 mm lange Kronröhre ist noch um 3 mm gewachsen, ebenso die ursprünglich 5 mm lange Ober-
und 4 mm lange Unterlippe um je 1 mm, während der Griffel sich nicht verlängert hat, so dass jetzt die Narbe von der Oberlippe bedeckt ist. Infolge der
Streckung der Staubfäden liegt jetzt das Antherenbehältnis in dem Blüteneing-
gange; dieses wird, wie vorhin geschildert, von den besuchenden Hummeln

angestossen und dadurch zum Ausstreuen von Pollen veranlasst. Ein seitliches Verstreuen wird wieder durch die Antherenhaare verhindert. Der richtige Weg zum Honig, auf welchem sowohl die Berührung der Narbe (im ersten Blütenzustande) als die der Antherenhörnchen (im zweiten Stadium) notwendig erfolgen muss, ist dem Insektenrüssel einmal durch die eingangs erwähnte Honigrinne an Kronröhre und Stempel vorgezeichnet, dann aber auch dadurch, dass die Staubfäden unterhalb der Antheren mit feinen Zacken besetzt sind, welche jedes Abweichen von der vorgeschriebenen Richtung durch schmerzhafte Verletzung des Insektenrüssels bestrafen würden.

Die besuchenden Hummeln halten sich zunächst an mehreren Blüten fest, umklammern dann mit den Vorderbeinen die Unterlippe und senken den Kopf in den Blüteneingang, welcher durch die Staubblätter zu einem nur etwa 1 mm breiten Spalt verengt ist, wobei sie in den Blüten mit entwickelten Antheren sich mit Pollen bestreuen, in den Blüten mit empfängnisfähiger Narbe diese mit der bestreuten Stelle berühren.

Kerner fügt noch eine dritte Entwickelungsstufe hinzu. Während nun Griffel und Narbe völlig verwelken, verlängern sich die Staubblätter noch, so dass die Antheren aus der Blüte hervortreten. Nun hört der bisherige Zusammenhang zwischen den Staubbeuteln auf, und der Pollen wird, falls er nicht schon von Insekten abgeholt, in Form feiner Wölkchen von dem anprallenden Winde entführt. Er wirbelt dann zu den noch belegungsfähigen Narben der oberen Blüten empor und befruchtet sie so geitonogam. — Pollen, nach Warnstorf, weiss, rundlich-elliptisch, glatt, mit drei Längsfurchen, durchschnittlich 46 μ lang und 30 μ breit.

Als Besucher beobachtete ich bei Kiel unsere drei häufigsten Hummelarten: 1. Bombus hortorum L. ♀; 2. B. terrester L. ♀; 3. B. lapidarius L. ♀, sämtlich sgd.; Höppner bei Bremen Bombus agrorum F. ♀; Alfken daselbst Myrmica spec.

Stadler (Nektarien) giebt B. terrester L. und B. muscorum F. als Besucher an.

Nach Kerner (Pflanzenleben II. S. 329) ist die Blüteneinrichtung und der Bestäubungsvorgang von

2126. Clandestina rectiflora Lam. mit demjenigen von Lathraea squamaria in hohem Grade übereinstimmend. Loew (Blütenbiol. Floristik S. 302, 303), welcher die Blüten dieser in Belgien, Westfrankreich und Südeuropa heimischen Art an Exemplaren des Berliner botanischen Gartens untersuchte, fand sie schwächer protogyn als bei Lathraea. Der röhrige Kelch ist etwa 19 mm lang, die helmförmige, violette Oberlippe der Krone 22 mm, die dreilappige, dunkelbraunviolette Unterlippe 13 mm lang. Aus der Oberlippe ragt die Narbe an dem hakig nach unten umgebogenen Griffel 4 mm weit hervor. Im ersten (weiblichen) Blütenzustande umschliesst die Oberlippe die Antheren vollständig, so dass die Narbe jetzt nur mit fremdem Pollen belegt werden kann. Im zweiten (männlichen) Stadium entfernen sich die bisher bis auf einen engen Spalt geschlossenen Ränder der Oberlippe, so dass der Zugang zu den nun entwickelten Antheren frei wird. Letztere haben je zwei zugespitzte und behaarte Dornen und hängen oberseits paarweise durch kurze Haarbüschel zusammen. Der Fruchtknoten ist seitlich zusammengedrückt und mit einer Längsfurche versehen. An der Vorderseite seiner Basis trägt er das dreilappige Nektarium. Während des ersten Blütenzustandes beschränkt sich der Zugang zum Nektar auf eine tiefe Furche in der Mittellinie an der Innenseite der Unterlippe, in deren Verlängerung nach aufwärts sich die Narbe befindet, mithin von den Besuchern gestreift werden muss. Im zweiten Blütenzustande ist der Eingang so weit geöffnet, dass eine honigsuchende Hummel mit ihrem Rüssel auch die Antherenfortsätze anzustossen vermag, wodurch der pulverige Pollen ausgestreut wird. Es ist daher bei Insektenbesuch Fremdbestäubung gesichert.

Als Besucher beobachtete Loew im botanischen Garten zu Berlin Bombus hortorum L.

95. Familie Orobanchaceae Richard.

473. Orobanche L.

Homogame, seltener protogynische Bienenblumen, welche jedoch nur zum Teil Nektar im Blütengrunde absondern, zum Teil aber auch honiglos sind.

2127. O. caryophyllacea Smith. (O. Galii Duby.) [Kirchner, Flora S. 642—643.] — Die nach Kirchner nelkenartig, nach Kerner benzoloid duftenden Blüten sondern im Blütengrunde Nektar ab. Die Kronröhre ist etwas gebogen und vom Grunde nach der Mündung allmählich erweitert; die Unterlippe ist dreilappig, gegen die Oberlippe hin und zu beiden Seiten ihres Mittellappens mit vier nach innen vorspringenden Falten versehen, durch welche der Blüteneingang so verkleinert wird, dass besuchende, den Kopf unter die Oberlippe steckende Insekten Narbe und Antheren berühren müssen. Die Blüten sind homogam. Die grosse, schwach zweilappige Narbe überragt die Antheren, so dass erstere bei Insektenbesuch zuerst berührt wird, mithin schon die zweite Blüte durch Fremdbestäubung befruchtet wird. Die vier Antheren sind seitlich mit einander verwachsen; jedes Fach ist mit einem starren, spitzen, nach unten gerichteten Fortsatz versehen. Werden diese hinter der Narbe stehenden Fortsätze angestossen, so fällt der hellgelbe, pulverige Pollen aus den Fächern heraus, und die Besucher werden damit auf dem Rüssel oder Kopf bestreut. Spontane Selbstbestäubung ist ausgeschlossen.

2128—31. O. Rapum Genistae Thuill., O. rubens Wallr., O. Epithymum DC. und O. cruenta Bert. beobachtete Schulz (Beiträge II. S. 219) bei Siegen in Westfalen, beziehungsweise bei Halle, bei Bozen und Oberbozen in Tirol mit Einbruchslöchern. Bei der zuletzt genannten Art rührten sie von Bombus terrester L. her.

2132. O. elatior Sutt. (O. major L.) [Knuth, Orobancheen.] — Die Blüten sind ihrem Baue nach Bienenblumen, doch sind sie (von den von mir bei Heiligenhafen in Land Oldenburg beobachteten Pflanzen) geruch- und honiglos und unscheinbar braun gefärbt. Die Narbe überragt anfangs die Antheren, wird aber dann von ihnen erreicht, so dass spontane Selbstbestäubung erfolgen muss.

2133. O. speciosa DC. [Knuth, Herbstbeobachtungen.] — Diese in Frankreich und Italien heimische Art habe ich im botanischen Garten zu Kiel, wo sie auf Vicia Faba L. schmarotzend angesäet ist, beobachten können. Oberhalb des Einganges zu der 2 cm langen, gebogenen Kronröhre befindet sich die grosse, zweiknotige Narbe, und hinter dieser, schon innerhalb der Kronröhre, liegen die vier Antheren, so dass spontane Selbstbestäubung ausgeschlossen ist. Ein in die Blüte hineinkriechendes grösseres Insekt streift zuerst die Narbe und stösst dann an die nach unten gerichteten Antherenfortsätze. Die erst besuchte Blüte wird beim Zurückkriechen des Insektes mit dem eigenen Pollen belegt. Die folgenden Blüten werden dagegen durch Fremdbestäubung befruchtet werden.

Als Besucher beobachtete ich die Honigbiene. Bevor sie in die Blumenkrone hineinkroch, untersuchte sie erst eine Anzahl Blüten von aussen, indem sie von einer zur andern flog und, ohne eine zu berühren, nach Art der Syrphiden einige Zeit vor dem Blüteneingange schwebte. Sodann kroch sie, die grosse Unterlippe als Anflugstelle benutzend, tief in die Blüte hinein, berührte dabei, wie vorhin beschrieben, zuerst die Narbe und dann die Antheren, kam aber bald wieder heraus, um an einer Anzahl anderer Blüten den Versuch, Honig zu erlangen, zu wiederholen, dabei Kreuzung bewirkend. In der That sondert diese Orobanche-Art am orangegelb gefärbten Grunde des Fruchtknotens etwas Nektar ab.

2134. O. ramosa L. (Phelipaea ramosa C. A. Meyer.) [Knuth, Herbstbeobachtungen; Kirchner, Flora S. 644; Warnstorf, Nat. V. Brand. Bd. 37.] — Die Blüteneinrichtung dieser Art, welche ich im botanischen Garten zu Kiel auf Hanf schmarotzend zu beobachten Gelegenheit hatte, ist die gleiche wie bei voriger Art, doch ist die Kronröhre nur 12 mm lang. Nach Kirchner und Warnstorf sind die geruchlosen Blüten schwach protogyn. Die dreilappige Unterlippe hat seichtere Furchen als diejenige von O. caryophyllacea. Der Blüteneingang ist 3—4 mm breit und 2¹/₂—3 mm hoch, durch Ausstülpen der Falten kann er jedoch bedeutend erweitert werden. Die nicht mit einander verwachsenen, in zwei Reihen liegenden Antheren endigen in je zwei spitze Fortsätze und werden von der Narbe überragt. Es ist daher Fremdbestäubung anfangs begünstigt, doch ist Insektenbesuch bisher nicht beobachtet. Die Möglichkeit spontaner Selbstbestäubung ist dadurch gegeben, dass das vordere Ende des Griffels sich bogenförmig herabkrümmt, wobei die Narbe mit dem Pollen der beiden vorderen Antheren in Berührung kommt. — Die Pollenzellen sind, nach Warnstorf, klein, weiss, brotförmig, zartwarzig und zeigen eine Länge von etwa 30 μ und eine Breite von 16—19 μ.

2135. O. (Phelipaea) lutea Desf. fand Trabut (Bull. soc. bot. de Fr. 1886. S. 536—539) in der Provinz Oran in Algier mit unterirdischen, kleistogamen Blüten, deren röhrenförmige Krone geschlossen war.

2136. O. purpurea Jacquin. (O. coerulea Villars, Phelipaea coerulea C. A. Meyer.) [Knuth, Orobancheen.] — Diese am Nordufer der Eckernförder Bucht auf Achillea millefolium schmarotzende Pflanze sah ich trotz der Augenfälligkeit ihrer grossen, blauen, in Trauben stehenden Blüten von Insekten nicht besucht. Dem Baue nach sind die duft- und honiglosen Blumen Hummelblumen. Anfangs überragt die Narbe die Antheren; bald jedoch erreichen letztere die Narbe, so dass spontane Selbstbestäubung erfolgt.

96. Familie Acanthaceae R. Br.

Die meist lebhaft gefärbten, nektarhaltigen und oft zu grossen Ständen vereinigten Blumen locken Besucher an. Die Entleerung des stäubenden Pollens erfolgt, nach G. von Beck (Engler und Prantl, die natürl. Pfanzenfam. IV, 3 b, S. 127), durch Stoss der die protogynischen Blüten besuchenden Tiere an die abwärts gerichteten Spitzen der Pollenbehälter auf den Rücken der Tiere und die Befruchtung durch Abstreifen des Pollens in einer andern Blüte an der stets nach vorwärts gekrümmten Narbe. Die die Antheren an ihrer Spitze oft umgebenden Haare verhindern ein vorzeitiges Verstreuen des Pollens.

474. Acanthus L.

E. E. Haare, in „Natur und Haus" VI. Heft 12. S. 183—184.

Protandrische Hummelblumen, deren verkümmerte Oberlippe durch das obere, die ganze übrige Blüte überdeckende Kelchblatt ersetzt ist. Das am Fruchtknotengrunde sitzende Nektarium sondert, nach Loew, den Honig in eine durch Haare geschützte Aushöhlung am Blütengrunde ab, die den Safthalter bildet.

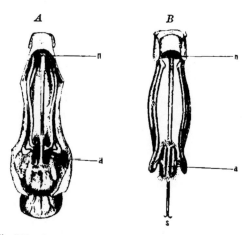

Fig. 306. Acanthus spinosus L. (Nach der Natur.) A Blüte im ersten (männlichen) Zustande von oben gesehen, nach Entfernung des oberen, deckenden Kelchblattes und der verkümmerten Oberlippe. B Dieselbe im zweiten (zweigeschlechtigen) Zustande, von unten gesehen, nachdem auch noch die Unterlippe entfernt wurde. n Nektarium. a Antheren. s Narbe.

2137. A. spinosus L. [Delpino, Ult. oss. S. 33; Kerner, Pflanzenleben II. S. 272; Knuth, Bijdragen.] — Die grosse, sich an das oberlippenartige Kelchblatt anlehnende, dreilapplge Unterlippe dient als bequeme Anfliegestelle. Die Staubfäden stellen starke, gebogene Stangen dar, welche nur von grossen, kräftigen Hummeln auseinander gedrängt werden können, wodurch dann die Pollenbehälter geöffnet und die Hummeln von oben mit Pollen bestreut werden. Die Antheren bilden je eine einfächerige, lange, schmale Nische, die am Rande mit kurzen Haaren besetzt ist, durch welche die Pollenbehälter dicht verschlossen werden. Anfangs liegt der Griffel dem

Blütendache dicht an; später biegt er sich abwärts, wodurch die Narbe in die Zufahrtslinie zum Nektar zu stehen kommt.

Als Besucher beobachtete ich im botanischen Garten zu Kiel zwei Hummeln (Bombus terrester L. ♀ und B. hortorum L. ♀), welche ganz unter das oberlippenartige Hochblatt krochen und längere Zeit honigsaugend in der Blüte verweilten. Ausserdem fand ich Forficula auricularia L. in den Blumen, Blütenteile fressend.

Auch Delpino sah 2 Hummelarten (B. italicus F. und B. terrester L.) als Befruchter dieser Art, sowie auch von

2138—39. A. mollis L. Dieser hat wie auch **A. longifolius Host.** nach Kerner dieselbe Blüteneinrichtung wie A. spinosus.

2140. Cryphiacanthus barbadensis Nees (Ruellia clandestina L.) hat, wie schon Dillenius nachwies, kleistogame Blüten (H. v. Mohl, Bot. Ztg. 1863. S. 310). Auch

2141—45. Aechmanthera Nees, Dipteracanthus Nees, Doedalacanthus Anders., Eranthemum L., Ruellia L. (z. B. R. tuberosa) kommen mit kleistogamen Blüten vor.

2146. Aphelandra cristata. [Delpino, Ult. oss. S. 231, 232.] — Von den vier Kronblattzipfeln umschliessen zwei die Antheren, während die beiden anderen eine den Blüteneingang verschliessende Thür bilden. Wird sie geöffnet, so gehen auch die beiden anderen Kronzipfel auseinander, so dass die Antheren frei werden und Pollen auf die Besucher ausstreuen.

Als Besucher vermutet Delpino Kolibris.

2147. Rhinacanthus communis Nees. [Delpino, Altri app. S. 55, 56.] — In den ausgeprägt protandrischen Blüten öffnen sich im ersten Zustande die Antheren der beiden von oben in den Blüteneingang hinabgebogenen Staubblätter, während die noch unentwickelte Narbe aufwärts gebogen ist. Im zweiten Zustande ist die Narbe entwickelt und stellt sich den Rüsseln der Besucher in den Weg, während die Staubblätter nach den Seiten hin gebogen sind.

Als Besucher vermutet Delpino Falter.

2148. Thunbergia alata. [Hildebrand, Bot. Ztg. 1867. S. 285.] — Indem ein Insekt in die Blüte eindringt, streift es mit dem Rücken zuerst die Narbe, dann die Antherendornen der Staubblätter, so dass es mit Pollen bestreut wird, den es beim Besuch einer anderen Blume auf die Narbe bringt.

2149. Meyenia erecta Benth. [Irwin Lynch, Journ. Linn. Soc. Bot. 1880. Vol. 17. S. 145—147.] — Die Blüten dieser in Westafrika heimischen Art stehen fast wagerecht. Die Narbe befindet sich im Blüteneingange und ist zweilippig; nur ihr oberer Teil ist empfängnisfähig und zu einer Röhre aufgerollt. Der unter Teil der Narbe stellt sich den Besuchern entgegen und wird von diesen so niedergedrückt, dass der empfängnisfähige obere Teil auf den Rücken des Insektes gelangt und, falls dieses bereits mit Pollen bedeckt war, belegt wird. Dringt dasselbe weiter in die Blüte ein, so bestäubt es seinen Rücken von neuem mit Pollen, da die Antheren in der Mitte der Kronröhre stehen und mit Haaren versehen sind, welche den ausgetretenen Pollen aufnehmen. Kriecht das Insekt aus der Blüte zurück, so verhindert der untere Teil der Narbe, dass der obere mit dem eigenen Pollen belegt wird.

2150. Strobilanthus (Goldfussia) anisophylla Nees. [Morren, Bull.
de l'Ac. des Sc. de Brux. 1834, Vol. 6, p. 69—71; Mém. de l'Ac. des Sc. de
Brux. 1838, Vol. 12.]　　　Auch hier steht die Blüte fast wagerecht. Nur die
Unterseite der Narbe ist empfängnisfähig, und da der Griffel aufwärts gebogen
ist, so kommen die Besucher zuerst mit den Narbenpapillen in Berührung. Nach
der Berührung streckt sich der Griffel gerade, so dass er sich an die Unterseite
der Krone anlegt. Das weiter in die Blüte hineinkriechende Insekt bedeckt sich
mit frischem Pollen, den es nun nicht auf die eigene Narbe bringen kann.
Morren deutete die Blüteneinrichtung jedoch auf Selbstbestäubung, indem er
meinte, dass der auf die Krone herabgefallene Pollen die Narbe belege.

2151. Cyrtanthera Pohliana Nees ist, nach Stadler (Nektarien S. 16
bis 19), schwach protandrisch.

97. Familie Bignoniaceae.

2152. Bignonia hat, nach Delpino (Ult. oss. S. 149) protandrische
Blüten, deren Staubblätter und Griffel sich entgegengesetzt bewegen. Selbstbestäubung ist ausgeschlossen, weil die Narbenlappen sich schliessen, bevor der
eigene Pollen auf sie gebracht werden kann. Dasselbe gilt von

2153. Martynia. [Delpino, Sugli app. S. 32, 33; Hildebrand,
Bot. Ztg. 1867, S. 284.]

98. Familie Labiatae Juss.

Sprengel, S. 303, 304; H. M., Befr. S. 331, 332; Knuth, Ndfr.
Inseln S. 116; Grundriss S. 83; Briquet, in Engler und Prantl, Nat. Pflanzenfamilien IV, 3a, S. 200, 201.

Die zu meist sehr augenfälligen Blütenständen vereinigten Blumen locken
zahlreiche Insekten an, welche, wie Herm. Müller hervorhebt, je nach der
Länge der Kronröhre, in deren Grunde der am Fruchtknoten abgesonderte
Honig geborgen wird, sehr verschiedenen Gruppen angehören. Die kurz-
röhrigen Blumen von Mentha und Lycopus werden überwiegend von
Fliegen besucht; bei Thymus und Origanum treten neben diesen die
Bienen mehr und mehr in den Vordergrund; bei Betonica spielen Bienen
und Fliegen eine ungefähr gleich wichtige Rolle; bei Stachys palustris
und silvatica überwiegen entschieden die Bienen; Lavendula, Salvia,
Galeobdolon, Lamium, Galeopsis, Ballota, Teucrium, Ajuga endlich
werden fast ausschliesslich von Bienen befruchtet, nur einige Schmetterlinge und
die langrüsseligsten Fliegen treten hinzu. Es gehören daher die letztgenannten
zu Bmerklasse B, die erstgenannten zu B. Scutellaria und auch Teucrium
Chamaepitys besitzen neben der Hummelbür auch eine Falterbür, gehören
also zu Bh und F.　　　Als bequeme Anflugstelle für die Insekten dient die
Unterlippe, während die Oberlippe Antheren und Narbe in einer bestimmten

Lage zu einander hält und gleichzeitig als Schutzdach für die Staubblätter dient. Fehlt letztere, so wird sie häufig durch die über den Blüten stehenden Hochblätter vertreten. Die Kronröhre ist vielfach so gebogen, dass ihre Krümmung derjenigen eines Hummelrüssels entspricht. Bei vielen ist spontane Selbstbestäubung durch Dichogamie ganz oder teilweise verhindert, andere sind homogam, und hier findet die gänzliche oder zeitweilige Verhinderung der Autogamie durch die gegenseitige Stellung der Staub- und Fruchtblätter statt.

Briquet unterscheidet zwei blütenbiologische Typen: Im ersten, dem Schmetterlingstypus ist der vordere Teil der Blumenkrone gefördert, Staubblätter und Griffel liegen auf der Unterlippe. Die Honigabsonderung wird bisweilen auf die Oberseite der Blüten verlegt; der Pollen wird dann auf die Bauchseite und die Beine der Insekten gestreut. Dieser Typus wird auf vier Arten verwirklicht: 1. Die Ocimoideen sind durchgehends nach dem geschilderten Plane gebaut. Sie sind vielfach protandrische Bienen- und Hummelblumen. 2. Durch Torsion des Blütenstiels sind die Blüten resupiniert, wodurch eine umgekehrte Stellung der Oberlippe und der Staub- und Fruchtblätter bewirkt wird (z. B. Lophantus chinensis). 3. Die Resupination erfolgt durch Torsion der Kronröhre (Ajuga orientalis, Teucrium spinosum, T. resupinatum, bei allen Arten von Satureja aus der Gruppe Cyclotrichium). 4. Die Blüten stehen auf hängenden Stielen, so dass die Oberlippe nach unten zu stehen kommt und als Unterlippe fungiert (Salvia nutans).

Der zweite Typus umfasst die eigentlichen Lippenblütler, bei welchen die Oberlippe ein Dach für die Staub- und Fruchtblätter bildet. Hier erfolgt die Honigabsonderung stets auf der Unterseite der Blüten, und der Pollen wird auf den Rücken des Insekts gelegt.

Manche südamerikanische Arten (Salvia gesneriifolia, S. splendens) sind ornithophil. Häufig finden sich neben den Zwitterblüten auch gynomonöcisch, seltener gynodiöcisch verteilte weibliche Blüten.

Nicht selten ist z. B. in England Gynodiöcie bei Labiaten beobachtet. So fand F. Darwin und später auch J. C. Willis (Proc. Cambridge Phil. Soc. 1892, 1893) die Blüten von Origanum vulgare öfters mit verkümmerten Staubblättern. Letzterer beobachtete Gynodiöcie auch an Thymus serpyllum, Nepeta Glechoma, N. Cataria, Brunella vulgaris, sowie an folgenden Gartenpflanzen: Micromeria juliana, Nepeta longiflora, Hyptis pectinata, Bystropogon punctatus, Mentha crispa, Satureja hortensis, S. montana. —

Schulz fasst seine Untersuchungen (Beitr. II. S. 138—141) in etwa folgender Weise zusammen:

Die zweigeschlechtigen Blüten der Mehrzahl der Labiaten schwanken an demselben Standorte, diejenigen einiger Arten hin und wieder sogar auf demselben Pflanze recht bedeutend in der Grösse. Bei mehreren Arten kommen in vielen Gegenden mehrere — meist zwei — bestimmte Grössenformen der Blüte vor, welche gar nicht oder nur durch vereinzelte Zwischenglieder mit einander verbunden sind; in anderen Gegenden tritt nur eine dieser Grössenformen auf, in noch anderen endlich ist es wegen der grossen Zahl der Zwischenglieder nicht möglich, bestimmte Grössenformen zu unterscheiden. Die zweigeschlechtigen Blüten der meisten der von Schulz behandelten Arten sind mehr oder weniger protandrisch, nur wenige, wie Stachys annua und Galeopsis ochroleuca besitzen stets vollständig homogame Blüten. Einige Arten, z. B. Salvia pratensis, Brunella grandiflora, B. vulgaris, Ajuga reptans, schwanken zwischen schwacher Protandrie und Homogamie; bei ersterer findet sich das Schwanken sogar häufig bei den Blüten derselben Pflanze. Bei einigen der wenigen Arten mit homogamen oder schwach protandrischen Blüten findet stets spontane Selbstbestäubung statt, bei andern ist dieselbe durch die ungünstige Stellung der Befruchtungsorgane zu einander sehr erschwert. In den ausgeprägt zygomorphen Blüten, in welchen die ungefähr in einer Ebene stehenden Staubblätter ganz oder zum Teil der Oberlippe anliegen oder sich wenigstens dicht vor derselben befinden, besitzen die meist zu beiden Seiten der Mediane in absteigender Folge verstäubenden Antheren eine introrse Stellung, d. h. sie wenden ihre pollenbedeckte Seite der Unterlippe zu. In den fast aktinomorphen Blüten dagegen, wie sie z. B. die Gattung Mentha besitzt, in welchen die Staubblätter nicht ungefähr in eine Ebene zusammengedrängt vor der Oberlippe, sondern entsprechend ihrer Insertion vor den einzelnen Kelchzipfeln stehen, stellen sich die am Filament bequem beweglich inserirten Antheren meist wagerecht und zwar so, dass sie ihre Spitze der Blütenperipherie zuwenden und bedecken sich auf ihrer Oberseite mit Pollen. Gegen Ende ihres Ausstäubens oder erst nach demselben krümmen sie sich in der Regel, indem sich ihre Spitze und Basis ein wenig senken. In beiden Fällen stossen die grösseren der besuchenden Insekten fast ausnahmslos direkt an die pollenbedeckte Seite der Antheren; nur bei einigen Salvia-Arten bedarf es wegen der Weite der Kronenöffnung zur Berührung einer besonderen, in einem Hebelapparat bestehenden Einrichtung, welche den Blüteneingang sperrt und deshalb von den Insekten bei ihrem Besuch stets angestossen und zurückgedrängt werden muss.

Bei vielen Arten treten weibliche Blüten auf. Dieselben stehen gewöhnlich auf besonderen Stöcken, viel seltener, bei einzelnen Arten sogar ausserordentlich selten, sind sie mit den zweigeschlechtigen auf derselben Pflanze und zwar gewöhnlich in derselben Inflorescenz vereinigt. Im letzteren Falle besitzt jede Blütenform entweder eine besondere Stellung, oder es kommen beide ordnungslos untereinander vor. Die Stöcke mit ausschliesslich weiblichen und diejenigen mit weiblichen und zweigeschlechtigen Blüten sind bei manchen Arten in der gleichen oder annähernd der gleichen Anzahl wie die rein zweigeschlechtigen vorhanden; bei anderen sind sie seltener, bei noch anderen treten sie nur vereinzelt hier und da auf. Die weiblichen Blüten sind bei allen Arten kleiner als die grösseren der zweigeschlechtigen; wie diese schwanken sie beträchtlich in der Grösse. Bei einigen Arten treten auch mehrere Grössenformen auf, welche denjenigen der zweigeschlechtigen Stammformen vollständig entsprechen. In den kleineren weiblichen Blüten pflegen die Narben gleich beim Aufblühen vollständig konzeptionsfähig zu sein; in manchen der grösseren Blüten vieler Arten, deren zweigeschlechtige Blüten ausgeprägt protandrisch sind, ist zur Zeit der Blütenöffnung der Griffel noch nicht ausgewachsen und die Narbe nicht vollkommen entwickelt. Diese Eigenschaft lässt deutlich die Abstammung der weiblichen Blüten von den protandrischen zweigeschlechtigen erkennen.

Der Honig wird bei der Mehrzahl der Arten in der Regel in grosser Menge abgesondert und erfüllt in den mehr aufrecht stehenden Blüten den ganzen Blütengrund, oft mehrere Millimeter hoch, bei den wagerecht oder fast wagerecht abstehenden bedeckt er den Boden der Kronröhre meist in Gestalt eines oder mehrerer grosser Tropfen. Gegen das Eindringen der Nässe oder das Ausfliessen — bei wagerecht abstehenden Blüten — ist der Honig durch Haare, welche die Kronröhre auskleiden und meist auch den Grund der Staubfäden bedecken, geschützt. Die Nektarien der weiblichen Blüten sind, entsprechend der geringeren Grösse derselben kleiner als diejenigen der zweigeschlechtigen Blüten.

Die Besucher setzen sich, da die Blüten in Grösse, Gestalt und Färbung sehr verschieden sind, aus sämtlichen Gruppen der blütenbesuchenden Insekten zusammen; am seltensten treten Käfer, am häufigsten Apiden und Schmetterlinge auf. In den Blüten vieler Arten können nur die langrüsseligsten Apiden (besonders Hummeln) und die Falter den Honig erreichen; letztere jedoch meist ohne Nutzen für die Blüten. Manche Arten werden von Hummeln, welche den Honig wegen der bedeutenden Tiefe der Kronröhren auf normale Weise nicht oder nur mit Mühe auszubeuten vermögen, durch Einbruch ihres Nektars beraubt.

2154. Ocymum L. Der Honig wird in der Kronröhre durch Haare an den oberen Staubfäden geschützt. Im ersten Blütenzustande biegen sich die Staubblätter aufwärts, der Griffel abwärts, im zweiten Stadium ist es umgekehrt, so dass besuchende Insekten entweder nur die Antheren oder nur die Narbe berühren, mithin Fremdbestäubung bewirken. (Delpino, Ult. oss. S. 147, 148.)

Als Besucher sah Delpino nur Bienen (aus den Gattungen Apis, Bombus, Anthidium und Halictus).

2155. Plectranthus fruticosus L'Hérit. [Hildebrand, Bot. Ztg. 1870. S. 657, 658.] — In den protandrischen Blüten liegt der Griffel anfangs mit unentwickelten Narben zwischen den Staubblättern versteckt, welche sich unterhalb des Einganges zu dem eine spornartige Aussackung am Grunde der Blumenkrone bildenden Honigbehälters befinden. Später haben sich die Staubblätter nach unten gebogen, während der Griffel die Narbenäste auseinander spreizt und nun nur diese der Berührung durch die Besucher ausgesetzt sind.

2156. P. glaucocalyx Max. [Loew, Ber. d. d. b. Ges. IV. 1889. S. 129—131.] — Diese in Ostasien heimische Pflanze besitzt kleine weissliche Blumen, welche oberseits vom Blüteneingange mit meist vier blauen Saftmalpunkten versehen sind. Die Kronröhre ist 3 mm lang, so dass die Blumen zur Klasse B zu stellen sind. Im ersten Blütenzustande liegen Griffel und Staubblätter auf der Unterlippe, ersterer mit noch geschlossenen Ästen. Im zweiten Stadium bewegt sich der Griffel aufwärts, der obere, längere Griffelast biegt sich ziemlich stark nach oben, der untere, kürzere bleibt wagerecht.

Als Besucher beobachtete L o e w im botanischen Garten zu Berlin: A. D i p t e r a: a) *Muscidae*: 1. Echinomyia fera L.; 2. Lucilia caesar L. b) *Stratiomydae*: 3. Chrysomyia formosa Scop. c) *Syrphidae*: 4. Eristalis arbustorum L. B. H y m e n o p t e r a: *Apidae*: 5. Apis mellifica ⚥, sgd.; 6. Halictus cylindricus F. ♂, sgd.; 7. H. sexnotatus K. ♀, sgd.

2157. P. striatus ist, nach B r e i t e n b a c h (Kosmos 1884), in den botanischen Gärten zu Marburg und Göttingen protandrisch; die oberen Blüten sind weiblich.

475. Lavandula L.

Protandrische, stark duftende Bienenblumen. Die Staubblätter und der Griffel sind in der zweilippigen Krone eingeschlossen. Die Honigabsonderung erfolgt wie bei allen Lippenblütlern von der Unterlage des Fruchtknotens. Gynodiöcie. — Nach M e d i c u s und H e c k e l sind die Narben von L. d e n t a t a, l a t i f o l i a und b i c o l o r reizbar.

2158. L. officinalis Chaix. (L. s p i c a v a r. a. L., L. v e r a DC.) [H. M., Befr. S. 330, 331; Weit. Beob. III. S. 59, 60; K i r c h n e r, Flora S. 606, 607; S c h u l z, Beiträge II. S. 194; K n u t h, Bijdragen.] — Die aromatisch duftenden, kleinen, blauen Blüten sondern aus dem stark entwickelten Nektarium reichlichen und duftenden Nektar ab, welcher im Grunde der 6 mm langen Kronröhre aufbewahrt und durch einen Haarring gegen Regen geschützt wird. Die Blüten sind, nach S c h u l z, gynodiöcisch. Die Antheren der Zwitterblüten liegen bereits bald nach der Blütenöffnung aufgesprungen auf der Unterlippe, indem sie die pollenbedeckte Seite nach oben kehren. Anfangs reicht der Griffel mit noch unentwickelter Narbe nicht bis zur Mitte der Kronröhre, so dass besuchende Insekten zwar Pollen abholen, aber keine Befruchtung bewirken können. Während des Abblühens der Staubblätter streckt sich der Griffel um das 1½-fache seiner ursprünglichen Länge, wobei an den noch immer geschlossenen Narbenlappen leicht Pollen hängen bleibt. Alsdann entfalten sich die Narbenlappen, so dass bei Insektenbesuch Fremdbestäubung erfolgt, da der eigene Pollen dann von den Besuchern entfernt ist. Bleibt jedoch Insektenbesuch aus, so findet schliesslich spontane Selbstbestäubung statt, indem der sich streckende Griffel die beiden unteren Antheren erreicht.

Als B e s u c h e r sah i c h in Kieler Gärten nur die Honigbiene (sgd., häufig). Herm. M ü l l e r sah in Thüringen zahlreiche Insekten an den Blüten:

A. H y m e n o p t e r a: *Apidae*: 1. Anthidium manicatum L. ♀ ♂, sgd., häufig besonders die Männchen; 2. Anthophora quadrimaculata Pz. ♀ ♂, häufig, sgd.; 3. Apis mellifica L. ⚥, sgd., in grösster Zahl; 4. Chelostoma nigricorne Nyl. ♂, sgd.; 5. Coelioxys conoidea Ill. ♀, zahlreich sgd.; 6. C. rufescens Lep. ♀ ♂, w. v.; 7. Crocisa scutellaris F. ♀ ☌, w. v.; 8. Megachile centuncularis L. ♂, sgd.; 9. M. fasciata Sm. ♀ ♂, sgd., die Männchen zahlreich; 10. M. willughbiella K. ♂, sgd., in Mehrzahl; 11. Melecta armata Pz. ♀, sgd.; 12. Osmia adunca Latr. ♂, sgd.; 13. O. aenea L. ♀ ♂, sgd., die zahlreich; 14. O. fulviventris Pz. ♀, sgd.; 15. O. rufa L. ♀, sgd. B. L e p i d o p t e r a: I. M a c r o l e p i d o p t e r a: a) *Geometridae*: 16. Acidalia virgularia Hbn., abends sgd.; 17. Halia wauaria L., w. v. b) *Noctuidae*: 18. Agrotis exclamationis L., w. v.; 19. A. latens

Hbn., w. v.; 20. Plusia gamma L., w. v.; 21. Pl. triplasia L. w. v. c) *Rhopalocera*: 22. Pieris sp., sgd.; 23. Epinephele janira L., sgd. II. Microlepidoptera: *Pyralidae*: 24. Eurrhypara urticata L., abends sgd. C. Thysanoptera: 25. Thrips, häufig in Blüten.

2159. L. Stoechas L. Diese südeuropäische Art hat, nach Kerner, auffallende, die Blüten überragende, blaue Deckblätter an dem oberen Teile der Ähre, wodurch die Augenfälligkeit bedeutend erhöht wird.

2160. Elssholzia cristata Willd. (E. Patrini Garcke, Mentha Patrini Lepechin.) Der minzenartige Geruch der ganzen Pflanze trägt zur Anlockung der Insekten bei. Die hellvioletten Blütchen stehen in einseitswendigen, nach aussen gerichteten Trauben. Die schwach gebogene Kronröhre ist im Blüteneingange 2 mm, am Grunde kaum 1 mm weit und nur 3 mm lang, so dass der Nektar auch den kurzrüsseligsten Insekten zugänglich ist. Durch Protandrie ist anfangs Selbstbestäubung verhindert; später kann sie auch spontan eintreten, da die Narbe dann zwischen den oberen (kürzeren) noch pollenbedeckten Antheren steht.

Als Besucher sah ich am 30. 8. 98 im botanischen Garten zu Kiel ausser Thrips nur saugende Fliegen, teils Syrphiden (Ascia podagrica F., Eristalis tenax L.), teils Musciden (Lucilia caesar L., Sarcophaga carnaria L., mehrere mittelgrosse Arten).

2161. Coleus (Blumei Benth.?) [Delpino, Ult. oss. S. 143, 144; H. M., Weit. Beob. III. S. 58, 59.] — Die Blüte weicht erheblich vom Labiatentypus ab und nähert sich dem Bau der Schmetterlingsblüten. Wie Delpino und H. Müller auseinandersetzen, ist die Oberlippe in eine Art Schiffchen umgewandelt, welches Staubblätter und Griffel umschliesst, während der untere Teil des Kronsaumes eine kleine Fahne bildet. Unterhalb dieser befindet sich der Eingang zu dem im Grunde der Kronröhre geborgenen Honig. Eine sich auf das Schiffchen setzende und den Rüssel in die Kronröhre senkende Biene dreht das leicht bewegliche Schiffchen abwärts und berührt mit der Körperunterseite die zuerst hervortretende Narbe, alsdann die pollenbedeckten Antheren, so dass sie stets Fremdbestäubung bewirkt.

476. Mentha Tourn.

Gynodiöcische oder gynomonöcische, zu augenfälligen Quirlen vereinigte Blüten mit verborgenem Honig, welcher wie gewöhnlich abgesondert wird. Zwitterblüten protandrisch, grösser als die weiblichen Blüten; letztere zu Anfang der Blütezeit am häufigsten. Einige Arten sind nach Darwin dimorph. Blätter und Blüten stark aromatisch duftend.

2162. M. arvensis L. [H. M., Befr. S. 329, 330; Kirchner, Flora S. 610; Schulz, Beiträge II.; Knuth, Bijdragen.] — Das unter dem Fruchtknoten befindliche, sehr grosse Nektarium sondert reichlich Honig ab, welcher im Grunde der Kronröhre geborgen wird. Letztere ist bei den zweigeschlechtigen Blüten etwa 3 mm, bei den weiblichen etwa 2 mm lang; die Öffnung besitzt reichlich 1½ bezw. 1 mm Durchmesser. Der durch lange, von der Innenwand der Kronröhre bis zur Mitte derselben reichende Haare gegen Regen geschützte

Nektar ist daher auch Insekten mit sehr kurzem Rüssel zugänglich. Die grösseren und daher augenfälligeren zweigeschlechtigen Stöcke werden nach Herm. Müllers direkter Beobachtung zuerst von den Insekten besucht und dann erst die kleineren, weniger augenfälligen weiblichen. Gynomonöcische Stöcke sind stellenweise selten, stellenweise treten sie aber auch allein auf; die zweigeschlechtigen und die weiblichen Stöcke kommen ungefähr gleich häufig vor.

Auch Möwes (Englers Jahrb. Bd. IV. 1883) fand die Blüten gynodiöcisch mit grossblütigen Zwittern und kleinblütigen weiblichen Stöcken.

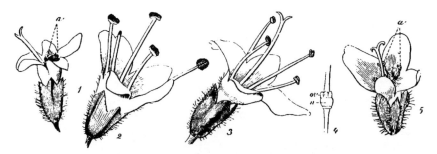

Fig. 307. Mentha L. (Nach Herm. Müller.)

1—4 Mentha arvensis. *1* Weibliche Blüte. *2* Zweigeschlechtige Blüte im ersten (männlichen) Zustande. *3* Dieselbe im zweiten (weiblichen) Zustande. *4* Fruchtknoten (*ov*) und Honigdrüse (*n*). *5* Mentha aquatica. Weibliche Blüte schräg von vorn gesehen, um die Staubblattrudimente zu zeigen, daher bedeutend verkürzt. (Die erste und fünfte Figur denke man sich bis in wagerechte Lage rechts herumgedreht!)

Nach Schulz ist die Pflanze gynomonöcisch und gynodiöcisch, und zwar treten weibliche Stöcke stellenweise zu 50% und mehr auf. An anderen Orten kommen rein gynomonöcische Pflanzen vor. Auch Warnstorf beobachtete bei Ruppin Gynomonöcie und Gynodiöcie. Nach Schulz ist der Insektenbesuch der weiblichen Blüten ein ebenso reichlicher wie derjenige der zweigeschlechtigen.

Als Besucher beobachtete ich: A. Diptera: a) *Muscidae*: 1. Lucilia caesar L., sgd. b) *Syrphidae*: 2. Syritta pipiens L., sgd. u. pfd.; 3. Syrphus balteatus Deg. ♂, wie vor.; 4. S. ribesii L., dgl. B. Hymenoptera: *Apidae*: 5. Apis mellifica L. ♀, sgd., sehr häufig; 6. Bombus terrester L. ☿, sgd.

Verhoeff sah auf Norderney eine Muscide (Lucilia latifrons Schin.) auf den Blüten.

Herm. Müller giebt folgende Besucher an: A. Diptera: a) *Muscidae:* 1. Lucilia albiceps Mg., nicht selten; 2. L. cornicina F., w. v.; 3. L. silvarum Mg., w. v.; 4. Onesia floralis R.-D., häufig; 5. O. sepulcralis Mg., w. v.; 6. Pyrellia cadaverina L., nicht selten. b) *Stratiomydae*: 7. Odontomyia viridula F. c) *Syrphidae*: 8. Eristalis sepulcralis L., sehr häufig; 9. Melitreptus scriptus L., sgd., nicht selten; 10. M. taeniatus Mg., w. v.; 11. Syritta pipiens L., häufig. B. Lepidoptera: *Rhopalocera*: 12. Epinephele janira L. Alle Insekten nur honigsaugend.

Mac Leod sah in Flandern 1 Schwebfliege. (B. Jaarb. V. S. 364).

In Dumfriesshire (Schottland) (Scott-Elliot, Flora S. 135) wurden mehrere Musciden und Käfer als Besucher beobachtet.

2163. M. piperita L. [Knuth, Herbstbeob.]
sah ich in Gärten bei Kiel von der Honigbiene (sgd.), 1 Schwebfliege (Eristalis sp., sgd.) und 1 Falter (Pieris sp., sgd.) besucht.

Loew beobachtete im botanischen Garten zu Berlin: A. Coleoptera: a) *Alleculidae*: 1. Cteniopus sulphureus L. b) *Coccinellidae*: 2. Coccinella bipunctata L. B. Diptera: a) *Muscidae*: 3. Echinomyia ferra L., zahlreich; 4. Lucilia caesar L.; 5. Sarcophaga carnaria L. b) *Syrphidae*: 6. Eristalis arbustorum L.; 7. E. nemorum L.; 8. Helophilus floreus L.; 9. Syritta pipiens L.; 10. Syrphus corollae F.

2164. M. aquatica L. [H. M., Befr. S. 330; Weit. Beob. III. S. 58; Kirchner, Flora S. 609; Schulz, Beiträge II. S. 126, 174, 195; Loew, Bl. Fl. S. 390; Knuth, Bijdragen.] — Ausser den protandrischen Zwitterblüten finden sich, nach Schulz, auch bei dieser Art gynomonöcische und noch häufiger gynodiöcische Blüten. Möwes (Englers Jahrb. Bd. IV. 1883) fand die Blüten der var. capitata Wimm. mit grossblütigen Zwittern und kleinblütigen weiblichen Stöcken. Die Kronröhre der zweigeschlechtigen Blüten ist 4—5 mm lang, ihr Eingang 2 mm weit. Die sonstige Blüteneinrichtung stimmt mit derjenigen von M. arvensis überein. Die Stöcke mit Zwitterblüten kommen bedeutend häufiger vor als die kleinblumigen weiblichen (letztere nach Schulz meist nur 5—15%). Trotz der etwas tieferen Bergung des Nektars ist der Insektenbesuch von M. aquatica wegen der grösseren Augenfälligkeit der Blütenstände grösser als bei M. arvensis.

Als Besucher beobachtete ich nur Bombus silvarum L. ♀, sgd. (bei Glücksburg).

Herm. Müller giebt folgende Besucherliste:

A. Coleoptera: *Cerambycidae*: 1. Leptura testacea L. B. Diptera: a) *Empidae*: 2. Empis livida L., häufig, sgd.; 3. E. rustica Fallen, w. v.; 4. E. tessellata F., w. v.; b) *Muscidae*: 5. Lucilia caesar L., w. v.; 6. Musca corvina F., w. v.; 7. Onesia floralis R.-D., w. v.; 8. O. sepulcralis Mg., w. v.; 9. Sarcophaga carnaria L., w. v. c) *Syrphidae*: 10. Ascia podagrica F., sgd.; 11. Eristalis aeneus Scop., sehr häufig. sgd. und pfd.; 12. E. arbustorum L., w. v.; 13. E. intricarius L. ♀, sgd., häufig; 14. E. nemorum L., sehr häufig, sgd. und pfd.; 15. E. pertinax Scop., sgd.; 16. E. sepulcralis L., sehr häufig, sgd. und pfd.; 17. Helophilus floreus L., sgd.; 18. H. pendulus L., hfg., bald sgd., bald pfd.; 19. H. trivittatus F., bald sgd., bald pfd.; 20. Melanostoma mellina L., häufig, w. v.; 21. Rhingia rostrata L., sgd.; 22. Syritta pipiens L., häufig, bald sgd., bald pfd.; 23. Syrphus pyrastri L., w. v. d) *Tabanidae*: 24. Chrysops caecutiens L., sgd. C. Hymenoptera: a) *Apidae*: 25. Apis mellifica L. ♀, sgd., häufig; 26. Halictus cylindricus F. ♂, sgd., häufig; 27. H. longulus Sm. ♀, sgd.; 28. H. maculatus Sm. ♂, häufig, sgd.; 29. H. nitidiusculus K. ♂, sgd. b) *Ichneumonidae*: 30. Verschiedene Arten zum Teil ganz in die Blüten hineinkriechend. D. Lepidoptera: *Tortricidae*: 31. Tortrix sp., sgd. E. Neuroptera: 32. Panorpa communis L., sgd.

Loew beobachtete in Brandenburg (Beiträge S. 41): Melithreptus scriptus L., sgd.; Mac Leod in Flandern Apis, 6 Syrphiden, 2 Musciden, 5 Falter, 1 Netzflügler (B. Jaarb. V. S. 364; VI. S. 371).

H. de Vries (Ned. Kruidk. Arch. 1877) bemerkte in den Niederlanden 1 Hummel, Bombus agrorum F. ♀; E. D. Marquand in Cornwall Anthrena fulvicrus K. und A. pilipes Rossi.

Willis (Flowers and Insects in Great Britain Pt. I.) beobachtete in der Nähe der schottischen Südküste:

A. Coleoptera: a) *Curculionidae*: 1. Crepidodera ferruginea Scop., häufig, Pollen und Antheren fressend. b) *Nitidulidae*: 2. Meligethes sp., sgd. und pfd. B. Diptera: a) *Empidae*: 3. Rhamphomyia sp., sgd. b) *Muscidae*: 4. Anthomyia radicum L., sgd. und pfd.; 5. Mydaea sp., pfd.; 6. Trichopthicus cunctans Mg., sgd., häufig. c) *Syrphidae*:

7. Eristalis aeneus Scop., häufig, sgd.; 8. E. horticola Deg., w. v.; 9. E. tenax L., w. v.; 10. Volucella pellucens L., sgd. C. Hymenoptera: *Apidae*: 11. Bombus agrorum F., sgd., häufig; 12. Halictus rubicundus Chr., sgd.; 13. Psithyrus campestris Pz., sgd. D. Lepidoptera: *Rhopalocera*: 14. Pieris napi L., sgd.; 15. Polyommatus phlaeas L., sgd.; 16. Vanessa urticae L., sgd.

Burkill (Flowers and Insects in Great Britain Pt. I.) beobachtete in der schottischen Ostküste:

A. Coleoptera: *Nitidulidae*: 1. Cercus rufilabris Ltr., sgd.; 2. Meligethes aeneus F., sgd.; 3. M. picipes Sturm; 4. Pria dulcamara Scop., sgd. B. Diptera: a) *Bibionidae*: 5. Bibio lepidus Lw.; 6. Scatopse brevicornis Mg., sgd. und in copula. b) *Muscidae*: 7. Anthomyia brevicornis Ztt., sgd.; 8. A. radicum L., sgd. und pfd.; 9. Calliphora erythrocephala Mg., sgd.; 10. Coelopa sp., sgd. und pfd.; 11. Ensina sonchi L.; 12. Lonchoptera sp.; 13. Lucilia cornicina F., sgd. und pfd.; 14. Morellia importuna Hal., sgd.; 15. Oscinis frit L., sgd.; 16. Sarcophaga carnaria L., sgd.; 17. S. sp., sgd.; 18. Scatophaga stercoraria L.; 19. Sepsis cynipsea L.; 20. Siphona geniculata Deg., sgd. und pfd.; 21. Stomoxys calcitrans L., sgd. und pfd. c) *Phoridae*: 22. Phora sp. d) *Syrphidae*: 23. Arctophila mussitans F., sgd.; 24. Eristalis arbustorum L., sgd.; 25. E. horticola Deg., sgd.; 26. E. pertinax Scop., sgd.; 27. E. tenax L., sgd.; 28. Helophilus pendulus L., sgd.; 29. Platycheirus albimanus F.; 30. P. manicatus Mg.; 31. P. scutatus Mg., sgd.; 32. Syritta pipiens L., sgd.; 33. Syrphus balteatus Deg.; 34. S. corollae F.; 35. S. ribesii L. e) *Tipulidae*: 36. Anopheles sp., scheinbar sgd.; 37. Pericoma sp.; 38. Sciara sp. C. Hemiptera: 39. Heterocordylus sp., auf den Blütenständen umherkriechend, häufig. D. Hymenoptera: a) *Apidae*: 40. Bombus agrorum F., sgd.; 41. B. hortorum L., sgd.; 42. B. lapidarius L., sgd. b) *Ichneumonidae*: 43. Zwölf unbestimmte Arten. E. Lepidoptera: a) *Noctuidae*: 44. Plusia gamma L., sgd. b) *Rhopalocera*: 45. Vanessa urticae L., sgd. c) *Microlepidopterae*: 46. Chilo (Crambus) furcatellus Ztt., sgd.; 47. Plutella cruciferarum Zett., sgd.; 48. Mimaeseoptilus pterodactylus L., sgd. F. Thysanoptera: 49. Thrips sp., sehr häufig.

In Dumfriesshire (Schottland) (Scott-Elliot, Flora S. 135) wurden 2 Hummeln, 5 Schwebfliegen, mehrere Musciden, 3 Falter und mehrere Käfer als Besucher beobachtet.

Loew sah im botanischen Garten zu Berlin: Diptera: a) *Muscidae*: 1. Lucilia caesar L. b) *Syrphidae*: 2. Syritta pipiens L.

2165. M. gentilis L. [Schulz, Beiträge II. S. 126—127; Kirchner, Flora S. 609.] — Fr. Möwes fand ähnliche Unterschiede in der Grösse der zweigeschlechtigen und weiblichen (gynodiöcischen) Blüten wie bei den beiden vorigen Arten. Da diese jedoch steril sind, betrachtet Möwes (Jb. f. Syst. 1883. I. S. 189 ff.) M. gentilis nicht als eine Art, sondern als den Bastard von M. aquatica × arvensis. Nach Schulz herrscht die weibliche Form stellenweise (z. B. in Thüringen) vor oder ist selbst allein vorhanden. Nach diesem Forscher finden sich auch hin und wieder Blüten mit normalen Staubblättern.

2166. M. rotundifolia L. tritt nach Schulz (Beiträge II. S. 195) gynomonöcisch und gynodiöcisch mit protandrischen Zwitterblüten auf.

2167. M. silvestris L. [H. M., Alpenbl. S. 325; Schulz, Beiträge II. S. 195; Loew, Bl. Fl. S. 398.] — Auch diese Art tritt, nach Schulz, gynomonöcisch, seltener gynodiöcisch mit ausgeprägt protandrischen Zwitterblüten auf. Letztere sind etwa 3 mm lang. Die weiblichen Blüten sind nur wenig kleiner; sie besitzen verkümmerte Staubblätter. Stellenweise treten nur gynomonöcische Stöcke auf. Nach Heinsius sind die Zwitterblüten in Holland homogam; ausserdem treten hier auch rein weibliche Stöcke auf.

Als Besucher beobachtete Heinsius in Holland: A. Diptera: a) *Conopidae*: 1. Conops quadrifasciatus Deg. ♂. b) *Muscidae*: 2. Echinomyia magnicornis Zett. ♂; 3. E. tessellata F. ♀; 4. Sarcophaga sp. ♀. c) *Syrphidae*: 5. Eristalis arbustorum L. ♂ ♀; 6. E. nemorum L. ♂; 7. Melithreptus dispar Löw. ♂. B. Hymenoptera: a) *Apidae*: 8. Anthrena nigriceps K. ♀; 9. Apis mellifica L. ♀; 10. Halictus flavipes F. ♀; 11. H. zonulus Smith ♂; 12. Psithyrus vestalis Fourcr. ♂; 13. Sphecodes gibbus L. ♂. b) *Sphegidae*: 14. Ammophila sabulosa L.; 15. Cerceris variabilis Schrank; 16. Oxybelus trispinosus F. ♂. C. Lepidoptera: *Rhopalocera*: 17. Coenonympha pamphilus L.; 18. Epinephele hyperanthus L.; 19. Lycaena aegon W. V. ♀; 20. Pieris napi L. ♂.

Herm. Müller beobachtete in den Alpen 8 Fliegen, 5 Hymenopteren, 3 Falter.

Schletterer giebt für Tirol als Besucher an die Apiden: 1. Halictus morbillosus Krchb.; 2. Sphecodes gibbus L.; v. Dalla Torre daselbst die Faltenwespe Eumenes pomiformis F.

Loew bemerkte in Tirol (Beiträge S. 60): Volucella inanis L.; Mac Leod in den Pyrenäen 4 Hymenopteren, 5 Falter, 2 Käfer, 4 Schwebfliegen und 4 Musciden als Besucher (B. Jaarb. III. S. 324, 325.)

Loew sah im botanischen Garten zu Berlin: A. Diptera: a) *Muscidae*: 1. Lucilia caesar L. b) *Syrphidae*: 2. Eristalis nemorum L.; 3. Syritta pipiens L.; 4. Syrphus balteatus Deg. B. Hymenoptera: *Vespidae*: 5. Odynerus parietum L. var. renimacula Lep. Ferner daselbst an der Form:

Abyssinica eine Schwebfliege: Syritta pipiens L.; sowie an der Form: nemorosa W. eine andere: Eristalis nemorum L.

2168. M. Pulegium L. [Schulz, Beiträge II. S. 195.] — Auch diese Art besitzt ausser den protandrischen Zwitterblüten gynomonöcisch und gynodiöcisch verteilte weibliche Blüten.

477. Lycopus Tourn.

Gynomonöcische oder gynodiöcische Blumen oder protandrische Zwitterblumen mit verborgenem Honig. Weibliche Blüten meist kleiner als die zweigeschlechtigen.

2169. L. europaeus L. [H. M., Befr. S. 328, 329; Schulz, Beiträge II. S. 125, 126; Knuth, Ndfr. Inseln S. 117, 165. Bijdragen; Kirchner, Flora S. 610.] — Die kleinen weissen Blüten besitzen meist ein Saftmal in Form einiger roter Punkte auf der Unterlippe. Die Kronröhre der Zwitterblüten ist nur 3—4 mm lang, am Eingange etwa 2½ mm und im Grunde kaum 1 mm weit. Die Honigabsonderung erfolgt wieder von der grossen fleischigen Unterlage des Fruchtknotens. Der Nektar wird durch einen dichten Besatz von der Innenwand der Kronröhre abstehender Haare gegen Regen geschützt. Infolge der Kürze und der Weite der Kronröhre ist der Honig auch sehr kurzrüsseligen Insekten zugänglich.

Im ersten Blütenzustande ragen die zwei ausgebildeten Staubblätter mit pollenbedeckten Antheren aus der Blüte hervor, während die beiden Griffeläste noch geschlossen sind. Im zweiten Blütenzustande sind die Staubblätter verwelkt und abwärts gebogen, und die entwickelte Narbe steht im Blüteneingange. Spontane Selbstbestäubung ist daher ausgeschlossen. Die Verkümmerung des zweiten Staubblattpaares ist, nach H. Müller, lediglich durch die geringe Blütengrösse bedingt.

Häufig sind alle vier Staubblätter verkümmert. Diese weiblichen Blüten sind oft nur $1/2$—1 mm lang. Sie treten teils auf gesonderten Stöcken auf, teils kommen sie zusammen mit Zwitterblüten vor. Die rein weiblichen oder zum grossen Teile weiblichen Stöcke sind vegetativ kräftiger als die rein oder fast rein zwitterigen Stöcke.

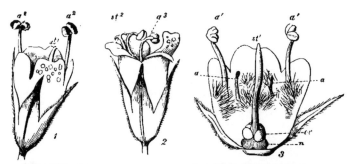

Fig. 308. Lycopus europaeus L. (Nach Herm. Müller.)

1 Blüte im ersten (männlichen) Zustand, von unten gesehen. *2* Dieselbe, im zweiten (weiblichen) Zustande, von der Seite gesehen. (Man denke sich diese Figur bis in die wagerechte Lage rechts herumgedreht.). *3* Dieselbe im ersten Zustande, nach Entfernung der Unterlippe auseinander gebreitet und von unten gesehen. *a* Antherenrudimente, *n* Nektarium, a^1 entwickelte Antheren vor dem Aufspringen, a^2 dieselben blühend, a^3 dieselben verblüht, st^1 Narbe, noch unentwickelt, st^2 dieselbe entwickelt.

Als Besucher sah ich in Schleswig-Holstein eine Hummel (Bombus silvarum L. ♀, sgd.), eine Schlupfwespe (Bassus tarsatorius Pz., sgd.) und 2 Schwebfliegen (Syritta pipiens L., Syrphus ribesii L., sgd.).

Herm. Müller beobachtete in Westfalen und Thüringen folgende Besucher:

A. Diptera: a) *Muscidae*: 1. Lucilia cornicina F., sgd., in Mehrzahl; 2. L. silvarum Mg., w. v.; 3. Pollenia vespillo F., sgd.; 4. Sarcophaga albiceps Mg., häufig, sgd. Ausserdem zahlreiche kleine Mücken von $1^1/2$ mm Länge. b) *Syrphidae*: 5. Melithreptus scriptus L., sgd. und pfd.; 6. Syritta pipiens L., sehr häufig, sgd. und pfd. B. Hemiptera: 7. Einige ihm unbekannte Wanzenarten. C. Hymenoptera: *Vespidae*: 8. Polistes gallica L.; 9. P. diadema Ltr., beide sgd., in Mehrzahl (Thür.). D. Lepidoptera: 10. Adela spec., sgd. E. Thysanoptera: 11. Thrips, sehr zahlreich.

Mac Leod (Bot. Jaarb. V. S. 365, 366; IV. 372) bemerkte in Flandern Apis, 1 Hummel, 3 kurzrüsselige Bienen, 5 Schwebfliegen, 4 Musciden, 3 Faltenwespen und 1 Falter als Besucher.

2170. L. exaltatus L. fil. ist nach Schulz (Beiträge II. S. 195) gynodiöcisch (nach Herbarexemplaren).

478. Salvia L.

Sprengel, S. 58—62; Hildebrand, Salvia; Correns, Salvienblüte; Kerner, Pflanzenleben II.

Meist protandrische, selten homogame, häufig gynodiöcische Hummel- oder Bienenblumen mit zwei Staubblättern, deren Konnektive in zweiarmige Hebel umgewandelt sind. Meist ist das obere pollenhaltige Antherenfach unter der Oberlippe verborgen und so gegen Regen geschützt. Es wird durch eine zu dem im Blütengrunde von der Unterlage des Fruchtknotens abgesonderten Honig vordringende Hummel dadurch zum Hervortreten veranlasst, dass der Kopf des Insekts das meist pollenlose untere, im Blüteneingange stehende Antherenfach vor sich herdrängt. Dabei wird das obere, pollenführende Fach dem Rücken der die Unterlippe als Halteplatz benutzenden Hummel angedrückt und dieser mit Blütenstaub bedeckt, welcher auf die Narbe einer im zweiten Stadium befindlichen Blüte getragen wird, indem dann die Narbenpapillen sich entfaltet haben und im Blüteneingange stehen, so dass sie von den Besuchern zuerst gestreift werden müssen.

Die vollkommenste Ausbildung dieser Hebeleinrichtung hat wohl S. glutinosa erfahren. Bei anderen Arten ist das „Schlagwerk“, wie Kerner, oder der „Schlagbaummechanismus“, wie Müller die Einrichtung nennt, weniger vollkommen ausgebildet, indem entweder nicht die Konnektive, sondern die Oberlippe selbst beweglich ist (S. verticillata) oder Griffel und Antherenhälften nicht von der Blüte eingeschlossen sind (S. tubiflora). Diejenigen Arten, welche eine bewegliche Verbindung von Filament und Konnektiv besitzen, verhalten sich, nach Correns, insofern verschieden, als bei der einen Gruppe derselben die untere Konnektivhälfte meist nicht nur als Stossfläche dient, sondern auch die Saftdecke bildet (S. pratensis, silvestris, Horminum, hispanica, tilifolia), während bei einer zweiten Gruppe noch eine besondere Saftdecke vorhanden ist (S. glutinosa u. s. w.).

Einige Arten besitzen nach Delpino eigentümliche „Klebstoffkügelchen“ an den Antheren (S. verticillata, officinalis, Sclarea), welche dazu dienen sollen, die Pollenkörner besser an den Besuchern haften zu lassen. Nach Correns' Untersuchungen beruht diese Ansicht aber auf einem Irrtume; es handelt sich hier um gewöhnliche Drüsenhaare, welche bei anderen Salbeiarten an den verschiedensten Teilen der Blüten auftreten und zwar auch an solchen, welche von den Insekten niemals berührt werden. Es ist demnach die von Delpino ausgesprochene Vermutung über die biologische Bedeutung dieser Gebilde nicht haltbar.

Bei manchen Arten (S. Horminum, silvestris, Sclarea) dienen buntgefärbte Hochblätter zur Erhöhung der Augenfälligkeit.

2171. S. pratensis L. [Sprengel, S. 58—62; Axell, S. 45, Anm.; Hildebrand, Salvia; H. M., Befr. S. 321, 322; Alpenblumen S. 315 bis 317; Weit. Beob. III. S. 55; Kirchner, Flora S. 616; Schulz, Beiträge I. S. 78; II. S. 127—129; Loew, Bl. Fl. S. 392, 400; Correns, Salvienblüte; Knuth, Bijdragen.] — Die meist dunkelblaue Blumenkrone steht wagerecht. Die Kronröhre birgt den von der gelben, fleischigen Unterlage des Fruchtknotens abgesonderten Honig. Die Unterlippe bildet eine bequeme Anflugstelle und einen sicheren Halteplatz für die nektarsuchenden Bienen. Die helmförmige Oberlippe ist ein Schutzdach für die pollenführenden Antherenfächer. Der Eingang zur Kronröhre ist durch die beiden im Laufe der Blütenentwickelung mit einander verwachsenden plattenförmigen, pollenlosen, löffelartigen Konnektivschenkel geschlossen. Der pollenführende ist etwa dreimal so lang wie der pollenlose. Die Verbindung des Staubfadens mit dem Konnektiv ist, wie schon Sprengel bemerkte, eine bewegliche. Diese Verbindung ist, nach Correns,

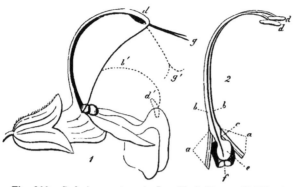

Fig. 309. Salvia pratensis L. (Nach Herm. Müller.)

1 Blüte von rechts gesehen. *2* Staubblätter von rechts und vorn gesehen. (Vergr. 2 : 1.) *a* Staubfaden. *b* Oberer Arm des Konnektivs, *c* unterer Arm des Konnektivs. *d* Obere Antherenhälfte, *e* untere Antherenhälfte, zu einer die Blumenröhre verschliessenden Platte umgewandelt. *f* Verwachsungspunkt der beiden unteren Antherenhälften, *g* Griffel im ersten Stadium, *g'* Griffel im zweiten Stadium. Die punktierte Linie *b' d'* bezeichnet die Stellung der hervorgedrehten Antheren.

kein cylindrisches Gelenk, sondern ein echtes Torsionsgelenk, welches sich durch auffallende Dehnbarkeit auszeichnet: es gestattet bei künstlicher Drehung eine Torsion von 180°, während die besuchenden Insekten nur eine Drehung von 35—60° bewirken. Dieses Torsionsgelenk wird durch eine muschelförmige Verbreiterung der Gelenkenden, ein „Gelenkkissen", in seiner Lage fixiert. Durch einen in die Blüte eindringenden Insektenkopf werden die beiden verschliessenden Platten nach oben und hinten gedrängt, dagegen die fertilen Schenkel,

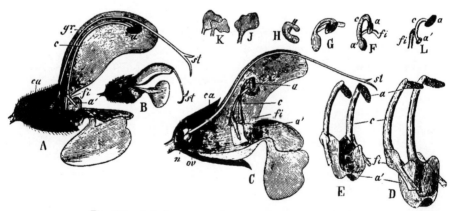

Fig. 310. Salvia pratensis L. (Nach Herm. Müller.)

A Grossblumige Form, nach Entfernung eines Teils der Blumenkrone. (2 : 1.) *B* Kleinblumige Form. (2 : 1.) *C* Die letztere im Aufriss bei stärkerer Vergrösserung. *D—K* Staubblätter in verschiedenen Graden der Verkümmerung. (7 : 1.) *L* Ein Staubblatt von Salvia officinalis. Bedeutung der Buchstaben wie in Fig. 213.

welche die auf ihrer unteren Seite mit Pollen bedeckten Antherenhälften tragen, nach vorn und unten gedreht. Auf diese Weise wird also nicht nur der Eingang zum Nektar frei, sondern die pollenhaltigen Antherenfächer senken sich auf den Rücken des Besuchers und bedecken ihn an der berührten Stelle mit Blütenstaub. Wenn das Insekt nun seinen Kopf wieder aus der Blüte zurückzieht, so kehren die Konnektive und die Antheren in ihre frühere Lage zurück. In älteren Blüten streift das eindringende Insekt zuerst die dann vor dem Blüteneingange stehenden Narbenflächen. Diese entwickeln sich erst, wenn die Antheren bereits verstäubt haben; nach Müller ist daher spontane Selbstbestäubung ausgeschlossen.

Ausser dieser grossblumigen, zweigeschlechtigen Form beobachtete H. Müller in den Alpen kleinblumige weibliche Stöcke, deren Hebelwerke in verschiedenen Graden verkümmert sind. Die weniger verkümmerten werden von den Hummeln in Bewegung gesetzt, doch natürlich ohne Nutzen für die Pflanze; die verkümmertsten Staubblätter stellen kleine Läppchen dar. (Fig. 310.) Nach Correns bleibt in diesen kleinhülligen Blüten der Konnektivlöffel erhalten, wenn auch die übrigen Teile der Staubblätter verkümmert sind. Dadurch ist nicht nur der Nektar gegen unberufene Grösse geschützt, sondern es werden auch die besuchenden Bienen gezwungen, diese kleinhülligen Blüten in derselben Weise auszubeuten, wie die grosshülligen, wobei dann die Narbe der verkümmerten Blüten mit Pollen aus den Blüten der vollkommen ausgebildeten belegt werden muss.

Ausser den zweigeschlechtigen und weiblichen Stöcken kommen auch gynomonöcische vor.

Schulz unterscheidet vier in Deutschland auftretende Formen:

1. Grossblütige Zwitterblumen: Krone 27—29 mm lang, Öffnung derselben 9—10 mm, Länge des Konnektivs 15—18 mm, des Stempels 32 bis 42 mm; protandrisch oder homogam; im letzteren Falle ist spontane Selbstbestäubung möglich, da sich die Narbe in der Fallrichtung des Pollens befindet. Diese Form ist mit der folgenden durch Übergänge verbunden.

2. Kleinblütige Zwitterblumen: Krone 16—23 mm lang, ihre Öffnung 6—8 mm, Konnektiv 8—16 mm, Stempel 25—35 mm; meist homogam oder schwach, selten ausgeprägt protandrisch; bei Langgriffeligkeit spontane Selbstbestäubung leicht möglich.

3. Grossblütige weibliche Blumen: Krone 19—24 mm lang, Höhe 6—7 mm, Länge des Stempels 28—34 mm, der Konnektive durchschnittlich 6 mm; das Hebelwerk mehr oder minder reduziert; Antheren zuweilen normal, aber ohne entwickelten Pollen.

4. Kleinblütige weibliche Blumen: Krone 10—15 mm lang, 5 bis 6 mm hoch, Konnektive gewöhnlich 3—4 mm lang, doch auch zuweilen ganz verschwunden, Antheren winzig. Stempel 20—25 mm lang, infolge der geringen Blumengrösse oft weit hervorragend.

Neben Stöcken, welche nur eine dieser vier Formen trugen, kommen auch solche vor, welche weibliche und zweigeschlechtige gleichzeitig besitzen. Die verschiedenen Blütenformen stehen entweder in verschiedenen Quirlen, und dann stehen die weiblichen gewöhnlich an der Spitze des Blütenstandes, oder sie stehen in denselben Quirlen, und dann sind gewöhnlich die Seitenblüten der meist dreiblütigen Halbquirle weiblich.

In den niederen Gegenden Südtirols fand S c h u l z die Blüten durchschnittlich kleiner als in Deutschland: die Länge der Krone schwankt hier meist zwischen 18 und 22 mm, die Höhe des Blüteneinganges zwischen 6 und 9 mm, die Länge des Griffels zwischen 23 und 36 mm. Zuweilen sinkt die Blütengrösse auf 12, ja auf 10 mm herab. Die Blüten sind in den niederen Gegenden Südtirols teils schwach protandrisch, teils homogam. Spontane Selbstbestäubung ist sowohl in Blüten mit sehr kurzem als auch in solchen mit bedeutend verlängertem Griffel möglich, da im ersten Falle die Narbe unmittelbar mit den Antheren in Berührung kommt, im zweiten sie durch Abwärtsbiegung des Griffels in die Fallrichtung des Pollens gelangen kann. Diese Möglichkeit spontaner Selbstbestäubung ist für beide Formen wichtig, denn bei beiden wird durch die besuchenden Insekten nicht leicht Fremdbestäubung herbeigeführt: im ersteren Falle reichen die Narben nicht bis auf den Rücken der Besucher herab, im zweiten legen sie sich meist an die nicht mit Pollen bedeckte Seite des Besuchers an.

In den höheren Gegenden Südtirols nimmt die Blütengrösse wieder zu. Weibliche Stöcke finden sich in Südtirol und Norditalien stellenweise ebenso häufig wie zweigeschlechtige; ebenso treten vielfach gynomonöcische Pflanzen auf. Die Grösse und Gestalt der Nektarien ist gleichfalls wechselnd: in kleinen Zwitterblüten und in weiblichen Blüten sind sie schwächer entwickelt, doch ist die Honigabsonderung eine ebenso starke wie in den grossblütigen. Auch der Insektenbesuch ist in den verschiedenen Formen ein gleichmässiger. — Pollen, nach Warnstorf, gelb, im Wasser fast kugelig, glatt, bis 56 μ diam.

Eine merkwürdige monströse Form var. a p e t a l a, welche Wetterhahn entdeckte und zuerst beschrieb, ist von F. P a x nach Pflanzen, welche seit Jahren im botanischen Garten zu Berlin kultiviert werden, genauer untersucht worden. Die Bezeichnung „var. apetala" entspricht nicht dem thatsächlichen Verhalten, denn beide Blütenhüllkreise sind vorhanden. Der Kelch bildet eine glockige Röhre, die Krone ist vergrünt und wird von vier lanzettlichen oder eiförmigen Blättchen gebildet. Staubblätter fehlen; aus der Krone ragen eine Anzahl griffelähnlicher Fäden hervor. Samenbildung erfolgt natürlich nicht; die Pflanze vermehrt sich nur auf vegetativem Wege.   .

Auch G e i s e n h e y n e r (Deutsche bot. Monatsschr. XV) beobachtete (bei Kreuznach) eine Umformung des Staubblattes von S a l v i a p r a t e n s i s. Es fehlte die schlagbaumartige Hebelvorrichtung, mithin auch das Scharniergelenk an der Spitze des Filamentes. Der Staubfaden trug nämlich ein nur nach der Seite der Oberlippe hingewendetes, sichtlich aus zwei Fäden verwachsenes Konnektiv, das sich an der Spitze in zwei etwas ungleiche Teile spaltete, davon jeder ein freies Fach trug. Das dem längeren Teile anhaftende war schon aufgesprungen und hatte den Pollen fast ganz entleert; das andere war noch nicht ganz eröffnet, aber dicht mit Pollen angefüllt.

Als Befruchter treten ausschliesslich langrüsselige Bienen auf, die sonstigen Besucher sind für die Blüten nutzlos. Bereits Sprengel beobachtete eine Hummel als Besucher und Befruchter, ebenso Hildebrand. Auch Schulz sah Hummeln als Befruchter. Ich sah im botanischen Garten zu Kiel zwei langrüsselige Apiden (Bombus agrorum F. ♀, sgd. und Eucera longicornis L. ♀ ♂, sgd.

Herm. Müller beobachtete in den Alpen 5 Hummeln, 1 Käfer, 10 Falter (darunter auch Pieris, den schon Sprengel als unnützen Blütengast bezeichnet).

In Mittel- und Süddeutschland beobachteten Herm. Müller (1) und Buddeberg (2) folgende Besucher:

A. Diptera: a) *Bombylidae:* 1. Bombylius canescens Mik., sgd. (1, Thür.). b) *Conopidae:* 2. Dalmannia punctata F., an den Blüten (2). B. Hymenoptera: *Apidae:* 3. Anthrena sp., ♂, sgd. (1, Strassburg); 4. Anthidium manicatum L. ♀ ♂, sgd., sehr wiederholt (1); 5. Anthophora personata Ill. ♀ ♂, sgd. (1, Strassburg); 6. Bombus agrorum F. ♀, sgd. (1, Strassburg); 7. B. pratorum L. ♀, sgd. (1, Thür.); 8. B. silvarum L. ♀ ♀, sgd. (1); 9. Chelostoma nigricorne Nyl. ♂, sgd. (1, Strassburg, 2); 10. Eucera longicornis L. ♂, sgd. (2); 11. Halictus villosulus K. ♀, in die Blüten kriechend (2); 12. Megachile centuncularis L. ♂, sgd. (1, Strassburg); 13. M. fasciata Sm. ♂, sgd. (1); 14. M. sp. ♂, sgd. (1, Strassburg); 15. Osmia adunca Latr. ♂, sgd. (1, Strassburg, 2); 16. O. aenea L, ♀. sgd. (1, Strassburg), 17. O. rufa L. ♀, sgd. (1); 18. Xylocopa violacea L., sgd. (1, Strassburg). Von unnützen Gästen sind Weisslinge (Sprengel) und Plusia gamma L. (1) beobachtet. Ausserdem sah H. M. häufig kleine Bienen (Halictus morio F. ♀, H. nitidiusculus K. ♀, H. nitidus Schck. ♀, H. sexstrigatus Schck. ♀, Prosopis communis Nyl. ♂ ♀) mit geringer und nutzloser Drehung des Hebelwerks zum Honig gelangen.

Loew beobachtete in Brandenburg (Beiträge S. 45): A. Hymenoptera: *Apidae:* 1. Anthophora aestivalis Pz. ♂, sgd.; 2. A. pilipes F. ♀, sgd. und psd.; 3. Bombus hortorum L. ♀, sgd. und psd.; 4. Halictus xanthopus K. ♀, psd. B. Lepidoptera: *Sphingidae:* 5. Macroglossa bombyliformis O., sgd.; in Tirol (Beiträge S. 62): Chalicodoma muraria Retz. ♀, sgd. und psd.; Schmiedeknecht in Thüringen: Hymenoptera: *Apidae:* 1. Bombus latreillellus K. (= subterraneus L.); 2. B. rajellus K. (= derhamellus K. ♀); 3. B. ruderatus F.; 4. B. soroënsis F. ♀; Friese daselbst Bombus variabilis Schmiedekn.; Rössler bei Wiesbaden den Falter: Agrotis ypsilon Rott.; Hoffer in Steiermark die Apiden: 1. Bombus derhamellus K. ♀; 2. B. argillaceus Scop.

Friese giebt für Fiume, Mehadia und Triest Podalirius dufouri Lep. als Besucher an (nach Korlević); Ducke beobachtete bei Triest gleichfalls dieselbe Biene.

Schletterer führt als Besucher für Tirol auf die Apiden: 1. Bombus mastrucatus Gerst.; 2. B. muscorum F.; 3. B. subterraneus L.; 4. Melecta luctuosa Scop.; Dalla Torre ausserdem B. silvarum L. ♀.

Ferner beobachtete Loew im botanischen Garten zu Berlin: Hymenoptera: *Apidae:* 1. Anthidium manicatum L. ♂, sgd., ♀ mehrere Blüten besuchend und dann auf S. pratensis fl. albo übergehend; 2. Bombus hortorum L. ♀, am Kelch sich ansetzend, dann aber normal sgd.

An der Form variegata sah Loew daselbst:

A. Diptera: *Syrphidae:* 1. Platycheirus scutatus Mg., längere Zeit über einer Blüte schwebend, dann sich auf der Unterlippe niederlassend. B. Hymenoptera: *Apidae:* 2. Anthidium manicatum L. ♂, sg.; 3. Apis mellifica L. ♀, erfolglos sgd.

2172. S. silvestris L. [H. M., Befr. S. 325; Weit. Beob. III. S. 56; Correns, Salvienblüte; Delpino, a. a. O.; Schulz, Beiträge I. S. 78—79; Knuth, Herbstbeob.] — Die Blüteneinrichtung stimmt im ganzen mit derjenigen von S. pratensis überein, doch ist die Kronröhre nur 4 mm lang, so dass auch kurzrüsselige Hymenopteren mit Leichtigkeit zum Nektar kommen können. Die von Correns untersuchte kleinhüllige Form stimmt auch in Bezug auf die Staubblätter mit der entsprechenden von S. pratensis überein. Die Antherenhälften des freien Konnektivschenkels sind unbeweglich; die 3 mm langen Konnektive werden kaum in Bewegung gesetzt. Zwar sind die Löffelenden verbunden, doch reisst das Gelenk zwischen Filament und Konnektiv leicht ab.

Schulz unterschied in Mitteldeutschland folgende Formen:

1. Grossblütige Zwitterblumen: Kronlänge 10—12 mm. Meist ausgeprägt protandrisch.

2. Mittelgrosse Zwitterblumen: Ganz homogam; Stempel auffallend kurz; Narben völlig zwischen den Antheren liegend, daher spontane Selbstbestäubung unvermeidlich. (So z. B. bei Halle.)

3. Kleinblütige Zwitterblumen: Kronlänge 7—8 mm. Schwach protandrisch oder ganz homogam.

4. Grossblütige weibliche Blumen: Kronlänge 9—11 mm; Antheren wenig kleiner als die normalen, doch pollenlos.

5. Kleinblütige weibliche Blumen: Kronlänge 5—8 mm; Staubblätter zuweilen ganz verkümmert.

Die beiden weiblichen Formen pflegen auf verschiedenen Stöcken vorzukommen. Auch gynomonöcische Pflanzen haben meist nur grosshüllige oder kleinhüllige Blüten.

Als Besucher beobachtete ich im botanischen Garten zu Kiel Bombus terrester L., sgd.; Herm. Müller in Thüringen: 1. die Honigbiene (mit 6 mm langem Rüssel) psd., den Scheitel sich mit Pollen bestäubend; 2. eine Grabwespe, Psammophila affinis K., ♀, mit 4 mm langem Rüssel, hfg., sgd.; ferner zwei Weisslinge, für die Blume unnütze Besucher: 3. Pieris rapae L. und 4. P. napi L. sgd.

Schulz beobachtete hin und wieder Hummeleinbruch.

Als Besucher giebt Friese für Siebenbürgen an die Sammelbienen: 1. Eucera armeniaca Mor.; 2. Podalirius borealis Mor. und für Ungarn: 3. Eucera tricincta Er.; 4. Meliturga clavicornis Ltr.

Loew beobachtete im botanischen Garten zu Berlin: Hymenoptera: *Apidae*: Apis mellifica L. ♀, sgd., Thorax dicht bestäubt. Dieselbe dort auch an der Form nemorosa.

2173. S. glutinosa L. [Sprengel, S. 63; H. M., Befr. S. 324; Alpenblumen S. 317, 318; Ogle, Pop. Sc. Rev. 1869; Darwin, Cross. S. 427; Kerner, Pflanzenleben II. S. 261; Correns, Salvienblüte; Knuth, Bijdragen.] — In den grossen gelben Blumen ist das untere Antherenfach gänzlich pollenleer und völlig in die Kronröhre zurückgezogen. Letztere ist so lang, dass nur Hummeln mit einem etwa 14 mm langen Rüssel den Honig auf normalem Wege ausbeuten können. Die Kronröhre ist nämlich (an den Exemplaren des botanischen Gartens zu Kiel) 18—19 mm lang, am Eingange jedoch 4—5 mm tief erweitert, so dass der Hummelkopf ganz in den Blüteneingang einzudringen vermag.

Nach Correns unterscheidet sich S. glutinosa von S. pratensis und verwandten Arten dadurch, dass die unteren Konnektivhälften nicht mehr gleichzeitig als Saftdecke dienen, sondern noch eine besondere Saftdecke vorhanden ist; sie kehren den Besuchern nicht die Fläche, sondern die Kante der Konnektivplatte entgegen. Die Verbindungen zwischen den beiden Antheren und den beiden sterilen Konnektivflächen sind sehr veränderlich. Die Membranen des Gelenkstückes sind auch hier äusserst dehnbar; die Gelenke verschiedener Blüten setzen der Torsion einen verschiedenen Widerstand entgegen.

Als Besucher beobachtete schon Sprengel Hummeln. Ogle fand zuerst Hummeleinbruch, doch konnte er die Art nicht feststellen. H. Müller beobachtete in Graubünden und ich im Berner Oberland (zwischen Interlaken und Grindelwald) Bombus mastrucatus Gerst. als Honigräuber, indem diese Hummel die Kronröhre oben anbiss und durch das gebissene Loch den Honig saugte. Dieselbe sah auch Frey-Gessner. Als normal saugende Besucher sah ich im botanischen Garten zu Kiel Bombus agrorum F. ♀ und Bombus hortorum L. ♀.

Gerstäcker beobachtete bei Kreuth die Apiden: 1. Bombus mastrucatus Gerst. ♀ ☿; 2. Psithyrus vestalis Fourc.

Schletterer giebt als Besucher für Tirol an die Apiden: 1. Bombus argillaceus Scop.; 2. B. derhamellus K.; 3. Xylocopa violacea L.; Dalla Torre B. mastrucatus Gerst.

Auch Loew (Ber. d. d. b. Ges. IV. 1886. S. 128, 129) beobachtete im botanischen Garten zu Berlin Bombus hortorum L. als Besucher; doch scheint nicht regelmässig die Befruchtung vollzogen zu werden, denn Loew bemerkte, dass im Herbst (Mitte September) ein ♂ dieser Hummel bei dem hinter einander ausgeführten Besuche von etwa 50 Blüten desselben Stockes nicht ein einziges Mal mit dem dicht bestäubten Rücken die Griffelspitze streifte. Bei der Mehrzahl der Blüten waren die Konnektivplatten getrennt.

Die klebrigen Drüsenhaare der Blüte bilden, nach Loew, ohne Zweifel einen Schutz gegen unberufene Gäste, da er an mehreren Kelchen Musciden und Ameisen angeklebt fand.

2174. S. Sclarea L. [Hildebrand, Jb. f. wiss. Bot. 1865; H. M., Befr. S. 322; Correns a. a. O.; Schulz, Beiträge.] — Die Blüteneinrichtung stimmt im wesentlichen mit derjenigen von S. pratensis überein. Correns fand jedoch die Verbindung zwischen Filament und Gelenk fester: Die nach dem Filament zu gelegenen Epidermiszellen des Gelenkes zeigen nämlich eine erheblich stärkere Verdickung ihrer Membran als diejenigen Zellen, welche an das Konnektiv grenzen. Die Konnektivlöffel verschliessen den Honigzugang nicht vollständig; dafür ist in der Kronröhre eine verkümmerte Saftdecke in Form einer kleinen, fransig gewimperten Schuppe vorhanden. Ausser protandrischen Zwitterblüten beobachtete Schulz weibliche Stöcke.

Morawitz beobachtete im Kaukasus die Apiden: Bombus haematurus Kriechb.; 2. Eucera similis Mor.; 3. Eucera spectabilis Mor.; 4. Podalirius raddei Mor.; 5. P. tarsatus Spin. als Besucher.

2175—79. S. aethiopica (S. Aethiopis L.?), S. argentea L., S. virgata Ait., S. pendula Vahl., S. rubra Spr. haben nach Hildebrand (a. a. O.) eine ähnliche Blüteneinrichtung wie S. pratensis.

Als Besucher von S. argentea L. sah Loew im botanischen Garten zu Berlin Megachile fasciata Sm. ♂, sgd.; von S. virgata Ait. daselbst Apis sgd.

2180. S. nutans L. weicht, nach Hildebrand (a. a. O.) und Correns (a. a. O.), dadurch von S. pratensis ab, dass die Konnektive vollkommen

gerade, nicht gebogen sind und daher die Staubblätter auch viel schwächer hervortreten. Da die Blüten zu hängenden Trauben vereinigt sind, mithin eine umgekehrte Stellung haben, so setzen sich die Besucher auf die Oberlippe und
werden auf diese Weise von den schwach hervortretenden Antheren an der
Unterseite des Körpers bestäubt.

2181. S. splendens Hildebrand. Nach Hildebrand (a. a. O.) sind
die unteren Antherenhälften keine nach vorn zusammengebogenen, sondern ein-
fache Platten, welche fast ganz miteinander verwachsen sind.

2182. S. Grahami Bentham besitzt, nach Hildebrand (a. a. O.), homogame Blüten, deren Griffel die Antheren kaum überragt.

2183. S. lanceolata Brouss. hat dieselbe Einrichtung, wobei der untere
Narbenlappen, nach Hildebrand, zwischen den Antheren liegt, mithin spontane
Selbstbestäubung erfolgt.

2184. S. hirsuta Jacq. ist, nach Hildebrand (a. a. O.), gleichfalls der
spontanen Selbstbestäubung fähig, indem sich der stark verbreiterte untere Narbenlappen soweit zurückkrümmt, dass er mit beiden Antheren in Berührung kommt.
Diese Autogamie ist nach Hildebrands Versuchen durchaus von Erfolg.

2185. S. officinalis L. [Sprengel, S. 62—64; Hildebrand, a. a. O.;
Delpino, Ult. oss.; H. M., Befr. S. 323; Weit. Beob. III. S. 55—56; Ogle,
Pop. Sc. Rev. 1869; Knuth, Bijdragen; Grundriss S. 83, 84; Kirchner,
Flora S. 618, 619; Correns, a. a. O.; Schulz, Beiträge II. S. 195 und
217.] — Die violetten, protandrischen Blüten besitzen auf der Unterlippe dunkelviolette und weissliche Streifen als Saftmal. Als Saftdecke dient ein Haarring
in der Kronröhre unmittelbar über dem Nektar. Die Blüteneinrichtung weicht

Fig. 311. Salvia officinalis L.
(Nach Herm. Müller.)

Blüte nach Entfernung der rechten Hälfte
des Kelches und der Blumenkrone, von
der rechten Seite gesehen. Bedeutung der
Buchstaben a—g wie in Fig. 309. h Honigdrüse i Fruchtknoten. k Verkümmerte
Anthere. l Saftdecke.

in folgendem von derjenigen von S. pratensis ab: Die Oberlippe ist kurz, aber
so breit, dass sie den Blüteneingang vor
Regen schützt. Die beiden Konnektivschenkel sind viel kürzer, als bei S. pratensis. Auch das untere Antherenfach
enthält meist noch etwas Pollen, doch ist
es stets viel kleiner als das obere und
enthält ein viertel, höchstens bis halb so
viel Pollenkörner wie das obere; selten ist
es ganz verkümmert. Der untere Konnektivschenkel ist daher auch nicht zu einer den
Blüteneingang verschliessenden Platte um-
gebildet, sondern nierenförmig, fast wie der obere gestaltet, nur etwas kleiner. Es
ist daher das „Schlagwerk" dieser Art als weniger vollkommen anzusehen als das-
jenige von S. pratensis. Die beiden Antherenhälften stehen im Blüteneingange, die oberen etwas weiter nach vorn gerichtet als die unteren. Sie liegen
so fest aneinander, dass beide immer gleichzeitig abwärts gedreht werden und
auch gemeinsam in ihre ursprüngliche Lage zurückkehren. Die in die Blüte
eindringenden Bienen gelangen zwischen den auseinandergespreizten Staubfäden

leicht zum Honig, nachdem sie mit dem Kopfe gegen die beiden unteren Antherenhälften gestossen haben und unmittelbar darauf von den sich alsdann herabsenkenden oberen auf dem Rücken bestäubt sind. Während in jüngeren Blüten die Narbe mit noch zusammengelegten Ästen nur wenig aus der Oberlippe hervorragt, hängt sie in älteren so im Blüteneingange, dass die besuchenden Bienen den mitgebrachten Pollen an den auseinandergetretenen Narbenästen abstreifen müssen. Schulz beobachtete bei Bozen rein weibliche Stöcke. Derselbe fand die Blüten auch zuweilen von Bombus terrester L. erbrochen.

Als Besucher sah ich im Garten der Ober-Realschule zu Kiel: A. Hymenoptera: *Apidae*: 1. Apis mellifica L. ☿, sgd.; 2. Bombus hortorum L. ♀ ☿, sgd., 3. B. lapidarius L. ♀ ☿ ♂, sgd.; alle drei beim Verlassen der Blüte mit einem Pollenstreifen auf dem Rücken. B. Diptera: *Syrphidae*: 4. Syrphus pyrastri L., pfd. C. Lepidoptera: *Rhopalocera:* 5. Pieris napi L., sgd., ohne Narbe oder Antheren zu berühren. Die Honigbiene ist schon von Sprengel und von Hildebrand beobachtet.

Herm. Müller (1), Borgstette (2) und Buddeberg (3) geben folgende Besucher an:

A. Diptera: *Syrphidae*: 1. Melanostoma ambigua Fall., pfd. (1). B. Hymenoptera: *Apidae*: 2. Anthidium manicatum L. ♀, sgd. (1); 3. Anthophora aestivalis Pz. ♀, sgd. (1); 4. Bombus agrorum L. ☿. sgd. (1, Strassburg. 2); 5. B. hortorum L. ♀, sgd. (1, Thür.); 6. B. pratorum L. ♀ ☿, sgd. (1, Thür.); 7. B. pomorum Pz. ♀, sgd. und psd. (1, Thür.); 8. B. rajellus K. ♀, w. v. (1, Thür.); 9. B. silvarum L. ♀, sgd. (1); 10. Chelostoma campanularum K. ♂, sgd. und psd. (1, Thür.); 11. C. nigricorne Nyl. ♂, sgd. (1, Thür., 3); 12. Eucera longicornis L. ♀ ♂, sgd. (1, Thür., 2); 13. Halictus sexnotatus K. ♀, psd. (1); 14. Osmia aenea L. ♀, sgd. (2); ♀ ♂, sgd. und psd., sehr häufig (1, Strassburg); 15. O. caementaria Gerst. ♂, sgd. (3); 16. O. rufa L. ♀, sgd. (3); 17. Prosopis communis Nyl. (2); 18. Psithyrus barbutellus K. ♀, sgd. (1. Thür.); 19. Xylocopa violacea L. ♂, sgd., häufig (1, Strassburg). C. Lepidoptera: 20. Ein Schmetterling als unnützer Besucher. (Hildebrand.)

Loew beobachtete im botanischen Garten zu Berlin: Hymenoptera: *Apidae*: 1. Anthidium manicatum L. ♀, sgd.; Apis mellifica L. ☿, stetig sgd.; Rössler bei Wiesbaden den Falter: Coleophora ornatipennella Hb.

Schletterer giebt als Besucher für Tirol (T.) an und beobachtete bei Pola die Apiden: 1. Anthrena limbata Ev.; 2. Bombus argillaceus Scop. (T. und P.); 3. B. terrester L. (T.); 4. Eucera longicornis L. (T.); 5. E. (Macrocera) ruficollis Brull.; 6. Podalirius retusus L. v. meridionalis Pér.

v. Dalla Torre beobachtete in Tirol die Biene Eucera longicornis Scop. ♂ (in Gärten).

2186. S. porphyrantha gleicht, nach T. H. Corry, S. officinalis in der Blüteneinrichtung. Auch hier sind die unteren Antherenhälften mit einer geringen Menge Pollen gefüllt.

2187. S. triangularis Thunb. hat, nach Hildebrand (a. a. O.), unbewegliche Konnektive, die fast gerade von vorn nach hinten gestreckt sind und je eine pollengefüllte Antherenhälfte an jedem Ende tragen. Da die beiden vorderen etwas vor, die beiden hinteren etwas hinter dem Blüteneingange stehen, so streifen die in die Blüte eindringenden Besucher zuerst die vorderen mit dem Rücken, sodann die hinteren mit den Seiten. Im zweiten Blütenzustande überragt die Narbe die vorderen Antherenhälften, wird also von den Insekten zuerst gestreift. Eine ähnliche Einrichtung besitzt

2188. S. tubiflora Smith, doch führen die hinteren Antherenhälften keinen Pollen, sondern sind in je eine längliche, der Oberlippe anliegende Platte umgewandelt. (Hildebrand a. a. O.)

2189. S. nilotica Jacq. stimmt, nach Hildebrand (a. a. O.) und Correns (a. a. O.), mit S. officinalis in der Blüteneinrichtung fast gänzlich überein, doch liegen die beiden unteren Konnektivschenkel lose neben einander, so dass sich jedes für sich allein drehen lässt.

2190. S. verticillata L. [Sprengel, S. 64; Hildebrand, a. a. O.; Delpino, Sugli app. S. 33, 34; H. M., Befr. S. 324; Weit. Beob. III. S. 56; Alpenbl. S. 317; Schulz, Beiträge I. S. 80, 81; II. S. 129, 130; Kirchner, Flora S. 617; Loew, Bl. Fl. S. 395; Correns, a. a. O.] — Die hellvioletten Blüten sind teils protandrische Zwitterblumen, teils sind sie gynodiöcisch oder gynomonöcisch. Die Blütengrösse ist sehr schwankend, doch lassen sich keine bestimmten Stufen unterscheiden. Die Oberlippe der Krone ist gerade vorgestreckt, nach unten zu verschmälert und eingeschnürt und so mit der Kronröhre verbunden, dass sie zurückgeklappt werden kann und die Antheren wie eine bewegliche Kapuze umgiebt. Die Konnektive sind dagegen unbeweglich an ihren Filamenten befestigt. Bei Insektenbesuch wird die Oberlippe angestossen und zurückgeklappt, wobei die beiden oberen Antherenhälften frei und von den Bienen berührt werden. Nach dem Aufhören des durch die Besucher verursachten Druckes kehren sie meist wieder in ihre ursprüngliche Lage zurück. Der untere Konnektivschenkel ist sehr verkleinert; er bildet nur einen kleinen, nach unten gerichteten, 0,7 mm langen Zahn. Die beiden oberen Konnektivschenkel, deren Antherenfächer mit Pollen angefüllt sind, liegen in der Fortsetzung der Filamente dicht neben einander in der Oberlippe. Der Griffel ist zuerst auf die Unterlippe zurückgeschlagen; er biegt sich so, dass die Narbe im Blüteneingange liegt. Anfangs ist er kurz und die Narbenäste sind noch geschlossen. Alsdann verlängert sich der Griffel und richtet sich etwas in die Höhe, während sich die Narbenäste auseinanderbiegen, so dass dieselben nunmehr vor dem Blüteneingang stehen. Honigsuchende Bienen drücken die Oberlippe der Krone zurück und behaften sich dabei in jüngeren Blüten mit Pollen, den sie in älteren Blüten auf die Narben bringen.

Während die Kronlänge der Zwitterblüten, nach Schulz, 10—15 mm beträgt, besitzen die weiblichen Blüten Kronen nur von 5—9 mm Länge. Die unteren Quirle des Blütenstandes sind gewöhnlich ganz zweigeschlechtig, die oberen ganz weiblich, oder es sind auch einzelne Seitenblüten der einseitswendigen Halbquirle im unteren Teile des Blütenstandes weiblich, oder es sind in allen Halbquirlen einzelne Seitenblüten weiblich. In den weiblichen Blüten sind die Konnektive und Filamente ganz geschwunden, so dass die pollenlosen Antheren auf der Krone selbst sitzen.

Schulz beobachtete Bisslöcher.

Als Besucher beobachtete Loew (Bl. Fl. S. 395) in Steiermark Bombus hortorum L., sgd.; Buddeberg in Nassau: Hymenoptera: Apidae: 1. Apis mellifica L. ☿, sgd., in grösster Menge; 2. Bombus pratorum L. ♀, sgd.; 3. B. silvarum L. ♀ ☿, sgd.;

4. B. tristis Seidl. ♀, sgd.; 5. Coelioxys rufescens Lep. ♀ ♂, sgd.; 6. Halictus albipes F. ♂ ♀, sgd., häufig; 7. H. leucopus K. ♀, sgd.; 8. H. longulus Sm. ♂, sgd., häufig; 9. H. nitidiusculus K. ♀, sgd.; 10. H. nitidus Schenck ♀, sgd.; 11. H. quadristrigatus Ltr. ♀, sgd.; 12. H. sexnotatus K. ♀, sgd.; 13. H. xanthopus K. ♀, sgd., häufig; 14. Osmia adunca Ltr. ♂, sgd.; 15. O. aenea L. ♀, sgd.; 16. O. caementaria Gerst. ♀, sgd.; 17. Prosopis armillata Nyl. ♂, sgd.; 18. Saropoda bimaculata Pz. ♂, sgd.; Gerstäcker bei Kreuth die Apiden: 1. Bombus jonellus K.; 2. B. mucidus Gerst.; 3. B. subterraneus L.; 4. Psithyrus vestalis Fourc.

Schletterer giebt für Tirol als Besucher an die Apiden: 1. Bombus jonellus K. 2. B. mesomelas Gerst.; 3. B. subterraneus L.; 4. Eriades florisomnis L.; 5. Halictus leucozonius Schrk. v. Dalla Torre ausserdem Anthophora furcata Pz. ♀.

2191. S. Verbenaca L. (S. verbenacea L.) kommt, nach Willis (Contributions II.), in England mit kleistogamen Blüten vor.

Als Besucher sah Loew im botanischen Garten zu Berlin: A. Diptera: *Syrphidae*: 1. Melithreptus scriptus L., aufliegend; 2. Syritta pipiens L., w. v. B. Hymenoptera: *Apidae*: 3. Anthidium manicatum L. ♀, sgd.; 4. Apis mellifica L. ☿, stetig sgd. C. Lepidoptera: *Rhopalocera*: 5. Pieris brassicae L., sgd.

2192. S. clandestina L. (Vielleicht nur eine Form der vorigen Art.) Schletterer beobachtete bei Pola die langrüsseligen Apiden: 1. Bombus argillaceus Scop.; 2. Podalirius crinipes Sm. als Besucher.

2193. S. Regeliana Trautv. [Correns a. a. O.] — Diese weissblühende Art ist in ihrer Blüteneinrichtung S. verticillata sehr ähnlich, doch ist das Konnektiv kleiner, der sterile Schenkel (im Verhältnis) kürzer und stumpfer.

2194. S. Horminum L. Die beiden sterilen Konnektivhälften sind, nach Correns (a. a. O.), ihrer ganzen Länge nach mit einander verbunden. Hierdurch wird eine sehr vollkommene Absperrung des Blüteninnern bewirkt. Diese Verbindung der einander zugekehrten Kanten der sterilen Konnektivschenkel wird durch verschieden lange Papillen hergestellt; sie ist so fest, dass eher das Gelenk zerreisst, als dass sich die beiden Hälften trennen liessen. Der Hebelapparat nebst dem Torsionsgelenk ist den entsprechenden Einrichtungen von S. pratensis ähnlich, aber einfacher und fester.

2195—96. Die Blüteneinrichtung von **S. hispanica Vahl.** und **S. tilifolia L.** ist, nach Correns, derjenigen von S. Horminum ähnlich.

2197. S. austriaca L. [Hildebrand, a. a. O.; Delpino, a. a. O.; Schulz, Beitr.] — In den protandrischen Zwitterblüten stehen, nach Hildebrand, die Antherenhälften weit von einander entfernt aus der Oberlippe hervor. Die oberen Konnektivschenkel liegen zu beiden Seiten der Oberlippe und neigen sich bei Berührung der Konnektivplatten so gegen einander, dass die Antherenfächer einander vor dem Blüteneingange berühren. Später liegt hier die Narbe, indem der Griffel sich nachträglich krümmt. Hildebrand vermutet Nachtfalter als Befruchter.

Nach Schulz kommen ausser den zweigeschlechtigen auch rein weibliche Stöcke vor.

2198. Auch bei **S. patens Cav.** ragen, nach Hildebrand (a. a. O.), die Antheren ganz oder teilweise aus der Oberlippe hervor. Der Griffel sitzt so zwischen den oberen Konnektivschenkeln, dass er die Drehung der Konnektive mitmachen muss. Dadurch kommt die die Antherenfächer überragende Narbe zuerst mit dem Rücken des Besuchers in Berührung, so dass Fremdbestäubung gesichert ist. Der Rücken des sich auf die Unterlippe setzenden Insektes wird, nach Ogle, zuerst an zwei Stellen getroffen, nämlich von der Narbe und etwas weiter nach der Brust zu von den Antherenhälften. Kriecht das Insekt nun weiter in die Blüte hinein, so rücken Narbe und Antheren weiter nach der Hinterleibsspitze des Insektes zu, so dass die Narbe nicht mit dem eigenen Pollen in Berührung kommt. Erst beim Besuch einer zweiten Blüte trifft daher die Narbe auf eine mit (fremdem) Pollen bedeckte Stelle des Insektenrückens. In solchen Blüten, in welchen der Griffel nicht lang genug ist, kann Selbstbestäubung bewirkt werden. Nach Ogle findet die Honigabsonderung bei dieser Art von Drüsenhaaren statt, welche über dem untersten Teile der Kronröhre stehen.

2199. S. carduacea B. [Hildebrand, Ber. d. d. bot. Ges. I.] — Die Oberlippe ist nicht helmförmig, sondern flach ausgebreitet. Die beiden Staubfäden sind sehr kurz, ihre Antherenhälften stehen auf einem kürzeren oberen und einem weit aus der Blüte hervorragenden unteren Schenkel. Die an den letzteren sitzenden Antherenhälften springen seitlich auf, so dass die besuchenden Insekten beiderseits mit Pollen bedeckt werden. Im zweiten Blütenzustande nehmen die beiden Narbenlappen die Stelle ein, welche im ersten die Pollenfächer inne hatten; es treten also die Narbenäste nicht wie gewöhnlich nach oben und unten, sondern nach rechts und links auseinander.

2200. S. cleistogama de Bary et Paul. Die aus Afrika nach Halle verpflanzten Exemplare erzeugten, nach Ascherson (Bot. Ztg. XXIX.), in den ersten fünf Jahren nur kleistogame Blüten, später entwickelten sie auch offene.

2201. S. splendens Sellow (S. colorans Hort.). Diese in Brasilien heimische Art wird, nach W. Trelease, von Kolibris befruchtet. Die bei unseren Salbeiarten als Anflugstelle für die Hummeln dienende Unterlippe ist daher klein und unentwickelt. Die Krone ist etwa 6 cm lang und birgt in ihrem Grunde eine sehr reichliche Menge Nektar. Sie ist, wie auch der Kelch, scharlachrot gefärbt und fast wagerecht gestellt; ihre Röhre ist etwas seitlich zusammengedrückt. Aus derselben ragt der Griffel mit der Narbe wie bei unseren Arten hervor. Die Staubfäden sind etwa da eingefügt, wo sich Ober- und Unterlippe von einander trennen. Die Konnektive bilden, ähnlich wie bei den hummelblütigen Arten, einen gleicharmigen Hebel; dieser trägt am vorderen Ende die entwickelten Antheren, während das antherenlose hintere Ende auf der unteren Innenwand der Krone liegt. Bienen und Hummeln sind für diese Blüteneinrichtung zu klein, ihr Rüssel ist zu kurz, um den Honig zu erreichen; Schmetterlinge sind zu schwach, um den Hebelapparat in Bewegung zu setzen, höchstens könnten kräftige Nachtschmetterlinge dies bewirken, doch spricht die bei Nacht unsichtbare Farbe dagegen. Es muss also angenommen werden, dass Kolibris als Bestäuber wirken. Fritz Müller hat in der That scharlachrote Salvia-Arten in Süd-Brasilien von Kolibris besucht gesehen, welchen beim Honigsaugen der Pollen auf die Stirn gestreut wurde, den sie dann beim Besuch einer im zweiten (weiblichen) Zustande befindlichen Blüte auf die Narbe brachten.

2202. S. Bertolini Vis.

Als Besucher beobachtete Schletterer bei Pola die Apiden: 1. Anthidium manicatum L.; 2. A. septemdentatum Ltr.; 3. Anthrena flavipes Pz.; 4. A. limbata Ev.; 5. A. parvula K.; 6. Bombus argillaceus Scop.; 7. B. terrester L.; 8. Eucera hispana Lep.; 9. E. interrupta Baer.; 10. E. longicornis L.; 11. E. ruficollis Brull.; 12. Megachile argentata F.; 13. M. manicata Gir.; 14. M. muraria Retz.; 15. Nomada imperialis Schmiedekn.; 16. Osmia aurulenta Pz.; 17. O. pallicornis Friese; 18. O. rufohirta Ltr.; 19. Podalirius crinipes Sm.; 20. P. dufourii Lep.; 21. P. retusus L. var. meridionalis Pér.

Loew beobachtete im botanischen Garten zu Berlin: *Apidae*: 1. Bombus agrorum F. ♀, psd.; 2. B. hortorum L. ♀ ♀, stetig sgd.; 3. Megachile centuncularis L. ♀, sgd.; 4. M. fasciata Sm. ♀, sgd.

2203—4. S. Tenori Spr. und coccinea Juss. sind nach Darwin selbststeril.

Loew beobachtete im botanischen Garten zu Berlin an Salvia-Arten folgende Besucher:

2205. S. Baumgarteni Grsb.:

Hymenoptera: *Apidae*: 1. Anthidium manicatum L. ♀, sgd.; 2. Bombus hortorum L. ♀, sgd. und sich den Rücken stark bestäubend; 3. Megachile fasciata Sm. ♀, sgd.;

2206. S. controversa Ten.:

Bombus hortorum L., ♀ sgd.;

2207. S. lanata Mch.:

Hymenoptera: *Apidae*: 1. Anthidium manicatum L. ♀, sgd.; 2. Bombus agrorum F. ♀, stetig sgd.;

2208. S. sclareoides Brot.:

A. Diptera: *Syrphidae*: 1. Pipiza chalybeata Mg., anfliegend. B. Hymenoptera: *Apidae*: 2. Bombus hortorum L. ♀, sgd. C. Lepidoptera: *Rhopalocera*: 3. Rhodocera rhamni L., sgd.; 4. Pieris brassicae L., stetig von Blüte zu Blüte fortschreitend und sgd.

2209. Monarda didyma L. Die Blüteneinrichtung von Monarda (ciliata?) ist von Léo Errera und Gustav Gevaert (Sur la structure et les modes de fécondation des fleurs. Bulletin de la Soc. royale de botanique de Belgique. t. XVII. 1878. p. 128—132) sehr eingehend erörtert und als der Kreuzung durch Schwärmer angepasst nachgewiesen worden. Monarda didyma sah Herm. Müller (Weit. Beob. III. S. 55) abends von einer Eule, Plusia gamma L., besucht.

Loew beobachtete im botanischen Garten zu Berlin: Hymenoptera: *Apidae*: 1. Apis mellifica L. ♀, durch Hummellöcher sgd.; 2. Bombus terrester L. ♀, am Grunde der Blumenröhre einbrechend.

2210—11. M. Kalmiana Pursh. und **M. fistulosa L.** haben, nach Willis (Journ. Linn. Soc. Bot. XXX.), gleichfalls protandrische Blüten, doch sind diese kleiner als bei voriger Art.

An Monarda fistulosa L. sah Loew im botanischen Garten zu Berlin als Besucher:

A. Hymenoptera: *Apidae*: 1. Bombus terrester L. ♀, anscheinend normal sgd.; 2. Halictus sexnotatus K. ♀, ohne Erfolg zu saugen versuchend; 3. Psithyrus vestalis Fourcr. ♀, sgd. B. Lepidoptera: *Rhopalocera*: 4. Pieris brassicae L., sgd. Ferner an den Formen:

albicans: Bombus terrester L. ♂, sgd.;

mollis: A. Hymenoptera: *Apidae*: 1. Apis mellifica L. ⚥, zu saugen versuchend; 2. Bombus terrester L. ♂, sgd.; 3. Psithyrus vestalis Fourcr. ♂, sgd. B. Lepidoptera: *Rhopalocera*: 4. Pieris brassicae L., sgd.; 5. Vanessa urticae L., sgd.;

purpurea: Hymenoptera: *Apidae*: 1. Bombus agrorum F. ♂, normal sgd.; 2. B. terrester L. ♂, normal sgd.; 3. Psithyrus vestalis Fourcr. ♂, sgd.

479. Origanum Tourn.

Protandrische Zwitterblumen mit verborgenem Honig, welcher von der grossen Unterlage des Fruchtknotens abgesondert, im glatten Krongrunde geborgen und durch einen Haarring vor Regen geschützt wird. Oft Gynodiöcie und Gynomonöcie.

2212. O. vulgare L. [Darwin, Cross. S. 94; H. M., Befr. S. 328; Weit. Beob. III. S. 57, 58; Alpenblumen S. 322; Kirchner, Flora S. 611; Schulz, Beiträge; Kerner, Pflanzenleben II. S. 311 und 314; Knuth, Bijdragen.] — Die zweigeschlechtigen Blüten sind gross (etwa 7 mm lang) und protandrisch, die weiblichen sind erheblich kleiner (4—5 mm lang). Letztere treten, nach Schulz, stellenweise ebenso häufig auf, als erstere. Bei Cambridge fand Willis etwa 6% weibliche Blüten. Diese haben, nach Kerner, vor den Zwitterblüten einen Vorsprung von acht Tagen und mehr, weshalb Kerner, die Pflanze als protogyn bezeichnet. Er fügt hinzu, dass für die im Umkreise einiger Kilometer zuerst aufblühenden Stöcke Pollen nicht zu haben ist.

Die Blüten stehen in gedrängten Halbquirlen, welche zu Scheinähren vereinigt sind, wodurch die schmutzig-purpurnen Blumen recht augenfällig werden und einen ausgiebigen Insektenbesuch erhalten. Staubblätter und Griffel ragen frei aus der Blüte hervor, doch ist Selbstbestäubung wegen des Vorauseilens der Antheren ausgeschlossen. In den weiblichen Blüten fehlen die Antheren oft gänzlich. Die Besucher gehören sehr verschiedenen Insektengruppen an; auch können sie recht kurzrüsselig sein, da die Kronröhre ziemlich weit und dabei recht kurz ist (bei den zwittrigen 4—5 mm, bei den weiblichen 3—4 mm) sie bestäuben sich beim Blütenbesuche an verschiedenen Stellen ihres Körpers mit Pollen und berühren auch die Narbe unregelmäsig bald mit diesem, bald mit jenem Körperteil, dabei Fremdbestäubung herbeiführend.

Als Besucher beobachtete ich in Schleswig-Holstein die Honigbiene (sgd.), saugende Hummeln (Bombus terrester L., B. lapidarius L.), pollenfressende oder saugende Schwebfliegen (Eristalis tenax L., E. nemorum L., Syrphus balteatus Deg., Melithreptus taeniatus Mg.) und saugende Falter (Pieris napi L., Vanessa urticae L.); auf der Insel Rügen: Lepidoptera: a) *Rhopalocera*: 1. Epinephele janira L. b) *Zygaenidae*: 2. Zygaena sp.

Herm. Müller (1) und Buddeberg (2) geben für Mitteldeutschland folgende Besucherliste:

A. Diptera: a) *Bombylidae*: 1. Bombylius canescens Mik., sgd. (2). b) *Conopidae*: 2. Myopa polystigma Rondani, sgd. (1); 3. M. variegata Mg., sgd. (1); 4. Physocephala rufipes F., sgd. (2); 5. Sicus ferrugineus L., sgd. (1). c) *Empidae*: 6. Empis livida L., sehr häufig, sgd. (1); 7. E. rustica Fall., w. v. (1). d) *Muscidae*: 8. Ocyptera brassicaria F., sgd., sehr häufig (1); 9. O. cylindrica F., w. v. (1); 10. Prosena siberita F., sgd., häufig (1). c) *Syrphidae*: 11. Ascia podagrica F., pfd., häufig (1); 12. Eristalis arbustorum L., sgd. und pfd., häufig (1); 13. E. horticola Deg. (2); 14. E. nemorum L., sgd. und pfd. (1); 15. E. pertinax Scop. (2); 16. E. tenax L. (1, 2); 17. Helophilus floreus L., sgd. und pfd. (2); 18. H. pendulus L., sgd. (1); 19. Syrphus pyrastri L., sgd. und pfd. (2); 20. Volucella bombylans L., w. v. (2); 21. V. inanis L. w. v. (1); 22. V. pellucens L., w. v. (1); 23. V. plumata L., w. v. (2). B. Hymenoptera: *Apidae*: 24. Apis mellifica L., ⚥, sgd., in Mehrzahl (1); 25. Bombus terrester L. ♂ ♀, sgd. (1); 26. Coelioxys rufescens Lep. ♂, sgd. (2); 27. Epeolus variegatus L. ♂, sgd. (2); 28. Halictus albipes F. ♂, sehr zahlreich, sgd. (1); 29. H. cylindricus F. ♂, sgd., sehr zahlreich (1, 2); 30. H. flavipes F. ♀ ♂, w. v. (1); 31. H. nitidus Schenck ♂, sgd. (1); 32. H. quadricinctus F., sgd. (2); 33. H. rubicundus Sm. ♀, sgd. (1); 34. H. smeathmanellus K. ♂ ♀, sgd. (2); 35. Nomada jacobaeae Pz. ♂ ♀, sgd., häufig (1); 36. Osmia aurulenta Pz. ♀, w. v. (1); 37. Saropoda bimaculata Pz. ♀ ♂, sgd. (2). C. Lepidoptera: *Rhopalocera*: 38. Argynnis paphia L., sgd., häufig (1); 39. Epinephele hyperanthus L. sgd. (1); 40. E. janira L., sgd. (1, 2); 41. Lycaena sp., w. v. (1); 42. Pieris napi L., w. v. (1); 43. Vanessa urticae L., sgd. (1).

Alfken beobachtete bei Bremen: Bombus silvarum L. ♂; Schenck in Nassau die Apiden: 1. Coelioxys conoidea Ill.; 2. Halictus tetrazonius Klg. (= quadricinctus K.); Rössler bei Wiesbaden die Falter: Callimorpha hera L. und Mesophleps silacellus Hb.

In den Alpen sah Herm. Müller 2 Hummeln, 1 Falter, 1 Schwebfliege an den Blüten; Mac Leod in den Pyrenäen 6 Hymenopteren, 10 Falter, 3 Syrphiden und 2 Musciden als Besucher. (B. Jaarb. III. S. 325.)

Frey beobachtete in der Schweiz: Callimorpha hera L.

Schletterer und Dalla Torre geben für Tirol als Besucher an die Apiden: 1. Anthidium septemdentatum Ltr.; 2. Bombus lapidarius L.; 3. B. soroënsis F.; 4. B. terrester L.; 5. Podalirius vulpinus Pz.; v. Dalla Torre ausserdem die Goldwespe Chrysis analis Spin.; Gerstäcker bemerkte bei Kreuth die Schmarotzerhummel Psithyrus vestalis Fourc., zahlreich.

Schmiedeknecht giebt nach Jullian für Marseille die Schmarotzerbiene Nomada nobilis H.-Sch. an.

Burkill und Willis (Flowers and Insects in Great Britain Pt. I) beobachteten bei Cambridge:

A. Coleoptera: *Nitidulidae*: 1. Meligethes aeneus F., pfd. B. Diptera: a) *Muscidae*: 2. Anthomyia sp.; 3. Homalomyia canicularis L.; 4. Scatophaga stercoraria L.; 5. Siphona geniculata Deg. b) *Syrphidae*: 6. Eristalis horticola Deg.; 7. E. pertinax Scop.; 8. E. tenax L.; 9. Myiatropa florea L.; 10. Syrphus balteatus Deg.; 11. S. ribesii L.; 12. S. vitripennis Mg. C. Hemiptera: 13. Anthocoris sp.; 14. Calocoris bipunctatus F. D. Hymenoptera: *Apidae*: 15. Anthrena sp., sgd.; 16. Apis mellifica L., sgd., häufig; 17. Bombus hortorum L., w. v.; 18. B. pratorum L., w. v.; 19. B. terrester L., w. v.; 20. Halictus minutissimus Kirby, sgd.; 21. Psithyrus quadricolor Lep., sgd.; 22. P. vestalis Fourc., sgd. b) *Sphegidae*: 23. Odynerus sp., sgd. E. Lepidoptera: a) *Rhopalocera*: 24. Pieris brassicae L., sgd., häufig; 25. P. napi L., w. v.; 26. P. rapae L., w. v.; 27. Polyommatus phlaeas L., w. v.; 28. Vanessa urticae L., w. v. b) *Microlepidoptera*: 29. Botys pupuralis L. var. ostrinalis Hb., sgd.

Loew bemerkte im botanischen Garten zu Berlin: A. Diptera: a) *Muscidae* 1. Echinomyia fera L. b) *Syrphidae*: 2. Eristalis tenax L.; 3. Syritta pipiens L. B. Hymenoptera: *Apidae*: 4. Bombus terrester L. ♀, sgd.; 5. Halictus cylindricus F. ♂, sgd.; 6. H. rubicundus Chr. ♀, sgd. C. Lepidoptera: *Rhopalocera*: 7. Lycaena adonis S. V., sgd.; 8. L. alexis S. V., sgd.

2213. O. Majorana L. [Kirchner, Beiträge S. 54, 55; Knuth, Bijdragen.] — Die beobachteten kultivierten Pflanzen sind protandrisch. Die kleinen, weissen Blüten ragen zwischen den grünen, vierzeilig angeordneten Deckblättern sehr wenig hervor; es ist nur der Kronensaum und der Blüteneingang sichtbar, während die 4 mm lange, nach oben sich trichterförmig erweiternde Kronröhre zwischen den Deckblättern versteckt ist. Aus der fast gleichmässig vierzipfeligen Krone ragen die Staubblätter hervor, von denen die beiden längeren nach beiden Seiten auseinanderspreizen. Beim Öffnen der weissen Antheren ist der Griffel mit der noch unentwickelten Narbe in der Kronröhre verborgen. Sind die Antheren vertrocknet, so streckt sich der Griffel so weit, dass er 2 mm aus der Krone hervorragt und hier seine dann auseinander gebreiteten Narbenäste den Besuchern darbietet.

Als solche sah ich die Honigbiene, Bombus lapidarius L., beide sgd.

2214. Satureja hortensis L. [Darwin, Diff. forms; H. M., Weit. Beob. III. S. 56.] — Nach Breitenbach (Kosmos 1884) kommen dreierlei Blüten vor: grosse zwittrige, kleine weibliche und solche, bei denen zwei Antheren verkümmert sind. Nach Darwin ist die Pflanze gynodiöcisch, und zwar sind die weiblichen Blüten fruchtbarer als die zweigeschlechtigen.

Als Besucher beobachtete Herm. Müller:

A. Diptera: *Syrphidae*: 1. Eristalis sepulcralis L., sgd.; 2. Helophilus floreus L., desgl.; 3. Syritta pipiens L., sgd., sehr zahlreich. B. Hymenoptera: *Apidae*: 4. Apis mellifica L. ⚥, in grosser Zahl, andauernd sgd. C. Lepidoptera: *Rhopalocera*: 5. Pieris rapae L., sgd.

2215. S. montana L.

Schletterer beobachtete bei Pola Hymenoptera: a) *Apidae*: 1. Bombus argillaceus Scop., Sept. und Okt.; 2. B. terrester L., Sept. bis Nov., hfg.; 3. Halictus calceatus Scop. b) *Ichneumonidae*: 4. Platylabus pedatorius Gr., 1 ♂. b) *Scoliidae*: 5. Scolia hirta Schrk. d) *Vespidae*: 6. Polistes gallica L.; Mac Leod in den Pyrenäen 4 Hummeln und 3 Falter als Besucher. (B. Jaarb. III. S. 327.)

480. Thymus Tourn.

Auch triöcisch, sonst wie Origanum.

2216. Th. Serpyllum L. [Sprengel, S. 311; Delpino, note crit.; Hildebrand, Geschl. S. 26, II. M., Befr. S. 326, 327; Weit. Beob. III. S. 56, 57; Alpenbl. S. 322; Warming, Bestövningsmaade S. 10—13; Knuth, Rügen; Ndfr. Inseln S. 117, 165; Weit. Beob. S. 234; Kirchner, Flora S. 612.] — Ausser den protandrischen Zwitterblüten finden sich kleinere weibliche Blüten, männliche sind selten. Die hellpurpurnen, selten weissen Blüten duften stark und haben, nach Müller, einen würzig schmeckenden Nektar. Sie sind zu kopfartigen Blütenständen vereinigt und stehen oft so dicht, dass sie, wie z. B. auf den nordfriesischen Inseln, grosse violette Polster auf der Heide und an den Heidewegen bilden, welche eine grosse Augenfälligkeit besitzen, so dass der Insektenbesuch ein sehr reichlicher ist. Die Blüteneinrichtung ist im wesentlichen dieselbe wie bei Origanum vulgare. Die Staubblätter und der Griffel ragen frei aus der Blüte hervor; in den Zwitterblüten wird der Griffel anfangs von den Staubblättern überragt; später streckt er sich und öffnet seine beiden Narbenäste erst dann, wenn dieselben über den Antheren stehen. Spontane Selbstbestäubung ist daher nicht möglich.

In Deutschland sind bisher nur weibliche und zweigeschlechtige Blüten auf verschiedenen Stöcken beobachtet. Delpino fand die Pflanze bei Florenz triöcisch. Auch Ogle beobachtete in England Übergänge von rein männlichen Blüten neben zweigeschlechtigen und weiblichen. Möwes (Bastarde) fand die Blüten öfter mit ganz oder zum Teil verkümmerten Staubblättern.

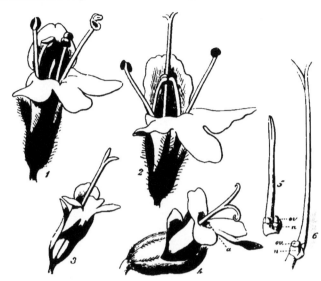

Fig. 312. Thymus L. (Nach Herm. Müller.)

1—3 Thymus Serpyllum. *1* Zweigeschlechtige Blüte im ersten (männlichen) Zustande. *2* Dieselbe im zweiten (weiblichen) Zustande. *3* Weibliche Blüte. *4—6* Thymus vulgaris. *4* Weibliche Blüte. *5* Stempel der zweigeschlechtigen Blüte im ersten Zustande. *6* Derselbe im zweiten Zustande. *ov* Fruchtknoten. *n* Honigdrüse. (Vergr. 7:1.)

Als Besucher beobachtete ich in Schleswig-Holstein:

A. Coleoptera: *Carabidae*: 1. Carabus cancellatus L. (Blütenteile fressend). B. Diptera: a) *Muscidae*: 2. Lucilia sp. b) *Syrphidae*: 3. Anthrax 2 sp.; 4. Volucella bombylans L. c) *Tabanidae*: 5. Tabanus sp. C. Hymenoptera: *Apidae*: 6. Apis mellifica L., sehr häufig; 7. Bombus agrorum F.; 8. B. distinguendus Mor.; 9. B. lapidarius L.; 10. B. terrester L.; 11. Psithyrus vestalis Fourc. D. Lepidoptera: *Rhopalocera*: 12. Epinephele janira L.; 13. Pieris napi L.; 14. Polyommatus phlaeas L.; 15. Satyrus semele L. Sämtlich sgd.

Auf der Insel Rügen beobachtete ich ferner: A. Diptera: *Syrphidae*: 1. Volucella bombylans L.; 2. V. pellucens L. B. Hymenoptera: *Apidae*: 3. Bombus lapidarius L. ⚥; 4. Psithyrus quadricolor Lep. ♂. C. Lepidoptera: a) *Rhopalocera*: 5. Argynnis paphia L.; 6. Coenonympha pamphilus L.; 7. Epinephele janira L. b) *Zygaenidae*: 8. Zygaena 2 sp. Sämtlich sgd.

In Thüringen bemerkte ich endlich (Thür. S. 34):

A. Hymenoptera: Langrüsselige Bienen: 1. Bombus hypnorum L. ⚥; 2. B. soroënsis F. var. proteus Gerst. ♂, häufig; 3. B. terrester L. ♂. B. Lepidoptera: 4. Argynnis adippe L.; 5. Pieris sp.; 6. Vanessa urticae L. Sämtlich sgd.

Wüstnei sah in Holstein Saropoda rotundata Pz. als Besucher.

Alfken beobachtete bei Bremen: A. Diptera: *Bombylidae*: Systoechus sulphureus Mikan. B. Hymenoptera: a) *Apidae*: 2. Antrena nigriceps K. ♀; 3. Bombus arenicola Ths. ⚥; 4. B. confusus Schck. ♂; 5. B. derhamellus K. ♂; 6. B. hortorum L. ♂; 7. B. jonellus K. ♀; 8. B. lapidarius L. ⚥ ♂; 9. B. lucorum L. ⚥; 10. B. muscorum F. ⚥ ♂; 11. B. proteus Gerst. ♀ ⚥ ♂; 12. B. silvarum L. ⚥; 13. B. terrester L. ⚥;

14. Coelioxys quadridentata L., ♂ sgd.; 15. Halictus flavipes F. ♀; 16. H. rubicundus Chr. ♀; 17. Megachile argentata F. ♀ ♂; 18. Melitta haemorrhoidalis F. ♂; 19. Podalirius bimaculatus Pz. ♀ ♂; 20. Psithyrus barbutellus K. ♂; 21. P. vestalis Fourcr. ♂; b) *Sphegidae*: 22. Ammophila sabulosa L. ♀; Sickmann bei Osnabrück: Hymeno- ptera: a) *Apidae*: 1. Biastes emarginatus Schck., s. slt. b) *Sphegidae*: 2. Cerceris arenaria L., hfg.; 3. C. labiata F.; 4. C. quinquefasciata Rossi, hfg.; 5. C. rybiensis L., hfg.; 6. Crabro alatus Pz.; 7. C. albilabris F., s. hfg.; 8. C. brevis v. d. L., hfg.; 9. C. panzeri v. d. L., n. hfg.; 10. C. peltarius Schreb., s. hfg.; 11. Dinetus pictus F., s. hfg.; 12. Mellinus sabulosus F.; 13. Oxybelus nigripes Oliv., n. hfg.; 14. O. uni- glumis L., hfg.; Rössler bei Wiesbaden die Falter: 1. Coleophora lixella Z.; 2. Agrotis vestigialis Hfn.; Friese in Baden (B.), im Elsass (E.), bei Fiume (F.) und in Ungarn (U.) die Apiden: 1. Biastes emarginatus Schck.; 2. B. truncatus Nyl. (B.), s. slt.; 3. Colletes hylaeiformis Ev. (U.), n. hfg.; 4. Epeolus productus Ths. (F., U.) slt.; 5. E. tristis Sm. (F. U), slt.; 6. Halictus calceatus Scop. ♂ (B.), n. slt.; 7. H. carinaeventris Mor. ♀ ♂ (U.); 8. H. flavipes F. (B.), hfg.; 9. H. smeathmanellus K. (B.), hfg.; 10. H. villosulus K. (B., E.), hfg.; 11. Nomia diversipes Ltr. (U.), n. slt.; 12. N. femoralis Pall. (U.); 13. Pasites maculatus Jur. (U.), n. slt; Hoffer in Steiermark Bombus hortorum L. ♂; Frey in der Schweiz: Pempelia ornatella S. V., in Engadin: Gelechia distinc- tella Z.; Frey-Gessner in der Schweiz die Ackerhummel, Bombus agrorum F. und die beiden Dolchwespen Scolia hirta Schrk. und quadripunctata F.; Schiner in Öster- reich die Syrphiden: 1. Merodon cinereus F.; 2. Sericomyia borealis Fall.

Loew beobachtete in Schlesien (Beiträge S. 33): A. Diptera: a) *Bombylidae*: 1. Systoechus sulphureus Mik., sgd. b) *Muscidae*: 2. Echinomyia fera L. c) *Syrphidae*: 3. Volucella pellucens L., sgd. B. Hymenoptera: *Apidae*: 4. Bombus variabilis Schmdk. ♀, sgd.; 5. Megachile maritima K. ♀, sgd.; 6. Psithyrus campestris Pz. ♀, sgd.; b) *Sphegidae*: 7. Ammophila sabulosa L., sgd. C. Lepidoptera: *Rhopalocera*: 8. Argynnis pandora S. V., sgd.; 9. Melanargia galatea L., sgd.; 10. Epinephele janira L., sgd.; 11. Pieris brassicae L., sgd.; 12. Polyommatus virgaureae L., sgd.; 13. Rho- docera rhamni L., sgd.; ferner in Braunschweig (B.) und im Riesengebirge (R.) (Beiträge S. 51): Diptera: a) *Bombylidae*: 1. Bombylius minor L., sgd. (B.). b) *Muscidae*: 2. Echinomyia ferina Zett. (R.). c) *Syrphidae*: 3. Volucella pellucens L., sgd. (B.); sowie in der Schweiz (S.) und in Tirol (T.) (Beiträge S. 60): 1. Diptera: *Syrphidae*: 1. Chry- sotoxum vernale Lw. (S.); 2. Merodon cinereus F. (S); 3. Volucella inanis L. (T.). B. Hymenoptera: *Apidae*: 4. Osmia sp. (S). C. Lepidoptera: *Rhopalocera*: 5. Me- litaea parthenie Bkh. (S.).

v. Fricken bemerkte in Westfalen den Blattkäfer Cryptocephalus pygmaeus F.; Seitz bei Darmstadt unsere grösste Goldwespe Parnopes grandior Pall. sehr vereinzelt im Juli; Ducke in Österreich-Schlesien die Erdbiene Anthrena simil- lima Smith; v. Dalla Torre in Tirol die Bienen: 1. Anthidium punctatum Ltr. ♀; 2. Bombus muscorum F. ♀; 3. Chalicodoma manicata Gir. ♀.

Schletterer giebt für Tirol als Besucher an und beobachtete bei Pola (P.) die Apiden: 1. Anthidium punctatum Ltr.; 2. Bombus terrester L.; 3. B. variabilis Schmiedekn.; 4. Podalirius vulpinus Pz.; 5. Sphecodes gibbus L. (P.).

Handlirsch verzeichnet die Grabwespe Bembex integra Pz. als Besucher.

Mac Leod beobachtete in den Pyrenäen 11 Hymenopteren, 2 Käfer, 8 Falter, 11 Fliegen (B. Jaarb. III. S. 326, 327); in Flandern (Bot. Jaarb. V. S. 366, 367, VI. S. 372) Apis, 3 Hummeln, 1 andere langrüsselige Biene, 2 kurzrüsselige Bienen, 3 Schwebfliegen und 6 Falter als Besucher.

H. de Vries (Ned. Kruidk. Arch. 1877) bemerkte in den Niederlanden 2 Hummeln, Bombus agrorum F. ♂ und B. terrester L. ♀.

In Dumfriesshire (Schottland) (Scott-Elliot, Flora S. 136) wurden Apis (häufig), 2 Hummeln und 3 Musciden als Besucher beobachtet.

E. D. Marquard sah in Cornwall Anthrena coitana K. ♂ als Besucher.

Herm. Müller (1) und Buddeberg (2) endlich geben folgende Besucherliste: A. Diptera: a) *Bombylidae*: 1. Anthrax flava Mg., sgd. (1, Thür.); 2. Bombylius canescens Mik., sgd. (1, Thür.); 3. Exoprosopa capucina F., häufig (1); 4. Systoechus sulphureus Mik., sgd. (1); b) *Conopidae*: 5. Conops flavipes L., sgd. (1); 6. Myopa testacea L. sgd. (1); 7. Physocephala rufipes F., sgd. (1, Thür.); 8. Sicus ferrugineus L., sgd. (1). c) *Empidae*: 9. Empis livida L., sgd. (1, Thür.). d) *Muscidae*: 10. Echinomyia fera L., sgd. (1); 11. E. ferox Pz. (1); 12. E. grossa L., häufig (1); 13. E. tessellata F., sgd. (1); 14. Gonia capitata Deg., sgd. (1, Thür.); 15. Gymnosoma rotundata L., sgd. (1); 16. Lucilia cornicina F., sgd. (1); 17. Nemoraea rudis Fall., sgd. (1); 18. Ocyptera brassicaria F., häufig. sgd. (1); 19. O. cylindrica F., sgd., häufig (1); 20. Sarcophaga albiceps Mg., sehr häufig, sgd. (1); 21. S. carnaria L., sgd., sehr häufig (1); 22. Ulidia erythrophthalma Mg., in grösster Zahl in den Blüten (1, Thür.). e) *Syrphidae*; 23. Eristalis arbustorum L., sehr häufig, sgd. (1); 24. E. pertinax Scop., sgd. und pfd. (1); 25. E. sepulcralis L., sgd. (1); 26. Merodon aeneus Mg., sgd. (1, Thr.); 27. Syritta pipiens L., sgd., häufig (1); 28. Volucella bombylans L., sgd. (1). f) *Tabanidae*: 29. Chrysops caecutiens L. ♂, sgd. (1, Thür.); 30. Tabanus rusticus L., höchst zahlreich (1). B. Hymenoptera: a) *Apidae*: 31. Anthrena nigroaenea K. ♀, sgd. (1); 32. Apis mellifica L. ☿, sgd. und psd., häufig (1); 33. Bombus pratorum L. ♀, w. v. (1); 34. B. silvarum L. ☿, sgd. (1, Thür.); 35. Cilissa leporina Pz. ♀ ♂, sgd. (2); 36. Coelioxys sp. ♂, sgd. (1); 37. Epeolus variegatus L. ♀, sgd. (2); 38. Halictus cylindricus F. ♀, sgd. (2); 39. H. interruptus Pz. ♀, sgd. (2); 40. H. morio F. ♀, sgd. (2); 41. H. smeathmanellus K. ♀ (2); 42. Megachile centuncularis L. ♂, sgd. (2); 43. M. circumcincta K. ♂, sgd. (1); 44. Nomada germanica Pz. ♀, sgd. (1); 45. Psithyrus barbutellus K. ♂, sgd. (1); 46. P. quadricolor Lep. ♂, sgd. (1); 47. Saropoda bimaculata Pz. ♀ ♂, häufig (1). b) *Ichneumonidae*: 48. Verschiedene Arten, sgd. (1, Thür.). c) *Sphegidae*: 49. Ammophila campestris Ltr. ♂, sgd. (1, Thür.); 50. A. sabulosa L. ♀ ♂, sgd., häufig (1, Thür.); 51. Cerceris variabilis Schrk. ♀ ♂, sgd. (1); 52. Lindenius albilabris F., sgd. (1). C. Lepidoptera: a) *Microlepidoptera*: (Pyralidae): 53. Botys purpuralis L., sgd. (1, Thür.). b) *Noctuidae*: 54. Acontia luctuosa W. V., sgd. (bei Tage), (1, Thür.). c) *Rhopalocera*: 55. Argynnis aglaja L., sgd. (1); 56. A. niobe L., sgd. (1); 57. Lycaena aegon S. V. ♂, sgd. (1, Thür.); 58. L. corydon Scop., sgd., häufig (1, Thür.); 59. L. icarus Rott., sgd. (1); 60. Melitaea athalia Esp., sgd. (1); 61. Pieris napi L., sgd. (1, Thür.); 62. Satyrus (Coenonympha) arcania L., sgd. (1); 63. S. (Epinephele) hyperanthus L., sgd. (1); 64. S. hyperanthus L. var. arete Müll., sgd. (1, Thür.); 65. S. Epinephele janira L., sgd. (1); 66. S. (Erebia) ligea L., sgd. (1); 67. S. (Pararge) maera L., sgd. (1); 68. S. (Coenonympha) pamphilus L., sgd. (1, Thür.); 69. Thecla ilicis Esp., sgd. (1, Thür.); 70. T. spini S. V., sgd. (1, Thür.). d) *Sphinges*: 71. Sesia empiformis Esp., sgd. (1); 72. S. tipuliformis Cl., sgd. (1).

In den Alpen beobachtete Herm. Müller 30 Dipteren, 27 Hymenopteren, 65 Falter an den Blüten.

Die Form a) Chamaedrys Fries (als Art) ist, nach Schulz (Beiträge I. S. 81 und 82; II. S. 130), gynodiöcisch (häufig 40—50% weibliche Blüten), sehr selten gynomonöcisch, stellenweise auch androdiöcisch (in Italien nach Delpino, in England). Im Riesengebirge beobachtete Schulz stellenweise nur weibliche Pflanzen (zwischen Schmiedeberg und Krummhübel); an anderen Stellen waren sie wieder äusserst selten (z. B. im Riesengrunde). Auch in Mittelthüringen und bei Halle fand Schulz ein gleiches Verhalten. Nach Ludwig sind zu Anfang der Blütezeit die weiblichen Stöcke in grösserer Anzahl in Blüte als später. Schulz konnte jedoch eine Veränderung in der Häufigkeit des Vorkommens der beiden Blumenformen nach der Jahreszeit nicht erkennen. Die Grösse der meist protandrischen selten bis homogamen Zwitterblüten ist, nach Schulz, sehr veränderlich. Trotzdem sie mindestens ebenso häufig von Insekten besucht werden wie die weiblichen Blüten, so bringen sie doch verhältnismässig wenig reifen Samen. Nach Darwin sind die Samen der Zwitterblüten leichter als diejenigen der weiblichen. Dies ist zwar von Errera und Gevaert bestritten, doch fand Schulz, dass in vielen Fällen eine gleiche Anzahl Samen der weiblichen Form etwas schwerer als die der zweigeschlechtigen war

Als Besucher beobachtete Mac Leod in den Pyrenäen Bombus agrorum F. (B. Jaarb. III. S. 338.)

Schletterer giebt für Tirol und Istrien die Erdhummel als Besucherin an und beobachtete bei Pola die Apiden: 1. Anthidium manicatum L.; 2. A. septemdentatum Ltr.; 3. Anthrena albopunctata Rossi; 4. A. carbonaria L.; 5. A. convexiuscula K. v. fuscata K.; 6. A. dubitata Schk.; 7. A. flavipes Pz.; 8. A. flessae Pz.; 9. A. labialis K.; 10. A. lineata Ev.; 11. A. lucens Imh.; 12. A. morio F.; 13. Ceratina nigroaenea Gerst.; 14. Coelioxys aurolimbata Foerst.; 15. Colletes fodiens K.; 16. C. lacunatus Dours.; 17. C. niveofasciatus Dours.; 18. Eucera interrupta Baer.; 19. E. parvula Friese; 20. E. ruficollis Brull.; 21. Halictus fasciatellus Schck.; 22. H. leucozonius Schrk. ♀; 23. H. malachurus K.; 24. H. morbillosus Krchb.; 25. H. scabiosae Rossi; 26. H. sexcinctus F.; 27. H. tetrazonius Klg.; 28. H. variipes Mor.; 29. H. villosulus K.; 30. Megachile argentata F.; 31. M. muraria L.; 32. Melecta funeraria Sm.; 33. Nomada flavoguttata K.; 34. N. imperialis Schmiedekn.; 35. Osmia aurulenta Pz.; 36. O. papaveris Ltr.; 37. O. scutellaris Mor.; 38. O. vidua Gerst.; 39. Podalirius retusus L. var. meridionalis Pér.

Die Form b) prostrata Hornemann ist in Island und Grönland, nach Warming, gynodiöcisch mit protandrischen Zwitterblüten. Infolge der Kleinheit der Blüten sind Narbe und Antheren einander so genähert, dass die Möglichkeit der Selbstbestäubung erhöht ist. Die isländischen Pflanzen haben bedeutend längere Staubblätter und Griffel als die grönländischen. Die weiblichen Blüten ein und derselben Pflanze zeigen häufig alle Grade der Verkümmerung der Staubblätter.

Die Form c) angustifolius Persoon (als Art) ist, nach Schulz (Beiträge I. S. 83), gynodiöcisch, auch häufiger gynomonöcisch. Zuweilen finden sich auf einer Pflanze alle Grade der Staubfadenverkümmerung.

Die Form d) pannonicus Allioni (als Art) ist, nach Schulz (Beiträge II. S. 130, 131), in Südtirol und Norditalien gynodiöcisch, selten gynomonöcisch. Die Blütengrösse ist sehr veränderlich. Der Insektenbesuch ist ein reichlicher.

Schletterer und Dalla Torre geben für Tirol die Trauerbiene Melecta armata Pz. als Besucherin an.

2217. Th. dalmaticus (vielleicht nur eine Form von Th. Serpyllum) sah Schletterer bei Pola von folgenden Insekten besucht:

Hymenoptera: a) *Apidae:* 1. Anthrena albopunctata Rossi; 2. A. carbonaria L.; 3. A. combinata Chr.; 4. A. convexiuscula K. v. fuscata K.; 5. A. deceptoria Schmiedekn.; 6. A. flavipes Pz.; 7. A. humilis Imh.; 8. A. labialis K.; 9. A. limbata Ev.; 10. A. lucens Imh.; 11. A. morio Brull.; 12. A. nana K.; 13. A. parvula K.; 14. Bombus terrester L.; 15. Colletes niveofasciatus Dours.; 16. Eucera interrupta Baer.; 17. E. longicornis L.; 18. Halictus fasciatellus Schck.; 19. H. interruptus Pz.; 20. H. levigatus K. ♀; 21. H. leucozonius Schrk. ♀; 22. H. malachurus K.; 23. H. minutus K.; 24. H. morbillosus Krchb.; 25. H. patellatus Mor.; 26. H. rufocinctus Nyl. 1 ♀, 1 ♂; 27. H. scabiosae Rossi; 28. H.

sexcinctus F.; 29. H. tetrazonius Klg.; 30. Lithurgus chrysurus Fonsc.; 31. Megachile muraria Retz.; 32. M. septemdentatum Ltr.; 33. Melecta funeraria Sm.; 34. M. luctuosa Scop.; 35. Nomada braunsiana Schmiedekn.; 36. N. femoralis Mor.; 37. N. ruficornis L.; 38. N. sexfasciata Pz.; 39. Osmia rufohirta Ltr.; 40. O. versicolor Ltr.; 41. Podalirius tarsatus Spin. b) *Pompilidae*: 42. Pompilus viaticus L. c) *Scoliidae*: 43. Scolia haemorrhoidalis F.; 44. S. hirta Schrk. d) *Sphegidae*: 45. Cerceris quadrifasciata Pz. e) *Vespidae*; 46. Polistes gallica L.

2218. Th. vulgaris L. [Sprengel, S. 310—311; H. M., Befr. S. 328; Schulz, Beiträge II. S. 195; Kirchner, Flora S. 613; Knuth, Bijdragen.] — Gynodiöcisch mit denselben protandrischen Zwitterblüten wie Th. Serpyllum. Die weiblichen Blüten bilden ungefähr doppelt so viele Früchte wie die zweigeschlechtigen. An kultivierten Pflanzen in Halle beobachtete Schulz etwa 20 % weibliche.

Als Besucher beobachtete ich an Gartenexemplaren die Honigbiene (sgd.), eine pollenfressende und saugende Schwebfliege (Eristalis tenax L.) und einen Tagfalter (Pieris brassicae L., sgd.).

Herm. Müller sah in seinen Garten:

A. Diptera: a) *Empidae*: 1. Empis livida L., sgd. b) *Muscidae*: 2. Sarcophaga albiceps Mg., sgd., häufig. c) *Syrphidae*: 3. Syritta pipiens L., sgd. und pfd., häufig. B. Hymenoptera: a) *Apidae*: 4. Apis mellifica L. ⚥, sgd.; 5. Halictus, kleine Arten, sgd. und psd. b) *Sphegidae*: 6. Ammophila sabulosa L. ♀ ♂, sgd. C. Lepidoptera: *Sphinges*: 7. Sesia tipuliformis Cl., sgd.

F. F. Kohl sah in Tirol die Faltenwespe: Ancistrocerus renimacula Lep.

481. Satureja Tourn.

Wie Origanum.

2219. S. hortensis L. [H. M., Weit. Beob. III. S. 56; Schulz, Beiträge II. S. 196.] — Die lila oder weissen, im Schlunde mit roten Punkten als Saftmal versehenen Blüten sind gynodiöcisch mit protandrischen Zwitterblüten. Im Garten bei Halle fand Schulz 15—20 % weibliche Blüten.

Als Besucher beobachtete Herm. Müller die Honigbiene (sgd.), 3 saugende Schwebfliegen (Eristalis sepulcralis L., Helophilus floreus L., Syritta pipiens L.), sowie einen Tagfalter (Pieris rapae L., sgd.).

482. Calamintha Moench.

Protandrische Bienen- oder Hummelblumen. Absonderung und Aufbewahrung des Nektars wie gewöhnlich. Oft Gynodiöcie, seltener auch Gynomonöcie.

2220. C. Acinos Clairville. (Thymus A. L.) [H. M., Befr. S. 325.] — Die Pollenzellen sind, nach Warnstorf, weiss, rundlich, mit mehreren Furchen versehen und dicht papillös, dabei etwa 44 μ breit und 50 μ lang.

Als Besucher der hellvioletten Blüten sah H. Müller in Thüringen die Honigbiene sgd. und psd. und eine Bombylide (Systoechus sulphureus Mikan) sgd.

v. Dalla Torre beobachtete in Tirol Bombus muscorum F. ♀; Schletterer daselbst Bombus variabilis Schmiedekn.; sowie bei Pola die beiden Wollbienen Anthidium manicatum L. und septemdentatum Ltr.

2221. C. alpina Lmk. (Thymus alpinus L.) [H. M., Alpenbl. S. 319 bis 321; Schulz, Beitr. II. S. 131, 132.] — H. Müller unterschied gross- und kleinblütige Stöcke mit protandrischen Zwitterblumen. Schulz fand in

Tirol dagegen drei Formen mit verschieden grossen Zwitterblüten, von welchen die zwei grösseren (Blütengrösse 12—16 mm, bezgl. 9—12 mm) protandrisch und für Fremdbestäubung eingerichtet sind, die kleinblütige (Blütengrösse 5—7 mm) schwach protandrisch oder homogam und autogam ist. Ausser diesen Zwitterblüten treten, nach Schulz, oft Pflanzen mit weiblichen Blüten auf, und zwar lassen sich hier wieder drei Formen unterscheiden, deren Blütengrösse etwa $^3/_4$—$^4/_5$ der zweigeschlechtigen beträgt.

Als Besucher beobachtete H. Müller Bienen und Hummeln (12 Arten), Schwebfliegen (4), Falter (15); Schulz besonders Falter (etwa 30 Arten), seltener Bienen. Beide Forscher beobachteten Einbruch durch Bombus mastrucatus Gerst. und B. terrester L. Loew (Bl. Fl. S. 399) sah die Blüten bei Pontresina von einer langrüsselige Bienen (Osmia caementaria Gerst. ♀, psd.) und einer Faltenwespe (Celonites abbreviatus Vill., sgd.) besucht. Mac Leod beobachtete in den Pyrenäen 2 Apiden, 2 Falter, 1 Bombylius, 1 Empis als Besucher. (B. Jaarb. III. S. 327.)

Loew beobachtete im botanischen Garten zu Berlin: A. Hymenoptera: *Apidae*: 1. Anthidium manicatum L. ♀, sgd.; 2. Apis mellifica L. ♀, sgd.; 3. Bombus agrorum F. ♀ ♂, sgd.; 4. B. hortorum L.; 5. B. hortorum L. var. nigricans Schmied. ♂, sgd.; 6. B. terrester L. ♀, sgd. B. Lepidoptera: *Rhopalocera*: 7. Pieris brassicae L., sgd.

2222. C. officinalis Moench. (Melissa Calamintha L.) [Schulz, Beiträge II. S. 196; Knuth, Bijdragen; Herbstbeob.] — Die Blüten sind protandrisch und zeigen keine solche Schwankungen in der Blütengrösse wie vorige Art.

Als Besucher sah ich im botanischen Garten zu Kiel (28. 8. 96): Bombus terrester L. ♂, sgd., häufig; ferner die Honigbiene und eine Schwebfliege (Eristalis sp.). Schletterer und v. Dalla Torre geben für Tirol als Besucher an die Apiden: 1. Bombus lapidarius L.; 2. Halictus major Nyl.

2223. C. Nepeta Clairville. (Melissa Nepeta L.) [H. M., Alpenbl. S. 321; Schulz, Beitr. II. S. 196.] — Die Pflanze ist gynodiöcisch mit grossen Zwitterblüten und kleinen weiblichen Blüten. Nach Schulz tritt die Pflanze n Südtirol gynomonöcisch auf; hier sind etwa 25 % der Blüten weiblich.

Als Besucher beobachtete Herm. Müller 5 Hummeln, 1 Fliege, 5 Falter.

Loew sah im botanischen Garten zu Berlin: A. Diptera: *Syrphidae:* 1. Eristalis nemorum L. B. Hymenoptera: *Apidae:* 2. Apis mellifica L. ♀, sgd.; 3. Bombus agrorum F. ♂, sgd.; 4. B. terrester L. ♂, sgd.; 5. Psithyrus vestalis Fourcr. ♀ ♂, sgd.

2224. C. grandiflora Mnch. Nach Schulz sind die Zwitterblüten kultivierter Exemplare dieser in Kroatien und Siebenbürgen heimischen Art protandrisch. Ausserdem kommen weibliche Stöcke vor.

2225. C. umbrosa Bth.
sah Loew im botanischen Garten zu Berlin von Bombus agrorum F. ♀, sgd. und psd., besucht.

483. Clinopodium Tourn.

Protandrische, selten bis homogame Bienenblumen. Honigabsonderung und -bergung wie gewöhnlich. Gynodiöcie und Gynomonöcie.

2226. C. vulgare L. (Calamintha Clinopodium Spenner.) [H. M., Befr. S. 325; Alpenbl. S. 321; Schulz, Beitr. I. S. 83; II. S. 135, 154 und 196; Kirchner, Flora S. 614; Knuth, Bijdragen.] — Die Kronröhre der purpurroten Blüten ist, nach Müller, 10—13 mm lang; sie ist nicht selten bis 3 mm mit Honig angefüllt. Der untere Griffelast bildet eine breite, lanzettliche, sich nach unten umbiegende Platte ohne deutliche Papillen, der obere ist viel schmäler und kürzer, selbst fast gänzlich verschwindend. Die Zwitterblüten treten, nach Schulz, in zwei verschiedenen Formen auf, nämlich 1. grossblumig (16—17 mm lang), ausgeprägt protandrisch, 2. kleinblumig (12—13 mm lang), schwach protandrisch, selten bis homogam. Die weiblichen Blüten schwanken gleichfalls in der Grösse; sie kommen teils mit den Zwitterblüten auf derselben Pflanze vor, zuweilen aber ausschliesslich auf besonderen Stöcken.

Schulz sah die Blüten zuweilen von Bombus terrester L. und B. lapidarius L. erbrochen.

Als Besucher beobachtete ich Pieris rapae L.; Herm. Müller gleichfalls zwei saugende Falter (Pieris brassicae L. und Epinephele hyperanthus L.); Loew im Riesengebirge Pieris brassicae L.

In den Alpen beobachtete Herm. Müller ausser 4 Faltern 3 normal saugende Hummeln und 1 Halictus; Mac Leod in den Pyrenäen 4 Hummeln und 2 Falter als Besucher (B. Jaarb. III. S. 331, 332).

v. Dalla Torre sah in Tirol die Bienen: 1. Anthidium manicatum L. ♀; 2. Halictus leucozonius Schrk. (im botanischen Garten zu Innsbruck). Dieselben giebt auch Schletterer an, sowie Anthidium variegatum F. bei Pola.

In Dumfriesshire (Schottland) (Scott-Elliot, Flora S. 136) wurde 1 Hummel als Besucherin beobachtet.

Loew beobachtete im botanischen Garten zu Berlin: A. Hymenoptera: *Apidae*: 1. Bombus agrorum F. ♂, sgd.; 2. B. terrester L. ♂, sgd. B. Lepidoptera: *Rhopalocera*: 3. Pieris brassicae L., sgd.

484. Melissa Tourn.

Protandrische oder protogynische bis homogame Bienenblumen. Zuweilen Gynodiöcie oder Andromonöcie.

2227. M. officinalis L. [Schulz, Beitr. II. S. 196; Knuth in B. C. Bd. 72. Nr. 3.] — Die stark citronenduftenden Laubblätter tragen zur Anlockung der kreuzungsvermittelnden Insekten in erheblichem Masse bei. Die kleinen weisslichen Blüten lassen kein Saftmal erkennen (wenigstens nicht die Ende August im Garten der Ober-Realschule zu Kiel blühenden). Der breite Mittellappen der Unterlippe ist dicht mit kurzen, starren, cylindrischen Haaren besetzt, welche eine vertiefte Mittelrinne für den einzuführenden Insektenrüssel frei lassen; die Zwischenräume zwischen diesen Haaren sind mit miskroskopisch kleinen Papillen dicht besetzt.

Die wenig gewölbte Oberlippe trägt an dem Eingange zur Kronröhre gleichfalls Härchen, die aber länger sind und lockerer stehen, als die der Unterlippe. Dieser Haarbesatz erstreckt sich auch auf die obere Innenseite der 8 mm langen, nach unten gebogenen Kronröhre, so dass dem Insektenrüssel sein Weg zu dem im Blütengrunde abgesonderten und beherbergten Nektar ganz genau vorgeschrieben ist. Die Kronröhre ist in ihrem oberen Teile auf eine Strecke von etwa 2 mm zu einer 2½ mm hohen und ebenso breiten Öffnung erweitert, so dass ein kleiner Insektenkopf in dieselbe hineingezwängt werden kann und alsdann ein Rüssel von 6 mm Länge genügt, um den Honig auszubeuten.

Die Narbe scheint meist etwas früher reif zu sein als die Antheren aufspringen, doch zeigen viele Blüten auch Homogamie. Von den vier Antheren springen die der beiden längeren Staubblätter eher auf als die der beiden kürzeren. Die Narbe steht mit ihren beiden sich hakig von einander spreizenden Ästen meist zwischen den Antheren der beiden längeren Staubblätter, zuweilen überragt sie dieselben, in anderen Fällen ist sie etwas kürzer. Manchmal bleibt sie bis zum Ausstäuben der Antheren auch der kleineren Staubblätter empfängnisfähig, häufig ist sie dann schon gänzlich vertrocknet. Nicht wenige Blüten liessen überhaupt keinen Griffel und keine Narbe erkennen. Ob diese wechselnden Verhältnisse sich auch bei den früher blühenden Blumen

Fig. 313. Melissa officinalis L.

1 Blüte gerade von vorn gesehen. Im Blüteneingange unten die Antheren der beiden kürzeren, oben die der beiden längeren Staubblätter, dazwischen der Griffel mit der Narbe. (Vergr. 3¹/₄ : 1.) *2* Die aus dem Kelche herausgenommene Blüte von der Seite gesehen. (Vergr. 2 : 1.)

finden, kann ich nicht sagen, da ich die Untersuchung solcher versäumt habe.

Honigsuchende Insekten werden also beim Besuche einer im rein weiblichen Zustande befindlichen Blüte im Anfliegen die Narbe streifen und diese mit mitgebrachten Pollen belegen, beim Besuche einer im zweigeschlechtigen oder rein männlichen Zustande befindlichen sich wieder mit Blütenstaub behaften. Es wird durch die regelrecht Honig saugenden Besucher also Kreuzung herbeigeführt werden; in den im Zwitterzustande befindlichen Blüten können solche Besucher aber auch Selbstbestäubung bewirken. Letztere kann, wenn die Narbe hinreichend lange empfängnisfähig bleibt, durch Berührung oder Pollenfall in solchen Blüten erfolgen, in welchen die Narbe sich in gleicher Höhe mit den Antheren der beiden längeren Staubblätter befindet oder etwas tiefer als diese steht.

S c h u l z beobachtete bei Bozen vereinzelte gynodiöcische Stöcke neben solchen mit protandrischen Zwitterblüten.

Als B e s u c h e r bemerkte ich am 26. August 1897 im Garten der Ober-Realschule zu Kiel: A. H y m e n o p t e r a: *Apidae*: 1. Apis mellifica L. ⚥, mit Anstrengung saugend, einzeln, Kreuzung herbeiführend; sie konnte mit ihrem 6 mm langen Rüssel den Blütengrund offenbar nicht erreichen, da sie den Kopf nicht in den erweiterten Teil der Kronröhre hineinzuzwängen vermochte; 2. Bombus terrester L. ♂, saugend, zahlreich, Kreuzung bewirkend. Diese Hummel vermag mit ihrem 7—8 mm langen Rüssel den honigführenden Blütengrund zu erreichen. B. D i p t e r a: *Syrphidae*: 3. Rhingia rostrata L., saugend, häufig. Der 10—11 mm lange Rüssel dieser Schwebfliege verschwindet beim Honigsaugen nicht ganz in der Kronröhre, wird daher in 2—3 mm Entfernung von seiner Wurzel mit Pollen behaftet, während Apis und Bombus die Stirn mit dem Pollen und der Narbe in Berührung brachten. 4. Syritta pipiens L. und 5. Syrphus balteatus Deg., beide pollenfressend und dabei teils Fremd-, teils Selbstbestäubung herbeiführend. C. T h y s a n o p t e r a: 6. Thrips, zahlreich in den Blüten, gelegentliche Selbstbestäubung bewirkend.

L o e w beobachtete im botanischen Garten zu Berlin drei Apiden: 1. Apis mellifica L. ⚥, sgd.; 2. Bombus agrorum F. ♂, sgd.; 3. B. terrester L. ⚥, sgd.

485. Horminum L.

Protandrische Bienenblumen. Gynodiöcie, selten Gynomonöcie.

2228. H. pyrenaicum L. (Kerner, Schutzmittel S. 225; H. M., Alpenblumen S. 318, 319; Schulz, Beiträge II. S. 134—136; Mac Leod, Pyreneeënbloemen S. 327—331.]

— Die Zwitterblumen sind in den Alpen so stark protandrisch, dass spontane Selbstbestäubung ausgeschlossen ist. Die Blütengrösse ist, nach Schulz, wechselnd. Neben den Zwitterblüten treten häufig kleinere weibliche Blüten mit verkümmerten Antheren auf, und zwar meist auf getrennten Stöcken, selten mit Zwitterblüten zusammen. Auch in den Pyrenäen kommen, nach Mac Leod, ausser den protandrischen Zwitterblüten gynomonöcisch verteilte kleinere weibliche Blüten, vor und zwar sind meist die in den untersten Scheinquirlen stehenden Blüten weiblich und blühen später auf, als die unmittelbar darüber stehenden zweigeschlechtigen Blüten.

Als Befruchter beobachtete H. Müller 4 Bienen und 5 Hummeln, als sonstige Besucher 1 Schwebfliege, 1 Käfer, 2 Falter.

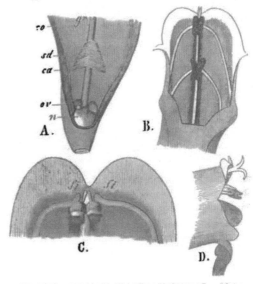

Fig. 314. Horminum pyrenaicum L. (Aus Herm. Müller, Alpenblumen.)

A Basalhälfte der Blüte, nach Entfernung der unteren Hälfte des Kelches und der Blumenkrone von unten gesehen. (7:1.) *B* Endhälfte der Blüte, nach Entfernung der Unterlippe von unten gesehen. (3½:1.) *C* Die Enden der beiden oberen Staubfäden mit ihren Fortsätzen von vorn gesehen. (3½:1.) *D* Blüteneingang von der Seite gesehen. (3½:1.) Bedeutung der Buchstaben wie in Fig. 213.

Die an diesen Blüten meist saugenden Bombus mastrucatus Gerst. und B. terrester L. beobachtete Schulz auch Honig durch Einbruch gewinnend.

2229. Rosmarinus officinalis L. ist, nach Delpino (Ult. oss.), protandrisch. Im zweiten Blütenzustande nimmt die Narbe die Stelle ein, welche im ersten die Antheren inne hatten.

Als Besucher beobachtete Friese in Ungarn die Apiden: 1. Eucera caspica Mor.; 2. Megachile manicata Gir.; 3. Xylocopa cyanesceus Brullé; ferner bei Fiume die ersten beiden.

Schletterer bemerkte bei Pola und in Tirol (T.): Hymenoptera: a) *Apidae*: 1. Anthrena carbonaria L.; 2. A. flavipes Pz.; 3. Bombus argillaceus Scop., sgd.; 4. B. pascuorum Scop. (T.); 5. B. terrester L.; 6. Halictus leucozonius Schrk. ♀; 7. H. levigatus K. ♀; 8. H. malachurus K.; 9. H. scabiosae Rossi; 10. H. xanthopus K., einige ♀ 11. Megachile manicata Gir.; 12. Nomada lineola Pz. v. subcornuta K.; 13. N. sexfasciata Pz.; 14. N. succincta Pz.; 15. Osmia rufa L.; 16. Podalirius acervorum L.; 17. P. crinipes Sm. b) *Vespidae*: 18. Polistes gallica L.

486. Hyssopus Tourn.

Protandrische Bienenblumen, deren Honig, nach Sprengel, von der Unterlage des Fruchtknotens ausgesondert wird.

2230. H. officinalis L. (Sprengel, S. 301; Kirchner, Beiträge S. 55, 56; Knuth, Bijdragen.] — Die tiefblaue, selten weisse Blumenkrone hat eine 10 mm lange Röhre, deren untere Hälfte einen dünnen, schräg aufwärts gerichteten Hohlcylinder darstellt. In der Mitte biegt sich die Kronröhre, sich trichterförmig erweiternd, etwas abwärts. Unterhalb dieser Biegung besitzt der untere Teil der Kronröhre zwei nach innen vorspringende Längsfalten, welche den Cylinder noch mehr verengen, so dass ein sehr schmaler Zugang zum Blütengrunde entsteht. Aus dem ausgebreiteten Kronsaume ragen anfangs nur die etwas auseinander spreizenden Staubblätter hervor (die oberen 3 mm, die unteren 6 mm) und bieten den Pollen nach vorn dar. Erst wenn die Antheren nicht mehr stäuben, wächst der bis dahin kaum aus der Oberlippe hervorragende Griffel so weit heran, dass er schliesslich mitten aus der Krone hervorragt und die nun entfalteten Narbenäste den Blüteneingang beherrschen. Es ist daher beim Besuch passender Insekten Fremdbestäubung gesichert. Spontane Selbstbestäubung ist nicht leicht möglich, selbst wenn an den verwelkten Antheren noch Pollenkörner haften.

Weibliche Blüten konnte Kirchner nicht finden.

Als Besucher beobachtete Kerner die Honigbiene. Ich sah an Pflanzen des botanischen Gartens zu Kiel zwei Hummeln als Blütenbesucher, nämlich Bombus lapidarius L. ♂ und B. terrester L. ♀. Die erstere beschäftigte sich andauernd sgd. an den Blüten, woraus auf die Anwesenheit von Honig geschlossen werden muss. Doch konnte ich solchen weder mit der Lupe noch mittelst des Geschmackes wahrnehmen.

487. Nepeta L.

Protandrische Bienen- oder Hummelblumen, selten Falter- und Hummelblumen. Honigabsonderung und -bergung wie gewöhnlich. Gynomonöcie und Gynodiöcie.

2231. N. Cataria L. [H. M., Alpenbl. S. 315; Schulz, Beiträge I. S. 84., II. S. 196.] — Die Zwitterblüten sind etwa 7—8 mm lang. Die Narbe überragt bald die Antheren, bald steht sie in gleicher Höhe mit ihr, doch ist auch im letzteren Falle durch ausgeprägte Protandrie Selbstbestäubung ausgeschlossen.

Die weiblichen Blüten sind 5—6 mm lang. Sie kommen meist mit den Zwitterblüten auf denselben Pflanzen vor (bis zu 50%), selten stehen sie auf getrennten Stöcken.

Als Besucher sah H. Müller in den Alpen Bombus agrorum F. ♀, sgd.; ich sah im Garten der Ober-Realschule zu Kiel (12. 8. 98) Bombus terrester L. ♀, sgd., stetig. Loew beobachtete im botanischen Garten zu Berlin: A. Diptera: Syrphidae: 1. Syritta pipiens L., pfd. B. Hymenoptera: Apidae: 2. Osmia aenea L. ♀, sgd.

2232. N. nuda L. [H. M., Weit. Beob. III. S. 53—55; Schulz, Beitr. II. S. 196.] Die wohlriechenden, zu weithin sichtbaren Blütenständen vereinigten

Blumen besitzen, nach Müller, am Blüteneingange zahlreiche lebhaft purpurrote Flecke, welche den Zugang zum Nektar anzeigen. Dieser wird in reichlicher Menge von der sehr grossen Unterlage des Fruchtknotens abgesondert.
Der untere, verengte Teil der Kronröhre ist 3 mm lang und erweitert sich zu
einem gleichfalls 3 mm langen oberen Teile, welcher dem Kopfe des besuchenden Insektes Eingang gestattet. Die Oberlippe ist kurz und daher nicht im
stande, den Pollen gegen Regen zu schützen; ihre Länge reicht aber aus, die
Staubfäden und den Griffel so zu halten, dass eine besuchende Biene die Antheren
und (im späteren Stadium) die Narbe berühren muss. Die Unterlippe ist weit
vorgestreckt und dient als bequeme Anflugstelle. Auf ihrem Grunde und im
Blüteneingange stehen Haare, welche dem Regen das Eindringen in die Blüte
unmöglich machen oder doch erschweren. Dagegen fehlt im Inneren der Kronröhre der sonst häufige Haarkranz.

Im Anfange der Blütezeit ragen nur die pollenbedeckten Antheren aus
den Blumen hervor. Später wächst der Griffel über die Staubblätter hinaus
und entfaltet die Narbenpapillen. Es ist daher spontane Selbstbestäubung wahrscheinlich ausgeschlossen.

Ausser den protandrischen Zwitterblüten beobachtete Schulz vereinzelte
weibliche Stöcke.

Als Besucher beobachtete H. Müller in Thüringen:
A. Coleoptera: a) *Mordellidae*: 1. Anaspis frontalis L., nutzloser Gast. b) *Nitidulidae*: 2. Meligethes sp., w. v. B. Diptera: *Bombylidae*: 3. Bombylius canescens
Mik., sgd., ohne zu befruchten. C. Hymenoptera: *Apidae*: 4. Anthidium punctatum
Ltr. ♂, sgd.; 5. Anthophora quadrimaculata F. ♂, sgd.; 6. Apis mellifica L. ♀, sgd., in
sehr grosser Zahl; 7. Bombus agrorum F. ♀ ⚥, sgd.; 8. B. pratorum L. ♀ ⚥, sgd.;
9. Halictus flavipes K. ♀, psd. in den Blüten; 10. H. malachurus K. ♀, sgd.; 11. Osmia
adunca Ltr. ♂, sgd., in Mehrzahl; 12. Prosopis communis Nyl. ♀, einzeln. D. Lepidoptera: *Rhopalocera*: 13. Epinephele janira L., sgd.

Loew beobachtete in botanischen Garten zu Berlin: A. Coleoptera: *Telephoridae*: 1. Dasytes flavipes F., in die Blüte hineinkriechend. B. Hymenoptera: *Apidae*:
2. Anthidium manicatum L. ♀, sgd.; 3. Megachile centuncularis L. ♀, sgd.

2233. N. Mussini Henck. Die an drei Stellen etwas erweiterte
Kronröhre dieser im Orient heimischen Art ist, nach Loew (Ber. d. d. b. Ges.
IV. 1886. S. 121—123), etwa 10 mm lang. Anfangs liegen die Narbenäste
noch aneinander, während die Antheren schon stäuben. Alsdann verlängert sich
der Griffel etwas und die Staubfäden krümmen sich zur Seite, so dass regelrecht anfliegende Besucher jetzt die nun entwickelte Narbe berühren müssen,
mithin Kreuzung bewirken.

Als Besucher beobachtete Loew im botanischen Garten zu Berlin:
A. Diptera: *Syrphidae*: 1. Syrphus luniger Mg., von Blüte zu Blüte, pfd.
B. Hymenoptera: *Apidae*: 2. Anthrena dorsata Sm. ♀, psd.; 3. Anthidium manicatum
L. ♀ ⚥, sgd.; 4. Anthophora parietina F. ♂ ♀, sgd.; 5. A. pilipes F. ♀, sgd. und psd.;
6. A. quadrimaculata F. ♀, w. v.; 7. Apis mellifica L. ♀, stetig sgd.; 8. Halictus nitidiusculus K. ♀, psd.; 9. H. sexcinctus F. ♀, sgd.; 10. H. sexnotatus K. ♀, pfd.;
11. Melecta armata Pz. ♀, sgd.; 12. Osmia adunca Ltr. ♀, sgd. und psd.; 13. O. aenea
L. ♀, sgd. und psd.; 14. O. rufa L. ♀, sgd. C. Lepidoptera: a) *Rhopalocera*: 15. Pieris
brassicae L., sgd.; 16. Vanessa album L., sgd. b) *Sphingidae*: 17. Ino statices L., sgd.

2234. N. melissifolia Lam. Diese südeuropäische Art hat, nach Loew (Ber. d. d. bot. Ges. IV. 1886. S. 123), dieselbe Blüteneinrichtung wie N. Mussini.

Als Besucher beobachtete Loew im botanischen Garten zu Berlin:

Hymenoptera: *Apidae*: 1. Anthidium manicatum L. ♂, sgd.; 2. Anthophora furcata Pz. ♀, sgd. und psd.; 3. A. parietina F. ♀; 4. A. quadrimaculata F. ♀, sgd. und psd.; 5. Bombus hortorum L. ♀, sgd.; 6. Osmia rufa L. ♀, sgd.

Breitenbach (Kosmos 1884) fand Nepeta mussini und N. mellissifolia in den botanischen Gärten zu Marburg und Göttingen gynodimorph.

2235 – 36. N. nepetella und N. pannonica Jacq.

2237. N. macrantha Fisch. [Loew, Ber. d. d. bot. Ges. IV. 1886. S. 124, 125; Blütenbiol. Floristik S. 314.] — Diese in Sibirien heimische Art hat Loew nach Exemplaren des botanischen Gartens zu Berlin untersucht. Die blauen, mit dunkleren Längslinien versehenen, schräg aufsteigenden oder wagerecht stehenden Blüten haben eine 20 mm lange Kronröhre, die nach oben bauchig erweitert ist, sich unten aber zu 1 mm Durchmesser zusammenzieht. Die nach vorn gerichtete Unterlippe ist am Grunde behaart und überragt die Oberlippe. Es ist daher anzunehmen, dass diese Blume, wie Betonica grandiflora, eine Mittelstellung zwischen Hummel- und Falterblumen einnimmt. Hiermit stimmt auch der von Loew im botanischen Garten zu Berlin beobachtete Insektenbesuch überein.

Loew beobachtete im botanischen Garten zu Berlin: A. Diptera: *Syrphidae*: 1. Pipiza chalybeata Mgn., pfd.; 2. Syrphus pyrastri L., pfd. B. Hymenoptera: *Apidae*: 3. Anthidium manicatum L. ♀, mit den Vorderbeinen Pollen sammelnd und ihn mittelst der Mittel- und Hinterbeine auf die Bauchbürste übertragend, nicht sgd.; 4. Anthophora quadrimaculata F. ♀, sgd., dann auf N. melissaefolia übergehend; 5. Bombus hortorum L. ♀♂, normal sgd.; 6. Psithyrus vestalis Fourcr. ♂, sgd. C. Lepidoptera: *Rhopalocera*: 7. Pieris brassicae L., normal sgd.

Daselbst beobachtete Loew an

2238. N. lophantha Fisch.:

A. Diptera: *Syrphidae*: 1. Syrphus balteatus Deg. B. Hymenoptera: *Apidae*: 2. Bombus agrorum F. ♂, sgd.; 3. Halictus sexnotatus K. ♀, psd.; 4. Psithyrus vestalis Fourcr. ♂, sgd. C. Lepidoptera: *Rhopalocera*: 5. Pieris brassicae L., sgd.;

2239. N. granatensis Boiss.:

Hymenoptera: *Apidae*: 1. Anthidium manicatum L. ♂, sgd.; 2. Anthophora quadrimaculata F. ♀, sgd. und psd.; 3. Bombus hortorum L. ♀, sgd.

488. Glechoma L.

Protandrische Hummelblumen. Nektarium vorn stärker entwickelt. Oft gynomonöcisch oder gynodiöcisch.

2240. G. hederacea L. (Nepeta Glechoma Benth.) [Sprengel, S. 301—302; II. M., Befr. S. 319—321; Weitere Beob. III. S. 52; Schulz, Beiträge II. S. 196 und 220; Kirchner, Flora S. 620; Mac Leod, B. Jaarb, V. S. 367—368; Oudemans, Ned. Kruidk. Arch. 1872; Loew, Bl. Fl. S. 391; Knuth, Bijdragen.] Die meist blauvioletten, selten weissen oder rosa Blüten haben auf dem Mittellappen der Unterlippe als Saftmal purpurfarbige Flecke, auch der weitere Teil der Kronröhre ist innen und unten purpurn und weisslich gefleckt. Die untere Innenseite der Kronröhre ist durch aufrechte, steife Haare verengt, so dass ein in die Blüte eindringender Insektenrüssel die unter der Oberlippe liegenden Antheren bzw. die Narbe streifen muss. In den grossblütigen Zwitterblüten, deren Kronröhre 13—16 mm lang und am Eingang $2^1/_2$—$4^1/_2$ mm breit ist, bieten, nach Müller, im ersten Stadium die Antheren ihren Pollen dem Rücken der Besucher dar, indem sie nach unten aufspringen. Während dieses Zustandes ragt der Griffel über die Antheren und über den Vorderrand der Oberlippe hervor, doch liegen die beiden Narbenäste noch dicht an einander. Ist der Pollen verstäubt, so streckt sich der Griffel und die beiden Narbenäste entfalten sich, wobei sich der untere noch etwas nach unten biegt. Indem also bei Insektenbesuch ältere Blüten mit dem Pollen jüngerer belegt werden müssen, ist Selbstbestäubung ausgeschlossen. Die grossblumigen Blüten werden häufig von den Honigbienen, auch von kurzrüsseligen Hummeln durch Einbruch des Nektars beraubt.

Die Kronröhren der kleinblütigen weiblichen Blumen sind nur $6^1/_2$—8 mm lang und am Eingange $1^1/_2$—$2^1/_2$ mm weit. Die Staubblätter lassen verkümmerte Überreste erkennen. Der Griffel besitzt die Länge der Oberlippe, seine Äste sind gleich anfangs auseinander gebogen. Schulz fand 35—40% gynomonöcisch oder gynodiöcisch verteilte weibliche Blüten. Warnstorf (Bot. V. Brand. Bd. 38) fand die Pflanze bei Ruppin gynodiöcisch; Möwes (Bastarde) beobachtete öfter Blüten mit ganz oder zum Teil verkümmerten Staubblättern. Willis beobachtete bei Cambridge zu Anfang der Blütezeit an einem Standorte 86% weibliche, gegen Ende 24%, an einem anderen anfangs 50%, zuletzt 28%. Auch an der Yorkshire-Küste ist die Pflanze gynodiöcisch. (Burkill, Fert. of Spring Fl.)

Als Besucher beobachtete ich in Schleswig-Holstein 4 saugende Hummeln (Bombus agrorum F., B. lapidarius L., B. hortorum L., B. terrester L., letztere jedoch den Nektar meist durch Einbruch raubend) und 1 Falter (Pieris rapae L., sgd.).

Wüstnei bemerkte auf Alsen gleichfalls Bombus hortorum L.

Herm. Müller giebt folgende Besucher an: A. Diptera: a) *Bombylidae*: 1. Bombylius discolor Mgn., sgd. und nur zufällig befruchtend; 2. B. major L., häufig, w. v. b) *Syrphidae*: 3. Eristalis intricarius L., pfd.; 4. Rhingia rostrata L., sgd. B. Hymenoptera: *Apidae*: 5. Anthrena albicans Müll. ♂, vergeblich nach Honig saugend; 6. A. fulva Schrk. ♀, w. v.; 7. A. fulvicrus K. ♀, psd.; 8. Anthophora pilipes F. ♀ ♂, sehr häufig; 9. Apis mellifica L. ☿, an weibl. (kleinblumigen) Blüten normal sgd., an zweigeschlechtigen (grossblumigen) die Blumenröhre anbohrend oder die von Bombus terrester gebissenen Löcher zum Einbruch benutzend; 10. Bombus agrorum F. ☿ ♀, normal sgd.; 11. B. confusus Schenck ♀, w. v.; 12. B. hortorum L. ☿ ♀, w. v.; 13. B. lapidarius L. ☿ ♀, w. v. (an der grossblumigen Form); 14. B. pratorum L. ♀, normal sgd.; 15. B. rajellus K. ♀, w. v.; 16. B. silvarum L. ♀. w. v.; 17. B. terrester L. ♀, stets aus den zweigeschlechtigen, meistens auch aus den weibl. Blüten Honig durch Einbruch gewinnend; 18. Halictus lucidulus Schenck ♀, vergeblich nach Honig suchend; 19. Nomada varia Pz. ♂, an weibl. Blüten normal sgd.; 20. Osmia aenea L. ♀, einzeln, sgd.; 21. O. fusca Christ. ♀; 22. O. rufa L. ♀ ♂, an beiderlei Blüten normal sgd.; 23. Psithyrus barbutellus K. ♀, w. v.; 24. P. rupestris F. ♀, w. v.; 25. P. vestalis Fourc. ♀, normal sgd. C. Lepidoptera: a) *Rhopalocera*: 26. Pieris brassicae L., sgd. und nur zufällig auch befruchtend; 27. P. rapae L., w. v. b) *Sphinges*: 28. Macroglossa fuciformis L., w. v.; 29. M. stellatarum L., w. v.

Loew beobachtete in Brandenburg (Beiträge S. 43): A. Diptera: *Bombylidae*: 1. Bombylius major L. B. Hymenoptera: *Apidae*: 2. Anthrena parvula K. ♀, psd.; 3. Anthophora aestivalis Pz. ♂, sgd.; 4. A. parietina F. ♂, sgd.; 5. A. pilipes F. ♂, sgd.; 6. Bombus pratorum L. ♀, sgd. und psd.: 7. B. terrester L. ♀, w. v.; 8. Halictus morio F. ♀, psd.; 9. Melecta punctata K. ♂ ♀, sgd; 10. Osmia aenea L. ♀, sgd.

Alfken beobachtete bei Bremen folgende Apiden saugend: 1. Bombus agrorum F. ♀; 2. B. derhamellus K. ♀; 3. B. hortorum L. ♀; 4. B. jonellus K. ♀; 5. B. lapidarius L. ♀; 6. B. muscorum F. ♀; 7. B. silvarum L. ♀; 8. Melecta armata Pz. ♂; 9. Osmia aurulenta Pz. ♀ ♂; 10. O. caerulescens L. ♂; 11. O. rufa L. ♂; 12. O. solskyi Mor.; 13. Podalirius acervorum Pz. ♀ ♂; 14. P. parietinus F. ♂; 15. P. retusus L. ♀ ♂; Friese in Baden (B.) und Mecklenburg (M.) die Apiden: 1. B. agrorum F. ♀ (B.). s. hfg.; 2. B. jonellus K. ♀ (M.), slt.; 3. Osmia cornuta Ltr.; 4. O. rufa L.; 5. O. uncinata Gerst. (M.) ♂; 6. Podalirius retusus L. (B.), u. slt.; 7. Xylocopa violacea L.; ferner bei Fiume die Apiden: 1. Bombus agrorum F.; 2. Osmia caerulescens L.; 3. Xycocopa cyanescens Brull.; Seitz bei Giessen die Pelzbiene Podalirius acervorum L., sehr häufig; Schletterer in Tirol die hummelähnliche Pelzbiene Podalirius tarsatus Spin., hfg.

MacLeod bemerkte in Flandern Apis, 6 Hummeln, 3 kurzrüsselige Bienen, 1 Schwebfliege, 1 Falter (B. Jaarb. V S. 368); H. de Vries (Ned. Kruidk. Arch. 1877) in den Niederlanden 4 Hummeln: 1. Bombus agrorum F. ♀ ⚥; 2. B. hortorum L. ♀ ⚥; 3. B. subterraneus L. ♀; 4. B. terrester L. ♀.

In Dumfriesshire (Schottland) (Scott-Elliot, Flora S. 137) wurde 1 Hummel (häufig) als Besucherin beobachtet.

Burkill (Fert. of Spring Fl.) beobachtete an der Küste von Yorkshire: A. Coleoptera: *Nitidulidae*: 1. Meligethes sp., sgd. B. Hymenoptera: *Apidae*: 2. Bombus agrorum F., sgd. C. Thysanoptera: 3. Thrips sp.

E. D. Marquard sah Melecta armata Pz. (sgd.) in Cornwall als Besucher.

Smith beobachtete in England die Mauerbiene Osmia nigriventris Zett. = xanthomelaena K. = corticalis Gerst.

489. Dracocephalum L.

Hummelblumen mit protandrischen Zwitterblumen und gynodiöcisch verteilten weiblichen Blüten.

2241. D. austriacum L. [Schulz, Beiträge II. S. 196.] — Im Vintschgau in Südtirol fand Schulz bis 10 % weibliche Blüten.

2242. D. Ruyschiana L. [Schulz, Beiträge II. S. 196.] — Nach einem Herbarexemplar aus Ostpreussen gynodiöcisch.

2243. D. Moldavica L. [Schulz, Beiträge II. S. 196; Knuth, Bijdragen.] — Kultivierte Exemplare eines Gartens in Leipzig gynodiöcisch.

Als Besucher beobachtete ich im botanischen Garten zu Kiel drei saugende, stetig von Blüte zu Blüte fliegende Hummeln: 1. Bombus agrorum F. ♀ ⚥; 2. B. lapidarius L. ♀ ♂; 3. B. terrester L. ♀.

2244. Pycnanthemum pilosum Nutt. [Loew, Ber. d. d. b. Ges. IV. 1886. S. 126, 127.] — Die zahlreichen, dicht zusammengedrängten, weissen, gesprenkelten Blüten dieser nordamerikanischen Art sind protandrisch. Ihre Kronröhre ist etwa 6 mm lang. Die Sprenkelflecke deuten auf Fliegenbesuch.

2245. P. lanceolatum Pursh. [Loew, Ber. d. d. b. Ges. IV. 1886. S. 127, 128.] — Die im botanischen Garten zu Berlin kultivierte Pflanze besitzt nur rein weibliche Blüten.

2246. Lophanthus rugosus Fisch. et Mey. ist, nach Loew (Ber. d. d. b. Ges. IV. 1886. S. 125, 126), schwach protandrisch. Die zahlreichen, dicht zusammengedrängten, stark aromatisch duftenden Blüten locken zahlreiche Besucher an.

Loew beobachtete im botanischen Garten zu Berlin: A. Diptera: Syrphidae: 1. Eristalis tenax L.; 2. Syritta pipiens L. B. Hymenoptera: Apidae: 3. Apis mellifica L. ⚥, sgd.; 4. Bombus agrorum F. ⚥, sgd.; 5. B. pratorum L. ♀, sgd.; 6. Psithyrus vestalis Fourcr. ♂, sgd. Ferner daselbst an

2247. L. anisatus Bth.

Bombus agrorum F. ♂, sgd.; sowie an

2248. L. scrophularifolius Benth.

Hemiptera: 1. Corizus parumpunctatus Schill.; 2. Sehirus biguttatus L. B. Hymenoptera: Apidae: 3. Bombus agrorum F. ♀, stetig sgd.

2249. Ziziphora capitata L. [Willis, Contributions II.] — Die kleinen, wenig augenfälligen Blüten dieser Labiate befruchten sich in England regelmässig selbst. Nach der Länge der Kronröhre (9 mm) sind sie Bienen oder Schwebfliegen angepasst.

490. Melittis L.

Protandrische Hummel- oder Nachtfalterblumen mit Revolverblüten.

2250. M. Melissophyllum L. [H. M., Weit. Beob. III. S. 52; Stadler, Beiträge S. 12—16; Schulz, Beiträge II. S. 136—138; Bonnier, Nectaires S. 31, 54; Kerner, Pflanzenleben II. S. 189.] — Die Blüten sind, nach Kerner, in Südtirol nur weiss, in Niederösterreich und Ungarn nur weisspurpurn, bei Zürich, nach Stadler, rötlich oder weiss mit purpurnem Saftmal auf der Unterlippe. Die stark und angenehm duftenden Blüten sind ausgeprägt protandrisch, so dass Selbstbestäubung meist ausgeschlossen ist. Während des Verstäubens der Antheren, welche im oberen Teile des Blüteneinganges stehen und sich unterwärts öffnen, ist der Griffel so kurz, dass die noch unentwickelte Narbe zwischen den Antheren der kurzen Staubblätter oder etwas höher liegt. Meist erst nach dem Verstäuben oder gegen Ende desselben streckt sich der Griffel und krümmt sich gewöhnlich ein wenig so nach unten, dass die nun entwickelte Narbe unter den Antheren der längeren Staubblätter oder ein wenig vor denselben steht.

Wenn Bonnier angiebt, diese Pflanze habe ein verkümmertes Nektarium, so bezeichnet Schulz diese Angabe als tendenziöse Erfindung. Schulz fand als Nektarium einen etwa cylindrischen, selten vorn etwas verdickten Wulst unter dem Fruchtknoten, welcher überaus reichlich Honig aussonderte, so dass die 25—35 mm lange Kronröhre 7—10 mm hoch mit Nektar angefüllt wurde. Auch Stadler fand, dass das Nektarium vorn bedeutend stärker entwickelt war als auf den anderen Seiten. Als Saftdecke findet sich ein dichter Haarbesatz über dem Nektar. Da die Kronröhre durch zwei Paar Längsfalten verengt ist, denen die Staubfäden angewachsen sind, entstehen zwei, im Schlunde drei übereinanderliegende enge Zugänge zum Nektar. Solche Einrichtung hat Kerner als Revolverblüten charakterisiert. (Vgl. z. B. Gentiana S. 76, Convolvulus S. 90.)

Als Befruchter treten Hummeln und Nachtschwärmer auf. H. Müller filius beobachtete Bombus hortorum L. als Besucher. Die langrüsseligen Hummeln brauchen, nach Schulz, nicht weit in die Krone einzudringen, um zum Nektar zu gelangen; die kurzrüsseligen dagegen müssen sich oft tief hineinzwängen und erreichen bei der Länge der Kronröhre doch den Honiggrund nicht ganz. Die weissblütige var. albida Guss. scheint besonders für die Befruchtung durch Nachtschwärmer eingerichtet zu sein. Schulz fing bei Bozen Deilephila euphorbiae L., D. elpenor L. und Sphinx convolvuli L. Ausserdem bemerkte derselbe grössere Nachtschmetterlinge (Noktuiden und Bombyciden?), ohne sie einfangen zu können. Als unnütze Blütenbesucher stellen sich auch Käfer, Fliegen, kleine Hymenopteren und Blasenfüsse ein. Hin und wieder fand Schulz die Blüten am Grunde angebissen. Stadler beobachtete Bombus terrester L. als Einbrecher.

491. Lamium Tourn.

Rote oder weisse homogame Hummel- oder Bienenblumen, deren Nektar von der fleischigen Unterlage des Fruchtknotens, welche sich nach der Unterlippe zu meist stärker ausbreitet, abgesondert und im Grunde der Kronröhre aufbewahrt wird. Als Saftdecke findet sich meist ein dichter Haarring über dem Honig. Die helmförmige Oberlippe dient als Schutzdach für die Antheren, die Unterlippe als bequeme Anflugstelle für die Besucher. Nach Schulz verkümmern bei fast allen deutschen Arten hin und wieder die Staubblätter. Zuweilen Kleistogamie.

2251. L. album L. [Sprengel, S. 302—304; H. M., Befr. S. 309 bis 311; Alpenbl. S. 311; Weit. Beob. III. S. 64; Schulz, Beiträge II. S. 221; Knuth, Ndfr. Inseln S. 117; Mac Leod, B. Jaarb. V. S. 369; Kirchner, Flora S. 621; Loew, Bl. Fl. S. 391, 399.] — Die weisse (selten rosa gefärbte) Blumenkrone hat eine schwach blassgelbe Unterlippe mit olivenfarbigen Punkten. Das unter dem Fruchtknoten befindliche Nektarium breitet sich nach der Oberlippe zu in einen fleischigen Lappen aus, der die beiden vorderen Fruchtknotenviertel bis zur Mitte ihrer Höhe umgiebt. Der Nektar sammelt sich im untersten, engsten Teile der 10 mm langen Kronröhre und wird durch einen dichten Haarring überdeckt. Über diesem erweitert sich die Kronröhre plötzlich und biegt sich aus der bisher schrägen aufwärts gerichteten Stellung senkrecht in die Höhe. Der Nektar ist wegen der Länge der Kronröhre nur langrüsseligen Hummeln und Bienen zugänglich. Diese berühren dabei zuerst den unteren Narbenast und dann erst die mit der Narbe gleichzeitig entwickelten Antheren. Der eine der beiden Griffeläste setzt sich nämlich in der Richtung des Griffels fort, liegt also zwischen oder über den Antheren, der andere biegt sich mitten zwischen den Antheren nach unten, so dass seine narbentragende Spitze unter die Antheren hinabreicht, mithin früher von den besuchenden Hymenopteren berührt wird als die Antheren. Bleibt Insektenbesuch aus, so erfolgt spontane Selbstbestäubung infolge der gleichzeitigen Entwickelung und der gegenseitigen Stellung von Narbe und Antheren, doch wird wegen des häufigen Insektenbesuches wohl selten davon Gebrauch gemacht. — Pollen, nach Warnstorf, blassgelb, elliptisch, zart warzig, 41 μ lang und 27 μ breit.

Befruchter sind langrüsselige Hymenopteren, besonders Hummeln; der Kopf derselben wird bequem von zwei zwischen Kronröhre und Unterlippe liegenden, die Seitenwände der Kronröhre · fortsetzenden aufrechten Lappen aufgenommen. Beim Saugen halten sie mit den Vorderbeinen am Grunde der Unterlippe und mit den Mittel- und Hinterbeinen an den beiden Lappen der Unterlippe, so dass

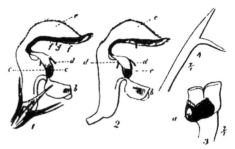

Fig. 315. Lamium album L. (Nach Herm. Müller.)

1 Blüte von der Seite. *2* Dieselbe nach Entfernung des Kelchs. *3* Fruchtknoten und Saftdrüse. (7 : 1.) *4* Spitze des Griffels. (7 : 1.) *a* Saftdrüse. *b* Unterlippe, *c* Seitenlappen, welche den Hummelkopf zwischen sich nehmen. *d* Nutzlose Anhänge. *e* Oberlippe (Wetterdach). *f* Staubblätter. *g* Unterer Griffelast.

sie dann mit einem mindestens 10 mm langen Rüssel bis in den honigführenden Blütengrund gelangen können. Beim Saugen füllt die Brust der Hummel oder bei kleineren Arbeitern auch noch die Basis des Hinterleibes den Raum zwischen Ober- und Unterlippe so genau aus, dass die Oberseite des Hummelleibes von der Oberlippe fest umschlossen und die Narbe und die Antheren der Oberseite des Körpers dicht angedrückt sind.

Hummeln, deren Rüssel zu kurz ist, rauben den Honig durch Einbruch, indem sie die Kronröhre anbeissen (so Bombus terrester L.). Kurzrüsselige Bienen, darunter auch die Honigbiene, gewinnen den Nektar durch die von B. terrester gebissenen Löcher.

Als Besucher beobachtete ich in Schleswig-Holstein Apis (honigraubend) und 2 Hummeln (Bombus lapidarius L., sgd.; B. terrester L., honigraubend). Auch Schulz sah die Blüten von B. terrester angebissen.

Herm. Müller giebt folgende Besucher an:

A. Diptera: *Syrphidae*: 1. Rhingia rostrata L., sgd. und pfd. B. Hymenoptera: *Apidae*: 2. Anthrena albicans Müll. ♀, psd.; 3. A. nitida Fourc. ♀, durch die von Bombus terrester gebissenen Löcher sgd.; 4. Anthidium manicatum L. ♀ ♂, sgd. (Strassburg); 5. Anthophora personata Ill. ♀ ♂, sgd. (Strassburg); 6. A. pilipes F. ♀ ♂, sgd.; 7. Apis mellifica L. ♀, durch die von Bombus terrester gebissenen Löcher Honig gewinnend; 8. Bombus agrorum F. ♀ ♀, sgd., den Pollen von der Oberseite in die Sammelkörbchen fegend; 9. B. hortorum L. ♀ ♀, w. v.; 10. B. lapidarius L. ♀ ♀, w. v.; 11. B. muscorum F. ♀, w. Bombus agrorum; 12. B. pratorum L. ♀, w. v.; 13. B. rajellus K. ♀, w. v.; 14. B. scrimshiranus K. ♀ ♀, w. v., sehr weit in die Blüten kriechend; 15. B. silvarum L. ♀, w. v.; 16. B. terrester L. ♀, Honig durch Einbruch gewinnend;

17. Eucera longicornis L. ♂, sgd.; 18. Halictus levigatus K. ♀, psd.; 19. Melecta armata Pz. ♀, sgd.; 20. Xylocopa violacea L. ♀ ♂, sgd. (Strassburg).

In den Alpen sah derselbe 6 Hummeln als Besucher.

Alfken beobachtete bei Bremen zahlreiche saugende Apiden: 1. Anthidium manicatum L. ♀; 2. Bombus agrorum F. ♀ ⚲; 3. B. arenicola Thoms. ♀; 4. B. derhamellus K. ♀; 5. B. distinguendus Mor. ♀ sgd., ⚲ sgd.; 6. B. hortorum L. ♀, sgd. (häufig), ⚲ sgd.; 7. B. hortorum L. var. nigricans Schmiedekn. ♀, sgd.; 8. B. jonellus K. ⚲, sgd.; 9. B. lapidarius L. ♀; 10. B. lucorum L. ♀; 11. B. muscorum F. ♀ ⚲; 12. B. pratorum L. ⚲, sgd.; 13. B. ruderatus F. ♀, sgd.; 14. B. silvarum L. ♀ ⚲ ♂; 15. B. subterraneus L. ♀; 16. B. terrester L. ♀, sogar die Blütenknospen anbeissend; 17. B. variabilis Schmiedk. ♂; 18. Osmia caerulescens L. ♀ ♂; 19. O. rufa L. ♀; 20. Psithyrus barbutellus K. ♀, sgd.; 21. P. vestalis Fourcr. ♀, sgd. Höppner sah dort ferner Anthrena convexiuscula K. und Bombus proteus Gerst.

Schmiedeknecht bemerkte in Thüringen die Apiden: 1. Bombus agrorum F. ♀; 2. B. hortorum L. ♀; 3. B. hypnorum L. ♀; 4. B. jonellus K. ♀; 5. Osmia aurulenta Pz. ♀ ♂; Friese daselbst Bombus hortorum L.; Krieger bei Leipzig die Apiden: 1. Anthidium manicatum L.; 2. Crocisa scutellaris F.; 3. Melecta armata Pz. (= punctata K.); 4. Osmia rufa L.; 5. Podalirius vulpinus Pz.; Hoffer in Steiermark die Apiden: 1. Bombus agrorum F. ♀ ⚲; 2. B. argillaceus Scop. ♀; Friese in Baden und im Elsass Podalirius acervorum L. und in Ungarn Halictus xanthopus K. ♀ ♂.

Schletterer giebt für Tirol als Besucher an die Apiden: 1. Bombus argillaceus Scop.; 2. B. hortorum L.; 3. B. variabilis Schmiedekn.; 4. Eriades florisomnis L.; 5. Osmia xanthomelaena K. = fuciformis Gerst.

v. Dalla Torre beobachtete dort ausserdem Bombus mesomelas Gerst. und B. muscorum F.

Loew bemerkte in Brandenburg (Beiträge S. 44): Hymenoptera: *Apidae*. 1. Bombus hortorum L. ⚲, sgd. und psd.; 2. Osmia bicornis L. ♀, sgd.; ferner in der Schweiz (Beiträge S. 61): Hymenoptera: *Apidae*: 1. Anthophora sp. ♀, sgd.; 2. Bombus silvarum L. ⚲, sgd.; MacLeod sah in Flandern 6 Hummeln, 2 Schwebfliegen (B. Jaarb. V S. 369) und 1 Falter (Bot. Jaarb. VI S. 372).

In Dumfriesshire (Schottland) (Scott-Elliot, Flora S. 140) wurden 3 Hummeln und 1 Schwebfliege als Besucher beobachtet.

Loew beobachtete im botanischen Garten zu Berlin: Hymenoptera: *Apidae*: 1. Anthidium manicatum L. ♂ ♀, sgd.; 2. Apis mellifica L. ⚲, ohne Erfolg sgd., Kopf und Thorax mit Pollen bestäubt; 3. Bombus pratorum L. ⚲, psd.; 4. B. terrester L. ⚲, ohne Erfolg sgd. Ferner an der Form verticillatum: Bombus lapidarius L. ♀, psd.

2252. L. maculatum L. [H. M., Befr. S. 311, 212; Alpenbl. S. 311; Weit. Beob. III. S. 46, 47; Kirchner, Flora S. 622; Loew, Bl. Fl. S. 301; Knuth, Bijdragen.] — Die Blüten sind purpurrot; die Unterlippe besitzt als Saftmal eine dunkler rote und weisse Zeichnung Die Einrichtung stimmt ganz mit derjenigen von L. album überein, doch ist die Kronröhre 15—17 mm lang, so dass eine Hummel, welche ihren Kopf 5 mm tief in die Erweiterung der Kronröhre steckt, einen 10—12 mm langen Rüssel haben muss, um bis zum Blütengrund kommen zu können.

Auch die Blumen dieser Art wurden von Bombus terrester L. angebissen.

Als Besucher beobachtete ich in Westfalen zwei Hummeln: Bombus hortorum L., normal sgd.; B. terrester L., den Honig durch Einbruch gewinnend. Letztere Hummel beobachtete auch Schulz als Honigdieb. Noch am 11. Oktober 1897 sah ich auf der Rosstrappe bei Thale im Harz Bombus hortorum L. an den Blüten saugend.

Herm. Müller (1) und Buddeberg (2) geben folgende Besucherliste:

A. Diptera: *Syrphidae*: 1. Rhingia rostrata L., vergeblich zu saugen versuchend, dann pfd. (1). B. Hymenoptera: *Apidae*: 2. Anthophora aestivalis Pz. ♀, sgd. und psd., häufig (1, Thür.); 3. A. pilipes F. ♀ ♂, sgd. (1, Thür.); 4. Apis mellifica L. ☿, psd., indem sie von oben kommt und sich an der Oberlippe festhält (1, Thür.); 5. Bombus agrorum F. ♀, sehr häufig, sgd. (1, auch in den Alpen); 6. B. hortorum L. ☿ ♀, w. v. (1); 7. B. rajellus K. ☿, die von Bombus terrester gemachten Löcher zum Honigdiebstahl benutzend (1); 8. B. terrester L. ♀, Honig durch Einbruch gewinnend (1); 9. Halictus lugubris K. ♀, in die Blüte kriechend (2).

Loew beobachtete in Brandenburg (B.) und in Anhalt (A.) (Beiträge S. 44): Hymenoptera: *Apidae*: 1. Anthophora aestivalis Pz. ♂, sgd. (B.); 2. A. pilipes F. ♀, sgd. (B.); 3. Eucera longicornis L. ♂, sgd. (A.); 4. Osmia aenea L. ♂, (B.).

Friese bemerkte in Thüringen Anthrena spinigera K. und Bombus pomorum Pz. var. rufescens Ev.; Schmiedeknecht daselbst Bombus agrorum F. ♀ ☿, sehr häufig; denselben sah Hoffer in Steiermark an den Blumen sgd.; Schletterer giebt für Tirol (T.) als Besucher an und beobachtete bei Pola Hymenoptera: a) *Apidae*: 1. Bombus argillaceus Scop.; 2. B. hortorum L. (T.); 3. B. lapidarius L. (T.); 4. B. mastrucatus Gerst. (T.); 5. Eucera longicornis L.; 6. Halictus sexcinctus F. (T.); 7. Nomada furva Pz.; 8. Podalirius acervorum L.; 9. P. crinipes Sm. b) *Ichneumonidae*: 10. Pimpla inquitisor Scop.

v. Dalla Torre beobachtete in Tirol die Hummeln: 1. Bombus hortorum L. ☿; 2. B. lapidarius L.; 3. B. mastrucatus Gerst. ☿, ferner Halictus sexcinctus F. ♀.

Loew beobachtete im botanischen Garten zu Berlin:

A. Diptera: *Syrphidae*: 1. Pipiza chalybeata Mg., pfd. B. Hymenoptera: a) *Apidae*: 2. Anthophora pilipes F. ♂, sgd., die Stirn mit Pollen bestäubt: 3. Apis mellifica L. ☿, psd., vergeblich sgd.; 4. Bombus hortorum L. ♀, sgd., dann auf L. orvala übergehend. b) *Vespidae*: 5. Vespa germanica F. ♀, an Kelchen, deren Blumenkrone bereits abgefallen, Honig sgd. C. Lepidoptera: *Microlepidoptera*: 6. Unbestimmte Pyralide, sgd. (?). Ferner an der Form hirsutum: Hymenoptera: *Apidae*: 1. Bombus hortorum L. ☿, sgd.; 2. Halictus nitidiusculus K. ♀, psd.; 3. Osmia rufa L. ♀, sgd.

2253. L. purpureum L. [Sprengel, S. 304—306; H. M., Befr. S. 312; Weit. Beob. III. S. 47; Kirchner, Flora S. 622; Loew, Bl. Fl. S. 391; Knuth, Nordfr. Ins. S. 118, 165.] — Die hellpurpurne Blumenkrone besitzt dunkelrote Flecke auf der Unterlippe und dunkelrote Linien in der Blütenöffnung. Die Einrichtung ist mit derjenigen von L. album übereinstimmend, doch ist die Kronröhre nur 10—11 mm lang und in den oberen 4—5 mm so erweitert, dass ein Bienenkopf darin Platz findet. Es ist zur Ausbeutung des Honigs also ein Rüssel von 6 mm Länge ausreichend, wie ihn z. B. die Honigbiene besitzt. Bei ausbleibendem Insektenbesuche tritt spontane Selbstbestäubung ein, welche, nach H. Müllers Versuchen, von Erfolg ist. — Pollen, nach Warnstorf, gelb, glatt, elliptisch, etwa 30 μ lang und 20—25 μ breit.

Als Besucher beobachtete ich auf den nordfriesischen Inseln Apis und 2 Hummeln. Herm. Müller (1) und Buddeberg (3) geben folgende Besucherliste:

A. Diptera: *Bombylidae*: 1. Bombylius major L., sgd. (1). B. Hemiptera: 2. Pyrrhocoris apterus L., vergeblich nach Honig suchend (1). C. Hymenoptera: *Apidae*: 3. Anthophora pilipes F. ♂ ♀, sgd., ♀ bisweilen auch psd. (1, 2); 4. Apis mellifica L. ☿, sgd. und bisweilen auch den Pollen sich vom Kopfe abfegend und sammelnd (1); 5. Bombus agrorum F. ♀, w. v. (1); 6. B. hortorum L. ♀, w. v. (1); 7. B. lapidarius L. ♀, sgd. (1); 8. B. pratorum L. ♀, w. Apis mellifica (1); 9. B. rajellus K. ♀, sgd. (1); 10. B. terrester L. ♀, sgd. und bisweilen auch Honig durch Anbohren raubend (1); 11. Chelostoma florisomne L. ♀, sgd. (2); 12. Eucera longicornis L. ♂, sgd. (2); 13. Halictus cylindricus F. ♀, vergeblich nach Honig suchend (1); 14. H. leucopus K. ♀, w. v. (1); 15. H. sexnotatus K. ♀, w. v. (1); 16. Melecta armata Pz. ♀ ♂, sgd. (1, 2); 17. Osmia adunca Pz. ♂, flüchtig sgd. (2); 18. O. rufa L. ♂, sgd. (1). D. Lepidoptera: *Rhopalocera*: 19. Rhodocera rhamni L., sgd. (1).

Alfken bemerkte bei Bremen: Bombus muscorum F. ♀, sgd. und B. terrester L. ♀ ⚥, sgd.; Höppner daselbst 1. Anthrena nigroaenea K.; 2. A. tibialis K. ♀; 3. Bombus agrorum F. ♀; 4. B. lapidarius L. ♀; 5. B. muscorum F. ♀; 6. B. rajellus K.; 7. B. silvarum L. ♀; 8. B. terrester·L. ♀; 9. B. variabilis Schmiedekn. ♀; 10. Halictus calceatus Scop. ♀; 11. H. leucozonius Schrk. ♀; 12. Osmia caerulescens L. ♀ ♂; 13. O. solskyi Mor. ♀ ♂; 14. Psithyrus campestris Pz.; Schmiedeknecht in Thüringen Osmia aurulenta Pz.; Friese daselbst Osmia anthrenoides Spin.; derselbe beobachtete in Nassau (nach Buddeberg) Anthrena neglecta Dours, 1 ♀.

Loew beobachtete in Brandenburg (Beiträge S. 44): Hymenoptera: *Apidae:* 1. Anthophora pilipes F. ♂, sgd.; 2. Osmia bicornis L. ♂, sgd.; in Schlesien (Beiträge S. 34): Hymenoptera: *Apidae*: 1. Anthidium manicatum L. ♀, sgd. und psd.; 2. Anthophora quadrimaculata F. ♀ ♂ sgd., ♀ auch psd.

Hoffer giebt für Steiermark den Bombus terrester L. ♀ an.

Schletterer und v. Dalla Torre geben für Tirol als Besucher an und beobachteten bei Pola (P.) die Apiden: 1. Anthrena nigroaenea K.; 2. Bombus derhamellus K.; 3. B. silvarum L.; 4. B. variabilis Schmiedekn.; 5. Halictus albipes F.; 6. H. smeathmanellus K.; 7. H. tumulorum L.; 8. Melecta armata Pz.; 9. Podalirius acervorum L. (P. und T.), 10. P. retusus L. w v.; 11. Prosopis annulata L. (= P. borealis Nyl.).

Schletterer beobachtete ausserdem Anthidium manicatum L., Eucera longicornis L. und die beiden Podalirius-Arten bei Pola; Mac Leod in Flandern 5 langrüsselige Bienen, 1 Schwebfliege, 1 Muscide, 2 Falter (B. Jaarb. V. S. 370).

In Dumfriesshire (Schottland) (Scott-Elliot, Flora S. 140) wurde 1 Hummel als Besucherin beobachtet.

Burkill (Fert. of Spring Fl.) beobachtete an der Küste von Yorkshire: A. Diptera: *Muscidae*: 1. Lucilia cornicina F., pfd.; 2. Sepsis nigripes Mg., Honig sgd. B. Hymenoptera: *Apidae*: 3. Bombus agrorum F., sgd. C. Lepidoptera: *Rhopalocera*: 4. Vanessa urticae L., sgd.

Saunders (Sd.) und Smith (Sm.) bemerkten in England die Apiden: 1. Anthidium manicatum L. (Sm.); 2. Podalirius vulpinus Pz. (Sd., Sm.).

2254. L. amplexicaule L. [Hildebrand, Geschl. S. 74; H. M., Befr. 312, 313; Weit. Beob. III. S. 47, 48; Kerner, Pflanzenleben II.; Hoffmann, Bot. Ztg. 1883. S. 294—297; Kirchner, Flora S. 622; Knuth, Bijdragen.] — Die Kronröhre der purpurroten, sich öffnenden Blüten ist 10—11 mm lang; die obersten 4 mm sind so erweitert, dass eine Hummel ihren Kopf hineinzustecken vermag. Die Blüteneinrichtung stimmt mit derjenigen von L. album überein, doch ist die Kronröhre innen kahl, und die Blüten sind nicht immer ganz homogam, sondern hin und wieder schwach protandrisch. Meist erfolgt schon bald nach dem Aufblühen spontane Selbstbestäubung. Bei trüber Witterung bleiben die Blüten, nach Hansgirg, bisweilen pseudokleistogam geschlossen. Auch echte Kleistogamie ist verhältnismässig häufig. Nach Kerner finden sich kleistogame Blüten im Spätherbst und im ersten Frühling. Hoffmann beobachtete auch im Sommer rein kleistogame Stöcke neben gemischtblütigen und rein chasmogamen. Auch ich fand im Juli und August kleistogame Blüten, in denen Antheren und Narbe völlig entwickelt dicht aneinander lagen. (Vgl. die Abbildung in Bd. I. S. 67.) Nach Warnstorf (Bot. V. Brand. Bd. 38) kommt die Pflanze bei Ruppin vom Mai bis zum Herbst auf Gartenland und Äckern viel häufiger mit kleistogamen als mit chasmogamen Blüten vor. — Pollen safrangelb, elliptisch, feinwarzig, etwas 50 μ lang und 35 μ breit.

Besucher sind sehr selten. Herm. Müller beobachtete 2 Bienen: Anthophora pilipes F. ♂ ♀ sgd. und Melecta armata Pz., sgd. Ich beobachtete einmal Bombus hortorum L. ♀, sgd. Höppner sah bei Bremen 1. Apis; 2. Bombus agrorum F.♀ ; 3. B. muscorum F. ♀; 4. B. silvarum L. ♀; 5. B. terrester L. ♀; 6. Halictus sp.

2255. L. incisum Willd. (L. dissectum With., L. hybridum Villars, L. guestfalicum Weihe.) [H. M., Befr. S. 312; Mac Leod, B. Jaarb. V. S. 370.] — Blüteneinrichtung wie bei L. purpureum.

Als **Besucher** sah H. Müller 4 saugende Apiden: 1. Anthophora pilipes F. ♀ ♂, sgd.; 2. Apis mellifica L. ⚥, sgd.; 3. Bombus pratorum L. ♀, sgd.; 4. B. rajellus K. ♀, sgd.; und 5. Halictus cylindricus F. ♀, vergeblich zu saugen versuchend.

2256. L. Orvala L. [Loew, Ber. d. d. bot. Ges. IV. 1886. S. 119 bis 120; Bl. Fl. S. 311.] — Diese in Südeuropa, in Steiermark, Kärnten u. s. w. heimische Art hat Loew nach Exemplaren des botanischen Gartens zu Berlin untersucht. Die grossen, braunpurpurnen, über 30 mm langen Blüten haben eine etwa 15 mm lange Kronröhre, die in eine bauchige, mit dunklen Längsstreifen versehene Erweiterung von 16 mm Länge und 3 mm Breite übergeht. Sie ist mit mehreren spitzen Seitenzähnen versehen, welche den Besuchern wohl als Handhaben dienen; die sich anschliessende Unterlippe erscheint nur als Anhang dieser Erweiterung. Vor den kahlen Antheren stehen die Griffeläste, so dass bei Hummelbesuch die Narbe früher gestreift und belegt wird, ehe die gleichzeitig mit ihr entwickelten Antheren berührt werden. Die Erweiterung der Kronröhre ist so stark, dass die besuchenden Hummeln den Kopf und den vorderen Teil der Brust hineinzwängen können, mithin eine Rüssellänge von 15 mm genügt, um den Honig ausbeuten zu können. Dieser wird von einem an der Vorderseite stärker entwickelten Nektarium ausgesondert und durch einen Haarkranz geschützt.

Als **Besucher** sah Loew Bombus hortorum L., normal sgd., während die Honigbiene vergeblich zu saugen versuchte.

2257. L. garganicum L. hat, nach Loew (Ber. d. d. b. Ges. IV. 1886. S. 120, 121), eine ähnliche Blüteneinrichtung wie L. Orvala, doch ist die bauchige Erweiterung der Kronröhre viel geringer und der Haarkranz fehlt fast oder ganz. Auch steht die Narbe zwischen den Antheren, indem der untere Narbenast unter ihnen hervorragt.

Als **Besucher** sah Loew im botan. Garten zu Berlin: Hymenoptera: Apidae: 1. Anthidium manicatum L. ♂, sgd.; 2. Anthophora pilipes F. ♂ ♀, sgd., die Stirn mit Pollen bestäubt; 3. Apis mellifica L. ⚥, vergeblich sgd., Kopf und Thorax mit Pollen bestäubt; 4. Bombus hortorum L. ♀, sgd., dann auf L. Orvala übergehend; 5. B. pratorum L. ⚥, psd.; 6. Halictus sexnotatus K. ♀, psd.; 7. Osmia aenea L. ♀, tief in die Blüte hineinkriechend und sgd.

2258. L. flexuosum Ten.

Loew beobachtete im botanischen Garten zu Berlin: Hymenoptera: Apidae: 1. Anthidium manicatum L. ♀, sgd., ♂ die Blüten umschwärmend; 2. Apis mellifica L. ⚥, vergeblich sgd., Kopf und Thorax mit Pollen bestäubt; 3. Bombus hortorum L. ♀, sgd.; 4. Halictus sexnotatus K. ♀, psd.; 5. Osmia aenea L. ♀, psd.; 6. O. rufa L. ♂, sgd.

492. Galeobdolon Hudson.

Homogame Bienenblumen.

2259. G. luteum Hudson. (Galeopsis Galeobdolon L., Lamium
Galeobdolon Crantz.) [H. M., Befr. S. 313; Alpenbl. S. 311; Weit. Beob. III.
S. 48; Kirchner, Flora S. 623; Schulz, Beiträge II. S. 221; Mac Leod, B.
Jaarb. V. S. 368; Knuth, Bijdragen.] — Die Blüteneinrichtung der gelben Blumen
ist mit derjenigen von Lamium album im wesentlichen übereinstimmend. Die
Kronröhre ist 8 mm lang, doch eben so weit, dass Bienen mit 6 mm langem Rüssel
(also auch die Honigbiene) bis in den Blütengrund eindringen können. Die Form
der Oberlippe schliesst sich wieder genau an die Form des Bienen- oder Hummel-
körpers an. Zu Beginn der Blütezeit liegt die Spitze des nach unten gerichteten
Griffelastes etwas über der unteren Fläche der Antheren. Sie wird daher, wenn
eine Hummel die Antheren nur schwach mit ihrem Rücken streift, überhaupt
nicht berührt; dagegen wird sie, wenn eine grössere Hummel die Antheren stark
nach oben drückt, an einer anderen Stelle getroffen als die Antheren. Es tritt
daher leichter Fremd- als Selbstbestäubung ein. Später tritt die Spitze des
Griffelastes zwischen den Antheren nach unten hervor, so dass sie von den
Besuchern früher berührt wird, als die Antheren von denselben gestreift werden,
so dass Fremdbestäubung erfolgt. Bei ausbleibendem Insektenbesuch tritt meist
spontane Selbstbestäubung ein, indem von selbst Pollen auf den unteren Griffelast fällt. — Pollen, nach Warnstorf, blassgelblich, elliptisch, zartwarzig, etwa
37 μ lang und 27 μ breit.

Als Besucher beobachtete ich in Schleswig-Holstein gleichfalls 3 Hummeln:
B. agrorum F. ♀, normal sgd.; B. hortorum L. ♀, ebenso; B. terrester L. ♀, Honig
durch Einbruch gewinnend. Auch Schulz beobachtete Einbruch durch Hummeln.

Wüstnei bemerkte auf Alsen B. agrorum F., sgd.

Alfken beobachtete bei Bremen Bienen: 1. Apis mellifica L. ♀, sgd.; 2. Bombus
agrorum F. ♀, s. hfg. sgd. und psd.'; 3. B. derhamellus K. ♀ ♂, w. vor.; 4. B. jonellus
K. ♀ ♂, w. vor.; 5. B. hortorum L. ♀, sgd.; 6. B. lapidarius L. ♀, sgd.; 7. B. muscorum F. ♀, sgd.

Herm. Müller (1) und Buddeberg (2) sahen folgende Besucher:
A. Diptera: Syrphidae: 1. Rhingia rostrata L., sgd. (2). B. Hymenoptera:
Apidae: 2. Anthophora personata Ill. ♀, sgd. (1, Strassburg); 3. Apis mellifica L. ♀, in
der Regel die von Bombus terrester gegrabenen Löcher zum Honigdiebstahl benutzend,
einmal auch normal sgd. (1); 4. Bombus agrorum F. ♀, sehr zahlreich, den Blütenstaub
von der Oberseite in die Sammelkörbchen fegend und normal sgd. (1); 5. B. hortorum
L. ♀, w. v. (1); 6. B. pratorum L. ♂ ♀, w. v. (1); 7. B. rajellus K. ♀, nicht so häufig,
sonst w. v. (1); 8. B. silvarum L. ♀, w. v. (1); 9. B. terrester L. ♀, durch Einbruch
sgd., obwohl vermöge der Rüssellänge im stande normal zu saugen (1); 10. Xylocopa
violacea L. ♂ (1, Strassburg).

In den Alpen beobachtete H. Müller 2 Hummeln; Mac Leod in Flandern
3 Hummeln (B. Jaarb. V. S. 368).

Loew bemerkte im botanischen Garten zu Berlin: Apis, vergeblich sgd., Kopf
und Thorax mit Pollen bestäubt.

493. Moluccella.

Blüteneinrichtung wie bei Lamium. Kelch ein auffallend stark ent-
wickeltes Schutzdach bildend.

2260. M. laevis L. Eine homogame Hummelblume. [Knuth, in B. C. Bd. 72, Nr. 3.] — Diese in Syrien heimische, im botanischen Garten zu Kiel kultivierte Pflanze schliesst sich sowohl in Bezug auf den morphologischen Bau der Blüten, als auch in Bezug auf die Blüteneinrichtung den Arten der Gattungen Lamium und Galeobdolon durchaus an, doch unterscheidet sie sich von allen unseren einheimischen Labiaten durch die enorme Entwickelung des Kelches. Dieser bildet einen mit fünf kleinen randständigen Stacheln besetzten, etwas schiefen Trichter von $2^{1}/_{2}$ - 3 oberem Längs- und 2--$2^{1}/_{2}$ cm oberem Querdurchmesser bei einer Tiefe von etwa $2^{1}/_{2}$ cm. Er bildet so ein treffliches Schutzdach für die in ihm liegenden übrigen Blütenteile sowohl gegen Regen als auch gegen ankriechende, der Blüte schädliche Insekten und gegen Einbruch versuchende Honigräuber.

Die gewölbte in der Mitte etwas gespaltene Oberlippe ist aussen schwach, innen lebhafter rosa gefärbt; sie besitzt etwa die Länge der längsten Staubblätter, so dass nur die äussersten Spitzen der Antheren der letzteren aus ihr hervor-

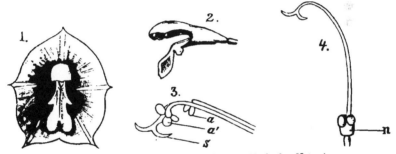

Fig. 316. Moluccella laevis L. (Nach der Natur.)

1 Blüte gerade von vorn gesehen. in natürlicher Grösse. *2* Blüte von der Seite gesehen, aus dem Kelche herausgenommen, in natürl. Grösse. *3* Spitze der aus der Blüte herausgenommenen Staub- und Fruchtblätter von der Seite gesehen, *s* Narbe. *a'* Antheren der längeren, *a* der kürzeren Staubblätter, die übrigen verdeckend. (Vergr. 3 : 1.) *4* Der aus der Blüte herausgenommene Stempel. *n* Nektarium. (Vergr. $2^{1}/_{2}$: 1.)

ragen. Die Unterlippe hat die bedeutende Länge von 12—13 mm; sie liegt auf der unteren Innenseite des Kelches, so dass dieser ihr auch bei Insektenbesuch den nötigen Halt giebt. Der gelblichweisse grosse Lappen der Unterlippe ist an der Spitze ziemlich tief gespalten und in der Mitte mit einer tiefen Längsfurche versehen, welche sich bis in den honigführenden Blütengrund fortsetzt. Die Seitenzipfel sind klein und dreieckig. Ober- und Unterlippe sind an der Innenseite mit dunkelrosafarbenen Saftmalen geziert.

Die Kronröhre hat eine Länge von 8 mm, so dass nur langrüsselige Hummeln den von der Unterlage des Fruchtknotens abgesonderten Nektar ausbeuten können. Dem letzteren wird noch ein besonderer Schutz durch eine 3 mm vom unteren Ende der Kronröhre befindliche Aussackung zu Teil, von welcher aus sich eine Hautfalte nach innen zieht und noch als Saftdecke dient.

Die Blüten sind homogam. Die Narbe steht zwischen den Antheren der beiden längeren Staubblätter, sie nicht selten erheblich überragend, und spreizt ihre beiden Äste bogig nach oben und unten.

Bei Insektenbesuch wird der untere Narbenast zuerst gestreift und mit mitgebrachtem Pollen belegt, worauf von neuem Blütenstaub auf die Oberseite des Rüssels oder Kopfes des honigsaugenden Insektes gelegt wird. Bleibt Insektenbesuch aus, so erfolgt durch die Antheren der längeren Staubblätter spontane Selbstbestäubung.

Als Besucher und Kreuzungsvermittler sah ich am 26. August 1897 im botanischen Garten zu Kiel zwei Hummeln, deren Rüssel zur Ausbeutung des Nektars eine hinreichende Länge besitzt, nämlich Bombus agrorum F. ♂ (Rüssellänge 10—11 mm) und B. lapidarius L. ♂ (Rüssellänge 8—10 mm).

494. Galeopsis L.

Homogame, selten schwach protandrische Bienenblumen, deren helmförmige Oberlippe als Wetterdach für die Antheren dient und deren als Anflugstelle fungierende Unterlippe mit zwei seitlichen hohlen Zähnen ausgestattet ist, die zur Führung des Kopfes der besuchenden Bienen dienen. Das Nektarium ist, wie gewöhnlich, die Unterlage des Fruchtknotens; es verbreitert sich nach vorn ziemlich bedeutend. Der Honig wird im untersten Teile der Kronröhre aufbewahrt. Die Antherenhälften springen mit je einer Klappe auf. Kerner bezeichnet die Antherenhälften als Büchsen, die mit einem Deckel verschlossen sind. Letzterer klappt bei Berührung auf, so dass alsdann der Pollen hervortritt. Das Aufklappen kann aber nur von Bienen bewirkt werden, deren Körpergrösse der Blütengrösse entspricht; es können daher auch nur solche Bienen ihren Rücken mit dem Pollen dieser Blüten behaften. Zuweilen Gynomonöcie, seltener Gynodiöcie.

2261. G. sp.

Schneider (Tromsø Museums Aarshefter 1894) beobachtete im arktischen Norwegen auf Getreideäckern Bombus agrorum F. und B. scrimshiranus K. als Besucher.

2262. G. Tetrahit L. [H. M., Befr. S. 313, 314; Alpenbl. S. 312; Weit Beob. III. S. 48; Schulz, Beiträge II. S. 197; Kirchner, Flora S. 624; Kerner, Pflanzenleben II. S. 225; Loew, Bl. Fl. S. 395; Knuth, Bijdragen.] — Die hellpurpurne Krone besitzt auf der Unterlippe ein Saftmal in Form eines gelben, von einem Netze roter Linien durchzogenen Fleckes. Die schräg aufsteigende Kronröhre schwankt zwischen 11 und 17 mm. Die obersten 4—6 mm sind so erweitert, dass der Kopf einer kleinen Hummel ganz darin Platz findet, derjenige einer mittleren oder grossen Hummel mit seinem vorderen Teile. Es müssen daher grössere Hummeln einen Rüssel von 14—15 mm Länge haben, um den Honig ausbeuten zu können; für kleinere genügt ein solcher von 12 mm Länge. Schon kurz vor dem Aufblühen der Blume öffnen sich die Antheren, indem sie die pollenbedeckte Seite nach unten kehren. Anfangs liegen die beiden Griffeläste noch etwas über und hinter den Antheren, so dass eine besuchende Hummel die letzteren zwar früher, aber in der Regel mit einer anderen Stelle des Kopfes berührt, als die narbentragende Spitze des unteren Griffelastes, mithin doch meist Fremdbestäubung erfolgt. Später biegt sich die

Griffelspitze etwas abwärts, wobei der untere Ast zwischen den Antheren hervorragt, so dass, falls der Pollen noch nicht von Insekten abgeholt ist, ein Teil desselben auf die Narbe gelangt, also spontane Selbstbestäubung eintritt. Kurzrüsselige Hummeln gewinnen den Nektar durch Einbruch.

Schulz beobachtete ausser den Zwitterblüten auch vereinzelte weibliche Blüten, welche meist mit den zweigeschlechtigen auf demselben Stocke vorkommen, seltener gynodiöcisch verteilt sind. Die weiblichen Blüten scheinen im Süden häufiger zu sein als im Norden. Auch Möwes (Bastarde) fand die Blüten öfter mit ganz oder zum Teil verkümmerten Staubblättern.

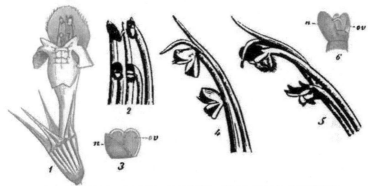

Fig. 317. Galeopsis Tetrahit L. (Nach Herm. Müller.)

1—3 Galeopsis Tetrahit. 1 Blüte von vorn gesehen. *2* Befruchtungsorgane derselben von vorn gesehen, stärker vergrössert. (7:1.) *3* Fruchtknoten (ov) und Honigdrüse (n) derselben. (7:1.) *4—6 Galeopsis ochroleuca. 4* Lage der Befruchtungsorgane während des Aufblühens. *5* Dieselben während des Verblühens. *6* Fruchtknoten (ov) und Honigdrüse (n).

Als Besucher beobachtete ich eine saugende Hummel: Bombus agrorum F. Loew im Riesengebirge gleichfalls eine Hummel (Bombus agrorum F. ♀, psd.). Schulz beobachtete Hummeleinbruch.

Alfken beobachtete bei Bremen saugende Hummeln: 1. Bombus agrorum F. ♀; 2. B. arenicola Ths. ♀; 3. B. derhamellus K. ♀; 4. B. distinguendus Mor. ♀ ♀ ♂; 5. B. lapidarius L. ♀; 6. B. silvarum L. ♀; 7. B. terrester L. ♀. Höppner ebenda: 1. Anthrena convexiuscula K. ♀; 2. Apis mellifica L. ♀; 3. Bombus arenicola Ths.; ♀ ♀: 4. B. distinguendus Mor. ♀ ♀ ♂; 5. B. hortorum L. ♀; 6. B. lapidarius L. ♀; 7. B. muscorum F. ♀ ♀; 8. B. rajellus K. ♀ ♀ ♂; 9. B. silvarum L. ♀ ♀; 10. B. variabilis Schmiedekn. ♀; 11. Podalirius borealis Mor. ♂; 12. P. retusus L. ♀ ♂.

Herm. Müller (1) und Borgstette (2) sahen folgende Blumengäste: A. Diptera: *Syrphidae:* 1. Melanostoma mellina L., pfd. (1). B. Hymenoptera: *Apidae:* 2. Anthrena coitana K. ♀ (2); 3. Bombus agrorum F. ♀, sgd. (1); 4. B. hortorum L. ♀, sgd., in Mehrzahl (1); 5. B. scrimshiranus K. ♂, sgd. (1); 6. B. silvarum L. ♀, sgd. (1); 7. B. terrester L. ♀, Honig durch Einbruch gewinnend (1). C. Lepidoptera: *Rhopalocera:* 8. Pieris rapae L., sgd., in Mehrzahl (1).

In den Alpen sah H. Müller 6 Hummeln als Besucher.

Hoffer verzeichnet für Steiermark den Bombus argillaceus Scop. ♀ ♀, sowie B. mastrucatus Gerst. ♀.

Mac Leod beobachtete in den Pyrenäen zwei normal saugende Hummeln an den Blüten (B. Jaarb. III. S. 332); in Flandern 1 Hummel, 2 Schwebfliegen, 1 Muscide (Bot. Jaarb. VI. S. 372).

Willis (Flowers and Insects in Great Britain Pt. I) beobachtete in der Nähe der schottischen Südküste:

Hymenoptera: *Apidae*: 1. Bombus agrorum F., sgd.; 2. B. terrester L., sgd., häufig.

In Dumfriesshire (Schottland) (Scott-Elliot, Flora S. 139) wurden 4 Hummeln und 2 Schwebfliegen als Besucher beobachtet.

2263. G. ochroleuca Lmk. [H. M., Befr. 314, 315; Weit. Beob. III. S. 48; Schulz, Beiträge II. S. 138, 139, 221; Pflanzenleben II. S. 352; Knuth, Bijdragen.] — Die Blüteneinrichtung der gelblich-weissen, mit gelbem Saftmal auf der Unterlippe versehenen Blume stimmt mit derjenigen von G. Tetrahit im wesentlichen überein (s. Fig. 317, 4—6); nur ist die Kronröhre 18—20 mm lang, dabei in den obersten 6—7 mm so erweitert, dass ein Hummelkopf darin bequem Platz findet, mithin ein Rüssel von 11—14 mm Länge zur völligen Ausbeutung des Nektars genügt. Die Griffeläste überragen die Antheren der längeren Staubblätter, so dass eine zum Honig vordringende Hummel immer den unteren Narbenast zuerst streifen und Fremdbestäubung herbeiführen muss. Bleibt Insektenbesuch aus, so ist dadurch spontane Selbstbestäubung gesichert, dass der untere Narbenast sich gegen Ende der Blütezeit bis unter die vorderen Antheren biegt und durch Pollenfall belegt wird. Nach Müller ist die Honigdrüse grösser als bei G. Tetrahit, indem sie auch den unteren Teil der beiden hinteren Fruchtknotenabschnitte umfasst und die beiden vorderen bedeutend überragt. Kerner bezeichnet die Blüte als protandrisch.

Als Befruchter sah ich Bombus agrorum F., sgd.

Schulz beobachtete Einbruchslöcher.

Herm. Müller (1) und Buddeberg (2) sahen folgende Besucher:

Hymenoptera: *Apidae*: 1. Bombus agrorum F. ♀, sgd., in Mehrzahl (1); 2. B. hortorum L. ♀, sgd., einzeln (1); 3. Rhophites quinquespinosus Spin. ♂, ganz in die Blüte kriechend, um zu saugen (2).

Alfken beobachtete bei Bremen 2 saugende Hummeln: Bombus hortorum L. ♀ ♂ und B. ruderatus F. ⚥ ♂. Höppner daselbst 1. Bombus arenicola Thoms. ♀; 2. B. lapidarius F.; 3. Podalirius retusus L. ♀.

2264. G. Ladanum L. [H. M., Befr. S. 315; Weit. Beob. III. S. 48; Alpenbl. S. 312; Schulz, Beiträge II. S. 197 und 221; Kirchner, Flora S. 625; Knuth, Bijdragen; Herbstbeob.] — Die Röhre der purpurroten, mit gelblichem, rot punktiertem Fleck auf der Unterlippe versehenen Krone ist 11—16 mm lang, der obere erweiterte Teil 5—6 mm. Die Griffeläste überragen wie bei G. ochroleuca die längeren Staubblätter, so dass der nach unten gerichtete Ast von dem Rücken der eindringenden Hummel im Anfange der Blütezeit stets zuerst gestreift wird, mithin Fremdbestäubung gesichert ist. Gegen Ende der Blütezeit krümmt dieser Griffelast seine Spitze so weit zurück, dass sie unter die Antheren der längeren Staubblätter zu stehen kommt. Es ist also bei ausbleibendem Insektenbesuch spontane Selbstbestäubung als Notbehelf möglich. Im übrigen stimmt die Blüteneinrichtung mit derjenigen von G. Tetrahit überein.

Als Besucher sah ich Bombus agrorum F. und B. lapidarius L. (sgd.).

Herm. Müller (1) und Buddeberg (2) beobachteten: A. Diptera: *Bombylidae*: 1. Bombylius canescens Mik., sgd. (2). B. Hymenoptera: *Apidae*: 2. Bombus agrorum

F. ♀, sgd. (1): 3. B. lapidarius L. ♂, sgd. (1); 4. B. silvarum L. ♀, sgd. (1, 2); 5. Nomada jacobaeae Pz. ♀, sgd. (1). C. Lepidoptera: *Rhopalocera*: 6. Pieris brassicae L., sgd. (2).

Schenck beobachtete in Nassau die zierliche, hell summende Pelzbiene Podalirius bimaculatus Pz.

Hoffer giebt für Steiermark an den Bombus argillaceus Scop. ♀ ♀.

In den Alpen sah H. Müller 4 Apiden und 3 Falter; Mac Leod in den Pyrenäen Bombus hortorum L. ♂, normal sgd. an den Blüten (B. Jaarb. III. S. 332).

Schulz fand die var. angustifolia Ehrh. mit weiblichen Blüten, und zwar ziemlich verarbeitet gynomonöcisch, aber meist nicht mehr als 5%, selten und vereinzelt gynodiöcisch. Die Zwitterblüten fand derselbe homogam (wie Müller), zuweilen bis schwach protandrisch. Die in ihrer Grösse sehr veränderlichen Blüten fand Schulz häufig mit Einbruchslöchern.

Auch die var. latifolia Hoffm. fand Schulz mit weiblichen Blüten, jedoch selten. Die Verteilung war gynomonöcisch, selten gynodiöcisch. Die in ihrer Grösse gleichfalls sehr veränderlichen Blüten fand Schulz homogam bis schwach protandrisch.

2265. G. versicolor Curtis. (G. speciosa Müller.) [Axell, Anordningarna S. 18; H. M., Befr. S. 315; Kirchner, Flora S. 624; Warnstorf, Bot. V. Brand. Bd. 38; Knuth, Bijdragen.] — Die hellgelbe Krone besitzt vorn ein auffallendes, dunkelviolettes Saftmal; die Unterlippe ist am Grunde gelb gefärbt. Die 18—22 mm lange Kronröhre ist am Eingange 6—8 mm erweitert; es gehört also ein 12—16 mm langer Rüssel dazu, um den honigführenden Blütengrund zu erreichen. Da der Nektar aber die untersten 2—3 mm der Kronröhre anfüllt, so kann eine Hummel mit 10 mm langem Rüssel den Honig gerade erreichen, aber ihn nicht aussaugen. — Pollen, nach Warnstorf, schön gelb, brotförmig, sehr zartwarzig, etwa 56 μ lang und 28 μ breit.

Nach Axell ist Selbstbestäubung von Erfolg.

Schulz beobachtete Einbruchslöcher.

Als Besucher beobachtete ich 2 Hummelarten, sgd.: Bombus hortorum L. (Rüssellänge 19—21 mm) und B. agrorum F. ♀ (15 mm). Schulz beobachtete bei Bozen die erstere Hummel, sowie einen Schmetterling: Macroglossa stellatarum L., normal saugend.

Alfken beobachtete bei Bremen 3 saugende Hummeln: Bombus hortorum L. ♀, B. ruderatus F. ♀, B. terrester L. ♀.

2266. G. pubescens Bess. [Schulz, Beiträge II. S. 197.] — Ausser schwach protandrischen Zwitterblüten beobachtete Schulz einzelne gynomonöcisch verteilte weibliche Blüten.

495. Stachys Tourn.

Meist protandrische, seltener homogame Bienenblumen. Fast immer wird Nektar abgesondert (St. arvensis ist, nach Kirchner honiglos), und zwar, wie gewöhnlich, von der Unterlage des Fruchtknotens; die Aufbewahrung erfolgt in dem untersten, glatten Teile der Kronröhre. Die Oberlippe dient nicht nur als Wetterdach für die Antheren und die Narbe, sondern auch als Schutz des Nektars gegen Regen. Der Honig wird ausserdem gegen solchen und gegen unberufene Gäste (Fliegen u. s. w.) durch einen Haarkranz im Innern der Kronröhre dicht über ihrem Grunde geschützt. Die Unterlippe dient wieder als bequeme Anflugstelle; sie ist meist mit einem Saftmal geziert.

2267. St. silvatica L. [Sprengel, S. 307; H. M., Befr. S. 315, 316; Weit. Beob. III. S. 48; Mac Leod, B. Jaarb. V. S. 272—273; Schulz, Beiträge II.; Kerner, Pflanzenleben II.; Loew, Bl. Fl. S. 395; Knuth, Herbstbeob.; Warnstorf, Bot. V. Brand. Bl. 38; Kirchner, Flora S. 625—626.] — Die grosse dreilappige Unterlippe der roten Blumen besitzt ein purpurn und weiss gezeichnetes Saftmal. Die Oberlippe ist zwar ziemlich klein, doch deckt sie bei der fast wagerechten Stellung der Blüten Antheren und Narbe. Die Kronröhre ist 10 bis 11 mm lang und wird in ihrem untersten Teil 2—3 mm vom Nektar angefüllt. Die Blüten sind protandrisch. Anfangs liegt die Griffelspitze mit noch fast geschlossenen Ästen hinter den nach unten geöffneten Antheren; später biegt sie sich unter die Antheren hinab, indem sich ihre Äste weit öffnen. Bei eintretendem Hummelbesuche ist daher Fremdbestäubung gesichert. Die Narbe älterer Blüten wird mit dem Pollen jüngerer belegt. Ist Insektenbesuch nicht erfolgt, so tritt spontane Selbstbestäubung ein, indem die Narbenäste allmählich zwischen den alsdann noch mit Pollen behafteten Antheren hindurchgleiten. Nach Kerner erfolgt sie dadurch, dass sich die beiden Narbenäste bis zur Berührung mit den Antheren abwärts biegen. — Pollen, nach Warnstorf, weiss, elliptisch, kleinwarzig, bis 43 μ lang und 20—25 μ breit.

Die Blüten werden nicht selten von kurzrüsseligen Hummeln erbrochen.

Als Besucher beobachtete ich in Schleswig-Holstein Bombus agrorum F. und B. hortorum L., sgd., sowie pollenfressende Schwebfliegen (Eristalis tonax,L. und Platycherius sp.) Wüstnei bemerkte auf der Insel Alsen Anthophora quadrimaculata F. als Besucher. Herm. Müller (1) und Buddeberg (2) geben folgende Besucher an:

A. **Diptera:** *Syrphidae*: 1. Rhingia rostrata L., sgd. (1); 2. Xylota silvarum L., vergeblich nach Honig suchend (1). B. **Hymenoptera:** 3. Anthidium manicatum L. ♀ ♂, sgd., häufig (1, 2); 4. Anthophora furcata Pz. ♀ ♂, weniger häufig, sgd. (I, Thür.); 5. A. quadrimaculata Pz. ♀ ♂, häufig, sgd. (1); 6. Bombus agrorum F. ⚥ ♀, w. v. (1); 7. B. hortorum L. ♂, sgd. (1); 8. B. pratorum L. ⚥ ♂, sgd. (1).

Loew sah in Braunschweig (B.) und Steiermark (S.) (Beiträge S. 53): Hymenoptera: *Apidae*: 1. Anthidium manicatum L. ♀ (B.); 2. Bombus agrorum F. ⚥, sgd. (S.). Alfken beobachtete bei Bremen folgende saugende Bienen: 1. Anthidium manicatum L. ♀ ♂; 2. Bombus agrorum F. ⚥; 3. B. derhamellus K. ♀; 4. B. lapidarius L. ♀; 5. B. silvarum L. ♀; 6. Osmia caerulescens L. ♀; 7. O. rufa L. ♀; 8. Podalirius borealis Mor. ♀ ♂; 9. P. furcatus L. ♀ ♂; 10. P. vulpinus Pz. ♀ ♂, Höppner ferner Anthrena convexiuscula K. ♀, Apis, Bombus arenicola Ths. ♀ ⚥ und Podalirius retusus L. ♀; Rössler bei Wiesbaden die Falter: 1. Penthina fuligana Hb.; 2. Botys stachydalis Zk.; Friese beobachtete in Baden und Thüringen Podalirius furcatus Pz. 1 ♀; Heinsius in Holland Bombus agrorum F. ⚥, B. hortorum L. ♂, Apis mellifica L. ⚥, sgd. (B. J. IV. S. 111 bis 113); Mac Leod in Flandern 4 langrüsselige Bienen, 1 Falter (B. Jaarb. V. S. 373); in den Pyrenäen Bombus alticola Kriechb. ⚥ als Besucher (B. Jaarb. III. S. 332).

In Dumfriesshire (Schottland) (Scott-Elliot, Flora S. 138) wurden 3 Hummeln und 1 Schwebfliege als Besucher beobachtet.

Loew sah im botanischen Garten zu Berlin: Anthidium manicatum L. ♀ ♂, sgd.; auch in Kopula auf einer Blüte.

2268. St. palustris L. [Sprengel, S. 308; Delpino, Ult. oss. S. 149; H. M., Befr. S. 316; Weit. Beob. III. S. 49; Knuth, Ndfr. Inseln S. 118, 166;

Weit. Beob. S. 239; Bijdr.; Verhoeff, Norderney; Mac Leod, B. Jaarb. V. S. 373
bis 374; Schulz, Beiträge II. S. 221; Kirchner, Flora S. 626.] — Die hellpurpurne Krone trägt auf der Unterlippe eine weissliche und dunkelrote Zeichnung.
Da die Kronröhre nur 8—9 mm lang ist, so können unsere sämtlichen Hummeln
(einschliesslich B. terrester L. mit 7—9 mm langem Rüssel) den Honig auf normalem
Wege ausbeuten. Die vier Staubblätter sind gleich lang. Anfangs liegen die
Antheren der äusseren Staubblätter vor denjenigen der inneren und sind geöffnet.
Alsdann biegen sie sich auswärts und werden von den jetzt sich öffnenden
inneren abgelöst. Schliesslich wächst die Spitze des Griffels zwischen diesen
hindurch nach unten, indem die Narbenäste sich entfalten. Es ist daher bei
ausgebliebenem Insektenbesuche spontane Selbstbestäubung leicht möglich. Nach
Kerner erfolgt dieselbe wie bei voriger Art. — Pollen, nach Warnstorf,
weiss, elliptisch, dicht und kleinwarzig, etwa 44—47 μ lang und 25—31 μ breit.

Trotz der passenden Rüssellänge gewinnt, nach Schulz, Bombus terrester
L. den Honig öfters durch Einbruch.

Als Besucher sah ich auf Rügen: Bombus agrorum F. ♀, sgd.

Auf Helgoland bemerkte ich (Bot. Jaarb. 1896. S. 44): Anthophora quadrimaculata
Pz. ♂; auf den nordfriesischen Inseln und im östlichen Holstein 7 langrüsselige Bienen,
1 Faltenwespe, 5 Falter, 4 Schwebfliegen.

Verhoeff beobachtete auf Norderney: A. Diptera: Syrphidae: 1. Syrphus
corollae F., pfd. B. Hymenoptera: Apidae: 2. Bombus hortorum L. ♂, sgd.
C. Lepidoptera: Noctuidae: 3. Plusia gamma L., sgd.; Alfken auf Juist: Hymenoptera: Apidae: 1. Bombus hortorum L. ♀, sgd.; 2. B. muscorum F. ♀, sgd.; 3. B. ruderatus
F. ♀, sgd.; 4. B. terrester L. ♀, sgd.; Friese in Mecklenburg Podalirius furcatus Pz.

Schulz beobachtete Bombus terrester L. teils normal, teils honigraubend.

Herm. Müller (1) und Buddeberg (2) geben folgende Besucher an:
A. Diptera: Syrphidae: 1. Melithreptus taeniatus Mg., pfd. (1); 2. Rhingia
rostrata L., sgd., dabei dann und wann auch befruchtend (1). B. Hymenoptera: Apidae:
3. Bombus agrorum F. ♀, sgd., in Mehrzahl (1); 4. B. silvarum L. ♀, normal sgd. (1);
5. B. terrester L. ♀, w. v. (1); 6. B. tristis Seidl. ♀, sgd. (2); 7. Saropoda bimaculata
Pz., sgd., häufig (2). C. Lepidoptera: a) Rhopalocera: 8. Pieris brassicae L., sgd.,
häufig (1); 9. P. rapae L., w. v. (1). b) Noctuidae: 10. Plusia gamma L., w. v. (1).

Hoffer bemerkte in Steiermark Bombus rajellus Kirby.

Alfken beobachtete bei Bremen: A. Diptera: a) Muscidae: 1. Echinomyia
tessellata F. b) Syrphidae: 2. Rhingia rostrata L. B. Hymenoptera: Apidae:
3. Anthidium manicatum L. ♀ ♂; 4. Bombus agrorum F. ♀ ♂; 5. B. arenicola
Ths. ♂; 6. B. distinguendus Mor. ♀ ♀, sgd.; 7. B. hortorum L. ♀, sgd.; 8. B. lapidarius
L. ♀; 9. B. lucorum L. ♀; 10. B. pomorum Pz. ♀; 11. B. proteus Gerst. ♀ ♂; 12. B.
ruderatus F. ♂, sgd.; 13. B. silvarum L. ♀ ♂; 14. Megachile lignisca K. ♀; 15. Podalirius borealis Mor. ♀ ♂; 16. P. furcatus L. ♀ ♂; 17. P. vulpinus Pz. ♀ ♂; Loew in
Schlesien (Beiträge S. 34): Apis mellifica L. ♀, sgd.; Mac Leod in Flandern Apis,
7 Hummeln, 1 Schwebfliege, 2 Falter (B. Jaarb. V. S. 374, VI. S. 372); Heinsius in
Holland 2 Hummeln: Bombus agrorum F. ♂ und Psithyrus vestalis Fourcr. ♂, sgd.
(B. J. IV. S. 113).

Willis (Flowers and Insects in Great Britain Pt. I) beobachtete in der Nähe der
schottischen Südküste:
A. Coleoptera: Nitidulidae: 1. Meligethes sp., pfd., häufig. B. Diptera:
a) Muscidae: 2. Anthomyia radicum L., pfd., häufig. b) Syrphidae: 3. Melanostoma
scalare F., pfd.; 4. Platycheirus albimanus F., sgd. und pfd., häufig. C. Hemiptera:
5. Anthocoris sp. D. Hymenoptera: Apidae: 6. Anthidium manicatum L., sgd.;

7. Bombus agrorum F., sgd., sehr häufig; 8. B. hortorum L., w. v.; 9. B. terrester
L., w. v.

In Dumfriesshire (Schottland) (Scott-Elliot, Flora S. 139) wurden 3 Hummeln,
1 andere langrüsslige Biene, 5 Schwebfliegen und 1 Muscide als Besucher beobachtet.

2269. St. arvensis L. [Kirchner, Beiträge S. 56, 57.] — Die kleinen
wenig augenfälligen, blassrötlichen Blüten besitzen auf der Unterlippe ein dunkel
punktiertes Saftmal, doch ist eine Nektarabsonderung nicht oder kaum vorhanden.
Die wagerecht stehenden, in den Wirteln meist einzeln nach einander zum Aufblühen kommenden Blumen stecken so tief im Kelche, dass sich nur der Blüteneingang zwischen den Kelchzähnen öffnet. Die 2 mm lange, gewölbte und gerade
vorgestreckte Oberlippe bedeckt anfangs Antheren und Narbe. Die 3 mm lange
Unterlippe besitzt in der Mitte eine rinnenförmige Falte. Die Länge der Kronröhre beträgt 4 mm. Bei Beginn des Blühens sind die Antheren der beiden
inneren Staubblätter am oberen Ende des Staubfadens gegen einander gedreht
und springen an den einander zugekehrten Seiten, mit denen sie sich berühren,
auf. Die beiden äusseren Antheren wenden ihre aufgesprungene Seite nach unten.
Der Griffel liegt der Hinterwand der Krone an; er ist so lang, dass die mit
den Antheren gleichzeitig entwickelten Narbenäste entweder dicht hinter den
beiden inneren Antheren oder etwas unterhalb derselben liegen. In beiden Fällen
tritt spontane Selbstbestäubung ein. Später spreizen sich die beiden äusseren
Staubblätter so weit nach aussen, dass ihre Antheren seitlich zwischen Ober- und
Unterlippe hervortreten. Die inneren Staubblätter spreizen sich nur wenig nach
aussen. Dabei sinkt der Griffel so weit abwärts, dass die Narbe nun im Blüteneingange steht. Es wäre jetzt also bei eintretendem Insektenbesuche Fremdbestäubung begünstigt, doch ist der Besuch so gering, dass von der spontanen
Selbstbestäubung wohl ziemlich regelmässig Gebrauch gemacht wird.

Als Besucher beobachtete Kirchner nur Meligethes und Thrips.
Höppner beobachtete bei Bremen: 1. Anthrena convexiuscula K. ♀; 2. Apis;
3. Halictus calceatus Scop. ♀; 4. H. leucozonius Schrk. ♀; 5. H. morio F. ♀.

2270. St. recta L. [H. M., Alpenbl. S. 312; Weit. Beob. III. S. 49, 50;
Loew, Bl. Fl. S. 392, 395; Kirchner, Flora S. 627; Schulz, Beiträge II.
S. 197.] — Die gelblich-weisse Blume hat an den Rändern der Oberlippe zu
beiden Seiten des Blüteneinganges zwei purpurne Längsstreifen, sowie mehrere
Reihen Purpurflecken auf der Unterlippe als Saftmal. Der von der grossen,
fleischigen Unterlage des Fruchtknotens in reichlicher Menge abgesonderte Nektar
wird im Grunde der 7—8 mm langen, im unteren Teile schräg aufwärts gerichteten Kronröhre beherbergt und durch einen Kranz steifer Haare geschützt. In
ihrem oberen, erweiterten Teile biegt sich die Kronröhre etwas auswärts, wodurch
sie diejenige Form erhält, welche der bequemsten Saugestellung des Hummelrüssels entspricht.

Die Blüten sind ausgeprägt protandrisch. Zuerst entwickeln sich die Antheren der beiden kürzeren Staubblätter und kehren ihre pollenbedeckte Seite nach
unten, so dass eine zum Nektar vordringende Biene sie mit ihrem Rücken streifen
muss. Später biegen sie sich nach aussen und unten und werden durch die
beiden längeren abgelöst, welche nun ihre pollenbedeckte Seite unter der Mitte

der Oberlippe den Besuchern darbieten. Erst wenn auch diese verschrumpft sind, wächst der Griffel heran, so dass die sich jetzt entfaltenden Narbenäste den Platz einnehmen, den vorher die Antheren eingenommen hatten. Es ist daher Fremdbestäubung bei Insektenbesuch gesichert. Spontane Selbstbestäubung ist ausgeschlossen. — Pollen, nach Warnstorf, weiss, im Wasser rundlich, glatt, durchscheinend, mit sehr feinkörnigem Plasmainhalt und einzelnen feinen Streifungen, 37,5—44 μ diam.

Als Besucher sah H. Müller in Thüringen zwei saugende Bienen (Apis mellifica L. ⚥ und Megachile centuncularis L. ♂); in den Alpen 2 saugende Hummeln.

Loew beobachtete in Mecklenburg und im Harz (Beiträge S. 45 u. 53): Anthidium manicatum L. ♂, sgd.; Friese in Ungarn Halictus (Nomioides) pulchellus Schck., hfg. und in Thüringen die Schmarotzerbiene Stelis nasuta Ltr.; MacLeod in den Pyrenäen 2 Hummeln und 1 Falter als Besucher (B. Jaarb. III. S. 332).

Loew beobachtete im botanischen Garten zu Berlin: A. Diptera: Syrphidae: 1. Melithreptus scriptus L., pfd. B. Hymenoptera: Apidae: 2. Anthidium manicatum L. ♀ ♂, sgd.; in Kopula auf einer Blüte; 3. Bombus agrorum F. ♀, sgd.; 4. B. silvarum L. ♀, sgd.; Gerstäcker bei Berlin die Apiden: 1. Coelioxys afra Lep. 1 ♂; 2. C. elongata Lep. 1 ♀; 3. C. quadridentata L.; 4. Osmia aurulenta Pz., hfg.

Schletterer giebt für Tirol (T.) als Besucher an und beobachtete bei Pola die Apiden: 1. Anthidium manicatum L. (T. und P.); 2. A. septemdentatum Ltr.; 3. Anthrena convexiuscula K. v. fuscata K.; 4. B. silvarum L. (T.); 5. B. terrester L.; 6. B. variabilis Schmiedekn. (T.); 7. Coelioxys aurolimbata Först.; 8. C. conoidea Ill.; 9. C. rufocaudata Sm.; 10. Eucera (Macrocera) alternans Brull.; 11. E. interrupta Baer; 12. Halictus albipes F. (T.); 13. Megachile ericetorum Lep.; 14. M. lefeburei Lep.; 15. M. muraria Retz.

v. Dalla Torre bemerkte in Tirol die Apiden: 1. Anthidium manicatum L. ♂; 2. Bombus muscorum F. ⚥, s hfg.; 3. B. silvarum L. ♀ ⚥; 4. B. variabilis Schmiedekn. (= tristis Seidl.) ♀.

2271. St. annua L. [Schulz, Beitr. I. S. 84; II. S. 138, 139; Kirchner, Beitr. S. 56.] — Die Kronröhre der weisslichgelben, mit rot punktierter Unterlippe versehenen Blüte ist, nach Schulz, etwa 8—10 mm lang, die Öffnung 5—6 mm weit. Oft sind die Narbenäste bereits in der Knospe entfaltet. Nach der Entfaltung der Blüte sind die Antheren aufgesprungen. Sie stehen so dicht an der Narbe, dass spontane Selbstbestäubung erfolgen muss. Später biegen sich die äusseren Staubblätter nach aussen. Bei Insektenbesuch kann eben so leicht Selbst- wie Fremdbestäubung bewirkt werden. Rein weibliche Blüten sind nicht beobachtet.

Als Besucher sah Kirchner Hummeln, doch stellte derselbe die Arten nicht fest.

2272. St. italica Miller.

Schletterer beobachtete bei Pola die Apiden: 1. Anthidium manicatum L.; 2. Anthrena cyanescens Nyl.; 3. Bombus terrester L.; 4. Megachile argentata F.; 5. M. bicoloriventris Mocs.; 6. M. lefeburei Lep.; 7. M. muraria Retz. als Besucher.

2273. St. germanica L. [Schulz, Beitr. II. S. 197; Kirchner, Flora S. 628; Knuth, Bijdragen.] — Ausser den protandrischen Zwitterblüten finden sich auch weibliche Blüten. Schulz beobachtete nur vereinzelt Gynomonöcie. Nach T. Whitelegge kommen in England gynodiöcisch verteilte weibliche Blüten vor. Kirchner bezeichnet die Pflanze gleichfalls als gynodiöcisch (in Württemberg), und zwar sind hier die Blüten der weiblichen Stöcke kleinblütig, und es fehlen ihnen die Staubblätter gänzlich, oder sie sind stark verkümmert.

Als Besucher sah ich im botan. Garten zu Kiel Bombus terrester L. ♀, sgd.
Schletterer giebt für Tirol die Mörtelbiene Megachile muraria Retz. als Besucher an.
v. Dalla Torre beobachtete dort dieselbe Biene; Loew im botanischen Garten
zu Berlin: Hymenoptera: *Apidae*: 1. Anthidium manicatum L. ♂ ♀, sgd.; ein ♀
wurde beobachtet, wie es Wolle mit den Oberkiefern von den weissfilzigen Blättern
der Pflanzen abschabte; 2. Apis mellifica L. ⚥, sgd.; 3. Bombus agrorum F. ⚥, sgd.;
4. B. terrester L. ♂, sgd.; 5. Megachile fasciata Sm. ♂, sgd.; 6. Psithyrus vestalis
Fourcr. ♀, sgd. Sowie daselbst an den Formen:

dasyantha: Bombus lapidarius L. ⚥, sgd.;

intermedia Ait.: Coelioxys rufescens Lep. ♂, sgd.;

villosa: Anthidium manicatum L., sgd.; Megachile fasciata Sm. ♂, sgd.

Ferner daselbst an den Arten:

2274. St. alpina L.: Apis sgd.;

2275. St. cretica Sibth.:

Hymenoptera: *Apidae*: 1. Anthidium manicatum L. ♂ ♀, sgd.; 2. Bombus
lapidarius L. ⚥. sgd.; 3. Megachile fasciata Sm. ♂, sgd.;

2276. St. lanata Jacq.:

Hymenoptera: *Apidae*: 1. Anthidium manicatum L. ♂ ♀, sgd.; 2. Bombus
terrester L. ⚥, sgd.; 3. Coelioxys rufescens Lep. ♀, sgd.; 4. Megachile fasciata Sm. ♂,
sgd.; 5. M. willughbiella K. ♂, sgd.;

2277. St. longispicata Boiss.:

Hymenoptera: *Apidae:* 1. Anthidium manicatum L. ♀, sgd.; 2. Bombus agrorum F. ♂, sgd.;

2278. St. ramosissima Roch.:

Hymenoptera: *Apidae*: Anthidium manicatum L. ♀, sgd.; desgleichen an

2279. St. setifera C. A. Mey.

496. Betonica Tourn.

Protandrische bis homogame Bienenblumen. Honigabsonderung und Bergung
wie gewöhnlich.

2280. B. officinalis L. (Stachys Betonica Benth.) [H. M., Befr.
S. 316, 317; Weit. Beob. III. S. 50; Schulz, Beitr. II. S. 197, 222;
Kirchner, Flora 629; Knuth, Bijdragen.] — Die Kronröhre der purpurnen,
duftenden Blüte ist 7 mm lang. Sie ist oberwärts nicht erweitert, da ihre geringe
Länge allen unseren Hummeln die Ausbeutung des Nektars gestattet. Ihre
Krümmung entspricht derjenigen eines Hummelrüssels. Sie ist innen in
ihrem unteren Teile nackt, darüber mit abstehenden, als Saftdecke dienenden
Haaren besetzt. Bald nach dem Öffnen der Blüte springen die Antheren auf,
während das bereits gespaltene Griffelende zwischen und hinter den Antheren
der beiden kürzeren Staubblätter liegt. Dann streckt sich der Griffel und tritt
zwischen den beiden kürzeren Staubblättern hervor, wobei in der Regel spontane
Selbstbestäubung stattfindet. Schliesslich überragt die Narbe die Antheren
ziemlich bedeutend, so dass ein besuchendes Insekt diese früher streifen muss,
als es die Antheren berührt. Müller nennt die Blüten daher protandrisch;
Schulz, bezeichnet sie als stärker oder schwächer protandrisch bis homogam.
Schulz beobachtete in einem Falle Hummeleinbruch.

Ausser den Zwitterblüten beobachtete Schulz ganz vereinzelte gynomonöcisch verteilte weibliche Blüten.

Als Besucher beobachtete ich nur Bombus lapidarius L. ♀, sgd.

Wüstnei bemerkte auf der Insel Alsen Anthidium manicatum L.; Schenck in Nassau die Apiden: 1. Anthidium manicatum L.; 2. Bombus agrorum F.; 3. B. confusus Schck. ♀ ♂; 4. B. muscorum F. ♀ ♂; 5. B. variabilis Schmiedekn. (= autumnalis Schck.); 6. Rophites quinquespinosus Spin.

Herm. Müller giebt folgende Besucherliste:

A. Diptera: *Syrphidae*: 1. Eristalis horticola Mg., pfd.; 2. Volucella bombylans L., pfd. B. Hymenoptera: *Apidae*: 3. Anthidium manicatum L. ♀ ♂, sgd. (Würzburg); 4. A. oblongatum Latr. ♀ ♂, sgd. (Würzburg); 5. Bombus agrorum F. ♀ ⚥, häufig, sgd.; 6. B. lapidarius L. ♀, sgd. (Würzburg); 7. B. sp. ⚥ (klein, ganz schwarz), wohl B. variabilis Schmdk., sgd. (Würzburg); 8. Saropoda binnaculata Pz. ♀ ♂, sgd. (bayer. Oberpf.). C. Lepidoptera: a) *Rhopalocera*: 9. Epinephele hyperanthus L., sgd. (Kitzingen); 10. Hesperia comma L., sgd. (Kitzingen); 11. Pieris sp., sgd. (Kitzingen). b) *Sphingidae*: 12. Zygaena lonicerae Esp., sgd., in Mehrzahl (Thür.); 13. Z. meliloti Esp., sgd. (Kitzingen).

Fig. 318. Betonica officinalis L. (Nach Herm. Müller.)

1 Blüte im ersten (männlichen) Zustande, von der Seite gesehen. (2¹/₂ : 1.) *2* Vorderer Teil derselben, stärker vergrössert. (7 : 1.) *3* Blüte im zweiten weiblichen Zustande von der Seite gesehen. (2¹/₂ : 1.) *4* Vorderer Teil derselben, stärker vergrössert. *5* Fruchtknoten (or) und Honigdrüse (n) (7 : 1.)

Mac Leod sah in den Pyrenäen Bombus hortorum L. ♂, normal sgd. an den Blüten. (B. Jaarb. III. S. 332.)

In Dumfriesshire (Schottland) (Scott-Elliot, Flora S. 138) wurden 3 Hummeln als Besucher beobachtet.

2281. B. grandiflora Steph. besitzt, nach Loew (Ber. d. d. b. Ges. IV. 1886. p. 117—119), eine 22—25 mm lange Kronröhre, so dass der Nektar für keine unserer einheimischen Apiden ausbeutbar ist. Diese Pflanze ist durch die „weissen Kügelchen" auf den Antheren interessant, die sich auch bei Salvia verticillata, Marrubium und Sideritis romana finden. Nach Delpino (Ult. oss. S. 144—146) enthalten diese Kügelchen einen Klebstoff, welcher das bessere Haften des Pollens an dem Insektenrüssel bewirken soll. Bei Betonica grandiflora befinden sich solche Klebstoffkügelchen in spärlicher Anzahl an der papillös zackigen Oberfläche der Pollenbeutel. Sie gehören zu der Kategorie der Hautdrüsen und bestehen aus einer kurzen Stielzelle und einer Drüsenschuppe, welche eine ölartige Flüssigkeit enthält. Zu derselben Ansicht über den Bau dieser Klebstoffkügelchen, welche Loew 1886 ausgesprochen hat, ist Correns (Pringsheims Jahrb. XXII.) 1891 bei der Untersuchung solcher Organe an den Antheren von Salvia officinalis und S. verticillata gekommen; auch hier handelt es sich um gewöhnliche Drüsenhaare, und zwar finden sich, nach Correns, solche an den verschiedensten Teilen der Salvia-Blüten, auch an solchen, welche von den die Blüte besuchenden Insekten niemals berührt werden, so dass die von Delpino ausgesprochene Ansicht über die biologische Bedeutung dieser Gebilde kaum haltbar sein dürfte.

Als Besucher beobachtete Morawitz im Kaukasus Rophites caucasicus Mor. Loew bemerkte im botanischen Garten zu Berlin: A. Hymenoptera: *Apidae*: 1. Anthidium manicatum L. ♀, psd., vergeblich zu saugen versuchend; 2. Apis mellifica L. ⚥, vergeblich sgd.; 3. Prosopis communis Nyl. ♀, an den Staubgefässen sitzend und psd. B. Lepidoptera: *Rhopalocera*: 4. Vanessa atalanta L., sgd.

Ferner daselbst an:

2282. B. alopecurus L.:
Anthidium manicatum L. ♂, sgd.; dieselbe Biene an

2283. B. hirsuta L.;

2284. B. orientalis L.:
Hymenoptera: *Apidae*: Bombus hortorum L. ⚥, sgd.;

2285. B. rubicunda Wend.:
A. Diptera: *Syrphidae*: 1. Syrphus balteatus Deg., pfd. B. Hymenoptera: *Apidae*: 2. Anthidium manicatum L. ♂, sgd.; 3. Bombus terrester L. ♂, sgd. C. Lepidoptera: *Rhopalocera*: 4. Pieris brassicae L., sgd.

497. Phlomis L.

Homogame oder protandrische Bienenblumen mit Charniergelenk an der Oberlippe. Honigabsonderung und -bergung wie gewöhnlich.

2286. Ph. tuberosa L. [Pammel, Transact. St. Louis Ac. V; Loew, Bl. Floristik S. 313.] — Die Einrichtung dieser in Südosteuropa heimischen Art beschreibt Loew nach Pflanzen des botanischen Gartens in Berlin. Die hellrosa Blüten haben auf der Unterlippe eine dunkelrote Zeichnung als Saftmal. Die 9—11 mm lange Kronröhre ist fast gänzlich von dem stachelspitzigen Kelche eingeschlossen; sie trägt innen einen Haarkranz. Das zum Aufklappen der Oberlippe dienende Charniergelenk ist mit einer bauchigen Gelenkschwiele versehen. Klappt man an einer sich eben öffnenden Blüte die Oberlippe zurück, so kehrt sie durch die Federkraft des Charniers von selbst in ihre ursprüngliche Lage zurück; später ist die Federkraft des Gelenkes geringer, doch bleibt die Beweglichkeit erhalten. Der Rand der Oberlippe ist stark bewimpert und gezähnt. Anfangs ragt nur der untere, stärker entwickelte Narbenast durch diesen dichten Haar- und Zahnbesatz hindurch. Die beiden oberen Staubfäden sind unter ihrer Anheftungsstelle in je einen 4 mm langen, gekrümmten Fortsatz verlängert. Diese beiden Fortsätze sind wahrscheinlich Aussteifungsvorrichtungen; sie liegen nämlich einem innerhalb der Kronröhre vorspringenden Kiele auf und verhüten wohl wie Sperrfedern das Einknicken der Wand der Kronröhre, welche bei Belastung der Unterlippe durch den zu schweren Körper eines Besuchers sonst eintreten könnte. Während Pammel die Blüten als protandrisch bezeichnet, waren die von Loew untersuchten homogam.

Als Besucher beobachtete Loew Hummeln und Bienen mit 9—16 mm langem Rüssel, nämlich B. agrorum F. ♀ (Rüssel 12—13 mm lang), B. hortorum L. ♀ (14—16), Anthidium manicatum L. (9—10). Auch Pammel beobachtete in Amerika gleichfalls 3 Hummelarten mit 11—16 mm langem Rüssel. Trotz ihres fremden Ursprungs wird also die Blume sowohl in Nordamerika als auch in Norddeutschland von den dort heimischen Insekten in normaler Weise besucht und durch Fremdbestäubung befruchtet.

2287. Ph. Russeliana Lag. besitzt, nach Loew (Ber. d. d. b. Ges. IV. 1886. S. 113—117), eine ähnliche Blüteneinrichtung wie die vorige Art. Die Oberlippe kann durch ein Charniergelenk auf- und abwärts geklappt werden. Wird sie durch eine zu dem im Blütengrunde abgesonderten Honig vordringende Hummel gehoben, so kehrt sie, nachdem das Insekt die Blüte verlassen hat, von selbst durch die Spannung der Gelenkvorrichtung wieder in ihre Anfangslage zurück und verschliesst den Blüteneingang wieder. Zur Ausbeutung des Honigs ist ein mindestens 16 mm langer Rüssel nötig; alsdann muss die Hummel noch den Kopf in den oberen Teil der Kronröhre drängen. Zu einer bequemen Ausbeutung ist eine Rüssellänge von 20 mm erforderlich. Es kann daher Bombus hortorum L. ♀ (mit 19—21 mm langem Rüssel) den Honig bequem erreichen, während es dem ♀ dieser Art (Rüssellänge 16 mm) einige Mühe verursacht, wie Loew im botanischen Garten zu Berlin zu beobachten Gelegenheit hatte. Bombus terrester L. versuchte vergebens die Oberlippe zu heben und zum Honig vorzudringen.

Bombus hortorum L. ist demnach die einzige unserer einheimischen Hummeln, welche im stande ist, die Blüten normal auszubeuten und, indem sie zuerst den Narbenast und dann die Antheren streift, zu kreuzen. Alle übrigen Insekten sind nicht fähig, die Charnierklappe zu heben. Es ist daher Phlomis Russeliana das Beispiel einer monotropen Blume, d. h. einer solchen, welche ausschliesslich einer einzigen Bestäuberkategorie angepasst ist.

Als Besucher beobachtete Loew im botanischen Garten zu Berlin: Hymenoptera: Apidae: 1. Bombus hortorum L. ♀, die den Blüteneingang verschliessende Oberlippe aufklappend und sgd.; 2. B. terrester L. ♀, vergeblich die Oberlippe zu heben versuchend. Ferner daselbst an

2288. Ph. armeniaca W.:
Hymenoptera: Apidae: 1. Anthidium manicatum L. ♂, sgd.; 2. Bombus hortorum L. ♀, stetig sgd.; 3. Osmia aenea L. ♀, sgd.:

2289. Ph. Kashmeriana Royle.:
Bombus agrorum F. ♀, sgd.

2290. Sideritis romana L. [Delpino, Ult. oss. S. 144—146.] — Die kleine, schwarzbraune, von gelben Deckblättern gestützte Krone umschliesst mit

18*

ihrer Röhre die Staubblätter und den sehr kurzen Griffel. Von den vier Staubblättern besitzen die beiden kürzeren ein halbkreisförmiges Konnektiv, welches
an der einen Seite ein pollenloses, an der anderen ein pollenführendes Antherenfach trägt. Die Konnektive sind so an einander gelegt, dass sie einen geschlossenen Ring bilden, durch welchen hindurch der Weg zum Honig führt. Steckt
ein Insekt seinen Rüssel hinein, so berührt dieser den nach innen gelagerten
Pollen und zwar wird der Blütenstaub durch Klebstoffkügelchen an den Rüssel
angeschmiert. (Vgl. S. 273—274 die Bemerkung bei Betonica grandiflora.)
Besucht das Insekt eine zweite Blüte dieser Art, so wird der an den Rüssel
angeklebte Pollen durch die becherförmig ausgehöhlte Narbe abgeschabt.

2291. S. montana L. hat, nach Kerner, denselben Habitus der Blüten
wie vorige Art.

2292. S. hyssopifolia L.

Mac Leod beobachtete in den Pyrenäen 5 Hummeln, 1 Falter, 1 Fliege an den
Blüten (B. Jaarb. III. S. 333). Loew sah im bot. Garten zu Berlin als Blumengäste:
Apis und Bombus terrester L. ♂. sgd. Ferner daselbst an

2293. S. scordioides L.:

Hymenoptera: *Apidae:* 1. Anthidium manicatum L. ♂, sgd.; 2. Bombus terrester L. ♂, sgd. Diese Art sah ich (Bijdragen) im bot. Garten zu Kiel von B. lapidarius L. ♀ und B. terrester L. ♀, beide sgd., besucht.

498. Marrubium Tourn.

Homogame oder schwach protandrische Bienenblumen, deren Staubblätter
und Griffel in der Kronröhre eingeschlossen sind. Honigabsonderung und -ber-
gung wie gewöhnlich. Die Antheren besitzen, nach Delpino, Klebstoffkügelchen
(Vgl. S. 273—274 die Bemerkung bei Betonica grandiflora.) Zuweilen
Gynodiöcie.

2294. M. vulgare L. [Sprengel, S. 309; H. M., Weit. Beob. III.
S. 50, 51; Kirchner, Flora S. 630.] — Die weisse, saftmallose Krone besitzt
eine flache, geteilte Oberlippe; die beiden Lappen der letzteren sind gerade in
die Höhe gerichtet, dienen also zur Erhöhung der Augenfälligkeit, während die
sonst der Oberlippe zukommende Aufgabe für die Antheren und die Narbe ein
Schutzdach zu bilden und sie gleichzeitig in einer bestimmten Stellung zu halten,
hier wegfällt, weil Antheren und Narbe in der Kronröhre eingeschlossen sind.
Der Nektar wird in derselben Weise wie bei allen Lippenblütlern abgesondert;
als Saftdecke dient wieder ein Haarring in der Kronröhre. Letztere ist in der
Mitte weiter als oben; an ihrer oberen Seite stehen oben die Antheren zu je
zwei hinter einander; darunter die mit ihnen gleichzeitig entwickelte Narbe. Die
Fremdbestäubung wird dadurch bewirkt, dass Bienen, welche mit ihrem Rüssel
zum Nektar vordringen, zwar zuerst die Antheren berühren, aber ihn nur wenig
mit Pollen behaften, weil der Rüssel die pollenbedeckten Seiten der schräg abwärts aufspringenden Antheren noch mehr nach unten dreht. Nachdem der
Rüssel dann die Narbenpapillen des unteren Griffelastes berührt und mit fremdem
Pollen belegt hat, behaftet er beim Zurückziehen des Rüssels denselben mit

Pollen, indem die Antheren dabei nach oben gedreht werden. Bleibt Insekten-
besuch aus, so erfolgt durch Hinabfallen von Pollen auf die tiefer stehende
Narbe spontane Selbstbestäubung. Nach Kerner kommen auch rein weibliche
Stöcke vor. —

Als Bestäuber wirken nur Bienen; sonstige Besucher sind nutzlose
Blumengäste.

Als Besucher wurden von Herm. Müller beobachtet:

A. Coleoptera: *Nitidulidae*: 1. Meligethes sp., in den Blüten (Thür.). B. Diptera: *Empidae*: 2. Empis livida L., sgd. (Thür.). C. Hemiptera: 3. Eine rote Wanze,
sgd. (bayer. Oberpf.). D. Hymenoptera: a) *Apidae*: 4. Anthidium manicatum L. ♂,
sgd. (bayer. Oberpf.); 5. Apis mellifica L. ⚥, sgd. (Thür. und bayer. Oberpf.); 6. Coelioxys
vectis Curt. (punctata Lep.) ♀, sgd. (bayer. Oberpf.); 7. Saropoda bimaculata Pz. ♂,
sgd. (bayer. Oberpf.). b) *Chrysidae*: 8. Hedychrum lucidulum Ltr. ♂ (bayer. Oberpf.).

Alfken beobachtete bei Bremen: Halictus tomentosus Schck. ♀; Mac Leod in
den Pyrenäen Bombus terrester L. ⚥ als Besucher (B. Jaarb. III. S. 333); Schletterer
bei Pola die Apiden: 1. Anthrena carbonaria L.; 2. Bombus argillaceus Scop.; 3. B.
terrester L.; 4. Eucera alternaus Brull.; 5. Halictus sexcinctus F.; 6. Megachile sericans Fonsc.

2295. M. candidissimum L.

Schletterer beobachtete bei Pola die Apiden: 1. Anthidium diadema Ltr.;
2. A. septemdentatum Ltr.; 3. Anthrena carbonaria L.; 4. Bombus argillaceus Scop.;
5. B. terrester L.; 6. Coelioxys aurolimbata Först.; 7. Eucera hispana Lep.; 8. Halictus
patellatus Mor.; 9. H. quadricinctus F.; 10. H. sexcinctus F.; 11. Megachile lefeburei
Lep.; 12. M. maritima K.; 13. M. muraria Retz.; 14. M. sericans Fonsc.; 15. Osmia fulviventris Pz.; 16. Xylocopa violacea L.

Loew beobachtete im botanischen Garten zu Berlin an Marrubium-
Arten folgende Apiden als Blumengäste:

2296. M. anisodon C. Koch.:

Bombus terrester L. ♂. sgd.;

2297. M. propinquum Fisch. et Mey.:

Anthidium manicatum L. ♀, sgd.;

Als Besucher bemerkte Leow im bot. Garten zu Berlin Apis, sgd.; ferner
Mocsary nach Friese in Ungarn die seltene Kegelbiene Coelioxys polycentris Foerst.

2298. M. ereticum Miller. (M. peregrinum L.) [Schulz, Beiträge I.
S. 85.] — Die Blüten sind schwach protandrisch. Die Röhre der 5—5½ mm
langen Krone ist etwa 2 mm vom Grunde bis zur Öffnung behaart. Unmittelbar hinter dem Blüteneingang liegen die Antheren, ihn fast ausfüllend, so dass
ein eindringender Insektenrüssel sie stets streifen muss. Erst nachdem die Antheren fast ausgestäubt haben, wächst der Griffel heran und entfaltet seine beiden
Äste. Selbst noch dann, wenn die Blüte schon zu vertrocknen beginnt, wächst
der Griffel weiter, so dass er zuweilen eine Länge von 4 mm erreicht. Indem
die Narbe zwischen den Antheren hindurchwächst, tritt wohl meist spontane Selbstbestäubung ein.

499. Physostegia.

Protandrisch, mit entgegengesetzter Bewegung von Staubblättern und Griffeln.
(Delpino, Ult. oss. S. 148.)

2299. Ph. virginiana. [Delpino, a. a. O.] — Die äusseren Antheren-klappen besitzen randständige Zähne, welche das völlige Entleeren des Pollens durch die Besucher begünstigen.

Als Besucher beobachtete Loew im botanischen Garten zu Berlin: A. Hymenoptera: *Apidae*: 1. Bombus agrorum F. ♂, zu saugen versuchend; 2. Halictus cylindricus F. ♀, tief in die Blüte hineinkriechend; 3. Prosopis communis Nyl. ♀, in die Blüte hineinkriechend. B. Lepidoptera: *Rhopalocera*: 4. Pieris brassicae L., sgd.

500. Ballota L.

Protandrische Bienenblumen. Nektarabsonderung und -bergung wie gewöhnlich. Oft Gynomonöcie, seltener Gynodiöcie.

2300. B. nigra L. [Sprengel, S. 309; H. M., Befr. S. 308, 309; Weit. Beob. III. S. 46; Schulz, Beiträge I. S. 85; Kerner, Pflanzenleben II. S. 360; Kirchner, Flora S. 631; Loew, Bl. Fl. S. 391, 394, 399; Knuth, Herbstbeob.; Rügen.] — Die schmutzig rote Blüte besitzt auf der Unterlippe weissliche, in die Kronröhre weisende Linien als Saftmal. Die Unterlippe bildet, wie bei den meisten Lippenblütlern, den Bienen eine bequeme Anflugstelle und gestattet ihnen, die Seitenlappen als Haltpunkte für die Vorder- und Mittelbeine zu benutzen; eine Längsrinne auf der Unterlippe dient als Führung für den Rüssel. Die 7 mm lange, oben ein wenig erweiterte Kronröhre birgt in ihrem Grunde den von der Unterlage des Fruchtknotens abgesonderten Honig, welcher einem 6 mm langen Rüssel zugänglich ist, da die Erweiterung des Blüteneinganges dem Bienenkopfe den Eintritt auf etwa 1 mm gestattet. Über dem Nektar befindet sich ein Kranz steifer Haare, welchen Sprengel als Saftdecke deutet, doch ist eine solche wegen der wagerechten Stellung der Blüte und der Wölbung der Oberlippe unnötig; Müller fasst den Haarkranz, welcher einen Bienenrüssel leicht hindurchlässt, dem breiten Rüssel

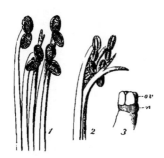

Fig. 319   Ballota nigra. L.
(Nach Herm. Müller.)

1 Befruchtungsorgane einer jüngeren Blüte, schräg von vorn gesehen. (7:1.)
2 Befruchtungsorgane einer älteren Blüte. *3* Fruchtknoten (*ov*) und Honigdrüse (*n*).

von Fliegen aber den Durchgang verwehrt, als Schutzmittel gegen honigsuchende Fliegen auf, welche der Pflanze keinen Nutzen zu gewähren vermögen.

Zu Anfang der Blütezeit liegen die noch fast zusammenschliessenden Narbenäste hinter den Antheren. Haben diese ausgestäubt, so biegt sich der heranwachsende Griffel abwärts, indem sich gleichzeitig die papillösen Narbenflächen entfalten, so dass diese von den besuchenden Bienen zuerst gestreift werden. Wird der Pollen nicht durch Insekten abgeholt, so bleibt ein grosser Teil desselben in dem Haarpelz an den Rändern der Oberlippe hängen, und der zwischen den Haaren sich abwärts biegende untere Griffelast wird dann mit dem aufgespeicherten Pollen auf seiner ganzen Länge einschliesslich der Narbenpapillen bedeckt, so dass spontane Selbstbestäubung erfolgt.

Ausser den zweigeschlechtigen Blüten finden sich, nach Schulz nicht selten gynomonöcisch verteilte weibliche (oft bis 15%); Gynodiöcie ist selten.

Als Besucher beobachtete ich bei Kiel die Honigbiene (sgd.), 3 saugende Hummeln (Bombus lapidarius L., B. pratorum L., B. terrestor L.) und 2 saugende Falter (Vanessa io L., Pieris sp.); ferner auf der „Greifswalder Oie" bei der Insel Rügen zwei saugende, langrüsselige Apiden: Podalirius (Anthophora) aestivalis Pz. ♀ und P. vulpinus Pz. ♀ (Anthophora quadrimaculata Pz.), beide häufig. — Loew beobachtete in Mecklenburg (M.) und in Brandenburg (B.) (Beiträge S. 43): Apidae: 1. Anthidium manicatum L. ♀ ♂, sgd., ♀ auch psd. (M.); 2. Anthophora furcata Pz. ♂, sgd. (M.); 3. A. quadrimaculata F. ♀, sgd. (B.); 4. Bombus agrorum F. ♂, sgd. (B.); 5. B. silvarum L. ♂, sgd. (B.); 6. Tetralonia salicariae Lep. ♂, sgd. (B.); in Schlesien (Beiträge S. 34): Saropoda rotundata Pz. ♂, sgd.

Wüstnei bemerkte auf der Insel Alsen Anthophora quadrimaculata F. und Anthidium manicatum L.; Alfken bei Bremen: 1. Bombus agrorum F. ♂, sgd.; 2. Podalirius vulpinus Pz. ♀, sgd.; Krieger bei Leipzig die Apiden: 1. Anthidium manicatum L.; 2. Podalirius vulpinus Pz.; 3. Rophites quinquespinosus Spin.; Schenck in Nassau die Apiden: 1. Anthidium manicatum L.; 2. Biastes emarginatus Schck.; 3. Bombus agrorum F.; 4. Epeoloides coecutiens F.; 5. Halictus clypearis Schck., ♀ hfg., ♂ einmal; 6. Podalirius furcatus Pz.; 7. P. retusus L.; 8. P. vulpinus Pz.; Friese im Saalthale die Apiden: 1. Anthidium manicatum Gir.; 2. Bombus hortorum L. ♂; 3. B. hypnorum L. ☿; 4. B. lucorum L.; 5. B. subterraneus L. var. borealis Schmiedeknecht; 6. Rophites quinquespinosus Spin.; Gerstäcker bei Kreuth in grosser Anzahl Bombus mendax Gerst. ☿.

Schletterer verzeichnet als Besucher für Istrien (I.) und Tirol (T.) die Apiden: 1. Anthidium septemdentatum Ltr. (I.); 2. Bombus mastrucatus Gerst. (T.); 3. B. mendax Gerst. ♀ ♂, s. slt. (T.).

v. Dalla Torre beobachtete in Tirol Bombus mastrucatus Gerst. ♂; ebenso Hoffer in Steiermark; Ducke bei Aquileja und in Österr.-Schlesien die Blumenwespen: 1. Podalirius pubescens F. ♀ ♂; 2. P. quadrifasciatus Vill. ♀ ♂; 3. Rophites quinquespinosus Spin. ♀ ♂.

Loew beobachtete in Braunschweig (B.) und in Steiermark (S.) (Beiträge S. 52) die Apiden: 1. Anthophora furcata Pz. ♀, sgd. (B.); 2. Bombus rajellus K. ♂, sgd. (S.); 3. Halictus albipes F. ♀, psd. (S.); in Tirol (Beiträge S. 61): Bombus pascuorum Scop. ♂, sgd.

Als Besucher giebt Friese für Deutschland Anthidium manicatum L., für Baden, den Elsass, Thüringen und die Schweiz Rophites quinquespinosus Spin., n. hfg. und für Nassau (nach Schenck) Biastes emarginatus Schck. an.

Gerstäcker giebt für die bayerischen Alpen den Bombus mendax Gerst. an.

Burkill und Willis (Flowers and Insects in Great Britain Pt. 1) beobachteten bei Cambridge: A. Diptera: Syrphidae: 1. Rhingia rostrata L., sgd.; 2. Syritta pipiens L., sgd.; 3. Syrphus sp., sgd. B. Hymenoptera: Apidae: 4. Bombus agrorum F., sgd.; 5. B. cognatus Steph., sgd.; 6. B. latreillellus Kirby, sgd.; 7. Halictus sp., sgd. C. Lepidoptera: a) Noctuidae: 8. Plusia gamma L., sgd. b) Rhopalocera: 9. Pieris rapae L., sgd.

Herm. Müller (1) und Buddeberg (2) geben für Ballota nigra folgende Besucherliste:

A. Diptera: a) Bombylidae: 1. Bombylius sp., sgd. (2). b) Syrphidae: 2. Rhingia rostrata L., sgd. (2). B. Hymenoptera: Apidae: 3. Anthidium manicatum L. ♀, sgd. und psd., ♂ sgd. (1, 2); 4. A. punctatum Latr. ♂, sgd. (2); 5. Anthophora furcata Pz. ♀ ♂. sgd. und psd. (1, 2); 6. A. quadrimaculata Pz. ♀ ♂, sgd. und psd., sehr häufig (1, 2); 7. Apis mellifica L. ☿, sgd. (1); 8. Bombus agrorum F. ♀, sgd. (1); 9. B. hypnorum L. ☿, sgd. (1); 10. B. lapidarius L. ☿, sgd. (1); 11. B. rajellus K. ♀, sgd. und psd. (1); 12. B. muscorum F. ⚥, sgd. (2); 13. B. silvarum L. ⚥, sgd. (1, 2); 14. B. tristis Seidl. ⚥, sgd. (2); 15. Crocisa scutellaris F. ♀, sgd. (2); 16. Megachile argentata F. ♀, sgd. (2); 17. M. fasciata Sm. ♂ ♀, sgd. (1, 2); 18. M. lagopoda K. ♂, sgd. (1, bayer. Oberpf.); 19. Osmia adunca Pz. ♀ ♂, sgd. (2); 20. O. aenea L. ♀, sgd. (1, 2); 21. O. aurulenta Pz. ♀, sgd. (1, 2); 22. O. fulviventris Pz. ♀, sgd. (1, Thür.); 23 Psithyrus rupestris F. ♀, sgd. (1); 24. Rhophites quinquespinosus Spin. ♂, sgd., in Mehrzahl (2); 25. Saropoda bimaculata Pz. ♀ ♂, sgd., häufig (2). C. Lepidoptera: a) *Rhopalocera*: 26. Argynnis paphia L., sgd. und befruchtend (1); 27. Colias hyale L., w. v. (1); 28. Pieris brassicae L., w. v. (1); 29. P. rapae L., w. v. (1); 30. Vanessa cardui L., w. v. (1); 31. V. urticae L., w. v. (1). b) *Sphinges*: 32. Macroglossa stellatarum L., w. v. (1).

Loew beobachtete im botanischen Garten zu Berlin: Hymenoptera: *Apidae*: 1. Anthidium manicatum L. ♀ sgd., ♂ um die Blüten herumschwärmend und nach ♀ suchend; 2. Bombus agrorum F. ♂, sgd.; 3. Osmia rufa L. ♀, sgd.

Die Form b) foetida Luck. sah Mac Leod in Belgien gleichfalls von einer Hummel besucht (B. Jaarb. V. S. 375); H. de Vries (Ned. Kruidk. Arch. 1877) bemerkte in den Niederlanden Bombus agrorum F. ♂; Mac Leod in den Pyrenäen 4 Hummeln, 2 Anthophora-Arten, 1 Falter, 1 Schwebfliege als Besucher (B. Jaarb. III. S. 333).

501. Leonurus L.

Protandrische bis homogame Bienenblumen. Honigabsonderung und -bergung wie gewöhnlich.

2301. L. Cardiaca L. [Sprengel, S. 310; H. M., Weit. Beob. III. S. 48; Alpenbl. S. 312; Knuth, Bijdragen; Loew, Bl. Fl. S. 391; Kirchner, Flora S. 632.] — Die blassrote Krone besitzt auf der Unterlippe, den Staubfäden und der Mündung der Oberlippe ein Saftmal in Form dunkelpurpurfarbener Flecken. Die beiden vorderen Staubblätter krümmen sich nach dem Ausstäuben seitwärts. Die Kronröhre ist nur 4 mm lang. — Pollen, nach Warnstorf, weiss, brotförmig, zartwarzig, etwa 35 μ lang und 15—18 μ breit.

Als Besucher sah Sprengel Hummeln.

Ich beobachtete Bombus lapidarius ♀ ♂ sgd.; Loew in Brandenburg (Beiträge S. 44): Coelioxys rufescens Lep. ♂, sgd.; im bot. Garten zu Berlin an der var. villosa: Bombus agrorum F. ♂, sgd.; H. Müller in der bayerischen Oberpfalz die Honigbiene und 3 Hummeln (Bombus agrorum F. ⚥, B. pratorum L. ⚥, B. tristis Seidl. ⚥), sgd.; in den Alpen Bombus lapidarius L. ⚥, sgd.

2302. L. Marrubiastrum L. (Chaiturus Marr. Rchb.) Nach Warnstorf (Bot. Verein Brand. Bd. 38) sind die gelben Antheren auf kurzen Filamenten in der Krone eingeschlossen, mit Klebstoffkügelchen besetzt. Autogam. Pollen weiss, unregelmässig tetraëdrisch, schwachwarzig, durchschnittlich 37 μ diam. messend. — Die schwach gebogene Kronröhre ist 5 mm lang.

Als Besucher sah ich im botanischen Garten zu Kiel die Honigbiene (sgd.) und 2 saugende Hummeln (Bombus hortorum L. ♀ var., B. pratorum L.). Sodann beobachtete ich daselbst Bombus lapidarius L., 1 ⚥, sgd., am 30. 8. 98 vormittags zwischen 8 und 9 Uhr trotz heftiger Regengüsse und starken Windes die Blüten je eines Quirls nach einander besuchend und stetig von Pflanze zu Pflanze fliegend.

Gerstäcker beobachtete bei Berlin die Kegelbiene Coelioxys aurolimbata Foerst.

2303. L. lanatus P.

Als Besucher beobachtete Loew im botanischen Garten zu Berlin: A. Coleoptera: *Coccinellidae*: 1. Coccinella bipunctata L., aussen am Blüteneingang sitzend.

B. Hymenoptera: *Apidae*: 2. Anthidium manicatum L. ♀, sgd.; 3. Apis mellifica L. ⚥, sgd.; 4. Bombus agrorum F. ⚥ ♂, sgd.; 5. B. terrester L. ♀, sgd.; 6. Psithyrus rupestris F. ♂, sgd.

502. Scutellaria L.

Homogame bis protandrische Bienenblumen, wahrscheinlich mit Falterthür. Honigabsonderung und -bergung wie gewöhnlich.

2304. S. galericulata L. [Sprengel, S. 312; II. M., Befr. S. 318; Kirchner, Neue Beob. S. 58; Schulz, Beiträge II. S. 196, 222; Warnstorf, Bot. V. Brand. Bd. 38; Mac Leod, B. C. Bd. 29; B. Jaarb. III. S. 375—516.] — Die blauviolette Krone hat als Saftmal auf der ziemlich flach ausgebreiteten Unterlippe einen weissen Fleck und in demselben drei dunkelviolette Linien, deren mittlere sich in die Kronröhre hineinzieht. Die Oberlippe ist dreispaltig, sie hat zwei tiefe seitliche Einfaltungen, durch welche ein schmaler, seitlich zusammengedrückter, aufrechter, mittlerer Abschnitt gebildet wird, zu dem ein schmaler Eingang führt, welcher Antheren und Narbe umschliesst. Die beiden Seitenlappen der Oberlippe liegen nahe über der Unterlippe, so dass noch ein zweiter Eingang zur Blüte entsteht: einer über und einer unter den Seitenzipfeln der Oberlippe. Der obere dient, nach Kirchner, vermutlich als Eingang für den Rüssel besuchender Falter. Besuchende Bienen drängen den Kopf und Vorderleib in die Blüte

Fig. 320. Scutellaria galericulata L. (Nach der Natur.) *A* Blumenkrone, von der Seite gesehen, vergrössert. *B* Dieselbe, von vorn gesehen. *ht* Hummelthür. *ft* Falterthür.

hinein, wobei sie die Falten der Oberlippe so ausweiten, dass der Insektenkörper in die Blüte aufgenommen wird. Hierdurch werden die Antheren und die gleichzeitig mit ihnen entwickelte Narbe auf den Leib der Biene hinabgezogen. Die beiden Antherenpaare liegen hintereinander in dem helmartigen Teile der Oberlippe; die abwärts gebogene Griffelspitze mit der Narbe liegt vor den Antheren der beiden kürzeren Staubblätter, so dass spontane Selbstbestäubung erfolgen muss. Bei Insektenbesuch ist die Wahrscheinlichkeit der Selbst- und der Fremdbestäubung gleich gross. Nach Warnstorf haben die längeren Staubblätter ein, die kürzeren zwei Antherenfächer. Die Antheren der längeren Staubgefässe sind nach unten gerichtet und springen auch so auf; die der kürzeren öffnen sich nach oben und unten. Die Narbe hat nur einen ausgebildeten unteren Ast, welcher zwischen den vorderen und hinteren Antheren gelegen ist, so dass Selbstbestäubung sehr erschwert ist. Blüten häufig erbrochen. Pollen weiss, elliptisch, zartwarzig, bis 31 μ lang und 18—21 μ breit.

Die zweigeschlechtigen Blüten sind nach Schulz protandrisch. Ausser den Zwitterblüten beobachtete derselbe gynomonöcisch und gynodiöcisch verteilte weib-

liche Blüten (bei Halle bis 5%). Auch beobachtete derselbe Einbruch durch
Bombus terrester L.

Herm. Müller beobachtete als Besucher einen Tagfalter (Rhodocera rhamni L.),
sgd.; Mac Leod in Flandern 1 Schwebfliege, pfd. (Bot. Jaarb. VI. S. 372).

In Dumfriesshire (Schottland) (Scott-Elliot, Flora S. 131) wurden 2 Hummeln
als Besucher beobachtet.

Loew beobachtete im botanischen Garten zu Berlin: Hymenoptera: *Apidae*:
1. Anthidium manicatum L. ♀, sgd.; 2. Bombus terrester L. ♂, sgd.

2305. S. minor L. Die violetten Blumen sind kleiner als diejenigen der
vorigen Art und ihre ganze Einrichtung unvollkommener. Nach Mac Leod
(B. Jaarb. V. S. 377) ist der Blüteneingang weit geöffnet, so dass Narbe und
Antheren von der Vorderseite nicht bedeckt werden. Die schon bei S. galericulata schwache Zurückklappbarkeit der Oberlippe ist hier fast ganz verschwunden. Da die Kronröhre kürzer ist als bei voriger Art, so ist der Nektar auch
kurzrüsseligen Insekten zugänglich.

2306. S. hastifolia L. fand Schulz (Beiträge II. S. 196, 222) gynodiöcisch mit protandrischen Zwitterblüten (bei Leipzig). Derselbe beobachtete auch
vereinzelte Einbrüche durch Hummeln.

Als Besucher beobachtete Loew im botanischen Garten zu Berlin eine langrüsselige Biene: Anthidium manicatum L. ♀, sgd.

2307. S. alpina L. [Mac Leod, Pyreneeënbl. S. 58—61 in B. Jaarb. III.
S. 333—336.] — Die Blüteneinrichtung stimmt im wesentlichen mit derjenigen von
S. galericulata überein. Die Oberlippe kann auch hier durch eine Charnier-
vorrichtung nach hinten gedrückt werden; nach dem Aufhören des durch das besuchende Insekt bewirkten Druckes kehrt die Oberlippe in ihre frühere Lage zurück
und umschliesst Antheren und Narbe aufs neue. Die obere enge Öffnung des Ober-
lippenschnabels bildet auch bei dieser Art wohl eine Falterthür. Eine Hummel
kann mit ihrem Kopfe etwa 5—6 mm tief in den obersten verbreiterten Teil
der Kronröhre eindringen, wodurch der Abstand von dem honigführenden Blütengrund noch 10—12 mm beträgt. Die Honigdrüse befindet sich am Grunde
des Nektariums an dessen Vorderseite.

In den Alpen sind die Blüten blauviolett, und das orangefarbene Saftmal
des Unterlippenhöckers ist grösser als in den Pyrenäen, wo die Blüten
dunkler sind.

Als Besucher beobachtete Mac Leod eine Hummel (wahrscheinlich B. hortorum L. ♀).

Loew beobachtete im botanischen Garten zu Berlin an Scutellaria-
Arten folgende Besucher:

2308. S. peregrina L.:
Bombus hortorum L. ♀, sgd., mit stark bestäubtem Kopf.

2309. S. albida L.:
Hymenoptera: a) *Apidae*: 1. Bombus cognatus Steph. ♀, sgd.; 2. B. terrester
L. ♀, sgd.; 3. Osmia aenea L. ♀. sgd. b) *Tenthredinidae*: 4. Athalia rosae L., an der
Blüte aussen sitzend.

2310. S. altissima L.:

Hymenoptera: *Apidae*: Chelostoma nigricorne Nyl. ♀, ganz in die Blüte hineinkriechend und sgd.

503. Brunella Tourn.

Protandrische oder homogame Bienenblumen. Honigabsonderung und -bergung wie gewöhnlich. Zuweilen Gynomonöcie oder Gynodiöcie.

2311. B. vulgaris L. [Sprengel, S. 312; H. M., Befr. S. 318, 319; Alpenblumen S. 315; Weit. Beob. III. S. 51, 52; Warnstorf, Bot. V. Brand. Bd. 38; Mac Leod, B. C. Bd. 29; B. Jaarb. V. S. 377—378); Kirchner, Neue Beob. S. 58; Knuth, Ndfr. Inseln S. 118, 166; Weit. Beob. S. 239; Ogle, Pop. Sc. Rev. 1870; Schulz, Beiträge I. S. 85; Loew, Bl. Fl. S. 394.] — Die Blumen sind violett gefärbt. Die Kronröhre der grossblumigen, zweigeschlechtigen Blüten ist 7—8 mm lang. Die Antheren stehen hier in zwei Reihen hintereinander unter der Oberlippe. Die längeren Staubfäden besitzen unter den Antheren einen spitzen, nach aussen gekehrten Zahn, der sich mit seinem freien Ende an die gewölbte Fläche der Oberlippe anlehnt. Dadurch wird den nach unten geöffneten Antheren, nach der Deutung von Ogle und von Müller, diejenige Lage zur Seite der in der Mittellinie liegenden Griffeläste gesichert, in welcher sie der Berührung der besuchenden Insekten am meisten ausgesetzt sind. Die kürzeren Staubfäden zeigen gleichfalls je einen Zahn, der demselben Zwecke dient, doch ist derselbe viel kürzer als bei den längeren. Die Blüten sind teils homogam, teils (nach Schulz) stärker oder schwächer protandrisch. Der Rücken der besuchenden Hummeln berührt zuerst die Narbenpapillen des am weitesten nach unten ragenden unteren Griffelastes und behaftet sich dann erst mit Pollen. Bei Insektenbesuch wird daher Fremdbestäubung eintreten. H. Müller beobachtete keine spontane Selbstbestäubung; nach Axell tritt sie jedoch ein und ist auch von Erfolg.

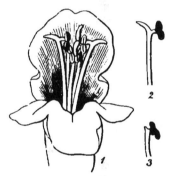

Fig. 321. Brunella vulgaris L. (Nach Herm. Müller.)

1 Zweigeschlechtige Blüte von vorn gesehen. *2* Oberer Teil eines längeren, *3* eines kürzeren Staubblattes.

Ausser den zweigeschlechtigen Blüten finden sich häufig auch weibliche, nach Schulz bis 50%, meist 10—20%, und zwar sind dieselben teils gynomonöcisch, teils gynodiöcisch verteilt. Kirchner beobachtete (Flora S. 635) zwei Formen der kleinblütigen weiblichen Stöcke: die eine besitzt Kronen von der gewöhnlichen Gestalt, die Staubblätter, deren Antheren weiss sind und sich nicht öffnen, haben auch die gewöhnliche Lage und Stellung, und der Griffel ist so lang wie die Oberlippe. Die andere weibliche Form hat mehr verkümmerte Staubblätter, die Unterlippe ist so weit in die Höhe gerichtet, dass der Blüteneingang nur 1 mm hoch ist, und die Narbe aus der Oberlippe weit hervortritt.

Bei Gent beobachtete Mac Leod ausser den grossblumigen Zwitterblüten eine kleinblumige, die fast kleistogam erschien. Zwischen diesen beiden Formen finden sich mannigfaltige Übergänge. Die halb kleistogamen Blüten befruchten sich selbst. Rein weibliche Blüten beobachtete Mac Leod nicht.

Warnstorf unterschied bei Neu-Ruppin drei Formen:

1. Krone der grossblütigen Form vom Grunde der Röhre bis zur Spitze der Oberlippe 15—16 mm lang, weit geöffnet, Röhre länger als der Kelch, Unterlippe stark unregelmässig fransig-gezähnt. Zwitterig; Griffel meist von der Länge der grösseren Staubblätter; Autogamie findet durch Einrollung der Narbenäste statt. Pollen weiss, elliptisch, warzig, etwa 50—56 μ lang und 37—43 μ breit.

2. Krone der mittleren Form 10—12 mm lang, weit geöffnet; Griffel bald so lang wie die längeren Staubblätter, bald kürzer als dieselben; kommt zwitterblütig, mit z. T. fehlgeschlagenen Antheren oder auch mit vollkommen abortierten Staubbeuteln vor.

3. Krone der kleinblütigen Form nur etwa 8 mm lang; Unterlippe nach innen eingebogen und die Oberlippe niedergedrückt, daher der Blüteneingang sehr eng; Griffel meist kürzer als die längeren Staubblätter. Zwitterig oder durch Fehlschlagen der Antheren weiblich.

Die gross- und mittelblütigen Stöcke herrschen bei Ruppin vor; die kleinblütige Form scheint besonders Grasplätze in Gärten und Anlagen zu bevorzugen. Nicht immer umfassen die gekielten Seitenzähne der Oberlippe, wie in den Floren angegeben wird, die Unterlippe, sondern stossen häufig nur mit dieser zusammen. Auffallend ist die Entwickelung der Blüten. Von den beiden sich gegenüberliegenden dreiblütigen Halbquirlen öffnet sich stets zuerst die Mittelblüte der nächstoberen Halbquirle und zu gleicher Zeit die beiden seitenständigen Blüten der nächstunteren, so dass sich immer je drei offene Blüten gegenüberstehen. (Warnstorf.)

Als Besucher beobachtete Warnstorf nicht näher bezeichnete Hummeln. Ich sah auf den nordfriesischen Inseln die Honigbiene und 3 Hummeln (Bombus rajellus K., B. lapidarius L., B. terrester L.), sgd.; auf Helgoland Bombus agrorum F. ⚨, sgd.; in Thüringen: Hymenoptera: a) Langrüsselige Bienen: 1. Bombus agrorum F. ⚨; 2. B. hortorum L. forma hortorum L.; 3. B. soroënsis F. var. proteus Gerst. ⚨; 4. B. terrester L. ♀ und ⚨. b) Kurzrüsselige Bienen: 5. Halictus punctulatus K. ♀; Alfken bei Bremen Psithyrus campestris Pz. ♀, sgd. Höppner daselbst: 1. Anthidium strigatum Pz. ♀; 2. Anthrena convexiuscula K. ♀; 3. Bombus arenicola Thoms. ♀; 4. B. hortorum L. ♀; 5. B. jonellus K. ⚨; 6. B. silvarum L. ♀ ⚨ ♂; 7. B. terrester L. ♀; 8. B. variabilis L. ♀ ♂; 9. Megachile circumcincta K. ♀; 10. M. willughbiella K. ♀; 11. Podalirius borealis Mor. ♀ ♂; 12. P. furcatus Pz. ♀ ♂; 13. P. retusus ♀ ♂.

Loew bemerkte im Riesengebirge (Beiträge S. 52): Pieris brassicae L., sgd.; in Schlesien (Beiträge S. 34): Pieris brassicae L., sgd. und Polyommatus alciphron Rott.

Schletterer giebt für Tirol als Besucher an die Apiden: 1. Bombus confusus Schck.; 2. B. muscorum F.; 3. B. soroënsis F.; 4. Megachile ericetorum Lep. Letztere beobachtete dort auch v. Dalla Torre.

H. de Vries (Ned. Kruidk. Arch. 1877) beobachtete in den Niederlanden 4 Hummeln als Besucher: 1. Bombus agrorum F. ♀ ♂; 2. B. silvarum L. ♂; 3. B. subterraneus L. ♀ ♂; 4. B. terrester L. ⚨.

Mac Leod sah in Flandern Apis, 4 Hummeln, 1 Halictus, 1 Schwebfliege, 5 Falter (B. Jaarb. V. S. 378); in den Pyrenäen 7 Hummeln, 1 Bombylide, 1 Syrphide als Besucher (A. a. O. III. S. 337).

Willis (Flowers and Insects in Great Britain Pt. 1) beobachtete in der Nähe der schottischen Südküste: A. Hymenoptera: *Apidae*: 1. Bombus agrorum F., sgd., häufig; 2. B. terrester L., w. v. B. Lepidoptera: *Rhopalocera*: 3. Pieris napi L., sgd.

In Dumfriesshire (Schottland) (Scott-Elliot, Flora S. 137) wurden 2 Hummeln als Besucher beobachtet.

An eingeführten Pflanzen beobachtete Schneider (Tromsø Museums Aarshefter 1894) Bombus agrorum F. als Besucher.

Herm. Müller endlich giebt folgende Besucherliste für Mittel- und Süddeutschland:

A. Hymenoptera: *Apidae*: 1. Anthophora furcata Pz. ♂, normal sgd.; 2. Apis mellifica L. ⚥, sgd.; 3. Bombus lapidarius L. ♀ ⚥ ♂, sgd.; 4. B. pratorum L. ⚥, sgd.; 5. B. silvarum L. ⚥, sgd.; 6. B. terrester L. ⚥, sgd.; 7. Cilissa haemorrhoidalis Pz. ♂, sucht vergeblich an der grossblumigen Form zu saugen, behaftet dabei ihre Oberseite mit Pollen, befruchtet, wenn sie zur kleinblumigen übergeht, deren Blüten; 8. Halictus morio F. ♀, psd.; 9. H. leucopus K. ♀, psd. (bayer. Oberpf.): 10. Megachile willughbiella K. ♂, normal sgd. B. Lepidoptera: *Rhopalocera*: 11. Hesperia silvanus Esp., sgd., nur zufällig befruchtend; 12. Lycaena argiolus L., w. v.; 13. L. icarus Rott., sgd.; 14. Melithaea athalia Esp., sgd., nur zufällig befruchtend; 15. Pieris napi L., sgd. (Thür.).

Derselbe beobachtete in den Alpen 1 Schwebfliege, 5 Hummeln, 10 Falter als Besucher.

Schulz beobachtete Einbruch durch Hummeln.

2312. B. grandiflora Jacquin. [H. M., Alpenblumen S. 312—314; Weit. Beob. III. S. 52; Schulz, Beiträge I. S. 86; Kirchner, Flora S. 634.] —

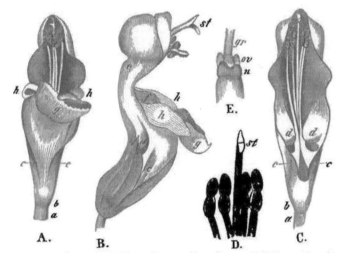

Fig. 322. Brunella grandiflora Jacq. (Aus Herm. Müller, Alpenblumen.) *A* Blüte im ersten männlichen Zustand, nach Entfernung des Kelches, gerade von vorn gesehen. *B* Blüte im zweiten weiblichen Zustand, von der Seite gesehen. *C* Blüte nach Entfernung des Kelches und des vorderen Teils der Blumenkrone. (Vergr. 2,8:1). *D* Staubblätter und Griffel der Blüte *C*. (7:11.) *E* Nektarium (*n*) Fruchtknoten (*ov*) und Griffel (*gr*). (7:1.)

Gynomonöcisch oder gynodiöcisch mit protandrischen (nach Schulz auch hin und wieder homogamen) Zwitterblüten. Die Kronröhre ist in ihrem untersten

Teile schräg aufwärts gerichtet. Sie erweitert sich über dem als Saftdecke dienenden Haarkranze stärker und biegt sich fast senkrecht nach oben. Die Entfernung des Blüteneinganges von dem Haarkranze beträgt 9—10 mm. Dieser obere Röhrenteil ist so weit, dass er einem Hummelkopfe bequeme Aufnahme bietet. Die Unterlippe ist napfförmig hohl; die Oberlippe beherbergt im ersten (männlichen) Zustande die Antheren und den Griffel. Erstere liegen nicht wie gewöhnlich in zwei Reihen hinter einander, sondern alle vier in einer Reihe neben einander. Die beiden äusseren werden, wenn eine Biene ihren Rüssel zum Nektar vorschiebt, durch einen Hebelapparat nach unten gekehrt, wobei dann der Pollen dem Insekt auf den Rücken gelegt wird. Die beiden inneren Staubbeutel sind unbeweglich und werden nur von grösseren Hummeln berührt. Im zweiten (weiblichen) Zustande tritt der Griffel mit der Narbe aus der Oberlippe hervor und biegt sich in älteren Blüten so weit nach unten, dass er selbst den Rücken der kleineren Besucher, welche nur durch Vermittelung des Hebelwerkes bestäubt werden, berührt. Spontane Selbstbestäubung ist ausgeschlossen.

Die weiblichen Blüten sind kleiner; ihr Griffel ragt aus der Krone hervor; ihre Antheren sind weiss und pollenlos. Sie sind (bis zu 20 %) gynomonöcisch oder gynodiöcisch.

Die Blüten werden häufig von Bombus mastrucatus Gerst. und B. terrester L. angebissen.

Als Besucher beobachtete H. Müller in den Alpen 4 Hummel- und 2 Falterarten.

v. Dalla Torre beobachtete in Tirol die Hummeln: 1. Bombus hypnorum L. ♀; 2. B. pratorum L. ♀. Dieselben giebt dort Schletterer an.

Mac Leod beobachtete in den Pyrenäen 2 Hummeln und 1 Falter als Besucher (B. Jaarb. III. S. 337); Loew sah im botan. Garten zu Berlin eine pollenfressende Schwebfliege: Platycheirus peltatus Mg.

2313. B. alba Pallas (B. laciniata L.) ist, nach Schulz, gynodiöcisch (bei Bozen bis 5 %) mit protandrischen Zwitterblüten. Vereinzelte Hummeleinbrüche wurden beobachtet.

Mac Leod beobachtete in den Pyrenäen 2 Hummeln als Besucher. (B. Jaarb. III. S. 337.)

2314. B. hyssopifolia L.

Als Besucher sah Loew im botanischen Garten zu Berlin eine Apide: Anthidium manicatum L. ♂, sgd.

2315. Prostanthera besitzt an den Konnektiven lange Anhänge, welche von den Besuchern angestossen werden, wodurch die Ausstreuung des Pollens auf dieselben erfolgt. (Delpino, Ult. oss. S. 150; Hildebrand, B. Ztg. 1870 S. 658.)

504. Ajuga L.

Meist homogame, seltener protandrische oder auch protogynische Hummelblumen mit sehr kurzer Oberlippe, wofür die höher stehenden Blüten und Deckblätter als unvollkommener Schutz des Blüteninnern eintreten. Kronröhre mit Haarring. Honigabsonderung und -bergung wie gewöhnlich. Vereinzelt Gynomonöcie.

2316. A. reptans L. [Sprengel, S. 299—300; H. M., Befr. S. 307, 308; Weit. Beob. III. S. 45, 46; Alpenblumen S. 309; Kirchner, Neue Beob. S. 59; Schulz, Beiträge I. S. 87; II. S. 138, 139, 222; Mac Leod, B. Jaarb. III. S. 337; V. S. 378—379; B. C. Bd. 23; Loew, Bl. Fl.

S. 391; Knuth, Bijdragen.] — Die blauen, selten rosa oder weissen Blüten haben auf der Unterlippe ein Saftmal in Form heller Linien. Sie sind meist homogam, zuweilen aber auch protandrisch oder protogynisch. Die 9 mm lange Kronröhre ist in den untersten 2½ mm bauchig erweitert. Hier wird der Nektar aufbewahrt, der von einer dicken, gelben, fleischigen Drüse ausgesondert wird, welche an der der Unterlippe zugekehrten Seite des Fruchtknotens liegt. Da die Oberlippe fast gänzlich fehlt, so treten Antheren und Narbe frei aus der Blüte hervor; sie werden durch das Deckblatt der darüber stehenden Blüten gegen Regen geschützt.

Meist treten schon in den eben sich öffnenden Blüten die Griffeläste ebenso weit auseinander, wie in älteren Blüten, wobei sich der unterste Ast auf die dicht an einander liegenden Antheren der beiden kürzeren Staubblätter stützt. Er wird daher, wenigstens beim Besuche kleinerer Bienen, welche die Staubblätter nicht gewaltsam auseinander drängen, anfangs nicht berührt werden, während die Besucher ihren Rücken mit dem Pollen bedecken, welchen die mit ihrer pollenbedeckten Fläche nach unten und vorn gerichteten Antheren darbieten. Später treten die Staubblätter etwas auseinander, und der Griffel sinkt jetzt zwischen ihnen hindurch, so dass der untere Griffelast mit seiner papillösen Fläche im Blüteneingange steht, mithin von den Besuchern eher berührt wird als die Antheren. Die Griffellänge schwankt aber, so dass die Narbe sich nicht nur über den Antheren befindet, sondern zuweilen auch hinter oder vor denselben. Es ist daher bald Fremd-, bald Selbstbestäubung mehr begünstigt.

Auch die Entwickelungsfolge von Narbe und Antheren ist veränderlich, indem diese Organe nicht nur gleichzeitig entwickelt sein können, sondern teils die Narbe früher als die Antheren, teils letztere früher als erstere; doch ist die Homogamie bedeutend häufiger als die Protogynie, und diese häufiger als die Protandrie.

Bei ausbleibendem Insektenbesuche tritt häufig spontane Selbstbestäubung ein, indem der an der Unterseite der Antheren in dichten Massen sitzende Pollen mit der papillösen Spitze der zwischen ihm hindurchgleitenden Narbe in Berührung kommt, doch ist die Autogamie von geringerem Erfolge als die Allogamie. Es findet nicht selten Hummeleinbruch statt.

Ausser der eben beschriebenen Form beobachtete Mac Leod bei Gent in Belgien noch eine zweite, grossblumige, ausgeprägt protandrische Form mit lebhafterer Blütenfarbe. Ihre Kronröhre ist 11—12 mm lang, die Unterlippe 8 bis 9 mm breit. Im zweiten (weiblichen) Blütenzustande legen sich die Staubblätter nach hinten zurück, während sich der Griffel so nach vorn biegt, dass die Narbe den Blüteneingang beherrscht.

Als Besucher beobachtete ich in Schleswig-Holstein die Honigbiene, sgd. und 3 Hummeln (Bombus agrorum F. ♀, B. hortorum L. ♀, B. lapidarius L. ♂), sgd. und auch einen saugenden, aber für die Blüte nutzlosen Tagfalter (Pieris napi L.).

Wüstnei beobachtete auf der Insel Alsen Bombus hortorum L. und Anthrena trimmerana K.; Alfken und Höppner (H.) bei Bremen die Apiden: 1. Bombus agrorum F. ♀, sgd., s. hfg.; 2. B. arenicola Ths. ♀ (H.); 3. B. derhamellus K. ♀, sgd., hfg.; 4. B. distinguendus Mor. ♀, slt., sgd.; 5. Bombus hortorum L. ♀, sgd.; 6. B. jonellus K. ♀ ⚲ (H.); 7. B. muscorum F. ♀ (H.); 8. B. silvarum L. ♀ (H.); 9. Melecta

luctosa Scop. ♀ ♂. sgd. (H.); 10. Nomada alboguttata H.-Sch. ♀ (H.); 11. N. ochrostoma
K. ♀ (H.); 12. Podalirius acervorum L. ♀, hfg., sgd.; 13. P. retusus L. ♀ ♂, sgd., (H.);
14. Psithyrus barbutellus K. ♀, sgd.; Schmiedeknecht in Thüringen: 1. Bombus
muscorum F.; 2. B. subterraneus L.; 3. Osmia caerulescens L. (= aenea L.); 4. O. emarginata Lep.; Krieger bei Leipzig Eucera longicornis L. ♂; Friese giebt für Baden (B.),
den Elsass (E.), Fiume (F.), Mecklenburg (M.), Triest (T.) und Ungarn (U.) als Besucher
an die Apiden: 1. Melecta armata Pz.; 2. Osmia aurulenta P. (M.), slt.; 3. O. emarginata Lep. (F., T., U.); 4. Podalirius acervorum L. (B., E., hfg.); 5. P. parietinus F.
(M.); 6. P. retusus L. (B., E.), einz. M., n. selt.; 7. Stelis nasuta Ltr. (U.); 8. Xylocopa
violacea L. ♀ ♂ (E.).

    Frey-Gessner bemerkte in der Schweiz die Bauchsammlerbiene Osmia rufo-
hirta Lep.

    Ducke beobachtete bei Triest die Mauerbiene: 1. Osmia aurulenta Pz.; 2. O.
bicolor Schrck.

    Herm. Müller giebt folgende Besucherliste:
    A. Diptera: a) *Bombylidae*: 1. Bombylius sp., sgd. (Nassau, Buddeberg).
b) *Syrphidae*: 2. Eristalis tenax L., pfd. (Thür.); 3. Rhingia rostrata L., sgd. und pfd.,
beim Saugen sich den Kopf bestäubend; 4. Syrphus balteatus Deg., pfd. (Thür.).
B. Hymenoptera: *Apidae*: 5. Anthrena labialis K. ♂, nicht zum Honig gelangend (?);
6. A. nitida Fourc. ♀, w. v.; 7. Anthophora aestivalis Pz. ♂ sgd., ♀ sgd. und pfd.
(Thür.); 8. A. pilipes F. ♀ ♂, normal sgd. und sich den Kopf bestäubend; 9. Apis
mellifica L. ♀, den grössten Teil des Kopfes mit in die Blumenröhre steckend; 10. Bombus
agrorum F. ♀, sgd. und sich den Kopf bestäubend; 11. B. confusus Schenck ♀, w. v.;
12. B. hortorum L. ♀ ♀, sgd. und psd.; 13. B. lapidarius L. ♀, sgd. (auch in den
Alpen); 14. B. pratorum L. ♀, sgd. und psd., ♀ sgd. und sich den Kopf bestäubend;
15. B. silvarum L. ♀, sgd. und sich den Kopf bestäubend; 16. B. terrester L. ♀, normal
sgd.; 17. Crocisa scutellaris F. ♀ ♂, sgd. (Thür.); 18. Eucera longicornis L. ♂, sgd.,
♀ sgd. und psd. (Thür.); 19. Halictus zonulus Sm. ♀, wahrscheinlich nicht zum Honig
gelangend; 20. Osmia aenea L. ♀, normal sgd. und sich den Kopf bestäubend; 21. O.
aurulenta Pz. ♂ ♀, sgd. (Thür.); 22. O. fulviventris Pz. ♂, sgd. (Thür.); 23. O. fusca
Chr., normal sgd. und sich den Kopf bestäubend; 24. O. rufa L. ♂, w. v. C. Lepidoptera: a) *Noctuidae*: 25. Plusia gamma L., von unten aufsteigend sgd. b) *Rhopalocera*: 26. Coenonympha pamphilus L., sgd.; 27. Syrichthus alveolus Hb., sgd.; 28. Nisoniades
tages L., sgd. (Buddeberg, Nassau); 29. Papilio podalirius L., sgd.; 30. Pieris brassicae
L., sgd.; 31. P. napi L., sgd.; 32. P. rapae L., sgd.; 33. Rhodocera rhamni L., sgd.
c) *Sphinges*: 34. Macroglossa fuciformis L., sgd.

    Loew beobachtete in Brandenburg (Beiträge S. 42): A. Diptera: *Tabanidae*:
1. Tabanus tropicus L. ♂, sgd. (mit Erfolg?). B. Hymenoptera: *Apidae*: 2. Anthrena
schencki Mor. ♀, psd.; 3. Anthophora aestivalis Pz. ♂, sgd.; 4. A. pilipes F. ♀, sgd.;
5. Bombus cognatus Steph. ♀; 6. B. confusus Schck. ♀; 7. B. rajellus K. ♀; 8. Eucera
longicornis L. ♂, sgd.; 9. Halictus quadristrigatus Latr. ♀, psd.; 10. H. xanthopus
K. ♀, sgd.; 11. Melecta luctuosa Scop. ♀, sgd.; 12. Osmia bicornis L. ♀, sgd.;
13. O. uncinata Gerst. ♀, sgd.; 14. Sphecodes fuscipennis Germ. ♀, sgd.; Mac Leod
in Flandern 4 Hummeln, 1 kurzrüsselige Biene, 1 Ameise, 1 Käfer (B. Jaarb. V. S. 379);
in den Pyrenäen 1 Syrphide und 1 Bombylide als Besucher (A. a. O. III. S. 337).

    In Dumfriesshire (Schottland) (Scott-Elliot, Flora S. 141) wurden 1 Hummel
und 2 Schwebfliegen als Besucher beobachtet.

    2317. A. pyramidalis L. [Sprengel, S. 299; H. M., Alpenblumen
S. 307, 308; Schulz, Beiträge II. S. 197; Ricca, Atti XIII, 3.] — Gynomonöcisch mit Zwitterblumen, die nach Müller, schwach protandrisch, nach
Ricca homogam sind. Der anfangs über den Staubblättern liegende Griffel
biegt sich nach dem Aufspringen der Antheren zwischen diesen hindurch, so

dass alsdann die Narbe im Blüteneingange liegt und von jedem zum Honig vordringenden Besucher zuerst berührt wird. Es ist also Fremdbestäubung bei Insektenbesuch gesichert; bleibt derselbe aus, so findet spontane Selbstbestäubung wie bei A. reptans statt.

Ausser solchen protandrischen Zwitterblüten beobachtete Schulz in Südtirol vereinzelte gynomonöcisch verteilte weibliche Blüten.

Als Besucher beobachtete H. Müller in den Alpen 3 Hummelarten (mit 9—13 mm langen Rüsseln, sgd.) und 1 Schwebfliege (pfd.).

Loew beobachtete an dem Bastard A. pyramidalis × reptans im bot. Garten zu Berlin: Hymenoptera: a) *Apidae*: 1. Bombus agrorum F. ♀, stetig sgd. b) *Tenthredinidae*: 2. Athalia rosae L., zahlr. Exempl. an Blüten und Blättern, nicht sgd.

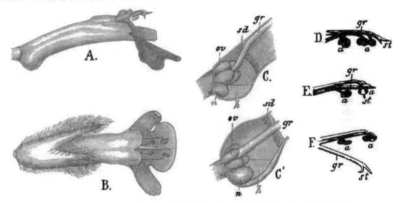

Fig 323. Ajuga pyramidalis L. (Nach Herm. Müller.)

A Blüte in voller Entwickelung, nach Entfernung des Kelches, von der Seite gesehen. (4:1). *B* Dieselbe Blüte mit Kelch von oben gesehen. *C* Unterer Teil der Blumenkronenröhre im Aufriss. (7:1.) *C'* Desgleichen von A. genevensis. (7:1.) *D* Gegenseitige Stellung der Staubblätter und der Narbe einer jüngeren Blüte, *E* einer in voller Entwickelung begriffenen (*A*), *F* einer älteren. (7:1.) Bedeutung der Buchstaben wie in Fig. 213.

2318. A. genevensis L. [H. M., Alpenblumen S. 308, 309; Schulz, Beiträge II. S. 222; Kirchner, Flora S. 636—637.] — Die Einrichtung der protandrischen blauen, zu langen, augenfälligen Blütenständen vereinigten Zwitterblumen ist ähnlich wie bei A. pyramidalis, indem der anfangs über den Antheren liegende Griffel später etwas zwischen ihnen hindurchsinkt. Bei ausbleibendem Insektenbesuche erfolgt daher leicht spontane Selbstbestäubung. Das wie bei den übrigen Arten dieser Gattung an der der Unterlippe zugekehrten Seite des Fruchtknotens befindliche Nektarium ist auffallend stark entwickelt und daher die Honigabsonderung äusserst reichlich. (Vgl. Fig. 323, C'.)

Schulz beobachtete Hummeleinbruch.

Als Besucher sah H. Müller in den Alpen 3 Hummel- und 2 Falterarten; Friese in Thüringen Authrena carbonaria L. und Osmia anthrenoides Spin.

Schletterer beobachtete bei Pola: Hymenoptera: a) *Apidae:* 1. Anthidium septemdentatum Ltr.; 2. Anthrena carbonaria L.; 3. A. convexiuscula K. v. fuscata K.; 4. A. flavipes Pz.; 5. A. parvula K.; 6. A. thoracica F.; 7. Ceratina cucurbitina Rossi; 8. Eucera interrupta Baer.; 9. E. longicornis L.; 10. Halictus calceatus Scop.; 11. H. quadricinctus F.; 12. H. scabiosae Rossi; 13. H. tetrazonius Klg.; 14. Megachile (Chalicodoma) manicata Gir.; 15. M.(C.) muraria Retz.; 16. Osmia caerulescens L.; 17. O. emarginata Lep.; 18. O. versicolor Ltr.; 19. Podalirius acervorum L.; 20. P. crinipes Smith; 21. P. retusus L. v. meridionalis Pér.; 22. P. tarsatus Spin. b) *Tenthredinidae*: 23. Athalia rosae L. var. cordata Lep.; 24. A. spinarum F.

2319. A. Chamaepitys Schr.

Schletterer beobachtete bei Pola die Sammelbienen: 1. Anthidium manicatum L.; 2. A. oblongatum Ltr.; 3. Osmia anthrenoides Spin. und die Schmarotzerbiene: 4. Pasites maculatus Jur.

505. Teucrium L.

Protandrische Bienenblumen, deren Oberlippe scheinbar fehlt, indem sie tief zweispaltig ist, wodurch ihre Abschnitte auf den Rand der Unterlippe gerückt sind. Kronröhre ohne Haarring. Nach Kerner überwölbt der Mittellappen der Unterlippe in der Knospe Antheren und Narbe in Form einer Hohlkugel; beim Aufblühen schlägt sich dann die Unterlippe hinab. Honigabsonderung und -bergung wie gewöhnlich. Zuweilen Gynomonöcie.

2320. T. Scorodonia L. [Delpino, Ult. oss.; H. M., Befr. S. 306, 307; Weit. Beob. III. S. 44; Kirchner, Flora S. 637, 638; Schulz, Beiträge II. S. 222; Mac Leod, B. C. Bd. 23; B. Jaarb. V. S. 379—381; Knuth, Bijdragen.] — Die grünlich-gelben Blüten sitzen in end- und blattwinkelständiger, einseitswendiger Traube. Die Kronröhre ist 9—10 mm lang und im untersten Teile oft bis 4 mm hoch mit Nektar angefüllt. Bei der Öffnung der Blüte ragen die der Wand der oberen Kronröhre anliegenden Staubblätter gerade aus ihr hervor, ebenso die Griffel, deren Narbe ihre Äste bereits etwas entfaltet hat. Letztere stehen aber noch hinter den Antheren, so dass der Kopf eines zum Honig vordringenden Insekts in diesem ersten Blütenzustande nur die Antheren berührt. Alsdann biegen sich die Staubblätter nach

Fig. 324. Teucrium Scorodonia L. (Nach Herm. Müller.)
1 Blüte im ersten (männlichen) Zustande. (3¹/₂ : 1.) *2* Dieselbe im Anfang des zweiten (weiblichen) Zustandes. *3* Dieselbe zu Ende des zweiten Zustandes.

oben und schliesslich nach hinten abwärts, während sich der Griffel nach vorne beugt, so dass seine sich jetzt weiter öffnenden Äste nun die Stelle einnehmen, welche vorher die Antheren inne hatten. Wenn die unteren Blüten eines Blütenstandes sich im letzten (weiblichen) Zustande befinden, sind die oberen männlich, so dass eine die Blumen an den Blütenständen von unten nach oben aussaugende Biene regelmässig Kreuzung getrennter Stöcke bewirkt. In der That verfahren die Hummeln so; wie schon H. Müller hervorhebt, gehen sie mit grösster

Regelmässigkeit an den einseitswendigen Blütenständen von unten aufwärts, ohne eine einzige zu überschlagen.

Bei ausbleibendem Insektenbesuche erfolgt nur ausnahmsweise spontane Selbstbestäubung, indem zuweilen die Narbe die noch pollenbehafteten Antheren streift.

Nach Mac Leod tritt die Pflanze in Luxemburg gynodiöcisch auf.

Schulz beobachtete hin und wieder Hummeleinbruch.

Als Besucher beobachtete ich in Westfalen nur die Honigbiene; diese aber in sehr grosser Zahl sgd. Loew im bot. Garten zu Berlin Bombus terrester L. ♂, sgd. Herm. Müller (1) und Buddeberg (2) geben folgende Besucherliste:
A. Diptera: *Syrphidae*: 1. Eristalis nemorum L., pfd., nur zufällig auch einmal befruchtend (1). B. Hymenoptera: *Apidae*: 2. Anthophora quadrimaculata Pz. ♀ ♂, sgd. (1, 2); 3. Bombus agrorum F. ♀ ♀, sgd., sehr zahlreich (1, 2); 4. B. hypnorum L. ♂ ♀, sgd. (1); 5. B. lapidarius L. ♀, sgd. (1, 2); 6. B. muscorum F. ♀, sgd. (1); 7. B. pratorum L. ♀ ♀, sgd., häufig (1); 8. B. silvarum L. ♂, sgd. (2); 9. Halictus morio F., in die Blüten kriechend (2); 10. Osmia aurulenta Pz. ♀, sgd. (2); 11. Psithyrus barbutellus K. ♂, sgd., in Mehrzahl (1); 12. Saropoda bimaculata Pz. ♀ ♂, sehr häufig, sgd. (1).

Alfken beobachtete bei Bremen die Apiden: 1. Bombus agrorum F. ♀; 2. B. arenicola Thoms. ♀; 3. B. proteus Gerst. ♀; 4. B. silvarum L. ♀; 5. B. variabilis Schmied. ♀; 6. Megachile willughbiella K. ♀; 7. Podalirius borealis Mor. ♀ ♂; 8. P. furcatus Pz. ♂; 9. P. vulpinus Pz. ♀ ♂; 10. Psithyrus vestalis Fourcr. ♀, sgd.; Höppner ebenda: 1. Apis mellifica L. ♀; 2. Bombus agrorum F. ♀; 3. B. arenicola Ths. ♀; 4. B. hortorum L.; 5. B. lapidarius L.; 6. B. silvarum L.; 7. Eucera difficilis (Duf.) Pér.; 8. Podalirius borealis Mor. ♀ ♂; 9. P. furcatus Pz. ♀; 10. P. retusus L. ♀; 11. P. vulpinus Pz. ♀; Schenck in Nassau die Wollbiene Anthidium manicatum L.

Mac Leod beobachtete in den Pyrenäen 3 Hummeln (B. Jaarb. III. S. 337, 338); in Flandern 13 langrüsselige Bienen, 1 Schwebfliege, 1 Falter (B. Jaarb. V. S. 380, 381); Plateau in Flandern: Apis, hfg.; Bombus terrester L., s. hfg.; B. muscorum F. dgl.; Coelioxys conica L.; Eucera longicornis L.; Epinephele janira L.; Pieris napi L.; H. de Vries (Ned. Kruidk. Arch. 1877) in den Niederlanden 1 Hummel, Bombus agrorum F. ♀.

Willis (Flowers and Insects in Great Britain Pt. I) beobachtete in der Nähe der schottischen Südküste:
Hymenoptera: *Apidae*: 1. Bombus agrorum F., sgd., häufig; 2. B. hortorum L., sgd.; 3. B. terrester L., sgd., häufig; 4. Psithyrus campestris Pz., sgd.

In Dumfriesshire (Schottland) (Scott-Elliot, Flora S. 141) wurden Apis, 5 Hummeln und 1 Schwebfliege als Besucher beobachtet.

2321. T. Chamaedrys L. [H. M., Alpenblumen S. 309—311; Schulz, Beiträge II. S. 197, 222; Loew, Bl. Fl. S. 400; Kirchner, Flora S. 638.] — Die Bestäubungseinrichtung der purpurroten Blüten stimmt im wesentlichen mit derjenigen von T. Scorodonia überein, doch ist die Rückwärtsbewegung der Staubblätter nicht so kräftig wie bei letzterer Art. Nach H. Müller ist der Griffel etwa so lang wie die kurzen Staubblätter; nach Schulz überragt er selbst die langen Staubblätter hin und wieder um 1—3 mm, so dass in solchen Blüten spontane Selbstbestäubung ausgeschlossen ist. In den kurzgriffeligen kann sie aber dadurch eintreten, dass die zwischen den Antheren hindurchgleitende Narbe sich mit Pollen bedeckt, welcher noch an den Staubbeuteln haftet. Zur Ausbeutung des Honigs ist ein 7—10 mm langer Rüssel erforderlich.

Ausser solchen protandrischen Zwitterblüten beobachtete Schulz vereinzelte weibliche Blüten unter den ersteren. Derselbe fand auch einzelne Blüten von der sonst meist normal saugenden Erdhummel erbrochen.

Als Besucher beobachtete Müller in den Alpen 4 langrüsselige Bienen und 1 Falter; Loew daselbst eine langrüsselige Biene (Anthophora sp., sgd.).

Loew beobachtete im botanischen Garten zu Berlin: A. Hymenoptera: *Apidae*: 1. Bombus agrorum F. ♀, sgd.; 2. B. terrester L. ♂, sgd.; 3. Psithyrus rupestris F. ♂, sgd. B. Lepidoptera: *Rhopalocera*: 4. Pieris brassicae L., sgd.

Friese beobachtete in Thüringen und Ungarn die seltene Schmarotzerbiene Dioxys tridentata Nyl.; v. Dalla Torre in Tirol die Apiden: 1. Bombus hortorum L. ♀; 2. B. variabilis Schmiedekn. (= tristis Sdl.), s. zahlr.; 3. Halictus major Nyl. ♀.

Schletterer giebt für Tirol (T.) als Besucher an und beobachtete bei Pola: Hymenoptera: a) *Apidae*: 1. Anthidium diadema Ltr.; 2. A. florentinum F. 1 ♀; 3. A. variegatum F.; 4. Bombus hortorum L. (T.); 5. B. terrester L.; 6. B. zonatus Sm. 1 Ex.; 7. Coelioxys aurolimbata Först.; 8. C. conoidea Ill.; 9. Eucera interrupta Baer.; 10. Halictus major Nyl. (T.); 11. Megachile lefeburei Lep.; 12. Melecta funeraria Sm.; 13. M. luctuosa Scop.; 14. Podalirius retusus L. var. meridionalis Pér. b) *Scoliidae*: 15. Scolia haemorrhoidalis F.

Mac Leod bemerkte in den Pyrenäen Bombus agrorum F. (B. Jaarb. III. S. 338).

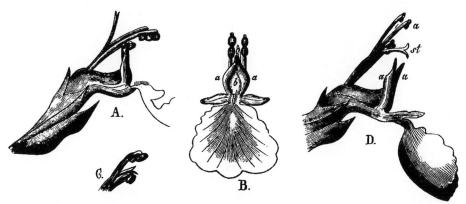

Fig. 325. Teucrium Chamaedrys L. (Nach Herm. Müller.)

A Blüte im ersten (männlichen) Zustand, von der Seite gesehen. *B* Blüte im Übergang aus dem ersten (männlichen) in den zweiten (weiblichen) Zustand, gerade von vorn gesehen. *C* Befruchtungsorgane derselben Blüte, von der Seite gesehen. *D* Blüte im zweiten (weiblichen) Zustand, von der Seite gesehen. (Vergr. 4:1.) *a* Antheren. *aa* Oberste Lappen der Blumenkrone. *b* Zwischenraum zwischen *aa*. *st* Narbe.

2322. T. montanum L. [H. M., Alpenblumen S. 311.] — Die weisslichen Blüten sind gleichfalls protandrisch, doch ist die Bewegung der Staubblätter und des Griffels noch schwächer als bei voriger Art. Die zur Ausbeutung des Honigs erforderliche Rüssellänge beträgt 6 mm, so dass auch die Honigbiene denselben erlangen kann.

Als Besucher beobachtete H. Müller in den Alpen die Honigbiene, 6 Hummelarten, 1 Falter.

Friese beobachtete in Thüringen die Sammelbienen: 1. Osmia anthrenoides Spin.; 2. O. montivaga Mor. und die seltene Schmarotzerbiene: 3. Stelis nasuta Ltr., sowie die Vespide Celonites abbreviatus Vill.

Schmiedeknecht beobachtete dort gleichfalls Osmia anthrenoides Spin.

2323. T. Botrys L. [H. M., Weit. Beob. III. S. 45; Kirchner, Flora S. 369; Knuth, Bijdragen.] — Die hellpurpurnen, auf dem Mittelabschnitt der Unterlippe gelblich-weiss und purpurn gefleckten Blüten sah H. Müller in Thüringen von zwei Bienen besucht: 1. Anthidium manicatum L. ♂ sgd., 2. A. punctatum Latr. ♂ sgd.

Die von mir im botanischen Garten zu Kiel untersuchten Pflanzen waren (am 29. 8. 96) fast verblüht, so dass ich die ersten Blütenzustände nicht beobachten konnte: Ein Zurückbiegen der Staubblätter findet nicht statt, denn die Narbe liegt gegen Ende der Blütezeit zwischen den Antherenpaaren, so dass Pollen auf dieselbe hinabfallen kann, mithin spontane Selbstbestäubung erfolgen muss. Die ganz von dem bauchigen Kelche eingeschlossene Kronröhre ist 5 mm lang.

v. Dalla Torre beobachtete in Tirol die Biene Sphecodes fuscipennis Grm. ♀; dieselbe giebt Schletterer an.

2324. T. Scordium L. [H. M., Weit. Beob. III. S. 44, 45.] — Die purpurroten Blüten haben eine nur 4 mm lange, ganz vom Kelche umschlossene Kronröhre. Die als Anflugfläche dienende Unterlippe ist 7—8 mm lang; ihre 3 mm langen, spitzen Seitenlappen dienen zur Führung des zum Honig vordringenden Bienenrüssels. Die Blüten sind ausgeprägt protandrisch. Aus der Kronröhre ragen schräg aufwärts gerichtet die Staubblätter und der Griffel hervor und zwar anfangs in derselben gegenseitigen Stellung wie bei T. Scorodonia. Im zweiten (weiblichen) Blütenzustande biegen sich aber die Staubblätter nur soweit zurück, dass die Antheren senkrecht über der sich etwas nach unten biegenden Narbe stehen, mithin spontane Selbstbestäubung durch Pollenfall eintreten kann. — Pollen, nach Warnstorf, weiss, brotförmig, zartwarzig, bis 56 μ lang und 25 μ breit.

Als Besucher sah H. Müller 2 Bienen: Apis mellifica L. ⚲, sgd. und Saropoda bimaculata Pz., sgd.

2325. T. pyrenaicum L. [Mac Leod, Pyr. S. 63—68; in B. Jaarb. III. S. 338—313.] — Eine Bienenblume mit Falterthür (?). Die Unterlippe ist blassgelb, beinah weiss; die aufrechten Kronabschnitte violett, zuweilen blassgelb. Die seitlichen Abschnitte sind sichelförmig gebogen und gefurcht, der unterste besitzt an seinem Grunde in der Mitte eine Vertiefung. Diese drei Furchen laufen nach dem Eingange zur Kronröhre zusammen und setzen sich nebst zwei behaarten Leisten in diese hinein fort. Die Vorderränder der beiden obersten Kronabschnitte bilden eine Art Helm, welcher zwei Eingänge in das Blüteninnere aufweist: Der untere, dreieckige ist für Hummeln bestimmt, doch ist er so eng, dass eine besuchende Hummel die oberen Kronabschnitte mit Gewalt nach oben drücken muss; mit Hülfe eines elastischen, als Charnier dienenden Nervs kehren sie wieder in ihre ursprüngliche Lage zurück. Der obere, schmal-längliche, mit nach aussen gerichteten steifen Haaren versehene Eingang wird von Mac Leod als Falterthür gedeutet.

Die Blüten sind homogam. Der Griffel ist länger als die Staubblätter, so dass bei Insektenbesuch erst die Narbe und dann die Antheren berührt werden, mithin Fremdbestäubung erfolgen muss. Spontane Selbstbestäubung ist meist ausgeschlossen.

Als Besucher beobachtete Mac Leod 4 Hummelarten.

2326. T. canum Fisch. et Mey.

Als Besucher beobachtete Loew im botanischen Garten zu Berlin: A. Diptera: *Syrphidae*: 1. Melithreptus menthastri L., pfd.; 2. Syritta pipiens L., pfd.; 3. Syrphus pyrastri L., pfd. B. Hymenoptera: *Apidae*: 4. Anthidium manicatum L. ♀ ♂; 5. Anthophora quadrimaculata F. ♀, sgd.; 6. Bombus agrorum F. ♂ ♀, sgd.; 7. B. cognatus Steph. ♀, sgd.; 8. B. terrester L. ⚥ ♂, sgd.; 9. Psithyrus rupestris F. ♂; 10. P. vestalis Fourcr., sgd. C. Lepidoptera: *Rhopalocera*: 11. Pieris brassicae L., sgd.

2327. T. orientale L.

Als Besucher beobachtete Morawitz im Kaukasus Podalirius siewersi Mor.

2328. T. flavum L.

Schletterer beobachtete bei Pola die Apïden: 1. Anthidium diadema Ltr.; 2. Ceratina cucurbitina Rossi; 3. Eucera hispana Lep.; 4. Megachile argentata F.; 5. Podalirius quadrifasciatus Vill. var garrulus Rossi.

2329. T. Polium L.

Schletterer beobachtete bei Pola: Hymenoptera: a) *Apidae*: 1. Anthrena morio Brull.; 2. Halictus variipes Mor.; 3. H. vestitus Mor.; 4. Megachile sericans Fonsc. b) *Chalcididae*: 5. Leucaspis gigas F., n. slt. c) *Scoliidae*: 6. Scolia hirta Schrk.; 7. S. insubrica Scop., hfg.; 8. S. quadripunctata F.; 9. S. quinquecincta F., n. slt. d) *Sphegidae*: 10. Ammophila heydeni Dahlb.; 11. Cerceris cornigera Dhlb.; 12. Sphex maxillosus F. e) *Vespidae:* 13. Odynerus modestus Sauss.; 14. Polistes gallica L.

2330. Blephilia hirsuta Benth.

Als Besucher beobachtete Loew im botanischen Garten zu Berlin: A. Hymenoptera: *Apidae*: 1. Apis mellifica L. ⚥, sgd. B. Lepidoptera: *Rhopalocera*: 2. Pieris brassicae L., sgd.

99. Familie Verbenaceae Juss.

Die einzige in Mittel- und Nordeuropa und in Nordamerika vorkommende Gattung dieser Familie ist

506. Verbena Tourn.

Homogame Bienenblumen, deren Nektar von der Unterlage des Fruchtknotens abgesondert und im Grunde der kurzen Kronröhre beherbergt wird. Als Schutzdecke gegen nutzlose Blütengäste dient ein die Kronröhre fast verschliessender Haarring.

2331. V. officinalis L. [Sprengel, S. 57; H. M., Weit. Beob. III. S. 42—44; Alpenblumen S. 307; Mac Leod, B. Jaarb. V. S. 362—363; Kirchner, Flora S. 645; Knuth, Herbstbeob.] — Die kleinen, in vielblütigen, sehr lockeren, rispig angeordneten, langen Ähren stehenden, blassvioletten Blumen haben eine 3—4 mm lange Kronröhre, welche im unteren, honigführenden Teile schräg aufwärts gerichtet ist, in ihrer oberen Hälfte aber wagerecht steht. Diese Krümmung schützt nicht nur Antheren, Narbe und Honig gegen Regen, sondern entspricht auch der bequemsten Saugestellung eines Bienenrüssels. Die Saumlappen der Blumenkrone stellen eine etwa 3 mm hohe und 4 mm breite Fläche dar, welche aus 5 Saumlappen besteht. Der unterste bildet einen Anflugplatz und eine Haltestelle für honigsuchende kleine Bienen. Vier Reihen schräg aufwärts gerichteter Borsten nötigen die Besucher, den Rüssel in den Zwischenräumen vorzuschieben. Der so in die Blüte eingeführte Rüssel streift zwar zuerst die von einem Haarkranz überdeckten Antheren und dann die Narbe, doch wird derselbe nicht oder nur wenig mit Pollen behaftet, da die aufgesprungenen Flächen der Antheren schräg abwärts nach dem Blütengrunde gerichtet sind, so dass der eindringende Bienenrüssel die pollenbedeckten Seiten der Antheren noch etwas mehr nach hinten zu umdrehen muss. Beim Zurückziehen des Rüssels werden infolge der Engigkeit der Kronröhre die Antheren eine entgegengesetzte Drehung erfahren, mithin die pollenbedeckten Seiten mit dem Rüssel in Berührung kommen und ihn mit Blütenstaub bedecken, und zwar wird dies um so leichter erfolgen, als seine Spitze jetzt mit Honig benetzt ist. Beim Besuche einer zweiten Blüte wird ein Teil des an der Rüsselspitze haftenden Pollens an der hinter den Antheren in der Kronröhre befindlichen Narbe abgestreift, worauf sich der Rüssel beim Zurückziehen aus der Blüte von neuem mit Pollen behaftet.

Bei Insektenbesuch erfolgt also in der Regel Fremdbestäubung. Von den vier Antheren liegen die beiden unteren so nahe an der Narbe, dass ein Teil ihres Pollens leicht von selbst auf letztere gelangt, mithin bei ausbleibendem Insektenbesuche spontane Selbstbestäubung eintritt, die auch von Erfolg ist.

Ausser Blüten mit vier entwickelten Antheren kommen auch solche mit nur zwei pollenhaltigen Staubbeuteln vor. Falls die beiden längeren Staubblätter verkümmert sind, ist natürlich Selbstbestäubung bevorzugt, sind die beiden kürzeren verkümmert, ist nur Fremdbestäubung möglich.

Als Besucher beobachtete Buddeberg in Nassau 4 saugende Bienen: Halictus flavipes K. ♂; H. lugubris K. ♂; H. nitidus Schenck ♀; H. quadricinctus K. ♀; Herm. Müller in den Alpen Apis, 1 Bombus, 1 Epinephele.

Ich sah bei Kiel 1 Hummel (Bombus pratorum L., sgd.) und 2 Schwebfliegen (Eristalis sp., Syritta pipiens L., sgd.) als Besucher.

Schenck beobachtete in Nassau die kleine Schmalbiene Halictus pauxillus Schck.; Schletterer bei Pola die Apiden: 1. Anthidium strigatum Pz.; 2. Ceratina cucurbitina Rossi. Alfken bei Aquileja die Apiden: 1. Ceratina cucurbitina Rossi ♀ ♂, sgd.; 2. C. cyanea K. ♀ ♂, sgd.; Halictus morio F. ♀ ♂; 4. H. virescens Lep. ♀, s. hfg., sgd. und psd. ♂, slt. sgd.

Mac Leod bemerkte in den Pyrenäen 5 Hummeln, 5 Halictus-Arten, 3 Tagfalter, 3 Syrphiden und 1 Bombylide (B. Jaarb. III. S. 323, 324).

Burkill und Willis (Flowers and Insects in Great Britain Pt. I) beobachteten bei Cambridge: A. Diptera: Syrphidae: 1. Platycheirus sp., sgd.; 2. Syrphus sp., sgd. B. Hymenoptera: Apidae: 3. Apis mellifica L., sgd., häufig; 4. Bombus agrorum F., w. v. C. Lepidoptera: Rhopalocera: 5. Lycaena icarus Rott., w. v.

Loew beobachtete im botanischen Garten zu Berlin: Hymenoptera: Apidae: 1. Apis mellifica L. ♀, sgd.; 2. Halictus cylindricus F. ♂, sgd. Ferner daselbst an

2332. V. hastata × officinalis:

Apis und Halictus sexnotatus K. ♀, beide sgd.;

2333. V. urticifolia L.:
Bombus terrester L. ♀, sgd.

2334—35. Aegiphila elata Sw. und **Ae. mollis Humb. Bonpl. et
Kunth** sind, nach Darwin (different forms) dimorph.

2336. Ae. obdurata ist diöcisch. (Darwin Proc. Linn. Soc. VI).

100. Familie Lentibulariaceae Richard.

507. Utricularia L.

Gelbe, herkogame Schwebfliegen- und Bienenblumen (?) mit reizbarer Narbe.
Die Unterlippe legt sich so an die Oberlippe an, dass der Blüteneingang verschlossen ist.   Erstere dient als Anflugstelle der Insekten und klappt bei Belastung durch einen Besucher nach unten; sie trägt den honigführenden Sporn.
Die Oberlippe dient als Schutzorgan für die Antheren und die Narbe.   Letztere
ist reizbar und klappt sich nach der Berührung durch das Insekt nach oben.

2337. U. vulgaris L. [Buchenau, Botan. Ztg. 1865, S. 93 ff.;
Hildebrand, Bot. Z. 1869, S. 505—507; Heinsius, Bot. Jaarb. IV. S. 78 bis
79; Kirchner, Flora S. 640—641; Kerner, Pflanzenleben II.; Mac Leod,
B. Jaarb. V. S. 359—360.] — Die dottergelbe Krone besitzt auf dem Gaumen

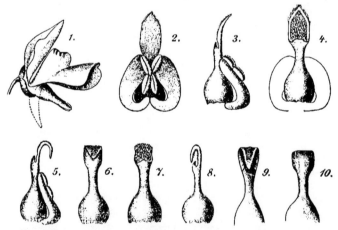

Fig. 326   Utricularia vulgaris L.   (Nach F. Hildebrand.)

1. Blüte in natürlicher Grösse.   Die punktierte Linie deutet die Lage an, welche der Sporn
beim Abwärtsdrücken der Unterlippe einnimmt. *2.* Staubblätter und Stempel kurz vor der
Blütenöffnung, von unten gesehen. *3.* Dieselben, von der Seite gesehen. *4.* Dieselben, von
oben gesehen. *5.* Dieselben aus einer eben geöffneten Blüte, von der Seite gesehen.   Der
Narbenlappen hat sich nach unten gebogen. *6.* Dieselben, von unten gesehen. *7.* Dieselben,
von oben gesehen. *8—10.* Der Stempel nach einem auf den Narbenlappen ausgeübten Reiz
und nach Entfernung der Blumenkrone, wobei der Narbenlappen, von der Blumenkrone nicht
mehr gehindert, sich stark nach oben umgeschlagen hat.

orangefarbene Streifen als Saftmal.   Die Unterlippe trägt den grossen, dicken
Sporn, welcher mit der Längsachse einen Winkel von 75° bildet.   Bei Insektenbesuch klappt sich die Unterlippe so weit abwärts, dass der Sporn senkrecht

nach unten zu stehen kommt. Eine zu dem im Sporn abgesonderten und beherbergten Nektar vordringende Biene streift mit dem Kopfe und dem Rücken die dicht unter der Oberlippe liegende Narbe und die beiden Antheren. Letztere besitzen breite, bogige Staubfäden und liegen an einander. Hinter ihnen, dicht an der Innenwand der Oberlippe liegt der Fruchtknoten, dessen Griffel die Staubblätter überragt, so dass die Narbe von den Besuchern zuerst berührt und, falls sie von einer anderen Blüte Pollen mitbringen, belegt wird. Die Narbe besteht aus zwei Ästen, von denen der obere, der Oberlippe anliegende, ganz kurz und zahnartig, der untere dagegen lang und zungenartig ist und auf seiner oberen Fläche die Narbenpapillen trägt.

Nachdem sich die Blüte geöffnet hat, biegt sich gleichzeitig mit dem Aufspringen der Antheren der zungenförmige Griffelast nach unten und bietet seine papillöse Fläche den Besuchern dar, welche sie mit Pollen belegen. Infolge des durch diese Berührung ausgeübten Reizes klappt sich der untere Griffelast so weit nach oben, dass die papillöse Fläche abgeschlossen ist. Es kann daher beim Zurückziehen des Insektenkörpers kein eigener Pollen auf die Narbe gelangen. Auch spontane Selbstbestäubung ist ausgeschlossen oder doch ohne Erfolg, da die Blüten selten Samen bilden. Nach Kerner tritt Autogamie bei ausbleibendem Insektenbesuche dadurch ein, dass der Narbenrand mit den Antheren in Berührung kommt.

Die Narbe ist, nach Heinsius, stumpf und am oberen Rande mit steifen Härchen besetzt, welche wie Kämme wirken, indem sie beim Umklappen der Narbe die Haare des Besuchers streifen und aus diesen die Pollenkörner herauskämmen, die dann wieder durch die aufwärts gerichteten Papillen aufgefangen werden. Die Pollenkörner lassen sich besonders leicht aus den Haaren der Besucher herauskämmen, weil sie mit zahlreichen meridionalen Längsfurchen versehen sind und deshalb leicht anhaften.

So komplizierte Blüteneinrichtungen wie die eben geschilderten pflegen nur von Bienen ausgelöst werden zu können. Nach den Beobachtungen von Heinsius sind es in diesem Falle jedoch Schwebfliegen. Sie setzen sich auf die Unterlippe, drängen mit dem Kopfe gegen die Oberlippe, so dass die erstere nach unten gedrückt und der Zugang zum Nektar frei wird. Sie saugen einige Sekunden und begeben sich alsdann auf eine andere Blüte dieser Art. So verfuhren Helophilus lineatus F. (zahlreich) und Rhingia campestris Meig. (einzeln). Heinsius folgert aus seinen Beobachtungen, dass Syrphiden mit langem Rüssel die normalen Befruchter der Blüte sind und meint, dass der Blüteneingang für die meisten Bienen auch zu eng ist, als dass solche als Besucher in Frage kommen könnten. Er fügt hinzu: es folgt hieraus ferner, dass genannte Schwebfliegen intellektuell so hoch entwickelt sind, den Weg in eine vollkommen geschlossene Blume zu finden.

2338. U. neglecta Lehmann hat, nach Buchenau, eine ähnliche Einrichtung wie vorige.

2339. U. Bremii Heer hat, nach Buchenau, einen kleineren, stumpf kegelförmigen, senkrecht zur Blütenachse stehenden Sporn.

2340. U. minor L. hat, nach Buchenau, eine ähnliche Blüteneinrichtung wie U. Bremii.

508. Pinguicula Tourn.

Blaue oder weisse, homogame oder protogynische Bienen- oder Fliegenklemmfallenblumen ohne reizbare Narbe. Die Unterlippe dient als Anflugstelle. Der Sporn sondert in seinem Ende entweder Nektar ab und beherbergt ihn dort, oder er enthält kleine gestielte Knöpfchen als Genussmittel.

2341. P. vulgaris L. [Sprengel, S. 54—56; Warming, Arkt. Vaext. Biol. S. 31 ff.; Axell, S. 42, 43; Hildebrand, Bot. Z. 1869; H. M., Alpenblumen S. 354—355.] — Eine Bienenblume. In den tiefblauen, wagerechten Blüten wird im Grunde des langen, dünnen, abwärts gebogenen Spornes Nektar abgesondert. Unter der zweispaltigen Oberlippe liegen Antheren

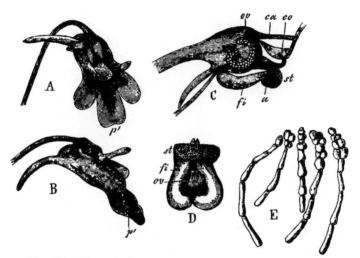

Fig. 327. Pinguicula vulgaris L. (Nach Herm. Müller.)

A Blüte schräg von oben gesehen. (2 : 1.) *B* Dieselbe von der Seite gesehen. *C* Die Geschlechtsteile im Längsdurchschnitt. (7 : 1.) *D* Geschlechtsteile einer andern Blüte von unten gesehen. *E* Haare von der unteren Fläche der Innenseite der Blumenkrone. (40 : 1.) Bedeutung der Buchstaben wie in Fig. 213.

und Narbe; die grossen Lappen der letzteren überdecken die ersteren. Es ist daher die ganze Blüteneinrichtung derjenigen von Utricularia ähnlich, doch ist der die Antheren überdeckende Narbenlappen nicht reizbar. Das in die Blume kriechende Insekt, z. B. eine den Grössenverhältnissen der Blüte entsprechende Biene, berührt beim Eindringen in dieselbe zuerst den papillösen Narbenlappen und belegt ihn, falls der Besucher von einer anderen Blüte Pollen mitbrachte. Beim tieferen Eindringen bedeckt die Biene dann ihren Kopf und Rücken mit neuem Pollen, den sie beim Zurückkriechen aber nicht an die Narbenpapillen abgiebt, weil der papillöse Narbenlappen beim Rückzug nach oben gedrückt wird. Es ist also auch hier Fremdbestäubung bei Insektenbesuch gesichert, Selbstbestäubung dagegen nicht möglich. Doch kann solche nach Kerner ähnlich wie dieser Forscher es für Utricularia angiebt, spontan erfolgen. Buchenau beobachtete immer reichliche Samenbildung, doch ist nach demselben Autogamie ausgeschlossen, weil der Narbenlappen die Antheren überdeckt. Warming schliesst sich der Ansicht von Kerner an, dass durch Einrollung des Narbenlappens dieser zuletzt mit den Antheren in Berührung kommt, mithin schliesslich doch spontane Selbstbestäubung erfolgt.

Lindman beobachtete auf dem Dovrefjeld Blüten, welche fast kleistogam waren.

Als Befruchter beobachtete H. Müller in den Alpen 1 Biene Osmia caementaria Gerst. ♂, sgd., deren Körpergrösse und Rüssellänge gerade für die Blume passt. Als nutzlose oder schädliche Besucher sah Müller 2 Käfer und 1 Falter.

2342. P. grandiflora Lam. Mac Leod sah diese Bienenblume in den Pyrenäen nicht von den eigentlichen Kreuzungsvermittlern besucht, sondern bemerkte den Käfer Anthobium atrum Heer. in zahlreichen Exemplaren im Sporn. (B. Jaarb. III. S. 322.)

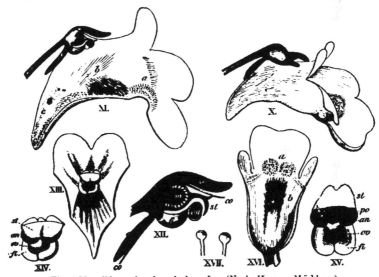

Fig. 328. Pinguicula alpina L. (Nach Herm. Müller.)
X. Blüte von der Seite gesehen. XI. Dieselbe im Längsdurchschnitt. (3½ : 1.) XII. Geschlechtsteile derselben (7 : 1.) XIII. Obere Hälfte einer Blüte, deren Staubblätter noch geschlossen sind. (3½ : 1.) XIV. Befruchtungsorgane derselben. (7 : 1.) XV. Dieselben einer Blüte, deren Staubbeutel sich geöffnet haben. XVI. Untere Hälfte der Blüte D. XVII. Zwei der gestielten Knöpfchen, mit denen die innere Spornwand ausgekleidet ist. (80 : 1.) Bedeutung der Buchstaben wie in Fig. 213.

2343. P. alpina L. [Hildebrand, Bot. Ztg. 1869; Warming, Arkt. Vaext. Biol. S. 31 ff.; H. M., Alpenbl. S. 352—354.] — Die Einrichtung dieser Fliegen-Klemmfallenblume habe ich Bd. I. S. 158—159 mitgeteilt.

Als Besucher sah Müller in den Alpen 15 Fliegen, 5 Bienen, 3 Falter, Meligethes.

2344. P. lusitanica L. befruchtet sich, nach Henslow, selbst.

2345. P. villosa L. Falterblume (?) Nach Warming (Arkt. Vaext. Biol. S. 27—31), welcher die Blüteneinrichtung dieser Art bei Bosekop untersuchte, haben die ziemlich kleinen Blumen einen sehr engen Sporn und einen ebenso beschaffenen Blüteneingang, so dass wohl nur der dünne Rüssel eines Falters in das Blüteninnere einzudringen vermag. Da der Vorderrand des vorderen Narbenlappens den Pollen der gleichzeitig mit ihm entwickelten Antheren berührt, so ist spontane Selbstbestäubung unvermeidlich. Warming beobachtete auch vielfach, dass Pollenschläuche in die Narben eingedrungen waren.

101. Familie Globulariaceae DC.

509. Globularia L.

H. M., Alpenblumen S. 326, 327.

Blaue Falterblumen. Zahlreiche kleine Blütchen sind zu kugeligen Köpfchen vereinigt. Sie sondern aus der fleischig verdickten Unterlage des Fruchtknotens Nektar ab, der in einer so engen Kronröhre beherbergt wird, dass er nur für den

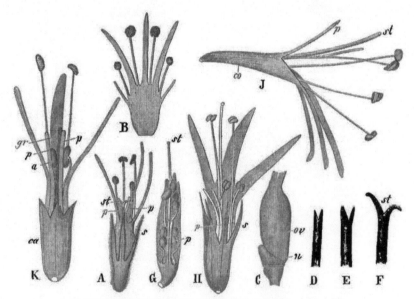

Fig. 329. Globularia Tourn. (Nach Herm. Müller.)

A—F Globularia vulgaris L. *A* Blüte, deren Staubblätter alle 4 aufgesprungen sind, von oben gesehen. *B* Die Blumenkrone derselben Blüte in eine Ebene auseinander gebreitet. (7:1.) (*c* Nektarium und Fruchtknoten. *D* Griffelspitze einer Blüte, in der sich die beiden längeren Staubblätter geöffnet haben. *E, F* Zustände der Griffelspitze einer Blüte, deren sämtliche 4 Staubblätter sich geöffnet haben. (*C—F* Vergr 35:1.) *G—J* Globularia cordifolia. *G* Knospe nach Entfernung des Kelches, von oben gesehen. *H* Blüte von oben gesehen. *J* Ältere Blüte nach Entfernung des Kelches, von der Seite gesehen. (7:1.) *K* Globularia nudicaulis. Blüte von oben gesehen. (7:1.) Bedeutung der Buchstaben wie in Fig. 213.

dünnen Rüssel von Faltern bequem erreichbar ist. Jede Kronröhre teilt sich in zwei kürzere, obere und drei längere, untere lineale Zipfel, zwischen denen zwei kürzere obere und zwei längere untere Staubblätter stehen. Wenn diese auch divergierend die Kronröhren weit überragen, so müssen honigsaugende Falter doch mit dem Rüssel oder dem Kopfe Narben und Staubbeutel streifen, mithin Fremdbestäubung herbeiführen. Letztere kann ausser durch Falter auch wohl durch Pollen sammelnde Bienen oder Pollen fressende Fliegen bewirkt werden, doch gelingt es nur Faltern, zum Nektar zu kommen.

2346. G. vulgaris L. (H. M., Alpenblumen S. 327—328) ist protandrisch. Es ist bei Insektenbesuch der Pollen bereits abgeholt, wenn die Narben sich entwickeln, so dass Fremdbestäubung eintreten muss. Bei ausbleibendem Insektenbesuch erfolgt leicht spontane Selbstbestäubung, indem der Pollen höher stehender Blüten auf die Narben tiefer stehender fällt.

Als Besucher beobachtete H. Müller 1 Falter, 2 Bienen, Meligethes.

Schletterer und v. Dalla Torre geben für Tirol Prosopis hyalinata Sm. als Besucher an.

2347. G. cordifolia L. (Ricca, Atti XIII.; H. M., Alpenblumen S. 328; Kerner, Pflanzenleben II.) ist protogyn mit langlebigen Narben. Schon in jungen Blüten überragt der Griffel mit entwickelter Narbe die dann noch geschlossenen Antheren. Wenn letztere aufgesprungen sind, wachsen die Staubfäden so weit heran, dass sie den Griffel an Länge erreichen oder selbst noch etwas überragen. Es ist also im ersten Blütenzustande bei Insektenbesuch Fremdbestäubung gesichert, im letzten Stadium Selbstbestäubung möglich. Nach Kerner schliessen sich die Antheren bei feuchter Witterung wieder, wodurch der Pollen vor Verderben durch Nässe geschützt ist.

Als Besucher beobachtete H. Müller 5 Falter, 2 Bienen, 1 Fliege.

2348. G. nudicaulis L. (H. M., Alpenblumen S. 328, 329) ist protogyn mit langlebigen Narben, stimmt im übrigen ganz mit G. vulgaris überein.

Als Besucher sah H. Müller in den Alpen 4 Falter, 1 kleine Biene, 1 Schwebfliege; Mac Leod in den Pyrenäen 2 Halictus, 2 Falter, 1 Schwebfliege, 2 Musciden (B. Jaarb. III. S. 323).

102. Familie Primulaceae Ventenat.

H. M., Alpenbl. S. 373, 374; Knuth, Nfr. Ins. S. 120; Grundriss S. 86.

Die buntgefärbte Blumenkrone dient der Anlockung. Die Blütenformen bieten mannigfache Abstufungen von offenen, honiglosen Blumen zu solchen, die durch die Art ihrer Honigbergung und ihren ganzen Blütenbau einem bestimmten Kreise langrüsseliger und blumeneifriger Insekten (Bienen, Faltern) angepasst sind. Es gehören zu Po: Trientalis, Lysimachia, Anagallis, Centunculus, Samolus (mit Scheinnektarium); zu B: Glaux(?), Hottonia, Androsace, Soldanella pusilla var. inclinata; zu Hb: Soldanella pusilla var. pendula, S. alpina; zu HhFt: Primula elatior, officinalis, acaulis; zu Ft: Primula integrifolia, farinosa, viscosa, longiflora (Tagschwärmerblume). Die Arten der Gattungen Hottonia und Primula sind meist dimorph.

510. Trientalis Rupp.

Protogynische, stellenweise, nach Schulz, bis homogame, offene Pollenblumen. Der fleischig verdickte Ring, welcher den Fruchtknoten umschliesst und die Staubblätter trägt, ist aber so saftreich, dass H. Müller annehmen zu dürfen glaubte, dass derselbe von manchen Besuchern des Saftes wegen angebohrt wird.

2349. T. europaea L. [H. M., Weit. Beob. III. S. 65—66; Schulz, Beiträge I. S. 88.] — Die weissen Kronblätter breiten sich, nach H. Müller, zu einem flachen Sterne von 12—15 mm Durchmesser aus. Die Staubblätter sind schräg aufwärts nach aussen gerichtet, ihre Antheren bleiben anfangs meist noch geschlossen, während die mit den Staubblättern in gleicher Höhe stehende Narbe gleich nach dem Entfalten der Blüte empfängnisfähig ist. Die von Schulz im Riesengebirge untersuchten Blüten waren homogam oder nur sehr schwach protogynisch. Die Antheren öffnen sich nach oben und innen, so dass ein Insekt, welches den Kopf in den Blütengrund senkt, mit der einen Seite desselben den Pollen, mit der anderen die Narbe berührt, mithin beim Besuche mehrerer Blüten regelmässig Fremdbestäubung bewirken muss.

Im Verlaufe des Blühens streckt sich der Griffel noch etwas, so dass er gegen Ende desselben die Antheren, mit denen die Narbe anfangs gleich hoch stand, deutlich überragt. Beim Abblühen schliesst sich die Blüte wieder, wobei die Staubblätter gegen den Griffel gedrückt werden, so dass nun leicht etwas Pollen auf die Narbe fallen kann oder letztere mit solchem Pollen in Berührung kommt, welcher auf die Kronblätter gefallen ist.

Als Besucher beobachtete H. Müller nur Meligethes.

511. Lysimachia Tourn.

Gelbe, homogame Pollenblumen.

2350. L. vulgaris L. [H. M., Befr. S. 348; Weit. Beob. III. S. 65; Mac Leod, B. Jaarb. V. S. 443—444; Warnstorf, Bot. V. Brand. Bd. 38; Knuth, Ndfr. I. S. 120, 121; Weit. Beob. 229, 230; Bijdragen; Kirchner, Flora S. 531, 532.] — Die goldgelben Blüten kommen in drei verschiedenen biologischen Formen vor:

a) aprica Knuth. Kronzipfel etwa 12 mm lang und 6 mm breit, goldgelb, am Grunde rot gefärbt, an der Spitze nach aussen zurückgebogen; Staubfäden gegen das Ende rot gefärbt; Griffel der beiden längeren Staubfäden um einige mm überragend. Fremdbestäubung daher bei Insektenbesuch gesichert; spontane Selbstbestäubung erschwert. — So an sonnigen Standorten (des Festlandes, auf den nordfriesischen Inseln z. B. fehlend).

b) umbrosa Knuth. Kronzipfel gegen 10 mm lang und 5 mm breit, einfarbig hellgelb, nicht zurückgebogen, schräg aufwärts gerichtet; Staubfäden grünlich gelb; Griffel so lang wie die beiden längeren Staubblätter. Bei ausbleibendem Insektenbesuche spontane Selbstbestäubung daher unvermeidlich. — So an schattigen Standorten.

c) intermedia Knuth. Kronzipfel 10 mm lang und 5 mm breit, einfarbig hellgelb, zuweilen am Grunde etwas rötlich gefärbt, abstehend; Staubfäden meist rötlich gefärbt; Griffel etwas länger als die beiden längsten Staubblätter. Spontane Selbstbestäubung daher leichter als bei a), schwieriger als bei b) möglich. — Diese an mittleren Standorten (z. B. an sonnigen Grabenrändern) auftretende Form nähert sich bald der einen bald der anderen der beiden ausgeprägten Form a) und b). — Pollen, nach Warnstorf, gelb, brotförmig, grobwarzig, etwa 37 μ lang und 23 μ breit.

Als Besucher und Befruchter ist in erster Linie eine Biene: Macropis labiata Pz. ♀♂[1]) zu nennen, deren Vorkommen in einer Gegend an dasjenige von Lysimachia vulgaris gebunden zu sein scheint. So fand ich diese Biene auf den sonst insektenarmen nordfriesischen Inseln in nicht geringer Zahl mit ungeheuren Pollenballen an den Hinterschienen auf den Blüten von Lysimachia vulgaris, während das Insekt auf den ostfriesischen Inseln, wo diese Pflanze fehlt, nicht beobachtet wurde, obwohl das Gebiet in entomologischer Hinsicht ziemlich gut durchforscht ist. Ich fand dieselbe Biene auf Lysimachia vulgaris in Ostholstein, Mecklenburg, auf Rügen und in Thüringen, Mac Leod in Belgien, Buddeberg in Nassau, H. Müller in Westfalen, Krieger bei Leipzig. Alfken bei Bremen, Friese in Mecklenburg, Baden, im Elsass, bei Fiume, Triest, in Ungarn, Nylander in Finnland, Morawitz bei St. Petersburg, endlich auch Delpino (Ult. oss. in Atti XVII) in Toskana. Herm. Müller fügt hinzu, dass er die Biene an den an sonnigen Standorten wachsenden Blütenformen ziemlich zahlreich beobachtet habe, wenigstens die Weibchen, welche er nur an den Blüten dieser Pflanze fand, emsig über die Blüten fegend und sich dicke Ballen durchfeuchteten Pollens rings um die Hinterschienen anhäufend. Es ist rätselhaft, woher sie den Saft nehmen, mit welchem sie den Pollen durchfeuchten; es wäre zu vermuten, dass sie saftiges Zellgewebe der Blüte anbohren, aber ihre Kieferladen sind stumpf und am Ende lang bewimpert, so dass vielleicht die Spitze, mit welcher ihre im übrigen kurze, stumpfe Zunge besetzt ist, den Dienst leistet, welcher sonst von den Kieferladen ausgeführt wird.

Als weitere Besucher beobachtete Herm Müller:

A. Diptera: *Syrphidae:* 1. Syritta pipiens L., an Form b) pfd., dabei teils Selbst-, teils Fremdbestäubung bewirkend; 2. Syrphus balteatus Deg., pfd. B. Hymenoptera: a) *Apidae:* 3. Anthrena denticulata K. ♂, einzeln, vergebl. nach Honig suchend; 4. Halictus zonulus Sm. ♂, einzeln, w. v.; 5. Macropis labiata Pz. var. fulvipes F. ♀, (bayer. Oberpf.). b) *Vespidae:* 6. Odynerus parietum L. ♀, einzeln, vergeblich nach sgd. und psd. Honig suchend.

Auf der Insel Rügen beobachtete ich ausser Macropis labiata F. auch Crabro palmarius Schreb.; Alfken bei Bremen auch Halictus calceatus Scop. und morio F.

Friese giebt als weitere Besucher an für Fiume (F.) und Triest (T.) die

---

[1]) Ducke beobachtete bei Triest auch die seltene Macropis frivaldskyi Mocs.

Apiden: 1. Anthrena korleviciana Friese (F. T.), n. slt. (Korleviç); 2. Macropis frivaldskyi Mocs. (U.), einz. (F.), hfg. (Korleviç).

2351. L. nemorum L. [Kirchner, Flora S. 532; Mac Leod, B. Jaarb. V. S. 444; Knuth, Bijdragen.] — In den dottergelben Blüten sind die divergierenden Staubblätter gleich lang und von der etwas tiefer stehenden Narbe entfernt; doch findet, nach Kerner, durch Berührung von Antheren und Narbe spontane Selbstbestäubung statt.

Als Besucher sah ich eine pollenfressende Schwebfliege: Syrphus balteatus Deg. In Dumfriesshire (Schottland) (Scott-Elliot, Flora S. 115) wurden 1 Muscide und mehrere Dolichopodiden als Besucher beobachtet.

2352. L. Nummularia L. [Darwin, Variation; Kirchner, Flora S. 532; Mac Leod, B. Jaarb. V. S. 444; Warnstorf, Bot. V. Brand. Bd. 38; Knuth, Bijdragen.] — Die grossen, goldgelben Blüten sind innen braundrüsig-punktiert. Ihre Staubblätter sind ungleich lang. Obwohl Insektenbesuch und mithin Fremdbestäubung bei der Grösse der Blüten wahrscheinlich ziemlich häufig ist, auch spontane Selbstbestäubung leicht eintreten kann, so erfolgt, wie schon Darwin bemerkte, doch kaum Samenbildung, wahrscheinlich weil, nach Warming, alle Pflanzen derselben Gegend Teilstücke desselben Stockes sind. Nach Warnstorf sind die Blüten bei Ruppin protogynisch. Zur Pollen-reife stehen die Antheren meist in gleicher Höhe mit der Narbe, so dass Auto-gamie unvermeidlich ist. — Pollen gelb, sehr unregelmässig und in der Grösse veränderlich, elliptisch, eiförmig bis tetraëdrisch, 25—30 μ diam., mit netzförmig verbundenen Warzen.

Als Besucher sah ich die Honigbiene, psd.

2353. L. thyrsiflora L. [Warming, Bidrag; Kerner, Pflanzenleben II. S. 324; Warnstorf, Bot. V. Brand. Bd. 38.] — Die Blüten sind protogynisch. Der Fruchtknoten ist mit Wärzchen besetzt, welche, nach Kerner, dem Be-sucher als Nahrung dienen. Nach Warnstorf ragt die belegungsfähige Narbe schon aus den noch geschlossenen Blüten hervor. In der geöffneten Blüte stehen die Staubblätter aufrecht von der Narbe ab und zwar entweder in gleicher Höhe mit derselben oder sind wenig kürzer. Pollen gelb, brotförmig, feinwarzig, bis 31 μ lang und 19 μ breit. Bei ausbleibendem Insektenbesuche erfolgt, nach Kerner, Geitonogamie, indem die Richtung des Griffels und die Lage der Narbe zwar unverändert bleiben, aber die Staubfäden sich strecken und so krümmen, dass sie den Pollen auf die Narben der Nachbarblüten bringen.

Als Besucher sah ich eine pollenfressende Schwebfliege: Syritta pipiens L.

2354. L. ciliata L. hat, nach Kerner, gleichfalls Wärzchen auf dem Fruchtknoten, die von den Besuchern verzehrt werden.

512. Anagallis Tourn.

Homogame Pollenblumen.

2355. A. arvensis L. (A. phoenicea Lmk.) [Delpino, Alc. app.; H. M., Befr. S. 349—350; Kerner, Pflanzenleben II.; Mac Leod, B. Jaarb. V. S. 442—443; Kirchner, Flora S. 535; Knuth, Ndfr. Ins. S. 121.] —

Aus den sich im Sonnenscheine etwa von 9 (7) Uhr morgens bis 3 (2) Uhr mittags zu einer Scheibe von 10—12 mm Durchmesser ausbreitenden, roten Blüten treten die fünf Staubblätter hervor, indem sich ihre Antheren ringsum mit Pollen bedecken. Der Griffel biegt sich so zwischen den Staubblüten hindurch nach unten, dass die gleichzeitig mit den Antheren entwickelte Narbe von einem auf den untersten Teil der Krone auffliegenden Insekt zuerst berührt werden, mithin Fremdbestäubung erfolgen muss, wenn das Insekt bereits mit Pollen behaftet ist.

Nachmittags schliesst sich die Krone, wobei die Narbe mit den Antheren der drei untersten Staubblätter in Berührung kommt, so dass nun regelmässig spontane Selbstbestäubung eintritt, von welcher die Pflanze ausgiebigen Gebrauch macht, da Insektenbesuch bisher nicht beobachtet ist.

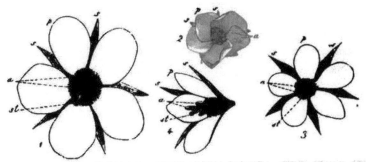

Fig. 330. Anagallis arvensis L. und coerulea Schreb. (Nach Herm. Müller.) *1* Völlig geöffnete Blüte von A. arvensis, *2* Halbgeschlossene Blüte derselben. *3* Völlig geöffnete Blüte von A. coerulea. *4.* Dieselbe, nach Entfernung des vorderen Teiles des Kelches und der Blumenkrone, von der Seite gesehen. (Vergr. 3^1/$_2$:1.) *s* sepala, *p* petala, *a* Antheren, *st* Narbe.

Nach Kerner findet das Öffnen und Schliessen jeder Blüte dreimal statt, alsdann öffnet sich die Blüte nicht wieder; bei diesem periodischen Schliessen der Krone findet dann die Autogamie in der Weise statt, dass der an den eingefalteten Kronblättern hängengebliebene Pollen mit der Narbe in Berührung kommt. Ist die Witterung ungünstig, so erfolgt die Befruchtung in der pseudo-kleistogam geschlossen bleibenden Blüte. (S. Fig. 330.)

Es ist möglich, dass' die zarten, am Ende keulig verdickten Haare, mit welchen die Staubfäden besetzt sind, den Besuchern ausser dem Pollen als Nahrung dargeboten werden.

Smith beobachtete in England Halictus morio F. an den Blüten.

2356. A. coerulea Schreber. [H. M., a. a. O.] — Die Blüteneinrichtung der himmelblauen Blumen stimmt mit derjenigen der vorigen Art vollständig überein. Sie ist schon deshalb als besondere Art anzusehen, weil sie nach Clos bei der Kreuzung mit A. arvensis keinen fruchtbaren Samen giebt.

2357. A. tenella L. Die von Mac Leod auf den Dünen Flanderns beobachteten Pflanzen haben weisse oder rötliche, mit einigen rotvioletten Längsstreifen auf den Kronzipfeln gezierte Pollenblumen; ihre Kronröhre ist tiefer als die der beiden vorhergehenden Arten. Dieselbe ist ganz mit den Staubfadenhaaren ausgefüllt. Da die Narbe die Antheren um 2—3 mm überragt, so ist spontane Selbstbestäubung ausgeschlossen.

513. Centunculus Dillenius.

Unscheinbare, homogame Pollenbumen.

2358. C. minimus L. [Ascherson, Bot. Z. 1871. S. 553; H. M., Befr. S. 349; Kirchner, Flora S. 535; Kerner, Pflanzenleben II.; Knuth, Ndfr. I. S. 121; Weit. Beob. S. 230.] — Die sehr kleinen, weissen oder rötlichen Blüten befruchten sich regelmässig selbst, indem bei ungünstiger Witterung die Antheren in der geschlossen bleibenden Blüte pseudokleistogam die Narbe mit Pollen belegen; doch ist auch gelegentliche Fremdbestäubung dadurch ermöglicht, dass die Blüten sich im hellen Sonnenscheine kurze Zeit (nach Kerner) zwischen 10 und 11 Uhr öffnen.

Auf der Insel Föhr beobachtete ich zahlreiche Blüten rein kleistogam.

514. Androsace Tourn.

H. M., Alpenblumen S. 357, 358.

Homogame (nach Kerner auch protogyne) Blumen mit verborgenem Honig, der von der Oberfläche des Fruchtknotens (aber nur bei günstiger Witterung) abgesondert und in der nur wenige (1½—2) Millimeter tiefen Kronröhre geborgen ist. Diese verengt sich nach oben zu einer sehr engen Öffnung, so dass der Nektar trotz der geringen Tiefe seiner Bergung nur von klügeren Insekten gefunden wird, wobei ihnen meist ein orangefarbiges Saftmal die Lage desselben andeutet. Indem die Falter, Bienen oder einsichtigeren Fliegen den Rüssel in die enge Blütenöffnung stecken, berühren sie mit der einen Seite die Narbe, mit der anderen die

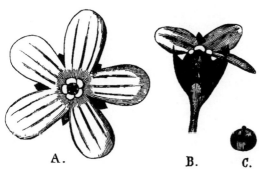

Fig. 331. Androsace septentrionalis L. (Nach Herm. Müller.)

A Blüte gerade von oben gesehen. *B* Dieselbe im Längsdurchschnitt. *C* Fruchtknoten schräg von oben gesehen. (Vergr. 7 : 1.)

Antheren, so dass Fremdbestäubung gesichert ist. Bei ausbleibendem Insektenbesuche erfolgt wegen der Nähe und gleichzeitigen Entwickelung von Narbe und Antheren spontane Selbstbestäubung. Die Enge der Kronröhre schützt den Pollen gegen Regentropfen, welche nicht einzudringen vermögen, weil sie die Luft nicht verdrängen können.

Nach Kerner sind manche Arten heterostyl.

2359. A. septentrionalis L. [H. M., Alpenblumen S. 358; Kerner, Pflanzenleben II.] — Die weissen Blüten haben einen Durchmesser von nur 6 mm. (S. Fig. 331.)

Nach Kerner erfolgt durch Berührung von Narbe und Antheren schliesslich spontane Sebstbestäubung.

Als Besucher beobachtete H. Müller Empiden (1), Syrphiden (1) und Musciden (3).

2360. A. Chamaejasme Host. [H. M., Alpenblumen S. 358—359.] — Der Blütendurchmesser beträgt 7—8 mm. Das anfangs gelbe Saftmal wird nach eingetretener Bestäubung karminrot. Letztere erfolgt bei ausbleibendem Insektenbesuche spontan durch Pollenfall. (S. Fig. 332.)

Als Besucher beobachtete H. Müller Fliegen (15), Falter (4), Bienen (1).

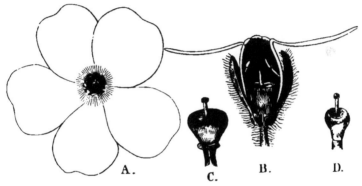

'Fig. 332. Androsace Chamaejasme Host. (Nach Herm. Müller.)
A Blüte gerade von oben gesehen. *B* Dieselbe im Längsschnitt. *C* Älterer Fruchtknoten schräg von oben. (Vergr. 7 : 1.) *D* Jüngerer Fruchtknoten.

2361. A. obtusifolia All. [H. M., Alpenblumen S. 360.] — Die weissen Blüten haben einen Durchmesser von mehr als 8 mm. Auch bei dieser Art tritt Autogamie leicht ein.

Als Besucher sah H. Müller Fliegen (10), Falter (3).

2362. A. glacialis Hoppe. (A. alpina Lam.) [H. M., Alpenblumen S. 360.] — Der Durchmesser der weissen oder rosenroten, saftmalgezierten Blüten beträgt 5 mm. Die homogamen Blüten sind bei ausbleibendem Insektenbesuche autogam. Auch

2363—65. A. helvetica Gaudin, A. imbricata Hoppe (Aretia glacialis Schleicher) unn **A. pubescens DC.** sind (a. a. O.) homogam und bei ausbleibendem Insektenbesuche autogam.

2366. A. lactea L. Nach Briquet (Etudes) beträgt der Durchmesser des weissen, im Schlunde gelben Kronensaumes 11—12 mm; der Eingang zu der 3 mm langen, 2 mm weiten Kronröhre ist ½ mm weit. Da die Blüten homogam sind und die kopfige Narbe von den fünf sie beinahe berührenden Antheren überragt wird, so tritt spontane Selbstbefruchtung regelmässig ein, und auch die besuchenden Dipteren und kleinen Schmetterlinge bewirken Selbstbestäubung. Briquet fand keine Nektarabsonderung auf der Oberfläche des Fruchtknotens, wie sie von Kerner angegeben wird. Kirchner fügt hinzu, dass er die von Kerner im allgemeinen für die Gattung Androsace gemachten Angaben bezüglich A. lactea und A. villosa bestätigen kann: beide sondern auf der flachen Oberseite des Fruchtknotens Nektartröpfchen ab. Die Blüten von A. lactea haben einen angenehmen Duft.

2367. A. villosa L. Nach Briquet (Etudes) ist die Krone etwas grösser, anfangs am Schlunde fleischfarben, später ganz weiss; sonst stimmen die Blüten ganz mit denen von A. lactea überein. Besucher wurden nicht bemerkt. Kirchner fügt hinzu, dass an den von ihm untersuchten Exemplaren der Kronsaum nur einen Durchmesser von 8—9 mm hatte und im Schlunde bei Beginn des Blühens goldgelb, an älteren Blüten pfirsichblütrot war. Nach Mac Leod (Pyreneeënbl. S. 372) haben die weissen oder rosa, mit purpurnem oder gelblichem Saftmal gezierten Blüten eine 3—3½ mm tiefe, etwas bauchige, am Schlunde verengte Kronröhre.

Als Besucher beobachtete Mac Leod Fliegen (3), Falter (1).

2368. A. Vitaliana K. S. ist, nach Treviranus (Bot. Ztg. 1863. S. 6), dimorph.

515. Primula L.

Ch. Darwin „On the two forms or dimorphic condition in the species of Primula and on their remarkable sexual relations", 1862; Treviranus, Bot. Z. 1863; Hildebrand, Bot. Ztg. 1864; Scott, Primulaceae 1864; Pax, Primula, in Englers Bot. Jahrb. X. — Meist heterostyl-dimorphe und homogame, zuweilen homostyle, selten protandrische Falter- oder Hummel- (Bienen-) Blumen, zuweilen auch Hummel- und Falterblumen gleichzeitig. Der Nektar wird vom Grunde des Fruchtknotens abgesondert und in der Kronröhre beherbergt. Die Pollenkörner der langen Staubblätter sind grösser als die der kurzen, und die Papillen der Narben der längeren Griffel sind länger als diejenigen der Narben der kürzeren.

Die Untersuchungen Darwins über die Gattung Primula zeigten, dass die „legitime" Befruchtung, d. h. diejenige, bei welcher die Narben der längeren (kürzeren) Griffel durch den Pollen der (mit ihnen gleich hoch stehenden) längeren (kürzeren) Staubblätter belegt, eine sehr viel grössere Fruchtbarkeit zur Folge hat, als eine „illegitime". (Vgl. Bd. I. 59.)

Ch. Darwin fand P. officinalis, sinensis und Auricula bei Insektenabschluss sehr unfruchtbar, bei Insektenzutritt und bei künstlicher Befruchtung durchaus fruchtbar, und zwar die legitimen Befruchtungen etwa 1½ mal so fruchtbar als die illegitimen.

Diese Ergebnisse fanden durch die Versuche von F. Hildebrand eine Bestätigung. Dieser Forscher erweiterte die von Darwin gefundenen Resultate dadurch, dass derselbe die Narben mit dem Pollen der eigenen Blüte bestäubte, wobei sich herausstellte, dass diese Befruchtungsart den geringsten Erfolg hatte.

Indem nun Hildebrand die erhaltenen Samen gesondert aussäete, fand er, dass durch die Kreuzung zweier langgriffeliger Blüten vorwiegend wieder langgriffelige, durch die Kreuzung zweier kurzgriffeliger Blüten vorwiegend wieder -kurzgriffelige Blüten entstehen; bei Kreuzung von beiderlei Blüten erhielt Hildebrand wieder beiderlei Formen in etwa gleicher Häufigkeit.

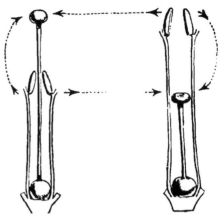

Diese Untersuchungen der genannten beiden Forscher warfen ein ganz neues Licht auf die Bedeutung der Kreuzung und der Sexualität überhaupt.

2369. P. elatior Jacq. [H. M., Befr. S. 346, 347; Alpenbl. S. 369; Weit. Beob. III. S. 64—65; Schulz, Beiträge II. S. 145—146; Kirchner, Flora S. 533—534; Knuth, Bijdragen; Mac Leod, B. Jaarb. V. S. 444—446.] — Eine

Fig. 333. Schema der bei Primula möglichen legitimen und illegitimen Verbindungen. (Nach Charles Darwin.)

Durch die geraden (wagerechten) Pfeillinien werden die legitimen, durch die gekrümmten die illegitimen Verbindungen angedeutet.

heterostyle Hummel-Falterblume. Die Länge und Form der Kronröhre der blassgelben, am Schlunde dottergelb gefärbten, erst gegen Ende der Blütezeit ihre völlige Grösse erreichenden Blüten ist für die kurz- und die langgriffelige Form verschieden:

a) brachystyla. Die Kronröhre ist 15 bis 17 mm lang; sie verschmälert sich allmählich ein wenig bis dicht (3—5 mm) unter den flach ausgebreiteten Saum, wo sie sich in einer Höhe von 12—13 mm erweitert und die 5 Antheren mit den kurzen, am Grunde verbreiterten Filamenten trägt. Erstere reichen bis zur Mündung der Kronröhre und neigen hier mit ihren oberen Enden zusammen. Pollenkörner noch einmal so gross wie bei b). Der verhältnismässig dicke Griffel ist etwa halb so lang wie die Kronröhre; die ihn krönende Narbe ist breiter als hoch und mit kurzen Papillen ausgestattet.

b) macrostyla. Die Kronröhre ist 12—14 mm lang; sie erweitert sich etwa in der Mitte, an der Einfügungsstelle der Staubblätter, und verengert sich weiter aufwärts allmählich wieder. Die Pollenkörner haben nur etwa den halben Durchmesser als bei a). Der im oberen Teile ziemlich dünne Griffel ist so lang, dass die kugelige Narbe im Blüteneingange steht. Die Papillen der letzteren sind etwa 5 mal so lang wie die von a).

Beide Blütenformen treten in etwa gleicher Häufigkeit auf getrennten Stöcken auf.

Die auf normalem Wege zum Nektar vordringenden Hummeln berühren beim Saugen mit dem Kopfe die im Blüteneingange stehenden Organe, mit den Kieferladen die in der Mitte der Kronröhre sitzenden, bewirken daher, indem sie sich an den genannten Stellen mit Pollen behaften und diesen auf die in gleicher Höhe stehenden Narben der anderen Blütenform bringen, regelmässig „legitime" Kreuzungen. Da die Hummeln ihren etwa 5 mm langen Kopf ganz in die Kronröhre sowohl der kurz- als auch der langgriffeligen Form stecken können, so gehört ein 12 mm langer Rüssel dazu, um den Honig aus den langröhrigsten Blüten zu erlangen; ein mindestens 7 mm langer würde genügen, um den Nektar der kurzröhrigsten Blüten auszusaugen.

Ausser durch Hummeln wird auch durch den Citronenfalter regelmässig legitime Befruchtung herbeigeführt. Die erste Beobachtung dieser Art rührt von A. Mülberger her, welcher darüber an H. Müller schreibt: Für die Citronenfalter in meinem Schwarzwaldthale (Herrenalb) ist Primula elatior das erste und längere Zeit einzige Jagdgebiet, auf dem sie sich tummeln können. Sie besuchen die lang- und kurzgriffeligen Formen anscheinend ohne jeden Unterschied. Die gelbe Farbe dieser Primel und des Citronenfalters sind in der Regel völlig gleich. Bei den kurzgriffeligen Blüten ist es gewöhnlich leicht zu entscheiden, ob schon ein Falterbesuch stattgefunden hat oder nicht. Im ersteren Falle zeigen die den Kronschlund genau verschliessenden Staubbeutel eine kleine, von der Einsenkung des Rüssels herrührende Lücke. — Auch Herm. Müller beobachtete bei Lippstadt den Besuch des Citronenfalters. Auch ich sah diesen Schmetterling (21. 3. 96) bei Kiel eifrig von Blüte zu Blüte fliegen. Der Eindruck, den der eingesenkte Rüssel zurücklässt, ist überall deutlich wahrzunehmen. Als ebenso häufigen Besucher sah ich Bombus hortorum L. ♀. Beide Insekten besuchten die drei neben einander wachsenden Primula-Arten (P. elatior, P. officinalis, P. acaulis) mit gleichem Eifer, so dass sie sowohl Kreuzung als auch Bastardierung bewirkten.

Nicht selten findet man die Kronröhre dicht über dem Kelche von Hummeln (Bombus terrester L.) erbrochen.

Als Besucher beobachtete Mac Leod in Belgien zwei langrüsselige Bienen: Anthophora pilipes F. und Bombus hortorum L., normal sgd., eine kurzrüsselige Biene (Anthrena gwynana K. ♀) Pollen sammelnd, die Honigbiene kurze Zeit sgd.; Bombus terrester L., den Honig durch Einbruch gewinnend.

Herm. Müller giebt folgende Besucherliste:

A. Coleoptera: *Staphylinidae:* 1. Omalium florale Payk., zahlreich in den Blüten umherkriechend. B. Diptera: *Bombylidae:* 2. Bombylius discolor Mg., sgd., zahlreich; 3. B. major L., viel seltener, meistens wahrscheinlich nicht bis zum Honig gelangend. C. Hymenoptera: *Apidae:* 4. Anthrena gwynana K. ♀, an kurzgriffeligen Blüten psd., häufig, langgriffelige sofort wieder verlassend; 5. Anthophora pilipes F. ♀ ♂, normal sgd. und psd., sehr zahlreich; 6. Apis mellifica L. ☿, flüchtig sgd.; 7. Bombus confusus Schenck ♀, normal sgd.; 8. B. hortorum L. ♀ ☿, normal sgd. und psd., sehr zahlreich; 9. B. lapidarius L. ♀. normal sgd.; 10. B. silvarum L. ♀, w. v.; 11. B. terrester L., durch Anbeissen der Blumenröhre Honig raubend; 12. Osmia rufa L. ♂, flüchtig sgd.

In den Alpen sah Herm. Müller eine Hummel und eine Schwebfliege als Blumengäste.

Alfken beobachtete bei Bremen: *Apidae:* 1. Anthrena cineraria L. ♀; 2. Bombus agrorum F. ♀; 3. B. hortorum L. ♀; 4. B. pratorum L. ♀; 5. Osmia rufa L. ♂; 6. Podalirius acervorum L. ♂.

2370. P. officinalis Jacquin. [Darwin, diff. forms; Hildebrand, Geschl. S. 34; H. M., Befr. 347; Weit. Beob. III. S. 65; Kirchner, Flora S. 534; Beiträge S. 51; Schulz, Beiträge II. S. 141—142; Ljungström, eine Primula-Exkursion nach Möen; Loew, Bl. Fl. S. 392; Knuth, Bijdragen.] — Eine heterostyle Hummel-Falterblume. Die gelben, meist mit orange-

roten Flecken im Schlunde gezierten Blumen (— von Kirchner in Württemberg und von Appel (nach brief- licher Mitteilung) bei Würzburg ohne Saftmal beobachtet —) haben dieselbe Blüteneinrich- tung wie vorige Art. Sie erreichen, nach den Messun- gen von Schulz, erst gegen Ende der Blütezeit ihre völ- lige Grösse. Die langgrif- felige Form verlängert während des nachträglichen Wachstums gewöhnlich auch den Griffel; doch unterbleibt dies zuweilen

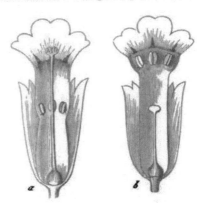

Fig. 334. **Primula officinalis Jacq.** (Nach Hildebrand.)
a Langgriffelige, *b* kurzgriffelige Blütenform.

völlig, wodurch dann Narbe und Antheren schliesslich auf gleicher Höhe stehen. Solche gleichgriffelige (isostyle) Blüten beobachteten Breitenbach und Schulz. Die kurzgriffelige Form, deren Griffel in der Länge nicht wesentlich differiert, ist, nach Schulz, etwas kleiner als die langgriffelige Kirchner be- obachtete in Württemberg eine gross- und eine kleinblütige Form.

E. Ljungström beobachtete auf der Insel Möen Formen, deren Kelch in Bezug auf die Länge der Kronröhre besonders kurz oder lang erschien, die er daher als var. brevicalyx und longicalyx bezeichnete. Ebenso fand er Variationen in Betreff der Breite der Kronsaumlappen, so dass sich die Formen latiloba und angustiloba unterscheiden liessen. Namentlich bei Blüten mit kurzem Kelch war die Krone oft sehr gross, schön schalenförmig gestaltet und von prächtig gelber Farbe. Umgekehrt kamen langer Kelch und kleinere, oft blassere Krone nicht selten zusammen vor.

Die Kronröhre wird nicht selten von Hummeln erbrochen.

Als Besucher beobachtete ich Rhodocera rhamni L. und Bombus hortorum L. (vgl. P. elatior).

Loew beobachtete in Brandenburg (Beiträge S. 45): Bombus hortorum L. ♀. sgd.; Mac Leod in den Pyrenäen Bombus rajellus K. ♀ als Besucher (B. Jaarb. III. S. 372).

Herm. Müller giebt folgende Besucher an:

A. Coleoptera: *Nitidulidae:* 1. Meligethes, pfd. B. Diptera: *Bombylidae:* 2. Bombylius discolor Mg., sgd. C. Hymenoptera: 3. Anthrena gwynana K. ♀, an kurzgriffeligen Exemplaren psd., die langriffeligen nach kurzem Besuche wieder ver- lassend, in Mehrzahl; 4. Anthophora pilipes F. ♀ ♂, sgd., häufig; 5. Bombus agro- rum F. ♀, sgd.; 6. Halictus albipes F. ♀ w. Anthrena gwynana; 7. H. cylindricus F. ♀, w. v.

Loew sah an der var. colorata im bot. Garten zu Berlin Anthophora pilipes F. ♂, sgd.

2371. P. acaulis Jacquin. (P. vulgaris Hudson.) [Darwin, diff. forms; Lange, Bot. Tidsskr. 1885; Correns, Ber. d. d. bot. Ges. 1889; Focke, Nat. V. Bremen 1884; Cobelli, Osservazioni 1892; Ljungström, Bot. Centralbl. 1888, Bd. 35, Nr. 31/32; Knuth, Bot. Centralbl. 1893, Nr. 34; Bd. 55, Nr. 8; 1895, Bd. 63, Nr. 30/31.] — Eine heterostyle Hummel-Falter-Blume. Die von mir in Schleswig-Holstein untersuchten Pflanzen

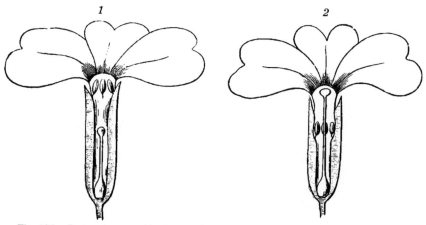

Fig. 335. Primula acaulis Jacq. (Blütenlängsschnitte, zweifache Vergrösserung.)
1 Langgriffelige Form. *2* Kurzgriffelige Form.

Grössenverhältnis der Pollenkörner
3 der kurzgriffeligen Form,
4 der langgriffeligen Form.

Grössenverhältnis der Narbenpapillen
5 der langgriffeligen Form,
6 der kurzgriffeligen Form.

haben eine schwefelgelbe Blüte mit einem dunkleren Saftmal am Grunde jedes Kronzipfels. Der Durchmesser dieser Blüten schwankt zwischen 2½ und 4 cm, meist beträgt er etwa 3 cm. Ebenso ist die Länge der Kronröhre eine wechselnde, nämlich von 1½—2½ cm, meist ist sie ungefähr 2 cm lang.

Bei der langgriffeligen Form steht die Narbe am Blüteneingange, während die Antheren etwa in der Mitte der Kronröhre befestigt sind. Letztere ist bis zur Anheftungsstelle der Staubbeutel erweitert. Bei der kurzgriffeligen Form stehen dann natürlich umgekehrt die fünf Staubbeutel in der Öffnung der hier etwas trichterförmig erweiterten Blumenkronröhre, während der Griffel mit der Narbe etwa die halbe Länge derselben besitzt. Die Länge der Staubbeutel und die Form der Narbe scheint mir in den beiden Blütenformen, makroskopisch erkennbar, etwas verschieden zu sein. Bei der kurzgriffeligen Form ist die Länge der Staubbeutel meist etwas mehr als 2 mm, bei der langgriffeligen Form dagegen meist etwas weniger. Ferner fand ich die Narbe der letzteren meist kugelig mit einem Durchmesser von 1,1 mm, die Narbe der kurzgriffeligen Form war dagegen meist ziemlich platt, etwa 1,2 mm breit und 0,9 mm hoch. Mit Hülfe der Lupe sind die Narbenpapillen der langgriffeligen Form deutlich zu erkennen; sie stellen Hervorragungen von 0,07 mm Länge und 0,01 mm Durchmesser vor, während die Narbenpapillen der kurzgriffeligen Form mittelst der Lupe kaum wahrnehmbar sind und 0,02 mm lang und fast so stark sind. Die Pollenkörner von Primula acaulis sind fast kantig-eiförmig; die der langgriffeligen Form sind 0,025 mm lang und 0,02 mm breit, die der kurzgriffeligen Form fast 0,04 mm lang und 0,025 mm breit.

Ljungström beobachtete auf Möen wieder die Formen brevicalyx und longicalyx, sowie latiloba und angustiloba. Ausserdem tritt auf jener Insel eine fast milchweiss blühende Form (f. lactea) und eine andere, die mit Ausnahme der gelben Sternfigur und des bisweilen weisslichen Aussenrandes purpurviolette Kronen hat (f. colorata).

Als Besucher sah ich bei Kiel (am 25. 4. 1895) mehrere Exemplare von Bombus hortorum L. ♀ eifrig von Blüte zu Blüte fliegen, den Rüssel in die Kronröhre senken, in den langgriffeligen Formen mit den Kieferladen, in den kurzgriffeligen mit dem Kopfe die Antheren berühren und diese Körperteile mit Pollen behaften, so dass die entsprechend hoch stehenden Narben belegt und regelmässig Kreuzbestäubung herbeigeführt wurde. Die genannten Hummeln besuchten aber nicht bloss die Blüten von Primula acaulis, sondern auch die in der Nähe stehenden sowohl von P. officinalis Jacq., als auch diejenigen von P. elatior Jacq., so dass nicht nur die Wechselbefruchtung der genannten Arten vollzogen wurde, sondern auch die Bildung zahlreicher Bastardformen erfolgen musste. Ebenso wie Bombus hortorum L. verfuhr in einzelnen Fällen auch Anthophora pilipes F. ♀, doch bevorzugte diese Bienen die in der Nähe wachsende Pulmonaria officinalis L.

Der 18—21 mm lange Rüssel der beiden besuchenden Insekten reicht bequem bis in den honigbergenden Blütengrund der drei Primelarten, denn die Länge der Kronröhre beträgt bei P. acaulis durchschnittlich 20 mm, während sie bei P. officinalis und P. elatior noch erheblich kürzer ist. Dabei können die Bienen ihren etwa 5 mm langen Kopf in die Erweiterung der Kronröhre hineinzwängen, so dass die beiden letzteren Arten auch von kürzerrüsseligen Bienen legitim befruchtet werden können. In der That sind von Hermann Müller auch noch andere Hummelarten mit entsprechend langem Rüssel als Bestäuber von P. officinalis und P. elatior beobachtet.

Ausser durch Hummeln wird die Befruchtung der drei Primelarten auch durch den Citronenfalter (Rhodocera rhamni L.) vermittelt. Cobelli sah ihn an P. acaulis, Mülberger und H. Müller an P. elatior, ich beobachtete ihn an allen drei Arten (am 26. 4. 1896).

Cobelli sah ferner Bombylius medius L. als Besucher; auch die beiden anderen Primelarten werden von Bombyliden besucht, doch sind von diesen

nur die mit besonders langem Rüssel ausgestatteten im stande, bis zum Nektar
vorzudringen.

Am 21. 3. 1896 sah ich Vanessa urticae L. stetig von Blüte zu
Blüte fliegen (achtzehn Blüten hintereinander besuchend). Dieser Falter strengte
sich beim Saugen des Nektars stark an, wobei es ihm offenbar gelang, einen
Teil desselben zu erreichen. Wenn er auch für die kurzgriffelige Form nutzlos
war, so belegt er doch die Narbe der langgriffeligen mit dem Pollen der
ersteren.

Auch die Honigbiene besuchte mehrere Blüten hinter einander, und da
sie sich gleichfalls stark anstrengte, so erreichte sie vielleicht die oberste Honigschicht. — Wüstnei beobachtete auf Alsen Anthophora acervorum L.

Endlich fand Cobelli noch kleine Käfer in den Blüten, welche aber
nur als zufällige Fremdbestäuber auftreten können.

Es schliesst sich daher P. acaulis den beiden vorigen Arten an: Alle drei
sind in erster Linie der Befruchtung durch langrüsselige Hymenopteren
angepasst, denen sich der Citronenfalter als ein gleichwertiger Besucher anschliesst, während die Bombyliden, der kleine Fuchs und die Honigbiene erst als Besucher zweiter Ordnung anzusehen sind.

Während ich die Übertragung des Pollens durch die Besucher auf die
kurze Entfernung von wenigen Metern durch direkte Beobachtung feststellen
konnte, hat Focke einen Bastard von P. acaulis und P. officinalis beobachtet, zu dessen Entstehung die Übertragung des Pollens aus einer Entfernung von 1 km geschehen sein musste.

Nach Gibson (Flora of St. Kilda) wird die Primel auf St. Kilda, der
äussersten Insel der schottischen Westküste (ausgenommen the barren Rockall),
wo Falter und Bienen (sowie Wespen) fehlen, wahrscheinlich durch Fliegen befruchtet, da sich hin und wieder Früchte ausbilden.

Archer Briggs (Trans. Plymouth Inst. IV) bemerkte als Besucher in
England niemals grössere Hummeln, sondern nur Anthophora acervorum L. (häufig)
und kleinere Bienen (Anthrena gwynana K.), sowie den Citronenfalter (Rhodocera rhamni L.) und einen Wollschweber (Bombylius medius L., häufig).

Burkill (Fert. of Spring Fl.) beobachtete an der Küste von Yorkshire: A. Coleoptera: 1. Anthobium (Eusphalerum) primulae Fauv. (= triviale Er.), Antheren
fressend; 2. Meligethes picipes Sturm, sgd. B. Hymenoptera: Apidae: 3. Anthrena
gwynana K. ♀, Honig suchend, aber unfähig, ihn zu erreichen. C. Thysanoptera:
4. Thrips sp., häufig.

Darwin (Forms of Flowers) beobachtete nur Thrips; Scott-Elliot Bombus
hortorum L.; Christy (Transact. Essex Field Club III. 1884. p. 195) in Essex Anthophora
acervorum L., Bombus-Arten, Apis mellifica L., Syrphus sp., Rhodocera rhamni L.,
Pieris rapae L., Meligethes picipes Sturm.

Loew beobachtete im botanischen Garten zu Berlin: Anthophora pilipes F., stetig
sgd. und psd., wiederholt absetzend.

Ljungström stellt die Verwandtschaft der drei Arten graphisch durch
ein ungleichseitiges Dreieck dar, wo die drei Arten die Ecken einnehmen und

die Seite acaulis-elatior die kürzeste, die Seite acaulis-officinalis die längste ist.

Dieser graphischen Darstellung entspricht die Fertilität der Bastarde, indem entferntere Verwandtschaft der Eltern grössere (Pollen-) Sterilität der Hybriden bedingt. Ljungström erhielt nämlich aus der Untersuchung des Pollens folgende Ergebnisse:

P. acaulis × officinalis: 26,5—33% gute Pollenkörner, 73,5—67% verschrumpft, untauglich.

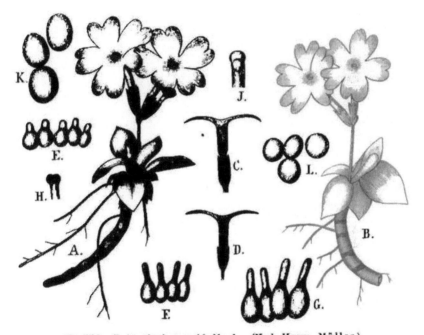

Fig. 336. Primula integrifolia L. (Nach Herm. Müller.)

A Kurzgriffeliges, *B* langgriffeliges Exemplar in natürlicher Gr. *C* Kurzgriffelige, *D* langgriffelige Blüte im Aufriss in nat. Gr. *E* Narbenpapillen der kurzgriffeligen, *F. G* desgl. der langgriffeligen Blüte. *H* Narbe der kurzgriffeligen, *J* desgl. der langgriffeligen Blüte. (7 : 1.) *K* Angefeuchtete Pollenkörner der kurzgriffeligen, *L* der langgriffeligen Blüte.

P. elatior × officinalis: 31—36% gute Pollenkörner, 69—63% verschrumpft, untauglich.

P. elatior (Exemplar aus Schonen, Mittelwert): 33% gute Pollenkörner, 67% verschrumpft, untauglich.

P. elatior × per-officinalis (aus Schonen): 45% gute Pollenkörner, die übrigen verschrumpft, untauglich.

P. acaulis × elatior: 66—69%0 gute Pollenkörner.

P. per-acaulis × elatior: 78%0 gute Pollenkörner.

Die Samenbildung scheint ziemlich auf dasselbe Ergebnis hinzuweisen.

2372. R. integrifolia L. [H. M., Alpenblumen S. 350—362.] — Eine dimorph heterostyle Tagfalterblume. Die Kronröhre der purpurroten Blumen ist 10—14 mm tief; diejenige der kurzgriffeligen Stöcke ist meist merklich länger als die der langgriffeligen, auch ist der Kronsaum umfangreicher. (S. Fig. 336.)

Als Besucher beobachtete H. Müller Falter (7), Bombyliden (1), Käfer (1).

Redtenbacher giebt für Österreich als Besucher die Staphylinide Anthobium robustum Heer an.

2373. P. villosa Jacquin. (?) [H. M., Alpenblumen S. 362—363.] — Eine dimorph-heterostyle Tagfalterblume. Nach Pax (Monographie der Gattung Primula in Englers Jahrb. X. S. 227) ist die von H. Müller als P. villosa Jacq. beschriebene Art wahrscheinlich P. hirsuta All., da die echte P. villosa Jacq. nur in Steiermark vorkommt. Nach Gremli (Exkursionsflora für die Schweiz, 6. Aufl., 1889, S. 359) ist P. hirsuta All. mit P. viscosa Vill., aber nicht mit P. villosa Koch und auch nicht mit P. villosa Jacq. identisch.

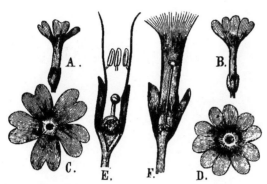

Fig. 337. Primula villosa Jacq. (?)
(Nach Herm. Müller.)

A Kurzgriffelige, B langgriffelige Blüte in nat. Gr., von der Seite gesehen. C Kurzgriffelige, D langgriffelige Blüte in nat. Gr., von oben gesehen. E Kurzgriffelige, F langgriffelige Blüte im Längsdurchschnitt. (3½ : 1.)

Die Kronröhre der satt violett-roten Blumen ist 10—13 mm lang und kaum 1½ mm weit, so dass die Ausbeutung des Nektars nur Faltern möglich ist. (S. Fig. 337.)

H. Müller beobachtete als Befruchter 3 Tagfalter, als Schädling 1 Käfer.

2374. P. viscosa All. (P. latifolia Koch, P. graveolens Heg.) [H. M., Alpenblumen S. 367—369.] — Eine dimorph-heterostyle Tagfalterblume. Die Kronröhre ist so eng, dass zwischen ihr und der Narbe ein Zwischenraum von kaum ½ mm bleibt, so dass nur ein Falterrüssel auf normalem Wege bis zum Honig vordringen kann und dabei Narbe und Antheren berühren muss. Die nötige Rüssellänge ist 12—14 mm. (S. Fig. 338.)

Als Besucher beobachtete H. Müller nur nutzlose (Rhingia campestris Mg., pfd.) und feindliche Gäste (Bombus mastrucatus Gerst., honigstehlend).

2375. P. farinosa L. [Darwin, forms of flowers S. 45; H. M., Alpenblumen S. 363—367; Mac Leod, Pyrençeenbl. S. 372.] — Dimorph-heterostyle Falter- oder Hummelblume. Diese Art ist dadurch besonders interessant, dass sie in den falterreichen Alpen eine Falterblume, in dem falterärmeren, aber bienenreicheren Vorpommern eine Bienenblume ist. Herm. Müllers Untersuchungen-der Blumen von den beiden genannten Standorten haben nämlich folgende Unterschiede ergeben: 1. Die Alpenexemplare sind durchschnittlich etwas grossblumiger und lebhafter gefärbt als die pommerschen. 2. Dagegen sind bei den pommerschen Exemplaren die Kronlappen durchschnittlich breiter als bei den alpinen. 3. Der Blüteneingang und der oberste Teil der Kronröhre sind durchschnittlich bei den pommerschen Exemplaren bedeutend weiter als bei den alpinen. (S. Fig. 339.)

Als Besucher in den Alpen beobachtete Herm. Müller Falter (42), Bombyliden (3), Syrphiden (2), 1 Hummel, 1 Wespe. In den Pyrenäen beobachtete Mac Leod Falter (2), Bombyliden (1).

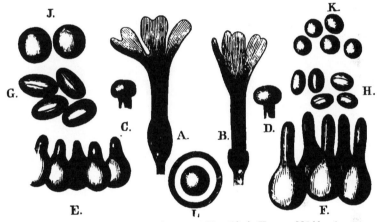

Fig. 338. Primula viscosa All. (Nach Herm. Müller.)

A Kurzgriffelige, *B* langgriffelige Blüte im Aufriss. (2 : 1.) *C* Narbe einer kurzgriffeligen, *D* einer langgriffeligen Blüte. (7 : 1.) *E* Narbenpapillen einer kurzgriffeligen, *F* einer langgriffeligen Blüte. *G* Trockne Pollenkörner einer kurzgriffeligen, *H* desgl. einer langgriffeligen Blüte. *J* Feuchte Pollenkörner einer kurzgriffeligen, *K* desgl. einer langgriffeligen Blüte. *L* Querdurchschnitte einer langgriffeligen Blüte dicht über der Narbe. (7 : 1.)

2376. P. minima L. [H. M., Alpenbl. S. 369; Schulz, Beitr. II. S. 148, 223; Kerner, Pflanzenleben II. S. 301.] — Heterostyle Tagfalterblume. Die innen behaarte Kronröhren der rosenroten Blüten sind, nach Müller, 10 bis 12 mm lang und mit verengtem Eingange versehen, so dass nur ein Falterrüssel bequem in den Blütengrund gelangen kann. Schulz beobachtete auch Falter als Besucher. Nach Kerner ist in den kurzgriffeligen Blüten durch Hinabfallen von Pollen spontane Selbstbestäubung möglich.

2377. P. longiflora L. [Darwin, forms of flowers S. 50; H. M., Alpenblumen S. 369; Schulz, Beiträge II. S. 146—147, 223; Pax, Primula; Ricca, Atti XIII. S. 260; Kerner, Pflanzenleben II. S. 389—390.] — Tagschwärmerblume. Dies Art ist, nach Darwin, homostyl und nach

Ricca und Pax protandrisch. Ihre Kronröhre ist 16—24 mm lang, so dass nur die am Tage fliegenden Schwärmer im stande sind, den Nektar der langröhrigsten Blumen auszusaugen. Schulz beobachtete denn auch den Taubenschwanz (Macroglossa stellatarum L. mit 25—28 mm langem Rüssel) als Besucher.

Nach Kerner sind die Blumen dagegen heterostyl, und zwar blühen die kurzgriffeligen Stöcke eher auf, als die langgriffeligen. Im ersteren ist Autogamie durch Pollenfall möglich.

2378. P. Allionii Loisl. (?) [Schulz, Beiträge II. S. 148—149, 223.] — Nach Pax (Primula S. 230) ist diese von Schulz bei San Martino di Castrozza

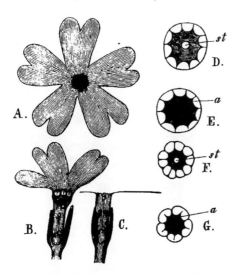

Fig. 339. **Primula farinosa L..** (Nach Herm. Müller.)

A Eine kurzgriffelige Blüte der Alpen, von oben gesehen. *B* Dieselbe im Aufriss, der Saum gewaltsam aufwärts gebogen. *C* Langgriffelige Blüte im Aufriss. (Vergr. 2½ : 1.) *D* Durchschnittliche Weite des Einganges der langgriffeligen Blüten bei den norddeutschen Exemplaren. (7:1.) *E* Desgl. der kurzgriffeligen Blüten. *F* Desgl. langgriffelig von den Alpen. *G* Desgl. kurzgriffelig von den Alpen. *a* Antheren. *st* Narbe.

beobachtete Pflanze wahrscheinlich P. tirolensis Schott, da P. Allionii sich dort nicht findet. Die heterostylen Blüten wurden von Faltern besucht.

2379. P. Auricula L. [Sprengel, S. 102; Schulz, Beiträge II. S. 148; Kerner, Pflanzenleben II. S. 390; Knuth, Bijdragen.] — Die Stöcke mit langgriffligen Blüten blühen früher auf als diejenigen mit kurzgriffligen Blüten. In ersteren erfolgt gegen Ende der Blütezeit Autogamie, indem beim Abfallen der Blumenkrone die Narbe durch den Antherenkranz hindurchgezogen und so mit Pollen belegt wird.

Als Besucher beobachtete ich Rhodocera rhamni L., sgd.; Schulz sah gleichfalls Schmetterlinge.

2380. P. glutinosa Wulf. [Kerner a. a. O.] — Die Autogamie erfolgt in den langgriffeligen Blüten in derselben Weise wie bei voriger Art.

2381. P. scotica Hook. Homostyle Falterblume (?). Narbe und Antheren stehen meist in gleicher Höhe und dicht aneinander, sowohl in den Pflanzen des Dovrefjeld (Lindman), als auch in denjenigen von Tromsoe (Warming). Selten finden sich Blumen, in denen die Antheren die Griffel überragen. Spontane Selbstbestäubung ist daher unausbleiblich, die auch von Erfolg ist, da Fruchtreife beobachtet wurde, dagegen nur ein flüchtiger Falterbesuch. Scott bezeichnet dagegen die Art als selbststeril.

2382. P. stricta Hornemann. Falterblume. In den von Warming (Bestövningsmaade S. 7; Arkt. Vaext. Biol. S. 21—25) untersuchten grönländischen Pflanzen stehen Narbe und Antheren in gleicher Höhe; es ist daher infolge von Homogamie spontane Selbstbestäubung unvermeidlich. Die norwegischen Exemplare sind schwach protandrisch und die Narbe steht in wechselnder Höhe etwas über den Antheren; kurzgrifflige Blüten wurden nicht beobachtet. Es ist daher Autogamie erschwert. Auch auf dem Dovrefjeld wurde nur eine Form beobachtet, deren Narbe etwas über den Antheren stand. Nach Scott ist die Pflanze heterostyl.

2383. P. sibirica Jacq. Heterostyle oder homostyle Falterblume (?). Warming (Arkt. Vaext. Biol. S. 25—27) beobachtete neben ausgeprägt heterostylen Pflanzen von Altenfjord auch ein homostyles Exemplar am Kafjord, in welchem Narbe und Antheren in gleicher Höhe standen, wodurch spontane Selbstbestäubung unvermeidlich war.

2384. P. egaliksensis Wormskj. ist nach Warming homostyl.

2385. P. saccharata Mill. sah Loew im bot. Garten zu Berlin von Anthophora pilipes F. ♂, sgd., besucht.

2386. P. sinensis Lindl. Ljungström (Bot. Notiser 1884) sah im Gartenhause kleistogame Blüten mit glockenförmigem Kelche und ganz kurzer, eingeschlossener, blassgelblichgrüner, röhrenförmiger Krone mit schwachen Andeutungen von Zipfeln. Antheren sehr klein, ebenso die Pollenkörner (etwa 14 μ lang, gegenüber 32 und 24 μ bei den chasmogamen, resp. lang- und kurzgriffeligen Formen). Ein Exemplar war langgrifflig, der Griffel in der Mitte umgebogen und darum in der Krone eingeschlossen. Das kurzgriffelige Exemplar hatte einen geraden Griffel. Frucht und Same nicht beobachtet.

516. Hottonia Boerhaave.

Heterostyl-dimorphe Blumen mit verborgenem Honig, welcher vom Grunde des Fruchtknotens abgesondert und in der Kronröhre aufbewahrt wird. Zuweilen Kleistogamie.

2387. H. palustris L. [Darwin, Diff. forms; Sprengel, S. 103; John Scott, Observations; H. M., Befr. S. 350—352; Weit. Beob. III. S. 65; Knuth, Bijdragen; Mac Leod, Bot. Jaarb. V. S. 446—447.] — An dieser Pflanze hat Sprengel die Heterostylie entdeckt: „Einige Pflanzen haben lauter solche Blumen, deren Staubgefässe innerhalb der Kronenröhre befindlich sind, deren Griffel aber aus derselben hervorragt, und andere lauter solche Blumen, deren Griffel kürzer, deren Staubgefässe aber länger sind, als die Kronröhre. Ich glaube nicht, dass dieses etwas Zufälliges, sondern eine Einrichtung der Natur ist, ob ich gleich nicht im stande bin, die Absicht derselben anzuzeigen." (Entd. Geh. S. 103.)

Die Kronröhre der weissen oder rötlichen Blüten ist 4—5 mm lang. Im Blüteneingange stehen die kürzeren Befruchtungsorgane, während die längeren die Kronröhre um 3—4 mm überragen. Die besuchenden, zum Nektar vordringenden Insekten berühren die längeren Befruchtungsorgane mit einem und die kürzeren mit einem anderen Teile ihres Körpers, bewirken daher stets legitime Befruchtung. Pollensammelnde oder -fressende Besucher berühren in den

kurzgriffeligen Blüten nur die Antheren, nicht aber die Narbe, können dabei
aber auf letztere Pollen hinabstreuen; in den langgriffeligen Formen müssen sie
den Kopf in den Blüteneingang stecken, wobei sie die Narbe streifen, mithin
illegitime Befruchtung herbeiführen.

Die von Darwin mit Arten der Gattung Primula angestellten künst-
lichen Befruchtungsversuche haben John Scott (1864) und H. Müller (1867)
an Hottonia palustris wiederholt; beide Forscher sind zu demselben Ergebnisse wie Darwin gelangt, dass nämlich der Pollen der längeren Staubblätter
auf die Narbe des längeren Griffels und der Pollen der kürzeren Staubblätter
auf die Narbe des kürzeren Griffels gebracht die grösste Fruchtbarkeit zur
Folge hat.

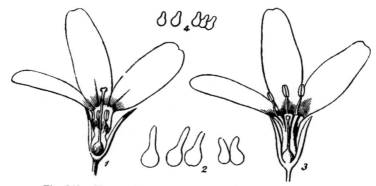

Fig. 340. Hottonia palustris L. (Nach Herm. Müller.)
1 Langgriffelige Blüte. *2* Narbenpapillen derselben. *3* Kurzgriffelige Blüte. *4* Narbenpapillen
derselben bei gleicher Vergrösserung wie 2.

Müller fand ferner, dass Kreuzung zwischen Blüten desselben Stockes
und Selbstbefruchtung noch weit schlechtere Ergebnisse liefern, als illegitime
Kreuzung verschiedener Stöcke; dagegen ergab sich die abweichende Thatsache,
dass illegitime Kreuzung zwischen verschiedenen Stöcken der langgriffligen Form
bei Hottonia ebenso hohe Fruchtbarkeit ergiebt als legitime Kreuzungen.

An Orten mit tieferem Wasser fand O. Appel (nach einer brieflichen
Mitteilung an mich) in Sümpfen bei Schweinfurt zahlreiche Exemplare, welche
den Wasserspiegel nicht erreichten und welche trotzdem normale Früchte angesetzt hatten. Die Blüten befruchten sich dabei nachweislich vor dem Öffnen,
nachher gehen die Blumenblätter auseinander, dieselben erreichen aber nicht die
Grösse der normalen Blüten und bleiben auch etwas blasser.

Als Besucher beobachtete Mac Leod in Belgien die Honigbiene, 1 Eristalis,
1 Tagfalter (Pieris), 1 Käfer.

Ich beobachtete nur eine saugende und dabei legitime Befruchtung herbeiführende
Schwebfliege: Eristalis tenax L. [1]).

---

[1]) Nach Fertigstellung des Manuskripts sah ich am 31. 5. 98 zwischen Plön und
Eutin als Besucher noch den Aurorafalter (Antocharis cardamines L. ♂) sgd.; ferner
zahlreiche Schwebfliegen, sgd., in den kurzgriffeligen Blüten auch pfd.: 1. Eristalis
intricarius L.; 2. E. tenax L.; 3. Rhingia rostrata L.; 4. Syrphus sp.

Herm. Müller hat folgende Besucher beobachtet:

A. Diptera: a) *Empidae*: 1. Empis chioptera Fall. ♀, sgd.; 2. E. livida L., häufig; 3. E. pennipes L., häufig, sgd.; 4. E. rustica Fall., sgd.; 5. E. vernalis Mg., häufig. b) *Muscidae*: 6. Anthomyia spec., sgd.; 7. Aricia incana Wiedem., sgd.; 8. Siphona geniculata Deg., sgd. c) *Syrphidae*: 9. Eristalis arbustorum L., nicht selten, bald sgd., bald pfd.; 10. E. nemorum L., w. v.: 11. Rhingia rostrata L.; sgd., häufig. B. Hymenoptera: *Sphegidae*: 12. Pompilus viaticus L., sgd.

2388. Cortusa Matthioli L. ist, nach Kerner, protogyn: schon in der Knospe ist die Narbe entwickelt und ragt aus der hängenden, noch geschlossenen Blüte hervor. Andere Arten dieser Gattung sind, nach Treviranus (Bot. Z. 1863), autogam, indem sich der Griffel gegen die Antheren zurückbiegt; doch ist die Pflanze, nach Scott, selbststeril.

2389. Dionysia-Arten sind, nach Kuhn (Bot. Z. 1867), dimorph.

2390. Gregoria vitaliana L. ist, nach Kuhn und nach Kirchner, heterostyl.

517. Dodecatheon L.

Wohl Pollenblumen mit Pollenmal. — Dodecatheon hat, nach Kerner (Pflanzenleben II. S. 332), dieselbe Art der Selbstbestäubung wie Soldanella. (S. unten.)

2391. D. integrifolium Mchx. [Loew, Blütenb. Beitr. I. S. 17—19.] — Die Blüteneinrichtung dieser nordamerikanischen Art ist derjenigen von Cyclamen (s. S. 324) ähnlich. Durch Aufrichten der Blüte während des Verblühens kann beim Auseinanderweichen der Antheren Pollen auf die Narbe fallen, so dass sich die anfängliche Allogamie in Autogamie verwandelt.

Als Besucher sah Loew eine kleine Biene (Anthrena fulva Schrk. ♀) an die Staubgefässpyramide fliegen und dieselbe nach kurzem Besuche, wohl ohne Ausbeute, wieder verlassen.

518. Soldanella L.

Meist homogame, selten protogynische Bienenblumen, zuweilen Blumen mit verborgenem Honig (S. pusilla var. inclinata). Dieser wird von einem Ringe unterhalb des Fruchtknotens abgesondert und im Grunde der Kronglocke beherbergt.

2392. S. alpina L. [Kerner, Schutzmittel S. 232; Pflanzenleben II. S. 232; Ricca, Atti XIV, 3; H. M., Alpenblumen S. 369—371; Schulz, Beiträge II. S. 149, 150.] — Eine Bienenblume. — Aus den violetten Glöckchen ragt die Narbe ein wenig hervor, so dass sie von anfliegenden Hummeln früher als die Antheren berührt wird, mithin dabei Fremdbestäubung erfolgen muss. Müller fand die Blüten homogam; Ricca und Kerner bezeichneten sie als protogyn. Bei ausbleibendem Insektenbesuche kann, nach Müller, spontane Selbstbestäubung durch Pollenfall in senkrecht stehenden Blüten erfolgen, oder es kann, nach Kerner, beim Abfallen der Blumenkrone

Pollen auf die Narbe gelangen, indem letztere dabei durch die Antheren hindurchgezogen wird. (Fig. 341.)

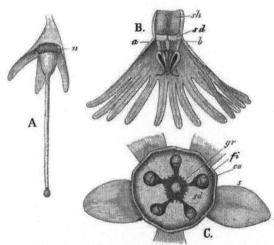

Fig. 341. **Soldanella alpina** L. (Nach Herm. Müller.)

A Stempel nebst dem halben Kelch von der Seite gesehen. (3½:1.) *B* Blumenkrone im Aufriss. (3½:1.) *C* Blüte dicht unter der Saftdecke quer durchgeschnitten und von unten gesehen. (7:1.) Bedeutung der Buchstaben wie in Fig. 213.

Als Besucher beobachtete H. Müller Hummeln (4), Falter (4), Syrphiden (1); Kerner Hummeln (4) und Apis; Mac Leod in den Pyrenäen nur eine Muscide (B. Jaarb. III. S. 373).

2393. S. pusilla Baumgarten. [H. M., Alpenblumen S. 371—373; Schulz, Beiträge II. S. 150, 151.] — Diese homogame Art tritt, nach Müller, in den Alpen in zwei morphologisch und biologisch verschiedenen Formen auf. Die Form **pendula** ist eine Bienenblume, in der Form **inclinata** (Fig. 343) ist der Honig kurzrüsseligen und weniger einsichtigen Besuchern zugänglich. Erstere

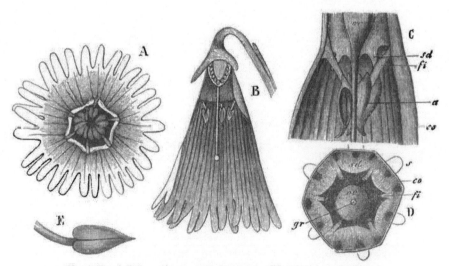

Fig. 342. **Soldanella pusilla** Baumg. (Nach Herm. Müller.)

A Blüte gerade von unten gesehen. (3:1.) *B* Dieselbe im Längsdurchschnitt. (3:1.) *C* Ein Stück der Blumenkrone im Längsdurchschnitt. (7:1.) *D* Blüte dicht unter der Saftdecke durchgeschnitten und von unten gesehen. (7:1.) *E* Ein Staubblatt von **Soldanella minima**. Bedeutung der Buchstaben wie in Fig. 213.

Form besitzt nämlich ein verhältnismässig langes, enges, herabhängendes Glöck-chen, während die Glöckchen der letzteren Form offener und meist weniger steil abwärts geneigt sind. In beiden Formen ist spontane Selbstbestäubung durch Pollenfall möglich.

Als Besucher sah H. Müller bei der Form pendula 1 Hummel und 1 Käfer, bei der Form inclinata 3 Musciden und 1 Motte. Schulz beobachtete zahlreiche Bienen (20 Arten, darunter auch Bombus alticola Kriechb.) und vereinzelte Fliegen und Käfer.

2394. S. minima Hoff-mann. [Schulz, Beiträge II. S. 191.] — Die kegelförmigen, 8—15 mm langen Blüten stehen meist fast senkrecht von der Hauptachse ab, so dass spontane Selbstbestäubung trotz der Homogamie erschwert ist.

Als Besucher sah Schulz Bienen (2) und Fliegen (7).

519. Cyclamen Tourn.

Protandrische Pollenblu-men, deren Besucher vielleicht das zarte Gewebe im Blüten-grunde, namentlich die Kron-röhren anbohren und so Saft gewinnen. Die Antheren bil-den einen Streukegel, ähnlich wie bei Borrago. Der Pollen tritt aus den Antherenhälften aus einer Öffnung an der Spitze hervor. Sie haben starre Spitzen, welche sich den Besuchern in den Weg stellen. Spontane Selbstbestäubung wird zuletzt durch stärkere Abwärtsbiegung des Blütenstieles erreicht, wodurch die Narbe in die Falllinie des Pollens kommt. (S. Fig. 344.)

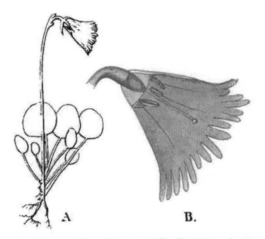

Fig. 343. Soldanella pusilla Baumg., forma inclinata. (Nach Herm. Müller.)
A Ganze Pflanze in natürl. Grösse. *B* Glöckchen im Aufriss, von der Seite gesehen.

Nach Hildebrand (Ber. d. d. bot. Ges. Bd. 15. S. 292—298) sind die Cyclamen-Arten anfangs auf Insektenbestäubung, dann auf Windbestäubung in derselben Weise eingerichtet, wie es Kerner (Pflanzenleben II. S. 128) schon für Calluna vulgaris, Erica carnea und Bartsia alpina nachgewiesen hat. Anfangs sind nämlich die Pollenkörner durch ölige Beschaffenheit klebrig, später pulverförmig, indem dann die Klebkraft des Öles schwindet. Wenn auch die Antheren meist schon in der Knospe sich öffnen, so kann teils wegen der anfänglichen Klebrigkeit des Pollens, teils wegen der Lage der Narbe der Pollen nicht auf letztere gelangen. Bei C. ibericum und C. Coum wird der herabfallende Pollen durch einen Schutzkranz oberhalb der Narbe festgehalten. Wahr-scheinlich liefern die am Grunde des Fruchtknotens stehenden Keulenhaare den Insekten Nahrung.

2395. C. europaeum L. [Kerner, Pflanzenleben II. S. 373, 374.] — Am ersten Blühtage ist der Blütenstiel fast rechtwinklig umgebogen. Tag für Tag nimmt der Neigungswinkel etwa 10⁰ ab, so dass gegen Ende der Blütezeit das herab-

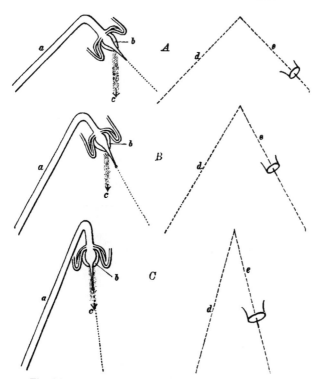

gebogene kurze End-stück und das auf-rechte lange Stück des Blütenstieles fast parallel liegen. Es kann daher anfangs keine Autogamie statt-finden, wohl aber bei Insektenbesuch Fremdbestäubung, da die Narbe die An-theren überragt. Zu-letzt erfolgt dagegen spontane Selbstbe-stäubung wegen der beschriebenen Krüm-mung des Blütenstieles durch Pollenfall. — Coulter (B. G. 1883) beobachtete kleisto-game Blüten.

2396. C. per-sicum Mill. [Ascher-son, Ber. d. d. bot. Ges. X. S. 226—235, 314—318.] — Die Blüteneinrichtung stimmt mit derjenigen der vorigen Art voll-kommen überein. Die Blüten sind, nach Darwin, selbststeril.

Fig. 344. Cyclamen. (Ascherson nach Kerner.)
A Schema der Lage der Blütenteile von C. persicum Mill. im Beginn der Blütezeit. Die Fallrichtung des Pollens geht weit an der Narbe vorüber. B Dasselbe Schema zur Zeit der vollen Anthese. Infolge Verkleinerung des vom Blütenstiel gebildeten Winkels geht die Falllinie des Pollens schon dichter an der Narbe vorüber. C Dasselbe am Schluss der Blütezeit. Die Fallllule des Pollens trifft die Narbe. a Blütenstiel. b Antherenkegel. c Fall-richtung des Pollens. d Richtung des unteren, e des oberen Teiles des Blütenstiels (sowie des Griffels).

Als Besucher beobachtete Hildebrand im bot. Garten zu Freiburg zahlreiche Honigbienen, teils wie es schien sgd., teils psd. Auch eine kleine Hummel wurde psd. beobachtet, während Xylocopa violacea L. die Blüten nur flüchtig besuchte.

2397. C. repandum
wurde dort gleichfalls von Apis und von Bombus sp., wohl sgd., besucht; ferner

2398. C. ibericum
gleichfalls von Apis, psd.

2399. C. hederifolium Kit. [Knuth, Capri S. 10—13.] — Die Blüten-einrichtung auch dieser Art ist mit derjenigen von C. europaeum übereinstimmend.

Die zurückgeschlagenen Kronzipfel umgeben den 5 mm weiten Blüteneingang, aus welchem der Griffel mit der kleinen Narbe 2—3 mm weit hervorragt, während die fünf Staubblätter im Inneren der fast halbkugelförmigen Kronröhre kegelförmig zusammenneigen und den Griffelgrund fest umgeben. Trotz des häufigen Vorkommens der augenfälligen Pflanze unterhalb des Monte St. Michele an der Ostküste der Insel Capri beobachtete i c h keine Besucher an den schwach duftenden Blüten.

2400. C. neapolitanum Tenore. (K n u t h, a. a. O.) hat dieselbe Blüteneinrichtung wie vor.

520. Samolus Tourn.

Unansehnliche, weisse, homogame Pollenblumen mit Scheinnektarium.

2401. S. Valerandi L. [M a c L e o d, B. Jaarb. V. S. 447; S c h u l z, Beiträge I. S. 89; K e r n e r, Pflanzenleben II.; K n u t h, Bijdragen.] — Die von m i r in Schleswig-Holstein untersuchten Pflanzen stimmen in ihrer Blüteneinrichtung mit den von M a c L e o d in Belgien beschriebenen überein. Der in der nur 1½ mm tiefen Kronröhre verborgene Fruchtknoten trägt einen Ring, welcher ganz die Form und Lage eines Nektariums besitzt, aber keinen Nektar absondert. Die Antheren stehen in der Kronröhre in gleicher Höhe mit der gleichzeitig mit ihnen entwickelten Narbe. Sie öffnen sich nach innen, indem sie gegen die Narbe zusammenneigen, so dass spontane Selbstbestäubung unvermeidlich ist. Diese ist von Erfolg, da Insektenbesuch äusserst selten ist und die Blüten doch vollkommen fruchtbar sind. Die fünf weissen Schlundanhängsel dürften vielleicht der Erhöhung der Augenfälligkeit dienen.

Als B e s u c h e r sah i c h ein einziges Mal eine kleine S c h w e b f l i e g e (Syritta pipiens L.), pfd. Sie bewirkte bei der Nähe von Antheren und Narbe ebenso leicht Selbst- wie Fremdbestäubung.

521. Glaux Tourn.

Kleine, blassrosenrote Blumen mit verborgenem Honig[1]), welcher in sehr geringer Menge im Grunde der Blüte abgesondert und aufbewahrt wird. (Verhoeff.)

2402. G. maritima L. [K n u t h, Ndfr. Ins. S. 120; F r a n c k e, Beiträge (1883).] — Die von m i r in Schleswig-Holstein untersuchten Blüten sind homogam. Unmittelbar nach dem Aufblühen sind Antheren und Narbe entwickelt. Da diese gleich hoch stehen und erstere ihre pollenbedeckte Seite der letzteren zuwenden, so ist in den kleinen Blüten spontane Selbstbestäubung unvermeidlich.

---

[1]) Ich habe in den Blüten niemals freien Honig auffinden können, weder in solchen von Pflanzen bei Kiel (Juni 92), noch von Nordstrand (Mai 93), noch von Sylt (Juli 98). Durch die Behandlung mit Orthonitrophenylpropionsäure zeigten sie jedoch eine hellviolette Färbung, welche in dem mittleren Teile der Perigonblätter, wo diese an den Fruchtknoten stossen, am stärksten auftrat, so dass hier zuckerhaltiges Gewebe angenommen werden muss. (Vgl. die Bemerkung bei L e u c o j u m a e s t i v u m L.).

Dieselbe ist auch von Erfolg, da der Insektenbesuch äusserst gering ist und doch alle Blüten ohne Ausnahme Früchte bilden. Nach Francke sind die Blüten jedoch protandrisch und die Antheren von der Narbe entfernt, so dass Selbstbestäubung unmöglich ist. Über die Art der Befruchtung teilt derselbe jedoch nichts mit.

Als Besucher sah ich auf der Insel Nordstrand (31. 5. 93) eine winzige Muscide: Siphonella palposa Fall., den Kopf tief in die Blüten senkend.

Verhoeff beobachtete auf Norderney: A. Diptera: a) *Empidae*: 1. Hilara quadrivittata Mg., sgd. b) *Muscidae*: 2. Anthomyia spec., sgd.; 3. Aricia incana Wiedem., sgd.; 4. Cynomyia mortuorum L. 2 ♂, sgd.; 5. Lucilia caesar L., sgd.; 6. Onesia floralis R.-D. 1 ♀, sgd.

103. Familie Plumbaginaceae Juss.

Knuth, Nordfr. I. S. 122.

Die kleinen, aber lebhaft gefärbten Blüten sind zu augenfälligen, köpfchenartigen oder ebensträussigen Blütenständen vereinigt. Die Honigabsonderung und -bergung geschieht im Blütengrunde; die Blüten gehören daher zur Klasse B oder B'. Manche Arten der Gattungen Plumbago und Statice sind, nach Fritz Müller (Bot. Ztg. 1868 S. 113), dimorph.

522. Armeria Willd.

Rote Blumen mit verborgenem Honig, welche in schraubelförmig angeordneten, ein Köpfchen darstellenden Wickeln stehen, mithin zur Blumenklasse B' gehören.

2403. A. vulgaris L. (Statice Armeria L., S. elongata Hoffm.)]Sprengel, S. 174—175; Treviranus, Bot. Z. 1863; Mac Leod, Bot. Centralbl. 1887; Knuth, Bot. Centralbl. 1891; Vergl. Beob.; Ndfr. I. S. 122, 123; Weit. Beob. S. 239; Halligen; Kerner, Pflanzenleben II. S. 354; Schulz, Beiträge S. I. 89—90.] — Die von mir auf den nordfriesischen Inseln untersuchten Pflanzen gehören der Form maritima Willd. (als Art) an. Die cumarinduftenden Blüten haben einen etwa 5 mm langen, kegelförmigen Kelch, der an der Spitze in einen häutigen, wie die Blumenkrone hellviolett gefärbten Saum ausläuft, der durch fünf starre, an der Spitze rötlich gefärbte, mithin zur Augenfälligkeit beitragende Zähne gestützt wird. Mit diesen Zähnen wechseln die fünf nur am Grunde zusammenhängenden, 8 mm langen und 3 mm breiten Kronzipfel ab, welche je einen starken, dunkleren Mittelnerven und zwei schwächere Seitennerven besitzen. Die Kronzipfel werden durch den Kelch zu einer oben sich trichterförmig erweiternden, etwa 7 mm tiefen Röhre zusammengehalten. Vor den Kronblättern steht je ein 4—5 mm langes Staubblatt. Auf dem Fruchtknoten sitzt ein fünfstrahliges, grünes Nektarium, aus dessen Mitte sich die fünf staubfadenlangen Griffel erheben. Das unterste Drittel derselben ist mit abstehenden weissen Härchen besetzt, die nach oben zu besonders zahlreich und lang sind, so dass sie ein dichtes Geflecht bilden, welches einen wirksamen Honigschutz bietet. Das oberste Drittel des Griffels ist sammetartig papillös. Nach Mac Leod besitzt jedes Kronblatt am Grunde eine Nektardrüse.

Die Blüten sind (auf der Insel Sylt) schwach protandrisch, fast homogam. Mit dem Öffnen der Blüte entleeren die aufrecht stehenden Staubblätter ihren Pollen, so dass die zu dem honighaltigen Blütengrund vordringenden Insekten sich mit Pollen bedecken müssen. Alsbald jedoch kommen sie mit den entwickelten Narben in Berührung, so dass spontane Selbstbestäubung erfolgen muss. (Nach Mac Leod ist diese aber erschwert, weil dann die Antheren ihren Pollen grösstenteils schon verloren haben.) Die bis dahin nach aussen gebogenen Griffel wechseln nämlich mit den Staubblättern den Platz, so dass diese jetzt von den Besuchern gestreift werden, mithin noch Fremdbestäubung erfolgen kann. Schliesslich flechten sich, nach Mac Leod, die Staubblätter und Griffel so durcheinander, dass spontane Selbstbestäubung erfolgen muss. Die besuchenden Insekten behaften sich beim Honigsaugen entweder auf der Oberseite, wenn sie zwischen Blumenkrone und Staubblättern in die Blüte eindringen, oder

Fig. 345. Armeria L.
(In vierfacher Vergrösserung photographiert.)

Blüte, nachdem Krone, Staubblätter und Griffel abgefallen sind, von oben gesehen. *Kz* Kelchzipfel. *n* Fünfstrahliges Nektarium.

allseitig, wenn sie zwischen den Staubblättern in den Blütengrund kriechen, mit Pollen.

Die Darstellung des Bestäubungsvorganges, welchen Schulz von der Hauptform A vulgaris entwirft, stimmt mit der obigen nicht ganz überein, was wohl daran liegen mag, dass es bei dieser Pflanze zuweilen schwierig ist, jüngere und ältere Blüten von einander zu unterscheiden. Anfangs bewegen sich die Griffel nach aussen, wobei sie, da die Blüten homogam sind, die Antheren berühren, also Autogamie erfolgt. Auch die Staubblätter bewegen sich zuerst nach innen, dann nach aussen. Gegen Ende des Blühens verschlingen sich die Griffel in mannigfacher Weise mit den Staubblättern und bilden mit ihnen einen festen Knäuel; doch soll hierdurch keine Autogamie erfolgen können, da dann oft kein Pollen mehr vorhanden ist und auch die Griffelspitzen häufig aus dem Knäuel hervorragen. Nach Kerner erfolgt aber gerade hierdurch spontane Selbstbestäubung, indem sich die schraubig gedrehten Griffel um die gleichfalls gedrehten Staubblätter schlingen.

Als Besucher beobachtete ich auf den nordfriesischen Inseln:

A. Coleoptera: 1. Cantharis fusca L. (den Kopf in den Blüten). B. Diptera: a) *Muscidae*: 2. Aricia lardaria F.; 3. A. vagans Fll.; 4. Lucilia caesar L.; 5. Sarcophaga carnaria L.; 6. S. sp.; 7. Scatophaga stercoraria L.; 8. Trypeta sp.; 9. 4 Arten kleinerer Musciden. b) *Syrphidae*: 10. Eristalis intricarius L.; 11. E. tenax L.; 12. Helophilus pendulus L.; 13. H. trivittatus F.; 14. Volucella bombylans L. Sämtl. sgd. oder pfd. Hymenoptera: *Apidae*: 15. Apis mellifica L.; 16. Bombus agrorum F.; 17. B. distinguendus Mor.; 18. B. lapidarius L.; 19. B. terrester L.; 20. Dasypoda plumipes Pz.; 21. Panurgus ater Pz.; 22. P. lobatus F. Sämtl. sgd. oder psd. D. Lepidoptera: a) *Rhopalocera*: 23. Argynnis aglaja L.; 24. Epinephele janira L.; 25. Lycaena semiargus Rott.; 26. Pieris sp.; 27. Satyrus semele L. b) *Sphinges*: 28. Ino statices L.; 29. Zygaena filipendulae L. Sämtl. sgd.

Auf Helgoland beobachtete i c h (Bot. Jaarb. 1896. S. 41): A. D i p t e r a : a) *Mus-cidae*: 1. Lucilia caesar L. b) *Syrphidae*: 2. Eristalis sp.; 3. E. tenax L.; 4. Syritta pipiens L. B. L e p i d o p t e r a : *Noctuidae*: 5. Plusia gamma L.

Am 5. 6. 97 beobachtete i c h den eigentlichen Bestäuber dieser Blume auf Helgoland, nämlich Anthrena carbonaria L., sgd. Die Grössenverhältnisse dieser Biene entsprechen ganz den Ausmessungen der Blüte, wenn das Insekt den Kopf in dieselbe hineinsteckt. Ausserdem sah ich als gelegentliche Bestäuber Pieris brassicae L. ♂, sgd., Lucilia caesar L., sgd. und Scatophaga sp., sgd.

L e e g e bemerkte auf Juist: L e p i d o p t e r a : *Noctuidae*: Hydroecia nictitans L.; V e r h o e f f auf Norderney und Juist (J.): A. C o l e o p t e r a : *Scarabaeidae*: 1. Phyllopertha horticola L., pfd. (J.). B. D i p t e r a : a) *Bibionidae*: 2. Dilophus femoratus Mg. ♀, sgd.; 3. D. vulgaris Mg. ♀ ♂, sgd. b) *Empidae*: 4. Hilara quadrivittata Mg. ♀ ♂, s. hfg., sgd. c) *Muscidae*: 5. Aricia incana Wiedem., ♀ ♂, sgd.; 6. Cynomyia mortuorum L. ♂. d) *Syrphidae*: 7. Eristalis intricarius L.; 8. Platycheirus sp. ♂, sgd. C. H y m e n o p t e r a : 9. Colletes cunicularius L. ♀, psd. (J.); H e i n s i u s in Holland verschiedene Fliegen (Ceratopogon sp. ♀; Dilophus vulgaris Meig. ♂; Hilara chorica Fall. (?); Rhamphomyia sp. ♀), eine kurzrüsselige Biene (Prosopis communis Nyl. ♂), einen Tagfalter (Coenonympha pamphilus L.) (B. J. IV. S. 84. 85).

In Dumfriesshire (Schottland) (S c o t t - E l l i o t , Flora S. 142) wurde 1 Hummel, 1 Empide, 1 Muscide, 1 Schwebfliege und mehrere Dolichopodiden als Besucher beobachtet.

2404. A. alpina W. [K e r n e r , Pflanzenleben II. S. 354; M a c L e o d , B. Jaarb. III. S. 373.] — Die Blüteneinrichtung stimmt mit derjenigen der vorigen Art vollständig überein. Nach M a c L e o d ist anfangs Fremdbestäubung, zuletzt spontane Selbstbestäubung gesichert. Zuerst stehen, nach K e r n e r , die Staubblätter so, dass in den homogamen Blüten die zu dem in reichlicher Menge abgesonderten Honig vordringenden Insekten die pollenbedeckten Antheren streifen müssen, während die fünf Griffel mit den Narben noch aufgerichtet sind. Alsdann wechseln Antheren und Narben den Platz, indem die ersteren gegen die Blütenmitte rücken, die letzteren sich gegen die Peripherie bewegen. Bleibt Insektenbesuch aus, so drehen sich die Griffel zuletzt schraubig, bewegen sich dabei wieder gegen die Blütenmitte und verschlingen sich mit den ebenfalls schraubig gedrehten Staubblättern, so dass die Narben mit dem noch an den ersteren haften gebliebenen Pollen in Berührung kommen.

523. Statice L.

Blauviolette, zu ebensträussigen, augenfälligen Ständen vereinigte Blumen mit verborgenem Honig, welcher im Blütengrunde abgesondert und aufbewahrt wird. Zuweilen Heterostylie.

2405. St. Limonium L. (S. Behen Drejer, S. scanica Fries.) [M a c L e o d , Bot. Centralbl. 1887; K n u t h , Ndfr. Inseln. S. 124, 125; Weit. Beob. S. 239; Bijdragen.] — Die von mir auf den nordfriesischen Inseln untersuchten Pflanzen waren protandrisch. Aus den Blüten, deren Kronzipfel durch einen wie bei A r m e r i a gestalteten Kelch zusammengehalten werden, ragen zuerst die pollenbedeckten Antheren 1—2 mm weit hervor. Nachdem diese verwelkt sind, wachsen die am Grunde unbehaarten Griffel so weit hervor, dass die nunmehr entwickelten Narben den Blüteneingang überragen. Bei eintretendem Insektenbesuche ist daher Fremdbestäubung gesichert; bleibt derselbe aus, so ist spontane Selbstbestäubung durch Pollen möglich, welcher aus den Antheren in die Blüte hinabgefallen und liegen geblieben ist. Derselbe wird beim Neigen der Blüten in dem auf den Inseln sehr häufigen und heftigen Winden leicht auf die Narbe fallen können. Es scheint sogar durch den Wind Pollen von einer Blüte zu benachbarten übertragen werden zu können, denn es finden sich nicht selten auf und an den Blüten Pollenmassen.

Mac Leod beobachtete an der belgischen Küste (bei Ter Neuzen und bei Nieuwport) drei verschiedene Blütenformen (während ich auf den nordfriesischen Inseln immer nur eine Blütenform fand):

a) forma macrostyla n. f.: Griffel 7—8 mm lang; Narbenpapillen 2—2$^1/_2$ mm des Griffelendes einnehmend, wenig vorstehend; Staubblätter kurz; Aussenhaut der Pollenkörner mit polygonaler Zeichnung.

b) forma brachystyla n. f.: Griffel 4—5 mm lang; Narbenpapillen nur $^3/_4$—1 mm des Griffelendes einnehmend, klein, mehr vorstehend; Staubblätter lang; Aussenhaut der Pollenkörner ohne polygonale Zeichnung.

c) forma isostyla n. f.: Staubblätter und Griffel ungefähr gleich lang.

Bei der Form c) ist spontane Selbstbestäubung fast unvermeidlich; auch bei der Form b) kann der Pollen leicht aus den Antheren auf die Narbe fallen; bei der Form a) erfolgt durch Krümmung des Griffels nach unten zuweilen Autogamie.

Mac Leod beobachtete ausserdem zahlreiche Blüten mit unfruchtbaren Staubblättern, so dass die Pflanze auch zur Gynodiöcie neigt.

Als Besucher sah ich auf der Insel Amrum nur einige winzige Musciden und eine Strauchwanze (Lygus pratensis F.), offenbar nicht die den Grössenverhältnissen und der Honigbergung entsprechenden Besucher, da zur Erlangung des Nektars ein 5—6 mm langer Rüssel erforderlich ist. Auf der Insel Sylt bemerkte ich die Honigbiene in ungeheurer Menge sgd. in den Blüten, ferner Bombus terrester L. (sgd.), sowie eine Schwebfliege (Melithreptus nitidicollis Zett.), sgd., endlich auf der Hallig Langeness mittelgrosse Dipteren.

Willis (Flowers and Insects in Great Britain Pt. I.) beobachtete in der Nähe der schottischen Südküste:

A. Coleoptera: *Nitidulidae*: 1. Meligethes sp., pfd. B. Hymenoptera; *Apidae*: 2. Bombus hortorum L., sgd.

In Dumfriesshire (Schottland) (Scott-Elliot, Flora S. 142) wurden 1 Hummel und Meligethes als Besucher beobachtet.

104. Familie Plantaginaceae Juss.

Knuth, Ndfr. Inseln S. 125; Grundriss S. 87.

Protogynische Windblütler mit langen, leicht beweglichen Staubfäden und fiederförmigen Narben. Blüten zweigeschlechtig oder einhäusig.

524. Litorella Bergius.

Blüten einhäusig. In den männlichen Blüten sind die vier Staubblätter
der Kronröhre eingefügt; die weiblichen Blüten sitzen zu zwei am Grunde der
männlichen.

2406. L. juncea Bergius. (L. lacustris L.) [Knuth, Ndfr. Ins. S. 125;
A. Braun, Betrachtungen S. 45.] — Die Staubbeutel sind nur an einem Punkte
an den dünnen, oft 2 cm weit aus der Blüte hervorragenden Fäden befestigt
und schaukeln bei jedem Luftzuge, welcher mit Leichtigkeit den pulverigen Pollen
entführt. Die lang hervorragenden, fiedrigen Narben der am Grunde der männlichen Blüten sitzenden weiblichen sind früher entwickelt, als die Antheren der
männlichen Blüten ihrer Pflanze sich öffnen. Unter Wasser befindliche Pflanzen
blühen nicht, sondern vermehren sich durch (bis 1 dm) lange Ausläufer. Nach
A. Braun geschieht dies in nassen Jahren immer, da dann die Pflanzen sämtlich untergetaucht bleiben.

Willis und Burkill (Fl. a. ins. in Gr. Brit. I. p. 265) fügen meiner
Beschreibung hinzu, dass die Blüten in Gruppen zu 3 stehen, und zwar eine
gestielte männliche in der Mitte und 2 sitzende weibliche an deren Grunde. Die
Staubfäden sind lang und biegsam, die Antheren leicht beweglich, die Narben
lang und pinselförmig. Die beiden weiblichen Blüten entwickeln sich früher als die
zu derselben Pflanze gehörigen männlichen, so dass Selbstbestäubung verhindert ist.

525. Plantago L.

Knuth, Ndfr. Ins. S. 125—126.

Blüten zweigeschlechtig, protogynisch, mit langlebigen Narben. Zuweilen
Gynomonöcie oder Gynodiöcie, selten Andromonöcie oder Androdiöcie. Einige
Arten sind, nach Darwin (Proc. Linn. VI. S. 77—99), dimorph, andere haben,
nach Kuhn (Bot. Ztg. 1867, S. 67), kleistogame Blüten (z. B. P. virginica).

Die von mir untersuchten Arten zeigten an den ährigen Blütenständen
immer nur einen Kranz entwickelter Blüten. Aus letzteren ragen die feinen,
leicht beweglichen Staubfäden einige Millimeter weit hervor und tragen an der
Spitze die nur auf dem Rücken schaukelförmig befestigten Antheren. Diese
haben bei P. major eine meist bräunliche, bei P. lanceolata und arenaria eine weissliche, bei P. maritima und P. Coronopus eine gelbe,
bei P. media eine violette Färbung. Durch diesen braunen, weissen, gelben
oder violetten Kranz werden die Blütenstände ziemlich augenfällig, besonders bei
P. media, wo die violetten Staubfäden zur Erhöhung der Augenfälligkeit erheblich beitragen. Man beobachtet daher, wenn auch selten, pollenfressende oder
pollensammelnde Insekten an den Blüten, so dass auch gelegentlich Bestäubung
durch Insekten erfolgen kann. Meist sind Fliegen die Besucher; bei P. media
sind die Lockmittel durch den feinen Duft der Blüte so erhöht, dass sich
Hummeln und die Honigbiene einstellen.

Bei weitem häufiger erfolgt aber die Befruchtung der Wegerich-Arten durch
den Wind. Die etwas federigen Narben ragen schon aus der sonst noch völlig

geschlossenen Knospe hervor; dann entwickeln sich die Staubblätter, während die Narben noch empfängnisfähig bleiben, so dass bei ausbleibender Fremdbestäubung spontane Selbstbestäubung eintritt. Erstere braucht auch nicht von Blüten verschiedener Pflanzenstöcke bewirkt zu werden, sondern kann bei den im ersten Stadium befindlichen Blüten auch durch die etwas weiter unten an derselben Ähre stehenden, schon mit entwickelten Staubblättern ausgerüsteten Blüten geschehen. Bei P. maritima beobachtete ich ausserdem noch regelmässig die Erscheinung, dass die Narben den ganzen Zwitterzustand der Blüte nicht nur überdauerten, sondern sich nach dem Abblühen der Staubblätter noch um mehrere Millimeter verlängerten und noch einige Zeit empfängnisfähig blieben. Hier kann also im letzten Blütenstadium noch Geitonogamie erfolgen, indem der Pollen aus den höher gelegenen Blüten auf die Narben der unteren hinabfällt.

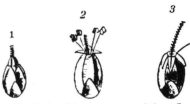

Fig. 346. Plantago maritima L.
(Nach der Natur.)

1 Blüte im ersten weiblichen Zustande: Aus den noch nach oben zugeschlagenen Kronzipfeln ragt die bereits empfängnisfähige Narbe hervor. *2* Dieselbe im zweigeschlechtigen Zustande: Neben der papillösen Narbe ragen die Staubblätter mit aufgesprungenen Antheren aus der Blüte hervor; die Kronzipfel sind wagerecht ausgebreitet. *3* Blüte im zweiten weiblichen Zustande: Aus der Blüte ragt die gestreckte, noch immer papillöse Narbe, sowie noch ein antherenloser Staubfaden hervor; die Kronzipfel sind herabgeschlagen.

Nach Kerner sind die Antheren beim Ausstäuben nach oben gerichtet und öffnen sich mit einem nur kurzen Spalt; dadurch wird erreicht, dass einige Tage vergehen, ehe der Pollen aus den Antheren herausgeschüttelt ist. Die aufgesprungenen Antherenfächer schliessen sich in taureichen Nächten und bei feuchter Witterung, so dass ein Verderben des Pollens durch Nässe nicht erfolgen kann. Pollensammelnde Bienen befeuchten die trockenen Pollenkörner mit ausgespieenem Honigsaft.

2407. P. major L. [Schulz, Beiträge; II. S. 152—153, 197; Kirchner, Flora S. 647.] — Nach Schulz schwankt diese Art zwischen Homogamie und Protogynie; auch ist häufig die Länge der Griffel eine verschiedene. Die meisten Stöcke haben bräunliche Blumenkronen, weisse Staubfäden und rotbraune Antheren; doch kommen, nach Ludwig, auch solche vor mit gelben oder grünlichgelben Antheren, die etwas grösser und breiter sind und eine oben mehr abgerundete Form besitzen. Selten sind Stöcke mit weissen Antheren. Schulz beobachtete Gynomonöcie und Gynodiöcie; doch ist die Zahl der weiblichen Blüten gering und übersteigt selten 10 %.

2408. P. lanceolata L. [Delpino, Applicazione S. 6; H. M., Befr. S. 342—344; Mac Leod, B. Jaarb. V. S. 362; Schulz, Beiträge I. S. 90—92; II. S. 174—198; Kirchner, Flora S. 646, 647; Knuth, Blütenbesucher S. 9; Thüringen; Bijdragen.] — Gynodiöcisch und gynomonöcisch mit protogynischen Zwitterblüten. Aus den Zwitterblüten ragt die empfängnisfähige Narbe bereits vor Entfaltung der Kronzipfel etwa 1 mm weit hervor, während die Antheren mit noch kurzen Filamenten von der Knospe umschlossen werden. Wenn die Narbe einzuschrumpfen beginnt, wachsen die Staubfäden heran und treten mit der Entfaltung der durchscheinenden Kronzipfel 5—6 mm weit aus der Blüte hervor, indem ihre Antheren sich öffnen und den Pollen ausstreuen.

Nach S c h u l z sind die Zwitterblüten jedoch nicht immer so ausgeprägt protogyn, sondern die Narben entwickeln sich bei manchen Blüten erst dann, wenn diese sich zu öffnen beginnen. Die Länge der Griffel ist eine veränderliche.

L u d w i g unterschied (1879) zwei Formen: eine mit weissen, herzförmigen Antheren und eine mit länglichen, grünlichen bis schwefelgelben Antheren und zum grossen Teil verkümmerten Pollenkörnern.

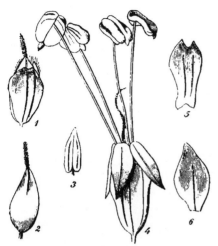

Fig. 347. Pla'ntago lanceolata L.
(Nach Herm. Müller.)

1 Blüte im ersten (weiblichen) Zustande; Blumenblätter und Staubblätter noch in Knospe. *2* Dieselbe nach Entfernung des Kelches. *3* Ein Staubgefäss aus dieser Blüte. *4* Blüte im zweiten (männlichen) Zustande. *5* Die zusammengewachsenen unteren Kelchblätter. *6* Ein seitliches Kelchblatt.

H. M ü l l e r beschrieb zwei, durch Zwischenformen verbundene Formen: 1. niedrige, an sonnigen, bergigen Standorten wachsende Pflanzen, deren Ährenstiele zuweilen kaum 10 cm lang sind und kugelige Ähren von nur 5 mm Durchmesser tragen; die Antheren überragen die Blüte um 5—6 mm; 2. hohe, auf Alluvialwiesen wachsende Pflanzen, deren Ährenstiele eine Länge von 30 bis 44 cm erreichen und deren Ähren eine Länge von 15—30 mm besitzen; die Antheren überragen die Blüte um 6—7 mm.

D e l p i n o unterschied drei Formen: 1. hochschäftige, auf Wiesen wachsende Pflanzen mit weisslichen, sehr breiten, im Winde zitternden Antheren, die ausschliesslich windblütig zu sein scheinen, da D o l p i n o sie niemals von Insekten besucht sah. 2. Pflanzen mit weniger hohem Schaft, die auch fast ausschliesslich windblütig zu sein scheinen, da D e l p i n o nur einmal einen Halictus pollensammelnd auf den Blütenständen beobachtete. 3. Zwerghafte Bergform mit kurzen Ähren und weniger langen Staubblättern; D e l p i n o beobachtete zahlreiche pollensammelnde Bienen als Besucher, welche dabei Kreuzung bewirkten. Den Honigbienen gelang es, den Blütenstaub einzusammeln, während der erwähnte Halictus bei der zweiten Form nur einen geringen Teil des Pollens zu sammeln vermochte, da der meiste Blütenstaub dabei zur Erde fiel.

D e l p i n o schloss aus dieser letzten Beobachtung, dass der Bau der Blüte für pollensammelnde Bienen ungeeignet sei. H. M ü l l e r bemerkt jedoch mit Recht, dass D e l p i n o möglicherweise bloss auf Grund des erfolgreicheren Pollensammelns der Honigbiene, welche durch ihre Gewohnheit, den einzusammelnden

Pollen mit Honig zu benetzen, bedingt ist, bei der dritten Form, an welcher er die Honigbiene Pollen sammeln sah, Anpassungen, welche thatsächlich nicht vorhanden sind, vorausgesetzt hat.

Ausser den Zwitterblüten kommen hin und wieder gynomonöcisch oder gynodiöcisch verteilte weibliche Blüten vor. Nach Schulz treten dieselben meist zu 20—25%, zuweilen aber auch bis auf 50% auf. Die Blüten der rein weiblichen Stöcke haben entweder gelbe Antheren mit verkümmertem Pollen oder sie besitzen gar keine Antheren. Sie sind fruchtbarer als die zweigeschlechtigen Blüten und treten, nach Ludwig, erst gegen Ende der Blütezeit auf.

Die gynomonöcischen Stöcke lassen in den Ähren verschiedene Zonen von Blüten erkennen: in der einen stehen rein weibliche Blüten, in einer anderen zweigeschlechtige, in einer dritten mittleren Blüten mit einzelnen reduzierten Staubblättern.

Als Besucher und Befruchter hat H. Müller in Westfalen und ich in Schleswig-Holstein die Honigbiene beobachtet. H. Müller schildert die auch von mir beobachtete Art des Blütenbesuches derselben in folgender Weise: Mit vorgestrecktem Rüssel fliegt die Honigbiene summend an eine Blütenähre heran und speit freischwebend etwas Honig auf die frei hervorstehenden Staubbeutel. Dann bürstet sie, immer noch frei schwebend und summend, mit den Vorderfersen mit einer plötzlich vorwärts greifenden und wieder zurückziehenden Bewegung (wobei der Summton eben so plötzlich sich erhöht) Pollen von den Antheren ab. In demselben Augenblicke sieht man ein Wölkchen von Blütenstaub von den erschütterten Staubblättern aus sich in der Luft verbreiten. Die Biene wiederholt nun, nachdem sie den Blütenstaub an die Hinterschienen abgegeben hat, dasselbe Geschäft an derselben oder einer anderen Ähre oder fasst, wenn sie ermüdet ist, festen Fuss auf der freischwebend abgebürsteten und kriecht an derselben aufwärts. Da der frei einherschwebende Blütenstaub zum Teil auch auf Narben desselben oder benachbarter Stöcke gelangt, so werden in diesem Falle Windblüten auch durch Insektenthätigkeit befruchtet. Bei windigem Wetter verhält sich die Honigbiene, wenn sie den Pollen von Plantago lanceolata sammeln will, wesentlich anders, als oben beschrieben ist. Sie fliegt dann direkt auf die Blütenähren auf, geht an derjenigen Zone derselben, deren Blüten sich öffnen, einmal ringsum und fegt dabei mit den Beinen über die hervorragenden Antheren. So gelingt es ihr, nachdem der lose sitzende Blütenstaub durch den Wind bereits verstreut ist, doch noch Ausbeute zu erlangen. — Auch individuelle Verschiedenheiten bieten die Honigbienen in ihrem Verhalten diesen Windblüten gegenüber dar. So beobachtete Herm. Müller ein Exemplar, das zwar ebenfalls summend mit ausgestrecktem Rüssel vor den blühenden Ähren schwebte, aber dann zum Pollensammeln jedesmal festen Fuss auf den Ähren fasste. (H. M., Weit. Beob. III. S. 63, 64.)

Als weitere Besucher beobachtete ich auf der Insel Röm eine pollenfressende Schwebfliege (Helophilus pendulus L.), in Thüringen Bombus terrester L. ⚥, psd. (bei Friedrichsroda, Juli 1894). Hermann Müller giebt folgende Besucherliste:

A. Diptera: *Syrphidae*: 1. Melanostoma mellina L., pfd., sehr häufig; 2. Syrphus ribesii L., pfd., wiederholt; 3. Volucella pellucens L., pfd. B. Hymenoptera: *Apidae*:

4. Apis mellifica L. ⚥, sehr häufig, psd.; 5. Bombus pratorum L. ⚥, psd.; 6. Halictus sp., an den Antheren beschäftigt.

Mac Leod sah in Flandern gleichfalls Melanostoma pfd. (Bot. Jaarb. V. S. 371).

In Dumfriesshire (Schottland) (Scott-Elliot, Flora S. 143) wurde Apis, 1 Hummel, 1 Schwebfliege (selten) und 1 Falter als Besucher beobachtet.

2409. P. media L. [Darwin, forms of flowers S. 307; Ludwig, Zeitschr. f. d. ges. Nat. 1879. S. 441—449; H. M., Befr. S. 344—346; Alpenbl. S. 357; Weit. Beob. III. S. 64; Knuth, Blütenbesucher S. 9—10; Herbstbeob.; Bijdragen; Kirchner, Flora S. 647, 648; Schulz, Beiträge I. S. 92—93; II. S. 198.] — Windblume. Gynodiöcisch, gynomonöcisch, andromonöcisch und androdiöcisch mit protogynen Zwitterblüten. Diese Pflanze bildet eine Über-

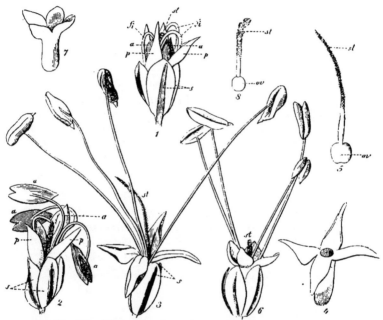

Fig. 348. Plantago media L. (Nach Herm. Müller.)

A (1—5) Eine Form von Plantago media, welche an trocknen sonnigen Rändern am Abhange des Rixbecker Hügels bei Lippstadt wächst. *1* Knospe. *2* Aufgehende Blüte. *3* Völlig entwickelte Blüte. *4* Blumenkrone. *5* Stempel. *s* = Kelchblätter, *p* = Blumenblätter, *a* = Staubgefässe, *st* = Narbe. *B (6—8)* Eine andere Form derselben Art, welche ebenfalls am Abhange des Rixberger Hügels, aber an feuchten etwas schattigen Stellen, oft wenige Schritte von der andern wächst, *6* Entwickelte Blüte. *7* Blumenkrone. *8* Stempel dieser Form. *ov* Fruchtknoten.

gangs-form von den Windblütlern zu den Insektenblütlern, weshalb ich sie als eine Windblume bezeichnet habe. (Vgl. Bd. I. S. 86.) Die violette Färbung der Staubblätter und der feine Duft der in einen Kranz gestellten blühenden Blüten locken nicht wenige Besucher an, darunter auch Hummeln und die Honigbiene. H. Müller hat zwei Formen zu unterscheiden versucht, von denen die eine vorwiegend windblütig, die andere vorwiegend insektenblütig ist:

a) forma anemophila Knuth. Sie hat höhere Ährenstiele mit etwa 4 cm langen Ähren, die sich während des Abblühens auf 7—8 cm verlängern; die schwach gebogenen Staubfäden sind weiss und ragen 7—9 mm weit aus den Blüten hervor; der Blütenstaub ist wie bei der folgenden Form pulverig, doch etwas weniger leicht anhaftend als bei der zweiten; die Narben sind lang; die Kronzipfel sind spitz und breiten sich auseinander.

b) forma entomophila Knuth. Die Ährenstiele sind kürzer, nur etwa 15 cm lang; die straffen Staubfäden sind kürzer und rötlich; der Blütenstaub ist leichter anhaftend als bei a, doch sind die Pollenkörner auch hier so glatt und trocken, dass sie leicht vom Winde fortgeführt werden. Diese Pflanze besitzt, nach Ekstam, auch im schwedischen Hochgebirge Wohlgeruch und rötliche Ähren als Anlockungsmittel, wodurch, nach Ekstams Auffassung, die Insekten betrogen werden, wie Hummeln und Fliegen. Die Narben ragen nur wenig hervor; die Kronzipfel sind rundlich und schräg aufwärts gerichtet.

Beide Formen sind protogynisch; doch ist die Protogynie weniger ausgeprägt als bei P. lanceolata, da die Narben noch empfängnisfähig sind, wenn die Antheren den Pollen entlassen. Nach Schulz ist der Grad der Protogynie ein wechselnder; nach demselben sind die Blüten zuweilen selbst homogam.

Darwin beobachtete in England, Ludwig in Thüringen Gynodiöcie. Schulz fand nicht nur Gynodiöcie, sondern auch Gynomonöcie, sowie Andromonöcie und Androdiöcie.

Als Besucher sah Lindman auf dem Dovrefjeld einen honigsuchenden Nachtfalter. Ich beobachtete in Thüringen (bei Eisenach, Coburg und Schwarzburg) und in der Aue bei Kassel im Juli 1894: A. Coleoptera: a) *Cerambycidae*: 1. Strangalia bifasciata Müll. b) *Nitidulidae*: 2. Meligethes. Beide pfd. B. Diptera: *Syrphidae*: 3. Eristalis sp.; 4. Melanostoma mellina L.; 5. Rhingia rostrata L.; 6. Syrphus balteatus Deg.; 7. S. sp.: 8. Volucella pellucens L. Sämtlich pfd. C. Hymenoptera: *Apidae*: 9. Apis mellifica L.; 10. Bombus lapidarius L. ♀; 11. B. terrester L. ♀ ♀; 12. Halictus cylindricus F. Sämtlich psd. Ferner im botan. Garten zu Kiel einen vergeblich nach Honig suchenden Falter (Vanessa io L.).

Herm. Müller giebt folgende Besucherliste:

A. Coleoptera: a) *Cerambycidae*: 1. Strangalia bifasciata Müll., pfd. (Thür.): 2. Str. nigra L.. in Mehrzahl, Antheren benagend. b) *Telephoridae*: 3. Anthocomus fasciatus L., w. v.; 4. Malachius aeneus L.. w. v. c) *Nitidulidae*: 5. Meligethes, nicht selten. d) *Oedemeridae*: 6. Oedemera marginata F., Antheren fressend (Thür.). B. Diptera: a) *Muscidae*: 7. Spilogaster semicinerea Wied., sehr häufig, pfd. b) *Stratiomydae*: 8. Chrysomyia formosa Scop. c) *Syrphidae*: 9. Ascia podagrica F., pfd.; 10. Chrysotoxum festivum L., pfd. (Kitz.); 11. Eristalis arbustorum L., sehr häufig, psd.; 12. Helophilus floreus L., psd. (Thür.); 13. Melanostoma ambigua Fall.. pfd.; 14. M. mellina L., pfd.; 15. Rhingia rostrata L., psd. (H. M., Buddeberg); 16. Syrphus balteatus Deg.. pfd.; 17. S. ribesii L., pfd. C. Hymenoptera: *Apidae*: 18. Anthrena sp. ♀, wiederholt psd.; 19. Bombus terrester L. ♀, psd., häufig; 20. Eucera longicornis L. ♂. vergeblich nach Honig suchend; 21. Halictus albipes F. ♀. wiederholt psd.; 22. H. cylindricus F. ♀, w. v.; 23. Megachile circumcincta K. ♀. D. Lepidoptera: *Micropterygidae*: 24. Micropteryx spec.. zahlreich (Buddeberg).

In den Alpen bemerkte Herm. Müller 2 Käfer. 5 Fliegen. 4 Bienen an den Blütenständen.

Mac Leod sah diese Windblume in den Pyrenäen von 2 kurzrüsseligen Bienen und einer Fliege besucht. (B. Jaarb. III. S. 323.)

2410. P. montana Lam. [Schulz, Beitr. II. S. 198.] — Die von Schulz untersuchten Herbarexemplare hatten zum Teil weibliche Blüten und schienen protogyne Wind- blütler zu sein.

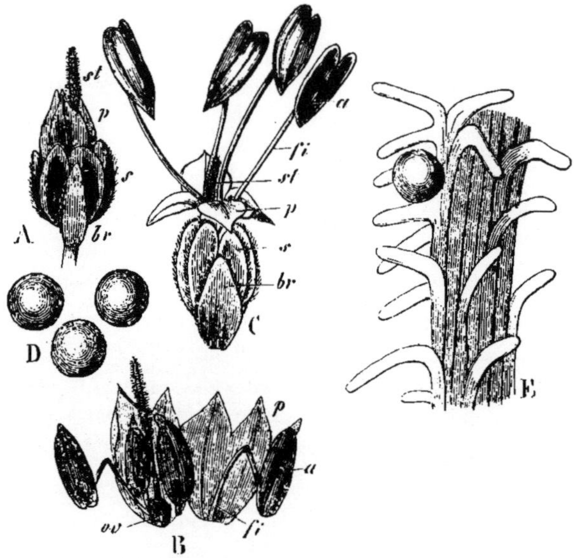

2411. P. alpina L. [H. M., Alpenbl. S. 356, 357; Loew, Bl. Fl. S. 396; Kirch- ner, Beiträge S. 58.] — Die rötlichen Kronzipfel machen diese windblütige Pflanze etwas augen- fällig, so dass pollen- sammelnde Insekten hin und wieder angelockt werden und gelegentliche Befruchtung herbeiführen können. Die Entwicke- lungsfolge der Staub- blätter und der Narbe schwankt zwischen Ho- mogamie und Protogynie. Die von Kirchner bei Zermatt beobachteten Pflanzen waren protogy- nisch mit langlebigen Narben, die noch frisch sind, wenn die Antheren stäuben.

Fig. 349. Plantago alpina L. (Nach Herm. Müller.) A Eine Knospe mit hervorragender Narbe, von der Seite ge- sehen. (7:1.) B Dieselbe auseinander gelegt. C Eine homo- game Blüte. D Pollenkörner bei stärkerer Vergrösserung. E Ein Stück der Narbe. br Deckblatt. Bedeutung der übrigen Buchstaben wie in Fig. 213.

Als Besucher beobachtete H. Müller 1 Hummel, 1 Schwebfliege (Melanostoma mellina L.), 3 Falter, 1 Forficulalarve. Loew sah in der Schweiz Didea intermedia Löw, pfd.

2412. P. serpentina Vill. (Kirchner, Beiträge S. 58) stimmt mit voriger Art überein, nur ist sie in allen Teilen grösser.

2413. P. maritima L. [Knuth, Nrdfr. I. S. 125—126; Schulz, Bei- träge II. S. 198.] — Die Narben ragen bereits aus der Knospe hervor; sie überdauern an den von mir auf den nordfriesischen Inseln beobachteten Pflanzen die Entwickelung der Staubblätter und sind noch empfängnisfähig, wenn die Antheren bereits abgefallen sind. Schulz beobachtete Gynomonöcie und Gyno- diöcie, meist 5—10, selten bis 20%.

2414. P. Coronopus L. [Knuth, Nordfr. I. S. 125; Ludwig, Lehrbuch.] — Auch diese Art ist auf den nordfriesischen Inseln ausgeprägt protogynisch mit langlebigen Narben. Ludwig beobachtete Übergänge zu Gynodiöcie. Auch fand derselbe Heterantherie, d. h. zweierlei Arten von Antheren, ähnlich wie bei P. major.

2415. P. borealis L. ist nach Warming windblütig.

2416. P. arenaria L. [Kirchner, Beiträge S. 58; Knuth, Bijdragen.] — Die Blüteneinrichtung der (kultivierten) Pflanzen stimmt mit derjenigen der Zwitterblüten von P. lanceolata im wesentlichen überein. Aus der knospenartig geschlossenen Blüte ragt im ersten Zustande die fadenförmige rötliche Narbe 3 mm weit hervor, während die Antheren noch auf kurzen Staubfäden im Grunde der Blüte sitzen. Später öffnet sich der Kelch, die unscheinbare Krone entfaltet sich und die aufgesprungenen Staubbeutel ragen an den entwickelten, nach oben stark verdünnten Fäden 4 mm weit aus der Blüte hervor, während die Narben bereits verwelkt sind.

Als Besucher sah ich Melanostoma mellina L., pfd. (an Exemplaren des botan. Gartens in Kiel).

2417. P. Cynops L. [Kirchner, Beiträge S. 58, 59.] — Die Blüteneinrichtung ist dieselbe wie bei der vorigen Art. Im ersten (weiblichen) Zustande überragt die Narbe die Blüte um 4 mm im zweiten (männlichen) Zustande überragen die Antheren die Krone um 8 mm.

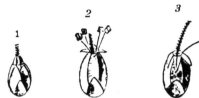

Fig. 350. Plantago maritima L.
(Nach der Natur.)

1 Blüte im ersten weiblichen Zustande: Aus den noch nach oben zugeschlagenen Kronzipfeln ragt die bereits empfängnisfähige Narbe hervor. *2* Dieselbe im zweigeschlechtigen Zustande: Neben der papillösen Narbe ragen die Staubblätter mit aufgesprungenen Antheren aus der Blüte hervor; die Kronzipfel sind wagerecht ausgebreitet. *3* Blüte im zweiten weiblichen Zustande: Aus der Blüte ragt die gestreckte, noch immer papillöse Narbe, sowie noch ein antherenloser Staubfaden hervor; die Kronzipfel sind herabgeschlagen.

2418. P. lagopus ist gynodiöcisch. [Ludwig, Bot. Centralbl. III. S. 829.]

2419. P. virginica. Kultivierte Pflanzen hatten kleistogame Blüten. (Ludwig, Bot. Centralbl. III. p. 862, 863).

105. Familie **Amarantaceae** Juss.

2420. Albersia Blitum Kth. ist (Warnstorf, Bot. W. Brand. Bd. 38) protogyn und anemophil. Die weiblichen Blüten sind viel zahlreicher als die männlichen. Papillen der Narben keulenförmig und dreizellig. Pollen blassgelblich, unregelmässig polyedrisch, warzig, durchschnittlich von 25 μ diam.

2421. Amarantus retroflexus L. Die kleinen, grünlichen diklinischen (einhäusigen) Blüten sind, nach Warnstorf (a. a. O.), anemophil. Die männlichen befinden sich unter den zahlreicheren weiblichen. Die drei Narben der letzteren sind mit sehr grossen Papillen besetzt. Antheren grünlich, auf zarten schlaffen Filamenten. Pollen weisslich, unregelmässig rundlich, mit zahlreichen Keimwarzen auf der Oberfläche, von 31—33 μ diam.

Plateau bemerkte eine Fliege (Musca domestica L.) und einen Käfer (Cassida nobilis L.) als Besucher.

106. Familie **Chenopodiaceae** Ventenat.

Knuth, Nordfr. I.* S. 126.

Die zweigeschlechtigen oder durch Fehlschlagen zweihäusigen Blüten haben ein kleines, unansehnliches, kelchartiges Perigon, zuweilen sind sie ganz nackt. Insektenbesuch tritt daher sehr selten ein, die Pflanzen sind vielmehr meist auf spontane Selbstbestäubung oder auf Befruchtung durch den Wind angewiesen.

Sprengel (die Nützlichkeit der Bienen S. 7) bezeichnet Chenopodium und Beta als windblütig. Volkens (in Engler und Prantl, Natürl. Pflanzenfamilien, III., 1a, S. 47) spricht sich für Insektenblütigkeit aus, indem er ausführt: Zunächst meine ich, dass Windbestäubung jedenfalls nur von einer untergeordneten Bedeutung sein kann. Gegen diese spricht dreierlei. Erstens besitzt der Pollen keineswegs eine sehr leichte Verstäubbarkeit. Zweitens mangeln in der Familie die schwanken, schlaffen, biegsamen Staubfäden, Blütenstiele oder Blütenstandsachsen, wie sie den Windblütlern eigentümlich sind. Drittens lässt sich damit auch die Aufblühfolge nicht vereinigen. Windblütler öffnen nicht nur ihre Blüten mehr oder weniger gleichzeitig, auch die Antheren stäuben fast alle auf einmal. Nichts von dem bei den von mir geprüften Chenopodiaceen. Betrachtet man gegen den Herbst hin einen Chenopodium- oder Atriplex-Stock, so fällt zunächst auf, dass von den Hunderten, vielleicht Tausenden von Blüten, die ihn bedecken, immer nur ganz wenige voll geöffnet sind. Wochenlang dauert diese Art des Blühens fort, und da die Weiterentwickelung der Ovarien meist ausserordentlich schnell geschieht, giebt es gegen Ende der Vegetationsperiode kaum eine Zeit, wo man nicht alle Stadien von der Knospe bis zur reifen Frucht zur gleichen Stunde an einer Pflanze vorfände. — Ebenso geschieht das Öffnen der Einzelblüten nicht etwa plötzlich. Dem Gange der Spirale folgend, spreizt sich in ziemlich langen Intervallen ein Blütenhüllblatt nach dem andern ab und mit ihm gleichzeitig das vorgelegene Staubblatt, um im selben Augenblick zu platzen und den Pollen zu entlassen. — Sind die angeführten Momente geeignet, gegen Windbefruchtung zu sprechen, so deutet auf Tiervermittelung bei der Pollenübertragung die grosse Anziehungskraft, die wenigstens die einheimischen Vertreter ganz sicher auf Insekten verschiedener Art ausüben. Kaum wird man bei uns im Freien eine Pflanze, sei es welcher Art, antreffen, die nicht in ihrer Blütenregion von einer überaus grossen Zahl kleiner Wanzen, Aphiden, Dipteren und anderer meist sich kriechend oder schlängelnd fortbewegender Tiere heimgesucht wäre. Ob diese nun bloss durch die trefflichen Schlupfwinkel angelockt werden, die ihnen die dichtgedrängten knäuligen Blüten bieten, oder ob der drüsige Diskus besonders der Beta- und Chenopodium-Arten bezw. die mit Papillen bedeckten Diskuseffigurationen vieler Salsoleae auch Nahrung für sie produzieren, muss ich dahingestellt sein lassen.

Kirchner (Jahresh. d. V. f. vaterl. Naturk. in Württ. 1893. S. 109) stimmt diesen Betrachtungen von Volkens zu, ohne allerdings die Annahme der Insektenblütigkeit auf alle Arten der ganzen Familie auszudehnen.

Kirchner beobachtete an sonnig stehenden Exemplaren von Chenopodium album im Blütengrunde eine geringe Nektarausscheidung. Bei Chenopodium Vulvaria findet sich ziemlich viel Nektar.

526. Chenopodina Moquin-Tandon.

Blüten zweigeschlechtig, nektarlos.

2422. Ch. maritima Moq.-Tand. (Suaeda maritima Dumortier, Chenopodium marit. L.) (Warming, Excursioner; Knuth, Ndfr. I. S. 126) ist homogam oder schwach protandrisch. Spontane Selbstbestäubung leicht möglich.

527. Salsola L.

Wie vor.

2423. S. Kali L. (Kirchner, V. f. vaterl. Naturk. in Württ. 1893. S. 110; Knuth, Ndfr. I. S. 126; Helgoland S. 32) ist homogam oder protogynisch. Spontane Selbstbestäubung möglich. Nach Kirchner ragen die Narben bereits aus der noch geschlossenen Blüte hervor. — Auf Helgoland fand ich die Blüten homogam, doch sind die in ihrem oberen Teile ringsum, in dem unteren Teile nur an der Innenseite stark papillösen Narben noch empfängnisfähig, wenn die Antheren bereits entleert sind. Letztere überragen die Narben, so dass durch Hinabfallen des Pollens spontane Selbstbestäubung eintreten kann. Zwar sind die fünf Staubfäden starr, doch ist der Blütenstaub so fein, dass er leicht verstäubt wird. Es ist daher die Pflanze wohl vorwiegend windblütig, doch dürfte auch ein gelegentlicher Insektenbesuch nicht ausgeschlossen sein.

Salsola Kali L. wird von Kirchner (Jahresh. d. V. f. vaterl. Naturk. in Württ. 1893, S. 110) gleichfalls für insektenblütig gehalten. Hier ragen die beiden fadenförmigen Narben ebenfalls bereits aus der Blütenknospe heraus und das Perigon öffnet sich, um die sich schnell streckenden Staubblätter hervortreten zu lassen, erst dann, wenn die Narben bereits vertrocknet sind; die weissen Staubfäden stehen aufrecht, der von den gelben Antheren entlassene, ebenso gefärbte Pollen ist nicht staubartig, sondern etwas zusammenhaftend. Nektaraussonderung konnte in den Blüten nicht wahrgenommen werden. In einzelnen öffnen sich die Antheren schon ehe die Narben verwelkt sind, so dass in ihnen spontane Selbstbestäubung stattfinden kann. — Pollen, nach Warnstorf, schwefelgelb, kugel-polyedrisch, Flächenkanten zu fünf- und sechsseitigen regelmässigen Feldern verbunden, dazwischen grubig vertieft, 25—31 μ diam.

Plateau sah pollenfressende Schwebfliegen (Eristalis arbustorum L. und Syritta pipiens L.) als Besucher. Auch die blassgrünen Blüten von

2424. S. Soda L.

sah derselbe von Syritta und von winzigen Musciden besucht; ebenso

2425. S. crassa Bieb.

von Syritta pipiens L. und anderen pollenfressenden Syrphiden.

22*

528. Salicornia Tourn.

Blüten zweigeschlechtig, nektarlos.

2426. S. herbacea L. [Warming, Exkurs.; Knuth, Ndfr. I. S. 126; Schulz, Beiträge I. S. 93.] — Die Blüten sind, nach Schulz, schwach protogynisch, doch besitzen sie langlebige Narben, so dass bei der Nähe der Antheren spontane Selbstbestäubung leicht möglich ist.

529. Kochia Roth.

Wie vorige Art. Gynomonöcie.

2427. K. scoparia Schrader wird man, nach Kirchner (Jahresh. d. V. f. vaterl. Naturk. in Württ. 1893. S. 110), für windblütig halten dürfen, wenn man die zerstreute Stellung der sehr unscheinbaren Blüten und die Struktur von Narbe und Pollen in Betracht zieht. Die Blüten dieser Pflanze sind gynomonöcisch verteilt, am unteren Teile des Stengels und der Zweige sitzen in den Blattachseln kleine weibliche Blüten, meist zu zwei beisammen, an den oberen Enden der Zweige sind die grösseren Zwitterblüten angeordnet. Alle Blüten haben ein grünes, fünfblätteriges Perigon, aus den weiblichen ragen zwei lange, weisse, mit reichlichen Seitenhaaren besetzte, fadenförmige Narben hervor. Die Zwitterblüten sind ausgeprägt protogynisch, ihre zwei Narben von derselben Struktur, wie die der weiblichen Blüten, sind vollständig entwickelt, bevor das Perigon sich öffnet. Nachdem sie verwelkt sind, strecken sich die Staubblätter und drängen dabei anfangs die Perigonblätter auseinander, wachsen dann aber, wenn sich die Antheren oberhalb der Perigonblätter befinden, zwischen diesen, die sich wieder an den Fruchtknoten anlegen, eines nach dem andern hervor und öffnen ihre roten Antheren durch zwei Längsrisse. Die Filamente sind straff und schräg aufgerichtet, der gelbe pulverige Pollen fällt aus den aufgesprungenen Antheren als ein kleines Wölkchen vollständig heraus, wenn die Pflanze erschüttert wird.

Die Pflanze ist windblütig. Ausser den ausgeprägt protogynen Zwitterblüten finden sich gynomonöcisch verteilte weibliche Blüten.

530. Echinopsilon Moq.-Tand.

Wie vorige Art.

2428. E. hirsutus Moq.-Tand. (Salsola hirsuta L., Kochia hirs. Nolte). [Warming, Exk.; Knuth, Ndfr. I. S. 126.] — Die Blüten sind homogam oder protogyn mit der Möglichkeit spontaner Selbstbestäubung.

531. Chenopodium Tourn.

Meist ausgeprägt protogynische, selten homogame (nur Ch. ambrosioides), unscheinbare, fast immer nektarlose Pollenblumen, welche nur gelegentlich Insektenbesuch erhalten und meist wohl durch Vermittlung des Windes befruchtet werden, obgleich weder die Blüten, noch die Staubblätter leicht beweglich sind. Zuweilen Andromonöcie oder Androdiöcie.

2429. Ch. ambrosioides L. [Hildebrand, Geschl. S. 62.] — Die Blüten sind homogam. Die Antheren stehen über den Narben, so dass durch Pollenfall leicht spontane Selbstbestäubung eintritt.

2430. Ch. Botrys L. [Kirchner, Beiträge S. 13.] — Die Blüten sind, wie die drei folgenden Arten, ausgeprägt protogynisch. Schon aus den nicht ganz herangewachsenen Knospen ragen die Narben empfängnisfähig hervor. Erst wenn diese verwelkt sind, entwickeln sich die fünf Staubblätter einzeln nach einander, indem sich jedesmal nur dasjenige Perigonblatt abspreizt, vor welchem das geschlechtsreife Staubblatt steht. Nach dem Verwelken desselben legt es sich wieder an den Fruchtknoten an.

2431. C. hybridum L. [Kirchner, Beitr. S. 13, 14.] — Die Blüteneinrichtung ist derjenigen

Fig. 351. **Chenopodium ambrosioides L.** (Nach F. Hildebrand)

Blüte aufrecht und daher der Selbstbefruchtung fähig, weil die Antheren die Narbe überragen.

der vorigen Art ähnlich, doch hat das Perigon schon sein Grössenwachstum beendet, wenn die entwickelten Narben aus demselben hervorragen. Sind diese vertrocknet und abgefallen, strecken sich die Staubblätter nach einander, wobei sich jedesmal das zugehörige Perigonblatt abspreizt. Nachdem sich auf diese Weise das ganze Perigon geöffnet hat, schliesst es sich nach dem Vertrocknen der sämtlichen Staubblätter wieder.

2432. Ch. album L. [H. M„ Weit. Beob. II. S. 221; Mac Leod, B. Jaarb. VI. S. 376—378; Kirchner, Flora S. 221; V. f. vaterl. Ntk. in Württemberg 1893. S. 109; Neue Beob. S. 16.] — Die unscheinbaren, geruchlosen Blüten sind ausgeprägt protogynisch, zuweilen aber auch homogam. Die drei, seltener zwei fadenförmigen Narben sind bereits empfängnisfähig, wenn die Blüte kaum die Hälfte ihrer schliesslichen Grösse erreicht hat. Die über der Blüte zusammenschliessenden Perigonblätter lassen an ihrer Spitze eine kleine Öffnung, welche den Narben den Durchtritt gestatten. Während dieser Zeit sind die Staubblattanlagen kaum erkennbar. Erst nach dem Vertrocknen der Narben entwickeln sich die fünf Staubblätter und stehen aus der Blüte, deren Perigonblätter sich auseinanderbreiten, hervor. Alsdann springen die Staubbeutel auf, worauf sich das Perigon wieder schliesst, so dass die Staubfäden zwischen den Perigonzipfeln eingeklemmt werden. Innerhalb der Blütenknäuel sind Blüten der verschiedensten Entwickelungsstadien vereinigt. Zuweilen ist eines der fünf Staubblätter verkümmert; alsdann spreizt sich das zugehörige Perigonblatt nicht nach aussen, sondern bleibt dem Fruchtknoten anliegend. Kirchner beobachtete eine Pflanze mit Honigabscheidung.

Als Besucher beobachtete Buddeberg in Nassau eine Muscide (Anthomyia sp.), pfd.

2433. Ch. polyspermum L. [Kirchner, Neue Beob. S. 17; Flora S. 223.] — Die Blüteneinrichtung ist derjenigen der vorigen Art ähnlich. Im

ersten (weiblichen) Zustande ragen aus der Spitze der den Fruchtknoten vollständig umschliessenden Perigonblätter. die beiden Narben hervor. Nach dem
Verwelken der letzteren entwickeln sich die drei Staubblätter eines nach dem
anderen, wobei sich die zugehörigen Perigonblätter nach aussen zurückbiegen.
Die zwei Perigonblätter, vor denen sich keine Staubblätter befinden, biegen sich
nicht nach aussen, sondern bleiben dem Fruchtknoten anliegend.

2434. Ch. murale L. [Kirchner, Neue Beob. S. 17; Flora S. 222;
Schulz, Beiträge I. S. 93—94.] — Die Blüteneinrichtung stimmt ganz mit
derjenigen von Ch. album überein, nur sind die beiden Narben sehr kurz
und, nach Schulz, auch so kurzlebig, dass sie häufig gar nicht bis zum
Anfang des Blühens erhalten bleiben.

2435. Ch. glaucum L. [Kirchner, Flora S. 222; Schulz, Beiträge.]
— Die Blüteneinrichtung ist derjenigen von Ch. album ähnlich, doch entwickeln sich die ziemlich kurzen Staubblätter wie bei Ch. polyspermum sofort,
nachdem die gleichfalls ziemlich kurzen Narben vertrocknet sind. Schulz beobachtete andromonöcische (bis 50%), selten androdiöcische Blüten.

2436. Ch. rubrum L. [Schulz, Beiträge I.] — Auch diese Art ist ausgeprägt protogynisch, indem die Narben bei der Öffnung der Antheren bereits
vertrocknet sind. Schulz beobachtete auch hin und wieder rein männliche
Pflanzen.

2437. Ch. Bonus Henricus L. [Warming, Bot. Tidsskrift 1877;
Kirchner, Neue Beob. S. 17; Flora S. 223, 224.] — In der schon von
Warming hervorgehobenen Protogynie stimmt diese Art mit den meisten ihrer
Gattungsgenossen überein. Zuerst entwickeln sich wieder die zwei oder drei,
selten vier, ziemlich langen Narben, bald nachdem diese verwelkt sind, entwickeln sich die Staubblätter, deren Fäden nur so lang sind, wie die sich wenig
auseinander breitenden Perigonblätter. In den Einzelähren findet eine ziemlich
gleichmässige Entwickelung der Einzelblüten statt, so dass die benachbarten
Blüten einer Inflorescenz sich ungefähr in demselben Stadium befinden.

2438. Ch. Vulvaria L. [Kirchner, V. f. vaterl. Naturk. in Württ. 1893.
S. 107; Schulz, Beiträge II. S. 198.] — Ausser den (nach Kirchner) aus-
geprägt protogynischen Zwitterblüten kommen männliche Blüten, die einzeln zwischen
den zweigeschlechtigen stehen und, nach Schulz, bis zu 50% auftreten. Rein
männliche Stöcke sind selten. Bei dieser Art beobachtete Kirchner wie bei
Ch. album Nektarabsonderung in den Blüten. Nach Hildebrand (Geschl.
S. 62) sind die Zwitterblüten homogam, so dass hier ein Schwanken zwischen
Homogamie und Protogynie sattzufinden scheint.

2439. Ch. ficifolium Sm. ist, nach Kirchner, ausgeprägt protogynisch.
2440. Ch. urbicum L. ist, nach Kirchner, ausgeprägt protogynisch.

532. Blitum Tourn.

Nach Kirchner stimmt die Blüteneinrichtung von Blitum Tourn. mit
derjenigen von Chenopodium überein. B. virgatum L. und B. capita-

tum L. sind daher gleichfalls als insektenblütig anzusehen. Auf den Blüten der ersteren Art beobachtete Kirchner Blasenfüsse, auf denen der letzteren Aphiden.

533. Beta Tourn.

Blüten zweigeschlechtig.

2441. B. maritima L. Nach Mac Leod, welcher die Pflanze auf Jersey in Frankreich beobachtete, sind die kleinen, grünen Blüten stark protandrisch, so dass Selbstbestäubung ausgeschlossen ist. Der Fruchtknoten ist von einem honigabsondernden Ringe umgeben, welcher die kurzen Staubblätter trägt.

Als Besucher beobachtete Mac Leod mehrere kleine Fliegen, kurzrüsselige Bienen und Schlupfwespen; Plateau Prosopis sp. und Anthrenus sp., sgd.

2442. B. vulgaris L. [H. M., Weit. Beob. II. S. 221.]

Buddeberg beobachtete in Nassau Melanostoma mellina L., pfd.

534. Obione Gaertner.

Einhäusig.

2443. O. portulacoides Moq.-Tand. (Knuth, Halligen) ist vielleicht windblütig. Ebenso

2444. O. pedunculata Moq.-Tand.

535. Atriplex Tourn.

Einhäusig. Infolge der gedrängten Blütenstände ist Geitonogamie ermöglicht. Nach Volkens (Engler und Prantl, Natürl. Pflanzenfam. III. 1 a) sind die Blüten der Befruchtung durch Insekten angepasst, da die Blütezeit wochenlang andauert und daher die Möglichkeit des Insektenbesuches lange erhalten bleibt.

2445. A. litorale L. (Knuth, Halligen) ist wahrscheinlich windblütig mit gelegentlicher Befruchtung durch Insekten. Volkens (Chenopodiaceae in Engler und Prantl, nat. Pflanzenfam. III. 1 a) ist der Ansicht, dass Atriplex-Arten insektenblütig sind, da das Blühen wochenlang andauert. Nach meinen Beobachtungen ist aber der Insektenbesuch eine äusserst geringer, was bei der Unscheinbarkeit der Blüten auch nicht anders zu erwarten ist.

Als Besucher beobachtete ich am Kieler Hafen Syrphus balteatus Deg., pfd.

2446. A. hastatum L. [Knuth, Halligen.] — Wie vor.

107. Familie Polygonaceae Juss.

Knuth, Ndfr. I. S. 127; Grundriss S. 88.

Die meisten zweigeschlechtigen Blüten besitzen ein blumenkronartiges Perigon, welches der Anlockung dient. Die Zusammenhäufung der Blüten zu ährigen oder rispigen Blütenständen erhöht die Augenfälligkeit. Je grösser dieselbe ist und je honigreicher die Blüten sind, desto grösser ist auch die Zahl

und Häufigkeit der Besucher. Damit steigert sich denn auch die Wahrscheinlichkeit der Fremdbestäubung, während die Wichtigkeit der spontanen Selbstbestäubung herabsinkt. Manche Arten sind dimorph.

536. Rumex L.

Blüten zweigeschlechtig oder zweihäusig oder vielehig. Protandrische, homogame oder protogyne Windblütler mit gelegentlichem Insektenbesuch. Staubfäden und Blütenstiele meist leicht beweglich. Narben pinselförmig. Infolge
der meist dicht scheintraubigen Blütenstände ist Geitonogamie möglich. —
Haussknecht hebt hervor, dass durch das gesellige Auftreten der Arten
Kreuzung durch Vermittelung des Windes leicht erfolgen kann.

An brennend rot gefärbten Rumex-Früchten sah Herm. Müller in den Alpen
wiederholt ähnlich gefärbte Tagfalter (Polyommatus- und Argynnis-Arten) anfliegen und
längere Zeit an ihnen sitzen bleiben (Alpenbl. S. 182).

2447. R. crispus L. [Axell, S. 57; Schulz, II. Beitr. S. 155; Kirchner,
Flora S. 209.] — Protandrische Windblüten, zuweilen gynomonöcisch oder
androdiöcisch; weibliche Blüten kleiner als die zweigeschlechtigen. In letzteren
sind, nach Schulz, die Narbenschenkel zur Zeit des Stäubens der Antheren
zwischen den Perigonblättern versteckt, so dass sie infolge der hängenden Stellung
der Blüte dem Pollen derselben Blüte nicht zugänglich sind. Nachdem die
Antheren abgefallen sind, treten die drei Narbenbüschel frei hervor. Die weiblichen Blüten enthalten die Überreste der sechs Staubblätter. In den Zwitterblüten sind zuweilen einige Staubblätter verkümmert.

Nach Warnstorf (Bot. V. Brand. Bd. 38) tritt die Pflanze bei Ruppin
in drei Formen auf:

1. Mit grösseren Zwitterblüten, deren Narben nicht zwischen den Perigonblättern hervortreten; homogam!

2. Mit kleineren weiblichen und denselben untermischten zwittrigen
Blüten und

3. mit sehr kleinen rein weiblichen Blüten, deren Narben zwischen den
Perigonblättern weit hervorragen. — Pollen weiss, kugel-tetraëdrisch, glatt, 37,5
bis 44 μ diam.

2448. R. obtusifolius L. [T. Tulberg, Botaniska Notiser 1868. S. 12;
H. M., Befr. S. 180; Weit. Beob. II. S. 222; Kirchner, Flora S. 210;
Schulz, Beiträge; Kerner, Pflanzenleben II.] — Nach Kirchner stimmt
die Blüteneinrichtung dieser Art mit derjenigen der vorigen überein. Nach
Tulberg sind die Blüten ausgeprägt protandrisch: erst nach dem Abfallen wird
die Narbe durch Zurückbiegen der sie bisher verdeckenden Perigonblätter zugänglich. Kerner bezeichnet die Pflanze dagegen als protogynisch. Schulz
beobachtete Gynomonöcie und Androdiöcie. Pollen, nach Warnstorf, weiss,
unregelmässig polyedrisch, warzig, bis 44 μ diam. messend.

H. Müller sah an den Antheren eine Biene (Halictus cylindricus F. $\female$)
beschäftigt.

2449. R. sanguineus L. (R. nemorosus Schrader.) [Schulz, Beitr. I.
S. 95.] Schulz bezeichnet diese Art als schwach protandrisch, Kerner als
protogynisch. Ausser den zweigeschlechtigen beobachtete ersterer andromonöcische
und androdiöcische Blüten. In den Zwitterblüten ist spontane Selbstbestäubung
wohl nicht möglich, da der Pollen schwer auf die Narbe gelangen kann. In
zahlreichen Blüten richten sich die Perigonblätter nicht auf, so dass sie unbefruchtet bleiben, da die Narben unter ihnen verborgen bleiben.

2450. R. conglomeratus Murray. [Schulz, Beitr. I. S. 95.] — In
den Zwitterblüten sind die verhältnismässig kleinen Narben meist gleichzeitig
mit den Antheren entwickelt, zuweilen etwas nach, selten vor denselben. Nach
der Lage und Entwickelung der genannten Organe ist spontane Selbstbestäubung
unausbleiblich. Ausser den Zwitterblüten beobachtete Schulz andromonöcische
Blüten. Nach demselben ist diese Art nicht windblütig, da die Blüten nicht an
biegsamen Stielen hängen. Dasselbe gilt von

2451. R. maritimus L. (R. aureus Withering.) [Schulz, Beiträge I. S. 94.] — Die Blüten sind homogam. Die inneren Perigonblätter besitzen in ihrem unteren Drittel je zwei zahnartige Fortsätze, auf denen in der
Knospe die Narben liegen. Letztere befinden sich zur Blütezeit unmittelbar
unter den Antheren, und da beide Organe meist gleichzeitig entwickelt sind,
so ist spontane Selbstbestäubung unausbleiblich. Die Fortführung des Pollens
geschieht wohl nur selten, da die Antheren nicht oder nur wenig über die
Perigonblätter hinausragen, und da die Blüten nicht an beweglichen Stielen
hängen, sondern wagerecht oder aufrecht sind. Zuweilen Gynomonöcie und
Androdiöcie.

2452. R. pulcher L. [Schulz, Beiträge II. S. 153 und 154.] — Da
die Antheren nicht oder nur wenig aus dem fast geschlossen bleibenden Perigon
hervorragen und die Narben unter denselben stehen, so ist spontane Selbstbestäubung unausbleiblich und wohl die einzig mögliche Befruchtungsart, zumal
sich die Perigonblätter gegen Ende des Stäubens der Antheren meist wieder
eng um die Antheren zusammenziehen. Zuweilen Gynomonöcie und Androdiöcie.

2453. R. alpinus L. [Schulz, Beiträge II. S. 154; Kerner, Pflanzenleben II. S. 314, 326.] — Zuerst verstäuben die Antheren. Während dieser
Zeit entwickeln sich die drei Narben, welche schliesslich soweit aus der Blüte
hervorragen, dass sie mit dem aus jüngeren Blüten ausstäubenden Pollen leicht
belegt werden. Dies wird noch dadurch erleichtert, dass während des Ausstäubens die Blütenstiele biegsam sind, und die Blüten daher leicht vom Winde
geschüttelt werden. Nach dem Ausstäuben werden die Blütenstiele aber ziemlich
steif, so dass die Blüten während des weiblichen Zustandes nur wenig durch den
Wind bewegt werden können.

Zuweilen Gyno- und Andromonöcie. Die weiblichen Blüten sind meist
erheblich kleiner als die zweigeschlechtigen und die männlichen.

Nach Kerner treten bei dieser Art, wie auch bei R. sanguineus und
R. obtusifolius, in den Blütenständen vorwiegend weibliche und männliche
Blüten, neben diesen spärlich zweigeschlechtige auf. Die Narben sind schon einige

Zeit empfängnisfähig, bevor die Antheren der Blüten desselben Stockes sich geöffnet haben. Es muss daher Kreuzung durch den Wind erfolgen. Auch ist
Geitonogamie möglich, indem die anfangs im Perigon versteckten Narben der
zweigeschlechtigen Blüten durch Zurückschlagen der Perigonzipfel frei werden
und dann aus benachbarten jüngeren Blüten Pollen auf sie hinabfallen kann.

2454. R. domesticus Hartm. besitzt, nach Ekstam, protogyne, dann
homogame Zwitterblüten, deren Bestäubung durch den Wind bewirkt wird. Zuweilen Gynomonöcie.

2455. R. scutatus L. [Schulz, Beiträge II. S. 154, 155.] — Die Zwitterblüten sind ausgeprägt protandrisch. Die Narben werden meist erst nach dem
Ausstäuben der Antheren empfängnisfähig, so dass Selbstbestäubung ausgeschlossen
erscheint. Bestäubung durch Vermittelung des Windes ist dagegen leicht, denn
die grossen, sprengwedelförmigen Narben sind dem Luftzuge leicht zugänglich.
Zuweilen Gynomonöcie und Androdiöcie.

2456. R. Acetosella L. [Hoffmann, B. Ztg. 1885; Mac Leod,
B. Jaarb. VI. S. 140; Schulz, Beiträge II. S. 198.] — Die Zwitterblüten
sind, nach Lindman, auf dem Dovrefjeld zuerst protogyn, dann homogam.
Ausser den zweigeschlechtigen finden sich hier auch gynomonöcische Blüten.
Nach Schulz sind die Blüten meist diöcisch, beide Geschlechter gleich häufig,
viel seltener gynomonöcisch oder zweigeschlechtig.

Appel beobachtete nach brieflicher Mitteilung auf der frischen Nehrung
rein männliche Pflanzen.

2457. R. Acetosa L. [Schulz, Beitr. II. S. 198; Knuth, Beitr.] —
Wie vor.

Als Besucher sah ich am 30. 7. 1896 bei Glücksburg zahlreiche Honigbienen,
eifrig psd., stetig von Blüte zu Blüte fliegen und am ganzen Körper grau von Pollen.

2458. R. arifolius Allioni (Schulz, Beitr. II. S. 198) ist, wie die
beiden vorigen, meist diöcisch (beide Geschlechter ungefähr gleich häufig), viel
seltener gynomonöcisch, andromonöcisch oder zweigeschlechtig.

537. Rheum L.

Insektenblütler mit halbverborgenem Honig.

2459. R. Rhaponticum L. [Axell, S. 57; Knuth Beiträge I]
sah ich an Garten-Exemplaren von Syrphus sp., pfd., besucht.

2460. R. undulatum L. (?) [H. M., Weit. Beob. II. S. 222, 223.] —
Die dicht zusammenstehenden, grünlich-gelben Blüten sind ziemlich augenfällig.
Sie sondern im Grunde zwischen den Wurzeln der Staubfäden eine geringe
Menge Honig ab. Sie sind ausgeprägt protandrisch. Die Narben entwickeln sich
erst, wenn die Antheren verblüht sind, so dass Selbstbestäubung ausgeschlossen
ist. Bei eintretendem Insektenbesuche erfolgt wenigstens Kreuzung getrennter Blüten.

Als Besucher sah H. Müller in Westfalen:
A. Coleoptera: a) *Curculionidae*: 1. Spermophagus cardui Stev. b) *Dermestidae*:
2. Anthrenus museorum L. B. Diptera: a) *Empidae*: 3. Empis spec., sgd. b) *Muscidae*:
4. Anthomyia, verschiedene Arten. c) *Syrphidae*: 5. Ascia podagrica F., mehrfach;
6. Cheilosia spec.; 7. Eristalis nemorum L.; 8. Helophilus floreus L.; 9. Syritta pipiens

L., häufig. — Loew beobachtete im bot. Garten zu Berlin einen pollenfressenden Käfer: Cetonia aurata L.

Ferner daselbst an

2461. Rh. hybridum Murr.:

Coleoptera: *Elateridae*: Lacon murinus L., Antheren abweidend.

2462. Rh. tataricum L. (?):

sah Plateau von pollenfressenden Käfern (Cantharis fusca L., Phyllopertha horticola L., Trichius abdominalis Mén., zahlreichen Anthrenus) besucht.

538. Oxyria Hill.

Zweigeschlechtige oder gynomonöcische Windblüten.

2463. O. digyna Campdera. (Rumex digynus L.) [Lindman, S. 36; Schulz, Beitr. II. S. 199; Kerner, Pflanzenleben II. S. 295.] — Nach Schulz und Kerner in Tirol gynomonöcisch, desgleichen nach Lindman auf dem Dovrefjeld. Nach letzterem sind die Zwitterblüten zuerst protogyn dann homogam; ebenso auf Novaja Semlja (Ekstam).

539. Polygonum Tourn.

H. M., Befr. S. 179, 180; Knuth, Ndfr. I. S. 127, 128.

Meist homogame oder protandrische Blumen der Klassen **Po, AB** und **B.** Perigon meist blumenkronartig; die Blüten häufig zu augenfälligen Inflorescenzen vereinigt. Honigabsonderung im Blütengrunde oder fehlend. Zuweilen Dimorphismus. Öfters Gynodiöcie oder Gynomonöcie. Zahlreiche Arten z. B. P. Persicaria, aviculare, hydropiper haben (nach Meehan, Contributions IV) kleistogame Blüten.

Herm. Müller bemerkt, dass die Polygonum-Arten deutlich erkennen lassen, wie mit der Augenfälligkeit der Blüten und mit ihrem Honigreichtum die Zahl und die Häufigkeit ihrer Besucher und damit die Wahrscheinlichkeit der Fremdbestäubung durch dieselben sich steigert und die Wichtigkeit der spontanen Selbstbestäubung herabsinkt, und wie umgekehrt mit der Unscheinbarkeit und Honigarmut der Blüten die Zahl ihrer Besucher herabsinkt und die Wichtigkeit der spontanen Selbstbestäubung sich steigert. Zugleich aber zeigt Polygonum aviculare, dass die Häufigkeit einer Pflanzenart keineswegs durch die Sicherung der Fremdbestäubung allein bedingt ist.

2464. P. Fagopyrum L. (Fagopyrum esculentum Moench.) [Hildebrand, Geschl. S. 40; Jordan, a. a. O.; H. M, Befr. S. 174, 175; Knuth, Ndfr. Ins. S. 129, 166, 167; Kirchner, Flora S. 213; Schulz, Beiträge II.] — Dimorphe Blume mit freiliegendem bis halbverborgenem Honig. Wegen der grossen Augenfälligkeit der dicht gedrängt stehenden, weissen oder rötlichen Blüten, wegen des Honigduftes und des grossen Honigreichtums ist der Insektenbesuch ein sehr reichlicher; es ist daher Fremdbestäubung durch Heterostylie gesichert, während die Möglichkeit der spontanen Selbstbestäubung nur in einzelnen Fällen möglich ist.

Der Durchmesser der Einzelblüte beträgt etwa 5 mm. Am Grunde des Fruchtknotens stehen acht (zuweilen auch neun) grosse, gelbe, durch ein Polster

mit einander verbundene Honigdrüsen, welche reichlich Nektar absondern, der
die Insekten immer wieder in Scharen herbeilockt.

Die langen Staub- und Fruchtblätter sind reichlich 3 mm, die kurzen fast
2 mm lang. Es überragen daher in langgriffeligen Formen die weit aus der
Blüte hervorragenden Narben die Antheren fast um die Länge der Staubblätter;
in den kurzgriffeligen stehen die Narben etwa in der halben Höhe der Staubblätter. Die Pollenkörner der kurzgriffeligen Form übertreffen diejenigen der
langgriffeligen an Grösse. Diese beiden Formen scheinen (wenigstens auf der
Insel Föhr) nicht durch einander zu wachsen, sondern die langgriffelige wächst
auf dem einen, die kurzgriffelige auf einem anderen Stücke des Feldes.

Fig. 352. **Polygonum Fagopyrum** L. (Nach Herm. Müller).
1 Langgriffelige, *2* kurzgriffelige Blütenform nach Entfernung zweier Perigonblätter. *a* Antheren, *st* Narbe, *n* Nektarium.

Von den acht Staubblättern umstehen nach Jordan drei die Griffel,
indem ihre Antheren die pollenbedeckte Seite nach aussen kehren; die fünf
anderen sind mehr nach aussen gebogen und wenden die pollenbedeckte Seite
ihrer Antheren nach innen. Die zum Nektar vordringenden Insekten werden
sich daher auf beiden Seiten ihres Körpers mit Pollen behaften, und zwar streifen
die Besucher in langgriffeligen die Antheren meist mit dem Kopfe, in kurzgriffeligen meist mit der Brust. Da natürlich die mit den Antheren gleich hoch
stehenden Narben mit den entsprechenden Stellen des Insektenkörpers in Berührung kommen, so erfolgt meist legitime Befruchtung. Doch sind auch illegitime
Befruchtung und spontane Selbstbestäubung leicht möglich, doch ist der Erfolg
derselben ein geringerer als derjenige der legitimen Befruchtung.

Nach Schulz kommen auch gynomonöcische, selten gynodiöcische, vereinzelt andromonöcische, sehr selten androdiöcische Blüten vor.

Nach Jordan kehren von den acht Staubblättern drei die pollenbedeckte
Seite ihrer Antheren nach aussen, die fünf anderen, welche den Perigonblättern
mehr zugebogen sind, nach innen, so dass die zum Nektar vordringenden Insekten sich an beiden Seiten ihres Körpers bestäuben.

Als Besucher beobachtete ich (Nordfr. Ins. S. 166. 167) Apis, 2 Hummeln,
5 Tagfalter, 9 Syrphiden, 2 Musciden.

Herm. Müller giebt folgende Besucherliste:
A. Diptera: a) *Muscidae:* 1. Lucilia cornicina F., sgd.; 2. Musca corvina F.,
w. v.; 3. Pollenia vespillo F., w. v.; 4. Sarcophaga carnaria L., w. v. b) *Stratiomydae:*

5. Odontomyia viridula F., w. v.; 6. Stratiomys chamaeleon Deg., häufig; 7. Str. riparia Mg., saug. c) *Syrphidae*: 8. Cheilosia scutellata Fallen, saugend und Pollen fressend; 9. Chrysotoxum festivum L., w. v.; 10. Eristalis arbustorum L., w. v.; 11. E. intricarius L., w. v.; 12. E. nemorum L., w. v.; 13. E. pertinax Scop., w. v.; 14. E. sepulcralis L., w. v.; 15. E. tenax L., w. v.; 16. Helophilus floreus L., w. v.; 17. Melithreptus scriptus L., w. v.; 18. Pipiza funebris Mg., w. v.; 19. Syritta pipiens L., w. v.; 20. Syrphus pyrastri L., w. v. B. Hymenoptera: a) *Apidae*: 21. Apis mellifica L. ⚥, äusserst zahlreich, saugend und psd., wohl neun Zehntel aller Besucher ausmachend; 22. Anthrena albicrus K. ♀, sgd.; 23. A. bicolor F. (aestiva Sm.) ♂, w. v.; 24. A. dorsata K. ♀, w. v.; 25. A. fulvicrus K. ♂ ♀, häufig, saugend und Pollen sammelnd; 26. A. helvola L. ♀, saugend; 27. A. nana K., w. v.; 28. A. pilipes F. ♀, w. v.; 29. A. varians K. ♀, w. v.; 30. Bombus lapidarius L. ♀ ⚥, saugend; 31. Sphecodes gibbus L., w. v. b) *Sphegidae*: 32. Cerceris labiata F. ♀, w. v.; 33. C. nasuta Dlb. (quinquefasciata Ross.) ♂, sgd.: 34. Pompilus trivialis Klg., w. v. c) *Tenthredinidae*: 35. Athalia spinarum F., sgd. C. Lepidoptera: 36. Pieris brassicae L., w. v.; 37. P. napi L., w. v.; 38. Polyommatus phlaeas L., w. v.; 39. Vanessa urticae L., w. v.

Schletterer beobachtete bei Pola die Dolchwespe Scolia hirta Schrk.

Mac Leod sah in Flandern Apis, 2 kurzrüsselige Bienen, 1 Blattwespe, 7 Schwebfliegen, 5 Musciden, 3 Falter, 1 Käfer (B. Jaarb. VI. S. 142).

2465. P. tataricum L. (Fagopyrum tataricum Gaertner). Die grünen Blüten sind, nach Schulz, homogam. Zuweilen Gynomonöcie und Gynodiöcie.

2466. P. Bistorta L. [Ricca, Atti XIV. S. 3; H. M. Befr. S. 175, 176; Weit. Beob. II. S. 221; Alpenbl. S. 179; Schulz, Beiträge I. 95; Warnstorf, Bot. V. Brand. Bd. 38; Kerner, Pflanzenleben II: Knuth, Bijdragen.] — Blumenklasse B. Die lebhaft rötlich-weiss gefärbten, zu einer dichten Ähre

vereinigten Blüten bedingen eine so hohe Augenfälligkeit derselben, dass der Insektenbesuch ein reichlicher ist; Fremdbestäubung ist daher durch ausgeprägte protandrische Dichogamie gesichert, spontane Selbstbestäubung dagegen ausgeschlossen.

Der Nektar wird, nach Müller, in 8 am Grunde der Staubblätter sitzenden, fleischigen, rötlichen Drüsen ausgesondert und im Grunde der Perigonröhre aufbewahrt. Anfangs ragen nur die Staubblätter aus den sich nicht weit öffnenden Blüten hervor, und erst nach dem Abfallen der Staubblätter entwickeln

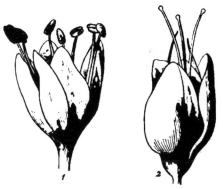

Fig. 353. Polygonum Bistorta L. (Nach Herm. Müller.)
1 Blüte im ersten (männlichen), *2* im zweiten (weiblichen) Zustande.

sich die Griffel völlig, so dass dann die Narben etwa in derselben Höhe das Perigon überragen, in welcher es vorher die Antheren thaten.

Nach Schulz kommen ausser den protandrischen Zwitterblüten im Riesengebirge und in den Alpen, selten dagegen in der Ebene, auch gynodiöcisch, seltener gynomonöcisch verteilte weibliche Blüten vor, und zwar meist nur bis 5 %.

Im Riesengebirge beobachtete S c h u l z ausser der oben beschriebenen Form, bei welcher die Staubblätter das Perigon überragen, auch Blüten mit kürzeren Staubblättern.

Nach K e r n e r setzt sich der ährige Blütenstand aus Trugdöldchen zusammen, welche nur aus je 2, selten 3 Blüten bestehen, und zwar ist die eine derselben zweigeschlechtig und langgriffelig, die andere männlich, aber mit verkümmertem Griffel versehen. In jedem dieser so zusammengesetzten Trugdöldchen öffnet sich zuerst die Zwitterblüte, das Aufblühen schreitet von unten nach oben fort, und in derselben Weise öffnen sich später die sämtlichen männlichen Blüten, welche dann ihren Pollen an die noch frischen Narben der benachbarten Zwitterblüten abgeben.

Nach L u d w i g (d. bot. Monatsschr. VI) finden sich in einem jugendlichen Blütenstande neben den rötlichen Blütenknospen noch ganz unentwickelte blasse Knöspchen, welche erst nach dem gänzlichen Abblühen der primären Blüten zur Entfaltung kommen. L u d w i g unterscheidet folgende Stadien:

1. Männliches Stadium der primären Blüten, und zwar entwickeln sich erst 4, dann die anderen 4 Staubblätter.

2. Weibliches Stadium der ersten Generation. Die Antheren sind abgefallen, die Narbenäste entfaltet. Die Blüten schliessen sich und färben sich etwas lebhafter. Die Blüten der zweiten Generation sind noch unentfaltet, aber ihre Stiele sind verlängert.

3. Die Stiele der in der Fruchtbildung begriffenen ersten Blütengeneration liegen der Achse an. Die Blütenstiele der zweiten Generation sind soweit verlängert, dass sie die der ersteren weit überragen. Männliches Stadium der zweiten, meist blasseren Blütengeneration.

4. Weibliches Stadium der zweiten Generation. Oft entwickeln sich noch weitere Blüten. — Pollen, nach W a r n s t o r f, weiss, krystallisch-glänzend, elliptisch-prismatisch, glatt, etwa 37 μ breit und 63 μ lang.

L u d w i g beobachtete namentlich Empiden als Besucher.

H e r m. M ü l l e r giebt folgende Besucherliste:

A. C o l e o p t e r a : a) *Coccinellidae*: 1. Coccinella quattuordecimpunctata L. b) *Scarabaeidae*: 2. Trichius fasciatus L., Blütenteile verzehrend (Vogesen). c) *Telephoridae*: 3. Malachius bipustulatus L., Antheren fressend. d) *Nitidulidae*: 4. Meligethes. B. D i p t e r a : a) *Bibionidae*: 5. Bibio hortulanus L. b) *Empidae*: 6. Empis livida L., sgd. c) *Muscidae*: 7. Sarcophaga carnaria L. d) *Syrphidae*: 8. Ascia podagrica F., pfd.; 9. Eristalis arbustorum L., mit Sicherheit saugend; 10. Rhingia rostrata L., w. v.; 11. Syritta pipiens L., pfd. und mit geringer Sicherheit saugend; 12. Syrphus ribesii L. C. H y m e n o p t e r a : a) *Apidae*: 13. Anthrena albicans Müll. $\female$; 14. Apis mellifica L. $\female$; 15. Prosopis signata Pz. $\male$, ohne Ausbeute zu erlangen. b) *Sphegidae*: 16. Cerceris variabilis Schrk.; 17. Oxybelus uniglumis L., beide ohne Ausbeute zu finden. c) *Tenthredinidae*: 18. Tenthredo spec., zu saugen versuchend (Vogesen). D. L e p i d o p t e r a : *Rhopalocera*: 19. Botys purpuralis L., sgd.; 20. Pieris brassicae L., sgd.

In den Alpen bemerkte H. M ü l l e r 1 Käfer, 10 Dipteren, 5 Hymenopteren, 22 Falter an den Blüten.

F r e y beobachtete in der Schweiz: Polyommatus hippothoë L. und Agrotis ocellina S. V.; im Ober-Engadin: Mithymna imbecilla Fab.; K o c h auf der Seiser Alp in Süd-Tirol an Dipteren: a) *Muscidae*: 1. Loxocera elongata Mg. b) *Stratiomydae*: 2. Odontomyia personata Loew. c) *Syrphidae*: 3. Eristalis intricarius L.

Loew bemerkte in Schlesien (Beiträge S. 51): A. Coleoptera: a) *Cerambycidae*: 1. Leptura virens L.; 2. Pachyta clathrata F.; 3. Strangalia melanura L. b) *Chryso-melidae*: 4. Clytra diversipes Letzn. c) *Staphylinidae*: 5. Anthophagus spectabilis Heer. B. Hymenoptera: *Sphegidae*: 6. Crabro quadrimaculatus F. ♀ ♂. C. Lepidoptera: *Noctuidae*: 7. Agrotis conflua Tr.; Loew in der Schweiz (Beiträge S. 66): Diptera: a) *Empidae*: 1. Rhamphomyia anthracina Mg. b) *Muscidae*: 2. Cyrtoneura podagrica Lw.; 3. C. simplex Lw. c) *Syrphidae*: 4. Eristalis rupium F.; im bot. Garten zu Berlin: Anthomyia sp., sgd.

Mac Leod beobachtete in den Pyrenäen eine Blattwespe, 1 Empide und 1 Muscide als Besucher (B. Jaarb. III. S. 374); in Flandern 1 Hummel, 1 Halictus, Syritta, Empis, 1 Muscide, 1 Käfer, 1 Falter (Bot. Jaarb. VI. S. 376).

In Dumfriesshire (Schottland) (Scott-Elliot, Flora S. 149) wurden 1 Blattwespe, 1 Empide und 2 andere Fliegen als Besucher beobachtet.

2467. P. viviparum L. [Axell, S. 27; Ricca, Atti XIV. 3; H. M. Alpenblumen S. 180—182; Schulz Beiträge; Warming, Bestovningsmade S. 31—33.] — Blumenklasse B. Die Länge und die Entwickelung der Staubblätter und Griffel ist in den verschiedenen Gegenden sehr verschieden. Axell beobachtete in Schwaben neben zwitterigen, ausgeprägt protandrischen Stöcken auch rein weibliche. H. Müller fand in den Alpen teils zwitterige, aber homogame, teils rein weibliche Stöcke. Schulz beobachtet in den Alpen Gynodiöcie,

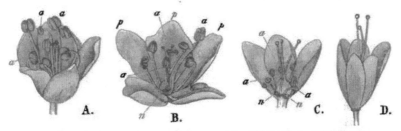

Fig. 354. Polygonum viviparum L. (Nach Herm. Müller.)

A Zwitterblüte. *B* Dieselbe, gewaltsam auseinandergebreitet. *C* Weibliche Blüte nach Entfernung der vorderen Perigonblätter. *D* Weibliche Blüte mit noch längeren Griffeln. *a* Innere Antheren. *p* Obere Perigonblätter. *n* Nektarium. Bedeutung der übrigen Buchstaben wie in Fig. 213. (Vergr. 7 : 1.)

seltener Gynomonöcie, auch Androdiöce mit homogamen Zwitterblüten. Lindman bezeichnet die Pflanzen des Dovrefjeld als gynodiöcisch und gynomonöcisch mit homogamen Zwitterblüten. Warming fand in Grönland zweigeschlechtige und rein weibliche Stöcke, erstere mit verschieden langen Griffeln und Staubblättern. Ekstam bezeichnet die Pflanzen des schwedischen Hochgebirges gleichfalls als homogam.

Trotz des nicht seltenen Insektenbesuches und der in den Zwitterblüten leicht möglichen spontanen Selbstbestäubung ist Fruchtbildung nur selten. Die Pflanze vermehrt sich vielmehr fast regelmässig auf vegetativem Wege durch Bulbillen. Nach Ekstam sind auf Nowaja Semlja die schwach duftenden Blüten protogyn-homogam. Gewöhnlich sind die meisten in Bulbillen umgewandelt. Nach Lindman kommen auf dem Dovrefjeld teils zweigeschlechtige, teils häufiger weibliche Blüten mit rudimentären Antheren vor. Auf Novaja Semlja sind zweigeschlechtige Blüten viel häufiger als die weiblichen.

Als Besucher beobachtete H. Müller in den Alpen Empiden (1), Syrphiden (1), Bienen (2), Falter (10), Käfer (1); Schulz gleichfalls Fliegen, Bienen und Falter; Lindman mittelgrosse Fliegen.

Loew beobachtete in der Schweiz (Beiträge S. 60): Empis tessellata F.

Schneider (Tromsø Museums Aaarsbefte 1894) beobachtete im arktischen Norwegen Bombus lapponicus F. ☿ ♂, B. nivalis Dahlb. ☿, B. pratorum L. ☿ ♂, B. scrimshiranus K. ☿ ♂, B. terrester L. ☿ ♂, Psithyrus quadricolor Lep. ♂, P. vestalis Fourcr. ♂ als Besucher.

2468. P. amphibum L. [Kirchner, Flora S. 216; Schulz, Beitr. II.; Knuth, Weit. Beob. S. 239.] — Blumenklasse B. Die rosen- bis purpurroten, honigduftenden Blüten sind dimorph. Sie sondern an der Basis des Fruchtknotens in fünf orangegelben Nektarien Honig ab und bergen ihn im Grunde des etwa 5 mm langen Perigons. Letzteres ist bei der kurzgriffeligen Form zur Blütezeit so weit trichterförmig geöffnet, dass ein etwa 4 mm weiter Eingang entsteht, in welchem die beiden kugeligen Narben stehen, während die fünf Antheren sie um $1^1/_2$—2 mm überragen. Die Perigonblätter der langgriffeligen Form schliessen zu einem viel engeren Blüteneingange zusammen, aus welchem die beiden Griffel etwa $1^1/_2$ mm weit hervorragen, während die beiden Antheren etwa 1 mm weit unter der Blütenöffnung stehen.

Schulz beobachtete oft sehr häufige, stellenweise sogar allein vorkommende Gynomonöcie oder Gynodiöcie.

Die Landform (var. terrestre Leers) besitzt auf den Stengeln kurze Haare, welche eine als Schutz gegen ankriechende Insekten dienende klebrige Flüssigkeit aussondern; die Wasserform (var. natans Moench) ist kahl, da das umgebende Wasser nur anfliegende Insekten zulässt.

Als Besucher beobachtete ich auf der Insel Föhr:

A. Diptera: a) *Muscidae*: 1. Aricia incana Wied. ♂; 2. Coenosia tigrina Fabr. ♀; 3. Lucilia sp.; 4. Scatophaga merdaria Fabr.; 5. S. sp. b) *Syrphidae*: 6. Eristalis sp. Sämtlich pfd. B. Hymenoptera: *Apidae*: 7. Apis mellifica L. ☿, psd. und sgd.; 8. Halictus cylindricus Fabr. ♀, psd. C. Lepidoptera: *Rhopalocera*: 9. Coenonympha pamphilus L., sgd.; Mac Leod in Flandern Eristalis tenax L. (Bot. Jaarb. VI. S. 375).

In Dumfriesshire (Schottland) (Scott-Elliot, Flora S. 149) wurde 1 Muscide, 1 Schwebfliege und mehrere Dolichopodiden als Besucher beobachtet.

2469. P. Persicaria L. [H. M., Befr. S. 176—178; Knuth, Ndfr. Ins. S. 128, 166; Verhoeff, Norderney; Schulz, Beiträge; Kirchner, Flora S. 216, 217.] — Blumenklasse B bis AB. Die kleinen, geruchlosen, weissen oder rötlichen, ziemlich honigarmen Blüten sind zu gedrängten Inflorescenzen vereinigt, wodurch eine gewisse Augenfälligkeit bedingt wird, so dass der Insektenbesuch ein nicht gerade geringer ist; es ist daher Fremdbestäubung möglich, doch tritt auch häufig spontane Selbstbestäubung ein. Am Grunde jedes der acht Staubblätter befindet sich eine Honigdrüse; doch ist die Nektaraussonderung eine nur geringe. Von den acht Staubblättern sind meist drei verkümmert oder ganz verschwunden; doch finden sich nicht selten Blüten mit sechs, sieben oder acht völlig entwickelten Staubblättern. Die zwei, seltener drei Narben sind mit den Antheren gleichzeitig entwickelt und stehen mit ihnen in gleicher Höhe. Anfangs sind die Perigonblätter und die mit ihnen abwechselnden fünf pollen-führenden Staubblätter so nach aussen gebogen, dass die Narben nicht berührt werden. Sind mehr als fünf Staubblätter entwickelt, so biegen sich diese nach der Mitte zu und bringen durch Berührung mit der Narbe spontane Selbst-bestäubung zu stande. Aber auch in denjenigen Blüten, in welchen nur fünf Staubblätter entwickelt sind, findet später

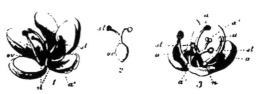

Fig. 355. Polygonum Persicaria L. (Nach Herm. Müller.)

1 Eine Blüte mit 5 Staubblättern. *2* Stempel. *3* Eine Blüte mit 7 Staubblättern. *a* Die 5 äusseren, *a'* die inneren Antheren, *a+* Staubfadenrudiment, *ov* Fruchtknoten, *st* Narbe, *n* Nektarium.

spontane Selbstbestäubung statt, welche von Erfolg ist, da sich fast alle Blüten zu Früchten entwickeln.

Bei eintretendem Insektenbesuche kann ebenso gut Selbst- wie Fremd-bestäubung erfolgen, da bei der Kleinheit der Blüten die Besucher beim Hinein-senken des Kopfes Narben und Antheren gleichzeitig berühren müssen. Bei einmaligem Hineinsenken werden sie also Fremd-, bei mehrmaligem Selbst-bestäubung bewirken.

Als Besucher sah ich in Holstein und Pommern (Rügen) die Honigbiene und eine Schwebfliege (Syritta pipiens L.); Verhoeff auf Norderney einen Nachtfalter (Plusia gamma L.); Alfken auf Juist: Bombus hortorum L. ♀ und Pieris brassicae L. Herm. Müller in Wetfalen:

A. Diptera: *Syrphidae*: 1. Ascia podagrica F., sehr häufig; 2. Eristalis arbusto rum L., sgd. und pfd.; 3. E. sepulcralis L., verhältnismässig häufig; 4. E. tenax L. wiederholt; 5. Melithreptus scriptus L., sgd. und pfd.; 6. M. taeniatus Mg., w. v. 7. Syritta pipiens L., als häufigsten Besucher. B. Hymenoptera: *Apidae*: 8. Anthrena dorsata K. ♀, nur in einzelnen Exemplaren und sgd.; 9. Halictus albipes F. ♀, w. v. 10. Prosopis armillata Nyl. ♂, w. v. C. Lepidoptera: *Rhopalocera*: 11. Pieris rapae L., flüchtig saugend.

Mac Leod sah in Flandern Apis und 2 Schwebfliegen (Bot. Jaarb. VI. S. 145). In Dumfriesshire (Schottland) (Scott-Elliot) wurden 2 Musciden als Besucher beobachtet.

2470. P. lapathifolium L. (H. M., Befr. S. 178: Schulz, H. Beiträge S. 199; Mac Leod, B. Jaarb. VI. S. 145.) — Blumenklasse B bis AB. Die Blüten-einrichtung der homogamen Blumen stimmt mit derjenigen der vorigen Art voll-ständig überein. Meist sind fünf Staubblätter vorhanden, von denen nicht selten ein oder mehrere mit den Narben in Berührung kommen, indem sie sich nach innen biegen.

Als Besucher sah Herm. Müller drei saugende Schwebfliegen: Ascia podagrica F.; Eristalis sepulcralis L.; Syritta pipiens L.

2471. P. Hydropiper L. [Kirchner, Flora S. 218; Kerner, Pflanzen-leben II. S. 385; Schulz, H. Beitr. S. 199.] — Die kleinen, unscheinbaren, aussen grünen, an der Spitze rosa gefärbten Blüten sind, nach Kirchner, nektarlos, da die Nektarien gänzlich verkümmert sind. Von den acht Staubblättern sind meist zwei rudimentär; die Antheren der übrigen stehen mit der Narbe in gleicher Höhe, so dass bei der gleichzeitigen Entwickelung dieser beiden Organe spontane Selbstbestäubung regelmässig eintritt. Nach Kerner bleibt in einzelnen Blüten das Perigon unter Umständen geschlossen, und es findet dann die Befruchtung pseudokleistogam statt.

Schulz beobachtete vereinzelte gynomonöcische Blüten.

2472. P. mite Schrank. (P. laxiflorum Weihe.) [Kirchner, Flora S. 218; Kerner, Pflanzenleben II. S. 385.] — Die homogamen Blüten sind ein wenig augenfälliger als diejenigen der vorigen Art, da sie etwas grösser sind und nur am Grunde eine grüne, oberwärts eine rosarote oder weisse Färbung besitzen. Am Grunde der 5—8 Staubblätter sitzt, nach Kirchner, je eine Honigdrüse. Da die Blüten sich nur wenig öffnen und die Antheren etwas höher als die mit ihnen gleichzeitig entwickelten beiden Narben stehen, so ist spontane Selbstbestäubung unvermeidlich. Nach Kerner findet auch bei dieser Art zuweilen pseudokleistogame Befruchtung statt. Ebenso auch bei

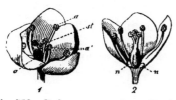

Fig. 356. Polygonum minus Huds. (Nach Herm. Müller.)

1 Blüte schräg von oben gesehen. *2.* Dieselbe nach Entfernung der beiden vorderen Perigonblätter, von der Seite gesehen. Bedeutung der Buchstaben wie in voriger Figur.

2473. P. minus L. [H. M.. Befr. S. 178; Kerner, Pflanzenleben II. S. 385]. — dessen Blüteneinrichtung mit derjenigen der vorigen Art übereinstimmt; doch finden sich meist 6—8, seltener 5 Staubblätter, welche in den kleinen, rosa, seltener weiss gefärbten Blüten in etwa gleicher Höhe mit den gleichzeitig mit den Antheren entwickelten 3 Narben stehen.

Als Besucher beobachtete Herm. Müller vier Schwebfliegen: 1. Ascia podagrica F., sgd.; 2. Melithreptus menthastri L., sgd. und pfd.; 3. M. pictus Mg., dgl.; 4. Syritta pipiens L., sgd.

2474. P. aviculare L. [H. M., Befr. S. 178, 179; Mac Leod, B. Jaarb. VI. S. 144; Kirchner, Flora S. 216; Verhoeff, Norderney; Knuth, Beiträge.] — Die sehr kleinen grünen, am Rande purpurroten oder weissen Blüten haben einen Durchmesser von kaum 2½ mm. Da sie geruch- und honiglos sind und einzeln in den Blattwinkeln stehen, so besitzen sie nur eine äusserst geringe Anlockungsfähigkeit und erhalten daher nur ganz selten Insektenbesuch, sind vielmehr fast ausschliesslich auf spontane Selbstbestäubung angewiesen, die von gutem Erfolge ist, da fast alle Blüten Früchte entwickeln. Von den 8 Staubblättern biegen sich die 5 mit den sich weit auseinander faltenden Perigonblättern abwechselnden den letzteren zu, während sich die 3 anderen nach innen biegen, so dass diese über den 2 mit ihnen gleichzeitig entwickelten Narben stehen. Es ist daher spontane Selbstbestäubung durch Pollenfall unausbleiblich. Etwaige Besucher können ebenso gut Selbst- wie Fremdbestäubung bewirken. Wenn auch die Staubfäden am Grunde fleischig verdickt sind, so ist Honigabsonderung doch nicht wahrzunehmen, vielmehr wird den Insekten doch Pollen geboten, obgleich H. Müller beobachtete, dass Syritta pipiens nicht nur Pollen frass, sondern den Rüssel auch in den Blütengrund senkte: entweder suchte sie hier vergeblich nach Honig oder leckte eine flache Honigschicht ab.

Als Besucher sah Verhoeff auf Norderney eine Schwebfliege (Syrphus corollae F.); ich bei Kiel Syrphus balteatus Deg., pfd.; Herm. Müller in Westfalen: 1. Ascia podagrica F., pfd.; 2. Melithreptus menthastri L., pfd.; 3. Syritta pipiens L., pfd. und vielleicht auch sgd.

Fig. 357. Polygonum aviculare L.
(Nach Herm. Müller.)
1 Blüte von oben gesehen. *2* Dieselbe nach Entfernung der beiden vorderen Perigonblätter und der Hälfte der Staubblätter, von der Seite gesehen. *a* Die 5 äusseren, *a'* die 3 inneren Antheren, *ov* Fruchtknoten, *st* Narbe.

2475. P. Convolvulus L. [Kirchner, Flora S. 212; Knuth, Nordfries. Ins. S. 166.] — Blumenklasse B. bis AB. Die Blüten sitzen zwar büschelig in den Blattwinkeln, doch sind sie wegen ihrer Kleinheit und der grünen Färbung ihres weissberandeten Perigons so wenig augenfällig, dass sie nur sehr geringen Insektenbesuch erhalten. Sie sind daher, nach Kirchner, fast ausschliesslich auf spontane Selbstbestäubung angewiesen. Antheren und Narben sind gleichzeitig entwickelt; doch öffnen sich die Blüten anfangs so weit, dass sich diese Organe nicht berühren. Allmählich biegen sich jedoch die Staubblätter so weit nach innen, dass die Antheren, von denen zuweilen 3 geschlossen bleiben, während die anderen nach innen aufspringen, den Pollen auf die Narbe legen. Dem am Grunde der Staubblätter in geringer Menge ausgeschiedenen Nektar sah ich bei Kiel an einem heissen Nachmittage nach längerer Regenzeit 2 Bienen (Apis mellifica L. ⚥ zahlreich sgd. und Halictus flavipes F. ♀ einzeln sgd.) nachgehen, welche dabei ebenso gut Selbst- als auch Fremdbestäubung bewirkten.

Mac Leod sah in Flandern Syritta (B. Jaarb. VI. S. 146).

Kirchner beobachtete an den Blattstielen grubenförmige Nektarien.

2476. P. dumetorum L. [Kirchner, Flora S. 214.] — Die grünen, büschelig in den Blattwinkeln stehenden, homogamen Blüten breiten sich im Sonnenscheine auseinander. Sie stimmen in der Blüteneinrichtung mit derjenigen der vorigen Art überein, indem die 8 Staubblätter sich anfangs nach aussen und erst später nach innen biegen, so dass erst dann die 8 nach innen geöffneten Antheren die mit ihnen gleichzeitig entwickelte und gleich hoch stehende Narbe spontan belegen können.

2477. P. cuspidatum Sieb. et Zucc. [Knuth, Notizen.] — Die duftlosen, aber zu grossen, dicht beisammenstehenden, daher sehr augenfälligen Trauben vereinigten Blüten sah ich am 11. 9. 87 im Garten der Oberrealschule zu Kiel von zahlreichen saugenden Musciden besucht, welche dabei ihre Unterseite mit Pollen bestäubten, den sie leicht auf die Narben anderer Blüten übertragen konnten. Es waren dies folgende Arten: 1. Anthomyia sp., 2. Calli-

23*

phora erythrocephala Mg., 3. C. vomitoria L., 4. Lucilia caesar L., 5. L. cornicina F., 6. Musca corvina F., 7. M. domestica L., 8. Sarcophaga carnaria L., 9. Scatophaga stercoraria L.; Loew im bot. Garten zu Berlin gleichfalls Musciden: Graphomyia maculata Scop. und Lucilia caesar L.

2478. Koenigia islandica L. — B. — Die sehr kleinen Blüten besitzen, nach 'Axell, drei verhältnismässig grosse, wulstige, gelbe Nektarien, welche mit den drei Staubblättern abwechseln. Infolge der gleichzeitigen Entwickelung, der gleichen Höhe und der Nähe von Antheren und Narbe ist Selbstbestäubung die Regel.

108. Familie Nyctaginaceae Juss.

2479. Oxybaphus viscosus L'Hér. zeigt, nach Heimerl (Verh. Z. B. G. Wien. Bd. 38. 1888), drei Stadien der Blütenentwickelung: 1. Die Narbe ist empfängnisfähig; 2. die Antheren öffnen sich, wobei Selbstbestäubung eintreten kann; 3. die noch pollenbedeckten Antheren streifen die Narbe.

2480. Mirabilis Jalappa L. hat, nach Heimerl, dieselbe Einrichtung. Sie öffnet, nach Kerner (Pflanzenleben II. S. 309) abends zwischen 7 und 8 Uhr die Blüten. Alsdann ist die Narbe bereits empfängnisfähig, während die Antheren sich 10—15 Minuten später öffnen, so dass also zwischen dem ersten und zweiten Blütenzustande nur ein sehr geringer Zeitunterschied liegt. In dieser Nachtblume findet durch Einrollen der Staubfäden und Griffel zuletzt Autogamie statt, worauf die „matsch" werdende Blütenhülle eine Art Pfropfen über den aus den fadenförmigen Antherenträgern und dem Griffel entstehenden Knäuel bildet. (Kerner, Pflanzenleben II. S. 354.)

Junger (H. M., Weit. Beob. II. S. 223) beobachtete besonders Sphinx convolvuli L. als Besucher.

2481. M. longiflora L. ist, nach Heimerl, wahrscheinlich Nachtschwärmerblume; Sprengel (S. 121) schliesst aus dem Saftmal, dass sie Tagesblume ist, doch ist dies wegen des nachts auftretenden Duftes zweifelhaft.

2482. Pentacrophys Wrigthii A. Gray hat (a. a. O.) kleistogame Blüten.

2483. Ambronia umbellata Lam. ist (a. a. O.) der Selbstbefruchtung fähig.

540. Allionia L.

Nach Kerner (Pflanzenleben II. S. 303) ist die Narbe anfangs am Ende des weit vorgestreckten Griffels vor den Antheren, so dass ein anfliegendes Insekt sie zuerst streifen muss. Später biegt sich der Griffel unter einem Winkel von 80—90° zur Seite, wodurch die Narbe aus der zum Honig führenden Zufahrtslinie geschafft wird und nun die anfliegenden Insekten die pollenbedeckten Antheren berühren.

2484. A. violacea hat protogynische Blüten, in welchen nach wenigen Stunden durch Einrollen der Staubfäden und Griffel Autogamie erfolgt. (Kerner, Pflanzenleben II. S. 354.)

2485. Pisonia hirtella ist, nach Delpino (Altri app.), protogynisch. Im ersten Blütenzustande ragen die Narben, im zweiten die Antheren einige Millimeter aus der Blüte hervor.

2486. Neea theifera Oerst. ist, nach Warming (bidrag) und Oersted (Bot. Ztg. 1869. Bd. 27. S. 217—222) diklinisch.

109. Familie Cytinaceae Brogn.

2487. Brugmansia Zippelii Blume wird, nach Delpino (Ult. oss.), von Fleischfliegen befruchtet, welche in den Blüten einige Zeit gefangen gehalten werden. Darwin (Effects of Cross) ist dagegen der Ansicht, dass Brugmansia von langschnäbeligen Kolibris befruchtet wird, während kurzschnäbelige den Nektar durch Einbruch rauben.

2488—90. Rafflesia Arnoldi R. Br., R. Horsfieldi R. Br., R. Patma Bl. werden, nach Delpinos (Ult. oss.) Vermutung von Fleischfliegen befruchtet.

110. Familie Proteaceae Juss.

Die Arten sind, nach Delpino (Ult. oss.), protandrisch. Selbstbestäubung ist wohl ausgeschlossen, weil der Pollen meist schon durch Besucher entfernt sein wird, bevor die Narben sich entwickeln. Als Besucher vermutet Delpino für verschiedene Arten honigsaugende Vögel.

111. Familie Thymelaeaceae Juss.

541. Daphne L.

Homogame Blumen, deren Nektar im Grunde der Kronröhre abgesondert und beherbergt wird. Je nach der Länge derselben ist der Honig Fliegen, Bienen oder nur Faltern zugänglich, so dass die Blumen den Klassen B bis F angehören.

2491. D. Mezereum L. [H. M., Weit. Beob. II. S. 236; Alpenbl. S. 207; Schulz, Beitr. II. S. 159—160; Kerner, Pflanzenleben II.; Kirchner, Flora S. 423; Ludwig, Adynamandrie; Knuth, Bijdragen.] — Die hellpurpurnen Blütenbesitzen einen starken Duft, welcher zahlreiche Bienen, Fliegen und Falter anlockt, zumal die dicht gedrängt an den Zweigen sitzenden Blüten nicht von Laubblättern verdeckt werden; der Nektar wird von der Unterlage des Fruchtknotens abgesondert. Ein zu demselben vordringender Insektenrüssel streift, nach Müller, ohne sich mit Pollen zu behaften, die in zwei Reihen in der

Kronröhre sitzenden Antheren und dann die darunter stehende Narbe. Falls der Rüssel bereits mit dem Pollen einer anderen Blüte behaftet war, wird dabei die Narbe belegt. Zieht alsdann das Insekt den nun mit Nektar benetzten Rüssel zurück, so bleibt der Pollen nun an demselben haften; der dann auf die Narbe einer später besuchten Blüte abgesetzt wird. Bleibt Insektenbesuch aus, so erfolgt spontane Selbstbestäubung durch Pollenfall; doch scheint letztere nicht immer von Erfolg zu sein, da nicht alle Blüten Früchte ansetzen. Nach Kerner tritt die Autogamie wegen der wagerechten Stellung der Blüten nur selten ein.

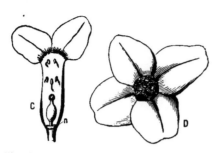

Fig. 358. Daphne Mezereum L. (Nach Herm. Müller.)
Eine von Faltern, Bienen und Fliegen besuchte Blume.

Schulz beobachtete Gynomonöcie, selten Gynodiöcie; auch fand derselbe die Blüten bei Halle mit dem eigenen Pollen fruchtbar. Ludwig beobachtete dagegen bei Greiz Adynamandrie: dieser Forscher hatte seit acht Jahren zwei Stöcke von verschiedenen Stellen des Waldes in seinen Garten verpflanzt, und beide trugen alljährlich reichlich Früchte, bis der eine der beiden einging. Trotz reichlichen Insektenbesuches und trotz künstlicher Übertragung des normalen Pollens auf die wohlentwickelten Narben setzte derselbe jetzt keine Frucht an. Ludwig fügt hinzu: Es verdient dieser Fall von Adynamandrie ganz besondere Beachtung, da A. Schulz bei Halle a. S. den Kellerhals mit eigenem Pollen fruchtbar fand — die Selbstbestäubung war dort stets von vollständigem Erfolg gekrönt. Die Adynamandrie scheint hiernach gleich der Dichogamie und anderen biologischen Anpassungen bei ein und derselben Pflanze von Ort zu Ort anders zur Ausbildung gekommen zu sein. Von vorne herein könnte man vermuten, dass Adynamandrie an Orten reichlichen Insektenverkehrs nach dem Schneeschmelzen und grosser Häufigkeit der Daphne an Pflanzen xenokarpen Ursprungs zur Ausbildung gelangt wäre, während sie an insektenarmen Orten u. s. w. mit Vernichtung der Art gleichbedeutend sein würde.

Miégeville (B. S. B. France XXXV.) beschreibt kleine fruchtbare und grosse unfruchtbare Blüten von Daphne Mezereum.

Als Besucher sind von mir (!), Herm. Müller (1) und F. Ludwig (2) fast dieselben Insekten beobachtet worden; es ist dies bei der frühen Blütezeit nicht zu verwundern, zu welcher erst eine spärliche Anzahl von Faltern, Bienen und Fliegen auftreten, welche die so sehr augenfälligen Blüten des Kellerhalses fast sämtlich aufsuchen: A. Diptera: Syrphidae: 1. Eristalis tenax L. (!), sgd.; 2. E. sp. (1), sgd. B. Hymenoptera: Apidae: 3. Anthophora pilipes F. ♂ ♀ (!, 1), wiederholt und andauernd sgd.; 4. Apis mellifica L. ♀ (!, 1, 2) wie vor., hfg.; 5. Bombus hortorum L. ♀. sgd. (!); 6. Halictus cylindricus F. ♀ (!, 1); 7. H. leucopus K. ♀ (1); 8. H. minutissimus K. ♀; 9. H. nitidus Schenck ♀, sämtlich sgd.; 10. Osmia fusca Chr. ♂ (1); 11. O. rufa

L. ♀ ♂ (1), beide sgd. C. Lepidoptera: *Rhopalocera*: 12. Rhodocera rhamni L. (!, 2), sgd.; 13. Vanessa urticae L. (!, 1), sgd.

Heinsius sah in Holland zwei langrüsselige Bienen: Anthophora pilipes F. ♂ und Bombus terrester L. ♀ (B. J. IV. S. 79).

2492. D. striata Tratinnick [H. M., Alpenblumen S. 207—209; Schulz Beiträge II. S. 160—161.] — Eine homogame Falterblume. Die fliederduftenden Blüten haben dieselbe Einrichtung wie die vorige Art, doch ist die Kronröhre so lang und eng, dass nur Falter den Honig ausbeuten und dabei die Bestäubung bewirken können. Spontane Selbstbestäubung ist durch Pollenfall möglich.

Als Besucher beobachtete H. Müller zahlreiche Falter (9 Arten), ebenso A. Schulz.

2493. D. Laureola L. [Mac Leod, Pyr. S. 440]. — Miégeville (B. S. B. France) beschreibt wie bei D. Mezereum kleine fruchtbare und grosse unfruchtbare Blüten. Eine Falterblume. Die gelblichen Blüten sah Mac Leod in den Pyrenäen von einem Falter besucht. Bonnier bemerkte Apis.

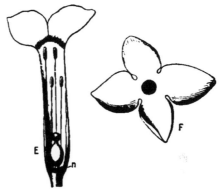

Fig. 359. Daphne striata L. (Nach Herm. Müller.)

Eine nur von Faltern besuchte Blume.

2494. D. Cneorum L. Nach Briquet (Études) werden die roten angenehm duftenden Blüten häufig von Schmetterlingen besucht. Der Durchmesser des Perigonsaumes beträgt 10—20 mm, in der nach oben verjüngten Röhre stehen um 3—4 mm über einander die Antheren in 2 Reihen, etwa 4 mm tiefer der Narbenkopf. Die untere Partie der Innenwand der Perigonröhre scheidet süsse Tröpfchen aus. Die besuchenden Schmetterlinge bewirken Fremd- und Selbstbestäubung, in aufrecht stehenden Blüten kann von selbst Pollen auf die Narbe fallen. Kirchner fügt hinzu, dass Pflanzen von Tuttlingen (Württemberg) und von Mte. Salvatore bei Lugano am Grunde des Fruchtknotens eine dunkelgrüne, drüsige Scheibe zeigten, die Nektar absonderte, wie dieses auch bei Daphne Mezereum und D. striata der Fall ist. (Kirchner).

2495. D. alpina L. Nach Briquet (Études) breiten die milchweissen Blüten ihre 4 Perigonlappen auf einem Durchmesser von etwa 10 mm aus. In der Perigonröhre stehen die 8 Antheren in 2 um 1—1½ mm von einander entfernten Röhren, etwas tiefer um die kopfige Narbe. Es wurde weder Nektar noch ein Nektarium bemerkt. Die Besucher der Blüten, die reichliche Früchte ansetzen, sind Schmetterlinge und Fliegen, die Selbstbestäubung vollziehen müssen. (Nach Kirchner).

542. Thymelaea Tourn.

Blumen mit verborgenem Honig.

2496. Th. calycina Meissn. [Passerina calyc. DC.]

Als Besucher der grünlich-gelben Blüten sah MacLeod in den Pyrenäen eine Fliege und einen pollenfressenden Käfer.

2497. Th. Passerina Cosson et Germain. [Stellera Passerina L., Passerina annua Wikstroem]. Nach Kerner (Pflanzenleben II. S. 361) findet in den kleinen, honigduftenden Blüten anfangs keine Selbstbestäubung statt, da der haftende klebrige Pollen nicht von selbst auf die Narbe fällt. In dieser Zeit ist durch besuchende Insekten Fremdbestäubung möglich. Erst gegen Ende des Blühens werden durch Zusammenziehen des Perigons die Antheren an die Narbe gedrückt, so dass nun Autogamie erfolgt. Bei ungünstiger Witterung bleiben die Blüten geschlossen und es findet in ihnen hemikleistogame Befruchtung statt.

2498—99. Passerina dioica und P. nivalis. Miégeville (B. S. B. France 35) beschreibt kleine unfruchtbare und grosse fruchtbare Blüten.

2500. Leucosmia ist nach Darwin (Diff. forms) und Hildebrand (Geschl.), dimorph.

2501. Pimelia decussata R. Br. Die geruchlosen Blumen sind, nach Willis (Contributions II) protandrisch. Sie werden im botan. Garten zu Cambridge von Fliegen besucht.

112. Familie Lauraceae Vent.

2502. Laurus nobilis L.

Als Besucher beobachtete Schletterer bei Pola die Furchenbiene Halictus calceatus Scop. var. obovatus K. und die Ichneumonide Bassus laetatorius F.

Alfken beobachtete bei Bozen Apis mellifica L. ⚨, s. hfg. sgd., Polistes gallicus L. ♀ ♂, hfg., Cerceris quinquefasciatus Rossi, hfg. und Helophilus floreus L., s. hfg. sgd. und pfd.

113. Familie Elaeagnaceae R. Br.

543. Hippophae L.

Windblütig, diöcisch.

2503. H. rhamnoides L. [Kerner, Pflanzenleben II. S. 109). In den männlichen Blüten fällt der staubförmige Pollen bereits in der Knospe aus den 4 Staubbeuteln heraus in den Blütengrund. Auch nach dem Aufblühen wird der Blütenstaub durch die beiden schalenförmigen, am Scheitel verbunden bleibenden Hüllblätter vor Regen geschützt. Nur an den Seiten treten die Hüllblätter auseinander, so dass auf jeder Seite derselben ein Spalt entsteht, aus dem der Pollen durch Windstösse entfernt und auf die weiblichen Blüten übertragen werden kann.

Verhoeff beobachtete auf Norderney einen Syrphus ribesii L. an dieser honiglosen Pflanze nach Pollen suchend.

544. Elaeagnus Tourn.

Insektenblütig, zweigeschlechtig.

2504. E. angustifolius L. [H. M. Weit. Beob. II. S. 234.]

Als Besucher der aussen silberweiss-schülferigen, innen citronengelben Blüten beobachtete H. Müller an Gartenexemplaren die Honigbiene sgd. und eine Schwebfliege (Syritta pipiens L., sgd.).

114. Familie Santalaceae R. Br.

545. Thesium L.

Homogame Blumen mit verborgenem Honig, welcher im Grunde der Blütenröhre abgesondert wird. Nach Kerner (Pflanzenleben II. S. 123) schliessen sich die bei trockenem Wetter aufgesprungenen Antheren bei Feuchtigkeit wieder. Zuweilen Heterostylie.

2505. Th. alpinum L. [H. M., Alpenbl. S. 206, 207; Schulz, Beitr. II. S. 161; Kerner, Pflanzenleben II. S. 124; Ewart, Bot. Centralbl. 53 S. 249, 250.] Die Blumenröhre der homogamen Blüten ist nur 2 mm tief. Bei Insektenbesuch ist, nach Müller, dadurch Fremdbestäubung bevorzugt, dass Antheren und Narbe mit entgegengesetzten Seiten des Insektenkörpers in Berührung kommen. Bleibt Besuch aus, so tritt spontane Selbstbestäubung beim Zusammenschliessen der Blüte gegen Ende der Blütezeit durch Berührung von Narbe und Antheren ein. Nach Schulz bei den Pflanzen des Riesengebirges erschwert.

Nach Kerner schliessen sich die Antheren, wenn sie befruchtet werden in einer halben Minute. Die Befeuchtung der Antherenwand wird durch ein eigentümliches, vom Perigon ausgehendes Haarbüschel vermittelt, das Kerner ungefähr folgendermassen schildert: Die Blütenöffnung ist immer, auch nachts und bei schlechtem Wetter, nach oben gerichtet. Die von oben hineinfallenden Regentropfen, sowie der Tau kommen daher unvermeidlich auf die offenen Blüten. Bei der Form des Saumes und infolge der Unbenetzbarkeit des Gewebes desselben lagern Regen und Tau in Form von Tropfen auf dem Saume, ohne dass

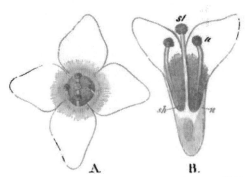

Fig. 360. Thesium alpinum L. (Nach Herm. Müller.)

A Blüte von oben gesehen. *B* Dieselbe im Aufriss. (Vergr. 13:1.) *sh* Saftfalter. *n* Nektarium.

die Antheren anfänglich unmittelbar getroffen werden. Trotzdem schliessen sich diese sehr rasch nach der Auflagerung der Wassertropfen, weil die Perigonblätter

mit den vor ihnen stehenden Antheren durch ein Bündel gedrehter Haare verbunden sind, welches nicht nur leicht benetzbar ist, sondern ebenso wie ein Docht
das Wasser zu der Anthere hinleitet und dadurch das Schliessen der Antherenwände schon in 30 Sekunden veranlasst.

Diese Haare sind von Miss M. F. Ewart anatomisch untersucht. Dieselbe unterscheidet zwei Arten von solchen:

1. Kurze, dicke, abwärts gegen den Griffelgrund gerichtete Haare;
2. Lange, dünne, aufwärts gegen die Antheren gerichtete Haare.

Erstere stehen zu beiden Seiten der Antheren und entspringen der Innen
wand des Perigons; die anderen stehen hinter jedem Staubbeutel. Beide Arten
sondern ein Harz ab, welches die längeren Haare oft an die Antheren anklebt.
Ausserdem besitzen manche Arten lange, von den Perigonzipfeln herabhängende
Fäden.

Es lassen sich zwei durch Übergänge verbundene Gruppen unterscheiden:

1. Solche Arten, welche, wie Th. spicatum und capituliflorum, abwärts gerichtete, kurze Haare zu beiden Seiten der Antheren und lange, vom
Perigon herabhängende Fäden besitzen. Diese Arten haben kurze Griffel und
stark verdickte Blütenhüllzipfel.

2. Solche Arten, welche, wie Th. debile und paniculatum, aufwärts, lange,
hinter den Antheren stehende Haare und kurze oder kleine Fäden am Perigon
besitzen. Diese haben lange Griffel und kaum verdickte Blütenhüllzipfel.

Die Haarbüschel der Blumen der ersten Gruppe dienen, nach Miss
Ewart, wahrscheinlich zum Festhalten des Pollens mittelst des austretenden
Harzes, während die herabhängenden Fäden das besuchende Insekt gegen die
tiefstehende Narbe leiten.

Bei den Blumen der zweiten Gruppe fällt infolge der Länge des Griffels
die Notwendigkeit dieser Fäden fort. Die hinter den Antheren stehenden Fäden
dienen, nach Miss Ewarts Meinung, nicht als Stütze für die Antheren, sondern
verhindern wahrscheinlich das Fehlgehen der zum Nektar vordringenden Insekten
und halten auch den Pollen nahe an dem Blüteneingange zurück.

Als Besucher von Th. alpinum beobachtete Schulz im Riesengebirge
gegen 50 meist kleinere Hymenopteren, etwa ebensoviele Fliegen und einige kleinere
Käfer. H. Müller sah in den Alpen keinen einzigen Besucher.

Mac Leod beobachtete in den Pyrenäen 1 Muscide als Besucher (B. Jaarb. III.
S. 440).

2506. Th. intermedium Schrader. [Schulz, Beiträge II. S. 161—163.]
— Heterostyl, homogam. Bei der langgriffeligen Form reichen die Antheren
etwas über die Mitte des Griffels; es ist also spontane Selbstbestäubung hier
sehr erschwert. Bei der kurzgriffeligen Form stehen die Antheren dicht über
der Narbe, so dass spontane Selbstbestäubung durch Pollenfall unvermeidlich ist. Pollenkörner und Narbenpapillen der beiden Formen zeigen keine
wesentlichen Grössenunterschiede. Auch finden sich vereinzelte gleichgriffelige
Blüten.

Trotz des für den Menschen nicht besonders starken Honigduftes der Blüten ist derselbe für Bienen ein so verlockender, dass, nach den Beobachtungen von Schulz, diese Insekten jede andere, noch so farbenprächtige Blüte, wenn sie nicht so honigreich wie Th. intermedium ist, unbeobachtet lassen. Dieser Forscher sah Bienen aus einer Entfernung von 40—50 und noch mehr Metern, aus welcher derselbe nichts von dem Kraute oder gar von den Blüten dieser Pflanze wahrnehmen konnte, direkt auf diese losfliegen und zwar über zahlreiche blau- und rotgefärbte, von ihnen sonst nicht verschmähte Blüten hinweg. Schulz schliesst daraus, dass nicht hauptsächlich die Farbe, wie meist angenommen wird, sondern der spezifische Geruch des Honigs resp. der Blüte die Insekten zum Besuche veranlasst.

Als Besucher beobachtete Schulz bei Halle und in Südtirol zahlreiche kleinere Bienen, Fliegen, Käfer und einzelne Falter.

2507. Th. pratense Ehrh. [Kirchner, Flora S. 521; H. M., Weit. Beob. II. S. 235.] — Das aussen grüne, innen weisse Perigon hat einen Durchmesser von 5—6 mm. Die Blüten sind homogam, doch ist die Narbe langlebig: sie überdauert die Staubblätter und ist noch frisch, wenn die Antheren bereits vertrocknet und abgefallen sind. Letztere springen nach innen auf und bedecken sich alsdann ringsum mit Pollen. Da die Staubbeutel mit der Narbe in gleicher Höhe stehen und nur wenig von ihr entfernt sind, wird durch Insekten, welche zu dem im Blütengrunde abgesonderten Honig vordringen, ebenso leicht Selbst- wie Fremdbestäubung bewirkt werden können. Bleibt Besuch aus, so ist bei der gleichzeitigen Entwickelung und der Nähe von Narben und Antheren spontane Selbstbestäubung leicht möglich.

Als Besucher beobachtete Müller die Honigbiene sgd.

2508. Th. montanum Ehrh. [Kirchner, Flora S. 522.] — Die Bluteneinrichtung ist derjenigen der vorigen Art ähnlich, doch überragt die Narbe die Antheren etwa um 1 mm, so dass bei eintretendem Insektenbesuche Fremdbestäubung bevorzugt, dagegen spontane Selbstbestäubung bei ausbleibendem erschwert ist.

115. Familie Loranthaceae Don.

546. Viscum L.

Zweihäusige, insektenblütige Pflanzen mit freiliegendem bis halbverborgenem Nektar.

2509. V. album L. [Kölreuter, Fortsetzung S. 70—72; Loew, Bot. Centralbl. 43.] — Schon Kölreuter hat 1762 ausdrücklich hervorgehoben, dass die Mistel insektenblütig ist, doch galt die Pflanze lange Zeit für windblütig, bis Loews Untersuchungen die Insektenblütigkeit ausser Zweifel setzte. Bei dem Interesse, welches die Kölreuter'sche Darstellung beansprucht, möchte ich dieselbe hier anführen:

„Ich will noch mit wenigen Worten einer Beobachtung gedenken, die ich im letztverwichenen Frühling an den Misteln gemacht habe. Sie betrifft den ganz besonderen Bau derjenigen Werkzeuge, die den Samenstaub enthalten, und ihn nach erfolgter Reife von sich geben, und das einzige Mittel, dessen sich hier die Natur zur Bestäubung der weiblichen Pflanzen bedient.

Man würde einen sehr uneigentlichen Ausdruck wählen, wenn man jene Werkzeuge, wie bey den meisten anderen Pflanzen, Staubkölbchen nennen wollte. Sie sind nichts anders, als ein erhabener schwammichter Theil von weisslichter Farbe, der bey dem Männchen die innere Fläche der Blumeneinschnitte grössentheils einnimmt und fest daran angewachsen ist. Er besteht aus einem zellichten Gewebe, das von innen mit vielen hohlen Gängen von unterschiedlicher Wendung versehen ist, die unter einander Gemeinschaft haben, und den Saamenstaub, wenn er nach und nach aus der zellichten Substanz hervorkömmt, aufzunehmen und ihn endlich durch gewisse rundlichte Öffnungen, die sich allenthalben auf der Oberfläche dieses Werkzeuges zeigen, in die Höhle der noch geschlossenen Blumen auszusondern bestimmt sind.

Die männlichen Blumen öffnen sich nicht auf einmal, und gleichsam mit Gewalt, sondern allmälig, und setzen den in ihnen ruhig liegenden Saamenstaub der freyen Luft aus. Der schwefelgelbe Saamenstaub ist oval und auf seiner Oberfläche mit sehr feinen und kurzen Stacheln besetzt, die das meiste dazu beytragen, dass er so stark unter sich zusammenhängt.

Das Bestäuben der weiblichen Pflanzen, sie mögen nun mit den männlichen zugleich auf einem Baume stehen, oder auch in einer grossen Entfernung von einander auf verschiedenen Bäumen wachsen, geschieht allein durch Insekten, und zwar vornehmlich durch mancherley Gattungen Fliegen, die den männlichen Saamen und die beyderley Blüten befindliche süsse Feuchtigkeit als eine ihnen von der Natur bestimmte Nahrung begierig aufsuchen, und bey dieser Gelegenheit den an ihrem haarichten Leibe hängen bleibenden Saamenstaub von den männlichen Pflanzen in die Blumen der weiblichen übertragen. Wer die Beschaffenheit und Quantität des Saamenstaubes in Betrachtung zieht, und auf das, was sich während der Blütezeit bey diesen Pflanzen zuträgt, Achtung giebt, der wird leicht einsehen, dass man hier das Bestäuben von dem Winde vergebens erwarten würde. Ich zähle daher den Mistel ohne Bedenken unter diejenigen Pflanzen, deren Bestäubung allein durch Insekten geschieht; und so viel ich weiss, ist derselbe auch im ganzen Pflanzenreiche die erste Pflanze, von der man sagen kann, dass ihre Befruchtung von Insekten und ihre Fortpflanzung von Vögeln abhängt, und folglich ihre Erhaltung auf das Daseyn von zweyerley Thieren aus ganz verschiedenen Klassen, und ohne Zweifel auch hinwieder die Erhaltung von diesen in Ansehung ihres notdürftigen Unterhalts auf das Daseyn von jener begründet ist: ein neues Beyspiel, woraus die genaue und nothwendige Verbindung aller Dinge sattsam erhellet.“

Diese treffliche Darstellung, welche erst etwa 130 Jahre später durch die von den obigen unabhängigen Untersuchungen von Loew ihre Bestätigung fand, ist ein weiteres Zeugnis von dem Scharfsinne, sowie von der Gründlichkeit und Feinheit der Beobachtungen Kölreuters.

Loew beschreibt die Blüteneinrichtung etwa folgendermassen: Das vierzählige, lederartige, gelblich-grüne Perigon ist bei den männlichen Blüten grösser als bei den weiblichen; die Perigonzipfel der ersteren sind etwa 3 mm lang und etwas weniger breit, die der letzteren nur 1 mm und etwa ebenso lang. An der Innenseite des becherförmigen Perigons der männlichen Blüten stehen zahlreiche Pollenkammern, deren Pollen nicht pulverig-trocken ist, sondern eine kohärente Beschaffenheit besitzt. Derselbe ist, wie schon Mohl angiebt, mit feinen, kurzen Stacheln besetzt. Die innere Aushöhlung des Perigongrundes ist mit einem honigabsondernden Nektarium überzogen.

Die Perigonzipfel der kleineren weiblichen Blüten neigen gegen den dicken, kurzen, im Querschnitt abgerundet-rechteckigen Narbenkopf von etwa 0,5 mm Höhe zusammen. Das Nektarium bildet hier einen schwach drüsigen Ring, welcher zwischen dem Perigongrunde und dem halsförmig eingeschnürten Grunde des Narbenkopfes liegt.

Ausser der Honigabsonderung spricht für die Insektenblütigkeit auch der auffallende, orangenartige Geruch der Blüten. Dazu kommt die Beschaffenheit und die verhältnismässig geringe Menge des Pollens, sowie der Umstand, dass die männlichen Blüten grösser sind und vielleicht auch etwas stärker duften als die weiblichen. In ersteren liegt der Nektar 3—4 mm tief; er ist für ein von oben her eindringendes Insekt ohne weiteres zugänglich, so dass die männlichen Blüten, nach Loew, zur Blumenklasse A gehören. In den kleineren weiblichen Blumen bedecken die Perigonzipfel das Nektarium von oben her meist so, dass nur die obere Fläche des Narbenkopfes von aussen zugänglich ist; Loew rechnet daher die weiblichen Blüten der Mistel zur Blumenklasse AB.

Die Bestäuber hat Loew nicht zu beobachten vermocht; doch vermutet derselbe, dass kurzrüsselige Bienen als solche auftreten: eine Bienenart mit 3 bis 4 mm langem oder noch kürzerem Rüssel würde bei Ausbeutung des Nektars der männlichen Blüten bei der Enge des Blumeneinganges (2 mm) und der dichten Bekleidung des Perigoninnern mit Pollen sich an Kopf und Rüssel mit solchem bedecken und denselben auf die Narbe der weiblichen Blüten ablegen müssen, wenn sie den Rüssel zwischen Perigonzipfel und Narbenkopf zum Honig vorschiebt. Loew vermutet, dass die Bestäuber früh fliegende Anthrena-Arten sind, von denen einige (A. albicans, tibialis, praecox, parvula, fulva u. a.) bereits Mitte März, also zur Blütezeit der Mistel, erscheinen. Wie die von diesen Bienen sonst in der Regel besuchten Weidenarten locken die Mistelbüsche ihre Besucher ebenfalls nur durch den Wohlgeruch des Honigs an, da in einer so frühen Jahreszeit bei der Seltenheit bunter Blumen die gewöhnlichen Schauapparate entbehrlich erscheinen.

Wie oben erwähnt, hat Kölreuter „vornehmlich mancherley Gattungen Fliegen" als Besucher wahrgenommen; auch diese sind im stande, den nur wenige Millimeter tief liegenden Nektar zu erlangen und dabei in der von Loew angegebenen Weise die Befruchtung zu bewirken.

Nach Lindman ist die Mistel bei Stockholm monöcisch.

Den Geruch der Mistelblüte vergleicht Lindman (Bot. Centralbl. 1890. Nr. 47) mit demjenigen von Äpfeln oder vielmehr von Apfelmus, und zwar zeigten die männlichen Blüten denselben viel stärker als die weiblichen. Die jungen Äste sind ziemlich grell ockergelb, wodurch die Pflanze eine gewisse Augenfälligkeit erhält; als ein ganz ausgezeichneter extrafloraler Schauapparat ist das grosse dicke Internodium unterhalb des kleinen Blütenstandes anzusehen.

Kirchner (Jahreshefte d. V. f. vaterl. Naturk. in Württ. 1893. S. 104) bestätigt die Angabe Lindmans über den Duft. Sowohl die männlichen als auch die weiblichen Blüten sondern, nach Kirchner, deutlich Nektar aus, und zwar enthalten die männlichen Blüten im allgemeinen weniger Honig, während derselbe bei den weiblichen bisweilen oben an den Perigonzipfeln hervordringt. Die Perigonzipfel der ersteren sind bei Beginn des Blühens so aufgerichtet, dass der bröckelige, aus den Pollenkammern hervorquellende Pollen den Zugang zum Blütengrunde sperrt und also am Rüssel Nektar suchender Insekten haften bleiben muss. Im Verlaufe der Blütezeit breiten sich die Perigonzipfel weiter auseinader.

Als Besucher beobachtete Kirchner die Honigbiene, doch besuchte diese immer nur die männlichen Büsche und liess die kleineren, schwach duftenden und pollenlosen weiblichen Blüten unbeachtet. Die Bestäubung wird aber von Fliegen (Pollenia rudis F., häufig, P. vespillo F., häufig, Spilogaster duplicata Mg., seltener) vollzogen, welche beiderlei Blüten besuchen. Auch Bonnier sah Apis an den Blüten.

116. Familie Aristolochiaceae Juss.
547. Aristolochia L.

Protogynische Kesselfallenblumen, welche meist eine geringe Nektarausscheidung (vielleicht aus den Spaltöffnungen des Kessels) zeigen.

2510. A. Clematitis L. [Sprengel, S. 418—429; Hildebrand, Jahrb. f. wiss. Bot. V; Delpino, Ult. oss. S. 228, 229; H. M., Befr. S. 109; Correns, Jahrb. f. wiss. Bot. XXII und Bot. Centralbl. Bd. 42.] — Die Blüteneinrichtung ist durch Sprengels scharfsinnige Untersuchungen enträtselt, so dass die Nachuntersuchung derselben durch Hildebrand nur die von Sprengel übersehene Protogynie und die dadurch bedingte Fremdbestäubung als Ergänzung brachte. Correns hat der Anatomie und Physiologie der den Eingang zum Blütenkessel verschliessenden Haare seine Aufmerksamkeit zugewendet.

Das Perigon der hellgelben Blüten besteht in seinem mittleren Teile aus einer Röhre, welche sich nach unten zu einem kugeligen Kessel erweitert, während sie nach oben in einen ziemlich flachen Saum ausläuft. Bei Entfaltung dieses Saumes steht die Blüte aufrecht, ihre Röhre ist innen mit schräg abwärts gerichteten Haaren besetzt, welche kleinen Insekten (winzigen Fliegen und Mücken) zwar das Eindringen gestatten, das Hauskriechen aber unmöglich machen. Während dieses Zustandes ist zwar die Narbe schon entwickelt, doch sind die sechs der Säule des Narbenkopfes angewachsenen Staubbeutel noch geschlossen. Bei den vergeblichen Versuchen, Honig zu finden oder ihre Freiheit wieder zu erlangen, werden die Insekten, falls sie von einer anderen Blüte Pollen mitbrachten, die Narbe belegen, also Fremdbestäubung vollziehen. Alsdann springen die Antheren auf, während gleichzeitig der bis dahin aufrecht stehende Stiel der Blüte sich hinabzuneigen beginnt und dann die den Blüteneingang verschliessenden Haare einschrumpfen, so dass den kleinen Gefangenen der Ausgang nicht mehr versperrt wird. Über und über mit Blütenstaub bedeckt, verlassen sie ihr Gefängnis und bringen den Pollen in eine andere, im ersten Zustande befindliche Blüte. Schliesslich klappt sich der Endlappen des Perigons so herab, dass die Kronröhre der nunmehr völlig umgekehrten Blüte gänzlich verschlossen wird, also Insekten nicht mehr zugänglich ist.

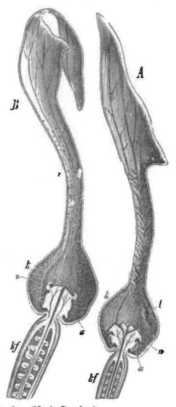

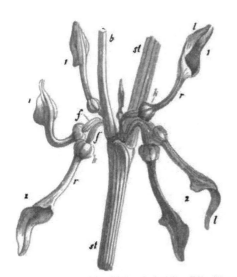

Fig. 361. Aristolochia Clematitis L. (Nach Sachs.)

Ein Stammstück (*st*) mit Blattstiel (*b*), in dessen Achsel neben einander verschiedene Blüten stehen. *1* Junge noch unbefruchtete. *2* befruchtete abwärts geneigte Blüte. *k* Kesselförmige Erweiterung der Kronröhre *r*. *f* Unterständiger Fruchtknoten. (Natürl. Gr.) *A* Blüte vor, *B* nach der Bestäubung im Längsschnitt. (Correns bemerkt in Pringsh. Jahrb. 1891. S. 169. Anm., dass Sprengels Zeichnung besser ist, als die hier gegebene von Sachs, der die Kesselhaare wie kleine Stacheln zeichnet und die Reusenhaare beim Eintritt des zweiten Stadiums absterben lässt.)

Die den Eingang zum Kessel zeitweilig verschliessenden „Reusenhaare" stehen, nach Correns, je näher dem Kessel, desto dichter, nehmen jedoch an Grösse kaum zu. Sie lassen, nach Correns' Untersuchungen, drei Teile unterscheiden: den Fuss, das Gelenk und das eigentliche Haar. Der Fuss sitzt in je einer seichten Vertiefung der Perigonwand; die Fusszelle ist dickwandig. Das Gelenk, in welchem die Biegung des ganzen Haares erfolgt, wird aus einer sehr zartwandigen Zelle gebildet. Diese erhält die zum Tragen des Haares nötige Festigkeit durch den in ihr herrschenden hydrostatischen Druck, den Correns auf nicht weniger als bis 22 Atmosphären nachwies. Das eigentliche Haar besteht aus mehreren zartwandigen, scheibenförmigen Zellen. Auch hier wird die nötige Steifigkeit durch hohen Turgordruck (bis 15 Atmosphären) bewirkt.

Das in normaler Lage schräg nach unten gegen den Kessel gerichtete Haar wird durch ein in die „Reuse" eindringendes kleines Insekt noch weiter nach unten gebogen, so dass das Insekt hindurchschlüpfen kann und schnellt dann in seine frühere Lage zurück. Dem zurückkriechenden Tierchen wird der Austritt durch eine schon von Hildebrand bemerkte Arretiervorrichtung unmöglich gemacht, indem der Haargrund nach oben in einen Buckel vorgezogen ist, welcher gegen die Perigonwand stösst. Diese Arretiervorrichtung ist aber nur eine unvollkommene, da der Buckel die Perigonwand nur in einem Punkte berührt, so dass ein schiefer Druck das Haar an die Wand pressen kann, indem die Gelenkzelle eine Torsion erleidet. Der hauptsächlichste Grund, welcher das Entkommen der kleinen Insekten verhindert, ist in dem Umstande zu suchen, dass die Reusenhaare bedeutend länger sind, als die halbe Weite der Perigonröhre; sie greifen daher meist schon vor der Arretierung so zusammen, dass ein Entkommen unmöglich ist.

Haben die Reusenhaare ihre Aufgabe erfüllt, so schrumpfen sie zu einem kurzen, braunen Rest zusammen. Dies ist nur dadurch möglich, dass die Wände der Haarzellen nicht verdickt sind, obgleich eine starke Verdickung derselben den Haaren dieselbe Steifigkeit verleihen würde, wie der Turgor, da solche dickwandigen Zellen später beim Welken nicht beseitigt werden könnten; vielmehr sind die Haare sehr dünnwandig und erhalten die nötige Steifigkeit durch den bereits oben erwähnten stark erhöhten Turgor, wodurch es möglich ist, dass sich die Haare später wie eine Ziehharmonika zusammenziehen und ihre winzigen Reste den zurückkriechenden Insekten kein Hindernis mehr sind. Dieses Einschrumpfen erfolgt durch Absterben der Haare im Alter von der Spitze nach dem Grunde zu, ohne dass der Eintritt oder das Ausbleiben der Bestäubung darauf von Einfluss wäre.

Auch der Kessel ist mit Haaren ausgekleidet, und zwar finden sie sich hauptsächlich zwischen den sechs Hauptnerven, abwechselnd dichter auf drei Streifen. Im zweiten Blütenzustande verkleben diese Kesselhaare häufig, wobei sie dann in grossen Büscheln zusammenhängen und diese Büschel wieder an der Spitze verklebt sind. Dieses Verhalten führte Correns zu der Annahme einer wenn auch nur spärlichen Nektarabsonderung. Vielleicht stehen die wenigen Spaltöffnungen, die sich im Kesselinneren finden (besonders um das Gynostemium herum), zu dieser supponierten Nektarsekretion in Beziehung. Die Kesselhaare sterben nicht mit den Reusenhaaren ab, sondern verlängern sich mit Eintritt der zweiten Blütenperiode noch merklich.

Als Besucher treten, wie schon Sprengel hervorhob, zahlreiche winzige Fliegen auf; doch ist, nach Correns, trotz reichlichen Insektenbesuches die Fruchtbildung nur selten.

Schon Sprengel und später Hildebrand haben nämlich gefunden, dass die Fliegen den Pollen auf dem Rücken aus der Blüte heraustragen, was, nach Correns, dafür spricht, dass sie sich etwas an der Kesselwand (und nicht etwa am Gynostenium) zu schaffen machen.

Herm. Müller nennt folgende, von Winnertz bestimmte Arten: a) *Bibionidae*: 1. Scatopse soluta Loow-inermis Ruthe. b) *Chironomidae*: 2. Ceratopogon sp.; 3. Chironomus sp.

Delpino (Ult. oss.) beobachtete in den Blüten: Oscinis dubia Macq., Ceratopogon lucorum Mg., C. aristolochiae Rond., Campylomyza lucorum Rond.

Nach Kny (Botan. Wandtafeln) ist Aristolochia Clematitis durch die ganze Einrichtung ihrer Blüte der Wechselbefruchtung durch kleine Fliegen angepasst (besonders durch Ceratopogon pennicornis Zett.); doch ist Selbstbestäubung beim Ausbleiben der Kreuzungsvermittler nicht ausgeschlossen, da die Pollenkörner derselben Blüte keimen und zu langen Pollenschläuchen auswachsen, welche auf die Narbe gelangen.

2511. A. Sipho L., L'Héritier. [Hildebrand, a. a. O.; Delpino, a. a. O.; H. M., a. a. O.; Correns, a. a. O.] — Dieser aus Nord-Amerika stammende Zierstrauch hält seine Blüte während der ganzen Blütezeit in derselben pfeifenkopfartig erst nach unten, dann senkrecht aufwärts gerichteten Stellung. Die Blüteneinrichtung ist dieselbe wie bei der vorigen Art; auch die Besucher sind dieselben. Die zum Kessel führende Röhre hat aber keine Sperrhaare, und es erscheint zunächst rätselhaft, weshalb die kleinen Besucher so lange in demselben verweilen, bis die Antheren aufgesprungen sind. Delpino und Hildebrand meinen, dass die Glätte der inneren Perigonwand anfangs so gross sei, dass die Fliegen nicht in die Höhe kriechen können und dass ihnen dies erst später möglich wird, wenn gegen Ende der Blütezeit die Wand einzuschrumpfen beginnt und daher nicht mehr so glatt ist. Herm. Müller wendet gegen diese Erklärung mit Recht ein, dass sie nur dann richtig sein kann, wenn die Wand des vom Eingange senkrecht abwärts führenden Röhrenteiles erheblich glatter ist, als die Wand des vom tiefsten Teile der Blüte senkrecht aufwärts in den Kessel führenden Röhrenteiles; denn, bemerkt dieser Forscher, bei gleicher Glattheit beider würden die Fliegen vom untersten Teile der Röhre eben so wenig in den Kessel, als in den Blüteneingang hinaufkriechen können. Herm. Müller hat bei Arum wiederholt gesehen, dass die kleinen Mücken nicht kriechend, sondern dem Hellen zufliegend aus dem Gefängnis herauszukommen suchten, wobei sie dann an dem Haargitter zurückprallten. Noch wahrscheinlicher wird die Müllersche Ansicht durch die Beobachtung, die ich an Arisarum vulgare auf Capri machte; diese Pflanze unterscheidet sich von den Arten der Gattung Arum wie Aristolochia Sipho von A. Clematitis, nämlich durch das Fehlen der Reusenhaare. Bei Arisarum sah ich nämlich die in die Blüte hineingekrochenen zahlreichen winzigen Mücken

und Fliegen bei dem Bestreben, wieder ins Freie zu gelangen, immer wieder
gegen die fensterartig durchscheinenden hellen Streifen der Blütenscheide anfliegen; erst wenn sie abgemattet langsam an dem Kolben in die Höhe krochen,
gelang es einigen, dem Gefängnis zu entkommen. Dieser Verschluss, welcher
der Dummheit der Fliegen Rechnung trägt, ist so gut, dass man die Pflanze
längere Zeit mit sich herumtragen kann, ohne dass es einer der Fliegen gelingt,
aus der Scheide zu entkommen; erst wenn man diese aufschneidet, fliegen sie
eilig davon. Ebenso ist es bei Aristolochia Sipho. Wenn, sagt Hermann
Müller, die ganze Innenwand der Röhre so glatt ist, dass die in den tiefsten
Teil der Röhre gelangten Fliegen weder nach der einen noch nach der anderen
Seite hin aufwärts kriechen können, so ist der Grund ihrer Gefangenschaft lediglich in der Biegung der beiden Röhrenenden zu suchen, indem der nach dem
Blütenstiele hin aufsteigende Teil der Röhre sich in unveränderter Richtung in
den Kessel fortsetzt, während der nach dem Blüteneingang hin aufsteigende Teil
der Röhre sich am oberen Ende so nach aussen umbiegt, dass die dem Hellen
zufliegenden Fliegen an der Umbiegung anprallen und zurückfallen müssen.
Die Befreiung der Gefangenen wird dann allerdings durch das Runzligwerden
der Wandung bewirkt, welche ein Herauskriechen ermöglicht.

Correns efklärt diese Annahmen des Verweilens der Fliegen im Blütenkessel für unzureichend; die Entscheidung dürfte sich nach ihm kaum in Europa
finden lassen, sondern nur durch Beobachtung der Pflanze in ihrer nordamerikanischen Heimat. Nach Correns besitzt der „Reusenteil" der Perigonröhre
zwar keine eigentlichen Reusenhaare, aber dicht gedrängt stehende, nach unten
gerichtete Papillen, welche vielleicht in Zusammenhang mit dem Verweilen der
Insekten im Blütenkessel stehen. Letzterer zerfällt in zwei Teile: den kahlen
„Vorhof" und den eigentlichen, in den unteren zwei Drittel schwarzpurpurn
gefärbten, weissbehaarten Kessel. Die „Kesselhaare" sind mit Hakenhaaren,
sog. „Klimmhaaren", untermischt; im Alter zerfallen sie leicht von der Spitze
aus durch Trennung der Querwände in einzelne und paarweise zusammenhängende
Zellen. Correns konnte die Nektarabsonderung durch Fixieren der Blüte in
umgekehrter Stellung während ein paar Stunden direkt nachweisen.

Als Besucher beobachteten H. Müller. A. Diptera. a) Muscidae. 1. Myodina
vibrans L.; 2. Sapromyza apicalis Loew, sehr häufig. b) Phoridae: 3. Phora pumila Mg,

Delpino (Ult. oss.) beobachtete in den Blüten Phora nigra Mg., Ceratopogon
aristiolochiae Rond., Lonchaea tarsata Fall., Phora pumila Mg. (von Rondani bestimmt.)

W. Burck (Annales du Jardin bot. de Buitenzorg. VIII. 1890) ist der
Ansicht, dass die Aristolochia-Blüten der Selbstbestäubung angepasst sind;
doch hält Correns die sämtlichen Einwände Burcks gegen die Fremdbestäubung dieser Blüten teils für geradezu verfehlt, teils für nicht genügend
begründet. Burck hat übersehen, dass die von ihm auf Java untersuchten
Arten aus Amerika stammten und dass häufig Pflanzen, welche in ihrer Heimat
der Fremdbestäubung angepasst sind, in anderen Gegenden bei Mangel der die
Befruchtung vermittelnden Insekten autogam und autokarp, selbst kleistogam
werden. E. Ule hat („Die Natur" 1898. Nr. 18) einige brasilianische Aristo-

lochia-Arten (A. macroura, A. Brasiliensis, A. elegans) bei Rio de Janeiro genauer untersucht und gefunden, dass die besuchenden und einig• gefangen gehaltene Fliegen die Narben wirksam belegen.

2512. A. altissima Desf. (Delpino, Ult. oss. S. 28) weicht in der Blüteneinrichtung nur wenig von A. Clematitis ab.

Als Besucher beobachtete Delpino: 1. Ceratopogon lucorum Mg.; 2. Phora pumila Mg.; 3. Ph. pulicaria Fall. (von Rondani bestimmt).

Ebenso stimmt diejenige von

2513—14. A. rotunda L. und A. pallida W. (Delpino, a. a. O.; Correns, a. a. O.) damit überein. Die Gelenkzelle der Reusenhaare ist auf der Unterseite dünnwandig, auf der Oberseite meist verdickt und dicht vor der Scheidewand gegen die Fusszelle mit einer verdünnten, porusartigen Stelle ver- sehen, was nach Correns, vielleicht eine Schutzeinrichtung gegen ein Einknicken der Druckseite darstellt.

Die Blüten der letzteren Arten sind, nach Correns, grösser als diejenigen von A. Clematitis. Die einzeln stehenden, stets aufrechten Blumen haben ein grünliches Perigon, welches dem Ausschnitte gegenüber einen halbmond- förmigen, braunschwarzen Fleck besitzt. Von demselben gehen fünf oder sechs ebenso gefärbte Streifen in die trichterförmige Perigonröhre bis zu dem kurz cylindrischen Kessel hinunter. Letzterer ist innen mit langen, später verklebten Haaren besetzt; erstere ist mit Reusenhaaren ausgekleidet, welche denjenigen von A. Clematitis gleichen. Gegen Ende der Blütezeit findet nur ein unvoll- kommener Verschluss der Perigonröhre durch die sich herabbiegende Lippe statt.

Delpino (Ult. oss.) beobachtete in den Blüten von A. pallida: 1. Phora carbonaria Zett.; 2. Ph. pulicaria Fall.; 3. Chironomus gracilis Mcqrt.? (von Rondani bestimmt.)

Auch bei A. rotunda stehen die Blüten einzeln und stets aufrecht. Das grünliche Perigon besitzt eine engcylindrische Röhre, welche in eine ver- hältnismässig grosse, flache, auf der Innenseite braunschwarze Lippe ausläuft. Nachdem die Antheren aufgesprungen sind, klappt sie sich in scharfer Krümmung nach unten, rollt sich um die Perigonröhre ein und verschliesst so den Blüten- eingang vollständig. Die in der Perigonröhre sitzenden Reusenhaare sind denen von A. Clematitis ähnlich, doch ist die Arretierungsvorrichtung vollkommener. Beide letztgenannte Arten besitzen auf der Aussenwand des Perigons und auf dem Fruchtknoten reichlich „Klimmhaare", welche aus einer zuweilen nochmal- geteilten Fusszelle, 1—2 Zwischenzellen (Halszellen) und einer zurückgeschlagenen. also der Perigonwand parallel stehenden Hakenzelle (— den Haken nach oben geöffnet —) bestehen.

Delpino (Ult. oss.) beobachtete in den Blüten von A. rotunda: Scatopso nigra Mg., Ceratopogon minutus Mg., Sciara minima Mg., Cecidomyia atricapilla Rond., Oscinis aristolochiae Rond., O. delpinii Rond.. O. dubia Macq. (von Rondani bestimmt).

2515. A. Bonplandi Ten. hat nach Hildebrand (Bot. Z. 1870. S. 603) dieselbe Blumenkronform wie A. Sipho und dieselbe Reusenhaarein- richtung wie A. Clematitis.

2516—17. A. Duchartrei (?) und A. elegans (?), zwei tropische Arten, haben, nach Correns (a. a. O.), im Kessel zwei stärker behaarte, als Nektarien zu betrachtende Stellen. Da ihre Reusenhaare nur ein Drittel so lang sind wie die lichte Weite der Perigonröhre, so ist ihre Arretierungsvorrichtung aus zwei Buckeln gebildet. Dadurch berührt das Haar die Perigonwand an zwei getrennten Stellen rechts und links vom Gelenk, so dass es auch einem schiefen Stosse zu widerstehen vermag.

2518. A. grandiflora Swz. [Delpino, a. a. O.] — Diese auf den Antillen heimische Art ist durch eine weinrote Farbe, sowie durch Aasgeruch ausgezeichnet, so dass die Vermutung nahe liegt, dass die sehr grossen Blüten von Aasfliegen besucht werden. Eine von dem Perigonsaum ausgehende Ranke schlingt sich um einen benachbarten Zweig und hält so die Blüte in der für den Insektenbesuch geeigneten Lage.

548. Asarum Tourn.

Protogynische wenig auffallende Blumen, die H. Müller (Kosmos III) als Ekelblumen bezeichnet. Sie sind nach demselben vielleicht als Blüten anzusehen, welche in unvollkommener Weise den besuchenden Insekten als Gefängnis oder doch als Schlupfwinkel dienen und so eine Vorstufe zu der Aristolochia-Blüte bilden. (Vgl. Bd. I. S. 155.)

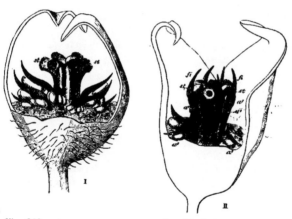

Fig. 362. Asarum europaeum L. (Nach Herm. Müller.) I. Junge Blüte, die sich eben erst zu öffnen beginnt, nach Entfernung des halben Perigons. II. Ältere Blüte; das vorderste der kürzeren Staubblätter beginnt soeben sich zu erheben und die Antherenfächer zu öffnen. a Längere, a² kürzeren Staubblätter, fi Staubfäden, st Narbe.

2519. A. europaeum L. [Delpino, Altri app. S. 61, 62; H. M., Befr. S. 109; Kosmos III.; Kerner, Pflanzenleben II.S.278; Kirchner, Flora S. 520; Knuth, Bijdragen] — Die einzelnen am Boden stehenden, oft zwischen abgefallenem Laub versteckten, aussen grünlich-braunen, innen schmutzig-rotbraun gefärbten Blüten sind wenig augenfällig; sie besitzen einen scharfen, kampfer-artigen Geruch. Die drei Perigonzipfel öffnen sich langsam so, dass ihre Spitzen noch längere Zeit nach innen gebogen bleiben, während sie sich unterwärts aus einander thun. Dadurch entstehen drei kleine spaltenartige Zugänge zum Blüteninneren, hinter welchen die bereits entwickelten Narben liegen, welche von den hineinkriechenden Besuchern (nach Kerner kleinen Fliegen) berührt werden müssen. Die sechsstrahlig angeordneten Narbenlappen tragen, nach Kirchner, nach aussen gerichtete Büschel von Narbenpapillen. Im ersten Blütenzustande sind die 12, in zwei Kreisen stehenden Staubblätter so nach aussen und unten gebogen, dass, wie angedeutet, die Narbe frei in der Blütenmitte steht und von etwaigen Besuchern berührt werden muss. Im zweiten Zustande hat sich die Blüte ganz geöffnet, und die sechs Staubblätter des inneren Kreises richten sich auf, legen sich dicht an die Narbe, indem je ein Staubblatt zwischen je zwei Narbenlappen zu liegen kommt, und öffnen ihre Antheren nach aussen. Wegen der abwärts geneigten Stellung der Blüte kann jetzt leicht spontane Selbstbestäubung eintreten; auch ragen die stacheligen Fortsätze der Staubblätter des äusseren Kreises über die Narbe hinaus, so dass diese nun weniger leicht von etwaigen Besuchern berührt werden kann. Zuletzt richten sich die Staubblätter des inneren Kreises einzeln auf und legen sich zwischen die des äussern. Sie sind etwas kürzer als diese; ihre Antheren stehen daher genau unterhalb der sechs noch immer frischen Narbenlappen. Der mehlige Pollen fällt als gelbes Pulver in die Blüte.

Als Besucher habe ich trotz häufigen Überwachens der Pflanzen des botanischen Gartens zu Kiel bisher nur einmal die Schmeissfliege (Lucilia caesar L.) flüchtig an den Blüten beobachtet.

2520. A. canadense L. (Delpino, a. a. O.) hat dieselbe Blüteneinrichtung wie vor.

2521. Heterotropa asaroides Mor. et Den. (Delpino, a. a. O.) steht in Bezug auf Blütenbau und -einrichtung zwischen Arum und Aristolochia. Delpino vermutet, dass der nach innen gebogene Rand des Perigons ein zeitweiliges Gefängnis der wahrscheinlich aus Fliegen bestehenden Besucher bildet.

117. Familie Empetraceae Nuttall.

549. Empetrum Tourn.

Zweihäusig, zuweilen mit protandrischen Zwitterblüten. Nach Warming windblütig, nach Lindman insektenblütig und zwar Fliegenblume mit honigabsondernder Narbe. Nach meiner Erfahrung Windblüter mit gelegentlichem Insektenbesuch.

2522. E. nigrum L. [Warming, Bot. Tidsskr. 1886. S. 38—39; Knuth, Nordfr. I. S. 129.] — Die männlichen Blüten sind rosa gefärbt; sie besitzen drei Staubblätter und die Rudimente der Fruchtblätter. Die weiblichen Blüten sind purpurn; der Griffel ist kurz und mit sechs- bis neunstrahliger, schwarzer, glänzender Narbe, deren Durchmesser 2 mm beträgt, gekrönt. sondert, nach Lindman, durch Fehlingsche Lösung nachweisbaren Zucker ab.

Ausser den diöcisch, selten monöcisch verteilten, eingeschlechtigen Blüten beobachtete Lindman einzelne protandrische Zwitterblüten. Warming fand die grönländischen Pflanzen nur diöcisch, mit überwiegender Zahl der männlichen Blüten. Auf den nordfriesischen Inseln habe ich niemals Gelegenheit gehabt, die blühende Pflanze zu beobachten. Bei der frühen Blütezeit, dem alsdann herrschenden Insektenmangel, der Insektenarmut jener Inseln überhaupt, zumal im April, den alsdann fast immer herrschenden starken Stürmen und der stets sehr reichlichen Fruchtbildung der Krähenbeere auf Sylt, Amrum und Föhr leite ich die Windblütigkeit dieser Pflanze ab, wenngleich zugegeben werden muss, dass die Blütenfarbe und die Honigabsonderung der Narbe auf gelegentlichen Insektenbesuch, wahrscheinlich durch Fliegen, schliessen lassen.

Nylander beobachtete in Finnland Colletes cunicularius L., Höppner bei Bremen Anthrena convexiuscula K.

118. Familie Euphorbiaceae Juss.

550. Buxus Tourn.

Einhäusige Blumen mit freiliegendem Nektar, welche auch wohl gelegentlich durch Vermittelung des Windes befruchtet werden.

2523. B. sempervirens L. [H. M., Weit. Beob. II. S. 214, 215; Kerner, Pflanzenleben II. S. 136, 169; Warnstorf, Bot. V. Brand. Bd. 38; Knuth, Bijdragen.] — Die Blüten sind zwar gelblich-grün und daher wenig auffallend, auch fehlt ihnen jeder Geruch; doch besitzen die gelben, schon aus der Knospe hervorragenden Antheren der männlichen Blüten so viel Augenfälligkeit, dass die Besucher sich in ziemlicher Zahl einstellen, welchen bei der frühen Blütezeit der Pflanze (im März und April) ja auch nur wenige andere Blüten zur Ausbeutung zur Verfügung stehen.

Die Gipfelblüte der dicht gedrängten Ähren ist weiblich; sie wird von sechs und mehr männlichen Blüten umgeben, welche mit je vier dicken Antheren ausgerüstet sind. Beide Blütenarten bieten den Besuchern auch eine geringe Menge Honig dar: Die weibliche Blüte besitzt auf dem Fruchtknoten, welcher von fünf oder sechs grünlichen Perigonblättern umgeben ist, drei kleine zusammenstossende, fleischige Nektarien, die je ein Honigtröpfchen aussondern. In den männlichen Blüten ist der Rest des Fruchtknotens das Nektarium, welches winzige Honigtröpfchen abzusondern scheint. Die Nektarien der weiblichen Blüten werden von den drei mit ihnen abwechselnden Griffeln überragt; jeder derselben besitzt auf der Innenseite eine zweiteilige Narbe; von Antheren ist keine Spur vorhanden. In den männlichen Blüten wird das von vier Perigonblättern umgebene Nektarium von den vier Staubblättern weit überragt, welche dicke, herzförmige Antheren besitzen.

Die Ähren sind schwach protogynisch. Die (zuweilen fehlende) Gipfelblüte hat bereits empfängnisfähige Narbenpapillen, bevor die Antheren der sie umgebenden männlichen Blüten sich geöffnet haben. Die Narben der Gipfelblüte bleiben frisch, bis die sämtlichen männlichen Blüten des Ährchens ihre Antheren geöffnet haben, so dass die Gipfelblüte bei Insektenbesuch leicht durch den Pollen der benachbarten männlichen Blüten belegt werden kann, falls sie nicht schon vorher den Pollen von anderen demselben oder einem fremden Strauche angehörigen männlichen Blüten empfangen hat. Doch fliegen die Besucher meist auf die als Anflugstelle bequemste Ährchenmitte, also auf die weibliche Blüte, auf, so dass auch in dem homogamen Zustande des Ährchens meist Kreuzung getrennter Stöcke bewirkt wird. — Pollen, nach Warnstorf, weisslich. kugelig, durch niedrige, dicht stehende Wärzchen undurchsichtig, durchschnittlich von 37 μ diam.

Kerner rechnet den Buchsbaum, trotzdem er (a. a. a. S. 169) ausdrücklich bemerkt, dass sowohl die männlichen als auch die weiblichen Blüten drei Nektarien in der Mitte besitzen, welche je einen Honigtropfen aussondern, zu denjenigen Windblütlern, welche, wie die meisten Eschen, die Steinlinde (Phillyrea) und die Pistazie (Pistacia), kurze dicke Antherenträger und verhältnismässig grosse, mit mehligem Pollen gefüllte Antheren besitzen.

Als Besucher wurden beobachtet von H. Müller (1) und mir (!): A. Diptera: a) Muscidae: 1. Calliphora vomitoria L. (!); 2. Musca corvina F. (1); 3. M. domestica L. (!, 1), alle 3 sgd. b) Syrphidae: 4. Syritta pipiens L. (1); 5. Syrphus pyrastri L. (1); beide sgd. oder pfd. B. Hymenoptera: Apidae: 6. Apis mellifica L. ⚥ (!, 1), psd. Die Thätigkeit der Honigbiene an den Blüten des Buchsbaumes schildert Herm. Müller in folgender Weise: Sie beisst den Pollen der noch nicht aufgesprungenen Antheren mit den Oberkiefern los, speit aus dem ganz wenig vorgestreckten Rüssel etwas Honig darauf, bürstet den Pollen mit den Vorder- und Mittelbeinen an die Hinterbeine, thut dies alles aber so rasch, dass man kaum die einzelnen Akte verfolgen kann.

551. Euphorbia Tourn.

Delpino, Ult. oss. I. S. 157—161; H. M., Weit. Beob. II. S. 215; Kirchner, Flora S. 365; Kerner, Pflanzenleben II. S. 124, 170, 311; Mac Leod, B. Jaarb. VI. S. 249 bis 250; Knuth, Nordfr. I. S. 130, 131; Grundriss S. 90, 91.

Unsere Wolfsmilcharten haben sämtlich dieselbe Blüteneinrichtung. Der Stengel teilt sich zunächst in eine (fünfstrahlige) Trugdolde, deren einzelne Strahlen sich wieder in Äste mit gabelspaltigen Ästchen teilen, an deren Spitze ein einer Einzelblüte gleichender Blütenstand steht. Letzterer ist aus mehreren (10—12), nur aus einem gestielten Staubblatte bestehenden, männlichen Blüten und einer in der Mitte stehenden, weiblichen Blüte zusammengesetzt und von einer kelchartigen Hülle mit vier- (bis fünf-) spaltigem Saum umgeben. Die Drüsen dieser Hülle sondern eine flache Schicht völlig freiliegenden Honigs ab. Der biologisch einer Einzelblüte gleichwertige Blütenstand ist ausgeprägt

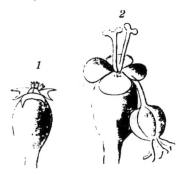

Fig. 363. Euphorbia L. (Nach der Natur.)

1 Euphorbia Peplus L. im ersten (weiblichen) Zustande: Die Narben ragen ein wenig aus der Blütenhülle hervor. 2 Euphorbia Helioscopia L. im zweiten (männlichen) Zustande: Der Fruchtknoten (die weibliche Blüte) mit den nicht mehr empfängnisfähigen Narben hängt an gebogenem Stiele weit heraus; die Staubblätter (männlichen Blüten) ragen aus der Blüte hervor.

protogynisch (vgl. E. palustris). Die drei zweispaltigen Narben treten zuerst aus der Hülle und können bei eintretendem Insektenbesuche durch fremden Pollen belegt werden. Erst wenn der Fruchtknoten an langem, gebogenem Stiele weit aus der Hülle hervorragt, wachsen allmählich und nacheinander die aufspringenden Staubblätter heran und nehmen die Stelle ein, welche im ersten Zustande die Narben inne hatten. Die Befruchtung wird ausschliesslich durch Fliegen vermittelt, doch treten hin und wieder Käfer und Wespen als Besucher auf und da, wo die Pflanzen in grösseren Mengen dicht bei einander wachsen, stellen sich auch Bienen ein.

Nach Kerner schliessen sich die Antheren bei feuchter Luft und öffnen sich bei trockner wieder. Nach Jordan wenden die Antheren ihre pollenbedeckte Seite den über den Nektarien befindlichen Blüteneingängen zu.

2524. E. helioscopia L.

Als Besucher sah Herm. Müller Anthomyia sp. und andere Dipteren; ich (Ndfr. J. S. 167) beobachtete gleichfalls nur Dipteren, nämlich: a) *Muscidae*: 1. Anthomyia sp. b) *Syrphidae*: 2. Melanostoma mellina L.; 3. Syritta pipiens L.; 4. Syrphus balteatus Deg. c) *Tipulidae*: 5. Pachyrhina sp.

Auf Helgoland beobachtete ich (Bot. Jaarb. 1896. S. 36): Diptera: a) *Muscidae*: 1. Coelopa frigida Fall.; 2. Fucellia fucorum Fall.; 3. Lucilia caesar L. b) *Syrphidae*: 4. Chrysotoxum festivum L. ♂; 5. Eristalis tenax L.: Mac Leod in Flandern 2 Schwebfliegen (Bot. Jaarb. VI. S. 379); Plateau daselbst Prosopis sp. und Syrphus corollae F.; Schletterer bei Pola: Hymenoptera: a) *Apidae*: 1. Halictus calceatus Scop. b) *Sphegidae*: 2. Salius fuscus F. c) *Tenthredinidae*: 3. Arge cyaneocrocea Forst.

Auch Delpino beobachtete ausschliesslich Dipteren.

2525. E. verrucosa Jacquin.

Als Besucher beobachtete Loew (Bl. Fl. S. 332) im botanischen Garten zu Berlin drei Dipteren: a) *Muscidae*: 1. Lucilia caesar L. b) *Syrphidae*: 2. Ascia podagrica F.; 3. Eristalis nemorum L.

2526. E. Gerardiana Jacquin.

Als Besucher beobachtete Loew (Bl. Fl. S. 332) im botan. Garten zu Berlin die Honigbiene und eine Grabwespe (Crabro lapidarius Pz. ♀): Plateau in Gent Eristalis arbustorum L., Lucilia caesar L., Syritta pipiens L.; Herm. Müller (Weit. Beob. II. S. 216) bei Kitzingen 4 honigleckende Käfer: *Cerambycidae*: 1. Leptura livida F., hld.; 2. Strangalia melanura L. *Mordellidae*: 3. Mordella aculeata L.; 4. Mordellistena pumila Gylh.

2527. E. Cyparissias L. [Sprengel S. 266; H. M., Alpenbl. S. 172, 173; Weit. Beob. II. S. 216.]

Als Besucher beobachtete Loew in Brandenburg (Beiträge S. 36): Hymenoptera: *Sphegidae*: 1. Chellosia praecox Zett., sgd.; 2. Chrysotoxum vernale Lw., sgd.; 3. Eristalis nemorum L., sgd.; in Schlesien (Beiträge S. 48): Thereva microcephala Lw. und (Beiträge S. 29): Melanostoma mellina L., sgd.; Schmiedeknecht in Thüringen die Apiden: 1. Anthrena fulvida Schck.; 2. A. proxima K.; Friese daselbst die Blattwespe Tenthredo ignobilis Klug; Krieger bei Leipzig die beiden häufigsten Wegwespen Pompilus viaticus L. und Salius fuscus F.

In den Alpen sah H. Müller 21 Dipteren, 1 Käfer, 4 Hymenopteren, 3 Falter.

Für Mitteldeutschland geben H. Müller (1) und Buddeberg (2) folgende Besucherliste:

A. Coleoptera: a) *Cerambycidae*: 1. Phytoecia nigricornis F., hld. (2). b) *Chrysomelidae*: 2. Cryptocephalus flavipes F. (2): 3. Haltica sp., häufig (1, Thür.); 4. Luperus circumfusus Marsh. (2). c) *Elateridae*: 5. Corymbites aeneus L., hld. (2); 6. Cryptohypnus minutissimus Germ., hld. (2). d) *Telephoridae*: 7. Cantharisarten hld. (2). e) *Mordellidae*: 8. Mordella aculeata L., hld. (2). B. Diptera: a) *Muscidae*: 9. Anthomyia sp. ♀, sgd., häufig (2). b) *Syrphidae*: 10. Cheilosia sp., sgd. (2); 11. Eristalis arbustorum L., sgd. (1); 12. E. tenax L., sgd. (1). C. Hemiptera; 13. Lygaeus equestris L. (1); 14. Miris levigatus L. (2); 15. Stenocephalus agilis Scop. (2). D. Hymenoptera: a) *Apidae*: 16. Anthrena convexiuscula K. ♂, sgd. (2); 17. Halictus flavipes F. ♀, sgd. (2); 18. H. villosulus K. ♀, sgd. und psd. (1); 19. Sphecodes gibbus L. ♀, sgd. (2). b) *Chrysidae*: 20. Chrysis ignita L. ♀, hld. (1). c) *Tenthredinidae*: 21. Allantus temulus Scop., in Mehrzahl, hld. (2); 22. Amasis laeta F., hld. (2); 23. Hylotoma ustulata L., hld. (2); 24. Macrophya ribis Schrk., hld. (2). d) *Vespidae*: 25. Eumenes pomiformis F., sgd. (1). E. Lepidoptera: 26. Hesperia sylvanus Esp., sgd. (1, Thür.).

Schletterer beobachtete bei Pola und giebt für Tirol (T.) als Besucher an: Hymenoptera: a) *Apidae*: 1. Halictus tetrazonius Klg. ♀ (T.) b) *Tenthredinidae*: 2. Argo cyaneocrocea Forst. c) *Vespidae*: 3. Polistes gallica L.

F. F. Kohl beobachtete in Tirol die Goldwespe: Ellampus aeneus F.

2528. E. palustris L. [Heinsius, a. a. O.; Loew, Bl. Fl. S. 165.] — Die Blütenstände sind, nach Heinsius, teils protandrische teils protogynische: die in der Mitte stehenden, zuerst aufblühenden waren protandrisch, die mehr peripherisch stehenden protogynisch.

Als Besucher beobachtete Heinsius in Holland 1 Käfer (Oedemera flavipes F. ♂ ♀), 5 Musciden (Anthomyia sp. ♂, Cyrtoneura curvipes Macq. ♂; C. hortorum Fall. ♀, Graphomyia maculata Scop. ♀, Onesia floralis R.-D. ♂), 1 Bibionide (Dilophus vulgaris Meig. ♂), 1 Waffenfliege (Odontomyia tigrina F. ♂ ♀) und 2 Schwebfliegen (Ascia podagrica F. ♀, Chrysogaster splendida Meig. ♀) als Besucher (Bot. Jaarb. IV. S. 59—61).

Loew beobachtete im botanischen Garten zu Berlin: A. Coleoptera: a) *Dermestidae*: 1. Anthrenus scropbulariae L., hld. b) *Scarabaeidae*: 2. Cetonia aurata L., Blütenteile fressend. B. Diptera: a) *Bibionidae*: 3. Bibio hortulanus L. ♀, sgd.; 4. B. marci L. ♂, sgd. b) *Empidae*: 5. Hilara maura F., sgd. c) *Muscidae*: 6. Anthomyia sp.; 7. Sarcophaga carnaria L. d) *Syrphidae*: 8. Eristalis nemorum L.; 9. Melanostoma mellina L., sgd; 10. Syritta pipiens L., sgd. C. Hymenoptera: *Apidae*: 11. Anthrena fasciata Wesm. ♀, psd.; 12. A. fulva Schrk. ♀, psd.; 13. A. nitida Fourc. ♀, sgd. uud psd.; 14. Apis mollifica L. ♀, eifrig sgd., dabei über mehrere Cyathien hinwegkriechend und Pollen abstreifend.

2529. E. Esula L.

Als Besucher beobachtete H. Müller in Thüringen (a. a. O.) drei Musciden (Anthomyia, hld.; Sepsis sp.; Ulidia erythrophthalma L., hld.), 1 Ameise (Myrmica ruginodis Nyl. ♀, hld.) und Ichneumoniden.

Ich (Beitr.) beobachtete im Garten der Ober-Realschule zu Kiel eine Schwebfliege: Eristalis tenax L., hld.; Loew im botanischen Garten zu Berlin Apis, sgd. und psd.

v. Dalla Torre bemerkte im botanischen Garten zu Innsbruck die Biene Prosopis bipunctata Fbr.; dieselbe verzeichnet Schletterer.

2530. E. Peplus L. Pollen, nach Warnstorf, gelb, tetraëdrisch, warzig, durchschnittlich 56 μ breit und bis 75 μ lang.

Als Besucher beobachtete ich (Nordfries. Ins. S. 167) bei Kiel 4 Schwebfliegen, winzige Musciden, 1 Käfer; auf Helgoland sah ich (Bot. Jaarb. 1896. S. 36): Diptera: a) *Muscidae*: 1. Coelopa frigida Fall.; 2. Lucilia caesar L. b) *Syrphidae*: 3. Eristalis tenax L.; H. Müller in Thüringen 1 Ameise (Lasius sp. ♀) und kleine Fliegen, sowie Ichneumoniden; Mac Leod in Flandern 3 Schwebfliegen, 2 kurzrüsselige Hymenopteren, 1 Käfer (B. Jaarb. VI. S. 251. 379); Plateau daselbst Anthrena nana K. und Syrphus corollae F.

2531. E. pilosa L.

Als Besucher beobachtete Loew im botanischen Garten zu Berlin: A. Diptera: a) *Bibionidae*: 1. Bibio hortulanus L. ♀, sgd. b) *Muscidae*: 2. Lucilia caesar L.;

3. Spilogaster duplicata Mg. B. Hymenoptera: *Apidae*: 4. Anthrena fulva Schrk. ♀, psd.; 5. Halictus sexnotatus K. ♀, sgd. und psd.

2532. E. dulcis L. hat nach Kirchner bei stark ausgeprägter Protogynie sehr wenig augenfällige Blütenstände.

2533. E. platyphyllos L.

sah H. Müller (Befr. S. 160) in Thüringen von Dipteren, Sphegiden (z. B. Crabro brevis v. d. L.) und Apiden besucht; Plateau bemerkte bei Gent Syritta und zahlreiche Musciden.

2534. E. aspera M. B.

Als Besucher beobachtete Loew im botanischen Garten zu Berlin: A. Diptera: a) *Muscidae*: 1. Anthomyia sp., sgd.; 2. Lucilia caesar L.; 3. Sarcophaga carnaria L. b) *Syrphidae*: 4. Eristalis nemorum L., sgd. B. Hymenoptera: *Apidae*: 5. Anthrena albicans Müll. ♂, sgd.; 6. A. dorsata K. ♀, psd. Ferner daselbst an

2535. E. nicaeensis Al'.

A. Diptera: a) *Muscidae*: 1. Anthomyia sp. b) *Syrphidae*: 2. Eristalis nemorum L. B. Hymenoptera: *Apidae*: 3. Halictus nitidiusculus K. ♀, sgd. und psd.

2536. E. salicifolia Host.

A. Coleoptera: *Dermestidae*: 1. Anthrenus scrophulariae L., hld. B. Diptera: *Syrphidae*: 2. Helophilus floreus L., sgd.; 3. Syritta pipiens L.

2537. E. virgata W. et K.

Als Besucher beobachtete F. F. Kohl im botanischen Garten zu Innsbruck die Faltenwespe Odynerus nigripes H.-Sch.; Plateau im bot. Garten zu Brüssel Apis. hfg.; Lucilia caesar L.; Eristalis arbustorum L. und andere Syrphiden.

2538. E. amygdaloides L.

sah Bonnier von zahlreichen saugenden Honigbienen besucht.

2539. E. segetalis L.

Die grünlichgelben Blüten sah Plateau von Halictus sp., Syritta pipiens L., Musciden und Thrips besucht.

2540. E. dendroides L. [Knuth, Capri S. 15—17.]

Als Besucher beobachtete ich: A. Coleoptera: 1. Coccinella septempunctata L. B. Diptera: a) *Muscidae*: 2. Sarcophaga carnaria L.; 3. Scatophaga stercoraria L. b) *Syrphidae*: 4. Eristalis tenax L.; 5. Syrphus sp. C. Hymenoptera: a) *Apidae*: 6. Anthrena sp. b) *Formicidae*: 7. Formica sp.

2541—42. E. ceratocarpa, officinarum L. und **splendens** sind, nach Nicotra (Contrib. I), diöcisch.

2543. Dalechampia Roezliana Merell Arg. (Bot. Garten zu Freiburg i. B.) Nach Francke (Diss. 1883) ist die Bestäubung der weiblichen Blüten zwar nicht ausgeschlossen, aber erschwert.

2544. Ricinus communis L. ist ausgeprägt windblütig, wie die explosive Entleerung des Pollens durch die Antherenfächer beweist. (Delpino, Malpighia III.)

2545. Phyllanthus Nirruri (?) [Ludwig, Kosmos I.] — Am Grunde der Blütenstände dieser in Brasilien heimischen Pflanze stehen kleinere weisslich-grüne, glöckchenförmige und mit Nektarien versehene männliche Blüten, darüber grünliche, länger gestielte, grössere, nektarlose weibliche. Das Blühen beginnt mit fast gleichzeitigem Öffnen der am tiefsten stehenden männlichen und weiblichen Blüten.

Als Befruchter vermuteten Ludwig und Müller kleine Dipteren.

552. Mercurialis Tourn.

Zweihäusige, selten einhäusige, noch seltener trimonöcische Windblütler.

2546. M. annua L. Nach F. Heyer (Diss.) ist das Verhältnis der männlichen zu den weiblichen Pflanzen wie 105,86 : 100 (im Mittel aus 21 000 Pflanzen). Zuweilen kommt Monöcie vor, indem einzelne männliche Blüten an den weiblichen Pflanzen auftreten und umgekehrt. Die Übertragung des Pollens von Pflanze zu Pflanze geschieht durch den Wind.

Über die ohne Befruchtung durch Pollen, also parthenogenetisch entstandenen keimfähigen Samen von Mercurialis annua habe ich im Teil I S. 75 berichtet[1]).

Mac Leod in Flandern beobachtete 2 Schwebfliegen (B. Jaarb. VI. S. 252); Plateau daselbst zahlreiche Anthrenus verbasci L., pfd., Thrips, einen Nachtfalter (Botys sp.), Syritta pipiens L., Syrphus corollae L., Eristalis tenax L., E. arbustorum L.

2547. M. perennis L. Auch bei dieser Art findet sich, nach Thomas (Bot. Jahrb. 1883. I. S. 483), neben Diöcie hin und wieder Monöcie, oder, nach Saunders (a. a. O.), auch wohl Triöcie. Nach Warnstorf (Nat. V. d. Harzes XI) stehen die männlichen Blüten zu 4—7 in Knäueln, welche zu Scheinähren verbunden sind und deren Gipfelblüte sich zuerst öffnet. Die beiden kugeligen, gelben Antheren, welche getrennt an der Spitze von zarten, bleichen Filamenten stehen, öffnen sich nach oben. Die Antherenfächer färben sich nach dem Ausstreuen der Pollenzellen indigoblau. Pollen schwefelgelb, dicht warzig, brotförmig, durchschnittlich 37 μ lang und 20 μ breit. Nach Kerner (Pflanzenleben II. S. 312) sind die Narben der weiblichen Blüten mindestens zwei Tage früher empfängnisfähig, als sich die Antheren der männlichen öffnen. Dasselbe gilt von

2548. M. ovata Sternberg et Hoppe. Dod (Journ. of Bot. 1895) bemerkte mehrere männliche Pflanzen mit einer oder zwei weiblichen Blüten und eine weibliche Pflanze mit einer männlichen Blüte.

Frey beobachtete im Aargau: Brephos puella Esp. als Besucher.

In Dumfriesshire (Schottland) (Scott-Elliot, Flora S. 152) wurde Apis als Besucher von M. perennis beobachtet.

---

[1]) Nach Juel (B. C. Bd. 74 N. 13) findet sich bei Mercurialis annua keine eigentliche Parthenogenesis, d. h. die Entwickelung eines neuen Individuums aus einer Zelle, die morphologisch eine nicht befruchtete Eizelle ist, sondern nur Samenentwickelung ohne vorhergehende Befruchtung. Dasselbe gilt von Coelebogyne ilicifolia (Bd. I S. 75), einigen Alchemilla-Arten (Murbeck, Botan. Notis. 1897. S. 273), sowie bei den von Kerner als parthenogenetisch bezeichneten Pflanzen von Antennaria alpina (s. Bd. I. S. 76) im botanischen Garten zu Innsbruck. Juel weist nun (a. a. O. S. 370 bis 372) durch seine Untersuchungen über die Keimbildung dieser Pflanze nach, dass „Kerners bisher unbewiesene Behauptung von Parthenogenesis bei Antennaria alpina dennoch wahr gewesen ist."

119. Familie Callitrichaceae Link.

553. Callitriche L.

Unscheinbare, einhäusige, nach meinen Beobachtngen windblütige, protogynische Pflanzen; doch werden dieselben auch zum Teil als insektenblütig und
als wasserblütig genannt.

2549. C. vernalis Kützing. [Knuth, Ndfr. I. S. 72.] — Die Pflanze
ist auf den nordfriesischen Inseln windblütig und offenbar protogynisch, denn
die Antheren waren noch mit Pollen behaftet, als die Früchte der weiblichen
Blüten derselben Pflanzen bereits ausgebildet waren. Die ersten Entwickelungsstadien habe ich nicht beobachtet.

2550. C. stagnalis Scopoli. [Axell, S. 36; Knuth, Ndfr. I. S. 72;
Hegelmaier, Callitriche; Ludwig, Süsswasserflora S. 32; Warnstorf, Bot.
V. Brand. Bd. 38.) — Auch diese Art ist auf den nordfriesischen Inseln windblütig und protogynisch. Hegelmaier bezeichnet die Blüten gleichfalls als
windblütig, aber als protandrisch, indem die männlichen Blüten desselben Blütenstandes früher als die weiblichen entwickelt sind, und zwar sind die in
den oberen Blattachseln sitzenden Blüten meist männlich, die in den unteren
sitzenden meist weiblich. Die Pollenzellen sind mit einer etwas höckerigen derben
Haut bedeckt. Bei dieser Art und den übrigen Eucallitrichen (C. vernalis
und hamulata) findet sich, nach Ludwig, die den Luftblüten eigentümliche
Faserschicht, welche beim Aufspringen der Antheren eine wichtige Rolle spielt.
Nach Ludwig sind die bis 1 mm langen Staubblätter mit starren Filamenten
versehen, ihre Pollenkörner etwa 25 μ lang und 21 μ breit, die beiden Griffel
sind fast ganz papillös.

Ausser den Luftblüten beobachtete Ludwig untergetauchte, sich unter
Wasser befruchtende Blüten. Solche fand Hegelmaier unfruchtbar, und nach
Kerner öffnen sich die Antheren der untergetauchten Blüten überhaupt nicht,
sondern der Pollen verwest mit den Antheren. Die Blüten der im Schlamm
oder an feuchten Waldwegen wachsenden Landformen verhalten sich wie diejenigen der schwimmenden Pflanzen.

Warnstorf schildert die Blüteneinrichtung der var. a. vera Aschs. etwa
in folgender Weise: Durch die gegen die Sprossspitzen sehr verkürzten Stengelglieder werden die gegenständigen Blätter zu einer schwimmenden Rosette gehäuft,
in deren Blattachseln die diklinischen (monöcischen) Blüten stehen. In der Regel
erscheinen hier zuerst die weiblichen Blüten, deren zwei lange, in den oberen
zwei Dritteln mit Narbenpapillen versehenen Griffel zwischen den Rosetten-
blättern etwa 3 mm hervortreten und sich über dieselben erheben. Nach der
Bestäubung und Streckung der Stengelglieder tauchen diese Blüten unter Wasser
und reifen ihre Früchte hier. Später erscheinen dann an derselben Achse die
männlichen Blüten mit ihrem einzigen, etwa 4—5 mm langen Staublatte, dessen
gelbe Antheren sich auf steifem Filamente fast ebenso hoch über die Blatt-
rosette erheben und nach oben öffnen. Die sehr unregelmässigen, prismatischen,

tetraëdrischen oder stumpf pyramidenförmigen, blassgelblichen, warzigen Pollenzellen sind bis 33 μ lang und 23 μ breit, werden sehr leicht verstäubt und können durch die Luft auf benachbarte jüngere Blattrosetten mit weiblichen Blüten gelangen. Seltener sah ich in der einen Blattachsel eine männliche und in der ihr opponierten eine weibliche Blüte. In diesem Falle ist Selbstbestäubung leicht möglich, indem Pollen direkt auf einen der beiden Griffeläste fallen kann. Ausser diesen ausgesprochenen Windblüten fanden sich mitunter an untergetauchten längeren oder kürzeren Seitensprossen weibliche Blüten ohne Hüllblättchen mit kleinerem Fruchtknoten, aber sehr langen Griffeln, welche wahrscheinlich (untergetauchte männliche Blüten fand ich noch nicht) unter Wasser befruchtet werden. Demnach könnte man die Pflanze als anemo-hydrophil bezeichnen, welche sich unter Umständen auch selbst zu bestäuben im stande ist.

2551. C. hamulata Kützing. [Ludwig, a. a. O.; Hegelmaier, a. a. O.] — Auch hier finden sich untergetauchte Blüten, die nach Hegelmaier steril sind.

2552. C. autumnalis L. [Ludwig, a. a. O.; Hegelmaier, a. a. O. S. 61; Jönsson, Bot. Jahrb. I. S. 681.] — Diese Art vertritt bei uns die Untergattung Pseudocallitriche, deren Pollenkörner keine äussere Zellhaut (Exine) besitzen, wodurch sie sich als wasserblütig erweisen; auch haben die Antherenwandungen keine Faserschicht. Nach Jönsson sind sie ölhaltig und leichter als Wasser, so dass sie auf demselben schwimmend zu den Narben der weiblichen Blüten gelangen und sie befruchten.

120. Familie Ceratophyllaceae Gray.

554. Ceratophyllum L.

Einhäusig, wasserblütig.

2553. C. demersum L. [Ludwig, Süsswasserflora S. 8—11; Rodier, Compt. rend. 1877; Beyer, Spont. Bew. d. Staubb. und Stempel; Vaucher, pl. d'Eur. II.] — Vaucher hat (1841) die Befruchtung der Ceratophyllum-Arten durch den als „körnige Materie" im Wasser schwimmenden Pollen dargelegt; die eingehenden Untersuchungen von F. Ludwig haben dies nicht nur bestätigt, sondern gezeigt, dass diese Pflanzen die einzigen Süsswassergewächse sind, welche streng hydrophil sind, wäsrend unter den Blütenpflanzen des Meeres sich verschiedene wasserblütige finden. Ludwig fasst die Ergebnisse seiner Untersuchungen (a. a. O.) etwa in folgender Weise zusammen: Männliche und weibliche Blüten stehen, kaum gestielt, getrennt in verschiedenen Blattwirteln ordnungslos durch einander, doch scheinen die weiblichen Blüten in den unteren zu überwiegen. Die männlichen, an Staubblättern und Pollen reichen Blüten sind in bedeutend grösserer Zahl als die weiblichen vorhanden. Diese enthalten in einem anliegenden vielzipfeligen Perigon einen ovalen Fruchtknoten mit einem das Perigon um das vier- bis fünffache überragenden, hakig nach unten gekrümmten Griffel, der sich nach der Spitze zu allmählich verschmälert. Letzterer

ist nirgends papillös, doch dient seine ganze, einen Klebstoff absondernde Unterseite als Narbe.

Der männliche Blütenstand besteht aus 12—16 sehr kurz gestielten Antheren, die von einer vielteiligen Hülle umgeben sind. Die Staubblätter bestehen
aus einem kurzen Stiele, zwei sich seitlich der Länge nach öffnenden Pollenkammern und an der Spitze aus lockerem, lufthaltigen Gewebe, welche nach
oben hin in zwei nach der Mitte zu gekrümmte Dörnchen ausläuft. Zwischen
diesen Dörnchen befindet sich meist noch eine schwärzliche, mehr oder weniger
gerade, höckerige Drüse. Diese Spitzenanhängsel der Staubblätter sind nach
Stahl (Pflanzen und Schnecken) tanninhaltig und bilden ein wirksames Schutzmittel gegen Wasserschnecken und auch wohl gegen andere pflanzenfressende
Wassertiere. Das unter diesen Spitzen befindliche lufthaltige Gewebe hat
Ludwig als „Auftrieb" bezeichnet, da dasselbe das ganze Staubblatt spezifisch
leichter als das Wasser macht und es daher, wenn es sich von der Blüte los-
löst, nach der Oberfläche des Wassers treibt. Die rundlichen oder länglichen
Pollenkörner sind nur von einer zarten Haut umgeben; es fehlt ihnen die Exine.
Ihr spezifisches Gewicht ist genau das des Wassers, so dass sie in jeder beliebigen Tiefe in demselben schweben. Dieses verschiedene spezifische Gewicht
der Pollenkörner und des gesamten pollenerzeugenden Apparates zusammen mit
dem Verhalten der starrblätterigen Hülle bestimmt den eigentlichen Pollentransport.
Die Hüllblätter haben nämlich das Bestreben, sich nach innen zu biegen — an
entleerten Blütenständen stehen sie aufrecht —, so dass die Staubblätter zur
Zeit ihrer völligen Ausbildung keinen genügenden Platz mehr haben. Zur Zeit
des Öffnens der Antheren werden die Staubblätter daher aus der Hülle heraus-
gepresst und schwimmen unter Wirkung des Auftriebes nach oben, bis sie die
Wasseroberfläche erreicht haben, oder, was häufiger geschieht, zwischen den
hakigen Blättern der oberen Stengelglieder zurückgehalten werden. Während
dieser Aufwärtsbewegung werden die Antheren entleert, wobei die durch den
Auftrieb bedingte senkrechte Stellung des Staubblattes besonders günstig ist;
der Pollen verbreitet sich, da er das spezifische Gewicht des Wassers besitzt,
über den ganzen von dem Staubblatte bestrichenen Raum; es ist daher das
Wasser, in welchem die Pflanze wächst, überall von den grossen, 40—50 μ
breiten und 50—75 μ langen Pollenkörnern desselben erfüllt. Der Verbreitung
derselben kommt die Eigenbewegung des Ceratophyllumstammes zu statten, welche
besonders in ruhigem, stehenden Wasser nicht unterschätzt werden darf. E. Rodier
beschrieb diese Bewegung zuerst: Die jungen, blütentragenden Internodien besitzen
eine vom Lichte unabhängige Bewegung, indem sich die Stämme im allgemeinen
morgens von rechts nach links, nachmittags von links nach rechts biegen. Zuweilen werden in sechs Stunden Winkel von 200° zurückgelegt. Ausserdem
führen die Zweige um ihre Wachstumsachse Torsionsbewegungen aus. Die
Biegung der Stämme beginnt an der Spitze und pflanzt sich von da in ab-
nehmender Stärke nach unten fort, während die Rückwärtsbewegung unten beginnt
und oben endigt, so dass die letzten Internodien kurz vor ihrer Zurückbewegung
zuweilen mit der Achse einen spitzen Winkel bilden. Da der Pollen in äusserst

reichlicher Menge gebildet wird, so ist infolge der beschriebenen Einrichtungen die Belegung der langen fadenförmigen Narben der wohl etwas vor den Antheren entwickelten weiblichen Blüten gesichert. Die von Herm. Beyer erwähnte gleichzeitige Bewegung der weiblichen Blüten nach der Oberfläche, an welcher der vorher nicht entleerte Teil des Pollens umherschwimmt, hat F. Ludwig nicht bemerkt.

2554. C. submersum L. hat dieselbe Einrichtung wie vor.

121. Familie Urticaceae Endlicher.

555. Urtica Tourn.

Ein- oder zweihäusige Windblütler. Beim Aufblühen schwellen die vorher nach innen und unten eingekrümmten Staubfäden elastisch aus dem Perigon hervor, wobei die dann aufspringenden Antheren den sämtlichen Pollen in Form eines Wölkchens entlassen.

2555. U. urens L. [H. M., Weit. Beob. I. S. 294, 295; Kerner, Pflanzenleben II. S. 134; Mac Leod, B. Jaarb. VI. S. 134—135.] — Die weiblichen Blüten haben eine Länge von 1 mm und eine Breite von 0,5 mm. Jede derselben ist von einem vierblätterigen, grünen Perigon umhüllt und besteht aus einem Fruchtknoten, welcher einen Büschel glasheller, strahlig gestellter Narbenhaare trägt. Die männlichen Blüten entwickeln sich etwas später als die weiblichen in denselben Blattachseln. Sie besitzen einen viermal so grossen Durchmesser wie die weiblichen. Ihre vier Staubblätter sitzen an der Innenseite der vier Perigonblätter und sind so stark nach innen gekrümmt, dass die dicken Antheren im Blütengrunde liegen, während die einwärts gekrümmten Staubfäden sich in einer nach aussen gerichteten Spannung befinden, welche, sich mit ihrem Längenwachstum steigernd, schliesslich den Widerstand überwindet. Die Staubfäden strecken sich plötzlich, und in demselben Augenblicke springen die mit in die Höhe gerissenen Antheren auf und schleudern den Pollen in Form eines Wölkchens fort, so dass Kreuzung benachbarter Stöcke, deren Narben bereits entwickelt sind, erfolgt.

2556. U. dioica L. Auch diese Art besitzt dieselbe Explosionsvorrichtung der Staubblätter der männlichen Blüten wie die vorige, nur ist die Pflanze meist diöcisch. Doch treten auch monöcische Exemplare auf, welche, nach Hildebrand, im oberen Teile weibliche, im mittleren Teile gemischte, im unteren Teile männliche Blütenstände tragen.

Als Besucher bemerkte H. Müller eine Schwebfliege (Syrphus arcuatus Fallen?) pfd.

v. Fricken beobachtete auf Urtica in Westfalen und Ostpreussen die Nitidulide Brachypterus urticae F.; dieselbe beobachtete Redtenbacher bei Wien.

556. Parietaria Tourn.

Trimonöcische Windblütler (mit zweigeschlechtigen, männlichen und weiblichen Blüten auf demselben Stocke). Zwitterblüten protogynisch. Antheren mit ähnlicher Explosionsvorrichtung wie bei Urtica: die anfangs wie Uhrfedern gespannten Staubblätter schnellen plötzlich los, wobei der Pollen in die Luft geschleudert wird.

2557. P. diffusa Mert. et Koch. (P. ramiflora Moench.) [Hildebrand, Grffl. S. 18, 19.] — Die pinselförmigen Narben treten bereits aus dem noch knospenartig geschlossenen Perigon hervor und sind bereits vertrocknet, bevor dasselbe sich öffnet und die Antheren den Pollen verstäuben. Es ist daher Selbstbestäubung ausgeschlossen, und es erfolgt stets Kreuzung getrennter Stöcke.

Dieselbe Einrichtung hat

2558. P. officinalis L. (P. erecta Mert. et Koch.) [Kirchner, Beitr. S. 12.] — Die Narben sind teils rot, teils weiss. Pollen, nach Warnstorf, sehr klein, weiss, kugel-tetraëdrisch und 15—18 μ diam.

Redtenbacher beobachtete in Österreich die Trixagide Throscus elateroides Heer als Besucher.

2559. Pilea muscosa (= P. microphylla), im tropischen Amerika heimisch, hat explodierende Blütenknospen, welche den Pollen in Form kleiner Wölkchen in die Luft schleudern. (Kerner, II. S. 135.)

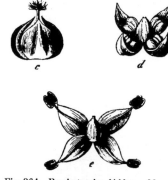

Fig. 364. **Parietaria diffusa Mert. et Koch.** (Nach Hildebrand.)

c Zwitterblüte dicht vor der Blütenöffnung; die Narbe ist bereits entwickelt. *d* Dieselbe kurz nach der Blütenöffnung: Die Narbe ist bereits abgefallen, die Antheren sind noch geschlossen. *e* Blüte mit geöffneten Antheren.

122. Familie Artocarpaceae DC.

557. Ficus Tourn.

Diöcische, seltener monöcische Pflanzen, deren kleine Blüten von einem kugligen bis birnförmigen, fleischigen, oben geschlossenen Blütenboden umschlossen werden.

2560. F. Carica L. [Linné, Amoenitates 1744, Vol. I. S. 41; St. Laurent, Caprificazione, 1752; Riville, Mémoire 1755; Cavolini, Memoria 1782; Gallesio, Pomona 1817; H. Löw, Caprifikation 1843; Semmola, Caprificazione 1845; Gasparrini, Ricerche 1845; Nuove ricerche 1748; Leclerc, Caprification 1858; Delpino, Note critiche S. 21, 22, 1867; Solms-Laubach, Die Herkunft, Domestikation und Verbreitung des gewöhnlichen Feigenbaumes 1882; Hemsley, Fig. and the Caprifig. 1883; Kerner, Pflanzenleben II. S. 154, 157—159.] — Linné weist darauf hin, dass zur Befruchtung der Feige die Übertragung des Pollens durch einen besonderen Liebesboten (cupido) auf die weiblichen Blütenstände nötig ist, der bereits den Alten bekannt war und von ihnen als psen oder Feigenwespe bezeichnet wurde.

Der Vorgang der Befruchtung durch diese Feigenwespen ist nach der Darstellung von Kerner (Pflanzenleben II. S. 156—159) bereits in Band I dieses Werkes S. 124—126 mitgeteilt. Es möge daher hier nur die Abbildung noch einmal Platz finden.

2561. Sycomorus antiquorum Miq. (Paul Mayer, Feigeninsekten). Auch diese Pflanze wird durch Vermittelung einer kleinen Gallwespe (Sycophaga sycomori L. [Hasselquist]) in ähnlicher Weise wie die Feige durch Blastophaga grossorum Grav. befruchtet.

Paul Mayer hat, meist nach Herbarpflanzen, noch zahlreiche andere Arten von Ficus und Sycomorus untersucht und in einigen Sycophaga und Blastophaga zusammen gefunden.

123. Familie Cannabinaceae Endlicher.

558. Cannabis Tourn.

Zweihäusige Windblütler.

2562. C. sativa L. [Kerner, Pflanzenleben II. S. 312.] — Während Heyer (a. a. O.) das Zahlenverhältnis der männlichen Pflanzen zu den weiblichen auf 100 zu 101 bis 126 angiebt, findet Fisch (Zahlenverhältnisse) dasselbe im Mittel als $100:154$. Nach Kerner öffnen sich erst 4—5 Tage nach dem Beginn des Blühens der weiblichen Blüten die Antheren der benachbarten männlichen, worauf der Wind die pendelnden Antheren schüttelt, so dass der Pollen verstäubt. Dies geschieht aber nicht plötzlich, sondern ganz allmählich, weil die Rissstellen äusserst schmal sind. Nach Warnstorf (Bot. V. Brand. Bd. 38) sind die Antheren in der Mittellinie beiderseits vor dem Aufspringen mit Klebstoffkügelchen ausgestattet. Pollen weiss, warzig, unregelmässig tetraëdrisch, mit 31—35 μ diam.

559. Humulus L.

Zweihäusige Windblütler.

2563. H. Lupulus L. [Mac Leod, B. Jaarb. VI. S. 374—376; Kerner, Pflanzenleben II. S. 312.] — Die Narben der weiblichen Blüten sind wenigstens zwei Tage früher belegungsfähig, als die Antheren der benachbarten männlichen Stöcke sich öffnen. Letzteres geschieht in derselben Weise wie bei Cannabis. Kerner und Mac Leod vergleichen die Blüteneinrichtung mit derjenigen von Arrhenatherum elatius und anderen Gramineen. Nach Warnstorf (a. a. O.) sind die Antheren der männlichen Blüten intrors, aussen in der Mittellinie mit gelben Lupulinkörnchen besetzt. Pollen schwefelgelb, sehr unregelmässig, glatt, tetraëdrisch bis polyedrisch, etwa von 25 μ diam.

124. Familie Moraceae Endl.

2564. Morus alba L. ist, nach Warnstorf (Nat. V. d. Harzes XI), anemophil. Die diklinen Blüten sind gleichzeitig entwickelt. Die anfangs grün-

lichen Perigonblätter der männlichen Ähren färben sich zur Pollenreife aussen
rötlich. — Pollen mehlartig weiss, sehr unregelmässig tetraëdrisch, etwa 20 bis
25 μ diam.

2565. Broussonetia papyrifera L. Die ziemlich dicken Antherenträger
liegen in der Knospe wie eine gespannte Uhrfeder und schnellen beim Öffnen
des Perigons hervor, wobei sie den Pollen in die Luft schleudern. (Kerner,
Pflanzenleben II. S. 135.)

125. Familie Ulmaceae Mirbel.

560. Ulmus L.

Protogynische Windblütler mit langlebigen Narben. Nach Kerner strecken
sich die Staubfäden kurz vor dem Öffnen der Antheren um das Doppelte ihrer
bisherigen Länge. Die bei trockenem Wetter weit geöffneten Antheren schliessen
sich bei feuchter Witterung.

2566. U. montana Withering. [Kirchner, Beitr. S. 12; Knuth,
Bijdragen.] — Die beiden fadenförmigen, rot gefärbten Narben sind bereits entwickelt, wenn die Blüten sich öffnen, und überragen die noch geschlossenen
und mit noch kurzen Filamenten versehenen Antheren. Später strecken sich
die Staubfäden, so dass die Narben zwischen den Staubblättern versteckt sind,
worauf sich die Antheren öffnen, so dass die noch frischen Narben, falls sie
nicht im ersten Blütenzustande mit fremdem Pollen belegt sind, durch spontane
Selbstbestäubung befruchtet werden können. Die in gedrängten Knäueln zusammenstehenden Blüten entwickeln sich meist nicht gleichzeitig, sondern es
finden sich in demselben Knäuel Blüten in verschiedenen Entwickelungszuständen.
— Pollen, nach Warnstorf, weiss, unregelmässig rundlich polyëdrisch, mit
unregelmässig geschlängelten Verdickungsleisten, etwa 30—37 μ diam.

Als Besucher beobachteten Kirchner bei Stuttgart und ich bei Kiel zahlreiche
pollensammelnde Honigbienen.

Auch Sprengel (Entd. Geheimn. S. 150) hat Apis auf den Blüten bemerkt.

2567. U. campestris L. [Kirchner, a. a. O. S. 13; Kerner,
Pflanzenleben II; Knuth, Beiträge.] — Die Blüteneinrichtung ist dieselbe wie
bei voriger Art. Nach Kerner drängen sich die Narben schon aus den noch
geschlossenen Blüten hervor.

Als Besucher sah ich zahlreiche pollensammelnde Honigbienen.

2568. U. effusa Willdenow. (U. pedunculata Fougeroux, U. ciliata
Ehrhart.) [Schulz, Beiträge.] — Auch diese Art hat dieselbe Entwickelungsfolge der Narben und Antheren wie die beiden vorigen. Nach Schulz
ist das Perigon hälftig-symmetrisch; dementsprechend ist der vordere Griffel
länger als der andere. Die beiden z. T. aus dem Perigon hervorragenden Narbenäste sind, nach Warnstorf (Nat. V. des Harzes XI), mit weissen oder rötlichen langen Papillen bürstenförmig besetzt, an denen die gelblich-weissen, unregelmässig rundlich-polygonalen, mit Verdickungsleisten besetzten Pollenzellen,
welche etwa 30—35 μ diam. messen, leicht haften bleiben.

2569. Celtis australis L. [A. Francke, Beiträge.] — Diese in Süd-europa heimische Art ist andromonöcisch mit protogynischen Zwitterblüten und früher als die letzteren entwickelten männlichen Blüten.

— 126. Familie Platanaceae Lestiboudois.

561. Platanus Tourn.

Einhäusige Windblütler. Die weiblichen Blüten sind, nach Kerner, früher entwickelt als die männlichen. Nach Kerner (Pflanzenleben II. S. 144) haben die Staubblätter nagelförmige Gestalt, indem jedes derselben ein über den Antheren verbreitertes, schild- oder kissenförmiges Konnektiv besitzt. Der kugelförmige Blütenboden des Blütenstandes trägt zahlreiche solche Staubblätter dicht neben einander, so dass eine Decke zusammenschliessender Konnektive entsteht. Unter dieser Decke entstehen Hohlräume, in welche der aus den Antheren entlassene Pollen zeitweilig abgelagert wird. Indem nun einzelne Staubblätter aus dem kugeligen Blütenstande herausfallen, entstehen in den Hohlräumen Löcher, aus denen der Pollen ins Freie gelangt und verstäubt.

Nach Schönland (Dissert.) finden sich hin und wieder Zwitterblüten Auch beobachtete derselbe männliche Blüten mit verkümmerten Fruchtblättern und weibliche Blüten mit verkümmerten Staubblättern, sowie ganz geschlechtslose Blüten.

127. Familie Juglandaceae DC.

562. Juglans L.

Einhäusige Windblütler. Nach Kerner (Pflanzenleben II. S. 119) streckt sich die im jugendlichen Zustande mit dicht gedrängten männlichen Blüten besetzte, steife, aufrechte Ähre vor dem Aufblühen so, dass sie überhängend wird und die Antheren durch die Vor- und Perigonblätter von oben geschützt werden. Die nun unter einem Dache befindlichen Staubblätter öffnen jetzt ihre Antheren, und der austretende Pollen fällt in muldenförmige Vertiefungen der Oberseite der unter ihm befindlichen Blüten. Von hier wird er bei trockenem Wetter durch einen Windstoss entführt. Nach Warnstorf (Nat. V. d. Harzes XI) sind in weit höherem Masse zum Festhalten des Pollens die zahlreichen kleinen Härchen im stande, welche sich an der Aussenseite des Perigons und des Vorblattes vorfinden. — Pollen weisslich, unregelmässig polyëdrisch, klein- und dichtwarzig, mit deutlichen Keimwarzen, bis 50 μ diam. Dieselbe Einrichtung zeigen, nach Kerner, die männlichen Blütenstände von Betula, Corylus Alnus und Populus.

2570. J. regia L. Nach Delpino und Darwin (Diff. forms, 2nd ed.) sind die Bäume teils protogyn, teils protandrisch, und zwar liegt die Entwickelung der früher entwickelten Organe eine Woche vor derjenigen der später ent-

wickelten. Nach Kerner sind die Bäume protogynisch, und die weiblichen
Blüten sind 2—3 Tage früher als die männlichen entwickelt.

Juglans regia ist nach Delpino (Ult. oss. in Atti XVII) eine dimorphe
Art, jedoch nicht nach der Zeit, sondern nach dem Orte. Einige Pflanzen sind
im höchsten Grade protogynisch, indem ihre weiblichen Blüten etwa eine Woche
früher entwickelt sind, als die männlichen; die andern sind im höchsten Grade
protandrisch, indem die männlichen Blüten etwa eine Woche vor den weiblichen
entwickelt sind. Es giebt daher eine doppelte Bestäubung und Befruchtung in
zwei Zeiten: die Bestäubung und Befruchtung der Narben der protogynischen
Pflanzen geschieht etwa 8 Tage vor der Bestäubung und Befruchtung der protandrischen Individuen. Die Narben der protogynischen Pflanzen werden durch
Vermittlung des Windes durch den Pollen der protandrischen Pflanzen bestäubt,
und die Narben der protandrischen Individuen durch den Pollen der protogynischen. Die Zahl der protogynischen und der protandrischen Pflanzen ist
ungefähr dieselbe.

2571. J. cinerea L. Diese nordamerikanische Art hat, nach Darwin
gleichfalls teils protogynische teils protandrische Bäume.

128. Familie Cupuliferae Richard.

Einhäusige Wind- oder Pollenblütler.

563. Fagus Torun.

Einhäusige Windblütler. Nach Kerner sind die Bäume protogynisch,
indem die weiblichen Blüten einige Tage früher als die männlichen entwickelt sind.

2572. F. silvatica L. Nach Mac Leod (B. Jaarb. VI. S. 127—128)
entwickeln sich die Blüten gleichzeitig mit den Blättern. Die ♂ Blüten stehen
in kugelförmigen, gestielten, seitenständigen Kätzchen und haben je 8—12 Staubblätter, zwischen denen sich meist ein Rest des Stengels befindet. Die ♀ Blüten
stehen zu zweien und haben je einen dreieckigen Fruchtknoten mit drei Narben,
selten auch die Reste des anderen Geschlechts. Da die ♂ Kätzchen einen biegsamen Stiel haben, so werden sie durch den Wind bewegt, so dass der Pollen
dann ausgestreut wird.

564. Castanea Tourn.

Einhäusige Pollenblumen. Die männlichen Blütenstände unterscheiden
sich durch ihre aufrechte Stellung von den hängenden männlichen Kätzchen
der andern verwandten Gattungen (Juglans, Quercus, Corylus, Carpinus etc.).

2573. C. vesca Gaertner. (C. sativa Miller.) [Kirchner, Jahresber.
d. V. f. vat. Nat. in Württ. 1893, S. 105—107; Loew, Bl. Flor. S. 396;
Knuth, Bijdragen.] — Die männlichen Kätzchen duften, nach Kerner, ami-

noid. Sie sind sehr gross (bis 20 cm lang) und durch ihr hellgelbes Perigon und die zahlreichen gelben Antheren ziemlich augenfällig, so dass sie nicht gerade selten Insektenbesuch erhalten. Der Pollen ist, nach Kirchner, nicht pulverartig, sondern ballt etwas zusammen. Die weiblichen Blüten sind unscheinbar, grün und besitzen einen starren Griffel mit glatter Oberfläche und etwas klebriger Narbe.

Castanea vesca wird von Sprengel (die Nützlichkeit der Bienen... S. 7) und auch von Delpino (Ult. oss. II. I. 1870. S. 198) als windblütig bezeichnet; Kirchner (Jahresh. d. V. f. vaterl. Naturk. in Württ. 1893. S. 105) fasst sie als insektenblütige Pollenblume auf: die männlichen Blütenstände sind gross und stehen sehrig aufgerichtet in solcher Menge beisammen, dass ein blühender Baum durch seine Färbung schon von weitem auffällt; ihr Duft ist ein sehr eigentümlicher und in der Nähe ganz ausgesprochen, macht sich aber auf grössere Entfernung nicht gerade bemerkbar. Die Blütenstände haben eine Länge von etwa 20 cm, sind dicht mit Blüten besetzt und im völlig entwickelten Zustande von einer hellgelben Farbe; in den einzelnen männlichen Blüten, die in sehr grosser Anzahl vorhanden und von einem sechsblättrigen, hellgelblichen Perigon umgeben sind, liegen die Staubblätter beim Beginn des Aufblühens nach innen eingekrümmt, dann strecken sie sich gerade aus und tragen an ihrem oberen Ende die fest mit dem Filament verbundene hellgelbe Anthere. Wenn diese sich öffnet, so bleibt der etwas zusammengeballte, nicht locker ausstäubende Pollen auf ihr liegen. Die Pollenkörner sind mit drei Längsfalten versehen und hängen häufig in kleinen Klümpchen an einander, obgleich ihre Exine glatt und nicht durch anhängende Öltröpfchen klebrig ist; im trocknen Zustande sind sie 19 μ lang und 8 μ dick. Es ist also in der Struktur der männlichen Blütenstände und Blüten nichts vorhanden, was mit einiger Wahrscheinlichkeit auf Anemophilie hinwiese. Was dagegen die weiblichen Blüten anlangt, so würde allerdings ihre Unscheinbarkeit, durch die grüne Farbe veranlasst, sowie der Mangel eines jeden anderen Anlockungsmittels auf Windblütigkeit schliessen lassen, wenn nicht die unmittelbare Nachbarschaft der augenfälligen, duftenden und pollenreichen männlichen Blüten für sie die Entfaltung eines Schauapparates und die Darbietung besonderer, die Insekten anlockender Genussmittel überflüssig erscheinen liesse. Die Beschaffenheit der Griffel und Narben ist auch durchaus nicht diejenige windblütiger Pflanzen: die sechs Griffel jeder Einzelblüte sind kräftig, starr und mit einer ganz glatten glänzenden Oberfläche versehen.

Die direkte Beobachtung bestätigt die Insektenblütigkeit von Castanea. Kirchner beobachtete zahlreiche pollensammelnde Honigbienen und zahlreiche Fliegenarten, sowie auch kleine Käfer auf den Blüten. Ohne Zweifel gelangen diese Insekten, denen es zunächst nur um die Ausbeutung der Pollenblüten zu thun ist, gelegentlich beim Umherkriechen auf den ausgedehnten Inflorescenzen auch zu den weiblichen Blüten und setzen Pollen auf ihnen ab.

Als Besucher beobachteten auf den männlichen Blüten Loew (1), Kirchner (2) und ich (!) die Honigbiene, psd. (!, 2), Fliegen (2), Käfer (2) und Cteniopus sulphureus L. (1) (am Comersee hfg.).

565. Quercus L.

Einhäusige Windblütler. Nach Kerner (Pflanzenleben II) sind die Eichen protogynisch, indem sich die weiblichen Blüten einige Tage vor den männlichen entwickeln. Zuweilen finden sich, nach Schulz (Ber. d. d. bot. Ges. X), die Fruchtknotenrudimente der männlichen Blüten zu vollständigen Fruchtknoten ausgebildet. Auch beobachtete derselbe in den weiblichen Blüten von Q. sessiliflora Smith zuweilen Andeutungen von Staubblättern.

2574—75. Q. sessiliflora Sm. und Q. pedunculata Ehrh. haben, nach Mac Leod (B. Jaarb. VI. S. 126—127), dieselbe Blüteneinrichtung: Die Blüten erscheinen gleichzeitig mit den Blättern. Die dünnen, losen, unterbrochenen ♂ Kätzchen haben eine biegsame Spindel mit zahlreichen Blumen, welche je 5—8 Staubblätter enthalten. Die weiblichen Blüten sitzen zu 1—5 zusammen, bei Q. sessiliflora dicht, bei Q. pedunculata lockerer und bestehen aus einem Fruchtblatt mit drei Narben. Die biegsamen ♂ Kätzchen werden durch den Wind in Bewegung gesetzt, wodurch der trockene, pulverige Pollen ausgestreut wird.

129. Familie Betulaceae Richard.

Einhäusige Windblütler mit hängenden männlichen Kätzchen. Die Ausstäubung des Pollens geht, nach Kerner (Pflanzenleben II. S. 119), in derselben Weise wie bei Juglans vor sich.

566. Corylus Tourn.

2576. C. Avellana L. [Sprengel, S. 432.] — Ausser den eingeschlechtigen Blüten sind von verschiedenen Beobachtern (Bail, Baillon, Newdigate, Schulz) auch zweigeschlechtige beobachtet. Nach Hildebrand (Engl. Jahrb. II) sollen nur junge Bäume ♀ Blüten tragen, nach Kirchner (Neue Beob. S. 12) ist dies nicht immer der Fall. Nach Muhan (Bot. Centralbl. Bd. 16. S. 338) sollen die ♂ Blüten den Pollen vor der Geschlechtsreife der ♀ Blüten entlassen, wenn der Frühling warm ist; ist er aber kalt, so sind die Sträucher homogam. Im ersten Falle bilden sich wenig Früchte aus, im letzten Falle dadagegen viele.

Nach Kerner (Pflanzenleben II. S. 144) wird der Pollen nur bei trockenem windigen Wetter verstäubt, sonst aber auf einen gegen Nässe geschützten Platz im Bereich der Blüte abgelagert. (Vgl. Bd. II. S. 87—88.) Ebenso verhalten sich (a. a. O.) Alnus, Betula, Populus, Carpinus.

Die Sträucher sind an den verschiedenen Orten bald homogam, bald protogynisch, bald protandrisch. Kirchner fand sie bei Stuttgart meist homogam, doch waren die Narben noch frisch, als die Antheren bereits verstäubt waren; selten beobachtete Kirchner Protandrie. Kerner bezeichnet die Sträucher als protogynisch. Mac Leod fand sie in Flandern homogam (B. Jaarb. VI.

S. 124). Die von mir bei Kiel untersuchten Pflanzen waren protogynisch und zwar konnte der Zeitunterschied in der Entwickelung der Geschlechter unter Umständen eine Woche betragen. (Vgl. Bd. I. S. 54.) Wehrli (Flora, Ergänzungsband 1892) beobachtete (nach Loew, Blütenb. Floristik S. 335) bei Aarau einen Strauch, welcher statt der männlichen Kätzchen in zwei aufeinander folgenden Jahren nur weibliche Blüten entwickelte und zwar entsprachen diese Blüten vollständig den männlichen, nur dass die Stelle der vier Staubblätter von vier Narben eingenommen wurden, während Fruchtknoten nicht vorhanden waren. — Pollen, nach Warnstorf, in Menge schwefelgelb, tetraëdrisch, glatt, etwa von 31 μ diam. mit drei Keimwarzen.

Als Besucher der männlichen Kätzchen ist die Honigbiene beobachtet worden. So sah H. Müller (Befr. S. 90) sie bei Lippstadt; ich habe sie wiederholt bei Kiel psd. beobachtet.

Burkill (Fert. of Spring Fl.) beobachtete an der Küste von Yorkshire 1 Syrphide, Melanostoma quadrimaculata Verral ♂ ♀, pfd.

567. Carpinus Tourn.

Einhäusige Windblütler. ♂ mit zahlreichen Staublättern, ♀ in lockeren Ähren.

2577. C. Betulus L. [Sprengel, S. 431; Warnstorf, Nat. V. d. Harzes XI.] — Die männlichen Blüten stehen in hängenden Ähren, die Antheren auf einem zwei- und gleicharmigen Konnektiv, extrors, z. T. rotbräunlich, an der Spitze mit einem langen, weissen Haarschopfe. — Pollen weisslich gelb, unregelmässig polyëdrisch, warzig, durchschnittlich 50 μ diam. Nach Mac Leod (B. Jaarb. VI. S. 125—126) erscheinen die ♂ und ♀ Kätzchen gleichzeitig mit den Blättern. Die ♀ sitzen über den ♂, während bei Betula und Alnus das Umgekehrte stattfindet.

568. Betula Tourn.

Einhäusige Windblütler, hin und wieder mit Zwitterblüten, selten zweihäusig. Nach Kerner sind die Pflanzen protogynisch, indem sich die weiblichen Blüten desselben Exemplares früher als die männlichen entwickeln.

2578. B. verrucosa Ehrhart. (B. alba L. z. T.) Nach Mac Leod (B. Jaarb. VI. S. 119—121) sind die ♂ Kätzchen grösser als die ♀, letztere haben eine weniger biegsame Spindel als erstere. Schulz (Ber. d. d. bot. Ges. X) beobachtete hin und wieder zweigeschlechtige Blüten, v. Wettstein rein männliche und rein weibliche Exemplare. Ebenso an

2579. B. pubescens Ehrhart.

569. Alnus Tourn.

Einhäusige Windblütler, zuweilen mit Zwitterblüten.

2580. A. glutinosa Gaertner. Nach Bail und Schulz (Ber. d. d. bot. Ges. X. 1892) sind zweigeschlechtige Blüten nicht selten, wenigstens treten sie viel häufiger als bei Betula auf. Nach Kirchner (Neue Beob.) sind die Pflanzen protandrisch, indem sich die Narben erst dann entwickeln, wenn die männlichen Blüten bereits vertrocknet sind. Nach Kerner sind sie dagegen protogynisch, indem die weiblichen Blüten sich früher als die männlichen entwickeln. Nach Mac Leod (B. Jaarb. VI. S. 121—123) sind die männlichen und weiblichen Kätzchen gleichzeitig geschlechtsreif und erscheinen vor den Blättern. Die ♂ Kätzchen besitzen eine lange, biegsame, im Winde bewegliche Spindel, an welcher die ♂ Blüten zu je drei stehen. Die ♀ Kätzchen sind viel kleiner, die Einzelblüten stehen an denselben zu je zwei. — Pollen, nach Warnstorf, blassgelb, dekaëdrisch mit stumpfen Ecken, 31 μ diam. messend, glatt, mit 5 Keimwarzen.

2581. A. viridis DC. Nach Kerner sind die weiblichen Blüten derselben Pflanze 4—5 Tage früher als die männlichen entwickelt.

130. Familie Salicaceae Richard.

570. Salix Tourn.

Sprengel, S. 437—438; H. M., Befr. S. 149; Kerner, Pflanzenleben II. S. 311—313; Mac Leod, B. Jaarb. VI. S. 128—129; Knuth, Grundriss S. 92. — Zweihäusige insektenblütige Blumen mit halbverborgenem Honig. Die Blüteneinrichtung der Weidenarten ist die einfachste, welche sich bei insektenblütigen Pflanzen findet. Obwohl die Blüten sehr unscheinbar sind, fallen sie doch durch ihre Vereinigung zu Kätzchen sehr in die Augen, zumal dieselben meist vor der Entwickelung des Laubes erscheinen. Sowohl die augenfälligeren und daher von den Insekten zuerst besuchten männlichen, als auch die weiblichen Blüten bereiten reichlich Honig und werden deshalb von zahlreichen Insekten (besonders Bienen) aufgesucht, welche die Fremdbefruchtung und auch die Bildung der zahlreichen Bastarde bewirken.

Nach Kerner (Pflanzenleben II.) sind die weiblichen Blüten vieler Arten (z. B. S. fragilis, viminalis, amygdalina, purpurea) früher entwickelt als die männlichen Blüten der benachbarten Pflanzen. Nach Jordan wenden die Antheren ihre pollenbedeckten Flächen so nach der Seite, dass ein den Rüssel zwischen den Staubblättern zum Honig vorschiebendes Insekt sich reichlich mit Pollen bedecken muss. Heinricher, v. Seemen u. a. beobachteten androgyne Blütenstände.

So trug, nach Heinricher (Sitzungsber. Ak. d. Wiss. Wien 1883), von drei untersuchten androgynen Inflorescenzen von S. Caprea eine am Grunde ♂ und ♀ Blüten gemengt, in der oberen Hälfte nur ♂; die zweite trug am Grunde nur ♀, an der Spitze nur ♂, dazwischen ♀ und ♂ gemischt; die dritte trug nur ☿.

Da die besuchenden Insekten regellos von einer Weidenart auf die andere übergehen, so lassen sich die Besucher schwierig einer einzigen Weidenart zuschreiben. Es sind daher im folgenden, nach dem Vorgange von H. Müller, vielfach die Besucher verschiedener Salix-Arten zusammengefasst.

2582--84. S. cinerea L., S. Caprea L., S. aurita L. u. a. [H. M., Befr. S. 149, 150; Weit. Beob. II. S. 210, 211; Knuth, Bijdragen.] —

Als Besucher von S. aurita beobachtete ich eine saugende Muscide (Scatophaga stercoraria L.) und zwei saugende und pollensammelnde Apiden (Apis, Bombus terrester L. ♀ ♂); Loew in Brandenburg (Beiträge S. 38): a) Diptera: *Muscidae*: 1. Gonia capitata Deg. b) *Syrphidae*: 2. Syrphus lunulatus Mg., sgd.; sowie im bot. Garten zu Berlin Apis, sgd.; Schmiedeknecht in Thüringen: Hymenoptera: *Apidae*: 1. Anthrena congruens Schmiedekn.; 2. A. dubitata Schck.; 3. A. extricata Sm.; 4. A. pilipes F. (= carbonaria L.); 5. A. eximia Sm.

In Dumfriesshire (Schottland) (Scott-Elliot, Flora S. 157) wurde 1 Hummel und 1 Empide (sehr häufig) als Besucher beobachtet.

Burkill (Fert. of Spring Fl.) beobachtete an der Küste von Yorkshire: A. Diptera: a) *Muscidae*: 1. Scatophaga stercoraria L., an Pfl. mit ♀ und mit ♂ Kätzchen, sgd. b) *Stratiomydae*: 2. Lasiopa sp., w. v., psd. c) *Syrphidae*: 3. Eristalis arbustorum L., auf Pfl. mit ♂ Kätzchen; 4. Melanostoma quadrimaculata Verral, auf Pfl. mit ♀ Kätzchen, sgd. B. Hymenoptera: *Apidae*: 5. Anthrena gwynana K., auf Pfl. mit ♂ Kätzchen, sgd. und psd.; 6. Apis mellifica L., auf Pfl. mit ♂ und mit ♀ Kätzchen, sgd., sehr häufig; 7. Bombus agrorum F., auf Pfl. mit ♂ Kätzchen sgd.; 8. B. terrester L., auf Pfl. mit ♂ und mit ♀ Kätzchen, sgd.

Krieger beobachtete an Salix caprea bei Leipzig die Apiden: 1. Anthrena albicans Müll.; 2. A. cineraria L. 1 ♂; 3. A. eximia Smith; 4. A. extricata Smith; 5. A. flavipes Pz.; 6. A. gwynana K.; 7. A. nitida Fourcr.; 8. A. ovina Klug; 9. A. parvula K.; 10. A. tibialis K.; 11. Bombus derhamellus K. ♀ = rajellus K.; 12. B. hortorum L. ♀; 13. B. terrester L.; 14. Colletes cunicularius L.; 15. Halictus calceatus Scop. = cylindricus F.; 16. H. levis Ths. ♀; 17. H. nitidiusculus K.; 18. Nomada lineola Pz.; 19. Osmia rufa L. ♂; 20. Podalirius acervorum L. ♂, mehrfach; 21. Psithyrus quadricolor Lep. 1 ♀.

Schmiedeknecht giebt für Thüringen als Besucher an: Hymenoptera: *Apidae*: 1. Anthrena albicans Müll.; 2. A. albicrus K.; 3. A. tibialis K.; 4. Bombus apidarius L. ♀, einmal.

Schenck beobachtete in Nassau die Apiden: 1. Anthrena apicata Smith ♀; 2. A. clarkella K.; 3. A. gwynana K.; 4. A. trimmerana K.; 5. Nomada fabriciana L.; 6. N. lineola Pz.; Friese bei Fiume Anthrena clarkella K. und A. morawitzi Thoms. var. paveli Mocs. als Besucher.

Herm. Müller giebt folgende Besucherliste für Salix cinerea L., S. caprea L. und S. aurita L.:

A. Coleoptera: a) *Elateridae*: 1. Corymbites castaneus L.; 2. Limonius parvulus Pz. b) *Nitidulidae*: 3. Meligethes zahlreich, hld. B. Diptera: a) *Bibionidae*: 4. Bibio johannis L., sgd.; 5. B. marci L., sgd.; 6. Dilophus vulgaris Mg., häufig. b) *Bombylidae*: 7. Bombylius major L., sgd. c) *Conopidae*: 8. Myopa buccata L., nicht selten, sgd.; 9. M. testacea L., w. v.; 10. Sicus ferrugineus L., w. v. d) *Empidae*: 11. Empis sp., häufig sgd.; 12. Rhamphomyia sulcata Fallen, sgd. e) *Muscidae*: 13. Calliphora erythrocephala Mg., sgd.; 14. Exorista spec.; 15. Gonia ornata Mg., sgd.; 16. Pollenia rudis F., pfd.; 17. P. vespillo F., sgd. und pfd.; 18. Scatophaga merdaria L., häufig, sgd.; 19. Sc. stercoraria L., w. v. f) *Syrphidae*: 20. Brachypalpus valgus Pz., sgd. und pfd.; 21. Cheilosia brachysoma Egg., w. v.; 22. Ch. chloris Mg., w. v.; 23. Ch. modesta Egg., w. v.; 24. Ch. pictipennis Egg., w. v.; 25. Ch. praecox Zett., w. v.; 26. Ch. urbana Mg., w. v.; 27. Eristalis aeneus Scop., w. v.; 28. E. arbustorum L., w. v.; 29. E. intricarius L., w. v.; 30. E. pertinax Scop., w. v.; 31. E. tenax L., w. v.; 32. Syritta pipiens L.,

w. v.; 33. Syrphus balteatus Deg., w. v.; 34. S. corollae F., w. v.; 35. S. pyrastri L., w. v.; 36. S. ribesii L., w. v. C. Hemiptera: 37. Anthocoris sp., sgd. D. Hymenoptera: a) *Apidae*: 38. Anthrena albicans Müll. ♀ ♂, äusserst häufig; 39. A. albicrus K. ♀ ♂; 40. A. apicata Sm. ♀; 41. A. argentata Sm. (= gracilis Schenck) ♀ selten, ♂ häufig; 42. A. atriceps K. (= tibialis K.) ♀ ♂; 43. A. chrysosceles K. ♂; 44. A. cineraria L. ♀ ♂, häufig; 45. A. collinsonana K. ♀; 46. A. connectens K. ♀, selten; 47. A. dorsata K. ♀ ♂, häufig; 48. A. eximia Sm. ♀; 49. A. fasciata Wesm. ♂; 50. A. flessae Pz. ♀; 51. A. fulva Schrk. ♂, N. B.; 52. A. fulvicrus K. ♀ ♂, häufig; 53. A. fulvida Schck. ♀; 54. A. gwynana K. ♀ ♂, w. v.; 55. A. helvola L. ♀ ♂; 56. A. nigroaenea K. ♀ ♂; 57. A. nitida Fourc. ♂; 58. A. parvula K. ♀ ♂ häufig; 59. A. pilipes F. ♂; 60. A. pratensis Nyl. (= ovina Kl.) ♀ ♂; 61. A. floricola Ev. ♀ ♂; 62. A. ruficrus Nyl. ♀ ♂, sgd. und psd.; 63. A. schrankella Nyl. ♀; 64. A. smithella K. ♂, sehr häufig, ♀ seltener; 65. A. trimmerana K. ♀; 66. A. varians Rossi ♀; 67. A. ventralis Imh., ♂ sehr häufig, ♀ selten; von allen Anthrenen die ♂ sgd., die ♀ psd. und sgd.; 68. Apis mellifica L. ☿, sgd. und psd.; 69. Bombus distinguendus Mor. ♀; 70. B. hortorum L. ♀; 71. B. lapidarius L. ♀; 72. B. pratorum L. ♀; 73. B. scrimshiranus K. ♀; 74. B. terrester L. ♀, alle saugend; 75. Colletes cunicularius L. ♀, sehr zahlreich; 76. Halictus albipes F. ♀, sgd.; 77. H. cylindricus F. ♀, w. v.; 78. H. flavipes F. ♀, sgd. und psd.; 79. H. malachurus K. ♀; 80. H. minutus K. ♀; 81. H. sexstrigatus Schck. ♀, sgd. und und psd.; 82. Nomada fabriciana L. ♂ (notata K.), sgd.; 83. N. furva Pz. (minuta F.) ♂, sgd.; 84. N. lateralis Pz. ♀ ♂, sgd.; 85. N. lathburiana K. ♀ ♂, häufig; 86. N. lineola Pz. ♂; 87. N. alboguttata H.-Sch. var. pallescens H.-Sch., sgd.; 88. N. ruficornis L. ♀ ♂, sehr häufig; 89. N. ruficornis L. var. signata Jur., sgd.; 90. N. succincta Pz. ♀ ♂, sehr häufig; 91. Osmia rufa L. ♂, sgd.; 92. Psithyrus vestalis Fourcr. ♀, sgd.; 93. Sphecodes gibbus L. ♀ und Varietäten, sgd. b) *Formicidae*: 94. Lasius fulignosus Latr. ☿, hld. c) *Ichneumonidae*: 95. verschiedene Arten. d) *Pteromalidae*: 96. Perilampus spec., in Mehrzahl. e) *Tenthredinidae*: 97. Dolerus pratensis L. sgd.; 98. D. gonager F., w. v.; 99. D. madidus Klg., w. v.; 100. Amauronematus histrio Lep., w. v. f) *Vespidae*: 101. Odynerus parietum L. ♀, w. v.; 102. Vespa germanica F. ♀, w. v. E. Lepidoptera: a) *Microlepidoptera*: 103. Adela cuprella Thbg. ♂ ♀ L., Tckl. B.; 104. A. sp., häufig. b) *Rhopalocera*: 105. Lycaena argiolus L., sgd.; 106. Vanessa urticae L., häufig, sgd.

Loew beobachtete in Brandenburg an Salix caprea (Beiträge S. 38); A. Diptera: *Muscidae*: 1. Scatophaga stercoraria L. B. Hymenoptera: *Apidae*: 2. Anthrena albicans Müll. ♂, sgd.; 3. A. fulva Schrk. ♀, sgd.; 4. A. fulvicrus K. ♀ ♂: 5. A. morawitzi Thoms. ♂; 6. A. nigroaenea K. ♂, sgd.; 7. A. ovina Klg. ♀, sgd.; 8. A. pilipes F. ♂, sgd.; 9. A. praecox Scop. ♀, sgd.; 10. A. trimmerana K. ♂; 11. Apis mellifica L. ☿, sgd.; 12. Bombus terrester L. ♀, sgd.; 13. Colletes cunicularius L. ♂ ♀, sgd.; 14. Halictus cylindricus F. ♀, sgd.; 15. Nomada lineola Pz. ♂, sgd.; 16. Osmia bicornis L. ♂. Ferner im bot. Garten zu Berlin Apis, sgd.

Burkill (Fert. of Spring Fl.) beobachtete an S. caprea L. an der Küste von Yorkshire: A. *Acarina*: 1. Eine kleine Akaride, auf den ♀ Kätzchen umherlaufend. B. Diptera: a) *Bibionidae*: 2. Scatopse notata L., auf Pflanzen mit ♀ und ♂ Kätzchen. b) *Empidae*: 3. Empis sp., auf Pfl. mit ♀ Kätzchen. c) *Muscidae*: 4. Actora aestuum Mg., auf Pfl. mit ♀ und ♂ Kätzchen: 5. Calliphora erythrocephala Mg., auf Pfl. mit ♀ Kätzchen; 6. Lucilia cornicina F., auf Pflanzen mit ♂ und mit ♀ und ♂ Kätzchen; 7. Phorbia muscaria Mg., auf Pfl. mit ♀ und ♂ Kätzchen; 8. P. sp., w. v.; 9. Pollenia rudis F., auf Pfl. mit ♂ und mit ♀ Kätzchen; 10. Scatophaga stercoraria L., auf Pfl. mit ♂ Kätzchen; 11. Sepsis nigripes Mg., auf Pfl. mit ♀ Kätzchen; 12. Eine andere kleine Muscide, w. v. d) *Stratiomydae*: 13. Lasiopa sp., auf Pfl. mit ♀ und ♂ Kätzchen. e) *Syrphidae*: 14. Eristalis pertinax Scop., auf Pfl. mit ♂ und mit ♀ Kätzchen, sgd.; 15. Melanostoma quadrimaculata Verral, auf Pfl. mit ♂, ♀ und ♂ und ♀ Kätzchen.

C. Hymenoptera: a) *Apidae*: 16. Anthrena clarkella K. ♂, auf Pfl. mit ♀ Kätzchen; 17. A. gwynana K. ♀, auf Pfl. mit ♂ und mit ♀ und ♂ Kätzchen, psd.; 18. Apis mellifica L. ⚥, auf Pfl. mit ♂ und mit ♀ Kätzchen; 19. Bombus hortorum L., auf Pfl. mit ♀ und mit ♂ und ♀ Kätzchen; 20. B. terrester L., auf Pfl. mit ♂ und mit ♀ Kätzchen, sgd. und psd., häufig. b) *Ichneumonidae*: 21. Ichneumon sp., auf Pfl. mit ♀ und ♂ Kätzchen. D. Lepidoptera: *Rhopalocera*: 22. Vanessa urticae L., auf Pfl. mit ♂ und mit ♀ und ♂ Kätzchen, sgd.

S. cinerea L. (Warnstorf, Nat. V. d. Harzes XI.) Pollen dunkelgelb, brotförmig, dichtwarzig, durchschnittlich 30—35 μ lang und 17 μ breit.

Als Besucher beobachtete Alfken bei Bremen: *Apidae*: 1. Anthrena apicata Smith ♀ ♂; 2. A. clarkella K. ♀ ♂; 3. A. nigroaenea K. ♀ ♂; 4. A. trimmerana K. ♀ ♂; 5. Bombus jonellus K. ♀; 6. B. terrester L. ♀; 7. Nomada lineola Pz. ♂; 8. N. ruficornis L. ♀ ♂; 9. N. succincta Pz. ♀ ♂. sgd.: Friese in Mecklenburg die Apiden: 1. Anthrena apicata Sm.; 2. A. morawitzi Ths., n. slt. var. paveli Mocs., slt., auch in Ungarn; 3. A. praecox Scop., ferner: 4. Anthrena albicrus K.; 5. A. morawitzi Ths. ♀, psd.; 6. A. nigroaenea K.; 7. A. tibialis K.; sowie bei Fiume: 8. A. lucens Imh.

Loew beobachtete im botanischen Garten zu Berlin: Hymenoptera: *Apidae*: 1. Anthrena albicans Müll. ♂, sgd.; 2. Apis mellifica L. ⚥, sgd.

Ferner daselbst an den Bastarden

S. cinerea × purpurea (♀) und S. cinerea × nigricans (♀) die Honigbiene sgd. Dieselbe dort auch an

S. caprea × silesiaca (♂); endlich an

S. aurita × purpurea: Bombus terrester L. ♀, sgd.

2585. S. alba L.

Als Besucher beobachtete Loew in Brandenburg Bibio marci L. ♂ ♀, sgd.; v. Dalla Torre und Schletterer beobachteten in Tirol die Erdbiene Anthrena praecox Scop. ♂; Friese im Saalthale die Blattwespe Amauronematus histrio Lep.

Alfken beobachtete an Salix alba, fragilis und anderen Arten bei Bremen: A. Diptera: a) *Bibionidae*: 1. Bibio marci L. b) *Bombylidae*: 2. Bombylius major L. c) *Conopidae*: 3. Myopa buccata L.; 4. M. polystigma Rond.; 5. M. testacea L. d) *Muscidae*: 6. Gonia fasciata Mg.; 7. G. ornata Mg.; 8. Musca domestica L.; 9. Pollenia rudis F.; 10. Scatophaga stercoraria L. e) *Syrphidae*: 11. Brachypalpus valgus Pz.; 12. Cheilosia flavicornis F.; 13. C. praecox Zett.; 14. Eristalis intricarius L.; 15. E. sepulcralis L.; 16. Platycheirus albimanus F.; 17. Syrphus pyrastri L. B. Hymenoptera: a) *Apidae*: 18. Anthrena albicans Müll. ♀ ♂; 19. A. albicrus K. ♀ ♂; 20. A. apicata Smith ♀ ♂; 21. A. argentata Sm. ♀ ♂; 22. A. carbonaria L. ♀ ♂; 23. A. chrysosceles K. ♀ ♂; 24. A. cineraria L. ♀ ♂; 25. A. clarkella K. ♀ ♂; 26. A. convexiuscula K. ♀ ♂; 27. A. eximia Sm. ♀ ♂; 28. A. extricata Sm. ♀ ♂; 29. A. flavipes Pz. ♀ ♂; 30. A. gwynana K. ♀ ♂; 31. A. lapponica Zett. ♂; 32. A. morawitzi Ths. ♀ ♂; 33. A. nigroaenea K. ♀ ♂; 34. A. nitida Fourcr. ♀ ♂; 35. A. ovina Klg. ♀ ♂; 36. A. parvula K. ♀ ♂; 37. A. praecox Scop. ♀ ♂; 38. A. propinqua Schck. ♀ ♂; 39. A. rufitarsis Zett. ♀ ♂; 40. A. thoracica F. ♀ ♂; 41. A. tibialis K. ♀ ♂; 42. A. trimmerana K. ♀ ♂; 43. A. varians K. ♀ ♂; 44. A. xanthura K. ♀ ♂, stylopisiert, nur sgd.; 45. Bombus derhamellus K. ♀; 46. B. jonellus K. ♀; 47. B. lapidarius L. ♀; 48. B. lucorum L. ♀; 49. B. muscorum F. ♀; 50. B. terrester L. ♀; 51. Colletus cunicularius L. ♀ ♂; 52. Halictus brevicornis Schck. ♀; 53. H. calceatus Scop., var. elegans Lep. ♀; 54. H. flavipes F. ♀; 55. H. levis K. Ths. ♀; 56. H. minutus K. ♀; 57. H. morio F. ♀; 58. H. nitidiusculus K. ♀; 59. H. quadrinotatulus Schck. ♀; 60. H. rubicundus Chr. ♀; 61. Nomada albogutta H.-Sch. ♀ ♂; 62. N. alternata K. ♀ ♂; 63. N. bifida Ths. ♀ ♂; 64. N. borealis Zett. ♀ ♂; 65. N. fabriciana L. ♀ ♂; 66. N. fucata Pz. ♀ ♂; 67. N. lathburiana K. ♀ ♂; 68. N. lineola Pz. ♀ ♂;

69. N. obscura Zett. ♀; 70. N. ruficornis L. ♀ ♂; 71. N. succincta Pz. ♀ ♂, sgd.; 72. N. xanthosticta K. ♀ ♂, sgd.; 73. Osmia cornuta Ltr. ♂; 74. O. rufa L. ♀ ♂; 75. Podalirius acervorum L. ♂; 76. Psithyrus vestalis Fourcr. ♀, hfg. b) *Ichneumonidae:* 77. Banchus falcator F., sgd.; 78. Ichneumon sarcitorius L. ♀, sgd.; 79. I. suspiciosus Wesm. ♀, sgd. c) *Tenthredinidae:* 80. Amauronematus fåhraei Thms.; 81. A. viduatus Zett.; 82. A. vittatus Lep.; 83. Dolerus coruscans Knw.; 84. D. fissus Htg.; 85. D. fumosus Zadd.; 86. D. gonager F.; 87. D. haematodes Schrk.; 88. D. madidus Klg.; 89. D. puncticollis Thms.; 90. D. rugosus Knw. (rugosulus D. T.); 91. Tomostethus fuliginosus Schrk.; 92. Pteronus brevivalvis Ths. d) *Vespidae:* 93. Vespa callosus Thms. ♀; 94. V. crabro L. ♀.

2586. S. fragilis L. [H. M., Weit. Beob. II. S. 211.] —

Als Besucher sah H. Müller bei Jena:

A. Coleoptera: a) *Nitidulidae:* 1. Meligethes spec., hld. b) *Oedemeridae:* 2. Oedemera coerulea L., hld. B. Hymenoptera: a) *Apidae:* 3. Anthrena parvula K. ♀, sgd. und pfd.; 4. Apis mellifica L. ☿, w. v.; 5. Halictus maculatus Sm. ♀, w. v. b) *Formicidae:* 6. Formica rufa L. ☿, hld.

Seemen (Österr. bot. Ztg. 1895) und zahlreiche andere Autoren beobachteten an verschiedenen Weidenarten sehr verschiedene abnorme Blütenformen, woraus hervorgeht, dass die Weiden grosse Fähigkeit und Neigung haben, die Blüten zu verändern, und zwar durch Vermehrung oder Verminderung der Staub- oder Fruchtblätter, durch Ersetzung von Organen des einen Geschlechts durch solche des andern, durch Übergangsbildungen von einem Geschlecht zum andern u. s. f.

2587. S. amygdalina L.

Als Besucher beobachtete Loew in Brandenburg (Beiträge S. 38): Anthrena albicans Müll. ♀, sgd.

Herm. Müller (Weit. Beob. II. S. 211) sah folgende Besucher:

A. Diptera: a) *Bibionidae:* 1. Dilophus vulgaris Mg. ♀ ♂, häufig. b) *Empidae:* 2. Empis opaca F., sgd. B. Hymenoptera: *Apidae:* 3. Anthrena albicrus K. ☿, sgd.; 4. A. spec., w. v.; 5. Apis mellifica L. ☿, sgd. und psd., zahlreich.

Friese sah im Saalthale Anthrena ventralis Imh.

Alfken beobachtete bei Bremen: *Apidae:* 1. Anthrena albicrus K. ♀; 2. Halictus rubicundus Chr. ♀; 3. H. quadrinotatulus Schck. ♀, sgd.

Frey beobachtete in der Schweiz: Pygaera anastomosis L.

2588. S. pentandra. L.

Schmiedeknecht führt für Thüringen Anthrena eximia Sm. als Besucher auf.

2589. S. viminalis L.

Als Besucher beobachtete Burkill (Fert. of Spring Fl.) an der Küste von Yorkshire:

A. Diptera: a) *Muscidae:* 1. Actora aestuum Mg., auf Pfl. mit ♀ Kätzchen; 2. Onesia cognata Mg., w. v.; 3. Helozyma sp., w. v.; 4. Hylemyia sp., w. v.; 5. Scatophaga stercoraria L., w. v.; 6. Simulia sp., w. v.; 7. Tephrochlamys rufiventris Mg., w. v.; 8. Eine andere Muscide, w. v. b) *Rhyphidae:* 9. Rhyphus fenestralis Scop., w. v. c) *Stratiomydae:* 10. Lasiopa sp., w. v. d) *Syrphidae:* 11. Melanostoma quadrimaculata Verral, w. v.; 12. Syrphus lasiophthalmus Ztt., w. v. B. Hemiptera: 13. 1 sp., w. v. C. Hymenoptera: a) *Apidae:* 14. Anthrena clarkella K. ♂, w. v. b) *Ichneumonidae:* 15. Ichneumon sp., w. v.

Alfken sah bei Bremen: *Apidae:* 1. Anthrena albicans Müll.; 2. A. albicrus K.; A. chrysosceles K.; 4. A. cineraria L.; 5. A. extricata Sm.; 6. A. fulvicrus K.; 7. A.

nitida Fourcr.; 8. A. ovina Klug; 9. A. praecox Scop.; 10. Bombus agrorum F. ♀; 11. B. pratorum L. ♀; 12. B. terrester L. ♀; 13. Colletes cunicularius L. ♀ sgd., psd., ♂ sgd.; 14. Halictus calceatus Scop.; 15. H. flavipes F.; 16. Nomada alternata K. ♂; 17. N. bifida Thoms. ♀ ♂; Friese in Mecklenburg die Apiden: 1. Anthrena morawitzi Ths. ♀, psd. ♂; 2. A. praecox Scop. ♀, psd. ♂; 3. A. propinqua Schck. ♀, psd. ♂.

Schmiedeknecht giebt für Thüringen die Schmarotzerbiene Nomada bifida Thms. als Besucher an.

2590. S. purpurea L.

Burkill (Fert. of Spring Fl.) beobachtete an der Küste von Yorkshire folgende Besucher:

A. Coleoptera: *Staphylinidae*: 1. Tachyporus hypnorum F., an Pfl. mit ♂ Kätzchen. B. Diptera: a) *Muscidae*: 2. Actora aestuum Mg., w. v.; 3. Hylemyia sp., w. v.; 4. Limnophora septemnotata Ztt., w. v.; 5. Phorbia sp., w. v.; 6. Drosophila graminum Fall., w. v.; 7. Scatophaga stercoraria L., an Pfl. mit ♂ und mit ♀ Kätzchen, sgd.; 8. Sepsis nigripes Mg., an Pfl. mit ♂ Kätzchen; 9. 1 sp., an Pfl. mit ♀ Kätzchen; 10. 3 andere kleine Fliegen, an Pfl. mit ♂ Kätzchen. b) *Syrphidae*: 11. Eristalis pertinax Scop., w. v.; 12. Melanostoma quadrimaculata Verral, w. v. C. Hymenoptera: *Apidae*: 13. Anthrena gwynana K. ♀, w. v.

Schenck beobachtete in Nassau Anthrena clarkella K. und eximia Smith.

Alfken bemerkte bei Bremen: Anthrena chrysosceles K. ♀.

Schmiedeknecht giebt für Thüringen Anthrena eximia Sm. und Bombus hypnorum L. ♀ als Besucher an.

Ducke beobachtete bei Triest Anthrena (Biareolina) neglecta Dours.

2591. S. arctica Pall.

Nach Ekstam wurden auf Nowaja Semlja mittelgrosse Fliegen beobachtet.

2592. S. incana Schrk.

Schiner beobachtete in Österreich die Schwebfliege Criorhina ruficauda Deg.

2593. S. nigricans Sm.

Als Besucher beobachtete Loew im botanischen Garten zu Berlin: Hymenoptera: *Apidae*: 1. Anthrena fulva Schrk. ♀, sgd.; 2. Apis mellifica L. ♀, sgd.; 3. Bombus terrester L. ♀, sgd.

An Salix-Arten beobachtete Friese in Baden (B.), im Elsass (E.), bei Fiume (F.), in Mecklenburg (M.), bei Triest (T.) und in Ungarn die Apiden: 1. Anthrena albicans Müll. (B. E.), n. slt., (M. U.) s. hfg.; 2. A. albicrus K. (M.), n. slt.; 3. A. apicata Smith (B. E.), einz., (M. U.) nicht slt.; 4. A. bimaculata K. (M.) einz., (F. T. U.) n. slt.; 5. A. bucephala Steph. (B.), n. slt.; 6. A. carbonaria L. (E.) 1 ♂; 7. A. cineraria L. (M. U.), hfg.; 8. A. clarkella K. (E.) 1 ♂, (M.), hfg.; 9. A. combinata Chr. (B.); 10. A. congruens Schmiedekn. (F. U.), hfg.; 11. A. convexiuscula K. (B. E. M.), hfg.; 12. A. croatica Friese (F.), hfg.; 13. A. dubitata Schck. (E.) einz., (U.) s. hfg.; 14. A. eximia Sm. (B. E. T. U.); 15. A. extricata Sm. (B. E.), hfg.; 16. A. flavipes Pz., (M.) hfg. (B. E.); 17. A. fulva Schrk. (B.), einz.; 18. A. gwynana K. (M.), hfg., (B.) s. hfg., (E.) seltener, (U.) hfg.; 19. A. lucens Imh. (F.); 20. A. mitis Schmied. (E.) 1 ♀, (F. U.) n. slt.; 21. A. morawitzi Thms. (U.), s. slt.; 22. A. neglecta Dours. (F.), hfg.; 23. A. nigroaenea K. (M.), hfg.; 24. A. nitida Fourcr. (B.), slt.; 25. A. nycthemera Imh. (E.) n. slt., (U.) slt. (Wien); 26. A. ovina Klug (B. E.) einz., (M.) n. slt., psd., (U.) s. hfg.; 27. A. parviceps Kriechb. (U.), hfg.; 28. A. parvula K. (B.), s. hfg., (M.) hfg.; 29. A. paveli Mocs. (U.); 30. A. praecox Scop. (E.), n. slt., (M.) s. hfg., (U.) hfg.; 31. A. propinqua Schck. (E.). n. slt.; 32. A. rufula Pér. (F. U.); 33. A. sericata Imh. (B. E.), slt., (U.) n. slt.; 34. A. spinigera K. = dragana Friese (F.), einz.: 35. A. taraxaci Gir. (F. T. U.), n. slt.; 36. A. tibialis

K. (B.) slt., (E.) hfg., (U.) n. slt.; 37. A. trimmerana K. (B. U.), hfg.; 38. A. tscheki Mor. (U.); 39. A. varians K. (U.), n. slt., var. helvola L. (B.) hfg., (U.) n. slt., var. mixta Schck. (U.), n. slt.; 40. A. ventralis Imh. (E. M.), hfg.; 41. Bombus agrorum F. ♀ (B.), hfg.; 42. B. hynorum L. (B.) 1 ♀; 43. B. pratorum L. ♀ (B.), hfg.; 44. B. terrester L. ♀ (B.), hfg.; 45. Colletes cunicularius L. (M. U.), s. hfg.; 46. Halictus calceatus Scop. (B.), hfg.; 47. H. rufocinctus Nyl. ♀ (B. E.); 48. H. xanthopus K. (E.) 1 ♀; 49. Megachile muraria Retz. (F. T. U.), einz.; 50. Nomada bifida Ths. (B.), n. slt.; 51. N.Jfabriciana L. (B.) 1 ♂; 52. N. flavoguttata K. (M.), einz.; 53. N. guttulata Schck.; 54. N. lathburiana K. (E.); 55. N. ruficornis L. (B.), hfg.; 56. N. succincta Pz. (E.), n. slt.; 57. N. trispinosa Schmiedekn.; 58. N. xanthosticta K. (M.), n. hfg., (E.) n. slt.; 59. N. zonata Panz.; 60. Osmia cornuta L. (E.), n. slt.; 61. O. rufa L. (B.) hfg., (F. U.); 62. Podalirius acervorum L.; 63. P. retusus L. (E.) 1 ♂; 64. Sphecodes gibbus L. ♀ (B. E.), hfg.; 65. Xylocopa violacea L. ♀ ♂ (E.), hfg.

W üstnei beobachtete auf der Insel Alsen: 1. Anthrena albicans Müll.; 2. A. clarkella K.; 3. A. praecox Scop.; 4. Bombus scrimshiranus K.; 5. B. terrester L.; 6. Halictus albipes Fbr. ♀; 7. N. borealis Ztt.; Schmiedeknecht in Thüringen: Hymenoptera: Apidae: 1. Anthrena albicans Müll.; 2. A. cineraria L.; 3. A. nitida Fourcr.; 4. A. ovina Klug; 5. A. propinqua Schck.; 6. A. thoracica F.; 7. A. ventralis Imh.; 8. Bombus hypnorum L. ♀; 9. B. scrimshiranus K. (= jonellus K.) ♀; 10. B. terrester L. ♀; 11. Nomada bifida Ths.; 12. N. borealis Zett.; 13. N. fabriciana L.; 14. N. lateralis Pz. (= xanthosticta K.); 15. N. ruficornis L.; 16. Osmia bicornis L. (= rufa L.).

Frey-Gessner giebt für die Schweiz die Biene Anthrena humilis Imh. an.

Schiner beobachtete in Österreich die Syrphiden: 1. Cheilosia flavicornis F.; 2. Criorhina floccosa Mg.; 3. C. oxyacanthae Mg.

Nylander giebt als Besucher an für Finnland Colletes cunicularius L. und nach Zetterstedt für Lappland Bombus alpinus L.

Morawitz beobachtete bei St. Petersburg die Apiden: 1. Anthrena rufitarsis Zett. = ruficrus Nyl.; 2. Colletes cunicularius L. ♀, psd.; 3. Nomada ruficornis L.

E. D. Marquard beobachtete in Cornwall Anthrena spinigera ♂ und Nomada bifida Ths.; Saunders (Sd.) und Smith (Sm.) in England die Apiden: 1. Anthrena apicata Sm. = lapponica Saund. (Sd.); 2. A. bimaculata K., I. Generat. (Sd. Sm.); 3. A. combinata Chr. (Sm.); 4. A. dorsata K. (Sd.); Saunders in England die Apiden: 1. Anthrena albicans Müll.; 2. A. apicata Sm.; 3. A. bimaculata K.; 4. A. carbonaria L. (pilipes F.); 5. A. cineraria L.; 6. A. clarkella K.; 7. A. dorsata K.; 8. A. flavipes Pz. (= fulvicrus K.); 9. A. fulva Schrk.; 10. A. gwynana K.; 11. A. helvola L.; 12. A. minutula K. (= parvula K.); 13. A. nigroaenea K.! 14. A. nitida Fourcr.; 15. A. praecox Scop.; 16. A. rosae K. (= austriaca Pz.); 17. A. thoracica F.; 18. A. tibialis K.; 19. A. trimmerana K.; 20. A. varians K.; 21. Colletes cunicularius L.

Schenck beobachtete in Nassau die Apiden: 1. Anthrena albicans Müll.; 2. A. apicata Sm.; 3. A. convexiuscula K.; 4. A. eximia Sm.; 5. A. extricata Sm.; 6. A. flavipes Pz.; 7. A. gwynana K.; 8. A. nigroaenea K.; 9. A. nitida Fourcr.; 10. A. ovina Klg.; 11. A. parvula K.; 12. A. praecox Scop.; 13. A. tibialis K.; 14. Colletes cunicularius L.; 15. Halictus calceatus Scop. ♀; 16. H. rubicundus Chr. ♀; 17. Nomada alternata K.; 18. N. ruficornis L. var. flava Pz. ♂; 19. N. succincta Pz.; 20. Osmia bicolor Schrk.; 21. O. cornuta Ltr.; 22. O. rufa L.

v. Dalla Torre beobachtete in Tirol die Bienen: 1. Anthrena atriceps K. ♂; 2. A. nitida K. ♂; 3. A. ovina Klug. ♂; 4. A. rosae Pnz. ♂; 5. Anthophora pilipes Fbr. ♂ (Pr. R.); 6. Osmia cornuta Ltr. ♂; 7. Sphecodes rufescens Fourcr. = ephippius L.

Schletterer verzeichnet als Besucher für Tirol die Apiden: 1. Anthrena austriaca Pz.; 2. A. ovina Klg.; 3. A. tibialis K.; 4. Osmia cornuta Ltr.; 5. Podalirius acervorum L.

Hoffer beobachtete in Steiermark Xylocopa violacea L. ♂; Ducke bei Triest die Erdbienen: 1. Anthrena dubitata Schck. ♀ ♂; 2. A. mitis Pérez ♀ ♂; 3. A. spinigera K. ♂.

2594. S. repens L. [H. M., Befr. S. 150, Knuth, Bijdragen.]

Als Besucher beobachtete ich (am 9. 5. 1896) Apis und Bombus terrester L. ♀, sgd. und psd., mit grossen Pollenmassen an den Hinterbeinen. Herm. Müller giebt folgende Besucher an:

A. Diptera: 1. Bombylius major L., sgd.; 2. Myopa buccata L., sgd. B. Hymenoptera: a) Apidae: 3. Anthrena albicans Müll. ♀, psd.; 4. A. gwynana K. ♀, psd.; 5. A. pratensis Nyl. ♀, psd.; 6. A. ventralis Imh., ♀ psd., ♂ sgd.; 7. Apis mellifica L. ⚥, sgd., häufig; 8. Bombus terrester L. ♀, psd. b) Tenthredinidae: 9. Dolerus eglanteriae F., sgd. C. Lepidoptera: 10. Vanessa io L., sgd.

Als nicht seltenen Besucher giebt Friese für Mecklenburg Bombus jonellus K. ♀ (nach Brauns) an.

Leege beobachtete auf Juist: A. Coleoptera: a) Coccinellidae: 1. Coccinella undecimpunctata L. b) Curculionidae: 2. Sitona lineata F. c) Elateridae: 3. Cardiophorus griseus Hbst.; 4. Limonius cylindricus Rossi, Gyll. d) Hydrophilidae: 5. Cercyon haemorrhoidalis F. e) Nitidulidae: 6. Epurea aestiva L.; 7. Meligethes aeneus F. B. Diptera: a) Bibionidae: 8. Bibio marci L. ♀ ♂, s. hfg., sgd.; 9. Dilophus vulgaris Meig. ♀ ♂, s. hfg., sgd. b) Muscidae: 10. Anthomyia lucidiventris Zett.; 11. Aricia lucorum Fall.; 12. Borborus equinus Fall.; 13. Chortophila cinerella Fall.; 14. C. latipennis Zett.; 15. Cleigastra flavipes Fall.; 16. Coenosia decipiens Mg.: 17. Cynomyia mortuorum L., selten, sgd.; 18. Exorista fimbriata Mg.; 19. Gonia fasciata Mg.; 20. G. ornata Mg.; 21. Hydrellia spec.; 22. Hylemyia cinerosa Zett.; 23. H. pullula Zett.; 24. Lucilia caesar L., hfg., sgd.; 25. L. sericata Mg.; 26. Nemoraea intermedia Zett.; 27. Scatophaga stercoraria L. ♀ ♂, s. hfg., sgd.; 28. Sepsis cynipsea L., s. hfg., sgd.; 29. Siphona flavifrons Zett.; 30. Spilogaster depuncta Fall.; 31. S. duplicata Mg. c) Syrphidae: 32. Cheilosia praecox Zett., zahllos, sgd.; 33. Eristalis arbustorum L., seltener, sgd.; 34. E. intricarius L., zahllos, sgd.; 35. E. pertinax Scop., hfg., sgd.; 36. E. tenax L.. mehrfach, sgd.; 37. Melithreptus scriptus L.; 38. Pipizella virens F., hfg.; 39. Platycheirus manicatus Mg.; 40. Syrphus ribesii L., selten, sgd. C. Hymenoptera: a) Apidae: 41. Anthrena albicans Müll. ♂, einzeln, sgd.; 42. Bombus distinguendus Mor. ♀; 43. B. lucorum L. ♀; 44. B. muscorum F. ♀; 45. Colletes cunicularius L. ♀ ♂, zu Tausenden. sgd., psd.; 46. Psithyrus vestalis Fourcr. ♀. b) Tenthredinidae: 47. Amauronematus viduatus Zett. ♀ ♂, nicht selten. D. Hemiptera: a) Cimicidae: 48. Anthocoris silvestris L., selten, sgd. b) Pentatomidae: 49. Gnathoconus albomarginatus F., hfg.

Verhoeff bemerkte auf Norderney: A. Coleoptera: a) Elateridae: 1. Limonius aeruginosus Oliv., 1 Ex., sgd. b) Nitidulidae: 2. Epurea aestiva L., 2 Ex.; 3. Meligethes aeneus F., 2 Ex. B. Diptera: a) Bibionidae: 4. Bibio marci L. ♀, selten; ♂ nicht selten, sgd.; 5. Dilophus vulgaris Mg. ♀, s. hfg., ♂ nicht selten, sgd. und pfd.; 6. Scatopse notata L., 1 ♀. b) Muscidae: 7. Anthomyia muscaria Zett. ♂, mehrfach; 8. A. spec., 1 ♂; 9. Aricia dispar Fall., 1 ♂; 10. Calliphora erythrocephala Mg. ♀, mehrmals; 11. Cynomyia mortuorum L., 2 ♂, 1 ♀; 12. Homalomyia spec., 1 ♂; 13. Hydrotaea bispinosa Zett., 1 ♂; 14. Limnophora litorea Fall. ♀ ♂; 15. Lucilia caesar L. ♀, nicht selten, ♂ hfg.; 16. Sepsis cynipsea L., 1 ♀. b) Syrphidae: 17. Eristalis arbustorum L., 1 ♂; 18. E. intricarius L., 1 Ex. pfd.; 19. Helophilus trivittatus F., 2 ♀, pfd., sgd.; 20. Melanostoma mellina L. ♂; 21. Platycheirus clypeatus Mg. ♂, pfd., sgd. c) Therevidae: 22. Thereva anilis L., 1 ♂. B. Hemiptera: a) Cimicidae: 23. Thriphleps minuta L. b) Pentatomidae: 24. Corimelaena scarabaeoides L. C. Hymenoptera: a) Apidae: 25. Colletes cunicularius L. ♀, sgd. und psd., ♂ sgd.; 26. Bombus lapidarius L., 1 ♀. sgd.; 27. B. terrester L., 1 ♀; 28. Psithyrus vestalis Fourcr., 1 ♀, sgd.; 29. Osmia maritima Friese, 1 ♀, sgd. b) Tenthredinidae: 30. Pachynematus capreae Pz., 1 ♀. D. Lepi-

doptera: *Lycaenidae*: 31. Polyommatus phlaeas L.; Alfken bei Bremen: Hymenoptera: a) *Apidae*: 1. Anthrena albicans Müll. ♀♂; 2. A. albicrus K. ♀♂; 3. A. argentata Sm. ♀♂; 4. A. cineraria L. ♂; 5. A. convexiuscula K. ♀♂; 6. A. morawitzi
Ths. ♀ s. hfg., sgd. und psd. ♂; 7. A. nigroaenea K. ♀♂; 8. A. propinqua Schck.
♀♂; 9. A. thoracica F. ♀♂; 10. Halictus calceatus Scop. ♀, psd., sgd.; 11. H.
flavipes F. ♀, psd., sgd.; 12. H. rubicundus Chr. ♀, psd., sgd., s. hfg.; 13. Nomada alboguttata H.-Sch. ♂; 14. N. succincta Pz. ♀♂, sgd.; 15. Osmia rufa L. ♂. b) *Tenthredinidae*: 16. Dolerus madidus Klg.; 17. D. picipes Klg.

2595. S. herbacea L. [H. M., Alpenblumen S. 162, 163; Kerner,
Pflanzenleben II.] — Die kleinen, zu unansehnlichen Ähren vereinigten Blüten
sind sehr honigreich und werden daher trotz ihrer geringen Augenfälligkeit von
Insekten aufgesucht. Nach Kerner sind die weiblichen Pflanzen früher ent-

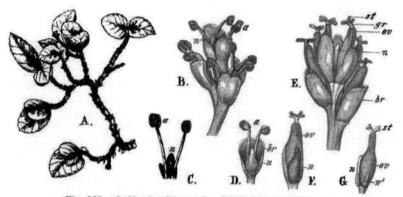

Fig. 365. Salix herbacea L. (Nach Herm. Müller.)

A Männliche Pflanze in natürl. Gr. *B* Männliche Ähre mit 5 Blüten. *C* Männliche Blüte
nach Entfernung des Deckblattes von aussen. *D* Männliche Blüte von innen. *E* Weibliche
Ähre mit 6 Blüten. *F* Weibliche Blüte von innen. *G* Dieselbe nach Entfernung des Deckblattes von aussen. *n* Grosses, *n'* kleines Nektarium. (*B—G* Vergr. 7 : 1.) Bedeutung der
Buchstaben wie in Fig. 213.

wickelt, als die benachbarten männlichen. Warming hält die früh blühenden
und schnell fruchtansetzenden grönländischen Weiden, wie S. herbacea etc.,
für windblütig, da der Pollen leicht durch den Wind verstreut wird. Doch
werden die duftenden Kätzchen dort, nach Kornerus, auch vereinzelt von
Insekten besucht.

H. Müller beobachtete in den Alpen nur einmal eine Motte und einmal eine
Muscide als Besucher; Lindman auf dem Dovrefjeld Fliegen und Hummeln.

2596. S. polaris Wg. (Lindman a. a. O.) Auch bei dieser Art ist die
Honigabsonderung reichlich.

Besucher sind gleichfalls einige Fliegen und Hummeln.

2597. S. reticulata L. [H. M., Alpenblumen S. 163; Kerner, Pflanzenleben II. S. 312.] — Nach Kerner entwickeln die weiblichen Blüten ihre
Narben einige Tage früher als die Antheren der benachbarten männlichen Blüten
sich öffnen.

Als Besucher beobachtete H. Müller einen vereinzelten Tagfalter.

2598. S. retusa L. [H. M., Alpenblumen S. 163; Kerner, Pflanzenleben II. S. 312.] — Auch bei dieser Art eilen, nach Kerner, die weiblichen Blüten den männlichen um einige Tage voran.

Als Besucher beobachtete H. Müller eine einzelne Faltenwespe.

Mac Leod beobachtete an den Salix-Arten, deren Blüten vor den Blättern erscheinen, iu Flandern Apis. 3 Hummeln, 18 kurzrüsselige Hymenopteren, 4 Schwebfliegen, 14 andere Fliegen, 2 Käfer, 1 Nachtfalter (B. Jaarb. VI. S. 131—133). An den Weidenarten, deren Blüten mit den Blättern erscheinen, sah derselbe in Flandern Apis, 3 kurzrüsselige Bienen, 6 Schwebfliegen, 3 andere Dipteren (B. Jaarb. VI. S. 133).

Schneider (Tromsø Museums Aarshefter 1894) beobachtete im arktischen Norwegen Salix nigricans, S. glauca, S. lapponica und S. phyllicifolia von folgenden Hummeln besucht: Bombus agrorum F. var. arcticus Acorbi, B. alpinus L., B. hypnorum L., B. lapponicus F., B. nivalis Dahlb., B. pratorum L., B. scrimshiranus K., Psithyrus quadricolor Lep., P. vestalis Fourc.

571. Populus Tourn.

Zweihäusige Windblütler. Die Pollenausstreuung erfolgt, nach Kerner, wie bei Juglans.

2599. P. nigra L. [Warnstorf, Nat. V. des Harzes XI.] — Die gelblichen Deckschuppen der männlichen Blütenähren sind am Rande kahl, auf der Rückseite etwas ausgehöhlt und rings am Rande mit einem niedrigen Wulst versehen, wodurch jedenfalls das Herabgleiten des Pollens erschwert werden soll. — Pollenzellen blassgelb, unregelmässig polyëdrisch, warzig, 30—40 μ diam.

Burkill (Fert. of Spring Fl.) beobachtete an der Küste von Yorkshire 1 Muscide, Onesia cognata Mg., honigsuchend auf ♂ Blüten.

2600. P. tremula L. Sprengel (Entd. Geheimn. S. 439) sah die männlichen Blüten am 15. März 1790 bei Potsdam von zahlreichen pollensammelnden Honigbienen besucht. „An dem starken Summen dieser Insekten konnte man schon in einiger Entfernung die männlichen Bäume erkennen und sie von den weiblichen unterscheiden."

2601. P. pyramidalis Roz.
sah Herm. Müller (Weit. Beob. II. S. 211) in Thüringen von Tausenden von pollensammelnden Honigbienen besucht.

131. Familie Myricaceae Richard.

572. Myrica L.

2602. M. Gale L. Meist diöcisch, zuweilen monöcisch oder auch teilweise oder rein zweigeschlechtig. (Schulz, Ber. d. d. bot. Ges. 1892 S. 409 Anm.) Nach Mac Leod (B. Jaarb. VI. S. 128—129) sind die ♂ Kätzchen augenfälliger als die ♀; letztere machen fast den Eindruck, als ob sie noch nicht entwickelte ♂ Kätzchen wären. Jede ♂ Blüte hat vier dem Grunde der Kätzchenschuppe eingefügte Staubblätter, deren Antheren pulverförmigen Pollen enthalten. Jede ♀ Blüte besteht aus einem Fruchtblatt mit 2—4 Schüppchen. Der Pollen wird ähnlich wie bei Potamogeton und Triglochin vorläufig auf den gewölbten Kätzchenschuppen deponiert, bis der Wind ihn in Wolken hinausbläst.

II. Klasse Monocotydonen.

132. Familie Hydrocharitaceae DC. [1])

Vgl. Bd. I. S. 83, 84; Ascherson und Gürke, Hydrocharitaceae in Engler und Prantl, die Natürl. Pflanzenfamilien II. 1. S. 244—245.

Einhäusige, zweihäusige, dreihäusige oder zweigeschlechtige Insekten- oder Wasserblütler.

573. Hydrilla Richard.

Einhäusige Wasserblütler.

2603. H. verticillata Caspary. [Ascherson und Gürke, Hydrocharitaceae in Engler und Prantl, Natürl. Pflanzenfam.] — Die männlichen Blüten sind kurzgestielt und stehen einzeln. Zur Befruchtungszeit lösen sie sich von der untergetauchten Pflanze los und schwimmen auf der Oberfläche des Wassers. Die weiblichen Blüten haben eine fadenförmig verlängerte Kelchröhre (— nach Ascherson Fruchtknoten —) und besitzen drei fadenförmige Narben, welche von den schwimmenden männlichen Blüten befruchtet werden.

574. Elodea Richard et Michaux.

Triöcische Wasserblütler.

2604. E. canadensis Rich. et Mich. [Ascherson und Gürke, a. a. O.] — Bekanntlich ist in Europa nur die weibliche Pflanze eingeschleppt, und diese vermehrt sich hier in reichlicher Weise auf vegetativem Wege. In Nordamerika ist die Pflanze triöcisch und wasserblütig. Wie bei vor. lösen sich dort die männlichen Blüten von den Pflanzen ab und schwimmen an der Wasseroberfläche, wohin auch die weiblichen, an den fadenförmig verlängerten, unterständigen Fruchtknoten befestigten Blüten gelangen, so dass ihre purpurnen Narben von dem Pollen der männlichen Blüten dort befruchtet werden.

575. Vallisneria L.

Zweihäusige Wasserblütler.

2605. O. spiralis L. [Delpino, Ult. oss. II.] — Diese in Südeuropa heimische untergetauchte Pflanze entlässt ihre zahlreichen, an kurzem, grundständigen Stiele sitzenden Pollenblüten zur Befruchtungszeit, so dass sie zur Wasseroberfläche emporsteigen. Die Samenblüten rollen zur Blütezeit ihre fädlichen, spiralig aufgerollten Stiele ab, so dass sich die Blüten bis zur Wasser-

---

[1]) Die Darstellung der Bestäubungseinrichtung von Vallisneria [spiralis, V. alternifolia, Enalus acoroides, Hydrilla verticillata, Elodea canadensis und Arten der Gattung Lagarosiphon nach Kerner (Pflanzenleben II S. 129—131) ist im ersten Band meines Werkes (S. 84) mitgeteilt.

oberfläche erheben und hier von den Pollenblüten befruchtet werden. Nach geschehener Befruchtung rollen sich die Blütenstiele wieder auf, so dass die Blüten wieder unter das Wasser gelangen und hier die Früchte reifen. (Vgl. Bd. I. S. 84.)

576. Stratiotes L.

Zweihäusige, weisse Blumen mit halbverborgenem Honig.

2606. St. aloides L. [Sprengel, S. 441 442; Nolte, Botan. Bemerkungen, Mac Leod, B. Jaarb. V. S. 286; Ascherson, Verbreitung; Knuth, Bijdragen.] — Die ♂ Blumen haben, nach Mac Leod, ungefähr 12 fruchtbare Staubblätter und 15—30 unfruchtbare, welche als Honigdrüsen dienen und zwischen den ersteren und den Kronblättern stehen. Die Honigdrüsen der ♀ Blüten haben denselben Bau wie die der ♂. In manchen Gegenden, z. B. in Skandinavien und Dänemark, tritt nur die weibliche Pflanze auf, auch in Nordschleswig scheint nur die weibliche Pflanze vorzukommen, während in Holstein die männliche nicht selten ist. Die Nektarien der beiden Blütenarten bestehen aus zahlreichen drüsigen, hellgelben Fäden. Nach Nolte findet Frucht- und Samenbildung auch ohne Befruchtung statt, reichliche vegetative Vermehrung durch Wurzelbrut.

Als Besucher beobachtete ich eine Schwebfliege (Eristalis tenax L.).

577. Hydrocharis L.

Zweihäusige Blumen mit halbverborgenem Honig.

2607. H. Morsus ranae L. [Delpino, Ult. oss. II.; Ascherson und Gürke, a. a. O.; Mac Leod, B. Jaarboek V. S. 285—286; Knuth, Bijdragen; Warnstorf, Bot. V. Brand. Bd. 38.] — Die weissen Kronblätter haben am Grunde der Innenseite ein Honigschüppchen. Die Blüten besitzen die Überreste des anderen Geschlechts. Nach Warnstorf haben die gelben Staubblätter breite, papillöse Filamente; die Antheren öffnen sich seitlich durch einen Schlitz. — Pollen gelb, kugel-tetraëdrisch, stachelwarzig, lange unter sich und an den Wänden der Antheren haftend; Narben der weiblichen Blüten gelb, innen gefurcht, oder gabelig geteilt und dicht mit langen Papillen besetzt.

Als Besucher beobachtete ich zahlreiche Honigbienen, sgd.

133. Familie Alismaceae Juss.

Knuth, Nfr. I. S. 133.

Blüten zweigeschlechtig oder einhäusig, selten zweihäusig. Der innere Blattkreis des Perigons oder beide sind blumenkronartig und dienen daher zur Anlockung.

578. Alisma L.

Zweigeschlechtige, homogame, weisse oder rötliche Blumen mit halbverborgenem Honig, welcher von einem am Grunde der Staubblätter befindlichen
Ringe abgesondert wird.

2608. A. Plantago L. [H. M., Befr. S. 88, 89; Kirchner, Flora
S. 183; Knuth, Ndfr. I. S. 133; Warnstorf, Bot. V. Brand. Bd. 38.] —

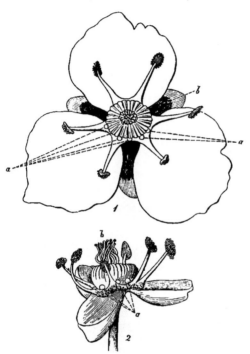

Die in pyramidenförmiger Rispe
stehenden, homogamen Blüten
haben am Grunde ihrer drei
weissen oder rötlichen Kronblätter ein gelbes Saftmal und
breiten sich zu einer Fläche
von etwa 10 mm Durchmesser
auseinander. Der Honig wird,
nach Müller, in Form von
12 Tröpfchen von der Innenseite eines fleischigen Ringes,
der durch die Verwachsung der
verbreiterten untersten Enden
der sechs Staubfäden gebildet
wird, abgesondert. Die Staubblätter sind schräg aufwärts
und auswärts gerichtet und
kehren ihre pollenbedeckte Seite
nach aussen, während die sechs
Narben in der Blütenmitte em-
porragen. Besucher sind meist
Schwebfliegen, welche, indem
sie auf die Blütenmitte fliegen,
Fremdbestäubung herbeiführen,
wenn sie von einer anderen
Blüte herkommen, dagegen
Selbstbestäubung bewirken

Fig. 366. Alisma Plantago L. (Nach Herm.
Müller.)

1 Blüte gerade von oben gesehen. *2* Dieselbe nach Entfernung der Blumenblätter, von der Seite gesehen.
a Honigtröpfchen. *b* Narben.

können, wenn sie auf ein Kronblatt fliegen. — Pollen, nach Warnstorf, gelb,
polyëdrisch, durchschnittlich 25 μ diam.

Als Besucher beobachteten H. Müller (1) und ich (!):

Diptera: *Syrphidae*: 1. Ascia podagrica F. (1), sehr zahlreich; 2. Eristalis
arbustorum L. (!); 3. E. sepulcralis L.; 4. Melanostoma mellina L. (! 1); 5. Melithreptus
scriptus L. (1); 6. Syritta pipiens L. (! 1); 7. Syrphus ribesii L. (!); sämtlich bald sgd.,
bald pfd.

Mac Leod sah in Flandern 1 kurzrüsselige Biene, 4 Syrphiden, 5 Musciden
(B. J. V. S. 289).

In Dumfriesshire (Schottland) (Scott-Elliot, Flora S. 164) wurden 1 kurzrüsselige
Biene, 8 Schwebfliegen, 5 Musciden und 1 Falter als Besucher beobachtet.

2609. A. ranunculoides L. (Echinodorus ranunc. Engelmann.) [Knuth, Ndfr. I. S. 133.] — Jedes der drei weissen, leicht rosa angehauchten, am Grunde mit einem gelben Fleck versehenen Kronblätter ist etwa 8 mm lang und an der breitesten Stelle etwa 10 mm breit; der Blütendurchmesser beträgt daher ungefähr 15 mm. Da nur wenige solcher Blüten zu rispigen Ständen vereinigt sind, auch die Honigabsonderung nur gering ist, finden sich offenbar nur selten Besucher ein. Dafür ist spontane Selbstbestäubung gesichert, indem die sechs kurzen Staubblätter senkrecht aufgerichtet sind und die mit ihnen gleichzeitig entwickelten Narben überragen, so dass Autogamie durch Pollenfall erfolgen muss. Bei etwaigem Insektenbesuche ist sowohl Fremd- als auch Selbstbestäubung möglich.

2610. A. natans L. (Echinodorus natans Engelmann, Elisma natans Buchenau.) Nach Hildebrand (Geschl. S. 90) und nach Kerner befruchten sich unter Wasser geratene Blüten pseudokleistogam selbst.

579. Sagittaria L.

Einhäusige Pollenblumen?

2611. S. sagittifolia L. Der Durchmesser der männlichen Blüten beträgt an den von mir bei Kiel untersuchten Pflanzen 2 cm; die weiblichen Blüten haben voraussichtlich einen kleineren Durchmesser. Die weissen Blumenblätter haben an ihrem Grunde ein lebhaft rot gefärbtes Mal, welches die Anwesenheit von saftreichem Gewebe vermuten lässt. Beim Behandeln der frisch abgeschnittenen männlichen Blüten mit Fehlingscher Lösung und mit Orthonitrophenyl-propiolsäure (vgl. die Anmerkung bei Leucojum aestivum L.) ergab sich jedoch keine Einlagerung von Farbstoff.

Die Pflanzen der Umgegend von Kiel scheinen protogynisch zu sein, da die weiblichen Blüten bereits verblüht waren, als die Pollenblumen sich öffneten. Fruchtansatz ist spärlich.

Schon Kölreuter macht (dritte Fortsetzung) darauf aufmerksam, dass Windblütigkeit unwahrscheinlich, mindestens sehr zweifelhaft sei. Hildebrand (Geschl. S. 9) beobachtete eine Pflanze, deren männliche und weibliche Blüten nicht normal ausgebildet waren. Nach demselben (Bot. Ztg. 1893) sitzen männliche und weibliche Blüten an verschiedenen Wirteln.

Nach Warnstorf (Bot. Verein Brand. Bd. 38) erschliessen sich die unteren weiblichen Blüten des Blütenstandes zuerst, danach folgen die darüber stehenden scheinzwitterigen Pollenblüten, so dass die Pflanzen der Umgegend von Neu-Ruppin protogynisch auftreten. Antheren schön dunkelbraun und sich seitlich öffnend. Pollen gelb, kugel-polyedrisch, dicht mit kurzen Stachelwarzen bedeckt und deshalb an den geöffneten Antherenfächern haftend, etwa mit 27—31 μ diam.

Derselbe unterschied bei Ruppin folgende Abänderungen im Blütenstande:

1. Die dreizähligen Blütenquirle bestehen nur aus einzelnen Blüten, von denen die untersten drei, seltener auch 1—2 des nächstoberen Quirles

weiblich sind, während die übrigen scheinzwitterige Pollenblüten darstellen.

2. Statt der einen weiblichen Blüte im untersten Quirl steht dort ein Zweig scheinzwitteriger Pollenblüten, sonst wie 1.

3. Im basalen Quirl steht nur eine einzige weibliche Blüte und statt der beiden anderen weiblichen Blüten finden sich zwei Äste mit lauter scheinzwitterigen Pollenblüten. So dort selten.

4. Der unterste Quirl zeigt ebenfalls nur eine weibliche Blüte, aber ausserdem finden sich in demselben eine einzelne scheinzwitterige Pollenblüte und zwei Blütenäste mit lauter Pollenblüten.

5. Statt der einen weiblichen Blüte findet sich im untersten Quirl eine scheinzwitterige männliche Blüte und in der Achsel ihres Vorblattes ein Zweig mit scheinzwitterigen Pollenblüten.

6. Der untere Quirl besteht nur aus einer einzigen weiblichen Blüte, aus drei männlichen Einzelblüten und zwei männlichen Blütenästen. So dort sehr selten.

Als Besucher beobachtete Mac Leod in Flandern drei Musciden (Bot. Jaarb. V. S. 288).

134. Familie Butomaceae Richard.

580. Butomus Tourn.

Homogame bis protandrische Blumen mit halb verborgenem Honig, welcher am Grunde des Fruchtknotens ausgesondert wird.

2612. B. umbellatus L. [Sprengel, S. 234; H. M., Weit. Beob. I. S. 293; Kirchner, Flora S. 182—183; Schulz, Beiträge I.; Knuth, Ndfr. I. S. 133—135.] — Die Blüteneinrichtung dieser Pflanze scheint in verschiedenen Gegenden verschieden zu sein; es weichen nämlich die Beschreibungen von Sprengel, H. Müller, A. Schulz nicht unerheblich von einander ab. Ich gebe daher zunächst eine Darstellung der Blüteneinrichtung, wie ich sie in Schleswig-Holstein beobachtet habe: Etwa 20 Blüten bilden eine endständige Dolde. Der Durchmesser der Einzelblüte beträgt etwa 4 cm. Sowohl die Kelch- als auch die Kronblätter sind blassrosa, in der Mitte und nach dem Grunde zu dunkler gefärbt. Die Staubblätter und im zweiten Blütenzustande auch die Fruchtblätter sind dunkelrot gefärbt; sie tragen mithin zur Augenfälligkeit der Blüten bei. Ich fand die Blumen sowohl auf der Insel Föhr als auch in der Umgegend von Kiel ziemlich ausgeprägt protandrisch. Von den neun Staubblättern öffnen zuerst die sechs nicht vor den Kronblättern stehenden ihre Antheren, indem sie sich nach aussen zurückbiegen. Sind diese sechs verblüht, so springen die Antheren der drei noch fehlenden Staubblätter auf, doch biegen sie sich nicht so weit zurück, wie die zuerst aufgesprungenen, sondern bleiben ziemlich senkrecht stehen. Nunmehr entwickeln sich auch die Fruchtblätter. Die bis dahin nur an dem äusseren Rande rosa gefärbten Fruchtknoten nehmen eine dunkelrote Färbung an, die Narben öffnen sich in Form von Spalten, die sich allmählich so weit ausdehnen, dass sie unterhalb der noch mit Pollen bedeckten Antheren der zuletzt entwickelten drei Staubblätter stehen. Es wird daher bei Insektenbesuch im ersten Stadium des Zwitterzustandes der Blüte Fremdbestäubung eintreten, wenn das Insekt von einer anderen Blüte Pollen mitbringt und sich auf die in der Blütenmitte befindliche Narbe niederlässt. Im zweiten Stadium des Zwitterzustandes wird bei Insektenbesuch sowohl Fremd- als auch Selbstbestäubung möglich sein; bleibt derselbe aus, so erfolgt durch Pollenfall spontane Selbstbestäubung. Letzteres konnte ich in meinem Labora-

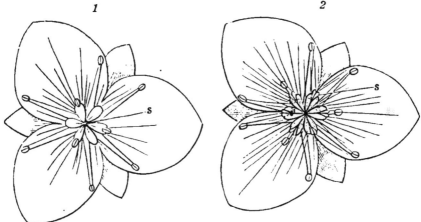

1   *2*

Fig. 367. Butomus umbellatus L. (Nach der Natur.)

1 Blüte im ersten (männlichen) Zustande: Von den 9 Staubblättern sind 6 entwickelt; sie haben sich von der Blütenmitte zurückgebogen und ihre Antheren geöffnet. Die Narben (*s*) sind noch geschlossen. *2* Blüte im zweiten (zweigeschlechtigen) Zustande: Die Antheren sind sämtlich aufgesprungen, die Staubblätter auch des innersten Kreises haben sich ein wenig zurückgebogen. Die Narben (*s*) sind entwickelt. (Der Pollen ist auf den aufgesprungenen Antheren nicht angedeutet.)

torium beobachten, in welchem ich eine Anzahl Blumen zum Aufblühen brachte: der Pollen der inneren drei Staubblätter fiel in so reichlicher Menge auf die Fruchtblätter, dass nicht nur die Narbenpapillen damit dicht bedeckt waren, sondern noch ein grosser Teil des Pollens an der inneren Seite der Fruchtknoten bis in den Blütengrund hinabrollte. Im ersten, rein männlichen Blütenstadium findet man solche Pollenmassen stets in Menge in den muldenförmig vertieften Kelch- und Kronblättern liegen, aus welchen er durch Windstösse entführt wird. Doch ist es bei der flachen Gestalt der Narben wohl kaum möglich, dass solche Pollenmassen auf dieselben durch den Wind geführt werden.

Der Honig wird an den Fruchtblättern in so reichlicher Menge abgesondert, dass sich stets je ein grosser Tropfen in der Spalte zwischen je zwei Fruchtknoten findet.

Sprengel weicht darin von meiner Darstellung ab, dass nach ihm die sämtlichen neun Antheren ihren Pollen bereits verloren haben, wenn die Narben sich entwickeln, so dass spontane Selbstbestäubung ausgeschlossen erscheint.

Herm. Müller sagt dagegen, dass die sämtlichen neun Antheren bis zur vollen Entwickelung der Narben noch reichlich mit Pollen behaftet bleiben und zum Teil von selbst mit den Narben in Berührung kommen, so dass auf diese Weise Autogamie erfolgt.

A. Schulz fand bei Halle die Blüten gewöhnlich homogam oder schwach protandrisch, seltener ausgeprägt protandrisch. Oft sind dort die Narben schon beim Öffnen der Blüte ausgebreitet und papillös; gewöhnlich sind sie jedoch erst völlig entwickelt, wenn schon einige Antheren sich geöffnet haben. Die am Grunde gekrümmten Staubblätter sind kürzer als die Stempel; es stehen daher die seitlich aufspringenden Antheren 2—4 mm tiefer als die Narbe, so dass in den meist aufrecht stehenden Blüten spontane Selbstbestäubung meist ausgeschlossen erscheint und nur in vereinzelten Fällen möglich ist, wo Narben und Antheren in gleicher Höhe stehen.

Jordan hebt noch hervor, dass die drei Kronblätter die Anflugstelle der Besucher bilden, von denen aus sich der Eingang zwischen den Staubblättern zur Blütenmitte hinzieht. Pollen, nach Warnstorf, safrangelb, biskuitförmig, dichtwarzig, etwa 25 μ breit und bis 37,5 μ lang.

Als Besucher beobachtete H. Müller nur 1 Grabwespe (Gorytes fargei Shuck. = G. campestris L.) ♂, sgd. Ich beobachtete (Nordfr. Ins. S. 167) 3 Schwebfliegen, mehrere Anthophiliden und 2 Tagfalter; Heinsius (B. Jaarb. IV. S. 68) in Holland: A. Diptera: a) *Empidae*: 1. Empis livida L. ♂. b) *Muscidae*: 2. Anthomyia sp. ♂; 3. Onesia floralis Rob.-D. ♂; 4. Pyrellia cadaverina L. ♀; 5. Scatophaga stercoraria L. ♀. B. Hymenoptera: a) *Apidae*: 6. Halictus leucopus K. ♀. b) *Sphegidae*: 7. Crabro cribrarius L. ♂ ♀.

H. de Vries (Ned. Kruidk. Arch. 1877) beobachtete in den Niederlanden 2 Hummeln, Bombus subterraneus L. ☿ und B. terrester L. ♂.

Mac Leod sah in Flandern 2 Schwebfliegen (B. Jaarb. V. S. 291).

Schiner giebt für Österreich die Schwebfliege Melithreptus formosus Egg. als Besucher an. Nach Egger.

135. Familie **Juncaginaceae** Richard.

Meist windblütige und protogynische Pflanzen mit zweigeschlechtigen Blüten, deren Perigon aus zwei dreiblätterigen, meist kelchartigen Blattkreisen besteht.

581. **Scheuchzeria L.**

Wahrscheinlich windblütig und protogynisch.

2613. Sch. palustris L. [Buchenau, in Englers Jahrb. f. Syst. II. S. 493, 494.] — Die trüb-bräunlich-grünen Perigonblätter sind ungleichmässig ausgebreitet. Die oben verdünnten Filamente tragen umgekippte Antheren; letztere enthalten glatten, leicht stäubenden Pollen. Die Narbe bildet eine zweizeilige Bürste mit langen, glashellen Papillen und erstreckt sich von der Spitze des Fruchtknotens eine Strecke an demselben abwärts. Die Narbe ist wohl früher als die Antheren entwickelt.

582. Triglochin L.

Axell, S. 38; Knuth, Nordfr. I. S. 135; Kerner, Pflanzenleben II. S. 146; Mac Leod, B. Jaarb. V. S. 291.

Protogynische Windblütler. Das sechsblätterige, kelchartige Perigon dient als Tasche zur vorläufigen Aufnahme des aus dem darüber stehenden Staubblatte herausfallenden Pollens. Zuerst stäuben die Antheren des unteren Staubblattkreises, dann die des oberen aus. Nach Kerner sind die Narben 2 bis 3 Tage früher als die Antheren entwickelt.

2614. T. maritima L. [Knuth, Ndfr. Ins. S. 135, 136.] — Im ersten Blütenzustande treten die etwas federig zerschlitzten, papillösen Narben aus den zunächst noch knospenartig geschlossen bleibenden, grünlichen, an der Spitze rötlich gefärbten, kahnförmigen Perigonblättern hervor. Diese werden alsdann durch den anschwellenden Fruchtknoten aus einander gedrängt, und nun biegen sich zunächst die drei äusseren derselben etwas zurück, doch so, dass ihre sich allmählich braun färbende Spitze stets in Berührung mit dem Fruchtknoten bleibt. Auf diese Weise entstehen drei halbmondförmige Taschen, hinter welchen sich je ein Staubbeutel öffnet und den Pollen teilweise in dieselbe entleert. Bei leiser Berührung und durch jeden Windstoss verstäubt der Pollen aus den Taschen und aus den Antheren, falls diese noch solchen enthalten; ebenso leicht lösen sich auch die nunmehr trockenhäutig gewordenen äusseren Perigonblätter los und werden sowohl mit dem noch in ihnen liegenden Pollen als auch mit den mit ihnen am Grunde verbundenen Antheren durch jeden Luftzug entführt. Ist der äussere Perigonblattkreis auf die Weise entfernt, so wiederholt sich der eben beschriebene Vorgang mit dem inneren. — Pollen, nach Warnstorf, gelblich-weiss, sehr unregelmässig tetraëdrisch, warzig, 25—31 μ diam.

2615. T. palustris L. (Knuth, Ndfr. Ins. S. 136) hat dieselbe Bluteneinrichtung wie vor. — Pollen, nach Warnstorf, weisslich, kugelig bis eiförmig, dichtwarzig, durchschnittlich von 31 μ diam.

136. Familie Potameae Juss.

Meist protogynische Wind- oder Wasserblütler.

583. Potamogeton Tourn.

Axell, S. 38; Mac Leod, B. Jaarb. V. S. 283—285; Knuth, Ndfr. Ins. S. 136, 137.

Protogynische, windblütige, zweigeschlechtige Wasserpflanzen. Perigon fehlend, dafür vier schuppenförmige, perigonartige Konnektive. Nach Kerner fällt der Pollen zunächst in eine Aushöhlung des Konnektives (wenigstens bei P. crispus).

2616. P. natans L. [Knuth, a. a. O. S. 137.] — Etwa 50 Blüten von je 4—5 mm Durchmesser bilden eine dichtgedrängte, im ersten (weiblichen)

Zustande etwa 4 cm lange, im zweiten (männlichen) Zustande etwa 6 cm lange Ähre, die eben aus dem Wasser hervorragt. Die vier grünen perigonartigen Konnektive sind anfangs briefcouvertartig geschlossen und lassen nur die vier bürstenförmigen Narben hervortreten, welche durch den Pollen benachbarter, bereits im männlichen Stadium befindlicher Blüten durch Vermittelung des Windes bestäubt werden. Alsdann entfalten sich die Konnektive und nun springen die acht sitzenden Staubbeutelfächer auf und entleeren reichlich den staubförmigen Pollen.

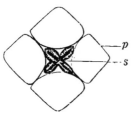

Fig. 368. **Potamogeton natans L.**
(Nach der Natur.)

Blüte im ersten (weiblichen) Zustande von oben gesehen. *s* Entwickelte Narbe. *p* Schuppenförmiges Konnektiv. (Vergr. etwa 6 : 1.)

2617. P. perfoliatus L. [Warnstorf, Bot. V. Brand. Bd. 37.] — Der Nagel der Kelchblätter der protogynischen Windblüten steht zur Zeit der Pollenreife senkrecht zum Fruchtknoten, während die Platte zu demselben die parallele Richtung angenommen hat; die vier Blütenhüllblätter dienen daher als ausgezeichneter Fangschirm für den durch den Wind herbeigetragenen Pollen. Pollenkörner eiförmig bis elliptisch, weiss, wenig durchsichtig, zart netzig-warzig, etwa 44—50 μ lang und 37,5 μ breit.

2618. P. crispus L. [A. a. O. Bd. 38.] — Protogyn; Antheren extrors. Pollen weiss, kugelig bis eiförmig, fast glatt, von 37—47 μ diam. Mac Leod (Bot. Jaarb. V. S. 284—285) giebt eine ausführliche Darstellung der Blüteneinrichtung, welche der von mir über P. natans gegebenen im allgemeinen entspricht.

2619. P. lucens L. Pollen weisslich, unregelmässig-tetraëdrisch, von 25 bis 28 μ diam. (A. a. O.)

2620. P. gramineus L. a. gramineus Fr. Pollen weiss, unregelmässig-tetraëdrisch, fast netzig-warzig, von 31—35 μ diam. (A. a. O.)

2621. P. pusillus L. Pollen mehlartig weiss, tetraëdrisch, dicht warzig und undurchsichtig, in der Grösse wechselnd, durchschnittlich 25 μ diam. (A. a. O.)

584. Ruppia L.

Zweigeschlechtige, meist protandrische Wasserblütler. Pollen ohne Exine.

2622. R. maritima L. (R. spiralis Dumortier.) [Delpino und Ascherson Corrispondenza; H. Schenk, Biologie der Wassergewächse S. 123; Roze, Bull. d. l. soc. bot. de France 1894.] — Die perigonlosen Blüten bestehen nur aus zwei Staub- und vier Fruchtblättern. Der Kolben besteht nur aus zwei solcher Blüten, welche an der entgegengesetzten Seite der Blütenstandsachse sitzen. Im ersten Stadium ist der Kolben männlich; er ist dann kurz und ragt kaum aus der Scheide des Tragblattes hervor. Die Antheren entlassen dann unter Wasser ihre Pollenzellen, welche eine knieförmig cylindrische Gestalt haben und keine Exine besitzen. Infolge ihres geringen spezifischen Gewichtes steigen sie sofort zur Meeresoberfläche empor.

Im zweiten (weiblichen) Zustande des Kolbens hat sich der Kolbenstiel so stark gestreckt, dass die jetzt empfängnisfähigen Fruchtknoten die Wasseroberfläche erreichen, wo der Wind ihnen den Pollen zutreibt. In ähnlicher Weise wie bei Vallisneria zieht sich der Kolbenstiel nach geschehener Befruchtung wieder unter die Oberfläche des Wassers zurück, wo die Früchte heranreifen.

2623. R. rostellata Koch. (Delpino und Ascherson a. a. O.; Schenck u. a. O.). Der Blütenbau und die Entwickelungsfolge der Narben und Antheren sind wie bei voriger Art, doch wird diese Art auch als homogam oder protogyn bezeichnet. Der Kolbenstiel bleibt kurz und windet sich nicht spiralig auf, sondern bleibt gerade. Die Befruchtung erfolgt wohl ebenfalls durch schwimmenden Pollen, doch fehlen darüber direkte Beobachtungen.

585. Zannichellia Micheli.

Einhäusige Wasserblütler. Pollen ohne Exine.

2624. Z. palustris L. [Kerner, Pflanzenleben II. S. 105; Roze, fécond. du Zann.] — Durch den von Tritzschke geführten Nachweis, dass das Pollenkorn keine äussere Hülle (Exine) besitzt, ist es höchst wahrscheinlich, dass Zannichellia hydrophil ist. Die männlichen Blüten bestehen aus einem nackten Staubblatt, die weiblichen aus einer becherförmigen Hülle mit vier Fruchtblättern, welche je einen kurzen Griffel besitzen, dessen Narben zu einem schiefen Trichter zusammentreten. So lange sich die Pollenzellen in den geschlossenen Antheren befinden, haben sie eine kuglig Form. Nachdem sie aus den Antheren hervorgetreten sind, werden sie zu Schläuchen, welche zu den Narben hingetrieben werden. Letztere bilden je einen dreieckigen, ziemlich grossen Lappen; indem nun drei oder vier solcher Lappen zusammentreten, bilden sie, nach Roze, einen Trichter, welcher ein Auffanggefäss für den schwimmenden Pollen bildet.

586. Zostera L.

Einhäusige Wasserblütler. Pollen ohne Exine.

2625. Z. marina L. [Clavaud, fécondation du Zostera, Bordeaux 1878; A. Engler, Bot. Ztg. 1879. S. 654, 655; H. Schenck, Biologie der Wassergewächse S. 127; Delpino, Ult. oss. II.] — Die eingeschlechtigen, perigonlosen Blüten sitzen zahlreich an einer häutigen, blattförmigen Spindel und sind von einer in ein lineales Blatt auslaufenden Blütenscheide umgeben. Die Blüten sind an der Spindel in Form einzelner Antheren und Fruchtknoten in zwei Längsreihen angeordnet und zwar so, dass die männlichen mit den weiblichen Blüten über einander und neben einander abwechseln. Diese Stellung lässt auch die Auffassung zu, dass je zwei neben einander stehende Antheren und Fruchtknoten zusammen eine Zwitterblüte bilden. Die Blütenstände sind protogyn.

Im ersten Stadium treten die beiden fädlichen, gabelförmigen Narben 3 mm weit aus der Blütenscheide hervor, während die Antheren noch geschlossen sind. Alsdann öffnen sich die Antheren plötzlich und entleeren die Pollenzellen des ganzen Faches gleichzeitig. Diese sind ohne Exine und bilden fadenförmige, flockige Massen, welche auf der Wasseroberfläche umherschwimmen und von den Narben der noch im ersten (weiblichen) Zustande befindlichen Pflanzen aufgefangen werden. Die Narbenschenkel werden von keilförmigen, nach aussen gekrümmten Zellen gebildet, welche an der Stelle, wo eine Pollenzelle sich angehängt, erweichen und dem vorher als kurzer, stumpfer Fortsatz angelegten Pollenschlauch das Eindringen ermöglichen. Nach geschehener Befruchtung fallen die Griffel ab.

2626. Z. nana Roth. [Knuth, Ndfr. Ins. S. 138.] — Die Blüteneinrichtung stimmt wohl mit derjenigen der vorigen Art überein, doch ist es mir bisher niemals gelungen, blühendes Zwerg-Seegras zu finden, obgleich ich besonders im Watt der Halligen äusserst zahlreiche Pflanzen untersucht habe. Das Zwerg-Seegras vermehrt sich hier sehr reichlich auf vegetativem Wege.

2627. Posidonia L. [Delpino, Ult. oss. II. S. 6—7] ist protogynisch.

· 137. Familie Najadaceae Link.

587. Najas L.

Ein- oder zweihäusige Wasserblütler. Pollen ohne Exine, in der geschlossenen Anthere kugelig oder elliptisch-cylindrisch, im Wasser schlauchförmig.

2628. N. major Allioni. [Magnus, Najas; Jönsson, Najas; Kerner, Pflanzenleben II. S. 105.] — Zweihäusig. Die männliche Blüte besteht aus nur einem Staubblatt, welches eine aus vier Fächern bestehende, endständige Anthere darstellt und von zweischeidig geschlossenen Hüllen umgeben wird, von denen die äussere in einen gezähnten Schnabel ausgewachsen ist, während die innere mit der Antherenwand fast bis zur Spitze verwachsen ist. Indem letztere in vier sich zurückrollende Klappen zerreisst, gelangt der Pollen in das Wasser. Da, nach Jönsson, die Pollenzellen infolge ihres starken Gehaltes an Stärkekörnern spezifisch schwerer als das Wasser sind, so sinken sie unter und werden von den Narben der nur aus einem Fruchtknoten mit 2—3 Narbenschenkeln bestehenden weiblichen Blüten aufgefangen. Die Pollenkörner haben, nach den Beobachtungen von Magnus, bereits in der geöffneten Anthere Schläuche getrieben.

2629. N. flexilis Rostkovius et Schmidt. (Caulinia flexilis Willd.) [Jönsson, a. a. O.; Magnus, a. a. O.] — Einhäusig. Die innere, mit der Antherenwand verwachsene Hülle der männlichen Blüten, welche, nach Jönsson, höher an der Pflanze sitzen als die weiblichen und zahlreicher als diese sind, klafft in zwei Lappen auseinander. Die weibliche Blüte trägt zwei Narben- und zwei Stachelschenkel.

138. Familie Lemnaceae Link.

588. Lemna L.

Ludwig, Süsswasserflora S. 38—40; Trealease, Proc. of the Bost.
Soc. of Nat. Hist. XXI. S. 410—415; Hegelmaier, Lemnaceen; Delpino,
Rivista bot.; Knuth, Ndfr. I. S. 138; Warnstorf, Bot. V. Brand. Bd. 38.

Zweigeschlechtige oder einhäusige Pflanzen, welche bei uns selten Blüten
entwickeln. Die Vermehrung geschicht daher fast ausschliesslich durch Sprossung
des thallusartigen, meist linsenförmigen, schwimmenden Stammes. Lemna
(Wolffia) arrhiza L. blüht bei uns überhaupt nicht, sondern nur in wärmeren
Gegenden. — Die Angaben der verschiedenen Forscher über die Bestäubungseinrichtungen widersprechen sich zum Teil, doch können sie, nach Ludwigs Ansicht,
recht wohl zugleich richtig sein, da die Blüteneinrich-
tung derselben Pflanze in verschiedenen Gegenden
verschieden sein kann. Da ich niemals blühende
Lemna-Arten zu beobachten Gelegenheit gehabt
habe, so gebe ich zunächst die Schilderung der blütenbiologischen Verhältnisse von Lemna minor, wie
sie Ludwig an Exemplaren der Umgegend von Greiz
sowohl in einem ruhig gelegenen Teiche als auch im
Zimmer vom Mai bis in den Juli beobachtete: Der
einhäusige Blütenstand besteht dort entweder aus einem
höher stehenden kurzgriffeligen Stempel und zwei tiefer
stehenden, wie jener nach oben gerichteten Staubblättern, oder Stempel und Staubblätter befinden sich, von einer unregelmässig zerreissenden Hülle umschlossen,
an verschiedenen Stellen des Thalloms.

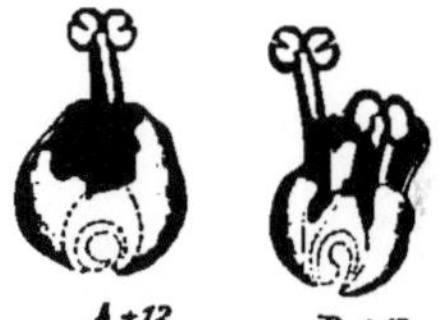

A +12 B +12

Fig. 369. Lemna tri-
sulca L. (Nach A. Engler.)
Blütenstand in zwei aufeinander folgenden Stadien.

Die beiden Staubblätter entwickeln sich nach einander, doch erheblich
früher als die Narbe. Es ist daher durch diese protandrische Dichogamie und
durch die gegenseitige Stellung von Narbe und Antheren spontane Selbstbestäubung ausgeschlossen. Auch ist es undenkbar, dass der Wind bei der
Kürze und Starrheit der Staubblätter und der geringen Pollenmenge als Über-
träger des Pollens eine Rolle spielen könnte. Trotz des gänzlichen Mangels an
Anlockungsmitteln hält Ludwig die Pflanze für tierblütig und zwar von den
auf der Wasseroberfläche sich tummelnden Wassertieren, besonders den stossweise
rudernden, geselligen Wasserläufern (Hydrometra-Arten), besucht. Für die Insektenblütigkeit spricht die Beschaffenheit der Pollenkörner, denn diese sind stachelig
und mit zahlreichen Hervorragungen besetzt. Der Durchmesser eines Pollen-
kornes ist 26 μ und die Länge ihrer Stacheln beträgt etwa 1 μ. Die Pollenkörner haften daher leicht an dem Körper der über die Antheren streifenden
Insekten und können von diesen leicht auf die etwas konkave Narbenscheibe
übertragen werden. Da die auf oder zwischen den Lemnarasen sich tummelnden Insekten sowohl mit den Antheren als auch mit der Narbe ohne weiteres
in Berührung kommen, so bedarf die Pflanze keiner besonderen Lockmittel und

keiner Gegenleistung (— vielleicht ist die Gewährung eines festen Untergrundes als solche anzusehen). Die Lemna erreicht daher dasselbe, was die „Blumen" durch Entwickelung von Farbenpracht, von Nektar und Duft erzielen.

Trealease fand die Pflanze protogynisch. Derselbe meint, dass die Lemnarasen durch Wasserströmungen und Wind zusammengedrängt waren, dass dabei die im weiblichen Stadium befindlichen Pflänzchen leicht mit solchen im männlichen Zustande befindlichen in Berührung kommen und so die Befruchtung erfolgt. Nach demselben Forscher ist an den von ihm beobachteten Pflänzchen Selbstbestäubung nicht ausgeschlossen, da das eine Staubblatt drei Tage nach der Narbe entwickelt und letztere alsdann noch empfängnisfähig war; das zweite Staubblatt öffnete sich nach abermals drei Tagen.

Hegelmaier bezeichnet Lemna minor gleichfalls als protogynisch; doch ist die Narbe zur Zeit des Öffnens der Antheren noch empfängnisfähig, so dass spontane Selbstbestäubung erfolgt, während Fremdbestäubung unwahrscheinlich ist.

Delpino schliesst sich der von Ludwig gebrachten Deutung der Bestäubungseinrichtung an; er vermutet, dass auch Wasserschnecken als Befruchter in Betracht kommen.

Nach Kalberlan (Zeitschr. f. Naturwiss. 1894) ist Lemna protogynisch und wird wahrscheinlich von Insekten befruchtet.

L. Vuyck (Bot. Jaarb. VII. S. 72) fand im Sommer 1894 in Holland blühende Lemna-Pflanzen. Sie waren immer protogynisch-diöcisch. Die Blütenstände stimmten genau mit der Beschreibung, welche Hegelmaier gegeben hat, doch fand Vuyck, dass die Narbe, welche hier eine trichterförmige Erweiterung des Pistills darstellt, eine stark zuckerhaltige Flüssigkeit absondert, mithin die Narbe gleichzeitig Nektarium ist. In diesen einfach gebauten Pflänzchen ist die Arbeitsteilung nur wenig vorgeschritten, denn hier übernimmt ein Organ Leistungen, welche in anderen Blüten mehreren zukommen.

Demnach ist die Blüte oder vielmehr der Blütenstand entomophil; doch hat Vuyck keinen Insektenbesuch wahrgenommen. Auch die stacheligen Pollenkörner weisen auf Insektenblütigkeit hin. Wegen der Seltenheit der Blütenbildung kommt jedoch Fortpflanzung auf geschlechtlichem Wege kaum zu stande; dafür ist die vegetative Vermehrung eine ausserordentlich reiche. Die Pflanze kann daher eines Sexualaktes entbehren, doch bleibt es, nach der Meinung von Vuyck, fraglich, ob sich nicht ein Generationswechsel vorfindet, wobei nach einigen ungeschlechtlichen Generationen ein Copulationsakt notwendig sei, um kräftige Pflanzen zu erhalten.

Nach Warnstorf zeigt das Primärstämmchen unserer Lemna-Arten bei der vegetativen Vermehrung über dem Grunde zwei seitliche Laubspalten, aus welchen, von der Mediane des Laubes entspringend, zwei gleichwertige Seitensprosse hervorgehen, die sich auf ähnliche Weise verhalten wie die Primärsprosse. So entstehen jene fortlaufenden Ketten zusammenhängender Individuen, wie wir sie bei L. trisulca zu beobachten Gelegenheit haben. Bei blühenden Exemplaren tritt diese Tendenz der Sprossbildung bedeutend zurück und die Seitensprosse treten in sehr beschränktem Masse auf. L. trisulca, minor und gibba entwickelten aus der rechts oder links liegenden Laubspalte in der Regel nur einen sekundären Laubspross, welcher bei L. trisulca, abweichend von sterilen Pflanzen, stets ungestielt bleibt; der diesen gegenüberliegende Seitenspross dagegen war fruchtbar und in einen von einem zarten Hüllblatte eingeschlossenen Blütenstand umgewandelt, welcher aus einem endständigen Stempel und zwei unmittelbar unter dem Fruchtknoten stehenden Staubblättern besteht. Selten schlägt derselbe ganz fehl oder es sind nur entweder der Stempel oder die Staubgefässe ausgebildet.

Zuerst tritt immer der zarte Griffel mit einer trichterförmigen Narbe aus dem Laubspalt hervor und während sich derselbe nach oben biegt, hebt der Narbentrichter zugleich ein Tröpfchen Wasser empor, welches wie eine Krystall-kugel auf demselben ruht. Nur etwa $1/2$ mm erhebt sich der Griffel über die Wasseroberfläche und ist, wenn das erste Staubblatt zur Reife gelangt und hervortritt, meist verschwunden, mitunter aber noch empfängnisfähig, so dass in diesem Falle leicht Autogamie eintreten kann. Erst wenn die Anthere des ersten Staubblattes ihre stacheligen, adhärenten, tetraëdrischen, etwa 25 μ diam. mes-senden Pollenzellen ausgestreut, tritt aus dem Laubspalt das zweite Staubgefäss hervor. Während nun die Blüte des Primärsprosses verblüht, schiebt sich der gegenüberliegende Seitenspross weiter und weiter aus dem Laubspalt heraus und zeitigt einen zweiten Blütenstand, ähnlich dem ersten, und zwar entwickelt sich derselbe in dem links liegenden Laubspalt, wenn das Sekundärsegment rechts aus dem ersten Laubstück hervorgeht und umgekehrt, wenn. es aus dem linken Laubspalt sprosst. Niemals sah Warnstorf an blühender Lemna, dass sich in beiden Laubspalten Blütenstände entwickelt hätten, sondern stets war nur der eine Spross in einer der zwei Spalten in einen Blütenzweig umgewandelt. Auffallend ist, dass das Primärsegment blühender L. trisulca mit seiner oberen Hälfte immer bogig nach unten gerichtet ist und ins Wasser taucht, während die mittlere und untere Partie auf dem Wasser schwimmen.

Durch genaue Beobachtung blühender Wasserlinsen im Zimmer stellte Warnstorf folgendes fest:

1. Unsere Lemnaceen (L. trisulca, L. minor und L. gibba) sind aus-geprägt protogyn.

2. Da mitunter die Narbe noch frisch ist, wenn das erste Staubblatt seinen Pollen verstreut, so kann in diesem Falle leicht Autogamie eintreten.

3. Bei dem dicht gedrängten Beisammenleben der Lemnaceen kann leicht Pollen von Blüten im zweiten männlichen Stadium auf solche im ersten weiblichen Stadium durch gegenseitige Berührung verschiedener Individuen gelangen und dadurch Fremdbestäubung erfolgen.

4. Der Wind kann den etwa im Wasser schwimmenden Pollen leicht in die trichterförmige Narbe spülen oder auch entfernte Individuen in verschiedenen Blütenstadien so nähern, dass gegenseitige Bestäubung eintritt.

5. Es ist auch die Möglichkeit nicht ausgeschlossen, dass Pollen durch kleine Wasserspinnen, Wasserkäfer und Schnecken (Planorbis) auf die Narbe übertragen wird.

So wirken bei der Befruchtung der Lemnaceen vielleicht in gleichem Masse Wind, Wasser und Tiere mit; es ist aber auch keineswegs bei dem geselligen Zusammenleben derselben Fremdbestäubung ohne äussere Hülfe, ja nicht einmal Autogamie ausgeschlossen.

2630. L. polyrrhiza L. (Spirodela polyrrhiza Schleiden.) [George Engelmann, Bull. Torr. Bot. Club 1870. S. 42, 43; Henry Gillmann, Amer. Nat. 1881. S. 896, 897.] — Nach Engelmann ist diese Art protandrisch. Gillmann beobachtete, dass sich die etwa um 4 Uhr nachmittags entfaltenden Staubblätter nachts zurückbewegten und sich am andern Morgen zwischen 7 und 9 Uhr wieder öffneten.

139. Familie **Araceae** Juss.

Engler, in Engler und Prantl, Nat. Pflanzenfam. III. 3. S. 108—119; Knuth, Grundsiss S. 94.

Diese zwei- oder eingeschlechtigen Blüten stehen dicht gedrängt auf einer fleischigen Spindel und bilden einen meist von einer Blütenscheide umhüllten Kolben. Als Schauapparat dient teils die Blütenscheide, teils der Blütenstand, teils eine gefärbte, keulige Verlängerung des Kolbens oder mehrere dieser Teile gleichzeitig.

589. Arum L.

Einhäusige protogynische Kesselfallenblumen.

2631. A. maculatum L. [Delpino, Ult. oss. S. 17—21; Hildebrand, Bot. Ztg. 1870. S. 589, 591; H. M., Befr. S. 72, 73; Mac Leod, B. Jaarb. V. S. 292—293; Kirchner, Flora S. 86; Christy and Corder, Arum; Knuth, Bidragen.] — Der obere Teil der Blütenscheide dient nebst dem aus demselben hervorragenden, schwarzroten, dicken Kolbenende als Anlockungsmittel für winzige Mücken, besonders aus der Gattung Psychoda. Als weiteres Anlockungsmittel dient der zur Blütezeit faulig urinöse Geruch des Blütenstandes. Der untere, bauchig zusammengezogene Teil der Blütenscheide bildet ein zeitweiliges Gefängnis für die kleinen Blumengäste. Indem diese nämlich an dem hervorragenden, rotbraunen Kolbenende abwärts kriechen, kommen sie in der Höhe der Verengerung der Scheide an mehrere Reihen dicht übereinander stehender, starrer Borsten, welche von dem hier bereits wieder zusammengezogenen Kolben ausgehen und bis zur inneren Scheidenwand reichen. Die kleinen Mücken kriechen durch dieselben hindurch, der Wärme und der gleichfalls rotbraunen Färbung der Innenfläche der von hier ab zu einem Kessel erweiterten Blütenscheide nach. Aus diesem Kessel finden sie vorläufig den Rückweg nicht. Zwar würden diese Fäden sie nicht hindern, zwischen ihnen wieder zurückzukriechen, aber die kleinen Mücken versuchen den Rückweg fliegend zu machen, und dabei erreichen sie ihr Ziel nicht, sondern prallen, indem sie dem hellen, oberen Teile des Kessels zufliegen, immer wieder an dem Gitterwerk der Borstenreihen ab.

Die gefangenen kleinen Mücken finden im ersten Blütenzustande entwickelte Narben vor, auf welche sie bei den Versuchen, wieder ins Freie zu gelangen, den von einem anderen Blütenstande mitgebrachten Pollen bringen. Alsdann vertrocknen die Narben und an Stelle derselben erscheint ein winziges Honigtröpfchen, welches den Mücken als Entgelt für ihr Warten und die Befruchtung der Narben dargeboten wird. Nun öffnen sich auch die Antheren und lassen ihren Pollen heraustreten, so dass er in Mengen den Grund des Kessels erfüllt und die kleinen Gäste sich mit demselben bedecken, worauf die den Ausgang versperrenden Borsten schlaff werden, die Blütenscheide sich auseinander thut und die Besucher ihr zeitweiliges Gefängnis ohne Mühe verlassen. Wie ich öfter beim Aufschneiden einer Blütenscheide beobachtete, fliegen die Mücken unmittelbar zu einer anderen Pflanze und kriechen wieder in den Kessel hinab. Sie

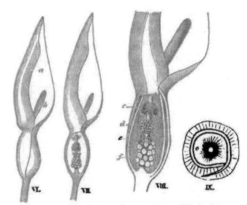

Fig. 370. Arum maculatum L. (Nach Herm. Müller.)

VI. Blütenstand von aussen gesehen. (1:3.) VII. Derselbe mit aufgeschnittenem Blütenkessel. (1:3.) VIII. Derselbe fast in natürlicher Grösse. IX. Querdurchschnitt dicht über dem Eingangsgitter des Blütenkessels. *a* Fahne und Eingangszelt. *b* Schwarzpurpurne Anlockungs- und Leitstange. *c* Eingangsgitter des Blütenkessels (umgebildete Staubblätter). *d* Noch geschlossene männliche Blüten (Antheren). *e* Umgebildete weibliche Blüten (Ovarien), ohne erkennbaren Lebensdienst, vielleicht bloss durch Korrelation des Wachstums mit den oberen Staubblättern umgebildet. *f* Weibliche Blüten (Ovarien), jetzt empfängnisfähig.

werden daher beim Verlassen der Blume sich zu einer anderen begeben und hier die Narben mit dem mitgebrachten Pollen belegen[1]).

---

[1]) Nach Fertigstellung des Manuskripts habe ich in der „Illustr. Zeitschrift für Entomologie" 1898, Bd. III. S. 201 folgende Bemerkung veröffentlicht: Schon früher hatte ich in dem Kessel von Arum maculatum L. zuweilen hunderte von Exemplaren von Psychoda phalaenoides L. gefunden, so bei Iserlohn in Westfalen und bei Eutin. Die mir am 8. Juni d. J. aus dem Schlossgarten von Plön zugesandten Pflanzen enthielten in ihren Blütenkesseln eine so grosse Anzahl dieser kleinen Fliegen, wie ich es noch niemals vorher gesehen hatte. Die Blütenscheide war unterhalb des Haargitters so dicht von den Tierchen angefüllt, dass ihnen eine freie Bewegung unmöglich war, sie vielmehr dicht an einander gedrückt waren. Ein einziger Blütenkessel enthielt nicht weniger als 6 ccm Fliegen. Ich breitete denselben auf einer Fläche von 1 qdm möglichst gleichmässig aus und zählte die Fliegen, welche auf 1 qcm lagen, wobei sich die Zahl 40

Als Besucher beobachtete H. Müller (nach der Bestimmung von Winnertz) oft hunderte von Exemplaren Psychoda phalaenoides L. (= Ps. nervosa Mg., nach Schiner vielleicht auch = Tipula nervosa Schrank.). Auch ich habe in den Wäldern der Umgegend von Eutin dieselbe Art in derselben Menge in den Blütenscheiden angetroffen.

2632. A. italicum L. [Delpino, a. a. O.; Knuth, Capri 16—21.] — Die Blüteneinrichtung entspricht vollständig derjenigen von A. maculatum. Im Knospenzustande ist der Blütenstand fest von der grossen, noch grünen Hülle umgeben. Allmählich wird sie heller, und ihr oberer Teil entfaltet sich, so dass die gelbe Kolbenspitze sichtbar wird. Im entwickelten Zustande erreicht der Kolben der Pflanzen von Capri eine Länge von 8, selbst von 10 cm, und zwar sind zwei Drittel oder drei Viertel desselben gelb gefärbt und erreichen einen Durchmesser von 1,5 cm, während das unterste Drittel oder Viertel stielartig auf etwa 6 mm zusammengezogen und in dem gleichfalls zusammengezogenen Teile der Blütenscheide verborgen ist.

Unterhalb der engsten Stelle des Kolbens befinden sich mehrere Reihen rudimentärer Blüten, welche mit einer Verdickung an dem Kolben befestigt sind und in schräg nach unten gerichtete, 5 mm lange, steife, bis an die Kesselwand reichende Borsten auslaufen. Ein wenige Millimeter langes Kolbenstück trennt sie von den zahlreichen, in 5—7 Kreisen sitzenden, nur aus einem einzigen Staubblatte bestehenden männlichen Blüten. Unmittelbar unter diesen befinden sich wiederum in mehreren Reihen auftretende, verkümmerte weibliche Blüten mit fast senkrecht abstehenden, etwa 5 mm langen, griffelartigen Fortsätzen, und unter diesen endlich die gleichfalls in 5—7 Reihen angeordneten weiblichen Blüten. Jede dieser letzteren besteht nur aus einem schräg aufwärts gerichteten Fruchtknoten, mit einer nach aussen gestellten Narbe, welche als ein rundlicher Fleck von nicht ganz 1 mm Durchmesser erscheint.

Schon in der noch geschlossenen Blütenscheide sind die weiblichen Blüten entwickelt, während die männlichen erst nach dem Einschrumpfen des Fruchtknotens ihren Pollen entleeren. Die bis dahin weisslich-gelbe, sich in der Färbung kaum vom Fruchtknoten unterscheidende Narbe ist dann bräunlich gefärbt, während der Pollen den Grund des Kessels in grosser Menge erfüllt. Nachdem die Antheren den Pollen ausgestreut haben, wird die Blüten hülle welk, und es fällt zunächst meist nur der obere gelbe Teil des Kolbens ab. Mit dem Einschrumpfen der Verschlussborsten fällt dann auch der untere zusammengezogene Teil des Kolbens nebst den männlichen Blüten ab, die Blütenscheide verwelkt gänzlich und die Früchte reifen heran.

als Durchschnitt herausstellte, so dass der Gesamtinhalt eines einzigen Blütenkessels nicht weniger als etwa 4000 Fliegen betrug.
Mit welcher Begierde die Fliegen die Blütenstände von Arum aufsuchen, geht aus dem Umstande hervor, dass die beim Aufschneiden der Kessel entweichenden sofort wieder in einen vorgehaltenen Blütenstand hineinschlüpfen und in demselben verschwinden. Ich möchte noch bemerken, dass sämtliche Exemplare von Arum, welche so übermässig mit Psychoda angefüllt waren, sich im zweiten (also männlichen) Blütenstadium mit bereits vertrockneten Narben und geöffneten Antheren befanden.

Als Besucher beobachtete Delpino (Ult. oss.) folgende, von Rondani bestimmte Dipteren als Besucher: Ceratopogon pictellum Rond., Chironomus byssinus Schrk., Drosophila funebris Fabr., Limosina pygmaea Zett. (= crassimana Hal.), Psychoda nervosa Schrk., Sciara nervosa Mg. Ich habe auf Capri, wo ich die oben geschilderte Blüteneinrichtung von A. italicum niederschrieb, gleichfalls zahlreiche winzige Dipteren und auch einen etwa 4 mm langen Kurzflügler beobachtet.

Arcangeli (Nuovo Giorn. bot. Ital. XV. 1883) giebt an, dass die Blütenstände sich gegen 1 Uhr mittags öffnen und ihre volle Entwickelung zwischen 3 und 5 Uhr nachmittags erreichen. Die Entwickelungsstadien sind dieselben wie bei Dracunculus vulgaris. Der Geruch ist nicht wahrzunehmen. Arcangeli bezeichnet ihn als ein Gemisch von Mäuse- und Citronengeruch und dem Geruch zersetzter Pflanzenteile. Die Blütenscheide besitzt am Grunde auch einen Magnolien- oder Fruchtgeruch.

Die Bestäubungsvermittler sind kleine, sich von zersetzten Pflanzenstoffen nährende Fliegen. Arcangeli zählte in 56 Blütenständen 239 kleine Dipteren, von denen 159 der Gattung Psychoda angehörten. Von 239 Fliegen waren nur 17 mit Pollen bedeckt, die anderen hatten den mitgebrachten Blütenstaub bereits an die Narben abgesetzt.

In Bezug auf die Blüten von Arum italicum giebt Arcangeli an, dass die Temperaturerhöhung bereits 9 Uhr morgens, also mehrere Stunden vor dem Aufblühen der Inflorescenzen bemerkbar ist. Ihr Maximum (40^0 C.) erreicht sie zwischen 6 und $8^1/_2$ Uhr abends. Der Kolben verliert dabei bedeutend an Gewicht.

Kraus (Abh. Naturf. Ges. Halle. XVI. 1882) beobachtete, dass die Wärmeentwickelung innerhalb der Blütenscheide bis zu 40—43—44,7^0 C. steigt, bei einer Lufttemperatur von 17,7^0 C. Die Selbsterwärmung beginnt meist an der Spitze des Kolbens und schreitet von dort bis zu seinem Grunde fort. Die biologische Bedeutung dieser Wärmeentwickelung ist, dass die pollenübertragenden Mücken veranlasst werden, in den warmen Kessel hinabzusteigen. Und da die Besucher die Kolbenspitze als Anflugstelle benutzen, so ist diese zuerst und am stärksten erwärmt. Die Wärmeentwickelung findet nur während des ersten (protogynischen) Zustandes des Blütenstandes statt und dauert auch nur so lange wie dieser.

2633. A. ternatum Thunberg. [Breitenbach, Bot. Ztg. 1879; H. Müller dgl.] — Die Blütenstände sind protogynisch. Der Pollen der männlichen Blüten fällt auf die gefangenen kleinen Insekten (wahrscheinlich Fliegen), welche dann aus einer kleinen Öffnung entweichen können.

2634. A. crinitum Aiton. [Schnetzler, Kosmos VII, VIII.] — Die Blüteneinrichtung gleicht derjenigen von A. maculatum. Die Anlockung von Aasfliegen geschieht durch einen starken Geruch nach faulem Fleisch. Die kleineren Besucher können den Kessel nicht wieder verlassen, sondern werden von klebrigen Haaren dort festgehalten und durch deren Sekret verdaut.

Arcangeli (Nuovo Giorn. bot. Ital. XV. 1883) beobachtete als Besucher besonders Fliegen: in einer einzigen Blütenhülle 385 Dipteren, von denen 107 der Art Lucilia caesar L. angehörten. Die Blütenhülle ist in ihrem oberen

Teile knieförmig gebogen, so dass nur ihr unterer Teil die „Hochzeitskammer" bildet. Der obere Teil trägt dicht stehende, schräg abwärts gerichtete, purpurrote Reusenborsten. Die Narben sind ebenso kurzlebig wie bei Dracunculus vulgaris.

Die Pflanze ist also der Befruchtung durch Dipteren angepasst. Eine so starke Anhäufung der Besucher in einer einzigen Blütenscheide, wie Arcangeli es beobachtete, tritt wohl in der Natur nicht ein, sondern erfolgt an den untersuchten Pflanzen wohl nur infolge der geringen Anzahl der kultivierten Pflanzen. Diese Überfälle der Besucher ist der Pflanze sogar schädlich, da die in der Hochzeitskammer eingeschlossenen Insekten sich unter einander beschädigen und sterben, so dass nur eine geringe Anzahl derselben in der vierten Blütenperiode wieder ins Freie gelangen.

2635. A. pictum L. fil. Arcangeli (Ricerche 1886) fand in einem Blütenstande im bot. Garten zu Pisa 95 Insekten, darunter 86 Borborus (Copromyza) equinus Fall., drei Aphodiu smelanostictus Schmidt, ein Oxytelus nitidulus Grav., vier andere kleinere Fliegen und ein wahrscheinlich auf Borborus schmarotzendes Hymenopteron.

Die Besucher wurden offenbar von der dunkelpurpurfarbigen Blütenhülle und dem ebenso gefärbten Kolbenende, sowie von dem an faulende Früchte erinnernden Geruch des Blütenstandes angelockt.

Martelli (N. G. B. J. 1890) fügt hinzu, dass die protogynischen Blütenstände sich morgens öffnen. Dann sind die Narben frisch und belegungsfähig, doch die Antheren noch nicht geöffnet. Der fäkale Geruch ist am intensivsten, und zwar stinkt der Osmophor am meisten in seinem oberen Teile, wohin die Besucher auffliegen. Am folgenden Tage öffnen sich die Antheren der männlichen Blüten der von einer kapuzenartigen Spatha bedeckten Blütenstände.

2636. A. Dioscoridis Sibth. et Sm. öffnet, nach Caleri, früh morgens seine Blütenscheide; zwischen 8 und 9 Uhr fliegen zahlreiche Fliegen (besonders Musciden) heran. Alsdann schliesst sich die Blütenscheide, wobei auch der Geruch verschwindet. Am zweiten Tage wird den Gefangenen die Freiheit wieder gegeben. Die protogynen Blüten haben also nur sehr kurze Zeit empfängliche Narben.

2637. A. Arisarum L. (Arisarum vulgare Kunth.) [Delpino, Ult. oss. S. 21, 22; Knuth, Capri S. 18—25.] — Zwar konnte ich auf der Insel Capri (im März 1892) den allerersten Blütenzustand dieser interessanten Art wegen zu weit vorgeschrittener Entwickelung der Pflanze nicht mehr beobachten, doch liess sich die Blüteneinrichtung noch klar erkennen. Zur Anlockung der in zeitweiliger Gefangenschaft gehaltenen Insekten dient die mit Strichzeichnung versehene Blütenscheide und das aus derselben hervorragende Kolbenende. Im jugendlichen Zustande sind diese beiden Organe grünlich gefärbt (die Scheide unterhalb der gewölbten Spitze grünlich und weiss längsgestreift). In einem späteren Stadium ist die umgebogene, aus der Scheide 1,5 bis 2 cm hervorragende Kolbenspitze schwach bräunlich gefärbt, und auch die bisher grünlichen Teile der Scheide nehmen dieselbe Färbung an, so dass der obere gewölbte Teil derselben braun, der untere cylindrische etwa zwanzigreihig braun und weisslich gestreift erscheint. Die Honiganlockung geschieht aber wohl durch den geradezu impertinenten, fauligen Geruch des Blütenstandes.

Die Blütenscheide hat eine Höhe von etwa 4 cm und ungefähr denselben Umfang. Oben ist sie ein wenig zusammengezogen und wird durch einen helmartig überneigenden, zugespitzten, dunkel gefärbten Lappen bedacht, welcher den Eintritt des Lichtes in den Kessel verhindert.

Etwa zehn weibliche Blüten stehen am Grunde des Kolbens. Über ihnen stehen in lockerer, 1,5 cm langer Ähre die viel zahlreicheren (— ich zählte bis 40 —) männlichen Blüten, von denen jede aus einem einzigen kurz gestielten Staubbeutel besteht. Der Blütenstand ist protogynisch, doch sind die Narben noch empfängnisfähig, wenn die Antheren aufspringen, so dass spontane Selbstbestäubung durch Pollenfall möglich ist. Die angelockten Insekten kriechen entweder an dem aus der Blütenscheide heraushängenden Kolben in den Kessel oder gelangen in denselben, indem sie an ihr empor laufen. Meist nehmen sie einen längeren, unfreiwilligen Aufenthalt im Blütenkessel, weil sie die Öffnung nicht wieder finden können, da diese, wie oben angedeutet, von dem dunkel gefärbten Dache überwölbt und beschattet ist. Bei dem Bestreben, wieder ins Freie zu gelangen, fliegen sie immer wieder gegen die fensterartig durchscheinenden, etwa zehn hellen Streifen der Scheide, und meist gelingt es

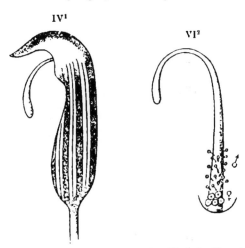

Fig. 371. Arum Arisarum L. (Nach der Natur.)
IV¹ Blütenstand mit Blütenhülle. IV² Derselbe ohne Blütenhülle.

ihnen erst nach vielfachen Versuchen durch Zufall, wenn sie abgemattet langsam an dem Kolben in die Höhe kriechen, die Freiheit wieder zu gewinnen. Wie gut dieser Verschluss ist, ergiebt sich schon daraus, dass man die Pflanze lange mit sich herumtragen kann, ohne dass die im Kessel befindlichen Insekten denselben verlassen; sobald man ihn jedoch aufschneidet, fliegen sie aus der Schnittöffnung eilig davon.

Nach geschehener Befruchtung schrumpft der hervorragende Kolbenteil zusammen, der gewölbte Lappen der Scheide klappt sich nieder und verschliesst den Zugang zum Innern vollständig. Gleichzeitig verschwindet der Gestank, die Färbung der Hülle wird unansehnlich blass-rötlich, und schliesslich fällt letztere nebst dem oberen Teile des Kolbens ab.

Als Besucher beobachtete ich auf Capri winzige Fliegen und Mücken, kleine Ameisen und einen Ohrwurm (Forficula decipiens Géné).

2638. Arisarum proboscideum Savi wird, nach Arcangeli (Nuova Giorn.
Bot. Ital. XIII. 1895), hauptsächlich durch die pilzbewohnenden Nemocera
unter den Fliegen befruchtet. Der obere Teil des Kolbens dient teils dazu,
den Insekten den Austritt zu versperren, teils später wohl auch als Nahrung
für dieselben.

2639. Dracunculus vulgaris Schtt. (Arum Dracunculus L.) Die
Blüten dieser in Südeuropa heimischen Art werden, nach Delpino (Ult. oss.
S. 238), von Fleischfliegen besucht und befruchtet.

Arcangeli (Nuovo Giorn. bot. Ital. XV. 1883) beobachtete in Italien
als Besucher aber besonders Aaskäfer: in fünf Blütenständen 463 Käfer, davon
377 Saprinus nitidulus F.; er bezeichnet daher die Pflanze als „nekrokoleopterophil".
Wie bei Arum italicum lassen sich vier Blütenzustände unterscheiden:

1. Die Blütenscheide öffnet sich, die Antheren sind noch geschlossen, die
Narben sind empfängnisfähig und werden durch Käfer bestäubt, welche, durch
den Aasgeruch angelockt, pollenbedeckt herbeieilen.

2. Die Narben welken; die Antheren sind noch geschlossen.

3. Zu Beginn des zweiten Tages öffnen sich die Antheren; die besuchenden
Aaskäfer bedecken sich wieder mit Pollen.

4. Der untere Teil des Kolbens, welcher bisher spiegelnd glatt war, wird
runzelig, so dass die Aaskäfer an ihm emporklettern, wieder ins Freie gelangen
und dann neue Blüten bestäuben können.

Delpino und Mattei (Malpighia 1890) bemerken, dass thatsächlich
Fliegen (Calliphora vomitoria L., Sarcophaga carnaria L., Lucilia-Arten u. s. w.) als
Bestäubungsvermittler anzusehen sind, mithin die Pflanze sapromyiophil ist.
In den Kesseln der sporadisch in Wäldern wachsenden Pflanzen finden sich,
nach Delpino und Mattei, nämlich nur Fliegen. Die wenig flugtüchtigen,
glatten Käfer dürften kaum im Stande sein, den Pollen dieser, wie es scheint,
adynamandrischen Pflanze zu übertragen. Die von Fliegen besuchten wilden
Pflanzen sind, nach den genannten Forschern, sehr fruchtbar, während die fast
ausschliesslich von Aaskäfern besuchten Gartenpflanzen oder Gartenflüchtlinge
unfruchtbar bleiben. Der Grund, weshalb die Fliegen diese Pflanzen nicht
besuchen, scheint in der Anwesenheit (Geruch?) der Aaskäfer zu liegen. Letztere
scheinen eher den gefangenen Fliegen als dem Aasgeruch der Blüte nachzugehen
und sich erst nachträglich an Arum Dracunculus gewöhnt zu haben, weil
sie hier Beute finden. (Nach Ludwigs Ref. im Bot. Centralbl. Bd. 46. p. 38, 39.)

Demgegenüber bemerkt Arcangeli (Malpighia 1890), dass er mehrere
Fälle einer direkten Befruchtung durch Vermittlung der Käfer beobachtet habe.
Auch Vinassa (Atti Soc. Toscana 1891) beobachtete dasselbe.

Als Besucher sah Walker in Gibraltar (Ent. M. Mag. XXV) zahlreiche Befruchtung vermittelnde Insekten, besonders Aasfliegen (Calliphora vomitoria L., Scatophaga, Creophilus maxillosus L., Dermestes vulpinus F., Saprinus 3 sp.).

Das Maximum der Wärmeentwickelung in der Blütenscheide wird um
$2^1/_2$ Uhr nachmittags mit 27° C. (gegen 24,6° der umgebenden Luft) erreicht.

In einer späteren Untersuchung (Bull. d. Soc. Bot. Ital. 1897. S. 293 bis 300) hat Arcangeli die Maximaltemperatur zwischen 8 und 10 Uhr vorm. gefunden, wobei in der Blütenscheide 28° herrschten; ein zweites Maximum stellte sich am Nachmittage ein. Die Lufttemperatur schwankte dabei zwischen 20,5° und 21,8°.

Von in der Hochzeitskammer gefangenen (149, 21, 200) Insekten waren diesmal nur eine verschwindend kleine Anzahl Käfer; die meisten waren Borboriden (Dipteren), besonders die Arten: Limosina simplicimana Rond., Borborus equinus Fall., Sphaerocera pusilla Fall., denen die Pollenübertragung oblag, während die Gegenwart einiger Brakoniden von nebensächlicher Bedeutung war. Reife Früchte beobachtete Arcangeli nicht.

2640. Dracunculus canariensis Kunth. befruchtete sich im botanischen Garten zu Pisa selbst; doch ist, nach Arcangeli (Nuovo Giorn. bot. Ital. XV. 1883), Kreuzbefruchtung nicht ausgeschlossen. Als Befruchter dürften obstfressende Insekten, wohl karpophile Käfer (Cetonia, Oxythyrea a. a.) anzunehmen sein, da zur Zeit der Anthese ein Duft nach Ananas und Melone wahrnehmbar ist.

E. Baroni (N. Giorn. bot. Ital. 1897. Vol. IV) berichtet über extranuptiale Nektarien einiger aus China stammenden und im botanischen Garten zu Florenz kultivierter Aracoen aus der Gattung Arisaema. Hier finden sich in den Winkeln der einzelnen Blattabschnitte Honigbehälter, welchen wohl eine Bedeutung für die Kreuzbefruchtung zukommt. Die betreffenden Arten besitzen nämlich besonders am Ende der Blattsegmente ein ähnliches Anhängsel wie das Ende der Spatha. Die Insekten kriechen leicht in der Richtung des Anhängsels zu den Nektarien, während andere, von der Ähnlichkeit des Gebildes verleitet, über die Spatha kriechend bis zu dem Kolben gelangen, wo dieser jene auf der Innenseite berührt. Von da gelangen die Insekten am Kolben weiter kriechend in die Hochzeitskammer, wo sie die Übertragung des Pollens besorgen. (Nach dem Ref. von Solla in Beih. z. Bot. Centralbl. 1897.)

2641. Helicodiceros muscivorus (L. fil.) Engler wird, nach Arcangeli, durch Fliegen (Somomyia- und Calliphora-Arten) befruchtet, und zwar wurden in einem Blütenstande 378 Insekten (darunter 371 Fliegen und 7 Käfer) bemerkt. Entgegen Schnetzler ist Arcangeli der Ansicht, dass die die Blütenstände besuchenden Insekten ausschliesslich der Kreuzung und nicht auch der Pflanze zur Nahrung dienen, da dem Blütenstande die notwendigen Sekretionsorgane fehlen und die sich im Blütenstande entwickelnden Fliegenlarven längere Zeit am Leben bleiben. (Fig. 372 S. 424.)

2642. Sauromatum guttatum Schott. hat, nach Delpino (Malpighia IV) eine ähnliche Blüteneinrichtung wie Arum italicum und maculatum.

2643. Amorphophallus Rivieri Dur. Nach Pirotta (N. G. B. J. 1889) ist die Pflanze im botanischen Garten zu Rom nekrocoleopterophil, denn es wurden im Blütenstande einmal 122 Aaskäfer gefunden, welche neun Arten in sechs Gattungen angehörten; am häufigsen war Saprinus nitidulus F. (65 Stück), dann S. aeneus F. (30).

2644. A. Titanum Becc. [Beccari, Bull. soc. Toscana orticult. 1889.] — Diese „grösste Blume der Welt" besitzt eine riesige Blütenscheide in Form eines hellgrünen, oben weissen Trichters, dessen Innenfläche gesättigt weinrot ist. Aus

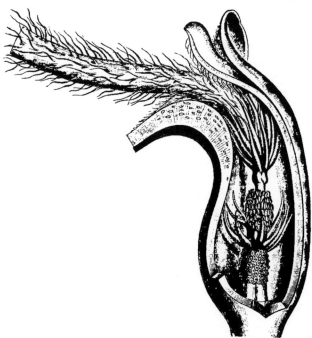

diesem 1,20 cm breiten Becken erhebt sich der bis $1\frac{1}{2}$ m hohe, rahmgelbe Kolben, dessen durchdringender Fleischgeruch in der Heimat der Pflanze (Sumatra) Schwärme von Fliegen anlockt, welche dabei in den unteren Teil der Blütenscheide gelangen und so die Befruchtung vermitteln.

2645. A. campanulatus Bl. (Arum camp. Rxb.) Delpino (Ult. oss. S. 238) vermutet, dass diese in Ostindien heimische Art durch Fleischfliegen be-

Fig. 372. Helicodiceros muscivorus (L.) Engl.
(Nach A. Engler.)

Unterer Teil des Kolbens mit dem unteren Teil der Spathe. (Der noch fehlende obere Teil des Kolbenanbanges ist ebenso beschaffen wie der untere.)

fruchtet wird. Nach Arcangeli (Oss.) sind die Besucher fast ausschliesslich Aas liebende Käfer aus den Gattungen Saprinus, Dermestes und Oxytelus.

2646. A. variabilis Blume wird nach Delpinos Vermutung (Ult. oss.) durch Schnecken befruchtet. Dasselbe gilt (a. a. O.) von

2647—51. Typhonium cuspidatum Decaisne, Arisaema filiforme Blume, Atherurus tripartitus Blume, Anthurium-Arten und Alocasia odora C. Koch. Delpino vermutet, dass die Schnecken durch eine schmale Öffnung zu den von der Scheide umschlossenen, zuerst entwickelten weiblichen Blüten kriechen, indem sie durch einen angenehmen Geruch angelockt werden. Sie werden daher die Narben belegen, wenn sie von Blütenständen herkommen, welche sich im zweiten Stadium befanden und in denen daher die Antheren entwickelt sind. Nach geschehener Befruchtung schliesst sich die Öffnung, welche zu den weiblichen Blüten führt und die noch in dem Hohlraum vorhandenen Schnecken werden durch einen ätzenden Saft, der jetzt im Inneren der Blütenscheide abgesondert wird, getötet und so am Verzehren der Blütenstände gehindert.

Anthurium Pothos ist, nach Delpino (Altri app, S. 62) protogynisch mit kurzlebigen Narben.

2652. Ambrosinia Bassii L. [Delpino, Ult. oss. S. 230, 231.] — Da die Narben aussen am Ende des Kolbens, die Antheren dagegen im Inneren der Blütenscheide sitzen, so müssen besuchende Fliegen zuerst die Narben und dann die Antheren berühren. Sie bewirken daher stets Fremdbestäubung.

2653—54. Stylochiton hypogaeus Lepr. und St. lancifolius Kotschy et Peyritsch. Die aus männlichen und weiblichen Blüten bestehenden Inflorescenzen sind, nach Engler (Pflanzenleben unter der Erde), von einer Scheide umschlossen und bleiben unter der Erde. Nur die Spitze ragt aus derselben hervor, und in diese kriechen die die Befruchtung vermittelnden Insekten bis zu den männlichen und weiblichen Blüten hinab. Ähnlich sind

2655—56. Biarum Schott. und Cryptocoryne Fisch. eingerichtet.

590. Calla L.

Protogynische, zweigeschlechtige, an einem fleischigen Kolben dicht gedrängt stehende Blumen mit flacher Blütenscheide.

2657. C. palustris L. [H. M., Weit. Beob. I. S. 283, 284; Warming, Smaa biol. bidrag; Engler und Prantl, Nat. Pflanzenfam.; Knuth, Botan. Centralbl. 51; Beiträge I.] — Die grosse, aussen grünliche Blütenscheide umschliesst im Knospenzustande den kurzgestielten Blütenstand. Nach ihrer Entfaltung hat die Scheide eine Breite von etwa 3 cm und eine Länge von etwa 4 cm, dabei in eine fast 1 cm lange, tutenförmig zusammengezogene Spitze auslaufend. Diese grosse, eiförmige, innen weiss mit einem schwachen Stich ins Grünliche gefärbte Platte dient als „Aushängeschild". Die Augenfälligkeit wird noch durch den kurz gestielten, kolbigen Blütenstand von etwa 1,5 cm Länge und 0,8 mm Durchmesser erhöht.

Die Blüten sind ausgeprägt protogynisch. Die 30—50 Narben erheben sich im ersten Blütenstadium als kleine, weissliche, stark papillös-klebrige Kreise auf dem Fruchtknoten. Die der unteren sind unmittelbar nach Entfaltung der Blütenscheide empfängnisfähig. Die Antheren springen erst dann auf, wenn einzelne Narben bereits vertrocknet sind. Die Antheren sind im ersten

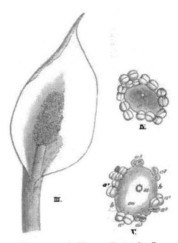

Fig. 373. Calla palustris L.
(Nach Herm. Müller.)

III. Blütenstand in [3]/[4] nat. Gr. IV. Einzelblüte im ersten (weiblichen) Zustande: Die Antheren sind noch nicht aufgesprungen; der Fruchtknoten (ov) endet in einen ovalen Kegel, dessen Abstützfläche die Narbe (st) bildet; sie ist jetzt frisch, von grünlicher Färbung und empfängnisfähig. (5 : 1.) V. Einzelblüte im zweiten (weiblichen) Zustande: Die Narbe (st) ist braun geworden; die Antheren sind zum Teil noch geschlossen (a[1]), zum Teil geöffnet mit nach oben gelegten Pollen (a[2]), eins ist schon entleert (a[3]); der Fruchtknoten ist bereits so stark angeschwollen, dass er bei bb mit den Fruchtknoten der benachbarten Blüten zusammenstösst und sich abplattet. (5 : 1.)

Blütenzustande ungestielt; im zweiten entwickeln sich kurze Stiele, so dass sie mit den Narben in gleicher Höhe liegen. Das Öffnen der Antheren geschieht, wie Engler hervorhebt, ganz regellos, indem sich gleichzeitig die Antheren tiefer und höher stehender Blüten öffnen, während die Entwickelung der Narben regelmässig von unten nach oben erfolgt, und zwar so, dass die Narben der obersten Blüten und die der Scheide zugewandten mit dem eigenen Pollen befruchtet werden können, während die untersten auf Fremdbestäubung angewiesen sind.

Als Besucher der, nach Müller, unangenehm riechenden und daher als Ekelblume aufzufassenden Blütenstände (Vgl. Bd. I. S. 156) habe ich nur vereinzelte kleine Fliegen wahrgenommen. H. Müller beobachtete zahlreiche kleine Dipteren, wie Drosophila graminum Fall., Hydrellia griscola Fall. und Arten aus den Gattungen Chironomus und Tachydromia; ferner sah H. Müller als flüchtige Besucher einige kleine Käfer: Cassida nobilis L., Aphthona coerulea Payk., Meligethes sp., Hypera polygoni L., Sitona sp.

Warming nimmt Schnecken als gelegentliche Befruchter an, welche, indem sie über die dicht gedrängt in einer Fläche liegenden Antheren und Narben hinwegkriechen, leicht Pollen auf die Narben verschleppen können.

Ich sah am 4. August 1897 im Garten der Oberrealschule zu Kiel ein junges Exemplar von Helix hortensis L. auf dem Blütenstande umherkriechen. Eine Untersuchung ihres Fusses ergab das Vorhandensein von Pollenkörnern an demselben, so dass die Möglichkeit der Übertragung von Pollenkörnern durch Schnecken auch an dieser Aracee nachgewiesen ist.

591. Acorus L.

Protogynische, zweigeschlechtige Blüten an einem kugelig-walzenförmigen Kolben sitzend.

2658. A. Calamus L. [Kerner, Pflanzenleben II; Ludwig, Süsswasserflora S. 128; Knuth, Ndfr. Ins. S. 139, 140.] — Der trugseitenständige, bis 10 cm lange, 1½ cm dicke kolbige Blütenstand trägt mehrere Hundert (7—800) dicht zusammenstehende Blüten mit sitzender punktförmiger Narbe und je sechs Staubblättern von 12 mm Länge, so dass die Blütenstandsachse gänzlich von den Blüten bedeckt ist. Eine Ausbildung der Beerenfrüchte ist in Europa bekanntlich niemals beobachtet worden, während in Japan und Indien sich solche ausbilden. Ludwig schreibt dies dem Umstande zu, dass alle europäischen Kalmuspflanzen von dem einen Stocke abstammen sollen, den Clusius eingeführt hat. Hiernach wäre der Kalmus also adynamandrisch.

Dieser Erklärungsversuch scheint mir mehr Wahrscheinlichkeit als derjenige Kerners, nach welchem der Kalmus in Europa deshalb keine Früchte ausbildet, weil die die Bestäubung vermittelnden Insekten in Europa fehlen. Infolge ausgeprägter Protogynie ist zwar Autogamie völlig ausgeschlossen; nach Kerner kann aber auch keine Geitonogamie durch Pollenfall spontan eintreten, da der Pollen haftend ist, sondern letztere kann nur durch Insektenbeihülfe erfolgen. Nach dem Baue des Kalmuskolbens würden unsere sämtlichen Dipteren und Hymenopteren zur Pollenübertragung fähig sein; doch ist Insektenbesuch bisher bei uns nicht beobachtet. — Pollen, nach Warnstorf, gelblich, sehr klein, ellipsoidisch bis oval, glatt; etwa 12 μ breit und 18—22 μ lang. Vergl. Loew S. 363.

140. Familie Typhaceae Juss.

Knuth, Ndfr. I. S. 139.

Einhäusige, in kopfigen oder walzigen Kolben stehende Windblütler. Die oben stehenden männlichen Blüten sind später entwickelt als die unten stehenden weiblichen. (In Engler und Prantl, Nat. Pflanzenfam., wird Typha und Sparganium als protandrisch bezeichnet.)

592. Typha Tourn.

Einhäusige, in walzigen Kolben stehende, protogynische Windblütler.

2659. T. latifolia L. [Knuth, Ndfr. I. S. 139; Kronfeld, Bot. Centr. Bd. 39 S. 248.] — Die männlichen Blüten stäuben erst nach dem Eintrocknen der Narben und enthalten noch Pollen, wenn die weiblichen Blüten bereits Früchte angesetzt haben. Kronfeld bemerkt, dass Typha latifolia zur Entwickelung eingeschlechtiger Pflanzen neigt und dass Dietz im botanischen Garten zu Pest ein rein männliches Exemplar beobachtete. Pollenkörner sind, nach Warnstorf, schwefelgelbe Pollinien, welche meist aus vier, seltener aus zwei oder drei rundlichen undurchsichtigen Zellen bestehen und bis 50 μ diam. zeigen.

2660. T. angustifolia L. (Knuth, a. a. O.) Die Blüteneinrichtung ist dieselbe wie bei voriger Art. Eingeschlechtige Pflanzen sind bisher nicht beobachtet.

2661. T. minima Funk. Nach Kerner (Pflanzenleben II.) beträgt der Zeitunterschied in der Entwickelung der weiblichen und männlichen Blüten neun Tage.

593. Sparganium Tourn.

Protogynische, einhäusige, in kugeligen Kolben stehende Windblütler. — Pollen, nach Warnstorf, bei allen Arten von gleicher Grösse und Form, gelblich, kugel-tetraëdrisch, netzig-warzig, durchschnittlich von 20 μ diam.

2662. S. ramosum Hudson. (S. erectum L. S. J.) [Kirchner, Flora S. 83; Knuth, Ndfr. I. S. 139.] — Die kugeligen weiblichen Kolben stehen unter den männlichen und sind früher als diese entwickelt: die Narben beginnen schon einzutrocknen, wenn die Antheren der kleinen männlichen Kolben sich öffnen. Die 1 mm langen Antheren sitzen der Länge nach auf beweglichen, etwa 3 mm langen Fäden. Einige hundert Staubblätter gehören zu einem männlichen Kolben, 100—150 Narben zu einem weiblichen. Die Bestäubung durch den Wind erfolgt leicht, weil die Narbenäste 3 mm lang sind und auf einem 2 mm hohen Griffel sitzend weit hervorragen. Dadurch wird der Durchmesser des weiblichen Kolbens auf 1 ½ cm vergrössert; der des männlichen beträgt nur die Hälfte.

2663. S. simplex Hudson. [Behrens, Bot. Jb. 1879 S. 99; Knuth, Ndfr. I. S. 139.] — Die Blüteneinrichtung ist dieselbe wie bei voriger Art, doch sind die männlichen und weiblichen Kolben kleiner und bestehen aus einer geringeren Anzahl Blüten.

141. Familie Taccaceae Benth. et Hook.

2664. Ataccia (Tacca) cristata Jacq. [Delpino, Ult. oss. S. 13—16; Hildebrand, Bot. Ztg. 1870 S. 589.] — Die Narbe verschliesst den Blütenkessel bis auf einige kleine Öffnungen, in welche, nach Delpinos Vermutung, kleine Mücken kriechen und sich dann mit Pollen bedecken. Fliegen sie nun auf eine andere Blüte, so berühren sie zuerst die Narbe, bewirken also Fremdbestäubung. Eine ähnliche Einrichtung hat (Delpino, Ult. oss. S. 8—13; Hildebrand, Bot. Ztg. 1870 S. 588) Aspidistra elatior, deren Blüteneinrichtung Buchenau (Bot. Ztg. 1867 S. 220—222) nicht enträtselt hatte.

142. Familie Pontederiaceae Benth. et Hook.

2665. Monochoria L. kommt, nach Kuhn (Bot. Ztg. 1867), mit kleistogamen Blüten vor.

2666. Pontederia L. ist, nach Fritz Müller (Jen. Zeitschr. Bd. 6), trimorph.

2667. Heteranthera reniformis Ruiz. et Pav. hat, nach H. Müller (Kosmos VII), verschiedenartige Staubblätter: ein langes Staubblatt mit blassblauen Antheren und zwei kurze Staubblätter mit gelbem Pollen. Beim Öffnen der kleinen weissen Blüten biegt sich das erstere nach links, der Griffel nach rechts. Bleibt Insektenbesuch aus, so erfolgt Selbstbestäubung, was Hildebrand (Ber. d. d. b. Ges. I) bestätigt.

2668. H. zosterifolia Mart. [Hildebrand, Jahrb. f. Syst. VI. 1885.] — Spontane Selbstbestäubung ist anfangs ausgeschlossen, später kann sie beim Schliessen der Blüte erfolgen. Hier ist die Anthere des grossen Staubblattes gleich denjenigen der kleineren gelb.

2669. H. Kotschyana Fenzl. besitzt, nach Kirk, kleistogame Blüten. Solms-Laubach fand auch an mehreren anderen, teils aus Amerika, teils aus Afrika stammenden Arten der Pontederiaceen kleistogame Blüten.

143. Familie Commelinaceae Benth. et Hook.

2670. Commelina bengalensis L. hat, nach Weinmann (Bot. Ztg. 1863), unterirdische kleistogame Blüten.

2671. Commelina tuberosa L. (Mac Leod, Bot. Jaarb. II. S. 118—147) und andere Arten dieser Gattung (C. Karawinskii?, C. communis?) sind bei Gent fruchtbar. Als Besucher beobachtete Mac Leod dort Apis, Bombus agrorum F., Halictus sp., Syritta, Eristalis tenax L., Pieris napi L.

2672. C. coelestis Willd. In den ephemeren Blüten findet, nach Kerner (Pflanzenleben II. S. 353), durch Einrollen der Filamente und Griffel zuletzt Autogamie statt.

Über Commelina hat auch Herm. Müller in „Kosmos" 1883 S. 241 bis 259 berichtet; ferner Breitenbach a. a. O. 1885 S. 40 ff. Vgl. über die Arbeitsteilung der Staubblätter bei dieser Gattung und bei Tinnantia Bd. I. S. 130.

594. Tradescantia L.

Nach Kerner (Pflanzenleben II. S. 167) werden die Kronblätter beim Verwelken „matsch", d. h. ihre Oberfläche bedeckt sich durch Hervortreten des Zellsaftes aus dem Gewebe mit einer dünnen Flüssigkeitsschicht, welche besonders von Fliegen aufgesucht und geleckt wird, wobei die Narbe mit dem von anderen Blüten mitgebrachten Pollen belegt wird.

2673—74. T. crassula Link et Otto und virginica L. sind, nach Kerner (Pflanzenleben II. S. 306) protandrisch.

144. Familie Palmae Bartl.

2675. Sabal Adansoni Guerus. ist, Delpino (Altri app. S. 61), insektenblütig. Die honighaltigen, protogynischen, mit milchweissem Perigon versehenen Blüten sah Delpino von Hymenopteren (Halictus-Arten, Polistes gallica) besucht und befruchtet.

2676. Chamaedorea Willd. ist (a. a. O.) gleichfalls insektenblütig.

2677—78. Cocos L. und Syagrus Mart. sind (a. a. O.) windblütig.

2679. Phoenix dactylifera L. ist windblütig. Wahrscheinlich haben schon die alten Assyrier künstliche Befruchtung der weiblichen Blüten durch Bestäubung mit Pollen aus den männlichen Zapfen verstanden. (E. B. Tylor, Fertilisation of the Date-Palm in Ancient Asyria; C. Sterne in Prometheus II. 675—678.)

2680. Chamaerops humilis L. ist windblütig. Im Jahre 1751 teilte Gleditsch (Hist. de l'acad. roy. des sc. et des lettres à Berlin, für 1849) einen Versuch über die künstliche Befruchtung der Palma tactylifera folio flabelliformi mit, worunter Chamaerops humilis zu verstehen ist. Unsere Palme in Berlin, berichtet Gleditsch (nach Sachs' Geschichte der Botanik S. 425, 426), die vielleicht 80 Jahre alt sein mag, ist rein weiblich; sie hat nach der Behauptung des Gärtners niemals Früchte getragen, und auch Gleditsch selbst fand in 15 Jahren keinen fruchtbaren Samen an derselben. Da es in Berlin keinen männlichen Baum dieser Art gab, liess Gleditsch den Pollen aus dem

Garten des Kaspar Bose in Leipzig kommen. Auf dem neuntägigen Transport war bereits der grösste Teil des Pollens aus den Antheren gefallen und Gleditsch fürchtete schon, er könne verdorben sein. Aber die Nachricht des Leipziger Botanikers Ludwig, der in Algier und Tunis erfahren hatte, dass die Afrikaner gewöhnlich trockenen und einige Zeit aufbewahrten Pollen zur Befruchtung verwenden, liess ihn auf Erfolg hoffen. Obgleich der weibliche Baum schon beinahe abgeblüht hatte, streute er den ausgefallenen Pollen dennoch auf dessen Blüten und befestigte den schon verschimmelten männlichen Blütenstand an einem nachträglich blühenden weiblichen Spross. Das Ergebnis war, dass im folgenden Winter Früchte erschienen, welche im Frühjahre 1750 reiften. Ein zweiter in ähnlicher Weise ausgeführter Versuch ergab ein gleich günstiges Resultat.

145. Familie **Scitaminaceae** R. Br.

2681. Roscoea purpurea Sm. hat, nach Lynch (Journ. Linn. Soc. Bot. Vol. XIX. London 1892) eine ähnliche Bestäubungseinrichtung wie Salvia.

146. Familie **Orchidaceae** Juss.

Darwin, Orchids; H. M., Befr. S. 74—76; Pfitzer, in Engler und Prantl, Nat. Pflanzenfamilien II. 6. p. 52 ff.; Knuth, Grundriss S. 95, 96; Kirchner, Flora S. 163.

Die Orchideen sind durch eine so grosse Mannigfaltigkeit der Blütenformen ausgezeichnet, wie keine andere Pflanzenfamilie. Dabei sind diese mannigfaltigen Blütenformen in so hervorragender Weise der Fremdbestäubung durch die Vermittelung der Insekten angepasst, dass sich der Blütenbau bis in die kleinsten Einzelheiten den Körpereigentümlichkeiten der Besucher anschliesst. Es kommt daher spontane Selbstbestäubung nur ausnahmsweise vor (z. B. Ophrys apifera ist selbstfertil, Darwin), sie ist vielmehr infolge der gegenseitigen Stellung von Narbe und Antheren meist ausgeschlossen; doch sind diese Gegensätze durch eine ununterbrochene Kette von Zwischenstufen mit einander verbunden, wie die folgende von H. Müller aufgestellte Reihe zeigt. Es finden sich:

1. Kleistogame Blüten bei Schomburgkia, Cattleya, Epidendrum (nach H. Crüger), Dendrobium (nach Anderson).

2. Offene, regelmässig sich selbst befruchtende Blüten bei Ophrys apifera, Neotinea intacta, Gymnadenia tridentata, Platanthera hyperborea (nach Darwin), Epipactis viridiflora (nach H. Müller), Epidendrum (nach F. Müller).

3. Gelegentlich oder nur ausnahmsweise sich selbst befruchtende Blüten bei Neottia nidus avis (häufig) und Listera ovata (ausnahmsweise) (nach Darwin).

4. Niemals sich selbst befruchtende, aber mit dem eigenen Pollen durchaus fruchtbare Blüten.

5. Mit dem eigenen Pollen durchaus unfruchtbare, mit fremdem Pollen nicht nur derselben Art, sondern selbst anderer Arten derselben Gattung fruchtbare Blüten bei Oncidium-Arten (nach J. Scott).

6. Durch den auf die Narbe gebrachten Pollen derselben Pflanze getötete Blüten bei Arten von Oncidium, Notylia, Gomeza, Stigmatostalix, Burlingtonia (nach Fritz Müller).

Ridley (J. L. S. London 1888) bezeichnet eine noch grössere Anzahl Orchideen als kleistogam oder der Autogamie angepasst: Oececlades maculata Lindl., Thrichopilia fragrans Ldl., Dendrobium roseum Rolfe (kleistogam). Daselbst giebt Ridley folgende Fälle der Selbstbefruchtung bei Orchideen an:

1. Der sich ablösende Pollen fällt direkt auf die Narbe oder in die Lippe, welche mit derselben in Berührung kommt: Ophrydeae, Neotticae, Thelymitra nuda, T. longifolia, T. pauciflora, Spiranthes australis.

2. Fallen ganzer Pollenmassen vom Clinandrium auf die Narbe: Phajus maculatus Blume, Chiloglottis diphylla Fitz., Arundina speciosa Blume.

3. Herausfallen der Pollinien aus dem Clinandrium oder der Antherenhülle, caudiculus und glans bleiben am Säulchen befestigt: Ophrys apifera L., Oececlades maculata, Trichopilia fragrans, Eria sp., Spathoglottis Paulinae Fitz.

4. Überfluten der Narbe: Aphalanthera pallens Rich., Epipactis viridiflora Rchb., Spiranthes australis, Phajus Blumei; ferner Spathoglottis plicata Bl., Schomburgkia, Epidendrum, Cattleya, Thelymitra, Orthoceras u. s. w.

Selbstbefruchtende Arten sind also weit verbreitet. (B. Jb. 1888. I. S. 561—562.)

Die drei Perigonblätter des äusseren Kreises und die beiden oberen des inneren bilden häufig als „Helm" ein Schutzdach für die inneren Blütenteile. Meist ist von den ursprünglich drei Staubblättern nur eins vorhanden (selten zwei), welches einem Säulchen aufsitzt, das auf der vorderen, oberen Seite die Narbe als ein drüsig-klebriges Grübchen trägt. Über der Narbe läuft das Säulchen oft in einen Fortsatz, das Schnäbelchen, aus. Hinter der Narbe finden sich ein oder zwei von einer kappenartigen oder elastischen Haut ganz oder teilweise bedeckte Drüsen, welche einen zähen, klebrigen Saft enthalten. Der Staubfaden ist mit dem Schnäbelchen völlig verwachsen, so dass nur die Anthere sichtbar ist. Diese besteht aus zwei der Länge nach aufspringenden Fächern, welche je ein Pollinium enthalten. Dieses besteht aus Päckchen zusammengewachsener Pollenkörner, welche durch feine elastische Fäden zu keulen- oder birnförmigen, zusammenhängenden Pollenmassen vereinigt sind. An ihrem unteren Ende sind die Pollinien mit den Klebdrüsen fest verwachsen.

Die meisten Orchideenblüten, sagt Pfitzer, sind durch eine überaus lange Blühzeit ausgezeichnet. Nur ganz wenige, wie die Blüten von Sobralia,

Restrepia, Cirrhopetalum, verwelken schon innerhalb weniger Tage: Bei den meisten Gattungen bleibt die einzelne Blüte 30, 40, ja in einigen Fällen 70—80 Tage lang vollkommen frisch, wenn sie nicht bestäubt wird. Es ist dadurch den Insekten sehr lange Zeit hindurch Gelegenheit zur Bestäubung geboten: Eine bestäubte Blüte welkt dagegen sehr schnell, da für sie längeres Frischbleiben keinen Nutzen hat. In der Regel werden sehr zahlreiche Blüten gleichzeitig geöffnet. Bei Paphiopedilum u. a. kommt es aber auch vor, dass bei langtraubigem Blütenstand zur Zeit immer nur eine Blüte offen ist. Da diese nun etwa einen Monat frisch bleibt, so kann die Pflanze ohne Erschöpfung Jahre lang andauernd je eine Blüte den Insekten darbieten.

Bei unseren einheimischen Orchideen beträgt die Blütedauer, nach Maury (C. R. Paris 1886), dagegen meist nur ¹/₂—2 Monate.

Die Insekten, fährt Pfitzer fort, werden zum Besuch der Blüten veranlasst, teils durch deren schön gefärbte grosse Blüte, teils auch durch besonderen Geruch, und zwar finden sich nicht nur viele sehr wohlriechende Arten, sondern auch solche, welche durch den Gestank nach faulem Fleisch Schmeissfliegen anlocken: Bulbophyllum Beccarii Rchb. f. übertrifft in dieser Hinsicht die Araceen und Stapelien.

Der Nektar ist in sehr verschiedener Weise, meist im Grunde eines Sporns geborgen; doch enthält der Sporn auch zuweilen keinen freien Honig, sondern dieser muss erst erbohrt werden (z. B. Orchis).

Um den anfliegenden Insekten einen bequemen Landungs- und Halteplatz zu gewähren, drehen die meisten Orchideen die in der Knospe nach aufwärts gerichtete Lippe nach unten, so dass sich die Blüten kurz vor dem Aufblühen um 180° drehen.

Einige Arten besitzen zwei verschiedene Blütenformen, z. B. Renanthera Lowii Rchb. f., bei welcher die obersten Blüten der sehr langen Blütenstände gelb mit kleinen braunen Flecken sind, während die übrigen fast ganz braun sind und eine andere Gestalt besitzen. Am auffallendsten ist diese Erscheinung bei Cataselum, wo dieselbe Pflanze bald in verschiedenen Jahren Blüten verschiedener Gestalt hervorbringt, bald auch alle Blütenformen in demselben Blütenstand neben einander vorkommen. (B. Jb. 1888. I. S. 561.)

Die Besucher unserer Orchideen gehören nicht nur den verschiedensten Insektengruppen an, sondern es treten (bei Cypripedium-Arten) vielleicht auch Schnecken als Bestäuber auf. Von den bekannteren Arten werden befruchtet durch Hummeln: Orchis-Arten, Epipogon aphyllus, Goodyera repens, Spiranthes autumnalis; durch Bienen: Orchis-Arten, Epipactis palustris, Cypripedium-Arten; durch Wespen: Epipactis latifolia; durch Schlupfwespen: Listera ovata; durch Nachtfalter: Platanthera bifolia, Gymnadenia conopea; durch Fliegen: Orchis-Arten, Epipactis palustris, Neottia nidus avis; durch Käfer: Listera ovata.

Die Untersuchung der Blüteneinrichtung der Orchideen ist von Darwin in einem „bahnbrechenden Meisterwerke On the various contrivances by which british and foreign Orchids are fertilised by insects and on the good effects of intercrosses (London 1862), welches unbedingt von jedem, der sich über die Bestäubungsvorrichtungen der Orchideen orientieren will, gelesen zu werden verdient", niedergelegt worden. Ich gebe daher im folgenden nur Andeutungen der Blüteneinrichtungen der europäischen Orchideen.

595. Orchis L.

Von den sechs Perigonblättern bilden, wie bei vielen anderen Gattungen dieser Familie, die drei des äusseren Kreises und die beiden oberen des inneren Kreises ein Schutzdach für die inneren Teile der Blüte. Die mit einem Saftmal versehene Unterlippe bildet eine bequeme Anflugstelle für die Besucher. Der cylindrisch-kegelförmige Sporn derselben sondert zwar keinen Nektar ab, bietet aber den Besuchern einen im Gewebe eingeschlossenen Saft[1]), welcher von den Insekten erbohrt wird. Die beiden Antherenfächer sind mit dem Säulchen fest verwachsen und besitzen jede eine besondere Klebscheibe, welche von einem zweifächerigen Beutel-chen bedeckt werden. Zwischen den beiden Antherenfächern befindet sich ein Schnäbelchen. Dadurch sind die beiden Antherenfächer aus einander gerückt; nach vorn sind sie der ganzen Länge nach durch einen Spalt geöffnet, so dass die Pollinien vorn frei liegen. Letztere sind nach unten stielartig zusammengezogen und hier der Oberhaut des Beutelchens angewachsen.

Ein den Rüssel in den Sporn senkendes Insekt stösst mit

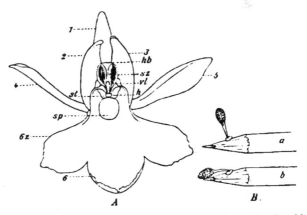

Fig. 374. A Blüte von Orchis maculata L. (Nach J. Mac Leod.) 1, 2, 3 Die drei den Helm bildenden Perigonblätter. 4, 5 Seitliche Perigonblätter. 6 Unterlippe. 6z Seitenzipfel der Unterlippe. sp Eingang in den Sporn. st Narbe. h Beutelchen. vl Häutiges Anhängsel von h. sz Geöffnete Tasche mit Pollinium. hb Oberster Teil der Helmverbindung. B Pollinium von Orchis mascula L. (J. Mac Leod nach Charles Darwin.) a Pollinium, unmittelbar nachdem es aus dem Beutelchen herausgeholt (hier mittelst einer Bleifeder). b Dasselbe, nachdem es einige Zeit der Luft ausgesetzt war, umgebogen.

dem Kopfe an das Beutelchen, wodurch dessen Oberhaut zerreisst und die zwei kleinen, runden Klebscheiben am Grunde der Pollinienstiele sich dem Insektenkopfe ankleben und durch sofortige Erhärtung ihres Klebstoffes an demselben festhaften. Das den Kopf aus dem Sporn zurückziehende Insekt nimmt daher die Pollinien

---

1) Vgl. die Anmerkung bei Leucojum aestivum L.

auf seinem Kopfe mit fort, worauf die aus ihren Behältern hervorgezogenen Pollenmassen an der freien Luft erhärten und sich mit ihren Stielen immer weiter nach vorn biegen. (Diesen Vorgang kann man mit Hülfe eines spitzen Stäbchens leicht nachahmen.) Schliesslich haben die Pollinien eine Drehung von fast 90° gemacht, so dass sie, wenn ihr Träger eine andere Orchisblüte besucht, gerade auf die Narbenfläche gestossen werden, die sich unterhalb des Beutelchens im Sporneingange befindet. Da die Klebrigkeit der Narbe stärker ist, als der Zusammenhang der Pollenpäckchen, so bleiben alle mit der Narbe in Berührung kommenden Pollenpäckchen an ihr kleben, wenn das Insekt seinen Kopf aus dem Sporn zurückzieht, so dass also die Pollinien dabei zerreissen. Bei Insektenbesuch tritt daher stets Fremdbestäubung ein und zwar wird nicht nur Kreuzung getrennter Blüten, sondern auch getrennter Stöcke erfolgen, wenn das Insekt während der zum Abwärtsbiegen der Pollinien erforderlichen Zeit eine andere Pflanze aufgesucht hat. Bleibt Insektenbesuch aus, so erfolgt keine Befruchtung, weil spontane Selbstbestäubung nicht möglich ist.

2682. O. latifolia L. [Sprengel, S. 401—404; Darwin, Orchids S. 15; H. M., Befr. S. 85; Alpenblumen S. 63; Knuth, Bijdragen.]

Als Besucher beobachteten H. Müller (1) und ich (!):

Hymenoptera: *Apidae*: 1. Apis mellifica L. ⚥ (!, 1); 2. Bombus agrorum F. (1); 3. B. confusus Schenck (1); 4. B. distinguendus Mor. (1); 5. B. hortorum L. ♀ (!, 1); 6. B. lapidarius L. ♀ (!, 1); 7. B. muscorum F. (1); 8. B. terrester L. (!, 1); 9. Eucera longicornis L. (!, 1); 10. Halictus leucozonius Schrk. ♀ (1); 11. Nomada sexfasciata Pz. ♀ (1); 12. Osmia fusca Chr. (= O. bicolor Schrk. ♀) (1). Darwin beobachtete auch Dipteren als Besucher. In den Alpen sah Herm. Müller 2 Hummeln.

In Dumfriesshire (Schottland) (Scott-Elliot, Flora S. 165) wurden 1 Empide und 1 Schwebfliege als Besucher beobachtet.

2683. O. mascula L. [Darwin, Orchids; H. M., Befr. S. 85.]

Als Besucher giebt Herm. Müller folgende Hummeln an:

1. Bombus agrorum F.; 2. B. confusus Schenck; 3. B. hortorum L.; 4. B. lapidarius L.; 5. B. pratorum L.; 6. B. terrester L.; 7. Psithyrus campestris Pz. (Die drittletzte von einem Freunde Darwins, die übrigen von H. Müller beobachtet.)

2684. O. morio L. [Sprengel, S. 404—405.]

Als Besucher beobachteten Charles Darwin (1) und Herm. Müller (2):

Hymenoptera: *Apidae*: 1. Apis mellifica L. ⚥ (1, 2); 2. Bombus agrorum F. (1); 3. B. confusus Schenck (2); 4. B. hortorum L. (2); 5. B. lapidarius L. (2); 6. B. pratorum L. (2); 7. B. silvarum L. (2); 8. Eucera longicornis L. (1); 9. Osmia rufa L. (2).

2685. O. maculata L. [Darwin, Orchids S. 15; H. M., Befr. S. 85; Alpenbl. S. 63; Weit. Beob. I. S. 291; Warnstorf, Bot. V. Brand. Bd. 37.] — Gestielte Pollenmassen, nach Warnstorf, grünlich, aus vielzelligen Pollinien zusammengesetzt, welche die Form einer abgestumpften Pyramide oder eines stumpfen Kegels zeigen und bis 300 μ hoch sind.

Als Besucher beobachtete Herm. Müller in Mitteldeutschland:

A. Coleoptera: *Cerambycidae*: 1. Strangalia atra Laich. B. Diptera: a) *Empidae*: 2. Empis livida L.; 3. E. pennipes L., beide von George Darwin, dem Sohne Ch. Darwins, beobachtet, die Staubkölbchen an die Augen kittend. b) *Syrphidae*: 4. Eristalis horticola Deg.; 5. Volucella bombylans L., sehr häufig; beide sich die Staubkölbchen auf den Vorderkopf kittend. C. Hymenoptera: *Apidae*: 6. Bombus pratorum L. ♀.

In den Alpen beobachtete H. Müller 2 Hummeln an den Blüten.

Alfken bei Bremen Bombus agrorum F. ♀.

Mac Leod (Bot. Jaarb. V. S. 316—323) beobachtete in Flandern: A. Coleoptera: *Cerambycidae*: 1. Leptura melanura L., zahlreich. B. Diptera: a) *Empidae*: 2. Empis decora Meig., saugd. b) *Muscidae*: 3. Lucilia sp. C. Hymenoptera: 4. kleine Ameisen.

2686. O. globosa L. [H. M., Alpenblumen S. 61—76.] — Eine Tagfalterblume.

Als Besucher beobachtete H. Müller 8 Schmetterlinge.

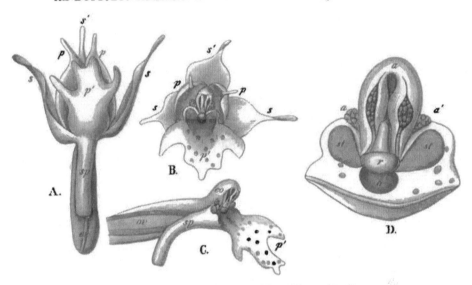

Fig. 375. Orchis globosa L. (Nach Herm. Müller.)

A Blüte von unten gesehen. (7:1.) *B* Blüte fast gerade von vorn gesehen. (7:1.) *C* Blüte nach Entfernung aller Perigonblätter mit Ausnahme der Unterlippe, schräg von der Seite gesehen. (7:1.) *D* Befruchtungsorgane und Wurzel der Unterlippe gerade von vorn gesehen (27:1.) Bedeutung der Buchstaben wie in Fig. 213.

2687. O. purpurea Hudson (O. fusca Jacq.) hat (nach Darwin, Orchids) dieselbe Blüteneinrichtung wie O. mascula u. s. w.

2688. O. ustulata L. [Darwin, Orchids; H. M., Alpenbl. S. 59—61.] — Eine Falterblume. Der sehr enge Eingang zu dem kaum 2 mm langen Sporn lässt kleine, kurzrüsselige Tagfalter als Besucher vermuten.

2689. L. tridentata Scopoli. [Weit. Beob. I. S. 291.]

Als Besucher beobachtete H. Müller jun. bei Jena Bombus hortorum L. ♀, sich Pollinien an die Stirn kittend.

2690. O. sambucina L.

Als Besucher giebt Hoffer für Steiermark den Bombus mastrucatus Gerst. ♀ an.

Über den Geruch einiger Arten finden sich folgende Angaben: O. pallens L. besitzt, nach Kerner, Hollunderduft; O. fragrans Poll. nach dem-

selben einen abgeänderten Bocksduft, nach Bourdette ist sie dagegen wohl-
riechend. O. coriophora L. riecht nach demselben wanzenartig. Holmgren

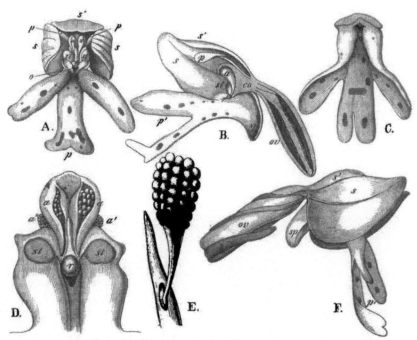

Fig. 376. Orchis ustulata L. (Nach Herm. Müller.)

A Blüte gerade von vorn gesehen. (7 : 1.) *B* Dieselbe im Längsdurchschnitt. *C* Unterlippe
an der Wurzel abgeschnitten, von oben gesehen. *D* Befruchtungsorgane und Wurzel der
Unterlippe gerade von vorn gesehen. (16 : 1.) *E* Ein auf eine Nadel gekittetes Staubkölbchen
nach vollendeter Abwärtsdrehung. (35 : 1.) *F* Ältere Blüte von der Seite. (7 : 1.) Bedeutung
der Buchstaben wie in voriger Figur.

beobachtete an getrockneten (nicht gepressten) Exemplaren von O. militaris L.
bisweilen auch einiger anderer Orchideen einen starken Vanilleduft und nach
dessen Aufhören einen ebenfalls starken Cumaringeruch.

596. Anacamptis Richard.

Falterblumen mit langem, dünnem Sporn.

2691. A. pyramidalis Rich. (Orchis pyr. L.) [Darwin, Orchids;
H. M., Befr. S. 82; Kirchner, Flora S. 169.] — Die karminroten oder
fleischfarbigen, angenehm duftenden Blumen stimmen in der Blüteneinrichtung
mit derjenigen der Orchis-Arten überein; doch sondern sie freien Honig ab,
der in einem so engen Sporne geborgen wird, dass er nur für den dünnen
Rüssel eines Falters erreichbar ist. Als Führung desselben dienen zwei Längsleisten auf der Unterlippe. Zu beiden Seiten des Beutelchens befinden sich
zwei getrennte, runde Narbenflächen. Entsprechend der Form des Falterrüssels,

an den sich die Pollinien anheften sollen, ist die Klebdrüse von sattelförmiger Gestalt. Sie heftet sich, wenn durch den Rüssel eines besuchenden Falters die Haut des Beutelchens zerrissen wird, mit den beiden Pollinien so auf dem Rüssel fest, dass derselbe beim Eintrocknen der Klebmasse ringsum umfasst wird. Dabei neigen sich die beiden Pollinien gleichzeitig nach aussen und vorn, so dass sie, wenn der mit ihnen belastete Falter eine andere Blüte dieser Art besucht, sie gerade auf die beiden Narbenflächen gedrückt werden.

Als Besucher beobachtete Darwin 23 Arten Tag- und Nachtfalter, deren Rüssel er mit Pollinien dieser Blume behaftet fand.

597. Gymnadenia R. Br.

Falterblumen.

2692. G. conopsea R. Br. (Orchis conopsea L.) [H. M., Alpenblumen S. 63—65; Darwin, Orchids S. 88; Kirchner, Flora S. 170.] — Die nelkenduftenden Blüten sind meist purpurrot, selten weiss. Im ersteren Falle sind sie mehr der Bestäubung durch Tagfalter, im letzteren durch Nachtfalter angepasst. Der 13—15 mm lange Sporn enthält oft so reichlich Nektar dass

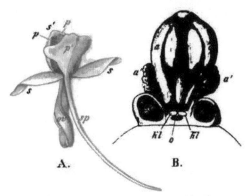 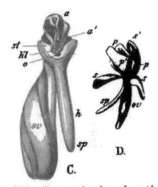

Fig. 377. Gymnadenia conopsea R. Brown. (Nach Herm. Müller.)

A Blüte von Gymnadenia conopsea von unten gesehen. (3:1.) B Befruchtungsorgane derselben gerade von vorn gesehen. (20:1.) Bedeutung der Buchstaben wie in voriger Figur.

Fig. 378. Gymnadenia odoratissima Richard. (Nach Herm. Müller.)

C Blüte nach Entfernung aller Kelch- und Blumenblätter mit Ausnahme des Sporns der Unterlippe von vorn gesehen. (7:1.) D Blüte derselben G. von unten gesehen. (3:1.) Bedeutung der Buchstaben wie in voriger Figur.

er hoch hinauf damit angefüllt ist. Dicht vor dem sehr engen und daher nur für Falterrüssel passierbaren Sporneingange stehen die beiden langen, schmalen, nackten Klebdrüsen. Die durch den Falterrüssel herausgerissenen Pollinien krümmen sich sehr schnell und stark. Die Blüteneinrichtung stimmt sonst im wesentlichen mit derjenigen von Anacamptis pyramidalis überein. Selbstbestäubung ist ausgeschlossen. — Pollenmassen, nach Warnstorf, grau-grünlich, aus vielzelligen Pollinien zusammengesetzt, welche bald einem sphärischen

Dreieck ähneln, bald stumpf vierkantig, bald stumpf kegel- oder pyramidenförmig
erscheinen und in ihrer Höhe sehr verschieden sind:

Als Besucher beobachtete H. Müller in den Alpen 26 verschiedene Falterarten. George Darwin beobachtete mehrere Nachtfalter; Loew in Schlesien (Beiträge S. 54): Cantharis albomarginata Märk.

In Dumfriesshire (Schottland) (Scott-Elliot, Flora S. 168) wurden 1 Schwebfliege und 1 Falter als Besucher beobachtet.

2693. G. odoratissima Richard. (Orchis od. L.) [H. M., Alpenblumen
S. 65, 66.] — Die vanilleduftenden, blassrosa Blüten haben eine ähnliche
Blüteneinrichtung wie die der vorigen Art, doch ist der Sporn nur 4—5 mm
lang und etwa bis zur Hälfte mit Nektar gefüllt. Die blassere Farbe und der
stärkere Duft locken besonders Nachtfalter an.

H. Müller beobachtete 3 Arten Falter als Besucher.

2694. G. albida Richard. (Orchis albida L., Habenaria albida
Swartz.) [Darwin, Orchids S. 68; H. M., Alpenbl. S. 66.] — Die (auch
im arktischen Gebiete, nach Warming) duftenden, weissen Blüten haben einen

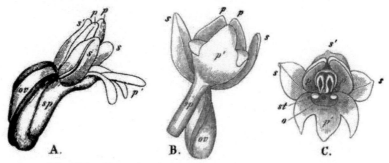

Fig. 379. Gymnadenia albida L. (Nach Herm. Müller.)
A Blüte von der Seite gesehen. (7:1.) *B* Von unten, *C* von vorn gesehen. Bedeutung der
Buchstaben wie in voriger Figur.

so engen Sporneingang, dass nur ein Falterrüssel in denselben einzudringen
vermag. Die weisse Blütenfarbe lässt auf Nachtfalter, die Kürze des Sporns
(2 mm) auf Kleinschmetterlinge schliessen.

598. Nigritella Richard.

Falterblumen.

2695. N. angustifolia Richard. (Orchis nigra Swartz, Satyrium
nigrum L.) [H. M., Alpenblumen S. 66—69; Ricca, Atti XIV, 3; Kerner,
Pflanzen II.] — Die dunkelpurpurroten, selten rosenroten, stark vanilleduftenden
Blüten haben einen nur 2 mm langen und 1 mm weiten Sporn. Sonst stimmt
die Blüteneinrichtung in Bezug auf den Honigreichtum, die Klebscheibchen mit
den aufsitzenden Pollinien, welche sich beim Herausziehen nach vorn und aussen
biegen, mit den übrigen Falter-Orchideen überein; nur ist die Lage der Blüten-

teile umgekehrt, so dass sich die Pollinien der Unterseite des Rüssels ankleben und dann auf die unter dem engen Sporneingang liegenden Narben gebracht werden. Selbstbestäubung ist ausgeschlossen.

Als Besucher beobachtete H. Müller nicht weniger als 53 Insekten, darunter 48 Falter.

Loow beobachtete in der Schweiz (Beiträge S. 63): Lepidoptera: *Rhopalocera*: 1. Argynnis pales S. V.; 2. Melitaea parthenie Bkh.

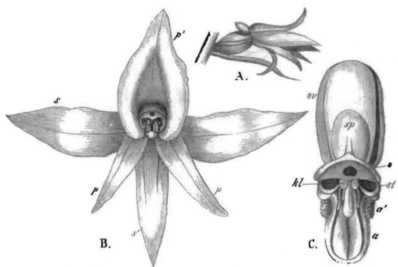

Fig. 380. Nigritella angustifolia Rich. (Nach Herm. Müller.)

A Blüte von der Seite gesehen. (2¹/₃ : 1.) *B* Blüte gerade von vorn gesehen. (7 : 1.) *C* Befruchtungsorgane und Nektarium, schräg von oben gesehen. (15 : 1.) Bedeutung der Buchstaben wie in voriger Figur.

2696. N. suaveolens Koch. (N. angustifolia × Gymnadenia conopea.) [H. M., Alpenblumen S. 69, 70.] — Ein Bastard zweier Falterblumen. Die Blüten besitzen eine zwischen Karminrot und Rosenrot stehende Farbe. Die Möglichkeit, dass durch Falter ein Bastard zwischen zwei Blumen entsteht, von denen die eine ihre Pollinien der Oberseite, die andere der Unterseite des Rüssels ankittet, ist dadurch gegeben, dass zuweilen die Blüten der Eltern halb umgedreht sind und so die Übertragung der Pollinien möglich wird.

599. Platanthera Richard.

Nachtfalterblumen.

2697. P. bifolia Rich. (P. solstitialis Boenn., Orchis bif. L. Habenaria bif. R. Br., Gymnadenia bif. G. Meyer.) [Darwin, Orchids S. 73; H. M., Befr. S. 81; Alpenblumen S. 70—72; Kirchner, Flora S. 171; Mac Leod, B. Jaarb. V. S. 323; Sprengel, S. 405—406.] — Die besonders bei Nacht stark nelkenduftenden, weissen Blumen haben einen 13—21 mm langen, dünnen Sporn, der oft bis zu drei Viertel seiner Länge mit Nektar angefüllt wird. Die Pollinien kitten sich dem Rüssel der besuchenden Nachtfaltern rechts und links an. Durch Zusammenziehung der Stielchen wenden sich die Pollinien nach einwärts und unten, so dass sie von den Besuchern,

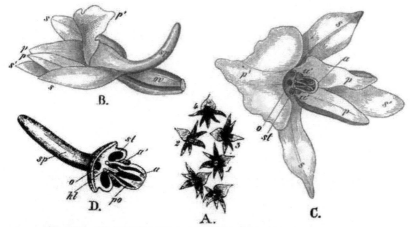

Fig. 381. Nigritella suaveolens Koch. (Nach Herm. Müller.)

A Einige Blüten in natürl. Grösse und Stellung. *1* Links gedrehte, *2, 3* rechts gedreht, *4* ungedreht. *B* Blüte schräg von oben links gesehen, vergrössert. *C* Blüte in natürl. Stellung. *D* Befruchtungsorgane und Nektarium. (7 : 1.) Bedeutung der Buchstaben wie in vor. Figur.

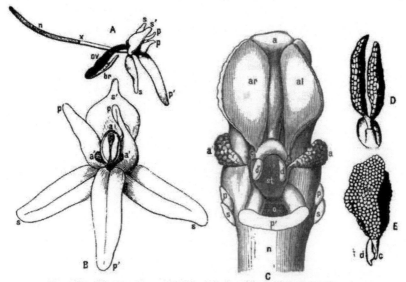

Fig. 382. Platanthera bifolia Rich. (Nach Herm. Müller.)

A Blüte von der Seite gesehen (fast 2 : 1). *B* Dieselbe gerade von vorn gesehen. (4 : 1.) *C* Befruchtungsorgane nebst Sporneingang gerade von vorn gesehen (fast 16 : 1). *D, E* Staubkölbchen nach vollendeter Drehung, nebst ihren Klebscheiben (*d*) (fast 16 : 1). Bedeutung der Buchstaben wie in voriger Figur.

denen sie sich an den Rüsselgrund anhaften, auf die zwischen den beiden Klebdrüsen stehende Narbe gebracht werden. Nach Ant. de Bonis (Rio. ital. se. nat. XIII. 1893), wird die Pflanze gelegentlich durch Vermittelung des Windes befruchtet.

Als Besucher und Befruchter beobachtete Ch. Darwin Noktuiden; Rogenhofer Sphinx pinastri L. (mit Pollinien an den Palpen), ebenso Heinsius in Holland, nämlich: Hadena monoglypha Hfn. ♂ ♀ und Plusia gamma L. (B. J. IV. S. 116—117).

In Dumfriesshire (Schottland) (Scott-Elliot, Flora S. 168) wurden grössere Motten als Besucher beobachtet.

2698. P. hyperborea Lindl. Die, nach Warming, vanilleduftenden Blüten befruchten sich, nach Darwin, regelmässig selbst.

2699. P. chlorantha Custer. (P. montana Rchb. fil.) [Darwin, Orchids S. 69; H. M., Alpenblumen S. 72; Mac Leod, B. Jaarb. V. S. 323; Kirchner, Flora S. 171.] — Die fast duftlosen, grünen Blüten sind grösser als bei voriger Art, und ihr Sporn besitzt eine Länge von 23—43 mm, doch kommen auch (sehr selten) ganz spornlose Blüten vor. Den besuchenden Nachtfaltern setzen sich die Pollinien, deren Stielchen mit den Klebdrüsen durch ein trommelförmiges Füsschen verbunden sind, auf den Augen fest, da die Klebdrüsen tiefer an dem Sporneingang stehen.

Als Besucher beobachtete Darwin eine Plusia, welche ein Pollinium am Rande eines Auges trug und eine Mamestra dentina Esp. mit einem Pollinium auf einem Auge.

2700. Peristylus viridis Lindl. (Darwin, Orchids; H. M., Alpenbl. S. 72) wird wahrscheinlich durch Vermittelung kleiner Nachtschmetterlinge befruchtet.

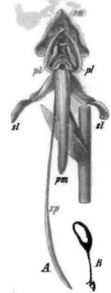

Fig. 383. Platanthera chlorantha Cust (Nach Pfitzer).

A Blüte. B Pollinarium.

600. Ophrys L.

Zum Teil Fliegenblumen. Häufig spontane Selbstbestäubung. Blütenstände infolge der Drehung der Fruchtknoten einseitswendig.

2701. O. muscifera Hudson. (O. myodes Jacq.) [Darwin, Orchids; H. M., Weit. Beob. I. S. 285—291; Kirchner, Flora S. 172.] — Die längliche Lippe ist schwärzlich-purpurn-samtartig und trägt einen fast viereckigen, kahlen, fahl-bläulichen Fleck in der Mitte. Sie sondert kurz nach der Blütenöffnung auf einem mittleren Längsstreifen eine kurze Zeit lang kleine Nektartröpfchen ab; später ist sie nur von einer dünnen Feuchtigkeitsschicht glänzend, die aber auch alsbald verschwindet. Als weiteres Anlockungsmittel dient je ein knopfförmiger, fast metallisch glänzender Vorsprung zu beiden Seiten des Lippengrundes. Es erscheint daher das Fliegenblümchen als eine dem Besuche

fäulnisliebender Fliegen angepasste Täuschblume. H. Müller beobachtete
Sarcophaga als Besucher; doch ist der Blütenbesuch ein sehr geringer, so
dass die Blumen meist unbefruchtet bleiben. Derselbe Forscher sah auch eine
Grabwespe (Gorytes mystaceus L.) an einer
Blüte, aber ohne dass sie etwas erlangte
oder sich Pollinien ankittete.

Fig. 384. Ophrys apifera Huds.
(Nach Darwin.)

A Blüte von der Seite nach Entfernung
der oberen und der beiden unteren
Perigonblätter. Ein Pollinium sitzt
mit seiner Klebscheibe noch im Beutel
und ist im Begriffe, aus dem Antherenfach herauszufallen; das andere ist fast
in seiner ganzen Länge herausgefallen
und befindet sich der verdeckten Narbenfläche gegenüber. *B* Pollinium in der
Stellung, in welcher es eingebettet liegt.
(Noch stärker vergrössert.)

2702. O. apifera Hudson. [Rob.
Brown, Transact. Linn. Soc. XVI; Ridley,
Bot. Jb. 1888. I. S. 562; Darwin, Orchids; Kirchner, Flora S. 172, 173.] —
Die dunkelbraun - sammtartige Lippe besitzt
eine gelbliche Zeichnung und am Grunde
einen halbmondförmigen, purpurbraunen Fleck.
Insektenbesuch ist wohl sehr selten, da solcher bisher nicht beobachtet ist; es findet
die Fortpflanzung daher durch spontane Selbstbestäubung statt, indem die Pollinien an ihren
sehr langen Stielen bald nach dem Aufblühen
der Blume aus den Antherenfächern heraushängen und sich allmählich so weit hinab-
senken, dass sie die Narbe berühren. Die
Autogamie ist, nach Darwin, von vollkommener Fruchtbarkeit begleitet.

2703. O. arachnites Murr. [Darwin,
Orchids] pflanzt sich nach Eckstein
(Bot. Jb. 1887. I. S. 427) und Cromans
(Bot. Jb. 1884. I. S. 682) gleichfalls durch spontane Selbstbestäubung fort. Nach
ersterem setzt sich der an einem ziemlich langen, wie ein Schmetterlingsrüssel
eingerollten Staubfaden sitzende Pollen beim Aufblühen der Blume an der Narbe
fest, nachdem sich vorher die Spirale aufgerollt hatte.

2704. O. cornuta Stev. Die beiden auf der Oberlippe stehenden Hohl-
hugel dienen, nach Kerner, als Gesunpunkt für anfliegende Insekten.

Auf der Insel Capri habe ich zahlreiche Ophrys-Arten überwacht, doch
niemals Insektenbesuch an ihnen beobachtet, dasselbe berichtet Appel von
O. Bertoloni Morett und O. arachnites Murr. aus der Gegend von Riva und
Gargnano am Gardasee.

601. Chamaeorchis Richard.

Kleinkerfblume.

2705. Ch. alpina Rich. (Ophrys alpina L., Herminium alpinum
Lindley.) [H. M., Alpenblumen S. 73—75.] — Die kleinen, duftlosen, grünlichgelben Blüten werden, nach Müllers Vermutung, von kleinen Schlupfwespen oder von winzigen Fliegen oder Käfern besucht und gekreuzt. Spontane
Selbstbestäubung ist nach demselben verhindert. (Abb. S. 443.)

602. Herminium R. Br.

Kleinkerfblume.

2706. H. Monorchis R. Br. (Ophrys Monorchis L.) [Darwin, Orchids S. 59—62; H. M., Alpenblumen S. 72—73; Kerner, Pflanzenleben II. S. 257.] — Kleinkerfblume oder Schlupfwespenblume. (Vgl. Bd. I. S. 147 und 164.) Die kleinen, grünlich-gelben, stark honigduftenden Blumen sah George Darwin von winzigen Hymenopteren, Fliegen und Käfern (besonders Tetrastichus diaphanthus Walk., Pteromalini, Malthodes brevicollis Payk.), H. Müller von Zwergschlupfwespen besucht. Dabei heften sich die Pollinien an die Schenkel eines der Vorderbeine und werden, nachdem sie sich abwärts gebogen haben, gegen die Narbe einer später besuchten Blüte gedrückt. (Abb. S. 444.)

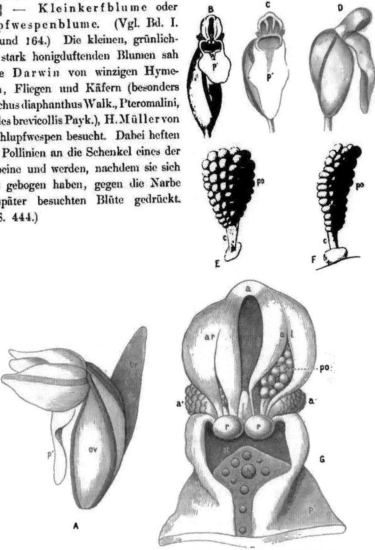

Fig. 385. Chamaeorchis alpina Rich. (Nach Herm. Müller.)

A Seitenansicht einer (längst verblühten) Blume. B Eine junge Blüte nach Entfernung der Blütenhüllblätter mit Ausnahme der Unterlippe gerade von vorn gesehen. C Etwas ältere Blüte der Pollinien bereits beraubt. D Noch weiter vorgerückte Blüte von der Seite gesehen. (A—D Vergr. 7:1). G Die Mitte einer jungen Blüte von vorn gesehen. E Einzelnes Staubkölbchen von der Seite, F dasselbe von vorn gesehen. E—G Vergr. 35:1.) Bedeutung der Buchstaben wie in Fig. 213.

603. Himantoglossum Sprengel.

Bienenblume (?).

2707. H. hircinum Sprengel. (Satyrium hirc. L.) [Hildebrand, Bot. Ztg. 1871. S. 746.] — Der weisse Helm ist innen purpurrot und grün gestreift. Die mit sehr langem Mittellappen versehene, weisslich-grüne Lippe ist rötlich punktiert. Die ganze Blüte verbreitet einen Bocksgeruch (nach Kerner riecht sie nach Kapronsäure).

Als Besucher und Kreuzungsvermittler beobachtete Hildebrand (Bot. Ztg. 1874. S. 748) eine Apide.

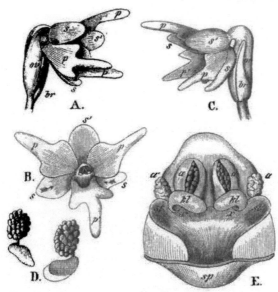

Fig. 386. Herminium Monorchis R. Brown. (Nach Herm. Müller.)

A Blüte von der Seite gesehen. (7 : 1.) *B* Dieselbe mit gewaltsam ausgebreiteten Blumenblättern. *C* Dieselbe Blüte in natür. Stellung von der Seite gesehen. *D* Herausgezogene Pollinien. (32 : 1.) *E* Befruchtungsorgane und Basis der Unterlippe. (32 : 1.) Bedeutung der Buchstaben wie in Fig. 213.

604. Aceras R. Br.

Wie Orchis.

2708. A. anthropophora R. Br. (Ophrysanthr. L.) hat, nach Darwin (Orchids), im wesentlichen dieselbe Blüteneinrichtung wie Orchis mascula u. s. w.

605. Epipogon Gmelin.

Bienenblume.

2709. E. aphyllus Swartz. [Kerner, Pflanzenleben II. S. 257, 284; Rohrbach, Epipogium.] — Die vanilleduftenden Blüten haben ein gelbliches Perigon mit fleischrotem Sporn. Die helmartig gewölbte, innen Honig absondernde Lippe ist nach oben gerichtet. Die fünf anderen, nach unten gerichteten Perigonzipfel sind lang, schmal und etwas aufwärts gebogen, so dass sie einen Raum einschliessen, in dessen Mitte die aus Narbe und Antheren gebildete Befruchtungssäule als eine sanft ansteigende Anflugplatte steht. Die zum Honig vordringenden Hummeln berühren, nach Kerner, indem sie über die Anflugsplatte nach oben klettern, mit der Unterseite ihres Körpers jene Platte. Das nach unten gerichtete Säulenende trägt zunächst die Anthere, dann folgt das

Schnäbelchen mit sehr klebriger Warze und endlich noch weiter aufwärts die als steile Wand sich erhebende Narbe. Die eiförmigen Pollinien sind mittelst langer, zäher Fäden an die klebrige Warze des Schnäbelchens gekittet und von einer häutigen, den Antheren angehörigen Kappe überdeckt. Die in schattigen Wäldern fliegende Hain-Hummel (Bombus lucorum L.) benutzt die Befruchtungssäule als Anflugstelle, dringt von dem unteren Rande derselben zum Nektar der helmartigen Lippe vor und kommt dabei mit dem verdeckten Pollinium nicht sofort in unmittelbare Berührung, kittet sich aber die klebrige Warze des Schnäbelchens an die Körperunterseite an. Wenn sie dann die Blüte verlässt, schlägt sich die die Pollinien bedeckende Kappe zurück, so dass die beiden, an dem Klebekörper hängenden Pollenkölbchen herausgerissen und mit fortgenommen werden. Dabei kippen sie um, so dass sie nun an ihren Fäden wie zwei Kirschen an ihren Stielen nach unten hängen. Hierdurch wird das ganze herausgerissene Gebilde etwas länger, so dass die Kölbchen auf der Narbe einer anderen Blüte abgesetzt werden können. Die Narbe befindet sich nämlich über dem Schnäbelchen, und nur, wenn die Kölbchen langgestielt sind, können sie von den anfliegenden Hummeln an die Narbe gedrückt werden.

Nach Rohrbach, welcher die Blüteneinrichtung sehr eingehend beschrieben hat, dient der Sporn und der obere Lippenrand als Anflugstelle für das Insekt, worauf es über die Spitze der Lippe auf diese selbst kriecht. Von hier gelangt es auf die nach unten gerichteten Perigonblätter, richtet den Kopf nach oben, hängt nun bequem an der Lippe, indem es die Aussackung des Nektariums vor

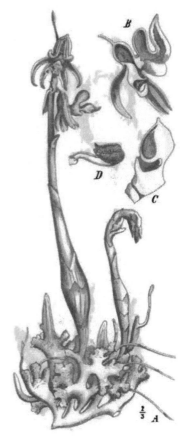

Fig. 387. Epipogon aphyllus Sw.
(Nach Pfitzer.)

A Ganze Pflanze. B Blütenlängsschnitt.
C Säulenlängsschnitt. D Pollinarium.

sich hat, und durchbohrt die Innenseite desselben, um den Saft auszusaugen. Bei Verlassen der Blüte muss das Insekt an der nach unten hängenden Säule herabklettern, wobei es mit dem Kopfe gegen das Beutelchen stossen muss, so dass dessen Oberhaut platzt und der Klebsaft hervortritt. Dieser befestigt nun die Stiele der Pollinien an der Stirn des Insektes, so dass die Pollenmassen aus ihren Behältern gezogen werden. Um ein Zerreissen der von den Behältern

fest umschlossenen Pollinien zu verhindern, liegt die ursprüngliche Spitze der
Anthere auf dem Beutelchen.   Wenn das Insekt die Oberhaut desselben berührt

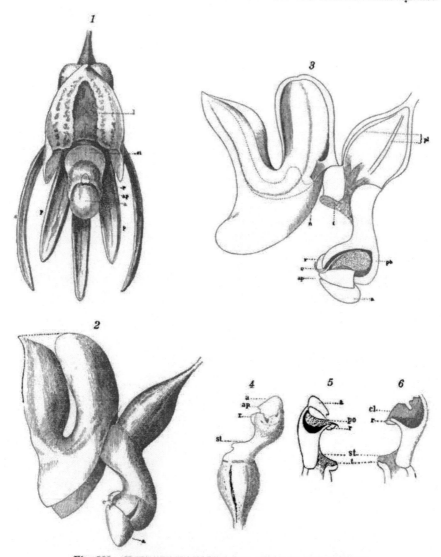

Fig. 388. E p i p o g o n a p h y l l u s S w.   (Nach P. R o h r b a c h.)

1 Blüte von vorn. (Vergr. 4½ : 1.) *2* Blüte von der Seite, nach Entfernung des Helms.
Auf der Sporn und Unterlippe verbindenden Linie lassen sich die Insekten nieder. *x* bezeichnet das wahre Nektarium. (4½ : 1.) *3* Längsschnitt einer Blüte. Aus dem Fruchtknoten
sind die Eichen entfernt. Die Leiste am Grunde des Sporns ist durchschnitten. Die punk-
tierten Linien bezeichnen die Gefässbündel. (5 : 1.) *4* Säule und Fruchtknoten einer offenen
Blüte. (10 : 1.) *5* Dasselbe im Längsschnitt. (10 : 1.) *6* Dasselbe nach Entfernung der Anthere. (10 : 1.) *s* Kelchblatt. *p* Kronblatt. *l* Lippe. *n* Nektarium. *cl* Clinandrium. *a* Anthere. *ap* Antherenspitze. *po* Pollenmasse. *c* Caudicula. *r* Retinaculum. *st* Narbe. *t* Lei-
tendes Zellgewebe. *pl* Placenta.

hat und durch den hervortretenden Klebstoff die Polliniensticle sich an der Stirn befestigt haben, so stösst es beim Wiederaufrichten, also im nächsten Augenblicke, an die Antherenspitze. Diese wird dadurch etwas in die Höhe gehoben, wodurch ein hinlänglich breiter Spalt entsteht, um die Pollinien unversehrt herauszuziehen. Da das Insekt unmittelbar nach dem Herausziehen der Pollinien die Blume verlässt, ist ein äusserst schnelles Erhärten des Klebstoffes nötig, damit die Verbindungen der Pollinien nicht beim Fluge von der Stirn abreissen.

Meist werden beide Pollinien gleichzeitig von dem Besucher entfernt; bleibt aber eines derselben in seinem Behälter, so ist dies für die Befruchtung nicht hinderlich, da schon ein kleiner Teil einer Pollenmasse zur Befruchtung genügt. Da die Pollinien sich zwischen den Augen und der Stirn des Insektes anheften und ihre Stiele äusserst dünn sind, so werden letztere durch die Schwere der Pollenmassen herabgezogen und legen sich platt auf den Kopf des Insektes, so dass die Pollinien nun wie ein Paar keulenförmiger Fühler nach vorn stehen. Das beim Besuch einer zweiten Blüte den Kopf nach dem Nektarium aufwärts biegende Insekt streift die vorspringende Narbe, wobei ein Teil der Pollenmassen an dieser haften bleibt und die Befruchtung geschehen ist.

Auch Rohrbach beobachtete Bombus lucorum L. als Besucher.

606. Limodorum Tourn.

2710. L. abortivum Swartz. (Orchis abortiva L.) [Pedicino, Limodorum (Ac. d. Sc. di Napoli. 1874); Freyhold, Limodorum (Bot. V. Brand 1877).] — Nach Pedicino findet regelmässig spontane Selbstbestäubung statt. Freyhold beobachtete an einem Gartenexemplar nur geschlossene Blüten, die jedoch im übrigen normal gebildet und gefärbt waren; dieselben befruchteten sich selbst und brachten auch reichliche Früchte hervor. Die in der Umgegend von Freiberg i. B. wild wachsenden Pflanzen schienen sich ebenso zu verhalten. Freyhold beobachtete an dieser auffallend pollenreichen Pflanze häufig das Auftreten überzähliger Staubblätter, welche bald dem inneren, bald dem äusseren Staminalkreise angehörten.

607. Cephalanthera Richard.

2711. C. grandiflora Babington. (C. pallens Rich.) [Darwin, Orchids; Kirchner, Flora S. 174; Ridley; Bot. Jb. 1888. I. S. 562.] — Darwin, Ridley und Kirchner bezeichnen die Blüte als autogam. Der Pollen ist locker und zerreiblich; die einzelnen Körner sind fast gänzlich von einander getrennt und nur durch wenige, schwache Fäden verbunden. Schon vor der Entfaltung der Blüte öffnen sich die Antheren, worauf sich die Pollenmassen an den oberen Rand der unter ihnen befindlichen Narbe legen, so dass spontane Selbstbestäubung erfolgt. Es ist jedoch auch Fremdbestäubung mit Hülfe von Insekten möglich. Denselben dient der vordere, rechtwinkelig vom Grunde abstehende Teil der Lippe als Halteplatz. Die Besucher werfen dann in der aufrecht stehenden Blüte den Pollen durcheinander, behaften sich damit und können ihn so auf die Narbe einer anderen Blüte bringen. Nach geschehener Befruchtung richtet sich der Endlappen der Lippe auf und verschliesst den Blüteneingang.

2712. C. xiphophyllum Rchb. fil. (C. ensifolia Rich.) [Kirchner, Beitr. S. 10, 11; Delpino, Ult. oss. II. S. 149.] — Die weissen Blüten besitzen an der Spitze der Lippe einen gelbbraunen Fleck, der sich nach hinten in einige ebenso gefärbte, nach dem Blütengrunde verlaufende, erhabene Leisten fortsetzt. In dem hinteren, sackförmig vertieften Gliede der Lippe wird wahrscheinlich Nektar abgesondert. Der Vorderteil der Lippe, dessen Seitenränder nach oben gebogen sind, lässt sich leicht nach unten klappen und kehrt dann elastisch in seine frühere Lage zurück. Delpino hebt hervor, dass diese Art nur mit Hülfe von Insekten befruchtet werden kann und beschreibt die Art und Weise etwa folgendermassen: Die Geschlechtssäule ist geneigt und in den Schlund der Blüte derart hinabgebogen, dass der Besucher, wenn er sich zurückzieht, um fortzufliegen, sich eine kurze Strecke des Rückens und des Kopfes mit dem reichlichen und zähen Schleim der Narbe beschmiert. Dieser mit Klebstoff bedeckte Teil kommt unmittelbar nachher mit den Pollenmassen in Berührung, so dass diese dort festhaften. Beim Besuch einer anderen Blüte wird

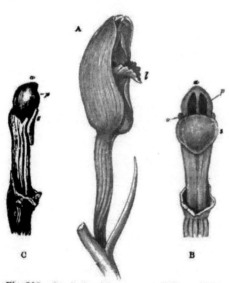

Fig. 389. **Cephalanthera grandiflora Bab.**
(Nach Darwin.)

A Blüte schräg von vorn. *B* Säulchen von vorn nach Entfernung sämtlicher Perigonblätter. *C* Dasselbe von der Seite; der Pollen ist zwischen der Anthere und der Narbe oben zu sehen. *a* Anthere. *o* Rudimentäre Anthere. *p* Pollenmassen. *s* Narbe. *l* Endteil der Unterlippe.

dann ein Teil dieser mitgebrachten Pollenmassen auf die Narbe gelegt werden. Es ist leicht, diesen Vorgang nachzuahmen: Berührt man die Narbe mit einer Nadel, so bleibt etwas von dem Narbenschleim daran haften, und wenn man dann damit sofort die Pollenmassen berührt, so bleiben sie mit genügender Festigkeit daran hängen. Bringt man dann diese Pollenmassen mit der Narbe derselben oder einer anderen Blume in Berührung, so bleiben dieselben an der Narbe kleben. Offenbar vollziehen die besuchenden Insekten die Bestäubung dieser Art in ähnlicher Weise. Ein hinreichender Insektenbesuch ergiebt sich daraus, dass in mancher Ähre sämtliche Pollinien entfernt waren. Spontane Selbstbestäubung erscheint ausgeschlossen.

2713. C. rubra Richard. (Serapias rubra L.) [Kirchner, Neue Beob. S. 12; Beitr. S. 12; Flora S. 173.] — Die Blüteneinrichtung der schön purpurroten, selten weissen Blumen stimmt mit derjenigen von C. grandiflora im wesentlichen überein. Der vordere, als Halteplatz für die Insekten dienende, herausgeschlagene Teil ist jedoch länger als bei C. grandiflora. Die rötlich gefärbten Pollenmassen liegen dem hinteren Narbenrande an und lösen sich frei aus den Antherenfächern heraus. Die Narbe ist stark klebrig. Kirchner beobachtete bei Überlingen, dass die Pollenmassen aus manchen Blüten entfernt waren. Es hatte also Insektenbesuch stattgefunden. — Pollenmassen, nach Warnstorf, ungestielt, bis zum Grunde zweiteilig. Pollenzellen nicht verklebt, einzeln und nur lose zusammenhängend, rundlich tetraëdrisch, blassbläulich, warzig, durchschnittlich 31 μ diam.

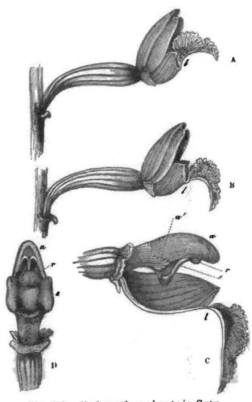

608. Epipactis Richard.

Honig halbverborgen.

2714. E. palustris Crantz. [Darwin, Orchids S. 95; Kirchner, Flora S. 176; Mac Leod, B. Jaarb. V. S. 324—325.] — In den wagerecht stehenden Blüten dient der die übrigen Perigonblätter überragende Teil der Lippe als Anflug- und Halteplatz für die besuchenden Insekten. Er ist mit dem,

Fig. 390. Epipactis palustris Crtz. (Nach Darwin.)

A Blüte von der Seite, nach Entfernung der unteren Perigonblätter. B Dieselbe, der vordere Teil der Unterlippe so niedergedrückt, wie ein besuchendes Insekt es thut. C Blüte von der Seite, stärker vergrössert, nach Entfernung sämtlicher Perigonblätter mit Ausnahme der nach hinten gerichteten Seite der Unterlippe. D Säulchen von vorn, stärker vergrössert, nach Entfernung sämtlicher Perigonblätter; das Rostellum steht in Wirklichkeit noch etwas höher. a Anthere mit 2 offenen Fächern. a′ Rudimentäre Anthere. r Rostellum. s Narbe. l Unterlippe.

einen nektarhaltigen Napf darstellenden, unteren Teile derselben durch ein Gelenk verbunden; er ist elastisch beweglich und etwas aufwärts gekrümmt. Der untere Teil der Narbe ist zweilappig; an ihrem Scheitel sitzt eine kleine, fast kugelförmige Klebdrüse, welche mit ihrer Vorderseite etwas über die Narbe hinausragt und mit einer weichen, elastischen, innen klebrigen Kappe bedeckt ist. Diese kann durch einen von unten und innen ausgeübten Druck leicht abgehoben werden. Noch bevor die Blüte sich entfaltet, öffnet sich die Anthere der Länge nach, so dass die beiden ungestielten Pollinien frei daliegen. Ihre Pollenkörner sind durch elastische Fäden zu Päckchen verbunden und die Fäden sind zu Strängen vereinigt, welche an den hinteren Lappen der Klebdrüsenkappe befestigt sind.

Die auf den vorderen Teil der Lippe auffliegenden Insekten drücken diesen herab, so dass sie beim Eindringen in die Blüte die Klebscheibe nicht berühren. Erst wenn sie zurückkriechen, streifen sie dieselbe, da der untere Teil der Lippe inzwischen wieder nach oben geschnellt ist, wobei sie die Pollenmassen am Kopfe oder am Rücken mitnehmen und beim Besuch einer anderen Blüte an die Narbenfläche anstreichen und so die Kreuzung vollziehen.

Als Besucher beobachtete W. E. Darwin auf der Insel Wight ausser der die Befruchtung regelmässig vermittelnden Honigbiene auch Fliegen (Sarcophaga carnaria L. und Coelopa frigida Fall.), sowie eine Grabwespe (Crabro brevis v. d. L.).

2715. E. latifolia Allioni. [Darwin, Orchids S. 102; Kirchner, Flora S. 177; Mac Leod, B. Jaarb. V. S. 325; Kerner, Pflanzenleben II. S. 255; Webster, Bot. Jb. 1887. I. S. 425; Knuth, Bijdragen.] — Eine Wespenblume. Die Pflanze tritt in zwei Formen auf: a) viridans Crantz mit breit-ei-herzförmiger, rötlich-violetter Lippe, deren Höcker glatt oder schwach gefurcht sind oder auch zuweilen fehlen; b) varians Crantz (= E. viridiflora Rchb.) mit eiförmiger, rötlich und weiss gefleckter Lippe, deren Höcker undeutlich, meist glatt sind, aber auch zuweilen fehlen. Beide Formen haben dieselbe Blüteneinrichtung, welche ganz derjenigen der vorigen Arten entspricht. Das Endglied der Lippe ist jedoch kleiner und besitzt kein Gelenk, sondern ist

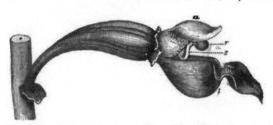

Fig. 391. Epipactis latifolia All. (Nach Darwin.) Blüte von der Seite, nach Entfernung der Perigonblätter mit Ausnahme der Unterlippe. (Vergrössert.) *a* Anthere. *r* Rostellum. *s* Narbe. *l* Unterlippe.

dem Lippengrunde fest verbunden; dafür wird aber die Narbe von der Klebdrüse weiter überragt. Spontane Selbstbefruchtung ist demnach ausgeschlossen, doch erfolgt, nach Webster, durch die besuchenden Insekten häufiger Selbstbestäubung, als Kreuzung.

Als Besucher sind fast ausschliesslich Wespen beobachtet, so Vespa silvestris Scop. (Darwin), V. austriaca Pz. (Kerner). Ich sah V. vulgaris L. die Blüten besuchen; Loew in Brandenburg (Beiträge S. 42): Vespa rufa L. ♀, sgd. Webster beobachtete ausser Wespen auch Hummeln.

Für das deutsche Mittelgebirge verzeichnet Gerstäcker als Besucher die langköpfige Gartenhummel; Schletterer giebt für Tirol ebenfalls Bombus hortorum L. an.

Herm. Müller giebt (Befr. S. 81) für E. viridiflora Rchb. (= E. palustris latifolia All. α varians Crantz, vergleiche Max Schultze, die Orchidaceen Deutschlands, Deutsch-Österreichs und der Schweiz, Gera 1894, Nr. 52) an, dass sie den Vorteil eines Klebstoff enthaltenden Beutelchens (rostellum) gänzlich eingebüsst hat; nur winzige Pollenklümpchen können durch kleine Insekten gelegentlich übertragen werden, dafür aber befruchtet sie sich in noch weit stärkerem Grade als die folgende (E. microphylla) regelmässig selbst.

2716. E. microphylla Swartz. [Darwin, Orchids; H. M., Befr. S. 81.] — Es tritt regelmässig Selbstbestäubung ein, doch kann durch Insekten auch Kreuzung bewirkt werden, indem ein Teil des Pollens mittelst des im Schnäbelchen enthaltenen Klebstoffes sich an die Besucher ankitten kann.

2717. E. rubiginosa Gaud. (E. atrorubens Schultes.) [Ridley, Bot. Jb. 1888. I. S. 562; Knuth, Beiträge.] — Die dunkelpurpurroten, nach Vanille mit einem Beigeruch nach Nelken duftenden Blüten besitzen wie die beiden vorigen Arten über den Klebdrüsen eine durch leichten Druck von unten entfernbare Kappe, wie ich mich an zahlreichen Exemplaren der Dünen von Usedom überzeugte. Weitere Notizen habe ich mir aber damals (1883) nicht gemacht; auch habe ich damals keine Besucher beobachtet. Nach Ridley befruchtet sich die Pflanze selbst, indem von den Pollinien aus direkt Pollenschläuche nach der Narbe getrieben werden.

2718. Serapias longipetala Poll. sah Delpino (Appl. S. 10) in Ligurien von Bienen besucht.

2719. S. occultata Gay befruchtet sich, nach Nicotra (Malpighia I) selbst, doch ist Heterogamie nicht ausgeschlossen. Bei

2720. S. Lingua L. ist dagegen Selbstbefruchtung durch die Lage der Pollinien sehr erschwert, da die herausfallenden Pollen nicht auf die Narbe gelangen können. Beide Arten zeigen in ihrer Blüteneinrichtung einige Übereinstimmung mit derjenigen von Epipactis.

609. Listera R. Brown.

Honig freiliegend.

2721. L. ovata R. Br. [Sprengel, S. 406—411; Darwin, Orchids S. 139—152; H. M., Befr. S. 78, 79; Mac Leod, B. Jaarb. III. S. 309 bis 310; V. S 326—328; Kirchner, Flora S. 178.] — Eine Schlupfwespenblume. (Vgl. Bd. I. S. 146.) Die grünlich-gelben, wenig auffallenden Blüten besitzen in der Mitte der schmalen, langen, nach unten umgebogenen Lippe eine lange honigabsondernde Rinne. Das grosse, dünne, blattartige, zugespitzte Schnäbelchen enthält einen Klebstoff, welcher bei der geringsten Berührung als zäher, weisser Tropfen hervortritt. Schon in der Knospe öffnet sich die hinter dem Schnäbelchen gelegene Anthere, so dass die Pollenmassen mit der Blütenöffnung ganz frei daliegen, sich vorn auf dem Rücken, mit ihrer Spitze an das obere Ende des Schnäbelchens anlehnend. Letzteres krümmt sich alsdann langsam über die Narbenfläche.

Die kleineren, besonders aus Schlupfwespen bestehenden Besucher benutzen
das untere Ende der Unterlippe als Anflugstelle, kriechen langsam aufwärts,
indem sie die Honigrinne von unten nach oben auslecken, und stossen, wenn
sie oben angekommen sind und den Kopf in die Höhe heben, an das Schnäbelchen,
welches nun sofort zwei Tröpfchen Klebstoff aussondert. Diese fliessen zusammen und heften sich einerseits dem Insektenkopfe, andererseits den Spitzen
der Pollinien an, so dass sie von dem Insekt fortgetragen werden. Nach der
Entfernung der Pollinien krümmt sich das Schnäbelchen ganz über die Narbe,
so dass eine Selbstbestäubung ausgeschlossen ist. Alsdann bewegt es sich langsam zurück und macht die Narbe wieder frei. Letztere wird inzwischen sehr
klebrig und die leergeleckte Honigrinne füllt sich wieder mit Nektar. Besucht

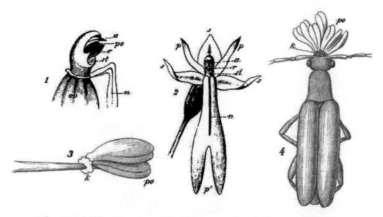

Fig. 392. Listera ovata R. Brown. (Nach Herm. Müller.)

1 Stück einer jungfränlichen Blüte von der Seite gesehen. *2* Blüte von vorn gesehen, nachdem die Pollenmassen (*po*) aus der Anthere (*a*) herausgenommen sind und das blattförmige
Rostellum (*r*) sich nach vorn geneigt und die Narbe (*st*) zum Teil verdeckt hat (nur halb so
stark vergrössert als *I*). *n* = nectarium, Honig absondernde Furche. Bedeutung der übrigen
Buchstaben wie in Fig. 22. *3* Die einer Nadel angekitteten Pollenmassen. (20:1.) *k* Klebstoff, *po* Pollenmassen. *4* Grammoptera laevis mit zahlreichen Pollenmassen auf der Stirn.

das Insekt nun eine solche Blüte, deren Pollinien bereits entfernt waren, so
wird die Narbe von den Pollenmassen getroffen und mit einem Teil derselben
belegt. Es erfolgt also stets Kreuzung und zwar meist auch getrennter Stöcke.
— Pollinien, nach Warnstorf, vierzellig, 50—56 μ diam.

Als Besucher sah schon Sprengel „einen kleinen Käfer mit schwarzem
Kopf und Brustschild und braunen Flügeldecken, welcher sich einen solchen Kopfschmuck
(Pollinien) aus einer Blume geholt hatte." Es ist dies wahrscheinlich Grammoptera
laevis F., der ein regelmässiger Besucher der Blüten ist. Sprengel beobachtete auch
wiederholt Schlupfwespen als Besucher, „welche an ihrem Kopfe ein Staubkölbchen-
paar sitzen hatten." Herm. Müller sah Braconiden- und Schlupfwespenarten die Befruchtung vermitteln. Nach der Bestimmung von Kaltenbach waren dies folgende:
1. Alysia sp.; 2. Campoplex sp.; 3. Cryptus 3 Arten; 4. Amblyteles uniguttatus Grav.;
5. Microgaster rufipes Nees; 6. Phygadeuon sp.; 7. Tryphon sp. Ausserdem beobachtete
derselbe Bombus agrorum F. honigleckend, ohne jedoch sich mit Pollenmassen zu behaften.

Mac Leod beobachtete in Belgien eine Biene (Anthrena), 2 sonstige Hymenopteren und 1 Käfer; Plateau daselbst Melanostoma mellina L.; in den Pyrenäen (B. Jaarb. III. S. 309) einen Käfer (Rhagonycha fulva Scop. [melanura F.]), hld. an den Blüten; Darwin in England zwei Hymenopteren (Hemiteles und Cryptus) mit Pollinien an der Stirn.

2722. L. cordata L. hat, nach Darwin (Orchids), im wesentlichen dieselbe Blüteneinrichtung wie L. ovata.

Besucher sind, nach Darwin, kleine Dipteren und Hymenopteren.

610. Neottia L.

Blumen mit freiliegendem bis halbverborgenem Nektar.

2723. N. nidus avis Richard. (Ophrys nidus avis L.) [H. M., Befr. S. 80; Darwin, Orchids; Kirchner, Flora S. 179; Kerner, Pflanzen-

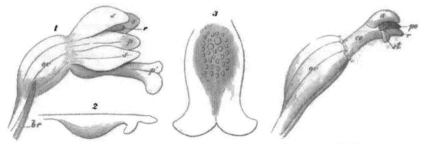

Fig. 393. Neottia nidus avis Richard. (Nach Herm. Müller.)

1 Blüte von der Seite gesehen. *2* Unterlippe von der Seite gesehen. *3* Unterlippe von oben gesehen. Die kleinen Kreise bezeichnen die Honigtröpfchen. *4* Befruchtungsorgane, von der Seite gesehen. *br* = bractea, Blütendeckblatt, *co* = columna, Geschlechtssäule. Bedeutung der übrigen Buchstaben wie in Fig. 22.

leben II. S. 190; Loew, Bl. Flor. S. 344.] — Die bleich-gelbbraune Färbung der Pflanze genügt, nach Kerner, um die Pflanze von dem dunklen Waldboden abzuheben und so augenfällig zu machen. Loew hält dem entgegen, dass die Färbung derjenigen des abgestorbenen Laubes ähnlich und die Pflanze zwischen solchem daher oft schwer auffindbar ist. Nach Ansicht des letzteren liegt hier weniger eine Schau- als eine Schutzfärbung vor.

Die Blüteneinrichtung stimmt im wesentlichen mit derjenigen von Listera ovata überein, doch ist der Honig in der eine flache Schale bildenden Unterlippe geborgen, daher nicht ganz so frei liegend wie bei Listera. Ausserdem kitten sich die Pollinien unvollkommener und weniger sicher an. Es tritt daher bei ausbleibendem Insektenbesuche nicht selten spontane Selbstbestäubung ein, indem der sehr bröckelige Pollen von selbst über die Narbe hinabfällt.

Fig. 394. Neottia nidus avis Rich. (Nach Herm. Müller.)

A Blüte. *B* Säule. *a* Anthere. Rostellum. *n* Narbe.

Als Besucher beobachtete H. Müller eine honigleckende Fliege (Helomyza affinis Mg.), welche sich die Pollen an den vordersten Teil des Thorax haftete.

611. Spiranthes Richard.

Honig verborgen.

2724. Sp. autumnalis Richard. (Ophrys spiralis L.) [Darwin, Orchids S. 127; Kirchner, Flora S. 180, 181.] — Die kleinen, weisslichen Blüten besitzen einen Hyazinthenduft. Sie stehen wagerecht. Der vordere, zurückgeschlagene Teil der Lippe bildet einen Halteplatz für die besuchenden Insekten, welche an dem unteren Teil der Lippe zwei kugelige, reichlich Honig absondernde Nektarien finden, deren Sekret sich in einem kleinen darunter befindlichen Behälter ansammelt. Der Zugang zu diesem ist durch die Nektarien und den hervorragenden Narbenrand sehr verengt. Das Schnäbelchen, welches eine lange, dünne, flache Verengerung bildet, ist mit der Narbe durch zwei auseinandertretende Seitenränder verbunden. Der mittlere Teil der hinteren Seite des Schnäbelchens bildet einen etwas gestreckten Behälter für Klebstoff. Die Vorderseite des Schnäbelchens ist auf einer Längslinie über der Mitte dieses Klebstoffbehälters schwach ausgehöhlt. Bei schwacher Berührung reisst diese Vorderseite der Länge nach auf, so dass etwas Klebstoff austritt. Alsdann setzt sich der Riss auf der Rückseite des Schnäbelchens fort, wodurch der

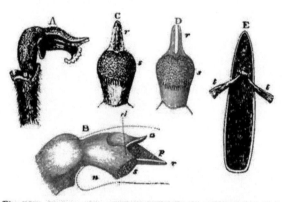

Fig. 395. **Spiranthes autumnalis Rich.** (Nach Darwin.)
A Blüte von der Seite nach Entfernung der beiden unteren Perigonblätter. Die Unterlippe ist vorn gefranst. *B* Blüte von der Seite, noch stärker vergrössert, nach Entfernung aller Perigonblätter. Die Lage der Unterlippe und des oberen Perigonblattes ist durch punktierte Linien angedeutet. *C* Narbe und Rostellum von vorn mit der eingeschlossenen, brotförmigen Scheibe. *D* Dasselbe nach Entfernung der Scheibe. *E* Die aus dem Rostellum entfernte Scheibe, noch stärker vergrössert, von hinten gesehen, mit den anhängenden elastischen Fäden der Pollenmassen, die Pollenkörner sind aus den Fäden entfernt. *a* Anthere. *p* Pollenmassen. *t* Fäden der Pollenmassen. *cl* Rand des Clinandriums. *r* Rostellum. *s* Narbe. *n* Nektarbehälter.

Behälter frei wird. Jedes Antherenfach enthält zwei sehr zerbrechliche Pollinien; dieselben sind oben von einander getrennt, in der Mitte durch elastische Fäden verbunden.

Schon vor der Blütenentfaltung öffnet sich der obere Teil der gegen den Rücken des Schnäbelchens gedrückten Antherenfächer, wodurch die Pollinien mit dem Rücken des Klebstoffbehälters in Berührung kommen. Die unter dem Schnäbelchen liegende Narbe ragt mit ihrer schief stehenden Oberfläche hervor. Die von Darwin als Blütenbesucher beobachteten Hummeln behaften sich am

Rüssel mit den Klebstoffbehältern und den daran gekitteten Pollinien; es bleiben daher vom Schnäbelchen nur noch die seitlichen gabelförmigen Teile stehen. Nachdem die Blume einen oder zwei Tage aufgeblüht war, entfernt sich die Lippe ein wenig vom Schnäbelchen; hierdurch wird der Zugang zur Narbe weiter, so dass die von den Hummeln mitgebrachten Pollinien in solchen Blüten auf die Narbe treffen. Es wird dabei nicht blos Kreuzung getrennter Blüten, sondern meist auch getrennter Stöcke bewirkt, da die Hummeln die Gewohnheit haben, die Blütenstände von unten nach oben auszubeuten.

612. Goodyera R. Brown.

Honig verborgen.

2725. G. repens R. Br. (Satyrium repens L.) [Darwin, Orchids S. 103; H. M., Alpenblumen S. 75—77; Kirchner, Flora S. 179, 180.] —

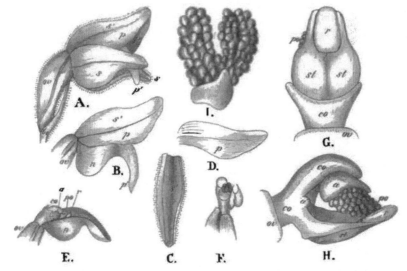

Fig. 396. Goodyera repens R. Brown. (Nach Herm. Müller.)

A Blüte von der Seite gesehen. *B* Dieselbe nach Entfernung der beiden seitlichen Kelchblätter und der Drüsenhaare. *C* Oberes Kelchblatt (s_1) von der Innenseite. *D* Rechtes Blumenblatt (*p*) von aussen. *E* Befruchtungsorgane und Unterlippe in nat. Lage, von der Seite. *F* Befruchtungsorgane nach Entfernung der Pollinien nebst Klebstoff. (*A—F* Vergr. 7:1.) *G* Narbe nebst Rostellum, von unten gesehen. (24:1.) *H* Die Befruchtungsorgane von der Seite. (24:1.) *I* Die herausgezogenen Pollinien (*po*) nebst Klebstoff von unten. (35:1.) Die übrigen Buchstaben wie in Fig. 213.

Die kleinen, weisslichen, schwach wohlriechenden, wagerecht stehenden Blumen sind zu einer etwa 20blütigen, einseitswendigen Ähre vereinigt. Das schildförmige, fast viereckige Schnäbelchen überragt die Narbe ein wenig. Die Oberfläche dieser Hervorragung sondert bei leichter Berührung eine klebrige Flüssigkeit aus und lässt sich leicht aufwärts drücken. Dabei nimmt sie einen Hautstreifen mit sich, an dessen hinterem Ende die Pollinien anhaften.

Bereits in der Knospe öffnen sich die Antherenfächer, die Pollinien heften sich mit ihrer Vorderseite dem Rücken des Schnäbelchens an und liegen alsdann fast ganz frei. Der hintere, napfförmige Teil der Lippe ist honighaltig; der vordere rinnenförmig vertiefte und nach unten gebogene dient als Anflugstelle. Infolge der Verengung des Eingangs zur Narbe zwischen Lippe und Schnäbelchen stösst ein zum Nektar vordringender Insektenrüssel gegen das Schnäbelchen und behaftet sich mit den Pollinien. Beim Besuch einer etwas älteren Blüte, bei welcher sich die Lippe etwas von der Geschlechtssäule entfernt hat, werden die Pollenmasse mit der Narbe in Berührung gebracht.

Als Besucher sind bisher nur Hummeln beobachtet, nämlich Bombus pratorum L. von R. B. Thomson in Nordschottland und B. mastrucatus Gerst. von H. Müller in den Alpen. Letzterer ist trotzdem geneigt, kleinere kurzrüsselige Insekten als die eigentlichen Kreuzungsvermittler, denen sich die Blume angepasst hat, anzusehen.

613. Coralliorhiza Haller.

Honig verborgen.

2726. C. innata R. Brown. (Ophrys Coralliorhiza L.) [H. M., Alpenblumen S. 77, 78.] — Die grünlich-gelben Blüten haben eine weisse Lippe und sind am Schlunde dunkelrot punktiert. Ihre geringe Grösse lässt darauf schliessen,

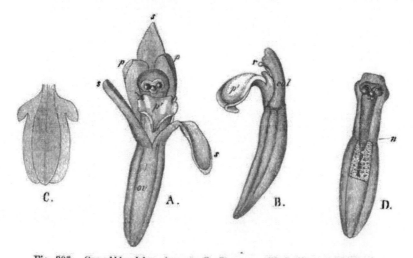

Fig. 397. Coralliorhiza innata R. Brown. (Nach Herm. Müller.)
A Blüte von vorn gesehen. B Dieselbe nach Entfernung aller Kelch- und Blumenblätter mit Ausnahme der Unterlippe, von der Seite gesehen. C Unterlippe auseinandergebreitet. D Fruchtknoten und Geschlechtssäule (col) nach Entfernung aller übrigen Teile von vorn gesehen. Die Bedeutung der übrigen Buchstaben wie in vor. Fig.

dass sie von kleinen Insekten besucht werden, welche den vorderen, nach unten gebogenen Teil der Lippe als Anflugstelle benutzen und von hier zu dem an dem steil abwärts gebogenen Grunde der Lippe abgesonderten und verborgenen Honig schreiten. Dabei stossen sie an das hervorragende Schnäbelchen, behaften

dadurch ihre Oberseite mit den Pollinien, welche sie alsdann auf eine andere
Blüte tragen.

614. Malaxis Swartz.

Kleine, unscheinbare Insektenblumen.

2727. M. paludosa Swartz. (Ophrys pal. L.) [Darwin, Orchids.] —
Die kleinen, unscheinbaren, grünlichen Blüten haben infolge der Drehung des Frucht-

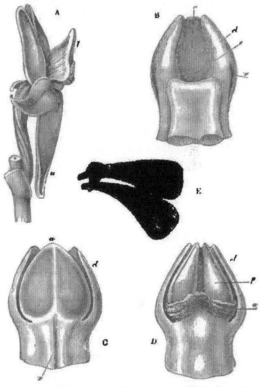

knotens die als Anflugstelle
dienende Lippe nach oben
gerichtet. Der Unterrand
derselben umfasst die Säule,
wodurch ein röhrenförmiger
Blüteneingang entsteht.
Narbe und Antheren werden
durch die Stellung der Lippe
teilweise geschützt. Die
Säule ist der Länge nach
dreiteilig; der mittlere Teil
der oberen Hälfte ist das
Schnäbelchen. Der obere
Rand des unteren Teiles
der Säule ragt da, wo er
an den Grund des Schnäbelchens befestigt ist, vor und
bildet eine tiefe Falte, die
westentaschenartige Narben-
höhle. Der mittlere Teil,
das Schnäbelchen, ist ein
mit dünnem Klebstoff über-
zogener, hoher, häutiger
Vorsprung, der hinten etwas
vertieft ist und dessen Kamm
von einer kleinen zungen-
förmig vorspringenden Kleb-
stoffmasse überragt wird.
Die Säule mit Narbe und
Schnäbelchen ist beiderseits
mit einer grünen häutigen
Ausbreitung verbunden,
welche aussen gewölbt und
innen vertieft ist. Diese
beiden Häute stehen mit

Fig. 398. Malaxis paludosa Sw. (Nach Darwin.)
A Blüte von der Seite gesehen. *B* Säulchen von vorn
gesehen, um das Rostellum, die taschenartige Narbe und
die vorderen seitlichen Teile des Clinandrium zu zeigen.
C Rückenansicht des Säulchens einer Knospe, um die Anthere mit den eingeschlossenen birnförmigen (undeutlich
durchscheinenden) Pollinien und die hinteren Ränder des
Clinandrium zu zeigen. *D* Rückenansicht einer entfalteten
Blüte mit der verschrumpften Anthere und den freiliegenden Pollinien. *E* Die beiden Pollinien an der (durch Wein-
geist erhärteten) klebrigen Substanz angeheftet. *a* Anthere.
p Pollen. *cl* Clinandrium. *l* Labellum. *v* Spiralgefässe.
r Rostellum. *s* Narbe. *u* Das bei den meisten Orchideen
an der oberen Seite der Blüte stehende Perigonblatt. (Alle
Figuren vergrössert.)

dem Fusse der Pollinien in Verbindung und bilden auf diese Weise einen tiefen
Napf, welcher die Pollenmassen schützen soll.

Bereits in der Knospe öffnet sich die Anthere und schrumpft dann ein, so dass die Pollinien in der völlig geöffneten Blüte ganz nackt erscheinen mit Ausnahme ihres breiten Unterendes, welches je in einem kleinen Napfe steht. Das obere Pollinienende ruht auf dem Kamm des Schnäbelchens.

Wenn ein Insekt seinen Rüssel oder Kopf in den engen Raum zwischen der aufrechten Lippe und dem Schnäbelchen schiebt, so berührt es unvermeidlich die kleine hervorragende Klebmasse und führt dann, wie man sich durch einen Versuch leicht überzeugen kann, beim Weiterfliegen die bereits an der Klebmasse befestigten, im übrigen aber losen Pollinien mit sich. Beim Besuche einer zweiten Blüte werden die sehr dünnen, an dem Rüssel oder Kopfe des Insekts parallel befestigten Pollenblätter hineingezwängt und ihre breiten Enden dringen in die taschenförmige Narbe ein.

Trotz ihrer Kleinheit und Unscheinbarkeit locken die Blumen von **Malaxis** doch die Insekten in hohem Grade an. **Darwin** fand stets alle Blüten einer Ähre, mit Ausnahme von einer oder zwei unmittelbar unter den Knospen stehenden, der Pollinien beraubt; ebenso fand er Pollenblätter auf den Narben zahlreicher Blumen, doch gelang es ihm nicht, die Besucher zu ermitteln.

Nach **Darwin** ist bei Arten von **Microstylis** die Blüteneinrichtung ähnlich.

615. Calypso Salisb.

Vielleicht Hummelblume.

2728. C. borealis Salisb. [Lundström, Bot. Centr. 38, S. 699.] — Die vanilleduftenden Blüten werden nur selten von Insekten besucht.

Lundström beobachtete bei Piteå in Norwegen einmal eine Übertragung der scheibenförmigen, ungestielten Pollinien durch eine Hummel, doch konnte er durch künstliche Befruchtung mehrfach reife Früchte erzeugen; solche sind in der Natur sehr selten.

2729. Stanhopea tigrina Bateman. Nach Willis (Contributions II) sind die Blumen im botanischen Garten zu Cambridge selbstfertil. Sie wurden dort von Apis, Bombus-Arten und Schwebfliegen besucht.

616. Cypripedium L.

Lippe bauchig aufgeblasen.

Die Arten werden teils durch Bienen, teils durch Fliegen, teils vielleicht durch Schnecken befruchtet.

2730. C. Calceolus L. [H. M., Befr. S. 76—78; Baxter, fert. of Cypripedium; Webster, fert. of Cypr.; Darwin, Orchids; Kerner, Pflanzenleben II. S. 246.] — Die etwas zusammengezogene Lippe ist gelb, die übrigen Perigonblätter sind purpurbraun gefärbt. Durch diese Färbung und den Honigduft werden kleine Bienen aus der Gattung Anthrena angelockt und kriechen in die bauchige Lippe, an deren Boden sie saftreiche, zuweilen auch einige winzige Honigtröpfchen absondernde Haare finden, an denen sie lecken oder kauen. Als Zugänge zu dem Innern der Lippenhöhle dienen drei Öffnungen, nämlich je eine rechts und links von der Befruchtungsäule und eine weitere, ovale in der Mitte vor derselben. Sie wählen ausschliesslich die letztere als Einsteigestelle. Nachdem die kleinen Bienen sich in der Höhle gesättigt haben, versuchen sie wieder aus derselben herauszukommen, doch sind die Wände ihres Gefängnisses so stark gewölbt, dass es ihnen nicht gelingt, aus der Einsteigeöffnung zu entkommen, sondern sie zwängen sich schliesslich, nachdem sie unter der Narbe durchgekrochen sind, durch eine der beiden engen seitlichen Öffnungen.

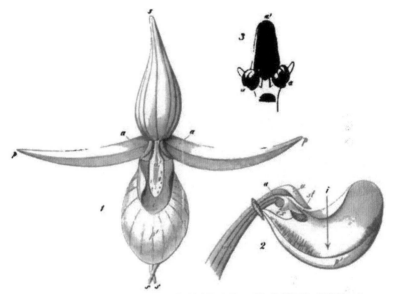

Fig. 399. Cypripedium Calceolus L. (Nach Herm. Müller.)

1 Blüte in nat. Stellung der Teile, von vorn und oben gesehen. *2* Dieselbe nach Entfernung der Kelchblätter und der beiden oberen Blumenblätter im Längsdurchschnitt. Die Unterlippe ist etwas abwärts gebogen, um die Ausgangsöffnung *ex* deutlich zu zeigen. *3* Die Befruchtungsorgane von unten gesehen. *ov* = Fruchtknoten, *s* = sepala, Kelchblätter, *p* = Blumenblätter. *p'* = umgewandeltes Blumenblatt, labellum, Unterlippe, *a* = antherae Staubblätter, *a'* = umgewandeltes Staubblatt, *st* = stigma, *i* = introitus, Eingang, *ex* = exitus, Ausgang.

Dabei streifen sie mit der einen oder der anderen Schulter an den weichen, schmierigen Pollen derjenigen Anthere, welche den inneren Rand des von ihnen benutzten Ausganges bildet. In einer zweiten Blüte werden sie beim Hindurchkriechen unter der breiten rauhen Narbe den mitgebrachten Pollen an diese abgeben, während sie sich beim Herauskriechen aus der Höhle wieder mit Pollen behaften, so dass regelmässig Kreuzung erfolgt. Das Hinauskriechen wird durch die saftführenden Haare des Bodens der Lippe etwas erleichtert, indem die Besucher an diesen emporklimmen können. (Vgl. Bd. I. S. 158.)

Als Befruchter beobachtete H. Müller 5 Anthrena-Arten, nämlich: 1. A. albicans Müll. ♀; 2. A. atriceps K. ♀ (= tibialis K.); 3. A. fulvicrus K. ♀; 4. A. nigroaenea K. ♀; 5. A. pratensis Nyl. ♀. Kleinere Bienen sind zu schwach. grössere Fliegen zu dick, sich aus der Öffnung hinauszuzwängen; sie kommen daher in dem Gefängnis um.

So fand H. Müller wiederholt die kleine Anthrena parvula K. ♀, ferner mehrere Fliegen (Empis punctata F., Cheilosia sp., Anthomyia sp., Spilogaster semicinerea Wied.) tot in der Lippe. Die kleinen Blütenkäfer (Meligethes) gelangen, nach H. Müller, zuweilen ohne Anstoss wieder aus derselben heraus, doch bleiben sie auch zuweilen an dem klebrigen Pollen haften und zappeln sich hier zu Tode.

2731. C. barbatum Lindl. wird nach Delpino (Ult. oss. S. 176, 229; Appl. S. 19, 20) wahrscheinlich von Fliegen befruchtet, da dieser Forscher in der Unterlippe von Treibhauspflanzen Fliegen fand und dort auch Fruchtbildung beobachtet.

2732. C. caudatum Lindl. wird nach Delpinos Vermutung (Ult. oss. S. 177) durch Hülfe von Schnecken befruchtet.

2733. Angraecum sesquipedale Pet. Th. hat, nach Darwin (Orchids) einen so langen Sporn, dass ein Insekt einen etwa 25 cm langen Rüssel haben muss, um zum Nektar zu gelangen. W. A. Forbes hat (Nature 1873. Vol. III. S. 121) ein solches nachgewiesen.

2734. Masdevallia muscorum Rchb. hat, nach Oliver (Ann. of Bot. I. 1888) eine bewegliche Lippe, welche das besuchende kleine Insekt in einem Hohlraum sperrt, aus dem es nur mit Pollen beladen wieder herauskommt. Beim Besuche einer zweiten Blüte belegt es die Narbe.

2735. Bulbophyllum macranthum Lindl. wird, nach Ridley (Ann. Bot. vol. 4), durch Vermittelung einer kleinen Fliege befruchtet.

2736. Zygopetalum maxillare Lodd. Die Blüteneinrichtung wird anonym in Illustr. Monatsschrift für die Gesamtinteressen des Gartenbaues, Jahrg. II, oder: Neuberts Deutsches Garten-Magazin, Jahrg. 36, 1883, ausführlich geschildert. Desgleichen von

2737. Nephelaphyllum pulchrum Blume und

2738. Dendrobium sanguinolentum Lindl. Ein Abdruck findet sich im B. Jb. 1883, I, S. 492—493.

Von sonstigen ausländischen Orchideen beschreibt Darwin mehr oder minder eingehend Arten aus folgenden Gattungen:

a) *Epidendreae:* **Cattleya, Epidendrum,** Coelogyne, Sophronitis, Burkenia, Laelia, Leptotes, Phajus, Evelyna, Bletia.

b) *Malaxideae:* **Pleurothallis, Stelis, Masdevallia,** Microstylis **Bulbophyllum, Calaena, Dendrobium.**

c) *Vandeae:* **Maxillaria, Aërides, Oncidium, Rodriguezia, Phalaenopsis, Calanthe, Acropera, Catasetum** (mit **Myanthus** und **Monachanthus**), **Mormodes, Cycnoches, Sarcanthus,** Galeandra, Vanda, Cymbidium, Trichopilia, Odontoglossum, Brassia, Miltonia, Stanhopea (St. Devoniensis ist in einem Anhange von dem Übersetzer G. H. Bronn beschrieben), Warrea, Zygopetalum, Lycaste.

d) *Ophrydeae:* **Bonatea.**

147. Familie Zingiberaceae Lindl.

2739—40. Hedychium König und **Alpinia L.** Die besuchenden Falter berühren zuerst die Narbe, dann die Antheren, bewirken also Kreuzung. (Delpino, Sugli app. S. 22; Altri app. S. 57; Hildebrand, Bot. Ztg. 1867. S. 277.)

2741. Zingiber officinale Roxb. Durch die hervorragende Stellung der Narbe ist, nach Hildebrand (Geschl. S. 69), bei Insektenbesuch Fremdbestäubung gesichert.

148. Familie Marantaceae Lindl.

617. Maranta L.

Der Griffel wird von einem kapuzenförmigen Blatte an der Unterseite der fast wagerecht stehenden Blume festgehalten, und auf den Narbenkopf wird bereits in der Knospe der Pollen abgelagert. Bei Insektenbesuch schnellt der Griffel aus der Kapuze hervor und krümmt sich so, dass der von dem Insekt mitgebrachte Pollen auf die Narbenpapillen kommt, worauf das Insekt seine Unterseite von neuem mit Pollen behaftet.

Untersucht sind

2742—43. M. (Calathea) **Zebrina Meyer** und **M. discolor Lindley** von Hildebrand (Bot. Ztg. 1870. S. 617—620) und

2744—46. M. bicolor Ker-Gawl. und **M. cannaefolia** von Delpino. Nach demselben hat **Thalia dealbata Fraas** eine ähnliche Blüteneinrichtung. Die Blumen wurden bei Florenz von Apis besucht.

149. Familie Cannaceae Link.

618. Canna L.

Der von den Antheren auf die Griffelplatte abgelagerte Pollen wird, nach Delpino (Sugli app. S. 23), von Insekten abgeholt und auf die Narben anderer Blüten gebracht. Nach Hildebrand (Bot. Ztg. 1867. S. 277; Geschl. S. 69) tritt bei der Pollenablagerung auch häufig spontane Selbstbestäubung ein.

150. Familie Musaceae Lindl.

2747. Strelitzia reginae Ait. Die Besucher berühren beim Anfliegen die Narbe, beim Eindringen in die Blüte werden die die fünf Antheren umschliessenden beiden inneren, unteren Kronblätter auseinander gedrückt, und der Pollen bedeckt die Unterseite der Besucher. Als solche vermutete Delpino (Ult. oss. S. 232; Appl. S. 4; Hildebrand, Bot. Ztg. 1869. S. 508) Kolibris, was durch Darwins Beobachtungen bestätigt wurde. A. Wagner (Ber. d. d. b. Ges. 1894) hat die Anatomie und Biologie der Blüten eingehend behandelt.

151. Familie Iridaceae Juss.

Ausser den beiden buntgefärbten Blattkreisen des Perigons dienen zuweilen auch die drei blattartigen Narben zur Erhöhung der Augenfälligkeit.

619. Crocus Tourn.

Protandrische Falterblumen.

2748. C. vernus Allioni. (C. albiflorus Kit.; C. sativus b. vernus L.) [Sprengel, S. 68—69; Ricca XIII, 3; H. M., Befr. S. 70; Alpenblumen S. 56—59; Knuth, Bijdragen.] — Die Pflanze tritt in zwei Formen auf: a) parviflorus Gay mit kleineren, meist weissen Blüten, deren Narben kürzer oder so lang als die Staubblätter; b) grandiflorus Gay mit grösseren,

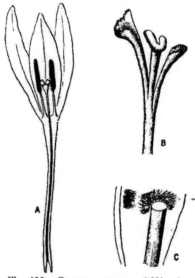

weissen, oder namentlich in Gärten violetten, lila oder gestreiften Blüten, deren Narben meist länger als die Staubblätter sind. Die erstere Form kann sich daher gegen Ende der Blütezeit selbst bestäuben, bei letzterer ist dies nur ausnahmsweise der Fall.

Zu dem vom Fruchtknoten abgesonderten Honig führt ein Weg, welcher nur für den langen, dünnen Rüssel eines Falters zugänglich ist, da die lange, enge Kronröhre vom Griffel fast ausgefüllt wird. Als Schutz des Nektars dienen abstehende Härchen an der Trennungsstelle der Staubfäden. Der Honig steigt in der Röhre so weit in die Höhe, dass langrüsselige Hummeln die oberste Schicht desselben auszulecken vermögen.

Fig. 400. Crocus vernus Allioni. (Nach Herm. Müller.)

A Blüte in nat. Grösse, nach Entfernung der vorderen Hälfte der Blumenkrone. *B* Die drei Narbenäste. (7:1.) *C* Ein Stückchen der Saftdecke (7:1), sowie ein Staubfaden an der Stelle, wo er sich von der Blumenkrone trennt, durchschnitten.

Anfangs sind die Narben zwischen den Staubfäden verborgen, so dass nur die pollenbedeckten Antheren von den Besuchern berührt werden. Später treten die Narben hervor, so dass bei Insektenbesuch Kreuzung erfolgt. Ist solcher ausgeblieben, so erfolgt spontane Selbstbestäubung. Nach Kerner drehen sich die Antheren gegen Ende der Blütezeit nach aussen, und die Perigonröhre und die Antheren verlängern sich nachträglich so, dass die Antheren auch am Rande an den höher stehenden Narben vorbeistreifen, so dass letztere belegt werden.

Als Besucher beobachtete H. Müller in den Alpen 3 Falter, 2 Hummeln, 1 Käfer, 1 Schwebfliege. Ricca sah die Blumen von Bienen, Hummeln und Faltern besucht. Ich sah an Gartenpflanzen (am 29. 3. 1894 und 21. 3. 1896) die Honigbiene häufig und eifrig Pollen sammeln.

Appel (briefl. Mitt.) beobachtete im April 1898 bei Gossensass einzelne Hummeln, 14 Tage später im Val di Ledro äusserst zahlreich Bienen von Blüte zu Blüte fliegend.

Alfken bemerkte bei Bremen Podalirius acervorum L. ♂; Friese bei Innsbruck Osmia bicolor Schrk. ♀, psd. und in Mecklenburg gleichfalls Podalirius acervorum L., hfg.

Burkill (Fort. of. Spring Fl.) beobachtete an der Küste von Yorkshire die Honigbiene sgd. und psd.; sie schien bei grosser Anstrengung die Oberfläche des Honigs erreichen zu können.

Heinsius beobachtete in Holland Anthophora pilipes F. ♂ (sgd.) und Bombus terrester L. ♀ (psd.) (Bot. Jaarb. IV. S. 117. 118).

2749. C. variegatus Hoppe.

Als Besucher beobachtete Schletterer bei Pola die Apiden: 1. Eucera longicornis L.; 2. Halictus calceatus Scop.; 3. H. malachurus K.; 4. Podalirius acervorum L.; 5. P. retusus L. v. meridionalis Pér.; 6. Xylocopa violacea L.

620. Gladiolus Tourn.

Protandrische Hummelblumen. Nach Treviranus soll durch Zurückbiegen des Griffels zuletzt Autogamie erfolgen.

2750. G. segetum Ker. [Delpino, Ult. oss. S. 384; Kerner, Pflanzenleben II. S. 247, 302; Loew, Bl. Flor. S. 347, 348; Grassmann, Septaldrüsen; Urban, Einseitw. Blütenstände; Jordan, Diss.] — Die purpurroten Blüten besitzen, wie die der folgenden Arten, einen weissen, purpurrot eingefassten Saftmalstreifen auf den drei unteren Perigonzipfeln. Die Länge der Blüte beträgt 35—45 mm. Nach Loew klaffen die Perigonzipfel an den Rändern ein wenig und springen an der Unterseite weiter nach vorn vor, als an der Oberseite. Die schwach gebogenen, mit etwa 10 mm langer und 3 mm weiter Perigonröhre versehenen Blüten sind der Form und der Grösse nach für Hummeln eingerichtet, welche in ihnen bequem Platz finden. Dabei streifen diese Besucher in Blüten, die sich im ersten Stadium befinden, mit ihrem Rücken den Pollen von den unter dem dachförmigen oberen Perigonzipfel liegenden Antheren ab und bringen ihn in Blüten, deren Narben durch Verlängerung des Griffels in der Zufahrtslinie zum Pollen liegt, auf die hautartige, stark papillöse, nach unten und vorn ausgebreitete Narbe. Der Zugang zu dem vom Fruchtknoten abgesonderten Honig erfolgt, nach Grassmann, durch je ein rechts- und linksliegendes, von den Staubfäden gebildetes Saftloch. Diesen beiden Saftlöchern wenden, nach Jordan, die beiden seitlichen Staubblätter infolge einer Drehung ihre pollenbedeckte Seite zu. Auch das vordere Staubblatt ist ursprünglich nach aussen gedreht, doch wird es nach hinten übergebogen, wodurch der Griffel an das hintere Perigonblatt gedrückt wird. Urban hat über die nachträgliche Drehung der Blüten und den Zusammenhang ihrer Stellung mit dem Insektenbesuch eingehende Mitteilungen gemacht.

Ausser zweigeschlechtigen Blüten beobachtete Delpino rein weibliche.

Als Besucher beobachtete Loew im botanischen Garten zu Berlin ausser normal saugenden und dabei Kreuzung bewirkenden Hummeln kleinere für die Blüte nutzlose Apiden (Apis, Anthrena). Daselbst beobachtete er an

2751. G. triphyllos Sibth.:

Apis, vergeblich sgd.

2752. G. Gandavensis Hort. (G. cardinalis × psittacinus) wird durch langrüsselige Hummeln bestäubt, welche den Pollen auf dem Rücken forttragen und auf die Narbe bringen. (Mágóscy-Dietz, F. K. 1890.)

2753. G. palustris Gaudin. [H. M., Weit. Beob. I. S. 283; Knuth, Bijdragen.] — Die Blüteneinrichtung ist dieselbe wie bei G. segetum.

Als Besucher beobachtete Borgstette in Tecklenburg und ich in Gärten bei Kiel: Bombus hortorum L. ⚥, sgd.

2754. G. communis L. [H. M., Weit. Beob. I. S. 283.]

Als Besucher sah Buddeberg in Nassau 2 Bienen: Osmia rufa L. ♀ und O. adunca Latr. ♂, sgd.

Schletterer giebt für Tirol als Besucher an die Apiden: 1. Bombus argillaceus Scop.; 2. Xylocopa violacea L.

621. Iris Tourn.

Kölreuter, Vorläufige Nachricht S. 21; Sprengel, S. 69—70.

Herkogame Hummel- oder Schwebfliegenblumen mit grossen, gewölbten, blumenblattartigen Griffelschenkeln.

2755. I. Pseudacorus L. [Sprengel, S. 69—78; H. M., Befr. S. 67 bis 70; Mac Leod, B. Jaarb. V. S. 315—316; Ludwig, Biol. Centralbl. VI. 1887. Nr. 24; Kirchner, Flora S. 80; Knuth, Bijdragen.] — Die grossen, gelben, geruchlosen Blüten haben auf den äusseren Perigonblättern ein Saftmal in Form eines dunkelgelben Fleckes, welcher von einer braunen Zickzacklinie eingefasst wird; ausserdem führen ebenso gefärbte Linien in das

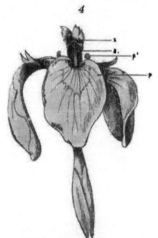

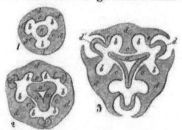

Fig. 401. Iris Pseudacorus L. (1—3 nach Herm. Müller; 4 nach der Natur.)

1 Querdurchschnitt durch den röhrigen Teil der Blkr. 2 Querdurchschnitt durch die Blkr. an der Stelle, wo ihre sechs Blätter frei werden. 3 Querdurchschnitt durch eine noch etwas höher gelegene Stelle der Blkr., um die Lage der 3 Paar Saftzugänge zu den Griffelblättern und äusseren Blumenblättern zu zeigen. a Griffel. a' a' a' Die drei blattartig verbreiterten Griffeläste (Griffelblätter). b Safthalter. ccc Unterer Teil der Staubfäden, mit den äusseren Blumenblättern verwachsen. ddd Grosse, äussere Blumenblätter. d' d' d' Kleine, innere, aufrecht stehende Blumenblätter. ee Die beiden Leisten jedes äusseren Blumenblattes, welche mit der Basis der Staubfäden zusammen die Saftzugänge umgrenzen. 4 Blüte von der Seite gesehen (1:2), eine der drei blattförmigen Griffel ist emporgehoben, um die Narbe (s) und die Anthere (a) zu zeigen. p Äusseres Perigonblatt mit dem Saftmale, p' inneres Perigonblatt.

Blüteninnere nach dem vom Grunde des Perigons abgesonderten und in der Röhre zwischen diesem und dem Griffel beherbergten Honig. Der Zugang zu demselben führt nur zwischen den drei grossen, als Anflugstelle dienenden, äusseren Perigonblättern und den darüber liegenden drei Griffelschenkeln hindurch. Jeder dieser drei Zugänge wird durch mit den Perigonblättern verwachsene Staubfäden in zwei getrennte Röhren geteilt. Die dem Nektar nachgehenden Besucher kriechen auf dem Anfliegeblatt vorwärts unter das Griffelblatt, wobei sie die Oberseite des als Narbe dienenden Läppchens nach hinten umbiegen, so dass sie dieselbe mit dem von einer anderen Blüte mitgebrachten Pollen bestäuben. Beim Weiterkriechen streifen sie die nach unten in zwei Längsstreifen aufgesprungene Anthere und bedecken ihren Rücken wieder mit Pollen. Nachdem sie vom Nektar genossen haben, kriechen sie rückwärts wieder heraus, wobei sie die wieder nach oben geklappte Oberseite des Narbenläppchens nicht von neuem streifen können. Es erfolgt also regelmässig Fremdbestäubung, ausnahmsweise auch wohl mal Selbstbestäubung; spontan kann letztere nicht eintreten. Zur Erreichung des Nektars ist ein 7 mm langer, zur Ausbeutung desselben ein 15 mm langer Rüssel nötig.

Die Blumen treten in zwei blütenbiologischen Formen auf:

a) **bombophila** Knuth. Das Griffelblatt steht 6—10 mm über dem zugehörigen Perigonblatt. Diese Entfernung entspricht der Höhe einer kriechenden Hummel, während kleinere Besucher, insbesondere die sich häufig einstellende Schnabelfliege (Rhingia rostrata L.) weder den Narbenlappen zurückklappt, noch die Anthere berührt, sondern sie marschiert, wie es Hermann Müller beschreibt und auch ich häufig beobachtet habe, auf einem der äusseren Perigonblätter bis zu den Saftzugängen, senkt ihren 11 mm langen Rüssel erst in den einen, dann in den anderen derselben hinein und geht, wenn sie getrunken hat, einige Schritte rückwärts, um auch zu essen. Sobald sie sich unter der Anthere befindet, richtet sie den Kopf in die Höhe, streckt ihren langen Rüssel bis zu derselben empor und frisst Pollen. — Es ist also ihr Besuch den Blüten dieser Form nicht nur nicht von Nutzen, sondern sogar von Nachteil.

b) **syrphophila** Knuth. Das Griffelblatt liegt dem zugehörigen Perigonblatt dicht an. Unter dem Narbenläppchen bleibt dann infolge der Wölbung des Griffelblattes ein kleiner Eingang in den von den beiden Blättern umschlossenen Hohlraum frei. Letzterer reicht für die Aufnahme einer mittelgrossen Schwebfliege, insbesondere der oben erwähnten Rhingia aus, während eine Hummel nicht einzudringen vermag. Genau in derselben Weise, wie eine Hummel in der Form a), so kriecht die Schwebfliege in der Form b) unter das Griffelblatt, streift zuerst das Narbenläppchen, dann die Antheren mit dem Rücken, trinkt aus beiden Saftgängen und zieht sich dann rückwärts schreitend, ohne Pollen zu fressen, aus der Blüte zurück und fliegt auf eine andere. Ebenso wie die Rhingia der vorigen Blütenform keinen Vorteil, sondern nur Nachteil brachte, sind die Hummeln für die Form b) gleichfalls nur nachteilig. H. Müller beobachtete eine grosse Schmarotzerhummel (Psithyrus vestalis Fourc. ♀) von 25 mm Länge und 10 mm Dicke wiederholt an den Blüten herumbiegen und den Rüssel über dem Grunde der freien Teiles eines äusseren Perigonblattes seitlich in einen der beiden Saftzugänge stecken und saugen, so dass weder die Anthere noch die Narbe berührt wurde.

c) intermedia Knuth. Der Abstand der äusseren Perigonblätter und des Griffelblattes ist ein mittlerer. Diese Form ist selten.

Nach Herm. Müllers Beobachtungen ziehen sich die Hummeln aus der Blütenform a) nicht rückwärts kriechend zurück, wie es schon von Sprengel angegeben wird, und wie ich es mehrfach gesehen habe, sondern sie kürzen sich nach Aussaugung der einen der drei zu einer Blüte gehörigen Doppelröhren den Weg zu einer anderen dadurch bedeutend ab, dass sie seitwärts nach einem der beiden benachbarten äusseren Perigonblätter hinübergreifen und auf dasselbe übergehen. Darauf drängen sie sich unter das Griffelblatt, saugen Honig und verfahren bei dem dritten Honigbehälter ebenso. Alsdann fliegen sie auf eine andere Blüte, um diese in derselben Weise auszubeuten. Auf diese Weise bewirken sie natürlich nur Fremdbestäubung. Nur an den Blüten der Form c) sah H. Müller die Hummeln rückwärts schreitend aus der von dem Griffel- und Perigonblatt gebildeten Höhle sich zurückziehen und dann auf ein anderes äusseres Perigonblatt oder eine andere Blüte fliegen. Diese Mittelform vereinigt die Nachteile der beiden extremen Formen, denn sie ist weder vor Pollenraub durch Rhingia, noch vor Honigraub durch Bombus geschützt. Daraus erklärt sich auch ihre verhältnismässige Seltenheit. — Pollen, nach Warnstorf, gelb, im Wasser kugelig, netzig-warzig, sehr gross, durchschnittlich 125 μ diam.

Als Besucher sind von H. Müller (1) und mir (!) beobachtet:

A. Hymenoptera: *Apidae*: 1. Apis mellifica L. ⚥ (!, 1), vergeblich nach Honig suchend oder höchstens die oberste Schicht erlangend, seitlich wieder herauskriechend; 2. Bombus agrorum F. ♀⚥ (!, 1), hsgd., von mir viel häufiger als die folgende gesehen; 3. B. hortorum L. ♀⚥ (!, 1), dsgl.; 4. B. rajellus K. ♀ (1), sgd.; 5. Osmia rufa L. ♀ (1), honigsaugend, ohne zu befruchten, weil zu klein; 6. Psithyrus vestalis Fourc. ♀, honigraubend. B. Diptera: *Syrphidae*: 7. Rhingia rostrata L., sgd. und pfd. (!, 1).

2756. I. pyrenaica Bubani. (I. xyphioides Ehrh.) [Mac Leod, Pyreneeënbl. S. 306—309.] — Bienenblume. Die grossen blauen Blüten besitzen als Saftmal gelbe Streifen auf den äusseren Perigonblättern. Die Blüteneinrichtung stimmt mit derjenigen der vorigen Art überein; die zur Ausbeutung des Honigs nötige Rüssellänge beträgt jedoch nur 7 mm. Es lassen sich jedoch eigentlich keine biologische Formen wie bei I. Pseudacorus unterscheiden, da zwischen den Blumen mit grösserem und mit kleinerem Abstand der Narbenblätter von den äusseren Perigonblättern zahlreiche Übergänge vorkommen.

Als Besucher beobachtete Mac Leod in den Pyrenäen Bombus hortorum L. ⚥; diese Hummel kroch beim Verlassen der Blüte rückwärts heraus.

Loew sah im bot. Garten zu Berlin Apis, vergeblich sgd.

2757. I. pumila L. [Warnstorf, Bot. V. Brand. Bd. 38. S. 55, 56.] — Die Antheren stehen bald unter der Unterlippe der Narbenblätter, bald ragen sie darüber hinaus. Im ersteren Falle müssen die die Blüten besuchenden Insekten beim Hineinkriechen zuerst die innen mit Papillen bedeckte Unterlippe eines Narbenblattes berühren, während sie in den anderen Blüten nur mit der nach aussen sich öffnenden Anthere in Berührung kommen und sich auf der Oberseite mit Pollen bedecken. — Blütendauer nur einen Tag. Pollen sehr unregelmässig, gross, weiss, mit hohen, oft leistenartig verbundenen Warzen, bis 100 μ diam. messend.

2758. I. graminea L. [Knuth, Bot. Centralbl. Bd. 75.] — Der Abstand des Narbenblattes von dem grossen saftmalgeschmückten Perigonblatte ist ein so geringer, dass die Honigbiene sich nur mit Mühe dazwischen zu drängen vermag, um bis zum Honig vorzudringen. Dabei streift sie den Narbenlappen und belegt die sich herabklappende Oberseite desselben mit mitgebrachtem Pollen, den sie bei weiterem Eindringen in die Blüte durch Streifen der aufgesprungenen Anthere erneuert. Die Honigröhre ist 5—5$^1/_2$ mm lang, entspricht also ganz genau der 5—6 mm betragenden Länge des Rüssels der Honigbiene.

Die schön violettblau gefärbten, honigduftenden (nach den Pflanzenkatalogen soll der Geruch an denjenigen von Pflaumen erinnern) Blüten sah ich am 18. Juni 1898 im Garten der Oberrealschule zu Kiel von zahlreichen Exemplaren von Apis mellifica L. ⚥ besucht, welche, wie oben beschrieben, die Befruchtung vermittelten. Meist krochen sie nach dem Saugen seitwärts aus der Blüte heraus, in vielen Fällen, wenn der seitliche Ausgang eng war, aber auch rückwärts aus dem Eingange, doch verursachte ihnen letzteres offenbar ziemlich grosse Mühe.

2759. I. sibirica L. [Loew, Blütenb. Fl. S. 346, 347; Dodel-Port, Iris sib.] — Die angenehm duftenden, blauen Blumen haben bogenförmig gekrümmte, 46—51 mm lange äussere Perigonblätter mit schöner Saftmalzeichnung. Sie sind blau mit dunkleren Gabeladern und an ihrem stark verschmälerten Grunde gelb mit violetten Queradern, einigen mittleren blauen Längsadern und blauen Strichen auf weissem Grunde; weiter oberwärts befindet sich ein grösseres weisses Feld mit blauer Aderung. An dem Grunde der äusseren Perigonblätter befindet sich zu beiden Seiten eine etwa 3 mm hohe, weisse Leiste mit bläulicher Zeichnung; sie legt sich jederseits an einen kleinen zahnartigen Vorsprung des verschmälerten Grundes der inneren Perigonblätter an. Diese stehen aufrecht und sind blau mit zarter Aderung. Die drei blumenblattartigen Griffelblätter liegen den äusseren Perigonblättern ziemlich dicht an; sie überragen die unter ihnen befindlichen Staubblätter um 6—9 mm.

Die Blüten, nach Loew und nach Dodel-Port, protandrisch. Mit dem Aufblühen der Blumen sind die Antheren aufgesprungen, während die obere Fläche der dreieckigen Narbenläppchen noch dem sie überdachenden Griffelblatte angedrückt ist. Später biegt sich das Narbenblättchen abwärts, so dass seine papillentragende Oberseite von den einkriechenden Hummeln gestreift und belegt wird, während dies im ersten Blütenstadium nicht geschehen kann, sondern nur die pollenbedeckte Anthere gestreift wird. Es ist daher Fremdbestäubung gesichert.

Als Besucher beobachtete Loew (Bl. Fl. S. 391) im Bredower Forst bei Nauen Hummeln: Bombus variabilis Schmiedeknecht und Psithyrus campestris Pz.; ferner im bot. Garten zu Berlin Bombus hortorum L. ♀, sgd. — Daselbst beobachtete Loew an

2760. I. germanica L.:

Bombus hortorum L. ♀, sgd.

2761. Aristea pusilla Ker-Gawl. ist, nach Francke (Diss.) homogam, doch ist Autogamie durch die Stellung von Narbe und Antheren ausgeschlossen. Die Bestäubung erfolgt durch Wind oder Insekten.

622. Sisyrinchium L.

Hansgirg bezeichnet die sämtlichen von ihm untersuchten Sisyrinchium-Arten als Eintagsblumen. (Bot. Centralbl. XLIII. p. 415.)

2762. S. anceps Lamarck. [Loew, a. a. O. S. 346; Kerner, Pflanzen-leben II. S. 208, 385.] — Die Blütedauer dieser aus Nordamerika stammenden Art beträgt nur einen Tag, und zwar öffnet sich die Blume, nach Kerner, vormittags von 10—11 Uhr und schliesst sich um 4—5 Uhr nachmittags. Die blauen, am Grunde grüngelb gefleckten, flach ausgebreiteten Perigonzipfel ziehen sich zu einer etwa 1 mm langen Röhre zusammen, welche, nach Kerner, innen Honig absondert, der, nach Loew, aber nicht in freien Tröpfchen hervortritt. Die den Griffel umschliessende Staubfadenröhre trägt die nach aussen gerichteten Antheren, welche bereits in der Knospe aufgesprungen sind und anfangs von den Griffelästen überragt werden. Gegen Ende der Blütezeit ist Autogamie möglich, indem eine nachträgliche Verlängerung des Perigons stattfindet, wodurch die Narben mit Pollen in Berührung kommen, welcher sich an der Innenseite des Perigons angeklebt hatte. Bei ungünstiger Witterung erfolgt, nach Kerner, pseudokleistogam in der geschlossen bleibenden Blüte spontane Selbstbe-stäubung.

Als Besucher beobachtete Loew im botanischen Garten zu Berlin kleine Bienen (Halictus minutissimus K. ♀, sgd.).

2763. Tigridia pavonica Red. beginnt, nach Duchartre, meist zwischen 5 und 6 Uhr morgens, mit der Blütenöffnung. Diese ist um 10 Uhr beendet. Das Abblühen beginnt schon zwischen 2 und 3 Uhr nachmittags und ist um 5 Uhr beendet.

2764. Hermodactylus tuberosus Mill. hat, nach Arcangeli (Bull. d. Soc. bot. ital. 1895), geruchlose, bereits im Februar blühende Blumen, deren dunkle Flecke aus der Ferne wie grössere Bienen erscheinen. Durch diese Mimicry wird in der That Xylocopa violacea L. angelockt und vollzieht alsdann die Kreuzung der Blüten.

152. Familie Amaryllidaceae R. Br.

Knuth, Grundriss S. 99: Pax in Engler und Prantl, Nat. Pflanzen-familien II. 5. S. 100—101.

Die beiden Blattkreise des oberständigen, blumenkronartigen Perigons dienen als Schauapparat. Bei Narcissus und Tazetta wird die Augenfälligkeit noch durch eine Nebenkrone erhöht, durch welche gleichzeitig eine tiefere Bergung des Nektars bewirkt wird.

623. Narcissus L.

Homogame bis schwach protogyne Hummel- oder Falterblumen, deren Nektar im Grunde der Perigonröhre abgesondert und geborgen wird. Zuweilen Di- bis Polymorphismus.

Loew (Blütenbiol. Beitr. II. S. 84) unterscheidet nach den Bestäubungseinrichtungen folgende Gruppen:

1. **Hummelblumen:** Nebenkrone gross, glockenförmig; Perigonröhre am Ende trichterförmig erweitert, durch die Antheren wenig oder nicht verengt: N. odorus, N. Pseudo-Narcissus.

2. **Mittelbildung zwischen Hummel- und Falterblume:** Nebenkrone becherförmig, mässig tief; Perigonröhre eng, mässig lang; obere Antheren aus derselben hervorragend, untere eingeschlossen: N. triandrus.

3. **Falterblumen:** Nebenkrone flach schüsselförmig, am Rande gekerbt; Perigonröhre lang, durch die Antheren sehr verengt: N. poëticus, N. triflorus.

4. **Hummel- und Falterblumen:** Nebenkrone becherförmig; Perigonröhre mässig lang, oberwärts etwas erweitert; Blumen klein; Perigonblätter kürzer als die Röhre: N. Tazetta, N. polyanthus, N. primulinus.

5. **Falterblume:** Nebenkrone flach schüsselförmig; Perigonröhre sehr lang und dünn, durch die Antheren am Eingange noch mehr verengt: N. Jonquilla.

2765. N. poëticus L. [Kirchner, Flora S. 73; Kerner, Pflanzenleben II. S. 186.] — Eine Falterblume. Die weissen, nickenden, stark nelkenduftenden, nektarreichen Blüten besitzen eine schüsselförmige, grünlichgelbe, am Saume gekerbte und zinnoberrotgefärbte Nebenkrone. Sie sind, nach Kirchner, homogam, nach Kerner schwach protogyn. Die Perigonröhre ist etwa 30 mm lang. In ihrem Eingange stehen die sechs Antheren in zwei Reihen dicht unter einander, und zwar sind die drei oberen kleiner, als die drei tiefer stehenden. Die sechs Antheren springen nach innen auf und müssen, da sie den Blüteneingang fast vollständig ausfüllen, ebenso wie die Narbe von den Besuchern berührt werden. Letztere steht im Eingange zur Blumenröhre zwischen den drei oberen Antheren, so dass bei ausbleibendem Besuche spontane Selbstbestäubung erfolgen muss. Nach Kerner verkürzen sich die ursprünglich etwa 11 mm langen Antheren nach dem Ausstäuben auf 4 mm.

2766. N. biflorus Curt. [Loew, Blütenb. Beitr. II. S. 82.] — Die Blüteneinrichtung stimmt mit derjenigen der vorigen Art überein, doch ist die Perigonröhre nur 26 mm lang, bei einer oberen Weite von 5 mm und einer unteren von 4 mm. Die Art erscheint daher der Bestäubung durch Abendfalter angepasst.

2767. N. Pseudo-Narcissus L. [Knuth, Bijdragen.] — Eine Hummelblume. Die blassgelben Blüten besitzen eine goldgelbe, etwas trichterförmig
erweiterte Nebenkrone. Nach Burkill (Fert. of Spring Fl. in Journ. of Bot.
1897) ist der Durchmesser der Blumenkrone 40—50 mm, die Tiefe der Kronröhre 45 mm, ihre Breite an der Öffung 15 mm. Die Narbe und die von ihr
um 4—5 mm überragten Staubblätter werden von der Krone umschlossen. Die
Antheren springen unmittelbar nach der Blütenöffnung nach innen auf und
entleeren ihren Pollen auch zum Teil auf den Griffel. Grössere Insekten
berühren beim Eindringen in die Blüte zuerst die Narbe, später die pollenbedeckten Antheren und den Griffel. Da die Blüten homogam sind, ist für die
Befruchtung einer Blume ein Insektenbesuch hinreichend. Die Zugänge zu den
drei Nektarien im Blütengrunde liegen zwischen den Filamenten; sie sind
1—1½ mm weit und vom Nektar 6 mm entfernt, so dass ein 6 mm langer
Rüssel denselben erreichen kann. — Pollen, nach Warnstorf, gelb, unregelmässig brotförmig, warzig, bis 63 μ lang und 30 μ breit.

Als Besucher beobachtete ich in Gärten bei Kiel eine langrüsselige Biene:
Anthophora pilipes F. ♀, welche, mit dem Kopfe und der Brust in die Blüte eindringend
mit ihrem 19—21 mm langen Rüssel den Honig auszubeuten vermochte und so Kreuzung
herbeiführen konnte. Ferner Meligethes, tief im Blütengrunde, ohne Nutzen für die
Blume, höchstens gelegentlich Selbstbestäubung bewirkend.

Höppner beobachtete bei Bremen eine saugende Biene: Osmia rufa L.; Schenck
in Nassau Osmia rufa L. ♂; v. Fricken in Westfalen und Ostpreussen die Nitidulide
Epurea aestiva L.

Delpino (Ult. oss. in Atti XVII) sah eine langrüsselige Biene als Besucher und
Befruchter.

Burkill (Fert. of. Spring Fl.) beobachtete an der Küste von Yorkshire:
A. Acarina: 1. 1 Sp. auf den Blüten umherkriechend. B. Diptera: a) *Muscidae*: 2. Phorbia
muscaria Mg., ohne Erfolg auf jedem Teil der Blüte Honig suchend, dabei wahrscheinlich zuweilen Selbstbefruchtung bewirkend; 3. Eine andere Muscide, Honig suchend.
b) *Syrphidae*: 4. Eristalis pertinax Scop., Honig suchend. C. Hymenoptera: *Apidae*:
5. Anthrena clarkella K.♀, vergeblich Honig suchend. D. Thysanoptera: 6. Thrips sp.

2768. N. calathinus L. (N. reflexus Loisl.) [Crié, polymorph. du
Narcisse.] — Die auf den Glénansinseln vorkommenden Pflanzen treten in drei
verschiedenen Formen auf: einer langgriffeligen, einer kurzgriffeligen und einer
mit drei entwickelten und drei verkümmerten Staubblättern.

2769. N. triandrus L. (Wolley Dod, polym. of N. tr.; Loew, Blütenbiol. Beitr. II. S. 81, 82) ist, nach Loew, protandrisch und erscheint nach dem
Blütenbaue sowohl langrüsseligen Apiden als auch Faltern angepasst. Auch
diese, in Spanien heimische Art ist, nach Wolley Dod, polymorph, und zwar
lassen sich in Bezug auf das gegenseitige Verhältnis der Länge von Staubblättern und Griffeln drei Hauptformen unterscheiden.

2770. N. odorus L. [Loew, Bl. Fl. S. 348, 349.] — Eine Hummelblume. Die Perigonröhre der schwefelgelben Blume ist 19 mm lang und nach
oben trichterförmig erweitert. Die glockenförmige, mit sechs stumpfen Lappen
versehene Nebenkrone ist 12 mm lang und 17 mm weit. Da die Narbe oberhalb der Antheren steht, wird sie von passenden Besuchern früher als letztere

gestreift. Beide Organe ragen weit in die Nebenkrone hinein, versperren daher den Eingang zu der Perigonröhre, die in ihrem Grunde den Nektar beherbergt, nicht.

Als Besucher beobachtete Loew im botanischen Garten zu Berlin eine langrüsselige Biene: Antophora pilipes F.

2771. N. Jonquilla L. [Loew, Blütenbiol. Beitr. II. S. 83, 84.] — Die Perigonröhre ist sehr lang (30 mm) und eng (2 mm). Die drei oberen Antheren überragen die Narbe um etwa 2 mm und lassen nur drei sehr enge Eingänge zur Perigonröhre frei; die unteren sind mit der Spitze etwa 4 mm vom Eingang entfernt. Die protogynischen Blüten sind wohl der Befruchtung durch Falter angepasst.

2772. N. polyanthos Lois.
sah Loew (Blütenbiol. Beitr. II. p. 83) im botan. Garten zu Berlin von Anthophora pilipes F. ♀ besucht.

2773. N. primulinus R. P. [Loew, Blütenbiol. Beitr. II. S. 83.] — Die Antheren der drei oberen Staubblätter lassen nur drei enge Zugänge zur Blüte und überragen die Narbe um etwa 1 mm. Letztere steht etwas höher als die unteren, ziemlich tief in der Kronröhre stehenden Antheren.

2774. N. juncifolius Reg. ex Lag. Nach Kerner (Pflanzenleben II. S. 373) sind die Blüten anfangs seitlich gestellt, während sie später aufwärts gewendet sind, so dass alsdann Autogamie durch Pollenfall eintreten kann.

2775. N. Tazetta L. [Delpino, Altr. app. S. 59; Arcangeli, Compendio della Flora italiana, S. 677; Loew, Blütenbiol. Beitr. II. S. 83; Knuth, Bijdragen.] — Von den sechs Antheren ragen die drei oberen etwas mehr als die drei unteren hervor. Sie schliessen den Schlund bis auf sechs enge Zugänge. Nach Loew steht die Narbe ziemlich tief unter den Antheren; nach Arcangeli ist der Griffel nur wenig kürzer als die oberen Staubblätter. Loew fand die Blüten protogynisch. Die duftenden, gelben oder weissen Blumen mit gelber oder orangefarbiger Nebenkrone glaubt Delpino hauptsächlich von Nacht- oder Dämmerungsfaltern besucht, doch beobachtete derselbe Anthophora pilipes F. als Besucher. Dieselbe Biene sah ich auch an Gartenpflanzen bei Kiel.

2776. Crinum L. Eine protandrische Art mit weissen, duftenden, 15 cm langen Blüten, aus welchen Staubblätter und Narbe weit hervorragten, sah Delpino (Altri app. S. 56, 57) bei Florenz von Faltern besucht. Er vermutet, dass in der Heimat der Pflanze auch honigsaugende Vögel an der Befruchtung beteiligt sind.

2777. Pancratium maritimum L. birgt, nach Delpino (Altri app. S. 56) den Nektar so tief, dass nur langrüsselige Abend- und Nachtfalter und Anthophora pilipes als Besucher (bei Florenz) auftreten.

624. Leucojum L.

Weisse, unter der Spitze der Perigonblätter grün gefleckte Blumen, welche keinen freien Nektar abzusondern scheinen, sondern welche am Griffelgrunde einen Wall saftreichen Gewebes besitzen.

2778. L. vernum L. [Sprengel, S. 181—182; Kerner, Pflanzen-leben II; Knuth, Bijdragen; B. C. Bd. 74.] — Durch die herabhängende Stellung der Blüte und durch die dachige Anordnung der Perigonblattreihen werden die inneren Teile gegen Regen geschützt. Sprengel betrachtete den mittleren Teil des Griffels als das honigabsondernde Organ. „An dieser Stelle," sagt er, „habe ich bey allen Blumen, die sehr alten ausgenommen, Saft gefunden. So ungewöhnlich nun diese Bestimmungen des Griffels ist, ebenso ungewöhnlich und bloss hieraus erklärbar ist sowohl seine Gestalt, da er so dick ist, als auch das [grüne] Saftmal, mit welchem er [an der Spitze] geziert ist". Kerner (Pflanzenleben II. S. 166) bezeichnet den fleischigen Blütenboden als die den Besuchern gebotene Nahrung. Da sämtliche Blumenblätter längsgestreift sind und alle diese farblosen Streifen daher in den Blüten-grund weisen, so wird diese Annahme, welche ich durch direkte Beobachtung allerdings nicht bestätigen kann, noch wahrscheinlicher. Da auch die Perigonblätter an ihrem Grunde ein wenig angeschwollen sind und am Rande des Wulstes, dem auch die Staubblätter ein-gefügt sind, stehen, ist es nicht unwahrscheinlich, dass das ganze Gewebe des Blütengrundes safthaltig ist und von den Besuchern angebohrt wird. Freie Nektar-absonderung konnte ich nirgends wahrnehmen. Über die wahrscheinliche Lage des Nektariums vgl. L. aesti-vum. Die jüngeren Blüten riechen ziemlich stark veilchenartig, die älteren haben einen unangenehmen Geruch, welcher entfernt an denjenigen von bitteren Mandeln erinnert.

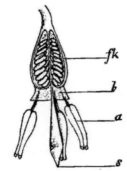

Fig. 402. Leucojum ver-num L. (Nach der Natur. Vergr. 2:1.)

Blüte im Aufriss nach Ent-fernung der Perigonblätter und der drei vorderen Staub-blätter. *fk* Fruchtknoten, *b* schwammiger, zuckerhal-tiger Blütenboden. *a* An-there, *s* Narbe.

Die nickenden Blüten sind homogam. Die An-therenfächer der sechs Staubblätter öffnen sich nach unten und lassen schon bei leisem Anstoss ein Pröbchen gelben Pollens fallen, so dass besuchende Insekten sich damit bestreuen müssen, sobald sie in die Blüten eindringen. Da die Narbe die Antheren ein wenig überragt, wird sie von den Besuchern zuerst berührt, so dass Fremdbestäubung eintritt. In den geöffneten Blüten sind die Antheren soweit von der Narbe entfernt, dass spontane Selbstbestäubung nicht eintreten kann. Beim abendlichen Schliessen der Blüten erfolgt letztere jedoch, indem die Antheren und auch die meist mit Pollen bestreuten Innenseiten der Perigonblätter mit der Narbe in Berührung kommen.

Als Besucher beobachtete ich zahlreiche saugende und pollensammelnde Honig-bienen, sowie auch (21. 3. 96) Vanessa urticae L., sgd.; Mac Leod in Flandern gleich-falls die Honigbiene (B. J. V. S. 315).

2779. L. aestivum L. [Loew, Bl. Fl. S. 349; Knuth, Bijdragen; B. C. Bd. 75.] — Die Blüteneinrichtung ist dieselbe wie bei voriger Art, doch ist der Griffel erheblich dünner und etwas länger, so dass die Narbenspitze die Antheren um 3 mm überragt, mithin Fremdbestäubung bei Insektenbesuch in noch höherem Grade gesichert ist, als bei L. vernum. Bleibt solcher aus, so kann beim Schliessen der Blüten auf die Weise spontane Selbstbestäubung erfolgen, dass der in den Perigonblättern haften gebliebene Pollen an die Narbe gedrückt wird.

Das Nektarium suchte ich auf dieselbe Weise wie bei L. vernum [1]), doch behandelte ich diesmal nicht die einzelnen Blütenteile, sondern die ganzen Blüten teils mit Fehlingscher Lösung, teils mit der von Hoppe-Seyler zuerst als Zuckerreagenz angegebenen O-Nitrophenylpropiolsäure [2]), welche beim Erhitzen mit reduzierenden Substanzen Indigo abscheidet. Bei der Behandlung einer Anzahl abgeschnittener grüner Pflanzenteile hatte ich nämlich gefunden, dass jede frische Schnittfläche die Reduktion der Reagentien bewirkt und sich an ihr entweder Kupferoxydul oder Indigo ausschied. Indem ich nun die ganzen Blüten mit den Reagentien behandelte, vermied ich frische Schnittstellen, deren austretenden Saft die Reduktion hätte bewirken können [3]). Dabei

---

[1]) B. C. Bd. 74. Nr. 6.

[2]) Zeitschrift für physiologische Chemie. Bd. VII. S. 83.

[3]) In derselben Weise habe ich noch eine Anzahl anderer Blüten, in welchen die Lage der Nektarien eine zweifelhafte ist, untersucht. Ich liess die ganzen Blüten erst 24 Stunden in den Reagentien liegen, erhitzte sie darauf bis zum Aufkochen und wusch sie alsdann sofort mit kaltem Wasser aus. Es zeigte sich dabei folgendes: 1. Tulipa silvestris L.: die am Grunde der Staubfäden befindlichen Haare zeigen besonders an der Innenseite eine starke Farbstoffeinlagerung; auch die entwickelten Narbenpapillen sind mit Indigo bedeckt. 2. Tulipa Gesneriana L.: der Grund der Perigonblätter ist auf eine Strecke von etwa 1½ cm mit Indigo durchsetzt; ferner sind die Spitzen der Staubfäden und die Narbenpapillen gebläut. 3. Orchis latifolia L.: die mit den Reagentien behandelten Blüten zeigten den Sporn (aber keinen anderen Blütenteil) ganz mit Indigo bezw. Kupferoxydul angefüllt, so dass auf diese Weise der Nachweis von Zucker in dem Gewebe völlig gelang. 4. Majanthemum bifolium Schmidt zeigte nur zuweilen eine tiefe Blaufärbung von Blütengrund, Fruchtknoten und Narbe, so dass geschlossen werden muss, dass die Honigbildung auch in den Blüten desselben Standortes eine wechselnde ist. 5. Polygonatum officinale All.: das Gewebe im oberen Teile der Blumenkrone, also unterhalb des grünen Saftmals der Perigonzipfel, war von eingelagertem Indigo, bezw. Kupferoxydul tief blau, bezw. rot gefärbt, so dass hier der Sitz des Honigs zu suchen ist, während die Fruchtknotenwand keine Einlagerung erkennen liess. 6. Convallaria majalis L.: der Grund der Perigonblätter und der Blütenboden zeigten reichliche Einlagerung der Farbstoffe, so dass hier zuckerhaltiges Gewebe vorhanden sein dürfte. 7. Nymphaea alba L.: die Narben der mit den Reagentien behandelten Blüten zeigten eine Auflagerung von Farbstoff. 8. Cytisus Laburnum L.: der die Einfügungsstelle der Fahne nach vorn umschliessende Wulst färbte sich beim Behandeln der Blüten mit Nitrophenylpropiolsäure von eingelagertem Indigo dunkel, so dass hier saftreiches Gewebe vorhanden ist. 9. Vitis vinifera L.: Alle Blütenteile (mit Ausnahme der Antherenfächer) zeigten sich nach dem Behandeln mit obiger Säure stark mit Farbstoff durchzogen, während bei der Einwirkung von Fehlingscher Lösung die Nektarien stark, die Narbe schwach ziegelrot erschienen, die übrigen Blütenteile aber ungefärbt blieben. Diesem verschiedenem Verhalten den beiden Reagentien gegenüber ist vielleicht der Schluss gerechtfertigt, dass vorzugsweise die Nektarien honighaltig sind. 10. Symphoricarpus racemosa Mchx.: Nach Behandlung der Blüten mit Nitrophenylpropiolsäure zeigte sich, dass das ganze Gewebe

stellte sich heraus, dass die Blüten von Leucojum aestivum sowohl mit
Fehlingscher Lösung, als auch mit dem Hoppe-Seylerschen Reagenz
nur in der Mitte der Perigonblätter unterhalb des grünen Fleckes an der Spitze
eine Einlagerung von Kupferoxydul, bezw. Indigo zeigten, sowie in geringerem
Masse auch der ganze Griffel unterhalb der verdickten, grünlichen Spitze, so
dass an den genannten Stellen die Honigabsonderung stattfinden dürfte.

Demnach erscheint es auch notwendig, die ganzen Blüten von Leucojum
vernum und wohl auch von Galanthus nivalis, bei welchen ich abge-
schnittene Blütenteile mit den genannten Reagentien behandelt hatte, nochmals
zu untersuchen.

Als Besucher und Befruchter von Leucojum aestivum beobachtete ich
in Kieler Gärten wiederholt die Honigbiene, doch konnte ich die Art ihrer
Thätigkeit in den Blüten nicht feststellen. Loew bemerkte im botanischen
Garten zu Berlin Podalirius acervorum L. ♀, psd.

625. Galanthus L.

Wie vor.; Saftmal nur an der Spitze der inneren Perigonzipfel.

2780. G. nivalis L. [Sprengel, S. 177—180; H. M., Befr. S. 71;
Kerner, Pflanzenleben II; Mac Leod, B. Jaarb. V. S. 315; Stadler,
Beiträge; Delpino, Bot. Centr. Bd. 39. S. 124; Kirchner, Flora S. 73,
Knuth, Bijdragen; B. C. Bd. 74.] — Die weissen Blüten sind homogam. Die
inneren, kürzeren Perigonblätter besitzen an der Aussenseite je eine gelbgrüne,
mondförmige Querbinde, an der Innenseite eine Anzahl grüner Längslinien als
Saftmal. Nach Müller und Kerner wird der Nektar in den Furchen der
Innenseite der inneren Perigonblätter abgesondert; ich habe Querschnitte der
letzteren mikroskopisch untersucht, hier aber keine secernierenden Zellen finden
können. An der Aussenseite findet sich eine Schicht stark hervorragender
Zellen, welche farbloses Protoplasma führen und die weisse Farbe der Aussenseite bedingen; darunter liegt Assimilationsgewebe. Die Ober- und Unterseite
des Perigonblattes ist durch parenchymatische Zwischensubstanz mit kleinen Ge-
fässbündeln verbunden. An der Unterseite findet sich eine Reihe dünner, luft-
führender Zellen, welche das Assimilationsgewebe durchscheinen lassen. An den

des Blütengrundes bis hinauf zu den Härchen und auch das die Samenknospen um-
webende Gewebe des Fruchtknotens starke Einlagerungen von Indigo, so dass hier der
erbohrbare Nektar zu suchen ist. 11. Solanum dulcamara L.: Die mit den Reagentien behandelten Blüten liessen eine starke Einlagerung von Farbstoff in dem den
Fruchtknoten umgebenden Gewebe des Blütenbodens erkennen, so dass hier auf das
Vorhandensein von Saft geschlossen werden muss. 12. Glaux maritima L.: Die mit
Nitrophenylpropiolsäure behandelten Blüten nahmen eine halbviolette Färbung an, welche
im mittleren Teil der Perigonblätter, wo diese an den Fruchtknoten stossen, am
stärksten war, so dass hier zuckerhaltiges Gewebe anzunehmen ist. — Eine eingehende
Darstellung dieser Untersuchungen und ihrer Ergebnisse habe ich in der Abhandlung:
„Über den Nachweis von Nektarien auf chemischem Wege" im B. C. Bd. 76 gegeben.

Einbuchtungen findet sich aber kein Blattgrün in den dahinter befindlichen Zellen, wodurch die abwechselnd grün und weisse Streifung der Innenseite bedingt ist. — Stadler betrachtet die den Griffel umgebende Scheibe als Nektarium ohne freie Honigabsonderung. Del-pino sieht die herzförmigen grünen Flecken und die 6—7 grünen Längs-streifen der Innenseite der inneren Perigonblätter als Nektarien an. Fer-ner wird aus dem sehr kleinen, kreis-förmigen Grübchen am Grunde des Griffels eine geringe Menge Nektar hervorgebracht. Auch Sprengel betrachtet die inneren Perigonblätter gleichzeitig als Safthalter und als Saftdrüse. „Sie sondern aber nicht auf ihrer ganzen inneren Seite den Saft ab, sondern nur in der Mitte, soweit sie grün sind."

In den um 8 Uhr morgens in mein Laboratorium gebrachten, noch geschlossenen Blüten des Schnee-glöckchens konnte ich nirgends freien

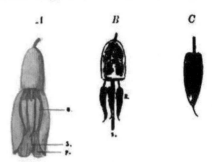

Fig. 403. Galanthus nivalis L. (Nach der Natur.)

A Blüte von der Seite nach Entfernung der vor-deren Perigonblätter. *a* Anthere. *s* Narbe. *p* Inneres Perigonblatt von innen mit Saftmal. *B* Blüte mit längsdurchschnittenem Fruchtknoten nach Entfernung der Perigonblätter und der drei vorderen Staubblätter. *a* Antheren. *s* Narbe. *C* Einzelnes Staubblatt, stärker vergrössert, mit geöffneter Anthere.

Nektar auffinden. Als sich die Blüten nach einiger Zeit infolge der Wärme des Zimmers geöffnet hatten, bemerkte ich in der That in den Vertiefungen der Innenseite der inneren Perigonblättter sämtlicher Blüten eine deutliche Nektar-ausscheidung, die ich auch durch den Geschmack wahrnehmen konnte.

Durch die herabhängende Stellung der Blüte sind die inneren Teile gegen Regen geschützt. Die Antheren bilden einen, den Griffel umgebenden, nach unten gerichteten Streukegel. Sie springen mit einer nach unten und innen gerichteten, lanzettlichen Öffnung auf. Sie enden mit je einer borstenartigen Verlängerung, welche durch besuchende Insekten angestossen werden, wobei etwas Pollen auf die Besucher hinabfällt. Da die Narbe die Antheren ein wenig überragt, wird erstere zuerst berührt, so dass bei Insektenbesuch Fremd-bestäubung erfolgt. — Pollen, nach Warnstorf, dunkel goldgelb, brot- bis fast bohnenförmig, durchschnittlich 37 μ lang und 25 μ breit, ohne sichtbare Keim-warzen.

Als Besucher beobachtete bereits Sprengel die Honigbiene. Bei sonnigem Wetter sieht man sie in Scharen dem Pollen und dem Saft des Schnee-glöckens nachgehen. Bei solcher Witterung treten die sonst die inneren Perigon-blätter eng umschliessenden äusseren auseinander und lassen das grüne Saftmal erkennen. Wie H. Müller eingehend auseinandersetzt, benutzt die Honigbiene eines der äusseren Perigonblätter als Anflugstelle und wendet sich von dort zum Blüteneingange. Zum Pollensammeln steckt sie den Kopf und die Vorder- und Mittelbeine in die Blüte hinein und hält sich mit den Hinterbeinen an der

Aussenseite eines inneren Perigonblattes fest. In dieser Stellung bürstet sie mit den Fersenbürsten der Vorder- und Mittelbeine die Antheren ab und streift den so erhaltenen Pollen in die Sammelkörbchen der Hinterschienen. Beim Saugen hält sie sich meist auch mit den Vorder- und Mittelbeinen von aussen an den Perigonblättern fest.

2781. Sternbergia lutea Ker. hat, nach Kerner (Pflanzenleben II. S. 368) protogynische Blüten, so dass anfangs Insektenbesuch zur Befruchtung notwendig ist. Auch wenn die Antheren sich geöffnet haben, streifen die zu dem im Blütengrunde befindlichen Honig vordringenden Insekten zuerst die Narbe, weil diese die Antheren überragt, und belegen sie mit mitgebrachtem Pollen; beim weiteren Vordringen bedecken sie sich an den Antheren wieder mit Blütenstaub. Abends schliessen sich die Blüten, wobei Pollen an die Innenseite der Perigonblätter geklebt wird. Dieser wird nun am folgenden Abende dadurch an die Narbe gebracht, dass die Perigonzipfel während des Tages stark gewachsen sind, also ihre pollenbedeckte Stelle mit der Narbe alsdann in gleicher Höhe steht und so Autogamie erfolgen kann.

2782. Agave Jacquiniana Schult. ist, nach Stadler (Nektarien S. 5 bis 9), ausgeprägt protandrisch, so dass Autogamie ausgeschlossen ist.

Besucher sind Musciden.

153. Familie Haemodoraceae Benth. et Hook.

Pax in Engler und Prantl, Nat. Pflanzenfamilie II. 5, S. 92—94.

2783. Wachendorfia paniculata L. ist nach Wilson (Transact. and proceed. of the Bot. Society Edinburgh Vol. XVII, part. I. S. 73—77, Taf. 1; Bot. Jaarb. II. S. 158—161) dimorph.

154. Familie Dioscoreaceae R. Br.

2784. Tamus communis L.:

Plateau sah die grünlichen Blüten von Apis, Anthrena sp., Calliphora vomitoria L., Trichius abdominalis Mén. besucht.

155. Familie Liliaceae DC.

H. M., Fertilisation of flowers S. 558, 559; Knuth, Grundriss S. 99, 100.

Die beiden Blattkreise des unterständigen, blumenkronartigen Perigons dienen, oft im Verein mit den Staubblättern, als Schauapparat. Kleinere Blumen sind zu traubigen, kopfigen, doldigen oder ährigen Blütenständen vereinigt.

Die einzelnen Arten sind teils Pollenblumen, teils sondern sie Honig ab und zwar entweder am Grunde der Fruchtblätter oder der Perigonblätter. Die Pollenblumen locken entweder pollensammelnde oder -fressende Insekten an (Tulipa-Arten, Convallaria, Narthecium) oder sind vielleicht Täuschblumen, welche dumme, aasliebende Fliegen anlocken (Paris). Von den am

Fruchtknoten Honig absondernden oder hier doch mit saftigem Gewebe ausgerüsteten Blumen gehören zur Klasse:

> A: Tofieldia, Anthericum;
>
> AB: Ornithogalum;
>
> B: Allium, Hyacinthus z. T.;
>
> Hb: Hyacinthus z. T., Muscari, Polygonatum z. T.;
>
> Hh: Polygonatum z. T.;
>
> F: Paradisia.

Auch die den Nektar am Grunde der Perigonblätter absondernden Blumen
lassen ähnliche Abstufungen erkennen. Es gehören zur Klasse:

> A: Veratrum, Gagea-Arten; Lloydia;
>
> AB: Gagea-Arten;
>
> B: Fritillaria;
>
> F: Lilium.

626. Tulipa Tourn.

Teils homogame Pollenblumen, teils Blumen mit verborgenem Honig.

2785. T. silvestris L. [Kirchner, Flora S. 56; Kerner, Pflanzenleben II. S. 212, 240; Loew, Bl. Flor. S. 353, 354; Mattei, I tulipani di
Bologna.] — Die wohlriechenden, gelben Blumen sind homogam. Nach Kerner
sondern sie am Grunde der Staubblätter Nektar ab, und zwar ist jeder Staubfaden an der dem Perigonblatt zugekehrten Seite mit einer Grube versehen,
welche den Honig aussondert und aufbewahrt. Diese Grube ist durch einen
Haarbüschel völlig verdeckt, so dass die zum Nektar vordringenden Insekten
das Staubblatt in die Höhe heben müssen. Auch Kirchner giebt diese Stelle
als Nektarium an; ebenso hebt Mattei das Auftreten von freiem Honig an
dieser Stelle hervor. Nach Loews Untersuchungen zeigen die norddeutschen
Pflanzen dieser Art jedoch keine Nektarabsonderung am Grunde der Staubblätter[1]. Loew fand, dass die Blüten sich im hellen Sonnenscheine zu einem
Sterne von etwa 8 cm Durchmesser ausbreiten und dass auch die Staubblätter
sich fast rechtwinkelig vom Fruchtknoten abbiegen. Die Staubfäden sind nicht
nur an der ausgehöhlten Unterseite ihres Grundes mit einem Haarbüschel versehen, sondern auch auf der Oberseite; doch liess sich hier kein freier Nektar
erkennen. Vielmehr sonderte die als höchster Punkt des Blütenstandes erscheinende,
gelb gefärbte Narbe kleine Flüssigkeitströpfchen aus, und die besuchenden kleinen
Bienen (Anthrena- und Halictus-Arten) flogen zuerst auf diese, und dann erst
begaben sie sich auf die tiefer stehenden und wegen ihrer dunklen Färbung
weniger auffälligen Antheren, um Pollen zu sammeln. Sie bewirkten daher fast
regelmässig Fremdbestäubung. Loew beobachtete niemals, dass diese Besucher
sich an den Grund der Staubblätter begaben, um nach Honig zu suchen, sondern
sie schoben zuweilen ihren Rüssel versuchsweise nach dem Grunde des Frucht-

---

[1] Vgl. die Anmerkung bei Leucojum aestivum L.

knotens. Ausser diesen Bienen stellten sich auch einige Fliegenarten ein, die gleichfalls die Tröpfchen auf der Narbe ableckten.

Bei ausbleibendem Insektenbesuch kann, nach Kerner, spontane Selbstbestäubung erfolgen, indem sich später der Blütenstiel so abwärts krümmt, dass die Narbe in die Falllinie des Pollens kommt.

Als Besucher sah Loew (Blütenbiol. Beitr. II. p. 72. 73) kleine pollensammelnde Bienen (Antbrena fulva Schrk., A. extricata Sm., Halictus sp.) und pollenfressende Fliegen (Eristalis nemorum L., Syrphus ribesii L., Myopa testacea L., Anthomyia).

2786. T. Oculus solis St.-Am. [Kirchner, Beiträge S. 5; Knuth; Bijdragen.] — Die Blüteneinrichtung dieser in Süddeutschland heimischen Art hat Kirchner nach verwilderten Pflanzen des exotischen Gartens zu Hohenheim beschrieben: Die nektarlosen, schwach duftenden, im Geruch an den von Taraxacum erinnernden Blumen sind homogame Pollenblumen. Sie stehen aufrecht; ihre scharlachroten Perigonblätter sind am Grunde glänzend und haben hier einen grossen, schwarzen, gelblich berandeten Fleck; die drei inneren Perigonblätter haben einen gelblichen Mittelstreifen. Die Staubfäden sind unbehaart, am Grunde gelb, an der Spitze schwärzlich; die Antheren enthalten schwarzen Pollen. Die Narbe steht mit der Spitze der Antheren meist in gleicher Höhe, doch wird sie auch nicht selten von den letzteren um etwa 5 mm überragt. Spontane Selbstbestäubung ist bei der Stellung der Blumen ausgeschlossen, zumal die Antheren 5—8 mm von der Narbe entfernt sind.

Als Besucher sah ich an Gartenexemplaren bei Kiel die Honigbiene, psd.

2787. T. Gesneriana L. [Tieghem, Recherches; Knuth, Bijdragen.] — Die schwach duftenden, durch ihre lebhaft gefärbten Perigonblätter sehr augenfälligen Blumen, breiten sich im Sonnenscheine zu einem Kern auseinander. Sie sind homogame Pollenblumen; doch sind, nach Tieghem; im Fruchtknoten Nektarien angedeutet, aber nicht aussen geöffnet[1]). Ihre Blüteneinrichtung stimmt im wesentlichen mit derjenigen der vorigen Art überein; doch ist spontane Selbstbestäubung beim Schliessen der Blüten bei trüber Witterung möglich.

Als Besucher sah ich in Kieler Gärten die Honigbiene, psd. (26. 4. 96), aber ohne die Narbe zu berühren.

2788. T. Didieri Jord.

Als Besucher beobachtete Loew im botanischen Garten zu Berlin; A. Coleoptera: *Scarabaeidae*: 1. Cetonia aurata L., im Blütengrunde pfd. B. Hymenoptera: *Apidae*: 2. Halictus cylindricus F. ♀, im Blütengrunde dicht mit Pollen behaftet liegend.

627. Gagea Salisbury.

Geruchlose, aussen grüne, innen gelbe, daher nur im geöffneten Zustande augenfällige Blumen mit freiliegendem bis halbverborgenem Honig. Letzterer wird am Grunde der Perigonblätter im Winkel zwischen diesen und dem davor stehenden Staubblatt abgesondert. Nach Schulz findet bei fast allen Arten zuweilen ein Fehlschlagen der Staubblätter oder des Griffels statt. Meist Protogynie.

---

[1]) Vgl. die Anmerkung bei Leucojum aestivum L.

2789. G. lutea Schultes. (G. silvatica Pers.) [H. M., Weit. Beob. I. S. 274; Kerner, Pflanzenleben II. S. 384; Knuth, Bijdragen.] — Die offenen Blüten sind, nach Müller, schwach protogynisch. Wenn sie sich öffnen, sind die Narben bereits mit langen Papillen bekleidet, doch springen die Antheren bald danach auf und bleiben während der ganzen Blütezeit mit den Narben zugleich funktionsfähig. Nach Kerner haben die Antheren nach dem Ausstäuben nur noch etwa ein Drittel ihrer ursprünglichen Länge. Bei Insektenbesuch ist Fremdbestäubung im ersten Blütenzustande gesichert, im späteren kann ebenso gut Selbstbestäubung erfolgen. Letztere kann dann auch spontan eintreten. Nach Kerner findet bei schlechtem Wetter in der geschlossen bleibenden Blüte pseudokleistogam Autogamie statt.

Als Besucher beobachtete H. Müller in Westfalen kleine Käfer und Bienen: in einer Blüte sassen nicht weniger als 3 Exemplare Meligethes, jedes in einem anderen Honigwinkel und in einen 4. Honigwinkel kam noch ein Halictus nitidus Schenck ♀ geflogen; in einer anderen Blüte waren neben einander eine Anthrena gwynana K. ♀ und 2 Halictus leucopus K. ♀ mit Honigsaugen beschäftigt.

Ich sah als häufigen Besucher die Honigbiene, sgd.

Wüstnei beobachtete auf der Insel Alsen Anthrena chrysosceles K.

2790. G. arvensis Schultes. [H. M., Weit. Beob. I. S. 274—275: Warnstorf, Bot. V. Brand. Bd. 38.] — Nach Warnstorf, sind die Blüten protogynisch. Die Staubblätter sind bald länger, bald kürzer als der Griffel, bald stehen die Antheren in gleicher Höhe mit der Narbe.

Als Besucher beobachtete H. Müller in Thüringen:

A. Bienen: 1. Anthrena albicrus K. ♂, sgd.; 2. A. gwynana K. ♀, sgd.; 3. Apis mellifica L. ♀, sgd.; 4. Halictus albipes F. ♀; 5. H. cylindricus F. ♀; 6. H. flavipes F. ♀; 7. H. nitidiusculus K. ♀, alle 4 sgd. und psd. B. Ameisen: 8. Lasius niger L. ♀, andauernd in demselben Honigwinkel sitzend, als Krenzungsvermittler nutzlos. C. Käfer: 9. Meligethes, hld.

2791. G. pratensis Schult. Nach Warnstorf [Bot. V. Brand. Bd. 38] sind die Blüten schwach protogynisch. Die Staubblätter stehen in gleicher Höhe mit der Narbe oder sind etwas kürzer; beim Schliessen der Blüte (nach 5 Uhr nachmittags) tritt leicht Autogamie ein. Pollen goldgelb, fast brotförmig, bis 90 μ lang und 37 μ breit; Plasmainhalt in Schwefelsäure an einem Pole nur langsam austretend.

Als Besucher sah Loew in Brandenburg (Beitr. S. 34) Anthrena albicans Müll. ♂, sgd.

2792. G. saxatilis Koch. [Schulz, Beiträge.] — Auch diese Art ist schwach protogynisch. Bei trüber Witterung findet auch hier pseudokleistogam Autogamie statt. Die Ausbildung von Früchten unterbleibt zuweilen.

2793. G. Liottardi Schult. [H. M., Alpenblumen S. 43.] — Die Blüteneinrichtung ist dieselbe wie bei G. lutea, doch sind die Blumen homogam. Bei ausbleibendem Insektenbesuche erfolgt Autogamie, doch stellen sich bei sonnigem Wetter zahlreiche Besucher ein.

H. Müller beobachtete 3 Hymenopteren, 17 Dipteren, 2 Falter, Thrips.

2794. G. spathacea Salisb.

Als Besucher beobachtete Alfken bei Bremen: *Apidae*: 1. Anthrena albicans Müll. ♀; 2. A. parvula K. ♀ ♂; 3. Halictus minutus K. ♀; 4. Nomada fabriciana L. ♂.

628. Fritillaria L.

Grosse, protogynische Blumen mit verborgenem Honig, welcher von den Perigonblättern abgesondert wird. Zuweilen Neigung zu Andromonöcie. (F. imperialis, F. atropurpurea.)

2795. F. Meleagris L. (Knuth in „Humboldt", Bd. 6, S. 393; Bd. 8, S. 55; Loew, Bl. Fl. S. 353.] — Die Blüteneinrichtung und die Besucher dieser schönen Blume habe ich in Wulfshagen bei Gettorf, wo sie zu Tausenden auf einer Wiese wächst, untersuchen können. Die grosse, hängende Blumenglocke ist, nach Loew, 37 mm lang und 20 mm weit; nach unten ist sie eiförmig zusammengezogen. Wegen ihrer Form, Grösse und Zeichnung heisst sie hier allgemein „Kibitzei". Sie zeigt nämlich auf weiss-rötlichem Untergrunde kleine dunkel- und hellpurpurne Quadrate, welche in senkrechten und wagerechten Reihen angeordnet sind. Selten fand ich die Blüten rein weiss oder mit einigen Purpurflecken am Blütenstiel geziert. Durch die herabhängende Stellung der Blüte und das dichte Aneinanderschliessen der Perigonblätter sind die inneren Teile gegen Regen geschützt. Der Honig wird in einer Längsfurche eines jeden Perigonblattes ausgesondert, und zwar beginnt diese etwa 8 mm über dem Grunde desselben und setzt sich als flache Vertiefung fast bis zur Spitze fort. Die Blüten von Wulfshagen waren protogynisch; dasselbe beobachtete Loew an kultivierten Exemplaren des botanischen Gartens zu Berlin. Die Narbenpapillen sind mit der Blütenöffnung bereits entwickelt, während die Antheren noch geschlossen sind.

Als Besucher und Befruchter beobachtete ich am 15. Mai 1887 im Verlaufe einer Stunde in mehr als 20 Fällen Bombus terrester L. ♀ ☿. Beim Anfliegen setzt sich die Hummel auf die äussere Seite eines Perigonblattes, kriecht dann um den unteren Rand desselben herum in das Innere der Blüte und klettert an der Innenseite des Perigonblattes in die Höhe, bis sie bequem Nektar lecken kann. Dabei streift sie mit dem Rücken in jüngeren Blüten die bereits empfängnisfähige Narbe und belegt sie mit dem Pollen, den sie aus älteren mitgebracht hat, bewirkt also Kreuzung getrennter Stöcke. Auch in älteren Blüten ist bei Insektenbesuch Fremdbestäubung gesichert, weil die Narbe die Antheren ein wenig überragt, daher zuerst von der besuchenden Hummel gestreift wird; beim Höherklettern bestäubt sie ihren Rücken dann wieder mit Pollen.

Die eben beschriebene Art des Benehmens der Hummel war die häufigste; doch konnte ich ausser dieser noch eine andere Besuchsweise beobachten: das Insekt kroch dann nicht an der Innenseite der Perigonblätter hoch, sondern kletterte an dem Griffel und den Staubblättern in die Höhe und suchte nun vergebens am Grunde derselben nach Honig. Dabei streifte sie nun natürlich mit der Körperunterseite Narbe und Antheren und bewirkte auf diese Weise Kreuzung.

Ist während der, nach Kerner, fünftägigen Blütedauer der Einzelblume keine Fremdbestäubung erfolgt, so tritt als Notbehelf spontane Selbstbestäubung ein. Eines der sechs Staubblätter verlängert sich dann gewöhnlich, so dass die

Anthere mit der noch empfängnisfähigen Narbe gleich hoch steht, und springt dann erst auf, während die übrigen fünf kürzer bleiben und auch ihren Pollen bereits entleert haben. Eine spontane Selbstbestäubung durch Pollenfall aus diesen letzteren fünf ist ausgeschlossen, weil sich die papillösen Narbenflächen an der Innenseite der Griffeläste befinden.

Ausser diesen normalen Blüten kommen bei Wulfshagen einzelne Blumen mit verwachsenblätterigem Perigon vor. Diese besitzen vom Stiel bis zur Spitze einen gleichen Umfang, sind also cylindrisch; sie sind von den Knospen, aus denen sich später normale Blüten entwickeln, leicht zu unterscheiden, da letztere eine kegelförmige Gestalt haben. Diese anormalen Blüten mit verwachsenblätterigem Perigon können durch Hummeln nicht befruchtet werden, da sie nur eine ganz enge Eingangsöffnung besitzen, welche diesen Insekten den Eintritt nicht gestattet. Es ist daher möglich, dass hier ein kleistogamer Nebentypus der normalen Blüte vorliegt; doch habe ich nicht untersuchen können, ob diese Blüten fruchtbar sind.

2796. F. imperialis L. [Sprengel, S. 189—191; H. M., Weit. Beob. I. S. 275; Knuth, Bijdragen.] — Borbás (Österr. Bot. Ztg. 1885) bemerkte Heterostylie.

Als Besucher beobachtete Borgstette in Nassau die Honigbiene. Sie benutzt die Narbe als Anflugstelle, kriecht alsdann über die Antheren nach dem honigführenden Blütengrund und verlässt die Blüte freischwebend, um eine andere zu besuchen, deren Narbe sie dann mit dem mitgebrachten Pollen belegt. Auch ich beobachtete als Blütenbesucher in Kieler Gärten wiederholt die Honigbiene.

Loew (Blütenbiol. Beitr. II. p. 68) sah die Blüten im bot. Garten zu Berlin ausser von der Honigbiene von Anthophora pilipes F. ♀, sgd. und Bombus hortorum L. ♀, sgd., besucht. Anthrena fulva Schrk. ♀ sammelte Pollen. Ferner beobachtete derselbe daselbst an

2797. F. Kamtschatcensis Gawl.

Diptera: *Muscidae*: Calliphora erythrocephala Mg., in die Blüte bis zu den Nektarien hineinkriechend und mit gelb bestäubtem Thorax wieder herauskriechend.

2798. F. latifolia W.

Hymenoptera: *Apidae*: Anthrena fulva Schrk. ♀, ganz in die Blüte hineinkriechend, psd.

2799. F. lutea M. B.

Bombus terrester L. ♀, in die Blüte hineinkriechend und psd.

629. Lilium Tourn.

Homogame oder schwach protandrische oder protogynische Falterblumen, deren Nektar in einer Rinne am Grunde je eines Perigonblattes abgesondert wird.

2800. L. Martagon L. [Sprengel, 187—189; Delpino, Ult. oss. II. 2. S. 283—284; H. M., Alpenbl. S. 47—48; Nature XII. S. 50—51; Kosmos III; Weit. Beob. I. S. 275—277; Dodel-Port, Phys. Atlas der Botanik; Kerner, Pflanzenleben II; Knuth, Bijdragen.] — Vornehmlich Nachtfalterblume, in geringerem Grade auch Tagfalterblume. Die nickenden Blüten sind homogam (oder, nach Kerner) unvollkommen protogynisch. Als Anlockungsmittel für Tagfalter dient das schmutzig-hellpurpurne, mit dunkleren, selten

zusammenlaufenden Purpurflecken gezierte Perigon, welches am Tage einen nur
schwachen Geruch verbreitet; die Nachtfalter werden durch den am Abend viel
stärker auftretenden Honigduft angelockt.

Vom Grunde jedes Perigonblattes erstreckt sich eine 10—15 mm lange
Nektarrinne, welche durch Zusammentreten ihrer Ränder und durch einen dichten
Besatz von rötlichen Haaren zu einer engen, honiggefüllten Röhre zusammen-
schliesst. Am äusseren Ende lässt sie eine Öffnung von nur 1 mm Durchmesser frei.

Die dem Nektar nachgehenden Nachtschwärmer berühren beim Anfliegen
mit der Körperunterseite zuerst die die Antheren etwas überragende Narbe und
dann die pollenbedeckten An-
theren. Letztere sind, wie bei
Lonicera Periclymenum,
nur in einem Punkte mit den
Staubfäden verbunden und geraten daher bei der Berührung
durch die Beine des frei vor
der Blüte honigsaugenden Falters in schaukelnde Bewegung,
wodurch die Unterseite desselben von neuem mit Pollen
behaftet wird.

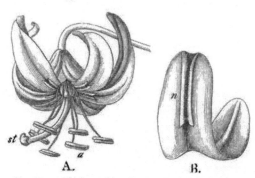

Fig. 404. Lilium Martagon L. (Nach Herm.
Müller.)

A Blüte in nat. Grösse und Stellung von der Seite gesehen. *B* Einzelnes Perigonblatt. (2 : 1.) *n* Nektarium.
st Narbe.

Besuchende   Tagfalter
sind weniger erfolgreiche Kreuzungsvermittler, da sie, nach
H. Müllers Beobachtungen
in den Alpen, an den Blüten umher kriechen und sitzend Honig saugen. Sie
bewirken nur gelegentlich Kreuzung.

Als Besucher beobachtete H. Müller in den Vogesen und in den
Alpen den Taubenschwanz (Macroglossa stellatarum L.) Denselben Schwärmer
sah ich auch in Gärten bei Kiel andauernd von Blüte zu Blüte fliegen und in
kurzer Zeit eine grosse Anzahl von Blumen befruchten. Delpino beobachtete
eine Sphingide, wahrscheinlich Deilephila euphorbiae L.

Als weitere Besucher sah H. Müller in den Alpen noch 10 Falterarten.

Bleibt Insektenbesuch aus, so ist spontane Selbstbestäubung durch Pollenfall möglich. Nach Kerner tritt diese gegen Ende der Blütezeit dadurch ein,
dass durch stärkere Krümmung des Griffels die Narbe mit einer oder zwei Antheren in Berührung kommt; doch erfolgt eine solche Kreuzung nicht, wenn
vorher Fremdbestäubung eingetreten war. Diese Autogamie ist, wie schon
Sprengel nachwies, von Erfolg. — Pollen, nach Warnstorf, rotbraun, biskuitförmig, mit einer Furche und netzförmigen Leisten; 31 μ breit und 100 μ lang.

2801. L. bulbiferum L. [Sprengel, S. 189; H. M., Alpenblumen
S. 45—47; Focke, Beob.; Neubert, Verf. d. N. u. Ä.; Kerner, Pflanzenleben II. S. 486; Knuth, Bijdragen.] — Eine Tagfalterblume. Trotz der

feuerroten, im Sonnenscheine weithin leuchtenden Färbung des Perigons locken die duftlosen Blüten nur selten Tagfalter zum Genusse des in den Honigrinnen der Perigonblätter reichlich abgesonderten Nektars an. Staubbeutel und Narbe sind gleichzeitig entwickelt und in gleicher Höhe stehend; letztere ist ein wenig unter ersterer hinabgebogen. Ein auf das untere Perigonblatt auffliegender und von hier zum Nektar vordringender Falter wird daher zuerst die Narbe streifen und dann die Antheren berühren, mithin regelmässig Fremdbestäubung bewirken.

Bleibt Insektenbesuch aus, so ist zuweilen spontane Selbstbestäubung möglich, indem ein Staubbeutel die Narbe berührt; doch ist dieselbe nur selten oder auch nicht von Erfolg. Nach Neubert ist L. bulbiferum überhaupt selbststeril. Nach Focke (Österr. bot. Zeitschr. 1878) ist die Form L. croceum Chx. selbststeril, ja sogar auch dann noch unfruchtbar, wenn sie mit dem Pollen von Pflanzen gleicher Herkunft belegt wird, und nur dann fruchtbar, wenn der Pollen von Pflanzen verschiedener Herkunft stammt. Bei der Form L. Buchenavii Focke, einer in Bezug auf die Frucht zwischen L. bulbiferum und L. croceum stehenden Abart, sind Wechselbefruchtungen von Erfolg. Als Erklärung

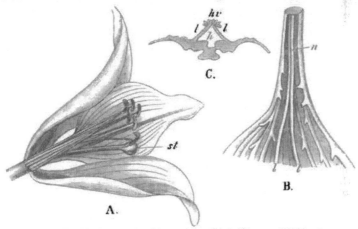

Fig. 405. Lilium bulbiferum L. (Nach Herm. Müller.)

A Blüte im Aufriss, ³/₄ nat. Grösse. *B* Basalteil eines Perigonblattes. (1¹₂ : 1.) *C* Querdurchschnitt durch die Basis eines Perigonalblattes. (5¹₄ : 1.) *st* Narbe. *n* Nektarium. *h* Honigrinne. *hv* Haarverschluss. *l* Leisten desselben.

dieses Verhaltens von L. croceum nimmt Focke an, dass die unter sich unfruchtbaren Pflanzen sämtlich auf vegetativem Wege von einem einzigen Exemplare hervorgegangen sind. Nach Kerner bringt L. croceum regelmässig Früchte und keimfähige Samen hervor, dagegen keine Brutzwiebeln in den Achseln der Laubblätter, was bei L. bulbiferum fast regelmässig der Fall ist, während letztere Pflanze selten Früchte ansetzt. Nach Maximovicz entstehen durch Kreuzung von L. dahuricum und L. croceum auf letzterem Früchte, welche denjenigen der ersteren entsprechen, und umgekehrt.

Als Besucher beobachtete ich in Gärten bei Kiel das Tagpfauenauge (Vanessa io L.). H. Müller sah in den Alpen gleichfalls saugende Tagfalter,

und zwar aus den Gattungen Polyommatus und Argynnis, die ebenso gefärbt
sind wie die Feuerlilie selbst.

2802. Lilium candidum L. [Knuth, Bijdragen; Beiträge VI.] — Die
Blüteneinrichtung dieser schon seit Jahrhunderten in unseren Bauerngärten
kultivierten Pflanze schildere ich nach Exemplaren aus Kieler Gärten: Die
sehr grossen weissen, trichterig-glockigen Blüten stehen wagerecht. Sie duften
am Tage schwach, abends entschieden stärker, fast maiglöckchenartig. An dem
verschmälerten, rinnenförmig zusammengezogenen, grün gefärbten Grunde der
inneren Perigonblätter wird je ein ziemlich grosser Honigtropfen ausgesondert.
Trotz Homogamie ist spontane Selbstbestäubung ausgeschlossen, da die Narbe die

Antheren um 20—25 mm überragt. Die weisse Farbe, der
abends stärker auftretende Duft,
die schaukelartige Befestigung
der Antheren lassen darauf
schliessen, dass die Blumen
Nachtschwärmern angepasst
sind, zumal auch deshalb, weil
keine anderen Insekten den
Grössenverhältnissen der Blü-

Fig. 406. **Lilium candidum L.** (Nach der Natur.)
Die Perigonblätter und 4 von den 6 Staubblättern sind
fortgenommen. Die empfängnisfähige Narbe überragt
die Antheren um 25 mm. Natürliche Grösse.

ten entsprechen und eine Standfläche für die Besucher nicht vorhanden ist. Beim
Anfliegen müssen sie die infolge schwacher Aufwärtsbiegung des vorderen Teiles des
Griffels den Blüteneingang beherrschende Narbe berühren und, falls sie bereits
eine andere Blüte besucht hatten, belegen. Alsdann legen sich beim weiteren
Eindringen in die Blüte die 14 mm langen und 4 mm breiten, sehr pollenreichen
Antheren an die vordere Unterseite des Besuchers und bedecken sie von neuem
mit zahlreichen dottergelben, netzig-warzigen Pollenkörnern von durchschnittlich
90 μ Länge und 60 μ Breite. — Nach Tinzmann ist die Pflanze selbststeril.

Besucher: Die eigentlichen, legitimen Befruchter, also Sphingiden, habe
ich trotz sorgfältiger Überwachung auch an warmen, windstillen Sommerabenden
nicht wahrgenommen. Auf der Insel Rügen bemerkte ich im Juli 1896 eine
pollenfressende Schwebfliege (Syrphus pyrastri L.), aber nur den auf die Perigonblätter gefallenen Pollen fressend, ohne Narbe oder Antheren zu berühren;
ferner in Kieler Gärten im August 1898 Apis mellifica L. ⚥, pollensammelnd,
einzeln, sowie kleine Blumenkäfer (Meligethes), kleine schwarze Ameisen und
Thrips, sämtlich zahlreich. Diese letztgenannten vier Blütengäste können bei ihren
Besuchen nur gelegentlich sowohl Selbst- als auch Fremdbestäubung bewirken.

2803. Lilium testaceum Lindley. (Knuth, Beiträge zur Biologie der
Blüten VI) stimmt in der Blüteneinrichtung im wesentlichen mit L. Martagon L.
überein, doch sind die Blüten protandrisch. An einem stark abwärts gekrümmten
Blütenstiele haben die grossen, schwach duftenden Blüten eine schräg nach unten
gerichtete Stellung. Die zurückgerollten, innen mit einer Längsrinne versehenen
Perigonblätter der Pflanzen des botanischen Gartens der Ober-Realschule zu Kiel
sind hell wachsgelb gefärbt und zeigen in ihrem unteren Teile zahlreiche dunkel

orange, erhabene Längsstrichelchen. Honigaussonderung findet ziemlich reichlich am Grunde der sechs Perigonblätter statt. Die an 30—35 mm langen Filamenten hängenden, etwa 16 mm langen und 5 mm breiten Antheren sind bald nach dem Öffnen der Blüte dicht mit orangerotem Pollen bedeckt, dessen Körner durchschnittlich 80 μ lang und 50 μ breit sind, in Bezug auf die Form und die Oberflächenbeschaffenheit mit denen der vorigen Art übereinstimmen.

Im Anfange der Blütezeit ist die Narbe noch unentwickelt und befindet sich an geradem Griffel zwischen den bereits geöffneten und pollenbedeckten Antheren. Später streckt sich der Griffel ein wenig und biegt sich so, dass die nun entwickelte Narbe seitwärts von den Staubblättern hervortritt, doch ist sie so zwischen den letzteren hindurchgegangen, dass sie stets schon pollenbedeckt ist, wenn sie sich den anfliegenden Besuchern entgegenstellt, immerhin dürfte bei so eintretender Fremdbestäubung der fremde Pollen überwiegen.

Besucher habe ich nicht wahrgenommen, doch dürften dies bei Tage fliegende Schwärmer (also Macroglossa) sein, da eine Standfläche fehlt und der Nektar nur für frei vor der Blüte

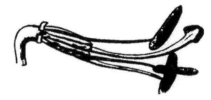

Fig. 407.   Lilium testaceum Lindley.
(Nach der Natur.)

Blüte im zweiten (zweigeschlechtigen) Zustande. Die Perigonblätter und 3 Staubblätter sind fortgenommen.   Die entwickelte Narbe überragt die in der Figur etwas zurückgeschlagenen Antheren nur wenig. Natürliche Grösse. Die Staubblätter sind etwas aus ihrer Lage gerückt; in Wirklichkeit hängen die Antheren mehr.

schwebende Insekten mit langem Rüssel erreichbar ist.   Dasselbe gilt von

2804. L. chalcedonicum L. [Knuth, Beiträge zur Biologie der Blüten VI.] — Diese Art blüht vormittags auf. Die zurückgerollten, scharlachroten Perigonblätter besitzen von der Umbiegungsstelle an erhabene Längsstreifen und sondern den Nektar wieder am rinnenförmigen Grunde der Blumenblätter ab.   Auch die sonstige Blüteneinrichtung stimmt mit derjenigen der vorigen Art im wesentlichen überein, doch ist die Protandrie eine nur geringe, und die Narbe bleibt während der ganzen Blütezeit mit den 14 mm langen und 5 mm breiten pollenbedeckten Antheren in Berührung, so dass spontane Selbstbestäubung noch sicherer eintritt als bei voriger.   Der orangerote, netzig-warzige Pollen ist durchschnittlich 90 μ lang und 50 μ breit.

2805. L. tigrinum Gawl. Die orangeroten, mit zahlreichen schwarzpurpurnen Flecken und an dem Wege zu dem an der gewöhnlichen Stelle abgesonderten Honig mit fast stacheligen Warzen versehenen Perigonblätter sind zurückgeschlagen. Die an der Spitze eines 6 cm langen Griffels sitzende, grosse, dunkelbraune Narbe steht anfangs zwischen den sechs 2 cm langen und 4 mm breiten, dicht mit dunkelbraunem Pollen bedeckten Antheren, doch kann spontane Selbstbestäubung nicht erfolgen, da die Staubbeutel von der Narbe mehrere Centimeter entfernt sind und auch die Falllinie des Pollens an ihr vorbeigeht. Später biegt sich der Griffel aufwärts, wobei die Narbe mit einem pollenbedeckten Staubbeutel in Berührung kommt, also Autogamie erfolgen kann.   Bei dieser

Aufwärtsbewegung macht der Griffel, wie es scheint, rotierende Nutationen, durch welche es um so leichter gelingt, die Narbe an eine der beiden oberen Antheren zu bringen.

Besucher habe ich an dem heissen, windstillen Vormittage des 16. August 1898 im Garten der Ober-Realschule zu Kiel nicht bemerkt. Auch die Honigbiene und Bombus terrester L. ⚥, welche die benachbarten Blüten anderer Pflanzen eifrig saugend und pollensammelnd besuchten, verschmähten die (duftlosen) Blüten dieser Lilie. In ihrer Heimat (China, Japan) dürften sie von Tagschwärmern befruchtet werden.

Durch grosse schwarze Brutzwiebeln in den Achseln der Blätter sorgt die Pflanze für vegetative Vermehrung.

2806. L. auratum Lindl. ist, nach Stadler (Nektarien S. 38—42) protogynisch und sowohl Dämmerungs- als auch Tagfaltern angepasst.

2807. L. umbellatum Pursh. schliesst sich, nach Stadler (a. a. O.) im Bau der Nektarien an L. bulbiferum und L. Martagon an.

630. Lloydia Salisbury.

Protandrische Blumen mit freiliegendem Honig.

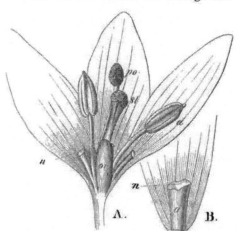

Fig. 408. Lloydia serotina Salisb. (Nach Herm. Müller.)

A Blüte im Aufriss. (5 : 1.) B Basis eines Perigonblattes mit dem Nektarium. (7 : 1.) ov Fruchtknoten. st Narbe. po Pollen. n Nektarium. d Dunkelgelbe Anschwellung, die sich oben (bei n) mit Honig bedeckt.

2808. L. serotina Salisb. [Ricca, Atti XIII; H. M., Alpenbl. S. 43—45.] — Eine Fliegenblume. Die Blüten sind schwach (Müller) bis ausgeprägt (Ricca) protandrisch und dadurch bei Insektenbesuch Fremdbestäubung begünstigt. Der Honig wird von einer dicken Leiste am Grunde der Perigonblätter abgesondert und ist kurzrüsseligen Insekten zugänglich. Spontane Selbstbestäubung tritt hin und wieder ein.

Als Besucher beobachtete H. Müller in den Alpen 7 Dipteren, 1 Käfer, 3 kurzrüsselige Hymenopteren.

631. Erythronium L.

Bienen- und Falterblumen.

2809. E. dens canis L. [Calloni, Erythr. d. can.; Kerner, Pflanzenleben II. S. 310; Loew, Bl. Fl. S. 354, 355.] — Diese in den Bergwäldern

von Krain, Steiermark, Böhmen, Ungarn u. s. w. heimische Art besitzt hellpurpurne, seltener weisse, hängende Blüten. Die Perigonblätter neigen unterwärts glockig zusammen und bilden so eine kurze, honighaltige Röhre, oberwärts
sind sie zurückgeschlagen. Die inneren Perigonblätter tragen am Grunde je
eine Schwiele, welche durch Furchen in Vorsprünge geteilt ist. Nach Callon
ist diese das Nektarium; Loew betrachtet diese „kragenartige Ligularbildung"
jedoch nur als die Saftdecke, welche den vom Perigongrunde unterhalb der
genannten Bildung abgesonderten Nektar am Herabfliessen hindert, was bei der
hängenden Stellung der Blüte sonst erfolgen würde. Als Zugänge zum Honig
dienen, nach Loew, enge, von den Staubfäden bedeckte Rinnen in der Mitte
der inneren Perigonblätter.

Die Blüten sind nach Calloni homogam, nach Kerner unvollkommen
protogyn. Ersterer hält die Pflanze wegen der lang hervorragenden Staubblätter
und der breiten Narbe für windblütig, wegen der bunten Blütenfarben und der
Honigabsonderung gleichzeitig für insektenblütig. Loew ist der Ansicht, dass
die ganze Blüteneinrichtung nur auf Insektenblütigkeit hinweist und zwar
wegen des sehr erschwerten Honigzuganges auf den Besuch von blumentüchtigen
Bienen und von Faltern schliessen lässt.

Wegen der mit einander nicht übereinstimmenden Angaben von Calloni
und Loew über die Blüteneinrichtung von Erythronium dens canis hat
Briquet (Mém. de la Soc. nationale d. sc. nat. et math. de Cherbourg 1896)
die Blüte nochmals untersucht, wobei er im wesentlichen die Angaben von Loew
bestätigen konnte: Das lebhaft gefärbte Perigon besitzt ein deutliches Saftmal
Am Grunde der drei äusseren Perigonblätter befindet sich je ein grubenförmiges
Nektarium, welches mit einem vom Grunde der inneren Perigonblätter gebildeten
Nektargang in Verbindung steht. Eine kragenförmige Ligularbildung an der
Basis der inneren Perigonblätter bildet die Saftdecke, welche gleichzeitig den
Nektargang überdeckt.

Besucher sind Bienen. Diese vollziehen vornehmlich Fremdbestäubung,
welche durch die schwache Protogynie der Blüte begünstigt wird.

Als Besucher sah Loew im bot. Garten zu Berlin Apis, vergeblich sgd.

2810. E. Smithii Hook. besitzt, nach Briquet (a. a. O.), eine ähnliche
Blüteneinrichtung. — Einige amerikanische Arten haben dagegen abweichende
Einrichtungen.

2811. Dracaena Goldieana hort. ist, nach Marion, Nachtblume. Sie
öffnet ihr weisses Perigon gegen Abend und verbreitet dann einen durchdringen-
den, angenehmen Lilienduft. Sie ist ausgeprägt protogynisch.

632. Yucca L.

Nach Riley (Transact. Acad. Sc. St. Louis 1873, 1878, 1880) wird der
Pollen durch die Yucca-Motte (Pronuba yuccasella Riley) in die Narbe aller
kapseltragenden Arten dieser Gattung gestopft, damit die aus den Eiern aus-
schlüpfenden Larven die zur Erhaltung der Art nötige Nahrung finden. Die

Motte legt nämlich die Eier in den Stempel der Blüten in der Nähe der Samen-
anlagen ab. (Vgl. Bd. I. S. 123—125.)

2812. Eremurus spectabilis M. B. Die Blüten verlieren, nach Hildebrand
(Flora 1881), ihre Färbung bereits vor der Reife von Antheren und Narbe.
Nach Herm. Müller (Bot. Ztg. XL. 1882) besteht der biologische Vor-
teil dieses frühzeitigen Farbenwechsels der Blüten von E. spectabilis, welche
im geschlechtsreifen Zustande unscheinbar ist, darin, dass wie bei Weigelia,
Lantana u. a. dümmere, ihnen nutzlose Gäste zum grossen Teil auf die
augenfälligeren, unentwickelten, ausbeutelosen Blüten abgelenkt werden und den
Ausbeute liefernden und der Kreuzung bedürftigen Blüten, denen sie nur schaden
könnten, fernbleiben, wogegen die eigentlichen Kreuzungsvermittler (Bienen,
Falter) einsichtig genug sind, um durch die Unscheinbarkeit der ihrer Einwirkung harrenden Blüten an rascher und sicherer, richtiger Blumenauswahl
nicht gehindert zu werden. Hildebrand (Ber. d. d. bot. Ges. 1892) beobachtete
im botanischen Garten zu Freiburg i. Br. als Besucher von Eremurus spectabilis die Honigbiene sgd.; es ist daher anzunehmen, dass die Pflanze auch in
ihrer Heimat von Bienen befruchtet.

2813. E. altaicus Pall. sah Dammer (Flora 1888) von Syrphus
pyrastri L. befruchtet. Sowohl bei dieser Art als auch bei

2814—15. E. caucasicus Stev. und **tauricus Stev.** rollen sich, nach Kerner
(Pflanzenleben II. S. 167) die Kronblätter ein, sobald die Antheren aufspringen.
werden welk und bilden einen schmutzig rotbraunen Knäuel, von dem sich die saftreichen Kiele der Rückseite der Kronblätter als sechs grünliche dicke Schwielen
abheben. Letztere machen den Eindruck von Blattläusen, und eine Schwebfliege, Syrphus pyrastri, scheint sie auch dafür zu halten, denn sie stösst auf die
eingerollten Blumen der Eremurus-Arten gerade so los wie auf Blattläuse.
Bei dieser Gelegenheit beladet sie sich mit Pollen von den vor den Blüten
stehenden Antheren, den sie dann auf die Narben anderer Blüten überträgt.
Für E. caucasicus fügt Kerner (Pflanzenleben II. S. 325) hinzu, dass
Geitogamie zustande kommt, indem die an der Spitze der sich streckenden Griffel
stehenden Narben zuweilen mit den pollenbedeckten Antheren höher stehender
Blumen desselben Blütenstandes in Berührung kommen, doch streifen manche
auch an den Antheren vorbei, so dass, da auch Insektenbefruchtung selten ist,
nur wenige Früchte angesetzt werden. Um das Zustandekommen der Befruchtung
möglichst zu erreichen, sind die Narben äusserst langlebig, indem sie von dem
Augenblicke der Blütenöffnung an bis lange nach dem Abblühen der Antheren
und dem Einrollen der Perigonblätter belegungsfähig bleiben.

633. Paradisia Mazz.

Nachtfalterblumen, deren Nektar vom Fruchtknoten abgesondert wird.

2816. P. Liliastrum Bert. [H. M., Alpenblumen S. 48—50; Kerner,
Pflanzenleben II. S. 222.] — In den schneeweissen Blüten überragt die Narbe

die Antheren, so dass anfliegende Insekten erstere früher als letztere berühren und so Kreuzung herbeiführen.

Als Besucher beobachtete H. Müller die Gammaeule; ausserdem besuchten noch je eine Biene, eine Blattwespe, eine Muscide und 2 Käfer die Blüten, ohne ihr zu nützen.

634. Anthericum L.

Weisse Blumen mit freiliegendem Honig, welcher am oberen Teile des Fruchtknotens abgesondert wird. — Nach Kerner (Pflanzenleben II. S. 303) steht bei Phalangium Juss. (= Anthericum L.) die Narbe anfangs am Ende des weit vorgestreckten Griffels vor den Antheren, so dass ein anfliegendes Insekt sie zuerst streifen muss. Später biegt sich der Griffel unter einem Winkel von 80—90° zur Seite, wodurch die Narbe aus der zum Honig führenden Zufahrtslinie geschafft wird und nun die anfliegenden Insekten die pollenbedeckten Antheren berühren.

2817. A. ramosum L. [Sprengel, S. 196—198; H. M., Befr. S. 63, 64; Weit. Beob. I. S. 282; Kirchner. Flora S. 65; Warnstorf, Bot. V. Brand. Bd. 38.] — Die homogamen (nach Warnstorf protogynen) Blumen breiten sich zu einem Sterne von etwa 25 mm Durchmesser aus. Die Narbe überragt die Antheren ein wenig, so dass die zu dem frei daliegenden Nektar vordringenden Insekten zuerst die Narbe und dann die Antheren berühren, mithin Fremdbestäubung bevorzugt ist. Bleibt Insektenbesuch aus, so kann in schräg abwärts gerichteten Blüten durch Pollenfall spontane Selbstbestäubung erfolgen. — Pollen, nach Warnstorf, gross, brotförmig, mit zugespitzten Polenden, netzig-warzig, bis 87 μ lang und 36 μ breit.

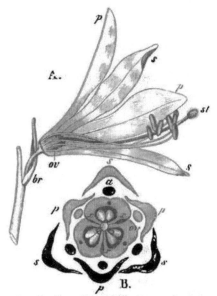

Fig. 409. Paradisia Liliastrum Bertolon. (Nach Herm. Müller.)

A Blüte nach Entfernung der rechten Hälfte des Perigons, von der rechten Seite gesehen in nat. Gr. *B* Querdurchschnitt durch den unteren Teil der Blüte in der Höhe des Fruchtknotens. *x* Die mutmasslichen Nektarien. Die Bedeutung der übrigen Buchstaben wie in Fig. 213.

Als Besucher beobachtete Herm. Müller in Mitteldeutschland:

A. Coleoptera: a) *Cerambycidae*: 1. Strangalia bifasciata Müll., sgd. b) *Telephoridae*: 2. Dasytes flavipes F., sgd. c) *Oedemeridae*: 3. Oedemera virescens L., sgd. B. Diptera: a) *Empidae*: 4. Empis livida L., sgd., häufig. b) *Muscidae*: 5. Anthomyia sp., sgd. c) *Syrphidae*: 6. Merodon aeneus Mg., sgd. und pfd., auch in copula; 7. Volucella bombylans L., sgd. C. Hymenoptera: a) *Apidae*: 8. Apis mellifica L. ⚥, sgd. und pfd., sehr häufig; 9. Bombus pratorum L. ⚥, sgd.; 10. Halictus albipes F. ♂, sgd.; 11. H. longulus Sm. ♂, sgd.; 12. H. maculatus Sm. ♀, sgd. und psd.; 13. H. pauxillus Schenck ♂, sgd. b) *Formicidae*: 14. Formica fusca L. ⚥, hld.; 15. Lasius niger L. ⚥, hld.,

beide sgd. c) *Sphegidae*: 16. Cerceris quinquefasciata Rossi, sgd.; 17. C. variabilis Schrk.
D. Lepidoptera: a) *Rhopalocera*: 18. Coenonympha arcania L., sgd.; 19. Melitaea athalia
Rott., sgd.; 20. Papilio machaon L., sgd.; 21. Pieris rapae L., sgd. b) *Sphingidae*. 22. Ino
globulariae Hbn., sgd.; 23. Zygaena achilleae Esp., sgd.; 24. Z. lonicerae Esp., sgd.

2818. A. Liliago L. [H. M., Weit. Beob. I. S. 282; **Kirchner**, Flora
S. 66.] — Die Blüteneinrichtung stimmt mit derjenigen der vorigen Art vollständig überein, nur sind die Blumen grösser und ihr Durchmesser beträgt
35—40 mm. Nach Ricca (Atti XIV) überragt in den nur wenig Nektar
enthaltenden Blüten die Narbe die Antheren.

Als Besucher beobachtete Ricca Bienen, H. Müller in Thüringen:

A. Coleoptera: *Elateridae*: 1. Agriotes gallicus Lac., sgd. B. Diptera:
Empidae: 2. Rhamphomyia sp., sgd. C. Hymenoptera: *Apidae*: 3. Apis mellifica
L. ⚥, sgd. und psd.

MacLeod sah in den Pyrenäen (B. Jaarb. III. S. 304) eine Schwebfliege als
Besucher.

635. Asphodelus Tourn.

Weisse, meist protogynische, in traubigen Ständen stehende Blumen mit
verborgenem Honig, welcher vom Fruchtknoten ausgesondert wird.

2819. A. albus Mill. [Mac Leod, Pyr. S. 301—304.] — Die sechs
Staubblätter verbreitern sich in ihrem Grunde und bilden durch Zusammen-
schliessen ihrer Ränder eine Honigkammer, welche den von den drei Ecken des
Fruchtknotens reichlich abgesonderten Honig umschliesst. Zu derselben führen
sechs Öffnungen im Umkreise des Griffels, zwischen je zwei Staubblättern eine.
Diese Zugänge zum Honig sind so eng, dass Mac Leod die Blumen zur
Klasse F zu rechnen geneigt ist. Sie sind schwach protogynisch. Anfangs sind
die Perigonabschnitte einander genähert, so dass von den Besuchern nur die
Narbe berührt wird. Bald breiten sich jedoch die Perigonzipfel aus, und die
Antheren springen auf, nachdem die Staubfäden sich weit nach aussen gerichtet
haben. Da die Narbe die Antheren etwa um 4 mm überragt, so ist Selbst-
bestäubung wohl ausgeschlossen.

Als Besucher beobachtete Mac Leod in den Pyrenäen nur 2 Fliegen, die
normalen Besucher (Falter) sah er nicht.

2820. A. fistulosus L. [Knuth, Capri S. 3.] — Der Besuch der Pflanze
durch Insekten ist auf der Insel Capri nur ein sehr spärlicher, da die reichblütigen, ästigen Blütenstände immer nur wenige Früchte ansetzen. Daraus
folgt auch, dass spontane Selbstbestäubung nicht möglich oder doch nicht von
Erfolg ist.

2821. A. luteus L. ist, nach Francke (Diss.), einige Stunden protogyn,
dann homogam.

636. Ornithogalum Tourn.

Kirchner, Flora S. 58; Grassmann, Septaldrüsen.

Blass gelbgrüne oder innen weisse und aussen meist grün gefärbte Blumen
mit halbverborgenem Honig, welcher von drei Septaldrüsen des Fruchtknotens

abgesondert wird. Diese verengen sich nach oben zu einem schmalen, nach aussen führenden Gange, durch welchen der in der Drüse gebildete Honig austritt und in den Furchen des Fruchtknotens hinabläuft. Zuweilen Gynodiöcie.

2822. O. umbellatum L. [Kerner, Pflanzenleben II; Kirchner, Flora S. 59; Mac Leod; Warnstorf, Nat. V. d. Harzes XI.] — Die Perigonblätter sind innen milchweiss und aussen grün mit schmalem, weissen Rande. Bei sonniger Witterung breiten sie sich zu einem Sterne von 30—45 mm Durchmesser aus. Die Blüten sind protogynisch, doch ist die Narbe noch zur Zeit des Öffnens der Antheren empfängnisfähig. Von den sechs Staubblättern öffnen, nach Kirchner, zuerst die drei äusseren ihre Antheren, darauf die drei inneren. Anfangs stehen die sämtlichen Staubblätter gerade ausgestreckt; nach dem Aufspringen der Antheren biegt sich die obere Hälfte der Staubfäden allmählich nach aussen, während die untere Hälfte derselben dem Fruchtknoten anliegend bleibt. Auf diese Weise entstehen sechs enge Kanäle, von denen die drei den Septaldrüsen anliegenden nektarführend sind. Nachmittags und bei trüber Witterung schliessen sich die Blüten, so dass nun in älteren Blüten durch Berührung von Antheren und Narben spontane Selbstbestäubung erfolgt.

Nach Kerners Darstellung der Blüteneinrichtung öffnen sich umgekehrt die Antheren der inneren, längeren Staubblätter einen Tag früher als die der äusseren, kürzeren, was ich nach den Pflanzen des Gartens der Ober-Realschule bestätigen kann. Infolge der etwa 2 mm betragenden Entfernung der Antheren von der Narbe ist zur Befruchtung anfangs Insektenbesuch nötig; gegen Ende der Blütezeit neigen sich die Staubblätter so weit nach innen, dass eine Berührung von Antheren und Narbe stattfindet, mithin spontane Selbstbestäubung erfolgt. Kirchner beobachtete Stöcke, in deren Blüten die Antheren stets geschlossen bleiben, die also der Funktion nach weiblich sind. — Pollen, nach Warnstorf, hellgelb, schwach warzig, brotförmig, längsfurchig, bis 70 μ lang und 30 μ breit, lange an den Wänden der Antherenklappen haftend.

Als Besucher beobachtete Mac Leod in Flandern Apis, 3 kurzrüsselige Bienen. 1 Empide, Meligethes (B. J. V. S. 309).

2823. O. nutans L. (Myogalum nutans Lk.) [Sprengel, S. 189 bis 191; Kerner, Pflanzenleben II. S. 375.] Die während des Knospenzustandes aufrechten, während des ersten Blütenzustandes wagerechten Blüten werden erst gegen Ende der Blütezeit nickend. Sie sind protandrisch. Mit der Blütenöffnung sind auch die Antheren der drei vor den honigabsondernden Grübchen des Fruchtknotens stehenden Staubblätter aufgesprungen und haben dabei eine solche Stellung, dass sie von honigsuchenden Insekten gestreift werden müssen.

In einem späteren Blütenzustande ist die Narbe empfängnisfähig, und die Staubblätter biegen sich gegen die Perigonblätter zurück, so dass sie den Besuchern „sozusagen aus dem Wege gehen". Die von jüngeren Blüten kommenden, pollenbedeckten Besucher streifen nun beim Honigsuchen die Narbe, bewirken mithin Kreuzung.

Im dritten und letzten Blütenzustande krümmt sich der Blütenstiel so, dass die Blume „nickend" wird. Nun sind die Staubblätter wieder gegen die

Blumenmitte gebogen, und die Narbe steht nun dicht unterhalb einer der Antheren der kürzeren Staubblätter, welche noch immer Pollen enthalten, da sie erst im zweiten Blütenstadium aufgesprungen sind und von den honigsuchenden Insekten des Pollens nicht beraubt werden konnter, weil sie ihnen aus dem Wege gegangen waren. Die Antheren schrumpfen nun allmählich ein, wobei durch Pollenfall noch spontane Selbstbestäubung erfolgt. Bei jetzt noch eintretendem Insektenbesuche ist sowohl Fremd- als auch Selbstbestäubung möglich.

2824. O. Buchcanum Aschs.

Als Besucher beobachtete Loew im botanischen Garten zu Berlin: Coleoptera: *Telephoridae*: Cantharis rustica Fall., anfliegend. — Daselbst beobachtete derselbe an

2825. O. affine Hort. Ber.

Hymenoptera: *Apidae*: 1. Anthophora pilipes F. ♂, den Rüssel zwischen den Staubbeuteln einführend; 2. Apis mellifica L. ⚥, sgd., den Rüssel zwischen dem Grunde der erweiterten Staubbeutel einführend.

2826. O. refractum W. K.

Schletterer beobachtete bei Pola die kleine Sandbiene Anthrena parvula *K.* als Besucher.

2827. O. pyrenaicum L. (O. sulfureum Schult.)

Die blassgrünen Blüten sah Plateau in Belgien von Apis und Prosopis sp. besucht.

637. Scilla L.

Meist blaue (selten lila oder weisse), homogame oder protogynische Blumen mit freiem bis halbverborgenem Honig, welcher von den Septaldrüsen des Fruchtknotens ausgesondert wird und sich zwischen dem letzteren und dem Grunde der Staubfäden ansammelt.

2828. S. bifolia L. [Kirchner, Flora S. 59.] — Die schräg oder wagerecht stehenden Blüten breiten sich zu einem Sterne von etwa 20 mm Durchmesser auseinander. Die mit grauem Pollen bedeckten Antheren stehen mit der gleichzeitig entwickelten Narbe in gleicher Höhe, sind aber so weit von ihr entfernt, dass spontane Selbstbestäubung anfangs nicht erfolgt, sondern durch besuchende kleine Insekten sowohl Fremd- als auch Selbstbestäubung bewirkt wird. Beim Verwelken schliesst sich die Blüte, so dass durch Berührung von Narbe und Antheren Autogamie eintritt.

Als Besucher sah Kirchner kleine Fliegen.

2829. S. sibirica Andrews. [H. M., Weit. Beob. I. S. 279; Knuth, Bijdragen; Warnstorf, Nat. V. d. Harzes XI.] — Nach Warnstorf protogynisch. Die drei Reihen divergierender Narbenpapillen stehen in gleicher Höhe mit den schön blauen, sich nach innen öffnenden Antheren; Filamente in der Mitte des Rückens der Staubbeutel eingefügt. — Pollenzellen blau, undurchsichtig, unregelmässig brotförmig, bis 65 μ lang und 30 μ breit.

Als Besucher sah H. Müller in Thüringen häufig die Honigbiene, sgd.

Im botan. Garten zu Kiel sah ich (29. 3. 94) Apis mellifica L. ⚥ und (21. 3. 96) Vanessa urticae L., beide sgd., häufig.

Loew beobachtete im botanischen Garten zu Berlin Apis, Saft mit den Kieferladen am Grunde der Fruchtknoten bohrend.

Alfken bemerkte bei Bremen: *Apidae*: 1. Anthrena albicans Müll. ♂: 2. Bombus
jonellus K. ♀: 3. B. lucorum L. ♀: 4. B. pratorum L. ♀: 5. B. terrester L. ♀; 6. Osmia
cornuta Ltr. ♀; 7. O. rufa L. ♀ ♂: 8. Podalirius acervorum L. ♂.

Als sehr häufigen Besucher giebt Friese für Baden Anthrena gwynana K. an.

2830. S. maritima L. [H. M., a. a. O. S. 378.]

Als Besucher sah H. Müller jun. bei Jena zahlreiche honigsaugende Bienen:
1. Anthophora aestivalis Pz. (haworthana K.) ♂ ♀. sgd. und psd.; 2. Anthrena parvula
K. ♀. sgd.; 3. Chalicodoma muraria Retz. ♂. sgd.; 4. Eucera longicornis L. ♂ ♀, sgd.;
5. Halictus maculatus Sm. ♀. sgd.; 6. Melecta luctuosa Scop. ♂ ♀. sgd.; 7. Osmia
aenea L. ♂; 8. O. aurulenta Pz. ♀ ♂; 9. O. fusca Chr. (bicolor Schrk.), alle drei sgd.;
10. Sphecodes gibbus L. ♀, sgd.

2831. S. verna Hudson.

Mac Leod beobachtete in den Pyrenäen (B. Jaarb. III. S. 306) 1 Biene und
3 Fliegen als Besucher.

2832. S. amoena L. [Sprengel, S. 195—196.]

Loew beobachtete im botanischen Garten zu Berlin an Scilla-Arten folgende
Besucher: Apis mellifica L. ☿, Saft mit den Kieferladen am Grunde der Fruchtknoten
bohrend; ebenso an

2833. S. cernua Hffgg.

2834. S. campanulata Ait.

A. Diptera: *Syrphidae*: 1. Eristalis arbustorum L., pfd. B. Hymenoptera:
Apidae: 2. Apis mellifica L. ☿, wie bei den vor.

2835. S. italica L.

A. Diptera: a) *Muscidae*: 1. Scatophaga merdaria F., an der Blumenkrone aussen
sitzend. b) *Syrphidae*: 2. Eristalis aeneus Scop. B. Hymenoptera: *Apidae*: 3. Apis,
wie bei den vorigen Arten.

2836. S. nutans Sm.

Diptera: *Syrphidae*: 1. Eristalis nemorum L., pfd.; 2. Syritta pipiens L., pfd.

2837. S. patula DC.

A. Hymenoptera: *Apidae*: 1. Bombus hortorum L. ♀. anscheinend sgd.
B. Lepidoptera: *Rhopalocera*: 2. Pieris brassicae L., deutlich die Rüsselspitze am
Grund des Fruchtknotens einführend.

2838. S. tricolor Hort. Belvedere.

Apis, Saft erbohrend.

2839. Seubertia (Brodiaea) laxa Kunth ist, nach A. Borzì (Contri-
buzioni alla biologia vegetale. Vol. II. Fasc. II. S. 3—4), protandrisch. Die
Blüten wurden von kleinen pollensammelnden Bienen (Halictus) besucht. Der
Nektar wird im Blütengrunde abgesondert.

2840. S. (Brodiaea) Douglasii Wats. hat (a. a. O. S. 4) eine ähnliche
Blüteneinrichtung.

2841. Colliprora (Brodiaea) lutea Lindl. hat, nach Borzì (a. a. O. S. 4
bis 6), in derselben Blüte zwei Arten von Nektarien, welche nach Lage,
Ursprung und Zeit verschieden sind, indem die Blüten in den beiden Perioden
des Geschlechtslebens je ein besonderes Nektarium besitzen, ein Fall, der bisher
sonst wohl noch nicht beobachtet ist.

2842. Brodiaea multiflora Benth. [Borzì, a. a. O. S. 7—8.] — Der enge Weg zu dem im Blütengrunde abgesonderten Honig führt zwischen der Perigonwand und dem Fruchtknoten hindurch. Die drei inneren Staubblätter sind in drei petaloide Blättchen umgewandelt, welche mit den drei fertilen Staubblättern abwechseln und ihre konkave Seite der Blütenmitte zuwenden. Dadurch entsteht eine Einrichtung, welche eine grosse Übereinstimmung mit derjenigen der Asclepiadeen aufweist.

2843. B. ixioides S. Wats. Nach Willis (Contributions II) werden die Blüten der im botanischen Garten zu Cambridge gezogenen Pflanzen von Meligethes, Thrips und Fliegen besucht. Die Blumen sind protandrisch.

2844. Brewortia coccinea Wats. hat (a. a. O. S. 8—9) eine ähnliche Einrichtung. Auch diejenige von

2845. Stropholirion californicum Torr. unterscheidet sich nur durch die geringere Länge der Perigonröhre. (A. a. O. S. 9.)

638. Allium L.

Protandrische (selten protogynische), meist zu augenfälligen, kugeligen Dolden vereinigte Blumen mit verborgenem Honig, welcher, nach Grassmann, von drei doppelten Septaldrüsen des Fruchtknotens abgesondert wird und aus Kanälen heraustritt, welche sich etwa in halber Höhe des Fruchtknotens befinden. Der Nektar sammelt sich dann in den Zwischenräumen zwischen dem Grunde

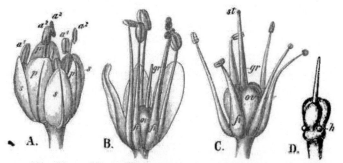

Fig. 410. Allium Victorialis L. (Nach Herm. Müller.)

A Blüte im ersten (männlichen) Zustande, von der Seite gesehen. a^1 Äussere, a^2 innere Antheren. *B* Blüte etwas weiter entwickelt, nach Entfernung desselben Perigons. *C* Befruchtungsorgane im zweiten (weiblichen) Zustande. *D* Stengel einer Blüte im ersten Zustande. *h* Nektartropfen. Bedeutung der Buchstaben wie in Fig. 213.

des Fruchtknotens und den Basen der drei inneren Staubblätter. Ausserdem zuweilen Honigabsonderung am Fruchtknotengrunde. — Viele Arten (wie A. Scrorodoprasum, vineale, Moly, carinatum, oleraceum, sativum) mit Brutzwiebeln in den Achseln der oberen Deckblätter.

2846. A. Victorialis L. [Sprengel, S. 187; H. M., Alpenblumen S. 50, 51; Kerner, Pflanzenleben II. S. 283, 325.] — Aus den zu kugeligen Dolden vereinigten, gelblich-weissen Blumen treten im ersten Blütenzustande die

pollenbedeckten Antheren, im zweiten die Narbe hervor, so dass die honigsuchenden Besucher entweder die letztere oder die ersteren berühren und so
Kreuzung bewirken. Selbstbestäubung ist infolge ausgeprägter Protandrie ausgeschlossen.

Kerners Mitteilungen weichen von der obigen Darstellung H. Müllers
ab: Nach ersterem klebt der Pollen schon zu einer Zeit den Narben an, wo
diese ihre Papillen noch nicht entwickelt haben und noch nicht im stande sind,
das Treiben von Pollenschläuchen zu bewirken. Nach Kerner enthält ferner
jede Dolde Blüten verschiedener Entwickelungsstufen. In jüngeren Blüten sind
die Antheren noch geschlossen und von den Perigonblättern verdeckt, während
ihre Narben bereits entwickelt sind und aus dem Perigon hervorragen. In
älteren Blüten derselben Dolde stehen dagegen die pollenbedeckten Antheren
über dem Perigon, so dass, wenn nun die jungen, bisher kurzgestielten Blüten
durch Verlängerung ihrer Stiele in die Höhe gehoben werden, ihre Narben die
pollenbedeckten Antheren der älteren streifen, mithin geitonogam befruchtet
werden. Nach dieser Darstellung Kerners sind also die von ihm beschriebenen
Blumen ausgeprägt protogynisch, während die von H. Müller im Heuthale am
Bernina untersuchten ausgeprägt protandrisch sind.

Als Besucher beobachtete H. Müller in den Alpen 1 Käfer, 25 Dipteren,
4 Hymenopteren, 11 Falter; Loew im bot. Garten zu Berlin Apis, sgd.

2847. A. ursinum L. [H. M., Befr. S. 63; Kirchner, Flora S. 60,
61.] — Das schneeweisse Perigon breitet sich sternförmig aus. Von den sechs
Staubblättern öffnen zuerst die drei inneren, dann die drei äusseren ihre Antheren nach einander. Während dieser Zeit streckt sich der anfangs nur 2—3 mm
lange Griffel auf 6 mm Länge und bildet die Narbe aus. Die zum Nektar
vordringenden Antheren berühren mit der einen Körperseite die nach oben
geöffneten Antheren, mit der anderen die Narbe, so dass Fremdbestäubung
bevorzugt ist. Bleibt Insektenbesuch aus, so kann in einzelnen Blüten dadurch
spontane Selbstbestäubung erfolgen, dass sich der Griffel zu den Antheren
hinüberbiegt.

Als Besucher beobachtete H. Müller in Westfalen Bombus pratorum ♀, rasch
von Blüte zu Blüte fliegend, in jede den Rüssel zum Honigsaugen senkend und nach
kaum 2 Sekunden weiter fliegend; Loew im bot. Garten zu Berlin Apis, sgd.

In Dumfriesshire (Schottland) (Scott-Elliot, Flora S. 172) wurden Apis (sehr
häufig) und mehrere Musciden und Dolichopodiden als Besucher beobachtet.

2848. A. acutangulum Schrader. [Schulz, Beiträge I. S. 98; II. S. 165.]
— Die roser.oten, selten weissen, honigreichen Blumen sind in verschiedenem
Grade protandrisch: bei Halle schwach, bei Bozen stark ausgeprägt. Von den
sechs Antheren springen die der inneren Staubblätter früher auf als die der
äusseren. Bei Halle beobachtete Schulz in der geschlossenen Blüte meist Selbstbestäubung.

Als Besucher beobachtete derselbe Fliegen, Bienen und Falter.

2849. A. fallax Schultes. (A. senescens und montanum A. W.
Schmidt.) [Schulz, Beitrag II. S. 165; Knuth, Bijdragen.] — Die wie vorige
gefärbten Blumen fand Schulz bei Bozen schwach protandrisch. Das Perigon

wird von Antheren und Narbe überragt. Spontane Selbstbestäubung ist wegen der Nähe dieser Organe während des geschlossenen Zustandes der Blüte leicht möglich.

Als Besucher beobachtete Schulz Fliegen, Bienen und Falter; ich die Honigbiene, sgd.

Mac Leod beobachtete in den Pyrenäen (B. Jaarb. III. S. 306) 1 Hummel und drei Fliegen als Besucher.

2850. A. nutans L. [Knuth, Bijdragen.]

Als Besucher sah ich im botan. Garten zu Kiel Podalirius vulpinus Pz. ♀, sgd.

2851. A. Porrum L. [Sprengel, S. 186; Kirchner, Flora S. 63.]

— Die weisslichen oder hellrosa Blüten sind zu sehr grossen, kugeligen Blütenständen vereinigt, deren Durchmesser bis zu 12 cm beträgt und welche aus 2—3000 glockenförmigen Einzelblüten bestehen. Von den 6 Antheren öffnen sich erst die der inneren, dann die der äusseren Staubblätter einzeln nach einander, indem sie etwa 1 mm weit aus dem Perigon hervorstehen Der während des Stäubens der Antheren kurze und in der Einsenkung des Fruchtknotens versteckte Griffel erreicht später, wenn die dann pollenlosen Staubblätter sich nach aussen biegen, eine Länge von etwa 3 mm, so dass er etwa 2 mm aus dem Perigon hervorragt.

Als Besucher beobachtete Kirchner die Honigbiene und Käfer.

2852. A. rotundum L. [H. M., Weit. Beob. I. S. 279—282.]

— Die kleinen, purpurroten, duftenden, protandrischen Blüten sind zu einer kugeligen Dolde von 30—40 mm Durchmesser zusammengedrängt. Der Nektar, welcher von drei schildförmigen, vertieften Honigdrüsen am Grunde des Fruchtknotens abgesondert wird, liegt sehr versteckt, indem er von den inneren, verbreiterten Staubfäden völlig bedeckt wird. Zuerst öffnen sich nach einander die Antheren der drei inneren, dann die der drei äusseren Staubblätter. Erst nach dem Verblühen der letzteren hat der Griffel seine volle Länge erreicht, und seine Narbe ist dann empfängnisfähig. Doch ist die Möglichkeit spontaner Selbstbestäubung bei ausbleibendem Insektenbesuche dadurch erhalten, dass die Antheren der drei äusseren, mit schmalen Filamenten versehenen Staubblätter noch mit Pollen behaftet sind, wenn die Narbe bereits entwickelt ist. Durch Streckung des Griffels kommt sie dann leicht von selbst mit dem Pollen in Berührung oder wird durch Pollenfall belegt.

Die Besucher drängen ihren Kopf von oben hinter die Saftdecke und berühren dabei in jüngeren Blüten die pollenbedeckten Antheren, in älteren die empfängnisfähige Narbe, so dass Kreuzung gesichert ist.

Als Besucher beobachtete H. Müller am Mühlberger Schlossberg in Thüringen: A. Coleoptera: a) *Curculionidae*: 1. Bruchus olivaceus Germ., nicht selten in der Blüte. b) *Telephoridae*: 2. Danacea pallipes Pz., w. v. B. Diptera: a) *Muscidae*: 3. Gonia capitata Deg., wohl saugend; 4. Ocyptera cylindrica F., w. v.; 5. Olivieria lateralis Pz., w. v.; 6. Ulidia erythrophthalma Mg., vergeblich nach Honig suchend. b) *Tabanidae*: 7. Tabanus rusticus F., wiederholt, saugend (?). C. Hymenoptera: a) *Apidae*: 8. Anthrena labialis K. ♂, sgd.; 9. Apis mellifica L. ♀, sgd. und psd.; 10. Halictus leucopus K. ♀, sgd.; 11. H. maculatus Sm. ♀, sgd. und psd.; 12. Prosopis angustata Schenck ♂, sgd.; 13. P. communis Nyl. ♀ ♂, häufig, w. v.; 14. P. obscurata

Schenck ♂. w. v. b) *Formicidae*: 15. Lasius niger L. ♀, läuft lange an den Blüten umher, ohne sich in eine hineinzufinden. c) *Sphegidae*: 16. Cerceris labiata F. ♂, sgd., wiederholt. D. Lepidoptera: a) *Rhopalocera*: 17. Lycaena damon S. V., sgd. b) *Sphingidae*: 18. Zygaena achilleae Esp., sgd.

2853. A. sphaerocephalum L. [H. M., Alpenblumen S. 52; Schulz, Beiträge II. S. 165—166.] — Die rotvioletten oder rosaroten Blüten sind noch etwas weniger ausgeprägt protandrisch als die der vorigen Art, indem der Griffel beim Aufspringen der Antheren der inneren Staubblätter zwar noch kurz, bei der Reife der inneren Staubbeutel dagegen schon verlängert und die Narbe empfängnisfähig ist. Es ist daher bei geschlossenem Perigon leicht spontane Selbstbestäubung möglich.

Als Besucher beobachtete Schulz Hymenopteren, Fliegen, Falter und Käfer; H. Müller in den Alpen 1 Biene, 2 Fliegen, 1 Falter; Loew im bot. Garten zu Berlin eine Sphegide: Lindenius albilabris F. ♀.

F. F. Kohl bemerkte in Tirol die Faltenwespe: Eumenes unguiculata Vill.

2854. A. Chamaemoly L. [Kerner Pflanzenleben II. S. 302, 379.] — Die kleinen und weissen, honigduftenden Blüten stehen auf kurzen Stielen und sind daher nur wenig von der Erde entfernt. Anfangs ist ihre Öffnung nach oben gerichtet, und sie sind dann zwischen den bandförmigen Laubblättern fast versteckt. Der Fruchtknoten sondert in drei Furchen reichlich Nektar ab. Die Blüten sind, (— abweichend von den übrigen bisher untersuchten Allium-Arten —) nach Kerner, protogynisch. Im ersten Blütenzustande sind die Staubblätter mit noch geschlossenen Antheren den Perigonblättern angedrückt, und die empfängnisfähige Narbe steht in der Blütenpforte. Im zweiten Stadium neigen sich die sämtlichen Staubblätter der Blütenmitte zu, indem sie ihre Antheren öffnen, so dass ein dichter Knäuel von pollenbedeckten Staubbeuteln in der Blütenmitte steht, welcher von den zum Honig vordringenden Insekten mit derselben Körperstelle berührt wird, mit welcher die Narbe einer im ersten Zustande befindliche Blüte gestreift wird. Es muss also bei Insektenbesuch Kreuzung erfolgen. Im dritten Stadium endlich biegt sich der Blütenstiel bogenförmig nieder, so dass die Blüte auf der Erde liegt und spontane Selbstbestäubung durch Pollenfall oder durch solchen Pollen, welcher auf den Perigonblättern liegt, möglich wird.

2855. A. vineale L. [Knuth, Ndfr. Ins. S. 143, 144, 167; Warnstorf, Bot. V. Brand. Bd. 38.] — Die Pflanze trägt auf etwa ¹/₂ m hohem Schaft einen fast kugelförmigen Blütenstand von 2¹/₂ cm Durchmesser, der aus zahlreichen dunkelvioletten Blüten untermischt mit Brutzwiebeln zusammengesetzt ist. Die Blüten sind protandrisch. Im ersten (männlichen) Zustande ragen die Staubfäden mit quergestellten Antheren aus den spitzeiförmigen, durch die zusammenneigenden Perigonblätter geschlossenen, 5 mm langen und an der stärksten Stelle 3 mm breiten Blüten etwa 3 mm weit hervor, während der Griffel mit der noch unentwickelten Narbe in der Blüte verborgen ist. Nachdem der aus der Blüte hervorragende Teil der Staubfäden verwelkt ist und die nunmehr gänzlich entleerten Antheren dadurch in die Blüte hineingezogen sind, tritt die Narbe an dem heranwachsenden Griffel aus dem Perigon hervor, so dass sie schliesslich gleichfalls 3 mm über der Blüte steht. Am Grunde des Fruchtknotens findet sich in beiden Blütenzuständen Honig, welcher sich in einer kleinen Tasche am Grunde der Perigonblätter ansammelt. — Pollen, nach Warnstorf, bläulich-weiss, zartwarzig, brotförmig, etwa 44 μ lang und 23 μ breit.

Als Besucher und Befruchter beobachtete ich zwei Hummeln: Bombus lapidarius L. und B. pratorum L., hsgd. Ausserdem sah ich auch Musciden auf den Blüten, welche aber nicht dem Nektar nachgingen, sondern nur die Blüten betupften und dabei gelegentlich pollenübertragend wirkten.

2856. A. oleraceum L. [Schulz, Beitr. I. S. 98; Warnstorf, Bot. V. Brand. Bd. 38.] — Die anfangs grünlich-weissen Blüten färben sich während des Blühens kräftiger rosa. Sie sind wie die der übrigen Arten dieser Gattung protandrisch. Von den sechs Antheren springen die der inneren Staubblätter zuerst auf; ihre Filamente strecken sich ein wenig, und die Staubbeutel treten über den Rand der Blütenglöckchen hervor; sodann reifen nach einander die des äusseren Kreises. Der Griffel ist um diese Zeit noch kurz und die Narbenpapillen noch nicht entwickelt; erst nach etwa 8—10 Tagen, während welcher Dauer die Blüten ununterbrochen geöffnet bleiben, ist der Griffel vollkommen ausgewachsen. (Warnstorf.) — Pollen weiss, brotförmig, sehr zartwarzig, etwa 56 μ lang und 25 μ breit.

2857. A. carinatum L. [Sprengel, S. 183—186.] — Schon Sprengel erkannte die Protandrie dieser Art. Als Besucher beobachtete er die Honigbiene.

2858. A. Schoenoprasum L. [Sprengel, S. 185.] b) sibiricum Willd. [Schulz, Beiträge I. S. 98.] — Die honigduftenden Blüten sind im Riesengebirge schwach protandrisch, so dass spontane Selbstbestäubung in den sich abends schliessenden Blüten möglich ist. Vergl. auch Axell (S. 35).

Die Form c) alpinum fand Ricca (Atti XIV, 3) protandrisch und noch in 2000 m Höhe von zahlreichen kleinen Faltern aus der Gattung Crambus besucht.

2859. A. Cepa L. [Sprengel, S. 184; H. M., Befr. 63; Kirchner, Flora S. 62; Knuth, Bijdragen.] — Die weisslichen Blüten sind ausgeprägt protandrisch: Zuerst öffnen sich wieder die Antheren der drei inneren, dann die der äusseren Staubblätter, indem sie aus dem weit geöffneten Perigon gerade hervorstehen. Der anfangs nur 1 mm lange Griffel streckt sich während des Stäubens der Antheren auf 5 mm Länge und entwickelt erst nach dem Vertrocknen derselben die Narbe.

Als Besucher sah ich Apis, sgd. und eine pollenfressende Schwebfliege: Eristalis tenax L. H. Müller beobachtete: A. Diptera: *Empidae*: 1. Empis livida L. B. Hymenoptera: a) *Apidae*: 2. Bombus terrester L. ♂; 3. Halictus cylindricus F. ♂; 4. Prosopis punctulatissima Sm. b) *Sphegidae*: 5. Miscus campestris Latr. Sämtlich sgd.

Alfken bemerkte bei Bremen drei Apiden: 1. Prosopis brevicornis Nyl. ♀, slt.; 2. P. communis Nyl. ♀ ♂. s. hfg.; 3. P. pictipes Nyl. ♀ ♂, n. slt.; Schenck in Nassau die Urbienen Prosopis confusa Nyl. und punctulatissima Sm.; F. F. Kohl bei Bozon in Gärten die Goldwespen: Chrysis rutilans Oliv., Chr. distinguenda Spin., Parnopes grandior Pall., Ellampus spina Lep. = productus Dhlb. und die Faltenwespen: Vespa rufa L..

Eumenes pomiformis F. (in Tirol), E. unguiculata Vill., Leionotus dantici Rossi, L. bidentatus Lep., Epipona spiricornis Spin., Ancistrocerus parietum L.

2860. A. fistulosum L. [Sprengel, S. 183—186.] — Auch diese Art ist protandrisch.

Als Besucher beobachtete Sprengel die Honigbiene.

639. Hyacinthus L.

Bienenblumen mit saftreichem Gewebe am Grunde des Fruchtknotens oder Blumen mit verborgenem Honig, welcher an derselben Stelle abgesondert wird.

2861. H. orientalis L. [Sprengel, S. 200; H. M., Befr. S. 63; Fert., S. 554, 555; Weit. Beob. I. S. 278; Knuth, Bijdragen; Warnstorf, Bot. V. d. Harzes XI.] — Nach Sprengel besitzt der Fruchtknoten oberwärts drei weissliche Stellen, welche je ein Safttröpfchen absondern. Auch nach Warnstorf wird Honig in drei grossen kugeligen Tropfen am oberen Teile des Fruchtknotens in drei mit den übrigen Verwachsungsrinnen der Fruchtblätter alternierenden Rinnen ausgeschieden. H. Müller konnte jedoch keine freie Honigabsonderung bemerken; doch fand derselbe den Grund der Perigonwandung saftreich, so dass sie wahrscheinlich von besuchenden langrüsseligen Insekten angebohrt wird. Die Perigonröhre ist 12—15 mm lang. Sie umschliesst in ihrem unteren Drittel den Fruchtknoten mit kurzem Griffel und dreilappiger Narbe. Darüber ist sie ein wenig eingeschnürt und trägt im zweiten Drittel die mit der Narbe gleichzeitig entwickelten Antheren. Insekten, welche den Rüssel in den Blütengrund senken, berühren mit der einen Seite die Antheren, mit der anderen die Narbe, wodurch Fremdbestäubung begünstigt ist. Spontane Selbstbestäubung ist durch die meist wagerechte Stellung der Blüte verhindert, sie kann höchstens in zufällig aufrecht stehenden Blüten erfolgen.

Pollenzellen brotförmig, schwefelgelb, sehr fein papillös, durchschnittlich 75 μ lang und 25 μ breit.

Als Besucher sahen H. Müller (1), Buddeberg (2) und ich (!):

A. Coleoptera: *Nitidulidae*: 1. Meligethes (1), in grosser Anzahl, vermutlich pfd. B. Diptera: *Syrphidae*: 2. Cheilosia sp., vergeblich nach Honig suchend (1); 3. Eristalis sp., psd. (1). C. Hymenoptera: *Apidae*: 3. Anthrena albicans Müll. ♂ (2); 4. A. fulva Schrk. ♀, sgd.; 5. Anthophora pilipes F. ♀ ♂, häufig, sgd. (1, 2); 6. Apis mellifica L. ♀ (!, 1); 7. Bombus hortorum L. ♀ (!), sgd., einzeln; 8. B. terrester L. ♀, sgd. (1); 9. Halictus albipes F. ♀, psd. (2); 10. Osmia cornuta Latr. ♂, sgd. (L.; 2); 11. O. rufa L. ♀ ♂, sgd., sehr häufig (1). D. Lepidoptera: 12. Rhodocera rhamni L., sgd., häufig (1); 13. Vanessa io L., sgd. (1); 14. V. urticae L., sgd., nicht selten (!).

Alfken bemerkte bei Bremen: *Apidae*: 1. Anthrena albicans Müll. ♂; 2. Bombus pratorum L. ♀; 3. B. terrester L. ♀; 4. Osmia rufa L. ♀ ♂; 5. Podalirius acervorum L. ♂; Friese in Mecklenburg die Apiden: 1. Melecta armata Pz.; 2. Osmia rufa L., hfg.; 3. Podaliris acervorum L., häufig.

Schletterer und v. Dalla Torre verzeichnen die Trauerbiene Melecta luctuosa Scop. ♂ für Tirol als Besucher.

Burkill (Fert. of Spring Fl.) beobachtete an der Küste von Yorkshire: A. Hymenoptera: *Apidae*: 1. Apis mellifica L., sgd.; 2. Bombus terrester L., sgd. B. Lepidoptera: *Rhopalocera*: 2. Vanessa urticae L., sgd.

Loew beobachtete im botanischen Garten zu Berlin: Hymenoptera: *Apidae*: 1. Anthrena fulva Schrk. ♂, sgd.; 2. Apis mellifica L. ⚲, sgd. oder Saft bohrend?; 3. Osmia rufa L. ♂, w. v.

2862. H. candicans Baker. (Galtonia cand. Des.) [Knuth, Bijdragen.] — Die Blüten der bei uns als Gartenpflanze vorkommenden, aus Südafrika stammenden Art sind ausgeprägt protandrisch. Anfangs stehen die pollenbedeckten Staubbeutel in der Blütenmitte zusammengeneigt. Nach dem Abfallen der Antheren biegen sich die Staubfäden gegen das Perigon zurück. Der bisher von denselben umschlossene Griffel wird auf diese Weise frei und die Narbe an dessen Spitze entwickelt ihre Papillen. Letztere stehen dann an der Stelle, wo sich vorher die Antheren befanden, so dass beim Besuche entsprechend grosse Insektenkreuzung erfolgen muss. Die Besucher benutzen die Staubblätter bezüglich im zweiten Blütenzustande den Griffel als Anflugstangen. Nektar wird reichlich von der Unterseite des Fruchtknotens abgesondert und im Blütengrunde aufbewahrt. Zwischen den verbreiterten Wurzeln der Staubfäden finden sich sechs etwa 8 mm tiefe Zugänge zu demselben.

Als Besucher beobachtete ich in Kieler Gärten: Honigbiene und Erdhummel ♀ ⚲, beide andauernd sgd.

2863. H. amethystinus L. [Mac Leod, Pyrenecënbl. S. 45—47.] — Die blauen, etwas überhängenden Blüten sind protandrisch. Die Länge der Perigonröhre beträgt 9—11 mm, die ihrer Abschnitte etwa 2,5 mm. Im ersten Blütenzustande öffnen sich die Antheren der drei längeren Staubblätter; sie überragen die Narbe um 2,5 mm, so dass schon infolge der hängenden Stellung der Blüte spontane Selbstbestäubung ausgeschlossen ist. Im zweiten Stadium haben sich die Antheren der drei kürzeren Staubblätter geöffnet, welche durch Heranwachsen des Griffels mit der sich jetzt entwickelnden Narbe in gleicher Höhe stehen, so dass nun spontane Selbstbestäubung erfolgen muss. Absonderung freien Nektars ist nicht beobachtet.

Als Besucher beobachtete Mac Leod 2 Fliegen (Eristalis, Bombylius), 1 Falter (Aurora).

2864. Gloriosa (Methonica) **superba L.** In den nach unten gekehrten Blüten spreizen Staubblätter und Griffel sich wagerecht nach aussen und dienen, nach Delpinos Vermutung (Sugli app. 23, 24) den besuchenden Insekten als Anfliegestangen. Hildebrand (Bot. Ztg. 1867) ergänzt dies, indem er nachweist, dass in jüngeren Blüten die Griffel, in älteren die Staubblätter als Anfliegestangen dienen, so dass die jüngeren Blüten mit dem Pollen älterer belegt werden.

640. Muscari Tourn.

Bienenblumen mit saftreichem Gewebe am Grunde des Fruchtknotens und des Perigons. Nach Grassmann wird von den Septaldrüsen des Fruchtknotens Honig abgesondert. An der Spitze des Blütenstandes finden sich meist lebhaft gefärbte, langgestielte, oft knospenartig geschlossen bleibende, geschlechtslose Blüten, welche nur der Anlockung dienen.

2865. M. botryoides Miller. (Hyacinthus botr. L.) [H. M., Weit. Beob. I. S. 277, 278; Kirchner, Flora S. 65.] — Über den dunkelblauen, mit weisslichen Zähnen versehenen, herabhängenden bis wagerechten Blüten mit ausgebildeten Staub- und Fruchtblättern befinden sich eine Anzahl schräg aufwärts gerichtete, hellblaue, sich nicht öffnende Blüten mit verkümmerten inneren Organen. Ihre Aufgabe ist daher, den Blütenstand augenfälliger zu machen. Schon mit dem Öffnen der mit ausgebildeten Staub- und Fruchtblättern versehenen Blüten sind die genannten Organe entwickelt. Da sich die Antheren nach innen öffnen, so werden die das saftige Gewebe im Grunde der fast kugeligen, nur mit kleiner Öffnung versehenen Blüte anbohrenden Besucher mit der einen Seite ihres Körpers einige Antheren, mit der anderen die Narbe berühren, mithin in der Regel Fremdbestäubung bewirken.

Als Besucher beobachtete H. Müller die Honigbiene; Loew im botanischen Garten zu Berlin: A. Diptera: *Syrphidae*: 1. Eristalis aeneus Scop., sich aussen an die Blumenkrone ansetzend. B. Hymenoptera: *Apidae*: 2. Anthrena fulva Schrk. ♀, sgd.; 3. Apis mellifica L. ♀. Saft bohrend.

2866. M. comosum Miller. (Hyacinthus comosus L.) [Knuth, Capri S. 25—27; Schulz, Beiträge II. S. 170; Sprengel, S. 201.] — Die von mir auf der Insel Capri beobachteten Pflanzen hatten einen während des Knospenzustandes nur wenige Centimeter langen, ährenförmig zusammengezogenen Blütenstand, aus welchem durch Streckung der Achse allmählich eine Traube von 20 bis 30 cm Länge entsteht. Die obersten 20—30 Blüten bleiben unfruchtbar; sie besitzen eine tiefblaue Farbe und entwickeln nach oben gerichtete Stiele von 1—2 cm Länge von derselben Färbung. Sie sind völlig geschlossen und geschlechtslos. Unter ihnen sitzen einige offene Blüten mit verkümmertem Stempel und endlich unter diesen 30—40 Blumen mit ausgebildeten Staub- und Fruchtblättern. Die Färbung ihres Perigons wird von Schulz (bei Bozen) als fahlhellgelb, nach dem Rande zu hellbraun, metallisch glänzend bezeichnet. Die von letzterem beobachteten Blüten hatten ein 7—12 mm langes und 4 bis 12 mm weites Perigon; die Blüten von Capri waren durchschnittlich 8 mm lang. Sie sind homogam, und zwar stehen die Antheren dicht unter der Narbe, so dass bei ausbleibendem Insektenbesuche spontane Selbstbestäubung erfolgt. Tritt dagegen solcher ein, so ist Fremdbestäubung bevorzugt.

Als Besucher sah Schulz in Südtirol Falter und langrüsselige Bienen. Ich beobachtete auf Capri (Anfang April 1892) zwei Pelzbienen: Anthophora femorata Oliv. und A. pilipes F. ♀ ♂: Mit langgestrecktem Körper fliegen sie hellsummend in schnellstem Fluge auf die entwickelten Blüten zu, berühren sie meist nur flüchtig mit den Vorderbeinen (seltener hängen sie sich an die Blüte) und senken den langen, weit vorgestreckten Rüssel schnell tief hinein, um dann ebenso schnell, wie sie gekommen, wieder zu enteilen und eine entfernt stehende Pflanze derselben Art aufzusuchen. Nur mit Mühe gelang es mir, einige dieser Bienen einzufangen.

Friese beobachtete bei Fiume Anthrena julliani Schmiedekn. und A. tscheki Mor

2867. M. tenuiflorum Tausch. [Schulz, Beiträge I. S. 99; II. S. 200.] — Die graugrünlichbraunen, etwas violett angehauchten Blüten sind schwach protogynisch. Da die Narbe dicht unterhalb oder zwischen den Antheren steht, so ist spontane Selbstbestäubung leicht möglich. Auch bei dieser Art befinden sich oberhalb der Blüten mit ausgebildeten Staub- und Fruchtblättern solche mit verkümmerten Stempeln und ganz oben völlig geschlossene, knospenartige langgestielte Blüten, welche nur der Anlockung dienen.

2868. M. racemosum Miller. (Hyacinthus rac. L.) |H. M., Weit. Beob. I. S. 278; Schulz, Beiträge II. S. 168—170.] — Das etwa 6 mm lange und halb so weite Perigon ist dunkelviolett gefärbt. Die Blüten sind protogynisch: schon vor dem Aufblühen sind die Narben entwickelt. Die anfangs dem Perigon anliegenden Antheren neigen sich später gegen die Narbe, so dass spontane Selbstbestäubung erfolgt. Die dem in geringer Menge abgesonderten Honig nachgehenden Insekten bewirken anfangs vorzugsweise Fremdbestäubung, indem sie Narbe und Antheren mit entgegengesetzten Körperteilen berühren. Über den normal ausgebildeten Blüten befinden sich auch hier teilweise verkümmerte, ganz oben 3—9 völlig geschlechtslose, offene Blüten.

Als Besucher beobachtete H. Müller in Thüringen die Honigbiene, sgd. oder auch psd., zahlreich; Vanessa urticae L., sgd., einzeln.

Schletterer beobachtete bei Pola die Langhornbiene Eucera longicornis L.; Friese bei Fiume (F.), Triest (T.) und in Ungarn (U.) die Apiden: 1. Anthrena albofasciata Ths. (F.); 2. A. croatica Friese (F.), mehrfach; 3. A. julliani Schmiedekn. (F.), n. slt.; 4. Eucera caspica Mor. (U.), s. hfg.; var. perezi Mocs. (U.), hfg.; 5. Halictus fasciatellus Schck. ♀ (U.); 6. H. obscuratus Mor. (F. T. U.), n. slt.; 7. Nomada fabriciana L.; 8. N. verna Mocs. (F. U.).

Loew bemerkte im bot. Garten zu Berlin: Hymenoptera: Apidae: 1. Apis mellifica L. ☿, Saft bohrend; 2. Osmia rufa L. ♂, Saft bohrend. — Ferner daselbst an anderen Muscari-Arten folgende Besucher:

2869. M. neglectum Guss.
Osmia rufa L. ♂, Saft bohrend.

2870. M. Lelievrii Bor. et Jord.
Hymenoptera: Apidae: Anthrena fulva Schrk. ♀, sgd.

2871. M. pallens Bess.
Apis, Saft bohrend.

641. Hemerocallis L.

Blumen mit glockig-trichterig, kurzröhrigem Perigon, dessen Grund Nektar beherbergt, welcher nur langrüsseligen Tagfaltern zugänglich ist.

2872. H. fulva L. [Sprengel, S. 43, 203; Kerner, Pflanzenleben II. S. 208, 300, 393; Maximovicz, Bot. Jahrb. 1888 I. S. 555.] — Die rotgelben, duftenden Blumen sind Eintagsblüten; sie öffnen sich, nach Kerner, um 6—7 Uhr morgens und schliessen sich um 8—9 Uhr abends. Sie sind nur eine halbe Stunde protogynisch. Die Narbe ragt schon im entwickelten Zustande aus dem noch geschlossenen Perigon hervor. Öffnet sich letzteres etwa eine halbe Stunde später, so springen auch schon die Antheren auf. Da der Griffel die letzteren aber bedeutend überragt, wie auch Baillon (Bull. mens. Soc. Linn. Paris 1881) hervorhebt, so ist Selbstbestäubung ausgeschlossen, während Insekten, welche zu dem im Perigongrunde aufbewahrten Nektar vordringen, zuerst die Narbe streifen und mit mitgebrachtem Pollen belegen und dann sich von neuem mit Pollen behaften. Nach Kerner ist der Nektar, trotzdem die Perigonröhre nur 2 cm lang ist, nur langrüsseligen Tagfaltern zugänglich, weil ihr Eingang so sehr verengt ist, dass nur ein borstenartig dünner Rüssel eingeführt werden kann. Solche Besucher sind in den europäischen Gärten bisher nicht beobachtet; die Pflanze setzt, wie schon Sprengel hervorhebt und Kerner bestätigt, bei uns niemals Früchte an, so dass höchst wahrscheinlich ist, dass die Befruchter in der ursprünglichen Heimat dieser Pflanze, dem östlichen Asien, solche Tagfalter sind, welche bei uns fehlen. Nach Maximoviez ist auch eine künstliche Befruchtung erfolglos: in Europa bringen die Blumen überhaupt keine reifen Samen hervor. Sprengel, welcher die Blume mit ihrem eigenen Staube künstlich befruchtete, erhielt auch keine Früchte.

2873. H. flava L. [Sprengel, S. 202; Kerner a. a. O. S. 300.] — Die Blüteneinrichtung der, wie bei voriger Art, seitlich gerichteten, gelben, duftlosen Blumen ist dieselbe; es ist daher auch hier Autogamie ausgeschlossen. Die Blütendauer beträgt über 6 Tage. Diese Art ist wie auch

2874—75. H. Dumortieri Morr. und **serotina** nach Focke selbststeril.

2876. Bei **Funckia Spreng.** sind (Kerner, Pflanzenleben II. S. 302) die Narben anfangs hinter den Staubblättern versteckt; später krümmen sich die Staubfäden zurück, so dass die Narben frei werden.

642. Narthecium Moehring.

Homogame Pollenblumen. Staubfäden mit schräg aufwärts gerichteten Haaren besetzt.

2877. N. ossifragum Hudson. [Knuth, Ndfr. Ins. S. 142, 143, 167; Weit. Beob. S. 239.] — Auf den nordfriesischen Inseln setzen 8—15 gelbe,

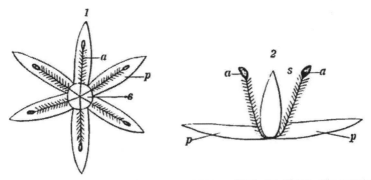

Fig. 411. Narthecium ossifragum Huds. (Nach der Natur, schematisch.)
1 Blüte von oben gesehen (in der Mitte der Fruchtknoten). *2* Blüte von der Seite gesehen (nach Fortnahme des vorderen Perigon- und Staubblattes). *p* Perigonblatt. *a* Staubblatt. *s* Narbe. (Vergr. 2½ : 1).

mit roten Antheren versehene Blüten eine Ähre zusammen. Eine Honigabsonderung findet nicht statt, doch besitzen die Blüten einen an den von Platan-

thera bifolia erinnernden Duft. Bald nachdem die Blüten sich geöffnet haben,
sind Antheren und Narbe gleichzeitig entwickelt, doch ist spontane Selbstbestäubung ausgeschlossen, da keine Berührung dieser Organe stattfindet, sondern die
6 Antheren etwa 3 mm weit von der Narbe entfernt sind. So lange ich nur
ganz vereinzelt die Honigbiene als Blütenbesucher beobachtet hatte, war ich der
Ansicht, dass sowohl spontane Selbstbestäubung möglich, als auch die Bestäubung durch Vermittelung des auf jenen Inseln äusserst heftigen Windes wahrscheinlich sei, wobei die Staubfadenhaare eine Rolle zu spielen schienen. Die
3—4 mm langen Filamente sind nämlich mit sehr zahlreichen, dicht stehenden,
schräg aufwärts gerichteten, fast 1 mm langen, gelben Haaren besetzt, welche
nicht nur die Augenfälligkeit der Blüten erhöhen, sondern auch als Handhaben
für anfliegende Insekten dienen und endlich als Reusen zum Auffangen des
Blütenstaubes gute Dienste leisten. Teils kann der Pollen der eigenen Blüte
wenn er die Narbe verfehlt hat, hier vorläufig deponiert werden, um später durch
einen neuen Windstoss auf die Narbe geführt zu werden, so dass in diesem
Falle spontane Selbstbestäubung eintritt, — teils wird der Pollen durch den
Wind auf die Blüte einer benachbarten Pflanze geführt, wo er wiederum zuerst
von den Staubfadenhaaren aufgefangen und von hier gelegentlich auf die Narbe
gebracht wird, so dass nunmehr Fremdbestäubung erfolgt. Dass dies nicht gerade selten ist, geht daraus hervor, dass zahlreiche Pollenmassen, welche sich
durch ihre gelbrote Farbe scharf von den gelben Staubfadenhaaren abheben,
nicht nur an der dem Blüteninnern zugekehrten Seite der Staubblätter liegen,
sondern sich auch nicht wenig an der Aussenseite der Staubfäden von den
Haaren aufgefangen finden, welche also nur von Blüten anderer Pflanzen her-
stammen können. Nachdem ich aber auf den nordfriesischen Inseln verschiedene
Bienen und Fliegen als eifrige und wiederholte Besucher dieser Blumen beobachtet
habe, bin ich zu der Überzeugung gekommen, dass der eben geschilderte Vorgang nur als die Ausnahme anzusehen ist, und dass vielmehr die Übertragung
des Pollens durch Insekten die Regel ist. Nach Kerner findet Autogamie
gegen Ende der Blütezeit durch Pollenfall ein.

Willis und Burkill (Fl. a. ins. in Gr. Brit. I. p. 267) fanden die
Blüteneinrichtung im mittleren Wales so, wie ich sie nach den Pflanzen der
nordfriesischen Inseln beschrieben hatte; doch beobachteten sie häufig spontane
Selbstbestäubung, indem die Blüten sich so spät öffneten, dass die Antheren bereits aufgesprungen waren und die Narbe belegten. Diese Erscheinung mag
ihre Erklärung darin finden, dass die Pflanze nahe am Ende ihrer Blütezeit
stand. Das Gewebe am Grunde der Staubfäden ist, nach Willis und Burkill,
saftig und wird vielleicht von Bienen, wenn solche die Blüten besuchen, angebohrt.

Als Besucher beobachteten Borgstette (1) (H. M., Weit. Beob. I. S. 274) bei
Tecklenburg und ich (!) auf der Insel Föhr:

A. Diptera: *Muscidae*: 1. Cynomyia mortuorum L., sgd. (1); 2. Lucilia caesar
L. (1); 3. Pyrellia cadaverina L. (1). B. Hymenoptera: *Apidae*: 4. Apis mellifica
L. ☿, psd. (1, !); 5. Colletes daviesanus K. ♀ (!); 6. Halictus albipes F. ♀, psd. (1);

7. H. cylindricus F. ♀ (!); 8. H. malacharus K. ♀, psd. (1); 9. H. rubicundus Chr. ♀, psd. (1).

Willis und Burkill (Flowers and Insects in Great Britain Pt. I) beobachtete im mittleren Wales:

A. Diptera: a) *Muscidae*: 1. Anthomyia radicum L., pfd., häufig; 2. Hydrellia griseola Fall., w. v.; 3. Hylemyia lasciva Ztt., w. v. b) *Syrphidae*: 4. Platycheirus manicatus Mg., pfd. B. Hemiptera: 5. Eine sp., selten. C. Hymenoptera: a) *Formicidae*: 6. Myrmica rubra L., pfd. b) *Ichneumonidae*: 7. Eine sp.

In Dumfriesshire (Schottland) (Scott-Elliot, Flora S. 172) wurden Apis (häufig) und 2 Hummeln als Besucher beobachtet.

643. Asparagus Tourn.

Zweihäusige, selten zweigeschlechtige Blumen mit verborgenem Nektar welcher im Grunde des Perigons aufbewahrt wird.

2878. A. officinalis L. [H. M., Befr. S. 64, 65; Weit. Beob. I. S. 282, 283; Breitenbach, Bot. Ztg. 1878, S. 163—167; Schulz, Beiträge II. S. 199; Warnstorf, Bot. V. Brand. Bd. 38; Kirchner, Flora S. 662; Knuth, Bijdragen.] — Die weisslich-grünen, hängenden Blumenglöckchen besitzen einen eigentümlichen Geruch. Die meisten Stöcke sind eingeschlechtig, doch besitzt jede Blüte die

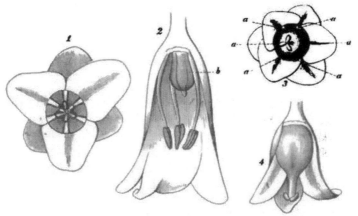

Fig. 412. Asparagus officinalis L. (Nach Herm. Müller.)
1 Männliche Blüte, von unten. *2* Dieselbe, nach Entfernung des halben Perigons, von der Seite. *3* Weibliche Blüte von unten. *4* Dieselbe, nach Entfernung des halben Perigons, von der Seite. *a* Verkümmerte Staubblätter, *b* verkümmerter Fruchtknoten.

Überreste des anderen Geschlechts. Die männlichen Blüten, welche von den Insekten zuerst aufgesucht werden sollen, sind grösser und daher augenfälliger, als die weiblichen: ihr Perigon ist 6 mm lang, das der letzteren nur 3 mm.

Ausser den rein männlichen und rein weiblichen Stöcken kommen, wie zuerst Breitenbach hervorgehoben hat, auch zwitterblütige Stöcke vor, doch sind diese nicht rein zweigeschlechtig, sondern es finden sich ausser solchen Blüten auch Zwischenstufen, welche in verschiedenem Grade Verkümmerungen des Stempels aufweisen. Dagegen beobachtete Breitenbach keine Zwischenstufen zwischen weiblichen und zweigeschlechtigen Blüten, also keine Stöcke, welche ausser Zwitterblüten auch Blumen mit pollenlosen Staubblattüberresten besitzen. Nach Schulz finden sich jedoch häufig rein männliche und rein weibliche, seltener auch rein zwitterige Stöcke oder zwitterige mit weiblichen und zwitterige mit männlichen Blüten an demselben Standorte. — Pollen, nach Warnstorf, gelb-rötlich, brotförmig, fast glatt, etwa 37 μ lang und 19—21 μ breit.

Als Besucher beobachtete ich wiederholt die Honigbiene, sgd. und psd. Ausser derselben beobachtete H. Müller:

A. Hymenoptera: *Apidae*: 1. Apis mellifica L. ⚥, sgd. und psd., sehr häufig; 2. Halictus sexnotatus K. ♀, psd.; 3. Megachile centuncularis L. ♀, sgd.; 4. Osmia rufa L. ♀, sgd.; 5. Prosopis dilatata K. ♀, sgd.

Plateau bemerkte in Belgien Megachile ericetorum Lep.; Friese in Ungarn Anthrena rufohispida Dours; Loew in Schlesien (Beiträge S. 32): Hymenoptera: *Apidae*: 1. Apis mellifica L. ⚥, sgd.; 2. Halictus sexnotatus K. ♀, sgd.; 3. Megachile octosignata Nyl. ♂, sgd.; sowie auch im botanischen Garten zu Berlin: Halictus sexnotatus K. ♀, sgd.

v. Fricken beobachtete in Westfalen und Ostpreussen die Blattkäfer: 1. Crioceris asparagi L., s. hfg.; 2. C. duodecimpunctata L., n. hfg.; dgl. Redtenbacher bei Wien.

2879. A. acutifolius L.

Die bleichgrünen Blüten sah Plateau von Megachile ericetorum Lep. und kleinen Syrphiden besucht. Dieselben Besucher wurden an

2880. A. amarus Dec.

bemerkt, sowie Apis.

2881. Ruscus aculeatus L. ist, nach Hildebrand (Ber. d. d. b. Ges. 1896), monöcisch.

Die vielleicht hierher gehörige

2882. Rohdea japonica Roth sah Delpino (Ult. oss. S. 239, 240; Hildebrand, Bot. Ztg. 1870) von Schnecken (Helix aspersa Müll., H. vermiculata Müll. u. a.) besucht und befruchtet. Sie verzehrten das dickfleischige Perigon und krochen dann auf einen anderen Kolben. Fruchtbildung trat nur an den von den Schnecken besuchten Blüten ein.   .

Nach Baroni (Nuovo Giornole bot. Ital. 1893) sollen ausser Schnecken und Insekten vielleicht auch Ringelwürmer die Befruchter sein. Künstliche Befruchtung war von Erfolg.

644. Convallaria L.

Schwach protandrische Pollenblumen, welche am Grunde des Fruchtknotens saftreiches Gewebe besitzen[1]). Septaldrüsen fehlen (nach Grassmann).

2883. C. majalis L. [Hildebrand, Geschl. S. 62; H. M., Befr. S. 65 bis 66; Alpenbl. S. 54; Kerner, Pflanzenleben II; Mac Leod, B. Jaarb. V. S. 310—311; Schulz, Beitr. II. S. 167—168; Ludwig, Deutsche bot. Monatsschr. 1883. S. 106; Kirchner, Flora S. 70; Knuth, Bijdragen; Warnstorf, Bot. V. Brand. 38.] — Die honiglosen[1]) Blüten besitzen einen lieblichen Duft. In

---

[1]) Vgl. die Anmerkung bei Leucojum aestivum L.

den hängenden Glöckchen überragt der Griffel die Antheren bis zu 2 mm. Pollensammelnde Insekten berühren daher zuerst die Narbe und dann die Antheren, so dass bei Insektenbesuch Fremdbestäubung gesichert ist. Bleibt derselbe aus so erfolgt spontane Selbstbestäubung, indem Pollen auf den papillösen Rand der Narbe hinabfällt.

Ausser der gewöhnlichen Form mit hellgelben Antheren und rein weissem Perigon beobachtete Ludwig in Thüringen eine andere mit lebhaft gelb gefärbten Staubbeuteln und einzelnen rot gefärbten Blütenteilen, wie Perigongrund, unterweibiger Scheibe, Staubfadenbasis. Nach Ludwig sondert diese grossblütige Form freien Nektar an der unter dem Fruchtknoten befindlichen Scheibe ab, so dass sie in höherem Grade insektenblütig erscheint als die gewöhnliche Form. Nach Schulz ist dies jedoch nicht der Fall, sondern beide Formen haben dieselbe Blütengrösse und bei beiden ist die unterweibige Scheibe mit zuckerhaltigem Saft versehen, ohne dass freier Nektar ausgeschieden würde.

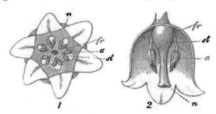

Fig. 413. Convallaria majalis L. (Nach Herm. Müller.)

1 Blüte gerade von unten. *2* Blüte, nach Entfernung der vorderen Hälfte der Blumenkrone mit den drei daran sitzenden Staubblättern, von der Seite gesehen. *st* = Staubfaden. *a* Anthere. *fr* = Fruchtknoten. *n* = Narbe.

Als Besucher beobachtete ich wiederholt die Honigbiene, psd. Auch H. Müller sah dieselbe als Blütenbesucher, sowie in den Alpen einen Bockkäfer (Acmaeops collaris L.).

645. Polygonatum Tourn.

Weisse, an der Spitze grünliche, homogame Hummel- oder Bienenblumen, deren Nektar von den Septaldrüsen des Fruchtknotens meist in reichlicher Menge abgesondert und im Perigongrunde aufbewahrt wird.

2884. P. verticillatum Allioni. (Convallaria verticillata L.) [H. M., Alpenblumen S. 52, 53; Schulz, Beiträge II. S. 166, 224; Grassmann, Septaldrüsen; Kirchner, Flora S. 71.] — Eine Bienenblume. Die senkrecht herabhängenden Blumenglöckchen sind 8—10 mm lang. Sie sondern in ihrem Grunde reichlich Nektar aus. Die demselben nachgehenden und sich von unten an die Blüten hängenden Bienen berühren mit der einen Körperseite die nach innen aufgesprungenen Staubbeutel, mit der anderen die mit den Antheren gleichzeitig entwickelte und mit ihnen gleichhoch stehende Narbe, bewirken also Fremdbestäubung. Honigsaugende Falter berühren mit ihrem dünnen Rüssel nicht notwendig die beiden Organe. Bleibt Bienenbesuch aus, so erfolgt wegen der Nähe von Antheren und Narbe spontane Selbstäubung.

Als Besucher beobachtete H. Müller in den Alpen 2 Hummeln und 2 Falter.

Schulz sah zahlreiche Hymenopteren und kleine Falter als Besucher. Auch beobachtete derselbe Einbruchslöcher.

2885. P. officinale Allioni. (Convallaria Polygonatum L.) [Sprengel, S. 198; H. M., Alpenbl. S. 53, 54; Grassmann, Septaldrüsen;

Almquist, Bot. Centr. 38. S. 663; Kirchner, Flora S. 70.] — Eine Hummelblume. Die nach bitteren Mandeln duftenden Blüten bergen den Honig[1]) im Grunde einer 14—17 mm langen Perigonglocke, so dass er nur den langrüsseligsten Bienen zugänglich ist. Der Blüteneingang wird durch die Narbe fast ausgefüllt. Da die Antheren etwa 3 mm über derselben stehen, so wird sie von den besuchenden Hummeln eher berührt, als der Pollen, so dass

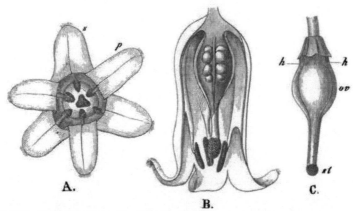

Fig. 414. Polygonatum verticillatum Allioni. (Nach Herm. Müller.)
A Blüte gerade von unten gesehen. (7 : 1.) *B* Dieselbe im Längsdurchschnitt. *C* Stempel. Bedeutung der Buchstaben wie in Fig. 213.

alsdann Fremdbestäubung erfolgen muss. Bleibt Hummelbesuch aus, so tritt durch Pollenfall spontane Selbstbestäubung ein. Almquist fand in den von ihm bei Stockholm beobachteten Blüten keinen freien Nektar, dagegen enthält die Fruchtknoten- und Perigonwand Honigsaft, der also erst erbohrt werden muss[1]).

Die Perigonröhre wird in den Alpen oft von Bombus mastrucatus angebissen, welcher dann den Nektar raubt. Das von dieser Hummel gemachte Loch benutzen dann auch andere Insekten zum Honigraub. An Blüten in Norddeutschland habe ich niemals Bisslöcher bemerkt.

Als Besucher sah Loew im bot. Garten zu Berlin Bombus lapidarius L. ⚥ sgd.

2886. P. latifolium Desf. (Conv. lat. Jacquin.) [Jordan, Honigbehälter.] — Auch bei dieser Art liegt der Eingang zwischen den sich nach innen öffnenden Antheren und der Narbe, so dass passende Blütenbesucher vorwiegend Kreuzung bewirken müssen.

2887. P. multiflorum Allioni. (Conv. multifl. L.) [H. M., Befr. S. 66; Weit. Beob. I. S. 283; Mac Leod, B. Jaarb. V. S. 311—313; Grassmann, a. a. O.; Kirchner, Flora S. 71; Almquist, a. a. O.; Warnstorf, Bot. V. Brand. Bd. 38; Knuth, Bijdragen.] — Eine Hummelblume. Der etwas Honig führende Grund der 11—18 mm langen Perigonröhre ist nur langrüsseligen Bienen erreichbar; zumal der Blüteneingang durch die Narbe und die

---

[1]) Vgl. die Anmerkung bei Leucojum aestivum L.

sie dicht umgebenden Antheren geschlossen wird und die Staubfäden behaart sind. Besuchende Hummeln berühren wieder mit der einen Körperseite die Narbe, mit der anderen einige pollenbedeckte Antheren, bewirken also regelmässig Kreuzung. Gleichzeitig drücken sie aber auch die entgegengesetzte Seite der Narbe gegen die anstossenden Antheren und bewirken so auch Selbstbestäubung. Letztere tritt spontan ein, wenn passender Insektenbesuch ausbleibt.

Auch bei dieser Art konnte Almquist keinen freien Nektar erkennen, sondern fand nur zuckerhaltiges Gewebe.

Auch Warnstorf konnte keinen Honig in den Blüten auffinden. Nach demselben sind die Narbenpapillen schon in noch geschlossenen Blüten empfängnisfähig. Der Griffel ist von verschiedener Länge, entweder sehr kurz, oder etwa die Mitte der Kronröhre erreichend, oder auch in gleicher Höhe mit den Antheren. Individuen mit zwitter- und männlichen Blüten sind nicht selten. — Pollen weiss, elliptisch, glatt, durchschnittlich 65—70 μ lang und 31 μ breit.

Geisenheyner (Ber. d. d. b. Ges. 1895) bemerkte bei Kreuznach und anderen Orten Neigung zur Ausbildung männlicher Blüten.

Als Besucher sah Herm. Müller:

A. Diptera: *Syrphidae*: 1. Rhingia rostrata L., pfd., sehr häufig. B. Hymenoptera: *Apidae*: 2. Anthrena fasciata Wesm. ♀, sgd. und psd.; 3. Bombus agrorum F. ♀, sgd.; 4. B. hortorum L., sgd.

Mac Leod (Bot. Jaarb. V. p. 311—313) beobachtete in Flandern eine Hummel.

646. Majanthemum Weber.

Protogynische Blumen mit geringer (oder keiner) Honigabsonderung im Blütengrunde[1]. Fruchtknoten mit Septaldrüsen (Grassmann).

2888. M. bifolium Schmidt. (Convallaria bifolia L.) — [Kirchner, Flora S. 69; Mac Leod, B. Jaarb. V. S. 313—314; Schulz, Beiträge II. S. 168.] — Die kleinen, weissen, duftenden Blüten spreizen anfangs ihre Perigonzipfel und Staubblätter weit nach aussen; die Antheren sind alsdann noch geschlossen, die Narbe ist dagegen bereits empfängnisfähig. Alsdann schlagen sich die Perigonzipfel nach hinten zurück, und die Antheren der schräg nach oben gerichteten Staubblätter springen nach innen auf. Bei Insektenbesuch ist bei dem Abstande von Narbe und Antheren Fremdbestäubung begünstigt. Bleibt derselbe aus, so kann bei der fast senkrechten Stellung der Blüte leicht Pollen auf die frisch bleibende Narbe fallen. Es ist daher spontane Selbstbestäubung leicht möglich. — Pollen, nach Warnstorf, weiss, brotförmig, fast glatt, bis 50 μ lang und 19 μ breit.

Als Besucher beobachtete Schulz kleine Fliegen.

647. Streptopus Richard.

Homogame oder schwach protogyne Bienenblumen, deren Nektar am Grunde der Perigonblätter abgesondert wird.

---

[1] Vgl. die Anmerkung bei Leucojum aestivum L.

2889. St. amplexifolius DC. (Uvularia amplexifolia L.) [Warming, Bot. Tidsskrift. 1886. Bd. 16. S. 39—40; Schulz, Beiträge I. S. 98—99; II. S. 224.] — Die weisslichen, hängenden Blüten sind innen und an den Rändern der äusseren Perigonblätter, welche die inneren überragen und sie einschliessen, rot gesprenkelt oder gefleckt. Von den sechs Staubblättern haben die drei äusseren über dem Grunde zwei seitliche Zähne. Die Antheren sind an den von Schulz im Riesengebirge untersuchten Arten mit der Narbe gleichzeitig entwickelt; nach Warming sind die Blüten in Grönland jedoch schwach protogynisch. Im späteren Blütenzustande überragt die Narbe die Antheren ein wenig. Selbst-bestäubung durch Pollenfall ist wegen der Stellung der Blüte leicht möglich. Der Zugang zum Nektar ist nur durch drei enge Kanäle möglich, was auf Hummelbesuch schliessen lässt, doch sind die normalen Besucher noch nicht beobachtet.

648. Paris L.

Ausgeprägt protogynische Pollenblume, welche, nach H. Müller, Insekten-täuschblume ist.

2890. P. quadrifolia L. [H. M., Befr. S. 65; Weit. Beob. I. S. 283; Kerner, Pflanzenleben II; Mac Leod, Bot. Jaarb. V. S. 314; Kirchner, Flora S. 72.] — Vielleicht Fliegentäuschblume. (Vgl. Bd. I. S. 161.) In den honig- und geruchlosen Blüten sind die Narben schon reif, wenn die Blume sich öffnet; die gelben Antheren öffnen sich erst einige Tage später, doch bleiben die Narben noch frisch. Im ersten Blütenzustande bietet die wenig augen-fällige Blume besuchenden Insekten keine Nahrung dar, doch werden Aas-fliegen durch den zuweilen glänzenden, meist aber matten, dunkelpurpurnen Fruchtknoten und die ebenso gefärbten Narben, die ihnen das Vorhandensein faulenden Fleisches vortäuschen, zum Besuche angelockt. Später bietet die Blüte den Besuchern staubförmigen Pollen dar, welcher schon bei leisem Anstoss an die Staubblätter in Form eines Wölkchens davonfliegt. Da als-dann die Narben noch frisch sind, so kann auch Selbstbestäubung erfolgen, und zwar erfolgt diese, nach Kerner, durch Anlegen der Antheren an die Narbe.

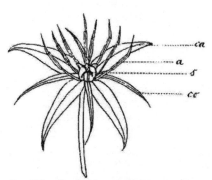

Fig. 415.   Paris quadrifolia L.   (Nach der Natur.)

Blüte in natürlicher Grösse im ersten (weib-lichen) Stadium: die Narben (*s*) sind bereits entwickelt, die Antheren (*a*) noch geschlossen. *ca* Kelchblatt.   *co* Kronblatt.

Zuweilen finden sich weibliche Blüten mit antherenlosen Staubblättern, welche dann den inneren Perigonblättern an Gestalt und Färbung gleichen. — Pollen, nach Warnstorf, gelb, unregelmässig, rundlich bis elliptisch, klein warzig, etwas 47—50 μ lang und 35 μ breit.

Besucher stellen sich sehr selten ein. Ich habe die Pflanze oft stundenlang unter den günstigsten Bedingungen überwacht, aber niemals einen Besucher gesehen. Herm. Müller beobachtete einzelne Fliegen (darunter Scatophaga merdaria F.), Kirchner eine Motte.

649. Trillium L.

Sämtliche Arten sind, nach Kerner (Pflanzenleben II. S. 330) protogynisch, so dass anfangs Fremdbestäubung begünstigt ist. Bei T. grandiflorum sind (a. a. O.) in jedem der drei von den spreizenden Narben gebildeten Winkel je zwei Antheren eingelagert, und es wird aus jeder geöffneten Anthere nur der Pollen der nach innen gewendeten Antherenhälfte zur Autogamie verwendet, während der Pollen der nach aussen sehenden Antherenhälfte auch nach erfolgter Autogamie von Insekten abgeholt werden kann.

2891. T. erectum L. betrachtet Loew (Blütenbiol. Beitr. II. S. 78, 79) als Ekelblume,

2892. T. grandiflorum Sm. ist dagegen keine.

2893. T. sessile L. sah Loew im bot. Garten zu Berlin von Cetonia aurata L. besucht, im Blütengrunde an den Staubblättern fressend.

2894. Kniphofia aloides Mnch. (Tritoma Uvaria L.) ist, nach Stadler (Nektarien S. 1—5), protogynisch, dann homogam. Nach Errera und Gevaert (Bull. de la Soc. Bot. de Belg. 1878) sind Tagfalter die Befruchter.

2895. Aphyllanthes monspeliensis L. Nach Kerner (Pflanzenleben II. S. 338) berühren anfangs die Antheren die Narbe nicht, weil die Staubblätter abstehen. Später neigen letztere aber nach innen, wobei die Antheren der drei kürzeren Staubblätter die drei unteren Narbenzipfel, die der drei längeren Staubblätter die drei oberen Narbengipfel berühren, mithin Autogamie erfolgt.

2896. Veltheimia viridiflora Jacq. ist, nach Bailey (B. Torr. B. C. XIII. 1886), protandrisch.

2897. Camassia Fraseri Torr. Die Blüteneinrichtung hat Loew (Blütenbiol. Beitr. S. 236, 237) beschrieben.

Als Besucher beobachtete derselbe im botanischen Garten zu Berlin: A. Coleoptera: *Telephoridae*: 1. Cantharis fusca L., anfliegend. B. Hymenoptera: *Apidae*: 2. Apis mellifica L. ⚥, psd. und am Grunde des Fruchtknotens Saft bohrend; 3. Osmia fulviventris Pz. ♂, Saft bohrend.

2898. Albuca corymbosa Batt. Nach Wilson (Bot. Jaarb. III.) drücken Hummeln die inneren Blumenblätter nach aussen, dringen mit der Brust zwischen die inneren Antheren und die Narbe und bewirken Kreuzbestäubung. Autogamie ist ausgeschlossen. Durch Versuche wurde nachgewiesen, dass der Pollen der inneren Antheren das beste Ergebnis liefert.

2899. A. (Falconera) fastigiata Dryand. [Wilson a. a. O.] — Autogamie ist ausgeschlossen. Künstlich herbeigeführte Selbstbestäubung ist erfolglos.

2900. Aspidistra elatior Blume. Während Delpino diese Art als mikromyophil ansieht (vergl. Bd. I. S. 18), ist Wilson (Tr. Edinb. 1889) der Ansicht, dass die Befruchtung durch Schnecken vollzogen wird, welche durch kleine Öffnungen in die Blüten schlüpfen und hier wohl meist Selbstbestäubung herbeiführen.

156. Familie Colchicaceae DC.

Auch bei dieser Familie dienen die beiden Blattkreise des Perigons der Anlockung. Die grossen Blüten von Colchicum (und Bulbocodium) stehen einzeln, die kleineren von Veratrum und Tofieldia sind zu traubigen oder ährigen Inflorescenzen vereinigt. Die Nektarabsonderung erfolgt im Blütengrunde, und zwar teils von der Aussenseite der Staubfäden (Colchicum, Bulbocodium) teils vom Perigongrunde (Veratrum) oder seitlichen Furchen des Fruchtknotens (Tofieldia). In Bezug auf die Bergung desselben gehört Colchicum, Bulbocodium zur Blumenklasse **B**, Tofieldia und Veratrum zu **A** und **AB**.

650. Colchicum Tourn.

Protogynische Blumen mit verborgenem Nektar, welcher von der verdickten Aussenseite des untersten Endes der freien Staubfadenteile abgesondert und in den von Wollhaaren bedeckten, 3—5 mm langen Furchen am Grunde der Perigonblätter aufbewahrt wird.

2901. C. autumnale L. [Sprengel, S. 206—208; H. M., Befr. S. 62; Kirchner, Flora S. 67; Schulz, Beitr. I. S. 99—100; Kerner, Pflanzenleben II; Mac Leod, B. Jaarb. V. 307—308; Knuth, Herbstbeobachtungen; Notizen; Warnstorf, Bot. V. Brand. Bd. 38.] — In den grossen, hellvioletten Blüten sind die Narben meist vor den Staubblättern entwickelt, bleiben jedoch bis zur Reife der letzteren frisch und aufnahmefähig. Bei früh eintretendem Insektenbesuche ist daher Fremdbestäubung gesichert; bei erst später eintretendem ist auch Selbstbestäubung möglich, jedoch dadurch erschwert, dass die Antheren ihre mit Pollen bedeckte Fläche nach aussen kehren und auch dadurch, dass die anfangs griffellangen Staubblätter später oft von den Narben überragt werden. Spontane Selbstbestäubung ist beim Schliessen der Blüten und bei gleich hoher Stellung von Narben und Antheren möglich.

Ausser Protogynie ist an den sich periodisch öffnenden und schliessenden, etwa von 9 Uhr vormittags bis 6 Uhr abends geöffneten Blüten auch Homogamie oder selbst Protandrie beobachtet. Kerner beobachtete auch Heterostylie und unterschied lang-, mittel- und kurzgriffelige Blüten. Die Perigonzipfel wachsen nachträglich so stark, dass in den langgriffeligen Blüten die drei längeren Perigonzipfel sich um 9 mm, die drei kürzeren sich um 12,6 mm verlängern. In den mittelgriffeligen Formen betragen die entsprechenden Verlängerungen 13,5 und 18,5 mm, in den kurzgriffeligen 10 und 15 mm. In den letzteren kommt gegen Ende der Blütezeit spontane Selbstbestäubung nicht nur durch solchen Pollen zu stande, welcher auf der Innenseite der Perigonabschnitte gefallen ist, sondern auch durch unmittelbare Berührung der Narbe mit den Spitzen der pollenbedeckten Antheren.

Auch Warnstorf fand die Griffel in den Blüten derselben Knolle bald so lang, bald länger als die Staubblätter, an der Spitze mit kurzer, sich nach innen etwas herabziehender violetter Narbe. Antheren auf konischen steifen Filamenten leicht beweglich und seitlich aufspringend. — Pollen goldgelb, geölt, haftend, unregelmässig-tetraëdrisch, warzig, mit bis 43 μ diam.

Die Blüten sind meist hälftig-symmetrisch, indem ein Perigonblatt länger und breiter als die anderen und das ihm gegenüberstehende am kürzesten ist.

Als Besucher beobachtete H. Müller Bombus hortorum L. ♂ hsgd. Diese Hummel streifte dabei mit der einen Körperseite die Narben, mit der anderen die Antheren, bewirkte also Kreuzung. Ich beobachtete ausserdem besonders die Honigbiene als Blütenbesucher. Sie begnügte sich nicht damit, in geöffneten Blüten nach Honig zu suchen, sondern drängte sich durch die enge Öffnung im Aufblühen begriffener Blüten, deren bereits entwickelte Narben sie belegte, da sie von Blüten, deren Antheren bereits aufgesprungen waren, gänzlich mit Pollen bedeckt herkam. Ausserdem beobachtete ich als Blütenbesucher Musca domestica L. sgd. (?) und zahlreiche winzige, 1 1/2 mm lange

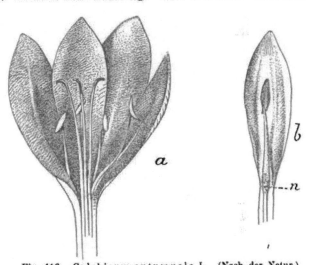

Fig. 416. Colchicum autumnale L. (Nach der Natur.)

a Blüte in natürlicher Grösse nach Entfernung je eines äusseren und eines inneren Perigonblattes nebst den daran sitzenden Staubblättern. Die drei Narben überragen die Antheren. b Ein inneres Perigonblatt in natürlicher Grösse mit dem dazu gehörigen Staubblatte und das verdickte, gelbe, honigabsondernde, freie Ende des Staubfadens. Hinter demselben die zur Honigbergung dienende Furche des Kronblattes.

Musciden und, in den Blüten umherkriechend, zwei Falter (Vanessa io L. und V. urticae L.).

Am 9. 9. 97 beobachtete ich ausserdem zahlreiche pollenfressende Schwebfliegen als Blumengäste, nämlich Eristalis tenax L., Syritta pipiens L., Syrphus arcuatus Fall., S. corollae L., S. pyrastri L. Die Falter und Fliegen berührten beim Anfliegen nicht regelmässig die Narben, sondern flogen meist gleich auf die Antheren oder auch auf die Kronblätter, doch genügte dieses

gelegentliche Berühren der Narbe vollständig, um die Belegung aller herbeizuführen, denn ich fand die Narben sämtlicher aufgeblühter Blumen dicht mit
Pollenkörnern bedeckt. Vielfach wird allerdings, namentlich durch die erwähnten
winzigen Musciden, auch Selbstbestäubung herbeigeführt. Letztere konnte bei
den von mir beobachteten Blumen wegen des starken Hervorragens der Narben
über die Antheren nicht spontan erfolgen.

Über die Besuche einer Nacktschnecke, Limax cinerea (?), in den
Blüten der Herbstzeitlosen habe ich im 1. Bande dieses Werkes, S. 96 Anm.,
berichtet.

Die Arten der Gattung

651. Uvularia L.

sind, nach Kerner, sämtlich protogynisch und zwar verhält sich

2902. U. grandiflora Sm. genau so wie Trillium grandiflorum.
(S. S. 511.)

2903. U. flava Sm.

Als Besucher beobachtete Loew im botanischen Garten zu Berlin eine kleine
Biene: Halictus cylindricus F. ♀, psd.

2904. Tricyrtis pilosa Wall. [Kerner, Pflanzenleben II. S. 348.] — An-
fangs ist durch Protogynie und durch den Abstand der Narbe von den Antheren
Selbstbestäubung ausgeschlossen und nur durch Vermittelung von Insekten
Fremdbefruchtung möglich. Später kann durch Abwärtskrümmung des Griffels
Autogamie erfolgen.

652. Bulbocodium L.

Homogame Blumen mit verborgenem Honig, welcher an der Aussenseite
der dem Perigon angewachsenen Staubfäden nahe am Grunde derselben abgesondert wird und sich im Grunde einer auf jedem Perigonblatte befindlichen
Spalte ansammelt.

2905. B. autumnale Spr. (Merendera Bulbocodium Ram.) [Mac
Leod, B. Jaarb. III. S. 298—301.] — In den blassrosa, mit sehr verlängerten
Nägeln an den Perigonblättern versehenen Blüten wechselt die gegenseitige
Stellung von Narben und Antheren. Anfangs befinden sich die Narben über
den sich nach aussen öffnenden Antheren, so dass jetzt spontane Selbstbestäubung ausgeschlossen ist. Alsdann werden die Antheren durch nachträgliches Wachstum der Perigonblätter bis zur Höhe der Narbe gehoben, so dass
nun, da auch gleichzeitig die Antheren sich etwas nach innen drehen, noch
Autogamie erfolgen kann.

Als Besucher beobachtete Mac Leod in den Pyrenäen 2 Hummeln, 1 Falter,
1 Fliege.

653. Veratrum Tourn.

Protandrische Blumen mit freiliegendem Nektar, welcher mit Vorliebe
von Fliegen (Musciden) aufgesucht wird. Derselbe wird von dem verdickten
Grunde der Perigonblätter abgesondert. Zuweilen Andromonöcie bis Androdiöcie.

2906. V. album L. [H. M., Alpenblumen S. 41—43; Schulz, Beiträge; Knuth, Bijdragen.] — Die trüb-schmutzig-gelben Blumen haben in den Alpen protandrische Zwitterblumen. Von den sechs Staubblättern öffnen zuerst die drei äusseren, dann die drei inneren ihre Antheren nach aussen und unten,

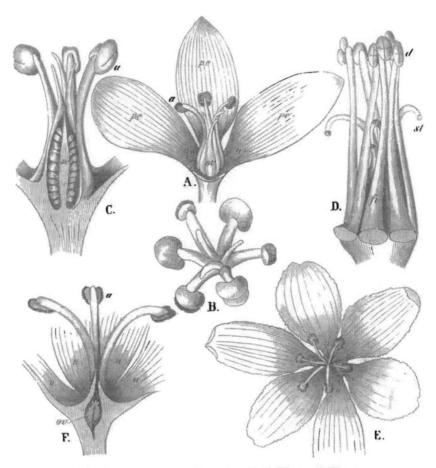

Fig. 417. Veratrum album L. (Nach Herm. Müller.)

A Zwitterblüte im ersten, männlichen Zustande, nach Entfernung der drei vorderen Perigonblätter. ($3^1/2$: 1.) *B* Die Befruchtungsorgane einer im ersten männlichen Zustande befindlichen Zwitterblüte, von oben gesehen. (7 : 1.) *C* Dieselben im Längsdurchschnitt. (7 : 1.) *D* Die Befruchtungsorgane einer im zweiten weiblichen Zustande befindlichen Zwitterblüte. (7 : 1.) *E* Männliche Blüte gerade von oben gesehen. (3 : 1.) *F* Dieselbe Blüte im Längsdurchschnitt. (7 : 1.) Bedeutung der Buchstaben wie in Fig. 213.

so dass die honigsuchenden Insekten sich Kopf und Rücken mit Pollen bedecken. Alsdann richten sich die Staubblätter auf, und die drei Griffel richten nun ihre entwickelten Narben nach aussen und unten, so dass die pollenbedeckten Besucher sie streifen und belegen müssen.

Ausser den Zwitterblüten kommen andromonöcisch oder androdiöcisch verteilte männliche Blüten vor. Die Form b) Lobelianum Bern. hat, nach Schulz, dieselbe Blüteneinrichtung wie die Hauptform in den Alpen, doch ist sie zuweilen auch homogam. Alsdann erfolgt wegen der senkrechten Stellung der Blüten spontane Selbstbestäubung.

Als Besucher beobachtete Herm. Müller Käfer (4), Musciden (13), Ameisen (1), Schlupfwespen (1), Falter (5), dagegen niemals Bienen oder Schwebfliegen. Ich sah im botan. Garten zu Kiel eine Muscide: Musca corvina F.

Schletterer und v. Dalla Torre geben für Tirol die Gartenhummel als Besucher an.

2907. V. nigrum L.

sah Plateau im bot. Garten zu Gent von Musca domestica L., Lucilia caesar L. und Calliphora vomitoria L. besucht.

654. Tofieldia Hudson.

Protogynische oder homogame, gelbliche Blumen mit halbverborgenem Nektar, welcher im Grunde der drei Furchen zwischen den Fruchtblättern ausgeschieden wird.

2908. T. calyculata Wahlenberg. [H. M., Alpenblumen S. 39, 40; Kerner, Pflanzenleben II. S. 332.] — In den gelblichen Blüten sind die Narben vor den Antheren entwickelt, so dass bei rechtzeitig eingetretenem Insektenbesuch Fremdbestäubung erfolgt. Ist diese nicht eingetreten, so tritt später als Notbehelf spontane Selbstbestäubung durch Herabfallen von Pollen auf die frisch gebliebenen Narben ein.

Als Besucher beobachtete H. Müller in den Alpen Käfer (3), Fliegen (6), Bienen (1), Ameisen (1), Falter (3).

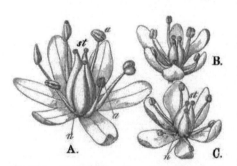

Fig. 418. Tofieldia calyculata Wahlenb. und T. borealis Wahlenb. (Nach Herm. Müller.)

A Blüte von T. calyculata. B Blüte von T. borealis gegen Abend. C Desgl. am Morgen. (Vergr. 7 : 1.) a Geschlossene, a' geöffnete Antheren. st Narbe. n Nektarium.

2909. T. borealis Wahlenberg. [H. M., a. a. O., S. 40; Kerner, a. a. O.] — Die Blüten sind kleiner als die der vorigen Art, erhalten daher, trotzdem sie in den Winkeln zwischen allen sechs Staubblättern und dem Fruchtknoten Nektar absondern, nicht so reichlichen Besuch wie vor. Statt Protogynie beobachtet man, nach Müller, Homogamie, so dass hier von Beginn des Blühens an die Möglichkeit spontaner Selbstbestäubung vorliegt. Kerner, bezeichnet die Blumen aber als protogynisch. Tritt Insektenbesuch ein, so ist Fremdbestäubung bevorzugt, indem die Besucher meist mit der einen Körperseite die Narbe, mit der anderen die Antheren streifen.

Als Besucher beobachtete H. Müller in den Alpen 2 Musciden, 1 Kleinfalter

2910. Zygaedenus elegans Pursh.

Die schmutzig-weissen, grün gefleckten Blüten sah Plateau von Ameisen, anderen kleinen Hymenopteren und Syrphiden besucht.

157. Familie Juncaceae Bartling.

Durch die beiden Arbeiten von F. Buchenau: „Monographia Juncacearum" (Englers Bot. Jahrb. XII) und „Über die Bestäubungsverhältnisse bei den Juncaceen" (Pringsheims Jahrb. f. wiss. Bot. XXIV) hat die genannte Familie eine so eingehende Bearbeitung gefunden, dass ich mich im folgendem ganz an diese Abhandlungen anschliesse. Meine Darstellungen bilden einen Auszug aus den letztgenannten Arbeiten, ergänzt durch einige Mitteilungen von Herm. Müller und O. Kirchner.

Die Juncaceen sind Windblütler. Meist ist durch protogynische Dichogamie (bei einigen südamerikanischen Gattungen — Distichia, Oxychloč, Patosia — durch Diklinie oder Diöcie) Selbstbestäubung verhindert, Fremdbestäubung ermöglicht. Selten kommt Homogamie vor. — So bezeichnet Schulz (Beitr. II. S. 171) Juncus squarrosus L. als homogam, „da sofort nach dem Aufblühen auch die Antheren der drei Staubblätter aufspringen," während Kirchner (Neue Beob. S. 10) die Art als schwach protogyn beschreibt. Nach letzterem ist aber Juncus arcticus Willd. entschieden homogam (bei Zermatt), doch stehen die Antheren auf so kurzen Filamenten, dass ihre Spitze die Narben nicht erreicht, mithin Selbstbestäubung vermieden wird.

Bei den protogynen Arten ist die Dauer des (ersten) weiblichen Zustandes sehr verschieden; sie schwankt, nach Buchenau (Bestäubungsverhält-nisse S. 367), von wenigen Stunden (Juncus tenuis) bis zu mehreren Tagen (die im Frühjahre blühenden Luzula-Arten). Auf diesen weiblichen Zustand folgt meist ein Zwitterzustand, doch sind bei einigen Arten (Luzula campestris, L. spadicea) die Narben längst vertrocknet, wenn die Antheren aufspringen, so dass dann auf das weibliche Blütenstadium ein geschlechtsloses und dann das männliche folgt. Zuweilen schliesst sich an den Zwitterzustand ein Zustand an, in welchem die Narben noch empfängnisfähig sind, wenn der Pollen bereits gänzlich verstäubt ist und sich — bei den chasmogamen Blüten — das Perigon geschlossen hat. Alsdann kann, wenn ein Teil der Narben eingeschlossen wird, durch den auf den Perigonblättern etwa liegen gebliebenen Pollen spontane Selbstbestäubung erfolgen.

Kleistogamie kommt gelegentlich vor. Nach F. v. Müller blüht der australische Juncus homalocaulis F. v. M., wie es scheint, ausschliesslich kleistogam, vielleicht auch die nordamerikanischen Arten J. setaceus Rostk. und J. repens Michx.. Sonst finden sich kleistogame Blüten bei Juncus bufonius (häufig), bei J. Chamissonis Kth., J. capitatus Weigel, J. capillaceus Lam., Luzula purpurea Mass. (gelegentlich), auch wohl noch bei anderen Arten.

Damit sich kleistogame Blüten bilden, müssen Griffel und Narben nur kurz sein; meist schwinden auch die inneren drei Staubblätter. Die Bedeutung des Fehlens der letzteren besteht, nach Buchenau (Bestäubungsverhältnisse S. 371), darin, dass das Aufblühen des Perigons auf der Turgescenz des Blütengrundes, einschliesslich des Grundes der Staubblätter, beruht (s. u.), mithin durch das Fehlen der inneren Staubblätter notwendig die Kraft, mit welcher die Turgescenz die Blüten öffnet, vermindert wird.

Eine höchst merkwürdige Erscheinung bei vielen Arten ist das Blühen in Pulsen. Man findet (Buchenau, Monographia S. 41) bei diesen in der Blütezeit an einem Tage eine grosse Anzahl von Blüten ($\frac{1}{5}$ bis selbst $\frac{1}{3}$) geöffnet, dann an 10, 12, 14, selbst bis 21 Tagen trotz günstiger Witterung keine offene Blüte, dann wieder an einem Tage eine grosse Anzahl geöffnet u. s. w. Eine bestimmte Beziehung dieser Erscheinung zur Witterung ist nicht ermittelt worden. Dieses Blühen in Pulsen hat (Buchenau, Bestäubungsverhältnisse S. 369) in biologischer Beziehung gewiss die Bedeutung, dass dadurch die Kreuzung in hohem Grade gefördert wird, indem dann jedesmal eine Menge Blüten gleichzeitig geöffnet sind. Daraus würde sich auch erklären, dass diese Art des Blühens bei Arten mit reichblütigen Blütenständen, sowie bei den meist gedrängtblütigen Blütenständen von Luzula nicht vorzukommen scheint, während die Erscheinung am deutlichsten bei den einzelblütigen Juncus-Arten, sodann bei Arten mit armblütigen Köpfchen auftritt.

Die Aufblühfolge ist (Buchenau, Monographia S. 41) bei grossen Blütenständen und ebenso innerhalb der einzelnen Köpfchen aufsteigend; doch ist das Endährchen oder der Endkopf gegen die seitlichen gefördert. Ebenso ist bei einzelständigen Blüten die Endblüte gegenüber den zu ihr gehörigen Seitenblüten gefördert.

Die Dauer der Anthese ist (Buchenau, Bestäubungsverhältnisse S. 370) sehr verschieden: Sie währt zuweilen nur wenige Stunden (Juncus tenuis, J. filiformis, J. Chamissonis, J. balticus), meist einen Tag, doch auch bis zu neun Tagen und vielleicht mehr (Luzula campestris).

Jede Blüte öffnet sich nur einmal. Das Aufblühen beruht (Buchenau Monographia S. 41; Bestäubungsverhältnisse S. 372) auf einer meist nur kurze Zeit andauernden Turgescenz des der Achse angehörenden Blütenbodens, des Grundes der Staubfäden und der inneren Fläche der Perigonblätter, und zwar verteilt sich diese Anschwellung bei den verschiedenen Arten sehr ungleich auf die genannten Organe.

Nicht alle Juncaceen-Blüten sind unscheinbar, sondern eine grosse Anzahl Arten besitzen lebhaft gefärbte Blüten — Buchenau zählt (Bestäubungsverhältnisse S. 373—374) 41 Arten auf —, und diese werden dann wohl insektenblütig sein, da sie auch reichliche Mengen Blütenstaub bilden und durch die prallen, glänzenden, safterfüllten Zellen des Grundes der Blüte (Scheinnektarien —) sehr wohl geeignet sind, Insekten anzulocken.

Von unseren mitteleuropäischen Arten sind fast nur Luzula lutea L. und L. nivea L. mit einem lebhafter gefärbten Perigon ausgestattet, und werden auch von Insekten besucht. Herm. Müller (Alpenbl. S. 38, 39) sah die erstere der beiden genannten Arten in Graubünden von einer pollensammelnden Hummel und einer pollenfressenden Schwebfliege besucht; ein Falter (Zygaena) sass müssig an den Blüten. Luzula nivea sah H. Müller bei Chur häufig von einem Blumenkäfer (Anthobium) besucht.

Über die bei den Juncaceen wirklich vorkommenden Bestäubungs-Verhältnisse giebt Buchenau (a. a. O. S. 378, 379) folgende Übersicht:

I. Autogamie. Befruchtung der Blüte durch den eigenen Pollen findet gewiss sehr häufig und mit gutem Erfolge statt.

a) **Kleistogame** (meist auch kleistantherische) Blüten. Anscheinend ausschliesslich bei Juncus homalocaulis, vielleicht auch bei J. repens und setaceus; neben Chasmogamie bei J. bufonius, capitatus, pygmaeus (?), Chamissonis, capillaceus, Luzula purpurea und wahrscheinlich auch noch bei anderen Arten.

b) **Chasmogame Blüten.**

1. Solche, deren Narben und Antheren sehr genähert sind. (Blüten sich oft nur wenig öffnend): Juncus tenuis, Chamissonis, pygmaeus, triglumis, Luzula purpurea, Prionium serratum.

2. Solche, deren Narben beim Schliessen des Perigons noch frisch sind und dann in Berührung mit dem auf den Perigonblättern verstreuten Pollenkörnern derselben Blüte kommen. Luzula-Arten.

3. Solche, deren Narben und Antheren zwar nicht sehr stark genähert sind, bei denen aber während des Zwitterzustandes der Pollen beim Aufspringen der Antheren oder durch Wind oder Erschütterung auf die Narbe derselben Blüte gelangt: zahlreiche Arten.

II. Geitonogamie, seltener **Xenogamie,** kann natürlich nur bei chasmogamen Blüten vorkommen und wird durch die (mehr oder minder ausgeprägte) Protogynie sehr befördert. Sie ist bei Luzula campestris (und L. spadicea?) notwendig, wenn durch vollständige Heterogamie die Blüten zuerst weiblich, dann geschlechtslos und danach männlich sind.

a) **Anemophilie.** Der Pollen wird durch den Wind oder ebenso wirkende mechanische Erschütterungen auf die Narben benachbarter Blüten gebracht: dieser Fall ist gewiss sehr häufig; auf ihn weisen schon die meist ungewöhnlich langen, glashellen Narbenpapillen hin, mit denen meist glatter, umherstäubender Pollen verbunden ist.

b) Die Narbe einer Blüte ragt in den offenen Raum einer Nachbarblüte hinein und berührt dort die Antheren: häufig bei Luzula.

c) Der Pollen rollt in den von den Perigonblättern gebildeten glatten Hohlkehlen hinab und gelangt so auf die Narben tiefer stehender Blüten: Luzula nivea, nemorosa und gewiss noch andere Arten.

d) **Entomophilie.** Durch ansehnliche Grösse und lebhafte Färbung der Blüten, durch reichlichen Pollen und durch das glänzende Schwellgewebe werden Insekten angelockt, welche den Pollen auf andere Blüten derselben oder anderer Pflanzen der betreffenden Art übertragen: zahlreiche alpine Juncus-

Arten, namentlich aus dem Himalaya; Luzula nivea, lactea, elegans etc. (S. v.)

III. Diöcie. Xenogamie ist notwendig: Patosia, Oxychloë, Distichia. Die einzelnen Arten haben nach Buchenau (Bestäubungsverhältnisse S. 380—412, 418, 419), folgende Blüteneinrichtung:

2911. Juncus acutiflorus Ehrh. Blütezeit wohl eintägig. Ausgeprägt protogynisch: in der Regel am Vormittage weiblich, am Nachmittage zweigeschlechtig. Wahrscheinlich in ausgeprägten Pulsen blühend. Narben hellpurpurrot oder rosenrot mit langen glashellen Papillen.

2912. J. alpinus Vill. var. genuinus Buchenau. Der weibliche Zustand dauert meist zwei Tage. Im darauf folgenden Zwitterzustande findet die Blütenöffnung früh morgens oder vormittags, die Schliessung nachmittags oder abends statt. Alsdann tritt der weibliche Zustand ein, welcher von zwei-, selbst dreitägiger Dauer ist.

2913. J. anceps Loh. var. atricapillus Buchenau. Dauer der Anthese meist weniger als 24 Stunden, zuweilen kaum 12 Stunden. Pulse deutlich Narben grünlich mit sehr langen glashellen Papillen.

2914. J. arcticus Willd. Pulse deutlich. Der weibliche Zustand tritt am frühen Vormittag ein und dauert 2—3 Stunden; dann folgt das Öffnen des Perigons, kurz darauf springen die Antheren auf. Gegen Abend sind die Blüten wieder völlig geschlossen, so dass die Anthese an einem Tage beendet ist und bei der Armblütigkeit jeder Stengel nur an zwei, höchstens drei Tagen blüht. Die Narben sind blassrosa mit glashellen Papillen.

2915. J. atratus Krocker. Pulse deutlich. Blütedauer 30—32 Stunden, von denen der weibliche Zustand etwa 25 Stunden währt. Narben blasspurpurrot mit glashellen Papillen.

2916. J. balticus Willd. In ausgezeichneten Pulsen blühend: nur an wenigen Tagen sind geöffnete Blüten zu finden. Dauer der Anthese eintägig.

2917. J. bufonius L. Nach Batalin (Bot. Ztg. 1871, S. 388—392) hat diese Art in Russland nur drei Staubblätter und befruchtet sich dort immer kleistogam. Ascherson (Bot. Ztg. 1871, S. 551—555) beobachtete bei Halle a. S. ausser dreimännigen kleistogamen, endständigen Blüten auch sechsmännige, sich öffnende, seitenständige Blüten. Das Auftreten chasmogamer Blüten wurde durch Hausskn echt (Bot. Ztg. 1871, S. 802—807) insofern bestätigt, als dieser Bastarde zwischen J. bufonius und dem immer chasmogamen J. sphaerocarpus auffand. Nach Buchenau ist bei hellem Wetter die Anzahl der geöffneten Blüten grösser als bei trüber, feuchter Witterung. Zwischen den sternförmig geöffneten, sechsmännigen und den geschlossen bleibenden (kleistogamen), meist dreimännigen Blüten kommen auch Zwischenformen vor, indem sich manche Blüten etwas öffnen, sich aber kleistantherisch befruchten, während andere geschlossen bleiben, aber ihre Beutel öffnen und sich chasmantherisch befruchten. In den chasmogamen Blüten (mit nicht immer deutlichen Pulsen) bleiben die Narben im Perigon. Dieses öffnet sich zwischen 5 und 6 Uhr morgens; nach etwa zweistündiger Dauer des weiblichen Zustandes tritt der zweigeschlechtige ein; gegen Mittag sind die Blüten bereits wieder geschlossen. Dabei ist spontane Selbstbestäubung möglich, indem die sich schliessenden Perigonblätter den auf ihrer Innenseite lagernden Pollen auf die Narbe bringen. Letztere ist weiss oder blass-rosa mit sehr langen glashellen Papillen

2918. J. capillaceus Lam. Diese südamerikanische Art hat ausser den sechsmännigen chasmogamen auch dreimännige kleistogame Blüten.

2919. J. capitatus Weigel tritt teils kleistogam mit ganz kurzem Griffel auf, teils chasmogam mit einem Griffel von der halben Länge des Fruchtknotens. Die Anthese der chasmogamen Blüten ist eintägig. Auch Zwischenformen finden sich: diese unvollkommen kleistogamen Blüten öffnen sich ein wenig, so dass man von oben her die Spitzen der Narben erblicken kann. Wenn die Antheren aufspringen, fällt ihr Pollen auf die Narben. Letztere sind gelblich-weiss mit glashellen Papillen.

2920. J. castaneus Sm. Die Blütedauer der nur trichterförmig geöffneten Blüten beträgt 2—3 Tage: am Vormittage des ersten Tages treten die Narben hervor, am Vormittage des zweiten springen die Antheren auf.

2921. J. Chamissonis Kunth. Blüht mehr oder weniger kleistogam, aber chasmantherisch. Sämtliche Phasen verlaufen an einem Vormittage. Bei den am weitesten geöffneten Blüten weichen die Spitzen der Perigonblätter soweit auseinander, dass die oberen Hälften der Narbenschenkel sichtbar werden, mithin Fremdbestäubung zwar nicht unmöglich, aber doch höchst unwahrscheinlich ist.

2922—23. J. compressus Jacquin und **J. Gerardi Loisl.** blühen zwar meist in Pulsen, doch sind an den dazwischen liegenden Tagen immer einige Blüten geöffnet. Anthese eintägig, Narben purpurrot mit glashellen Papillen.

Nach Warnstorf hat Juncus compressus Jacq. sich nur bei Sonnenschein öffnende Zwitterblüten, deren Narbenäste sehr lang und spiralig gedreht und langlebig sind. Die Staubblätter sind kurz, nur von der Länge des Fruchtknotens, so dass Autogamie ausgeschlossen ist. — Pollen tetraёdrisch, schwachwarzig, durchschnittlich 27 μ diam. messend.

2924. J. effusus L. Pulse sehr ausgeprägt. Anthese von kurzer Dauer. Am frühen Morgen (vor 5 Uhr) öffnet sich das Perigon und entfalten sich die Narben, um 7 Uhr springen die Antheren auf, um 3 Uhr nachmittags haben sich die meisten Blüten bereits wieder geschlossen, und die Pollenkörner haben lange Schläuche in das Narbengewebe getrieben. Schulz (Bestäubungseinrichtungen II,) bezeichnet die Blüten als homogam, — Die Narben sind hellpurpurn mit weitabstehenden glashellen Papillen.

In Dumfriesshire (Schottland) (Scott-Elliot, Flora S. 173) wurde 1 Faltenwespe an den Blüten beobachtet.

2925. J. fasciculatus Schousboe. Der Fruchtknoten ist in einen langen Griffel ausgezogen, durch welchen die Narben zur Blütezeit über das Perigon hinausgeschoben werden.

2926. J. filiformis L. Die Protogynie hat bereits Axell (S. 38) erkannt und durch eine Abbildung erläutert. — Pulse weniger ausgeprägt als bei J. balticus und effusus. Anthese von kurzer Dauer. Der weibliche Zustand währt etwa von 5—6 oder 6½ Uhr morgens, dann öffnen sich die Antheren nach einander; gegen Mittag sind die Perigonblätter bereits wieder festgeschlossen. Schulz bezeichnet die Blüten als homogam. — Die Narben sind blassrot mit glashellen Papillen.

2927. J. Fontauesii Gay. Keine Pulse. Blütenöffnung frühmorgens, weibliches Stadium bis 10 Uhr. Die Antheren springen zwischen 10 und 12 Uhr auf. Am Abend schliesst sich das Perigon, doch bleiben die vorgestreckten Narben noch einen Tag frisch. Bei kühlfeuchtem Wetter bleiben die Blüten 2 Tage geöffnet, und der weibliche Zustand dauert dann 24 Stunden.

2928. J. glaucus Ehrhart. Pulse sehr ausgeprägt. Anthese ähnlich wie bei J. effusus, doch bleiben die Blüten länger geöffnet. Bei kühlfeuchter Witterung tritt wohl auch Kleistogamie auf. Narben schön purpurrot mit allseitig abstehenden glashellen Papillen.

2929. J. homalocaulis F. v. Müller. Die aus den von Ferd. Müller an Buchenau gesandten Samen lieferten streng kleistogamische und kleistantherische Pflanzen. Niemals beobachtete Buchenau früher eine Öffnung der Perigonspitzen, als bis diese infolge des Reifens der Früchte auseinander gedrängt wurden. Narben weiss.

2930. J. Jacquini L. Pulse sehr ausgeprägt. Anthese eintägig. Narben dunkel- und blasspurpurrot, durch die langen Papillen aber rosenrot erscheinend.

2931. J. lamprocarpus Ehrhart. Teils in Pulsen, teils ohne solche blühend. Das weibliche Stadium dauert meist nur vom frühen Morgen bis Mittag. Abends schliessen sich die Blüten wieder, doch bleiben die Narben vorgestreckt und. sind noch bis zum nächsten Tage frisch. Diese ausgeprägte Protogynie hat bereits Schulz (Beitr. II. S. 171) hervorgehoben und darauf hingewiesen, dass Autogamie bei dieser Art wohl selten, dagegen Kreuzbestäubung durch Vermittelung des Windes wohl häufig ist. — Narben weisslich oder blassrot mit langen glashellen Papillen.

2932. J. lomatophyllus Sprengel. Pulse ganz ausgezeichnet. Anthese dreitägig. Auf den Zwitterzustand des zweiten Tages folgt noch ein kurzer weiblicher Zustand. Narben purpurrot mit weit abstehenden glashellen Papillen.

2933. J. maritimus Lam. Pulse scheinen nicht aufzutreten. Die Blütedauer der Einzelblüte beträgt etwa 36 Stunden. Der weibliche Zustand dauert den ganzen Tag. Narben schön purpurrot mit sammetartigen Papillen.

In Dumfriesshire (Schottland) (Scott-Elliot, Flora 175) wurde 1 Faltenwespe an den Blüten beobachtet.

2934. J. obtusiflorus Ehrhart. Die Pflanze blüht in ausgezeichneten Pulsen mit je drei- bis viertägigen Intervallen, während deren keine Blüte geöffnet ist. Anthese eintägig; weiblicher Zustand zwei- bis vierstündig. Narben weiss mit einem ganz schwachen Stich ins Rötliche; Papillen mässig lang.

2935. J. pelocarpus E. M. Diese nordamerikanische Art, welche Buchenau nach Herbarexemplaren untersuchte, zeigte zahlreiche sternförmig geöffnete Blüten, so dass die Pflanze wahrscheinlich in ausgesprochenen Pulsen blüht. Bevor das

Perigon sich öffnet, schieben sich die verlängerten Narben aus der geschlossenen Blüte hervor.

2936. J. punctorius Thunb. Die Anthese ist derjenigen von obtusiflorus ähnlich. Deutliche Pulse sind nicht beobachtet. Narben wie bei J. obtusiflorus.

2937. J. pygmaeus Thuill. Die Blüten öffnen sich zwischen 6 und 7 Uhr vormittags und schliessen sich bereits um Mittage wieder; die Antheren springen um 9 Uhr auf. Die völlig geöffnete Blüte nimmt nur Tulpenform an. Beim Schliessen des Perigons werden Staubblätter und Narben so dicht an einander gedrückt, dass es so scheint, als seien die Blüten kleistogam, doch wird auch wirkliche Kleistogamie stattfinden. Narben hellpurpurn mit langen abstehenden Papillen.

2938. J. repens Michx. Diese auf Cuba und in den südlichen Vereinigten Staaten von Nordamerika heimische Art untersuchte Buchenau nach Herbarexemplaren. Sie scheint kleistogam zu sein.

2939. J. setaceus Rostkovius. Diese Art der südöstlichen Vereinigten Staaten scheint (nach Herbariumspflanzen) stets kleistogam zu sein.

2940. J. squarrosus L. Das Blühen erfolgt offenbar in Pulsen. Blütedauer weniger als 12 Stunden. Am frühen Morgen ist die geöffnete Blüte weiblich; von 8 Uhr morgens springen die Antheren auf. Bald nach Mittag schliesst sich die Blüte wieder. Narben ziegelrot mit langen glashellen Papillen. — Nach Schulz (Beitr. I. S. 102) sind die Blüten im Riesengebirge homogam oder sehr schwach protogynisch. Die Narbe kommt in vielen Fällen erst nach dem Öffnen der Perigonblätter zur vollständigen Reife. Meist ist sie noch nach dem Ausstäuben der Antheren befruchtungsfähig. Bei trübem Wetter scheinen sich die Blüten wenig zu öffnen; manche verblühen dann pseudokleistogam.

2941. J. striatus Schousboe. Keine Pulse. Die Narben traten schon aus den noch ungeöffneten Blüten hervor. Dieses weibliche Stadium ist eintägig. Das Zwitterstadium in der geöffneten Blüte dauert weniger als 12 Stunden. Am dritten Tage ist die wieder geöffnete Blüte wieder weiblich. Am vierten Tage verblüht sie. Narben blasspurpurn mit langen Papillen.

2942. J. supinus Much. Pulse deutlich. Die Narben treten nicht aus der Perigonspitze hervor. Blütedauer $\frac{1}{2}$ bis $1\frac{1}{2}$ Tage. Weiblicher Zustand etwa zweistündig. Narben blassrot mit sehr langen glashellen Papillen.

2943. J. Tenageja Ehrhart. Nicht in deutlichen Pulsen blühend. Die Narben treten nicht aus dem Perigon hervor. Anthese eintägig. Weibliches Stadium drei- oder mehrstündig. Wahrscheinlich gelegentliche Kleistogamie, doch chasmantherisch. Narben blassgelblich-weiss mit glashellen Papillen.

2944. J. tenuis Willd. Pulse ausgeprägt. Anthese äusserst kurz (etwa von 7 oder 8 Uhr morgens bis 12 Uhr mittags). Weibliches Stadium einstündig. Die Narben treten nicht aus dem Perigon hervor.

2945. J. trifidus L. Ausgeprägt protogynisch mit zweitägigem weiblichen Zustande; Zwitterzustand wahrscheinlich von gleicher Dauer. Narben grünlich-weiss mit langen, dicht gestellten Papillen.

2946. J. valvatus Link. Diese portugiesische Art blüht nicht in Pulsen, sondern kontinuierlich. Die sich nur trichterförmig öffnenden Blüten sind am ersten Tage weiblich, am zweiten Tage zwitterig und dann noch einen oder mehrere Tage bei geschlossenem Perigon wieder weiblich. Narben weiss mit glashellen Papillen.

2947. J. triglumis L. Nach Kerner (bei Buchenau a. a. O. S. 398, 399) protogynisch. Im ersten Stadium ist Allogamie möglich. Im zweiten (zwitterigen) Zustande findet Autogamie durch Berührung von Narben und Antheren statt.

2948. Luzula campestris DC. var. vulgaris Gaud. Keine Pulse. Die Anthese beginnt mit dem Vorstrecken der langen, grünlich-weissen Narben aus der Spitze des noch geschlossenen Perigons. Dieser weibliche Zustand dauert einen oder mehrere Tage. Bevor die Blüte sich öffnet, sterben die Narben fast immer vollständig ab, und es folgt ein mehr(4- bis 7-)tägiger geschlechtsloser Zustand, so dass sich das Perigon erst am 5. bis 9. Tage nach dem Vorstrecken der Narben öffnet. Am folgenden (also 6. bis 9.) Tage öffnen sich die Antheren, und der Pollen stäubt bei Erschütterungen umher. Das Perigon ist also reichlich 36 Stunden geöffnet und schliesst sich gewöhnlich in der auf den 6. bis 9. Tag folgenden Nacht. — Die Haupterscheinungen hat schon Meehan (Proc. Acad. Phil. 1858, S. 156) beschrieben. Auch Schulz (Beitr. I. S. 102) giebt die Haupterscheinungen richtig an.

In Dumfriesshire (Schottland) (Scott-Elliot, Flora S. 176) wurden 1 Schwebfliege und 1 Falter (Spanner) als Besucher beobachtet.

Nach diesem Forscher ist

2949. L. nigricans Pohl (= L. camp. var. sudetica Čelak.) (a. a. O. S. 103) weniger protogynisch: Die meisten Narben verbräunen vor dem Aufblühen nur an der Spitze ein wenig, viele sind auch noch ganz frisch. Sofort nach der Blütenöffnung verstäuben die Antheren, deren Spitzen mit denen der Perigonblätter in gleicher Höhe stehen, so dass spontane Selbstbestäubung wohl fast immer eintritt.

2950. L. flavescens Gaudin. Keine Pulse. Ausgeprägt protogynisch. Die Spitzen der gelbgrünen, mit glashellen Papillen ausgestatteten Narben treten bereits aus dem noch fest geschlossenen Perigon hervor. Nachdem dieser weibliche Zustand 3—4 Tage gedauert hat, öffnet sich das Perigon sternförmig, und es tritt auf einige Stunden ein Zwitterstadium ein.

2951. L. Forsteri DC. Keine Pulse. Nach einem rein weiblichen Zustande von vier- bis fünftägiger Dauer öffnet sich das Perigon für einige Stunden, worauf die Antheren aufspringen und endlich, nach 5—6 Stunden, die Blüte sich wieder schliesst. Narben weiss, schwach gelblich oder grünlich. — Nach Schulz (Beitr. II. S. 171) zeigen die Blüten in Norditalien alle Stufen von ausgeprägter bis zu schwacher Protogynie.

2952. L. glabrata Hoppe. Keine Pulse. Zuerst sind die Blüten bei noch geschlossenem Perigon 1—3 Tage lang weiblich. Dann öffnet sich das

Perigon auf höchstens 24 Stunden. Mit dem Schliessen desselben trocknen die Papillen der weissen Narben ein.

2953. L. lutea DC. Die blassgoldgelben Blüten dieser alpinen Art haben ein weibliches Stadium von ein- bis zweitägiger Dauer, worauf sich das Perigon öffnet und nun ein Zwitterzustand von zwei- bis viertägiger Dauer folgt. Nach 3 bis 4 Tagen sind die blassgrünlich-weissen, mit kurzen, sammetartigen Papillen besetzten Narben nicht mehr empfängnisfähig, so dass die Blüten zuletzt rein männlich sind. Während des Zwitterzustandes ist reichlich Gelegenheit zu Autogamie oder Geitonogamie gegeben, indem der Pollen bei Erschütterungen in Wölkchen umherstäubt, zu den tiefer stehenden Blüten hinabrollt und auch durch direkte Berührung der Antheren mit den Narben benachbarter Blüten auf jene gelangt.

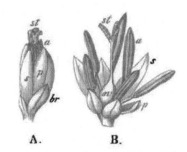

A.   B.

Fig. 419.   Luzula lutea DC. (Nach Herm. Müller.)

A Eben sich öffnende Blüte. *B* Geöffnete Blüte. (Vergr. 7:1.) Bedeutung der Buchstaben wie in Fig. 213.

Nach Herm. Müller (Alpenbl. S. 38, 39) ist dagegen Protogynie kaum noch in einer schwachen Andeutung vorhanden: Die Narben sind noch nicht vollständig entwickelt, wenn die Blüte sich schon zu öffnen beginnt. Erst wenn sie sich vollständig geöffnet hat, sind die Narben empfängnisfähig. Kurz darauf öffnen sich aber auch schon die Antheren, so dass spontane Selbstbestäubung leicht möglich ist. Alsdann schliessen sich die Blüten wieder, und die Narben verschrumpfen. Die glatten und losen Pollenkörner werden zwar leicht vom Winde fortgeführt, doch haften sie auch am Insektenkörper, so dass die Übertragung des Pollens auch gelegentlich durch Insekten erfolgen kann. Wie eingangs mitgeteilt, beobachtete H. Müller in der That einige Blütenbesucher.

2954. L. nemorosa E. Meyer (L. albida DC., L. angustifolia Garcke). Buchenau fand diese Art (auch die Form rubella Hoppe im Riesengebirge) stark protogynisch. Der weibliche Zustand 1 oder 2, vielleicht zuweilen sogar 3 Tage. Alsdann öffnen sich die Blüten in 1 oder 2 Stunden, und der nun beginnende Zwitterzustand dauert regelmässig 2 Tage. Am Morgen des 3. Tages sind die Narbenpapillen verschrumpft. Es ist also sowohl Autogamie möglich, doch Geitonogamie wahrscheinlicher. Auch ist es wohl möglich, dass die weissen Blütenstände Insekten anlocken.

Von dieser Darstellung weichen die Angaben von Schulz (Beitr. I. S. 102) sehr erheblich ab: Die Protogynie ist nach demselben nur schwach ausgebildet. Die Blüten öffnen sich sehr bald, nachdem sich die kurzen Narben nur ein wenig aus der Blüte vorgestreckt haben. Bald nach dem Aufblühen verstäuben die Antheren. In vielen Fällen öffnen sich die Blüten nicht weit, und da die Antheren die Perigonblätter nicht überragen, so kann der Pollen nur durch stärkeren Wind aus der Blüte entfernt werden.

Die Form rubella beobachtete Schulz im Riesengebirge oft vollständig homogam, indem die Narben sich erst beim Aufblühen entwickelten und die Antheren bald nachher ausstäubten. Narben weiss mit kurzen, sammetartigen Papillen.

2955. L. nivea DC. Das weibliche Stadium währt 1—3 Tage, das darauf folgende Zwitterstadium 1—4 Tage, worauf sich zuweilen noch ein männliches anschliesst. Narbe wie bei voriger Art. Autogamie ist zwar möglich, doch ist Geitonogamie durch Berührung der Narben einer Blüte mit den Antheren einer benachbarten wohl häufiger; auch können wie Kerner hervorhebt, leicht Pollenkörner auf der glatten, hohlen Innenseite der Perigonblätter hinabrollen und so auf die Narben tiefer stehender Blüten gelangen. Die schneeweissen Perigonblätter locken auch hin und wieder Gäste an, so dass die Übertragung des Blütenstaubes auch durch Insekten erfolgen kann. So beobachtete, wie eingangs erwähnt, Herm. Müller (Alpenbl. S. 39) häufig einen kleinen Blumenkäfer in den Blüten.

2956. L. pedemontana L. Narben wie bei L. nemorosa.

2957. L. pilosa Willd. Schon Hildebrand (Geschl. S. 18) erwähnt die Protogynie dieser Pflanze. — Nach Buchenau ist das weibliche Stadium von mehr (bis 7-) tägiger Dauer; das sich anschliessende Zwitterstadium ist schon an dem Tage beendet, an welchem sich die Antheren öffnen. Narben grünlichweiss mit langen, glashellen Papillen.

Nach Warnstorf (Nat. V. d. Harzes XI.) überragen die drei Narbenäste schon vor der Blütenöffnung die Antheren bedeutend und sind mit langen Papillen besetzt. Da die Spirrenäste beim Öffnen der Antherenfächer zum grossen Teile nach abwärts gebogen sind, so kann leicht Autogamie eintreten. — Pollen weisslich, tetraëdrisch, glatt, etwa 37 μ diam.

2958. L. purpurea Masson. Kontinuierlich, nicht in Pulsen blühend. Blüten z. T. echt kleistogamisch, jedoch chasmantherisch. Die chasmogamen Blüten öffnen sich früh morgens und sind dann kurze Zeit weiblich; das sich anschliessende Zwitterstadium ist gleichfalls nur kurz. Nachmittags 3 Uhr sind die Blüten schon wieder fest geschlossen. Narben blassgrün mit sehr langen, glashellen Papillen.

2959. L. rufescens Fischer. Nach Herbariumexemplaren verläuft die Anthese offenbar ähnlich wie bei L. pilosa und L. flavescens.

2960. L. silvatica Gaud. Nicht in Pulsen blühend. Ausgezeichnet protogynisch: Bereits aus dem noch geschlossenen Perigon ragen die Narben weit und vollständig hervor. Dieser weibliche Zustand währt 1 oder 2 Tage. Dann öffnen sich die Blüten und die Antheren springen auf. Bei dem nun erfolgenden Schliessen des Perigons sind die Narben noch ganz oder teilweise frisch, so dass auf das Zwitterstadium anscheinend noch wieder ein weibliches folgt. Narben blassgrün mit kurzen, glashellen Papillen.

2961. L. spadicea DC. Die in der freien Natur wachsenden Pflanzen zeigen, nach Schulz (Beitr. II. S. 171) und Buchenau, ein ziemlich lange andauerndes weibliches Stadium, welches jedoch schon mit der Öffnung des

Perigons beendet ist, so dass nach einem kurzen geschlechtslosen Intervall ein männliches Stadium folgt. — Bei den von Buchenau kultivierten Pflanzen folgte dagegen auf das weibliche Stadium ohne Intervall das Zwitterstadium. Narbe grünlichweiss mit ziemlich kurzen, aber nicht sammetartigen Papillen.

2962—2964. Distichia muscoides Nees et Meyen, D. filamentosa Buchenau; D. tolimensis Buch. Diese in den Anden Süd-Amerikas in der Nähe der Schneegrenze wachsenden Arten sind diöcisch. Die weiblichen Blüten sind sehr unscheinbar. Die männlichen Blüten der erstgenannten beiden Arten sind unbekannt, die der letzten Art haben ein kräftig braungefärbtes Perigon und öffnen sich trichterförmig.

2965. Distichia Philippi (aus der Wüste Atakama) ist zweihäusig: weibliche Blüten kurz, männliche länger gestielt, beide sich anscheinend trichterförmig öffnend.

2966—2967. Marsippospermum grandiflorum Hook. fil., M. gravile Buchenau. Die sehr grossen, sich trichterförmig öffnenden Blüten dieser antarktischen Arten sind anscheinend protogynisch.

2968. Patosia Buchenau. Zweihäusige Pflanze der chilenischen Cordillere. Weibliche Blüten völlig in der Achsel eines Laubblattes verborgen, die Narben mit Hülfe eines sehr langen Griffels vorstreckend. Männliche Blüten mit schlankem Stiel.

2969. Prionium serratum Drège. Die Blüten dieses im Kaplande heimischen Strauches sind zweigeschlechtig und öffnen sich flach schalenförmig.

2970. Rostkovia magellanica Hooker fil. Diese in Feuerland u. s. w. heimische Art hat grosse zweigeschlechtige Blüten, welche sich anscheinend bis sternförmig öffnen.

158. Familie Cyperaceae Juss.

Zu den im Litteraturverzeichnisse angeführten Quellen, kommen für diesen Abschnitt zahlreiche Mitteilungen von Appel.

Die sämtlichen Arten dieser Familie sind windblütig. Bei allen bisher untersuchten Arten ist Fremdbestäubung durch Protogynie, seltener durch Protandrie oder Diöcie begünstigt.

Die von Raunkiaer (Bot. Tidsskrift Bd. 18) untersuchten Cyperaceen Dänemarks erwiesen sich sämtlich als protogyn, wenn auch in verschiedenem Grade. Raunkiaer nennt folgende Arten: Carex digitata, C. caespitosa, C. stricta, C. montana, C. pilulifera, C. remota, C. cyperoides, C. Boenninghauseniana, C. paniculata, C. paradoxa, C. teretiuscula, C. vulpina, C. muricata, C. elongata, C. pallescens, C. flava, C. silvatica, C. distans, C. fulva, C. chordorrhiza, C. arenaria, C. disticha, C. incurva, C. dioica, C. Goodenoughii, C. gracilis, C. verna, C. ericetorum, C. panicea, C. flacca, C. limosa, C. rostrata, C. vesicaria, C. acutiformis, C. riparia, C. filiformis, C. hirta;

ferner: Rhynchospora fusca, Cladium Mariscus, Eriophorum poly-stachyum, E. gracile, E. vaginatum, Scirpus silvaticus, Scirpus pauciflorus u. s. w.

Ich kann die Angaben von Raunkiaer für die schleswig-holsteinischen Arten dieser Familie bestätigen. Die von mir in dieser Provinz gesammelten, in meinem Herbar befindlichen Cyperaceen sind sämtlich mehr oder weniger protogynisch, und zwar bei den zweigeschlechtigen die Blüten oder bei den ein-häusigen die Blütenstände. Es sind dies folgende Arten:

Cyperus flavescens L., C. fuscus L.

Cladium Mariscus L.

Rhynchospora alba L.

Heleocharis palustris R. Br., H. multicaulis Koch, H. aci-cularis R. Br., Scirpus caespitosus L., S. pauciflorus Lightfoot, S. parvulus Roemer et Schultes, S. fluitans L., S. setaceus L., S. lacustris L., S. glaucus Smith, S. Duvalii Hoppe, S. trigonus Roth, S. pungens Vahl, S. maritimus L., S. silvaticus L., S. radicans Schkuhr, S. caricinus Schrader, S. rufus Schrader.

Eriophorum alpinum L., E. vaginatum L., E. angustifolium Roth, E. latifolium Hoppe, E. gracile Koch.

Carex dioica L., C. pulicaris L., C. arenaria L., C. ligerica Gay, C. disticha Hudson, C. virens Lamarck, C. muricata L., C. vulpina L., C. paniculata L., C. teretiuscula Goodenough, C. para-doxa Willdenow, C. Schreberi Schrank, C. remota L., C. stellulata Goodenough, C. leporina L., C. elongata L., C. canescens L., C. stricta Goodenough, C. caespitosa L., C. acuta L., C. Goodenoughii Gay, C. Buxbaumii Wahlenberg, C. limosa L., C. pilulifera L., C. praecox Jacquin, C. ericetorum Pollich, C. montana L., C. panicea L., C. glauca Scopoli, C. silvatica Hudson, C. strigosa Hudson, C. pendula Hudson, C. pallecens L., C. digitata L., C. flava L., C. Oederi Ehrhart, C. extensa Goodenough, C. Hornschuchiana Hoppe, C. fulva Goodenough, C. distans L., C. ampullacea Goodenough, C. hirta L., C. filiformis L., C. Pseudo-Cyperus L., C. vesicaria L., C. palu-dosa Goodenough, C. riparia Curtis.

Nach Kerner sind alle einhäusigen Arten protogynisch.

Herm. Müller (Weit. Beob. I. S. 293) bezeichnet Scirpus lacustris, S. maritimus und Eriophorum angustifolium als eingezweigt protogynisch.

Nach Kirchner (Neue Beobachtungen S. 10) sind Carex brizoides L. und C. verna Villars (= C. praecox Jacq., s. o.) schwach protogynisch.

Axell nennt Scirpus lacustris, S. maritimus, C. pallesens, C. Oederi, C. panicea, C. atrata, C. alpina, C. aquatilis, C. Goode-noughii, C. vaginata u. a., sowie Eriophorum alpinum, E. angusti-folium, E. latifolium und E. Scheuchzeri protogynisch. (Diese Arten sind meist schon oben aufgeführt).

Auch Kirchner bezeichnet alle einheimischen Eriophorum-Arten als protogynisch, Mac Leod sämtliche Heleocharis-Arten.

Zu etwas anderen Resultaten kommt Appel. Derselbe beobachtete bei Schaffhausen vermischt mit zahlreichen protogynen Stöcken von Carex montana und C. praecox Jacq. mehrere Jahre hindurch nicht selten protandrische Pflanzen eine Beobachtung, die er in den letzten Jahren auch an Carex digitata und C. humilis in der Gegend von Würzburg bestätigen konnte.

Während aber in letzterer Gegend die Carices der Wald- und Wiesenregion immerhin vorwiegend protogyn waren, zeigten sich die Sumpf und Wasser bewohnenden Arten fast durchweg homogam bis protandrisch, eine Beobachtung, die wenigstens bezüglich der C. caespitosa und C. Goodenoughii auch Warnstorf anführt.

Die Geschlechterverteilung ist bei der Gattung Carex eine besonders vielseitige und der Variation unterworfene. Appel stellt dieselbe folgendermassen dar:

Man pflegt die Carices in folgende drei grossen Gruppen einzuteilen; die Monostachyae, Homostachyae und Heterostachyae. Diese Einteilung ist in ihrer konsequenten Durchführung sicher nicht den natürlichen Verhältnissen entsprechend, da es Arten giebt, die sich nicht ohne Zwang einreihen lassen und die man daher inkonsequenter Weise in eine andere Gruppe eingereiht hat, wie dies z. B. bei C. Buxbaumii Whlbg. der Fall ist. Ausserdem trägt dies System auch nicht überall der natürlichen Verwandtschaft grösserer Gruppen Rechnung, was man deutlich bei der aus ganz verschiedenen Elementen gemischten Abteilung der Monostachyae ersieht.

Zu den ersteren rechnet man die Arten, welche am Ende des Stengels ein einzelnes-Ährchen tragen. Dieses kann entweder beide Geschlechter in sich vereinigen, wie dies z. B. bei C. pulicaris L. der Fall ist, oder aber eingeschlechtig sein, so dass die Pflanze diöcisch ist, wie z. B. bei C. dioica L. Bei diesen zweihäusigen Arten aber findet man nicht selten Exemplare, die beide Geschlechter in wechselnder Anordnung in einem einzigen Ährchen vereinigen, selten auch solche, die neben dem einen Hauptährchen auch noch kleine Seitenährchen aufweisen. Bei den einhäusigen Arten dagegen kommen ab und zu auch Individuen mit ausschliesslich männlichen oder weiblichen Ährchen vor.

Die Gruppe der Homostachyae, zu der diejenigen Arten gerechnet werden, die mehrere Ährchen besitzen, in denen aber beide Geschlechter in verschiedener Anordnung sich finden, teilt sich in die drei Gruppen der Acrarrhenae, bei denen alle Ährchen an der Spitze männlich, am Grunde weiblich sind; der Hyparrhenae, deren Ährchen am Grunde männlich, an der Spitze weiblich sind und der Holarrhenae, bei denen die mittleren Ährchen männlich, das oberste und die unteren aber weiblich sind.

Auch hier finden wir eine grosse Neigung zur Variation, die besonders bei der letzten Gruppe mit ihren Arten C. disticha, C. arenaria und C. pseudoarenaria zu Tage tritt. Nicht allein findet die Abgrenzung der Geschlechter gegen einander an ganz verschiedenen Stellen der Ährchen statt, wodurch bald das eine, bald das andere Geschlecht überwiegt; auch die Stellung der Geschlechter zu einander kann eine wechselnde sein.

Die Gruppe der Heterostachyae endlich umfasst diejenigen Arten, die typisch eine oder mehrere endständige männliche Ähren und mehrere seitliche weibliche Ähren besitzen. In diese Gruppe rechnet man auch C. Buxbaumii, die an der Spitze der männlichen Ähre weibliche Blüten trägt. Dieselbe Anordnung findet man aber nicht selten auch bei anderen Arten, so z. B. bei C. glauca. Aber auch das Umgekehrte, d. h. Endähren, die am Grunde weiblich sind, sind nicht selten. Die weiblichen Ähren ihrerseits haben sehr häufig eine Anzahl männliche Blüten, die bald die Spitze einnehmen, wie besonders häufig bei C. glauca, bald am Grunde zusammenstehen, wie z. B. bei C. Goodenoughii, oder endlich über die ganze Ähre verteilt sind.

Auch zusammengesetzte Ährchen sind nicht selten und sind besonders häufig bei C. silvatica und C. glauca.

Die Anzahl der Narben, die auch zur systematischen Einteilung herangezogen wird, ist ebenfalls nicht ganz konstant. Man findet bei normaler Weise dreinarbigen Arten nicht selten Blüten mit nur zwei Narben, z. B. C. acutiformis, C. glauca; umgekehrt, wenn auch seltener, aber finden sich in den Ährchen zweinarbiger Arten Griffel mit drei Narben, z. B. C. acuta.

Alles in allem sind also die Geschlechterverhältnisse bei der Gattung Carex einerseits sehr mannigfaltig, andererseits aber auch sehr variabel.

Eine Thatsache, die mit den Befruchtungsvorgängen zusammenhängt, aber noch nicht genügend erklärt scheint, mag noch Erwähnung finden. Häufig findet man völlig oder teilweise sterile Halme und Stöcke, ohne dass es sich um Hybriden handelt. Besonders auffallend beobachtete ich dies an grossen Beständen von C. glauca bei Winterthur, C. vesicaria im Binninger Ried (Süd-Baden), von C. panicea bei Würzburg, auch sonst wohl noch in mehr oder minder ausgeprägtem Grade. Es scheint nun die Annahme nicht ungerechtfertigt, dass derartige Vorkommnisse sich erklären lassen durch Ausbleiben der Befruchtung durch Witterungsungunst der auf Trockenheit und Luftbewegung mit ihrer Befruchtung angewiesenen Arten.

Auch die Arten dieser Familie erhalten hin und wieder Besuch von pollenfressenden oder sammelnden Insekten, welche dann natürlich gelegentlich Kreuzung bewirken können. So beobachtete H. Müller (Befr. S. 88; Weit Beob. I. S. 293) Melanostoma mellina L. pollenfressend an den Ähren von Scirpus palustris. Die Honigbiene ist pollensammelnd an den Blüten von Carex verna Vill. (Kirchner, Neue Beob. S. 10), C. hirta L. (H. Müller, Befr. S. 88), C. montana L., (H. Müller, Weit. Beob. I. S. 293) beobachtet. Loew sah im botanischen Garten zu Berlin Carex Fraseri Sims. von einem antherenfressenden Käfer, Cantharis fusca L., besucht.

Appel fand bei Schweinfurt die männlichen Ähren von C. acuta und C. Goodenoughii dicht mit Käfern besetzt, die emsig Pollen frassen. Nach demselben Forscher sind manche Cyperaceen besonders Arten der Gattung Cyperus,

sowie Carex baldensis durch ihren lebhaft gefärbten dicht gehäuften Blütenstand geeignet, Insektenbesuch anzulocken.

Einige specielle Beispiele mögen diese allgemeinen Bemerkungen erläutern.

2971. Cyperus fuscus L. Protogyn; bisweilen die Narben zur Zeit der
Pollenreife derselben Blüte noch belegungsfähig, deshalb Autogamie möglich.
Regel ist, dass, wenn die nächstobere Blüte eines Ährchens sich im weiblichen
Stadium befindet, die nächstuntere ihre beiden reifen Antheren auf steifen Filamenten ein wenig über die Blütenhülle emporhebt, sodass leicht Geitonogamie
eintreten kann. Windblütig ist Cyperus fuscus auf keinen Fall. — Pollen weiss,
vierseitig pyramidal, mit gewölbter Grundfläche, schwach warzig bis 30 μ lang.

2972. Rhynchospora fusca R. et Sch. Protogyn; Pollen blassgelb,
unregelmässig und in der Grösse sehr veränderlich, tetraëdrisch oder dreiseitig-
pyramidal mit gewölbter bis kugelschaliger Grundfläche und abgerundet stumpfer
Spitze, dicht papillös, bis 43 μ lang und 31 μ breit (Warnstorf). Von

2973. Scirpus caespitosus L. kommen nach Schröder (Bot. Jahrb. 1890.
I. S. 513) ausser den Pflanzen mit lauter gleichen Zwitterblüten auch Stöcke
mit weiblichen und männlichen Blüten vor. Auch nach Raunkiär zeigt diese
Pflanze Neigung zur Gynodyöcie.

2974. Scirpus supinus L. wurde von Jackson mit unterirdischen kleistogamen Blüten beobachtet (Mac Leod in Bot. Jaarb. I. S. 513).

2975. Scirpus lacustris L. Ausgeprägt protogynisch. Zur Zeit der
Pollenreife sind die Narben derselben Blüte bereits braun und verschrumpft,
sodass eine Selbstbestäubung ausgeschlossen ist. Da aber die einzelnen Pflanzen
ihre Blüten sehr ungleichmässig entfalten, so findet man zur Blütezeit neben
Exemplaren mit Blüten im ♀ (ersten) Stadium auch solche im ♂ (zweiten)
Stadium, sodass der Effekt dieser Einrichtung die Diöcie involviert, wodurch
natürlich im vollkommensten Masse Fremdbestäubung durch den Wind stattfinden
kann. Ausserdem aber scheinen auch kleine Staphylinen, welche ich häufig
reich mit Blütenstaub bepudert in den Blütenspirren antraf, der Fremdbestäubung
förderlich zu sein. — Pollen blassgelblich, unregelmässig tetraëdrisch bis stumpf-
dreiseitig-pyramidal etwa 37,5—43,7 μ breit und 62,5 μ lang.

Neben den normalen, dreinarbigen Blüten kommen manchmal auch zwei-
narbige vor.

2976. S. compressus Pers. Pollen blassgelblich, rundlich-tetraëdrisch,
schwach papillös 37,5—44 μ diam.

2977. S. silvaticus L. Stark protogyn; Narben langlebig. Staubblätter
reifen erst einige Tage später. Pollen gelblich, tetraëdrisch kleinwarzig, etwa
91 μ diam zeigend.

2978. Eriophorum polystachyum L. z. T. (E. angustifolium Roth.)
Protogyn; Blüten zwitterig und rein weiblich; Exemplare mit nur weiblichen
Blüten oft in geschlossenen Beständen. Griffel der weiblichen Blüten mit den
3 langen, dicht mit Papillen besetzten Narbenästen weit über die Deckblätter
hervorragend. — Pollen in Menge schwefelgelb, tetraëdrisch, warzig, durchschnittlich 37—40 μ diam. (Warnstorf).

Nach I. M. Normann (Bot. Notizen 1868 S. 13) tritt diese Art im nördlichen Norwegen zweigeschlechtig und getrenntgeschlechtig auf. Auch für

2979. E. vaginatum L. giebt Raunkiär hin und wieder vollständige Gynodiöcie an.

Nach Pax besteht die Ähre von Elyna aus einigen zweiblütigen Teilblütenständen, von denen die endständige männlich, die seitliche weiblich ist.

2980—81. Carex dioica L. und **C. Davalliana Sm.** Exemplare, welche am Grunde oder in der Mitte der männlichen Ähre einzelne oder zahlreichere weibliche Blüten tragen, sind nicht selten.

2982. C. baldensis L. Die gelblich-weissen Köpfchen, die durch das Zusammenstehen der Ährchen gebildet werden, sind ausserordentlich augenfällig und locken ohne Zweifel Insekten an, die dann Kreuzung vermitteln. Beobachtet wurden von Appel bei Riva Mücken und einzelne kleine Käfer. Die Grösse der Köpfchen ist eine sehr wechselnde, ebenso ist es für die Augenfälligkeit derselben von Bedeutung, ob zur Zeit der Blüte noch der grösste Teil des vorjährigen dunkelgrünen Laubes vorhanden ist oder nicht, Verhältnisse, die im Gebiete des Gardasees vom obengenannten Forscher als nach der Höhenlage verschieden beobachtet wurden.

2983. C. paradoxa Wlld. kommt auch rein männlich vor; solche Stöcke haben, da ihre Ährchen in späteren Stadien ohne Früchte sind, nicht selten Anlass zu Verwechselungen mit Bastarden der C. paradoxa mit C. teretiuscula oder C. paniculata gegeben. Öfter finden sich auch grosse Rasen, deren innere Ährchen normal zusammengesetzt sind, die aber von einem Gürtel männlicher Halme umgeben werden, sodass die weiblichen Blüten bei jeder Windrichtung bestäubt werden (Appel).

Pollen nach Warnstorf blass gelblich-weiss, tetraëdrisch, warzig, durchschnittlich von 37 μ Diam.

2984. C. praecox Schreber. Pollen, nach Warnstorf, gelblich, kugeltetraëdrisch, dicht- und kleinwarzig, von etwa 30 μ Diam.

2985. C. leporina L. Da Appel nicht selten pollensammelnde Insekten, vor allem aber auch Fliegen an den Ährchen dieser Art beobachtete, ist es wohl möglich, dass auch auf diesem Wege Befruchtung stattfinden kann. Es wären dann die Varietäten argyroglochin Hornem. mit ihren strohgelben und atrofusca Christ, mit ihren dunkelbraunen, fast schwärzlichen Ähren möglicherweise auch von biologischer Bedeutung.

2986—87. C. Goodenoughii Gay und **C. stricta Good.** Nicht selten einige Halme rein männlich, oder mit weiblichen an der Spitze männlich werdenden Ährchen.

Pollen blassgelb, tetraëdrisch, mit abgerundeten Ecken, zartwarzig, von 37—43 μ Diam. (Löw, S. 364).

2988. C. verna Villars. Neben C. glauca wohl eine von den Arten, bei denen am häufigsten Verschiebungen in der Lage der Ährchen vorkommen. Von der f. gynobasis Spenner, die ein auf langem, schwanken Stiele stehendes grundständiges Ährchen aufweist, finden sich alle Übergänge bis zum Typus, bei welchem ein endständiges männliches Ährchen und dicht darunter ein bis drei weibliche vorhanden sind.

Pollen schwefelgelb, ausgezeichnet konisch bis birnförmig, warzig, etwa 37 μ lang und 30 μ breit.

2989. C. montana L. Neben der häufigsten Form mit rotbraunen, findet sich nicht selten eine Form mit strohgelben männlichen Ährchen.

2990. C. digitata L. Pollen schwefelgelb, tetraëdrisch, warzig, 30 bis 37 μ diam. (Warnstorf).

2991. C. glauca Murray. Eine unserer variabelsten Arten. Es finden sich nicht allzuselten neben den normalen weiblichen Blüten mit drei, auch solche mit zwei Narben. Ausserdem kommen nach Appel vor.

1. Exemplare mit einem einzelnen endständigen Ährchen, das sowohl männlich wie weiblich sein kann;
2. ein grundständiges, langgestieltes weibliches Ährchen, die übrige Anordnung normal;
3. alle weiblichen Ährchen sind kurz gestielt und über die zwei oberen Drittel des Halmes verteilt;
4. die weiblichen Ährchen sind langgestielt, zur Fruchtzeit überhängend, mehr oder weniger weit von einander inseriert;
5. die weiblichen Ähren sind alle oder auch nur die oberste an ihrer Spitze männlich;
6. die weiblichen Ährchen sind am Grunde mit Nebenährchen versehen, die ihrerseits entweder ganz weiblich oder an der Spitze männlich sein können.

2992. C. panicea L. Homogam; Pollen blassgelb, tetraëdrisch, glatt, mit etwa 37 μ diam. — Von dieser Art sah Warnstorf bei Ruppin folgende Abänderungen in den Blütenständen:

1. 2 oder 3 weibliche Ähren stehen dicht zusammengedrängt unmittelbar unter der männlichen Endähre und 1 weibliche Ähre steht etwa 3,5 cm tiefer;
2. an der Spitze des Halmes steht eine dicke, ovale, dichtblütige weibliche und etwas tiefer eine rein männliche oder z. T. weibliche Ähre;
3. unter der männlichen Endähre findet sich nur eine ovale, dichtblütige weibliche Ähre.

Ausserdem sah derselbe an und in Tümpeln eines Heidemoores unweit Lindow eine sehr kräftige, 40—50 cm hohe Form mit einem einzigen sehr dichtblütigen, keulenförmigen männlichen Endährchen und mehreren normalen weiblichen Ähren. Die Pflanze macht durch die Gestalt der männlichen Ähren, sowie durch die breiteren Blätter einen ganz fremdartigen Eindruck.

2993. C. silvatica Hudson. Kommt häufig mit zusammengesetzten Ährchen vor.

2994. C. Pseudo-Cyperus L. Auch bei dieser Art kommen zahlreiche Veränderungen in der Anordnung der Geschlechter vor, besonders häufig beobachtete Appel Ährchen, die am Grunde männlich, an der Spitze weiblich sind.

159. Familie Gramineae Juss.

Vergl. hierzu Körnicke, Die Arten und Varietäten des Getreides, 1885, eine Quelle, die im Litteraturverzeichnisse versehentlich nicht verzeichnet ist. Sämtliche Arten sind ausgeprägte Windblütler. Die Grasblüten sind, wie schon De Candolle bemerkt, ephemer, indem sie sich nur einmal öffnen. Dieses Öffnen geschieht meist morgens und bei günstiger Witterung. Das Aufblühen der Gräser, welches durch das Auseinandertreten der Blütenspelzen erfolgt, wird, nach Hackel (Bot. Ztg. 1880. S. 432—437), durch die beiden Lodiculae bewirkt. Diese sind während des Aufblühens fleischig und saftig und meist am Grunde kugelig angeschwollen. Dadurch überwinden sie den Widerstand der elastischen Deckspelze und bewegen diese nach aussen. Nach dem in spätestens 1—2 Stunden erfolgenden Verblühen schrumpfen die Lodikeln wieder zu dünnen Blättchen zusammen, wodurch die Deckspelze wieder in ihre frühere Lage zurückgebracht wird. Besonders Arrhenatherum elatius zeigt diese Erscheinung deutlich. Die Anschwellung erfolgt während der Anthese sehr schnell; es ist daher das Anschwellen auf Wasseraufnahme zurückzuführen; in der That bewirkt ein Nadelstich den Austritt eines Tröpfchens Wassers.

Über das Blühen des Getreides hat auch Rimpau (Landwirtsch. Jahrb. XII. 1883. S. 877—919) eingehende Untersuchungen angestellt. Rimpau bestätigt die von Hackel zuerst erwiesene Thatsache, dass das Öffnen der Blütenspelze durch das Anschwellen der Lodiculae bewirkt wird. Das rasche Wachstum der Filamente vieler Arten beim Öffnen der Blüten, auf welches Askenasy zuerst aufmerksam machte, bestätigt Rimpau gleichfalls.

Nach Hackel (in Engler und Prantl nat. Pflanzenfamilien) sind die Gräser meist protandrisch, seltener protogynisch (Alopecurus, Anthoxanthum, Pennisetum, Spartina). Die Antheren entleeren den grössten Teil des Pollens auf einmal, namentlich beim Umkippen. Die Narben biegen sich beim seitlichen Hervortreten aus den hängenden oder nickenden Ährchen nach aufwärts und werden somit nur vom Pollen höher stehender Blüten getroffen. Selten treten die Narben aus der Spitze der Ährchen aus; so bei den protogynen und einhäusigen Arten. — Nicht selten findet sich Kleistogamie, nach Kiefer z. B. bei Leersia oryzoides, Vulpia myuros, sciuroides, ciliata u. s. w. (Bull. mens. Soc. Bot. Lyon VIII. 1890.)

Andere Gattungen zeigen diese Erscheinung nicht. So öffnen die Arten der Gattungen Alopecurus, Anthoxanthum, Chamagrostis (minima), Crypsis, Nardus (stricta), Phalaris, Phleum ihre Spelzen während der Anthese nicht oder kaum. Hier treten Narbe und Antheren durch einen engen Spalt nach aussen. Phleum und Phalaris haben rudimentäre Lodikeln; bei den übrigen genannten Gattungen fehlen sie ganz.

Die während der Anthese mancher Gräser als Schwellkörper dienenden, saftigen, glänzenden Lodikeln locken, nach Ludwig (Bot. Centralbl. VIII. S. 87), vermutlich hin und wieder Fliegen an, welche bei dem alsbald wieder erfolgenden Schliessen der Spelzen gefangen werden. Ludwig beobachtete an

Molinia coerulea wiederholt gefangene und zum Teil bereits verendete Fliegen, welche sämtlich mit dem Rüssel durch die unterhalb der Lodicula befindliche Deckspelze eingeklemmt waren.

Später fand Ludwig (Bot. Centralbl. XVIII. S. 123) seine Vermutung nur teilweise bestätigt. Er beobachtete bei Greiz nämlich an Molinia coerulea Tausende von Schwebfliegen (Arten von Melithreptus, Melanostoma, Platycheirus) zum grössten Teil verendet und unförmlich aufgeschwollen, zum Teil noch lebend, sämtlich von der Entomophthora-Krankheit befallen. Auch an den Blüten von blauantherigen Phleum pratense, Avena pubescens, Dactylis glomerata (und Plantago lanceolata) fanden sich solche pilzkranke Fliegen, doch viel seltener als auf Molinia. Die Fliegen waren zum grossen Teile angeklebt, bei Molinia viele an den Antheren befestigt, noch mehr aber in der oben angegebenen Weise eingeklemmt. Die früher beobachteten Fliegen liessen nichts von einem Pilze erkennen. In dem . später beobachteten Falle dürfte die Pilzkrankheit daran schuld gewesen sein, dass die Molinia so reich mit Fliegen besetzt war. Das häufige Festgeklemmtsein machte den Eindruck, als ob dieselben, von Durst gepeinigt, den Saft der Lodicula aufgesucht hätten und beim Aussaugen vom Tode überrascht worden seien. Der Rüssel würde dann nachträglich beim Schliessen der Deckspelze eingeklemmt worden sein.

Offenbar hat auch Sprengel (Entd. Geh. S. 26 und S. 79, 80) die als Schwellkörper dienenden Lodiculae gesehen, als er von den „Saftdrüsen" der Gräser sprach; das scheinbare Vorhandensein von Honig in den Grasblüten, welche sonst alle Merkmale der Windblütler besitzen, war diesem Forscher ein unlösbares Rätsel.

Hin und wieder beobachtet man, wie schon angedeutet, Insektenbesuch an den blühenden Gräsern, und zwar ist es besonders die Schwebfliege Melanostoma mellina L., welche mit Vorliebe diese und auch andere Windblüten aufsucht, um deren Pollen zu fressen. So beobachtete ich (Blütenbesucher I, S. 9) bei Kiel bezw. auf den nordfriesischen Inseln oft mehrere Exemplare dieser Syrphide an einer Ähre von Alopecurus pratensis L., Phleum pratense L., Anthoxanthum odoratum L. An den Blüten des letzten dieser drei Gräser sah auch Herm. Müller (Befr. S. 87; Weit. Beob. I. S. 292) dieselbe Schwebfliege in Westfalen, ferner dort auch an Poa annua L., Festuca pratensis L., sowie im Fichtelgebirge an Agrostis alba L.

Fricken beobachtete an Bromus mollis bei Arnsberg: Coleoptera: *Phalacridae*: Phalacrus corruscus Payk.

Mac Leod sah auf Secale cereale L. und Agropyrum repens P. B. bei Gent eine Muscide (Spilogaster duplicata Mg.) in grosser Zahl pollenfressend.

Auf der Düne der Insel Helgoland beobachtete ich 6 Fliegenarten und 1 Käfer auf den blühenden Ähren von Ammophila arenaria Lk., nämlich:

A. Coleoptera: 1. Psilothrix cyaneus Oliv. B. Diptera: a) *Muscidae*: 2. Calliphora erythrocephala Mg., sehr häufig, pfd. und eine an den Ähren befindliche, süssliche Flüssigkeit leckend; 3. C. vomitoria L., w. v.; 4. Coelopa frigida Fall., zahllos, pfd. 5. Fucellia fucorum Fall., w. v.; 6. Lucilia caesar L., w. Calliphora. b) *Syrphidae*: 7. Syrphus arcuatus Fall., häufig, pfd.

Die Ausscheidung der von den Fliegen begierig aufgesuchten Flüssigkeit ist ohne Zweifel auf Sphacelia segetum, der vorangehenden Conidienform des Mutterkorns (Claviceps purpurea) zurückzuführen, die auf dem Getreide und anderen Gräsern den sogen. Honigtau bildet. Die besuchenden Fliegen übertragen dann diese Krankheit auch auf gesunde Ammophila-Exemplare, indem sie von einer Pflanze zur anderen fliegen. Es ist vielleicht auch möglich, dass Sprengel durch solches Auftreten von Honigtau in den von ihm untersuchten Grasblüten zu seiner oben angegebenen Ansicht verführt wurde.

Bromus mollis L. sah Herm. Müller (Weit. Beob. I. S. 292) in Westfalen von 4—5 Exemplaren eines Käfers, Leptura livida F., besucht: diese Käfer flogen nach längerem Schweben, wie es sonst oft vor dem Anfliegen an eine Blume geschieht, an eine blühende Ähre von Bromus mollis, aus welcher die gelben Staubblätter heraushingen, liefen eilig an dem Blütenstande auf und ab, bisweilen die Mundteile bewegend, aber von den Antheren keine Notiz nehmend und flogen, nachdem sie fast alle Ährchen eines Blütenstandes abgelaufen hatten, ohne irgend etwas zu erlangen, auf einen anderen Stock, auf welchem sich dasselbe Umhersuchen wiederholte.

Brachypodium pinnatum P. B. sah Herm. Müller (Weit. Beob. I. S. 292) in Thüringen häufig von einem anderen Käfer, Malachius viridis F., besucht, welcher, offenbar durch die goldgelbe Farbe der Antheren angelockt, an diesen herumkroch und Pollen und Antheren frass.

Viele Gräser sind protogynisch, so dass Selbstbestäubung häufig verhindert ist; doch findet sich auch vielfach spontane Selbstbestäubung, und auch kleistogame Blüten kommen ziemlich häufig vor (z. B. bei Oryza, Stipa, Bromus, Hordeum, Cryptostachys u. a.).

Vulpia myuros, sciuroides, ciliata entwickeln nach Kiefer kleistogame Blüten.

2995. Zea Mays L. (Vergl. auch G. Krafft: Die normale und anormale Metamorphose der Maispflanze. 1870).

Während nach Hildebrand (Bestäubungsverhältnisse der Gramineen) die endständige männliche Rispe des Mais bereits verstäubt ist, wenn die seitenständigen, weiblichen Kolben ihre Narbe entfalten, bezeichnet Kerner (Pflanzenleben II. S. 311) die Pflanze als protogynisch. Ich kann die Angaben Hildebrands nach Beobachtungen an kultivierten Pflanzen des Gartens der OberRealschule zu Kiel bestätigen.

Nach Warnstorf ist der Mais protandrisch bis homogam. Antheren sich nur an der Spitze durch einen seitlichen kurzen Spalt öffnend. Pollen schwefelgelb, einer kurzen stumpfen Pyramide mit kugelschaliger Grundfläche ähnlich; sehr gross, bis 100 μ lang und 70 μ breit. — Weibliche Blüten in der männlichen Rispe und männliche Rispenäste im Kolben treten nicht selten auf.

Nach Kirchner (Flora S. 115) dauert das Stäuben des männlichen Blütenstandes so lange, bis die Narben sich entwickelt haben, so dass anfangs

Fremdbestäubung begünstigt ist, später auch Bestäubung auf derselben Pflanze erfolgen kann.

Nach Hildebrand (Geschl. S. 10) treten zuweilen an den männlichen Blütenständen einzelne weibliche Blüten auf; häufiger gehen die weiblichen Blütenstände in eine männliche Ähre aus. Ähnliches berichtet Penzig (Studi I. 1885); dieser beobachtete häufig weibliche Ährchen in der männlichen Rispe, sowie männliche Ährchen in den weiblichen Kolben, ferner Zwitterblüten und auch die Umwandlung von Staubblättern in Fruchtblätter. Krafft (a. a. O.) bildet eine Anzahl derartiger Abänderungen ab.

Die in Kieler Gärten kultivierten Pflanzen sind ausgeprägt protandrisch, indem die in endständigen Rispen stehenden männlichen Blüten vor dem Hervortreten der Narben der an derselben Pflanze befindlichen weiblichen Blüten verstäuben, doch bleiben (— vielleicht nur an sehr geschützten Standorten) noch genügend Pollenkörner übrig, um die später hervortretenden Narben derselben Pflanze durch Pollenfall zu befruchten, was daraus hervorgeht, dass eine einzelne in meinem Garten spontan aufgegangene Pflanze reichlich keimfähige Früchte entwickelte, obgleich weit und breit keine andere Maispflanze wuchs; Zea Mays ist also selbstfertil. Diese Selbstfertilität, vielleicht aus Pollenmangel, ist jedoch nur unvollkommen: die beiden weiblichen Kolben der Pflanze enthielten je etwa 630 Fruchtanlagen, von denen bei dem älteren nur 103, also 16 % , bei dem jüngeren sogar nur 25 $=$ 4 % keimfähige Früchte entwickelten. Die männlichen Blüten duften wie viele Gräser nach Cumarin; die weiblichen sind geruchlos. (Knuth Notizen.) —

2996. Andropogon Ischaemon L. [Kirchner Beitr. S. 71.] — Im botanischen Garten zu Hohenheim stehen an den übrigen Teilen des Blütenstandes in gleicher Höhe immer zwei einblütige Ährchen beisammen, von denen das eine sitzend und zwittrig, das andere gestielt und männlich ist. Nun entwickeln sich an den Blütenständen zuerst gleichzeitig alle sitzenden (zweigeschlechtigen) Ährchen, und nach dem Verblühen derselben wieder gleichzeitig alle gestielten (männlichen) Ährchen. Es ist daher der ganze Blütenstand anfangs zweigeschlechtig, später rein männlich. Die Zwitterblüten sind homogam; ihre dunkelroten Narben haben die Form einer Cylinderbürste. Alle Antheren sind schwarzrot und an dünnen, schlaffen Filamenten befestigt.

2997. Andropogon Sorghum Brot. (Körnicke, a. a. O.) — Die Blüten öffnen sich am Morgen, indem die Spelzen wenig auseinanderweichen und Staubgefässe und Narben gleichzeitig hervortreten. Die Staubgefässe kippen um, die Staubbeutel aber entlassen erst nach einiger Zeit den Pollen, so dass meist die Narbe schon belegt ist, wenn der Pollen derselben Blüte ausgestreut wird. Doch ist Selbstbefruchtung durch Zurückbleiben der Geschlechtsorgane innerhalb der Spelzen nicht ausgeschlossen.

2998. Panicum sanguinale L. (Digitaria sanguinalis Scop.) [Hildebrand Bestäubungsverh. d. Gram. S. 757]. — Wenn auch anfangs infolge des gleichzeitigen Hervortretens von Narbe und Antheren nur Selbstbestäubung

erfolgen kann, so ist doch nach dem Abfallen der Antheren noch Fremdbestäubung möglich, da die Narben langlebig sind.

2999. P. Crus galli L. verhält sich nach Hildebrand (a. a. O,) wie vor.

3000. P. miliaceum L. [Kirchner, Flora S. 118.] — Die Blüten sind
homogam. Aus der ziemlich weiten Öffnung treten Narben und Antheren gleichzeitig hervor. Letztere öffnen sich der ganzen Länge nach. Trotzdem die Staubfäden ziemlich dünn sind, hängen die Staubblätter nicht nach unten, sondern
nähern sich beim Schliessen der Spelzen den Narben. Es ist daher anfangs
Fremdbestäubung begünstigt, später spontane Selbstbestäubung möglich.

3001. Setaria italica P. B. hat, nach Kirchner (Flora S. 119) dieselbe Blüteneinrichtung wie Panicum miliaceum.

3002. Phalaris arundinacea L. (Digraphis arundinacea Trin.)
[Hildebrand, a. a. O. S. 756.] — Die etwas aus den Spelzen hervortretenden Narben können anfangs nur durch den Pollen älterer Blüten, alsdann
durch den der eigenen, endlich durch den Pollen jüngerer Blüten belegt werden.
Nach Warnstorf (Bot. V. Brand. Bd, 38) sind die Blüten schwach protogyn
bis homogam; Staubbeutel schmutzig rötlich, beim Verstäuben ihre Filamente noch
steif; das Ausstreuen des Pollens erfolgt im Laufe der Vormittagsstunden. Pollenzellen weiss, unregelmässig, einer abgestumpften, meist fünfseitigen Pyramide
mit kugel-schaliger Grundfläche ähnlich, bis 43 μ lang und 25—31 μ breit.

3003. Ph. canariensis L. [Hildebrand a. a. O.; Körnicke a. a. O.;
Kirchner, Flora S. 121.] — Beim Blühen spreizen sich die Hüllspelzen auseinander, die Deckspelzen öffnen sich jedoch nur soweit, dass Antheren und
Narben sich zwischen ihnen hindurchdrängen können. Dabei treten die Antheren
häufig an der von der Spindel abgewendeten Seite, die Narben aber an der ihr
zugekehrten Seite hervor, so dass alsdann Selbstbestäubung verhindert ist. Die
Staubfäden bleiben entweder aufrecht oder sie kippen um, und zwar öffnen
sich die Antheren im letzteren Falle teils vor, teils nach dem Umkippen. Es
ist daher manchmal Fremdbestäubung, manchmal Selbstbestäubung bevorzugt,
zuweilen letztere unvermeidlich. Es kommt auch vor, dass die Antheren gar
nicht zwischen den Spelzen hervortreten, sondern dass ihre aufgesprungenen
Spitzen hervorragen, während die Narben ganz verborgen bleiben. Das Öffnen
der Blüten geht nach Körnicke zwischen 12 und 4 Uhr vor sich, Hildebrand beobachtete es erst gegen Abend. Am Vormittag scheint es nicht vorzukommen.

3004. Pennisetum spicatum Körnicke. Dieser Autor schildert die Befruchtung, wie folgt: Die Entwickelung geschieht von der Mitte des Blütenstandes
aus (nicht über die Mitte), zuweilen etwas unregelmässig. Die Spelzen bleiben
geschlossen; die Narben schieben sich langsam an der Spitze derselben hervor
und erst wenn alle Narben desselben Blütenstandes abgewelkt sind, schieben
sich an der Spitze der Zwitterblüten (vormittags, wie es scheint, nachmittags
nicht) die Staubgefässe heraus. Die Staubfäden stehen lang und steif heraus
(ähnlich wie bei Dactylis glomerata L. mit weit geöffneten Blüten), und die
Staubbeutel reissen der ganzen Länge nach auf. Erst später strecken sich auch

die Staubgefässe der männlichen Blüten. Die Negerhirse gehört somit zu den protogynischen Gräsern, und es findet stets Fremdbestäubung statt. In warmen Klimaten wird jedoch wahrscheinlich der ganze Prozess schneller vor sich gehen, als es bei uns geschieht.

3005. Hierochloa odorata L. (Hildebrand a. a. O.) ist andromonöcisch. In den zweiblütigen Ährchen ist die untere Blüte männlich, die obere zweigeschlechtig.

3006. Anthoxanthum odoratum L. [Axell R. a. a. O.; Hildebrand, Gramineen S. 745; Mac Leod, B. Jaarb. V. S. 297; Kerner Pflanzenleben II; Kirchner Flora S. 122.] — In den nach Axell ausgeprägt protogynischen Blüten ist nach Hildebrand Selbstbestäubung ausgeschlossen. Am ganzen Blütenstande treten nämlich die Antheren erst zwischen den Spelzen hervor und stäuben, wenn die Narben bereits verwelkt sind, so dass nur Fremdbestäubung möglich ist. Die Antheren sind meist gelb, selten rot. Sie öffnen sich, nach Kerner, zwischen 7 und 8 Uhr morgens.

Das Ruchgras sah ich von Melanostoma mellina L. besucht; H. Müller beobachtete dieselbe Schwebfliege an den Blütenähren. (S. S. 532.)

In Dumfriesshire (Schottland) (Scott-Elliot. Flora S. 188) wurden 1 Muscide als Besucherin beobachtet.

Pollen, nach Warnstorf a. a. O., weisslich, rundlich, durch dichtstehende kleine Warzen undurchsichtig, von 14 μ diam.

3007. Alopecurus pratensis L. [Hildebrand, a. a. O., S. 745.] — Die Blüteneinrichtung ist dieselbe wie bei voriger Art. Die meist weisslichen, seltener hellgrauen Antheren sind nach dem Verstäuben rostrot. Sie öffnen sich nach Kerner von 7—8 Uhr morgens, nach Warnstorf bei Ruppin zwischen 10 und 11 Uhr vormittags. — Ich sah die Blütenähren von Melanostoma mellina L. besucht (S. 532).

3008. A. agrestis L. hat, nach Kirchner (Flora S. 124) dieselbe ausgeprägt protogynische Blüteneinrichtung wie A. pratensis. Ebenso

3009. A. geniculatus L. (Axell, Kirchner) und

3010. A. fulvus Sm. [Kirchner Beitr. S. 7.] — Erstere Art sah Mac Leod in Flandern von einem pollenfressenden Käfer (Malachius) besucht. (Bot. Jaarb. VI. S. 365.) —

3011. Phleum pratense L. ist nach Axell und Kirchner ausgeprägt protogynisch, nach Warnstorf homogam. Die Verstäubung des Pollens der gelben oder violetten Antheren findet um 7—8 Uhr morgens statt (Kerner). Ludwig sah die Blüten von Fliegen besucht (s. S. 531); ich beobachtete Melanostoma mellina L. auf den Blütenähren.

3012. Ph. alpinum L. ist nach Schröter protogynisch mit verhinderter Selbstbestäubung. Auch

3013. Ph. Michelii Alb. ist nach Schröter protogynisch.

3014. Ph. Boehmeri Wib. hat nach Kirchner (Beitr. S. 8) dieselbe Einrichtung wie die anderen Arten dieser Gattung.

3015. Oryza clandestina A. Br. (Leersia oryzoides Sw.) hat auch kleistogame Blüten. [Walz Bot. Ztg. 1864. S. 145; Ascherson a. a. O. 350, 351]. — Nach Duval-Jouve (Bull. Soc. Bot. de France X. 163) treten die kleistogamen Blüten in den in der Scheide versteckt bleibenden, seitlichen Rispen auf. Nach Ascherson (a. a. O.) bildet die hervortretende Endrispe häufig nur taube Ährchen, doch können hier auch fruchtbare Blüten auftreten.

3016. O. sativa L. (Körnicke a. a. O.) Das Aufblühen geschieht von der Spitze der Rispe an und scheint während des ganzen Tages vor sich zu gehen. Die Spelzen öffnen sich. Während dieses Vorganges treten die geschlossenen Staubbeutel auf den schwanken Staubfäden seitlich heraus und neigen sich nach aussen. Später biegen sich die Staubfäden um, so dass die Staubbeutel hängend werden. Diese öffnen sich, von den Spelzen entfernt, von der Spitze an der ganzen Länge nach, wobei der trockene Blütenstaub in die Luft fällt. Nach dem Heraustritt der Staubbeutel öffnen sich die Spelzen weiter, die Narben treten heraus oder bleiben wohl auch zwischen den weitgeöffneten Spelzen, aber zugänglich fremdem Blütenstaube. Später ziehen sich die herausgetretenen Narben zwischen die Spelzen zurück. Doch bleiben sie oft auch nach dem Schliessen aussen. Der Reis ist also allogam.

Roxburgh, Fl. indica sagt bei seiner var. 2, dass männliche, geschlechtslose und weibliche Blüten mit Zwitterblüten gemischt seien. Auch bei seiner var. 1 erwähnt er weibliche Blüten.

3017. Agrostris rupestris All. Nach Schröter ist anfangs Selbstbestäubung verhindert. Nach Kerner verstäubt der Pollen etwa um 11 Uhr vormittags; ebenso verhalten sich die übrigen Arten der Gattung.

3018. A. alba L. sah H. Müller von Melanostoma mellina L. besucht (S. 535).

3019. A. vulgaris With. verstäubt, nach Warnstorf, in den Vormittagsstunden.

3020. Apera Spica venti P. B. (Agrostis Sp. v. L.) (Godron, Floraison des Graminées 1873) ist der Selbstbestäubung unterworfen, indem sich die Spelzen zwar weit öffnen, die Antheren aber während des Aufblühens den federigen Narben dicht anliegen. Nach Warnstorf (a. a. O.) sind die Blüten homogam und zwar entwickeln sich die Blüten in den oberen Rispenästen zuerst; ihre Spelzen sind schon früh vor 6 Uhr geöffnet und die grünlichen Antheren verstäuben; Narbenäste aufgerichtet, erstere anfangs auf steifen Filamenten, weshalb Autogamie leicht eintreten kann.

3021. Calamagrostis. Nach Kerner wird der Pollen um 12—1 Uhr verstäubt.

3022. C. neglecta Fr. Homogam; verstäubt schon zwischen 6—7 Uhr morgens. Pollen gelblich, unregelmässig tetraëdrisch, fast glatt, durchschnittlich mit 37 μ diam. (Warnstorf a. a. O.) —

3023. C. arenaria (L.) Rth. Schwach protogyn; Narbenäste nicht austretend, schon innerhalb der noch geschlossenen Spelzen empfängnisfähig, während die noch geschlossenen Antheren bereits etwas aus den Spitzen derselben hervorsehen; die Filamente der letzteren verlängern sich gewöhnlich erst nach dem Verstäuben der Pollenzellen und kippen über, daher Autogamie wohl Regel. Pollen pyramidal, bis 50 μ lang und 37 μ breit (Warnstorf u. a. O.).

3024. Ammophila arenaria Link. (Psamma arenaria Römer et Schultes) sah ich auf der Düne von Helgoland von zahlreichen Fliegen besucht (S. 536).

3025. Milium effusum L. ist, nach Kirchner (Neue Beobachtungen), schwach protogynisch.

3026. Stipa pennata L. ist, nach Hildebrand, homogam und der Fremd- wie Selbstbestäubung in etwa gleichem Grade unterworfen. — Die Arten der Gattung Stipa (excl. Aristella) sind, nach Kerner, zuweilen kleistogam. Hansgirg bezeichnet sie als pseudokleistogam.

3027. Phragmites communis Trinius (Arundo Phragmites L.) ist, nach Deichmann, der Kreuzbefruchtung unterworfen.

3028. Sesleria coerulea Arduino ist nach Kirchner (Beitr. S. 8) ausgeprägt protogynisch. Auch

3029. S. elongata Host. und andere Arten sind, nach Hildebrand, protogynisch, so dass Selbstbestäubung ausgeschlossen ist.

3030. Koeleria cristata Pers. ist, nach Hildebrand und Kirchner, homogam. Nach Kirchner (Beitr. S. 8) treten die Narben seitlich zwischen den auseinanderklaffenden Spelzen hervor, und die blauschwarzen Antheren sitzen auf den steif aufrechten, 6 mm langen Staubfäden, so dass spontane Selbstbestäubung leicht eintreten kann. Nach Hildebrand ist später Fremdbestäubung möglich, indem die Narben noch längere Zeit in empfängnisfähigem Zustande aus den bereits geschlossenen Spelzen hervorstehen.

3031. Aira caespitosa L. verstäubt, nach Kerner, den Pollen bereits um 5—6 Uhr morgens.

3032. A. flexuosa L. ist, nach Kirchner (Beitr. S. 8), homogam, doch sind die Blüten noch offen und die Narben noch empfängnisfähig, wenn die blauschwarzen Antheren bereits abgefallen sind. Es kann daher alsdann nur Fremdbestäubung erfolgen. Nach Kerner wird der Pollen zwischen 5 und 6 Uhr nachmittags verstäubt.

3033. Holcus lanatus L. ist, nach Hildebrand (Gramineen S. 758), andromonöcisch. Jedes Ährchen enthält zwei Blüten: eine zweigeschlechtige homogame und eine männliche Blüte. Fremd- und Selbstbestäubung sind in etwa gleicher Weise begünstigt. Nach Hildebrand öffnen sich die Blüten mittags; nach Kerner können sich die Blüten dieser und der anderen Arten der Gattung Holcus bei günstiger Witterung und bei 14° C. am Blühtage zweimal öffnen, nämlich morgens 6 Uhr und abends 7 Uhr, doch dauert der Vorgang des Blühens nur 15—20 Minuten. —

Nach Körnicke ist jedoch bei H. lanatus die Hauptblüte abends, während die Morgenblüte den Charakter einer Nebenblüte trägt, ein Verhältnis, welches bei H. mollis gerade umgekehrt ist. Es scheint diesem Autor jedoch nicht unwahrscheinlich, dass die Nebenblüte auch ausfallen kann.

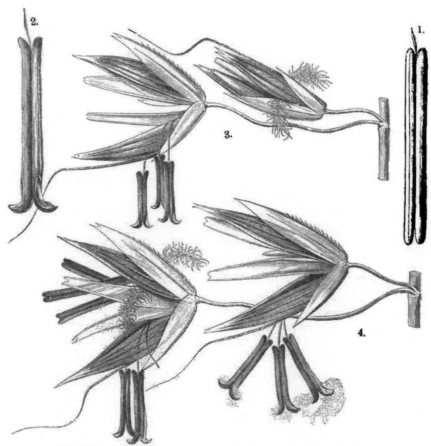

Pollen, nach Warnstorf, im Wasser weiss, kugelig, glatt, etwa 31 μ diam.

3034. H. mollis L. hat, nach Mac Leod (Bot. Jaarb. V. S. 301), diesselbe Anordnung der Blüten im Ährchen wie vor.

3035. Arrhenatherum elatius Mert. et Koch. [Godron a. a. O.; Kirchner Beitr. S. 89; Mac Leod, B. Jaarb. V. S. 299—301; Kerner,

Fig. 420. Arrhenatherum elatius M. et K. (Nach Kerner.)

1 Geschlossene Anthere. *2* Geöffnete Anthere. *3* Blütenährchen mit ausgesperrten Spelzen und herabhängenden Antheren bei ruhiger Luft. *4* Dasselbe bei bewegter Luft. Die Antheren einer Blüte mit pendelnden Antheren und ausstäubendem Pollen; die Antheren einer anderen Blüte des Pollens beraubt; von einem Filament die Anthere bereits abgefallen; die Antheren einer anderen Blüte noch geschlossen, im Vorschieben begriffen.

Pflanzenleben II. S. 138.] — Auch diese Art ist andromonöcisch. Jedes Ährchen enthält wieder zwei Blüten: eine zweigeschlechtige homogame und eine männliche Blüte. Die beiden Blüten des Ährchens öffnen sich gleichzeitig. Sofort kippen alsdann die Staubfäden um, so dass die Antheren nach unten hängen. Letztere springen an der nach unten gerichteten Spitze auf, so dass spontane Selbstbestäubung in der Regel ausgeschlossen ist (Kirchner). Die Antheren schieben sich, nach Kerner, beim Öffnen der Antheren infolge starken Wachsens der Staubfäden hervor, wobei sie sich in zehn Minuten um das Drei- bis Vierfache ihrer ursprünglichen Länge vergrössern. Die anfangs steifen Filamente erschlaffen alsdann, wobei die Antheren umkippen und sich an der jetzt nach unten gerichteten Spitze öffnen. Die Antherenhälften treten dabei nach entgegengesetzten Richtungen auseinander und bilden je eine kahnartige Höhlung, in welcher der Pollen bei ruhiger Luft liegen bleibt. Werden die Antheren alsdann vom Winde geschüttelt, so wird der Pollen in einzelnen Partien fortgeführt, bis die Antheren gänzlich entleert sind.

3036. Avena Scheuchzeri All. ist, nach Kirchner (Beitr. S. 8), homogam, doch hängen die Narben noch frisch zwischen den Spelzen hervor, wenn die Antheren bereits abgefallen sind.

3037. A. pubescens L. ist nach Kirchner (Flora S. 134) schwach protogynisch mit langlebigen Narben. Die Antheren öffnen sich nämlich erst eine kurze Zeit nach dem Auseinandertreten der Spelzen, während die Narben beim Beginn des Blühens bereits entwickelt sind. Dieselben bleiben noch empfängnisfähig an den noch auseinandergespreizten Spelzen, wenn die Antheren bereits abgefallen sind. Es ist daher zu Anfang und zu Ende der Blütezeit Fremdbestäubung möglich. — Verstäubt nach Warnstorf nachmittags zwischen 4—7 Uhr zum 2. Male. Ludwig sah die Ähren von Fliegen besucht (s. S. 535).

3038. A. sativa L. ist homogam. Nach Godron öffnen sich die Blüten des Hafers zwischen 2 und 4 Uhr nachmittags, und zwar kippen die Staubblätter um, bevor die Antheren sich geöffnet haben, so dass der Pollen nicht auf die eigene Narbe fällt.

Während also Godron die Fremdbestäubung für vorwiegend hielt, scheint nach Rimpau spontane Selbstbestäubung mit grosser Sicherheit einzutreten, da die Staubfäden sich hier sehr langsam verlängern und die Antheren sich bereits in der Nähe der Narbe öffnen. Rimpau beobachtete einige Male, dass die Antherenwände sich plötzlich lebhaft zusammenziehen und dabei eine Portion Pollen unmittelbar gegen die Narbe geschleudert wurde. Bei Ausschluss der Fremdbestäubung ist der Hafer vollkommen fruchtbar. An den kleineren oberen Blüten scheint ausnahmsweise Allogamie vorzukommen. (Vgl. Hackel Bot. Centralbl. XIII. S. 8). Nach Hildebrand ist Fremdbestäubung vor Selbstbestäubung begünstigt. Die Blütenöffnung geschieht nach Hildebrand, bei trocknem Wetter nachmittags oder gegen Abend. Bei ungünstiger Witterung findet pseudokleistogam Autogamie in der geschlossen bleibenden Blüte statt. Auch nach von Liebenberg ist der Hafer selbstfertil.

Nach Appel (briefl. Mitt.) liegt ein Beweis für das Vorkommen der Fremdbestäubung wenigstens einzelner Varietäten in dem Vorhandensein von Zwischenformen zwischen A. sativa und A. fatua. Während Haussknecht diese Formen für Zwischenformen nicht hybrider Abstammung ansieht und daraus ableitet, dass unser A. sativa lediglich eine Kulturform des A. fatua sei, die durch Jahrhunderte lange Züchtung hervorgebracht wurde, neigen Körnicke

und ebenso A p p e l, welch letzterer diese Formen zahlreich bei Coburg, Würzburg und Schaffhausen beobachtete, mehr zu der Annahme, dass dieselben durch
Bastardierung entstanden seien. Gestärkt wird diese Annahme dadurch, dass
bei der Weiterkultur die Pflanze in Variation tritt, auch wenn eine Fremdbestäubung ausgeschlossen wird.

Nach K i r c h n e r (Flora S. 133) schreitet das bei günstiger Witterung
eintretende, nachmittags beginnende und bis zum Abend andauernde Aufblühen
in der ganzen Rispe von der Spitze nach unten fort. Von den beiden Blüten
jedes Ährchens öffnet sich die untere zuerst, die andere bei günstiger Witterung kurz
darauf; da die Blüten meist eine hängende Stellung haben, so bewegen sich während
des Blühens die Antheren an den Narben vorbei. Öffnen sich die Antheren
schon vor der Beendigung der Streckung der Antheren, so erfolgt reichliche
Selbstbestäubung; geschieht die Antherenöffnung später, so unterbleibt sie. Fast
regelmässig erfolgt Bestäubung innerhalb der Blüten derselben Rispe, selten Kreuzbestäubung; letztere tritt nur an den kleinen obersten Blüten der Ährchen ein.

Neben der Nachmittagsblütezeit findet sich nach K ö r n i c k e, bei manchen
Varietäten selten, bei anderen häufig, noch eine zweite Blütenöffnung am Vormittag. Dieselbe beginnt bei günstiger Witterung bereits vor 8 Uhr morgens
und hält einige Stunden an. Immer aber öffnet sich die Hauptmasse der Blüten
nachmittags.

Überhaupt ist die Zeit des Aufblühens gewissen äusseren Einflüssen unterworfen. So kann dieselbe verzögert werden durch heisses trockenes Wetter bei
Sonnenschein und trockenem Boden. Ein kurzer eintretender Regen kann dann
ein schnelles Öffnen vieler Blüten veranlassen. Feuchtes warmes Wetter ruft
eine frühere Öffnung hervor.

3039—40. A. orientalis Schreb. und **A. nuda L.** sind, nach H i l d e-
b r a n d, homogam, sie öffnen ihre Blüten wie A. s a t i v a bei günstiger Witterung und sind bei ungünstiger pseudokleistogam. Auch

3041. A. sterilis L. ist homogam.

3042. Trisetum flavescens P. B. verstäubt, nach K e r n e r den Pollen
gegen 7—8 Uhr morgens, nach W a r n s t o r f, zwischen 6—7 Uhr morgens. —
Pollen pyramidal, etwa 37 μ lang und 25 - 28 μ breit. — Blüten homogam.

3043. Eragrostis abessinica L. [K ö r n i c k e, a. a. O.] — Die Befruchtung findet meist pseudokleistogam statt, da die Staubbeutel den Narben
anhängen und wenigstens bei den von K ö r n i c k e beobachteten Formen die
Blüten sich nicht öffneten.

3044. Eleusine coracana Gärtn. Nach K ö r n i c k e (a. a. O.) öffnen
sich die Blüten. Die Narben erreichen mit ihrer Spitze die Spitze der Spelzen.
Die der Länge nach aufreissenden Staubbeutel befinden sich in der Höhe der
Narben, und da beide gleichzeitig entwickelt und in die Höhe gerichtet sind,
auch sich mehr oder weniger anliegen, so findet eine Selbstbefruchtung statt,
wobei eine Fremdbestäubung nicht ausgeschlossen ist.

3045. Poa pratensis L. ist, nach K i r c h n e r (Flora S. 141) homogam
mit langlebigen Narben, indem letztere noch seitlich aus den Blüten heraus-

hängen, wenn die blaugrauen Antheren bereits entleert sind. — Nach Kerner verstäuben die Poa-Arten den Pollen bereits zwischen 4 und 5 Uhr morgens. Nach Beijerinck sind die Poa-Arten selbstfertil.

3046. P. nemoralis L. Homogam; verstäubt gegen Mittag. Pollen bis 37 μ diam. (Warnstorf u. a. O.).

3047. P. annua L. sah H. Müller von Melanostoma mellina L. besucht (s. S. 535).

3048. Briza media L. ist nach Hildebrand (Gramineen S. 758) homogam. Verstäubt zum 1. Male in den ersten Vormittagsstunden und zum 2. Male zwischen 6—7 Uhr nachmittags. Pollen pyramidal, etwa 40 μ lang und 31 μ breit. (Warnstorf u. a. O.).

3049. Glyceria plicata Fries. ist nach Kirchner (Beitr. S. 9) protogynisch mit langlebigen Narben. Die beiden weissen pinselförmigen Narben sind bereits entwickelt, wenn die Spelzen sich auseinanderspreizen. Nachdem die Staubfäden sich alsdann gestreckt haben, kippen die Staubblätter um, und nun öffnen sich die hellgelben Antheren. Nach kurzer Zeit schliessen sich die Spelzen wieder und klemmen dabei Staubblätter und Narben zwischen sich ein, und zwar erstere mit den entleerten Antheren oben an der Spitze, letztere zu beiden Seiten am Blütengrund. Die Narben erscheinen noch frisch wenn die Antheren bereits abgefallen sind. Spontane Selbstbestäubung ist ausgeschlossen.

Nach Warnstorf früh 6 Uhr bereits verstäubt. Neben Individuen mit um diese Zeit bereits geschlossenen Spelzen und weit heraushängenden, entleerten, gelben Antheren standen andere mit noch weit geöffneten Spelzen, deren Narbenäste und Staubblätter sich innerhalb der Spelzen befanden; Selbstbestäubung ist in diesem Falle unvermeidlich.

3050. G. aquatica Wahlenb. Homogam; verstäubt noch nachmittags zwischen 5—6 Uhr (wahrscheinlich zum 2. Male). Pollen weisslich, pyramidal, bis 50 μ lang und 35 μ breit. (Warnstorf a. a. O.) —

3051. Molinia coerulea Moench. Die interessanten Beobachtungen von Ludwig s. S. 535.

3052. Dactylis glomerata L. ist nach Kirchner (Beitr. S. 9.) schwach protogynisch mit langlebigen Narben. Die Staubfäden haben sich noch nicht völlig gestreckt, die Antheren sind noch nicht aufgesprungen, wenn die Narben bereits entwickelt sind und seitlich zwischen den auseinandergespreizten Spelzen hervortreten. Haben die Staubfäden ihre volle Länge erreicht, so schlagen sie sich nicht nach unten, sondern bleiben ziemlich steif ausgestreckt, so dass jetzt leicht spontane Selbstbestäubung eintreten kann. Die Narben erscheinen nach der Entleerung der Antheren noch frisch. — Nach Hildebrand (Gramineen S. 756) sind die Blüten homogam, doch ist Fremdbestäubung begünstigt. Die Blütenöffnung erfolgt nach Kerner, zwischen 6 und 7 Uhr morgens, nach Warnstorf von 6—9 Uhr vormittags. — Ludwig sah die Blüten von Fliegen besucht (s. S. 535).

3053. Cynosurus cristatus L. ist, nach Hildebrand (Gramineen, S. 758) homogam; Fremd- und Selbstbestäubung sind in etwa gleicher Weise begünstigt. Die gelben oder violetten Antheren anfänglich auf langen steifen Filamenten, bald aber überhängend; Narbenäste weit heraustretend. Verstäubt schon zwischen 6—7 Uhr morgens. Pollen pyramidal, unregelmässig weisslich, bis 37 μ lang und 31 μ breit. (Warnstorf a. a. O.) —

Nach Kirchner (Flora S. 143) sind die Antheren teils rote, teils gelbe. Ebenso (a. a. O.) bei

3054. Festuca pratensis Huds. — Die Festuca-Arten sind nach Beijerinck, selbstfertil. — H. Müller sah die Blütenähren von Melanostoma mellina L. besucht. (s. S. 535.)

3055. F. elatior L. ist, nach Hildebrand, homogam, und zwar ist Fremd- und Selbstbestäubung in etwa gleichem Grade möglich. Nach Warnstorf ragen die Narbenäste aus den geöffneten Spelzen weit hervor; die auf langen Filamenten stehenden, pendelnden, gelben Antheren öffnen sich meist erst nach ihrem Austritt, seltener schon innerhalb der Spitze der sich eben abbiegenden Deckspelze.

3056. F. pulchella Schrad. Da die Staubfäden sich nicht nach unten schlagen, sondern ziemlich steif ausgestreckt bleiben, tritt leicht Selbstbestäubung ein (Schröter). Dasselbe gilt für

3057. F. pumila Chaix.

3058. F. rubra L. var. fallax Thuill. Die Staubfäden schlagen sich nach unten so, dass Selbstbestäubung verhindert ist (Schröter). Dasselbe gilt für

3059. F. rupicaprina Hack.

3060. F. ovina L. sah Delpino (Ult. oss. in Atti XVII.) bei Florenz von Käfern (Henicopus hirtus L. = pilosus Scop. und Nemognatha) besucht, welche mit grosser Schnelligkeit von Blütenstand zu Blütenstand flogen.

3061. F. distans Kth. Homogam; beim Öffnen der Spelzen stehen die Antheren auf verhältnismässig kurzen steifen Filamenten und überragen die langen Narbenäste wenig, weshalb leicht Autogamie eintreten kann. Verstäubt bereits 6 Uhr früh. (Warnstorf a. a. O.) —

3062. F. arundinacea Schreb. Homogam; verstäubt in den Vormittagsstunden. Pollen weiss, pyramidal, bis 50 μ lang und 31—34 μ breit. (Warnstorf a. a. O.)

3063. F. gigantea Vill. Schwach protogyn: Spelzen schon vor 6 Uhr morgens geöffnet und die Narbenäste weit hervorragend, während die Antheren noch aufrecht und geschlossen sind; zwischen 6—7 Uhr treten sie bereits heraus und verstäuben. Im Laufe des Vormittags schliessen sich die Spelzen wieder und es hängen nur noch die entleerten Antheren heraus. Pollen pyramidal, etwa 43 μ lang und 37 μ breit. (Warnstorf a. a. O.)

3064. Brachypodium pinnatum P. B. sah H. Müller von einem Käfer besucht (s. S. 536). Nach Kirchner (Flora S. 149) hängen die Narben noch zwischen den Spelzen heraus, wenn die Antheren schon abgefallen sind. Warnstorf (a. a. O.) bezeichnet die Blüten als homogam; die Spelzen öffnen sich schon früh vor 6 Uhr und die Staubblätter verstäuben zwischen 6—7 Uhr. Narbenäste weit hervortretend, Staubbeutel auf langen Filamenten überhängend, deshalb Autogamie ausgeschlossen. Pollen weisslich, pyramidal, bis 46 μ lang und 31—35 μ breit. (Warnstorf a. a. O.)

3065. Scolochloa festucacea Link (Festuca borealis M. et K., Graphephorum festucaceum A. Gray, Fluminia arundinacea Fries) ist, nach Hildebrand (Gramineen S. 758), homogam, doch ragen die Narben noch im frischen Zustande zwischen den schon geschlossenen Spelzen hervor, wenn die Antheren bereits entleert sind.

3066. Bromus secalinus L. ist, nach Hildebrand (Gramineen S. 740, 758), homogam. Selbst- und Fremdbestäubung sind in etwa gleichem Masse möglich. Bei ungünstiger Witterung bleiben die Blüten geschlossen und befruchten sich pseudokleistogam selbst. — Nach Beijerinck sind die Arten von Bromus selbstfertil und in Holland meist kleistogam.

3067. B. erectus Huds. ist, nach Kirchner (Beitr. S. 9, 10), homogam. Da sich jedoch die orangegelben Antheren gleich nach dem Auseinanderspreizen der Spelzen nach unten biegen, und sich auch nach unten öffnen, so tritt Selbstbestäubung in der Regel nicht ein.

3068. B. mollis L. sah H. Müller von einem Käfer besucht (s. S. 536). In der Regel nur kleistogam; mit chasmogamen Blüten nur zweimal: vormittags zwischen 7—8 und 10—11 Uhr angetroffen; nach einigen Stunden wieder geschlossen. (Warnstorf a. a. O.)

3069. B. sterilis L. Nur mit kleistogamen Blüten bemerkt. (Warnstorf a. a. O.)

3070. B. tectorum L. Blüten meist kleistogam; nur einmal abends 6 Uhr mit geöffneten Blüten und hervortretenden Narben und Staubblättern beobachtet. (Warnstorf a. a. O.)

3071. Triticum vulgare Vill. Nach Delpino öffnen sich die Spelzen schnell und plötzlich. Dabei treten die Antheren seitlich heraus, springen auf und entleeren etwa den dritten Teil ihres Pollens auf die eigene Narbe, während der Rest in die Luft verstäubt wird. Dies geschieht in etwa einer Minute, und nach einer Viertelstunde treten die Spelzen schon wieder zusammen.

Nach Delpinos Versuchen führt spontane Selbstbestäubung zur Bildung guter Früchte. Da, nach Delpino und nach Körnicke, jede Blüte nur eine Viertelstunde offen bleibt, die Blütezeit aber vier Tage dauert, so findet man stets nur einen geringen Bruchteil aller Blüten geöffnet. (H. M., Befr. S. 88.)

Nach Kirchner (Flora S. 155) öffnen sich die homogamen Blüten langsam so weit, dass die Spitzen der Spelzen etwa 4 mm weit auseinander stehen. Dabei öffnen sich die Antheren an den Spitzen und lassen etwa ⅓ ihres Pollens in die Blüte fallen. Alsdann erst treten sie heraus und entlassen den Rest des Pollens in die Luft. Es tritt also regelmässig Selbstbestäubung ein, doch ist Fremdbestäubung durch den Wind nicht ausgeschlossen. Die Blütezeit einer Ähre dauert vier Tage.

Nach Hildebrand ist Selbstbestäubung durch das Umkippen der Antheren nach dem Auseinandertreten der Spelzen sehr erschwert.

Die Weizenblüten verhalten sich in Bezug auf das Aufblühen wie die Roggen-
blüten. (S. daselbst.)

Nach Godron erfolgt die Blütenöffnung bei 16⁰ um 4¹/₂ Uhr morgens und
ist um 6¹/₂—7 Uhr beendet. Kippen die Antheren beim Aufblühen schnell um,
so bleiben die Narben in der Regel vom eigenen Pollen frei. Bei weniger günstigen
Umständen geschieht das Aufblühen langsamer, und die Narben treten erst hervor,
nachdem sie durch den eigenen Pollen belegt sind. Bei niedriger Temperatur
(12—13⁰) oder bei mehrtägigem Regen bleiben die Blüten geschlossen, und es
erfolgt pseudokleistogame Befruchtung.

Nach Rimpau öffnen sich die Spelzen des Weizens bei 12—13⁰ C. zwar
schon etwas, doch findet reichliches Blühen erst bei 16⁰ C. statt. Das Aufblühen
ist nicht, wie Godron es darstellt, auf die frühen Morgenstunden beschränkt,
sondern findet auch an allen Tagesstunden, selbst abends statt. Die Blütedauer
ist von der Temperatur und der Trockenheit der Luft abhängig: bei 23⁰ schlossen
sich die Blüten bereits nach 15—20 Minuten wieder, bei niederer Temperatur
erfolgte dies viel langsamer. Rimpau fand, dass die Antheren sich bereits öffnen,
bevor sie beim Hervorwachsen die Oberkante der Spelzen erreicht haben, so dass
spontane Selbstbestäubung in jeder Blüte die Regel ist; Godron beobachtete das
Entgegengesetzte. Auch Rimpau fand, in Übereinstimmung mit v. Liebenberg,
dass der Weizen bei Ausschluss der Fremdbestäubung fruchtbar ist. Bei ausbleibender Selbstbestäubung ist, nach Rimpaus Versuchen, Fremdbestäubung
hinreichend gesichert (von 85 ihrer Antheren beraubter Blüten setzten 50 Samen
an). Schon in der vierten Generation zeigten Kreuzungsprodukte eine deutliche
Überlegenheit in Bezug auf die Durchschnittszahl der gebildeten Halme über die
Inzuchtsprodukte. (Vgl. Hackel, Bot. Centralbl. XIII. S. 8).

Nach Kerner verstäuben die Antheren zwischen 5 und 6 Uhr früh. Pollen,
nach Warnstorf, weiss, elliptisch oder eiförmig, glatt, undurchsichtig, etwa 56 μ
breit und 75 μ lang.

3072. T. Spelta L. hat dieselbe Einrichtung wie vor. (Hildebrand,
Kirchner.) Bei ungünstiger Witterung bleiben, nach Askenasy, die Blüten
pseudokleistogam geschlossen. (Hansgirg.)

3073. T. monococcum L. hat eine ähnliche Blüteneinrichtung wie T. vulgare, doch öffnen sich die Spelzen weiter, und das Abblühen der ganzen Ähre
geschieht schneller. Das Auseinandertreten der Spelzen erfolgt morgens. (Kirchner,
Flora S. 156.) Auch Beijerinck fand die Blüten selbstfertil.

3074. T. dicoccum Schrk. Nach Hildebrand ist die Bestäubung der
Narbe nur in einem Zeitraume von wenigen Minuten bei schwachem Auseinandertreten der Spelzen möglich, wobei die Antheren nur einen Teil ihres Pollens
verstäubt haben.

3075. T. polonicum L. Bei dieser Art ist die Befruchtung vorwiegend
pseudokleistogam. In sehr vielen Blüten bleiben die Staubbeutel stets innerhalb
der Spelzen und liegen dann den Narben an. Auf kurze Zeit öffnen sich jedoch
die Spelzen trotzdem, doch beträgt ihr Abstand kaum mehr als 2 mm. Die Staubbeutel öffnen sich, nach Körnicke, gewöhnlich nur an der Spitze.

3076. T. repens L. sah MacLeod von einer Muscide (Spilogaster) besucht. (s. S. 535.)

3077. T. caninum L. Blüten proterogyn und chasmogam; Spelzen um 8 Uhr morgens bereits geöffnet und die Narben hervortretend; die Antheren öffnen sich erst gegen Mittag und verstäuben nach ihrem Austritt aus den Spelzen. Pollen pyramidal, gelblich-weis, fast glatt, durchschnittlich 50 μ diam. zeigend. (Warnstorf a. a. O.)

3078. Secale cereale L. [Sprengel, S. 79—80.] — Nach Hildebrand schieben sich zuerst die Antheren zwischen den noch ziemlich geschlossenen Spelzen hervor; sind sie bis zum Grunde hervorgetreten, so kippen sie um, wobei gleichzeitig ein Teil des Pollens aus den Antheren herausfällt und die eigene Narbe nicht getroffen werden kann. Später treten die Spelzen mehrere Stunden lang weit auseinander, und nun erst biegen sich die Narben hervor. Inzwischen haben die Antheren sich weiter geöffnet und schütten den Pollen allmählich aus, doch gelangt dieser leichter auf die Narben fremder Blüten, als auf die eigene, weil die Antheren unter den Narben stehen. Es ist daher Fremdbestäubung zwar begünstigt, doch Selbstbestäubung nicht ausgeschlossen. (Vgl. Loew, Bl. Fl. S. 372.)

Nach Godron und nach Kerner öffnet der Roggen seine Blüten zwischen 6 und 7 Uhr morgens. Nach ersterem kippen die Antheren unter günstigen Verhältnissen sofort um, so dass Selbstbestäubung nicht eintritt. In rauheren Gegenden (nördliche Breite, höhere Gebirgslagen) kommt Kleistogamie, oder nach Hansgirg, Pseudokleistogamie vor.

Nach Askenasy (Verh. d. nat. med. V. zu Heidelberg. N. Folge, Bd. II p. 261—273) biegen sich nach dem Auseinandertreten der Blütenspelzen zuerst die Narben ganz schnell abwärts, dann strecken sich die Staubblätter, während gleichzeitig die Antheren aufreissen. Dabei ist Autogamie nicht vollständig ausgeschlossen, doch erfolgt meist Xenogamie oder Geitonogamie durch Vermittelung des Windes.

Nach Rimpau öffnen sich beim Roggen einzelne Blüten schon bei $12^{1}/_{2}^{0}$ C. Die Zeit des Aufblühens ist nicht so beschränkt, wie Godron angiebt, sondern verteilt sich auf den ganzen Vormittag. Zur Sicherung der Fremdbestäubung ragen die Narben nach dem Zusammenschliessen der Spelzen noch einige Zeit hervor. Die von v. Liebenberg behauptete Selbststerilität des Roggens, wonach diese sich selbst für den Fall der Bestäubung mit Pollen aus anderen Blüten derselben Ähre geltend macht, ist nach Rimpau nicht allgemein, sondern es tritt dabei Selbstbestäubung ein, wenn auch geringer Fruchtansatz auf.

Beijerinck bezeichnet den Roggen gleichfalls als selbststeril.

Nach Rimpau (Wiener landw. Ztg. XXX. 1880. p. 333) ist die Befruchtung um so sicherer und erfolgreicher, je verschiedener die zu bestäubende Blüte und der dazu verwendete Pollen in Bezug auf ihren Ursprung sind.

Kirchner (Flora S. 158) beschreibt die Blüteneinrichtung des Roggens in folgender Weise: Die Blüten sind homogam, aber die Antheren öffnen sich erst, wenn sie aus den weit auseinandergespreizten Spelzen hervortreten und nach unten umgeschlagen sind. Die Narben treten zwischen den Spelzen heraus und bleiben noch einige Zeit, nachdem die Spelzen sich wieder geschlossen haben, ausserhalb derselben. Fremdbestäubung ist danach die Regel, spontane Selbstbestäubung tritt nur selten ein und hat Selbststerilität zur Folge. Das Blühen tritt bei günstigem Wetter nach Sonnenaufgang ein und dauert bis zum Abend. Die ersten Blüten öffnen sich in ²/₃ der Ährenhöhe; jede bleibt ¹/₄ Stunde geöffnet. Bei ungünstigem Wetter unterbleibt das Öffnen der Blüten und damit die Befruchtung.

3079. Elymus sabulosus M. B. Die Blüten sind homogam, doch ragen, nach Hildebrand, die Narben noch einige Zeit nach dem Schliessen der Spelzen in empfängnisfähigem Zustande aus der Blüte hervor.

3080. Hordeum vulgare L. Nach Delpino öffnen sich die Blüten der beiden mittleren Reihen nie, sondern befruchten sich kleistogamisch, während die der vier äusseren Reihen homogam sind und sich ähnlich wie die des Weizens verhalten, so dass die Möglichkeit der Fremdbestäubung nicht ausgeschlossen ist. — Nach Darwin (Diff. forms) haben die Hordeum-Arten auch kleistogame Blüten.

Nach v. Liebenberg ist die Gerste schon durch den eigenen Pollen befruchtet, bevor die Ähre aus der Blattscheide hervorgetreten ist.

Nach Godron öffnen sich die Blüten aller sechs Reihen.

Nach Kerner verstäubt der Pollen zwischen 5 und 6 Uhr morgens. Nach Rimpau öffnen sich die Blüten schon bei 12¹/₂⁰. Nach demselben scheint das Mittelährchen fast immer bei geschlossenen Spelzen zu verblühen, nur höchst selten öffnet es sich. Die Seitenährchen öffnen sich jedoch regelmässig. Demnach ist die Möglichkeit der Fremdbestäubung gering.

3081. H. distichum L. Nach Delpino sind nur die Blüten der beiden mittleren Reihen zweigeschlechtig, die der vier anderen Reihen sind männlich oder, nach Hildebrand, geschlechtslos. Meist bleiben, nach Delpino, auch die zweigeschlechtigen Blüten geschlossen und befruchten sich dann pseudokleistogam selbst. Zuweilen öffnen sich jedoch einzelne grössere derselben ein wenig, so dass dann die Möglichkeit der Fremdbestäubung durch die männlichen Blüten vorhanden ist.

Nach Godron öffnen sich die zweigeschlechtigen Blüten der beiden mittleren Reihen falls nur die Temperatur morgens zwischen 8 und 10 Uhr günstig ist (18—20⁰).

Rimpau fand die Blüten der zweizeiligen Gerste bald sämtlich geöffnet mit hervorgetretenen Antheren, bald fand er die Antheren während des Blühens zwischen den Spelzen eingeschlossen. Aber auch im ersteren Falle ist bei der geringen Öffnung der Blüten und dem frühzeitigen Aufspringen der Antheren spontane Selbstbestäubung fast unvermeidlich; sie scheint bei der Gerste noch weit mehr als bei Weizen die Regel zu sein.

Nach Kirchner (Flora S. 159) öffnen sich die Blüten der beiden mittleren Reihen nie, sondern sie befruchten sich kleistogamisch selbst. Die Blüten der seitenständigen Ährchen öffnen sich dagegen regelmässig; sie sind homogam und haben dieselbe Einrichtung wie die des Weizens, so dass also meist spontane Selbstbestäubung erfolgt.

3082. H. hexastichon L. öffnet, nach Rimpau, die Blüten schon bei 12¹/₂⁰ C. Das Mittelährchen scheint fast immer bei geschlossenen Spelzen zu verblühen, doch öffnet es sich zuweilen; bei den Seitenährchen geschieht dies regelmässig. Nach Godron sind die Blüten sämtlicher sechs Ährchenreihen zweigeschlechtig und fruchtbar.

3083. H. Zeocrithum L. verstäubt, nach Rimpau, stets mit völlig geschlossenen Spelzen. Auch Godron beobachtete nur kleistogame Blüten. Hansgirg bezeichnet sie als pseudokleistogam.

3084. H. murinum L. Nach Hildebrand bleiben die Blüten der beiden mittleren Ährchenreihen geschlossen und befruchten sich selbst. Die Blüten der seitlichen sind männlich. Ihre Antheren stehen weit hervor, so dass ihr Pollen einige etwa sich öffnende Zwitterblüten befruchten kann. Die seitlichen männlichen Blüten verstäuben schon früh zwischen 6—7 Uhr; die Blüten der mittleren Ährchen sind zwitterig und kleistogam. (Warnstorf u. a. O.)

3085. H. bulbosum L. Nach Hildebrand stehen neben jeder Zwitterblüte zwei seitliche männliche Blüten, deren Antheren sich später öffnen. Wenn die zweigeschlechtigen Blüten sich öffnen, so drängen sich zuerst die Antheren zwischen den Spelzen hervor. Alsdann treten die Narben zwischen einer Spalte derselben an der der Ährenspindel zugekehrten Seite rechts und links unten hervor. Nach dem Umkippen der Antheren liegt deren geöffnete Spitze unterhalb der Narben. Diese bleiben auch nach dem Verstäuben der Antheren noch einige Zeit frisch. Es kann also leicht Fremdbestäubung erfolgen, und zwar auch durch den Pollen der später sich öffnenden Antheren der männlichen Seitenblüten. Letzteres ist, nach Wittmack, nicht möglich; er fand an den von ihm kultivierten Exemplaren den Pollen der Mittelblüten gänzlich unwirksam. Die geschlechtliche Vermehrung ist wohl durch die vegetative (durch den knolligen Stengelgrund) überflüssig geworden. (Nach Loew, Bl. Fl. S. 370. 371.)

3086. Sorghum vulgare Pers. ist, nach Kirchner (Neue Beob. S. 11) protogynisch. Sobald die Spelzen beginnen auseinanderzutreten, schlagen sich die pinselförmigen Narben seitlich zwischen denselben heraus. Beim weiteren Öffnen der Blüten stäuben die Antheren. Auch noch nach dem Schliessen der Spelzen bleiben die Narben ausserhalb derselben und vertrocknen dann allmählich.

3087. S. saccharatum Pers. ist, nach Kirchner (a. a. O.), schwach protogynisch. Aus der Spitze der nur wenig klaffenden Spelzen treten Narben und Antheren hervor, und zwar gleich zu Beginn der Blütenöffnung erst die Spitzen der beiden Narben.

3088. Aegilops ovata L. Diese in Südeuropa, Kroatien u. s. w. heimische Art öffnet, nach Godron, die Blüten zwischen 9¹/₂ und 10 Uhr morgens. Wenn die Temperatur 20—21⁰ C. beträgt, erfolgt das Aufblühen rasch und die Antheren kippen um, bevor sie sich geöffnet haben, so dass alsdann Selbstbestäubung unmöglich ist. Ist die Temperatur niedriger, so erfolgt das Blühen so langsam, dass einzelne unbefruchtete Blüten bis zum nächsten Tage offen bleiben und dann durch den Pollen des um 2—3 Stunden früher blühenden Triticum bestäubt werden können. Hieraus erklärt sich, nach Godron, die Erscheinung, dass in dem nördlicher gelegenen Nancy die Bastarde zwischen Aegilops und Triticum leichter spontan entstehen als in südlicheren Gegenden. (Nach Loew, Bl. Fl. S. 372.) — Auch die übrigen Aegilops-Arten stimmen n der Art des Blühens mit A. ovata überein, doch beobachtete er nur selten nach der eigentlichen Blütezeit noch offene Blüten.

3089. A. cylindrica Host. Diese in Ungarn, Slavonien u. s. w. heimische Art öffnet, nach Hildebrand, ihre homogamen Blüten gegen Mittag. Nachdem die Spelzen ein wenig auseinandergewichen sind, kippen die geöffneten Antheren nach unten um; gleichzeitig treten die Narben am Grunde der Blüten seitlich etwas hervor, so dass Selbstbestäubung erfolgen kann. Nach dem Abfallen der Antheren bleiben die Narben noch einige Zeit frisch und die Blüten geöffnet, so dass nun Fremdbestäubung möglich ist. (Nach Loew, Bl. Fl. S. 372.)

3090. Lolium temulentum L. ist nach Hildebrand (Gramineen S. 758), homogam; Fremd- und Selbstbestäubung sind in etwa gleicher Weise begünstigt.

3091. L. perenne L. ist, nach Kirchner (Flora S. 161), schwach protogynisch; nach Warnstorf schwach protogyn bis homogam; die Narben treten meist etwas früher aus den geschlossen bleibenden Spelzen hervor als die auf langen Filamenten herabhängenden gelben oder violetten Antheren. Verstäubung erfolgt schon in den frühen Morgenstunden.

3092. L. multiflorum Lam. öffnet, nach Kirchner (a. a. O.), die hellgelben oder grauvioletten Antheren erst dann, wenn sie schon aus der Blüte heraushängen, so dass spontane Selbstbestäubung nicht stattfindet.

3093. Nardus stricta L. ist, nach Axell, ausgeprägt protogynisch.

160. Familie **Coniferae** Juss.

Die sämtlichen Arten dieser Familie sind windblütig, und zwar sind die Blüten meist diöcisch, seltener monöcisch. Die männlichen Blüten bilden eine reichliche Menge sehr leichten, trocknen, mehligen Pollens, welcher zuweilen durch bläschenartige, lufterfüllte Anhänge für die Entführung durch den Wind ganz besonders geeignet gemacht ist. Die Menge des gebildeten Pollens ist zuweilen eine so grosse, dass er zur Zeit der Blüte von Kiefern- oder Fichtenbeständen vom Winde oft weit fortgeführt und, vom Regen zu Boden geschlagen, öfters die Erscheinung des sogenannten Schwefelregens hervorbringt.

Die Mikropyle der Samenknospe sondert zur Blütezeit einen Flüssigkeitstropfen aus (Delpino, Ult. oss. II. fasc. I. 1870), welcher die vom Winde herbeigeführten Pollenkörner auffängt und bei seinem Eintrocknen in die Mikropyle hineinzieht.

Zur Zeit der Bestäubung ist die Spitze des Knospenkernes aufgelockert, meist tief ausgerandet und so vorbereitet, die Pollenkörner zu empfangen und den Pollenschläuchen das Eindringen in das Gewebe des Knospenkernes zu erleichtern. Die Pollenkörner gelangen, durch den Wind getrieben, bei den Taxineen unmittelbar auf die Samenknospe; bei den Cupressineen werden sie den aufrecht stehenden Samenknospen teilweise schon durch die Schuppen zugeleitet; bei den Abietineen finden sich besondere pollenleitende Organe, und zwar besorgen dies bei Pinus silvestris, Pumilio, Picea die Fruchtschuppen, bei Larix und Abies die Deckschuppen. Um den Pollenkörnern den richtigen Weg zu weisen, dient ein Kiel, welcher daher bei den erstgenannten beiden auf der Fruchtschuppe, bei den letzten beiden auf der Deckschuppe sitzt. Bei Picea fehlt der Kiel, doch ist die Gestalt der Schuppen eine solche, dass die Bestäubung auch ohne Kiel leicht erfolgt. (Strasburger.)

Die Pollenkörner einiger monöcischer Arten zeigen, wie schon oben erwähnt, je zwei Luftsäcke, welche ihnen eine ganz besonders leichte Beweglichkeit verschaffen. Hartig (Bot. Ztg. 1867, Nr. 9) nimmt an, dass diese Luftsäcke deshalb bei Fichten, Tannen und Kiefern auftreten, weil die weiblichen Blüten bei den zwei ersten sehr ausgeprägt, bei der letzten sich vorwiegend im Gipfel der Bäume entwickeln. Die Luftsäcke sollen nun den Pollenkörnern zu einer aufsteigenden Bewegung verhelfen und sie auf diese Weise zu den weiblichen Blüten führen. Durch diese Annahme Hartigs werden aber die Luftsäcke der Podocarpus-Arten, bei Pinus canadensis u. s. w., durchaus nicht erklärt. Strasburger ist der Ansicht, dass die leichte Beweglichkeit, welche die Luftsäcke den Pollenkörnern gewisser Arten verleihen, bei anderen auf anderem Wege — durch grosse Trockenheit, besondere Kleinheit — erreicht wird.

Auf eine Eigentümlichkeit der Coniferen-Zapfen macht Strasburger noch aufmerksam: Zur Zeit der Bestäubung sind die Zapfen meist schön hochrot gefärbt und werden nachher unscheinbar grün oder braun. Bei den angiospermen Pflanzen dienen solche Färbungen bekanntlich zur Anlockung der Insekten. Die Färbung der Coniferen-Zapfen lässt aber eine solche Deutung unmöglich zu, da die Übertragung des Pollens stets durch den Wind geschieht und bisher noch niemals eine Übertragung durch Insekten beobachtet ist.

Bei angiospermen Pflanzen, fährt Strasburger fort, ist die Färbung der Blütenhüllen eine gezüchtete Eigentümlichkeit, welche der Bestäubung zu nutze kommt; wie aber bei den Coniferen? Eine vererbte Eigentümlichkeit kann es nicht sein, denn die Coniferen stammen unmöglich von insektenblütigen Pflanzen ab. Es bleibt also nichts übrig, als die rote Färbung der Zapfen zur Blütezeit als eine Korrelativerscheinung aufzufassen, welche durch die erhöhten Lebensprozesse zur Blütezeit sekundär hervorgerufen ist und später wieder verschwindet. Wir können uns nun denken, sagt Strasburger, dass auch die analoge Färbung der Blütenhüllen angiospermer Pflanzen einer ähnlichen Ursache ihre Entstehung verdankt und erst später bei der Bestäubung durch Insekten verwertet und weiter gezüchtet wurde.

Diese letzten Angaben habe ich der Arbeit von E. Strasburger: „Die Bestäubung der Gymnospermen" (Jenaische Zeitschrift VI. 1871) entnommen.

Eine ausführliche Darstellung der Befruchtungsvorgänge giebt Strasburger in seiner Schrift: „Die Befruchtung der Coniferen" (4⁰. 22 Seiten mit 3 Tafeln, Jena 1869).

Die in der erstgenannten Abhandlung niedergelegten Beobachtungen sind folgende:

3094. Taxus baccata L. [Strasburger, a. a. O. S. 253.] — Die Mikropyle der Samenknospen scheidet einen kleinen Flüssigkeitstropfen aus, welcher die bei dem leisesten Luftzuge umherstäubenden Pollenkörner auffängt, so dass jeder Tropfen dicht mit Pollenkörnern erfüllt ist. Allmählich verdunsten diese Tropfen und ziehen sich langsam wieder in die Mikropyle zurück, so dass gegen Abend nichts mehr von ihnen zu bemerken ist. Mit ihm haben sich die Pollenkörner in die Mikropyle zurückgezogen und gelangen so zu dem aufgelockerten Gewebe an der Spitze des Knospenkernes, wo sie Pollenschläuche treiben. — Nach Kerner schliessen an den männlichen Blüten die schildförmigen Konnektive anfangs dicht köpfchenartig aneinander, sodann bilden sich zwischen den Schildern spaltenförmige Öffnungen, durch welche der Pollen bei trockener Witterung ins Freie gelangt, während bei feuchter Witterung sich die Spalten wieder zusammenziehen. — Nach C. Sanio (Bot. Jahrb. 1883. I. S. 483) ist die Eibe nicht immer diöcisch, sondern auch zuweilen monöcisch. — Pollenzellen, nach Warnstorf (Nat. V. d. Harzes XI), weisslich gelb, unregelmässig tetraëdrisch, dicht und kleinwarzig, 25—30 μ diam.

3095. Ginkgo biloba L. (Salisburia adiantifolia Sm.) (Strasburger, S. 253, 254) zeigt denselben Befruchtungsvorgang wie Taxus. Auch hier wird zur Zeit der Bestäubung am Rande der Mikropyle ein klarer Flüssigkeitstropfen ausgeschieden, in welchem ebenfalls die Pollenkörner aufgefangen und durch dessen nachträgliche Verdunstung in das Innere der Samenknospe geführt werden. Das Gewebe an der Spitze des Knospenkernes ist zu dieser Zeit aufgelockert, selbst teilweise aufgelöst, so dass ein tiefer Kanal entsteht, der fast bis in die Mitte des Knospenkernes führt. Die in diese Höhlung geratenen Pollenkörner können ihre Schläuche leicht zwischen die aufgelockerten Zellen treiben. Der Vorgang währt auch hier mehrere Tage. Ist die Bestäubung vorüber, verdicken sich die Ränder der Mikropyle, so dass diese geschlossen wird.

3096. Juniperus communis L. [Strasburger, S. 255.] — Zweihäusig. Zur Zeit der Bestäubung ragen die drei Samenknospen mit verlängertem Halse zwischen den drei am Grunde verbundenen Fruchtblättern hervor und scheiden eine wässerige Flüssigkeit aus; ihre Mikropylränder sind etwas ausgebreitet, zierlich eingeschnitten und weit geöffnet, so dass die Pollenkörner leicht in dieselben geraten können. Die Spitze des Knospenkernes ist ausgehöhlt und zur Aufnahme des Pollens bereit. Nach der Bestäubung verdorren Mikropylrand und Knospenkernspitze. — Nach Kerner erfolgt das Ausstäuben der männlichen Blüten wie bei Taxus. — Das Zahlenverhältnis zwischen männlichen und weiblichen Stöcken fand Forsberg (Bot. Centralbl. XXXIII. S. 9) bei Stockholm und auf Dovre je nach der Bodenbeschaffenheit sehr wechselnd; er fand auf 100 männliche Pflanzen 63 weibliche (im lichten Fichtenwald) bis 143 weibliche (auf magerem Sandboden des Dovre).

Dieselbe Blüteneinrichtung hat

3097. J. rigida Sieb. et Zucc. (Strasburger, a. a. O.)

3098. Pinus silvestris L. [Sprengel, S. 432—433; Strasburger, S. 251—253.] — Einhäusig. Die jungen weiblichen Blütenzapfen stehen noch vor der Entfaltung der Doppelnadeln dicht an der Spitze der jüngsten Triebe einzeln oder zu mehreren aufrecht und sind daher von allen Seiten zugänglich. Die Fruchtschuppen haben in der Mitte einen vorspringenden, verlängerten Kiel und rücken zur Blütezeit infolge einer Streckung der Achsenspindel etwas auseinander. Zu dieser Zeit ist der der Achse zugekehrte Mikropylrand der beiden Samenknospen, welche zu je einer rechts und links am Grunde jeder Schuppe sitzen, zu zwei langen seitlichen Fortsätzen ausgewachsen, welche aus farblosen, glashellen, mit Flüssigkeit prall angefüllten Zellen gebildet werden und stark secernieren. Geraten die vom leisesten Luftzuge in grossen Staubwolken bewegten Pollenkörner auf den jungen Zapfen, so gleiten sie an den aufgerichteten Schuppen zu beiden Seiten des Kieles hinunter und gelangen zu den Flüssigkeit aussondernden Fortsätzen und werden allmählich in das Innere der Samenknospe eingesogen. Der Kiel der Schuppe bewirkt, dass die Pollenkörner an der glatten und trocknen Oberfläche hinabgleiten und leicht zu den Samenknospen gelangen. Diejenigen, welche das Ziel verfehlen, geraten in einen der Gänge, welche rechts und links um die Achse infolge der schmalen Insertion der Schuppen verlaufen und können dann tiefer liegende Samenknospen bestäuben. Nach geschehener Befruchtung nehmen die Schuppen rasch an Dicke zu und schliessen aneinander, indem an den Rändern abgesondertes Harz zu ihrer Verklebung beiträgt. Der Kiel entwickelt sich nicht weiter, sondern vertrocknet allmählich. Die ursprüngliche schön bräunlichrote Färbung verliert sich, und der Zapfen geht allmählich in die hängende Lage über. Die Mikropyle bleibt noch lange Zeit offen und wird erst viel später durch starke Verdickung ihres Randes geschlossen. — Nach Kerner wird der Pollen beim Ausstäuben erst auf der Rückseite des nächst unteren Pollenblattes in zwei seichten Gruben abgesetzt, von wo er dann durch den Wind entführt wird.

Redtenbacher beobachtete an blühenden Föhren in Österreich die Coleoptera: a) *Alleculidae*: 1. Omophlus amerinae Curt. b) *Telephoridae*: 2. Dasytes obscurus Gyll.; 3. Haplocnemus pini Redt.; 4. H. pini Redt. var. serratus Redt.; 5. H. tarsalis Sahlb.; sowie bei Wien die Rüsselkäfer: 1. Brachonyx indigena Hbst.; 2. Magdalis violacea L.

3099—4002. P. Pumilio Haenke hat, nach Strasburger (a. a. O.), genau dieselbe Bestäubungseinrichtung wie Pinus silvestris. An diese beiden Arten schliessen sich P. **Pinaster Soland. in Ait.**, P. **rigida Miller** an. Ähnlich in allem ist P. **resinosa Soland. in Ait.**, doch ist der Kiel bei dieser Art einwärts gerichtet. (Strasburger, a. a. O. Anm.)

4003. Picea excelsa Link (P. vulgaris Link, Pinus Abies L., P. Picea Duroi, Abies excelsa Poiret) [Strasburger, a. a. O. S. 253.] — Einhäusig. Die Bestäubungseinrichtung ist im wesentlichen dieselbe wie bei

Pinus silvestris. Die jungen weiblichen Zapfen entwickeln sich einzeln aus den Endknospen der jährigen Zweige. Da sie erheblich grösser als bei Pinus silvestris sind, so ragen sie zwischen den entwickelten Nadeln des Zweiges hervor. Die verkehrt-eiförmigen Fruchtschuppen sind nur in ihrer inneren Hälfte aufgerichtet; in ihrer äusseren Hälfte stehen sie fast wagerecht ab. Da sie keinen Kiel besitzen, wird der Pollen zwischen der vorspringenden Mitte und den beiden etwas einwärts gebogenen Rändern der inneren Schuppenhälfte abwärts geleitet. Die Samenknospen verhalten sich wie die der Kiefer; auch die übrigen Einrichtungen stimmen mit denen von Pinus silvestris überein. Nach der Befruchtung werden die bis dahin schön rotgefärbten Zapfen braun und grün und gehen in eine hängende Lage über; die Schuppen richten sich allmäblich auf und legen sich fest aneinander. Nach Kirchner (Flora S. 53) entwickeln sich die weiblichen Blütenstände desselben Baumes etwas früher, als die männlichen, so dass Kreuzbestäubung begünstigt ist.

Redtenbacher beobachtete an blühenden Fichten in Österreich die Coleoptera: a) *Cantharidae*: 1. Cantharis tristis F. b) *Curculionidae*: 2. Otiorhynchus multipunctatus F.; v. Fricken in Westfalen an Fichtenblüten die Anobiide Ptinus dubius Strm.

4004—4008. An die Fichte schliesst sich, nach den Abbildungen von Lambert (A description of Genus Pinus, London 1803), **Picea alba Link, P. nigra L., Pinus Strobus L.**, und **Tsuga canadensis Carr.** (Pinus canadensis L.), sowie nach den Abbildungen von Parlatore (Studii organografici sui fiori e sui frutti delle Conifere, Firenze 1864), **Cedrus Libani Barrel** (Strasburger a. a. O. S. 253, 254. Anm.) an.

4009. Larix decidua Miller. (Larix europaea DC., Pinus Larix L., Abies Larix Lmk.) [Strasburger, a. a. O. S. 254, 255.] — Einhäusig. Da die Deckschuppen sich stark entwickeln und zur Blütezeit die Hauptmasse des Zapfens bilden, während die Fruchtschuppen dann fast nur aus den beiden Samenknospen bestehen, so müssen die Deckschuppen die Leitung des Pollens besorgen. Sie sind violett oder purpurrot gefärbt, eiförmig, oben ausgerundet, aufgerichtet und etwas nach aussen gebogen; in der Mitte zeigt sich eine Andeutung eines Kieles, der sich eine kurze Strecke frei nach aussen fortsetzt. Da die Seitenränder der Deckschuppen etwas einwärts gebogen sind, entsteht zu beiden Seiten des Kieles je eine Rinne, in welcher die Pollenkörner bis zu der kleinen Fruchtschuppe hinabgleiten. An den Rändern derselben werden sie nach links oder rechts geleitet, und dieser Einrichtung entsprechend ist der pollenauffangende Fortsatz der Samenknospen bei der Lärche einseitig und bildet einen nach oben und innen gerichteten, helmartig eingebogenen, breiten Lappen, in welchen die an der Seite der Schuppe hinabgleitenden Pollenkörner notwendig hineinfallen müssen. Nach der Befruchtung bleiben die Zapfen aufrecht — Nach Kerner stäuben die männlichen Blüten in derselben Weise wie bei der Kiefer aus. — Pollenzellen, nach Warnstorf (Nat. V. des Harzes XI), blassgelb, halbkugelich, glatt, 75—87 μ diam.

4010. Abies alba Miller. (Pinus Picea L., Pinus Abies Duroi, Abies pectinata DC.) [Strasburger, S. 255.] — Einhäusig. Die

Bestäubungseinrichtung der Edeltanne ist derjenigen der Lärche sehr ähnlich; auch hier wird die Zuleitung des Pollens durch die Deckschuppen bewirkt. Diese sind mit einem langen Kiel versehen, während die kleinen, fleischigen Fruchtschuppen in der Achsel der Deckschuppe verborgen bleiben. Auch hier ist ein ähnlicher stark einseitiger, helmartiger Lappen zum Auffangen der Pollenkörner vorhanden. Nach der Befruchtung bleiben die Zapfen aufrecht. — Eine ähnliche Einrichtung wie Lärche und Edeltanne hat, nach den Abbildungen von Richard (Commentatio botanica de Conifereis et Cycadeis. 1826), auch Pinus balsamea L.

4011—4014. Auch bei **Thuja orientalis L.** und **Th. occidentalis L., Juniperus Sabina L., Oxycedrus L.,** u. a. sind die Verhältnisse ähnlich wie bei der Lärche. Die jungen weiblichen Blüten stehen aufrecht, die Samenknospen sitzen ziemlich tief zwischen den Fruchtblättern, doch ragt die Mikropyle zur Blütezeit stets soweit hervor, dass die Pollenkörner leicht auf dieselbe fallen oder durch die Fruchtblätter ihr zugeführt werden können. (Strasburger, a. a O. S. 256.)

4015—4022. Ähnlich wie Thuja verhält sich **Callitris quadrivalvis Vent.,** sowie auch **Cupressus L.,** während **Dacrydium Soland., Phyllocladus Rich., Torreya Arn., Cephalotaxus Sieb. et Zucc., Saxegothaea Lindl., Podocarpus L'Hér.** sich am nächsten an Taxus und Ginkgo (Salisburia) anschliessen. (A. a. O.)

4023. Cupressus sempervirens L. [Strasburger, a. a. O. S. 256, 257.] — Der Zapfen wird von einer grösseren Anzahl dekussierter Fruchtblätter gebildet. Am Grunde jedes derselben stehen zahlreiche, aufrechte Samenknospen neben einander. Die emporgerichteten Fruchtschuppen tragen zur Pollenleitung bei, indem zwar der Pollen nicht jeder einzelnen Samenknospe zugeleitet wird, sondern die einzelnen Körner auf der Innenfläche der Fruchtschuppen hinabgleiten und auf die Samenknospen fallen, so dass hier eine Massenwirkung erfolgt.

4024—4025. Cryptomeria Japonica Don schliesst sich den Abietineen an: am Grunde der Fruchtschuppen befinden sich drei aufrechte Samenknospen. Die Pollenkörner werden durch die Schuppen direkt zu denselben geführt. — Ebenso verhält sich **Glyptostrobus heterophyllus Endl.** und die Taxodineen überhaupt. (Strasburger, a. a. O. S. 257.)

161. Familie Cycadaceae C. Rich.

4026. Cycas revoluta L. sondert, nach Schenck, während der Blütezeit an sämtlichen Samenknospen Tropfen aus. Es scheint daher diese Erscheinung allen Gymnospermen eigen zu sein. (Strasburger, a. a. O. S. 257.)

162. Familie **Gnetaceae** Endl.

4027. Ephedra L. Nach Strasburger beobachtet man auch hier eine Tropfenausscheidung an der Spitze der Mikropyle und eine kanalartige Aushöhlung am Scheitel des Knospenkernes.

4028. Welwitschia mirabilis Hook. f. Die merkwürdige narbenähnliche Ausbreitung am Scheitel des Ovulums spricht für eine Anpassung des Integumentrandes an den Insektenbesuch. (Strasburger.)

Systematisch-alphabetisches Verzeichnis

der im zweiten Bande dieses Handbuches aufgeführten

blumenbesuchenden Tierarten

nebst Angabe der von jeder Art besuchten Blumen.

Im nachfolgenden Verzeichnisse ist eine Anzahl von Tieren bei einer anderen Familie als im Texte oder in den Besucherlisten aufgeführt worden; mehrfach mussten die dort angenommenen Autoren geändert werden. Es ist ratsam, die Namen der Besucherlisten mit denen des Endverzeichnisses zu vergleichen und, wenn nötig, zu berichtigen.

Die Synonyme sind durch Kursivdruck gekennzeichnet.

Wenn eine Art unter mehreren Namen aufgeführt wurde, so ist bei dem heute als gültig anerkannten auf das Synonym und umgekehrt verwiesen worden.

Die hinter einigen Insektennamen stehenden Zahlen geben die Rüssellänge in mm an. Bei den ausgeprägteren Blumen sind folgende von Herm. Müller (Alpenbl. S. 36) eingeführte Andeutungen über die Thätigkeit der Besucher gegeben:

! Blumenbesuche, die sowohl für die Blumen als für das Insekt erfolgreich sind.

(!) Blumenbesuche, die nur bisweilen für Blumen und Insekt erfolgreich sind.

!! Blumenbesuche, die für die Blume erfolgreich sind, dem Insekt aber keine Ausbeute gewähren.

+ Blumenbesuche, die sowohl für die Blume als für das Insekt erfolglos sind.

+ Blumenbesuche, die für die Blume nutzlos oder schädlich, für das Insekt erfolgreich sind.

‡ Blumenbesuche, die für Blume und Insekt verderblich sind.

⁄ Flüchtige Besuche.

⁄ Besuche, bei denen das Insekt nur auf der Blume sitzend beobachtet wurde.

Bei den Insekten, welche bei Lythrum salicaria alle drei Arten der legitimen Befruchtung vollziehen, ist neben das Befruchtungszeichen ein * gesetzt.

I. Arachnidae.

1. Acaridae.

1. Genus et spec.? Narc. Pseudo-Narc. ⁄.

A. Trombididae:

2. Rhyncholophus phalangioides Deg. Gal. Moll.

2. Aranidae.

A. Philodromidae:

3. Philodromus aureolus Clerck. Ulex europ. +.

B. Thomisidae:

4. Thomisus onustus Walck. Convolv. arv.

5. Xysticus pini Hahn. Tussil. Farf., Bellis per.

II. Coleoptera.

A. Alleculidae = *Cistelidae.*

6. *Cistela murina L.* = Gonodera murina L. S. No. 9. Ranunc. acer, R. rep., R. bulb., Geran. pyren., Rosa centif., Spir. sorbif., S. salicif., S. ulmif., Aegopod. podagr. Anthrisc. silv.
7. *C. sulphurea L.* = Cteniopus sulphureus L. S. No. 8. Heracl. sibir., Daucus Car.
8. Cteniopus sulphureus L. S. No. 7. Conium mac., Pimpin. Saxifr., Peuced. Oreosel. Mentha piper.
9. Godonera murina L. = *Cistela murina L.* S. No. 6. Sinap. arv.
10. Hymenalia rufipes F. Veron. Cham.
11. Omophlus amerinae Curt. Pinus silvestr.
12. *O. longicornis Bert.* = O. dilatatus Fald., Reitt. var. longicornis Bert. Vit. ripar.
13. Podonta nigrita F. Anthemis arv.

B. Anisotomidae:

14. Anisotoma obesa Schmidt. Viburn. Op.

C. Anobiidae:

15. Anobium paniceum F. Crat. Oxyac.
16. A. striatum Ol. Apocyn. androsaemif. +.

D. Anthicidae:

17. Ptinus dubius Strm. Picea excelsa.
18. Notoxys *cornutus Fabr.* = N. trifasciatus Rossi. Vit. vinif.
19. N. monoceros L. Vit. vinif., Potent. rept.

E. Anthribidae:

20. Urodon conformis Suffr. Res. luteola.
21. Urodon rufipes Oliv. Res. luteola, R. lutea.

F. Bruchidae:

22. Bruchus olivaceus Germ. Bupleur. rotundif., Allium rot.
23. B. pisi L. Vicia sep. +.
24. B. seminarius L. Caltha pal.
25. B. villosus F. Saroth. scop. +.
26. B. sp. Ranunc. acer, R. rep., R. bulb., Carum Carvi, Anthrisc. silv., Anthem. arv., Cirs. arv.
27. Spermophagus cardui Stev. Helianth. vulg., Dianth. Carthus., Vit. vinif., V. ripar., Rubus frutic., Potent. verna, Aegop. podagr., Bupleur. rotundif., Daucus Car., Orlaya grandifl., Tanac. corymb., Carduus acanth., Sonchus arv., Conv. arv., Rheum undul.

G. Buprestidae:

28. Acmaeodera flavofasciata Pill. Res. odor.
29. Agrilus coeruleus Rossi. Prenanth. purp.
30. Anthaxia millefolii F. Achill. Millef., A. Ptarm.
31. A. nitidula L. Ranunc. acer, R. rep., R. bulb., Helianth. vulg., Rosa can., Crat. Oxyac., Achill. Millef., A. Ptarm., Anthem. tinct., Tanac. corymb., Tarax. off., Hierac. Pilos.
32. A. quadripunctata L. Ranunc. acer, R. rep., R. bulb., Helianth. vulg., Potent. arg., Doron. austr., Thrinc. hirta, Scorz. hispan., Lact. vimin., Hierac. Pilos.
33. Coraebus elatus F. Potent. arg.
34. Sphenoptera karelini Falderm. Alhagi camelorum.
35. Trachys nana Hbst. Geran. sanguin.

H. Byrrhidae:

36. Byrrhus pilula L. Sedum album.

37. Cistela sericea Foerst. Veron. Cham.
38. Pedilophorus aeneus F. Batrach. aquat.

J. Carabicidae:

39. Amara familiaris Duft. Cerast. triv.
40. A. sp. Cerast. arv.
41. Carabus cancellatus Ill. Thymus Serp. (S. Bd. I. S. 221).
42. C. violaceus L.: Aegopod. Podagr. (S. Bd. I. S. 221).
43. Lebia crux-minor L. Cirs. arv.

K. Cerambycidae:

44. Acmaeops collaris L. S. No. 73. Heracl. Sphond., Convall. maj.
45. *Anaglyptus mysticus L.* = Clytus mysticus L. S. No. 54. Vit. vinif.
46. Aromia moschata L. Heracl. Sphond.
47. Callidium violaceum L. Aegop. podagr., Chaeroph. Villarsii.
48. Callimus *cyaneus F.* = C. angulatus Schrk. Heracl. Sphond.
49. Cerambyx cerdo L. Ligustr. vulg.
50. C. scopolii Fuessl. Sorbus auc.
51. Clytus arietis L. Rosa centif., Rubus frutic., Spir. sorbif., S. salicif., S. ulmif., Sorbus auc., Heracl. Sphond., Anthrisc. silv., Cornus sang.
52. C. figuratus Scop. S. No. 56. Vit. vinif., Ulmar. pentapet.
53. C. massiliensis L. Res. odor.
54. C. mysticus L. S. No. 45. Crat. Oxyac., Heracl. Sphond.
55. C. ornatus Hbst. Res. odor., Vit. vinif., Centaur. rhen.
56 *C. plebeius F.* = C. figuratus Scop. S. No. 52. Centaur. rhen.
57. Gaurotes virginea L. S. No. 77. Ulmar. pentap.
58. *Grammoptera levis F.* = G. tabacicolor Deg. S. No. 60. Asper. odor., Listera ovata.!
59. G. ruficornis F. Anem. silv., Prunus Padus, Rosa centif., Fragaria vesca, Ulmar. pentapet., Spir. sorbif., S. salicif., S. ulmif., Crat. Oxyac., Aegop. podagr., Anthrisc. silv., A. Cercf., Myrrhis odor.
60. Grammoptera tabacicolor Deg. S. No. 58. Cornus sang.
61. Judolia cerambyciformis Schrk. S. No. 75. Rubus frutic., Ulmar. pentapet., Pimpin. Saxifr., Symphoricarp. racem.!, Knaut. arv., Chrysanth. Leuc.
62. Leptura livida F. Sinap. arv., Cerast. arv., Rubus frutic., Ulmar. pentapet., Spir. sorbif., S. salicif., S. ulmif., Aegopod. podagr., Pimpin. Saxifr., Oenanthe aquat., Anethum graveol., Anthrisc. silv., Chaeroph. tem., Cornus sang., Galium saxat., Knaut. arv., Bellis per., Achill. Millef., A. Ptarm., Anthem. arv., Matric. Chamom., Chrysanth. Leuc., Hier. Pilos., Jas. mont., Conv. arv., Euphorb. Gerard., Bromus mollis.
63. *L. melanura L.* = Strangalia melanura L. S. No. 90. Orchis mac. !
64. *L. maculicornis Deg.* Rubus frutic., Ulmar. pentapet., Sedum album, Heracl. Sphond., Knaut. arv., Chrysanth. Leuc., Jas. mont.
65. L. sanguinolenta L. Aegopod. podagr., Daucus Car., Anthrisc. silv.
66. L. testacea L. Libanot. mont., Heracl. Sphond, Galium silv., Achill. Millef., A. Ptarm., Chrysanth. Leuc., Cirs. arv., Mentha aquat.
67. *L. virens L.* Sambuc. racem., Polygon. Bistorta.
68. Molorchus minimus Scop. Ulmar. pentapet.
69. M. minor L. Crat. Oxyac., Libanot. mont.
70. Obrium brunneum F. Ulmar. pentapet., Chaeroph. tem.
71. Oxymirus cursor L. Anthrisc. silv.
72. Pachyta clathrata F. Polygon. Bist.
73. *P. collaris L.* = Acmaeops collaris L. S. No. 44. Anthrisc. silv.
74. P. lamed L. Heracl. Sphond.
75. *P. octomaculata F.* = Judolia cerambyciformis Schrk. S. No. 61. Rubus Id., Aegopod. podagr., Pimpin. Saxifr., Angel. silv., Heracl. Sphond., Anthrisc. silv., Chaeroph. tem., Cornus sang., Knaut. arv., Chrysanth. Leuc.

76. P. quadrimaculata L. Ulmar. pentapet., Aegopod. podagr., Pimpin. magna, Angel. silv., Heracl. Sphond., Anthrisc. silv.

77. *P. virginea L.* = Gaurotes virginea L. S. No. 57. Aegopod. podagr., Heracl. Sphond., Cirs. arv.

78. Phytoecia nigricornis F. Euphorb. Cypariss.

79. Rhopalopus insubricus Germ. Sorbus auc.

80. *Stenocorus inquisitor F.* = St. mordax Deg. S. No. 81. Rosa can.

81. St. mordax Deg. S. No. 80. Ulmar. pentapet., Heracl. Sphond.

82. Stenopterus rufus L. Sedum alb., Achill. Millef.

83. *Strangalia annularis F.* = St. arcuata Pz. S. No. 84. Heracl. Sphond.

84. St. arcuata Pz. S. No. 83. Aegopod. podagr.

85. *St. armata Hbst.* = St. maculata Poda. S. No. 89. Rubus frutic., Spir. sorbif., S. salicif., S. ulmif., Sedum album, Angel. silv., Peuced. pal., Heracl. Sphond., Siler tril., Daucus Car., Anthrisc. silv., Cornus sang., Knaut. arv., Chrysanth. Leuc.

86. St. atra Laich. Rosa centif., Rubus frutic., Carum Carvi, Cornus sang., Knaut. arv., Orchis mac.

87. St. attenuata L. Rosa centif., Ulmar. pentapet., Spir. sorbif., S. salicif., S. ulmif., Heracl. Sphond., Anthrisc. silv., Cornus sang., Knaut. arv., Matric. Chamom., Chrysanth. Leuc.

88. St. bifasciata Müll. Rubus frutic., Ulmar. Filip., Libanotis mont., Peuced. cervar., Heracl. Sphond., Daucus Car., Orlaya grandifl., Galium verum, G. boreale, Knaut. arv., Inula hirta, Achill. Millef., A. Ptarm., Anthem. tinct., Tanac. corymb., Plant. med., Antheric. ramos.

89. St. maculata Poda. S. No. 85. Rosa can., Anthrisc. silv.

90. St. melanura L. S. No. 63. Rubus frutic., Epil. angust., Sedum alb., Pimpin. Saxifr., Libanot. mont., Heracl. Sphond., Anthrisc. silv., Chaeroph. Villarsii, Galium ver., Knaut. arv., Achill. Millef., A. Ptarm., Tanac. corymb., Chrysanth. Leuc., Cirs. arv., C. pal., Jas. mont., Polygon. Bist., Euphorb. Gerard.

91. St. nigra L. Ranunc. acer, R. rep., R. bulb., Sinap. arv., Helianth. vulg., Rubus frutic., R. Jd., Spir. sorbif., S. salicif., S. ulmif., Pimpin. Saxifr., Heracl. Sphond., Plant. med.

92. St. quadrifasciata L. Ulmar. pentapet., Libanot. mont., Sambuc. racem.

93. Tetropium luridum L. Chaeroph. Villarsii.

94. Tetrops praeusta L. Prunus avium.

95. Toxotus meridianus L. Anthrisc. silv., Knaut. arv.

L. Chrysomelidae:

96. Adoxus obscurus L. Epil. angustif.

97. Adoxus obscurus L. var. vitis Fabr. Vit. vinif.

98. Agelastica alni L. Batrach. aquat.

99. A. halensis L. Galium verum.

100. Aphthona caerulea Payk. Calla pal. ⁄

101. A. nemorum L. Teesdal. nudicaul.

102. Cassida murraea L. Pulic. dysent.

103. C. nebulosa L. Teesdal. nudicaul., Solid. trifol.

104. C. nobilis L. Crucianella angustifol., Calla pal. ⁄

105. Chaetocnema concinna Marsh. Teesdal. nudicaul.

106. Chrysochus pretiosus F. Hier. Pilos.

107. Chrysomela cacaliae Schrk. subsp. senecionis Schumm. Adenost. alb.

108. C. varians Schall. Hyper. perfor.

109. Clytra affinis Hellw. Vit. vinif.

110. C. cyanea F. Crat. Oxyac.

111. C. diversipes Letzn. Polygon. Bist.

112. C. musciformis Göze. Vit. vinif.

113. C. quadripunctata L. Chrysanth. Leuc.
114. C. scopolina L. Pimpin. Saxifr., Peuced. Cervar.
115. Colaphus sophiae Schall. Sisymbr. Sophiae.
116. Crepidodora ferruginea Scop. Daucus Car., Succ. prat., Centaur. nigra, Mentha aquat.
117. Crioceris asparagi L. Asparag. off.
118. C. duodecimpunctata L. S. No. 140. Carum Carvi, Anthrisc. silv., Asparag. off.
119. Cryptocephalus bipunctatus L. Cirs. pal.
120. C. duodeciumpunctatus F. Rosa can.
121. C. flavipes F. Euphorb. Cypariss.
122. C. hypochoeridis L. Hypoch. rad., Tarax. off.
123. C. lobatus F. Crat. Oxyac.
124. C. moraei L. Genista tinct. +, Cirs. pal., Hier. Pilos.
125. C. sericeus L. Ranunc. acer, R. rep., R. bulb., Chelidon. maj., Hyper. perfor., Genista tinct. +, Rosa rubigin., Ulmar. pentapet.. Heracl. Sphond., Knaut. arv. Succ. prat., Achill. Millef., A. Ptarm., Anthem. tinct., Cirs. arv., Carduus acanth., Centaur. Scab., C. rhen., Leont. aut., Crep. bien., Hier. Pilos., H. muror., Jas. mont.
126. C. violaceus Laich. Crataeg. Oxyac.
127. C. vittatus F. Saroth. scop. +, Genista tinct. +, Chrysanth. Leuc., Cirs. pal.
128. Donacia dentata Hoppe. Nuph. lut.
129. D. discolor Hoppe. Caltha pal.
130. D. sparganii Ahr. Nuph. lut.
131. Galeruca calmariensis L. Myrrhis odor.
132. G. nymphaeae L. Ranunc. acer, R. rep., R. bulb.
133. Gatrophysa polygoni L. Tarax. off.
134. *Gonioctena olivacea Forst.* = Phytodecta olivacea Forst. Saroth. scop. +.
135. Haltica oleracea L. Oenoth. grandifl.
136. H. sp. Prunus avium, Euphorb. Cypariss.
137. *Helodes marginella L.* = Prasocuris marginella L. Caltha pal.
138. *H. phellandrii L.* = Prasocuris phellandrii L. S. No. 148. Batrach. aquat.
139. Lema cyanella L. Valerian. olit.
140. *L. duodecimpunctata L.* = Crioceris duodecimpunctata L. S. No. 118. Toril. Anthrisc.
141. Lochmaea sanguinea F. Sorbus auc.
142. *Longitarsus fuscicollis Foudr.* = L. atricillus Gyll. S. No. 149. Ranunc. Fic.
143. Luperus circumfusus Marsh. Euphorb. Cypariss.
144. L. flavipes L. Rosa can., R. rubigin., Galium bor.
145. Mantura fuscicornis L. Malva silv.
146. Prasocuris glabra Hbst., nebst var. aucta F. Ranunc. acer, R. rep., R. bulb.
147. P. junci Brahm = *P. beccabungae Ill.* Veron. Beccab.
148. P. phellandrii L. S. No. 138. Oenanthe aquat.
149. *Thyamis fuscicollis Foudr.* = Longitarsus atricillus Gyll. S. No. 142. Tussil. Farf.

M. Cleridae:

150. Trichodes alvearius F. Rosa can.
151. T. apiarius L. Ranunc. acer, R. rep., R. bulb., Ulmar. pentapet., Sedum alb., Aegopod. podagr., Heracl. Sphond.. Toril. Anthrisc., Anthrisc. silv., Chrysanth. Leuc., Cirs. arv., Ligustr. vulg.

N. Coccinellidae:

152. Coccidula rufa Hbst. Oenanthe aquat.
153. Coccinella bipunctata L. Vit. ripar., Peuced. pal., Prangos ferulacea, Tanac. vulg., T. tanacetoid., Doron. caucas., Senec. macrophyll., Mentha piper., Leonur. lanat.
154. C. conglobata L. = C. quattuordecimpunctata L. S. No. 158 und 165. Berber. vulg., Pirus comm.. Parnass. pal.

155. *C. impustulata L.* = C. octodecimpuncta Scop. var. impustulata L. S. No. 157. Chrysoc. Linos., Diplopapp. amygdal., Anthem. tinct.
156. C. mutabilis Scrib. Daucus Car., Achill. Millef., A. Ptarm., Onopord. Acanth.
157. C. octodecimpunctata Scop. S. No. 155. Medic. med.
158. C. quattuordecimpunctata L. S. No. 154 u 165. Ranunc. lanugin., Astrant. major. v. involucr., Sium latif., Angel. silv., Anthrisc. silv., Antenn. dioica. Helichrys. aren., H. bract., Ammob. alatum, Achill. filipend., Anthem. tinct., Polygon. Bist.
159. C. quinquepunctata L. Daucus Car., Antenn. dioica, Helichrys. bract., Tanac. vulg., Hier. umbell.
160. C. septempunctata L. Berb. vulg., Arab. alb., Sinap. arv., Cak. marit, Vit. ripar., Erod. Cicut., Parnass. pal., Conium mac., Pimpin. Saxifr., Angel. silv., Peuced. pal., Ferulago montic., Daucus Car., Anthrisc. silv., Chaeroph. hirs., Achill. Millef., A. Ptarm., Cirs. arv., Tarax. off., Euphorb. dendroid.
161. C. undecimpunctata L. Conium mac., Salix rep.
162. C. variabilis Hbst. Berber. vulg.
163. Epilachna globosa Schneid. Vit. vinif.
164. Exochomus auritus Scrib. Heracl. Sphond., Achill. Millef., A. Ptarm.
165. *Halyzia quattuordecimpunctata L.* = Coccinella quattuordecimpunctata L. S. No. 154 und 158. Senec. nemor., Apocyn. androsaemif. ✶.
166. Micraspis duodecimpunctata L. Adon. vern., Ranunc. acer, R. rep., R. bulb.
167. Rhizobius litura F. Cydon. jap.
168. *Subcoccinella 24-punctata L.* = Epilachna globosa Schneid. S. No. 163. Vit. vinif.

O. Colydiidae:

169. *Coninomus nodifer Westw.* = Lathridius nodifer Westw. Ranunc. Fic.
170. Corticaria gibbosa Hbst. Chrysospl. alternif.

P. Cryptophagidae:

171. Antherophagus nigricornis F. Senec. Jac.
172. A. pallens Ol. Digit. purp.
173. A. spec. Camp. Trach.
174. *Cis hispidus Payk.* = Sphindus hispidus Payk. Vit. ripar.
175. Cryptophagus vini Pauz. Ulex europ. ✛.

Q. Curculionidae:

176. Anthonomus rubi Hbst. Rubus Id., Matric. inod.
177. Apion apricans Hbst. Adoxa moschat.
178. A. columbinum Germ. Adoxa moschat.
179. A. marchicum Hbst. Achill. Millef.
180. A. miniatum Germ. Diplopapp. amygd.
181. A. nigritarse K. Potent. steril., Veron. hederif.
182. A. onopordi K. Chrysospl. alternif.
183. A. striatum K. Bellis per.
184. A. ulicis Forst. Ulex europ. ✛.
185. A. variipes Germ. Chrysospl. alternif.
186. A. sp. Sorb. auc., Tarax. off.
187. Apoderus erythropterus Zschoch = *A. intermedius Ill.* Ulmar. pentapet.
188. Baris abrotani Germ. Res. lutea.
189. Brachonyx indigena Hbst. Pinus silv.
190. Ceutorhynchidius floralis Payk. Medic. lupul., Prangos ferulacea.
191. C. pumilio Gyll. Teesdal. nudicaul.
192. Ceutorhynchus suturalis Fabr. Vit. ripar.
193. C. sp. Barbar. vulg., Stenophr. Thalian. Alliar. off.
194. Cionus blattariae F. Verbasc. Thaps., V. Blatt., Scroful. nod.

195. Cionus hortulanus Marsh. Verbasc. Lychnit., flore albo, Scroful. aquat.
196. Cionus scrofulariae L. Scroful. nod.
197. Cionus solani F. Solan. Dulcam.
198. Cionus thapsus F. Verbasc. Thaps.
199. Cionus verbasci F. Verbasc. Thaps.
200. Coeliodes geranii Payk. Geran. prat., G. sanguin.
201. Gymnetron beccabungae L. Veron. Beccab.
202. *G. campanulae L.* = Miarus campanulae L. S. No. 211. Camp. rot., C. bonon., C. Trachel., C. persicif., C. barb.
203. G. linariae Panz. Linar. vulg.
204. G. pilosum Schönh. Linar. vulg.
205. G. tetrum F. Verbasc. Lychn., flore albo.
206. Hypera polygoni L. Calla pal. /.
207. Larinus jaceae F. Cirs. arv., Carduus acanth.
208. L. obtusus Schönh. Cirs. arv.
209. L. senilis F. Carl. acaul.
210. Magdalis violacea L. Pinus silvestr.
211. Miarus campanulae L. S. No. 202. Geran. prat., Knaut. arv., Camp. rot.
212. M. graminis Schönh. Geran. sanguin., Saxifr. granul.
213. Nanophyes lythri F. Lythr. sal. (!)
214. Otiorhynchus ovatus L. Camp. rot.
215. O. multipunctatus F. Picea excelsa.
216. O. picipes F. Cornus sang.
217. Phyllobius maculicornis Germ. Sorb. auc.
218. P. oblongus L. Carum Carvi.
219. P. urticae Deg. Anthrisc. silv.
220. Rhynchites aequatus L. Pirus comm.
221. Sitona lineatus Schönh. Salix rep.
222. S. puncticollis Steph. Leont. aut.
223. S. spec. Calla pal. /.
224. Tychius venustus F. Saroth. scop. +.

R Dermestidae:

225. *Anthrenus claviger Er.* = A. fuscus Latr. S. No. 226. Arunc. silv., Crat. Oxyac., Anthrisc. silv., Galium bor.
226. A. fuscus Latr. S. No. 225. Rosa centif.
227. A. museorum L. Spir. sorbif., S. salicif., Arunc. silv., Rheum undul.
228. A. pimpinellae F. Lepid. sat., Rhus Cotin., Rosa can., R. centif., Fragar. vesca, Ulmar. pentapet., Spir. sorbif., S. salicif., S. ulmif., Arunc. silv., Crat. Oxyac., Philad. coron., Astrant. maj., Conium mac., Aegop. podagr., Angel. silv., Heracl. Sphond., Daucus Car., Anthrisc. Ceref., Chaeroph. tem., Chrysanth. Leuc.
229. A. scrophulariae L. Anem. ranunc., Rosa centif., Fragaria vesca, Spir. sorbif., S. salicif., S. ulmif., Arunc. silv., Crat. Oxyac., Saxifr. granul., Ferulago montic., Anthrisc. silv., A. Ceref., Chaeroph. tem., Ch. aureum, Myrrhis odor., Moloposp. Peloponn., Prangos ferulacea, Tanac. macrophyllum, Doron. Pardal., Doron. plantag., Myosot. alp., Veron. gentianoid., Euphorb. pal., E. salicif.
230. A. spec. Rheum tartar.
231. Attagenus pellio L. Berber. vulg., Spir. sorbif., S. ulmif., S. salicif., Crat. Oxyac., Sorb. auc.
232. A. schaefferi Herbst. Arunc. silv.
233. Dermestes vulpinus F. Dracunc. vulg.
234. D. spec. Amorphophall. campan.
235. Hadrotoma nigripes F. Crat. Oxyac.
236. Tiresias serra F. Anthrisc. silv.

S. Elateridae:

237. **Adrastus humilis** Er. Vit. vinif.
238. **Adrastus pallens** F., Er. Oenanthe aquat., Valer. off.
239. **Agriotes aterrimus** L. Sorb. auc., Aegop. podagr.
240. A. **gallicus** Lac. Genista tinct. +, Daucus Car., Chaeroph. hirs., Galium ver., Achill. Millef., A. Ptarm., Anthem. tinct., Cirs. arv., Anthoric. Liliago.
241. A. **obscurus** L. Daucus Car.
242. A. **pallidulus** Ill.? Phyteum. spic.
243. A. **sputator** L. Lotus corn. +, Daucus Car.
244. A. **ustulatus** Schall. Vit. vinif., Genista tinct. +, Heracl. Sphond., Daucus Car., Asper. cynanch., Achill. Millef., A. Ptarm., Chrysanth. Leuc., Cirs. arv., C. pal.
245. **Athous haemorrhoidalis** F. Ranunc. lanug., Anthrisc. silv.
246. A. **niger** L. Aegop. podagr., Anthrisc. silv., Cornus sang., Anthem. arv., Chrysanth. Leuc.
247. A. **subfuscus** Müll. Arab. aren.
248. A. **vittatus** F. Viburn. Op.
249. **Cardiophorus cinereus** Hbst. Spir. sorbif., S. salicif., S. ulmif.
250. C. **griseus** Hbst. Salix rep.
251. **Corymbites aeneus** L. Rubus frutic., Euphorb. Cypariss.
252. C. **castaneus** L. Salix cin., S. Capr., S. aurit.
253. C. **holosericeus** Oliv. Trif. rub., Sorbus auc., Heracl. Sphond., Cirs. arv., Carduus acanth.
254. C. **purpureus** Poda. S. No. 255. Heracl. Sphond.
255. *C. haematodes* F. = C. **purpureus** Poda. S. No. 254. Tarax. off.
256. C. **quercus** Oliv. Anthrisc. silv.
257. C. **sjaelandicus** Müller. Rhamn. Frang.
258. C. **sulphuripennis** Germ. Oenoth. bienn. ? !
259. **Cryptohypnus minutissimus** Germ. Euphorb. Cypariss.
260. C. **pulchellus** L. Viburn. Op.
261. **Dolopius marginatus** L. Sorb. auc., Corn. sang.
262. **Elater balteatus** L. Rhamn. Frang.
263. E. **pomonae** Steph. Rhamn. Frang.
264. **Lacon murinus** L. Rubus frutic., Spir. sorbif., S. salicif., S. ulmif., Aegop. podagr., Anthrisc. silv., Rheum. hybrid.
265. *Limonius aeruginosus Oliv.* = L. **cylindricus** Rossi. Salix rep.
266. L. **bructeri** F. Vit. ripar.
267. L. **cylindricus** Payk. Batrach. aquat., Ranunc. acer, R. rep., R. bulb., Rubus frutic., Sorbus auc., Valerian. olit., Doron. macrophyll., Tarax. off., Salix rep.
268. L. **lythrodes** Germ. Vit. vinif.
269. L. **parvulus** Pz. Teesdal. nudicaul., Sorb. auc., Salix cin., S. Capr., S. aurit.
270. **Sericus brunneus** L. Rhamn. Frang.
271. **Synaptus filiformis** F. Anthrisc. silv.

T. Eucnemidae:

272. **Throscus elateroides** Heer. Pariet. off.

U. Histeridae:

273. **Saprinus aeneus** F. Amorphophall. Rivieri.
274. S. **nitidulus** F. Dracunc. vulg., Amorphophall. Rivieri.
275. S. **spec.** Dracunc. vulg., Amorphophall. campan.

V. Hydrophilidae:

276. **Cercyon haemorrhoidalis** F. Salix rep.
277. **Paracercyon analis** Payk. Teesdal. nudicaul.

W. Lagriidae:

278. **Lagria hirta** L. Spir. sorbif., S. salicif., S. ulmif., Solid. fragr.

X. Meloidae:

279. **Mylabris floralis** Pall. Centaur. rhen.
280. **Nemognatha spec.** Festuca ovina.

Y. Mordellidae:

281. **Anaspis flava** L. Anthrisc. silv.
282. **A. frontalis** L. Anem. nem., Rosa can., Ulmar. pentapet., Spir. sorbif., S. salicif., S. ulmif., Crat. Oxyac., Anthrisc. Ceref., Myrrhis odor., Asper. odor., Nepeta nuda.
283. **A. maculata** Fourc. Spir. sorbif., S. salicif., S. ulmif.
284. **A. melanostoma** Costa. Vit. rup. V. cand.
285. **A. pulicaria** Costa. Vit. vinif.
286. **A. ruficollis** F. Rosa centif.
287. **A. rufilabris** Gyll. Anem. silv., Stenophrag. Thalian., Caps. bursa past., Res. lutea, Prunus Padus, Sorb. auc., Carum Carvi, Chaeroph. tom.
288. **Mordella aculeata** L. Ranunc. acer, R. rep., R. bulb., Helianth. vulg., Rosa can., R. centif., Rubus frutic., Fragaria vesca, Ulmar. pentapet., Philad. coron., Daucus Car., Galium verum, G. boreale, Anthem. tinct., Tanac. corymb., Chrysanth. Leuc., Cirs. arv., Euphorb. Gerard., E. Cypariss.
289. **M. fasciata** F. Lotus corn! +, Sium latif., Heracl. Sphond., Daucus Car., Orlaya grandifl., Anthrisc. silv., Galium verum, Achill. Millef., A. Ptarm. Anthem. tinct., Chrysanth. Leuc., Cirs. arv., Crep. vir.
290. *M. pumila Gyll.* = **Mordellistena pumila Gyll.** S. No. 293. Carum Carvi, Bupleur. falc., Anthrisc. silv.
291. *M. pusilla Dej.* = **Mordellistena parvula Gyll.** Ranunc. acer, R. rep., R. bulb., Carum Carvi.
292. **Mordellistena abdominalis** F. Crat. Oxyac.
293. **M. pumila Gyll.** S. No. 290. Anem. nem., Myrrhis odor., Euphorb. Gerard.

Z. Nitidulidae:

294. **Brachypterus gravidus** Ill. Ranunc. rep., Stell. gramin., Anthrisc. silv., Linar. vulg.
295. **B. urticae** F. Urtica urens.
296. **Cercus pedicularis** L. Ligustr. vulg.
297. **C. rufilabris** Latr. Daucus Car., Achill. Millef.
298. **Cychramus luteus** Oliv. Rubus Id., Ulmar. pentapet.
299. **Epuraea aestiva** L. Caltha pal., Anthrisc. silv., Chaeroph. tem., Salix. rep., Narc. Pseudo-Narc.
300. **E. melina** Er. Ulmar. pentapet., Pimp. Saxifr.
301. **E. sp.** Alliar. off., Sorb. auc., Anthrisc. silv., Myrrhis odor.
302. *Meligethes aeneus F.* = M. **brassicae** Scop. S. No. 303. Ranunc. rep., R. lanugin., Schiever. podol., Cak. marit., Hyper. perfor., H. tetrapt., Erod. Cicut., Medic. lupul., Potent. Anser., Ulmar. pentapet., Sorbus auc., Parnassia pal., Anthrisc. silv., Chaeroph. tem., Myrrhis odor., Knaut. arv., Aster Tripol., Pulic. dysent., Doron. Pardal., Senec. palud., Phyteum. spic., Origan. vulg., Salix rep.
303. **M. brassicae Scop.** S. No. 302. Ranunc. acer, R. rep., R. bulb., Alliar. off., Brass. nig., Crambe marit. (!), Raphan. Raph., Vit. vinif., V. ripar., V. ariz.
304. **M. coracinus** Sturm. Ranunc. acer, R. rep., R. bulb., Viola can., Anthrisc. silv.,
305. **M. lepidii** Mill. Lepid. Draba.
306. **M. obscurus** Er. Pulic. dysent.
307. **Meligethes pedicularius** Gill. Vit. ripar.
308. **Meligethes picipes** Sturm. Ranunc. Fic., Caltha pal., Cochlear. off., Oxalis Acetos., Ulex europ. +, Parnass. pal., Daucus Car., Succ. prat., Eupat. cannab., Tussil. Farf., Pulic. dysent., Tarax. off., Prim. acaul. +.
309. **M. symphyti** Heer. Symphyt. off.
310. **M. tristis** Sturm. Echium vulg.

311. M. viridescens F. Crambe marit. (!), Medic. sat. +, Rubus frutic., Ulmar. pentap., Succ. prat., Pulic. dysent., Centaur. nigra., Jas. mont.

312. M. sp. Thalictr. aquilegif., Pulsat. vulg., Anem. nemor., Adon. vern., Ranunc. acer, R. rep., R. bulb., R. auric., R. Fic., Caltha pal., Nuph. lut., Papav. Rhoeas, P. somnif., P. dubium, Glaucium flav., Chelidon. maj., Nasturt. off., N. amphib., N. silv., Barbar. vulg., Arab. paucifl., Cardam. prat., Stenophr. Thalian., Alliar. off., Erysim. crepidifol., Brass. oler., B. Rapa., Sinap. arv., Kernera saxat., Cochlear. Armorac., C. off., Camel. sat., Biscut. laevig., Isat. tinctor., Cak. marit., Crambe marit., Raphan. Raph., R. sat., Viola odor., V. tric. arv., Viscar. vulg., Moehring. trinerv., Stellar. gramin., S. Holost., S. med., S. nem., Malach. aquat., Cerast. arv., Malva silv., Geran. Robert., Oxalis Acetos., Impat. noli tang. +, Saroth. scop. +, Ulex europ. +, Cytis. Lab. +, Ornithop. sat., Persica vulg., Prunus spin., P. Padus, Rosa can., R. centif., Rubus frutic., R. caes., Geum riv., Fragaria vesca, Potent. Anser., P. rept., P. arg., P. verna, P. frutic., Ulmar. pentapet., Spir. sorbif., S. salicif., S. ulmif., Arunc. silv., Pirus comm., Sorb. auc., Epil. parvifl., Lythr. sal. (!), Philad. coron., Saxifr. granul., Sanic. europ., Conium mac., Pimpin. Saxifr., Angel. silv., Peuced. pal., Aneth. graveol., Heracl. Sphond., Anthrisc. silv., A. Ceref., Cornus sang., Viburn. Op., Asper. odor., Valer. dioica, Valerianella olit., Knaut. arv., Tussil. Farf., Bellis per., Achill. Millef., Matric. Chamom., Chrysanth. Leuc., Doron. austr., D. caucas., Senec. Jac., S. vern., Tragopog. prat., Scorz. hum., Tarax. off., Lact. mur., Crep. bien., Camp. rot., C. bonon., Camp. Trach., C. persicif., Ligustr. vulg., Apocyn. androsaemif. +, Menyanth. trif., Phacelia tanacetif., Conv. arv., C. sep., Symphyt. off., Myosot. alp., Dat. Stram., Verbasc. nigr., Linar. vulg., Digit. purp., Veron. Cham., V. hederif., Mentha aquat., Nepeta nuda, Glech. hed.? +, Stach. pal. +, Marrub. vulg. +, Trient. europ., Prim. off., Statice Lim., Plant. med., Polygon. Bist., Salix. cin., S. Capr., S. aurit., Calla pal. /, Cyprip. Calc. +, Narc. Pseud.-Narc. +, (!), Gagea lutea, G. arv., Lilium candidum, Brodiaea ixioid., Hyac. orient.

313. Pria dulcamarae Ill. Solan. Dulcam.

314. Thalycra fervida Gyll. S. No. 315. Heracl. Sphond.

315. *Thalycra sericea Sturm.* = T. fervida Gyll. S. No. 314. Cornus sang.

AA. Oedemeridae:

316. *Anoncodes rufiventris Scop.* = Nacerdes rufiventris Scop. Siler tril.

317. Asclera coerulea L. Crat. Oxyac.

318. Chrysanthia viridis Schmidt. Aegop. podagr., Galium Mollugo.

319. Ch. viridissima L. Siler tril.

320. Nacerdes austriaca Ggb. Vit. vinif., V. ripar., V. rup., V. candic.

321. N. melanura L. Cak. marit.

322. N. viridipes Schmidt. Lepid. Draba.

323. Oedemera coerulea L. = O. nobilis Scop. Sedum album.

324. O. flavescens L. Sedum album, Peuced. Oreosel., Chaeroph. hirs., Galium silv., Anthem. tinct.

325. O. flavipes F. Sedum album, Peuced. Oreosel., Knaut. arv., Hypoch. rad.

326. O. lurida Marsh. Vit. ripar., Peuced. Oreosel., Hierac. Pilos.

327. *O. marginata* F. = O. subulata Oliv. S. No. 329. Tanac. corymb., Plant. med.

328. O. podagrariae L. Dianth. Carthus., Ulmar. Filip., Aegop. podagr., Peuced. Oreosel., Galium Mollugo, G. verum, Achill. Millef., A. Ptarm., Chrysanth. Leuc., Cirs. arv.

329. O. subulata Oliv. S. No. 327. Peuced. Oreosel.

330. O. virescens L. Thalictr. minus, Ranunc. acer, R. rep., R. bulb., Papaver Rhoeas, Helianth. vulg., Stell. Holost., Rubus frutic., Aegopod. podagr., Peuced. Oreosel., Heracl. Sphond., Bellis per., Tanac. corymb., Senec. Jac., Hypoch. rad., Jas. mont., Conv. arv., Echium vulg., Antheric. ramos.

BB. Phalacridae:

331. **Olibrus aeneus** F. Pirus comm., Chrysospl. alternif.
332. **O. affinis Sturm.** Moehr. trinerv.
333. **O. bicolor** F. Knaut. arv.
334. **Phalacrus corruscus** Panz. Solid. canad., Bromus mollis.

    CC. Scarabaeidae:

335. **Aphodius contaminatus Herbst.** Potent. silv.
336. **A. melanostictus Schmidt.** Arum pictum.
337. **Cetonia aurata** L. Thalictr. aquilegif., Th. glaucophyll., Magnol. grandifl., Viola tric. alp., V. tric. versic. +, Rosa can., R. centif., Ulmar. pentapet., U. Filip., Spir. sorbif., S. salicif., S. ulmif., S. digit., Crat. Oxyac., Sorb. auc., Aegop. podagr., Libanot. mont., Aneth. graveol., Heracl. Sphond., Il. sibir., Il. pubesc., Chaeroph. aureum, Ch. hirs., Myrrhis odor., Moloposp. Peloponn., Sambuc. niger, Galium verum, Valer. offic., v. altiss., V. allariif., Conthrant. ruber +, C. angustif., Solid. laterifl., Achill. Millef., A. Ptarm., Tanac. macrophyll., Chrysanth. Leuc., Echinops exalt., Cirs. arv., C. oler., Centaur. caloceph., C. rup., Ligustr. vulg.', Rheum undul., Euphorb. pal., Tulipa Didieri, Trill. sessile.
338. **C. floricola Hbst.** Sorb. auc.
339. **C. floricola** Hbst., v. metallica F. S No. 341. Anthrisc. silv.
340. *C. hirtella* L. = Oxythyrea funesta Poda. S. No. 342, 349 u. 352. Ranunc. bulb.
341. *C. metallica* F. = C. floricola Hbst. var. metallica F. S.No. 339. Rosa can.
342. *C. stictica* L. (auct.) = Oxythyrea funesta Poda. S. No. 340, 349 u. 352. Papav. somnif.
343. **C. spec.** Camp. medium. Dracunc. canar.
344. **Gnorimus nobilis** L. Aegop. podagr., Sambuc. niger, Chrysanth. Leuc.
345. **Hoplia argentea Poda.** Aegop. podagr., Fraxin. Orn.
346. **H. philanthus Sulz.** Aegopod. podagr., Heracl. Sphond., Knaut. arv.
347. **H. praticola Duft.** Anthrisc. silv.
348. **Melolontha vulgaris** F. Rosa centif., Sorbus auc.
349. **Oxythyrea funesta Poda.** S. No. 342 und 352. Magn. grandifl., Papaver Rhoeas, Vit. vinif., V. ripar., Heracl. Sphond.
350. **O. hirta Poda.** Heracl. Sphond.
351. **O. squalida Scop.** Cist. salviif.
352. *O. stictica* L. = Oxythyrea funesta Poda. S. No. 340, 342 und 349. Rosa can., Crat. Oxyac., Siler tril., Sambuc. niger, Viburn. Op.
353. **O. spec.** Dracunc. canar.
354. **Phyllopertha horticola** L. Anem. silv., Barbar. vulg., Brass. nig., Sinap. arv., Cak. marit., Vit. vinif., Rosa can., R. pimpinellif., R. centif., Rubus frutic., Spir. sorbif., S. salicif., S. ulmif., S. digit., Philad. coron., Aegop. podagr., Heracl. sibir., Sambuc. niger, Viburn. Op., Hier. Pilos., Rheum tartar.
355. **Rhizotrogus solstitialis** L. Valer. Phu.
356. **Trichius abdominalis Mén.** Viburn. Op., Rheum tartar.
357. **T. fasciatus L.** Clemat. recta, Thalictr. aquilegif., Rubus frutic., Ulmar. pentapet., U. Filip., Spir. sorbif., Sp. salicif., S. ulmif., Conium mac., Aegop. podagr., Pimpin. Saxifr., Sium latif., Oenanthe fistul., Angel silv., Heracl. Sphond., Daucus Car., Anthrisc. silv., Sambuc. niger, Viburn. Opul., Knaut. arv., Chrysanth. Leuc., Cirs. arv., Carduus ncanth., Polygon. Bist.

    DD. Silphidae:

358. **Necrophorus vespillo** L. Aneth. graveol., Achill. Millef.

    EE. Staphylinidae:

359. **Gen. et spec.?** Arum ital., Scirpus lacustris.
360. **Anthobium abdominale Grav.** Saroth. scop. +.
361. **A. florale Grav.** Saroth. scop. +.

362. A. minutum F. Ranunc. Flamm., R. acer, R. rep., R. bulb.
363. A. (*Eusphalerum*) *primulae Fauv.* = A. triviale Er. Prim. acaulis. +.
364. A. robustum Heer. = *A. excavatum Er.* Prim. integrif.
365. A. sorbi Gyll. Phyteum. spic.
366. A. torquatum Marsh. Medic. lupul., Lotus corn. +.
367. A. sp. Geran. Robert., Camp. rot., Luzula nivea.
368. Anthophagus spectabilis Heer. Polygon. Bist.
369. Creophilus maxillosus L. Dracunc. vulg.
370. Lathrimaeum atrocephalum Gyll. Chrysospl. alternif.
371. Omalium florale Payk. Cardam. prat., Cerast. arv., Oxal. Acet., Tussil Farf., Pulmon. off., Prim. elat. /.
372. Oxytelus nitidulus Grav. Arum pictum.
373. O. spec. Amorphophall. campan.
374. Philonthus sp. Valerian. olit.
375. Quedius boops Grav. Achill. Millef.
376. Staphylinus sp. Hepatica triloba.
377. Tachinus fimetarius Grav. Carum Carvi.
378. Tachyporus chrysomelinus L. Chrysospl. alternif.
379. T. hypnorum F. Caltha pal., Potent. Anser., Salix purp.
380. T. obtusus L. Alliar. off., Daucus Car., Phacelia tanacetif.
381. T. solutus Er. Ranunc. acer, R. rep., R. bulb., Carum Carvi.
382. T. sp. Potent. Anser.
383. Xantholinus linearis Ol. Solid. graminif.

FF. Tenebrionidae:
384. Microzoum tibiale F. Sorbus auc.

GG. Telephoridae:
385. Anthocomus equestris F. Tommas. verticill.
386. A. fasciatus L. Hesper. matron., Lepid. sat., Rosa can., R. centif., Carum Carvi, Heracl. Sphond., Anthriscus silv., A. Ceref., Myosot. alp., Plant. med.
387. Axinotarsus pulicarius F. Heracl. Sphond., Anthrisc. silv.
388. Cantharis albomarginata Märk. Gymnad. conop.
389. C. alpina Payk. Heracl. Sphond.
390. C. fulva Scop. = *Telephorus melanurus F.* S. No. 394, 425, 426 u. 433. Spir. sorbif., S. salicif., S. ulmif., Parnass. pal., Conium mac., Sium latif., Daucus Car., Galium Mollugo, Achill. Millef.
391. C. fulvicollis F. S. No. 430. Aegopod. podagr.
392. C. fusca L. S. No. 431. Daucus Car., Anthrisc. silv., Rheum tart., Camass. Fraseri. Carex Fraseri.
393. C. haemorrhoidalis F. Crat. Oxyac.
394. *Cantharis melanura F.* = C. fulva Scop. S. No. 390, 425, 426 u. 433. Aegop. podagr.
395. C. nigricans Müll. Aegopod. podagr.
396. C. rustica Fall. S. No. 437. Isat. tinctor., Rubus frutic., Crat. Oxyac.
397. C. testacea L. S. No. 429. Crat. Oxyac.
398. C. tristis F. Picea excelsa.
399. C. sp. Crat. Oxyac., Euphorb. Cypariss.
400. Danacea nigritarsis Küst. Vit. vinif.
401. D. pallipes Pz. Dianth. Carthus., Malva silv., Rosa rubigin., Daucus Car., Orlaya grandifl., Asper. cynanch., Tanac. corymb., Verbasc. Lychnit. flore albo., Allium rot.
402. Dasytes alpigradus Kiesw. Potent. aurea, Chaeroph. Villarsii.
403. *Dasytes flavipes F.* = D. plumbeus Müll. S. No. 406. Anem. silvest., Geran. Robert., Impat. noli tang. +, Rubus frutic., Fragaria vesca, Potent. frutic., Spir.

sorbif., S. salicif., S. ulmif., Sorbus scand., Aegop. podagr., Carum Carvi, Pimpin. Saxifr., Peuced. Oreosel., P. pal., Tanac. corymb., Chrysanth. Leuc., Cirs. heteroph., Lactuca per., Pirola min., Phacelia tanacetif., Polemon. coer., Nepeta nuda, Antheric. ramos.

404. D. niger L. Rubus Id., Aegopod. podagr., Campan. persicif.

405. D. obscurus Gyll. Pinus silvestr.

406. D. plumbeus Müll. S. No. 403. Alyss. mont., Lepid. sat., Vit. vinif., V. ripar., V. cordif. V. rup., Geum urb., Anthrisc. silv.

407. D. subaeneus Schh. Orlaya grandifl., Asper. cynanch.

408. D. sp. Cerast. arv, Prunus Padus, Rosa centif., Philad. coron., Bryonia dioica, Asper. odor., Digit. purp., Melamp. nemor.

409. Dictyoptera rubens Gyll. S. No. 410. Aegopod. podagr.

410. D. sanguinea Scop. = D. rubens Gyll. S. N. 409. Galium silvat., Cirs. arv.

411. Dolichosoma lineare Rossi. Galium Mollugo.

412. Ebaeus thoracicus Oliv. Asper. cynanch.

413. Haplocnemus pini Redt u. Var. serratus Redt. Pinus silvestr.

414. H. tarsalis Sahlb. Pinus silvestr.

415. Henicopus hirtus L. = H. pilosus Scop. Festuca ovina.

416. Malachius aeneus L. Ranunc. acer, R. rep., R. bulb., Vit. ripar., Geran. pyren., Sorb. auc., Toril. Anthrisc., Anthrisc. silv., A. Ceref., Chrysanth. Leuc., Plant. med.

417. M. bipustulatus L. Anem. silv., Ranunc. acer, R. rep., R. bulb., Cochlear. Armorac., Lepid. sat., Cerast. arv., Vicia Faba +, Rubus frutic., Fragaria vesca, Ulmar. pentapet., Spir. sorbif., S. salicif., S. ulmif., Crat. Oxyac., Philad. coron., Aegop. podagr., Carum Carvi, Anthrisc. silv., Chaeroph. hirs., Knaut. arv., Cichor. Int., Tarax. off., Polygon. Bist.

418. M. elegans Oliv. Vit. vinif., V. ripar., V. rup., V. ripar. vinif., V. ripar. labrusca, Crat. Oxyac., Tarax. off.

419. M. geniculatus Germ. Vit. vinif., V. ripar.

420. M. gracilis Mill. = M. affinis Mén. Tarax. off.

421. M. viridis F. Conv. arv. Brachypod. pinnat.

422. M. sp. Sonchus arv., Alopec. genicul.

423. Psilothrix cyaneus Ol. = Dolichosoma nobilis Rossi. Cak. marit., Cirs. arv., C. lanceol., Leont. aut., Tarax. off., Ammophila aren.

424. Rhagonycha denticollis Schumm. = Cantharis denticollis Schumm. Chaeroph. Villarsii.

425. R. fulva Scop. = Cantharis fulva Scop. S. No. 390, 394, 426 u. 433. Pimpin. Saxifr., Listera ovata.

426. R. melanura F. = Cantharis fulva Scop. S. No. 390, 394, 425 u. 433 Peuced. Oreosel., Aneth. graveol., Anthrisc. silv., Cirs. arv., Listera ovata +.

427. R. nigripes Redt. = Cantharis nigripes Redt. Chaeroph. Villarsii.

428. R. terminalis Redt. = Cantharis terminalis Redt. Anthrisc. silv.

429. R. testacea L. = Cantharis testacea L. S. No. 397. Anthrisc. silv.

430. Telephorus fulvicollis F. = Cantharis fulvicollis F. S. No. 391. Anthrisc. silv.

431. T. fuscus L. = Cantharis fusca L. S. No. 392. Aegop. podagr., Carum Carvi, Heracl. Sphond., Anthrisc. silv., Moloposp. Peloponn.

432. T. lividus L. = Cantharis livida L. Carum Carvi, Heracl. Sphond., Anthrisc. silv.

433. T. melanurus F. = Cantharis fulva Scop. S. No. 390, 394, 425 u. 426. Pimpin. Saxifr., Sium latif., Angel. silv., Peuced. pal., Heracl. Sphond., Daucus Car., Achill. Millef., A. Ptarm., Cirs. arv.

434. T. obscurus L. = Cantharis obscura L. Anthrisc. silv.

435. T. pellucidus F. = Cantharis pellucida F. Carum Carvi, Cornus sang.

436. T. rufus L. = Cantharis rufa L. Anthrisc. silv.

437. *T. rusticus Fall.* = Cantharis rustica Fall. S. No. 396. Carum Carvi, Anthrisc. silv., Ornithogal. Buchean.

IIH. Trixagidae:

438. *Byturus fumatus F.* = Trixagus fumatus F. S. No. 439. Anem. silvest., Ranunc. acer, R. rep., R. bulb., R. lanug., Actaea spic., Alliar. off., Geran. pyren., Rubus frutic., R. Id., Geum urb., Spir. sorbif., S. salicif., S. ulmif., Sorbus auc., Anthrisc. silv., Corn. sang., Aegopod. Podagr.

439. Trixagus fumatus F. = *Byturus fumatus F.* S. No. 438. Rubus Id., Aegop. podagr.

III. Diptera.

A. Asilidae:

440. Asilus albiceps Mg. Trif. arv. ♀ ♂ !
441. Dioctria atricapilla Mg. Ranunc. acer, R. rep., R. bulb., Anthrisc. silv.
442. D. flavipes. Mg. Aegopod. podagr., Knaut. arv., Centaur. Cyan.
443. D. oelandica L. Rubus frutic.
444. D. reinhardi Wiedem. Heracl. Sphond.
445. Isopogon brevirostris Mg. Pimpin. saxifr.
446. Laphria flava L. Vacc. Myrt.
447. Lasiopogon cinctus F. Ranunc. mont.

B. Bibionidae:

448. Bibio hortulanus L. Anem. silv., Cochlear: Armorac., Isat. tinctor., Bunias orient., Acer Pseudoplat., Spir. sorbif., S. salicif., S. ulmif., Carum Carvi, Ferulago monticola, Anthrisc. silv., A. Cerefol., Chaerophyll. aureum, Ch. hirsut., Molospermn. Peloponnes., Polygon. Bist., Euphorb. palustr., E. pilosa.
449. B. johannis L. Salix. cin., S. Capr., S. aurit.
450. B. laniger Mg. Viburn. Lant.
451. B. lepidus Löw. Mentha aquat.
452. B. marci L. Ranunc. acer, R. rep., Crat. Oxyac., Anthrisc. silv., Tarax. offic., Euphorb. palustr., Salix cin., S. Capr., S. aurit., S. rep.
453. B. pomonae F. Senec. Jacob., Hypoch. radic.
454. B. sp. Anthrisc. silv.
455. Dilophus albipennis Mg. Tarax. off.
456. D. femoratus Mg. Armer. vulg.
457. D. vulgaris Mg. Ranunc. acer, R. rep., Alliar. off., Moehr. trinerv., Crat. Oxyac., Pirus Malus, Parnass. pal., Peucedan. pal., Anthrisc. silv., Solidago juncea, Achill. Millef., Tarax. off., Call. vulg., Armer. vulg., Euphorb. palustr., Salix cin., S. Capr., S. aurit., S. amygd., S. rep.
458. D. sp. Valerian. olitor., Senec. Jacob.
459. Scatopse brevicornis Mg. Myos. minim., Medic. lupul., Parnass. pal., Matricar. inod., Mentha aquat.
460. S. inermis Ruthe = *S. soluta Löw.* Aristol. Clemat. !
461. S. nigra Mg. Aristol. rotund. !
462. S. notata L. Stell. med., Salix Capr., S. rep.

C. Bombylidae:

463. Anthrax flava Mg. Hyper. perfor., Aegopod. podagr., Bupleur. falcat., Pastin. sat., Heracl. Sphond., Daucus Car., Galium Mollugo, G. verum, Cirs. arv., Thym. Serp.
464. A. hottentotta L. Nasturt. silv., Heracl. Sphond.

465. A. maura L. Hyper. perfor., Peucedan. Cervar., Aneth. graveol., Galium silvat., Convolv. arv.

466. A. morio L. Alchem. acutiloba, Tanacet. corymbos.

467. A. paniscus Rossi. Chaerophyll. Villarsii, Knaut. arv.

468. A. sp. Sagin. nod., Thym. Serp.

469. Argyromoeba sinuata Fall. Lepid. sat., Silene rup., Hyper. perfor., Galium silvat., Carduus deflorat.

470. Bombylius canescens Mikan. Stell. Holost., Hyper. perfor., Vicia sep., Sedum album, Chrysanth. Leucanth., Hierac. Pilos., Convolv. arv., Veron. Cham., Salvia prat. +, Origan. vulg., Thym. Serp., Nepeta Catar., Galeops. Ladan. +.

471. B. discolor Mikan. Anem. ranunculoid., Corydal. cava +, C. solida +, Cardam. prat., Viola odor.!, V. silvat., V. canina?!, Vinca min., Pulmon. off., Glechom. hed. (!), Prim. elat. +, (!), P. off. +, (!).

472. B. maior L. Corydal. cava +, C. solida +, Cardam. prat., Viola can. !, Stell. Holost., Prunus spin., Pirus Malus, Myrrhis odor., Tussil. Farf., Syringa vulg., Vinca minor, Anchusa off., Pulmon. off., Myosot. intermed., Glechom. hed. (!), Lam. purp. !, Prim. elat. ? +, Salix. cin., S. Capr., S. aurit., S. rep.

473. B. medius L. Prim. acaul. !

474. B. minor L. Silene rup., Centaur. rhen., Veron. off., Thym. Serp.

475. B. sp. Calamintha alpina, Ballota nigra +, Ajuga rept. +, Hyacinth. amethyst.

476. Exoprosopa capucina F. Knaut. arv., Succ. prat., Anthem. tinct., Leont. aut., Achill. Millef., A. Ptarm., Jas. mont., Thym. Serp.

477. E. cleomene Egg. Buphthalm. salicif.

478. E. picta Mg. Asperula cynanch.

479. Lomatia beelzebub F. Chrysanth. Leucanth., Anthem. tinct.

480. Phthiria canescens Löw. Cak. marit.

481. P. gaedii Mg. Centaur. Scab.

482. Ploas grisea F. Orlaya grandifl.

483. Systoechus sulphureus Mikan. Malva mosch., Linum cathart., Medic. falc., Trif. prat., Potent. silv., Asperula cynanchica, Galium Mollugo, Centaur. rhen., Leont. aut., L. hastil., Camp. rot., Call. vulg., Convolv. arv., Verbasc. nigr., Euphras. off., Thym. Serp., Calamintha Acin.

D. Cecidomyidae:

484. Cecidomyia(?) atricapilla Rond. Aristol. rotunda !

485. C. sp. Myosur. minim., Chrysospl. alternifol., Tussil. Farf.

E. Chironomidae:

486. Ceratopogon aristolochiae Rond. Aristol. Clemat. !, A. Sipho. !

487. C. lucorum Mg. Aristol. Clemat. !, A. altiss. !

488. C. minutus Mg. Aristol. rotunda !

489. C. niger Winn. Daucus Carota.

490. C. pennicornis Zett. Aristol. Clemat. !

491. C. pictellum Rond. Arum ital. !

492. C. sp. Spir. sorbif., S. salicif., S. ulmif., Anthrisc. silv., Armer. vulg., Aristol. Clemat. !

493. Chironomus byssinus Schrk. Myosur. minim, Arum ital. !

494. Ch. gracilis Macq.? Aristol. pall. !

495. Ch. (Cricotopus) tremulus L. Angel. silv.

496. Ch. sp. Medic. lupul., Chrysosplen. oppositifol., Angel. silv., Anthrisc. silv., Petasit. off., Aristol. Clemat. !, Calla pal. !

497. Corynoneura sp. Ulmar. pentap.

498. *Cricotopus* sp. = Chiromus spec. Achill. Millef.

499. Metriocnemus sp. Hedera Helix.

500. Orthocladius sp. Hedera Helix.

F. Conopidae:

501. Conops capitatus Loew. Pastin. sat.
502. C. flavipes L. Lotus corn. +, Galium verum, Chrysanth. Leucanth., Cirs. arv., Centaur. Jacea, Achill. Millef., A. Ptarm., Phlox panicul., Thym. Serp.
503. C. qadrifasiatus Deg. Aegopod. podagr., Pimpin. Saxifr., Heracl. Sphond., Knaut. arv., Valer. off., Chrysanth. Leucanth., Cirs. arv., C. pal., Carduus crisp., Mentha silv.
504. C. scutellatus Mg. Valer. off., Senec. nemor., S. pal. Carduus acanth., Achill. Millef., A. Ptarm.
505. C. vesicularis L. Vacc. Myrt.
506. Dalmannia punctata F. Sinap. arv., Cerast. arv., Geran. molle, Veron. off., Salvia prat. +.
507. Myopa buccata L. Sinap. arv., Erod. Cieut., Medic. lupul !, Trif. rep. (!), Salix cin., S. Capr., S. aurit., S. rep.
508. M. fasciata Mg. Knaut. arv., Centaur. rhen., Jas. mont.
509. M. occulta Mg. Heracl. Sphond.
510. M. polystigma Rond. Spir. sorbif., S. salicif., S. ulmif., Origan. vulg.
511. M. testacea L. Alyss. calyc., Geran. molle, Genista tinct. +, Medic. lupul. !, Trif. rep. (!), Lotus corn. +, Sorbus auc., Thym. Serp., Salix cin., S. Capr., S. aurit, Tulipa silv.
512. M. variegata Mg. Buphthalm. salicif., Origan. vulg.
513. M. sp. Tussil. Farf., Anthem. tinct., Myosot. silvat.
514. Occemyia atra F. Geran. dissect., Knaut. silvat., Crep. vir., Hierac. umbell.
515. Physocephala nigra Deg. Centaur. rhen., Jas. mont., Vacc. Myrt.
516. P. rufipes F. Nasturt. off., Melilot. albus !, Rubus frutic., Spir. sorbif., S. salicif., S. ulmif., Knaut. arv., Cirs. arv., C. lanceol., Carduus acanth., Jas. mont., Vacc. Myrt., Echium vulg., Melampyr. arv. +, Origan. vulg., Thym. Serp.
517. P. truncata Lw. Centaur. rhen.
518. P. vittata F. Knaut. arvens., Centaur. Jac., C. rhen., Achill. Millef., A. Ptarm., Jas. mont., Echium vulg.
519. Sicus ferrugineus L. Genista tinct. +, Trif. prat., Rubus frutic., Potent. frutic., Aegop. podagr., Valer. off., Knaut. arv., K. silvat., Scab. Columb., Chrysanth. Leucanth., Cirs. pal., Centaur. Jacea, C. nigra, Cichor. Intyb., Leont. aut., L. hastil., Hypoch. radic., Sonchus arv., Crep. vir., Hierac. Pilos., H. umbell., Jas. mont., Echium vulg., Origan. vulg., Thym. Serp., Salix cin., S. Capr., S. aurit.
520. Zodion cinereum F. Heracl. Sphond., Knaut. arv., Achill. Millef., Senec. Jacob.
521. Z. notatum Mg. Jas. mont.

G. Culicidae:

522. Anopheles spec. Mentha aquat.
523. Culex pipiens L. Rhamnus Frang., Lopezia coron. !.

H. Dolichopidae:

524. Dolichopus aeneus Deg. Ranunc. acer, R. rep., R. bulb., Carum Carvi, Sium latif., Anthrisc. silv., Galium Mollugo, G. verum.
525. D. brevipennis Mg. Anthrisc. silv.
526. D. plumipes Scop. Parnass. pal., Achill. Millef.
527. D. sp. Potent. silv., Anthrisc. silv., Aster Tripol.
528. Gymnopternus chaerophylli Mg. Aegopod. podagr.
529. G. germanus Wied. Conium macul., Toril. Anthrisc.
530. G. nobilitatus L. Matric. Chamom.
531. Neurigona quadrifasciata F. Linnaea boreal. (?)

I. Empidae:

532. Cyrtoma spuria Fall. Caltha pal., Valerian. olit., Veron. Cham.
533. Empis aestiva Löw. Camp. med.
534. Empis chioptera Fall. Fragaria vesca, Hotton. pal. !
535. E ciliata F. Stell. Holost., Crat. Oxyac., Tarax. offic.
536. E. decora Mg. Orchis mac. !
537. E. fallax Egg. Anthrisc. silv.
538. E. hyalipennis Fall.⁻Oenoth. bienn. × muric.
539. E. livida L. Ranunc. lanugin., Papaver Rhoeas, Chelidon. majus, Nasturt. off., N. amphib., N. silv., Polyg. vulg., Stell. gramin., Cerast. arv., C. triv., Hyper. perfor., Linum cathart., Vicia Cracca +, Prunus Padus, Rubus frutic., Fragaria vesca, Potent. Anser., Crat. Oxyac., Pirus Malus, Sorbus auc., Epil. angust., Bryon. dioica, Aegopod. podagr., Oenanthe fistul., Heracl. Sphond., Orlaya grandifl., Cornus sang., Asperula cynanch., Valer. off., Knaut. arv., Succ. pratens., Bellis per., Matric. Chamom., Tanacet. corymbos., Senec. Jacob., Cirs. arv., C. palustre, Carduus crisp., Centaur. Jacea, C. Cyanus, Picris hieracioid., Hypoch. radic., Tarax. off., Achill. Millef., A. Ptarm., Jas. mont., Ligustr. vulg., Asclep. syr. !, Erythr. Centaur., Convolv. arv., C. sep., Veron. off., V. Anagall., Mentha aquatica, Origan. vulg., Thym. Serp., T. vulg., Marrub. vulg. +, Hotton. pal. !, Polygon. Bist., Butom. umbell., Orchis mac. !, Antheric. ramos., Allium Cepa.
540. *E. nigricans Mg.* = E. rustica Fall. S. No. 545. Alliar. off.
541. E. opaca F. Caltha pal., Cardam. prat., Stell. Holost., Cerast. arv., Spir. sorbif., S. salicif., S. ulmif., Crat. Oxyac., Lonic. Xylost. (!), Knaut. arv., Bellis per., Tarax. off., Myosot. silvat., M. palustr., Salix amygd.
542. E. pennaria Fall. Oenoth. bienn. × muric.
543. E. pennipes L. Valerian. olit., Hotton. pal. !, Orchis mac. !
544. E. punctata F. Cochl. Armor., Medic. lupul., Spir. sorbif., S. salicif., S. ulmif., Crat. Oxyac., Sorb. auc., Aegopod. podagr., Anthrisc. silv., Myrrhis odor., Tarax. off., Cyprip. Calc. +.
545. E. rustica Fall. S. No. 540. Batrach. aquat., Nasturt. off., Cerast. arv., Prunus spin., P. Padus, Sorb. auc., Epil. angust., Oenanthe fistul., Valer. off., Chrysanth. Leucanth., Centaur. Jacea, Mentha aquatica, Origan. vulg., Hotton. pal. !
546. E. stercorea L. Ranunc. acer, R. rep., R. bulb., Carum Carvi, Anthrisc. silv., Myrrhis odorat.
547. E. tessellata F. Ranunc. acer, R. rep., R. bulb., Stell. Holost., Tilia ulmif., Rubus frutic., R. Id., Spir. sorbif., S salicif., S. ulmif., Crat. Oxyac., Sorbus auc., Saxifr. granul., Myrrhis odor., Viburn. Opul., Asperula odor., Knaut. arv., Chrysanth. Leucanth., Carduus deflorat., Convolv. sep., Veron. Cham., Mentha aquat., Polygon. vivip.
548. E. trigramma Mg. Ranunc. lanug., Sorbus scand., Valerian. olitor.
549. E. truncata Mg. Veron. off.
550. E. vernalis Mg. Stenophrag. Thalian., Myrrhis odor., Myosot. silvat., Hotton pal. !
551. E. sp. Ranunc. Fic., Sinap. arv., Teesdal. nudicaul., Geran. Robert., Melilot. altiss. !, M. off., !, Crat. Oxyac., Sium latif., Knaut. arv., Inula hirta, Centaur. Scab., Convolv. sep., Calamintha alpina, Rheum undul., Salix cin., S. Capr., S. aurit.
552. Hilara chorica Fall. (?) Armer. vulg.
553. H. maura F. Batrach. aquat., Euphorb. palustr.
554. H. quadrivittata Mg. Ranunc. acer, R. rep., R. bulb., Spergular. sal., Stell. gramin., Corast. triv., Potent. Anser., Carum Carvi, Anthrisc. silv., Galium Mollugo, G. palustre, Bellis per., Tarax. off., Hierac. Pilos., Armer. vulg.
555. H. sp. Valerian. olitor.
556. Miccophorus velutinus Macq. Crat. Oxyac.

557. M. spec. Myosur. minim.
558. Pachymeria palparis Egg. Succ. prat.
559. Platypalpus candicans Fall. Myrrhis odor.
560. P. flavipalpis Mg. Antbrisc. silv.
561. Rhamphomyia anthracina Mg. Polygon. Bist.
562. R. plumipes Fall. Camp. rot.
563. R. sulcata Fall. Salix cin., S. Capr., S. aurit.
564. R. tenuirostris Fall. Pimpin. Saxifr.
565. R. umbripennis Mg. Ranunc. acer, R. rep., R. bulb., Heracl. Sphond., Myrrhis odor.
566. R. sp. Anem. silv., Asperula cynanch., Succ. prat., Mentha aquat., Armer. vulg., Antheric. Lil.
567. Tachydromia connexa Mg. Anem. silv., Crat. Oxyac.
568. T. sp. Hyper. perfor., Calla pal. !

K. Leptidae:
569. Atherix ibis F. Oenanthe fistul.
570. Leptis strigosa Mg. Cerast. arv.
571. L. tringaria L. Senec. nemor.
572. L. sp. Potent. silv.
573. Ptiolina crassicornis Pz. Medic. lupul.

L. Lonchopteridae:
574. Lonchoptera punctum Mg. Valerian. olit.
575. L. sp. Chrysospl. oppositif., Mentha aquat.

M. Muscidae:
576. Genus et spec. ? Wahlenbergia hederac.
577. Actora aestuum Mg. Tussil. Farf., Salix Capr., S. vimin., S. purp.
578. Agromyza flaveola Fall. Toril. Anthrisc.
579. Alophora hemiptera F. Pastin. sat., Daucus Carota.
580. Anthomyia aestiva Mg. Cerast. arv.
581. A. albecens Zett. Eryng. campest.
582. A. aterrima Mg. Myrrhis odor.
583. A. brevicornis Ztt. Parnass. pal., Daucus Carota, Succ. prat., Eupator. cannab., Pulicar. dysenter., Mentha aquat.
584. Anthomyia lucidiventris Zett. Salix rep.
585. A. muscaria (Zett.) Mg. Anthrisc. silv., Veron. Cham., Salix rep.
586. A. obelisca Mg. Ruta graveol.
587. A. pluvialis L. Crat. Oxyac., Apocyn. androsaemifol. ⌗
588. A. pratensis Mg. Ranunc. acer, R. rep., R. bulb., Ruta graveol., Limnanth. nymph.
589. A. radicum L. Ranunc. auric., R. Fic., Helianth. vulg., Hyper. perfor., Erod. Cicut. v. pimpinellif., Ruta graveol., Potent. silv., Ulmar. pentap., Pirus comm., Parnassia pal., Pimpin. Saxifr., Angel. silv., Daucus Carota, Toril. Anthrisc., Anthrisc. Cerefol., Succisa pratens., Eupator. cannab., Aster Tripol., Pulicar. dysenter., Achill. Millef., Matric. inod., Senec. Jacob., Centaur. nigr., Leont. aut., Camp. rot., Jas. mont., Call. vulg., Myosot. silv., Mentha aquat., Stachys pal., Narth. ossifr.
590. A. triquetra Wiedem. Carum Carvi.
591. A. sp. Anem. nem., Adon. vern., Myosur. minim., Batrach. aquat., Ranunc. Flamm., R. acer, R. rep., R. bulb., R. lanugin., R. scelerat., R. Fic., Caltha pal., Barbar. vulg., Arab. aren., Cardam. prat., Sisymbr. off., S. Soph., Alliar. off., Brass. nig., Alyss. mont., Eroph. verna., Thlaspi arv., Caps. bursa past., Viola lutea, Gypsoph. panic., Spergular. sal., Holost. umbell., Stellar. gram., S. Holost., S. med., Malach. aquat., Corast. triv., Hyper. perfor., Geran. pal., G. pyren., G. alban., G. sibir.,

Erod. cicut., Med. lupul., Prunus spin., Rosa can., Rubus caes., Waldsteinia geoid., W. fragaroid., Fragaria vesca, Potent. Anser., P. arg., P. aurea, P. frutic, Agrimon. Eupat., Ulmar. pentap., Spir. sorbif., S. salicif., S. ulmif., Arunc. silv., Epil. mont., Circaea lutet. !, Scleranth. per., Sedum acre, S. refl., Astrant. helleborif., Eryng. camp., Conium macul., Conioselin. tataric., Levistic. off., Angelic. silv., Peucedan. ruthen., Aneth. graveol., Aegopod. podagr., Bupleur. rotundif., Carum Carvi, Pastin. sat., Orlaya grandifl., Anthrisc. Cerefol., Myrrhis odor., Galium Mollugo, G. tricorne, Valer. off., Succ. prat., Eupator. ageratoid., Tussil. Farf., Aster Tripol., A. Amell., A. salicif., A. abbrev, A. concinn., A. florib., A. Noval Belg., A. panicul., A. sagittif., A. sparsifl., Biotia commixta, Chrysoc. Linosyr., Bellis per., Diplopapp. amygdal., Solidago canad., S. ambigua, S. caes., S. glabra, S. latif., S. lithospermif., S. livida, S. Ohicens., S. Ridellii, S. rigida, S. ulmif., Bolton. glastif., Achill. millef., A. grandif., Anthem. tinct., A. rigesc., Matric. inod., Tanac. alp., Chrysanth. Leucanth., Doronic. Pardalianch., Senec. vulg., S. nebrod., Cirs. arv., Carlina vulg., Centaur. Cyan., Leont. aut., Tragop. flocc., Hypoch. rad., Sonchus asp., Hierac. Pilos., H. brevif., Camp. rot., Jas. mont., Call. vulg., Pirola min., Apocyn. androsaemifol. #, Limnanth. nymph., Gent. Pneum., Convolv. sep., Echinosperm. Lapp., Myosot. hispida, Verbasc. Lychnit., Veron. Cham., V. mont., V. Anagall., V. agrest., Origan. vulg., Hotton. pal. !, Glaux marit., Chenopod. alb., Rheum undul., Polygon. Bistorta, P. cuspid., Euphorb. heliosc., E. Cypariss., E. palustr., E. Esula, E. aspersa, E. nicaeens., Salix rep., Butom. umbell., Cyprip. Calc. +, Tulipa silv., Antheric. ramos.

592. Aricia albolineata Fall.   Cak. marit.

593. A. basalis Zett. Ranunc. acer, R. rep., R. bulb., Knaut. arv., Chrysanth. leucanth., Cirs. arv., Leont. aut.

594. *A. denudata Holmgr.* = Spilogaster denudata Holmgr. Cerast. alp.

595. A. dispar Mg. Ranunc. scelerat., Salix rep.

596. *Aricia dorsata Zett.* = Spilogaster dorsata Zett. Cerast. alp., Dryas octopet.

597. A. incana Wiedem. S. No. 702. Ranunc. acer, R. rep., R. bulb., R. Ling., R. scelerat., Barbar. vulg., Spergular. sal., Cerast. triv., Hyper. tetrapt., Geum urb., Comarum pal., Potent. Anser., Scleranth. per., Carum Carvi, Sium latif., Angelic. silv., Anthrisc. silv., Galium Mollugo, Valerian. olitor., Knaut. arv., Achill. Millef., Senec. Jacob., Cirs. arv., Leont. aut., Jas. mont., Gent. Pneum., Myosot. intermed., Hotton. pal. !, Glaux marit., Polygon. amphib.

598. A. lardaria F. Comar. pal., Hedera Helix, Armer. vulg.

599. A. lucorum Fall. Angel. silv., Hedera Helix, Salix rep.

600. *A. megastoma Bohem.* = Chortophila megastoma Bohem. Cerast. alp., Dryas octopet., Saxifr. caespit.

601. A. obscurata Mg. Aegopod. podagr., Carum Carvi, Aster Tripol.

602. A. serva Mg. Caltha pal., Crat. Oxyac., Pimpin. Saxifr., Leont. aut.

603. A. vagans Fall. Hyper. quadrang., H. tetrapt., Rosa can., Conium macul., Oenanthe aquat., Achill. Millef., A. Ptarm., Armer. vulg.

604. A. sp. Rubus frutic., Potent. Anser., P. arg., Parnass. pal., Sium latif., Peucedan. pal., Valer. off., Inula hirta, Anthem. tinct., Tanacet. corymbos., Senec. nemor.

605. Besseria melanura Mg. Achill. Millef.

606. Borborus equinus Fall. S. No. 641. Salix rep., Arum pict., Dracunc. vulg.

607. B. niger Mg. Adoxa moschat.

608. B. sp. Crambe marit. +

609. Calliphora erythrocephala Mg. Ranunc. rep., R. Ling., Asimina tril., Brass. nig., Hyper. perfor., Ruta graveol., Evon. europ., E. latif., Rhus Cotinus, Potent. Anser., Pirus comm., Sedum acre, Ribes Grossul., Parnass. pal., Heracl. Sphond., Daucus Carota, Anthrisc. silv., Hedera Helix, Valer. off., Succ. pratens., Eupator. cannabin., Aster Novae Angliae, Solidago canadens., S. bicolor, S. laterifl., Pulicar.

dysenter., Achill. Millef., Senec. Jacob., Calend. off., Cirs. arv., Onopord. Acanth., Serrat. tinct., Tragopog. prat., Tarax. off., Call. vulg., Linar. vulg., Veron. serpyllif., Mentha aquat., Polygon. cuspid., Salix cin., S. Capr., S. aurit., S. rep., Fritill. Kamtschatc., Ammophila aren.

610. C. vomitoria L. Anem. silv., Nuph. lut., Brass. nig, Sinap. arv., Cak. marit., Hyper. perfor., Erod. cicut., Evon. europ., Celastr. Orixa, Prunus Padus, Pirus Malus, Ribes Gross., Saxifr. granul., Conium macul., Smyrn. Olusatr., Sium latif., Heracl. Sphond., Daucus Carota, Aucuba japon., Aster salicif., A. sagittif., Solidago frag., Helianth. scabra, Cirs. arv., Stapelia grandifl., Heliotrop. peruv., Polygon. cuspid., Buxus semperv., Dracunc. vulg., Tamus comm., Veratr. nigr.

611. C. sp. Archangel. off., Helicodic. muscivor., Ammophila aren.

612. Calobata cothurnata Pz. Ranunc. acer, R. rep., R. bulb., Nasturt. amphib., Barbar. vulg., Myrrhis odor., Myosot. silvat.

613. *Caricea tigrina F.* = Coenosia tigrina F. S. No. 639. Medic. sat. +, M. silvestr., M. lupul., Angelic. silv.

614. Cephalia nigripes Mg. Viola can.

615. Chloria demandata F. Aegopod. alpestre, Conioselin. tatar., Peucedan. Ruthen., Myrrhis odor., Chrysoc. Linosyr., Diplopapp. amygd., Solidago glabra, Echinops exaltat.

616. *Chloropisca ornata Mg.* = Chlorops ornata Mg. Hedera Helix.

617. Chlorops circumdata Mg. Stell. med.

618. C. hypostigma Mg. Anem. silv., Myrrhis odor.

619. C. scalaris Mg. Myosot. silvat.

620. C. sp. Medic. lupul., Prunus spin., Anthrisc. silv., Sherard. arv.

621. Chortophila cilicrura Rond. (= Phorbia), Erod. cicut. v. pimpinellif.

622. C. cinerella Fall. Medic. lupul., Salix rep.

623. C. dissecta Mg. (= Phorbia). Erod. cicut. v. pimpinellif.

624. C. floccosa Mg. (= Phorbia). S. No. 798. Erod. cicut. v. pimpinellif.

625. C. latipennis Zett. Salix rep.

626. C. sepitorum Meade. (= Phorbia.) Medic. lupul.

627. C. sp. Medic. lupul.

628. Cistogaster globosa F. Achill. Millef.

629. Clairvillia ocypterina R.-D. Daucus Carota.

630. Cleigastra flavipes Fall. Salix rep.

631. C. sp. Nuphar lut., Vicia sat.

632. Clytia pellucens Fall. Siler trilobum.

633. Cnephalia bucephala Mg. Eryng. camp.

634. Coelopa frigida Fall. Ranunc. acer, R. rep., R. bulb., Brass. nig., Cochlear. off., Coronop. Ruellii, Aegopod. podagr., Heracl. Sphond., Galium verum, Bellis per., Matricar. inod., Cirs. arv., C. lanceolat., Leont. aut., Tarax. off., Convolv. arv., Solan. tuberos., Euphorb. heliosc., E. Pepl., Epipact. pal.!, Ammophila aren.

635. C. pilipes Hal. Heracl. Sphond.

636. C. sp. Potent. steril., Parnass. pal., Tussil. Farf., Pulicar. dysenter., Mentha aquat.

637. Coenosia decipiens Mg. Salix rep.

638. C. intermedia Fallen. Myrrhis odor.

639. C. tigrina F. S. No. 613. Galium Mollugo, G. verum, G. verum × G. Moll., Polygon. amphib.

640. C. sp. Hypoch. rad., Sherard. arv.

641. *Copromyza equina Fall.* = Borborus equinus Fall. S. No. 606. Arum. pict.

642. Cordylura pubera L. Myrrhis odor.

643. Cynomyia mortuorum L. Brass. nig., Caps. bursa past., Crat. Oxyac., Scleranth. perenn., Sedum acre, Ribes aureum, Parnass. pal., Peucedan. Oreoselin.

Heracl. Sphond., Anthrisc. silv., Galium Moll., Valer. exaltata, Achill. Millef., Cirs. arv., Card. crisp., Tarax. off., Sonchus arv., Hierac. umbellat., Linar. vulg., Glaux marit., Armer. vulg., Salix rep., Narth. ossif.

644. **Cyrtoneura assimilis Fall.** Asimina triloba.

645. **C. caerulescens Macq.** Ranunc. acer, R. rep., R. bulb.

646. **C. curvipes Macq.** Potent. silv., Ulmar. pentapet., Conium macul., Oenanthe aquat., Angel. silv., Aneth. graveol., Euphorb. palustr.

647. **C. hortorum Fall.** Batrach. aquat., Potent. Anser., Crat. Oxyac., Carum Carvi, Angelic. silv., Anthrisc. silv., Tarax. off., Hierac. Pilos., Euphorb. palustr.

648. **C. pascuorum Mg.** Asimina triloba. •

649. **C. podagrica Loew.** Polygon. Bist.

650. **C. simplex Loew.** Spir. sorbif., S. salicif., S. ulmif., Petrosel. sat., Sium latif., Anthrisc. Ceref., Achill. Millef., Polygon. Bist.

651. **C. stabulans Fall.** Asimina trilob.

652. **C. sp.** Crat. Oxyac.

653. **Demoticus plebeius Fall.** Hypoch. rad.

654. **Dexia canina F.** Knaut. arv., Eupator. cannabin.

655. **D. rustica F.** Rubus frutic., Pastin. sat.

656. **Drosophila funebris F.** Arum ital. !

657. **D. graminum Fall.** Cochlear. off., Daucus Carota, Hedern Helix, Matricar. inod., Salix purp., Calla pal.!

658. **Drymeia hamata Fall.** Rubus caes., Pulicar. dysenter.

659. **Dryomyza anilis Fall.** Anthrisc. silv.

660. **D. flaveola F.** Myrrhis odor.

661. **Echinomyia fera L.** Geran. pyren., Evon. europ., Spir. sorbif., S. · salicif., S. ulmif., Crat. Oxyac., Sorbus auc., Sedum album, Eryng. camp., Aegopod. podagr., Carum Carvi, Angel. silv., Heracl. Sphond., Anthrisc. silv., Moloposperm. Peloponnes., Viburn. Opul., Valer. off., V. alliariif., Succ. austral., Scab. suaveol., Eupator. cannabin., E. ageratoides, Aster Amell., A. abbreviat., A. concinn., A. laevis, A. Lindleyan., A. paniculat., A. sparsifl., A. squarrul., Biotia commixta, B. corymb., B. macrophylla, B. Schreberi, Chrysoc. Linosyr., Diplopapp. amygd., Solidago canad., S. ambigua, S. fragr., S. glabra, S. laterifl., Coreops. auricul., C. lanceol., Achill. Ptarm., A. Millef., Senec. nemor., S. macrophyll., Cirs. pal., Phlox panicul., Plectranth. glaucocalyx, Mentha piperita, Origan. vulg., Thym. Serp.

662. **E. ferina Zett.** Thym. Serp.

663. **E. ferox Pz.** Siler trilob., Jas. mont., Erica Tetr., Thym. Serp.

664. **E. grossa L.** Rubus frutic., Sedum album, Aegopod. podagr., Heracl. Sphond., Lact. mural., Call. vulg., Thym. Serp.

665. **E. lurida F.** Heracl. Sphond.

666. **E. magnicornis Zett.** Spir. sorbif., S. salicif., S. ulmif., Sedum Teleph., Heracl. Sphond., Senec. silvat., Mentha silv.

667. **E. tessellata F.** Knaut. arv., Anthem. arv., Chrysanth. Leucanth., Senec. nemor., Hierac. Pilos., H. umbellat., Achill. Millef., A. Ptarm., Jas. mont., Call. vulg., Mentha silv., Thym. Serp., Stachys pal.

668. **E. sp.** Adenost. alb., Myosot. silvat.

669. **Ensina sonchi L.** Mentha aquat.

670. **Ephydra sp.** Tussil. Farf.

671. **Exorista fimbriata Mg.** Salix rep.

672. **E. lucorum Mg.** Peucedan. Oreoselin.

673. **E. vulgaris Fall.** Heracl. Sphond., Anthrisc. Cerefol.

674. **E. sp.** Salix cin., S. Capr., S. aurit.

675. **Frontina laeta Mg.** Angel. silv., Pastin. sat., Heracl. Sphond.

676. **Fucellia fucorum Fall**. Ranunc. acer, R. rep., R. bulb., Brass. nig., Coronop. Ruellii, Honcken. peploid., Aegopod. podagr., Matric. inod., Euphorb. heliosc., Ammophila aren.

677. **Germaria ruficeps F**. Daucus Carota, Pastin. sat.

678. **Gonia capitata Deg**. Trif. arv., Crep. bienn., Achill. Millef., A. Ptarm., Thym. Serp., Salix cin., S. Capr., S. aurit., Allium rot.

679. **G. fasciata Mg**. Salix rep.

680. **G. ornata Mg**. Salix cin., S. Capr., S. aurit., S. rep.

681. **Graphomyia maculata Scop**. Crat. Oxyac., Astrant. major, Aegopod. podagr., Sium latif., Angel. silv., Peucedan. Cervar., Heracl. Sphond., Anthrisc. silv., Chaerophyll. aur., Ch. hirsut., Prangos ferulac., Diplopapp. amygd., Coreops. auricul., Polygon. cuspid., Euphorb. palustr.

682. *Gymnopa opaca Rond.* = Mosillus opacus Rond. Ceropeja elegans !

683. **Gymnosoma nitens Mg**. Achill. Millef.

684. **G. rotundata L**. Spir. sorbif., S. salicif., S. ulmif., Carum Carvi, Bupleur. falcat., B. rotundif., Peucedan. Cervar., Aneth. graveol., Heracl. Sphond., Daucus Carota, Orlaya grandifl., Toril. Anthrisc., Anthrisc. Ceref., Chaerophyll. temul., Achill. Millef., A. Ptarm., Anthem. tinct., Tanacet. vulg., Senec. Jacob., Thym. Serp.

685. **Helomyza affinis Mg**. Neott. nid. av.!

686. **H. sp**. Cerast. triv., Tussil. Farf. Bellis per., Tarax. off., Salix vimin.

687. **Herina frondescentiae L**. Cirs. pal.

688. **Homalomyia armata Mg**. Medic. lupul.

689. **H. canicularis L**. Origan. vulg.

690. **H. pretiosa Schin**. Heracl. Sphond.

691. *H. prostrata Rossi* = H. incisurata Zett. Asimina triloba.

692. **H. scalaris F**. Ranunc. acer, R. rep., R. bulb., Knaut. arv., Bellis per.

693. **H. spec**. Salix rep.

694. **Hydrellia chrysostoma Mg**. Myosur. minim.

695. **H. griseola Fall**. Myosur. minim., Batrach. aquat., Medic. lupul., Potent. silv., Parnass. pal., Daucus Carota, Hedera Helix, Achill. Millef., Matric. inod., Leont. aut., Calla pal. !, Narth. ossifr.

696. **H. spec**. Salix rep.

697. **Hydrotaea bispinosa Zett**. Salix rep.

698. **H. ciliata F**. Ranunc. acer, Crat. Oxyac.

699. **H. dentipes F**. Caltha pal., Stell. Holost., Heracl. Sphond.

700. **H. irritans Fall**. Medic. lupul.

701. **H. sp**. Galium Mollugo, Chrysanth, Leucanth.

702. *Hyetodesia incana Wiedem.* = Aricia incana Wiedem. S. No. 597. Pimpin. Saxifr., Succ. prat., Aster Tripol., Achill. Millef., Senec. Jacob.

703. **Hylemyia cinerella Mg**. Eroph. verna.

704. **H. cinerosa Zett**. Salix rep.

705. **H. conica Wied**. Ranunc. lanugin., Carum Carvi, Anthrisc. silv.

706. **H. lasciva Zett**. Viola lutea, Potent. silv., Succ. prat., Narth. ossifr.

707. **H. pullula Zett**. Medic. lupul., Salix rep.

708. **H. strigosa F**. Toril. Anthrisc., Succ. prat., Pulicar. dysenter., Centaur. nigra.

709. **H. variata Fall**. Galium Mollugo, G. verum, G. verum × G. Moll.

710. **H. sp**. Batrach. aquat., Cochlear. off., Ulex europ. +, Galium Mollugo, G. verum, G. verum × G..Moll., Tussil. Farf., Salix vimin., S. purp.

711. **Lasiops apicalis Mg**. Aegopod. podagr.

712. **L. cunctans Mg**. S. No. 882. Pimpin. Saxifr.

713. **L. sp**. Tussil. Farf.

714. **Lauxania aenea Fall**. Symphoricarp. racem. !

715. **L. cylindricornis F**. Achill. Millef.

716. **Leucostoma aenescens** Zett. Achill. Millef.
717. **L. analis** Mg. Heracl. Sphond.
718. **Limnophora litorea** Fall. Salix rep.
719. **L. protuberans** Zett. Tarax. off.
720. **L. quadrimaculata** Fall. Carum Carvi.
721. **L. septemnotata** Zett. Salix purp.
722. **L. sp.** Hedera Helix, Call. vulg., Myosot. intermed.
723. **Limosina crassimana** Hal. Arum ital. !
724. **L. pygmaea** Zett. Arum ital. !
725. **L. simplicimana** Rond. Dracunc. vulg. !
726. **Lonchaea tarsata** Fall. Aristol. Sipho !
727. **Lophosia fasciata** Mg. Rhamn. Frang.
728. **Loxocera elongata** Mg. Polygon. Bist.
729. **Lucilia albiceps** Mg. Eupator. cannabin., Mentha arv.
730. **Lucilia caesar** L. Ranunc. acer, R. rep., R. bulb., R. Ling., R. auric., R. scelerat., Brass. nig., Sapon. off., Spergular. sal., Honcken. peploid., Stell. med., Cerast. triv., Ampelops. quinquef., Geran. pal., G. molle, Erod. cicut. v. pimpinellif., Ruta graveol., Staphyl. pinn., Prunus Padus, Rubus caes., R. Id., Comarum pal., Potent. Anser., Crat. Oxyac., Pirus Malus, Sorbus auc., Sicyos angul., Sedum acre, Saxifr. decip., S. umbr., Parnass. pal., Astrant. major, Eryng. camp., E. planum, Conium macul., Cicuta vir., Petrosel. sat., Aegopod. podagr., Carum Carvi, Pimpin. Saxifr., Sium latif., Angel. silv., Imperat. Ostruth., Aneth. graveol., Heracl. Sphond., Daucus Carota, Anthrisc. silv., Myrrhis odor., Prangos ferulac., Cornus sang., Ebul. humile, Sambuc. nigra, Galium Mollugo, G. verum, Valerianella olitor., Tussil. Farf., Aster Tripol., Aster salicif., A. azur., A. laevis, A. sagittif., Biotia commixta, Galatella hyssopif., Bellis per., Solidago Virga aurea, S. canad., S. bicolor, S. glabra, S. laterifl., S. livida, Achill. Millef.; Anthem. arv., A. tinct., Matric. inod., Tanacet. vulg., T. macrophyll., Chrysanth. seget., Chrys. Leucanth., Doronic. Pardalianch., D. austriac., Senec. Jacob., Cirs. arv., C. lanceolat., Leont. aut., Tarax. off., Hierac. umbellat., Convolv. arv., Solanum tuberos., Plectranth. glaucocalyx, Elssholzia crist., Mentha piperita, M. aquatica, M. silv., Glaux marit., Armer. vulg., Polygon. cuspid., Asarum europ. ⁄, Euphorb. heliosc., E. verrucosa, E. Gerard., E. Pepl., E. pilosa, E. aspera, E. virgata, Salix rep., Arum crinit., Narth. ossifr., Veratr. nigr., Ammophila aren.
731. **L. cornicina** F. Ranunc. Fic., Alyss. mont., Stell. med., Tilia ulmif., Erod. cicut., Ruta graveol., Evon. europ., Rhus Cotinus, Ulex europ. +, Potent. silv., P. frutic., P. steril., Spir. sorbif., S. salicif., S. ulmif., Cydonia jap., Pirus comm., Circaea lutet., Astrant. major, Conium macul., Petroselin. sat., Aegopod. podagr., Sium latif., Oenanthe aquat., Aneth. graveol., Heracl. Sphond., Daucus Carota, Cornus sanguinea, Valeriana offic., Succisa pratens., Eupator. cannabin., Tussil. Farf., Petasit. fragr., Aster Tripol., A. Novae Angliae, A. salicif., Bellis per., Solidago canad., Pulicar. dysenter., Bidens cern., Anthem. tinct., Matric. Chamom., M. inod., Chrysanth. seget., C. Leucanth., Senec. aquat., Echinops sphaerocephal., Cirs. arv., Scorzon. humil., Tarax. off., Jas. mont., Call vulg., Convolv. sep., Veron. Tournefortii, Mentha arv., M. aquat., Lycopus europ., Thym. Serp., Lam. purp. +, ?!, Polygon. Fagopyr., P. cuspid., Salix Capr.
732. **L. latifrons** Schin. Achill. Millef., Cirs. arv., Jas. mont., Call. vulg., Linar. vulg.
733. **L. sericata** Mg. Asimin. tril., Medic. sat. +, M. silvestr., Angel. silv., Heracl. Sphond., Anthrisc. silv., Achill. Millef., Senec. Jacob., Cirs. arv., Salix rep.
734. **L. silvarum** Mg. Gypsoph. panic., Erod. cicut. v. pimpinellif., Ruta graveol., Potent. frutic., Spir. sorbif., S. salicif., S. ulmif., Aegopod. podagr., Sium latif., Angel. silv., Pastin. sat., Heracl. Sphond., Daucus Carota, Boltonia glastif., Chrysanth. Leucanth., Mentha arv., Lycopus europ.

735. L. splendida Mg. Daucus Carota.
736. L. sp. S. No. 849. Nasturt. off., Arab. aren., Sinap. arv., Sperg. arv., Rubus frutic.,
    R. caes., Sedum acre, Carum Carvi, Oenanthe fistul., Archangel. off., Daucus Carota,
    Hedera Helix, Valerian. olit., Succ. prat., Gnaph. lut.-alb., Senec. Jacob., Asclep.
    syr. !, Thym. Serp., Polygon. amphib., Dracunc. vulg. !, Orchis mac. !
737. Macquartia chalybeata Mg. Aegopod. podagr.
738. M. nitida Zett. Aegopod. podagr.
739. M. praefica Mg. Chrysanth. Leucanth.
740. *Megaglossa umbrarum Mg.* = Platystoma umbrarum F. Asimina triloba.
741. Meigenia floralis Mg. Pimpin. Saxifr.
742. Melania bifasciata Mg. Eryng. camp.
743. M. volvulus F. Eryng. camp.
744. Mesembrina meridiana L. Spir. sorbif., S. salicif., S. ulmif., Crat. Oxyac.,
    Sium latif., Angel. silv., Heracl. Sphond.
745. M. mystacea L. Heracl. Sphond.
746. Metopia argentata Macq. Achill. Millef.
747. M. leucocephala Rossi. Heracl. Sphond.
748. Micropalpus fulgens Mg. Knaut. arv.
749. Micropeza sp. Tarax. off.
750. Miltogramma germari Mg. Anthrisc. silv.
751. M. intricata Mg. Scleranth. per.
752. M. punctata Mg. Astrant. major.
753. M. ruficornis Mg. Daucus Carota, Achill. Millef.
754. M. sp. Gypsoph. panic., Erod. cicut., Sedum acre., Galium Mollugo.
755. Morellia curvipes Macq. Pimpin. Saxifr.
756. M. importuna Hal. Mentha aquat.
757. M. sp. Hyper. perfor., Daucus Carota, Pulicar. dysent., Senec. Jacob.
758. Mosillus arcuatus Latr. Gypsoph. panic.
759. Musca corvina F. Ranunc. scelerat., Berber. vulg., Stell. med., Fragaria vesca,
    Spir. sorbif., S. salicif., S. ulmif., Pirus comm., Conium macul., Aegopod. podagr.,
    Sium latifol., Anethum graveol., Heracl. Sphond., Anthrisc. silv., Galium Mollugo,
    Aster Tripol., Bell. per., Solidago canadens., Achill. Millef., Chrysanth., Leucanth.,
    Cirs. arv., Serrat. tinct., Myosot. silvat., Mentha aquat., Polygon. cuspid., Buxus
    semperv., Veratr. alb.
760. M. domestica L. Eranth. hiem. (!), Clemat. Vitalba, Anem. japon., Berberis vulg.,
    Eroph. verna, Cak. marit., Stell. med., Tilia ulmif., Aesc. Hippocast. +, Evon.
    europ., Celastr. Orixa, Prunus spin., Pirus Malus, P. comm., Sorbus auc., Lopezia
    coron. !, Circaea lutet. !, Conium macul., Petrosel. sativ., Oenanthe aquatica, Crith-
    mun marit., Heracl. Sphond., Anthrisc. silv., Valer. off., Tussil. Farf., Bell. per.,
    Solid. Virga aur., S. canad., Pirola rotundif., Vincetox. purpurasc., Digital. purp.,
    Amaranth. retrofl., Polygon. Fagopyr., P. cuspid., Buxus semperv., Veratr. nigr.
761. M. sp. Hyper. perfor., Rubus caes., Archang. off., Galium verum, Hierac. vulg.
762. Mydaea sp. Hyper. perfor., Ulmar. pentap., Angel. silv., Succ. prat., Senec.
    Jacob., Mentha aquat.
763. Myobia inanis Fall. Medic. lupul., Angel. silv.
764. Myodina vibrans L. Aristol. Sipho.!
765. Myopites inulae v. Roser. Inula ensifol.
766. Myospila meditabunda F. Ranunc. sceler., Potent. Anser., Carum Carvi,
    Anthrisc. silv., Tarax. off.
767. Nemopoda cylindrica F. Myrrhis odor.
768. N. stercoraria Rob.-Desv. Stell. med., Myrrhis odor.
769. N. sp. Anthrisc. silv.
770. Nemoraea consobrina Mg. Comar. pal., Jas. mont.

771. N. erythrura Mg. Aegopod. podagr., Pastin. sat.
772. N. intermedia Zett. Salix rep.
773. N. pellucida Mg. Aegopod. podagr., Cirs. arv.
774. N. radicum F. Pimpin. Saxifr., Angel. silv., Pastin. sat., Cirs. arv., Lycium barb.
775. N. rudis Fall. Thym. Serp.
776. N. strenua Mg. Cirs. arv.
777. N. sp. Heracl. Sphond.
778. Notiphila cinerea Fall. Nymph. alba L.
779. N. nigricornis Stenh. Nymph. alba, Nuph. lut.
780. Ocyptera brassicaria F. Viola tric. alp., Trif. procumb. !, Eryng. camp., Sium latif., Peucedan. Oreoselin., Orlaya grandifl., Achill. Millef., Anthem. tinct., Tanacet. partheniif., Cirs. arv., Hypoch. rad., Jas. mont., Asclep. syr., Origan. vulg., Thym. Serp.
781. O. cylindrica F. Nasturt. off., Viola tric. versic. +, Knaut. arv., Chrysoc. Linosyr., Cirs. arv., Achill. Millef., A. Ptarm.. Jas. mont., Origan. vulg., Thym. Serp., Allium rot.
782. O. pusilla Mg. Trif. rep. +, T. fragif. +.
783. Olivieria lateralis F. Melilot. alb., Peucedan. Oreosel., Heracl. Sphond., Achill. Millef., Matric. inod., Senec. Jacob., Cirs. arv., Carlina vulg., Jas. mont., Convolv. arv., Allium rot.
784. Onesia cognata Mg. Ranunc. Fic., Berber. vulg., Potent. verna, P. steril., Spir. sorbif., S. ulmif., S. salicif., Tussil. Farf., Petasit. frag., Bellis per., Call. vulg., Popul. nigr.
785. O. floralis R.-D. Batrach. aquat, Ranunc. acer, R. rep., R. bulb., Caltha pal., Berber. vulg., Nuph. lut., Teesdal. nudicaul., Gypsoph. panic., Potent. verna, Spir. sorbif., S. salicif., S. ulmif., Crat. Oxyac., Pirus Malus, Sorb. auc, Carum Carvi, Heracl. Sphond., Anthrisc. silv., Chaerophyll. hirsut., Valer. off., Bellis per., Senec. Jacob., S. vern., Cirs. arv., Hypoch. rad., Tarax. off., Apocyn. androsaemifol. #, Myosot. silvat., Mentha arv., M. aquatica, Glaux marit., Euphorb. palustr., Butom. umbell.
786. O. sepulcralis Mg. Batrach. aquat., Berb. vulg., Cak. marit., Cerast. arv., Rubus caes., Crat. Oxyac., Sicyos angul., Astrant. major., Angel. silv., Pastin. sat., Heracl. Sphond., Hedera Helix, Valerian. olit., Eupator. cannabin., Tussil. Farf., Petasit. frag., Aster Tripol., A. Novae Angliae, Chrysoc. Linosyr., Solidago caesia, S. fragr., Senec. Jacob., Jas. mont., Call. vulg., Myosot. silvat., Mentha arv., M. aquatica.
787. O. sp. Achill. Millef.
788. Opomyza germinationis L. Pirola min., Myosot. silvat.
789. Orellia wiedemanni Mg. Bryon. dioica.
790. Oscinis aristolochiae Rond. Aristol. rotunda.!
791. O. delpinii Rond. Aristol. rotunda. !
792. O. dubia Macq. Aristol. Clemat. !, A. rotunda. !
793. O. frit L. Potent. silv., Daucus Carota, Matric. inod., Mentha aquat.
794. O. sp. Myos. minim., Medic. lupul., Jas. mont.
795. Oxyphora miliaria Schrk. Carduus acanthoid., C. nutans.
796. Phasia analis F. Conium macul., Peucedan. Cervar., Aneth. graveol., Heracl. Sphond., Senec. Jacob.
797. P. crassipennis F. Peucedan. Cervar., Aneth. graveol., Heracl. Sphond., Daucus Carota., Senec. Jacob., Achill. Millef., A. Ptarm.
798. Phorbia floccosa Macq. S.No.624. Pimpin. Saxifr., Achill. Millef., Toril. Anthrisc.
799. P. lactucae Bouché. Pulicar. dysent.
800. P. muscaria Mg. Stell. med., Salix Capr., Narc. Pseud.-Narc. +.
801. P. sp. Tussil. Farf., Salix Capr., S. purp.

802. **Phorocera pumicata** Mg. Pastin. sat.
803. **Phytomyza geniculata Macq.** Senec. Jacob.
804. **P. sp.** Parnass. pal., Hedera Helix.
805. **Piophila casei L** Myrrhis odor.
806 **Platycephala planifrons Fabr.** Aster Tripol.
807. **Platystoma seminationis F.** Anthrisc. silv., Cirs. arv.
808. **Plesina nigrisquama** Zett. Daucus Carota.
809. **Pogonomyia alpicola Rond.** Medic. lupul.?
810. **Pollenia rudis F.** Ranunc. Fic., Eranth. hiem. (!), Thlaspi arv., Stell. med., Cerast. semidec., Ruta graveol., Pirus comm., Astrant. major, Daucus Carota, Hedera Helix, Tussil. Farf., Aster Tripol., A. Novae Angliae, Bellis per., Helianth. ann., Gnaphal. lut.-alb., Matric. inod., Senec. Jacob., Echinops sphaeroceph., Call. vulg., Gent. Pneum., Lycopus europ., Viscum alb. !, Salix cin., S. Capr., S. aurit.
811. **P. vespillo F.** Thalict. flav., Cerast. semidec., Potent. verna, Pirus comm., Parnass. pal., Heracl. Sphond., Valerian. olitor., Tussil. Farf., Aster salicif., Bellis per., Rudbeckia laciniata, Matric. Chamom., Chrysanth. Leucanth., Tarax. off., Myosot. silvat., M. intermed., Polygon. Fagopyr., Viscum alb.!, Salix cin., S. Capr., S. aurit.
812. **P. sp.** Achill. Millef.
813. **Prosena siberita F.** Clemat. recta, Trif. med., Lythr. salic. !, Knaut. arv., Origan. vulg.
814. **Psila fimetaria L.** Anthrisc. silv., Myrrhis odor., Valerian. olit.
815. **P. villosula Mg.** Carum Carvi, Anthrisc. silv.
816. **Pyrellia aenea** Zett. Cerast. arv., Sedum acre, Carum Carvi, Heracl. Sphond., Chrysanth. Leucanth.
817. **P. cadaverina L.** Gypsoph. panic., Coniosel. tatar., Peucedan. ruthen., Aster Lindleyan., A. panicul., A. panic. var. pubesc., Biotia commixta, B. corymb, Chrysoc. Linosyr., Diplopappus amygd., Solid. canad., S. ambig., S. fragr., S. glabra, Bolton. glastif., Rudbeck. speciosa, Chrysanth. seget., Senec. nemor., S. macrophyll., Camp. Scheuchz., Mentha arv., Butom. umbell., Narth. ossifr.
818. **Rivellia syngenesiae Fabr.** Cirs. arv.
819. **Saltella scutellaris Fall.** Achill. Millef.
820. **Sapromyza apicalis Löw.** Aristol. Sipho. !
821. **S. rorida Fall.** Moehr. trinerv., Anthrisc. silv.
822. **Sarcophaga albiceps.** Mg. Ruta graveol., Aegopod. podagr., Carum Carvi, Pimpin. Saxifr., Daucus Carota, Senec. nemor., Convolv. sep., Lycopus europ., Thym. Serp., T. vulg.
823. *S. atriceps Zett.* = **Onesia atriceps Zett.** Valer. capitata.
824. S. **carnaria L.** Clemat. Vitalba, Anem. japon., Batrach. aquat., Ranunc. Ling., Eroph. verna., Teesdal. nudicaul., Gypsoph. panic., Tilia ulmif., Ruta graveol., Evon. europ., Staphyl. pinn., Medic. silvestr., Prunus spin., P. Padus, Rubus caes., R. frutic., Spir. sorbif., S. salicif., S. ulmif., Crat. Oxyac., Pirus comm., Sorbus auc., Ribes Grossul., Parnass. pal., Astrant. major, Eryng. marit., E. camp., Petrosel. sat., Carum Carvi, Oenanthe aquat., Conioselin. tataric., Peucedan. ruthen., Pastin. sat., Heracl. Sphond., Valer. off., Aster abbreviat., A. Lindleyan., A. panicul., A. pan. var. pubescens, A. sagittifol., A. sparsiflor.. Solid. canadens., S. fragr., S. glabra, S. livida, Achill. Millef., Matric. Chamom.. Tanac. vulg., Senec. nemor, S. macrophyll., S. Jacob., Cirs. arv., Leont. aut.. Tarax. off., Prenanth. purp., Camp. rot., Vacc. Myrt., Call. vulg., Ledum pal., Stapelia grandifl., Elssholzia crist., Mentha piperita, M. aquat., Thym. Serp., Armer. vulg., Polygon. Fagopyr., P. Bist., P. cuspid.. Euphorb. palustr.. E. aspera, E. dendroid., Dracunc. vulg., Epipact. pal.
825. S. **dissimilis Mg.** Anthrisc. Cerefol.
826. S. **grisea Mg.** Eryng. camp.

827. S. haemorrhoa Mg. Ruta graveol., Heracl. Sphond., Anthrisc. Cerefol., Matric. Chamom.
828. S. striata F. Scleranth. per., Sedum acre, Galium Mollugo, Achill. Millef.
829. S. sp. Medic. lupul., Parnass. pal., Angel. silv., Carum Carvi, Daucus Carota, Anthrisc. silv., Galium silvaticum, Leont. aut., Aster Novae Angl., Mentha aquat., M. silv., Armer. vulg., Ophrys muscif.
830. Sarcophila latifrons Fall. Eryng. camp., Solidago fragr.
831. S. meigeni Schin. Eryng. camp.
832. Scatella sp. Heracl. Sphond.
833. Scatophaga litorea Fall. Aster Tripol.
834. S. lutaria F. Anthrisc. silv., Myrrhis odor., Achill. Millef.
835. S. mordaria F. Anem. nem., Adon. vern., Batrach. aquat., Ranunc. Flamm., R. auric., R. Fic., Caltha pal., Barbar. vulg., Sinap. arv., Cochlear. Armorac., Cak. marit., Stell. Holost., Cerast. arv., Aesc. Hippocast. +, Geran. molle, Evon. europ., Prunus spin., Rubus Id., Fragaria vesca, Potent. Anser., P. frutic., Pirus comm., Sorbus auc., Ribes alp., Astrantia major, Aegop. podagr., Carum Carvi, Angel. silv., Heracl. Sphond., Anthrisc. silv., Myrrhis odor., Galium Moll., Aster Tripol., Valeriana asarifol., A. Novae Angliae, Bellis per., Achillea Millef., Anthem. arv., Matric. inod., M. marit., Chrysanth. seget., Cirs. arv., Tragop. prat., Tarax. offic., Molopoperm. Peloponn., Apocyn. androsaemifol. #, Myosot. silvat., Polygon. amphib., Salix cin., S. Capr., S. aurit., S. vimin., S. rep., Scilla ital., Paris quadrif.
836. S. scybalaria L. Saxifr. decip.
837. S. stercoraria L. Clemat. Vitalba, Anem. nem., Batrach. aquat., Ranunc. Flamm., R. lanugin., R. scelerat., R. Fic., Caltha pal., Hellebor. pallid., Brass. nig., Sinap. arv., Cochlear. offic., Cak. marit., Honcken. peploid., Stell. med., Cerast. arv., Aesc. Hippocast. +, Geran. pyren., Ruta graveol., Evon. europ., Staphyl. pinn., Medic. lupul., Prunus spin., Potent. Anser., Crat. Oxyac., Sorbus auc., Circaea lutet. !, Sedum acre, Ribes alp., R. Grossul., Astrantia major, Conium macul., Aegopod. podagr., Carum Carvi, Oenanthe aquat., Angel. silv., Heracl. Sphond., Daucus Carota, Anthrisc. silv., Hedera Helix, Adoxa moschat., Galium Mollugo, G. verum, Valerian. olit., Succ. prat., Eupator. cannabin., Tussil. Farf., Aster Tripol., A. Novae Angliae, Bellis per., Pulicar. dysenter., Achill. Millef., A. Ptarm., Anthem. arv., A. tinct., Matric. discoid., Chrysanth. Leucanth., Senec. Jacob., Cirs. arv., C. lanceolat., Carduus crisp., Leont. aut., Tarax. off., Jas. mont., Call. vulg., Myosot. silvat., Veron. Beccab., Mentha aquat., Origan. vulg., Armer. vulg., Polygon. cuspid., Euphorb. dendroid., Salix cin., S. Capr., S. aurit., S. purp., Butom. umbell.
838. S. sp. Stell. med., Medic. lupul. !, Crat. Oxyac., C. monog., Oenoth. bien. !, Smyrn. Olusatr., Apium graveol., Armer. vulg., Polygon. amphib., Dracunc. vulg.
839. Sciomyza cinerella Fall. Chrysospl. alternif.
840. Sepsis annulipes Mg. Aster Amell. var. Bessarab.
841. S. atriceps R.-D. Myosot. silvat.
842. S. cynipsea L. Batrach. aquat., Medic. lupul., Potent. Anser., Sicyos angul., Scleranth. per., Parnass. pal., Heracl. Sphond., Daucus Carota, Anthrisc. silv., Galium Mollugo, G. pal., Aster salicif., Chrysanth. seget., Mentha aquat., Salix rep.
843. S. nigripes Mg. Ranunc. Fic., Stell. Holost., S. med., Ulex europ. +, Potent. steril., Chrysospl. oppositif., Anthrisc. silv., Adoxa moschat., Tussil. Farf., Bellis per., Tarax. off., Veron. Tournefortii, V. hederifol., Lam. purp. +, ? !, Salix Capr., S. purp.
844. S. sp. Ranunc. Fic., Eranth. hiem. (!), Sisymbr. Soph., Alliar. off., Cochlear. Armorac., Stell. med., Ruta graveol., Prunus spin., Potent. frutic., Pirus comm. Sorbus auc., Philad. coron., Conium maculat., Sium latif., Peucedan. pal., Aegopod. podagr., Aneth. graveol., Daucus Carota, Anthrisc. silv., A. Cerefol., Myrrhis odor., Valerian. olit., Chrysanth. Leucanth., Convolv. arv., Euphorb. Esula.

845. Siphona cristata Fabr. Lepid. sat., Medic. lupul., Aegopod. podagr., Sherard. arv., Aster Tripol.
846. S. flavifrons Zett. Salix rep.
847. S. geniculata Deg. Viola lutea, Stell. Holost., Medic. lupul., Potent. silv., P. steril., Daucus Carota, Hedera Helix, Asperula cynanch., A. odor., Valerian. olit., Succ. prat., Eupator. cannabin., Pulicar. dysenter., Call. vulg., Myosot. silvat., Mentha aquat., Origan. vulg., Hotton. pal. !
848. Siphonella palposa Fall. Glaux marit.
849. *Somomyia* (= Lucilia) spec. S. No. 736. Helicodic. muscivor.
850. Sphaerocera pusilla Fall. Dracunc. vulg. !
851. Spilogaster carbonella Zett. Sedum acre, Achill. Millef., Jas. mont., Apocyn. androsaemifol. ⚏.
852. S. communis R.-D. Angel. silv., Galium Mollugo, G. verum, G. verum × G. Moll., Achill. Millef., Matric. inod., Jas. mont.
853. S. depuncta Fall. Salix rep.
854. S. duplaris Zett. Galium Mollugo, G. verum.
855. S. duplicata Mg. Erod. cicut. v. pimpinellif., Anthrisc. silv. Galium Mollugo, G. verum, G. verum × G. Moll., Arnica mont., Viscum alb. !, Euphorb. pilosa, Salix rep., Secale cereale, Agropyr. rep.
856. S. nigrita Fall. Matric. Chamom.
857. S. quadrum F. Parnass. pal.
858. S. semicinerea Wied. Plantag. med., Cyprip. Calc. +.
859. S. urbana Mg. Solidago Ridellii.
860. S. vespertina Fall. Anthrisc. silv.
861. S. sp. Parnass. pal.
862. Spilographa meigenii Löw. Cirs. olerac.
863. Stomoxys calcitrans L. Hyper. perfor., Toril. Anthrisc., Achill. Millef., Cirs. arv., Mentha aquat.
864. St. stimulans Mg. Galium Mollugo, G. verum, G. ver. × G. Moll.
865. St. sp. Tarax. off.
866. Tachina agilis Mg. Heracl. Sphond.
867. T. erucarum Rond. Heracl. Sphond.
868. T. larvarum L. Angel. silv.
869. Tephritis arnicae L. Arnica mont.
870. T. conjuncta Loew. Tarax. off.
871. T. elongatula Loew. Tanacet. corymbos.
872. T. flavipennis Loew. Achill. Millef.
873. T. pantherina Fall. S. No. 888. Sium latif.
874. T. postica Loew. Onopord. Acanth.
875. T. vespertina Loew. Aster Tripol.
876. T. zelleri Loew. Inula Conyza.
877. Tephrochlamys rufiventris Mg. Salix vimin.
878. Tetanocera elata Fr. Ranunc. acer.
879. T. ferruginea Fall. Sium latif.
880. Themira minor Hal. Sisymbr. Soph., Pimpin. Saxifr., Matric. inod., Call. vulg.
881. T. putris L. Teesdal. nudicaul.
882. *Trichophthicus cunctans Mg.* = Lasiops cunctans Mg. S. No. 712. Hedera Helix Succ. prat., Senec. Jacob., Centaur. nigra, Leont. aut., Erica ciner., Mentha aquat.
883. *T. hirsutulus Zett.* = Lasiopus hirsutulus Zett. Ulmar. pentap.
884. Thryptocera spec. Batrach. aquat.
885. Trypeta acuticornis Loew. Cirs. crioph.
886. T. cornuta F. Centaur. Scab.
887. T. falcata Scop. Tragopog. prat., T. major.

888. *T. pantherina Fall.* = Tephritis pantherina Fall. S. N. 873. Achill. Millef., A. Ptarm.
889. T. ruficauda F. Cirs. arv., C. pal., Serrat. tinct.
890. T. tussilaginis F. Lappa toment., Centaur. Scab.
891. T. winthemi Mg. Heracl. Sphond., Cirs. pal.
892. T. sp. Hypoch. rad., Armer. vulg.
893. Ulidia erythrophthalma Mg. Papav. Rhoeas, Res. lutea, Malva silv., Potent. arg., Bupleur. rotundifol., Orlaya grandifl., Asperula cynanch., A. tinct., Galium verum, G. boreale, Anthem. tinct., Matricar. inod., Tanacet. corymbos., Achill. Millef., A. Ptarm., Convolv. arv., Melampyr. arv., Thym. Serp., Euphorb. Esula, Allium rot.
894. Urophora eriolepidis Loew. Cirs. eriophor.
895. U. solstitialis L. Carduus nut.
896. U. stigma Loew. Achillea Millef., Cirs. pal.
897. U. stylata F. Carduus nut.
898. Xysta cana Mg. Daucus Carota.
899. Zophomyia temula Scop. Aegopod. podagr., Carum Carvi, Bellis per., Anthrisc. silv.

N. Mycetophilidae:

900. Boletina sp. Pimpin. Saxifr.
901. Bolitophila fusca Mg. Hedera Helix.
902. Campylomyza lucorum Rond. Aristol. Clemat. !
903. Exechia sp. Chrysosplen. oppositif., Adoxa moschat.
904. Glaphyroptera fasciola Mg. Angel. silv.
905. Platyura sp. Heracl. Sphond.
906. Sceptonia nigra Mg. Angel. silv., Pimpin. Saxifr.
907. Sciara atrata Holmgr. Cerast. alp.
908. S. minima Mg. Aristol. rotunda. !
909. S. nervosa Mg. Arum ital. !
910. S. thomae L. Oenanthe aquat., Angel. silv., Aneth. graveol., Heracl. Sphond., Senec. Jacob.
911. S. sp. Myos. minim., Vit. vinif., Chrysosplen. oppositif., Daucus Carota, Hedera Helix, Adoxa moschat., Valerian. olit., Matric. inod., Leont. nut., Mentha aquat.

O. Phoridae:

912. Phora carbonaria Zett. Aristol. pall. !
913. P. nigra Mg. Aristol. Sipho. !
914. P. pulicaria Fall. Crambe marit. +, Aristol. altiss. !, A. pall. !
915. P. pumila Mg. Aristol. Sipho. !, A. altiss. !
916. P. sp. Myosur. minim., Ranunc. Fic., Stell. med., Cerast. triv., Potent. steril., Parnass. pal., Pimpin. Saxifr., Angel. silv., Daucus Carota, Tussil. Farf., Veron. Tournefortii, Mentha aquat.

P. Pipunculidae:

917. Pipunculus rufipes Mg. Aegopod. podagr.
918. P. ruralis Mg. Heracl. Sphond.

Q. Psychodidae:

919. Pericoma sp. Daucus Carota, Mentha aquat.
920. P. phalaenoides L. = *P. nervosa Mg.* Arum maculatum. !, A. ital. !

R. Rhyphidae:

921. Rhyphus fenestralis Scop. Salix vimin.
922. R. sp. Adoxa moschat.

S. Simulidae:

923. Simulia sp. Chrysosplen. alternif., Adoxa moschat., Salix vimin.

T. Stratiomydae:

924. **Chrysomyia formosa Scop.** Ranunc. acer, Ruta graveol., Rubus frutic., Scleranth. per., Conium macul., Aegopod. podagr., Carum Carvi, Bupleur. rotundif., Aneth. graveol. Chaerophyll. temul., Plectranth. glaucocalyx., Plantag. med.

925. **C. polita L.** Epil. angust.

926. **Lasiopa spec.** Salix cin., S. Capr., S. aurit., S. vimin.

927. **Nemotelus notatus Zett.** Parnass. pal.

928. **N. pantherinus L.** Hesper. matron., Geran. prat., Anthrisc. silv., Asperula cynanch., Anthem. arv., Matric. Chamom., Tanacet. corymbos., Chrysanth. Leucanth.

929. **N. uliginosus L.** Sedum acre, Achill. Millef., Cirs. arv.

930. **Odontomyia argentata F.** Caltha pal., Potent. verna.

931. **O. hydroleon L.** Aegopod. podagr., Cirs. arv., Centaur. rhen.

932. **O. personata Loew.** Polygon. Bist.

933. **O. tigrina F.** Ranunc. acer, R. rep., R. bulb., Sorb. auc., Euphorb. palustr.

934. **O. viridula F.** Comar. pal., Spir. sorbif., S. salicif., S. ulmif., Parnass. palustr.. Sium latif., Oenanthe aquat., Anthrisc. silv., Galium Mollugo, Achill. Millef., A. Ptarm., Tanacet. vulg., Chrysanth. Leucanth., Senec. Jacob., Cirs. arv., Convolv. arv., Mentha arv., Polygon. Fagopyr.

935. **Oxycera pulchella Mg.** Rosa rubigin., Melampyr. prat. +

936. **Sargus cuprarius L.** Malva silv., Impat. noli tang. +. Ruta graveol., Rubus frutic., R. caes., Potent. frutic., Conium macul., Aegopod. podagr., Sambuc. nigra, Galium Mollugo.

937. **S. flavipes Mg.** Melampyr. prat. +

938. **S. infuscatus Mg.** Aegopod. podagr.

939. **Stratiomys chamaeleon Deg.** Aegopod. podagr., Oenanthe fistul., Peucedan. oreoselin., Aneth. graveol., Heracl. Sphond., Daucus Carota, Anthrisc. silv., Polygon. Fagopyr.

940. **S. equestris Mg.** Heracl. Sphond.

941. **S. furcata F.** Crat. Oxyac., Sium latif., Heracl. Sphond., Daucus Carota.

942. **S. longicornis F.** Carum Carvi, Peucedan. Oreoselin., Daucus Carota, Chaerophyll. aureum, Moloposperm. Peloponnes.

943. **S. riparia Mg.** Spir. sorbif., S. salicif., S. ulmif., Sium latif., Daucus Carota, Polygon. Fagopyr.

U. Syrphidae:

944. **Arctophila mussitans F.** Heracl. Sphond., Succ. prat., Senec. Jacob., Call. vulg., Mentha aquat.

945. **Ascia lanceolata Mg.** Ranunc. lanugin., Spir. sorbif., S. salicif., S. ulmif., Crat. Oxyac., Heracl. Sphond., Tarax. off.

946. **A. podagrica F.** Anem. silv., Ranunc. acer, R. rep., R. lanugin., Caltha pal., Berber. vulg., Chelidon. majus, Barbar. vulg., Sisymbr. off., Stenophragma Thalian., Teesdal. nudicaul., Lepid. sat., Caps. bursa past., Helianth. vulg., Gypsoph. panic., Stell. med., Malach. aquat., Hyper. perfor., Geran. pyren., G. molle., G. pusill., Erod. cicut. v. pimpinellif., Ruta graveol., Rubus frutic., R. Id., Agrim. Eupat., Spir. sorbif., S. salicif., S. ulmif., Crat. Oxyac., Pirus comm., Circaea lutet. !, Philad. coron., Bryon. dioica, Saxifr. Aizoon., Aethusa Cynap., Heracl. Sphond., Daucus Carota, Toril. Anthrisc., Anthrisc. silv., Valerian. olit., Bellis per., Matricar. inod., Senec. Jacob., Lamps. comm , Tarax. off., Myosot intermed., Solanum nigr., Verbasc. Thapsus, Veron. Cham., V. mont., V. Anagall., V. Beccab., Elssholzia crist., Mentha aquatica, Origan. vulg., Plantag. med., Rheum undul., Polygon. Bistorta, P. Persic., P. lapathifol., P. mite, P. avicul., Euphorbia verrucosa, E. palustr., Alisma Plant.

947. **Bacha elongata F.** Ranunc. lanug., Circaea lutet. !, Heracl. Sphond., Chaerophyll. temul.

948. Brachyopa bicolor Fall. Leont. aut.
949. B. ferruginea Fall. Aegopod. podagr.
950. Brachypalpus valgus Pz. Ranunc. Fic., Salix cin., S. Capr., S. aurit.
951. Ceria conopsoides L. Bunias orient.
952. Cheilosia albitarsis Mg. Ranunc. acer, R. rep., R. bulb., R. lanugin. Caltha pal.
953. C. antiqua Mg. S. No. 977. Ranunc. acer, R. rep., R. bulb., R. mont., Arnica mont. Leont. hastil.
954. C. barbata Loew. Daucus Carota, Senec. Jacob.
955. C. brachysoma Egg. Potent. aurea, Salix cin., S. Capr., S. aurit.
956. C. caerulescens Mg. Aster alpin.
957. C. canicularis Pz. Senec. nemor., Leont. hastil., Achyrophor. unifl., Tarax. off.
958. C. chloris Mg. Tarax. off., Salix cin., S. Capr., S. aurit.
959. C. chrysocoma Mg. Crep. bienn., C. vir., C. tector.
960. C. decidua Egg. Anthrisc. silv. (?)
961. C. flavicornis F. Salix spec.
962. C. fraterna Mg. Chrysanth. Leucanth.
963. C. gilvipes Zett. Spir. sorbif., S. salicif., S. ulmif.
964. C. impressa Loew. Daucus Carota.
965. C. longula Zett. Call. vulg.
966. C. modesta Egg. Potent. verna, Saxifr. Aizoon, Salix cin., S. Capr., S. aurit.
967. C. mutabilis Fall. Heracl. Sphond.
968. C. nebulosa Verral. Ranunc. Fic.
969. C. oestracea L. Pimpin. Saxifr., Angel. silv., Heracl. Sphond., Cirs. arv.
970. C. personata Loew. Knaut. silv.
971. C. pictipennis Egg. Salix cin., S. Capr., S. aurit.
972. C. pigra Loew. Anthrisc. silv. (?)
973. C. plumulifera Loew. Tarax. off. (?)
974. C. praecox Zett. Potent. verna., Senec. Jacob., Tarax. off., Euphorb. Cypariss., Salix cin., S. Capr., S. aurit., S. rep.
975. C. pubera Zett. Ranunc. acer, R. rep., R. bulb., R. lanugin. Caltha pal.
976. C. pulchripes Loew. Pulmon. angustifol.
977. C. schmidtii Zett. = C. antiqua Mg. S. No. 953. Ranunc. acer, R. rep., R. bulb.
978. C. scutellata Fall. S. Nr. 980. Aneth. graveol., Heracl. Sphond., Chaerophyll. temul., Solidago canad., Call. vulg., Polygon. Fagopyr.
979. C. soror Zett. Daucus Carota, Senec. Jacob., Hierac. Pilos.
980. C. urbana Mg. = C. scutellata Fall. S. No. 978. Salix cin., S. Capr., S. aurit.
981. C. variabilis Mg. Aegopod. podagr., Angel. silv., Daucus Carota, Hypoch. rad.
982. C. vernalis Fall. Ranunc. auricom., Tarax. off.
983. C. vidua Mg. Ranunc. acer, R. rep., R. bulb.
984. C. sp. Ranunc. Flamm., Caltha pal., Pap. Rhoeas, Arab. alb., Stell. med., Potent. Anser.; P. silv., Petrosel. sativ., Pimpin. Saxifr., Chaerophyll. temul., Tussil. Farf., Senec. Jacob., Leont. hastil., Hypoch. rad., Achyroph. uniflor., Sonchus arv., Rheum undul., Euphorb. Cypariss., Cyprip. Calc. +, Hyac. orient.
985. Chrysochlamys cuprea Scop. Aegopod. podagr.
986. C. ruficornis F. Ranunc. acer, R. rep., R. bulb., Camp. Trach.
987. Chrysogaster aenea Mg. Hesper. matron.
988. C. chalybeata Mg. Aegopod. podagr.
989. C. coemeteriorum L. Fragaria elat., Ulmar. pentap., Conium macul., Aegopod. podagr., Chaerophyll. temul., Achill. Millef.
990. C. macquarti Loew. Ranunc. acer, R. rep., R. bulb., Nasturt. silv., Sinap. arv., Stell. med., Potent. Anser.
991. C. metallina F. Ranunc. rep.

992. C. splendida Mg. Pimpin. Saxifr., Euphorb. palustr.

993. C. viduata L. Batrach. aquat., Ranunc. acer, R. rep., R. bulb., Spir. sorbif., S. salicif., S. ulmif., Aegopod. podagr., Heracl. Sphond., Daucus Carota, Picris hieracioid., Myosot. intermed.

994. C. sp. Hypoch. radic.

995. C. arcuatum L. Ranunc. acer, R. rep., R. bulb., Rubus frutic.

996. C. bicinctum E. Caps. bursa past., Geran. pyren., Genista tinct. +, Potent. silv., Angel. silv., Pastin. sat., Heracl. Sphond., Achill. Millef., A. Ptarm., Melampyr. prat.

997. C. elegans Loew. Pastin. sat.

998. C. fasciolatum Deg. Helianth. vulg., Anthrisc. silv.

999. C. festivum L. Ranunc. acer, R. rep., R. bulb., Spir. sorbif., S. salicif., S. ulmif., Aegopod. podagr., Carum Carvi, Pimpin. Saxifr., Oenanthe aquat., Heracl. Sphond., Valer. off., Hypoch. rad., Jas. mont., Call. vulg., Convolv. arv., Plantag. med., Polygon. Fagopyr., Euphorb. heliosc.

1000. C. octomaculatum Curt. Heracl. Sphond., Hierac. Pilos., Call. vulg., Melampyr. silvat.

1001. C. vernale Loew. Chrysophyll. Villarsii, Thym. Serp., Euphorb. Cypariss.

1002. Criorhina asilica Fall. Evon. europ., Crat. Oxyac.

1003. C. berberina F. Crat. Oxyac. Berber. vulg.

1004. C. floccosa Mg. Crat. Oxyac., Salix spec.

1005. C. oxyacanthae Mg. Crat. Oxyac., Salix spec.

1006. C. ruficauda Deg. Salix incana.

1007. Didea alneti Fall. Sanguis. off.

1008. D. intermedia Loew. Hyper. perfor., Rosa can., Potent. silv., Achyrophor. uniflor., Mulged. prenanthoid., Plantag. mont.

1009. Eristalis aeneus Scop. Papaver somnif., Arab. alb., Sinap. arv., Schiever. podol., Gypsoph. panic., Hyper. perfor., Fragaria vesca var. semperfl., Ulmar. pentap., Ribes Grossul., Carum Carvi, Pimpin. Saxifr., Sium latif., Heracl. Sphond., Scab. daucoid., Aster Tripol., A. azur., A. concinn., A. sagittifol., A. sparsifl., Galatella dracunculoid., Solidago fragr., Achill. Millef., Chrysanth. Leucanth., Doronic. caucas., Arnica Chamisson., Senec. nemor., S. Jacob., Cirs. arv., Centaur. nigra. Leont. aut., Hierac. umbell., Jas. mont., Mentha aquatica, Salix cin., S. Capr., S. aurit., Scilla ital., Muscari botr.

1010. E. alpinus Panz. Vacc. Myrt.

1011. E. anthophorinus Zett. Sinap. arv., Knaut. arv., Achill. Millef., Tanacet. vulg., Leont. aut.

1012. E. arbustorum L. Clemat. recta, Thalictr. aquilegif., T. flavum, Anem. silv., Batrach. aquat., Ranunc. acer, R. rep., R. bulb., R. Ling., R. lanugin., R. Fic., Caltha pal., Berber. vulg., Papaver somnif., Chelidon. majus, Nasturt. off., N. amphib., N. silvest., Hesper. matron., Sisymbr. austriac., Brass. nig., Sinap. arv., Berter. incana., Lepid. sat., Bunias orient., Cak. marit., Crambe pinnatif., Gypsoph. panic., Sperg. arv., Stell. Holost., S. med., Malach. aquat., Cerast. arv., C. triv., Tilia ulmif., Hyper. perfor., Acer Pseudoplat., Ulex europ. +, Prunus dom., P. avium, P. cer., P. spin., Rosa can., Rubus caes., R. Id., Potent. Anser., P. rept., P. frutic., Ulmar. pentapet., U. Filip., Spir. sorbif., S. salicif., S. ulmif., Crat. Oxyac., Pirus comm., Sorb. auc., Oenoth. bien. !, Philad. coron., Scleranth. per., Sedum acre, Saxifraga longif., S. granul., Parnass. pal., Astrant. major, Eryng. camp., Conium macul., Petrosel. sat., Aegopod. podagr., Carum Carvi, Sium latif., Bupleur. falcat., Oenanthe fistul., O. aquat., Conioselin. tataric., Ligustic. pyrenaic., Peucedan. Cervar., P. pal., P. ruthenic., Aneth. graveol., Heracl. Sphond., H. sibiric., Daucus Carota, Anthrisc. silv., A. Cerefol., Prangos ferulacea, Cornus sang., C. suecica, Sambuc. nigra, Viburn. Opul., Symphoricarp. racem. !, Galium verum, Valer. off., V. dioica,

Knaut. arv., Succ. prat., Eupator. cannabin., E. ageratoid., E. purp. Aster Amell., A. Novae Angl., A. salicif., A. floribund., A. laevis, A. lanceolat., A. Lindleyan., A. squarrulos., Biotia commixta, B. corymbosa, Chrysoc. Linosyr., Bellis per., Erigeron specios., Solidago Virga aur., S. canad.. S. fragr., S. glabra, S. Missouriens., S. rigida, Inula Helen., I. britann., I. thapsoid, Pulicar. dysenter., Boltonia glastif., Coreops. auricul., Helichrys. bracteat., Achill. Millef., A. Ptarm., A. dentifera, A. grandif., A. nobil., Anthem. arv., A. tinct., Matric. Chamom., M. inod., M. marit.. Tanacet. vulg., Chrysanth. seget., Chr. Leucanth., Doronic. Pardaliauch., D. austriac., Senec. nemor., S. nebrod.. S. macrophyll., S. Jacob., Calend. off., Cirs. arv., C. lanceolat., Carduus crisp.. Carlina acaul., Centaur. Cyan.. C. argent., C. orient., Lamps. comm., Thrinc. hirta, Leont. aut., L. hastil., Piciis hieracioid., Hypoch. radic., Tarax. off., Sonchus olerac., S. arv., Crep. bienn., Hierac. umbellat.. Camp. rot., Jas. mont., Ligustr. vulg., Syringa vulg., Asclep. syr. !, Erythr. Centaur., Convolv. arv., C. sep., Myosot. silvat., M. intermed., Verbasc. thapsiforme, V. nigr., Linar. vulg., Plectranth. glaucocalyx, Mentha piperita, M. aquatica. M. silv., Origan. vulg.. Thym. serp., Hotton. pal. !, Plantag. med., Salsola Kali, Polygon. Fagopyr., P. Bistorta, P. Persic., Euphorb. Gerard., E. Cypariss., E. virgata, Mercur. ann., Salix. cin., S. Capr., S. aurit., S. rep., Alisma Plant., Scilla campan.

1013. E. horticola Deg. Sinap. arv., Hyper. perfor., Rosa can., Potent silv., Ulmar. pentapet., Sorb. auc., Oenoth. Lamarck., Angel. silv., Heracl. Sphond., Carum Carvi, Pimpin. Saxifr., Sambuc. nigra, Valer. off., Knaut. arv., Succ. prat., Eupator. cannabin., Tussil. Farf., Aster Tripol., Chrysanth. Leucanth., Senec. paludos., S. Jacob., Cirs. lanceolat., Serrat. tinct., Centaur. Scab., Leont. hastilis, Achill. Millef., A. Ptarm., Convolv. sep., Mentha aquat., Origan vulg., Beton. off. (!), Orchis. mac. !

1014. E. intricarius L. Ranunc. sceler., Caltha pal., Arab. aren., Cak. marit., Melilot. albus !, Prunus spin., Rubus frutic., Potent. Anser., Spir. sorbif., S. salicif., S. ulmif., Crat. Oxyac., Pirus comm., Oenoth. Lamarck., Lythr. salic. !, Angel. silv.. Knaut. arv., Succ. prat., Scab. ochrol., S. daucoid., Antennar. margarit., Achill. Millef., Cacalia hastata, Cirs. arv., C. pal., Centaur. Jacea, C. rigidif., Leont. aut., Tarax. off., Mentha aquat., Glechom. hed. !, Hotton. pal. !, Armer. vulg., Polygon. Fagopyr., P. Bist., Salix. cin., S. Capr., S. aurit., S. rep.

1015. E. jugorum Egg. Knaut. arv.

1016. E. nemorum L. Clemat. Vitalba, Thalictr. aquilegif., T. flavum, Anem. silv.. Batrach. aquat., Ranunc. acer, R. rep., R. bulb., Caltha pal., Berber. vulg., Chelidon. majus, Nasturt. off., Cardam. prat., Hesper. matron., Brass. Rapa, Berter. incana, Lepid. sat., Caps. bursa past., Isat. tinctor., Helianth. vulg., Gypsoph. panic., G. perfol., Aren. graminif., Stell. Holost., Cerast. arv., Althaea cannab., Tilia ulmif., Hyper. perfor., Geran. pal., Evon. europ., Rhamn. cathart., Coron. var., Prunus spin., Geum riv., Fragaria collina, Potent. frutic., P. chrysantha, Agrim. Eupat., Ulmar. pentap., U. Filip., Spir. sorbif., S. salicif., S. ulmif., S. digit., Crat. Oxyac., Pirus comm., Sorb. auc., Oenoth. bien. !, O. biennis × muric., Circaea lutet. !, Sicyos angul., Saxifr. decip., Parnass. palustr., Astrant. major, A. neglecta, Eryng. camp., Conium macul., Aegopod. podagr., Sium latif., Oenanthe fistul.. Conioselin. tataric., Angel. silv., Peucedan. cervar.. P. ruthenic., Tommasin. verticill., Imperat. Ostruth., Aneth. graveol., Heracl. Sphond., H. sibiric., Siler trilob., Anthrisc. Cerefol., Chaerophyll. temul., Ch. aureum, Myrrhis odor., Moloposperm. Peloponnes., Cornus sang., C. mas., Ebul. humile, Sambuc. nigra, Viburn. Opul., Asperula odor., Valer. off., Cephalaria radiata, Knaut. arv., Succ. prat., Scab. Columb.. S. ochrol., Eupator. cannabin., E. ageratoid., Aster Amell., A. Amell. var. Bessarabic., A. salicif.. A. abbreviat., A. azur., A. floribund., A. laevis, A. lanceolat., A.Lindleyan., A. phlogifol., A. sagittif., A. sparsifl., Biotia commixta, B. corymbosa, B. Schreberi, Galatella dracunculoid., Aster panicul., Ast. panic. var. pubescens, Chrysoc.

Linosyr., Diplopapp. amygd., Solidago Virga aur., S. canad., S. ambigua, S. fragr., S. glabra, S. Missouriens., S. rigida, Silph. conat., S. erythrocaulon, Inula thapsoides, Helen. antumn., Boltonia glastifol., Helianth. atrorub., H. divaricat., Coreops. lanceol., Achill. Ptarm.. A. Millef., A. grandif., A. nobil., Anthem. arv., A. tinct., Matric. Chamom., Tanacet. vulg., Chrysanth. seget., C. Leucanth., Doronic. Pardalianches, D. austriacum, Senecio nemor., S. sarracenicus, S. nebrod., S. macrophyll., S. Jacob., Echinops exaltat., Cirs. arv., C. lanceolat., Centaur. Jacea, C. Scab., C. argent., Lamps. comm., Leont. hastil., Picris hieracioid., Tragopog. floccos., Scorzon. parvifl.. Hypoch. rad., Tarax. off., T. salin., Crep. bienn., C. rigida, Hierac. vulg., H. umbellat., H. crinit., Ligustr. vulg., Asclep. syr. !, Myosot. alpestr., Mentha piperita, M. aquat., M. silv., M. silv. var. nemorosa, Origan. vulg., Calamintha Nepeta, Teucr. Scorod. (!), Hotton. pal. !, Rheum undul., Polygon. Fagopyr., Euphorb. verrucosa, E. Cypariss., E. palustr., E. aspersa, E. nicaeens., Tulipa silv., Scilla nut.

1017. E. pertinax Scop. Thalict. aquilegif., Ranunc. Fic., Berb. vulg., Chelidon. majus, Arab. caucas., Hesper. matron., Sinap. arv., Cak. marit., Hyper. perfor., Ulex europ. +, Medic. sat. +, M. silvestr., Rubus frutic., R. Id., Comarum pal., Spir., sorbif., S. salicif., S. ulmif., Crat. Oxyac., Sorbus auc., Philad. coron., Ribes Grossul., Parnass. pal., Angel. silv., Heracl. Sphond., Daucus Carota, Anthrisc. silv., Chaerophyll. hirsut., Valer. off., Dipsac. silv., Knaut. arv., Succ. prat., Eupator. cannabin., Tussil. Farf., Petasit. fragr., Bellis per., Solidago Virga aur., S. canad., Pulicar. dysenter., Achill. Millef., Matric. inod., Senec. nemor., Cirs. arv., Serrat. tinct., Centaur. nigra, Leont. aut., Tarax. off., Crep. bienn., Mentha aquat., Origan. vulg., Thym. Serp., Polygon. Fagopyr., Salix. cin., S. Capr., S. aurit., S. rep., Narc. Pseud. Narc. +.

1018. E. rupium F. Pimpin. Saxifraga, Heracl. Sphond., Knaut. arv., Succ. prat., Hierac. muror., Polygon. Bist.

1019. E. sepulcralis L. Clemat. recta, Thalictr. aquilegifol., T. flavum, Ranunc. acer, R. rep., R. bulb., Nasturt. off., Sinap. arv., Alyss. mont., A. saxat., Lepid. sat., Cerast. arv., Tilia ulmif., Hyper. perfor., Erod. cicut. v. pimpinellif., Ruta graveol., Rubus Id., Fragaria vesca, F. collina, Potent. multifida, P. frutic., Ulmar. pentap., Spir. sorbif., S. salicif., S. ulmif., Crat. Oxyac., Sedum acre, Petroselin. sativ., Oenanthe fistul., Aneth. graveol., Heracl. Sphond., Daucus Carota, Anthrisc. silv., Chaerophyll. hirsut., Viburn. Opul., Galium saxatile, Valer. off., Centranth. angustif., Knaut. arv., Chrysoc. Linosyr., Bellis per., Pulicar. dysenter., Achill. Millef., A. Ptarm., Anthem. arv., Matric. Chamom., Chrysanth. Leucanth., Senec. nemor., S. Jacob., Cirs. arv., Centaur. Jacea, Lamps. commun., Cichor. Intyb., Thrinc. hirta, Leont. aut., Picris hieracioid., Hypoch. rad., Tarax. off., Crep. bienn., C. tector., Syringa vulg., Myosot. silvat., Veron. Beccab., Mentha arv., M. aquat., Satureja hort., Thym. Serp., Polygon. Fagopyr., P. Persic., P. lapathif., Alisma Plant.

1020. E. tenax L. Clemat. Vitalba, C. recta, Thalictr. aquilegif., T. flavum, T. minus, Hepat. triloba, Anem. silv., A. nemor., A. japon., Adon. vern., A. aestiv., Batrach. aquat., Ranunc. Flamm., R. acer, R. rep., R. bulb., R. Ling., R. auric., Hellebor. foetid., Berber. vulg., B. aquifol., Papaver somnif., Arab. bellidif., Hesper. matron., Brass. Rapa, B. nig., Sinap. arv., S. alba, Cak. marit., Crambe marit. (!), Coron. fl. Jov., Sperg. arv., Stell. gramin., Althaea cannab., Hyper. perfor., Acer Pseudoplat., Geran. pal., Ruta graveol., Evon. europ., Staphyl. pinn., Trif. arv. !, Lotus corn. +, Coron. varia ∕, Ornithop. sat., Amygd. comm., Prunus dom., P. avium, P. cer., P. spin., Rubus frutic., R. Id., Potent. verna, Alchem. acutilob., Agrim. Eupatorium, Ulmar. pentap., U. Filip., Spir. sorbif., S. salicif., S. ulmif., Crat. Oxyac., Pirus Malus, P. comm., Sorbus auc., Epil. hirs., Oenothera bienn. !, Lythr. hyssopif., Philad. coron., Bryon. dioica, Sedum acre, S. refl., S. spectab., Ribes Grossul., Saxifr. androsacea, Parnass. pal., Astrant. neglecta, Eryng. camp., E. plan., Cicuta virosa, Petroselin. sativ., Aegopod. podagr. Pimpin. Saxifr., Conioselin. tataric., Peucedan. Cervar., Aneth. graveol., Heracl. Sphond., Daucus Carota, Scandix pecten veneris, Chrysophyll. Villarsii, Hedera Helix, Cornus sang., Sambuc. nigra, Viburn. Opul., Sherard. arv., Valer. off., V. alliariif., Centranth. angustif., Cephalar. radiata, Knaut. arv., Succ. prat., S. austral., Scab. Columb., S. ochrol., S. atropurp, Eupator. cannabin., E. purp., Adenostyl. hybr., Tussil. Farf., Aster alpin., A. Tripol., A. Novae Angliae, A. concinn., A. floribund., A. lanceolat., A. Lindleyan., A. sagittif., Biotia Schreberi, Chrysoc. Linosyr., Bellis per., Diplopapp. amygd., Solidago Virga aur., S. canad., S. frag., S. Missouriens., Silphium asterisc., S. dentat., S. erythrocaulon, S. gummifer., S. perfoliat., S. terebinthinac., Pulicar. dysenter., Helen. aut., H. decurr., Boltonia glastif., Helianth. mutifl., H. atrorub., H. lactifl., H. trachelif., Chrysostemma tripteris, Coreopsis lanceol., Rudbeckia laciniata, Antennar. dioica, A. margaritacea, Achill. Millef., A. Ptarm., Anthem. arv., A. tinctor., A. rigescens, Matric. inod., Chrysanth. seget., Arnica Chamissonis, Cacalia hastata, Senec. nemor., S. Jacob., S. erucif., S. aquat., Calendula off., Cirs. arv., C. lanceolat., C. pal., Carduus crisp., C. acanthoid., C. nutans, Centaur. Jacea, C. nigra, C. Scab., C. rhen., C. caloceph., Cichor. Intyb., Thrinc. hirta, Leont. aut., L. hastil., Picris hieracioid., Tragopog. floccos., Scorzon. humil., Hypoch. rad., Tarax. off., Sonchus arv., Crep. bienn., C. virens, C. rigida, Hierac. Pilos., H. vulg., H. umbellat., H. bupleuroid., H. crinit., H. viros., Jas. mont., Call. vulg., Asclep. syr. !, Phlox panicul., Convolv. arv., C. sep., Solanum tuberos., S. Dulcam., Veron. Beccab., Elsholtzia crist., Mentha aquat., Origan. vulg., Lophant. rugos., Stach. silv. +, Ajuga rept. +, Hotton. pal. !, Armer. vulg., Polygon. Fagopyr., P. amphib., P. Persic., Daphne Mez., Euphorb. heliosc., E. Cypariss., E. Esula, E. Pepl., E. dendroid., Mercur. ann., Salix cin., S. Capr., S. aurit., S. purp., S. rep., Stratiot. aloid., Commelina tuber., Allium Cepa, Colchic. aut.

1021. E. sp. Adon. vern., Nasturt. off., Erysim. orient., Cochlear. Armorac., C. danica., Caps. bursa past., Cak. marit., Trif. rep. (!), Circaea interm., Lythr. sal. !, Eryng. Bourgati, Carum Carvi, Oenanthe aquat., Symphoricarp. racem. !, Lonic. Periclym., Adenost. alb., Helianth. ann., Matric. inod., Echinops sphaeroceph., Centaur. Scab., Cichor. Intyb., Jas. mont., Erica Tetr., Erythr. Centaur., Convolv. arv., Myosot. silvat., Calamintha off., Verben. off., Armer. vulg., Plantag. med., Polygon. amphib., Daphne Mez., Hyac. orient., H. amethyst.

1022. Eumerus ovatus Loew. Peucedan. Oreoselin.

1023. E. sabulonum Fall. Gal. Moll., Achill. Millef., A. Ptarm., Jas. mont.

1024. E. sinuatus Loew. Pastin. sat.

1025. Helophilus floreus L. S. No. 1056. Clemat. recta, Anem. silv., Batrach. aquat., Berber. vulg., Eschscholtzia californ., Nasturt. off., Sinap. arv., Lepid. sat., Tilia ulmif., Geran. pyren., Ruta graveol., Evon. europ., Rhus Cotinus, Medic. sat. +, Rubus frutic., R. caes., R. Id., Potent. frutic., Ulmar. pentap., U. Filip., Spir. sorbif., S. salicif., S. ulmif., S. digit., Crat. Oxyac., Sorbus auc., Philad. coron., Parnass. pal., Astrant. major, Eryng. camp., Conium macul., Petrosel. sat., Aegopod. podagr., Carum Carvi, Sium latif., Aethusa Cynap., Conioselin. tatar., Angel. silv., Peuced. pal., P. ruthen., Aneth. graveol., Heracl. Sphond., Daucus Carota, Anthrisc. silv., Chaerophyll. temul., Ch. auroum, Prangos ferul., Ebul. humile, Viburn. Opul., Symphoricarp. racem. !. Valer. off., V. Phu, Scab. Columb., Eupator. purp., Aster Amell. var. Bessarab., A. salicifol., A. laevis, A. Lindleyan., A. sagittif., A. sparsifl., A. squarrul., Biotia commixta, Diplopapp. amygd., Solid. canad., S. fragr., S. glabra., S. Missouriens., S. rigida, Helenium autumn., Boltonia glastif., Rudbeckia laciniata, R. speciosa, Achill. grandif., A. Millef., A. Ptarm., Anthem. tinct., Chrysanth. Leuc., Doronic. Pardalianch., D. austriac., Senecio macrophyll., Hierac. Pilos., H. umbellat., H. brevifol., H. crinit., Convolv. arv., Verbasc.

Thapsus, Veron. off., Mentha piperita, M. aqualica, Origan. vulg.. Satureja hort., Plantag. med., Rheum undul., Polygon. Fagopyr., Laurus nob.. Euphorb. salicif.

1026. H. hybridus Loew. Centaur. Jacea, Linar. Cymb.

1027. H. lineatus F. Malach. aquat., Comar. pal., Veron. Anag., Utric. vulg. !

1028. H. lunulatus Mg. Limnanth. nymph.

1029. H. pendulus L. Batrach. aquat., Ranunc. acer, R. rep., R. bulb., Berber. vulg., Chelidon. majus, Cardam. prat., Brass. Rapa, Helianth. vulg., Sperg. arv., Stellar. gram., Hyper. perfor., Geran. pal., G. sanguin., G. molle, G. iber., Erod. cicut., Rhus Cotinus, Melilot. albus !, Prunus spin., Rubus frutic., R. caes., Potent. Anser., P. frutic., Crat. Oxyac., C. monog.. Sorbus auc., Lythr. sal. * !, Ribes Grossul., Saxifr. umbrosa, Parnass. pal., Carum Carvi, Anthrisc. silv., Cornus succ., Viburn. Opul., Valer. off., Knaut. arv., Succ. prat., Scab. lucida, Aster Novae Angliae, A. salicifol., A. Lindleyan.. Solid. canad., Helicbrys. bracteat., Achill. Millef., Anthem. tinct., Chrysanth. seget., Chr. Leucanth., Doronic. Pardal., Senec. Jacob., Cirs. arv.. Centaur. Jacea, C. Cyan., C. Scab., Leont. aut., Hypoch. radic., Tarax. off., Hierac. vulg., H. bupleuroid., Jas. mont., Erica Tetr.. Convolv. arv., C. sep., Lycopsis arv., Euphras. off., Mentha aquat., Armer. vulg., Plantag. lanc.

1030. H. trivittatus F. Brass. nig, Hyper. perfor.. Medic. falc., Sorb. auc., Lythr. Sal. * !, Levistic. off., Knaut. arv., Scab. Columb., Sc. Dallaportae, Sc. daucoid., Aster alp., A. Lindleyan., Galatella dracunculoid., Solid. fragr.. Helianth. trachelifol., Senec. macrophyll., Tarax. off., Hierac. Pilos., Jas. mont., Echium vulg., Mentha aquat., Armer. vulg., Salix rep.

1031. H. sp. Cerast. arv., Myosot. silvat., Scroful. aquat.

1032. Leucozona lucorum L. Melandr. rubr., Tarax. off.

1033. Mallota fuciformis F. Prunus spin., Crat. Oxyac.

1034. Melanostoma ambigua Fall. Caltha pal., Sperg. arv., Salvia off. (!), Plantag. med.

1035. M. barbifrons Fall. Daucus Carota, Galium silvat.

1036. M. gracilis Mg. Raphan. Raph., Erod. cicut. v. pimpinellif. Astrant. major, Aster salicif.

1037. M. hyalinata Fall. Anthrisc. silv., Lonic. Periclym. ? !, Echium vulg.

1038. M. mellina L. S. No. 1040. Myosur. minim., Batrach. aquat., Ranunc. acer, R. rep., R. bulb., R. auric., R. lanugin., Chelidon. majus, Arab. aren., Cardam. prat., Stell. gramin., Cerast. arv., Hyper. perfor., Erod. cicut. v. pimpinellif., Staphyl. pinn.. Lotus corn. +, Geum urb., Sanguis. minor, Agrim. Eupat., Ulmar. pentap., Crat. Oxyac., Pirus comm., Sorbus auc., Circaea lutet. !, C. interm., Lythr. Sal. !, Saxifr. umbrosa, Parnass. pal., Carum Carvi, Heracl. Sphond., Chaerophyll. temul., Ch. aur., Aster alp., A. concinn., Chrysoc. Linosyr., Filago minima, Gnaphal. luteo-alb., Artem. Dracunc., Anthem. rigesc., Tanacet. vulg., Senec. vulg., Carduus crisp., Leont. aut., Mulged. macrophyll., Adenoph. styl., Jas. mont., Vincetox. med., Apocyn. androsaemifol. #, Veron. Cham., Mentha aquat., Galeops. Tet. +, ? (!), Plantag. lanc., P. med., P. mont., P. aren., Beta vulg., Euphorb. heliosc., E. Cypariss., E. palustr., Salix rep., Listera ov. !, Alism. Plant.

1039. M. quadrimaculata Verall. Anem. nemor., Ranunc. Fic., Ulex europ. +, Chrysosplen. oppositif., Adoxa moschat., Tussil. Farf., Petasit. fragr.. Bellis per., Coryl. Avell., Salix Capr., S. vimin., S. purp.

1040. *Melanostoma scalare F.* = Melanostoma mellina L. S. No. 1038. Daucus Carota, Succ. prat., Jas. mont., Call. vulg., Stachys pal.

1041. M. sp. Cichor. Intyb., Plantag. lanc.

1042. Melithreptus dispar Loew. Cerast. arv., Agrim. Eupat., Jas. mont., Mentha silv.

1043. M. formosus Egg. Butom. umbell.

1044. M. menthastri L. Sperg. arv., Geran. molle, Erod. cicut., Fragaria vesca, Potent. Anser., Sedum acre, Parnass. pal., Heracl. Sphond., Galium Mollugo, G. silvat., Aster prenanthoid., Leont. aut., Tarax. off., Jas. mont., Veron. Cham., Teucr. canum, Polygon. mite, P. avicul.

1045. M. nitidicollis Zett. Statice Limon.

1046. M. pictus Mg. Ranunc. acer, R. rep., R. bulb., Caps. bursa past., Gypsoph. panic., Hyper. perfor., Geran. prat., G. pyren., Erod. cicut. v. pimpinellif., Ruta graveol., Agrim. Eupat., Heracl. Sphond., Anthris. silv., Polygon. mite.

1047. M. scriptus L. S. No. 1094. Adon. vern., Ranunc. acer, R. rep., R. bulb., Arab. aren., Caps. bursa past., Crambe grandifl., Helianth. vulg., Cerast. arv., C. triv., Hyper. perfor., Geran. pal., Erod. cicut. v. pimpinellif., Medic. sat. +, M. silvestr., Desmod. canad., Geum urb., Potent. silv., Agrim. Eupat., Saxifr. Aizoon, Parnass. pal., Aneth. graveol., Daucus Carota, Anthrisc. silv., Chaerophyll. temul., Asperula taur., Galium Moll., Knaut. arv., Aster sagittif., Chrysoc. Linosyr., Bellis per., Silphium erythrocaulon, Pulicar. dysent., Boltonia glastif., Helianth. divaricat., Coreops. lanceol., Gnaphal. lut.-alb., Senec. silv., Centaur. Cyan., Picris hieracioid., Hypoch. radic., Crep. vir., Achill. Millef., A. Ptarm., Jas. mont., Call. vulg., Asclep. syr. +, Convolv. arv., Myosot. alpestr., Solanum nigr., Mentha arv., M. aquat., Lycopus europ., Salvia Verbenaca, Stachys recta, Polygon. Fagopyr., P. Persic., Salix rep., Alism. Plant.

1048. M. strigatus Staeg. Sperg. arv., Cerast. arv., Spir. sorbif., S. salicif., S. ulmif., Parnass. palustr., Jas. mont.

1049. M. taeniatus Mg. Ranunc. Flamm., R. acer, R. rep., R. bulb., Chelidon. majus, Lepid. sat., Caps. bursa past., Helianth. vulg., Gypsoph. panic., Geran. pyren., Erod. cicut. v. pimpinellif., Potent. silv., P. frutic., Agrim. Eupat., Lythr. Sal. (!), Sedum acre, Parnass. pal., Aegopod. podagr., Carum Carvi, Aster Tripol., Bidens tripart., Anthem. tinct., Tanacet. vulg., Chrysanth. Leuc., Cirs. arv., Leont. aut., L. hast., Picris hieracioid., Tragopog. prat, Tarax. off., Crep. vir., Achill. Millef., A. Ptarm., Camp. rot., Asclep. syr. +, Convolv. arv., Euphras. off., Mentha arv., Origan. vulg., Stachys pal., Polygon. Persic.

1050. M. sp. Nasturt. off., Teesdal. nudicaul., Melilot. albus, Trif. arv. ? !, Galium Moll., Bellis per., Chrysanth. Leuc., Hierac. umbellat., Myosot. alpestr.

1051. Merodon aeneus Mg. Helianth. vulg., Geran. sanguin., G. dissect., Galium Mollugo, Thym. Serp., Antheric. ramos.

1052. M. albifrons Mg. Heracl. Sphond.

1053. M. analis Mg. Eryng. camp.

1054. M. cinereus F. Ranunc. acer, R. rep., R. bulbos., Leont. hast. Tarax. off., Thym. Serp.

1055. Microdon devius L. Anthrisc. silv., Echium vulg.

1056. *Myiatropa florea L.* = Helophilus floreus L. S. No. 1025. Origan. vulg.

1057. Orthoneura nobilis Fall. Pimpin. Saxifr.

1058. Paragus bicolor F. Fragaria vesca, Potent. arg., Chrysanth. Leucanth., Achill. Millef., A. Ptarm.

1059. P. cinctus Schiner et Egg. Aethusa Cynap.

1060. P. tibialis Fall. Medic. lupul., Senec. Jacob., Jas. mont.

1061. P. sp. Daucus Carota.

1062. Pelecocera scaevoides Fall. Potent. aurea.

1063. P. tricincta Mg. Geran. sanguin., G. pyren., Oenoth. Lamarck.

1064. Pipiza bimaculata Mg. Camp. glomer.

1065. P. chalybeata Mg. Ranunc. acer, R. rep., R. bulb., Lepid. sat., Echium rosulat., Salvia sclareoides, Nepeta macrantha !, Lam. mac. ? !

1066. P. festiva Mg. Sisymbr. austriac., Knaut. arv., Scab. ochrol, S. daucoid., Hierac. folios.

1067. P. funebris Mg. Anem. silv., Ranunc. acer, R. rep., R. bulbos., Spir. sorbif., S. salicif., S. ulmif., Daucus Carota, Hypoch. radic., Polygon. Fagopyr.

1068. P. geniculata Mg. Aegopod. podagr.

1069. P. lugubris F. Chrysanth. Leucanth.

1070. P. noctiluca L. Leont. hast. (?).

1071. P. notata Mg. Ranunc. lanug., Crat. Oxyac.

1072. P. quadrimaculata Pz. Ranunc. acer.

1073. P. tristis Mg. Caltha pal.

1074. P. sp. Geran. sanguin., Fragaria vesca., Jas. mont.

1075. Pipizella annulata Macq. Bupleur. falcat, Heracl. Sphond., Daucus Carota.

1076. P. virens F. Ranunc. acer, R. rep., R. bulb., R. auric., Vit. ripar., Medic. lupul., Potent. Anser., Aegopod. podagr., Carum Carvi, Angel. silv., Heracl. Sphond., Lycium barb., Salix rep.

1077. Platycheirus albimanus F. Ranunc. acer, R. rep., R. bulb., Brass. Rapa, B. Nap., Melandr. rubr., Stellar. Holost., Hyper. perfor., Erod. cicut. v. pimpinellif., . Medic. sat. +, M. lupul., Prunus spin., Parnass. pal., Aegopod. podagr., Daucus Carota, Toril. Anthrisc., Anthrisc. silv., Pulicar. dysent., Doronic. Pardalianch., Centaur. nigra, Hypoch. radic., Call. vulg., Erica ciner., Mentha aquat., Stachys pal.

1078. P. clypeatus Mg. Stell. med., Erod. cicut. v. pimpinellif., Potent. Anser., Galium Moll., Salix rep.

1079. P. fasciculatus Loew. Erod. cicut. v. pimpinellif.

1080. P. manicatus Mg. Ranunc. acer, R. rep., R. bulb., Caltha pal., Cerast. arv., C. triv., Medic. sat. +, M. silvestr., M. lupul. !, Succisa prat., Eupator. cannab., Aster Tripol., Pulicar. dysent., Bidens tripart., Achill. Millef, Cirs. arv., Centaur. nigra, Leont. aut., Achyrophor. uniflor., Hierac. umb., Jas. mont., Call. vulg., Gent. Pneum., Mentha aquat., Salix rep., Narth. ossifr.

1081. P. peltatus Mg. Ranunc. sceler., Papaver somnif., Alliar. offic., Stellar. Holost., Hyper. perfor., Geran. pal., G. silvat., Potent. Anser., Carum Carvi, Angelica silv., Knaut. arv., Centaur. Scab., Limnanth. nymph., Brun. grandifl.

1082. P. podagratus Zett. Papaver Argem., Cak. marit., Cichor. Intyb.

1083. P. scutatus Mg. Erod. cicut. v. pimpinellif., Medic. sat. +, M. lupul., Chaerophyll. aur., Sherard. arv., Adenoph. styl., Apocyn. androsaemifol. ⧻, Gent. Pneum., Mentha aquat., Salvia prat. var. varieg. ╱.

1084. P. sp. Erysim. orient., Scleranth. per., Parnass. pal., Tussil. Farf., Serrat. tinct., Jas. mont., Verben. off., Stachys silv. +, Armer. vulg.

1085. Pyrophaena ocymi F. Ranunc. scelerat.

1086. P. rosarum F. Potent. Anser.

1087. P. sp. Carum Carvi.

1088. Plocota a'piformis Schrk. Crat. Oxyac.

1089. Rhingia campestris Mg. Cak. marit., Lythr. Sal. !, Centaur. Jacea, Convolv. sep., Echium vulg., Scroful. aquat., Utric. vulg. !, Primul. viscosa.

1090. R. rostrata L. Clemat. Vitalba, Thalictr. aquilegif., Anem. silv., Ranunc. acer, R. rep., R. Ling., R. Fic., Caltha pal., Berber. vulg., B. aquif., Chelidon. majus, Cheiranth. Cheiri, Nasturt. amphib., Barbar. vulg., Turrit. glabra, Cardam. prat., Hesper. matron., Stenophragma Thalian., Alliar. off., Brass. oler., Sinap. arv., Berter. incana, Cak. marit., Raphanus Raphan., Viola tric. arv. !, Coron. fl. cuc., Agrost. Gith., Stellar. Holost., Malach. aquat., Cerast. semidec., Malva silv., Geran. pal., G. sanguin., G. pyren., G. rotundif., G. molle, G. pusill., G. Robert., Erod. cicut., Saroth. scop. +, Prunus dom., P. avium, P. Cer., P. spin., Rubus frutic., R. Id., Geum riv., Fragaria vesca, Potent. verna, Agrim. Eupat., Spir. sorbif., S. salicif., S. ulmif., Crat. Oxyac., Pirus Malus, P. comm., Sorbus auc., Lythr. Sal. !. Philad. coron., Bryon. dioica (!), Anthrisc. silv., Lonic. tatar., L. Xylost. (!), Asperula odor., Valer. dioica, Knaut. arv., K. silv., Succ. prat., Scab.

Columb., Bellis per., Cirs. pal., Centaur. Jacea, C. nigra, C. Cyan., Tarax. off.,
Camp. rapunculoid., C. Trach., Phyteum. nigr., Jas. mont., Erica Tetr., Syringa
vulg., Phacelia tanacetif., Convolv. sep, Symphyt. off., Pulm. off., Echium vulg.,
Lithosperm. arv., Myosot. silvat., M. versicol., M. sparsifl., Solan. Dulcam., Verbasc. phoenic., Veron. Cham., V. mont., Mentha aquatica, Melissa off. !, Glechom.
hed. !, Lam. alb. !, L. mac. +, Galeobd. lut. !, Stachys silv. !, St. pal., Ballota
nigra +, Ajuga rept. (!), Hotton. pal. !, Plantag. med., Polygon. Fagopyr., P. Bist.,
Iris Pseudac., Polygonat. multifl.

1091. R. sp. Crat. Oxyac., C. monog., Lonic. Periclym. !.
1092. Soricomyia borealis Fall. Rubus frutic., Angel. silv., Knaut. arv., Succ. prat.,
Leont. aut., Achyrophor. unifl., Tarax. off., Call. vulg., Thym. Serp.
1093. S. lappona L. Leont. hast., Vacc. uligin.
1094. Sphaerophoria scripta L. = Melithreptus scriptus L. S. No. 1047. Potent. silv.,
Parnass. pal., Pimpin. Saxifr., Daucus Carota, Succ. prat., Eupator. cannab., Pulicar.
dysent., Achill. Millef., Matricar. inodora, Senec. Jacob., Centaur. nigra, Leont. aut.
1095. Sphegina clunipes Fall. Moehr. musc., Saxifr. rotundif.
1096. Spilomyia diophthalma L. Anthrisc. silv.
1097. S. speciosa Rossi. Paliur. acul.
1098. S. vespiformis L. Tarax. off.
1099. Syritta pipiens L. Clemat. recta, Thalictr. aquilegif., T. flavum, Anem. silv.,
A. japon., Ranunc. Flamm., R. acer, R. rep., R. bulb., R. Ling., Chelidon. majus,
Nasturt. off., N. amphib., N. silv., Turrit. glabra, Arab. hirsuta, Sisymbr. Soph.,
S. austriac., Erysim. orient., Brass. Rapa, B. nig., Sinap. arv., Alyss. calyc.,
A. mont., Berter. incana, Lunar. ann. (!), Cochlear. Armorac., C. danica, Lepid.
sat., Caps. bursa past., Isat. tinctor., Cak. marit., Crambe marit. +, C. pinnatif.,
Raphan. Raph., Res. odor., Viola tric. vulg. ! !, Gypsoph. panic., G. perfol., Sperg.
arv., Spergular. sal., Stell. gramin., S. med., Malach. aquat., Cerast. arv., C. triv.,
C. tetr., Hyper. perfor., H. quadrang., Aesc. Hippocast. +, Vit. ripar., V. rup.,
Geran. pal., G. molle, Erod. cicut., Erod. cicut. v. pimpinellif., Ruta graveol.,
Ptelea trifol., Evon. europ., Rhus Cotinus, Medic. sat. +, M. falc., M. silvestr.,
M. lupul., Phaca alp., Prunus spin., Rubus frutic., R. Id., Fragaria vesca, F.
vesca var. semperfl., Potent. rept., P. silv., P. verna, P. frutic., P. chry-
santha, Alchem. vulg., Sanguis. offic., Agrim. Eupat., Ulmar. pentapet., U. Filip.,
Spir. sorbif., S. salicif., S. ulmif., Arunc. silv., Crat. Oxyac., C. monog., Pirus
Malus, P. comm., Sorbus auc., Lythr. Sal. !, Philad. coron., Sedum acre, S. Teleph.,
Ribes alp., Saxifr. decip., Parnass. pal., Astrant. major, Eryng. plan., Conium
macul., Apium graveol., Petroselin. sativ., Aegopod. podagr., Carum Carvi, Pimpin. Saxifr., Sium latif., Bupleur. falcat., Oenanthe fistul., Oe. aquat., Oe. crocata,
Conioselin. tataric., Angel. silv., Peucedan. ruthenic., Imperat. Ostruth., Aneth.
graveol., Pastin. sat., Heracl. Sphond., Siler trilob., Daucus Carota, Orlaya grandifl., Anthrisc. silv., A. Cerefol., Chaerophyll. temul., Ch. aureum, Symphoricarp.
racem. !, Asperula cynanch., A. odor., Galium Mollugo, G. silvat., G. silvestre,
G. verum, G. Aparine, G. saxat., Valer. off., V. asarifol., Centranthus ruber ? +,
Valerian. olit., Knaut. arv., Eupator. cannabin., E. ageratoid., E. purpur., Aster
Amell. var. Bessarabic., A. Nov. Angl., A. abbreviat., A. azur., A. concinn., A.
floribund., A. Lindleyan., A. Novi Belg., A. paniculat., A. phlogifol., A. sagittifol.,
Biotia commixta, Chrysoc. Linosyr., Bellis per., Diplopapp. amygd., Solidago
Virga aur., S. canad., S. ambigua, S. fragr., S. glabra, S. laterifl., S. Ridellii,
S. rigida, Silphium Asteriscus, Pulicar. dysenter., Helenium decurrens, Boltonia
glastifol., Helianth. divaricat., Coreops. auricul., C. lanceol., Rudbeckia laciniata,
R. speciosa, Achill. Millef., A. Ptarm., A. filipend., A. grandif., A. tanacetif., A.
tanacetif. var. dentifera, Anthem. tinct., A. rigesc., Matric. Chamom., M. dis-
coid., Tanacet. vulg., T. (Phyrethrum) partheniifol., Chrysanth. seget., Chr. Leucanth.,

Doronic. Pardalianch., D. austriac., Senec. vulg., S. nemor., S. sarracen., S. nebrodens., S. macrophyll., S. Jacob., Echinops sphaeroceph., Cirs. arv., Serrat. tinct., Centaur. Cyan., C. caloceph., C. ruthen., Cichor. Intyb., Tragopog. floccos., Crep. bienn., Hierac. umb., H. crinit., H. hirsut., Lobel. Erin., Jas. mont., Call. vulg., Ledum pal., Syringa vulg., Apocyn. androsaemifol. ⧻, Echinosperm. Lapp., Echium rosulat., Lithosperm. arv., Myosot. silvat., M. intermed., M. versicol., Solanum tuberos., S. Dulcam., S. nigr., Verbasc. thapsiforme, V. nigr., Scroful. nodosa !, Linar. vulg. ⧾, L. striata, Veron. Cham., V. off., V. mont., V. Anagall., V. Beccab., Mentha arv., M. piperita, M. aquatica, M. silv., M. silv. var. Abyssin., Lycopus europ., Salvia Verbenaca, Origan. vulg., Satureja hort., Thym. vulg., Melissa off. (!), Nepeta Catar. !, Lophanth. rugos., Ballota nigra ⧾, Teucr. cannm, Verben. off., Lysim. vulg. !, L. thyrsifl., Samolus Valerandi, Armer. vulg., Salsola Kali, S. Soda, S. crassa, Rheum undul., Polygon. Bist., P. Persic., P. lapathifol., P. mite, P. avicul., P. Convolv., Elaeagn. angustif., Buxus semperv., Euphorb. heliosc., E. Gerard., E. palustr., E. platyphyl., E. salicif., E. segetal., Mercur. ann., Salix cin., S. Capr., S. aurit., Alism. Plant., Commelina tuber., Scilla nut., Colchic. aut.

1100. **Syritta sp.** Eryng camp., Lonic. Periclym. !

1101. **Syrphus albostriatus Fall.** Sisymbr. austriac., Cephalar. radiata, Echinops banat., Hierac. umbell.

1102. **S. annulipes Zett.** Geran. silvat., Knaut. arv., Chrysanth. Leuc., Leont. aut. Achyrophor. uniflor.

1103. **S. arcuatus Fall.** Cak. marit., Erod. cicut. v. pimpinellif., Potent. rept., Sedum refl., Cirs. arv., Sonchus olerac., Crep. vir., Echium vulg., Urtica dioic., Colchic. aut.

1104. **S. balteatus Deg.** Clemat. Vit., Thalict. aquilegif., Anem. jap., A. japon. fl. purp., Ranunc. Ling., Berber. vulg., Chelid. majus, Erysim. orient. Cochlear. Armorac., Caps. bursa past., Res. odor., Gypsoph. panic., Sperg. arv., Stell. Holost., Malva Alc., Kitaib. vitif., Hyper. perfor., H. quadrang., H. tetrapt., Aesc. Hippocast. ⧾, Geran. pyren., Erod. cicut. v. pimpinellif., Impat. parvifl. !, Medic. sat. ⧾, M. falc., M. silvestr., M. lupul., Vicia pisiform. ⧾, Pirus Malus, Epil. Fleisch., Lythr. Sal. !, Bryonia dioica, Sedum acre, Parnass. pal., Conium macul., Aegopod. podagr., Angel. silv., Heracl. Sphond., Daucus Carota, Cornus sang., Symphoricarp. racem. !, Valer. off., Cephal. radiata, Succ. prat., Scab. ochrol., S. Hladnik., Vernon. fascicul., Chrysoc. Linosyr., Diplopapp. amygd., Solid. bicolor, S. glabra, S. Ridellii, Dahlia Cervantesii, Helen. autumn., Bidens tripartit., Helianth. atrorub., H. decapetal., Coreops. lanceol., Rudbeckia lacin., Achill. Millef., Senec. nem., S. Jacob., Echinops exaltat., Cirs. arv., C. olerac., Carlina vulg., Centaur. Jacea, C. nigra, C. Scabiosa, C. Fontanesii, C. orient., Cichor. Intyb., Thrincia hirta, Leont. aut., L. hast., Picris hieracioid., Sonchus olerac., Tragopog. prat., T. floccos., Scorzon. hum., Hypoch. radic., Mulged. prenanthoid., Sonchus arv., Crep. vir., Hierac. Pilos., H. cymos., H. prat., Camp. Trach., Phyteum. canesc., Call. vulg., Erythr. Centaur., Convolv. arv., C. sep., Lycium barb., Solanum tuberos., Verbasc. thapsiforme, V. Thapsus, V. nigr., Veron. Cham., Mentha arv., M. aquat., M. silv., Origan. vulg., Melissa off. (!), Beton. rubic., Ajuga rept. ⧾, Lysim. vulg. !, L. nemor., Plantag. med., Atripl. litor., Polygon. avicul., Euphorb. heliosc., Salix cin., S. Capr., S. aurit.

1105. S. cinctellus Zett. Erod. cicut. v. pimpinellif., Potent. silv., Angel. silv., Pastin. sat., Senec. nem., Echinops banat., Achyrophor. uniflor.

1106. S. cinctus Zett. Pastin. sat.

1107. S. confusus Egg. Leont. hast. (?).

1108. S. corollae F. Anem. japon., fl. purp., Sperg. arv., Stell. med., Erod. Cicut. v. pimpinellif., Impat. parvifl. !, Medic. sat. ⧾, M. silvestr., M. lupul., Trif. rep. ⧾ ? ⧾, Sorbus auc., Saxifr. umbrosa, Eryng. plan., Aegopod. podagr., Angel. silv.,

Anthrisc. silv., Symphoricarp. racem. !, Scab. ucranica, Eupator. ageratoid., Aster Tripol., A. Amell., Diplopapp. amygd.. Helianth. divaricat., Coreopsis lanceol., Rudbeckia lacin.. Achill. Millef., Cacalia hast., Echinops banat., E. exaltat., Cirs. olerac., Centaur. Endressi, C. ruthen., Hypoch. radic, Achyrophor. uniflor., Hierac. umbellat., Lobel. Erin., Jas. mont., Convolv. sep., Pulmon. angustifol., Linar. vulg. +, Mentha piperita, M. aquat., Stachys pal., Polygon. avicul., Euphorb. heliosc., E. Pepl., Mercur. ann., Salix cin., S. Capr., S. aurit., Colchic. aut.

1109. S. decorus Mg. Alliar. off.

1110. S. diaphanus Zett. Peucedan. Oreoselin. (?).

1111. S. excisus Zett. Spir. sorbif., S. salicif., S. ulmif., Parnass. pal.

1112. S. glaucius L. Aegopod. podagr., Angel. silv., Heracl. Sphond.

1113. S. grossulariae Mg. Rubus frutic., Aegopod. podagr.

1114. S. lasiophthalmus Ztt. Ranunc. Fic., Daucus Carota, Tussil. Farf.; Bellis per., Salix vimin.

1115. S. laternarius Mill. Aegopod. podagr.

1116. S. lineola Zett. Erod. cicut. v. pimpinellif., Aegopod. podagr., Pimpin. Saxifr., Centaur. rhen., Tarax. off.

1117. S. luniger Mg. Ranunc. acer, Medic. falc., M. silvestr., Centranthus ruber /, Aster floribund., Coreops. auricul., Lactuca perenn., Veron. off., Melampyr. silvat., Nepeta Mussini.

1118. S. lunulatus Mg. Clem. Vit., Ranunc. acer, R. rep., R. bulb., R. lanug., Ribes rubr., Achyrophor. uniflor, Melampyr. silv., Salix cin., S. Capr., S. aurit.

1119. S. maculatus Zett. Tussil. Farf.

1120. S. nitidicollis Mg. Ranunc. lanugin., Cardam. prat., Ruta graveol., Aegopod. podagr., Pimpin. Saxifr., Knaut. arv., Chrysanth. Leuc., Leont. aut., Tarax. off., Hierac. umbellat, Convolv. arv.

1121. S. pyrastri L. Clemat. recta, Ranunc. acer, R. rep., R. bulb., Sinap. arv., Cak. marit., Helianth. vulg., Coron. fl. cuc., Cerast. arv., Geran. pyren., Erod. cicut. v. pimpinellif., Trif. rep. + ? +, T. arv. !, Vicia Faba +, Potent. frutic., Crat. Oxyac., Pirus Malus, Lythr. Sal. !, Parnass. pal., Aegopod. podagr., Levist. off., Angel. silv., Aneth. graveol., Heracl. Sphond., Daucus Carota, Valer. mont., Knaut. arv., Succisa prat., Chrysocoma Linosyr., Helianth. multifl., Echinops exaltat., Cirs. arv., Centaur. rhen., C. dealb.. Leont. aut., Achyrophor. uniflor., Tarax. off., Sonchus arv., Crep. bienn., Jas. mont., Call. vulg., Convolv. sep., Echium vulg., Veron. Cham., Mentha aquat., Salvia off. (!), Origan. vulg., Nepeta macrantha !, Teucr. canum, Polygon. Fagopyr., Buxus semperv., Salix cin., S. Capr., S. aurit., Lilium cand., Eremur. altaic., Colchic. aut.

1122. S. ribesii L. Clemat. Vitalba, Anem. japon., Ranunc. acer, R. rep., R. bulb., R. Ling, R. lanugin., Berber. aquif., Papaver Rhoeas, Glaucium flavum, G. cornicul., Chelidon. majus, Eschscholtzia californ., Sinap. arv., Berter. incana., Crambe marit. (!), Raphan. Raph., Helianth. vulg., Sperg. arv., Stell. Holost., S. med.; Hyper. perfor., H. quadrang., Acer Pseudoplat., Geran. pyren., Impat. parvifl. !, Ruta graveol., Evon. europ., Staphyl. pinn., Medic. sat. +, M. silvestr., Rubus frutic., R. caes., R. Id., Potent. Anser., Agrim. Eupat., Spir. sorbif., S. salicif., S. ulmif., Crat. Oxyac.. Epil. angust., Gaura bienn., Lythr. Sal. !, Philad. coron., Sicyos angul., Ribes Grossul., Parnassia palustr., Astrant. major. Eryng. marit., E. camp.. Conium macul., Aegopod. podagr.. Carum Carvi, Pimpin. Saxifr., Sium latif., Oenanthe crocata, Heracl. Sphond., Siler trilob., Dauc. Carota. Anthrisc. silv., Chaerophyll. aur., Sambuc. nigra, Symphoricarp. racem. !. Galium Moll., Valerian. olit., Cephalar. rad.. C. uralens., Knaut. arv., Succ. prat., Scab. Columb., S. ochrol., Eupator. cannab., E. purp., Aster abbrev., A. Amell. var. Bessarab., A. lanceol., A. panicul., A. pan. var. pubescens., Biotia comixta, Chrysoc. Linosyr., Diplopapp. amygd., Solidago canad., Silphium terebinthinaceum, Inula thapsoid., Pulicar. dysenter., Boltonia glastif., Helianth. multifl.. Coreops. auricul., Artem. Absinthium, Anthem. tinct., Tanacet. vulg., Cacalia hast., Senec. nemor., S. Jacob., Calend. off., Cirs. arv., C. pal., Carduus nutans, Serrat. tinct., Centaur. microptilon, Cichor. Intyb., Leoni. aut., L. hast., L. asper, Tarax. salin., Sonchus arv., Crep. vir., Achill. Millef.. A. Ptarm., Jas. mont., Convolv. sep., Myosot. palustr., Verbasc. Thapsus, Veron. longifol., Euphras. off., Mentha arv., M. aquat., Lycop. europ., Origan. vulg., Plantag. lanc., P. med., Polygon. Bist., Hippoph. rhamn., Salix cin., S. Capr., S. aurit., S. rep., Alism. Plant., Tulipa silv.

1123. S. seleniticus Mg. Heracl. Sphond.
1124. S. topiarius Mg. Hyper. perfor., Senec. Jacob., Achyrophor. uniflor.
1125. S. tricinctus Fall. Cirs. pal., Tarax. off.
1126. S. trilineatus L. Rubus caes., Parnass. pal.
1127. S. umbellatorum F. Papaver Rhoeas, Sinap. arv., Cak. marit., Eryng. marit., Heracl. Sphond., Daucus Carota, Serrat. tinct., Cichor. Intyb.
1128. S. venustus Mg. Ranunc. lanugin., Brass. Rapa, B. Napus, Tarax. off.
1129. S. vitripennis Mg. Origan. vulg.
1130. S. vittiger Zett. Anthrisc. silv., Tarax. off. (?).
1131. Syrphus sp. Thalictr. minus, Batrach. aquat., Ranunc. acer, R. rep., R. bulb., Caltha pal., Papaver somnif., Nasturt. silvestre, Raphan. Raph., Malach. aquat.. Hyper. perfor., Geran. Robert., Frag. vesca, Potent. verna, Circaea lutet !, Sedum acre, Apium graveol., Carum Carvi, Oenanthe aquat., Lonic. Periclym. !, Scab. atropurp., Solid. Virga aur., Cirs. arv., Leont. aut., Crep. bienn., Lobel. Erin., Jas. mont., Call. vulg., Solanum Dulcam., Scroful. aquat., Euphras. off., Ballota nigra +, Verben. off., Hotton. pal. !, Plantag. med., Rheum Rhapont., Euphorb. dendroid.
1132. Tropidia milesiformis Fall. Cak. marit., Comar. pal., Aegopod. podagr. Galium boreale.
1133. Volucella bombylans L. Raphan. Raph., Dianth. delt., Coron. fl. cuc., Stell. gramin., Tilia ulmif., Melilot. albus !, Trif. rep. !, T. prat., T. med., Rubus frutic., Potent. Anser., P. rept., P. frutic., Ulmar. pentap., Lythr. Sal. * !, Philad. coron., Angel. silv., Heracl. Sphond., Chrysophyll. Villarsii, Valer. off., Knaut. arv., Achill. Millef., A. Ptarm., Cirs. arv., C. pal., Centaur. Cyan., C. rhen., Leont. aut., Jas. mont., Call. vulg., Erica Tetr., Solan. Dulcam., Origan. vulg., Thym. Serp., Beton. off. (!), Armer. vulg., Orchis. mac. !, Antheric. ramos.
1134. V. bombylans L. var. bombylans Mg. Crep. bienn.
1135. V. bombylans L. v. plumata Mg. S. No. 1139. Onobr. viciif., Rubus frutic., Spir. sorbif., S. salicif., S. ulmif., Lythr. Sal. * !, Knaut. arv., Cirs. arv., Jas. mont.
1136. V. haemorrhoidalis Zett = V. bombylans L. var. haemorrhoidalis Zett. Erica Tetr.
1137. V. inanis L. Rubus frutic., Aegopod. podagr., Valer. off., Inula Helenium, Senec. nemor., Cirs. arv., C. pal., Mentha silv., Origan. vulg., Thym. Serp.
1138. V. pellucens L. Ranunc. lanugin., Hesper. matron., Tilia ulmif., Rubus frutic., R. Id., Potent. frutic., Ulmar. pentap., Philad. coron., Aegopod. podagr., Pimpin. Saxifr., Angel. silv., Heracl. Sphond., Anthrisc. silv., Corn. sang., Valer. off., Dipsac. silv., Cephal. ural., Knaut. arv., Succ. prat., Scab. ochrol., Sc. Hladnikiana, Chrysanth. Leucanth., Cacalia hast., Cirs. arv., Leont. hast., Achill. Millef., A. Ptarm., Mentha aquat., Origan. vulg., Thym. Serp., Plantag. lanc., P. med.
1139. V. plumata Mg. = V. bombylans L. var. plumata Mg. S. No. 1135. Coron. fl. cuc., Knaut. arv., Succ. prat., Erica Tetr., Origan. vulg.
1140. Xanthogramma citrofasciata Deg. Evon. europ., Alchem. vulg., Petroselin. sativ.
1141. Xylota femorata L. Myrrhis odor.
1142. X. florum F. Heracl. Sphond.
1143. X. ignava Pz. Clem. recta, Spir. sorbif., S. salicif., S. ulmif., Anthrisc. silv.

1144. X. lenta Mg. Clem. recta, Spir. sorbif., S. salicif., S. ulmif, Anthrisc. silv.
1145. X. segnis L. Erod. cicut. v. pimpinellif., Spir. sorbif., S. salicif., S. ulmif., Crat. Oxyac., Heracl. Sphond., Syringa vulg.
1146. X. silvarum L. Stachys silv. +.
1147. X. triangularis Zott. Torax. off.
1148. X. sp. Senec. nemor.

V. Tabanidae:

1149. Chrysops caecutiens L. Sinap. arv., Gypsoph. panic., Potent. frutic., Spir. sorbif., S. salicif., S. ulmif., Pimpin. Saxifr., Thym. Serp.
1150. Haematopota pluvialis L. Knaut. arv.
1151. Silvius vituli F. Eupator. cannabin.
1152. Tabanus auripilus Mg. var. aterrimus Mg. Daucus Carota.
1153. T. borealis F. Imperator. Ostruth., Chaerophyll. Villarsii.
1154. T. bovinus L. Tilia ulmif.
1155. T. bromius L. Peucedan. Oreoselin., Cirs. arv.
1156. T. infuscatus Loew. Angel. silv. (?), Peucedan. Oreoselin., Daucus Carota.
1157. T. luridus Fall. Valer. off.
1158. T. micans Mg. Pimpin. Saxifr., Heracl. Sphond., Anthrisc. silv.
1159. T. rusticus L. Heracl. Sphond., Knaut. arv., Cirs. arv., Achill. Millef., A. Ptarm., Jas. mont., Echium vulg., Thym. Serp., Allium rot.
1160. T. tropicus L. Ajug. rept. ? +.
1161. T. spec. Thym. Serp.

W. Therevidae:

1162. Thereva anilis L. Potent. Anser., Aegopod. podagr., Carum Carvi, Anthrisc. silv., Galium Mollugo.
1163. T. microcephala Löw. Euphorb. Cypariss.
1164. T. nobilitata Fabr. Galium Mollugo, Angel. silv.
1165. T. praecox. Egg. Crat. Oxyac.
1166. Xestomyza kollari Egg. Rubus frutic.

X. Tipulidae:

1167. Pachyrhina crocata L. Aegopod. podagr., Anthrisc. silv., Galium Mollugo.
1168. P. histrio F. Aegopod. podagr., Heracl. Sphond.
1169. P. pratensis L. Spir. sorbif., S. salicif., S. ulmif., Anthrisc. silv.
1170. P. scurra Mg. Carum Carvi.
1171. P. spec. Euphorb. heliosc.
1172. Ptychoptera contaminata L. Anthrisc. silv.
1173. Tipula oleracea L. Rubus frutic., Parnass. pal.
1174. T. sp. Carum Carvi, Aneth. graveol., Myrrhis odor., Valer. dioica.

IV. Hymenoptera.

A. Apidae:

1175. Ammobatus vinctus Gerst. Centaur. Biberst.
1176. Anthidium cingulatum Latr. Onobr. viciif.
1177. A. diadema Latr. Res. lutea, Paliur. acul., Marrub. candidiss., Teucr. Cham., T. flav.
1178. A. florentinum F. Teucr. Cham.
1179. A. interruptum F. Anchusa off.
1180. A. laterale Ltr. Centaur. aren.
1181. A. lituratum Pz. Sedum refl., Sedum album.
1182. A. manicatum L. 9—10 mm. Delphin. Consol., Geran. Robert., Lupin. polyph., Ononis spin. ♀ ♂ !, O. rep., Medic. sat. ♀ ♂ !, Trif. prat. ♀ ♂ !, Lotus corn. ♀ !,

Coron. var. ♀ !, Onobr. viciif., O. mont., Vicia Cracca ♀ !, V. villosa v. varia,
Pisum sat. ♀ !, Lathyr. odor., Glycine chin. ♂ !, Semperviv. mont., Inula Hel.,
I. brit., Centaur. nigr., C. Scab., C. aren., Symph. off, S. peregr., Echium vulg.,
Antirrh. maj. !, Linar. vulg. !, Digit. purp., Lavand. off., Salv. prat. ♀ ♂ !, S. prat.
forma varieg. ♂ !, S. off. ♀ !, S. verben., S. Bertol., S. Baumg., S. lanata, Thym.
Cham., Calam. Acin., C. alpina, Clinop. vulg., Nepeta Muss. ♀ ♂ !, N. melissif.,
N. macr. ♀ !, N. granat., Lam. alb. ♀ ♂ !, L. purp. !, L. gargan., L. flexuos.,
Stach. silv. ♀ ♂ !, St. pal. !, St. recta ♀ ♂ !, St. ital., St. germ. ♀ ♂ !,
St. germ. form. villosa !, St. cretica, St. lanata, St. longispic., St. ramosiss.,
St. setif., Beton. off. ♀ ♂ !, B. grandifl., B. Alopecur., B. hirsut., B. rubic., Phlom.
tuber. !, P. armen., Siderit. scordioid., Marrub. vulg. !, M. propinqu., Ball. nigr. ♀ ♂ !,
Leon. lanat., Scutell. galer. !, S. hastif., Brun. grandifl., Ajug. Chamaepyt., Teucr.
Scorod. !, T. Botrys, T. canum.

1183. A. montanum Mor. Lotus corn. !

1184. A. oblongatum Latr. Res. lutea, R. odor., Ononis rep., Lotus corn. ♀ ♂ !,
Sedum acre, S. refl., Centaur. nigresc., Borrago off. ♀ ♂ !, Echium vulg., Ajug.
Chamaepyt.

1185. A. punctatum Latr. Res. odor., Genista tinct. (!), Ononis spin. ♀ ♂ !, Lotus
corn. ♀ ♂ !, Sedum refl., Cichor. Int., Thym. Serp., Nepeta nuda, Ball. nigr. ♂ !,
Teucr. Botrys.

1186. A. septemdentatum Latr. Card. pycnoceph., Salv. Bertol., Origan. vulg.,
Thym. Cham., T. dalm., Calam. Acin., Stach. recta !, Marrub. candidiss., Ball.
nigr. !, Ajug. genev.

1187. A. septemspinosum Lep. Centaur. aren.

1188. A. strigatum Panz. Res. odor., Dorycnium herbac., Melilot. altiss. !, M. off. !,
Lotus corn. ♀ ♂ !, Centaur. Jac., Leont. hast., Jas. mont., Phlox. pan., Brun.
vulg., Verben. off.

1189. A. variegatum F. Paliur. acul., Anchus. off., Clinop. vulg., Teucr. Cham.

1190. A. spec. Pentstem. campan., Ocymum.

1191. *Anthophora acervorum L.* = Podalirius acervorum L. S. No. 1199 u. 1775.
Prim. acaul.

1192. *Anthophora aestivalis Pz.* = Podalirius retusus L. S. No. 1195, 1201, 1776 u. 1793.
Coryd. lutea, Acer Pseudoplat., Trif. prat. !, Vicia sep. ♂ !, Prunus avium,
Anchus. off., Lycium barb., Melamp. arv., Salv. prat. ♂ !, S. off. ♀ !, Glech.
hed. ♂ !, Lam. mac. ♀ ♂ !, Ball. nigr. !, Ajug. rept. !, Scilla marit.

1193. *A. femorata Oliv.* = Podalirius femoratus Oliv. S. No. 1783. Cerinthe maj.,
Muscari comos.

1194. *A. furcata Pz.* = Podalirius furcatus Panz. S. No. 1785. Knaut. arv.,
Echium vulg., Atropa Bell., Salv. verticill. ♀ !, Nepeta melissif., Stach. silv. ♀ ♂ !,
Ball. nigr. ♀ ♂ !, Brun. vulg. !.

1195. *A. haworthana K.* = Podalirius retusus L. S. No. 1192, 1201, 1776 und
1793. Veron. mont., Melamp. arv., Scilla marit.

1196. *A. nidulans F.* = Podalirius quadrifasciatus Vill. S. No. 1790. Echium vulg.

1197. *A. parietina F.* = Podalirius parietinus F. S. No. 1788. Trif. pannon., Nepeta
Muss. ♀ ♂ !, N. melissif., Glech. hed. ♂ !.

1198. *A. personata (Ill.)* Er. = Podalirius fulvitarsis Brullé. S. No. 1784.
Delphin. elatum, Glycine chin. ♀ ♂ !, Symph. off., Salv. prat. ♀ ♂ !, Lam.
alb. ♀ ♂ !, Galeobd. lut. ♀ !.

1199. *A. pilipes F.* = Podalirius acervorum L. S. No. 1191 u. 1775. 19—21 mm.
Hellebor. foetid. !, Delphin. elat., Chelidon. maj., Diclyt. spect. !, Coryd. cava ♀ ♂ !,
C. solida !, C. bract., C. Kolpakowsk., Cheiranth. Cheiri, Lunar. ann. ♂ !, Viola odor.
♂ !, V. canina ♀ !, V. tric. vulg. !, V. tric. arv. ♂ !, Polyg. Chamaeb., Trif. prat. !,
Coron. Emer., Vicia sep. ♀ ♂ !, Lathyr. mont. ♀. !, Crat. Oxyac., Cydon. jap.,

Pirus Malus, Ribes aureum, Bergenia subcil., Syring. vulg., Symph. off., S. tuber., S. grandiflor., S. caucas., S. peregr., Pulm. off., Cerinthe maj., Lithosp. purp.-coer., Mertensia virgin., Salv. prat. ♀ ♂ !, Nepeta Muss. ♀ !, Glech. hed. ♀ ♂ !, Lam. alb. ♀ ♂ !, L. mac. ♀ ♂ !, L. purp. ♀ ♂ !, L. amplex. ♀ ♂ !, L. incis. ♀ ♂ !, L. gargan., Ajug. rept. !, Prim. elat. !, P. off. !, P. off. var. color., P. acaul. !, Daphne Mez., Croc. varieg., Pancrat. marit., Narc. Pseud.-Narc. !, N. odor., N. polyanth., N. Tazetta, Fritill. imper., Ornithog. affine, Hyac. orient., Muscari comos.

1200. A. quadrimaculata F. = Podalirius vulpinus Panz. S. No. 1799. 9—10 mm. Malva rotundif., Trif. rep. ♀ !, T. fragif. ♀ !, Lotus corn. ♀ !, Cirs. arv., Anchus. off., Echium vulg., Lycium barb., Lavand. off., Nepeta nuda, N. Muss. ♀ !, N. melissif., N. macr. ♀ !, N. granat., Lam. purp. ♀ ♂, Stach. silv. ♀ ♂ !, St. pal. ♀ ♂ !, Ball. nigr. ♀ ♂ !, Teucr. Scorod. !, T. canum.

1201. A. retusa L. = Podalirius retusus L. S. No. 1192, 1195, 1776 und 1793. 16—17 mm. Trif. rub., Veron. mont., Pedic. silv.

1202. A. spec. = Podalirius spec. Lathyr. silv. !. Digit. ambigua, Lam. alb., Teucr. Cham.

1203. Anthrena aeneiventris Mor. Orlaya grand.

1204. A. aestiva Sm. = A. bicolor F. S. No. 1215, 1264, 1265 u. 1266. Campan. rapunculoid., Erythr. Cent., Polygon. Fagop.

1205. A. albicans Müll. ♀ 3—3½, ♂ 2—2½ mm. Clemat. Vitalba, C. recta, Anem. nem., Ranunc. acer, R. rep., R. bulbos., R. Fic., Caltha pal., Berb. vulg., Papav. nudicaule, Nasturt. silv., Arab. aren., Cardam. impat., Hesper. matron., Brass. oler., B. Rapa, Sinap. arv., Cochlear. Armorac., Iber. amara, Viola odor., V. tric. vulg. ! !, Polyg. com., Stell. med., Cerast. arv., Acer Pseudoplat., Rhus Cotinus, Cytis. Lab. !, Persica vulg., Prunus dom., P. avium, P. Cer., P. cerasif., P. insititia, P. spin., Rosa can., Rubus frutic., R. Id., Potent. Auser., P. verna, Spir. sorbif., S. salicif., S. ulmif., S. opulif., Crat. Oxyac., C. monog., Cydonia jap., Pirus Malus, P. comm., Sorbus auc., Philad. coron., Ribes alp., R. Gross. Astrant. maj., Aegop. podagr., Carum Carv., Anthrisc. silv., Corn. sang., Viburn. Opul., Lonic. tatar., Valer. off. v. altiss., Valer. dioica, Valerianel. olit., Tussil. Farf., Achill. Millef., A. Ptarm., Tarax. off., Crep. bien., Hierac. Pilos., Vacc. Myrt., Myosot. silv., M. interm., Linar. Cymb. !, Glech. hed. +, Lam. alb. ♀ !, Polygon. Bist., Euphorb. aspera, Salix Capr., S. cin., S. aurit., S. alba, S. fragil., S. amygd., S. vimin., S. rep., Cyprip. Calc. ♀ !, Gagea prat., G. spath., Scilla sibir., Hyac. orient.

1206. A. albicrus K. 3 mm. Ranunc. acer, R. rep., R. bulb., Cheiranth. Cheiri, Nasturt. silvestre, Arabis paucifl., Brass. Rapa, B. Nap., Sinap. arv., Iber. amara., Viola odor., Sperg. arv., Stell. med., Genista tinct. !, Prunus Cer., P. spin., Rubus frutic., R. Id., Potent. Anser., P. rept., P. verna, Spir. sorbif., S. salicif., S. ulmif., Aruncus silv., Crat. Oxyac., Pirus Malus, Sorbus auc., Aegop. podagr., Tussil. Farf., Hypoch. radic., Tarax. off., Crep. rubra, Hierac. Pilos., Campan. rot., Echium vulg., Polygon. Fagop., Salix cin., S. Capr., S. aurit., S. alba, S. fragil., S. amygd., S. vimin., S. rep., Gagea arv.

1207. A. albofasciata Thoms. Muscari racemos.

1208. A. albopunctata Rossi = A. funebris Pz. Cheiranth. Cheiri, Nasturt. lippic., Res. lutea, Malva silv., Lotus corn., Rubus frutic., Thym. Cham., T. dalm.

1209. A. alpina Mor. Campan. rot., C. Trach.

1210. A. angustior K. = A. symphyti (Pér.) Schmiedekn. Tarax. off., Hierac. Pilos.

1211. A. apicata Sm. Sorbus auc., Ribes aureum, Tussil. Farf., Tarax. off., Salix. cin., S. Capr., S. aurit., S. alba, S. fragil.

1212. A. argentata Sm. 2—2½ mm. S. No. 1263. Brass. oler., B. Rapa, B. Nap., Cerast. arv., Prunus Cer., Potent. silv., P. verna, Heracl. Sphond., Achill. Millef.,

A. Ptarm., Leont. aut., Tarax. off., Hierac. Pilos., Jas. mont., Call. vulg., Salix cin., S. Capr., S. aurit., S. alba, S. fragil., S. rep.

1213. *A. atriceps* K. = A. tibialis K. S. No. 1329. 3½ mm. Berber. vulg., Prunus spin., Crat. Oxyac., Sorbus auc., Tarax. off., Vacc. uligin., Salix cin., S. Capr., S. aurit., Cyprip. Calc. ♀ !.

1214. A. austriaca Pz. S. No. 1308 u. 1339. Ranunc. acer, R. rep., R. bulb., Paliur. acul., Rubus frutic., Pastin. sat., Heracl. Sphond., Dauc. Car., Cirs. arv., Salix sp.

1215. *A. bicolor F.* = A. gwynana K. (2. Generat.) S. No. 1204, 1264, 1265 und 1266. Ranunc. acer, R. rep., R. bulb., Polygon. Fagop.

1216. A. bimaculata K. S. No. 1238. Prunus spin., Rubus frutic., Succ. prat., Cirs. arv., Picr. hierac., Salix sp.

1217. A. braunsiana Friese. Linum austr., Veron. spic.

1218. A. bucephala Steph. Acer Pseudoplat., Prunus spin., Salix sp.

1219. A. carbonaria L. S. No. 1300. Cheiranth. Cheiri, Nasturt. lippic., Sisymbr. orient., Brass. oler., B. Rapa, B. Nap., Sinap. arv., Lepid. sat., Myagr. perfol., Raphan. sat., Trif. arv. ♂ !, Coron. Emerus, Prunus spin., Rubus frutic., Crat. Oxyac., Ribes Gross., Tordyl. apul., Cornus sang., Bellis per., Tanac. Parth., Senec. Jacob., Centaur. aren., Tarax. off., Eric. arb., Ligustr. vulg., Thym. Cham., T. dalm., Rosmar. off., Marrub. vulg. !, M., candidiss., Ajug. genev., Armer. vulg., Salix aurit., S. alba, S. fragil.

1220. *A. cetii Schrk.* = A. marginata F. S. No. 1280. Succ. prat., Scab. Columb., Scab. ochrol., Onopord. Acanth.

1221. A. chrysopyga Schck. Stell. Holost., Crep. tector., Hierac. Pilos., Veron. Cham.

1222. A. chrysosceles K. Brass. Rapa, Stell. med., Crat. Oxyac., Anthrisc. silv., Achill. Millef., A. Ptarm., Tarax. off., Veron. Cham., Salix cin., S. Capr., S. aurit., S. alba, S. fragil., S. vimin., S. purp., Gagea lutea.

1223. A. cineraria L. S. No. 1260. 4 mm. Ranunc. Fic., Arab. aren., Cardam. prat., Brass. Rapa, B. Nap., Stell. Holost., Cerast. arv., Melilot. albus !, Crat. Oxyac., Ribes Gross., Tarax. off., Prim. elat., Salix Capr., S. cin., S. aurit., S. alba, S. fragil., S. vimin., S. rep.

1224. A. cingulata F. Ranunc. acer, R. rep., R. bulb., R. lanugin., Arab. aren., Brass. Rapa, B. Nap., Sinap. arv., Stell. Holost., Geran. pusill., Potent. verna, Sorbus auc., Bryon. alba, Sedum acre, Tarax. off., Conv. arv., Veron. Cham., V. arv.

1225. A. clarkella K. Ranunc. Fic., Ulex. europ. !, Potent. steril., Tussil. Farf., Bellis per., Tarax. off., Veron. Tournef., Salix Capr., S. cin., S. alba, S. fragil., S. vimin., S. monandr., Narc. Pseud.-Narc. +.

1226. *A. coitana K.* = A. shawella K. S. No. 1319. Malva mosch., Geran. prat., Ulmar. pentap., Heracl. Sphond., Cirs. pal., Leont. hast., Hierac. vulgat., Campan. rot., C.Trach., C. pat., Jas. mont., Digit. purp., D. ambig., Thym. Serp., Galeops. Tetr. +.

1227. A. colletiformis Mor. Paliur. acul.

1228. *A. collinsonana K.* = A. proxima K. S. No. 1305. Pirus comm., Anthrisc. silv., Valerian. olit., Senec. Jacob., Salix cin., S. Capr., S. aurit.

1229. A. combinata Chr. S. No. 1241. Nasturt. lippic., Brass. Rapa, Prunus avium, Crat. Oxyac., Ribes Gross., Aegop. podagr., Dauc. Car., Symphoric. racem. !, Artemis. Absinth., Leont. aut., Tarax. off., Pentstem. pubesc., P. orat., P. procer., Salix sp.

1230. A. congruens Schmiedekn. Prunus spin., Tarax. off., Salix aurit.

1231. *A. connectens K.* = ? A. convexiuscula K. Crat. Oxyac., Tarax. off., Salix cin., S. Capr., S. aurit.

1232. *A. convexiuscula K.* = A. afzeliella K., similis Smith und xanthura K. Aquileg. vulg., Nasturt. lippic., Brass. oler., B. Rapa, Thlaspi praec., Res. lutea,

Cist. vill., Sperg. arv., Genista angl. !, Cytis. sagitt., Medic. sat. ♀ !, M. lupul. ♀ !, Melilot. altiss !. Trif. prat. ♀ ! ♂ +, T. med., Lotus corn. ♀ !, Vicia sep., V. Faba ♀ !, V. hirs. ♂ !, Lathyr. mont. ♀ ♂ !, Pirus Malus, Sorbus auc., Ribes Gross., Danc. Car., Symphoric. racem. ♂ !, Valerian. olit., Knaut. arv., Succ. prat., Senec. Jacob., Hypoch. radic., Tarax. off., Hierac. Pilos., Phyteum. nigr., Vacc. Myrt., Veron. Cham., Thym. Cham., Lam. alb., Stach. silv., St. arv., Brun. vulg., Empetr. nigr., Euphorb. Cypar., Salix alba, S. fragil., S. rep.

1233. A. convexiuscula K. var. fuscata K. Res. lutea, Dorycnium hirs., Anthem. arv., Thym. Cham., T. dalm., Stach. recta, Ajug. genev.

1234. A. croatica Friese. Salix sp., Muscari racemos.

1235. A. curvungula Thoms. S. No. 1269. Aquil. vulg., Astrag. Onobrych., Campan. rot., C. glom., C. pat.

1236. A. cyanescens Nyl. Cist. vill., C. monspel., C. salviif., Lotus corn., Potent. verna, Anthem. arv., Hierac. Pilos., Veron. Cham., Stach. ital.

1237. A. deceptoria Schmiedekn. Thlaspi praec., Myagr. perfol., Raphan. sat., Lotus corn., Prunus spin., Vinca min., Thym. dalm.

1238. *A. decorata Sm.* = A. bimaculata K. (2. Generat.) S. No. 1216. Sisymbr. orient.

1239. A. denticulata K. Sinap. arv., Medic. falc., Trif. arv. ♂ !, Potent. silv., Heracl. Sphond., Solidag. Vir. aur., S. canad., Achill. Millef., A. Ptarm., Tanac. vulg., Senec. Jacob., Cirs. pal., Centaur. nigr., Thrinc. hirt., Leont. aut., Hypoch. radic., Prenanth. purpur., Crep. bien., C. vir., C. tector., Hierac. vulgat., H. muror., Jas. mont., Veron. Tournef., Euphras. Odont., Lysim. vulg.

1240. *A. distinguenda Schck.* = A. lepida Schck. S. No. 1277. Caps. bursa past.

1241. *A. dorsata K.* = A. combinata Chr. (2. Generat.) S. No. 1229. 3 mm. Papaver Rhoeas, Cardam. prat., Sisymbr. off., S. austriac., Brass. Rapa, B. Nap., Sinap. arv., Stell. med., Hyper. perfor., Geran. pal., G. pyren., Lupin. polyph.. Melilot. altiss. ♀ !, Trif. med., T. pannon., Astrag. monspess., Vicia onobrychoid., Prunus spin., Rubus frutic., Fragaria vesca, Potent. arg., P. verna, Spir. sorbif., S. salicif., S. ulmif., Crat. Oxyac., Sorbus auc., Philad. coron., Aegop. podagr., Aneth. grav., Anthr. silv., Achill. Millef., A. Ptarm., Senec. Jacob., Cirs. arv., Tarax. off., Crep. bien., C. vir., Jas. mont., Call. vulg., Verbasc. phoenic., Nepeta Muss. !, Polygon. Fagop., P. Pers., Euphorb. aspera, Salix cin., S. Capr., S. aurit.

1242. *A. dragana Friese.* = A. spinigera K. S. No. 1323. Salix sp.

1243. A. dubitata Schck. Cist. salviif., Geran. molle, Dorycnium herbac., Trif. rep. !, Heracl. Sphond., Thym. Cham., Salix aurit.

1244. A. eximia Sm. 3½ mm. Stell. med., Prunus spin., Centaur. Scab., Eric. carn., Salix aurit., S. Capr., S. cin., S. alba, S. fragil., S. purp., S. monandr., S. pentandr.

1245. A. extricata Sm. S. No. 1246. Ranunc. Fic., Barbar. vulg., Brass. oler., B. Rapa, Medic. sat. ♂ !, Prunus spin., Tarax. off., Salix aurit., S. Capr., S. alba, S. fragil., S. vimin., Tulipa silv.

1246. *A. fasciata Wesm.* = A. extricata Smith. S. No. 1245. 3—4 mm. Stell. med., Medic. med., Trif. prat. ♀ ! ♂ +, Prunus Armen., P. spin., Philad. coron., R. Gross., Aegop. alpestre, Doronic. austriac., Tarax. off., Myosot. interm., Euphorb. pal., Salix cin., S. Capr., S. aurit., Ornithog. umb., Polygon. multifl.

1247. A. ferox Smith. Crat. Oxyac.

1248. A. flavipes Pz. S. No. 1258. Ranunc. acer, R. rep., R. bulb., R. Fic., Cheiranth. Cheiri, Nasturt. lippic., Brass. Rapa, B. Nap., Sinap. arv., Caps. bursa past., Myagr. perfol., Bunias Erucago, Raphan. sat., Geran. molle. Paliur. acul., Spartium junc., Onon. spin. ♀ !, Melilot. albus !, Trif. rep. !, T. nigresc., Lotus corn., Coron. Emerus, Prunus spin., Sorbus auc., Ribes Gross., Heracl. Sphond., Tussil. Farf., Achill. Millef., Senec. Jacob., Cirs. arv., Leont. aut., Tarax. off., Crep. bien., Jas.

mont., Veron. Cham., Salvia Bertol., Thym. Serp., T. dalm., Rosmar. off., Ajug. genev., Salix Capr., S. alba, S. fragil.

1249. A. figurata Mor. Conium mac.

1250. A. flessae Pz. Cheiranth. Cheiri, Brass. Rapa, Res. lutea, Melilot. altiss. !, Fragaria vesca, Crep. bien., Thym. Serp., Salix cin., S. Capr., S. aurit.

1251. A. florea F. 3 mm. Sisymbr. off., Stell. med., Rubus frutic., Bryon. dioica ♀ ♂ !, B. alba ♀ ♂ !, Cirs. arv., Card. nut.

1252. A. florentina Magr. Brass. Rapa, Bellis per.

1253. A. floricola Ev. S. No. 1307. Brass. Rapa, Stell. med., Salix cin., S. Capr., S. aurit.

1254. A. fucata Sm. Brass. Rapa, B. Nap., Rosa can., Rubus frutic., R. Id., Spir. sorbif., S. salicif., S. ulmif., Crat. Oxyac., Coton. integ.? !, Bryonia alba, Aegop. podagr., Heracl. Sphond., Anthrisc. silv., Tarax. off., Crep. vir., Vacc. Myrt.

1255. A. fulva Schrk. 3 mm. ·Berber. vulg., Viola odor. +, Polyg. Chamaeb., Trif. prat., Prunus dom., P. avium, P. Cer., P. spin., Crat. Oxyac., Cydonia jap., Pirus Malus, Sorbus auc., Ribes rubrum, R. Gross., Tarax. off., Vacc. uligin., Forsyth. virid., Scopolia atrop., Verbasc. phoenic., Glech. hed. +, Dodecath. integrif., Euphorb. pal., E. pil., Salix cin., S. Capr., S. aurit., S. nigric., Tulipa silv., Fritill. imper., F. latifol., Hyac. orient., Muscari botr., M. Lelievrii.

1256. A. fulvago Chr. Polyg. com., Geran. pyren., Aegop. podagr., Thrinc. hirt., Hypoch. radic., Tarax. off., Crep. bien., C. vir., C. palud., Hierac. Pilos., H. muror., Jas. mont.

1257. *A. fulvescens Sm.* = A. humilis Imh. ♂ = 3½ mm. S. No. 1270. Ranunc. auric., Brass. oler., Genista tinct. !, Pimpin. Saxifr., Thrinc. hirt., Leont. hast., Hypoch. radic., H. glabra, Tarax. off., Crep. bien., Hierac. Pilos., H. vulgat., Jas. mont.

1258. *A. fulvicrus K.* = A. flavipes Pz. S. No. 1248. 3—3½ mm. Anem. nemor., Ranunc. acer, R. rep., R. bulb., Berb. vulg., Papaver Rhoeas, Brass. oler., Helianth. vulg., Stell. med., Malva silv., Hyper. perfor., Geran. pal., Saroth. scop. +, Genista tinct. !, G. angl. !, Medic. falc., Melilot. albus ♀ ♂ !, Trif. rep. ♀ !, T. prat. ♀ !, Prunus spin., Potent. verna, Spir. sorbif., S. salicif., S. ulmif., Crat. Oxyac., Philad. coron., Bryonia dioica ♀ !, Carum Car., Heracl. Sphond., Tussil. Farf., Achill. Millef., A. Ptarm., Anthem. arv., Tanac. vulg., Senec. Jacob., Cirs. arv., Cichor. Int., Thrinc. hirt., Leont. aut., Tarax. off., Crep. tector., Campan. Trach., Jas. mont., Call. vulg., Echium vulg., Veron. Cham., Mentha aquat., Glech. hed., Polygon. Fagop., Salix cin., S. Capr., S. aurit., S. vimin., Cyprip. Calc. ♀ !.

1259. A. fulvida Schck. Rubus Id., Hierac. Pilos., Euphorb. Cypar., Salix cin., S. Capr., S. aurit.

1260. *A. fumipennis Schmiedekn.* = A. cineraria (2. Generat.). S. No. 1223. Epil. angust., Cirs. arv.

1261. A. fuscipes K. S. No. 1306. Trif. arv. ♂ !, Achill. Millef., A. Ptarm., Senec. Jacob., Call. vulg.

1262. A. genevensis Schmiedekn. Potent. verna.

1263. *A. gracilis Schenk.* = A. argentata Smith. S. No. 1212. Salix cin., S. Capr., S. aurit.

1264. A. gwynana K. S. No. 1204, 1215, 1265 und 1266. 2½ mm. Clemat. recta, Pulsat. vulg. !, Ranunc. acer, R. rep., R. bulbos., R. Fic., Cardam. prat., Brass. oler. B. Rapa, Lunar. ann. ! !, Raphan. sat., Holost. umbell., Stell. Holost., S. med., Malva silv., Geran. prat., G. dissect., G. molle, G. Robert., Erod. cicut., Prunus spin. Acer Pseudopl., Rubus frutic. !, Potent. steril., Spir. salicif., Crat. Oxyac., Cydonia jap., Pirus comm., Ribes alp., R. Gross., Chrysosplen. alt., Knaut. arv., Solid. Virga aur., Tussil. Farf, Petas. off., Bellis per., Cirs. arv., C. pal., Card. crisp., Tarax. off., ·Hierac. umbell., Campan. rot., C. Trach., C. persic., C. pat., Jas. mont., Vacc. Myrt., V. uligin., Erythr. Cent., Pulm. off., Atropa Bell.,

Verbasc. nigr., Linar. vulg., Veron. cham., V. triph., V. Tournef., V. hederif., Prim. elat. +, P. off. +, P. acaul., +, Salix aurit., S. Capr., S. cin., S. alba, S. fragil., S. purp., S. rep., Gagea lutea, G. arv., Scilla sibir.

1265. *A. gwynana K. v. aestiva Sm.* = A. gwynana K. (2. Generat.) S. No. 1204, 1215, 1264 und 1266. Melilot. alb. !. Valerian. olit.

1266. *A. gwynana K. f. bicolor F.* = A. gwynana K. (2. Generat.) S. No. 1204, 1215, 1264 und 1265. Aneth. grav.

1267. A. hattorfiana F. 6—7 mm. Libanot. mont., Dauc. Car., Knaut. arv., K. silv., Scab. Columb., Jas. mont., Echium vulg.

1268. A. holvola L. S. No. 1334. Borber. vulg., Prunus spin., Geum riv., Crat. Oxyac., Aegop. podagr., Tarax. off., Jas. mont., Polyg. Fagop., Salix cin., S. Capr., S. aurit.

1269. *A. hirtipes Schenck.* = A. curvungula Thoms. S. No. 1235. Campan. glom., Phyteum. nigr.

1270. A. humilis Imh. S. No. 1257. Ranunc. acer, R. rep., R. bulb., Brass. oler., Crat. Oxyac., Hypoch. radic., Tarax. off., Crep. bien., Hierac. Pilos., H. umbell., Thym. dalm., Salix sp.

1271. A. hypopolia (Pér.) Schmiedekn. Sisymbr. orient.

1272. A. julliani Schmiedekn. Muscari comos., M. racemos.

1273. A. korleviciana Friese. Trif. prat., Lysim. vulg.

1274. A. labialis K. Res. lutea, Geran. molle, Trif. prat. ♀ ! ♂ (!), Lotus corn. ♀ !. Onobr. viciif., Vic. Faba +, Rosa can.! Crat. Oxyac., Bryon. alba, Anthr. silv., Viburn. Opul., Taraxac. off., Hierac. Pilos., Campan. pat., Asperug. proc., Echium vulg., Thymus Serp., T. dalm., Ajug. rept. ? +, Allium rot.

1275. A. labiata Schck. S. No. 1313 und 1316. Nasturt. silv., Stell. Holost., Lotus corn., Bryon. alba, Cornus sang., Tarax. off., Veron. Cham.

1276. A. lapponica Zett. Tussil. Farf., Vacc. Myrt., Salix spec.

1277. A. lepida Schck. S. No. 1240. Conium macul., Achill. Millef., A. Ptarm.

1278. A. limbata Ev. Sisymbr. orient., Dorycnium herbac., Melilot. altiss. !, Sedum acre, Salv. off. !, S. Bertol., Thym. Cham., T. dalm.

1279. A. lucens Imh. Myagr. perfol., Melilot. altiss. !, Trif. nigresc., Potent. hirta., Aneth. grav., Dauc. Car., Card. pycnoceph., Centaur. Jac., Thym. Cham., T. dalm., Salix cin.

1280. A. marginata F. S. No. 1220. Knaut. arv., Succ. prat., Scab. Columb., Scab. suav., Onopord. Acanth., Leont. aut., Hierac. Pilos., Jas. mont.

1281. *A. minutula K.* = A. parvula K. (2. Generat.) S. No. 1297. Rubus frutic., Petrosel. sat., Carum Car., Peuced. Cerv., Inula Hel., Anthem. arv., Veron. Cham., V. Beccab., Salix sp.

1282. A. mitis (Pér.) Schmiedekn. Acer Pseudoplat., Salix sp.

1283. *A. mixta Schck.* = A. varians K. var. mixta Schck. S. No. 1335. Tarax. off.

1284. A. morawitzi Thoms. Tussil. Farf., Tarax. off., Campan. rot., Salix Capr., S. cin., S. alba, S. fragil., S. vimin., S. rep.

1285. A. morawitzi Thoms. var. paveli Mocs. S. No. 1298. Salix Capr., S. cin.

1286. A. morio Brull. Cheiranth. Cheiri, Sisymbr. orient., Myagr. perfol., Res. lutea, Cist. monspel., Saroth. scop., Dorycnium hirs., D. herbac., Melilot. altiss. !, Prunus Mahaleb, Eric. arb., Thym. Cham., T. dalm., Teucr. Pol.

1287. A. nana K. Nasturt. lippic., Arab. aren., Brass. oler., Sinap. arv., Bunias Erucago, Raphan. sat., Cist. vill., C. monspel., C. salviif., Tun. saxifr., Paliur. acul., Melilot. altiss. !, Trif. prat., Potent. rept., P. verna, Saxifr. umbrosa, Carum Car., Heracl. Sphond., Dauc. Car., Achill. Millef., A. Ptarm., Anthem. arv., Cirs. arv., Hypoch. radic., Conv. cantabr., Myosot. interm., Thym. dalm., Polygon. Fagop., Euphorb. Pepl.

1288. A. nasuta Gir. Melilot. albus, Anchusa off.

1289. A. neglecta Dours. Alyss. mont., Lam. purp., Salix purp.

1290. A. nigriceps K. Hyper. perfor., Trif. rep. !, T. arv. !, Sedum acre, Succ. prat., Achill. Millef., A. Ptarm., Senec. Jacob., Cirs. arv., Campan. rot., Jas. mont., Call. vulg., Mentha silv., Thym. Serp.

1291. A. nigroaenea K. 3—3¹/₂ mm. Ranunc. acer, R. rep., R. Fic., Papaver nudicaule, Chelidon. majus, Arab. aren., Brass. oler., B. Rapa, B. Nap., Res. luteola, R. odor., Acer camp., Genista angl. !, Onobr. viciif., Prunus avium, Rubus Id., Spir. sorbif., S. salicif., S. ulmif., Crat. Oxyac., Pirus comm., Sorbus auc., Deutzia crenata, Bryon. dioica ♀ ♂ !, Ribes aureum, R. Gross., Carum Car., Tussil. Farf., Anthem. arv., Chrys. Leuc., Tarax. off., Vacc. Myrt., V. uligin., Cynogloss. off., Thym. Serp., Lam. purp., Salix cin., S. Capr., S. aurit., S. rep., Cyprip. Calc. ♀ !

1292. A. nitida Fourcr. 3¹/₂ mm. Adon. vern., Ranunc. acer, Papaver nudicaule, Chelidon. majus, Sisymbr. austriac., ·Alliar. off., Brass. Rapa, Coron. fl. cuc., Prunus spin., Crat. Oxyac., Sorbus auc., Philad. coron., Ribes Gross., Aegopod. podagr., Heracl. Sphond., Anthrisc. silv., Asper. taur., Valerian. olit., Bellis per., Doronic. caucas., Centaur. nigresc., Tarax. off., Symph. off., Pulm. off., Veron. Cham., Lam. alb. ┿, Ajug. rept. ? ┿, Euphorb. pal., Salix cin., S. Capr., S. aurit., S. vimin.

1293. A. nobilis Mor. Sisymbr. orient.

1294. A. nycthemera Imh. Salix sp.

1295. A. ovina Klg. S. No. 1302. Tarax. off., Salix cin., S. Capr., S. aurit., S. vimin.

1296. A. parviceps Kriechb. Salix sp.

1297. A. parvula K. S. No. 1281. Anem. nemor., Adon. vern., Ranunc. auric., R. lanugin., R. Fic., Papaver nudicaule, Nasturt. lippic., Arab. aren., A. alb., Cardam. prat., Brass. Rapa, B. Nap., Schiever. podol., Eroph. verna, Thlaspi arv., Lepid. sat., Caps. bursa past., Isat. tinctor., Myagr. perfol., Res. lutea, Helianth. vulg., Cist. salviif., Tun. saxifr., Holost. umbell., Stell. Holost., St. med., Cerast. brachypet., Malva silv., Geran. pyren., G. molle, Erod. cicut., Medic. lupul., Trif. nigresc., T. minus, Lotus corn., Coron. Emerus, Prunus Armen., P. spin., P. Padus, Rubus Id., Potent. silv., P. verna, P. cinerea, P. opaca, Spir. sorbif, S. salicif., S. ulmif., Crat. Oxyac., Pirus Malus, P. comm., Sedum acre, Ribes alp., R. rubrum, R. Gross., Chrysosplen. alt., Petrosel. sat., Aegop. podagr., Carum Car., Pimpinella magn., P. Saxifr., Oenan. aquat., Aneth. grav., Heracl. Sphond., Tordyl. apul., Dauc. Car., Anthr. silv., Chaeroph. tem., Valerianel. olit., Tussil. Farf., Bellis per., Solidag. Vir. aur., Calend. arv., Leont. aut., Tarax. off., Crep. bien., Hierac. Pilos., Vacc. Myrt., Call. vulg., Myosot. interm., Verbasc. Thaps., Veron. Cham., V. Beccab., V. agr., V. hederif., Salv. Bertol., Thym. dalm., Glech. hed. !, Ajug. genev., Salix cin., S. Capr., S. aurit., S. alba, S. fragil., Cyprip. Calc. ┿, Gagea spath., Ornithog. refract., Scilla marit.

1298. *A. paveli Mocs.* = A. morawitzi Thoms. var. paveli Mocs. S. No. 1285. Salix sp.

1299. *A. pectoralis Pér.* = A. thoracica F. (2. Generat.) S. No. 1328. Veron. spic.

1300. A. pilipes F. = A. carbonaria L. S. No. 1219. 3 mm. Melilot. altiss. !, M. offic. !, M. albus !, Prunus avium, Potent. Anser., Sorbus auc., Aegop. podagr., Angel. silv., Aneth. grav., Achill. Millef., A. Ptarm., Cirs. arv., Centaur. Jac., C. rhen., Tarax. off., Jas. mont., Vacc. uligin., Myosot. silv., Verbasc. nigr., Mentha aquat., Glech. hed., Polygon. Fagop., Salix aurit., S. cin., S. Capr.

1301. A. polita Sm. Hierac. Pilos.

1302. *A. pratensis Nyl.* = Anthrena ovina Klg. S. No. 1295. Tarax. off., Salix rep., Cypriped. Calc. !.

1303. A. praecox Scop. S. No. 1322. Berb. vulg., Iber. amara, Viola odor., Sorbus auc., Tussil. Farf., Tarax. off., Hierac. Pilos., Salix Capr., S. cin., S. aurit., S. alba, S. fragil., S. vimin.

1304. A. propinqua Schenck. Sisymbr. austriac., Brass. oler., B. Rapa, B. Nap., Bunias orient, Melilot. albus !, Coron. var. ♀ !, Prunus Cer., Rosa can., Rubus frutic., Crat. Oxyac., Ribes Gross., Aneth. grav., Centaur. Scab., Leont. aut., Tarax. off., Hierac. staticefol., Campan. rot., Jas. mont., Salix alba, S. fragil., S. vimin., S. rep.

1305. A. proxima K. S. No. 1228. Potent. Anser., Aegop. podagr., Anthr. silv., A. Ceref., Chaeroph. tem., Leont. hast., Tarax. off., Hierac. Pilos., Euphorb. Cypar.

1306. *A. pubescens K.* = A. fuscipes K. S. No. 1261. Call. vulg., Eric. tetr.

1307. *A. punctulata Schenck.* = A. floricola Ev. S. No. 1253. Brass. Rapa.

1308. *A. rosae Pz.* = A. austriaca Pz. S. No. 1214 und 1339. Ranunc. acer, R. rep., R. bulb., Caps. bursa past., Eryng. camp., Pimpin. magn., Heracl. Sphond., Salix sp.

1309. *A. ruficrus Nyl.* = A. rufitarsis Zett. S. No. 1310. Tussil. Farf., Salix cin., S. Capr., S. aurit.

1310. A. rufitarsis Zett. S. No. 1309. Tussil. Farf., Tarax. off., Salix alba, S. fragil., S. amygd.

1311. A. rufohispida Dours. Asparag. off.

1312. A. rufula (Pér.) Schmkn. Acer Pseudoplat., Salix sp.

1313. *A. schencki Mor.* = A. labiata Schenck. S. No. 1275 u. 1316. Scab. Columb., Ajug. rept. +.

1314. A. schlettereri Friese. Cheiranth. Cheiri.

1315. A. schmiedeknechti (Magr.) Schmkn. Rhamn. alatern.

1316. *A. schrankella Nyl.* = A. labiata Schck. S. No. 1275 u. 1313. 4 mm. Malva Alc., Trif. prat. ♀ !, T. procumb. ♀ !, Prunus spin., Spir. sorbif., S. salicif., S. ulmif., Crat. Oxyac., Saxifr. gran., Imperat. Ostruth., Heracl. dissect., Achill. Millef., A. Ptarm., Anthem. arv., Chrys. Leuc., Onopord. Acanth., Salix cin., S. Capr., S. aurit.

1317. A. scita Ev. Sisymbr. orient.

1318. A. sericata Imh. Salix sp.

1319. A. shawella K. S. No. 1226. Hyper. perfor., Potent. silv., Chaeroph. tem., Leont. aut., L. hast., Campan. rot., C. Trach., Jas. mont.

1320. A. simillima Smith. Call. vulg., Thym. Serp.

1321. A. sisymbrii Friese. Sisymbr. orient.

1322. *A. smithella K.* = A. praecox Scop. S. No. 1303. 2 mm. Stell. med., Crat. Oxyac., Sorbus auc., Ribes rubr., R. Gross., Valerian. olit., Tarax. off., Salix cin., S. Capr., S. aurit.

1323. A. spinigera K. S. No. 1242. Lam. mac., Salix sp.

1324. A. suerinensis Friese. Sisymbr. orient.

1325. *A. symphyti (Pér.) Schmkn.* = A. angustior K. S. No. 1210. Symph. tuber.

1326. A. taraxaci Gir. Tordyl. apul., Tussil. Farf., Tarax. off., Salix sp.

1327. A. tarsata Nyl. Potent. silv., Leont. aut., Hypoch. radic., Jasion. mont.

1328. A. thoracica F. S. No. 1299. Raphan. sat., Melilot. altiss. !, Prunus spin., P. Mahaleb, Rubus frutic., Potent. hirta, Tussil. Farf., Bellis per., Tarax. off., Call. vulg., Anchusa panic., Echium vulg., Ajug. genev., Salix alba, S. fragil., S. rep.

1329. A. tibialis K. = *A. atriceps K.* S. No. 1213. Ranunc. acer, R. rep., R. bulb., Berber. vulg., Sisymbr. austriac., S. orient., Brass. Nap., Cytis. Lab. !, Prunus dom., P. avium, Rubus frutic., Potent. silv., Crat. Oxyac., Sorbus auc., Philad. coron., Ribes Gross., Aneth. grav., Heracl. Sphond., Siler trilob., Chaeroph. hirs., Moloposp. Peloponnes., Viburn. Opul., Tussil. Farf., Tarax. off., Jas. mont., Lam. purp., Salix cin., S. Capr., S. aurit., S. alba, S. fragil.

1330. A. tridentata K. Senec. Jacob.

1331. A. trimmerana K. Ranunc. acer, R. rep., R. bulb., Berb. vulg., Brass. oler., Acer camp., A. Pseudoplat., Rubus frutic., Spir. sorbif., S. salicif., S. ulmif., Crat. Oxyac., C. monog., Philad. coron., Ribes sanguin., R. Gross., Aegop. podagr., Tarax. off., Ajug. rept., Salix cin., S. Capr., S. aurit., S. alba, S. fragil.

1332. Anthrena tscheki Mor. = *A. nigrifrons Smith.* Alliar. off., Alyss. mont., Thlaspi praec., Salix sp., Muscari racemos.

1333. A. varians K. Ranunc. Fic., Prunus spin., Rubus Id., Crat. Oxyac., Pirus Malus, P. comm., Sorbus auc., Ribes aureum, R. Gross., Tussil. Farf., Tarax. off., Vacc. Myrt., Myosot. silv., Polygon. Fagop., Salix cin., S. Capr., S. aurit., S. alba, S. fragil.

1334. A. varians K. v. helvola L. = A. helvola L. S. No. 1268. Prunus avium, Sorbus auc., Ribes Gross., Salix sp.

1335. A. varians K. v. mixta Schenck. S. No. 1283. Ribes Gross., Salix sp.

1336. A. ventralis Imh. Tarax. off., Hierac. Pilos., Salix cin., S. Capr., S. aurit., S. amygd., S. rep.

1337. A. ventricosa Dours. Erod. cicut.

1338. A. xanthura K. Schmdkn. = A. lathyri Alfken. 3—5½ mm. Genista tinct. !, Cytis. Lab. !, C. nigric., Medic. lupul. !, Trif. prat. ♀ !, T. arv. ♀ !, Lotus corn. ♀ !, Vicia sep. !, Lathyr. mont. ♀ ♂ !, Potent. verna, Chrys. Leuc., Hypoch. radic., Crep. vir., Hierac. Pilos., Veron. Cham., Salix alba, S. fragil.

1339. A. zonalis K. = A. austriaca Pz. S. No. 1214 und 1308. Crepis bien.

1340. A. sp. Aquileg. atrata, Corydal. cava +, Trif. rep. !, Vit. vinif., Geran. silvat., Crat. Oxyac., Ribes Gross., Saxifr. oppositif., Crucian. angust., Valer. asarif., Bidens trip., Tragop. prat., Lobel. erin., Echinosp. Lapp., Myosot. vers., Salv. prat. +, Origan. vulg., Plantag. med., Euphorb. dendroid., Salix amygd., Listera ov. !, Gladiol. seget., Tamus comm.

1341. Apis mellifica L. = A. mellifera L. ⚥ 6 mm. Clemat. Vit., C. recta, C. Vitic., Thalictr. aquilegif., Th. flav., Hepat. tril., H. angul., Pulsat. vulg. !, P. prat. !, Anem. silv., A. nemor., A. ranunculoid., Adon. vern., A. aestiv., A. autumn., Batrach. aquat., Ranunc. Flamm., R. acer, R. rep., R. bulb., R. auric., R. lanugin., R. Fic., Caltha pal., Eranthis hiemalis !, Hellebor. foetid. !, H. virid. !, H. niger !, H. atrorub., H. cyclophyll., Nigella arv. !, N. damasc. !, N. sativa !, Aquileg. vulg. ! +, Delphin. Consol. +, D. Ajacis +, Berb. vulg., Epimed. alp. !, Nymph. alba, Papaver Rhoeas, P. somnif., P. bracteat., Glaucium flav., Chelid. maj., Sanguin. canad., Diclyt. spectab. +, Coryd. cava ! +, C. solida +, C. capnoides !, C. clavic., Fumar. off. !, Cheiranth. Cheiri, Nasturt. off., N. amphib., N. silv., Barb. vulg., Arab. alp., A. paucifl., A. aren., A. alpester, A. albida, Cardam. prat., Hesper. matron., Sisymbr. austriac., S. strictiss., Stenophrag. Thalian., Alliar. off., Brass. oler., B. Rapa, Sinap. arv., S. alba, Aubret. Column., A. spathulata, Lunaria annua !, L. rediv., Schiever. podol., Eroph. verna, Cochlear. off., Thlaspi arv., Caps. bursa past., Isat. tinctor., Cak. marit., Crambe marit. !, C. pinnatif., Raphan. Raph., R. sat., Res. luteola, R. lutea, R. odor., Helianth. vulg., Viola odor. !, V. tric. vulg. !, V. t. arv. !, Polyg. vulg., P. Chamaeb., Sapon. off., Coron. fl. cuc., Melandr. rubr., Sperg. arv., Aren. graminif., Stellar. Holost., S. med., Cerast. semidec., Malva silv., M. rotundif., M. negl., M. Alc., M. mosch., Lavat. thuring., Althaea rosea, A. off., A. cannab., Malope grandifl., Tilia ulmif., Hyper. perfor., H. quadrang., H. commutat., H. tetrapt., H. pulchrum, Acer platan., A. camp., A. pseudoplat., A. dasycarp., Aesc. Hippocast. (!), Ae. Pavia, Ae. macrostach., Ampel. quinquef., Vit. vinif., V. ripar., Linum usitat., Geran. pal., G. silvat., G. prat., G. sanguin., G. pyren., G. phaeum, G. molle, G. Arnottian., G. iber., G. iber. v. platypetal., G. pseudosibir., G. reflex., G. striatum, Erod. cicut., Oxalis Acetos., O. stricta, Tropaeol. majus + ! !, Impat. Balsam., I. glandulig. !, Ruta graveol., Dictamn. albus, Ptelea trifol., Rhamn. Frang., Rhus Cotinus. R. typhina, Cercis Siliquastr., Saroth. scop. !, Genista tinct. !, G. angl. !, G. pilosa !, Ulex europ. !, Cytis. Lab. !, Lupin. lut. !, L. angustif. !, L. polyph., Ononis spin. !, O. arv., Medic. sat. +, M. falc., M. silvestr., M. lupul. !, Melilot. altiss. !, M. albus !, M. coerul. !, Trif. rep. !, T. rep. v. atropurpur. !, T. hybr. !, T. fragif. !, T. mont. !, T. prat. + !, T. med., T. arv. !, T. pallesc., T. agrar. !, T. camp. !, T. procumb. !, Anthyll. mont., Lotus corn. !, L. uligin. !, Amorpha frutic., Colutea arboresc. ! u. +, Glycyrrhiza grandifl., Robinia Pseudacacia !,

R. viscosa, Oxytropis pil., Astrag. glycyph. !, Coron. var. !, Ornithopus sat. ? +,
Hippocrep. com., Hedys. obsc., Onobr. viciif., Vicia Cracca !, V. dumet., V. sep. +,
V. Faba + !, V. hirs. !, V. tetrasp., Lens escul., Lathyr. prat. !, L. sat. !,
L. silvest. ! u. +, L. tuberosus !, L. latif., Glycine chin. !, Phaseol. multiflor. +,
Persica vulg., Prunus dom., P. avium, P. Cer., P. spin., Rosa can., R. rubigin.,
Rubus frutic., R. caes., R. Id., R. spectab., R. serp., Geum riv., G. inclin., Fragaria
vesca, Comar. pal., ~Potent. Anser., P. verna, P. caulescens, P. frutic., P. rup.,
P.·Delphinensis, P. Kurdica, P. chrysantha, Agrim. Eupat., A. odor., Ulmar.
pentap., U. Filip., Spir. sorbif., S. salicif., S. ulmif., S. digit., Crat. Oxyac..
C. monog., Cydonia jap., Pirus Malus, P. comm., Sorbus auc., S. scand., Epil.
angust., E. Dodon., E. hirs., E. parviff., Oenoth. bien. !, O. grandifl., Gaura bien.,
Lythr. Sal. * !, L. Sal. v. angustif., L. hyssopif., Philad. coron., Deutzia crenata,
Bryonia dioica (!), Sicyos angul., Cucumis sat., Cucurbita Pepo, Sedum Teleph.,
Ribes nigrum, R. rubrum, R. sanguin., R. Gross., Saxifr. umbrosa, S. (Bergenia)
crassif., Bergenia subcil., Heuch. cylind., Tellima grandifl., Astrant. maj.,
Eryng. marit., E. camp., E. planum, Conium macul., Petrosel. sat., Aegop.
podagr.. Sium latif., Levist. off., Angel. silv., Archang. off., Tommas. vertic..
Aneth. grav., Heracl. Sphond., H. sibir., H. pubesc., Siler trilob., Dauc. car.,
Anthr. silv., A. Ceref., Chaeroph. tem., Ch. hirs., Moloposp. Peloponnes., Cornus
mas., Ebul. humile. Symphoric. racem. !, Lonic. tatar., L. Xylost. (!), L. nigra,
L. iber., Asper. odor., A. styl., Valer. off., V. off. v. altiss.. Ceph. rad., Knaut.
arv., Succ. prat., Scab. Columb., S. ochrol., S. Dallap., S. dauc., S. atrop., Eupat.
can., E. purp., Vernon. fascic., V. praeal., Tussil. Farf., Petas. off., Aster Tripol.,
A. Novae Angliae, A. abbrev., A. conc., A. panicul. var. pubesc., A. sagitt., A. sparsifl.,
Galatel. hyssopif., Bellis per., Diplopap. amygd., Solidag. Virga aur., S. fragr.,
Dahlia variab., Silphium Asteris., S. erythroc., S. trifol., Helen. autumn., H. decur.,
Bidens cern., Bolton. glastif., Helianth. an., H. atror., H. decapet., H. divar.,
H. Maximil., Rudb. lacin., R. specios., Anthem. arv., A. tinct., Matric. Cham.,
Tanac. vulg., T. macroph., Chrys. Leuc., Doronic. caucas., Cacal. hast., Senec.
nemor., S. sarrac., S. macroph., S. Jacob., Calend. off., Echinops sphaeroc., E.
banat., E. exalt., Cirs. arv., C. lanceol., C. pal., C. heteroph., C. olerac., Card.
crisp., C. Person., C. nut., Lappa min., L. toment., L. maj., Carl. acaul., Saussur.
albesc., Centaur. Jac., C. nigr., C. mont., C. axill., C. Cyan., C. Scab., C. dealb.,
C. Fisch., C. orient., Cichor. Int., Leont. aut., L. hast., Helminth. echioid., Hypoch.
rad., Tarax. off., Prenanth. purp., Mulged. alpin., Sonchus arv., Crep. bien., Hierac.
Pilos., H. umbell., H. austr., H. brevifol., H. bupleur., H. crinit., H. pulmo-
narioid., H. viros., Lobel. Erin., Campan. rot., C. Scheuchz., C. rapunculoides,
C. Trach., C. Erinus, C. Rapunculus, C. glom., C. latif., C. carpath., Hedraeanth.
tenuif., Phyteum. spic., Jas. mont., Vacc. Myrt., V. uligin., V. Vit. id., Call. vulg.
Eric. Tetr., Rhodod. praec., Kalmia polif., Ilex aquif., Ligustr. vulg., Syring. vulg.,
Forsyth. virid., F. susp., Asclep. syr. !, Vinca min., Limnanth. nymph., Gent.
Pneum., G. germ., Phacel. tanacetif., Hydroph. virgin., Polemon. coerul., Phlox
rept., P. subul., Conv. arv., Heliotrop. peruv., Cynogloss. off., C. column., Borago
off., Anchusa off., A. semperv., A. ochrol., Symph. off., S. tuber., S. grandifl.,
S. asperr., Pulm. off., P. angustif., P. angustif. × off., P. mont., Cerinthe min.,
Echium vulg., Caryolopha semperv., Lithosp. arv., Myosot. silv., M. alpestr.,
M. interm., Lycium barb., Solan. Dulc., S. nigr., Nicandra physal., Atropa Bell.,
Nicot. Tab. !, Physochlaena orient., Verbasc. Thaps., V. phoenic., Scrof. nod. !,
S. aquat., S. umbr., S. Scopol., S. orient., Antirrh. maj., A. Oront., Linar. vulg.,
L. striata, L. Cymb., L. genistif., L. purp., Pentstem. campan., P. pubesc., P. orat.,
P. procer., Veron. Cham., V. mont., V. Beccab., V. longif., V. spic., V. triph.,
V. agr., V. hederif., Melamp. prat., M. nemor., Pedic. silv., P. rostr., Alectorol.
maj., Euphras. Odont., E. off., Orobanche specios., Ocymum, Plectranth. glauco-

calyx, Lavand. off., Mentha arv., M. piper., M. aquat., M. silv., Salv. prat. forma
varieg. +, Salv. silv. !, Salv. silv. forma nemor. !, S. virgat., S. off. !, S. verticill. !,
S. Verben., Monarda did., M. d. forma mollis, Origan. vulg., O. Maj., Satureja hort.,
Thym. Serp., T. vulg., Calam. Acinos, C. alpina, C. off., C. Nepeta, Melissa off. !,
Hyssop. off., Nepeta nuda, N. Muss. !, Glech. hed., weibl. Blüten !, Zwitterblüten !
und +, Lophanth. rug., Lam. alb. +, L. mac. +, L. purp. ! u. +, L. amplexic. !,
L. incis., L. Orvala, L. gargan., L. flexuos., Galeobd. lut. + u. (!), Galeops. Tetr.,
Stach. silv. !, St. pal. !, St. arv. !, St. recta !, St. germ. !, Beton. grandifl., Siderit.
hyssopif., Marrub. vulg. !, M. peregr., Ball. nigr. !, Leon. Card., L. Marrub.,
L. lanat., Brun. vulg. !, Ajug. rept., Teucr. Scorod. !, T. mont., T. Scord., Blephil.
hirs., Verben. off., Lysim. Numm., Prim. elat. ⁄, P. acaul. !, Hottonia pal. !,
Cyclam. repand., C. iberic., Armer. vulg., Plantag. lanc., P. med., Rumex Acetosa,
Polygon. Fagop., P. Bistorta, P. amph., P. Convolv., Daphne Mez., D. Laureola,
Laur. nob., Elaeagn. angustif., Thesium prat., Viscum alb. +, Buxus semp.,
Euphorb. pal., E. Esula, E. virgat., E. amygdaloid., Mercur. perenn., Ulmus mont.,
U. camp., Castan. vesca, Coryl. Avell., Salix cin., S. Capr., S. aurit., S. amygd.,
S. fragil., S. nigric., S. rep., S. cin. × purp. ♀, S. cin. × nigric. ♀, S. Capr. × siles. ♂,
S. retusa, Popul. pyram., P. trem., Hydroch. Mors. ran., Commel. tuber., Orchis
latif. !, O. Morio !, Epipact. pal. !, Stanhop. tigr., Thalia dealb., Croc. vern., Gladiol.
seget., G. triphyll., Iris Pseudac. + +, I. pyren., I. gramin., Leucoj. vern.,
L. aest., Galanth. niv., Tamus comm., Tulipa Ocul. sol., T. Gesn., Gagea lutea,
G. arv., Fritill. imper., Lilium candid., Erythron. dens canis, Eremur. spect.,
Antheric. ramos., A. Liliago, Ornithog. umb., O. affine, O. pyren., Scilla
sibir., S. amoena, S. cernua, S. campan., S. ital., S. tricol., Allium ursin., A. fallax,
A. Porr., A. rot., A. carin., A. Cepa, A. fistul., Hyac. orient., H. candic., Muscari botr.,
M. racemos., M. pallens, Narth. ossifr., Asparag. off., A. amar., Camassia Fraseri.

1342. **Biastes brevicornis** Pz. Conv. arv., Echium vulg.

1343. **B. emarginatus** Schck. Thym. serp., Ball. nigr.

1344. **B. truncatus** Nyl. Thym. Serp.

1345. **Bombus agrorum** F., ♀ 13—15 mm, ☿ 12—13 mm, ♂ 10—11 mm. Ranunc.
acer, R. rep., R. bulb., R. Fic., Aquileg. vulg., Delphin. elatum, Aconit. Nap., A.
varieg. !, Epimed. rubr., Chelidon. majus, Corydal. lutea, C. clavic., Brass. oler.,
Raphan. Raph., Helianth. vulg., Viola silvat., V. Rivin., V. can., V. tric. arv. !,
Polyg. Chamaeb., Thym. serpyll., Sil. infl., S. acaul., Coron. fl. cuc., Malva silv., M.
rotundif., Althaea rosea, Tilia ulmif., Hyper. perfor., H. quadrang., Aesc. Pavia,
Geran. Robert., Impat. grandulig., Dictamnus albus, Rhamn. Frang., Saroth. scop. !,
Genista angl., Cytis. Lab. ♀ !, C. austr., Lupin. lut. ☿ !, L. angustif. ☿ !, Ononis
rep., Medic. sat. ♀ ☿ !, M. falc., M. lupul. !, Trif. rep. ☿ !, T. hybr. !, T. prat.
♀ ☿ ♂ !, T. incarn. !, T. med., T. rub., T. arv. ☿ !, Anthyllis Vuln. ☿ !, A.
Vuln. v. marit. ♀ !, Lotus corn. ♀ ☿ ♂ !, L. uligin. !, Robinia Pseudacacia !,
Astrag. glycyph. ♀ !, A. Cicer, A. dan., A. exscapus, A. monspess., A. glycyphyl-
loides, Coron. var. ☿ ! !, Ornithop. perpus. ? +, Hedys. sibir., Onobr. viciif.
Vicia Cracca ♀ ☿ !, V. dumet., V. sep. ♀ ☿ !, V. sat. ♀ ! V. angustif. ☿ !, V.
Faba ☿ !, V. Orobus, V. onobrychoid., Lathyr. prat. ♀ !, L. marit. ♀ !, L. silvest.
♀ !, L. heterophyll. !, L. pal. !, L. latif., L. mont. ♀, L. niger ♀ !, L. brachypt.,
L. cirrhosus, L. incurvus, L. rotundif., Orobus aureus, O. hirs., Prunus Cer.,
Rubus frutic., R. caes., R. Id., R. spectab., Geum. riv., Spir. sorbif., S. salicif.,
S. ulmif., Cydonia jap., Pirus Malus, P. comm., Sorbus auc., Epil. angust., E. hirs.,
Oenoth. bien. !, O. Lamarck., Lythrum Sal. ♀ ☿ ♂ * !, L. Sal. v. angustif. ♂ * !,
Philad. coron., Sedum Teleph., Ribes Gross., Heracl. Sphond., Weigel. ros., Sym-
phoric. racem. ☿ !, Lonic. Pericl. !, Lonic. Xylost. ☿ !, Sherard. arvens., Asperul.
cynanch., Dipsac. silv., Cephal. ural., Knaut. arv., Succ. prat., Scab. Colomb.,
S. lucida, Tussil. Farf., Aster Tripol., Solidag. Vir. aur., Dahlia variab., Helianth.

an., Cacal. bast., Senec. Jacob., Cirs. arv., C. lanceol., C. pal., C. heteroph., C. olerac., Card. crisp., C. acanth., Onopord. Acanth., Lappa min., L. toment., Carl. acaul., Serrat. tinct., S. quinquef., Centaur. Jac., C. nigr., C. Cyan., C. Scab., Thrinc. hirt., Leont. aut., Picr. hierac., Tragop. prat., Tarax. off., Hierac. australe, Campan. rot., C. honon., Phyteum. spic., Jas. mont., Vacc. Myrt., V. uligin., Arctostaph. Uva ursi, Call. vulg., Erica Tetr., E. ciu., Monotr. Hyp., Asclep. syr. ♂ !. Vinca min., V. maj., Lymnanth. nymph., Gent. pneum., Conv. sep.. C. Soldau., Anchus. off., A. ochrol., Lycops. arv., Symph. off., S. peregrin., Pulm. off., Cerinthe min., Echium vulg., E. rosul., Lithosp. arv., Myosot. vers., Lycium barb., Solan. Dulc., S. nigr., Atropa Bell., Hyosc. nig., Verbasc. thapsif., V. Thaps., V. nigr., V. phoenic., Scrof. nod. ♀ ⚥ !, Antirrh. maj., Linar. vulg., L. striata, L. purp., Digit. purp., Veron. agr., Melamp. prat., M. nemor., Pedic. silv., P. palustr., Alectorol. min., Euphras. odont., E. off., E. lutea, Lathr. Squam., Mentha aquat., Salv. prat. ♀ ⚥ !, S. glutin. ♀ !, S. off. ⚥ !, S. Bertol., S. lanata, Monarda forma purpur. !, Thym. Serp., T. Cham., Calam. alpina, C. Nepeta, C. umbr., Clinop. vulg., Melissa off. ♂ !, Rosmar. off., Nepet. Cat. ⚥ !, N. nuda, N. lophantha, Glech. hed. ♀ ⚥ !, Dracoceph. mold., Lophanth. rug., L. anisat., L. scrof., Lam. alb. ♀ ⚥ !, L. mac. ♀ !, L. purp. ♀ !, L. amplexic. ♀ !, Galeobd. lut. ♀ !, Molucella laev. ♂ !. Galeops. spec. ?, G. Tetr. ♀ ⚥ !, G. ochr. !, G. Ladan. !, G. versic. !, Stach. silv. !. St. pal. !. St. recta ♀ !, St. germ. ⚥ !, St. longispic., Beton. off. ♀ ⚥ !, Phlom. tuber. ⚥ !, P. Kashm., Physostegia virgin., Ball. nigr. ♀ ⚥ ♂ !, Leon. Card., L. Card. var. villos., L. lanat., Brun. vulg. !, Ajug. rept. !, A. pyram., Teucr. Scorod., T. Cham. !, T. canum, Verben. off., Prim. elat. !, P. off. !, Armer. vulg., Salix aurit., S. vimin., Commel. tuber., Orchis latif. !, O. masc. !, O. Morio !, O. macul. !, Listera ov. +, Iris Pseudac. !, Polygonat. multifl.

1346. B. agrorum F. var. arcticus Acerbi. Salix nigric., S. glauca, S. lapp., S. phyllicif.

1347. B. agrorum F. var. tricuspis Schmiedekn. Melamp. prat.

1348. B. alpinus L., Trif. rep. !, Astrag. alp., Lathyr. marit. ♀ ⚥ ♂ !, Rubus Chamaem., Tarax. off., Phyteum. Scheuchz., Vacc. uligin., Rhodod. hirs., Pedic. lappon., Salix nigric., S. glauca, S. lapp., S. phyllicif.

1349. B. alticola Kriechb. ♀ 11—13 mm, ⚥ 9—12 mm, ♂ 8 mm. Pulsat. alp. !, Aconit. Napell. + !, A. Lycoct., Trif. rub., T. alpin., Astrag. alp., Arnic. mont., Senec. cord., Cirs. spinos., Vacc. uligin., Call. vulg., Cerinthe alp.. Linar. vulg., Veron. spic., Pedic. palustr., P. verticill., Bartsch. alp., Stach. silv. ⚥ !, Soldan. pusilla.

1350. B. arenicola Thoms. Viola can., Malva silv., Ononia spin. ♀ !, Trif. rep. ⚥ !, T. prat. ♀ ⚥ !, Lotus corn. ⚥ !, Vicia Cracca ♀ ⚥ !, V. sep. ♀ !, Lathyr. prat. ⚥ !, Epil. angust., Dipsac. silv., Knaut. arv., Succis. prat., Cirs. arv., C. olerac., Card. nut., Thrinc. hirt., Tarax. off., Call. vulg., Symph. off., Echium vulg., Alectorol. maj., Euphras. Odont., Thym. Serp., Lam. alb. ♀ !, Galeops. Tetr. ♀ ⚥ !, G. ochr. ♀ !, Stach. silv. ♀ ⚥ !, Brun. vulg. !, Ajug. rept. !, Teucr. Scorod. ♀ !.

1351. B. argillaceus, Scop. = Rasse von B. hortorum L. S. No. 1363 und 1390. Cheiranth. Cheiri, Dorycnium hirs., Prunus Mahaleb, Cydonia jap., Lonic. etrusca, Arbut. Uned., Vinca maj., Veron. spic., Salv. prat. !, S. glutin. !, S. off. !, S. clandest., S. Bertol., Satureja mont., Lam. alb. ♀ !, L. mac. !, Galeops. Tetr. ♀ ⚥ !, G. Ladan. !, Marrub. vulg. !, M. candidiss., Gladiol. comm.

1352. B. autumnalis Schenck. = B. terrester L. var. autumnalis F. Beton. off.

1353. B. brevigena Thoms. = B. mastrucatus Gerst. S. No. 1374. Aconit. Nap. +.

1354. B. cognatus Steph. = B. muscorum F. S. No. 1379. Viola tric. vulg. !, Genista tinct. !, Lupin. lut. ⚥ !, L. angustif., Trif. rep. !, Lotus corn. ♀ ⚥ ♂ !, Vicia angustif. !, V. Faba ♀ !, Oenoth. bien. × muric., O. Lamarck., Lythr. Sal. !, Dipsac. silv.,

Senec. Jacob., Cirs. arv., C. lanceol., Call. vulg., Eric. tetr., Gent. pneum., Anchusa off., Echium vulg., Lycium barb., Alectorol. maj., Ball. nigr.!, Ajug. rept.!, Teucr. canum.

1355. **B. confusus Schenck.** 12—14 mm. Coryd. lutea, Trif. prat. ♀ ☿ !, Astrag. Onobr., Onobr. viciif., Vicia sep., V. Faba ♀ !, Geum riv., Epil. angust., Solidag. Vir. aur., Heliops. pat., Card. crisp., Carl. acaul., Centaur. Scab., Thrinc. hirt., Tarax. off., Prenanth. purpur., Vacc. uligin., Call. vulg., Echium vulg., Solan. Dulc., Thym. Serp., Glech. hed. ♀ !, Beton. off., Scutell. albida, Brun. vulg. !, Ajug. rept., Prim. elat. ♀ !, Orchis latif., O. masc. !, O. Morio !.

1356. **B. consobrinus Dahlb.** Aconit. Lycoct !.

1357. **B. cullumanus (K.) Thoms.** Card. crisp.

1358. **B. derhamellus K.** = *B. rajellus K.* S. No. 1389. ♀ 13, ☿ 10 mm. Cardam. prat., Brass. oler., Helianth. vulg., Viola odor., V. can., Malva silv., Trif. rep. ♀ ☿ ♂ !, T. prat. ♀ ☿ ♂ !, T. arv. ☿, Lotus corn. ♀ ☿ !, Vicia Cracca ☿ ♂ !, V. sep. ♀ ☿ !, Lathyr. prat. ♀ ☿ !, L. silvest. ♂ ? !, Prunus Cer., Rubus Id., Cydon. jap., Epil. angust., Lythr. Sal. ☿ * !, Ribes Gross., Symphoric. racem. ♀ ☿ !, Lonic. tatar., Knaut. arv., Succ. prat., Solidag. Vir. aur., Tanac. vulg., Cirs. arv., Carl. vulg., Centaur. Scab., Leont. aut., Tarax. off., Campan. rot., Vacc. Myrt., Call. vulg., Eric. tetr., Gent. Pneum., Symph. off., Antirrh. maj., Alectorol. maj., Salv. prat. ♀ !, S. glutin. ? !, Thym. Serp., Glech. hed. ♀ !, Lam. alb. ♀ !, L. purp., ♀ ☿ !, Galeobd. lut. ♀ ☿ !, Galeops. Tetr. ♀ ☿ ♂ !, Stach. silv. ♀ !, Ajug. rept. !, Salix Capr., S. alba, S. fragil.

1359. **B. distinguendus Mor.** ☿ 10¹/₂ mm. Saroth. scop. !, Ononis spin. ♀ !, Trif. rep. ♀ ☿ !, T. prat. ♀ ☿ ♂ !, Lotus corn. ☿ !, Vicia Cracca ☿ !, Lathyr. prat. ♀ ☿ !, Geum riv., Epil. angust., Lythr. Sal. ♀ !, Eryng. marit., Lonic. Xylost. ♀ !, Knaut. arv., Cirs. pal., Card. nut., Leont. aut., Tarax. off., Hierac. umbell., Call. vulg., Eric. tetr., E. cin., Anchusa off., Echium vulg., Lycium barb., Alectorol. maj., Thym. Serp., Lam. alb. ♀ ☿ !, Galeops. Tetr. ♀ ☿ ♂ !, Stach. pal. !, Ajug. rept. !, Armer. vulg., Salix cin., S. Capr., S. aurit., S. rep., Orchis latif. !.

1360. *B. elegans Seidl.* = B. mesomelas Gerst. S. No. 1376 u. 1384. Echium vulg.

1361. **B. gerstaeckeri Mor.** S. No. 1381. Aconit. Nap. !, A. lycoct. !, A. Anthora ☿ !, Gent. asclep.

1362. **B. haematurus Kriechb.** Echium vulg., Salv. Sclar.

1363. **B. hortorum L.** S. No. 1351 u. 1390. ♀ 19—21 mm, ☿ 14—16 mm, ♂ 15 mm. Pulsat. vulg.!, P. prat. !, P. patens, Anem. nemor., Aquileg. vulg. !, A. chrysantha, Delphin. elat. !, D. Consolida !, D. Ajacis !, Aconit. Nap. ♀ ! +, A. variegat. ♀ ☿ ♂ !, A. Lycoct. ♀ ☿ !, A. Lycoct. var. pyren. !, A. Cammar., Chelidon. majus, Diclytra spectab. !, Arab. alb., Brass. oler., Sinap. arv., Viola odor., V. tric. vulg. !, V. t. arv. !, Polyg. Chamaeb., P. serpyll., Dianth. plumar., Sil. nut., Melandr. rubr., Malva silv., Althaea rosea, A. off., Hyper. perfor., Acer Pseudoplat., Aesc. Pavia, Ae. macrost., Geran. silvat., G. phaeum, G. Robert., Tropaeol. majus !, Impat. noli tang. !, J. Balsam., Saroth. scop. ♀ !, Cytis. Lab. ♀ !, Thermopsis fabac., Lupin. hirs., Medic. sat. !, M. falc., M. silvestr., M. lupul. !, Melilot. off. !, Trif. rep. ☿ !, T. prat. ♀ ☿ ♂ !, T. pann., Anthyll. Vuln. ♀ ☿ !, Lotus corn. ♀ ☿ !, Astrag. glycyph. ♀ ☿ ♂ !, A. dan., A. exscapus, A. alopecuroid., A. narbon., A. Onobr., Coron. var. ☿ !, Hedys. obsc., Vicia Cracca ♀ ♀.!, V. sat. !, V. Faba ♀ !, V. unijuga, Lathyr. marit. ☿ !, L. silvest. ♀ ☿ !, L. mont. ♀ !, L. varieg., L. vernus, L. cirrhos., Orobus Jordani, Phaseolus vulg. ♀ !, Ph. multifl. ♀ !, Prunus dom., P. avium, P. Cer., Rubus frutic., R. Id., Geum riv., Crat. Oxyac., Pirus Malus, Epil. angust., Oenoth. bien. ♀ !, O. biennis × muric., O. Lamarck., Saxifr. (Bergenia) crassif., Dauc. Car., Symphoric. racem. ☿ !, Lonic. Pericl. ♀ ♂ !, Cephal. alp., Knaut. arv., Succ. prat., Helianth. an., Senec. Jacob., Cirs. arv., C. lanceol., C. heteroph., C. spinos., C. glabr., Card. nut., Onopord. Acanth., Carl. acaul., Saussur.

albesc., Centaur. nigr., C. mont., Tarax. off., Crep. bien., Hierac. umbell., Jas. mont., Vacc. Myrt., V. uligin., V. Vit. id., Call. vulg., Eric. Tetr., E. carn., Syring. vulg., S. pers., Vinca min., Phacel. tanacetif., Polemon. coerul., Caccinia strig., Arnebia echioid., Anchus. off., A. ochrol., Lycops. arv., Symph. off., S. tuber., S. grandifl., S. peregr., Pulm. off., P. angustif., Echium vulg., E. rosul., Lycium barb., Solan. Dulc., Verbasc. Thaps., Scrof. nod. ⚥ !, Antirrh. maj., A. sempervir., Linar. vulg., Digit. purp., D. lutea, D. ambig., Melamp. prat., M. arv., M. nemor., Pedic. silv., Alectorol. maj., Euphras. off., Lathr. Squam., Clandest. rectifl., Acanth. spin., Mentha aquat., Salv. prat. ♀ ⚥ !, S. glutin. ♀ ! ♂ (!) +, S. off. ♀ ⚥ !, S. verticill. ! S. Bertol., S. Baumg., S. controv., S. sclareoid., Origan. vulg., Thym. Serp., Calam. alpina, Nepeta melissif., N. macr. ⚥ ♂ !, N. granat., Glech. hed. ♀ ⚥ !, Melitt. Melissophyll. !, Lam. alb. ♀ ⚥ !, L. mac. ♀ ⚥ !, L. mac. forma hirs. ⚥ !, L. purp. ♀ !, L. amplexic. ♀ !, L. Orvala, L. gargan., L. flexuos., Galeobd. lut. ♀ !, Galeops. Tetr. ♀ !, G. ochrol. ♀ ♂ !, G. Ladan. ♂ !, G. versic. ♀ !, Stach. silv. !, St. pal. !, Beton. off., B. orient., Phlom. tuber. ⚥ !, P. Russel., P. armen., Ball. nigr. !, Leon. Marrub., Scutell. alp. ?, S. peregr., Brun. vulg. !, Ajug. rept. !, Teucr. Scorod. !, T. Cham. !, Prim. elat. ♀ ⚥ !, P. off., P. acaul. !, Statice Limon., Polygon. Pers., Daphne Mez., Salix cin., S. Capr., S. aurit., Orchis latif. !, O. masc. !, O. Morio !, O. trident., Epipact. pal. !, Gladiol. pal., Iris Pseudac. !, I. pyren., I. sibir., I. germ., Fritill. imper., Scilla patula, Hyac. orient., Polygonat. multifl., Colchic. aut., Veratr. alb.

1364. **B. hortorum L. v. nigricans** Schmkn. Tropaeol. majus !, Impat. noli tang. !, Trif. prat. ⚥ ♂ !, Succ. prat., Call. vulg., Linar. vulg., Calam. alpina, Lam. alb. ♀ !.

1365. **B. hyperboreus** Schönh. Oxytrop. camp., Astrag. alpin., Pedic. sudet.

1366. **B. hypnorum L.** ♀ 11—12 mm. ⚥ 8—10 mm. Geran. silvat., Rhamnus cathart., Astrag. alp., Rubus frutic., R. odor., R. Id., Geum riv., Epil. angust., Ribes nigrum, R. Gross., Cephal. radicata, Knaut. arv., Scab. atrop., Tussil. Farf., Solidag. Vir. aur., Helianth. an., Senec. nemor., Echinops exalt., Cirs. pal., Card. crisp., C. nut., Onopord. Acanth., Tarax. offic., Prenanth. purpur., Campan. rot., Call. vulg., Asclep. syr. !, Vinca min., Conv. sep., Anchus. off., Symphyt. off., S. peregr., Echium vulg., Solan. Dulc., Alectorol. maj., Thym. Serp., Lam. alb. ♀ !, Ball. nigr. ⚥ !, Brun. grandifl., Teucr. Scorod. ♀ ♂ !, Salix nigric., S. glauca, S. lapp., S. phyllicif.

1367. **B. jonellus** K. = *B. scrimshiranus* K. S. No. 1391. ♀ 12, ⚥ 9³/₄—11¹/₂ mm. Aconit. Lycoct. +, Viola odor., Rhamn. Frang., Rubus frutic., R. Id., R. spectab., Epil. angust., Ribes Gross., Symphoric. racem. ⚥ ♂ !, Succ. prat., Tussil. Farf., Tarax. off., Vacc. Myrt., V. Vit. id., Call. vulg., Eric. tetr., Veron. Cham., Salv. verticill. !, Thym. Serp., Glech. hed. ♀ !, Lam. alb. ♀ ⚥ !, Galeobd. lut. ♀ ⚥ !, Brun. vulg. !, Ajug. rept. !, Salix alba, S. fragil, S. rep., Scilla sibir.

1368. *B. italicus* F. = B. pascuorum Scop. S. No. 1382. Indigof. macrostach., Lobel. syph., Asclep. syr. !, Acanth. spin.

1369. **B. kirbyellus** Curt. = *B. nivalis Dahlb.* S. No. 1380. Geran. silvat.

1370. **B. lapidarius L.** ♀ 12—14 mm, ⚥ 10—12 mm, ♂ 8—10 mm. Thalictr. flavum, Pulsat. vulg. !, Hellebor. foetid. !, H. viridis !, Nigella damas. ⚥ ♂ !, N. sativa ⚥ ♂ !, N. arv. ⚥ !, Delphin. Consolida !, Berber. aquif., Papaver Rhoeas, Chelidon. majus, Corydal. lutea, Barbar. vulg., Arab. alb., Hesper. matron., Brass. oler., Sinap. arv., Lunar. ann. ♀ ⚥ !, Iber. amara, Cak. marit., Raphan. Raphan., Helianthem. vulg., Viola odor. ♀ !, V. can. ♀ !, V. can. var. flavicorn., V. tric. vulg. !, Polyg. vulg., P. Chamaeb., Sil. infl., Coron. fl. cuc., Malva silv., M. Alcea, Tilia ulmif., Hyper. perfor., Acer Pseudoplat., Aesc. Hippocast. ♀ !, Geran. pyren., G. phaeum, G. Robert., G. iber., Impat. noli tang., I. grandulig. !, Dictamn. albus, Saroth. scop. !, Genista tinct., G. germ., Ulex europ. ♀ !, Cytis. Lab. ♀ ⚥ !, C.

sagitt., Lupin. lut. ♀ ⚥ !, L. angustif. ⚥ !, L. polyph., Ononis spin. ♀ ⚥ !, Medic.
sat. !, Melilot. albus ⚥ !, Trif. rep. ♀ ⚥ ♂ !, T. fragif. ⚥ ♂ !, T. prat. ♀ ⚥ ♂ !,
T. incarn. ⚥ !, T. arv. ⚥ !, Anthyllis Vuln. ⚥ !. Lotus corn. ♀ ⚥ !, Tetragonol.
siliqu., Colutea arb. ♀ !, Robinia viscosa, Caragana arboresc.. Astrag. glycyph. ⚥ !,
Coron. var. ⚥ !, Hippocrep. com., Hedys. obsc., Onobr. viciif., Vicia sep. ♀ ⚥ !,
V. sat. ♀ ⚥ !, V. pannon., V. Faba ♀ !, V. pisiform. ♀ !, V. unijuga. Lathyr.
prat. ⚥ !, L. marit. ⚥ !, L. mont. ⚥ !, L. nigr. ⚥ !, L. vernus, L. brachypterus, L.
cirrhosus, Orobus aureus, Persica vulg., Prunus dom., P. avium, P. Cer., P. spin.,
Rubus frutic., R. caes., R. odor., R. Id., Geum riv., Pirus Malus, Epil. angust..
Oenoth. bien. !, O. Lamarck., Lythr. Sal. ♀ ⚥ ♂ * !, L. hyssopif., Philad. coron.,
Deutzia crenata, Sedum Teleph., S. Aizoon, Ribes Gross., Astrantia maj., Eryng.
marit., E. camp., Symphoric. racem. ⚥ !, Lonic. coerul., L. iber., Dipsac. silv.,
D. Full., Knaut. arv., Succ. prat., Scab. Columb., S. luc., S. dauc., Eupat. can.,
Vernon. fascic., Aster Trip., A. Novae Angl., Solidag. Vir. aur., Dablia variab.,
Pulic. dysent., Actinom. helianth., Helianth. an., Rudb. lacin., Matric. inod., Cacal.
hast., Senec. Jacob., Echinops sphaeroc., Cirs. arv., C. lanceol., C. pal., C. rivul.,
C. olerac., Card. crisp., C. acanth., C. nut., Onopord. Acanth., Carl. acaul., C. vulg.,
Centaur. Jac.. C. nigr., C. mont., C. Cyan., C. Scab., C. Calcitr., Thrinc. hirt.,
Leont. aut., Hypoch. radic., Tarax. off., Mulged. alpin., Sonchus arv., S. asp.,
Crep. bien., Hierac. umbell., Campan. rot., C. rapunculoid., C. Trach., C. Rapunc.,
C. barb., Phyteum. spic., P. nigr., Jas. mont.,⚥Vacc. Myrt., V. uligin., V. Vit. id.,
Androm. polif., Call. vulg., Eric. Tetr., E. cin., Syring. vulg., Vinca min., Gent.
Pneum., Polemon. coerul., Anchus. off., A. ochrol., Symph. off., S. tuber., S. gran-
difl., Pulm. off., Cerinthe min., Echium vulg., Lithosperm. arv., Lycium barb.,
Solan. Dulc., Atropa Bell., Hyosc. nig., Scrof. nod. ⚥ !, Antirrh. maj., A. Oront.,
Linar. vulg., Pentstem. campan., Melamp. prat., M. nemor., M. cristat., Pedic. silv.,
Euphras. Odont., E. off., Lathr. Squam., Mentha aquat., Salv. off. ♀ ⚥ ♂ !,
Origan. vulg., O. Maj., Thym. Serp., Calam. off., Clinop. vulg., Hyssop. off. ♂ !,
Glech. hed. ♀ ⚥ !, Dracoceph. mold., Lam. alb. ♀ ⚥ !, L. alb. forma verticill.
♀ !, L. mac. ♀ !, L. purp. ♀ !, Galeobd. lut. ♀ !, Molucella laev. ♂ !, Galeops.
Tetr. ⚥ !, G. ochr. ♀ !, G. Ladan. !, Stach. silv. ♀ !, St. pal. !, St. germ. forma
dasyantha !, St. cretica, Beton. off. ♀ !, Siderit. scordioid., Ball. nigr. ⚥ !, Leon.
Card., Brun. vulg. ♀ ⚥ ♂ !, Ajug. rept. !, Teucr. Scorod. !, Prim. elat. ♀ !, Armer.
vulg., Plantag. med., Polygon. Fagop., Salix cin., S. Czpr., S. aurit., S. alba, S.
fragil., S. rep., Orchis latif. !, O. masc. !, O. Morio !, Allium vin., Polygonat. off.

1371. B. lapponicus F.   ♀ 12—13 mm, ⚥ 9—12 mm, ♂ 10 mm. Sil. acaul., Trif.
rep. ⚥ ♂ !, Astrag. arg., Tanac. vulgar., Tarax off., Vacc. uligin., Call. vulg.,
Pedic. lappon., Polygon. vivip., Salix nigric., S. glauca, S. lapp., S. phyllicif.

1372. *B. latreillellus K.* = B. subterraneus L. S. No. 1397. Viola tric. vulg. !, Trif. prat.
♀ ⚥ ♂ !, Cirs. olerac., Vacc. Myrt., Gent. asclep., Anchusa off., Salv. prat. !, Ball. nigr.!.

1373. B. lucorum L. = B. terrester L. Rasse. S. No. 1399. Chelidon. majus, Iber.
amara, Cak. marit., Viola odor., Aesc. Pavia, Medic. silvestr., Trif. rep. ⚥ !, T. prat.
♀ ⚥ +, T. arv. ⚥ !, Lathyr. prat. ⚥ !, Rubus frutic., R. caes., R. ld., R. spectab.,
Cydon. jap., Pirus comm., Ribes Gross., Symphoric. racem. ⚥ ♂ !, Lonic. tatar.,
Knaut. arv., Succ. prat., Petas. off., Cirs. arv., Leont. aut., Tarax. off., Campan.
rot., Jas. mont., Call. vulg., Eric. tetr., Symph. off., Lycium barb., Antirrh. maj.,
Thym. Serp., Lam. alb. ! u. +, Stach. pal. !, Ball. nigr. !, Salix alba, S. fragil., S.
rep., Epipog. aphyll., Scilla sibir.

1374. B. mastrucatus Gerst. S. No. 1353   ♀ 10—12½ mm, ⚥ 9—10 mm. Aconitum
Napellus, Corydal. cava +, Polyg. Chamaeb. ♀ ! +, ⚥ +, Sapon. ocym., Cytis. nigric.,
Melilot. off. !, Trif. mont. ♂ !, T. prat. ♂ !, Lotus corn., Oxytropis camp., Astrag.
alp., Vicia sep. ⚥ +, V. Orobus, Lathyr. mont. ? !, L. vernus, Epil. angust., Solidag. Vir. aur., Senec. Jacob., Cirs. spinosis., Prenanth. purpur., Crep. aurea,

Phyteum. hemisph., Vacc. Myrt., Call. vulg., Rhodod. hirs., Gent. campestr., G. obtusif., Linar. vulg., L. alpina ?, Melamp. nemor., Pedic. silv., Alectorol. maj., A. maj. form. hirs., Salv. prat. !, S. glutin. +, Calam. alpina, Hormin. pyren. +, Lam. mac., Galeops. Tetr., Ball. nigr., Brun. grandifl., Prim. visc., Orchis sambuc., Goodyera rep.

1375. B. mendax Gerst. ♀ 13—17 mm., ☿ 11—13 mm. Aconit. Nap. +, Oxytrop. ural., Rhodod. hirs., Veron. off., Ball. nigr. ♀ ☿ ♂ !.

1376. B. mesomelas Gerst. S. No. 1360 und 1384. ♀ 15—18 mm, ☿ 12—14 mm, ♂ 9—10 mm., Trif. prat. ♀ ☿ ♂ !, Scab. Columb., Cirs. heteroph., Card. nut., Salv. verticill. !, Lam. alb.

1377. *B. montanus Lep.* Rhodod. hirs.

1378. B. mucidus Gerst. Trif. alpin., Salv. verticill. !

1379. B. muscorum F. = *B. cognatus Steph.* ♀ 15 mm. S. No. 1354. Viola tric. vulg. !, Saroth. scop. !, Genista angl. !, Trif. rep. ☿ !, Trif. prat. ♀ ☿ ♂ !, T. incarn.!, T. arv. ☿ !, Anthyll., Vuln. ☿ !, Lotus corn. ♀ ☿ !, Vicia Cracca ☿ !, V. sep. ♀ ☿ !, V. angustif. ☿ !, V. Faba ♀ !, Lathyr. prat. ♀ !, Symphoric. racemos. ♂ !, Valerian. olit., Dipsac. silv., Knaut. arv., Succ. prat.. Eupat. can., Tanac. vulg., Senec. nemor., Echinops sphaeroc., Onopord. Acanth., Carl. acaul., Leont. aut., Hypoch. radic., Tarax. off., Sonchus arv., Hierac. umbell., Jas. mont., Vacc. Myrt., V. Vit. id., Androm. polif., Call. vulg., Eric. tetr., Gent. Pneum., G. acaule, G. verna, Anchus. off., Pulm. off., Lycium. barb., Digit. purp., Melamp. silv., Pedic. silv., Alectorol. maj., Euphras. Odont., E. off., Lathr. Squam., Salv. prat. !, Thym. Serp., Calam. Acin., Glech. hed. ♀ !, Lam. alb. ♀ ☿ !, L. purp. ♀ !, L. amplexic. ♀ !, Galeobd. lut. ♀ !, Galeops. Tetr. ♀ ☿ !, Stach. pal. !, St. recta !, Beton. off., Ball. nigr. ☿ !, Brun. vulg. !, Ajug. rept. !, Teucr. Scorod., Salix alba, S. fragil., S. rep., Orchis latif. !.

1380. *B. nivalis Dahlb.* = B. kirbyellus Curt. S. No. 1369. Oxytrop. camp., Lathyr. marit. ☿ ♂ !, Comar. pal., Polygon. vivip., Salix nigric., S. glauca, S. lapp., S. phyllicif.

1381. *B. opulentus Gerst.* = B. gerstaeckeri Mor. S. No. 1361. ♀ 21—23 mm. Aconit. Lycoct. !.

1382. B. pascuorum Scop. = *B. italicus F.* S. No. 1368. Althaea rosea, Agrim. Eupat., Centaur. Jac., Rosmar. off., Ball. nigr. ♂ !.

1383. B. pomorum Pz. Corydal. lutea, Cardam. prat., Polyg. Chamaeb., Medic. sat. ♂ !, Trif. prat. ♀ ☿ ♂ !, T. arv. ☿ !, Vicia sep. !, Epil. mont., Lonic. Xylost. ♀ !, Viburn. Lant., Eupat. can., Helianth. an., Card. crisp., Carl. acaul., Echium vulg., Linar. vulg., Digit. ambig., Salv. off. ♀ !, Stach. pal. !.

1384. *B. pomorum Pz. v. elegans Seidl.* = B. mesomelas Gerst. S. No. 1360 und 1376. Trif. alp. !, Anthyll. Vuln., Oxytropis camp., Lonic. Xylost., Carl. acaul.

1385. *B. pomorum Pz. var. rufexens Ev.* Lam. mac. !.

1386. B. pratorum L., ♀ 12—14½ mm, ☿ 8—12 mm, ♂ 8—10 mm. Anem. nem., Aconit. Nap., Berb. vulg., Chelidon. maj., Diclyt. spect. +, Raphan. Raph., Viola odor., V. tric. arv., Polyg. Chamaeb., Malva silv., Geran. sanguin., Medic. sat. !. Trif. rep. ♀ ☿ !, T. mont. ♂ !, T. prat. ♀ ☿ !, T. camp. ☿ !, Lotus corn., Astrag. arenar., Onobr. viciif., Vicia unijuga, Lathyr. marit. ☿ !, Prunus Cer., Rosa rubigin., Rubus frutic., R. odor., R. Id., Geum riv., Cydonia jap., Epil. angust., Fuchsia sp., Philad. coron., Ribes nigrum, R. sanguin., R. Gross., Saxifr. (Bergenia) crassif., Symphoric. racem. ☿ ♂ !, Lonic. Xylost. ☿ !, Valer. off., Knaut. arv., Succ. prat., Scab. Columb., Petas. off., Aster Tripol., Helianth. decap., H. mollis, Heliops. laev., Senec. nemor., S. Jacob., Cirs. pal., C. olerac. var. amar., Card. acanth., C. nut., Centaur. Jac., C. nigr., C. mont., C. Scab., C. atropurp., C. leucol., Leont. hast., Tarax. offic., Campan. rot., C. latif., Phytheum. spic., Vacc. Myrt., V. uligin., Call. vulg., Eric. cin., Rhodod. hirs., Forsyth. virid., Vinca min., Polemon. coerul., Cynogloss. Column., Borago off., Anchus. off., A. ochrol., Symph. off., S. off. var. coccin., S. peregr., Pulm. off., Echium vulg., Lycium barb., Solan.

Dulc., Atropa Bell., Scrof. nod. ⚥!, Veron. mont., Melamp. prat., M. nemor., Pedic. palustr., Alectorol. maj., Euphras. off., Salv. prat. ♀!, S. off. ♀ ⚥!. S. verticill. ♀!, Origan. vulg., Thym. Serp., Nepeta nuda, Glech. hed. ♀!, Lophanth. rug., Lam. alb. ♀ ⚥!, L. purp. ♀!, L. incis. ♀!, L. gargan., Galeobd. lut. ♀ ⚥!, Stach. silv.!, Ball. nigr.!, Leon. Card., L. Marrub., Brun. vulg.!, Brun. grandifl., Ajuga rept.!, Teucr. Scorod.!, Verben. off., Prim. elat.!, Plantag. lanc., Polygon. vivip., Salix cin., S. Capr., S. aurit., S. vimin., S. nigr., S. glauca, S. lapp., S. phyllicif., Orchis masc.!, O. Morio!. O. macul.!, Goodyera rep., Antheric. ramos., Scilla sibir., Allium ursin., A. vin., Hyac. orient.

1387. B. pratorum L. var. subinterruptus K. Symph. off.

1388. B. proteus Gerst. S. No. 1396. ♀ 13—14 mm, ⚥ 11—13 mm. Malva silv.. Rham. Frang., Trif. rub., Rub. frutic., R. Id., Epil. angust., Knaut. arv., Succ. prat., Cirs. arv., C. olerac., Lappa min., Leont. aut., Campan. rot., Phyteum spic., Jas. mont., Vacc. Myrt., V. uligin., V. Vit. id., Call. vulg., Linar. vulg., Thym. Serp., Lam. alb.!, Stach. pal.!, Teucr. Scorod.!.

1389. B. rajellus K. = B. derhamellus K. S. No. 1358. ♀ 13—14 mm, ⚥ 12—13 mm, ♂ 10—11 mm. Chelidon. majus, Diclytra spectab. +, Corydal. lutea, Viola tric. arv.!, Polyg. Chamaeb., Coron. fl. cuc., Hyper. perfor., Acer Pseudoplat., Geran. phaeum, Lupin. lut. ⚥!, L. angustif., Dorycn. hirs., Trif. rep.!, T. prat. ♀ ⚥!, T. arv. ♀ ⚥!, T. alpin., Lotus uligin. ⚥!, Astrag. glycyph. ♀!. Coron. var. ♀!!. C. mont., C. glauca, C. minima., Hedys. sibir., Onobr. aren., Vicia Cracca ⚥!, V. sep. ♀ ⚥!, V. Faba ♀!, V. pisiform. ♀ ⚥!, Cydonia jap., Epil. angust.. Oenoth. bien. × muric.; Sedum acre, Dipsac. silv., Knaut. arv.. Succ. prat., Cirs. pal., Centaur. rhen.. Hierac. vulgat., Phyteum. betonicif., Eric. tetr., Anchus. off., Lycops. arv., Pulm. off., Echium vulg., Lycium barb., Linar. vulg., Melamp. arv.. M. nemor.. Pedic. silv., Alectorol. maj., Salv. prat. ♀!, S. off. ♀!, Glech. hed. ♀!, Lam. alb. ♀!, L. mac. ⚥ +, L. purp. ♀!, L. incis. ♀!. Galeobd. lut.!. Galeops. Tetr. ♀ ⚥ ♂!, Stach. pal.!, Ball. nigr. ♀ ♂!. Brun. vulg.!, Ajug. rept.!, Prim. off.!, Salix Capr., Iris Pseudac.!.

1390. B. ruderatus F. = B. hortorum L. Rasse. ♀ 22 mm. S. No. 1351 u. 1363. Cak. marit., Aesc. Pavia, Cytis. Lab. ♀!, Trif. prat. ♀ ⚥ ♂!, Vicia Faba. ♀!, Knaut. arv., Dahlia variab., Helianth. an., Cirs. arv., Card. nut., Tarax. off., Symphyt. off., Echium vulg., Linar. vulg., Salv. prat.!, Lam. alb. ♀!, Galeops. ochr. ⚥ ♂!, G. versic. ⚥!, Stach. pal. ♂!.

1391. B. scrimshiranus K. = B. jonellus K. S. No. 1367. ⚥ 10 mm. Aconit. Lycoct. +, Trif. rep. ⚥ ♂!, Astrag. alp., Onobr. viciif., Vicia Cracca ♀ ⚥ ♂!, Lathyrus heteroph.!, L. pal.!, Rubus frutic., R. Chamaem., Geum riv., Comar. pal., Spir. sorbif., S. salicif., S. ulmif., Epil. angust., Ribes Gross., Tanac. vulg., Cirs. pal., Centaur. nigr., Leont. aut., Tarax. off., Vacc. Myrt., Call. vulg., Lymnanth. nymph., Lycops. arv., Verbasc. Thaps., Pedic. silv., P. palustr., Alectorol. maj., Lam. alb. ♀ ⚥!, Galeops. spec. ?, G. Tetr. ♂!, Polygon. vivip., Salix cin., S. Capr., S. aurit., S. nigr., S. glauca, S. lapp., S. phyllicif.

1392. B. senilis F. = B. variabilis Schmiedekn. und B. muscorum F. ♀ 14—15 mm, ⚥ 10—12 mm, ♂ 10 mm. Delphin. elatum L., Echium vulg., Scrof. nod. ⚥!.

1393. B. silvarum L., ♀ 12—14 mm, ⚥ 10—12 mm, ♂ 9—10 mm. Aconit. Nap., Brass. oler., Polyg. Chamaeb., Malva silv., Trif. rep. ⚥!, T. fragif. ⚥!, T. prat. ♀ ⚥ ♂!, T. rub., Anthyll. Vuln. ⚥!. Lotus corn. ⚥!, Onobr. viciif., Vicia Cracca ♀ ⚥!, V. sep.!, V. sat. ♀!, V. angustif. ♀!, V. Faba ♀!, V. pisiform. ♀!, Lathyr. prat. ♀ ⚥!, L. silvest. ⚥!, L. latif. v. intermed., Rubus frutic., R. Id., Geum riv., Epil. hirs., Oenoth. bien. ♀!, Lythr. Sal. ⚥ *!, Sedum Teleph., Ribes Gross., Lonic. tatar., Knaut. arv., Succ. prat., Helianth. an., Calend. offic., Echinops sphaeroc., Cirs. arv., C. lanceol., Card. acanth., C. nut., Lappa toment., Carl. acaul., Centaur. Jac., C. Cyan., C. Scab., Thrinc. hirt., Leont.

aut., Tarax. off., Hierac. vulgat., Jas. mont., Vacc. uligin., Call. vulg., Eric. tetr., Gent. Amarella, Anchus. off., Symph. off., Pulm. off., Echium vulg., Lycium barb., Antirrh. maj., Linar. vulg., Melamp. prat., M. arv., Pedic. silv., Alectorol. maj., Euphras. Odont., Mentha aquat., Lycop. europ., Salv. prat. ♀ ⚥ !, S. off. ♀ !, S. verticill. ♀ ⚥ !, Origan. vulg., Thym. Serp., Glech. hed. ♀ !, Lam. alb. ♀ !, L. purp. ♀ !, L. amplexic. ♀ !, Galeobd. lut. ♀ !, Galeops. Tetr. ♀ ⚥ !, G. Ladan. ♀ !, Stach. silv. ♀ !, St. pal. !, St. recta !, Ball. nigr. ⚥ !, Brun. vulg. ♀ ⚥ ♂ !, Ajuga rept. !, Teucr. Scorod. !, Prim. elat. !, Orchis Morio !.

1394. **B. silvarum L. v. albicauda Schmdkn.** Vicia Cracca ♀ !.

1395. **B. soroënsis F.** Aconit. Nap. +, Polyg. Chamaeb., Epil. angust., Eryng. marit., Scab. Columb., Eupat. can., Senec. Jacob., Card. crisp., Hierac. muror., Campan. barb., Call. vulg., Euphras. off., Salv. prat. ♀ !, Origan. vulg., Brun. vulg. !.

1396. **B. soroënsis F. var. proteus Gerst.** = B. proteus Gerst. S. No. 1388. Viscar. vulg., Tilia ulmif., Trif. arv. ⚥ !, Rubus frutic., Knaut. arv., Cirs. arv., Leont. aut., Hierac. Pilosel., H. muror., Campan. rot., Euphras. off., Thym. Serp., Brun. vulg. !.

1397. **B. subterraneus L.** S. No. 1372. Brass. nig., Viola corn., V. tric. vulg. !, V. patens !, Coron. fl. cuc., Trif. prat. ♀ ⚥ ♂ !, Lotus uligin., Rubus caes., Heracl. Sphond., Succ. prat., Cirs. arv., Card. crisp., Lappa toment., Centaur. Jac., Leont. aut., Hypoch. glabra, Crep. vir., Hierac. umbell., Call. vulg., Alectorol. maj., Euphras. Odont., Salv. prat. !, S. verticill. !, Glech. hed. ♀ !, Lam. alb. ♀ !, Brun. vulg. !, Ajug. rept. !, Butom. umb.

1398. **B. subterraneus L. var. borealis Schmiedekn.** Ballota nigra !.

1399. **B. terrester L.** S. No. 1373. ♀ 9—10 mm, ⚥ 8—9 mm. Clemat. recta, C. angustif., Pulsat. vulg., Anem. nemor., A. japon., Adon. vern., Batrach. aquat., Ranunc. acer, R. rep., R. lanugin., R. Fic., Caltha pal., Hellebor. foetid., H. viridis !, Nigella sativa ⚥ !, N. damasc. ⚥ !, Aquileg. vulg. +, Aconit. Nap. ♀ ! +, A. Lycoct. +, Paeon. off., Berber. vulg., B. aquifol., Papaver Rhoeas, P. somnif., Chelidon. majus, Sanguin. canad., Diclytra spectab. +, Corydal. cava +, C. solida +, C. clavicul., Cheirant. Cheiri, Cardam. prat., Brass. oler., Sinap. arv., Eroph. verna, Iber. amara, Cak. marit., Viola odor., V. can. ♀ !, V. tric. vulg. !, V. t. arv., Polyg. vulg., P. Chamaeb., Sapon. off., S. ocym., Viscar. vulg., Cor. fl. cuc., Melandr. rubr., Malva silv., Alth. ficif., A. off., Tilia ulmif., Hyper. perfor., H. quadrang., H. commutat., H. tetrapt., Acer Pseudoplat., Aesc. Hippocast. ♀ !, Ae. flava, Geran. pusill., G. Robert., Oxalis Acetos., Impat. noli tang. !, I. Balsam., I. glandulig. !, Rhamn. Frang., Saroth. scop. ♀ !, Genista tinct. !, G. angl. !, Ulex europ. ♀ !, Cytis. Lab. ⚥ !, C. sagitt., Sophora flavesc., Lupin. lut. ⚥ !, L. angustif. ⚥ !, Ononis spin. ♀ ⚥ !, O. rep., Medic. sat. !, M. lupul., Dorycn. hirs., Trif. rep. ⚥ ♂ !, T. hybr. ⚥ !, T. fragif. ⚥ !, T. prat. ♀ ⸫ +, T. med., T. arv. ♀ ⚥ ♂ !, T. alpin., Lotus corn. ⚥ ! u. +, Astrag. dan., A. exscap., A. alp., Onobr. viciit., Vicia sep. ♀ ⚥ +, V. sat. +, V. Faba ♀ +, Lathyr. prat. !, L. latif., L. niger +, L. vern., L. brachypt., Phaseolus vulg. +, P. multiflor. +, Amygd. comm., Persica vulg., Prunus dom., P. avium, P. Cer., P. spin., Rosa pimpinellif., R. rubigin., Rubus frutic., R. caes., R. Id., Geum riv., G. urb., Potent. Anser., P. verna, Agrim. Eupat., Spir. sorbif., S. salicif., S. ulmif., Crat. Oxyac., C. monog., Cydonia jap., Pirus Malus, P. comm., Sorbus auc., Epil. angust., E. hirs., Oenoth. bien. !, Fuchsia sp., Lythr. Sal. ♀ ⚥ ♂ * !, L. hyssopif., Deutzia crenata, Sedum Teleph., Ribes nigrum, R. sanguin., R. Gross., Saxifr. (Bergenia) crassif., Astrant. maj., Eryng. camp., E. gigant., Levist. off., Ligustic. commut., Angel. silv., Heracl. Sphond., Dauc. Car., Viburn. Op., Symphor. racem. !, Valer. mont., V. alliariif., Dipsac. silv., D. Full., Cephal. alp., C. ural., C. ural. v. cret., Knaut. arv., Succ. prat., Scab. dauc., Eupat. purp., Vernon. fascic., V. praeal., Adenost. alp., Tussil. Farf., Petas. off., Aster Tripol., A. Amel., A. Nov. Angl., A. salicif., A. panicul. var. pubesc., A. sagitt., A. sparsifl., Bellis per.,

Diplopap. amygd., Solidag. Vir. aur., S. ambig., S. fragr., S. laterifl., Dahlia variab., D. Cerv., Silph. Aster., S. connat., S. erythroc., S. gummif., S. trifol., Bidens cern., Helianth. an., H. atror., H. decap., H. Maximil., H. moll., Echinac. purp., Heliops. lacr., H. scab., Rudb. lacin., Tanac. vulg., Chrys. Leuc., Cacal. hast., Senec. nemor., S. Jacob., Echinops sphaeroc., E. banat., E. exalt., Cirs. arv., C. lanceol., C. olerac., C. acaule × olerac., Card. crisp., C. acanth., C. deflor., C. nut., Onopord. Acanth., Carl. acaul., C. vulg., Alfred. cern., Serrat. quinquef., Centaur. Jac., C. nigr., C. Scab., C. astrach., C. atropurp., C. atropurp. var. ochrol., C. conglom., C. rup., C. ruthen., C. salicif., Leont. aut., Picr. hierac., Tarax. offic., Sonchus arv., Crepis vir., Hierac. vulgat., H. umbell., H. brevifol., Lobel. erin., Lobel. syph., Jas. mont., Vacc. Myrt., V. uligin., V. Vit. id., Arbut. Uned., Call. vulg., Eric. tetr., E. cin., Rhodod. praec., Syring. vulg. Asclep. syr. !, Vinca min., V. maj., Gent. Pneum., G. obtusif., Hydroph. virgin., Polemon. coerul., Conv. arv., C. sep., C. Soldan., Cynogloss. off., Omphalod. verna, Anchusa off., Symph. off., S. asperr., S. peregr., Pulm. off., P. angustif. × off., Onosma stell., Cerinthe min., Echium. vulg., E. rosul., Lycium barb., Solan. Dulc., S. nigr., Atropa Bell., Hyosc. nig., Verbasc. Thaps., V. nigr., Scrof. nod., Antirrh. maj., A. Oront., Linar. vulg., L. pyren. ?, L. ital., Digit. purp., D. lutea, D. ambig., Veron. longif., Melamp. prat., M. arv., M. nemor., Pedic. silv., P. palustr., Alectorol. maj., A. min., Euphras. Odont., Lathr. Squam., Acanth. spin., Mentha arv., Salv. silv. !, S. off. +, S. Bertol., Monarda did., M. fistul., M. f. forma mollis, f. albicans., f. purpur., Origan. vulg., Satureja mont., Thym. Serp., T. dalm., Calam. alpina, C. off., C. Nepeta, Clinop. vulg., Melissa off. ☿ ♂ !, Hormin. pyren. +, Nepeta Cat. ☿ !, Rosmar. off., Hyssop. off., Glech. hed. weibl. Bltn. ! u. +, Zwitterbltn. +, Dracoceph. mold., Melitt. Melissophyll. +, Lam. alb. +, L. mac. +, L. purp. ♀ ☿ !, L. amplexic. ♀ !, Galeobd. lut. +, Galeops. Tetr. +, G. versic. ♀ !, Stach. pal. ♀ ! u. +, St. germ. ♀ ♂ !, St. lanata, Beton. rubic., Phlom. Russel., Siderit. hyssopif., S. scordioid., Marrub. vulg. !, M. candidiss., M. anisod., Ballota nigra !, Leon. lanat., Scutell. galer. ! u. +, S. albida, Brun. vulg. ☿ !, B. grandifl., Ajuga rept. !, Teucr. Scorod., T. Cham., T. canum, Verben. urticif., Prim. elat. +, Armer. vulg., Statice Lim., Plantag. lanc., P. med., Polygon. vivip., Daphne Mez., Salix aurit., S. Capr., S. cin., S. aurit. × purp., S. alba, S. fragil., S. vimin., S. nigric., S. rep., Butom. umb., Orchis latif. !, O. masc. !, Croc. varieg., Fritill. Meleagr., F. lutea, Scilla sibir., Allium Cepa, Hyac. orient., H. candic.

1400. B. terrester L. var. audax Harr. (virginalis Fourcr.) Antirrh. maj.

1401. *B. tristis Seidl.* = B. variabilis Schmiedk. var. tristis Seidl. S. No. 1403. Knaut. arv., Carl. vulg., Thrinc. hirt., Anchus. off., Lycium barb., Salv. verticill. ♀ !, Stach. pal. !, St. recta !, Ball. nigr. ☿ !, Leon. Card., Teucr. Cham.

1402. B. variabilis Schmied. ♀ 13 mm. Raphan. Raph., Medic. sat. ☿ !, Trif. prat. ♀ ☿ ♂ !, T. incarn. !, Lotus corn. ☿ !, Astrag. alp., Vicia sep. !, Rubus frutic., R. caes., Lythr. Sal. * !, Succ. prat., Eupat. can., Echinops sphaeroc., Centaur. Scab., C. rhen., Thrinc. hirt., Hierac. Pilos., Vacc. Myrt., Call. vulg., Eric. tetr., Echium vulg., Veron. spic., Melamp. arv., Euphras. Odont., Salv. prat. !, Thym. Serp., Calam. Acin., Lam. alb. ♂ !, L. purp. !, Galeops. Tetr. ☿ !, Stach. recta !, Beton. off. !, Brun. vulg. !, Teucr. Scorod. !, T. Cham., Iris sibir.

1403. B. variabilis Schmiedekn. v. tristis Seidl. S. No. 1401. Cytis. sagitt., Ononis rep., Trif. rub., Astrag. glycyph. ☿ !, Vicia sep., Echium vulg.

1404. B. vorticosus Gerst. Symphyt. asperrim.

1405. B. zonatus Smith. Teucr. Cham.

1406. Bombus sp. Clemat. Balear., Lotus uligin. +, Astrag. glycyph. +, Lathyr. mont. +, Passifl. coer. !, Persica vulg., Eryng. Bourgati, Conium macul., Cicuta virosa, Oenan. crocata, Ebul. humil., Lonic. nigra, L. coerul., Valer. off., Dipsac. Full., Homogyne alp., Bidens trip., Matric. Cham., Tanac. vulg., Chrys. Leuc., Cirs. erioph., C. heteroph., C. acaule, C. monsp., C. ochrol., Card. acanth., C. Person., Lappa min., L. maj., Carl. acaul., C. acanth., C. vulg., Saussur. alp., Centaur. nigr., C. axill., C. Mūreti, C. Cyan., C. Scab., C. nerv., Aposer. folt., Thrinc. hirt., Leont. aut., L. hast., Picr. hierac., Tarax. off., Mulged. alpin., Sonchus olerac., S. arv., Crep. vir., Hierac. albid., H. vulgat., H. muror., H. umbell., Campan. rot., Phyteum. paucifl., Conv. arv., Nicot. rustica × panicul. +, Pedic. Oederi, P. rostr., P. asplenif., P. foliosa, P. verticill., P. tuber., Alectorol. alp., A. min., Bartsch. alp., Ocymum, Stach. annua, Brun. alb., Teucr. pyren., Cyclam. persic., C. repand., Salix herbac., S. polar., Spiranth. aut., Calypso bor., Stanhop. tigr., Gladiol. seget., G. Gandav., Allium fallax, Polygonat. multifl., Bulbocod. aut.

1407. Camptopoeum frontale F. Centaur. Biberst.

1408. *Ceratina albilabris F.* = C. cucurbitina Rossi. S. No. 1410. Jas. mont., Echium vulg.

1409. C. callosa F. Nigella damasc., Knaut. arv., Hierac. Pilos.

1410. C. cucurbitina Rossi. S. No. 1408. Res. lutea., Cist. monspel., Erod. cicut., Paliur. acul., Orlaya grand., Card. pycnoceph., Centaur. rhen., Conv. catabr., Echium vulg., Ajug. genev., Teucr. flavum, Verben. off.

1411. C. cyanea K. Melilot. off. !, Rubus caes., Knaut. arv., K. silv., Hierac. Pilos., Campan. glom., Jas. mont., Echium vulg., Verben. off.

1412. C. gravidula Gerst. Centaur. rhen.

1413. C. nigroaenea Gerst. Card. nut., Thym. Cham.

1414. *Chalicodoma manicata Gir.* = Megachile manicata Gir. S. No. 1623. Thym. Serp., Rosmar. off., Ajug. genev.

1415. C. *muraria Retz.* = Megachile muraria Retz. S. No. 1626. ♀ 10 mm. Lotus corn. ♀ !, Onobr. viciif.. Salv. prat. ♀ ♂ !, Ajug. genev.

1416. C. *pyrenaica Lep.* = Megachile pyrenaica Lep. S. No. 1631. Trif. prat. !.

1417. *Chelostoma campanularum K.* = Eriades campanularum K. S. No. 1480. 3 mm. Malva silv., Geran. prat., G. molle, G. Robert., Sedum album, Card. acanth., Cichor. Int., Sonchus asp., Crep. bien., C. vir., Hierac. folios., Campan. rot., C. bonon., C. rapunculoides, C. Trach., C. persic., C. carpath., Jas. mont., Polemon. coerul., Conv. arv., Salv. off. ♀ !.

1418. C. *florisomne L.* = Eriades florisomnis L. S. No. 1419 u. 1482. Leont. aut., Tarax. off., Hierac. vulgat., Campan. bonon., Lam. purp. ♀ !.

1419. C. *maxillosum L.* = Eriades florisomnis L. S. No. 1418 und 1482. Ranunc. acer, R. rep., R. bulb., Tarax. off.

1420. C. *nigricorne Nyl.* = Eriades nigricornis Nyl. S. No. 1484 u. 1603. 4—4¹/₂ mm. Malva silv., M. Alc., M. mosch., Geran. pal., G. prat., G. pyren., G. Robert., Lotus corn. ♂ !, Epil. angust., Lythr. Sal. ♀ !, Valer. off., Inula Hel., Rudb. lacin., Achill. Millef., A. Ptarm., Doronic. Pardal., Silyb. Marian., Card. crisp., Lactuca perenn., Mulged. alpin., M. macrophyl., Crep. montan., Campan. rot., C. bonon., C. rapunculoides, C. Trach., C. persic., C. glom., C. latif. var. serot., C. pat., C. carpath., C. rhomb., Polemon. coerul., Conv. sep., Echium vulg., Veron. mont., Lavand. off., Salv. prat. ♂ +, S. off. ♂ !, Scutell. altiss.

1421. *Cilissa haemorrhoidalis F.* = Melitta haemorrhoidalis F. S. No. 1642. ♂ 3—4 mm. Malva silv., M. Alc., Lotus corn. ♂ !, Scab. ochrol., Campan. rot., C. bonon., C. rapunculoides, C. Trach., C. pat., Brun. vulg. + u. !.

1422. C. *leporina Pz.* = Melitta leporina Pz. S. No. 1424 u. 1644. 3¹/₂ mm. Ononis spin. ♀ !, O. rep., Medic. sat. ♀ ♂ !, M. falc., Trif. rep. ♀ ♂ !, T. hybr. ♂ !, T. prat. ♂ +, T. arv. ♀ !, Lotus corn. ♀ !, Cirs. arv., Jas. mont., Atropa Bell., Thym. Serp.

1423. C. *melanura Nyl.* = Melitta melanura Nyl. S. No. 1645. 3—4 mm. Hyper. perfor., Lythr. Sal. ♀ ♂ * !, Thrinc. hirt.

1424. C. *tricincta K.* = Melitta leporina Panz. S. No. 1422 u. 1644. 3¹/₂ mm. Medic. med., Dorycnium hirs., Lotus corn. ♀ !, Sedum acre, Achill. Millef., Card. acanth.

1425. Coelioxys acuminata Nyl. Rubus caes., Knaut. arv., Helianth. an., Calend. off., Carl. vulg., Leont. aut., Jas. mont.

1426. C. acuta Nyl. = C. quadridentata L. S. No. 1430 und 1437. Campan. glom.

1427. C. afra Lep. Stach. recta.

1428. C. aurolimbata Först. Dorycn. herbac., Thym. Cham., Stach. recta, Marrub. candidiss., Leon. Marrub., Teucr. Cham.

1429. C. brevis Ev. Jas. mont.

1430. C. conica L. = C. quadridentata L. S. No. 1426 und 1437. Melilot. off. !, M. albus !, Centaur. nigr., Teucr. Scorod.

1431. C. conoidea Ill. = C. punctata Lep. S. No. 1436 und 1443. Malva silv., Geran. prat., Onobr. viciif., Rubus frutic., Knaut. arv., Inula hirt., Cirs. arv., C. lanceol., Card. crisp., Onopord. Acanth., Centaur. Scab., C. rhen., Hierac. umbell., Jas. mont., Asclep. syr. !, Anchus. off., Echium vulg., Lavand. off., Origan. vulg., Stach. recta !, Teucr. Cham.

1432. C. elongata Lep. S. No. 1440 und 1441. Malva silv., Geran. prat., G. phaeum, G. rubell., Melilot. altiss. !, M. off. !, M. albus !, Lotus corn. !, Rubus frutic., R. Id., Sedum refl., Aster chin., Rudb. lacin., Ligul. specios., Senec. Jacob., Stach. recta.

1433. C. mandibularis Nyl. Lotus corn. ♀ !, Knaut. arv., Jas. mont.

1434. C. octodentata Lep. = C. rufocaudata Sm. S. No. 1439. Melilot. off. !, Knaut. arv., Achill. Millef., Echium vulg.

1435. C. polycentris Foerst. Marrub. peregr.

1436. C. punctata Lep. = C. conoidea Ill. S. No. 1431 u. 1443. Anchusa off., Echium vulg. Marrub. vulg. !.

1437. C. quadridentata L. S. No. 1426 u. 1430. Geran. prat., Melilot. altiss. ♂ !, Trif. prat. ♂ !, T. arv. ♀ !, Lotus corn. ♀ !, Lathyr. mont. ♀ !, Rubus Id.. Knaut. arv., Carl. vulg., Centaur. mont., Jas. mont., Echium vulg., Thym. Serp., Stach. recta.

1438. C. rufescens Lep. S. No. 1442. Malva silv., Geran. pal., G. prat., G. Robert., Medic. sat. ♂ !, Trif. rep. ♀ ♂ !, Lotus corn. ♀ !, Vicia Cracca ♀ !, Rubus frutic., R. caes., R. Id., Liban. mont., Knaut. arv., Inula Hel., Sonchus asp., Hierac. muror.. Echium vulg., Verbasc. nigr., Lavand. off., Salv. verticill. ♀ ♂ !, Origan. vulg., Stach. germ. forma interm., St. lanata, Leon. Card.

1439. C. rufocaudata Sm. S. No. 1434. Res. odor., Melilot. altiss. !, Stach. recta.

1440. C. simplex Nyl. = C. elongata Lep. S. No. 1432 und 1441. 4¹/₂ mm. Bryon. dioica ♀ !, Aster chin., Hierac. umbell., Jas. mont., Echium vulg.

1441. C. tricuspidata Först. = C. elongata Lep. S. No. 1432 und 1440. Echium vulg.

1442. C. umbrina Sm. = C. rufescens Lep. S. No. 1438. Onobr. viciif., Echium vulg.

1443. C. vectis Curt. = C. conoidea Ill. S. No. 1431 und 1436. Marrub. vulg. !.

1444. C. sp. Melilot. albus !, Lotus corn. !, Jas. mont., Asclep. syr., Polemon. coerul., Thym. Serp.

1445. Colletes balteatus Nyl. Trif. rep. !, Campan. persic.

1446. C. cunicularius L. 3¹/₂—4 mm. Brass. oler., Potent. Anser., P. silv., Tarax. off., Vacc. uligin., Armer. vulg., Empetr. nigr., Salix cin., S. Capr., S. aurit., S. alba, S. fragil., S. vimin., S. rep.

1447. C. daviesanus K. ♀, 2¹/₂—3 mm. Malach. aquat., Genista tinct. !, Trif. med., Oenoth. bien. ♀ !, Aegop. podagr., Peuced. Oreos., Anthr. silv., Achill. Millef., A. Ptarm., Anthem. arv., A. tinct., Matric. Cham., M. inod., Tanac. vulg., Chrys. Leuc., Leont. aut., Hypoch. radic., Narth. ossifr.

1448. C. fodiens Fourcr. (K.) 2¹/₂ mm. Malva silv., Melilot. albus !, Trif. prat. ♀ !, Lotus corn. ♀ !, Peuced. Oreos., Achill. Millef., A. Ptarm., Tanac. vulg., Senec. Jacob., Thym. Cham.

1449. C. hylaeiformis Ev. Thym. Serp.

1450. C. impunctatus Nyl. Achill. Millef., Euphras. off.

1451. C. lacunatus Dours. Res. lutea, Cist. monspel., Paliurus acul., Dorycn. herbac., Vicia villosa v. varia., Thym. Cham.

1452. C. marginatus (L.) Smith. Trif. rep. !, T. arv. ♀ ♂ !, Rubus caes., Achill. Millef., Anthem. tinct., Tanac. vulg., Jas. mont., Euphras. off.

1453. C. nasutus Smith. Trif. rep. !, Anchusa off., Echium vulg.

1454. C. niveofasciatus Dours. Res. lutea., Thymus. Cham., T. dalm.

1455. C. picistigma Thoms. Rubus caes., Achill. Millef., Matric. Cham., Tanac. vulg., Senec. Jacob.

1456. C. punctatus Mocs. Nigella arv.

1457. C. succinctus L. Call. vulg.

1458. C. sp. Medic. sat. !.

1459. Crocisa histrio F. Knaut. arv.

1460. C. major Mor. Sedum acre, Centaur. Calcitr., C. solstit., Conv. cantabr., Echium vulg., Lycium barb.

1461. C. ramosa Lep. Echium vulg., Lycium barb.

1462. C. scutellaris F. Dipsac. silv., Lobel. Erin., Lycium barb., Lavand. off., Lam. alb. !, Ball. nigr. ♀ !, Ajug. rept. !.

1463. C. truncata Pér. Echium vulg., Lycium barb.

1464. Dasypoda argentata Pz. Knaut. arv., Jas. mont.

1465. D. argentata Pz. var. braccata Ev. Scab. Columb. form. ochroleuca.

1466. *D. hirtipes F.* = D. plumipes Pz. S. No. 1467. 5 mm. Knaut. arv., Cirs. arv., Card. acanth., Rhapont. pulch., Centaur. Jac., Cent. rhen., Cichor. Int., Thrinc. hirt., Leont. aut., Picr. hierac., Hypoch. radic., Tarax. off., Crep. bien., C. vir., Hierac. Pilos., H. umbell., Jas. mont.

1467. D. plumipes Pz. S. No. 1466. Knaut. arv., Leont. aut., Picr. hierac,, Hypoch. radic., Chondrilla junc., Sonchus arv., S. asp., Crep. vir., Hierac. Pilosel., H. muror., H. umbell., Jas. mont., Armer. vulg.

1468. D. thomsoni Schlett. Knaut. arv.

1469. Dioxys tridentata Nyl. Teucr. Cham.

1470. *Diphysis serratulae Pz.* = Trachusa serratulae Pz. S. No. 1867. ♂, 7—8 mm. Viola tric. arv. !, Hyper. perfor., Genista tinct. !, Cytis. sagitt., Trif. prat. ♀ !, T. arv. ♂ !, Lotus corn. ♀ ♂ !, Vicia Cracca ♀ !, Lathyr. prat. ♀ !, Rubus frutic., Knaut. arv., Leont. aut., Hypoch. radic., Hierac. Pilos., Jas. mont., Call. vulg., Echium vulg.

1471. Dufourea alpina Mor. Phyteum. Scheuchz.

1472. D. halictula Nyl. S. No. 1840. Senec. Jacob., Hierac. muror., Jas. mont.

1473. D. vulgaris Schck. Ranunc. Flamm., Potent. silv., Thrinc. hirt., Leont. aut., Picr. hierac., Hypoch. radic., H. glabra, Crep. bien., C. vir., C. tector., Hierac. Pilos., H. muror., Campan. rot., Jas. mont., Call. vulg., Digit. ambigua.

1474. Epeoloides caecutiens F. Lythr. Sal. !, Ball. nigr.

1475. Epeolus fasciatus Friese. = *E. transitorius Friese.* Nigella arv.

1476. E. productus Thoms. Tanac. vulg., Thym. Serp.

1477. E. tristis Smith (teste Schletterer) = *E. scalaris Ill.* Paliurus acul.

1478. E. tristis Smith. Thym. Serp.

1479. E. variegatus L. Trif. arv. !, Knaut. arv., Succ. prat., Inula Hel., Inul. brit., Tanac. vulg., Senec. Jacob., S. erucif., Leont. aut., Hierac. Pilos., Jas. mont., Call. vulg., Anchusa off., Euphras. off., Origan. vulg., Thym. Serp.

1480. Eriades campanularum K. S. No. 1417. Papaver somnif., Paliurus acul., Heracl. Sphond., Anthr. silv., Campan. rot., C. Rapunculus, C. glom., Jas. mont.

1481. E. crenulatus Nyl. Centaur. arenar.

1482. E. florisomnis L. ♀ 4½ mm. S. No. 1418 u. 1419. Ranunc. acer, R. rep., R. bulb., R. lanug., Brass. Rapa, B. Nap., Sinap. arv., Malva silv., Rubus Id., Crat. Oxyac., Hypoch. radic., Tarax. off., Hierac. Pilos., Veron. verna, Salv. verticill. !, Lam. alb.

1483. E. grandis Nyl. Leont. hast.

1484. E. nigricornis Nyl. S. No. 1420 und 1603. Ranunc. rep., R. acer, R. bulb., Sisymbr. off., Sinap. arv., Malva silv., Geran. Robert., Epil. angust., Lythr. Sal. !, Heracl. Sphond., Knaut. arv., Tanac. vulg., Senec. Jacob., Cichor. Intyb., Campan. rot., C. Trach., C. persic., C. pat., Jas. mont., Echium vulg.

1485. E. truncorum L. S. No. 1604 u. 1868. Papaver somnif., Malva silv., Geran. prat., Melilotus altiss., Rubus frutic., R. Id., Oenanthe fist., Knaut. arv., Scab. luc., Bellis per., Pulic. dysent., Helen. autumn., H. decur., Helianth. multifl., Heliops. patul., Rudb. lacin., Helichrys. ang., Achill. Millef., A. Ptarm., Anthem. arv., A. tinct., Matric. Cham., Tanac. vulg., T. parthenif., Chrys. Leuc., Doronic. Pardal., D. austriac., Arnica Chamiss., Senec. vulg., S. Doronic., S. nemor., S. Jacob., Cirs. arv., C. pal., Card. acanth., Leont. aut., L. asper, Picr. hierac., Hypoch. radic., Crep. bien., C. vir., C. tector., Hierac. bupleur., Campan. pat., Ligustr. vulg., Verbasc. nigr. Eucera. Die mit * bezeichneten Arten gehören zum Subgenus Macrocera.

1486. Eucera albofasciata Friese. Rindera tetrasp.

1487. *E. alternans Brull. Dorycn. herbac., Trif. prat., Stach. recta, Marrub. vulg.!.

1488. *E. armeniaca Mor. Salv. silv. !.

1489. * E. basalis Mor. = E. salicariae Lep. S. No. 1514 u. 1866. Lythr. Sal. * !.

1490. E. bibalteata Dours. Anchusa off.

1491. E. caspica Mor. Coron. Emer., Rosm. off., Muscari racemos.

1492. E. caspica Mor. var. perezi Mocs. Muscari racemos.

1493. E. chrysopyga Pér. Anchusa off., Nonn. pulla.

1494. E. cinerea Lep. Hippocrep. com., Knaut. arv.

1495. E. clypeata Erichs. Raphan. sat., Dorycn. herbac., Vinca maj., Nonn. pulla.

1496. E. curvitarsis Mocs. Anchusa off.

1497. E. dalmatica Lep. Echium vulg., E. altiss.

1498. *E. dentata Klug. Lythr. Sal. ♂ * !, Centaur. aren.

1499. E. difficilis (Duf.) Pér. Geran. molle, Trif. rep. !, T. prat. ♀ ♂ !, Lotus corn. ♀ ♂ !, Vicia Cracca ♀ !, V. sep. ♀ !, Lathyr. prat. ♀ ♂ !, Tarax. off., Crep. bien., Nonn. pulla, Teucr. Scorod. !.

1500. *E. graja Ev. Centaur. Biberst.

1501. E. hispana Lep. Dorycn. hirs., Salv. Bertol., Marrub. candidiss., Teucr. flavum.

1502. *E. hungarica Friese. Medic. sat., Centaur. Cyan., Anchusa off., Nonn. pulla.

1503. E. interrupta Baer. Coron. fl. cuc., Dorycn. hirs., D. herbac., Lotus corn., Coron. Emer., Vicia hybr., Rubus caes., Helichrys. ang., Anchusa off., Nonn. pulla, Salv. Bertol., Thym. Cham., T. dalm., Stach. recta, Ajug. genev., Teucr. Cham.

1504. E. longicornis L. 10—12 mm. Papav. Rhoeas, Corydal. lutea, Cheiranth. Cheiri, Caps. bursa past., Raphan. sat., Res. lutea, Polyg. com., Coron. fl. cuc., Saroth. scop. !, Medic. sat. ♀ !, Trif. prat. ♀ ♂ !, T. incarn. ♀ ♂ !, T. alp. ♀ ♂ !, Anthyll. Vuln. ♀ !, Lotus corn. ♀ ♂ !, Oxytropis pil., Astrag. Onobr., Coron. Emer., Onobr. viciif., Vicia Cracca ♀ ♂ !, V. hybr., V. vill. v. varia., V. sep. ♀ ♂ !, V. sat. ♀ ♂ !, Pisum sat. !, Lathyr. prat. ♀ !, L. latif., L. cirrhosus, Phaseolus multifl. ? !, Crat. Oxyac., Symphoric. racem. ♂ !, Syring. vulg., Vinca maj., Anchusa off., Symph. off., Echium vulg., Lycium barb., Veron. mont., Salv. prat. ♀ ♂ !, S. off. ♀ ♂ !, S. Bertol., Thym. dalm., Lam. alb. ♂ !, L. mac. ♂ !, L. purp. ♂ !, Ajug. rept. !, A. genev., Teucr. Scorod., Plantag. med., Orchis latif. !, O. Morio !, Scilla marit.

1505. *E. malvae Rossi. Malva Alcea, Conv. sep.

1506. E. nigrifacies Lep. Onoperd. Acanth.

1507. E. nitidiventris Mocs. Borago off., Anchusa off., Nonn. pulla.

1508. E. paradoxa Mocs. = E. seminuda Brull. S. No. 1516. Anchusa off.

1509. E. parvicornis Mocs. Nonn. pulla.

1510. E. parvula Friese. Trif. nigresc., Vicia vill. v. varia., Thym. Cham.

1511. *E. pollinosa Lep. S. No. 1865. Knaut. arv., Scab. ochrol., Contaur. rhen.

1512. *E. ruficollis Brull. S. No. 1607. Dorycn. herbac., Vicia villosa v. varia., Salv. off. !, S. Bertol., Thym. Cham.

1513. *E. ruficornis F. Melilot. albus. !

1514. *E. salicariae Lep. S. No. 1489 u. 1866. Melilot. albus !, Lythrum Sal. ♀ ♂ * !.

1515. *E. scabiosae Mocs. Scab. ochrol.

1516. E. seminuda Brullé. S. No. 1508. Trif. prat. ♀ !, Anchusa off.

1517. E. semistrigosa Dours. Anchusa off.

1518. *E. similis Lep. Echium vulg., Salv. Sclar.

1519. *E. spectabilis Mor. Echium vulg., Salv. Sclar.

1520. *E. tricincta Er. Anchusa off., Echium vulg., Salv. silv. !.

1521. *E. velutina Mor. Rindera tretrasp.

1522. E. spec. Lathyr. silv. !.

1523. Halictoides dentiventris Nyl., 3—3¹/₂ mm. Dryas octopet., Hierac. Pilos., Campan. rot., C. rapunculoides, C. Trach., C. persic., C. pat.

1524. H. inermis Nyl. Leont. aut., Campan. rot., Jas. mont., Call vulg.

1525. H. paradoxus Mor. Phytenm. Schouchz., Euphras. Rostkov.

1526. *Halictus albidulus Schenck.* = H. tomentosus Schck. S. No. 1593. Ranunc. acer, R. rep., R. bulb.

1527. H. albipes F. S. No. 1533. Adon. vern., Ranunc. acer, R. rep., R. bulb., R. auric., R. Fic., Brass. Rapa, Stell. Holost., St. med., Malva silv., Geran. pal., G. prat., G. phaeum, Genista tinct. !, Onobr. viciif., Prunus spin., Rosa pomif., Rubus frutic., Fragaria vesca, Potent. verna, Sedum album, Ribes Gross., Aegop. podagr. Carum Car., Foenic. vulg., Heracl. Sphond., Dauc. Car., Knaut. arv., Chrysoc. Linos., Bellis per., Pulic. dysent., Achill. Millef., Tanac. vulg., Chrys. Leuc., Senec. Jac., Cirs. arv., Card. crisp., C. acanth., Centaur. Jac., Cichor. Int., Leont. hast., Picr. hierac., Tarax. off., Lactuca mural., Crepis bien., Hierac. muror., Campan. rot., C. rapunculoides, Jas. mont., Syring. vulg., Echium vulg., Linar. Cymb., Veron. off., V. arv., V. hederif., Salv. verticill. ♀ ♂ !, Origan. vulg., Lam. purp., Stach. recta, Ball. nigr., Prim. off., Plantag. med., Polygon. Pers., Salix cin., S. Capr., S. aurit., Gagea arv., Antheric. ramos., Hyac. orient., Narth. ossifr.

1528. H. albipes F. v. affinis Schenck. Vit. vinif., Rubus frutic.

1529. *H. alternans Ill.* = H. scabiosae Rossi. ?. S. No. 1580. Helianth. an.

1530. H. brevicornis Schenck. ♀ 3¹/₂ mm. Berter. incana, Leont. aut., Hypoch. radic., Salix alba, S. fragil.

1531. H. calceatus Scop. ♀ 3¹/₂ mm. S. No. 1539. Clemat. Vit., Ranunc. illyr., Papav. hybrid., Cheiranth. Cheiri, Nasturt. lippic. Arab. aren., Sisymbr. off., Brass. oler., B. Rapa, B. Nap., Eroph. verna, Cak. marit., Raphan. sat., Res. lutea, Helianth. vulg., Cist. monspel., Viola odor., Cerast. glomer., Geran. molle, Erod. cicut., E. malacoid., Paliur. acul., Melilot. altiss. !, Lotus corn. ♀ !, Rubus frutic., R. Id., Fragaria vesca, Potent. cinorea, P. opaca, Cydon. jap., Pirus Malus, Epil. angust., Lythr. Sal. (!), Ribes Gross., Heracl. Sphond., Tordyl. apul., Knaut. arv., Succ. prat., Scab. gram., Bellis per., Solidag. Vir. aur., Anthem. arv., Senec. Jacob., Calend. arv., Card. nut., Centaur. solstit., C. nigrosc., Cichor. Int., Thrinc. hirt., Leont. aut., Tragop. prat., Urosperm. Dalechamp., Hypoch. radic., Tarax. off., Hierac. Pilosel., Jas. mont., Vacc. Myrt., Call. vulg., Veron. Cham., V. Beccab., V. arv., Satureja mont., Thym. Serp., Lam. purp., Stach. arv., Ajug. genev., Lysim. vulg., Euphorb. heliosc., Salix Capr., S. vimin., S. rep.

1532. H. calceatus Scop. v. elegans Lep. Crat. Oxyac., Tarax. off., Salix alba, S. fragil.

1533. *H. calceatus Scop. v. obovatus K.* = H. albipes F. S. No. 1527. Cist. vill., Dorycn. herbac., Laur. nob.

1534. *H. canescens Schenck.* = H. lineolatus Lep. S. No. 1550 u. 1596.   Eric. tetr.
1535. *H. carinaeventris Mor.* = H. cariniventris Mor. Thym. Serp.
1536. H. cephalicus Mor. S. No. 1595, wohl = H. gemmeus Dours. Conv. arv.
1537. H. clypearis Schenck. Ball. nigr.
1538. H. costulatus Krchb. Foenic. vulg., Campan. Trach.
1539. *H. cylindricus F.* = H. calceatus Scop. S. No. 1531. 3—4 mm. Thalictr. aquilegif..
      Pulsat. vulg. !, Anem. nemor., Adon. vern., Ranunc. Flamm., R. acer, R. rep.. R.
      bulb., R. auric., R. Fic., Papav. Rhoeas, P. somnif., Chelidon. majus, Arab. Turrita,
      Cardam. prat., Brass. oler., Viola odor. +, V. bifl., Stell. Holost., S. med., Cerast.
      arv., Malva silv., M. Alc., Hyper. perfor., Linum usitat., Geran. pal., G. prat.,
      G. sanguin., G. pyren., G. Robert., G. ruthen., Erod. cicut., Impat. noli tang. ♀ (!),
      Genista angl. ♀ !, Trif. prat. ♀ (!) +, Amygdalus comm., Prunus spin., Rubus
      frutic., Potent. rept., P. verna, Crat. Oxyac., Lythr. Sal. ♀ (!), Bryon. dioica ♀ !,
      Ribes Gross., Heuch. cylind., Eryng. camp., Aegop. podagr., Pastin. sat., Heracl.
      Sphond., Symphoric. racem. ♂ !, Asper. odor., Gal. ver., Cephal. rad., Knaut.
      arv., Succ. prat., Scab. ochrol., Aster prenanth., Biotia corymb., Chrysoc. Linos.,
      Bellis per., Diplopap. amygd., Solidag. canad., S. fragr., S. glab., S. livida, S. Ridel.,
      Pulic. dysent., Helen. autumn., Coreops. auric., Achill. Millef., A. Ptarm., Anthem.
      tinct., Matric. inod., Chrys. Leuc., Doronic. austriac., D. macroph., Senec. nemor.,
      S. macroph., S. Jacob., Echinops sphaeroc., Cirs. arv., C. lanceol., C. pal., Card.
      crisp., C. acanth., C. nut., Onopord. Acanth., Lappa min., Carl. acaul., C. vulg.,
      Centaur. Jac., C. micropt., Cichor. Int., Thrinc. hirt., Leont. aut., L. hast., Picr.
      hierac., Tragop. floccos., Scorzon. humil., S. parvifl., Hypoch. radic., H. glabra,
      Tarax. off., Crep. bien., C. vir., Hierac. Pilos., H. vulgat., H. umbell., H. brevifol.,
      H. crinit., H. viros., Campan. Trach., Jas. mont., Vacc. uligin., Call. vulg., Asclep.
      syr. !, Conv. sep., Pulm. off., Echium vulg., Caryolopha semperv., Atropa Bell.,
      Hyosc. nig., Physochlaena orient., Verbasc. Thaps., Scrof. nod., S. aquat., Linar.
      Cymb., Digit. purp., Veron. Cham., Plectranth. glaucocalyx, Mentha aquat., Origan.
      vulg., Thym. Serp., Lam. purp. +, L. incis., Physostegia virgin., Verben. off.,
      Prim. off., Plantag. med., Rumex obtusif., Polygon. amph., Daphne Mez., Salix
      cin., S. Capr., S. aurit., Tulipa Didieri, Gagea arv., Allium Cepa, Narth. ossifr.,
      Uvularia flava.
1540. H. fasciatellus Schck. Ranunc. illyr., Nasturt. lippic., Brass. oler., Bunias
      Erucago, Cist. vill., Potent. hirta, Anthem. arv., Hierac. Pilos., Thym. Cham.,
      T. dalm., Muscari racemos.
1541. H. fasciatus Nyl. ♀ 3½ mm. Jas. mont.
1542. *H. flavipes F.* = H. tumulorum L. S. No. 1581 u. 1594. Ranunc. Flamm., R. acer,
      R. rep., R. bulb., R. lanugin., Papav. Rhoeas, Arab. aren., Brass. oler., B. Rapa, B. Nap.,
      Teesdal. nudic., Raphan. Raph., Res. odor., Stellar. Holost., S. med., Malva silv., Geran.
      pal., Genista angl. ♀ !, Medic. lupul. ♀ !, Trif. prat. ♀ !, T. arv. ♀ !, T. agrar. ♀ !,
      T. procumb. ♀ !, Lotus corn. ♀ !, Ornith. perpus. ♀ !, Onobr. viciif., O. hirs. ♂ !,
      Prunus spin., Rubus frutic., Potent. Anser., P. rept., P. verna, Spir. sorbif., S.
      salicif., S. ulmif., Epil. angust., Sedum album, Ribes Gross., Heracl. Sphond.,
      Chrysoc. Linos., Solidag. Vir. aur., Senec. Jacob., Cirs. arv., Card. crisp., Cichor.
      Int., Thrinc. hirt., Leont. aut., Hypoch. radic., Tarax. off., Sonchus arv., Crepis
      bien., Hierac. Pilos., H. muror., Campan. rot., C. bonon., Jas. mont., Vacc. Myrt.,
      V. uligin., Gent. Pneum., Scrof. nod. ♂ !, Veron. Cham., V. Beccab., Mentha silv.,
      Origan. vulg., Thym. Serp., Nepeta nuda, Verben. off., Polygon. Convolv., Euphorb.
      Cypar., Salix cin., S. Capr., S. aurit., S. alba, S. fragil., S. vimin., S. rep.,
      Gagea arv.
1543. *H. fulvicornis K.* = H. levis K. S. No. 1549. Knaut. arv.
1544. H. interruptus Pz. Brass Rapa, Lepid. Draba, Res. lutea, Cist. vill., C. sal-
      viif., Paliurus acul., Trif. prat. ♀ !, T. nigresc., Vicia hybr., Rosa pomif.,

Potent. cinerea, P. opaca, Sedum album, Bupleur. falcat., Heracl. Sphond., Dauc. Car., Achill. Millef., A. Ptarm., Echinops sphaeroc., Card. acanth., Centaur. Jac., Cichor. Int., Thym. Serp., T. dalm.

1545. H. leucopus K. Ranunc. acer, R. rep., R. bulbos., Papaver Rhoeas, P. somniferum, Arab. aren., Hesper. matron., Brass. Rapa, B. Nap., Stell. med., Genista angl., Lotus corn. +, Rubus frutic., R. Id., Fragaria vesca, Potent. arg., P. verna, Lythr. Sal. ♀ (!), Heracl. Sphond., Weigel. ros. ? !, Succ. prat., Eupat. can., Inula Hel., Centaur. Scab., Leont. aut., Tarax. off., Crep. bien., Hierac. Pilos., Atropa Bell., Verbasc. Lychn., Veron. Cham., V. hederif., Salv. verticill. ♀ !, Lam. purp. +, Brun. vulg. (!), Daphne Mez., Butom. umb., Gagea lutea, Allium rot.

1546. H. leucozonius Schrk., 4 mm. Ranunc. acer, R. rep., R. bulb., Aquil. vulg. !, Sinap. arv., Cerast. arv., Geran. prat., G. striatum, Erod. cicut., Paliur. acul., Lotus corn. ♀ ? !, Prunus Armen., Rubus frutic., Potent. rept., Oenoth. biennis × muric., Philad. coron. +, Lythr. Sal. ♀ ♂ (!), Peuced. Cerv., Heracl. Sphond., Knaut. arv., Succ. prat. Aster. brumal., Bellis per., Solidag. Vir. aur., Silph. Asterisc., Helichrys. ang., Achill. Millef., A. Ptarm., Chrys. Leuc., Doronic. austriac., D. plantag., Cirs. lanceol., Card. crisp., C. acanth., C. nut., Onopord. Acanth., Centaur. Jac., C. Calcitr., C. rhen., Lamps. com., Cichor. Int., Thrinc. hirt., Leont. aut., L. hast., Picr. hierac., Hypoch. radic., Tarax. off., Crep. bien., C. vir., C. palud., Hierac. Pilos., H. muror., H. umbell., H. australe, H. crinit., Campan. rapunculoides, Jas. mont., Call. vulg., Conv. arv., Veron. Cham., Salv. verticill. !, Thym. Cham., T. dalm., Clinop vulg., Rosmar. off., Lam. purp., Stach. arv., Orchis latif. !.

1547. H. leucozonius Schrk. v. nigrotibialis D.-T. Hedys. coron.

1548. H. levigatus K. Cheiranth. Cheiri, Nasturt. lippic., Myagr. perfol., Cist. vill., Trif. nigresc., Lotus corn. ♀ ? !, Potent. cinerea, P. opaca, Tordyl. apul., Tanac. Parth., Senec. Jacob., Card. nut., Picr. hierac., Tarax. off., Campan. pat., Thym. dalm., Rosmar. off., Lam. alb. ♀ !.

1549. H. levis K. ♀ 1½—2 mm. S. No. 1543. Brass. oler., Cochlear. Armorac., Rubus frutic., R. Id., Crat. Oxyac., Pirus Malus, Petrosel. sat., Dauc. Car., Leont. aut., Picr. hierac., Tarax. off., Crep. aurea, Jas. mont., Salix Capr., S. alba, S. fragil.

1550. H. lineolatus Lep. S. No. 1534 u. 1596. Eric. tetr.

1551. Halictus longulus Sm. Ranunc. acer, R. rep., R. bulb., Papaver Rhoeas, Geran. pal., Eryng. camp., Silaus prat., Valerianel. Aur., Pulic. dysent., Senec. Jacob., Cirs. arv., Card. acanth., Lappa min., Centaur. Jac., Cichor. Int., Leont. aut., Picr. hierac., Tarax. off., Crep. bien., Hierac. Pilosel., Phyteum. spic., Conv. arv., Veron. Cham., Mentha aquat., Salv. verticill. ♀ !, Antheric. ramos.

1552. H. lucidulus Schenck. Teesdal. nudicaul., Lepid. sat., Aren. serpyllif., Geran. prat., G. pusill., Rubus frutic., R. Id., Fragaria vesca, Anthem. arv., Card. acanth., Centaur. Jac., Cichor. Int., Tarax. off., Jas. mont., Veron. hederif., Glech. hed. +.

1553. H. lucidus Schenck. Ranunc. Fic., Senec. nemor., Crep. vir.

1554. H. lugubris K. = H. laevigatus K. Ranunc. acer, R. rep., R. bulb., Onobr. viciif., Heracl. Sphond., Knaut. arv., Chrys. Leuc., Thrinc. hirt., Hypoch. radic., Sonchus arv., Crepis bien., Lam. mac., Verben. off.

1555. H. maculatus Smith. Ranunc. acer, R. rep., R. bulbos., Papav. Rhoeas, Nasturt. off., Malva silv., Geran. prat., G. sanguin., G. pyren., Dorycn. herbac., Trif. rep. !, Prunus avium, Potent. rept., P. arg., P. verna, Lythr. Sal. !, Carum Carv., Orlaya grand., Myrrhis odor., Pulic. dysont., Achill. Millef., A. Ptarm., Anthem. tinct., Tanac. vulg., T. corymb., Chrys. Leuc., Senec. Jacob., Echinops sphaeroc., Cirs. arv., C. lanceol., Card. acauth., Onopord. Acanth., Centaur. Jac., C. Scab., Thrinc. hirt., Leont. aut., Picr. hierac., Tarax. off., Crep. bien., Hierac.

Pilos., Jas. mont., Mentha aquat., Salix fragil., Antheric. ramos., Scilla marit., Allium rot.

1556. H. major Nyl. Vicia sep., Pimpin. magn. var. ros., Veron. Cham., V. spic., Calam. off., Teucr. Cham.

1557. H. malachurus K. Clemat. Vitalba, Sinap. arv., Lepid. Draba, Caps. bursa past., Raph. sat., Sperg. arv., Hyper. perfor., Trif. prat. ♀ !, Rubus frutic., Potent. cinerea, P. opaca, Epil. angust., Saxifr. gran., Symphoric. racem. ♂ !, Valer. off., Knaut. arv., Bellis per., Senec. Jacob., Cirs. lanceol., Card. nut., Centaur. Jac., Leont. aut., Hypoch. radic., Tarax. off., Crep. tector., Phyteum. nigr., Jas. mont., Conv. arv., Atropa Bell., Veron. mont., V. arv., Thym. Cham., T. dalm., Nepeta nuda, Salix cin., S. Capr., S. aurit., Narth. ossifr.

1558. H. minutissimus K. Batrach. aquat., Trollius europ., Medic. lupul., Epil. Fleisch., Lythr. Sal. ♀ (!), Sedum spectab., Saxifr. gran., Bellis per., Echinops sphaeroc., Leont. aut., Tarax. off., Verbasc. Lychn., Euphras. off., Daphne Mez., Sisyrinch. anceps.

1559. *H. minutulus Schck.* = H. nitidus Schck. S. No. 1566. Tanac. vulg.

1560. Halictus minutus K. = H. minutus Schrk. Ranunc. Fic., Brass oler., Lepid. Draba, Cist. vill., C. monspel., Lotus corn. ♀ +, Rubus caes., R. Jd., Aegop. podagr., Heracl. Sphond., Tordyl. apul., Anthr. silv., Cirs. arv., Card. acanth., Centaur. Jac., Leont. aut., Picr. hierac., Tarax. off., Crep. vir., Hierac. Pilos., Lobel. Erin., Myosot. hisp., Veron. Cham., V. Beccab., Thym. dalm., Salix cin., S. Capr., S. aurit., S. alba, S. fragil., Gagea spath.

1561. H. morbillosus Krchb. Bunias Erucago, Dorycn. herbac., Melilot. altiss. !, Rubus caes., Card. nut., Conv. arv., Anchusa off., Mentha aquat., Thym. Cham., T. dalm.

1562. H. morio F., 2¹/₂—3 mm. Pulsat. vulg. !, Adon. vern., Ranunc. acer, R. rep., R. bulb. R. Fic., Aconit. variegat., Cheiranth. Cheiri, Nasturt. lippic., Sisymbr. off., Brass. oler., Eroph. verna, Teesdal. nudicaul., Bunias Erucago., Raphan. Raph., Helianth. vulg., H. salicifol., Cist. monspel., Tunica Saxifr., Dianth. delt., Sapon. off., Cerast. brachypet., Malva silv., M. rotundif., Hyper. perfor., Vitis vinif., Medic. sat. ♀ !, M. lupul., Prunus spin., Rubus frutic., Fragaria vesca, Potent. arg., P. verna, P. cinerea, P. opaca, Crat. Oxyac., Lythr. Sal. ♀ (!), Bryon. dioica ♂ !, B. alba !, Sedum refl., S. altiss., Saxifr. gran., Petrosel. sat., Heracl. Sphond., Tordyl. apul., Symphoric. racem. !, Bellis per., Achill. Millef., A. Ptarm., Tanac. vulg., Senec. vulg., S. Jacob., Echinops sphaeroc., Lamps. comm., Cichor. Int., Leont. aut., Tragop. prat., Hypoch. radic., Tarax. off., Sonchus asp., Crep. vir., Campan. Trach., Erythr. Cent., Conv. arv., Echium vulg., Antirrh. maj. +, Veron. Cham., V. triph., Salv. prat. +, Thym. Serp., Glech. hed. !, Stach. arv., Brun. vulg. ? (!), Teucr. Scorod. ∕, Verben. off., Lysim. vulg., Anag. arv., Salix alba, S. fragil.

1563. H. nanulus Schck. Potent. verna.

1564. H. nigerrimus Schck. Malva silv.

1565. H. nitidiusculus K. ♀. Clemat. Vitalba, Ranunc. acer, R. rep., R. bulbos., R. Fic., Nasturt. silvestre, Brass. oler., B. Rapa, B. Nap., Alyss. mont., Schiever. podol., Eroph. verna, Teesdal. nudicaul., Lepid. sat., Raphanus Raphan., Stellar. Holost., S. med., Geran. pal., Erod. cicut., Trif. procumb. ♀ !, Lathyr. mont. +, Prunus spin., Geum coccin., Waldsteinia geoid., W. fragaroid., Potent. verna, Cydon. vulg., Sorbus auc., Ribes alp., Saxifr. gran., Dauc. Car., Chrysoc. Linos., Bellis per., Anthem. arv., Tanac. vulg., Doronic. cauc., Senec. nebrod., S. Jacob., Cirs. arv., Card. acanth., Saussur. albesc., Centaur. Jac., Cichor. Int., Leont. aut., Picr. hierac., Hypoch. radicat., H. glabra, Tarax. off., Hierac. Pilos., H. brevifol., H. viros., Conv. arv., Pulm. angustif., Echium vulg., Mertensia virgin., Scrof. nod. ♀ !, Veron. Cham., V. hederif., Mentha aquat., Salv. prat. +, S. verticill. ♀ !.

Nepeta Muss. ♀ !, Lam. mac. forma hirs., Euphorb. nicaeens., Salix Capr., S. alba, S. fragil., Gagea arv.

1566. H. nitidus Schck. S. No. 1559. Geran. molle, Rosa can., Epil. angust., Ribes alp., Petrosel. sat., Pulic. dysent., Matric. Cham., Senec. Jacob., Cirs. arv., Tarax. off., Crep. bien., Hierac. Pilos., Echium vulg., Verbasc. Lychn., Veron. mont., Salv. prat. +, S. verticill. ♀ !, Origan. vulg., Verben. off., Daphne Mez., Gagea lutea.

1567. H. obscuratus Mor. Muscari racemos.

1568. H. patellatus Mor. Sil. viridifl., Melilot. altiss. !, Coron. Emerus, Tanac. Parth., Anchusa off., Thym. dalm., Marrub. candidiss.

1569. H. pauxillus Schck. Rubus frutic., Eriger. canad., Tanac. vulg., Senec. Jacob., Antheric. ramos.

1570. H. politus Schck. Valerian. olit.

1571. H. pulchellus Schck. = Nomioides pulchellus Schck. S. No. 1701. Jas. mont., Stach. recta.

1572. H. punctatissimus Schck. Lathyr. mont. +, Tarax. off., Crep. vir., Hierac. Pilos., Veron. Cham., V. arv.

1573. H. punctulatus K. = H. villosulus K. S. No. 1597. Brass. oler., Rubus Id., Sedum acre, Leont. aut., Hypoch. radic., Tarax. off., Crep. vir., C. tector., Hierac. Pilos., H. muror., Jas. mont., Call. vulg., Brun. vulg.

1574. H. quadricinctus F. S. No. 1577. Cardam. prat., Myagr. perfol., Res. lutea, Malach. aquat., Medic. falc., Dorycn. herbac., Trif. arv. ♀ !, Rubus frutic., R. caes., Peuced. Cerv., Knaut. arv., Helichrys. ang., Achill. Millef., A. Ptarm., Echinops sphaeroc., Card. acanth., C. deflor., C. nut., Onopord. Acanth., Carl. acaul., C. vulg., Centaur. Jac., C. Scab., Cichor. Int., Picr. hierac., Hypoch. radic., Sonchus arv., Crepis bien., C. tector., C. palud., Hierac. Pilos., Campan. glom., Asclep. syr. !, Origan. vulg., Marrub. candidiss., Ajug. genev., Verben. off.

1575. H. quadrinotatulus Schck. Rubus Id., Gnaph. lut.-alb., Leont. aut., Tarax. off., Verbasc. nigr., Salix alba, S. fragil, S. amygd.

1576. H. quadrinotatus K. Cist. vill., C. monspel., Potent. cinerea, P. opaca, Tordyl. apul., Kentroph. lanat., Card. acanth., Card. nut., Tarax. off., Spec. Spec.

1577. H. quadristrigatus Latr. = H. quadricinctus F. S. No. 1574. Knaut. arv., Onopord. Acanth., Centaur. rhen., Tarax. off., Echium vulg., Salv. verticill. ♀ !, Ajug. rept. +.

1578. H. rubicundus Chr., 4—4½ mm. Ranunc. acer, R. rep., R. bulb., Berber. vulg., Brass. oler., B. Rapa, B. Nap., Sinap. arv., Res. odor., Stellar. Holost., Geran. pal., Genista tinct. !, G. angl., Cytis. sagitt., Melilot. altiss. !, M. off. !, M. albus !, Lotus corn. ♀ !, Potent. Anser., Crat. Oxyac., Cydon. jap., Pirus comm., Sorbus auc., Ribes Gross., Angel. silv., Succ. prat., Aster Lindl., Solidag. Vir. aur., S. livida, Helen autumn., Achill. Millef., A. Ptarm., Matric. inod., Tanac. vulg., Chrys. Leuc., Senec. Jacob., Echinops sphaeroc., Cirs. arv., Card. acanth., Centaur. Jac., Cichor. Int., Thrinc. hirt., Leont. aut., Picr. hierac., Hypoch. radic., Tarax. off., Sonchus arv., Crep. bien, C. tector., Hierac. Pilos., Jas. mont., Vacc. uligin., Call. vulg., Mentha aquat., Origan. vulg., Thym. Serp., Salix alba, S. fragil., S. amygd., S. rep., Narth. ossifr.

1579. H. rufocinctus (Sich.) Nyl. Tarax. off., Thym. dalm, Salix sp.

1580. H. scabiosae Rossi. Cheiranth. Cheiri, Myagr. perfol., Cist. vill., C. monspel., Malva silv., Dorycn. herbac., Rubus caes., Helichrys. ang., Card. nut., Centaur. Calcitr., Asclep. syr. !, Conv. arv., Thym. Cham., T. dalm., Rosmar. off., Ajug. genev.

1581. H. seladonius Fab. = H. tumulorum L. S. No. 1542 u. 1594. Tarax. off.

1582. H. semipunctulatus Schck. Potent. verna, Leont. aut.

1583. H. sexcinctus F. Melilot. altiss. !, Coron. Emerus, Lathyr. tuber., Foenic. vulg., Dipsac. silv., Knaut. arv., Scab. Columb., Inula Hel., I. Conyza, Silyb. Marian., Card. nut., Onopord. Acanth., Centaur. Jac., C. Scab., Thrinc. hirt.,

Hypoch. radic., Tarax. off., Mulged. alpin., Crep. bien., Hierac. Pilos., Echium
vulg., Thym. Cham., Nepeta Muss. !, Lam. mac., Marrub. vulg. !, M. candidiss.

1584. *H. sexmaculatus Schck.* = Aberration von H. sexnotatulus Nyl. Veron.
Cham.

1585. H. sexnotatulus Nyl. ♀ 4 mm. Brass. oler., B. Rapa, B. Nap., Crat. Oxyac.,
Cichor. Int., Leont. aut., Tarax. off., Call. vulg., Veron. Cham.

1586. H. sexnotatus K. ♂, 4 mm. Clemat. recta, Thalict. aquilegif., Ranunc. acer,
R. rep., R. bulb., Papav. Rhoeas, Chelid. majus, Arab. hirsuta, Sinap. arv., Res.
lutea, Sil. acaul., Malach. aquat., Cerast. arv., Geran. pal., G. sanguin., Ruta
graveol., Rhus Cotinus, Trif. rep. !, T. prat. +, Lotus corn. ♀ ? !, Pisum sat. ♀ !,
Rubus frutic., Geum japon., Ulmar. Filip., Spir. sorbif., S. salicif., S. ulmif., Crat.
Oxyac., Pirus Malus, Philad. coron., Bryonia dioica ♀ (!), B. alba ♀ (!), Sedum
refl., Carum Car., Aneth. grav., Viburn. Opul., Weigel. ros. ? !, Symphoric.
racem. ♀ !, Knaut. arv., Aster sparsifl., Silph. Asterisc., Heliops. laev., Rudb.
specios., Doronic. austriac., Card. crisp., Centaur. Scab., Cichor. Int., Picr. hierac.,
Tarax. off., Crep. rubra, Campan. rapunculoides, C. glom., Vacc. uligin., Phacel.
tanacetif., Borago off., Symphyt. off., Echium vulg., Myosot. vers., Verbasc. nigr.,
V. phoenic., Scrof. nod. ♀ !, Linar. Cymb., Pentstem. campan., P. pubesc., P. ovat.,
P. procer., Veron. Cham., V. mont., Plectranth. glaucocalyx, Salv. off. ♀ !,
S. verticill. ♀ !, Monarda fistul., Nepeta Muss. ♀ !, N. lophantha, Lam. purp. +,
L. gargan., L. flexuos., Verben. hastat., Euphorb. pil., Asparag. off.

1587. H. sexsignatus Schck. Ranunc. acer, R. rep., R. bulb., Sinap. arv.,
Tarax. off.

1588. H. sexstrigatus Schck. Batrach. aquat., Chelidon. majus, Teesdal. nudicaul.,
Stell. med., Rhus Cotinus, Prunus Armen., Fragaria vesca, Potent. Anser., P. rept.,
P. verna, Spir. sorbif., S. salicif., S. ulmif., Bryon. dioica ♀ (!), Hypoch. radic.,
Vacc. uligin., Veron. mont., V. Beccab., Salv. prat. +, Salix cin., S. Capr.,
S. aurit.

1589. H. smeathmanellus K. ♀. Ranunc. acer, R. rep., R. bulb., Aquil. vulg. !,
Papav. Rhoeas, Teesdal. nudicaul, Raphanus Raphan., Res. odor., Sil. Otit.,
Malva silv., Geran. pyren., Trif. rep. !, T. med., Lotus corn. ♀ +, Prunus spin.,
Rubus frutic., Epil. angust., Anthr. silv., Symphoric. racem. ♀ !, Achill. Millef.,
A. Ptarm., Tanac. Part., Card. acanth., Centaur. Jac., C. Cyan., Lamps. comm.,
Cichor. Int., Thrinc. hirt., Leont. aut., L. hast., Picr. hierac., Hypoch. radic.,
Tarax. off., Sonchus asp., Crep. vir., C. aurea, Campan. rot., C. Trach., Phlox
pan., Conv. arv., Echium vulg., Verbasc. Thaps., Antirrh. maj. +, Veron. mont.,
Origan. vulg., Thym. Serp., Lam. purp.

1590. H. subauratus Rossi. Conv. arv.

1591. H. tarsatus Schck. Trif. rep. !, Cirs. arv.

1592. *H. tetrazonius Klg.* = H. quadricinctus K. Ranunc. acer, R. rep., R. bulb.,
Arab. aren., Cist. vill., Malva rotundif., Ruta graveol., Paliur. acul., Melilot.
altiss. !, Trif. prat. +, Vicia pisiform. ♀ !, Potent. rept., Pimpin. magn. var.
ros., Heracl. Sphond., Dipsac. silv., Solidag. Vir. aur., Inula Hel., Anthem. arv.,
Senec. Jacob., Cirs. lanceol., Silyb. Marian., Onopord. Acanth., Centaur. Jac.,
C. Cyan., Cichor. Int., Tarax. off., Crep. palud., Hierac. Pilos., H. muror., Phyteum.
spic., Conv. arv., Cynogloss. off., Origan. vulg., Thym. Cham., T. dalm., Ajug.
genev., Euphorb. Cypar.

1593. H. tomentosus Schck. S. No. 1526. Hypoch. radic., Marrub. vulg. !.

1594. *H. flavipes F.* = H. tumulorum L. S. No. 1542 u. 1581. Lotus corn. ♀ ! +,
Rosa centif., R. pomif., Rubus Id., Potent. cinerea, P. opaca, Leont. aut., Hypoch.
radic., Jas. mont., Lam. purp.

1595. *H. variipes Mor.* = H. cephalicus Mor. S. No. 1536. Cist. vill., Trif. nigresc.,

T. parviﬂ., Rubus caes., Sedum acre, Tordyl. apul., Spec. Spec., Conv. cantabr., Echium altiss., Lithosp. oﬀ., Scrof. canina. Thym. Cham., Teucr. Pol.

1596. *H. vestitus (Mor.) Lep.* = H. lineolatus Lep. S. No. 1534 u. 1550. Spec. Spec., Teucr. Pol.

1597. H. villosulus K. = *H. punctulatus K.* ♀ 4 mm S. No. 1573. Ranunc. acer, R. rep., R. bulb., Cheiranth. Cheiri, Helianth. vulg., Vit. vinif., Geran. pal., Dorycn. herbac. Rubus frutic., Potent. arg., P. hirta. Spir. sorbif., S. salicif., S. ulmif., Orlaya grand., Achill. Millef., A. Ptarm., Chrys. Leuc., Senec. Jacob., Centaur. Jac., Thrinc. hirt., Leont. aut., L. hast., L. asp., L. crisp., Picr. hierac., Hypoch. radic., Tarax. oﬀ., Sonchus olerac., Crep. bien., C. vir., C. tector., Hierac. Pilos., H. umbell., Jas. mont., Call. vulg., Conv. arv., C. cantabr., Veron. Cham., V. Beccab., Salv. prat. ⟋, Thym. Serp., T. Cham., Euphorb. Cypar.

1598. *H. virescens Lep.* = H. subauratus Rossi. Sedum acre, Verben. oﬀ.

1599. H. vulpinus Nyl. Foenic. vulg., Tarax. oﬀ.

1600. H. xanthopus K. Aquileg. vulg., Corydal. lutea, Trif. alpin., Knaut. arv., Hypoch. radic., Tarax. oﬀ., Anchusa oﬀ., Salv. prat. ♀ !, S. vorticill. ♀ !, Rosm. oﬀ., Lam. alb. ♀ ♂ ! ?, Ajug. rept. !, Salix sp.

1601. H. zonulus Smith, 4 mm. Ranunc. acer, R. rep., R. bulb., Chelidon. majus, Cochlear. Armorac., Res. odor., Malva silv., Geran. pal., Impat. nolitang., Saroth. scop. +, Trif. rep. !, T. arv. ♀ !, Rubus frutic., Potent. Anser., P. frutic., Ulmar. Filip., Sorbus auc., Sedum Teleph., Pimpin. magn. var. ros., Knaut. arv., K. silv., Succ. prat., Solidag. canad., Helianth. mult., Chrys. Leuc., Senec. Jacob., Cirs. lanceol., C. pal., Card. nut., Centaur. Jac., Thrinc. hirt., Leont. aut., Picr. hierac., Hypoch. radic., Tarax. oﬀ., T. salin., Crep. bien., C. vir., Hierac. Pilos., H. umbell., Vacc. Myrt., Conv. sep., Borago oﬀ., Myosot. hisp., M. vers., Scrof. nod. ♂ !, Antirrh. maj. +, Veron. Cham., V. mont., V. arv., Mentha silv., Ajug. rept. ? +, Lysim. vulg.

1602. H. sp. Ranunc. Fic., Eroph. verna, Res. lutea, Helianth. vulg., Cist. salviif., Holost. umbell., Cerast. arv., Vit. vinif., Modic. lupul., Vicia tetrasp., Toril. Anthr., Lonic. nigra, Valer. oﬀ., Senec. nemor., Cirs. pal., Carl. acaul., Centaur. Cyan., Loont. aut., Lobel. Erin., Trachel. coer., Asclep. syr. +, Antirrh. maj. +, Linar. vulg. +, Digit. ambigua, Veron. Teucr., Ocymum, Thym. vulg., Clinop. vulg., Ball. nigr., Brun. vulg., Plantag. lanc., Euphorb. segetal., Commelin. tubor., Sabal Adans., Tulipa silv., Seubert. laxa.

1603. *Heriades nigricornis Nyl.* = Eriades nigricornis Nyl. S. No. 1420 u. 1484. Lythrum. Sal. ♂ !, Echium vulg.

1604. *H. truncorum L.* = E. truncorum L. S. No. 1485 u. 1868. Melilot. altiss. !.

1605. Lithurgus chrysurus Fonsc. Centaur. Biberst., C. solstit., Thym. dalm.

1606. L. fuscipennis Lep. Centaur. Biberst., C. solstit.

1607. *Macrocera ruﬁcollis Brull.* = Eucera ruﬁcollis Brull. S. No. 1512. Salv. oﬀ.

1608. Macropis frivaldskyi Mocs. Lysim. vulg.

1609. M. labiata Pz. Rhamn. Frang., Melilot. albus !, Rubus frutic., R. caes., Epil. angust., Lythr. Sal. !, Knaut. arv., Cirs. arv., Picr. hierac., Lysim. vulg. !.

1610. M. labiata F. v. fulvipes F. Rubus caes., Oenanthe ﬁstul.

1611. Megachile analis Nyl. Lotus corn. ♀ ♂ !, Phyteum. betonicif., Eric. tetr.

1612. M. analis Nyl. v. obscura Alfk. Lotus corn. ♀ !.

1613. M. apicalis Spin. Lotus corn., Centaur. Calcitr., C. aren.

1614. M. argentata F., 6 mm. Geran. prat., Ononis rep., Medic. sat. ♀ ♂ !, M. falc., Trif. arv. ♀ ♂ !, T. nigresc., Lotus corn. ♀ ♂ !, Onobr. viciif., Knaut. arv., Achill. Millef., Centaur. Jac., C. Scab., C. rhen., Hierac. umbell., Jas. mont., Echium vulg., Salv. Bertol., Thym. Serp., T. Cham., Stach. ital., Ball. nigr. ♀ !, Teucr. flavum.

1615. M. bicoloriventris Mocs. Stach. ital.

1616. M. centuncularis L., 6—7 mm. Diclytra spectab. +, Malva silv., Dictamn.

albus v. ros., Genista tinct. !, Lupin. polyph., Medic. sat. ♀ !, M. carst., Trif. pann., Lotus corn. !, Coron. var. ♀ !, Desmod. canad., Onobr. viciif., Vicia Cracca !, Lathyrus silvest. ♀ !, L. brachypterus, Rubus caes., R. Id., Epil. angust., Lythr. Sal. ♂ !, Sedum acre, Heracl. Sphond., Symphoric. racem. ♂ !, Lonic. tatar., Knaut. arv., Inula hir., I. Conyza, Helianth. multifl., Rudb. lacin., Doronic. austriac., Ligul. macroph., Arnica Chamiss., Calend. off., Cirs. lanceol., C. pal., Card. crisp., C. acanth., Lappa toment., Centaur. Jac., C. nigr., C. mont., C. dealb., Hypoch. radic., Tarax. off., Lactuca vimin., Sonchus arv., Crep. rigid., Hierac. vulgat., Jas. mont., Conv. sep., Borago off., Echium vulg., Atropa Bell., Antirrh. maj. (!), Lavand. off., Salv. prat. ♂ +, S. Bertol., Thym. Serp., Nepeta nuda, Stach. recta ♂ !, Asparag. off.

1617. M. circumcincta K. ♀. Dictamn. albus v. ros., Genista tinct. !, G. sagitt., Cytis. sagitt., Lupin. lut. ♀ !, L. angustif. ♀ !, L. polyph., Ononis spin. ♀ !, O. rep., Medic. carst., Trif. prat. ♀ !, T. med., Lotus corn. ♀ ♂ !, Onobr. viciif., Vicia Cracca ♀ !, V. sep. ♀ !, V. pisiform. ♀ !, V. unijuga, Lathyr. prat. ♂ !, L. silvest. ♀ !, L. tuberosus ♀ !, L. mont. ♂ !, Rosa can., Rubus frutic., Sedum acre, Lonic. tatar., Knaut. arv., Helianth. an., Calend. off., Carl. vulg., Hierac. Pilos., Eric. tetr., Echium vulg., Melamp. prat. ♀ !, M. nemor., Thym. Serp., Brun. vulg. !, Plantag. med.

1618. M. ericetorum Lep. S. No. 1619. Geran. prat., Lupin. polyph., Lotus corn., Hedys. coron., Lathyr. latif., L. varieg., Saxifr. umbrosa, Scab. atrop., Centaur. mont., Digit. purp., Stach. recta, Brun. vulg., Asparag. off., A. acutif., A. amar.

1619. *M. fasciata Sm.* = M. ericetorum Lep. S. No. 1618. Ononis rep., Lotus corn. ♀ ♂ !, Astrag. narbon., A. Onobr., Coron. var. ♀ !, Desmod. canad., Onobr. viciif., O. mont., Lathyr. tuberosus ♂ !, L. latif., L. latif. v. ensif., L. latif. v. intermed., L. grandifl., L. brachypt., L. rotundif., Orobus hirs., Lythr. Sal. ♂ !, Silyb. Marian., Centaur. rhen., Borago off., Myosot. silv., Antirrh. maj., Lavand. off., Salv. prat., S. argent., S. Bertol., S. Baumg., Stach. germ. ♂ !, St. germ. forma villosa, St. cretica, St. lanata, Ball. nigr. !.

1620. M. lagopoda L. 10 mm. S. No. 1632. Ononis spin. ♀ ♂ !, Medic. carst., Colutea arboresc. ♀ !, Coron. var. ♀ !, Peuced. cerv., Dipsac. silv., Cirs. lanceol., C. erioph., Card. crisp., C. acanth., C. nut., Onopord. Acanth., Carl. vulg., Centaur. Jac., C. aren., C. Fisch., C. ruthen., Campan. carpath., Ball. nigr. !.

1621. M. lefeburei Lep. Echium vulg., Stach. recta, St. ital., Marrub. candidiss., Teucr. Cham.

1622. M. ligniseca K. Malva silv., Cirs. pal., Onopord. Acanth., Centaur. Scab., Stach. pal.

1623. M. manicata Gir. S. No 1414. Coron. Emer., Salv. Bertol., Rosmar. off., Ajug. genev.

1624. M. maritima K. 8—9 mm. Lupin. lut. ♀ !, L. angustif. Ononis spin. ♀ ♂ !, Trif. arv. ♂ !, Lotus corn. ♀ ♂ !, Hedys. coron., Vicia Cracca ♀ !, Pisum sat. ♂ !, Lathyr. prat. ♂ !, L. silvest. ♀ !, L. latif., Phaseolus vulg. ♀ ? !, Rubus caes., Sedum refl., Dipsac. silv., Knaut. arv., Cirs. lanceol., C. pal., Centaur. Cyan., C. rhen., Leont. aut., Campan. rot., Jas. mont., Anchusa off., Lycops. arv. Echium vulg., Linar. vulg. ♂ !, Thym. Serp., Marrub. candidiss.

1625. M. melanopyga Costa. Centaur. Jac., C. Scab., C. rhen., Melamp. nemor.

1626. M. muraria Retz. S. No. 1415. Malva silv., Spart. junc., Dorycn. hirs., Trif. rep. !, T. nigresc., Lotus corn., Astrag. Onobr., Coron. var., Hippocrep. com., Helichrys. ang., Anchusa panic., Salv. Bertol., Thym. Cham., T. dalm., Stach. recta, St. ital., St. germ., Marrub. candidiss., Ajug. genev., Salix sp.

1627. M. nigriventris Schck. = *M. ursula Gerst.* Trif. alp. !, T. rub.

1628. M. octosignata Nyl. Centaur. rhen., Asparag. off.

1629. *M. pacifica Pz.* = M. rotundata F. Res. odor., Cirs. pal.

1630. M. pilicrus Mor. Centaur. aren.

1631. M. pyrenaica Lep. S. No. 1416. Trif. prat., Lotus corn., Hippocrep. com., Campan. persic.

1632. *M. pyrina Lep.* = M. lagopoda L. S. No. 1620. Medic. sat. !, Lotus corn. ♀ ♂ !, Pisum sat. ♀ ♂ !.

1633. M. sericans Fonsc. Marrub. vulg. !, M. candidiss., Teucr. Pol.

1634. M. versicolor Smith. Genista tinct. !, Ononis spin. ♀ !, Lotus corn. !, Vicia Cracca ♀ !, V. pisiform. ♀ !, Lathyrus prat. !, Epil. angust., Card. acanth.

1635. M. willughbiella K. Malva silv., Dictamn. alb., Genista tinct. ♀ !, Medic. sat. ♂ !, Trif. rep. !, T. prat. !, Lotus corn. ♀ ♂ !, Astrag. glycyph. ♂ !, Onobr. viciif., Vicia Cracca ♀ !, V. onobrych., V. unijuga, Lathyr. prat. ♀ !, Glycine chin. ♂ !, Lonic. tatar., Knaut. arv., Card. acanth., Hierac. umbell., Campan. rot., Echium vulg., Lithosp. off., Lavand. off., Stach. lanata, Brun. vulg.!, Teucr. Scorod.!.

1636. M. sp. Cytis. nigric., Vicia sep., Polemon. coerul., Salv. prat.

1637. Melecta armata Pz. = *M. punctata K.* S. No. 1640. Sisymbr. austriac., Tarax. off., Syring. vulg., Pulm. sacch., Veron. Cham., Lavand. off., Thym. Cham. forma pannon., Nepeta Muss. ♀ !, Glech. hed. ♂ !, Lam. alb. ♀ !, L. purp. ♀ ♂ !, L. amplexic. !, Ajug. rept., Hyac. orient.

1638. M. funeraria Smith. Thym. Cham., T. dalm., Teucr. Cham.

1639. M. luctuosa Scop. ♀ 11 mm. Acer Pseudoplat., Colutea arboresc., Astrag. Onobr., Potent. Anser., Lythr. Sal. !, Cirs. olerac., Anchus. off., Lycops. arv., Echium vulg., Lycium barb., Veron. Cham., Salv. prat. ? !, Thym. dalm., Ajug. rept. !, Teucr. Cham. !, Scilla marit., Hyac. orient.

1640. *M. punctata K.* = M. armata Pz. S. No. 1637. Glech. hed. ♀ ♂ !, Lam. alb. !.

1641. Melitta dimidiata Mor. Trif. prat. !, Onobr. viciif.

1642. M. haemorrhoidalis F. S. No. 1421. Camp. rot., C. rapunculoides, C. Trach., Thym. Serp.

1643. M. haemorrhoidalis F. v. nigra Friese. Lythr. Sal.

1644. M. leporina Pz. S. No. 1422 u. 1424. Medic. sat. !, Trif. rep. ♀ ♂ !, T. prat. ♀ !, T. arv. ♀ ♂ !, Lotus corn. ♂ !, Knaut. arv., Tanac. vulg., Leont. aut., Hierac. umbell.

1645. M. melanura Nyl. S. No. 1423. Helianth. vulg., Lythr. Sal., Euphras. Odont.

1646. Meliturga clavicornis Latr. Trif. rep. !, Lotus corn. !, Onobr. viciif !, Salv. silv. !

1647. Nomada alboguttata H.-Sch. Prunus Cer., Hierac. Pilos., Ajug. rept., Salix alba, S. fragil., S. rep.

1648. N. alboguttata H.-Sch. var. pallescens H.-Sch. Sinap. arv., Salix cin. S. Capr., S. aurit.

1649. N. alternata K. = *H. marshamella K.* Ranunc. Fic., Brass. Rapa, Stell. med., Acer Pseudoplat., Genista angl., Prunus avium, P. spin., Ribes Gross., Tarax. off., Salix alba, S. fragil., S. vimin.

1650. N. armata H.-Sch. Knaut. arv.

1651. N. bifida Ths. ♂ 2 mm. Ranunc. Fic., Brass. Rapa, B. Nap., Stell. Holost., Acer Pseudoplat., Potent. verna, Ribes Gross., Tussil. Farf., Tarax. off., Hierac. Pilos., Vacc, Myrt., Salix alba, S. fragil., S. vimin.

1652. N. borealis Zett. Ranunc. Fic., Ribes rubr., R. aureum, Tussil. Farf., Tarax. off., Vacc. Myrt., S. alba, S. fragil.

1653. N. braunsiana Schmiedekn. Thym. dalm.

1654. N. brevicornis Mocs. Scab. Columb., Senec. Jacob., Hypoch. radic., Jas. mont., Call. vulg.

1655. N. chrysopyga Mor. Sisymbr. orient.

1656. N. corcyrea Schmiedekn. Veron. Cham.

1657. N. fabriciana L. S. No. 1666. Rubus frutic., Potent. arg., Ribes Gross., Knaut. arv., Tussil. Farf., Senec. Jacob., Leont. aut., Tarax. off., Hierac. Pilos., Jas. mont., Salix cin., S. Capr., S. aurit., S. alba, S. fragil., Gagea spath., Muscari racemos,

1658. N. fabriciana L. v. nigrita Schck. S. No. 1676. Prunus Cer., Cirs. arv., Jas. mont.

1659. N. femoralis Mor. Thym. dalm.

1660. N. ferruginata (K.) L. Medic. falc., Sedum acre, Heracl. Sphond., Ebul. humil., Senec. Jacob., Hierac. Pilos., Vacc. uligin.

1661. N. flavoguttata K. Stell. Holost., Potent. rept., Bellis per., Tarax. off., Crep. vir., Hierac. Pilos., Jas. mont., Veron. Cham Thym. Cham., Salix sp.

1662. N. flavoguttata K. var. höppneri Alfken. Tussil. Farf., Bellis per.

1663. N. fucata Pz. S. No. 1694. Ranunc. Fic., Medic. falc., Senec. Jacob., Tarax. off., S. alba, S. fragil.

1664. N. furva Pz. S. No. 1674. Achill. Millef., Senec. Jacob., Campan. rot., Lam. mac., Salix cin., S. Capr., S. aurit.

1665. N. fuscicornis Nyl. Leont. aut., Hypoch. radic., Crepis vir., Jas. mont.

1666. *N. germanica Pz.* = N. fabriciana L. S. No. 1657. Veron. Cham., Thym. Serp.

1667. N. guttulata Schck. Geran. sanguin., Anthr. silv., Veron. Cham., Salix sp.

1668. N. jacobaeae Pz. Lotus corn. ♀ +, Potent. silv., Epil. angust., Knaut. arv., Succ. prat., Scab. suav., Senec. Jacob., S. erucif., Cirs. arv., Centaur. rhen., Jas. mont., Call. vulg., Origan. vulg., Galeops. Ladan. ♀ ? !.

1669. N. imperialis Schmiedekn. Salv. Bertol., Thym. Cham.

1670. *N. lateralis Pz.* = N. xanthosticta K. S. No. 1696. Cardam. prat., Malva silv., Hyper. perfor., Rubus frutic., Dauc. Car., Echium vulg., Euphras. off., Salix cin., S. Capr., S. aurit.

1671. N. lathburiana K. Tarax. off., Salix cin., S. Capr., S. aurit., S. alba, S. fragil.

1672. N. lineola Pz. S. No. 1688. 6 mm. Ranunc. Fic., Cardam. prat., Sisymbr. austriac., Brass. Rapa, B. Nap., Hyper. perfor., Lathyrus latif., Prunus spin., Rubus frutic., Crat. Oxyac., Ribes Gross., Libanot. mont., Knaut. arv., Bellis per., Senec. Jacob., Cirs. arv., Tarax. off., Jas. mont., Vacc. Myrt., Salix cin., S. Capr., S. aurit., S. alba, S. fragil.

1673. N. lineola Pz. v. subcornuta K. Rosmar. off.

1674. *N. minuta F.* = N. furva Pz. S. No. 1664. Salix cin., S. Capr. S. aurit.

1675. N. mutabilis Mor. Rubus frutic.

1676. *N. nigrita Schck.* = N. fabriciana L. var. nigrita Schck. S. No. 1658. Jas. mont.

1677. N. nobilis H.-Sch. Res. lutea, Dorycn. herbac., Anchusa off., Origan. vulg.

1678. N. obscura Zett. Salix spec.

1679. N. obtusifrons Nyl. Potent. silv., Heracl. Sphond., Jas. mont., Call. vulg.

1680. N. ochrostoma K. Dorycn. herbac., Lotus corn. +, Rubus frutic., R. Jd., Liban. mont., Hierac. Pilos., Veron. Cham., Ajug. rept.

1681. N. ochrostoma K. v. hillana K. Ribes Gross.

1682. N. rhenana Mor. S. No. 1687. Prunus Cer., Tanac. vulg., Senec. Jacob.

1683. N. roberjeotiana Pz. Trif. mont. !, Rubus frutic., Epil. angust., Eryng. camp., Succ. praf., Scab. suav., Achill. Millef., Senec. Jacob., S. erucif., Cirs. arv., Jas. mont., Call. vulg.

1684. N. ruficornis L. Ranunc. Fic., Brass. Rapa, B. Nap., Alyss. mont., Stellar. Holost., Acer Pseudoplat., Trif. mont. !, Lotus corn. !. Rubus frutic., Fragaria vesca, Potent. Anser., P. verna, Spir. sorbif., S salicif., S. ulmif., Crat. Oxyac., Sorbus auc., Ribes Gross., Inula hir., Achill. Millef., A. Ptarm., Tanac. vulg., Senec. Jacob., S. erucif., Tarax. off., Hierac. Pilos., Jas. mont. Vacc. uligin., Thym. dalm., Salix cin., S. Capr., S. aurit., S. alba, S. fragil.

1685. N. ruficornis L. v. flava Pz. Ribes Gross., Vacc. Myrt.

1686. N. ruficornis L. v. signata Jur. Fragaria vesca, Crat. Oxyac., Sorbus auc., Valerian. olit., Tarax. off., Salix cin., S. Capr., S. aurit.

1687. *N. rufipes Schck.* = N. rhenana Mor. S. No. 1682. Jas. mont.

1688. *N. sexcincta K.* = N. lineola Pz. S. No. 1672. Vacc. uligin.

1689. N. sexfasciata Pz. ♂ 8 mm. Saroth. scop., Fragaria vesca, Senec. Jacob., S. erucif., Anchusa off., Echium vulg., Thym. dalm., Rosmar. off., Orchis latif. !.

1690. N. similis Mor. Rubus frutic., Jas. mont.

1691. N. solidaginis. Pz. Medic. falc., Potent. silv., Succ. prat., Scab. suav., Solidag. Vir. aur., Achill. Millef., Senec. Jacob., S. erucif., Cirs. arv., Leont. aut., Jas. mont., Call. vulg., Eric. tetr.

1692. N. succincta Pz. 6¹/₂—7 mm. Cardam. prat., Brass. oler., B. Rapa, Acer Pseudoplat., Genista angl., Trif. minus, Prunus spin., Potent. rept., Crat. Oxyac., Ribes Gross., Heracl. Sphond., Tarax. off., Vacc. Myrt., V. uligin., Ligustr. vulg., Rosmar. off., Salix cin., S. Capr., S. aurit., S. alba, S. fragil., S. rep.

1693. *N. trispinosa Schmiedekn.* = N. melanostoma Thoms. Tarax. off., Salix sp.

1694. *N. varia Pz.* = N. fucata Pz. S. No. 1663. Senec. Jacob., Tarax. off., Sonchus arv., Jas. mont., Glech. hed. Weibl. Bltn. !.

1695. N. verna Mocs. Muscari racemos.

1696. N. xanthosticta K. S. No. 1670. Ranunc. Fic., Brass. Rapa, Prunus spin., Potent. rept., Ribes Gross., Tarax. off., Echium vulg., S. alba, S. fragil.

1697. N. zonata Pz. Achill. Millef., A. Ptarm., Senec. Jacob., S. erucif., Tarax. off., Salix sp.

1698. N. sp. Coryd. cava +, Valerian. olit.

1699. Nomia diversipes Latr. Res. lutea, Linum grandifl., Paliur. acul., Dorycn. herbac., Melilot. altiss. !, Thym. Serp.

1700. N. femoralis Pall. Onobr. aren., Eryng. camp., Anchusa off., Thym. Serp.

1701. *Nomioides pulchella Schck.* = Halictus pulchellus Schck. S. No. 1571. Jas. mont., Stach. recta.

1702. Osmia acuticornis Duf. et Perr. = *O. dentiventris Mor.* = *O. hispanica Schmiedekn.* Viola odor., Hippocrep. com., Rubus frutic.

1703. O. adunca Panz. 10 mm. Geran. Robert., Lotus corn. ♀ ♂ !, Vicia Cracca ♀ !, Lythr. Sal. ♂ !, Silyb. Marian., Cichor. Int., Campan. glom., Cynogloss. off., Anchusa off., Echium vulg., Lavand. off., Salv. prat. ♂ !, S. verticill. ♂ !, Nepeta nuda, N. Muss. ♀ !, Lam. purp. ♂ ⁄, Ball. nigr. ♀ ♂ !, Gladiol. comm.

1704. *O. aenea L.* = O. caerulescens L. S. No. 1713. 9—10 mm. Ranunc. acer, R. rep., R. bulb., Malva silv., Geran. rubell., Lupinus polyph., Ononis spin. ♀ !, Medic. sat. ♀ !, Trif. prat. ♀ !, Lotus corn. ♀ ♂ !, Coron. var. ♀ !. Onobr. viciif., O. aureus, Vicia onobrychoides, Glycine chin. ♀ !, Knaut. arv., Card. acanth., Centaur. Scab., Tarax. off., Crep. palud., Hierac. Pilos., Symphyt. off., Echium vulg., Lithosp. purp.-coer., Linar. vulg. ♀ !, Veron. Cham., Lavand. off., Salv. prat. ♀ !, S. off. ♀ ♂ !, S. verticill. ♀ !, Nepet. Cat. ♀ !, N. Muss. ♀ !, Glech. hed. ♀ !, Lam. mac., L. gargan., L. flexuos., Phlom. armen., Ball. nigr., ♀ !, Scutell. albida, Ajug. rept. !, Scilla marit.

1705. O. angustula Zett. Lotus corn.

1706. O. anthrenoides Spin. Malva silv., Dorycn. herbac., Lotus corn. !, Hippocrep. corn., Lam. purp. !, Ajug. genev. !, Teucr. mont. !.

1707. O. aurulenta Pz. 8—9 mm. Coryd. lutea, Malva silv., Onon. spin. ♀ !, Medic. falc., Trif. prat. !, Lotus corn., Oxytrop. pil. ♀ !, Astrag. Onobr., Hippocrep. com., Onobr. viciif., Vicia sep. !, Prunus avium, P. spin., Rubus caes., Potent. verna, Ribes aureum, Card. acanth., Onopord. Acanth., Tarax. off., Echium vulg., Salv. Bertol., Origan. vulg., Thym. Cham., Glech. hed. ♀ ♂ !, Lam. purp. !, Ball. nigr. ♀ !, Ajug. rept. !, Teucr. Scorod., Scilla marit.

1708. O. bicolor Schrk. = *O. fusca Chr.* S. No. 1728. 8 mm. Pulsat. prat. !, Anem. nem., Ranunc. lanugin., Brass. Rapa, B. Nap., Viola odor., V. can. ♀ !, Polyg. Chamaeb., Lotus corn. ♀ !, Geum riv., Fragaria vesca, Potent. verna, P. cinerea, P. opaca, Erica carn., Echium vulg., Ajug. rept., Salix sp., Orchis latif. !, Croc. vern., Scilla marit.

1709. *O. bicornis L.* = O. rufa L. S. No. 1752. Persica vulg., Prunus Cer., Crat. Oxyac., Ribes sanguin., R. Gross., Lam. alb. ♀ !, L. purp. !, Ajuga rept. !, Salix Capr.

1710. O. bidentata Mor. Centaur. Biberst., C. solstit.

1711. O. bisulca Gerst. Sisymbr. orient.

1712. *O. caementaria Gerst.* = O. spinolae Schck. S. No. 1756. Anchus. off, Echium
vulg., Salv. off., ♂ !, S. verticill. ♀ !, Pinguic. vulg. ♂ !.

1713. O. caerulescens L. = *O. aenea L.* 5½ mm. S. No. 1704. Ranunc. acer, R. rep., R.
bulb., Sisymbr. austriac., Malva silv., Geran. Robert., Trif. prat. ♂ +, Fragaria
vesca, Tarax. off., Crep. bien., Anchusa off., Glech. hed. ♀ ♂ !, Lam. alb. !, L.
purp. !, Stach. silv. !, Ajug. rept., A. genev.

1714. O. campanularis Mor. Hippocrep. com.

1715. O. cephalotes Mor. Paliur. acul.

1716. O cerinthidis Mor. Cerinthe maj.

1717. *O. claviventris Thoms.* = O. leucomelaena K. Melilot. altiss. !, M. off. !, Trif.
prat. ♂ +, Lotus corn. ♀ !, Inula Hel., Centaur. Cyan., Hierac. Pilos., Campan. rot.,
Echium vulg.

1718. O. confusa Mor. Cirs. spinosiss., Card. acanth.

1719. O. cornuta Latr. 8—9 mm. Coryd. lutea, Viola odor. ♀ !, Polyg. Chamaeb.,
Astragal. Onobr., Amygd. comm., Persica vulg., Prunus dom., P. avium, P. Cer.,
Glech. hed. !, Salix alba, Scilla sibir., Hyac. orient.

1720. *O. corticalis Gerst.* = O. nigriventris Zett. S. No. 1744. Vacc. Myrt., Glech. hed. !.

1721. O. crenulata Mor. Dorycn. herbac.

1722. O. dalmatica Mor. Echium vulg.

1723. O. difformis Pér. S. No. 1746. Lotus corn.

1724. O. dives Mocs. Centaur. Biberst., C. solstit.

1725. O. emarginata Lep. S. No. 1743. Acer Pseudoplat., Anchusa off., Ajug. rep., A. genev.

1726. O. fuciformis Latr. Lotus corn. ♀ !, Lam. alb.

1727. O. fulviventris Pz. Sisymbr. austriac., S. orient., Geran. prat., Cytis. sagitt.,
Hippocrep. com., Onobr. viciif., Sedum acre, Valer. asarif., Knaut. arv., Doronic.
Pardal., D. austriac., Senec. Doronic, Cirs. arv., C. heteroph., Silyb. Marian., Card.
crisp., C. acanth., C. Person., C. nut., C. pycnoceph., Onopord. Acanth., Jurin. moll.,
Rhapont pulch., Centaur. mont., C. dealb., C. Fisch., C. ochrol., C. Salonit., Tragop.
floccos., Scorzon. hisp. var. glastif., S. parvifl., Achyroph. macul., Mulged. alpin., Crep.
bien., C. mont., C. succisifol., Hierac. vulgat., H. muror., H. echioid., H. Retzii, Borago
off., Lavand. off., Marrub. candidiss., Ball. nigr. ♀ !, Ajug. rept. !, Camassia Fraseri.

1728. *O. fusca Chr.* = O. bicolor Schrk. S. No. 1708. 8 mm. Geran. pyren., Saroth.
scop. +, Prunus avium, Rubus frutic., Potent. verna, Tarax. off., Vinca min., Pulm. off.,
Echium vulg., Glech. hed. !, Ajug. rept. !, Daphne Mez., Orchis latif. !, Scilla marit.

1729. O. gallarum Spin. Trif. nigresc., Hippocrep. com.

1730. O. giraudi Schmiedekn. Hippocrep. com.

1731. O. grandis Mor. Melitot. albus !.

1732. O. insularis Schmiedekn. Echium vulg., Hippocrep. com. Die auf letzterer
Pflanze gefundene Osmia ist

1733. O. jheringi Ducke (teste Ducke).

1734. O. latreillei Spin. Lotus corn.

1735. O. lepeletieri Pér. Lotus corn., Hippocrep. com., Echium vulg.

1736. *O. leucomelaena (K.) Schmiedekn.* = O. parvula Duf. et Perr. 2½ mm. Linum austr.,
Lotus corn., Hippocrepis com., Rosa pomif., Rubus frutic., Aruncus silv., Heracl.
Sphond., Achill. Millef., A. Ptarm., Leont. hast., Pier. hierac., Campan. pat., Echium
vulg., Linar. vulg. !.

1737. O. ligurica Mor. Lotus corn.

1738. O. longiceps Mor. Hippocrep. com.

1739. O. macroglossa Gerst. Onosma stell.

1740. O. maritima Friese. Brass. oler., Viola can., Lotus corn., ♀ ♂ !, Phaseolus
vulg. ♀ !, Potent. Anser., Salix rep.

1741. *O. montivaga Mor.* = O. mitis Nyl. Anthem. arv., Teucr. mont.

1742. O. morawitzi Gerst. = *O. loti Mor.* Lotus corn., Astrag. alp.

1743. *O. mustelina Gerst.* = O. emarginata Lep. S. No. 1725. Anchus. off.

1744. O. nigriventris Zett. S. No. 1720. Lotus corn. !, Vacc. Myrt., V. Vit. id., Rhodod. hirs., Glech. hed. !.

1745. O. notata F. Anchusa off., Echium vulg.

1746. *O. pallicornis Friese* = O. difformis Pér. (teste Ducke). S. No. 1723. Hippocrep. com., Salv. Bertol.

1747. O. panzeri Mor. Sisymbr. orient.

1748. O. papaveris Latr. Papaver Rhoeas, Centaur. Cyan., C. Fisch., Campan. glom., Conv. arv., Thym. Cham.

1749. O. pilicornis Smith. Viola odor., Lotus corn. ♀ !, Pulm. off.

1750. *O. platycera Gerst.* = O. villosa Schck. S. No. 1764. Genista tinct. !.

1751. O. rubicola Friese. Hippocrep. com., Onobr. viciif.

1752. O. rufa L. = *O. bicornis L.* 7—9 mm. S. No. 1709. Clemat. recta, Hepat. triloba, Pulsat. vulg.!, Ranunc. acer, R. rep., R. bulb., R. Fic., Caltha pal., Epimed pinnat., Papav., nudicaule, P. Burseri, Diclytra spectab. +, Arab. alb., A. deltoid., Cardam. prat., Brass. oler., B. Rapa, B. Nap., Iber. amara, Viola odor. ♀ ♂ !, V. can. ♂ !, V. tric. arv. ⁄, Coron. fl. cuc., Stell. med., Geran. prat., G. Robert., Medic. sat. ♀ !, Lotus corn. ♀ ♂ !, Astrag. glycyph. ♀ !, Hedys. obsc., Onobr. viciif., Vicia sep. ♀ ! und +, V. Faba ♀ !, V. unijuga, Lathyr. niger ♀ !, L. varieg., L. vernus v. flaccidus, Glycine chin ♀ !, Persica vulg., Prunus Armen., P. dom., P. avium, P. Cer., P. spin., Rosa can., Spir. sorbif., S. salicif., S. ulmif., Crat. Oxyac., Pirus Malus, Philad. coron., Ribes aureum, R. sanguin., R. Gross., Bergenia subcil., Weigel. ros. ♀ !, Valer. Phu, Bellis per., Centaur. Scab., Tarax. off., Mulged. alpin., Crep. palud., Vacc. Myrt., V. uligin., Syring. vulg., S. pers., Vinca min., Phacel. tanacetif., Polemon. coerul., Omphalod. vern., Borago off., Anchusa off., A. ochrol., Pulm. off., P. angustif., P. angustif. × off., P. sacch., Cerinthe min., Echium vulg., Caryolopha semperv., Myosot. silv., M. alpestr., Antirrh. maj., Pentstom. pubesc., P. ovat., P. procer., Veron. opaca, Lavand. off., Salv. prat. ♀ !, S. off., ♀ !, Rosmar. off., Nepeta Muss. ♀ !, N. melissif., Glech. hed. ♀ ♂ !, Lam. mac. forma hirs. ♀ !, L. purp. ♂ !, L. flexuos., Stach. silv. ♀ !, Ball. nigr. ♀ !, Ajug. rept. !, Prim. elat. ♂, Daphne Mez., Salix cin., S. Capr., S. aurit., S. alba, S. fragil., S. rep., Orchis Morio !, Gladiol. comm., Iris Pseudac. +, Narc. Pseud.-Narc. !, Scilla sibir., Hyac. orient., Muscari neglect., M. racemos., Asparag. off.

1753. O. rufohirta Latr. Malva silv., Hippocrep. com., Onobr. viciif., Tarax. off., Sonchus asp., Salvia Bertol., Thym. dalm., Ajug. rept.

1754. O. scutellaris Mor. Thym. Cham.

1755. *O. solskyi Mor.* = O. leaiana K. ♂ 6½ mm. Sisymbr. orient., Geran. Robert., Hippocrep. com., Vicia angustif. ♀ !, Cirs. arv., C. olerac., Card. nut., Onopord. Acanth., Centaur. rhen., Leont. aut., Hypoch. radic., Tarax. off., Crep. bien., C. vir., Hierac. Pilos., Echium vulg., Glech. hed. !, Lam. purp.

1756. O. spinolae Schck. = *O. caementaria Gerst.* S. No. 1712. Trif. arv. ♂ !, Astrag. Onobr., Card. pycnoceph., Anchusa off., Echium vulg.

1757. O. spinulosa K. 5 mm. Ononis rep., Onobr. viciif., Knaut. arv., Inula hir., Achill. Millef., A. Ptarm., Anthem. tinct., Senec. Jacob., Centaur. Jac., C. Scab., C. Biberst., C. solstit., Cichor. Int., Picr. hierac., Sonchus arv., Crepis bien., C. tector.

1758. O. tergestensis Ducke. Hippocrep. com., Onobr. viciif.

1759. O. tiflensis Mor. Lotus corn., Hippocrep. com., Onobr. viciif.

1760. O. tridentata Duf. et Perr. Trif. rep. !, T. nigresc. !, Lotus corn. !, Hippocrep. com. !, Echium vulg.

1761. O. uncinata Gerst. Viola odor., Genista angl. !, Hippocrep. com., Rubus
frutic., Vacc. Myrt., Pulm. off., Glech. hed. !, Ajug. rept. +.

1762. O. versicolor Latr. Geran. dissect., G. molle, Trif. nigresc., Lotus corn.,
Onobr. viciif., Potent. cinerea, P. opaca, Sedum acre, Thym. dalm., Ajug. genev.

1763. O. vidua Gerst. Thym. Cham.

1764. O. villosa Schck. S. No. 1750. Card. deflor., Picr. hierac.

1765. O. vulpecula Gerst. Lotus corn., Vacc. Myrt.

1766. *O. xanthomelaena K.* = O. fuciformis Latr. S. No. 1726. Hippocrep. com.,
Glech. hed. !, Lam. alb.

1767. O. sp. Melilot. altiss. !, Vicia sep. +, Cynogloss. off., Solan. Dulc., Thym. Serp.

1768. *Panurgus ater Latr.* = P. banksianus K. S. No. 1769. Hypoch. radic., Armer. vulg.

1769. P. banksianus K. 3 mm. S. No. 1768. Ranunc. acer, R. rep., R. bulb., Cichor.
Int., Leont. aut., Picr. hierac., Hypoch. radic., Sonchus arv., Crep. bien., C. vir.,
Hierac. Pilos., H. muror., H. umb., Conv. arv.

1770. P. calcaratus Scop. = P. lobatus Pz. S. No. 1771. 3 mm. Ranunc. acer,
R. rep., R. bulb. Erysim. cheiranthoid., Oenoth. bien. ♀ ♂ !, Inul. brit., Senec.
visc., Thrinc. hirt., Leont. aut., L. hast., Picr. hierac., Hypoch. radic., Sonchus arv.,
Crepis bien., C. vir., Hierac. Pilos., H. vulgat., H. muror., H. umbell., H. brevifol.

1771. *P. lobatus Pz.* = P. calcaratus Scop. S. No. 1770. Armer. vulg.

1772. P. sp. Picr. hierac., Scorzon. humil., Hypoch. radic., Lactuca mural., Crep. vir.,
Hierac. Pilos., H. umbell.

1773. Pasites maculatus Jur. Thym. Serp., Ajug. chamaep.

1774. P. minutus Mocs. Centaur. Biberst.

1775. Podalirius acervorum L. = *Anthophora acervorum L.* = *A. pilipes F.* ♀ 14,
♂ 15 mm. S. No. 1191 u. 1199. Ranunc. Ficar., Corydal. lut., Cheiranth. Cheiri,
Brass. Rapa, B. Nap., Sinap. arv., Raphan. sat., Viola odor., V. can., V. tric.
vulg., Stell. med., Cytis. hirs., Rubus spectab., Pirus Malus., Tarax. off., Vinca min.,
V. maj., Anchusa off., Pulm. off., Rosmar. off., Glech. hed. ♀ ♂, Lam. alb. !, L.
mac. !, L. purp. !, Ajug. rept. !, A. genev., Prim. elat. !, Salix Capr., S. alba, S.
fragil., Croc. vern., C. varieg., Leucoj. aest., Scilla sibir., Hyac. orient.

1776. *P. aestivalis Pz.* = P. retusus L. S. No. 1192, 1195, 1201 u. 1793. Anchusa
off., Lycium barb., Ball. nigr. !.

1777. P. albigenus Lep. Anchusa off.

1778. P. bimaculatus Pz. S. No. 1842 u. 1843. Trif. arv. ♀ ♂ !, Lotus corn., Centaur. Biberst.,
C. valesiaca, C. amar., Jas. mont., Eric. Tetr., Echium vulg., Thym. Serp., Galeops. Ladan. !.

1779. P. borealis Mor. Trif. prat. ♀ ♂ !, T. med., Vicia Cracca ♀ !, Salv. silv. ♀ ♂ !,
Galeops. Tetr. ♂ !, Stach. silv. ♀ ♂ !, St. pal. ♀ ♂ !, Brun. vulg. ♀ ♂ !,
Teucr. Scorod. ♀ ♂ !.

1780. P. crassipes Lep. Echium vulg.

1781. P. crinipes Sm. Cheiranth. Cheiri, Vinca maj., Borago off., Anchusa off., Salv.
clandest., S. Bertol., Rosmar. off., Lam. mac., Ajug. genev.

1782. P. dufourii Lep. Salv. prat. !, S. Bertol.

1783. P. femoratus Oliv. S. No. 1193. Echium vulg.

1784. P. fulvitarsus Brullé. S. No. 1198. Trif. prat. ♀ !, Astrag. Onobr. !.

1785. P. furcatus Pz. ♂ 12 mm. S. No. 1194. Malva silv., Epil. angust., Jas. mont., Stach.
silv. ♀ ♂ !, St. pal. ♀ ♂ !, Ball. nigr. ♀ ♂ !, Brun. vulg. ♀ ♂ !, Teucr. Scorod. ♀ ♂ !.

1786. P. magnilabris Fedtsch. Anchusa off.

1787. P. nigrocinctus Lep. Cheiranth. Cheiri, Raphan. sat.

1788. P. parietinus F. S. No. 1197. Trif. prat. ♀ ♂ !, Astrag. Onobr., Symphoric.
racem. ♀ !, Scab. Columb., Symph. asperr., Glech. hed., Ajug. rept.

1789. P. pubescens F. = *P. flabellifera F.* Anchusa off., Ball. nigr. ♀ ♂ !.

1790. P. quadrifasciatus Vill. S. No. 1196. Anchusa off., Echium vulg., Ball. nigr. ♀ ♂ !.

1791. P. quadrifasciatus Vill. var. garrulus Rossi. Teucr. flavum.

1792. P. raddei Mor. Echium vulg., Salv. Sclar.

1793. P. retusus L. ♀ 15—18, ♂ 15—20 mm. S. No. 1192, 1195, 1201 u. 1776. Brass. oler., B. Rapa, B. Nap., Trif. prat. ♀ ♂ !, Astrag. Onobr., Vicia villosa !, V. sep., Veron. Cham., Pedic. silv., Glech. hed. ♀ ♂ !, Lam. purp. !, Galeops. Tetr. ♀ ♂ !, G. ochr. ♂ !, Stach. silv. !, Ball. nigr. !, Brun. vulg. ! Ajug. rept. !, Teucr. Scorod. !, T. Cham. !, Salix sp.

1794. P. retusus L. v. meridionalis Pér. Cheiranth. Cheiri, Raphan. sat., Dorycnium hirs., Vicia villosa v. varia, Salv. off. !. S. Bertol., Thym. Cham., Ajug. genev., Croc. varieg.

1795. P. retusus L. v. obscurus Friese. Aesc. Hippocast. (!).

1796. P. salviae Mor. Anchusa off.

1797. P. sieworsi Mor. Teucr. orient.

1798. P. tarsatus Spin. Cytis. hirs., Colutea arboresc. !, Coron. Emorus !, Vicia villosa +, V. varia !, Echium vulg., Salv. Sclar., Thym. dalm.. Glech. hed. !, Ajug. genev.

1799. P. vulpinus Pz. = P. quadrimaculatus Pz. S. No. 1200. Onon. spin. ♀ ♂ !, Lotus corn. ♀ !, Jas. mont., Anchusa off., Echium vulg., Lycium barb., Origan. vulg., Thym. Serp., Lam. alb. !, L. purp. ♀ ♂ !, Stach. silv. ♀ ♂ !, St. pal. ♀ ♂ !, Ball. nigr. ♀ ♂ !, Teucr. Scorod. ♀ ♂ !, Allium fallax.

1800. Prosopis alpina Mor. Sedum album.

1801. P. angustata Schenck. Allium rot.

1802. P. annularis Sm. = P. panzeri Först. Res. odor., Helianth. vulg., Pimpin. Saxifr., Anthr. silv.

1803. P. annulata L. = P. communis Nyl. S. No. 1809. Chaeroph. aur., Crep. rubra, Lam. purp.

1804. P. armillata Nyl. = P. hyalinata Sm. S. No. 1814. Gypsoph. panic., Hyper. perfor., Ulmar. pentap., Aruncus silv., Philad. coron., Sedum acre, S. album, Astrant. maj., Peuced. ruthen., Aneth. grav., Heracl. Sphond., Anthr. Ceref., Chaeroph. tem., Chaeroph. bulb., Solidag. glab., Chrys. Leuc., Doronic. austriac., Senec. nemor., Leont. aut., Lactuca vimin, Sonchus asp., Hierac. Pilos., H. boreale, Anchusa ochrol., Melamp. arv., Salv. verticill. ♂ !, Polygon. Pers.

1805. P. bipunctata F. = P. signata Pz. S. No. 1824. Lepid. sat., Caps. bursa past., Res. luteola, R. lutea, Res. odor., Rubus frutic., Aruncus silv., Achill. Millef., Tanac. vulg., Anchusa panic., Euphorb. Esula.

1806. P. borealis Nyl. Potent. verna, Aruncus silv., Carum Carv.

1807. P. brevicornis Nyl. Ranunc. acer, R. rep., R. bulb., Gypsoph. panic., Potent. Anser., Sedum acre, Carum Carv., Angel. silv., Gal. boreal., Achill. Millef., Matric. inod., Allium Cepa.

1808. P. clypearis Schenck. Ranunc. acer, R. rep., R. bulb., Nasturt. lippic., Res. lutea, Cist. monspel., Ruta graveol., Paliur. acul., Dorycn. herbac., Potent. hirta, Ulmar. pentap., Arunc. silv., Sedum acre, Aegop. podagr., Peuced. pal., Orlaya grand., Anthr. silv.

1809. P. communis Nyl. 1—1¼ mm. S. No. 1803. Hesper. off., Brass. Rapa, Lepid. sat., Bunias orient., Res. luteola, R. odor., Gypsoph. panic., G. fastig., Aren. graminif., Malach. aquat., Malva silv., Geran. pal., G. silvat. v. robust., G. iber. v. platypet., Rhus typhina, Rosa can., Rubus frutic., R. Id., Fragaria vesca, Potent. arg.. P. verna, P. Mayeri var. Fenzlii, Ulmar. pentap., Arunc. silv., Spir. opulif., Petrosel. sat., Aegop. podagr., Carum Carv., Pimpin. Saxifr., Aethusa cynap., Aneth. grav., Heracl. Sphond.. Siler trilob., Anthr. Coref., Chaeroph. tem., Asper. taur., Cephal. ural. var. cretac., Aster lanceol., Galatel. hyssopif.. Diplopap. amygd., Solidag. glab., S. laterifl., S. livida, S. Kidel., Achill. Millef., Tanac. macroph., Chrys. Leuc., Doronic. austriac., Echinops sphaeroc., Cirs. arv., Centaur. dealb., Leont. aut., Hypoch. radic., Hierac. Pilos., H. muror., Campan. rapunculoides, C. persic., C. carpath., C. lactifl., Jas. mont., Conv. arv., Verbasc. nigr., Veron. spic., Salv. prat. +, S. off., Nepeta nuda, Physostegia virgin., Armor. vulg., Allium rot., A. Cepa.

1810. P. confusa Nyl. Nigella damasc., Sinap. arv., Res. odor., Rubus frutic., R. Id., Ulmar. pentap., Epil. angust., Aegop. podagr., Diplopap. amygd., Achill. Millef., A. Ptarm., Tanac. corymb., Cirs. arv., Hypoch. radic., Campan. persic., Jas. mont., Echium vulg., Veron. mont., Allium Cepa.

1811. P. cornuta Smith. Achill. Millef.

1812. P. dilatata K. Res. odor., Malva silv., Rubus frutic., Succ. prat., Achill. Millef., Jas. mont., Asparag. off.

1813. P. genalis Thoms. = P. confusa Forst. Lepid. graminifol., Cist. monspel., Rubus caes., Jas. mont.

1814. P. hyalinata Smith. = P. armillata Nyl. S. No. 1804. Ranunc. acer, R. rep., R. bulb., Sinap. arv., Lepid. sat., Res. luteola, R. odor., Malach. aquat., Malva silv., Geran. prat., Rubus frutic., Potent. rept., Sedum acre, Aegop. podagr., Weigel. ros., Cirs. arv., Campan. rapunculoides, C. Trachel., C. persic.. Jas. mont., Conv. arv., Echium vulg., Veron. mont., Globul. vulg.

1815. P. hyalinata Sm. var. corvina Först. Orlaya grand., Anthem. arv.

1816. P. hyalinata Sm. v. subquadrata Först. Paliur. acul., Conv. arv.

1817. P. masoni Saund. Achill. Millef.

1818. P. nigrita F. S. No. 1821. Res. odor., Rubus frutic., Aruncus silv., Achill. Millef., Tanac. vulg., Cichor. Int.

1819. P. obscurata Schck. = P. punctulatissima Smith. S. No. 1822. Aethusa Cynap., Allium rot.

1820. P. pictipes Nyl. Caps. bursa past., Res. lutea, R. odor., Malva silv., Paliur. acul., Rubus frutic., Aegop. podagr., Heracl. Sphond., Achill. Millef., A. Ptarm., Jas. mont., Call. vulg., Allium Cepa.

1821. P. propinqua Nyl. = P. nigrita F. S. No. 1818. Anthem. tinct., Crep. vir.

1822. P. punctulatissima Smith. S. No. 1819. Heracl. Sphond., Card. acanth., Allium Cepa.

1823. P. rinki Gorski. Rubus frutic.

1824. P. signata Pz. = P. bipunctata F. S. No. 1805. 1½ mm. Clemat. recta, Thalictr. aquilegif., Res. lutea, Malva silv., Arunc. silv., Sedum album, Astrant. major, Aethusa Cyn., Knaut. arv., Matric. Cham., Verbasc. nigr., Polygon. Bist.

1825. P. sinuata Schenck. Ruta graveol., Rosa pomif., Petrosel. sat., Aethusa Cyn., Aneth. grav., Dauc. Car., Cirs. arv., Hierac. Pilos.

1826. P. trimaculata Schck. Heracl. Sphond.

1827. P. variegata F. Cist. monspel., Paliurus acul., Dorycn. herbac., Rubus frutic., Sedum acre, Sium latif., Oenan. aquat., Dauc. Car., Orlaya grand., Toril. Anthr., Achill. Millef., A. Ptarm., Tanac. corymb., Cirs. arv. Jas. mont.

1828. P. sp. Alyss. mont., Res. lutea, Tilia ulmif., Geran. sanguin., Agrim. odor., Scleranthus annuus, Astrant. maj. f. involucr., Pimpin. Saxifr., Oenan. fist., Angel. silv., Peuced. Cerv., P. ruthen., Gal. verum, Hypoch. radic., Hierac. bupleur., Beta marit., Euphorb. heliosc., Ornithog. pyren.

1829. Psithyrus barbutellus K., ♀ 12 mm. Acer Pseudoplat., Aesc. Pavia, Trif. rep. ♀ !, T. prat. ♀ !, T. med., Lotus corn., Philad. coron., Knaut. arv., K. silv., Succ. prat., Scab. Columb., Tanac. vulg., Cirs. olerac., Card. crisp., C. nut., Centaur. Jac., Leont. aut., L. hast., Tarax. off., Syring. vulg., Lycops. arv., Echium vulg., Veron. off., Alectorol. maj., Salv. off., Thym. Serp., Glech. hed. ♀ !, Lam. alb. ♀ !, Ajug. rept. !, Teucr., Scorod. !.

1830. P. barbutellus K. var. maxillosus Klg. Lotus corn.

1831. P. campestris Pz. ♀ 12 mm. Trif. prat. ♀ !, T. med., Onobr. viciif., Rubus fructic., Epil. angust., Lythr. Sal. * !, Sedum Teleph., Dipsac. silv., Knaut. arv., Succ. prat., Scab. Columb., Eupat. can., Solidag. Vir. aur., Helianth. an., Senec. Jacob., Cirs. lanceol., C. acaule × olerac., C. serrulat., Card. nut., Lappa toment., Centaur.

Jac., Leont. crisp., Tarax. offic., Vacc. Myrt., V. uligin., Call. vulg., Eric. tetr., Anchusa off., Lycops. arv., Echium vulg., Mentha aquat., Thym. Serp., Lam. purp. !, Brun. vulg. !, Teucr. Scorod. !, Iris sibir.

1832. P. campestris Pz. v. rossiellus K. Cephal. ural.

1833. P. globosus Eversm. Aconit. Nap., Vicia Cracca ♂!, Knaut. arvens., Solidag. Vir. aur., Cirs. spinosis.

1834. P. quadricolor Lep. ♀ u. ♂ 9 mm. Trif. rep. ♂!, Rubus frutic., Sedum album, Knaut. arv., Arnica mont., Senec. nemor., Jacob., Cirs. arv., C. pal., Centaur. Jac., Tarax. offic., Jas. mont., Veron. mont., Origan. vulg., Thym. Serp., Polygon. vivip., Salix Capr., S. nigric., S. glauca, S. lapp., S. phyllicif.

1835. P. quadricolor Lep. var. luctuosus Hoffor. Knaut. arv.

1836. P. rupestris F. ♀ 11—14 mm. Coryd. lutea, Cak. marit., Trif. prat. ♀!, T. alp., T. rub., Lotus corn., Onobr. viciif., Rubus ld., Angel. silv., Dipsac. silv., Cephal. ural. var. cretac., Knaut. arv., Succ. prat., Eupat. can., E. purp., Solidag. Vir. aur., Helianth. an., Helichrys. bract., Cirs. arv., C. lanceol., Card. crisp., C. nut., Onopord. Acanth., Carl. acaul., Centaur. Jac., C. Scab., C. rhen., C. orient., C. rigidif., Leont. aut., Tarax. off., Crep. bien., Hierac. umb., Campan. rot., Jas. mont., Vacc. uligin., Call. vulg., Anchus. off., Lycops. arv., Echium vulg., Melamp. nemor., Glech. hed. ♀ !, Ball. nigr. ♀ !, Leont. lanat., Teucr. Cham., T. canum.

1837. P. vestalis Fourcr. 12 mm. Cak. marit., Viola can., V. tric. vulg. ♀!, Coron. fl. cuc., Alth. ficif., Aesc. Pavia, Cytis. Lab. !, Trif. rep. ♂ !, T. prat. ♀ !, Vicia Cracca ♂!, Rubus frutic., Crat. Oxyac., Epil. angust., Lythr. Sal. * !, Angel. silv., Symphoric. racem. ♂ !, Dipsac. silv., Knaut. arv., Succ. prat., Eupat. can., E. purp., Vernon. fascic., V. praeal., Solidag. Vir. aur., Silph. trifol., Inul. brit., Helian. atrorub., Senec. nemor., S. macroph., Cirs. arv., C. lanceol., C. pal., C. olerac., C. olerac. var. amar., C. olerac. X acaule, C. serrul., Card. crisp., Centaur. phryg., C. Scab., C. orient., C. stereoph., Leont. aut., Tarax. off., Hierac. hirsut., Vacc. Myrt., V. uligin., Syring. vulg., Vinca min., Gent. pneum., Lycops. arv., Echium vulg., Veron. off., Melamp. nemor., Mentha silv., Salv. glutin., S. verticill., Monarda fistul., M. f. forma mollis, forma purpur., Origan. vulg., Thym. Serp., Calam. Nepeta, Nepeta macr. ♂ !, N. lophanta, Glech. hed. ♀ !, Lophanth. rug., Lam. alb. ♀ !, Stach. pal. !, St. germ. !, Teucr. Scorod. !, T. canum., Polygon. vivip., Salix cin., S. Capr., S. aurit., S. alba, S. fragil., S. rep., S. nigric., S. glauca, S. lapp., S. phyllicif., Iris Pseudac. !.

1838. Rophites canus Ev. Malva Alcea, Medic. sat. ♂ !, M. falc., Trif. prat. ♀ ♂!, Lotus corn. ♀ ♂ ? !.

1839. R. caucasicus Mor. Beton. grandifl.

1840. R. halictula Nyl. = Dufourea halictula Nyl. S. No. 1472. Jas. mont.

1841. R. quinquespinosus Spin. Achill. Millef., A. Ptarm., Anthem. tinct., Centaur. nigr., Campan. pat., Echium vulg., Galeops. ochr. +, Beton. off. !, Ball. nigr. ♀ ♂ !.

1842. *Saropoda bimaculata Pz.* = Podalirius bimaculatus Pz., 9 mm. S. No. 1778 u. 1843. Hyper. perfor., Trif. arv. ♂!, Onopord. Acanth., Centaur. Jac., C. Cyan., Call. vulg., Echium vulg., Salv. verticill. ♂!, Origan. vulg., Thym. Serp., Stach. pal. ♀ ♂!, Beton. off. ♀ ♂ !, Marrub. vulg. ♂ !, Ball. nigr. !, Teucr. Scorod. !, T. Scord.

1843. *S. rotundata Pz.* = Podalirius bimaculatus Pz. S. No. 1778 u. 1842. Vicia angustif. !, Lythr. Sal. ♀ ♂ * !, Centaur. rhen., Jas. mont., Anchusa off., Echium vulg., Thym. Serp., Ball. nigr. !.

1844. Sphecodes affinis Hags. Matric. inod.

1845. *S. cirsii Verh.* = S. fuscipennis Germ. S. No. 1847. Achill. Millef., Cirs. arv.

1846. S. ephippius L. S. No. 1849. Teesdal. nudicaul., Gypsoph. panic., Aren. serpyllif., Cerast. semidec., Erod. cicut., Chaeroph. hirs., Bellis per., Diplopap. amygd., Solidag.

glab., Gnaph. lut.-alb., G. ulig., Tanac. vulg., Chrys. Leuc., Doronic. austriac., Cirs. arv., Call. vulg., Salix sp.

1847. S. fuscipennis Germ. S. No. 1845. Ajug. rept. +, Teucr. Botrys.

1848. S. gibbus L. Stell. med., Geran. pyren., Ruta graveol., Paliur. acul., Dorycn. herbac., Potent. Anser., P. rept., Alchem. alp., A. fissa, A. pentaphyllea, Spir. sorbif., S salicif., S. ulmif., Epil. angust., Sedum acre, Ribes alp., Astrant. neglecta, Petrosel. sat., Pimpin. Saxifr., Oenan. aquat., Aneth. grav., Heracl. Sphond., Dauc. Car., Ebul. humil., Valer. off., Valerian. olit., Aster sagittif., Bellis per., Solidag. canad., Gnaph. lut.-alb., Achill. Millef., A. Ptarm., A. nobilis, Matric. Cham., Tanac. vulg., Chrys. Leuc., Doronic. austr., Cirs. arv., Leont. aut., Hypoch. radic., H. glabra, Tarax. off., Hierac. Pilos., H. umbell., Call. vulg., Myosot. interm., Veron. Cham., V. arv., Mentha silv., Thym. Serp., Euphorb. Cypar., Salix cin., S. Capr., S. aurit., Scilla marit.

1849. *S. gibbus L. var. rufescens Fourcr.* = S. ephippius L. S. No. 1846. Jas. mont., Salix sp.

1850. S. similis Wesm. Oxytrop. camp., Astrag. Onobr.

1851. S. subquadratus Sm. ♀ 3 mm. Paliur. acul., Dorycn. herbac.

1852. S. spec. Coryd. cava +, Bellis per.

1853. Stelis aterrima Pz. 5—5½ mm. Malva silv., Geran. prat., Trif. rep. !, Knaut. arvens., Scab. dauc., Inula Hel., Doronic. austriac., Cirs. lanceol., Card. crisp., C. acanth., Onopord. Acanth., Lappa min., Rhapont. pulch., Tarax. off., Lactuca vimin, Sonchus asp., Crep. vir., Hierac. porphyr., Jas. mont., Asclep. syr. !, Conv. sep.

1854. S. breviuscula Nyl. = *S. pygmaea Schenck.* Geran. prat., Rubus frutic., R. caes., Potent. arg., Petrosel. sat., Knaut. arv., Inula hir., Achill. Millef., A. Ptarm., Tanac. vulg., Senec. Jacob., Card. acanth., Centaur. Cyan., Picr. hierac., Crepbien., Echium vulg.

1855. S. frey-gessneri Friese. Centaur. vales.

1856. S. minuta Lep. Malva silv., Geran. prat., Tarax. off.

1857. S. nasuta Latr. Stach. recta, Ajug. rept., Teucr. mont.

1858. S. ornatula Klg. Picr. hierac.

1859. S. phaeoptera K. Malva silv., Geran. prat., G. pyren., G. Robert., Knaut. arv., Inula Hel., Doronic. austriac., Senec. Doronic., S. nemor., Silyb. Marian., Card. acanth., Onopord. Acanth., Centaur. mont., C. Fischer., Mulged. alpin., Crep. bien., C. sibiric., Campan. rot., Echium vulg., Veron. longif.

1860. S. signata Latr. Res. odor., Sedum refl., Sedum. album.

1861. S. sp. Lathyr. latif.

1862. Systropha curvicornis Scop. S. No. 1864. Linum grandifl., Melilot. albus !, Conv. arv.

1863. S. planidens Gir. Conv. arv.

1864. *S. spiralis F.* = S. curvicornis Scop. S. No. 1862. Conv. arv.

1865. *Tetralonia pollinosa Lep.* = *Eucera pollinosa Lep. S. No. 1511. Anchusa off.

1866. *T. salicariae Lep.* = * Eucera salicariae Lep. S.No. 1489 u. 1514. Ball. nigr. ♂ !.

1867. Trachusa serratulae Pz. = *Diphysis serratulae Pz.* S. No. 1470. Ran. Flamm., Genista sagitt., Lotus corn. !, Lathyr. silvest. ♀ !, Leont. aut., Campan. Trach.

1868. *Trypetes truncorum L.* = Eriades truncorum L. S. No. 1485 u. 1604. Tarax. off.

1869. Xylocopa cyanescens Brull. Parkinsonia acul., Dorycn. herbac., Coron. var. !, Veron. spic., Rosmar. off., Glech. hed. !.

1870. X. valga Gerst. Veron. spic.

1871. X. violacea L. Clemat. Balear., Berber. aquif., Glaucium flavum, Matth. annua, Cheiranth. Cheiri, Raphan. sat., Polyg. myrtif., Spart. junc., Medic. sat. ♂ !, Coron. Emerus, Onobr. viciif., Lathyr. prat. ♀ !, L. latif., L. varieg., Glycine chin. ♀ ♂ !, Amygd. comm., Persica vulg., Prunus Armen., Ulmar. pentap., Passifl. coerul. !, Helianth. an., Helichrys. bract., Chrys. Leuc., Centaur. aren., Campan. Trach.,

Phillyr. latif., Syring. vulg.. Symphyt. off., Veron. spic.. Salv. prat. !, S. glutin. ? !,
S. off. ♂ !, Glech. hed. !, Lam. alb. ♀ ♂ !, Galeobd. lut., Marrub. candidiss.,
Ajug. rept., Cyclam. persic., Salix. sp.. Croc. varieg., Gladiol. comm., Hermodact.
tuber. !.

1872. X. spec. Lathyr. silvest. !.

B. Braconidae:

1873. Agathis umbellatorum Nees. Aneth. grav.
1874. Alysia sp. Listera ov. !.
1875. *Bracon castrator F.* = Pseudovipio castrator F.   Paliur. acul., Lonicer.
    etrusc.
1876. *B. nominator F.* = Vipio nominator F.   Paliur. acul.
1877. *B. terrefactor Vill.* = Vipio terrefactor Vill.   Paliur. acul., Dorycn. herbac.
1878. B. urinator F.   Paliur. acul.. Smyrnium Olusatrum, Tordyl. apul.
1879. B. xanthogaster Krchb.   Paliur. acul.
1880. Isomecus schlettereri Krchb.   Paliur. acul.
1881. *Microgaster rufipes Nees.* = M. globata L. var. rufipes Nees.   Listera ov. !.
1882. M. subcompleta Nees.   Paliur. acul.
1883. M. tibialis Nees.   Paliur. acul.
1884. M. sp.   Anthr. silv.

C. Chalcididae:

1885. *Brachymeria minuta L.* = Chalcis minuta L.   Paliur. acul.
1886. Chalcis sp.   Prunus Armen., Saussur. albesc.
1887. Eulophus spec.   Adoxa mosch.
1888. *Leucospis dorsigera F.* = Leucaspis dorsigera F.   Paliur. acul., Dorycn.
    herbac., Petrosel. sat.
1889. L. gigas F.   Dorycn. herbac., Teucr. Pol.
1890. L. intermedia Ill.   Paliur. acul., Dorycn. herbac.
1891. Perilampus spec.   Salix cin., S. Capr., S. aurit.
1892. Pteromalus sp.   Erod. cicut., Carum Carv., Adoxa mosch.
1893. Tetrastichus diaphanthus Walk.   Hermin. Monorch.
1894. Torymus sp.   Anthr. silv.

D. Chrysidae:

1895. Chrysis analis Spin.   Evon. japon., Pastin. sativa, Centaur. Jac., Origan. vulg.
1896. C. angustifrons Ab.   Tordyl. apul.
1897. C. austriaca F.   Heracl. Sphond.
1898. *C. bidentata L.* = C. viridula L.   Evon. varieg., Aneth. grav.
1899. C. callimorpha Mocs.   Dauc. Car.
1900. C. chevrieri Mocs.   Paliur. acul.
1901. C. comparata Lepel.   Evon. japon.
1902. C. cuprea Rossi.   Orlaya grand.
1903. C. dichroa (Klg.) Dhlb.   Potent. Wiemanniana.
1904. C. distinguenda Spin.   Evon. japon., E. varieg., Foenic. vulg., Allium Cepa.
1905. C. fulgida L.   Dauc. Car.
1906. C. ignita L.   Cak. marit., Ruta graveol., Ulmar. pentap., Archang. off., Heracl.
    Sphond., Chaeroph. hirs., Euphorb. Cypar.
1907. C. ignita L. v. angustula Schck.   Anthr. silv.
1908. C. igniventris Ab.   Paliur. acul.
1909. C. inaequalis Dhlb.   Evon. japon., E. varieg., Paliur. acul., Tordyl. apul.
    Dauc. Car.
1910. C. indigotea Duf. et Perr.   Paliur. acul.
1911. C. jucunda Mocs.   Paliur. acul.
1912. C. leachiii Shuck.   Evon. japon., E. varieg.
1913. C. neglecta Shuck.   Achill. Millef.

1914. C. pustulosa Ab. Paliur. acul.

1915. C. refulgens Spin. Paliur. acul. Orlaya grand.

1916. C. rutilans Oliv. Evon. japon., Eryng. camp., Orlaya grand., Allium Cepa.

1917. C. saussurei Chevr. Pimpin. Saxifr.

1918. C. scutellaris Fabr. Evon. japon., E. varieg., Foenic. vulg., Orlaya grand.

1919. C. splendidula Rossi. Evon. japon., Paliur. acul., Dauc. Car.

1920. C. succincta L. Paliur. acul., Dauc. Car., Cauc. dauc.

1921. C. viridula L. Evon. japon., Aneth. grav., Dauc. Car., Orlaya grand.

1922. C. sp. Eryng. camp.

1923. Cleptes nitidulus F. Dauc. Car., Lycium barb.

1924. C. semiauratus L. Heracl. Sphond., Eupat. can., Echium vulg.

1925. Ellampus aeneus F. Berb. vulg., Prunus Padus, Sambuc. nigr., Euphorb. Cypar.

1926. E. auratus L. Ulmar. pentap., Tordyl. apul., Orlaya grand. Toril. nod.

1927. E. caeruleus (Pall.) Dhlb. Evon. japon., Heracl. Sphond.

1928. *E. productus Dahlb.* = E. spina Lep. S. No. 1930. Allium Cepa.

1929. E. scutellaris Pz. Dauc. Car.

1930. E. spina Lep. S. No. 1928. Paliur. acul., Allium Cepa.

1931. Hedychrum longicolle Ab. Tordyl. apul.

1932. *H. lucidulum F.* = H. nobile Scop. S. No. 1933. Spir. sorbif., S. salicif., S. ulmif., Aegop. Podagr., Peuced. Cerv., Aneth. grav., Dauc. Car., Achill. Millef., A. Ptarm., Matric. inod., Tanac. corymb., Senec. Jacob., Cirs. arv., Hierac. umbell., Jas. mont., Melamp. arv., Marrub. vulg. +.

1933. H. nobile Scop. S. No. 1932. Lepid. sat., Evon. japon., Rubus frutic., Ulmar. pentap., Eryng. camp., Achill. Millef.

1934. *H. regium Fabr.* = H. nobile Scop. Orlaya grand., Achill. Millef.

1935. *H. roseum Rossi.* = Holopyga rosea Rossi. S. No. 1943. Foenic. vulg.

1936. H. rutilans Dhlb. Evon. japon., Pastin. sat.

1937. Holopyga amoenula Dhlb. S. No. 1942. Erod. cicut., Paliur. acul., Cirs. arv., Card. pycnocephal.

1938. H. chrysonota Foerst. Evon. japon., Paliur. acul.

1939. H. coriacea Dhlb. Scleranth. per.

1940. H. curvata Foerst. Paliur. acul., Dauc. Car.

1941. H. gloriosa F. Paliur. acul.

1942. *H. ovata Dhlb.* = H. amoenula Dhlb. S. No. 1937. Potent. Anser., Gal. verum.

1943. H. rosea Rossi. S. No. 1935. Evon japon., E. varieg.

1944. Parnopes grandior Pall. Thym. Serp., Allium Cepa.

1945. Stilbum cyanurum Forst. var. calens Fabr. Foenic. vulg., Orlaya grand.

1946. *S. nobile Sulz.* = S. cyanurum Forst. var. nobile Sulz. Evon. japon.

E. Cynipidae:

1947. Blastophaga grossorum Grav. Sycom. antiqu. !.

1948. Eucoela subnebulosa Gir. Anthr. silv.

1949. E. sp. Stell. med., Chrysosplen. alt.

1950. Sycophaga sycomori L. (Hasselquist). Sycom. antiqu. !.

F. Evanidae:

1951. *Foenus affectator F.* = Gasteruption affectator F. S. No. 1954. Potent. arg., Aegop. Podagr., Angel. silv., Aneth. grav., Chaeroph. hirs.

1952. *F. jaculator F.* = Gasteruption jaculator F. S. No. 1956. Aegopod. Podagr., Aneth. grav.

1953. *F. sp.* = Gasteruption spec. Spir. sorbif., S. salicif., S. ulmif., Petrosel. sat., Heracl. Sphond., Diplopap. amygd., Achill. Millef., A. Ptarm., Tanac. Parth., Jas. mont., Melamp. arv.

1954. Gasteruption affectator F. S. No. 1951. Ruta graveol., Paliur. acul.

1955. G. granulithorax Tourn. Paliur. acul., Smyrn. Olusat., Pimpin. peregr., Tordyl. apul., Orlaya grand.
1956. G. jaculator F. S. No. 1952. Gypsoph. panic., Ruta graveol.
1957. G. kriechbaumeri Schlett. Paliur. acul., Cauc. dauc.
1958. G. opacum Tourn. Paliur. acul.
1959. G. pedemontanum Tourn. Paliur. acul., Dorycn. herbac.
1960. G. rubricans Guér. Paliur. acul., Dorycn. herbac.
1961. G. rugulosum Ab. Smyrn. Olusat.
1962. G. terrestre Tourn. Paliur. acul., Tordyl. apul.
1963. G. tibiale Tourn. Paliur. acul., Dorycn. herbac.
1964. G. tournieri Schlett. Paliur. acul.

G. Formicidae:

1965. Genus et spec. ? Asclep. syr. ♯, Anchusa off., Salv. glut. ? ♯.
1966. *Formica congerens Nyl.* = F. pratensis Deg. S. No. 1969. Adon. vern., Tarax. off.
1967. F. exsecta Nyl. Serrat. lycopif.
1968. F. fusca L. Ranunc. rep., R. Fic., Potent. Anser., P. steril., Parnass. palust., Carum Car., Dauc. Car., Tussil. Farf., Solidag. canad., Cirs. arv., Call. vulg., Linar. vulg., Veron. hederif., Antheric. ramos.
1969. F. pratensis Deg. S. No. 1966. Rubus frutic., Potent. verna, Sorbus auc.
1970. F. rufa L. Medic. falc., Sorbus auc., Salix fragil.
1971. F. rufibarbis F. Serrat. lycopif.
1972. F. spec. Rubus frutic., Parn. pal., Euphorb. dendroid.
1973. Lasius alienus Foerst. Pulsat. vulg. +, Serrat. centaur.
1974. L. brunneus Latr. Myrrhis odor.
1975. L. fuliginosus Latr. Veron. Cham., Salix cin., S. Capr., S. aurit.
1976. L. niger L. Ranunc. acer, R. rep., R. bulc., Berb. vulg., Res. lutea, Stell. gramin., S. med., Potent. Anser., Spir. sorbif., S. salicif., S. ulmif., Pirus comm., Philad. coron., Scleranth. per., Chrysosplen. alt. +, Parnass. palust., Carum Car., Anthr. silv., Prangos ferul., Serrat. lycopif., Tarax. off., Conv. arv., Veron. Anag., Gagea arv., Antheric. ramos., Allium rot.
1977. Leptothorax interruptus Schck. Pulsat. vulg. +.
1978. Myrmica levinodis Nyl. Pulsat. vulg. +, Fragaria vesca, Spir. sorbif., S. salicif., S. ulmif., Herniaria glabra, Chrysospl. alt., Carum Car., Bellis per., Asclep. syr. ♯.
1979. M. rubra L. Parnass. palust., Dauc. Car., Gal. Moll., Succ. prat., Eupat. can., Senec. Jacob., Narth. ossifr.
1980. M. ruginodis Nyl. Pulsat. vulg. +, Chrysosplen. alt.
1981. M. rugulosa Nyl. Carum Carv., Gal. Moll.
1982. M. scabrinodis Nyl. Pulsat. vulg. +
1983. M. spec. Sorbus auc., Lathr. Squam.
1984. Tapinoma erraticum Latr. Pulsat. vulg. +

H. Ichneumonidae:

1985. Genus et spec. Veron. hederif., Mentha aquat., Thym. Serp., Salix cin., S. aurit., S. Capr., Narth. ossifr.
1986. Acoenites fulvicornis Gr. Toril. nod.
1987. Alomya ovator F. Anthr. silv.
1988. *Amblyteles armatorius Forst.* = A. fasciatorius F. Paliur. acul., Tordyl. apul. Anthr. silv.
1989. A. fossorius Müll. Pastin. sat.
1990. A. funereus Fourcr. Heracl. Sphond.
1991. A. fuscipennis Wesm. Pastin. sat., Heracl. Sphond.
1992. A. laminatorius F. Sium latifolium.

1993. A. litigiosus Wesm. Lepid. graminifol.
1994. A. negatorius F. Liban. mont.
1995. A. occisorius F. Angel. silv.
1996. A. oratorius (F.) Wesm. Dauc. Car.
1997. A. palliatorius Gr. Liban. mont.
1998. A. repentinus Gr. Dauc. Car.
1999. A. sputator (F.) Wesm. Pastin. sat.
2000. A. unigattatus Grav. Listera ov. !.
2001. Angitia armillata .Gr. = *Limneria armillata Gr.* Pimpin. peregr., Tordyl. apul.
2002. Anilasta notata Gr. = *Limneria notata Gr.* Tordyl. apul.
2003. A. rapax (Gr.) Ths. Sedum acre.
2004. Anisobas sp. Toril. nod.
2005. Banchus falcator F. Angel. silvest., Salix alba, S. fragil.
2006. Bassus laetatorius F. Cheiranth. Cheiri, Laur. nob.
2007. *B. tarsatorius Pz.* = Homotropus tarsatorius Pz. Cheiranth. Cheiri, Lycop. europ.
2008. Caenocryptus bimaculatus Grav. Liban. mont.
2009. Campoplex oxyacanthae Boie. Chaeroph. tem.
2010. C. sp. Prangos ferul., Listera ov. !.
2011. Casinaria tenuiventris Gr. Paliur. acul.
2012. Colpognathus celerator Gr. Orlaya grand.
2013. Crypturus argiolus Rossi. Paliur. acul.
2014. *Cryptus analis Gr.* = Idiolispa analis Gr. Medic. falc.
2015. Cryptus bucculentus Tschek. Paliur. acul.
2016. C. hellenicus Schmiedek. Tordyl. apul.
2017. C. viduatorius F. Paliur. acul., Tordyl. apul.
2018. C. spec. Listera ov. !.
2019. Exenterus apiarius (Gr.) Thoms. = *Tryphon apiarius Gr.* Pastin. sat.
2020. Exephanes hilaris Wesm. Paliur. acul.
2021. Exetastes guttatorius Gr. v. procera Krchb Paliur. acul.
2022. Exochus gravipes Gr. Pastin. sat.
2023. Exyston cinctulus Gr. Heracl. Sphond.
2024. Glypta ceratites Gr. Paliur. acul.
2025. G. fronticornis Gr. Parnass. palust.
2026. G. incisa Gr. Heracl. Sphond.
2027. G. pictipes Taschenb. Toril. infesta.
2028. *Gravenhorstia picta Boie.* = Anomalon fasciatum Gir. Lonic. implexa.
2029. Hellwigia elegans Gr. Dauc. Car.
2030. Hemiteles septentrionalis Holmgr. Cerast. alp., Dryas octopet.
2031. H. spec. Listera ov. !.
2032. Hoplismenus armatorius Pz. Paliur. acul.
2033. Hoplocryptus heliophilus Tschek. Tordyl. apul.
2034. Ichneumon balteatus Wesm. Paliur. acul.
2035. I. bilunuatus Gr. Tordyl. apul.
2036. I. consimilis Wesm. Paliur. acul.
2037. I. extensorius L. Anthr. silv.
2038. I. fabricator F. Anthr. silv.
2039. I. finitimus Tischb. = *I. intermixtus Tischb.* Tordyl. apul. ·
2040. I. gradarius Wesm. Heracl. Sphond.
2041. I. leucomelas (Gr.) Wesm. Dauc. Car.
2042. I. monostagon Gr. Paliur. acul.
2043. I. pisorius Gr. Paliur. acul.

2044. I. sarcitorius L. Paliur. acul., Liban. mont., Salix alba, S. fragil.

2045. I. similatorius (F.) Thoms. = *Amblyteles gigantorius Hgr.* Pastin. sat., Dauc. Car.

2046. I. suspiciosus Wesm. Salix alba, S. fragil.

2047. I. xanthorius Forst. Tordyl. apul., Orlaya grand.

2048. I. spec. Ranunc. Fic., Cochlear. off., Cerast. arv., Malva silv., Ruta graveol., Parnass. pal., Conium macul., Tussil. Farf., Bellis per., Leont. aut., Tarax. off., Salix vimin., S. Capr.

2049. Limneria (Angitia) chrysosticta Gr. Paliur. acul.

2050. L. (Angitia) fenestralis Ths. Anthr. Ceref.

2051. *Linoceras macrobatus Gr.* = Hosprhynchotus macrobatus Gr. v. geniculata Krchb. Paliur. acul., Pimpin. peregr.

2052. Lissonota commixta Hgr. Parnass. pal.

2053. L. folii Ths. Paliur. acul.

2054. L. maculatoria (Gr.) F. Dauc. Car.

2055. L. verberans Gr. v. procera Krchb. Paliur. acul.

2056. Mesoleius cruralis Gr. Pimpin. peregr., Cauc. dauc.

2057. Mesostenus grammicus Gr. Paliur. acul.

2058. M. grammicus Gr. v. nigroscutellatus Krchb. Paliur. acul.

2059. M. ligator Gr. Rubus Id.

2060. Metopius dentatus F. Paliur. acul.

2061. M. micratorius Gr. Angel. silv., Heracl. Sphond.

2062. Microcryptus curvus (Grav.) Thoms. Dauc. Car.

2063. Onorga mutabilis Hgr. = *Limneria mutabilis Hgr.* Paliur. acul., Tordyl. apul.

2064. Ophion (Henicospilus) ramidulus Gr. Angel. silv.

2065. O. (Henicospilus) undulatus Gr. Paliur. acul.

2066. Orthocentrus pedestris Holmgr. Cerast. alp., Dryas. octopet

2067. Perithous mediator F. Colutea arbor.

2068. Pezomachus spec. Stell. med., Adoxa mosch.

2069. Phygadeuon cephalotes Gr. Angel. silv,

2070. P. (Campoplex) nitens Gr. Paliur. acul.

2071. P. spec. Listera ov. !.

2072. Pimpla examinator F. Anthr. silv.

2073. P. illecebrator Rossi. Paliur. acul.

2074. P. inquisitor Scop. Lam. mac.

2075. P. instigator (F.) Gr. Paliur. acul., Tordyl. apul.

2076. P. roborator F. Tordyl. apul.

2077. P. turionellae L. Paliur. acul.

2078. P. vesicaria Ratzeb. Paliur. acul.

2079. Platylabus pedatorius F. Satureja mont.

2080. Pristomerus luteus Pz. Res. lutea.

2081. P. vulnerator Gr. Paliur. acul.

2082. Sagaritis annulata Gr. Paliur acul.

2083. S. annulata Gr. v. fuscicarpus Krchb. Paliur. acul.

2084. Spilocryptus claviventris Krchb. Paliur. acul.

2085. Stylocryptus vagabundus (F.) Grav. Heracl. Sphond.

2086. Trachynotus foliator F. Paliur. acul., Ammi maj.

2087. Trichomma enecator Rossi. Paliur. acul.

2088. Trychosis plebejus Tschek. v. nigritarsis Krchb. Paliur. acul., Tordyl. apul.

2089. Tryphon elongator (F.) Gr. Pastin. sat.

2090. T. rutilator Gr. Coron. fl. cuc., Oenan. fist.

2091. T. trochanteratus Hgr. Anthr. silv.
2092. T. spec. Listera ov. !.

I. Mutillidae:

2093. Methoca ichneumonides Latr. Aegop. Podagr.
2094. Mutilla europaea L. Pastin. sat., Dauc. Car.
2095. M. melanocephala F. = *Myrmosa melanocephala F.* S. No. 2098. Aegop. Podag., Aneth. grav., Pastin. sativ.
2096. M. rufipes F. var. nigra Rossi. Pastin. sat., Heracl. Sphond., Dauc. Car.
2097. M. viduata Pall. Vicia villosa v. varia.
2098. *Myrmosa melonocephala F.* = Mutilla melanocephala F. S. No. 2095. Aegop. Podagr., Heracl. Sphond., Dauc. Car., Jas. mont.

K. Pompilidae:

2099. Agenia erythropus Kohl. Dorycn. herbac.
2100. A. hircana F. Aegop. Podagr.
2101. A. variegata L. Paliur. acul.
2102. *Calicurgus fasciatellus Spin.* = Salius hyalinatus F. S. No. 2144. Heracl. Sphond.
2103. Ceropales albicinctus Rossi. Melamp. arv.
2104. C. maculatus F. Aegop. Podagr., Pimpin. Saxifr., Oenanth. aquat., Selinum carvif., Angel. silv., Peuced. Cerv., Heracl. Sphond., Dauc. Car., Toril. Anthr., Gnaph. lut.-alb., Achill. Millef., A. Ptarm., Tanac. vulg., Carl. vulg., Jas. mont.
2105. Ceropales variegatus F. Paliur. acul., Peuced. Cerv., Heracl. Sphond., Dauc. Car.
2106. Pompilus abnormis Dhlb. Heracl. Sphond.
2107. P. anceps Smith. Heracl. Sphond.
2108. *P. aterrimus Rossi* = P. samariensis Pall. Paliur. acul.
2109. *P. cellularis Dhlb.* = P. minutus Dahlb. S. No. 2117 u. 2118. Paliur. acul.
2110. P. chalybeatus Schiödte. Cak. marit., Achill. Millef., A. Ptarm.
2111. P. cinctellus Spin. Aneth. grav.
2112. P. cingulatus Rossi. Paliur. acul.
2113. P. concinnus Dhlb. Aethusa Cyn.
2114. P. gibbus F. S. No. 2128. Conium macul., Aegop. Podagr.
2115. P. intermedius Schck. Dauc. Car.
2116. P. latebricola Kohl. Paliur. acul.
2117. P. minutus Dhlb. = *P. cellularis Dahlb.* S. No. 2109 u. 2118. Spir. sorbif., S. salicif., S. ulmif., Aegop. Podagr., Tordyl. apul.
2118. *P. neglectus Dahlb.* = P. minutus Dahlb. S. No. 2109 u. 2117. Aneth. grav., Heracl. Sphond., Dauc. Car., Anthr. silv.
2119. *P. niger F.* = P. nigerrimus Scop. Dauc. Car., Solidag. canad.
2120. P. nigerrimus Scop. Paliur. acul., Aegop. Podagr., Heracl. Sphond.
2121. P. pectinipes v. d. L. Heracl. Sphond., Dauc. Car., Anthr. Ceref., Chaeroph. tem., Ch. hirs.
2122. P. plumbeus F. Cak. marit., Achill. Millef., A. Ptarm.
2123. P. quadripunctatus F. Paliur. acul., Dorycn. herbac., Heracl. Sphond.
2124. P. rufipes L. Cist. salviif., Achill. Millef., A. Ptarm., Jas. mont.
2125. P. sexmaculatus Spin. Tordyl. apul.
2126. P. spissus Schiödte. Aegop. Podagr., Anthr. Ceref., Chaeroph. tem.
2127. P. tripunctatus Dhlb. Orlaya grand.
2128. *P. trivialis Dahlb.* = P. gibbus F. S. No. 2114. Oenan. aquat., Heracl. Sphond., Achill. Millef., A. Ptarm., Polygon. Fagop.
2129. P. unicolor Spin. Heracl. Sphond.
2130. P. ursus F. Paliur. acul.

2131. P. vagans (Klug.) Costa. Paliur. acul.
2132. P. viaticus L. = *P. fuscus L.* Paliur. acul., Parn. pal., Oenan. aquat., Silaus prat., Peucod. Cerv., Aneth. grav., Heracl. Sphond., Tordyl. apul., Dauc. Car., Anthr. silv., Gnaph. lut.-alb., Achill. Millef., A. Ptarm., Senec. Jacob., Leont. aut., Crep. tector., Jas. mont., Veron. Cham., Thym. dalm., Hott. pal., Euphorb. Cypar.
2133. P. wesmaöli Thoms. Dauc. Car.
2134. P. sp. Cornus sang.
2135. *Priocnemis bipunctatus F.* = Salius versicolor Scop. S. No. 2152. Peucod. Cerv.
2136. *P. obtusiventris Schiödte.* = Salius obtusiventris Schiödte. S. No. 2148. Peucod. Cerv., Dauc. Car.
2137. *P. pusillus Schiödte.* = Salius pusillus Schiödte. Dauc. Car.
2138. Pseudagenia albifrons Dalm. Res. lutea, Paliur. acul.
2139. P. carbonaria Scop. Ruta graveol., Paliur. acul., Dorycn. herbac., Aegop. Podagr., Heracl. Sphond., Dauc. Car., Orlaya grand., Helianth. ann.
2140. Salius affinis v. d. L. Paliur. acul., Dauc. Car.
2141. S. elegans Spin. Paliur. acul.
2142. S. exaltatus F. Heracl. Sphond., Dauc. Car., Senec. Jacob.
2143. S. fuscus F. S. No. 2151. Paliur. acul., Tordyl. apul., Orlaya grand., Euphorb. heliosc., E. Cypar.
2144. S. hyalinatus F. S. No. 2102. Aegop. Podagr., Pastin. sat.
2145. S. minutus v. d. L. Jas. mont.
2146. *S. notatus Lep.* = ? S. notatus Rossi. Res. lutea, Heracl. Sphond., Senec. Jacob.
2147. S. notatus Rossi. Aegop. Podagr., Heracl. Sphond., Dauc. Car.
2148. S. obtusiventris Schiödte. S. No. 2136. Heracl. Sphond.
2149. S. parvulus Dhlb. Tordyl. apul.
2150. *S. sanguinolentus F.* = Pompilus sanguinolentus F. Cirs. arv.
2151. *S. sepicola Smith.* = S. fuscus F. S. No. 2143. Ranunc. Fic., Aegopod. Podagr.
2152. S. versicolor Scop. S. No. 2135. Eryng. camp., Pastin. sat.

L. Sapygidae:
2153. Sapyga clavicornis L. Chaeroph. tem., Chrys. Leuc.
2154. S. quinquepunctata F. Myosot. pal.

M. Scoliidae:
2155. Myzine tripunctata Rossi. Paliur. acul., Dorycn. herbac.
2156. *Scolia bicincta Rossi.* = S. hirta Schrk. S. No. 2160. Cirs. arv., Asclep. syr.
2157. S. flavifrons F. = *S. hortorum Cyr.* Asclep. syr. !.
2158. S. flavifrons F. v. haemorrhoidalis F. Anthyll. Vuln. !.
2159. *S. haemorrhoidalis F.* = S. flavifrons F. var. haemorrhoidalis F. Thym. dalm., Teucr. Cham.
2160. S. hirta Schrk. S. No. 2156. Dorycn. herbac., Hedera Hel., Helichrys. ang., Asclep. syr. !, Myosot. hisp., Satureja mont., Thym. Serp., T. dalm., Teucr. Pol., Polygon. Fagop.
2161. S. insubrica Scop. Dorycn. herbac., Orlaya grand., Helichrys. ang., Card. nut., Teucr. Pol.
2162. S. quadripunctata F. Dorycn. herbac., Dauc. Car., Orlaya grand., Asclep. syr. !, Thym. Serp., Teucr. Pol.
2163. S. quinquecincta F. Teucr. Pol.
2164. Tiphia femorata F. Cak. marit., Paliur. acul., Parnass. palust., Eryng. camp., Conium macul., Peucod. Cerv., Aneth. grav., Pastin. sat., Heracl. Sphond., Tordyl. apul., Dauc. Car.
2165. T. minuta v. d. L. Nasturt. silvestre, Ruta graveol., Dorycn. herbac., Ammi maj., Aegop. Podagr., Bupleur. rotund., Peucod. Oreos., Tordyl. apul., Dauc. Car.

2166. T. morio F. Paliur. acul., Tordyl. apul., Orlaya grand.
2167. T. ruficornis Klg. Oenan. aquat.
    N. Sphegidae:
2168. Alyson fuscatus Panz. Inula Hel.
2169. Ammophila affinis K. S. No. 2313. Trif. arv., Eryng. camp., Tanac. vulg., Jas. mont.
2170. A. campestris Latr. S. No. 2280. Trif. mont. ♀ ♂ !, Rubus frutic., Knaut. arv., Thym. Serp.
2171. A. heydeni Dahlb. Teucr. Pol.
2172. A. hirsuta Scop. S. No. 2175 u. 2314. Rubus frutic., Aegop. Podagr., Tussil. Farf.
2173. *A. lutaria F.* = A. affinis K. Jas. mont.
2174. A. sabulosa L., ♂ 4 mm. Arab. hirsuta, Geran. pyren., Erod. cicut., Melilot. altiss. !, Vicia hirs. ⚋, Rubus frutic., R. caes., Potent. Anser., P. rept., Spir. sorbif., S. salicif., S. ulmif., Epil. angust., Bryonia dioica !, Eryng. marit., E. camp., Peuced. Cerv., Heracl. Sphond., Symphoric. racem. !, Gal. Moll., Knaut. arv., Tussil. Farf., Aster conc., A. panicul. v. pubesc., A. sagittif., Galatel. hyssopif., Solidag. canad., S. Drummond., S. fragr., S. glab., S. lateritl., Achill. Millef., A. Ptarm., Senec. nemor., S. Jacob., Cirs. arv., C. lanceol., Lappa min., Centaur. Jac., Hierac. umbell., Jas. mont., Asclep. syr. !, Echium vulg., Mentha silv., Thym. Serp., T. vulg.
2175. *A. viatica L. Dahlb.* = A. hirsuta Scop. S. No. 2172 u. 2314. Campan. rot.
2176. A. spec. Veron. mont.
2177. Astata boops Schrk. Paliur. acul., Dauc. Car.
2178. A. minor Kohl. Paliur. acul., Ononis spin., Dauc. Car.
2179. Bembex integra Panz. Thym. Serp.
2180. B. rostrata L., 7 mm. Medic. sat. !, Knaut. arv., Cirs. arv., Centaur. rhen. Jas. mont., Anchusa off., Echium vulg.
2181. *Cemonus unicolor F.* = Pemphredon unicolor F. S. No. 2311. Aneth. grav.
2182. Cerceris albofasciata Rossi. Eryng. camp.
2183. C. arenaria L. Res. lutea, Paliur. acul., Dorycn. herbac., Melilot. albus !, Spir. sorbif., S. salicif., S. ulmif., Astrant. maj., Eryng. marit., Aegop. Podag., Aneth. grav., Diplopap. amygd., Achill. Millef., A. Ptarm., Cirs. arv., Jas. mont., Call. vulg., Echium vulg., Thym. Serp.
2184. C. bupresticida Duf. Paliur. acul., Dorycn. herbac.
2185. C. conigera Dhlb. Paliur. acul., Teucr Pol.
2186. C. emarginata Pz. Res. lutea, Paliur. acul., Dorycn. herbac., Orlaya grand.
2187. C. ferreri v. d. L. Dorycn. herbac.
2188. C. interrupta Pz. Dauc. Car.
2189. C. labiata F. S. No. 2191. Res. lutea, Dorycn. herbac., Epil. angust., Eryng. camp., Heracl.Sphond., Dauc. Car., Achill. Millef., A. Ptarm., Chrys. Leuc., Cirs. pal., Jas. mont., Veron. spic., Melamp. arv., Thym. Serp., Polygon. Fagop., Allium rot.
2190. C. leucozonica Schlett. Dorycn. herbac.
2191. *C. nasuta Ltr.* = C. labiata F. S. No. 2189. Heracl. Sphond., Achill. Millef., Cirs. arv.
2192. C. quadricincta Vill. Paliur. acul.
2193. C. quadrifasciata Pz. Res. lutea, Heracl. Sphond., Tordyl. apul., Orlaya grand., Thym. dalm.
2194. C. quadrimaculata Duf. Paliur. acul., Dorycn. herbac.
2195. Cerceris quinquefasciata Rossi. Paliur. acul., Rubus frutic., Dauc. Car., Toril. Anthr., Achill. Millef., Jas. mont., Veron. spic., Thym. Serp., Polygon. Fagop., Laur. nob., Antheric. ramos.
2196. C. rybiensis L. S. No. 2198. Alyss. mont., Lepid. sat., Res. lutea, R. odor., Dorycn. herbac., Rubus frutic., Cirs. arv., Thym. serp.
2197. C. specularis Costa. Res. lutea, Paliur. acul., Dorycn. hirs., D. herbac.

2198. *C. variabilis Schrk.* = C. rybiensis L. S. No. 2196. Sil. Otit., Geran. sanguin., Astrant. maj., Eryng. camp., Aegop. Podagr., Dauc. Car., Solidag. glab., Achill. Millef., A. Ptarm., Anthem. arv., Tanac. corymb., Chrys. Leuc., Doronic. plantag., Cirs. arv., Card. acanth., Thrinc. birt., Echinosp. Lapp., Veron. mont., Mentha silv., Thym. Serp., Polygon. Bist., Antheric. ramos.

2199. Crabro alatus Pz. Epil. angust., Heracl. Sphond., Dauc. Car., Achill. Millef., A. Ptarm., Anthem. arv., Cirs. arv., Jas. mont., Thym. Serp.

2200. C. albilabris F. S. No. 2271. Aegop. Podagr., Aneth. grav., Heracl. Sphond., Dauc. Car., Leont. aut., Jas. mont., Thym. Serp.

2201. C. armatus v. d. L. Dauc. Car.

2202. C. brevis v. d. L. S. No. 2252. Res. lutea, Cucumis sat., Aegop. Podagr., Pimpin. Saxifraga, Oenanth. aquat., Peuced. pal., Heracl. Sphond., Dauc. Car., Senec. Jacob., Thym. Serp., Euphorb. platyphyll., Epipact. pal. !.

2203. *C. cephalotes F.* = C. interrupte-fasciatus Retz. S. No. 2218. Anthr. silv., Chrys. Leuc.

2204. C. cetratus Shuck. Arunc. silv., Heracl. Sphond., Anthr. silv.

2205. C. chrysostoma Lep. S. No. 2219. Ruta graveol., Arunc. silv., Aegop. Podagr., Heracl. Sphond., Anthr. silv., Campan. Trach.

2206. C. clavipes L. Ruta graveol., Aegop. Podagr.

2207. C. clypeatus Schreb. S. No. 2243. Res. lutea, Paliur. acul., Petrosel. sat., Tordyl. apul., Dauc. Car., Centaur. Calcitr., C. solstit.

2208. C. cribrarius L. Epil. angust., Aegop. Podag., Levistic. off., Angel. silv., Peuced. Cerv., Heracl. Sphond., Dauc. Car., Toril. Anthr., Anthr. silv., Chaeroph. tem., Anthem. arv., Chrys. Leuc., Senec. Jacob., Cirs. arv., Butom. umb.

2209. C. denticrus H -Sch. Aneth. grav.

2210. C. distinguendus A. Mor. Dauc. Car.

2211. C. dives (Lep.) H.-Sch. Ruta graveol., Arunc. silv., Pimpin. magn., Sium latif., Angel. silv., Heracl. Sphond., Chaeroph. tem., Chrys. Leuc.

2212. C. elongatulus v. d. L. Ruta graveol., Dauc. Car., Cusc. Epith.

2213. C. exiguus v. d. L. Heracl. Sphond., Dauc. Car.

2214. C. fossorius L. Conium macul.

2215. C. fuscitarsis H.-Sch. Aegop. Podagr., Angel. silv.

2216. C. gonager Lep. Heracl. Sphond. .

2217. C. guttatus v. d. L. Ruta graveol., Heracl. Sphond.

2218. C. interrupte-fasciatus Retz. S. No. 2203. Aegop. Podagr.

2219. *C. lapidarius Pz.* = C. chrysostoma Lep. S. No. 2205. Spir. sorbif., S. salicif. S. ulmif., Aegop. Podagr., Carum Car., Sium latif., Angel. silv., Heracl. Sphond., Euphorb. Gerard.

2220. C. larvatus Wesm. Ulmar. pentap., Heracl. Sphond.

2221. C. leucostoma L. Arunc. silv.

2222. C. lituratus Pz. Aegop. Podagr., Pimpin. Saxifr., Aneth grav., Heracl. Sphond.

2223. C. meridionalis Costa. Paliur. acul., Tordyl. apul.

2224. C. nigritus Lep. Anthrisc. silv.

2225. C. palmarius Schreb. Dauc. Car, Leont. aut.

2226. C. panzeri v. d. L. Thym. Serp.

2227. *C. patellatus Pz.* = C. peltarius Schreb. S. No. 2228. Heracl. Sphond., Jas. mont., Echium vulg.

2228. C. peltarius Schreb. S. No. 2227. Rosa centif., Rubus frutic., Aegop. Podagr., Dauc. Car., Jas. mont, Echium vulg., Thym. Serp., Lysim. vulg.

2229. C. planifrons Thoms. Aegop. Podagr., Anthris. silv.

2230. C. podagricus v. d. L. Aegop. Podagr., Aneth. grav., Heracl. Sphond.

2231. *C. pterotus F.* = C. scutellatus Schev. S. No. 2235. Jas. mont.

2232. C. pygmaeus v. d. L. Dauc. Car.

2233. C. quadrimaculatus Spin. Achill. Millef.

2234. C. rhaeticus Aich. et Krchb. Liban. mont.

2235. C. scutellatus Schev. S. No. 2231. Aegop. Podagr., Carum Car., Sium latif., Heracl Sphond., Dauc. Car., Anthrisc. silv., Knaut. arv., Senec. Jacob.

2236. C. serripes Pz. Lavatera trim., Malope grandifl.

2237. C. sexcinctus F. Aegop. Podagr., Angel. silv., Aneth. grav., Pastin. sat., Heracl. Sphond., Dauc. Car., Anthr. silv., Senec. Jacob., Picr. hierac.

2238. C. spinicollis H.-Sch. Astrant. neglect., Aegop. Podagr., Heracl. Sphond.

2239. C. subterraneus F. Rubus frutic., Conium macul., Aneth. grav., Heracl. Sphond., Chaeroph. hirs., Knaut. arv., Achill. Millef., A. Ptarm., Jas. mont.

2240. C. vagabundus Pz. Aegop. Podagr., Carum Car., Heracl. Sphond., Dauc. Car., Anthrisc. silv.

2241. C. vagus L. Paliur. acul., Aegop. Podagr., Sium latif., Angel. silv., Peuced. Cerv., Heracl. Sphond., Toril. Anthr., Anthr. silv., Senec. Jacob., Cirs. arv.

2242. C. varius Lep. Heracl. Sphond.

2243. C. vexillatus Pz. = C. clypeatus Schreb. S. No. 2207. Aethusa Cyn., Peuced. ruthen., Aneth. grav., Heracl. Sphond., Valer. offic., Diplopap. amygd., Solidag. glab., S. livida, Achill. Millef., A. Ptarm., Jas. mont.

2244. C. wesmaëli v. d. L. Nasturt. silvestre, Sperg. arv., Ulmar. pentap., Conium mac., Aegop. Podagr., Aneth. grav., Dauc. Car., Anthr. silv., Senec. Jacob.

2245. C. sp. Pastin. sat., Toril. Anthr, Tanac. vulg.

2246. Dahlbomia atra F. = Mimesa atrata F. S. No. 2274. Heracl. Sphond.

2247. Didineis lunicornis F. Dauc. Car.

2248. Dinetus guttatus F. = D. pictus F. Aegop. Podagr., Heracl. Sphond., Achill. Millef., A. Ptarm., A. coronop., Tanac. vulg., T. corymb., Cirs. arv., Thym. Serp.

2249. Diodontus minutus F. Geran. pusill., Tordyl. apul., Chaeroph. tem.

2250. D. tristis v. d. L. Res. lutea, Tanac. vulg., Leont. aut.

2251. Dolichurus corniculus Spin. Aegop. Podagr.

2252. Entomognathus brevis v. d. L. = Crabro brevis v. d. L. S. No. 2202. Conv. arv.

2253. Gorytes bicinctus Rossi. Angel. silv.

2254. G. bilunulatus Costa. Heracl. Sphond.

2255. G. campestris Müll. S. No. 2258. Rhus Cotinus, Parn. pal., Conium macul., Aegop. Podagr., Carum Car., Angel. silv., Heracl. Sphond., Anthrisc. silv., Butom. umb.

2256. G. consanguineus Handl. Paliur. acul.

2257. G. fallax Handl. Dauc. Car.

2258. G. fargei Shuck. = G. campestris Müll. S. No. 2255. Butom. umb.

2259. G. laticinctus (Lep.) Shuck. Aegop. Podagr., Angel. silv., Heracl. Sphond., Anthr. silv.

2260. G. levis Latr. Heracl. Sphond., Dauc. Car.

2261. G. lunatus Dhlb. Medic. lupul.

2262. G. mystaceus L. Clemat. recta, Vicia sep., Crat. Oxyac., Bryon. dioica!, Aegop. Podag., Heracl. Sphond., Valer. off., Senec. Jacob., Ophrys muscif.

2263. G. pleuripunctatus Costa. Evon. japon., Paliur. acul., Foenic. vulg., Tordyl. apul.

2264. G. procrustes Handl. Paliur. acul.

2265. G. quadrifasciatus F. S No. 2269. Aegop. Podagr., Sium latif., Angel. silv., Heracl. Sphond., Dauc. Car., Anthr. silv., Succ. prat., Senec. Jacob.

2266. G. quinquecinctus F. Viscar. vulg., Paliur. acul., Dorycn. herbac., Angel. silv., Heracl. Sphond., Dauc. Car., Cirs. arv.

2267. G. tumidus Pz. Pimpin. Saxifr., Erythr. Cent.

2268. G. sp. Heracl. Sphond.

2269. Hoplisus quadrifasciatus F. = Gorytes quadrifasciatus F. S. No. 2265 Heracl. Sphond.

2270. Larra anathema Rossi. Paliur. acul.

2271. *Lindenius albilabris F.* = Crabro albilabris F. S. No. 2200. Achill. Millef., A. Ptarm., Cirs. arv., C. pal., Hypoch. radic., Thym. Serp., Allium sphaeroceph.

2272. Mellinus arvensis L. Heracl. Sphond., Tanac. vulg., Senec. silvat., S. Jacob., Leont. aut., Call. vulg., Eric. Tetr.

2273. M. sabulosus F. Pimpin. magn., Pimpin. Saxifr., Silaus prat., Angel. silv., Heracl. Sphond., Dauc. Car., Tanac. vulg., Jas. mont., Call. vulg., Thym. Serp.

2274. Mimesa atra Pz. S. No. 2246. Angel. silv., Heracl. Sphond.

2275. M. bicolor Jur. Heracl. Sphond., Knaut. arv.

2276. M. dahlbomi Wesm. Heracl. Sphond.

2277. M. equestris F. Heracl. Sphond., Dauc. Car.

2278. M. unicolor v. d. L. Heracl. Sphond.

2279. Miscophus bicolor Sur. Aegop. Podagr.

2280. *Miscus campestris Latr.* = Ammophila campestris Latr. S. No. 2170. Jas. mont., Allium Cepa.

2281. *Notogonia pompiliformis Kohl.* = Larra pompiliformis Pz. Chondrilla junc.

2282. Nysson dimidiatus Jur. Dauc. Car.

2283. N. interruptus F. Anthrisc. silv.

2284. N. maculatus F. Aegop. Podagr., Peuced. Cerv., Heracl. Sphond., Dauc. Car.

2285. N. scalaris Ill. Paliur. acul.

2286. N. spinosus Forst. Aegop. Podagr., Heracl. Sphond.

2287. *Oxybelus bellicosus Oliv.* = O. lineatus F. S. No. 2291. Toril. Anthr., Jas. mont.

2288. O. bellus Dahlb. Lepid. sat., Ruta graveol., Potent. Anser., P. rept., P. frutic., Spir. sorbif., S. salicif., S. ulmif., Arunc. silv., Aegop. Podagr., Achill. Millef., A. Ptarm.

2289. O. bipunctatus Oliv. Aegop. Podagr., Oenan. aquat., Coniosel. tatar., Penced. ruthen., Dauc. Car., Diplopap. amygd., Solidag. glab., Jas. mont.

2290. O. furcatus Lep. Melilot. altiss. !, M. off. !.

2291. O. lineatus F. S. No. 2287. Aegop. Podagr., Aneth. grav., Senec. Jacob.

2292. O. mandibularis Dahlb. Jas. mont.

2293. O. melancholicus Chevr. Dorycn. herbac.

2294. O. mucronatus F. Aneth. grav., Senec. Jacob., Cirs. arv., Sonchus arv., Hierac. umbell.

2295. O. nigripes Oliv. Heracl. Sphond., Dauc. Car., Achill. Millef., A. Ptarm., Thym. Serp.

2296. O. pulchellus Gerst. Aneth. grav.

2297. O. quattordecimnotatus Jur. Gypsoph. panic., Galatella hyssopif., Diplopap. amygd., Achill. Millef.

2298. O. sericatus Gerst. Geran. sanguin., Astrant. neglect., Senec. Jacob.

2299. O. trispinosus F. Achill. Millef., A. Ptarm., Chrys. Leuc., Cirs. arv., Mentha silv.

2300. O. uniglumis L. Clemat. recta, Ranunc. acer, R. rep., R. bulb., Lepid. sat., Gypsoph. panic., Tilia ulmif., Erod. cicut., Rhus Cotinus, Rubus frutic., Fragaria vesca, Potent. Anser., P. procumb., P. frutic., Spir. sorbif., S. salicif., S. ulmif., Aruncus silv., Sedum acre, Astrant. maj., A. maj. f. interm., Aegop. Podagr., Sium latif., Aneth. grav., Heracl. Sphond., Dauc. Car. Toril., Anthr., Anthrisc. silv., A. Ceref., Chaeroph. tem., Aster laevis, Galatel. hyssopif., Diplopap. amygd., Solidag. caes., S. glab., S. livida, Achill. Millef., A. Ptarm., Matric. Cham., Chrys. Leuc., Cirs. arv., Tarax. offic., Sonchus arv., Jas. mont., Digit. purp., Thym. Serp., Polygon. Bist.

2301. O. sp. Geran. sanguin.

2302. Passaloecus brevicornis A. Mor. Aegop. Podagr., Cirs. arv.

2303. P. corniger Shuck. Aegop. Podagr.

2304. *P. gracilis Curt.* = ? P. tenuis Mor. Veron. mont.

2305. P. insignis Shuck. Spir. sorbif., S. salicif., S. ulmif.

2306. P. turionum Dahlb. Ornithop. perpus. ♂ ? +.
2307. Pemphredon lugens Dahlb. Heracl. Sphond.
2308. P. lugubris Latr. Aethusa Cyn.
2309. P. rugifer Dahlb. Anthr. silv.
2310. P. shuckardi A. Mor. Paliur. acul., Dauc. Car.
2311. P. unicolor F. S. No. 2181. Sisymbr. off., Lepid. sat., L. graminifol., Paliur. acul., Ulmar. pentap., Bryonia dioica, Carum Car., Angel. Silv., Heracl. Sphond., Card. pycnoceph.
2312. Philanthus triangulum F. Sil. Otit., Astrant. neglect., Eryng. camp., Aegop. Podagr., Angel. silv., Heracl. Sphond., Knaut. . arv., Achill. Millef., A. Ptarm., Echinops banat., Cirs. arv., Jas. mont., Cusc. Epith.
2313. *Psammophila affinis K.* = Ammophila affinis K. S. No. 2169. Knaut. arv., Onopord. Acanth., Centaur. Cyan., Jas. mont., Asclep. syr.!, Echium vulg., Salv. silv.
2314. *P. viatia L.* = Ammophila hirsuta Scop. S. No. 2172. Peuced. Cerv., Knaut. arv., Senec. Jacob., Veron. spic.
2315. *Psen atratus Pz.* = P. pallidipes Pz. S. No. 2317. Spir. sorbif., S. salicif., S. ulmif., Aruncus silv., Aegop. Podagr., Aneth. grav., Heracl. Sphond., Dauc. Car., Anthr. silv.
2316. P. concolor Dhlb. Aegop. Podagr., Anthr. silv.
2317. P. pallidipes Pz. S. No. 2315. Paliur. acul.
2318. Sceliphron destillatorium Ill. Paliur. acul.
2319. S. omissum Kohl. Paliur. acul.
2320. S. spirifex L. Paliur acul.
2321. Sphex maxillosus F. Teucr. Pol.
2322. Tachysphex nitidus Spin. Paliur. acul., Rubus caes., Peuced. Cerv., Chaeroph. tem.
2323. Tachysphex pectinipes L. S. No. 2327. Peuced. Cerv., Heracl. Sphond., Dauc. Car.
2324. T. rufipes Aich. Paliur. acul.
2325. Tachytes europaeus Kohl. Dorycn. herbac.
2326. T. obsoletus Rossi. Dorycn. herbac., Knaut. arv., Card. pycnoceph.
2327. *T. pectinipes L.* = Tachysphex pectinipes L. S. No. 2323. Aneth. grav., Jas. mont.
2328. Trypoxylon attenuatum Sm. Aegop. Podagr., Heracl. Sphond.
2329. T. clavicerum Lep. Aegop. podagr., Aneth. grav.
2330. T. figulus L. Ruta graveol., Sedum acre, Aegop. Podagr., Dauc. Car.

O. Tenthredinidae:

2331. Abia sericea L. Aegop. Podagr., Carum Car., Pimpin. Saxifr., Angel. silv., Heracl. Sphond., Anthrisc. silv., Chrys. Leuc.
2332. Allantus albicornis F. Heracl. Sphond., Anthr. silv.
2333. A. arcuatus Forst. S. No. 2338 u. 2444. Nasturt. amphib., Sedum Teleph., Aegopod. Podagr., Pimpin. Saxifr., Sium latif., Liban. mont., Heracl. Sphond., Dauc. Car., Chaeroph. hirs.
2334. *A. bicinctus F.* = A. temulus Scop. S. No. 2343. Aegop. Podagr., Heracl. Sphond.
2335. A. fasciatus Scop. Res. lutea, Tordyl. apul., Anthrisc. silv.
2336. A. koehleri Klg. Anthrisc. silv.
2337. A. marginellus F. Rhus Cotinus, Heracl. Sphond., Dauc. Car., Anthrisc. silv.
2338. *A. nothus Klg.* = A. arcuatus Forst. S. No. 2333 u. 2444. Silaus prat., Heracl. Sphond., Dauc. Car., Anthr. silv., Sambuc. nigr., Achill. Millef., A. Ptarm., Anthem. arv., Chrys. Leuc., Cirs. arv.
2339. *A. omissus Först.* = A. viennensis Pz. S. No. 2347. Pastin. sat., Heracl. Sphond., Dauc. Car.
2340. A. rossii Pz. Chaeroph. hirs.
2341. A. schaefferi Klg. Liban. mont.
2342. A. scrophulariae L. Epil. angust., Heracl. Sphond., Achill. Millef., A. Ptarm., Chrys. Leuc., Verbasc. Lychn., Scrof. nod.

2343. A. temulus Scop. S. No. 2334. Spir. sorbif., S. salicif., S. ulmif., Carum Car., Pimpin. Saxifr., Aethusa Cyn., Toril. Anthr., Anthr. silv., Myrrhis odor., Euphorb. Cypar.

2344. *A. tricinctus Chr.* = A. vespa Retz. S. No. 2345. Heracl. Sphond., Scrof. orient.

2345. A. vespa Retz. S. No. 2344. Carum Car., Liban. mont., Heracl. Sphond.

2346. A. viduus Rossi. Paliur. acul., Peuced. Oreos., Tordyl. apul.

2347. A. viennensis Pz. S. No. 2339. Peuced. Cerv.

2348. *Amasis laeta F.* = Amasis crassicornis Rossi. Ranunc. acer, R. rep., R. bulb., R. illyr., Cist. salviif., Geran. dissect., Melilotus altiss. !, Potent. hirta, Tordyl. apul., Orlaya grand., Euphorb. Cypar.

2349. Amauronematus (= Nematus) fåhraei Thoms. Salix alba, S. fragil.

2350. A. histrio Lep. Salix cin., S. Capr., S. aurit., S. alba.

2351. A. viduatus Zett. Salix alba, S. fragil., S. rep.

2352. A. vittatus Lep. S. No. 2418. Anthr. silv., Salix alba, S. fragil.

2353. Arge (= Hylotoma) cyaneocrocea Först. S. No. 2396 u. 2399. Sinap. arv., Paliur. acul., Tordyl. apul., Euphorb. heliosc., E. Cypar.

2354. A. enodis L. S. No. 2400. Carum Car., Toril. Anthr.

2355. A. melanochroa Gmel. S. No. 2401 u. 2402. Tordyl. apul.

2356. A. rosae L. S. No. 2403 u. 2404 Toril. nod.

2357. A. ustalata L. S. No. 2406. Toril. Anthr.

2358. Athalia annulata F. Heracl. Sphond., Tordyl. apul., Anthr. silv.

2359. A. glabricollis Ths. Pimpin. Saxifr., Heracl. Sphond., Tordyl. apul., Anthrisc. silv., Tanac. vulg.

2360. A. lugens Klg. Anthrisc. silv., Call. vulg.

2361. A. rosae L. Thlaspi. praec., Sium latif., Oenan. aquat., Angel. silv., Heracl. Sphond., Dauc. Car., Anthrisc. silv., Chaeroph. hirs., Myrrhis odor., Achill. Millef., A. Ptarm., Call. vulg., Scutell. albida, Ajug. pyram.

2362. A. rosae L. v. cordata Lep. Paliur. acul., Tordyl. apul., Gal. Cruciat., Ajug. genev.

2363. A. rosae L. v. liberta Klg. Caps. bursa past.

2364. A. spinarum F. Caps. bursa past., Carum Car., Heracl. Sphond., Tordyl. apul., Anthrisc. silv., Tanac. vulg., Ajug. genev., Polygon. Fagop.

2365. Cephus haemorrhoidalis F. Melilot. altiss.!

2366. Cephus niger Harr. Carum Car.

2367. C. nigrinus Ths. Ranunc. repens, Hierac. Pilos.

2368. Cephus pallidipes Klg. Ranunc. acer, R. rep., R. bulb., Stell. Holost., Tarax. off.

2369. C. pareyssei Spin. Paliur. acul., Pimpin. peregr.

2370. C. pygmaeus L. Ranunc. acer, R. rep., R. bulb., Sinap. arv., Raphan. Raph., Melilot. altiss.!

2371. C. variegatus Stein. Cauc. dauc.

2372. C. sp. Ranunc. acer, R. rep., R. bulb., Bunias orient., Saxifr. gran., Doronic. austriac., Tarax. off., Hierac. Pilos.

2373. Cladius pectinicornis Fourcr. Geran. molle, Dauc. Car.

2374. Cyphona furcata Vill. Dauc. Car.

2375. C. furcata Vill. var. melanocephala Pz. Dorycn. herbac.

2376. Dolerus coruscans Knw. Salix alba, S. fragil.

2377. *Dolerus eglanteriae F.* = D. pratensis L. S. No. 2384. Salix rep.

2378. D. fissus Htg. Carum Car., Toril. Anthr., Anthr. silv., Salix alba, S. fragil.

2379. D. fumosus Zadd. Salix alba, S. fragil.

2380. D. gonager F. Prunus spin., Pirus comm., Salix cin., S. Capr., S. aurit., S. alba, S. fragil.

2381. D. haematodes Schrk. Anthrisc. silv., Salix alba, S. fragil.

2382. D. madidus Klg. = *D. germanicus F.* Salix cin., S. Capr., S. aurit., S. alba, S. fragil., S. rep.

2383. D. picipes Klg. Salix rep.

2384. D. pratensis L. Aegop. Podagr., Carum Car., Heracl. Sphond., Tanac. vulg., Tarax. off., Salix cin., S. Capr., S. aurit.

2385. D. puncticollis Thoms. Salix alba, S. fragil.

2386. *D. rugosus Konow* = D. rugosulus D. T. Salix alba, S. fragil.

2387. D. vestigialis Klug. Arab. aren.

2388. Emphytes balteatus Klg. Paliur. acul.

2389. E. cinctus L. Tarax. off.

2390. Entodecta pumila Klg. Heracl. Sphond.

2391. Eriocampa ovata L. Aegop. Podagr.

2392. Hemichroa alni L. Aegop. Podagr.

2393. *Hoplocampa ferruginea F.* = H. flava L. Prunus spin.

2394. H. rutilicornis Klg. Prunus spin.

2395. Hylotoma (= Arge) berberidis Schrk. Peuced. Oreos., Ferul. montic.

2396. *H. caerulescens F.* = H. cyaneocrocea Forst. S. No. 2353 u. 2399. Carum. Car., Heracl. Sphond., Chaeroph. tem.

2397. H. caeruleopennis Retz. S. No. 2407. Aegop. Podagr.

2398. H. ciliaris L. v. corrusca Zadd. Aneth. grav.

2399. H. cyaneocrocea Forst. S. No. 2353 u. 2396. Conium macul.

2400. H. enodis L. S. No. 2354. Carum Car., Heracl. Sphond., Chaeroph. hirs.

2401. *H. femoralis Klg.* = H. melanochroa Gmel. S. No. 2355 u. 2402. Carum Car., Heracl. Sphond., Dauc. Car., Anthr. silv.

2402. H. melanochroa Gmel. S. No. 2355 u. 2401. Aegop. Podagr.

2403. H. rosae L. S. No. 2356 u. 2404.' Aegop. Podagr., Pimpin. Saxifr., Bupleur. falcat., Moloposp. Peloponnes.

2404. *H. rosarum Klg.* = H. rosae L. S. No. 2356 u. 2403. Carum Car., Heracl. Sphond., Dauc. Car., Anthrisc. silv.

2405. H. segmentaria Pz. Conium macul., Chaeroph. hirs.

2406. H. ustulata L. S. No. 2357. Aegop. Podagr., Heracl. Sphond., Dauc. Car., Euphorb. Cypar.

2407. *H. vulgaris Klg.* = H. caeruleopennis Retz. S. No. 2397. Heracl. Sphond.

2408. Macrophya albicincta Schrk. Liban. mont.

2409. M. diversipes Schrck. Paliur. acul., Liban. mont.

2410. M. militaris Klg. Liban. mont.

2411. M. neglecta Klg. Paliur. acul., Anthrisc. silv.

2412. M. quadrimaculata F. Carum Car., Toril. Anthr.

2413. M. ribis Schrk. Euphorb. Cypar.

2414. M. rufipes L. Heracl. Sphond.

2415. M. rustica L. Paliur. acul., Rubus Id., Heracl. Sphond., Tordyl. apul., Anthr. silv.

2416. Megalodontes cephalotes F. S. No. 2433. Geran. sanguin.

2417. *Nematus capreae L.* = Pachynematus capreae L. S. No. 2420. Pirus comm.

2418. *N. vittatus L.* = Amauronematus vittatus L. S. No. 2352. Conium macul.

2419. N. spec. Carum Car.

2420. Pachynematus (= Nematus) capreae Pz. S. No. 2417. Salix rep.

2421. Pachyprotasis rapae L. Carum Car., Toril. Anthr., Anthrisc. silv., Gal. verum., Tarax. off.

2422. Pamphilius hortorum Klg. Anthr. nit.

2423. P. silvaticus L. Crataeg. Oxyac.

2424. Poecilostoma luteolum Klg. Dauc. Car., Anthrisc. silv.

2425. Pteronus (= Nematus) brevivalvis Thoms. Salix alba, S. fragil.

2426. P. hortensis Htg. Ribes rubrum.

2427. P. monticola Ths. Anthrisc. silv.

2428. P. myosotidis F. Anthrisc. silv.

2429. P. ribesii Scop. Ribes Gross.

2430. Rhogogastera viridis L. Ang. silv., Anthrisc. silv., Myrrhis odor.

2431. Selandria cinereipes Klg. Heracl. Sphond.

2432. S. serva F. Aegop. Podagr., Carum Car., Pimpin. Saxifr., Sium latif., Angel. silv., Dauc. Car., Anthrisc. silv.

2433. *Tarpa cephalotes F.* = Megalodontes cephalotes F. S. No. 2416. Gal. bor., Inula hir., Anthem. tinct., Tanac. corymb., Senec. Jacob., Crep. bien.

2434. *T. spissicornis Klg.* = Megalodontes klugii Leach. Tarax. off.

2435. Tenthredo atra L. Aegop. Podagr., Anthrisc. silv.

2436. *T. bifasciata Klg.* = Allantus rossii Panz. S. No. 2340. Aegop. Podagr., Carum Car., Heracl. Sphond.

2437. T. coryli Pz. Dauc. Car.

2438. T. dispar Klg. Liban. mont.

2439. T. fagi Pz. Liban. mont.

2440. T. flava Poda. S. No. 2441. Aegopod. Podagr., Liban. mont.

2441. *T. flavicornis F.* = T. flava Poda. S. No. 2440. Aegop. Podagr., Anthrisc. silv., Myrrhis odor.

2442. *T. ignobilis Klg.* = T. atra L. var. ? (teste Konow.) Euphorb. Cypar.

2443. T. livida L. Aegopod. Podagr., Anthrisc. silv.

2444. *T. notha Kl.* = Allantus arcuatus Forst. S. No. 2333 u. 2338. Toril. Anthr.

2445. T. sp. Hyper. perfor., Melilot. altiss. +, Parn. pal., Conium mac., Aegop. Podagr., Oenan. aquat., Selinum carvif., Angel. silv., Peuced. Oreos., Aneth. grav., Heracl. Sphond., Anthrisc. silv., Chaeroph. hirs., Ch. Villars., Achill. Millef., A. Ptarm., Chrys. Leuc., Leont. hast., Polygon. Bist.

2446. Tenthredopsis austriaca Knw. Paliur. acul.

2447. T. dorsalis Lep. Paliur. acul.

2448. T. gibberosa Knw. Anthrisc. silv.

2449. T. raddatzi Konow. v. vittata Knw. Paliur. acul.

2450. T. scutellaris F. Anthrisc. nit.

2451. T. thomsoni Knw. v. femoralis Steph. Paliur. acul.

2452. T. thomsoni Knw. v. nigripes Knw. Paliur. acul.

2453. Tomostethus fuliginosus Klg. Salix alba, S. fragil.

P. Vespidae:

2454. *Ancistrocerus parietum L.* = Odynerus parietum L. S. No. 2493. Levist. off., Orlaya grand., Dipsac. silv., Allium Cepa.

2455. *A. renimacula Lep.* = Odynerus parietum L. var. renimacula Lep. S. No. 2494. Thym. vulg.

2456. Celonites abbreviatus Vill. Calamintha alpina, Teucr. mont.

2457. Discoelius zonalis Pz. Heracl. Sphond.

2458. *Epipona spiricornis Spin.* = Odynerus spiricornis Spin. S. No. 2503. Allium Cepa.

2459. Eumenes arbustorum Pz. v. dimidiata Brullé. Heracl. Sphond.

2460. E. coarctata L. Melilot. albus !, Aegopod. Podagr., Foenic. vulg., Orlaya grand., Diplopap. amygd., Solidag. Drumm., Rudb. specios., Achill. Millef., A. filipend., A. grand., Centaur. Scab.

2461. E. mediterranea Krchb. Paliur. acul., Hedera Hel., Lonic. etrusca.

2462. E. pomiformis F. Res. lutea, Ruta graveol., Evon. japon., Rhamn. Frang., Paliur. acul., Rhus Cotinus, Dorycn. herbac., Bryon. dioica ♂ !, Sedum album, Eryng. ameth., Foenic. vulg., Aneth. grav., Orlaya grand., Symphoric. racem. !, Diplopap. amygd., Cirs. arv., Mentha aquat., Euphorb. Cypar., Allium Cepa.

2463. E. unguiculata Vill. Foenic. vulg., Orlaya grand., Allium sphaeroceph., A. Cepa.

2464. *Hoplopus levipes Shuck.* = Odynerus levipes Shuck. S. No. 2487. Scrof. nod.

2465. *Leionotus bidentatus Lep.* = Odynerus bidentatus Lep. S. No. 2476. Allium Cepa.

2466. *L. chevrieranus Sauss.* = Odynerus chevrieranus Sauss. S. No. 2468. Orlaya grand.

2467. *L. dantici Rossi.* = Odynerus dantici Rossi. S. No. 2481. Orlaya grand., Allium Cepa.

2468. *L. dufourianus Sauss.* = Odynerus chevrieranus Sauss. S. No. 2466. Chaeroph. tem.

2469. *L. minutus F.* = Odynerus minutus F. S. No. 2489. Angel. silv.

2470. *L. parvulus Lep.* = Odynerus parvulus Lep. S. No. 2495. Orlaya grand.

2471. *L. rossii Lep.* = Odynerus rossii Lep. S. No. 2500. Viburn. Lant.

2472. *L. simplex Fabr.* = Odynerus quadrifasciatus F. S. No. 2491 u. 2498. Orlaya grand., Anthrisc. silv.

2473. *L. tarsatus Sauss.* = Odynerus tarsatus Sauss. S. No. 2504. Orlaya grand.

2474. Odynerus alpestris Sauss. Paliur. acul.

2475. O. antilpoe Pz. Rubus Id.

2476. O. bidentatus Lep. S. No. 2465. Paliur. acul., Sedum album, Foenic. vulg.

2477. O. bifasciatus L. Foenic. vulg., Heracl. Sphond.

2478. O. callosus Ths. Ribes Gross., Tarax. off., Salix alba, S. frag.

2479. O. claripennis Thoms. Heracl. Sphond., Linar. vulg.

2480. O. crassicornis Pz. Heracl. Sphond.

2481. O. dantici Rossi. S. No. 2467. Paliur. acul., Eryng. ameth.

2482. O. debilitatus Sauss. Angel. silv., Aneth. grav.

2483. *O. elegans Wsm.* = O. gracilis Brullé. S. No. 2486. Aegop. Podagr., Anthrisc. silv.

2484. O. floricola Sauss. Evon. japon., Paliur. acul.

2485. O. gazella Pz. Heracl. Sphond.

2486. O. gracilis Brullé. S. No. 2483. Aegopod. Podagr.

2487. O. levipes Shuck. S. No. 2464. Paliur. acul.

2488. O. melanocephalus L. Aquileg. vulg., Malva silv., Crat. Oxyac.

2489. O. minutus Fabr. S. No. 2469. Heracl. Sphond., Melamp. arv.

2490. O. modestus Sauss. Evon. japon., Paliur. acul., Foenic. vulg., Teucr. Pol.

2491. *O. nigripes H.-Sch.* = O. quadrifasciatus F. S. No. 2472 u. 2498. Syring. chin., Euphorb. virg.

2492. O. oviventris Wesm. Viola tric. versic. +, Spir. opulif., Heracl. Sphond., Anthrisc. silv., Knaut. arv.

2493. O. parietum L. S. No. 2454. Clemat. Vitalba, C. recta, Res. lutea, Viola tric. vulg. +, V. t. alp., Gypsoph. panic., Ruta graveol., Paliur. acul., Medic. silvestr., Rubus Id., Sanguis. minor, Crat. Oxyac., Sorbus auc., Bryon. dioica ♀ !, Bergenia subcil., Astrant. maj., Eryng. camp., Conium mac., Petrosel. sat., Oenan. aquat., Liban. mont., Silaus prat., Angel. silv., Aneth. grav., Pastin. sat., Heracl. Sphond., Siler trilob., Dauc. Car., Toril. Anthr., Anthrisc. silv., Symphoric. racem. !, Knaut. arv., Aster squarrul., Diplopap. amygd., Solidag. Drummond., S. glab., Achill. Millef., A. Ptarm., Tanac. vulg., T. macroph., Cirs. arv., Rhapont. pulch., Centaur. Fisch., Tragop. floccos., Tarax. off., Borago off., Echium vulg., Linar. vulg., Lysim. vulg., Salix cin., S. Capr., S. aurit.

2494. O. parietum L. v. renimacula Lep. S. No. 2455. Melilot. albus !, Gaura bien., Pastin. sativ., Symphoric. racem. !, Diplopap. amygd., Mentha aquat.

2495. O. parvulus Lep. S. No. 2470. Foenic. vulg., Pastin. sat.

2496. O. pictus Curt. Matric. inod., Senec. Jacob.

2497. *O. quadratus Pz.* (Species incertae sedis.) Lathyr. latif., Saxifr. umbrosa, Archang. off. (?). Scrof. aquat., S. orient., Digit. purp.

2498. O. quadrifasciatus F. S. No. 2472 u. 2491. Gypsoph. panic., Vicia Cracca +.

2499. *O. quinquefasciatus* F. = O. spinipes L. S. No. 2502. Aegop. Podagr.

2500. O. rossii Lep. S. No. 2471. Pastin. sat.

2501. O. sinuatus F. Rhus Cotinus, Spir. salicif., Arunc. silv., Foenic. vulg., Aegop. Podagr., Angel silv., Heracl. Sphond., Dauc. Car., Achill. Millef., A. Ptarm.

2502. O. spinipes L. S. No. 2499. Ranunc. acer, R. rep., R. bulb., Geran. pyren., Rhus Cotinus, Spir. sorbif., S. salicif., S. ulmif., Pimpin. Saxifr., Anthrisc. silv., Cornus sang., Achill. Millef., A. Ptarm.

2503. O. spiricornis Spin. S. No. 2458. Herel. Sphond.

2504. O. tarsatus Sauss. S. No. 2473. Geran. rotundif.

2505. O. trifasciatus F. (= Guto Art, teste F. Morawitz.) Genista tinct. +, Silaus prat., Peuced. Oreos., Heracl. Sphond., Diplopap. amygd., Cirs. arv.

2506. O. xanthomelas H.-Sch. Lotus corn.

2507. O. spec. Symphoric. racem. +, Syring. vulg., Origan. vulg.

2508. Polistes biglumis L. S. No. 2509. Coton. integ. !, Eryng. camp., Bupleur. falcat., Peuced. Cerv., Pastin. sat.

2509. *P. diadema Ltr.* = P. biglumis L. S. No. 2508. Symphoric. racem. !, Echinops sphaeroc., Cirs. arv., C. lanceol., Asclep. syr. !, Lycop. europ.

2510. P. gallica L. Res. lutea, Impat. Balsam., Ruta graveol., Evon. japon., E. varieg., Rhamnus Frang.. Paliur. acul., Dorycn. herbac., Melilot. altiss. !, Lathyr. prat., Prunus spin., P. Mahaleb, Eryng. camp., E. ameth., Petrosel. sat., Aegopod. Podagr., Bupleur. falcat., Foenic. vulg., Liban. mont., Peuced. Cerv., Aneth. grav., Pastin. sat., Heracl. Sphond., Tordyl. apul., Orlaya grand., Anthr. silv., Hedera Hel., Symphoric. racem. !, Echinops sphaeroc., Cirs. lanceol., Centaur. Jac., Eric. arb., Asclep. syr. !, Cusc. Epith., Verbasc. Thaps., Lycop. europ., Satureja mont., Thym. dalm., Rosmar. off., Teucr. Pol., Laur. nob., Euphorb. Cypar., Sabal Adans.

2511. Pterocheilus phaleratus Pz. Pimpin. Saxifr., Achill. Millef., A. Ptarm.

2512. Vespa austriaca Pz. Aegopod. Podagr., Heracl. Sphond., Epipact. latif. !.

2513. V. crabro L. Tilia ulmif., Evon. japon., Sedum album, Aster. Lindl., A. panicul. v. pubesc., Diplopap. amygd., Solidag. fragr., Salix alba, S. fragil.

2514. V. germanica F. Anem. jap. fl. purpurea, Evon. japon., Crat. Oxyac., Pirus Malus, Ribes Gross., Foenic. vulg., Angel. silv., Aneth. grav., Heracl. Sphond., Hedera Hel., Aster Amel., A. prenanthoid., Solidag. fragr., S. glab., S. laterifl., S. lithosp., S. Ridel.. S. ulmif., Bolton. glastif., Syring. vulg., Scrof. nod., Lam. mac. +, Salix cin., S. Capr., S. aurit.

2515. *V. holsatica F.* = V. silvestris Scop. S. No. 2520. Berb. vulg., Astrant. mai., Foenic. vulg., Angel. silv., Call. vulg., Scrof. nod.

2516. V. media Retz. Impat. noli tang. !, Symphoric. racem. !.

2517. V. norvegica F. Rubus Id., Eryng. ameth., Eupat. can.

2518. V. rufa L. Berber. vulg., Vicia sat., Angel. silv., Heracl. Sphond., Anthrisc. silv., Symphoric. racem. !, Anthem. tinct., Senec. nemor., Scrof. nod., Melamp. silv., Epipact. pal. !, Allium Cepa

2519. Vespa saxonica F. Ranunc. acer, R. rep., R. bulb., Evon. japon., Symphoric. racem. !.

2520. V. silvestris Scop. S. No. 2515. Rhamn. Frang., Vicia sat., Rubus Id., Crat. Oxyac., Ribes Gross., Heracl. Sphond., Toril. Anthr., Anthr. silv., Symphor. racem. !, Picr. hierac., Solan. Dulc., Scrof. aquat., S. umbr.. S. alpestr., Epipact. pal. !.

2521. V. vulgaris L. Medic. sat., Sicyos angul., Ribes Gross., Heracl. Sphond., Hedera Hel., Symphor. racem. !, Helichrys. bract., Cirs. arv., Call. vulg., Scrof. nod., Epipact. pal. !.

2522. V. sp. Amygd. comm., Sanic. europ., Conium macul., Cicuta vir., Aegop. Podagr., Lonic. alpig., Scrof. aquat., Salix retusa.

V. Lepidoptera.

A. Bombycidae:

2523. Callimorpha dominula L., 9 10 mm. Eupator. cannabin.
2524. C. hera L. Eupator. cannabin., Origan. vulg.
2525. Dasychira pudibunda L. Lonicera Caprifol. +.
2526. Euchelia jacobaeae L. Arab. hirsuta.
2527. Gnophria quadra L. Dianth. delt., Trif. prat. +.
2528. Nemeophila plantaginis L. Crepis aurea.
2529. Porthesia similis Fuessl. Lotus corn. +.
2530. Pygaera anastomosis L. Salix triandra.

B. Geometridae:

2531. Acidalia humiliata Hufn. Ononis spin. +.
2532. A. virgularia Hübn. Lavand. off.
2533. Cidaria hydrata Fr. Sil. nut.
2534. Fidonia famula Esp. Saroth. scop. +.
2535. Halia brunneata Thunbg. Vacc. Myrt.
2536. H. wauaria L. Lavand. off.
2537. Jodis lactearia L. Hesper. trist.
2538. Minoa murinata Scop, 4 mm. Asperula cynanch.
2539. Odezia atrata L. S. Nr. 2540. Chaerophyll. Villarsii.
2540. O. chaerophyllata L.= O. atrata L., 7 mm. S. No. 2539. Polyg. vulg., Astrag. glycyph.
2541. Ortholitha cervinata S. V. Althaea rosea.
2542. Timandra amata L. Lythr. Sal. !, Scroful. aquat

C. Noctuidae:

2543. Acronycta aceris L. Centaur. rhen.
2544. Aedia funesta Esp. Ligustr. vulg.
2545. Agrotis castanea Esp. Call. vulg.
2546. A. conflua Tr. Polygon. Bistorta.
2547. A. exclamationis L. Lavand. off.
2548. A. latens Hübn. Lavand. off.
2549. A. ocellina Hübn., 9—10 mm. Semperviv. mont., Cirs. spinosiss., Crep. aurea,
     Phyteuma orbic., Polygon. Bistorta.
2550. A. pronuba L. Dianth. chin., Medic. sat. !, Erythr. Cent.
2551. A. vestigialis Rott. Eryng. camp., Thym. Serp.
2552. A. ypsilon Rott. Salv. prat. +.
2553. Agrotis sp. Symphoricarp. racem. !.
2554. Anarta melanopa Thunb. Silene acaul.
2555. A. myrtilli L. Chrysanth. Leucanth.
2556. A. nigrita Boisd. Silene acaul.
2557. Brotolomia meticulosa L. Dianth. chin.
2558. Charaeas graminis L., 7—8 mm. Succ. prat., Senec. Jac.
2559. Chariclea delphinii L. Cent. Cyanus.
2560. Ch. umbra Hfn. Phaseolus vulg. +.
2561. Cucullia chamomillae Schiff. Sil. nut.
2562. C. umbratica L., 18—22 mm. Viola corn., Lonic. Caprifol. !.
2563. Dianthoecia albimacula Bkh. Sil. nut.
2564. D. capsincola Hübn., 23—25 mm. Lonicera Caprifol. !.
2565. D. compta F. Dianth. Carthusian.
2566. D. filigrana Esp. Melandr. rubr.

2567. D. nana (Hufn.) Rott. Hesper. trist., Sil. infl., Coron. fl. cuc., Melandr. alb., M. rubr.
2568. Euclidia glyphica L., 8—12 mm. Ranunc. acer, R. rep., R. bulbos., Arab. aren, Sinap. arv., Coron. fl. cuc., Cerast. arv., Medic. falc., Lotus corn. +, Onobr. viciif., Lythr. Sal. !, Knaut. arv., Cirs. olerac., Alectoroloph. major.
2569. E. mi L. Valerian. olitor., Hierac. Pilos.
2570. Gnophos furvata F. Scroful. aquat.
2571. Hadena didyma Esp. Tanacet. vulg.
2572. H. fasciuncula Haw. Medic. lupul.
2573. H. monoglypha Hufn. Platanth. bif. !.
2574. H. sp. Hesper. trist.
2575. Hydroecia nictitans Bkh. Aster Trip., Achill. Millef., Armer. vulg.
2576. H. nictitans Bkh. var. erythrostigma Haw. Cirs. arv.
2577. Hypena proboscidalis Tr. Asclep. syr.
2578. Luperina haworthii Curt. Succ. prat.
2579. Mamestra dentina Esp. Platanth. chlor. !.
2580. M. serena (S. V.) F. Knaut. arv.
2581. M. sp. Symphoricarp. racem. !.
2582. Mithymna imbecilla F. Polygon. Bist.
2583. Phasiane clathrata L. Medic. sat. !.
2584. Plusia chrysitis L. Lycium barb.
2585. P. festucae L. Echium vulg.
2586. P. gamma L., 15—16 mm. Hesper. trist., Cak. marit., Dianth. Carthus., D. chin., Sil. infl., S. Otit., Melandr. alb., Linum usitat., Medic. sat. !, Trif. rep. + ? +, T. prat. !, Lotus corn. ? +, Astrag. depr., Onobr. viciif., Lathyr. silv. +, Parnass. pal., Toril. Anthr., Lonic. Periclym. !, L. Caprifol., Gal. Moll., Knaut. arv., Succ. prat., Chrysoc. Linosyr., Senec. Jacob., Cirs. arv., C. lanceolat., C. pal., Carduus acanthoid., Lappa min., Centaur. Jacea, C. Cyanus, C. Scab., C. rhen., Thrinc. hirta, Leont. aut., Jas. mont., Call. vulg., Erica Tetr., Asclep. syr., Arauja alb., Erythr. Cent., Phlox panicul., Conv. arv., Borrago off., Anchusa off., Echium vulg., Melamp. nemor., Salv. prat. +, Lavand. off., Monarda didyma, Stach. pal., Ball. nigra !, Ajug. rept. +, Armer. vulg., Polygon. Pers., Platanth. bif. !.
2587. P. triplasia L. Coreops. lanceol., Lavand. off.
2588. P. sp. Cytis. Lab. +, Symphoricarp. racem. !, Lonic. Periclym. !.
2589. Scoliopteryx libatrix L. Rubus Id.
2590. Toxocampa craccae F. Vicia sep.

D. Pyralidae:

2591. Botys purpuralis L. Succ. prat., Tanacet. vulg., Achill. Millef., A. Ptarm. Polygon. Bist.
2592. B. purpuralis L. var. ostrinalis Hübn. Origan. vulg.
2593. B. sambucalis Schiff. Sambuc. nigra.
2594. Crambus alpinellus Hübn Artem. camp.
2595. C. furcatellus Zett. Mentha aquat.
2596. C. pratellus L. Medic. lupul.
2597. C. sp. Senec. Jacob., Leont. aut., Centaur. nigra.
2598. Ephestia elutella Hübn. Verbasc. nigr.
2599. Eurrhypara urticata L. Lavand. off.
2600. Eurycreon turbidalis Tr. Artemis. camp.
2601. E. verticalis L. Carduus crisp.
2602. Orobena limbata L. Asperula tinct.
2603. Pempelia ornatella S. V. Thym. Serp.
2604. Pionea forficalis L. Hesper. trist.

2605. Scoparia ambigualis Tr. Ligustr. vulg.

2606. Threnodes pollinalis Schiff. Saroth. scop. +, Genista pilosa +, Cytis. sagitt.

2607. Trifurcula immundellla Zell. Saroth. scop. +.

2608. Pyralidae spec. ?. Lam. mac.

E. Rhopalocera:

2609. Anthocharis belia Cr. var. simplonia Freyer. Sinap. Cheiranth.

2610. A. cardamines L., 12 mm. Cardam. prat., Viola silvat., V. can. !, Ligustr. vulg., Pulmon. off., Hotton. pal. !.

2611. Aporia crataegi L. S. No. 2687. Echium vulg.

2612. Argynnis adippe L., 13—14 mm. Trif. prat. !, Cirs. arv., Leont. aut., Thym. Serp.

2613. A. aglaja L., ♂ 15—16 mm, ♀ 17—18 mm. Peuced. pal., Knaut. arv., Scab. lucida, Achill. Millef., Cirs. arv., Carduus acanthoid., C. nutans, Centaur. nigra, C. rhen., Leont. aut., Thym. Serp., Armer. vulg.

2614. A. chariclea Schneid. Ledum pal.

2615. A. dia L. Convolv. arv.

2616. A. ino Rott. Esp., 9—12 mm. Knaut. arv.

2617. A. latonia L., 11—12 mm. Knaut. arv., Scab. Columb., Centaur. Scabiosa, C. salicifol., Picris hieracioid., Crep. bienn., Hierac. umbell., Jas. mont., Conv. arv.

2618. A. niobe L., 13—16 mm. Knaut. arv., Cirs. arv., Thym. Serp.

2619. A. pales S. V., 9—10 mm. Visc. alb., Oxytrop. camp., Leont. hast., Nigrit. angustif.

2620. A. pandora S. V. Dianth. delt., Ulmar. pentap., Peuced. pal., Achill. Millef., Thym. Serp.

2621. A. paphia L., 12—14 mm. Hyper. perfor., Lupin. lut. +, L. angustif. +, Rubus frutic., Angel. silv., Peuced. pal., Knaut. arv., Eupator. cannabin., Cirs. pal., Carduus nut., Leont. aut., Jas. mont., Solan. Dulc., Origan. vulg., Ball. nigr. !.

2622. A. paphia L. v. valesina Esp. Rubus frutic., Aegopod. Podagr., Libanot. mont., Knaut. arv.

2623. A. selene S. V., 9—10 mm. Crepis aurea.

2624. A. sp. Aster Novae Angl., Centaur. nigra, Alectoroloph. minor, Rumex spec., Lil. bulbif.

2625. Carterocephalus palaemon Pall. Rubus frutic.

2626. Coenonympha arcania L. Dianth. Carthus., Trif. alp. +, Lotus corn. +, Vicia pisiform. +, Rubus frutic., Asperula cynanch., Achill. Millef., A. Ptarm., Ligustr. vulg., Thym. Serp., Antheric. ramos.

2627. Coenonympha pamphilus L., 6¹/₂—7 mm. Ranunc. Flamm., R. acer, R. rep., R. bulb., Raphan. Raphan., Sil. Otit., Trif. rep. (!), T. prat. !, T. alp. +, T. med., T. arv. !, Lotus corn. +, Vicia hirs. +, Lens escul., Scler. perenn., Orlaya grandifl., Succ. prat., Bellis per., Inula hirta, Centaur. Jacea, Hypoch. rad., Achill. Millef., A. Ptarm., Jas. mont., Call. vulg., Erica Tetr., Ligustr. vulg., Myosot. interm., Mentha silv., Thym. Serp., Ajug. rept. +, Armer. vulg., Polygon. amphib.

2628. Colias boothii Curt. = C. hecla Lef. S. No. 2630. Tarax. offic., Phyllodoce taxif.

2629. C. edusa F., 14—16 mm Medic. sat. !.

2630. Colias hecla Lef. S. No. 2628. Pedicul. tuber.

2631. Colias hyale L., 12—13 mm. Dianth. Carthus., Medic. sat. !, M. falc., Trif. rep. +, Knaut. arv., Centaur. Jacea, Cichor. Intyb., Leont. aut., Serrat. tinct., Echium vulg., Ball. nigra !.

2632. Colias phicomene Esp., 13—14 mm. Leont. hastil.

2633. *Colias rhamni L.* = Rhodocera rhamni L. S. No. 2698. Lathyr. latif. v. ensif., Bergenia subcil., Scab. Columb., Echinops exalt.

2634. Epinephele hyperanthus L. S. No 2647 u. 2699. Trif. rub., T. agrar. !, Valer. off., Senec. Jacob., Cirs. arv., C. pal., Hierac. vulg., Mentha silv., Origan. vulg., Clinopod. vulg., Beton. off. +, Colchic. aut.

2635. E. hyperanthus L. var. arete Müll. Thym. Serp.

2636. E. janira L., 10 mm. S. No. 2648. Cak. marit., Dianth. delt., Sil. infl., S. Otit., Hyper. perfor., Medic. falc., Trif. rep. (!), T. prat. !, T. alp. +, T. procumb. !, Anthyllis Vuln. +, Lotus corn. +, Rubus frutic., R. caes., Comarum pal., Sedum acro, S. refl., Aneth. graveol., Toril. Anthr., Gal. verum, Knaut. arv., Succ. prat., Aster Amellus var. Bessarabicus, Solid. Virga aur., S. laterifl., Achill. Millef., A. Ptarm., Anthemis tinctor.. Chrysanth. Leucanth., Senec. Jacob., Cirs. arv., C. lanceolat., C. pal., Carduus acanthoid., C. nutans, Centaur. Jacea, C. nigra, C. Scab., C. conglom., Leont. aut., Picris hieracioid., Hypoch. rad., Crep. bien., Hierac. vulgat., H. umbellat., Jas. mont., J. perenn., Erica Tetr., E. cin., Ligustr. vulg., Conv. arv., Echium vulg., Melamp. nemor., Lavand. off., Mentha arv., Origan. vulg., Thym. Serp., Nepeta nuda, Armer. vulg., Teucr. Scorod.

2637. Erebia aethiops Esp., 9—11 mm. S. No. 2639. Knaut. arv.

2638. E. ligea L., 9 mm. Rubus frutic., Senec. nemor., Cirs. pal., Hierac. vulg., Thym. Serp.

2639. E. Medea S. V. = E. aethiops Esp. S. No. 2637. Leont. hast.

2640. E. medusa S. V., 8—9 mm. Eupator. cannabin.

2641. Hesperia actaeon Rott.. Ononis spin. +.

2642. H. comma L., 15—16 mm. Coron. var. +, Rubus frutic., Knaut. arv., Cirs. arv., C. spinosiss., Carduus crisp., Echium vulg., Beton. off. +, Colchic. aut.

2643. H. lineola O. Ranunc. Ling., Dianth. delt., D. Carthus., Agrost. Gith., Medic. sat. !, Trif. med., T. agrar. !, Vicia Cracca +, Knaut. arv., Daucus Carota, Eupator. cannab., Cirs. arv., Carduus nut., Leont. aut., Achill. Millef., A. Ptarm., Erythr. Cent.

2644. H. silvanus Esp., 16 mm. Dianth. Carthus., Agrost. Gith., Malva mosch., Hyperic. perfor., Medic. falc., Trif. mont. !, T. prat. !, T. rub., Lathyr. heterophyll. ? !, L. pal. ? !, Cirs. arv., C. pal., Onopord. Acanth., Leont. hast., Achill. Millef., A. Ptarm., Echium vulg., Brun. vulg., Euphorb. Cypariss.

2645. H. thaumas Hufn. = H. linea S. V., 14—15 mm. Dianth. delt., Agrost. Gith., Medic. sat. !, Trif. prat., T. alp. !, T. arv., Pulicar. dysent., Chrysanth. Leucanth., Centaur. Jacea, Jas. mont., Call. vulg.. Lycops. arv.

2646. H. sp. Delphin. Cons. +, Trif. rep. (!), Lathyr. tuber. +, Cirs. lanceol., Sonchus arv., Hierac. umbell.

2647. Hipparchia hyperanthus L. = Epinephele hyperanthus L. S. No. 2634 u. 2699. Cak. marit.

2648. H. janira L. = Epinephile janira L. S. No. 2636. Viola corn.

2649. H. semele L. = Satyrus semele L. S. No. 2700. Cak. marit., Senec. Jacob., Parn. pal., Jas. mont.

2650. Leucophasia sinapis L., 10 mm. Ranunc. acer, R. rep., R. bulb., Melamp. nemor.

2651. Limenitis camilla S. V. Ligust. vulg.

2652. L. sibylla L. Rubus frutic., Libanot. mont.

2653. Lycaena adonis S. V. = L. bellargus Rott. S. No. 2662. Origan. vulg.

2654. L. aegon S. V. = L. argyrotoxus Bgstr, 7—9 mm. Trif. mont. !, T. arv. !, T. agrar. ♂ !, Lotus corn. +, Onobr. viciif., Vicia angustif. +, V. hirs. +, Achill. Millef., A. Ptarm., Centaur. Cyan., Jas. mont., Cynogloss. off., Mentha silv., Thym. Serp.

2655. L. alexis S. V. = L. icarus Rott. S. No. 2667. Origan. vulg.

2656. L. alsus S. V. = L. minima Fuessl. 5—5½ mm. S. No 2668. Chrysocoma Linosyr.

2657. L. arcas Rott. Sanguis. offic.

2658. L. argiolus L. Medic. sat. !, Rubus frutic., Hierac. Pilos., Vacc. ulig., Salix cin., S. Capr., S. aurit.

2659. L. argus L., 8 mm. Ononis spin. +, Coron. var.

2660. L. arion L., 8 mm. Vicia Cracca +.

2661. L. baetica L. Colutea arbor.

2662. L. bellargus Rott. S. No. 2653. Lathyr. latif., Bupleur. rotundif.

2663. L. coridon Poda, 9—11 mm. Medic. falc., Trif. mont. !, T. rub., Onobr. viciif., Anthem. tinctor., Centaur. Jacea, C. Scab., Thym. Serp.

2664. L. damon S. V., 8 mm. Genista tinct. +, Lotus corn. +, Lathyr. tuber. +, Centaur. Cyan., Erythr. Cent., Allium rot.

2665. L. euphemus Hb. Sanguis. off., Echium vulg.

2666. L. hylas Esp. Anthyll. Vuln.

2667. L. icarus Rott., ♂ 7—8 mm, ♀ 8—10 mm. S. No. 2655. Ranunc. acer, R. rep., R. bulb., Dianth. delt., Coron. fl. cuc., Medic. sat. !. Trif. procumb. !, Lotus corn. +, Onobr. viciif., Lythr. Sal. !, Succisa prat., Cirs. arv., Leont. aut., Hierac. vulg., H. umbell., Achill. Millef., A. Ptarm., Call. vulg.. Myosot. pal., Thym. Serp., Brun. vulg., Verben. off.

2668. L. minima Fuessl. S. No. 2656. Anthyll. Vuln. !.

2669. L. orion Pall. Sedum acre.

2670. L. semiargus Rott., 7—8 mm. Ranunc. acer, R. rep., R. bulb., Trif. rep. (!), T. alp. +, T. med., Anthyll. Vuln., Lotus corn. +, Rubus caes., Eryng. marit.. Knaut. arv., Jas. mont., Armer. vulg.

2671. L. sp. Acon. Nap. +, Raphan. Raph., Polyg. com., Trif. alpin., Lotus corn. +, Eupator. cannabin., Aster alp., Pulicar. dysent., Centaur. Scab., C. Jac., Crep. bien., Echium vulg., Origan. vulg.

2672. Melanargia galatea L., 11—13 mm. Dianth. Carthus., Trif. prat. !, T. alp. ! +, T. med., T. rub., Astrag. glycyph. +, Vicia Cracca +, Eupator. cannabin., Anthem. tinctor., Chrysanth. Leucanth., Cirs. arv., Card. crisp., C. glaucus, Onopord. Acanth., Centaur. Jac., C. Scab., C. rhen., Achill. Millef., A. Ptarm., Thym. Serp.

2673. Melitaea athalia Rott., 8½—10 mm. Helianth. vulg., Hyper. perfor., Genista tinct. +, Medic. falc.. Trif. rep. (!), T. mont. !, T. alp. +, Rubus frutic., Inula hirta, Tanacet. corymb., Chrysanth. Leucanth., Senec. Jacob., Centaur. Scab., Crep. bien., Hierac. vulg., Ligustr. vulg., Erythr. Cent., Melamp. arv., M. nemor., M. cristat., Thym. Serp., Brun. vulg., Antheric. ramos.

2674. M. cinxia L. Echium vulg.

2675. M. parthenie Bkh. Rubus frutic., Leont. hastil., Thym. Serp., Nigrit. angustif.

2676. Nemeobius lucina L. Arab. aren.

2677. Nisoniades tages L. Lotus corn. +, Ajug. rept. +.

2678. Papilio machaon L., 18—20 mm. Coron. toment., Lythr. Sal. !, Centranth. rub. !, Knaut. arv., Centaur. rhen., Syring. vulg., Antheric. ramos.

2679. P. podalirius L., 17—19 mm. Coron. toment., Trif. prat., Centranth. ruber !, Syring. vulg., Ajug. rept. +.

2680. Pararge achine Scop. Ranunc. acer, R. rep., R. bulb.

2681. P. egeria L. Eupator. cannabin.

2682. P. maera L. Jas. mont., Thym. Serp.

2683. P. megaera L., 13—14 mm. Genista tinct. +, Trif. prat. !, Centaur. Jac., S. salicifol., Tarax. off., Hierac. umbell., Jas. mont., Lycops. arv.

2684. Parnassius apollo L., 12—13 mm, Centranth. ruber !.

2685. P. delius Esp., 10—16 mm. Carduus deflorat.

2686. Pieris brassicae L., 16 mm. Anem. japon., Ranunc. rep., Cardam. prat.. Hesper. matron., Sisymbr. off., Brass. nig., Sinap. arv., Lunar. ann. !, Cak. marit., Viola silv., V. can. !, V. tric. vulg. ♀ ♂ !, V. t. arv. !, Dianth. delt., D. barb., Vaccar. parvifl., Viscar. vulg., Coron. fl. cuc., Agrost. Gith., Malva silv., M. Alc.,

Medic. sat. !, Trif. rep. (!), T. prat. +, Lotus corn. +. Desmod. canad., Lathyr.
latif. v. ensif., L. latif. v. intermed., Prunus dom., P. avium, P. Cer., Rubus
frutic., Lythr. Sal., Philad. coron., Tellima grandifl., Centranth. ruber !, C. angustifol.,
Knaut. arv., Succ. prat., Scab. Columb., S. daucoides, S. Illadnik., S. atropurp.,
Eupator. purpur., Vernonia fascicul., V. praealta, Aster Amellus, A. floribund.,
A. Lindleyan., Biotia Schroberi, Galatella punct., Bellis per., Silv. Asteriscus,
S. connatum, S. perfoliat., Helen. autumn., Helianth. divaricat., Chrysostemma
tripteris, Coreopsis lanceol., Rudbeckia speciosa, Achill. grandifol., Anthem. tinctor.,
Doronicum austriac., Senec. nemor., Cirs. arv., C. lanceolat., C. pal., C. olerac. ×
acaule, C. monspessulan., C. serrulat., Carduus acanthoid., Centaur. Jac., C. nigra,
C. Scab., C. rhen., C. Astrach., C. Salonit., Leont. hastil., Picr. hieracioid., Scorzon.
hum., Tarax. off., Sonchus olerac., S. arv., Hierac. Pilos., H. umbellat., Syring.
vulg., Asclep. tenuif., Conv. arv., Lycops. arv., Echium vulg., Caryolopha sempervir.,
Lithosperm. arv., Salv. Verben., S. sclareoid , Monarda fistulosa, M. fist. form.
mollis, Origan. vulg., Thym. Serp., T. vulg., Satureja hort., Calamintha alp.,
Clinopod. vulg., Nepeta Mussini !, N. macrantha !, N. lophantha, Glech. hed. (!),
Galeops. Ladan. +, Stach. pal., Beton. grandifl., Physostegia virgin , Ball. nigra !,
Ajug. rept. +, Teucr. Cham., T. canum. Blephilia hirs., Polygon. Fagop., P. Bist.,
P. Pers., Scilla sibir.

2687. *P. crataegi* L. = Aporia crataegi L. S. No. 2611. Rubus frutic.
2688. P. daplidice L. Centaur. rhen., Anchusa off.
2689. P. napi L., 10—12 mm. Arab. aren., Cardam. prat., Hesper. matron., Sisymbr.
off., Sinap. arv., Cak. marit., Raphan. Raph., Viola silv., V. can. !, V. tric. arv. !,
Dianth. delt., Stell. Holost., Cerast. arv., Geran. prat., G. Robert., Erod. cicut.,
Medic. sat. !, Trif. rep. (!), T. rub., Phaca alp., Onobr. viciif., Prunus dom.,
P. avium, P. cer., Rubus frutic., Epil. mont., E. roseum, Lythr. Sal. !, Philad.
coron., Aegopod. Podagr., Pimpin. Saxifr., Gal. Mollugo, Valer. dioica, Knaut. arv.,
Succ. prat., Scab. atropurp., Eupator. cannabin., Achill. Millefol., A. Ptarm., Chry-
santh. Leucanth., Cirs. arv., C. lanceolat., Carduus crispus, Onopord. Acanth.,
Centaur. Jacea, C. nigra, Thrincia hirta, Tarax. offic., Sonchus arv., Hierac. muror.,
H. umbellat., Jas. mont., Syring. vulg., Conv. arv., Echium vulg., Lithosperm.
arv., Myosot. silv., M. interm., Mentha aquat., M. silv., Salv. silv. +, S. off. +,
Origan. vulg., Thym. Serp., Brun. vulg. !, Ajug. rept. +, Teucr. Scorod., Polygon.
Fagop., Commelina tuber.
2690. P. rapae L., 13—18 mm. Hesper. matron., Sisymbr. off., Sinap. arv., Cak.
marit., Raphan. Raph., Viola silv., V. can. !, V. tric. arv. !, Dianth. delt., Coron.
fl. cuc., Stell. Holost., Malva silv., Hyper. perfor., Linum usitat., Geran. pal.,
Erod. cicut., Medic. sat. !, M. falc., Trif. alp. !, Oxytropis pil., Vicia Cracca +,
Lathyr. silvest. +, L. tuber. +, Prunus dom., P. avium, P. Cer., Potent. silv.,
Epil. parvifl., Lythr. Sal. !, L. hyssopif., Philad. coron., Eryng. camp., Toril.
Anthriscus, Centranth. ruber !, Dipsacus silv., Succ. prat., Scab. Columb., Eupator.
cannabin., Bell. perenn , Helen. autumn., Achill. Millef., A. Ptarm., Senec. Jacob.,
Cirs. arv., C. pal., Carduus crispus, Centaur. nigra, Picris hieracioid., Tragopog.
prat., Scorzon. hum., Tarax. off., Sonchus arv., Crep. vir., Hierac. umbellat., Jas.
mont., Syring. vulg., Menyanth. trif., Erythr. Cent., Conv. arv., Lycops. arv.,
Echium vulg., Lithosperm. arv., Myosot. interm., Linar. Cymb., Salv. silv. +,
Origan. vulg., Satureja hort., Glech. hed. (!), Galeops Tetr. +, Stach. pal., Ball.
nigra !, Ajug. rept. +, Polygon. Pers., Antheric. ramos.
2691. Pieris sp. Delphin. Cons. +, Matth. incana, M. annua, Sinap. arv., Thlaspi
rotundifol., Res. odor., Prunus dom., Rubus frutic., R. Id., Epil. hirs., E. parvifl.,
Astrant. maj., Knaut. arv., Inula viscosa, Achill. Millef., Echinops sphaeroceph.,
Cirs. arv., C. olerac., Lappa minor., Serratula tinctor., Centaur. Jac., Leont. aut.,
Hierac. Pilos., Camp. pat., Trachel. coerul., Anchusa sempervir., Myosot. silv.,

Lycium barb., Digital. purp., Salv. prat. +, Lavand. off., Mentha piper., Thym.
Serp., Beton. off. +, Ballota nigra !, Hotton. pal., Armer. vulg., Colchic. aut.

2692. Polyommatus alciphron Rott. Rubus frutic., Brun. vulg.

2693. P. dorilis Hufn. 8 mm. Ranunc. acer, R. rep., R. bulb., Viola tric. arv. !,
Cerast. arv., Lythr. Sal. !, Valerian. olitor., Succ. prat., Chrysoc. Linosyr., Bellis per.,
Pulicar. dysent., Tanacet. vulg., Hierac. Pilos., H. umbellat., Jas. mont.

2694. P. hippothoë L. Polygal. vulg., Polygon. Bist.

2695. P. phlaeas L. Ranunc. acer, R. rep., R. bulb., Dianth. delt., D. Carthus., Cerast.
arv., Medic. sat. !, Trif. arv. !, Potent. Anser., P. silv., Eryng. marit., Angel. silv.,
Knaut. arv., Succ. prat., Aster Tripol., Biotia macroph., Achill. Millef., A. Ptarm,
Matricar. inod., Tanacet. vulg., Chrysanth. Leucanth., Senec. Fuchsii., S. Jacob.,
Cirsium arv., Centaur. Jacea, C. nigra., Leont. aut., Hypoch. rad., Hierac. umbellat.,
Jas. mont., Call. vulg., Erica cin., Myosot. silv., Mentha aquat., Origan. vulg.,
Thym. Serp., Polygon. Fagop., Salix rep.

2696. P. virgaureae L. 8—9 mm. Aneth. graveol., Achill. Millef., Crep. tectorum,
Phyteuma orbic., Thym. Serp.

2697. P. spec. Rumex spec., Lilium bulbif.

2698. Rhodocera rhamni L. 16—17 mm. S. No. 2633. Hepat. tril., Glaucium flav., G.
cornicul., Cardam. prat., Raphan. Raph., Viola odor. !, V. silv., V. can. !, Dianth. delt.,
D. Carthus., Medic. sat. !, Vicia sat. +, Lathyr. silvest. +, L. latif., Lythr. Sal. !,
Dipsac. silv., Knaut. arv., Scab. Dallaportae, Tussil. Farf., Silph. Asteriscus, Cirs.
arv., C. serrulat., Hypoch. rad., Tarax. off., Hierac. Pilos., H. umbell., Pulmon.
off., Echium vulg., Salv. sclareoid., Thym. Serp., Lam. purp. !, Scutell. galeric. ? !,
Ajuga rept. +, Prim. elat. !, P. off. !, P. acaul. !, P. Auric. !, Daphne Mez., Hyac.
orient.

2699. *Satyrus hyperanthus L.* = Epinephe hyperanthus L. S. No. 2634 u. 2647.
Medic. sat. !, Thym. Serp.

2700. S. semele L. S. No. 2649. Knaut. arv., Thym. Serp., Armer. vulg.

2701. Spilothyrus alceae Esp. Malva Alcea, Daucus Carota.

2702. *Syrichthus alveolus Hub.* = S. malvae L. S. No. 2704. Chrysanth. Leuc., Tarax.
off., Ajug. rept.

2703. S. alveus Hb. 9—13 mm. Libanot. mont.

2704. S. malvae L. S. No. 2702. Dianth. Carthus., Trif. alp. +, Lotus corn. +.

2705. Thecla betulae L. Heracl. Sphond., Anthrisc. silv.,

2706. T. ilicis Esp. Onobr. viciif., Rubus frutic., Solid. Virga aur., Inula hirta, Anthem.
tinctor., Thym. Serp.

2707. T. pruni L. Ligustr. vulg.

2708. T. quercus L. Libanot. mont., Eupator. cannabin.

2709. T. rubi L. 8 mm. Arab. aren., Cardam. prat., Medic. lupul., Sorbus auc., Cirs.
arv., Vacc. ulig., Androm. polif.

2710. T. spini S. V. Lotus corn. +, Tanacet. corymb., Thym. Serp.

2711. T. sp. Crep. bienn.

2712. Vanessa antiopa L. Tussil. Farf.

2713. V. atalanta L. 13—14 mm. Sinap. arv., Astrant. maj., Eryng. marit., E. camp.,
Knaut. arv., Succ. prat., Aster Novae Angl., Tanacet. vulg., Onopord. Acanth.,
Beton. grandifl.

2714. V. calbum L. Succ. prat., Eupator. purpur., Oenanth. aquat., Nepeta Mussini !.

2715. V. cardui L. 13—15 mm. Thlaspi rotundif., Viola odor., Lotus corn. +, Lathyr.
latif., Onopord. Acanth., Centaur. rhen., Erica carn., Anchusa off., Ball. nigr. !.

2716. V. io L. 17 mm. Nigella arv., Delphin. Ajac. +, Glaucium flav., G. cornicul.,
Berter. incana, Sapon. off., Lathyr. silv. +, Prunus spin., Libanot. mont., Scab.
atropurp., Eupator. cannabin., Tussil. Farf., Aster Novae Angl., A. salicifol.,
Chrysanth. seget., Cacalia hast., Senec. sarracen., Echinops sphaeroceph., Cirs

arv., Carduus acanthoid., Onopord. Acanth., Carlina acaulis, Serrat. tinct., Centaur.
Jac., C. Scab., Tarax. off., Hierac. hirsut., Ligustr. vulg., Ballota nigra !, Plant.
med., Salix rep.. Lilium bulbif., Hyac. orient.

2717. V. prorsa L. Rubus frutic.

2718. V. urticae L., 14—15 mm. Hepat. tril., Ranunc. Fic., Eranth. hiem. +, Matth.
incana. Arab. alb., Cardam. prat., Hesper. matron., Erysim. cheiranthoid., Sinap.
arv., Lunar. ann. !, Cak. marit., Viola odor. !. Dianth. Arm., D. barb., Medic.
sat. !, M. falc., Trif. prat. !, Lathyr. silvest. +, Persica vulg., Sedum refl., Astrant.
negl., Eryng. marit., Centranth. ruber !, C. angustifol., Knaut. arv., Scab. daucoid.,
Eupator. cannabin., Tussil. Farf., Aster Amellus var. Bessarab., A. chinens., Biotia
Schreberi, Bellis per., Diplopapp. amygd., Bolton. glastifol., Cacal. hast., Cirs.
arv., C. lanceolat., C. pal., Onopord. Acanth., Centaur. nigra, C. Scab., C. rhen.,
C. caloceph., C. oriental., Leont. aut., L. hast., Hypoch. rad., Tarax. off., Hierac.
umbell., Lobel. Erin., Campan. rot., Jas. mont., J. perenn.. Call. vulg., Erica cin.,
Syring. vulg., Lycops. arv., Echium vulg., Veron. Tournefortii, V. polita, Mentha
aquat., Monarda fistul. form. mollis, Origan. vulg., Thym. Serp., Lam. purp. +,
Ballota nigra !, Prim. acaul.!. Polygon. Fagop., Daphne Mez., Salix cin., S. Capr.,
S. aurit., Leucoj. vern., Scilla sibir., Hyac. orient., Muscari racem.

2719. V. sp. Inula visc., Pulmon. longif.

F. Sphingidae:

2720. Deilephila elpenor L. Lonic. Pericl. !, L. Caprifol. !, Syring. vulg., Melitt.
Melissophyll. !.

2721. D. euphorbiae L. 25 mm. Vicia sat., Melitt. Melissophyll. !, Lilium Martag. (?).

2722. D. galii Rott. Lotus corn. ? +, Phaseol. vulg. ? +, Lonic. Periclym. !.

2723. D. lineata F. (= spec. americ. sept.). Oenoth. missour. !.

2724. D. porcellus L. Melandr. alb., Lotus corn., Lonic. Caprifol. !, Syring. vulg.

2725. D. sp. Lonic. Caprifol. !.

2726. Inogeryon Hübn. Dianth. Carthus.

2727. I. geryon Hübn. var. chrysocephala Nick. Phyteuma orbic.

2728. I. globulariae Hübn. Geran. sanguin., Antheric. ramos.

2729. I. pruni Schiff. Viscar. vulg., Vicia angustif. +.

2730. I. statices L. 9 mm. Viscar. vulg., Coron. fl. cuc., Agrost. Gith., Epil. angust.,
Knaut. arv., Achill. Millef., Chrysanth. Leucanth., Cirs. arv., Centaur. rhen.,
Campan. rot., Jas. mont., Nepeta Mussini !, Armer. vulg.

2731. Macroglossa bombyliformis O. Salv. prat. +.

2732. M. fuciformis L. 17—20 mm. Cardam. prat, Coron. fl cuc., Glech. hed. (!),
Ajuga rept. +

2733. M. stellatarum L. 25—28 mm. Aconit. Nap., Viola calcar.!, Dianth. Carthus.,
D. barb., Sapon. off., Oenoth bien !. Lonicera Periclym. !, Gal. verum, Centranth.
ruber. !, Onopord. Acanth., Gent. bavar., G. vern., Erythr. Cent., Phlox panicul.,
Heliotr. peruv.. Echium vulg., Nicot. Tabac. !, Linar. alp., Glech. hed. (!), Galeops.
versic., Ball. nigra !, Prim. longifl. !, Lil. Martag.

2734. M. spec. Lonic. alpigena.

2735. Pterogon proserpina Pall. Sil. nut.

2736. Sesia asiliformis Rott. Medic. falc., Senec. Jacob., Ligustr. vulg.

2737. S. empiformis Esp. Lotus corn. +, Thym. Serp.

2738. S. tipuliformis Clerck. Lepid. sat., Tanacet. Parthen., Thym. Serp., T. vulg.

2739. Smerinthus ocellatus L. Lonic. Pericl. !.

2740. S. tiliae L. Lonic. Caprifol. +.

2741. Sphinx convolvuli L. 65—80 mm. Sapon. off., Lonic. Periclym. !. L. Caprifol. !,
Conv. sep. !, Melitt. Melissophyl. !, Mirabilis Jalappa.

2742. S. ligustri L. 37—42 mm. Sapon. off.. Lonic. Periclym. !, L. Caprifol. !,
Syring. vulg.

2743. *S. nerii L.* = Deilephila nerii L. Nerium odor.

2744. S. pinastri L. 28—33 mm. Lonic. Caprifol., Platanth. bif. !.

2745. Zygaena achilleae Esp. 10—11 mm. Knaut. arv., Anthem. tinctor., Cirs. pal., Antheric. ramos., Allium rot.

2746. Z. carniolica Scop. Dianth. Carthus., Medic. falc., Onobr. viciif., Knaut. arv., Cirs. arv., Carduus crisp., C. acanthoid., Centaur. Jac., C. Scab., Erythr. Cent., Veron. spic.

2747. Z. exulans Hchw. et Rein. 10—11 mm. Potent. aurea, Cirs. spinosiss., Carduus deflorat., Achyroph. unifl., Phyteuma orbic, Pedicul. tuber.

2748. Z. filipendulae L. 11 mm. Cak. marit., Sil. Otit., Genista angl. +, Trif. prat. !, T. rub., Anthyll. Vuln. +, Lotus corn. +, L. uligin. +, Epil. angust., Knaut. arv., Succ. prat., Achill. Millef., Cirs. arv., Carduus crisp., Leont. aut., Campan. rot., Jas. mont. Erica Tetr., Armer. vulg.

2749. Z. lonicerae Esp. 12 mm. Dianth. Carthus., Trif. rub., Gal. verum, Knaut. arv., Carduus nut., Centaur. Jac., Crep. bienn., Jas. mont., Echium vulg., Beton. off. +, Antheric. ramos., Colchic. aut.

2750. Z. meliloti Esp. Vicia Cracca +, Peuced. Oreosel., Centaur. Jac., Melamp. nemor., Beton. off. +, Colchic. aut.

2751. *Z. minos S. V.* = Z. pilosellae Esp. S. No. 2753. Dianth. atrorub., Knaut. arv., Cirs. arv., C. pal., Carduus crisp.

2752. *Z. onobrychis S V.* Inula salicina.

2753. Z. pilosellae Esp. 9—10 mm. S. No. 2751. Dianth. Carthus., Ulmar. pentap., Pimpin. Saxifr., Knaut. arv., Echium vulg.

2754. Z. trifolii Esp. Dianth. Carthus., Lotus uligin. +, Knaut. arv., Succ. prat., Chrysanth. Leucanth.

2755. Z. sp. Trif. prat. (!), Lotus corn. +, Knaut. arv., Tanacet. corymb., Jas. mont., Origan. vulg., Thym. Serp.

G. Tineidae:

2756. Adela croessella Scop. Spir. sorbif., S. salicif., S. ulmif.

2757. A. cuprella Thbg. Alliar. off., Salix cin., S. Capr., S. aurit.

2758. A. fibulella F. Veron. Cham.

2759. A. rufifrontella Fr. Valerian. olitor.

2760. A. rufimitrella Scop. Alliar. off.

2761. *A. tombacinella H.-Sch.* = A. violella Tr. S. No. 2762. Achill. Millef.

2762. A. violella Tr. S. No. 2761. Caps. bursa past., Bellis per.

2763. A. sp. Arab. sagitt., Carum Carvi, Knaut. arv., Lycopus europ., Salix cin., S. Capr., S. aurit.

2764. Asychna modestella Dup. Stell. Holost.

2765. Butalis aeneospersella Rsslr. Lotus corn.

2766. B. laminella H.-Sch. Chrysanth. Leuc.

2767. Chauliodus iniquellus Wck. Peuced. Oreosel.

2768. Choreutis myllerana F. 3 mm. Achill. Millef., Matricar. inod., Senec. Jacob.

2769. Coleophora lixella Zell. Thym. Serp.

2770. C. ornatipenella Hübn. Salv. off. +.

2771. Depressaria incarnatella Zell. Cirs. acaule.

2772. Elachista sp. Asperula odor.

2773. Ergatis heliacella H.-Sch. Dryas octopet.

2774. Golechia distinctella Zell. Thym. Serp.

2775. G. ericetella Hübn. Call. vulg.

2776. Glyphiptheryx equitella Scop. Sedum acre.

2777. Hyponomeuta sp. Heracl. Sphond.

2778. Lypusa maurella (S. V.) F. Pulsat. alp.
2779. Mesophleps silacellus Hübn. Origan. vulg.
2780. Micropteryx calthella L. Ranunc. acer, R. rep., R. bulb., R. auric.
2781. M. spec. Plant. med.
2782. Mimaescoptilus pterodactylus L. Mentha aquat.
2783. Nemotois cupriacellus Hübn. Succ. prat.
2784. N. dumeriliellus Dup. Anthem. tinct.
2785. N. minimellus Zell. Succ. prat., Scab. Columb.
2786. *N. scabiosellus* Scop. = N. metallicus Poda. Knaut. arv., Heracl. Sphond.
2787. N. sp. Daucus Car.
2788. Pleurota bicostella Clerck. Call. vulg.
2789. P. schlaegeriella Zell. Achill. Millef., A. Ptarm.
2790. Plutella cruciferarum Zell. Senec. Jacob., Mentha aquat.
2791. P. xylostella L. Pulic. dysent.
2792. *Porrectaria sp.* Medic. lupul. +.
2793. *Simaethis fabriciana Steph.* = S. oxyacanthella L. S. No. 2794. Torilis
Anthrisc., Pulicar. dysent., Achill. Millef., Matric. inod., Senec. Jacob., Leont. aut.
2794. S. oxyacanthella L. S. No. 2793. Rubus frutic.
2795 Tinagma dryadis Stgr. Dryas octopet.
2796. Pronuba yaccasella Riley.

H. Tortricidae:
2797. Cochylis dipoltella Hübn. Artemis. camp.
2798. Dichrorampha plumbagana Tr. Spir. sorbif., S. salicif., S. ulmif.
2799. Doloploca punctulana S. V. Ligustr. vulg.
2800. Grapholitha albersana Hübn. Lonic. Xylost. ? +.
2801. G. asseclana Hübn. Cytis. sagitt.
2802. G. aurana F. ab. aurantiana Kollar. Heracl. Sphondyl.
2803. G. caecana Schläg. Onobr. viciif.
2804. G. compositella F. Anthrisc. silv.
2805. G. fuchsiana Rsslr. Cytis. sagitt.
2806. G. hepaticana Tr. Senec. nemor., S. Jacob.
2807. G. hohenwarthiana Tr. Centaur. Jac.
2808. G. lacteana Tr. Artemis. camp.
2809. G. mendiculana Tr. Call. vulg.
2810. G. microgammana Guen. Ononis spin. +.
2811. G. pupillana Clerck. Artemis. Absinth.
2812. G. scopariana H.-Sch. Genista tinct. +.
2813. G. succedana Fröl. Cytis. sagitt.
2814. G. trigeminana Steph. Senec. Jacob.
2815. Phoxopteryx myrtillana Tr. Vacc. ulig.
2816. P. unguicella L. Call. vulg.
2817. Teras aspersana Hübn. Call. vulg.
2818. Tortrix inopiana Haw. Eupator. cannabin.
2819. T. sp. Medic. lupul., Hedera Helix, Leont. aut., Mentha aquat.

VI. Hemiptera.

I. Heteroptera.
2820. Genus et spec. ?. Marrub. vulg. +.
2821. Siphonophora artemisiae Koch. Medic. lupul.

A. Capsidae:

2822. Calocoris bipunctatus F. S. No. 2825. Bidens tripart., Helianth. ann., Achill. Millef., Matricar. inod., Senec. Jacob., Centaur. nigra, Leont. aut.

2823. C. chenopodii Fall. Epil. august., Anthem. tinct.

2824. C. fulvomaculatus Deg. Angel. silv., Achill. Millef., Matricar. inod., Centaur. nigra, Leont aut.

2825. C. norvegicus Gmel. = C. bipunctatus F. S. No. 2822. Anthrisc. silv., Tanacet. vulg.

2826. C. roseomaculatus Deg. Knaut. arv., Chrysanth. seget., C. Leucanth.

2827. C. seticornis F. Sherard. arv.

2828. C. sp. Achill. filipend.

2829. Capsus sp. S. No. 2830. Lythr. Salicar. (!), Carum Carvi, Tanacet. corymbos., Senec. Jacob., Onopord. Acanth., Centaur. Scab.

2830. Deraeocoris sp. = Calocoris spec. S. No. 2829   Caltha pal.

2831. Lygus (Orthops) kalmii L. Astrantia major.

2832. L. pabulinus L. Helianth. ann., Chrysanth. seget.

2833. L. pratensis F. Chrysanth. seget., Statice Lim.

2834. Miris levigatus L., Leont. aut.

2835. M. sp. Crithmum marit.

2836. Phytocoris ulmi L. Tanacet. corymbos.

2837. Systellonotus triguttatus L. Anthrisc. silv.

B. Cimidae:

2838. Anthocoris silvestris L. Salix rep.

2839. A. sp. Anem. nemor., Pimpin. Saxifr., Sium latifol., Angel. silv., Achill. Millef., Senec. Jacob., Carduus acanthoid., Centaur. nigra, Stach. pal., Salix cin., S. Capr., S. aurit.

2840. Thriphleps minuta L. Salix rep.

C. Coreidae:

2841. Corizus parumpunctatus Schill. Achill. filipend.

D. Hydrometridae:

2842. Mesovelia furcata Muls. et Rey. (Larve). Trapa natans ? !.

E. Lygaeidae:

2843. Aphanus vulgaris Schill. Pulsat. vulg., Potent. Anser.

2844. Lygaeus equestris L. Adon. vernal., Onopord. Acanth.

2845. Pyrrhocoris apterus L. 4 mm. Malva silv., M. rotundif., Senec. vulg., S. nebrodens., Tarax. off., Lam. purp. +.

F. Pentatomidae:

2846. Aelia acuminata L. Inula thapsoid.

2847. Carpocoris baccarum L. Helianth. ann.

2848. C. nigricornis F. Centaur. aren., Libanot. mont.

2849. Corimelaena scarabaeoides L. Salix rep.

2850. Eurydema festivum L. Libanot. mont.

2851. E. oleraceum L. S. No. 2860. Arab. aren., Valerian. olitor., Libanot. mont.

2852. E. ornatum L. Sinap. arv.

2853. Eurygaster hottentotta H.-Sch. Libanot. mont.

2854. E. maura L. Inula britann.

2855. Gnathoconus albomarginatus Goez. Salix rep.

2856. Graphosoma lineatum L. S. No. 2857. Conium maculat., Aegopod. Podagr., Siler Trilob., Libanot. mont.

2857. G. nigrolineatum F. = G. lineatum L. S. No. 2856. Daucus Carota, Caucalis daucoides.

2858. Palomena prasina L. Libanot. mont.

2859. Pentatoma sp. Valeriana offic.

2860. *Strachia oleracea L.* = Eurydema oleraceum L. S. No. 2851. Leont. hast.
2861. Tropicoris rufipes L. Libanot. mont.

G. Reduviidae:
2862. Nabis sp. Siler trilobum.

2. Homoptera.

A. Cercopidae:
2863. Acocephalus sp. Senec. Jacob., Leont. aut.

B. Aphidae:
2864. Aphis sp. Medic. lupul.

VII. Neuroptera.

A. Planipennia:
2865. Chrysopa abbreviata Curt. Conium maculat.
2866. Hemerobius sp. Anthrisc. silv., Daucus Car.
2867. Panorpa communis L. Rhus typh., Spir. sorbif., S. salicif., S. ulmif., Conium maculat., Aegopod. Podagr., Pimpin. Saxifr., Angel. silv., Heracl. Sphondyl., Anthrisc. silv., Eupator. cannabin., Solidago canad., Tanacet. vulg., Asclep. syr., Verbasc. nigr., Mentha aquat.
2868. Sialis lutaria L. Anthrisc. silv., Carum Carvi.

B. Trichoptera:
2869. Phryganea sp. Nuph. lut.

VIII. Orthoptera.

I. Pseudo - Neuroptera.

A. Odonata:
2870. Agrion minium Harr. Pirus Malus, Veron. Cham.
2871. A. sp. Spir. sorbif., S. salicif., S. ulmif.

B. Perlidae:
2872. Perla sp. Caltha palustris L.

C. Psocidae:
2873. Psocus sp. Batrachium aquatile.

2. Orthoptera genuina.

A. Blattidae:
2874. Ectobia lapponica L. Spir. sorbif, S. salicif., S. ulmif.

B. Forficulidae:
2875. Forficula auricularia N. Anem. japon., Actaea spic., Papaver Rhoeas, Brass. nig.. Tropaeol. majus (!), Hedera Helix, Helianth. ann., Achill. Millef., Cirs. lanceolat., Camp. persicif., Conv. sep.
2876. F. decipiens Géné. Arum Arisar.
2877. F. sp. Helichrys bracteat

C. Thripidae: (*Physopodae, Thysanoptera*).
2878. Thrips sp. Pulsat. vulg., Anem. nemor., Adonis vern., Ranunc. acer, R. rep., R. bulb., R. auric., R. Fic., Glaucium flav., Brass. oler., Caps. bursa past., Res.

odor., Sil. acaul., Stell. Holost., S. med., Malach. aquat., Cerast. arv., C. triv., Oxal. Acetos., Ulex europ., Medic. lupul., Lathyr. tuber. +, Fragar. vesca, Pirus comm., Cotyledon Umbilicus, Lythr. Salicar. (!), Chrysosplen. oppositif., Adox. mosch., Succ. prat., Tussil. Farf., Pulicar. dysent., Antenn. margarit., Tarax. off., Camp. rot., C. persicif., Wahlenbergia hed., Arctostaph. Uva ursi, Call. vulg., Erica Tetr., Vinca min., Conv. arv., C. sep., Cynogloss. off., Atropa Bell., Verbasc. nigr., Digit. purp., Veron. hederif., Melamp. nemor., Lavand. off., Mentha aquat., Lycop. europ., Melissa off. (!), Prim. acaul., Narc. Pseudo-Narc. +, Brodiaea ixioid.

D. Thysanura:

2879. Lepidocyrtus sp. Chrysosplen. oppositifol.

IX. Gastropoda.

A. Helicidae:

2880. Helix aspersa Müll. Rhodea jap. !.
2881. H. hortensis (L.) Müll. Calla pal. ? !.
2882. H. vermiculata Müll. Rhodea jap. !.

B. Limacidae:

2883. Limax levis Müll. = *L. brunneus Drap.* Chrysanthem. Leucanth.

C. Succinidae:

2884. Succinea spec. Chrysosplen. alternif. !.

Register zu Band II.

A.

Abies II, 553.
— alba II, 556.
— excelsa II, 555.
— Larix II, 556.
— pectinata II, 556.
Abietineae II, 553.
Absinthium 605.
Abutilon 204.
— Avicennae 209.
Acanthaceae II, 212.
Acanthus II, 212.
— longifolius II, 213.
— mollis II, 213.
— spinosus II, 212*.
Acer 216.
— campestre 217*.
— dasycarpum 218.
— Hookeri 216*.
— Negundo 216*.
— platanoides 216.
— Pseudoplatanus 217*.
— rubrum 218
— tataricum 218.
Aceraceae 216.
Aceras anthropophora II, 444.
Achillea 608.
— atrata 614.
— coronopifolia 614.
— dentifera 614.
— filipendulina 614.
— grandifolia 614.
— macrophylla 614.
— Millefolium 608*, 612, 615, II, 211.
— moschata 613*.
— nana 614.
— nobilis 614.
— Ptarmica 612.
— tanacetifolia var. dentifera 614.
Achlys triphylla 61.
Achyrophorus 677.
— maculatus 677.
— uniflorus 677.

Aconitum 1, 2*, 3, 49*.
— Anthora 50, 54.
— Cammarum 55.
— columbinum 50,
— Fischeri 50.
— heterophyllum 49.
— Lycoctonum 50, 53*, 54.
— — pyrenaicum 54.
— Napellus 2*, 50, 51*, 53.
— palmatum 50.
— paniculatum 50.
— septentrionale 50, 55.
— Stoerkianum 55.
— variegatum 53.
Acorus II, 426.
— Calamus II, 426.
Acrarrhenae II, 529.
Acropera II, 460.
Actaea 1, 2, 45.
— spicata 45.
Actinomeris helianthoides 599.
Adenandra 252.
Adenophora II, 4, 16.
— coronata II, 16.
— Lamarckii II, 17.
— liliifolia II, 16.
— periplocifolia II, 16.
— stylosa II, 16.
— verticillata II, 16.
Adenostyles 573.
— albida 574.
— albifrons 574.
— alpina 573*.
— candidissima 575.
— hybrida 575.
— viridis 573.
Adlumia 69, 71
— cirrhosa 72.
Adonis 1, 2, 14.
— aestivalis 15.
— autumnalis 15.
— citrinus 15.
— vernalis 14.
Adoxa 520.¹
— moschatellina 520*.
Aechmanthera II, 213.

Aegilops cylindrica II, 552.
— ovata II, 551.
Aegiphila elata II, 296.
— mollis II, 296.
— obdurata II, 296.
Aegopodium 476.
— alpestre 478.
— Podagraria 462, 476.
Aerides II, 460.
Aesculus 218.
— carnea 220.
— flava 220, 221.
— Hippocastanum 218*, 250.
— microstachya 221.
— Pavia 220.
— rubicunda 220.
Aethionaema 78.
— grandiflorum 124.
— saxatile 124.
Aethusa 460, 464, 485.
— Cynapium 463, 485.
Agathosma 252, 253.
Agave Jacquiniana II, 476.
Agrimonia 345, 880.
— Eupatoria 380.
— odorata 380.
Agropyrum repens II, 535.
Agrostemma 177.
— Coronaria 174.
— Githago 155, 177.
Agrostis alba II, 535, 540.
— rupestris II, 540.
— vulgaris II, 540.
Aira caespitosa II, 541.
Aira flexuosa II, 541.
Ajuga II, 214, 286.
— Chamaepitys II, 290.
— genevensis II, 289*.
— orientalis II, 215.
— pyramidalis II, 288, 289*.
— — × reptans II, 289.
— reptans II, 216, 286.
Akebia quinata 56.
Albersia Blitum II, 337.
Albuca corymbosa II, 511.
— fastigiata II, 511.

Berichtigungen zum Haupttext des II. Bandes.

1. Teil.

Seite	21,	Zeile	3	von unten:	statt	hyperboraeus lies hyperborcus.
„	44,	„	4	„ „	„	crysantha lies chrysantha.
„	55,	„	3	„ oben:	„	septemtrionale lies septentrionale.
„	78,	„	14	„ unten:	„	Schiewereckia lies Schievereckia.
„	78,	„	12	„ „	„	Aubretia lies Aubrietia.
„	81,	„	7	„ „	„	Valesiaca lies valesiaca.
„	106,	„	2	„ unten:	„	artica lies arctica.
„	124,	„	7	„ oben:	„	Aethionaema lies Aethionema.
„	124,	„	21	„ „	„	Ruelli lies Ruellii.
„	130,	„	3	„ unten:	„	Succovia lies Succowia.
„	137,	„	22	„ oben:	„	salviaefolius lies salviifolius.
„	154,	„	21	„ unten:	„	saxifraga lies Saxifraga.
„	154,	„	3	„ „	„	„ „ „
„	157,	„	12	„ oben:	„	„ „ „
„	170,	„	14	„ unten:	„	Vallesiaca lies valesiaca.
„	204,	„	13	„ oben:	„	Abuliton lies Abutilon.
„	240,	unter der Abbildung			„	Cicutarium lies cicutarium.
„	254,	Zeile	4	von unten:	„	latifolius lies latifolia.
„	254,	„	1	„ „	„	americanus lies americana.
„	255,	„	1	„ oben:	„	japonicus lies japonica.
„	255,	„	11	„ „	„	variegatus lies variegata.
„	255,	„	15	„ „	„	Japonicus lies japonica.
„	256,	„	4	„ „	„	lanceolatus lies lanceolata.
„	321,	„	5	„ unten:	„	viciaefolia lies viciifolia.
„	322,	unter der Abbildung			„	„ „ „
„	323,	Zeile	20	von oben:	„	aureus lies aurea.
„	380,	„	3	„ „	„	polygama lies polygamum.
„	398,	„	13	„ „	„	rosmarifolium lies rosmarinifolium.
„	412,	„	3	„ „	„	O. Melvilla lies C. Melvilla.
„	412,	„	9	„ „	„	salicaria lies Salicaria.
„	449,	„	8	„ unten:	„	adscendens lies ascendens.
„	476,	„	7	„ oben:	„	podagraria lies Podagraria.
„	489,	„	16	„ „	„	carvifolia lies Carvifolia.
„	492,	„	8	„ unten:	„	Ruthenicum lies ruthenicum.
„	552,	„	1	„ „	„	alliariaefolia lies alliariifolia.
„	557,	„	7	„ oben:	„	fullonum lies Fullonum.
„	582,	„	8	„ unten:	„	novae lies Novae.
„	591,	„	7	„ oben:	„	virga lies Virga.
„	608,	„	14	„ „	„	Ammobinm lies Ammobium.
„	627,	„	18	„ „	„	macrophyllum lies macrophylla.
„	630,	„	11	„ unten:	„	sarracenicus lies saracenicus.
„	691,	„	13	„ oben:	„	succisaefolia lies succisifolia.
„	694,	„	5	„ „	„	staticefolium lies staticifolium.

2. Teil.

Seite   6, Zeile   4 von   oben: statt thyrsoides lies thyrsoiden.
,,   12,   ,,   12   ,,   unten: ,,   Lev. lies Löw.
,,   14,   ,,   5   ,,   ,,   ,,   Symphandra lies Symphyandra.
,,   21,   ,,   18   ,,   oben: ,,   betonicaefolium lies betonicifolium.
,,   76,   ,,   1   ,,   ,,   ,,   amarella lies Amarella.
,,   85,   ,,   6   ,,   unten: ,,   sicirica lies sibirica.
,,   112,   ,,   5   ,,   oben: ,,   O. saccharata lies P. saccharata.
,,   112,   ,,   7   ,,   unten: ,,   O. lies P.
,,   128,   ,,   1   ,,   ,,   ,,   vernum lies aestivum.
,,   135,   ,,   10   ,,   oben: ,,   M. paniculata lies N. paniculata.
,,   141,   ,,   16   ,,   unten: ,,   scabiosaefolia lies scabiosifolia.
,,   156,   ,,   23   ,,   ,,   ,,   Canadensis lies canadensis.
,,   166,   unter der Abbildung   ,,   Beccaleunga lies Beccabunga.
,,   190,   Zeile 11 von   unten: ,,   euphrasoides lies euphrasioides.
,,   214,   ,,   8   ,,   ,,   ,,   Lavendula lies Lavandula.
,,   237,   ,,   3   ,,   oben: ,,   Bertolini lies Bertolonii.
,,   254,   ,,   9   ,,   unten: ,,   Moldavica lies moldavicum.
,,   274,   ,,   20   ,,   oben: ,,   alopecurus lies Alopecurus.
,,   275,   ,,   4   ,,   unten: ,,   Kashmeriana lies Kashmiriana.
,,   316,   ,,   4   ,,   oben: ,,   R. integrifolia lies P. integrifolia.
,,   347,   ,,   22   ,,   unten: ,,   hydropiper lies Hydropiper.
,,   352,   ,,   12   ,,   oben: ,,   amphibum lies amphibium.
,,   371,   ,,   1   ,,   ,,   ,,   Brasiliensis lies brasiliensis.
,,   402,   ,,   5   ,,   unten: ,,   O. spiralis lies V. spiralis.
,,   431,   ,,   21   ,,   ,,   ,,   Aphalanthera lies Cephalanthera.
,,   432,   ,,   15   ,,   ,,   ,,   Cataselum lies Catasetum.
,,   434,   ,,   15   ,,   ,,   ,,   morio lies Morio.
,,   437,   ,,   12   ,,   oben: ,,   conopsea lies G. conopea.
,,   461,   ,,   17   ,,   unten: ,,   cannaefolia lies cannifolia.
,,   528,   ,,   5   ,,   ,,   ,,   C. lies Carex.
,,   528,   ,,   13   ,,   ,,   ,,   distaris lies distans.
,,   552,   ,,   3   ,,   oben: ,,   hexastichon lies hexastichum.
,,   555,   ,,   8   ,,   unten: ,,   —4002 lies 3102 und ändere die folgenden Nummern bis 4028 = 3128.
,,   557,   ,,   9   ,,   ,,   ,,   Japonica lies japonica.

Berichtigungen zu den Besucherlisten des II. Bandes.

1. Teil.

Seite 15, Zeile 14 von oben: statt Thysonoptera lies Thysanoptera.
„ 22, „ 10 „ unten: „ Coloptera lies Coleoptera.
„ 22, „ 4 „ „ „ Lepitoptera lies Lepidoptera.
„ 27, „ 13 „ „ „ C. sepulcralis lies E. sepulcralis.
„ 28, „ 20 „ oben: „ Erlades lies Eriades.
„ 44, „ 22 „ „ „ H. leucozonius K. lies H. leucozonius Schrk.
„ 44, „ 17 „ unten: „ uur lies nur.
„ 59, „ 12 „ „ „ Elampus aeneus Pz. lies Ellampus aeneus F.
„ 64, „ 17 „ „ „ Scarabaeida lies Scarabaeidae.
„ 65, „ 14 „ „ „ Eriados lies Eriades.
„ 74, „ 10 „ „ „ boobachtete lies beobachtete.
„ 82, „ 10 „ „ „ Homoporus lies Homotropus.
„ 98, „ 13 „ oben: „ nigricans Fall. lies nigricans Mg.
„ 100, „ 4 „ unten: „ O. rufa lies Osmia rufa.
„ 101, „ 2 „ oben: „ Anthophora carbonaria lies Anthrena carbonaria.
„ 119, „ 6 „ „ „ Scarcophaga lies Sarcophaga.
„ 119, „ 11 „ „ „ ephippia lies ephippius.
„ 121, „ 6 „ unten: „ Syrphidae lies Sphegidae.
„ 122, „ 18 „ oben: „ confusus lies confusa.
„ 127, „ 2 „ „ „ podagrata L. lies podagratus Zett.
„ 127, „ 10 „ „ „ Coccinelledae lies Coccinellidae.
„ 127, „ 21 „ „ „ plumbeus Dhlb. lies plumbeus F.
„ 131, „ 11 „ unten: „ rufipes F. lies rufipes Oliv.
„ 132, „ 9 „ oben: „ „ F. „ Oliv.
„ 132, „ 25 „ unten: „ lacunosus lies lacunatus.
„ 132, „ 21 „ „ „ luteus lies vulnerator.
„ 139, „ 4 „ „ „ Duf. et Pér. lies Duf. et Perr.
„ 200, „ 4 „ oben: „ ephippium lies ephippius.
„ 224, „ 6 „ unten: „ pedicularis lies pedicularius.
„ 224, „ 10 „ „ „ bructeri Panz. lies bructeri F.
„ 231, „ 20 „ „ „ Schk. lies Schh.
„ 238, „ 17 „ oben: „ pleucozonius Schr. lies leucozonius Schrk.
„ 241, „ 15 von unten: statt ephippia lies ephippius.
„ 258, „ 13 „ „ „ leucozonius K. lies leucozonius Schrk.
„ 259, „ 3 „ oben: „ Först. lies Forst.
„ 259, „ 12 „ „ „ illecebrator Gr. lies illecebrator Rossi.
„ 259, „ 13 „ „ „ vulnerator Gr. lies vulnerator Pz.
„ 259, „ 15 „ „ „ enecator F. lies enecator Rossi.
„ 259, „ 17 „ „ „ variegata lies variegatus.
„ 259, „ 22 „ „ „ Astatus lies Astata.
„ 259, „ 11 „ unten: „ dantici Sauss. lies dantici Rossi.
„ 259, „ 12 „ „ „ mediterraneus lies mediterranea.
„ 259, „ 13 „ „ „ femoralis Cam. lies femoralis Steph.
„ 260, „ 4 „ „ „ campestris L. lies campestris Müll.
„ 284, „ 2 „ oben: „ Ossinis lies Oscinis.
„ 284, „ 14 „ „ vor No. 53 setze: c) *Tineidae*.
„ 286, „ 9 „ unten: hinter B. lies Diptera.
„ 289, „ 3 „ „ statt cullumanus K., Ths. lies derhamellus K.

Seite 291, Zeile 4 von unten: statt corydon lies coridon.

„	293,	„	11	„ „ „	fodiens K. ♂ lies fodiens K. ♀.
„	293,	„	17	„ „ „	cullumanus K., Ths. lies derhamellus K.
„	294,	„	27	„ oben: „	dimidiatus Mocs. lies dimidiata Mor.
„	207,	„	12	„ „ „	corydon lies coridon.
„	297,	„	14	„ „ „	holosericeus L. lies holosericeus Oliv.
„	303,	„	8	„ „ „	longicornis L. ☿ lies longicornis L. ♀.
„	305,	„	17	„ „ „	adunca Latr. lies adunca Pz.
„	305,	„	24	„ „ „	cullumanus K., Ths. lies derhamellus K.
„	320,	„	8	„ „ „	insularis Schmkn. lies jheringi Ducke.
„	323,	„	6	„ „ „	corydon lies coridon.
„	325,	„	20	„ „ „	adunca Latr. lies adunca Pz.
„	327,	„	14	„ „ „	aestiva lies aestivalis.
„	327,	„	19	„ „ „	longicornis L. ☿ lies longicornis L. ♀.
„	351,	„	10	„ unten: „	ruficornis Pz. lies ruficornis F.
„	352,	„	13	„ „ „	stictica lies funesta.
„	352,	„	22	„ „ „	Hbt. lies Hbst.
„	354,	„	10	„ oben: „	vulgaris L. lies vulgaris F.
„	355,	„	7	„ „ „	atra F. lies atra Laich.
„	359,	„	16	„ „ „	Api smellifica lies Apis mellifica.
„	362,	„	1	„ unten: „	Finagma lies Tinagma.
„	373,	„	15	„ „ „	semipunctatus lies semipunctulatus.
„	375,	„	19	„ „ „	Siphonia lies Siphona.
„	385,	„	8	„ „ „	leucostomus lies leucostoma.
„	385,	„	9	„ „ „	chrysostomus lies chrysostoma.
„	387,	„	18	„ oben: „	Pamphilus lies Pamphilius.
„	387,	„	22	„ „ „	violaceus F. lies violaceus Laich.
„	387,	„	25	„ „ „	paniceum F. lies paniceum L.
„	394,	„	5	„ unten: „	vulgaris L. lies vulgaris F.
„	394,	„	8	„ „ „	holosericeus L. lies holosericeus Oliv.
„	415,	„	18	„ oben: „	adunca Latr. lies adunca Panz.
„	429,	„	10	„ „ „	teniatus lies taeniatus.
„	442,	„	17	„ „ „	calcaratus lies calceatus.
„	443,	„	1	„ unten:	streiche b) Syrphidae.
„	443,	„	3	„ „	statt a) Muscidae: lies Syrphidae.
„	451,	„	2	„ oben: „	graminis Gyll. lies graminis Schönh.
„	455,	„	15	„ „ „	Authena lies Anthrena
„	459,	„	9	„ unten: „	Tipulidae: lies Mycetophilidae.
„	471,	„	6	„ oben: „	Polymmatus lies Polyommatus.
„	478,	„	16	„ „ „	laticintus Schuk. lies laticinctus Shuck.
„	479,	„	22	„ „ „	Pemphreden lies Pemphredon.
„	479,	„	25	„ „ „	niger Harr. L. lies niger Harr.
„	481,	„	8	„ unten:	vor No. 26 setze: f) Mycetophilidae:
„	482,	„	22	„ „	statt laminatorius Wsm. lies laminatorius F.
„	484,	„	9	„ „ „	Chrysostoxum lies Chrysotoxum.
„	485,	„	6	„ „ „	inuatus lies sinuatus.
„	486,	„	11	„ „ „	querqus lies quercus.
„	486,	„	12	„ „	hinter E. setze: Lepidoptera;
„	490,	„	8	„ oben: „	Leptidae: lies Therevidae:
„	490,	„	8	„ „ „	nobilis lies nobilitata.
„	490,	„	10	„ „ „	Nomoraea lies Nemoraea.
„	490,	„	23	„ „ „	quadrimaculatus lies quadrimaculata.
„	492,	„	22	„ „ „	Chauliodes lies Chauliodus.
„	494,	„	6	„ „ „	dentricrus lies denticrus.
„	494,	„	21	„ „ „	Musidae: lies Muscidae:
„	495,	„	5	„ „ „	Anthra lies Anthrax.
„	495,	„	24	„ „ „	punicata lies pumicata.
„	495,	„	24	„ „ „	Chrysostoxum lies Chrysotoxum.
„	496,	„	17	„ . „ „	hirt lies hirta.
„	496,	„	17	„ „ „	Trichodes lies Trichius.
„	496,	„	30	„ „ „	haemarrhos lies haemorrhoa.
„	496,	„	33	„ „ „	podagraria lies podagrica.
„	496,	„	34	„ „ „	Chrysostoxum lies Chrysotoxum.
„	496,	„	11	„ unten: „	h) lies k).
„	497,	„	16	„ oben: „	rosii lies rossii.
„	497,	„	5	„ unten: „	semiaurata lies semiauratus.

Seite 497, Zeile 19 von unten: statt puntatissimus lies puntatissima.
  „   498,   „   26 „   „   „   atra Pz. lies atra F.
  „   498,   „   3 „   „   „   trimacula lies trimaculata.
  „   499,   „   20 „   oben: „   cyanus lies cyaneus.
  „   499,   „   24 „   unten: „   Hall. lies Hal.
  „   500,   „   24 „   oben: „   Först. lies Forst.
  „   504,   „   6 „   unten: „   S. lies Syrphus.
  „   505,   „   8 „   oben: „   Dasytes lies Danacea.
  „   505,   „   14 „   „   „   podagraria lies podagrica.
  „   505,   „   18 „   „   „   Grophosomu lies Grophosoma.
  „   505,   „   18 „   „   „   nigrolineatum L. lies nigrolineatum F.
  „   506,   „   16 „   unten: „   Först. lies Forst.
  „   507,   „   2 „   oben: „   nigrolineatum L. lies nigrolineatum F.
  „   507,   „   16 „   unten: „   podagria lies podagrica.
  „   509,   „   7 „   „   No. 45 setze als No. 43 unter d).
  „   509,   „   8 „   statt Stationys lies Stratiomys.
  „   510,   „   5 „   oben: „   cephalotes H.-Sch. lies cephalotes F.
  „   510,   „   16 „   „   „   luteria lies lutaria.
  „   510,   „   17 „   „   „   *Malacodermata*: lies *Cerambycidae*:
  „   510,   „   27 „   „   „   nigrita lies nigritus.
  „   510,   „   13 „   unten: „   Hilaria lies Hilara.
  „   514,   „   6 „   oben: „   ephippia lies ephippius.
  „   524,   „   13 „   unten: setze „d) *Nitidulidae*: 16. Meligethes, häufig“ vor B.
  „   528,   „   5 „   „   statt Dolichopode lies Dolichopide.
  „   532,   „   17 „   „   „   ocellatus lies ocellata.
  „   532,   „   18 „   „   „   Magroglossa lies Macroglossa.
  „   536,   „   1 „   „   „   mediterraneus lies mediterranea.
  „   537,   „   3 „   „   „   Caenaria lies Coenosia.
  „   542,   „   22 „   „   „   Musciden lies Dipteren.
  „   543,   „   21 „   oben: „   sanguinea F. lies sanguinea Scop.
  „   544,   „   10 „   „   „   Musciden lies Dipteren.
  „   550,   „   9 „   unten: „   pallens Er. lies pallens F., Er.
  „   551,   „   4 „   oben: „   luridus Pz. lies luridus Fall.
  „   554,   „   11 „   „   „   Parnassias lies Parnassius.
  „   561,   „   11 „   „   „   Hymenoptera: lies Lepidoptera:
  „   564,   „   22 „   „   „   leuzozonius lies leucozonius.
  „   572,   „   10 „   unten: „   semiaurata lies semiauratus.
  „   573,   „   20 „   „   „   Calbum lies c album.
  „   573,   „   12 „   „   „   Lepitoptera: lies Lepidoptera:
  „   574,   „   2 „   „   „   senecionis lies senecionis Schumm.
  „   577,   „   13 „   „   „   Tysanoptera: lies Thysanoptera:
  „   577,   „   17 „   „   „   *Sipulidae*: lies *Cecidomyidae*:
  „   577,   „   18 „   „   „   maculatus lies macularis.
  „   578,   „   3 „   „   „   *Syrphidae*: lies *Chironomidae*:
  „   592,   „   7 „   oben: „   Payk. lies Panz.
  „   592,   „   19 „   unten: „   *Apidae*: lies *Sphegidae*:
  „   593,   „   12 „   oben: „   *Scarabaeidea*: lies *Scarabaeidae*:
  „   604,   „   11 „   unten: „   ephippia lies ephippius.
  „   607,   „   6 „   „   „   Conchylis lies Cochylis.
  „   610,   „   15 „   „   „   stigma F. lies stigma Loew.
  „   610,   „   22 „   „   „   quadrimaculata lies quadrimaculatus.
  „   611,   „   16 „   oben: „   *Bibionidae* lies *Chironomidae*:
  „   611,   „   24 „   „   „   Hymenoptera lies Lepidoptera.
  „   615,   „   13 „   „   „   daviseanus lies daviesanus.
  „   616,   „   10 „   „   „   corydon lies coridon.
  „   617,   „   13 „   „   „   *Vespidae*: lies *Sphegidae*:
  „   617,   „   4 „   unten: setze vor No. 20: *Vespidae* und stelle diese Art als No. 22 vor E.

      621,   2 „   oben: statt b) *Chrysidae*: lies *Sphegidae*:
      621,   3 „   „   vor No. 21 setze: c) *Chrysidae*:
      621,   22 „   unten: statt L. lies Cl.
      639,   19 „   „   „   S. lies Scatophaga.
      639,   21 „   „   „   Coleopa lies Coelopa.
      640,   7 „   oben: „   jocobaene lies jaceae.
      640,   9 „   „   „   holosericeus L. lies holosericeus Oliv.
      640,   10 „   „   „   F. lies Scop.

Seite 640, Zeile 20 von unten: statt **Dasytes** lies **Dasypoda.**
„ 641, „ 4 „ „ „ *Spheyidae*: lies *Scoliidae*:
„ 643, „ 7 „ „ setze No. 18 als No. 15 unter die *Apidae*:
„ 649, „ 14 „ oben: statt holosericeus L. lies holosericeus **Oliv.**
„ 651, „ 9 „ „ „ B. vestalis lies **Psithyrus vestalis.**
„ 652, „ 20 „ unten: „ B. rupestris lies **Psithyrus rupestris.**
„ 659, „ 26 „ „ „ corydon lies coridon.
„ 662, „ 15 „ „ „ „ „ „
„ 664, „ 2 „ oben: „ nigricornis L. lies nigricornis F.
„ 664, „ 6 „ „ „ graja Mor. lies graja Ev.
„ 664, „ 7 „ „ „ Fonsc. lies **Lep.**
„ 664, „ 14 „ „ fuscipennis Fonsc. lies fuscipennis **Lep.**
„ 669, „ 22 „ „ „ C lies D.
„ 672, „ 5 „ „ „ Sitones lies Sitona.
„ 675, „ 18 „ „ „ floccosum lies floccosus.
„ 676, „ 11 „ „ „ calceatus lies calcaratus.
„ 679, „ 16 „ „ „ Lucila lies Lucilia.
„ 679, „ 27 „ „ „ Eucera lies **Empis.**
„ 680, „ 4 „ „ „ sucher lies besucher.
„ 680, „ 11 „ unten: „ Schletter lies Schletterer.
„ 681, „ 24 „ „ „ H.-Schl. lies H.-Sch.
„ 694, „ 6 „ unten: „ calceatus lies calcaratus.
„ 696, „ 19 „ oben: „ „ „ „

2. Teil.

Seite 26, Zeile 25 von unten: statt rostratum lies notatum.
„ '104, „ 1 „ „ „ Mor. lies Fedtsch.
„ 118, „ 19 „ oben: „ similis Mor. lies similis **Lep.**
„ 122, „ 8 „ unten: „ Macqu. lies R.-D.
„ 151, „ 21 „ „ „ clavipennis lies claripennis.
„ 178, „ 13 „ oben: „ hortorum lies agrorum.
„ 231, „ 9 „ unten: similis Mor. lies similis **Lep.**
„ 233, „ 22 „ oben: ♂ lies ♀.
„ 233, „ 13 „ unten: Scop. lies L.
„ 350, „ 11 „ „ Wrigthtii lies Wrightii.